V. L. Bonč-Bruevič / S. G. Kalašnikov

Halbleiterphysik

Hochschulbücher für Physik

Herausgegeben von Robert Rompe und Ernst Schmutzer

Band 45

Halbleiterphysik

von

V. L. Bonč-Bruevič

und

S. G. Kalašnikov

Mit 227 Abbildungen

VEB Deutscher Verlag der Wissenschaften

Berlin 1982

Distributed by Springer-Verlag Wien New York

Titel der Originalausgabe:

Бонч-Бруевич, Виктор Леопольдович;
Калашников, Сергей Григорьевич:
Физика полупроводников.
Москва: Издательство „НАУКА" 1977.

Die Ausgabe in deutscher Sprache besorgte ein Übersetzerkollektiv unter Leitung von Rolf Enderlein, in dessen Händen auch die wissenschaftliche Redaktion lag.

Dem Übersetzerkollektiv gehören an:

Bernd Esser
Hermann-Georg Holzhütter
Robert Keiper
Manfred Mocker
Kurt Peuker
Peter Renner
Jörg Röseler
Rainer Schuchardt
Dieter Suisky
Helga Tittel
Rainer Wolf
Hans-Jürgen Wünsche
Otto Ziep

ISBN 978-3-7091-9496-6 ISBN 978-3-7091-9495-9 (eBook)
DOI 10.1007/978-3-7091-9495-9

Verlagslektor: Helga Tittel
Verlagshersteller: Doris Ahrends
Umschlaggestaltung: Bernd Sebald

Softcover reprint of the hardcover 1st edition 1982

Lizenz-Nr. 206 · 435/97/82

Vorwort der Autoren zur deutschsprachigen Ausgabe

Die Herausgabe dieses Buches in deutscher Sprache — einer Sprache, in der zahlreiche bedeutende Originalarbeiten zur Halbleiterphysik vorliegen — ist für uns eine große Genugtuung.

Nach Erscheinen der russischen Ausgabe erhielten wir von unseren Kollegen wertvolle Hinweise zu speziellen Details der Darstellung. Mit der vorliegenden Übersetzung nutzten wir die Möglichkeit, diese Bemerkungen zu berücksichtigen, indem wir einige kleine Textänderungen vornahmen. Außerdem haben wir die in der russischen Ausgabe gefundenen Druckfehler korrigiert. Wir sind A. I. Ansel'm, N. A. Penin, G. E. Pikus und A. G. Samojlovič für eine Reihe nützlicher Hinweise sowie I. A. Čajkovskij für das Auffinden der Druckfehler sehr dankbar.

Ganz besonders herzlich möchten wir uns bei Prof. R. Enderlein für die von uns als überaus wohltuend empfundene Initiative bei der Entwicklung dieser Ausgabe sowie bei dem gesamten Übersetzerkollektiv für die von ihm geleistete umfangreiche und schwierige Arbeit bedanken.

V. L. Bonč-Bruevič, S. G. Kalašnikov

Vorwort zur deutschsprachigen Ausgabe

Die Zahl der Lehrbücher in deutscher Sprache, die sich ausschließlich mit Halbleitern beschäftigen, ist nicht allzu groß. Stellt man an die Darstellung zudem noch bestimmte Forderungen wie etwa, daß eine möglichst vollständige Behandlung aller wichtigen Halbleitererscheinungen erfolgt, daß die experimentellen und theoretischen Grundlagen gleichermaßen gründlich behandelt werden und daß auch die neuen gesicherten Erkenntnisse der Halbleiterforschung Berücksichtigung finden, so wird die Auswahl noch geringer. Das vorliegende Lehrbuch von V. L. Bonč-Bruevič und S. G. Kalašnikov wird den genannten Ansprüchen gerecht. Zu seinen Besonderheiten gehört auch die Ausführlichkeit der Darstellung, die durch didaktische Gesichtspunkte bestimmt ist und weder auf detaillierte mathematische Ableitungen, umfangreiche qualitative Erörterungen noch auf gelegentliche Wiederholungen verzichtet. Studenten und alle jene, die sich einen bestimmten Zusammenhang erstmalig erarbeiten oder in Einzelheiten in Erinnerung rufen wollen, werden dafür dankbar sein.

Die deutsche Fassung enthält gegenüber der russischen Ausgabe einige kleinere, von den Verfassern angeregte Änderungen. Die im Original verwendeten Symbole und Einheiten wurden bis auf ganz wenige Ausnahmen beibehalten. Von den Literaturquellen, die sich nach der erklärten Absicht der Autoren nur auf Lehrbücher, zusammenfassende Darstellungen zu Spezialfragen und wenige ausgewählte Originalarbeiten beziehen, sind einige für unsere Leser schwer zugänglich. In diesen Fällen wurde das russischsprachige Werk durch vorhandene Übersetzungen bzw. durch das deutsch- oder auch englischsprachige Original ergänzt. Zu den im russischen Original zitierten Lehrbüchern und Monographien wurden einige deutschsprachige Bücher hinzugefügt. Außerdem wurde für die deutschsprachige Ausgabe ein Sachverzeichnis erarbeitet.

Berlin, März 1980 — Rolf Enderlein

Vorwort zur russischen Ausgabe

Dieses Buch entstand auf der Grundlage von Vorlesungen, die von den Autoren für Studenten der Physikalischen Fakultät der Moskauer Universität und für Studenten der Fakultät für Physik und Quantenelektronik des Moskauer Physikalisch-Technischen Instituts gehalten wurden. Es ist jedoch kein Konspekt der Vorlesungen, sondern eine Unterrichtshilfe für denjenigen, der sich mit dem Gegenstand der Vorlesungen eingehender beschäftigen will. Das Buch enthält viel weiterführendes Material. Die erste Hälfte entspricht etwa dem Inhalt der Vorlesungen, die im 4. Studienjahr gehalten werden, während der zweite Teil für Studenten des 5. Studienjahres gedacht ist. Damit im Zusammenhang ändern sich Stil und Charakter der Darlegung des Stoffes allmählich.

Das Buch ist für Leser bestimmt, die den Ausbildungsstoff in Mathematik und allgemeiner Physik in dem Umfang beherrschen, wie er an den physikalischen Fakultäten der Universitäten und den Physikalisch-Technischen Instituten gelehrt wird. Zum Studium der theoretischen Kapitel sind Kenntnisse der Statistischen Physik und der Quantentheorie vom Niveau der üblichen Universitätsausbildung notwendig.

Jedem Lehrbuchautor sind die Schwierigkeiten bei der Auswahl des Materials wohlbekannt. Diese Schwierigkeiten erhöhen sich noch, wenn es dabei um ein so breites und sich so rasch entwickelndes Gebiet wie die Halbleiterphysik geht. Außerdem ist es oft schwierig zu entscheiden, ob eine bestimmte Frage noch zur eigentlichen Halbleiterphysik oder schon zu anderen, verwandten Disziplinen gehört.

Andererseits soll natürlich in ein Lehrbuch nur Material aufgenommen werden, dessen Richtigkeit allgemein anerkannt ist. Dabei besteht jedoch die Gefahr, daß das Lehrbuch veraltet, noch bevor es gedruckt ist. Und schließlich muß ein Lehrbuch einen solchen Umfang haben, daß man es noch mit einer Hand halten kann. Der einzige Ausweg, den wir finden konnten und der offensichtlich auch nicht unbedingt originell ist, bestand im radikalen Fortlassen vieler spezieller (obwohl wichtiger) Fragen zugunsten einer hinreichend ausführlichen Darlegung von Problemen mehr prinzipiellen Charakters. So haben wir sämtliche numerischen Methoden zur Berechnung der Bandstruktur von Festkörpern (darunter auch die gruppentheoretischen) weggelassen. Wir gehen nur auf einige Lösungsmethoden für die Boltzmann-Gleichung ein und behandeln insbesondere den Fall anisotroper Isoenergieflächen überhaupt nicht. Die Darlegungen konzentrieren sich auf solche Fragen der Theorie, mit denen unserer Meinung nach auch ein Experimentator vertraut sein muß, um sie im richtigen Zusammenhang mit seiner Arbeit sehen zu können. Hierbei wurde die Aufgabe der Autoren durch das Vorhandensein von ausgezeichneten theoretischen Einzeldarstellungen, die im Literaturverzeichnis aufgeführt sind, sehr erleichtert. Diese Bücher zu vervielfältigen erschien uns wenig nutzbringend.

So ist das vorliegende Buch also nicht als erschöpfende Anleitung zur Lösung aller experimentellen und theoretischen Probleme der Halbleiterphysik gedacht. Seine

Aufgabe ist es, eine Vorstellung von den grundlegenden Begriffen und Ideen der modernen Halbleiterphysik zu vermitteln und den Leser zu befähigen, im Bedarfsfalle speziellere Übersichtsartikel und Originalarbeiten zu Einzelfragen seines Gebiets zu lesen.

An mehreren Stellen verweisen wir auf Monographien, in denen die speziellen Probleme, die im Buch nur erwähnt wurden, ausführlicher behandelt werden (das bezieht sich besonders auf relativ neue und diffizilere Probleme). Daneben haben wir uns — dem Stil der meisten Lehrbücher folgend — zu vermeiden bemüht, Verweise auf zahlreiche den Studenten nicht allgemein zugängliche Originalarbeiten anzubringen, darunter auch auf solche der Autoren. Eine Ausnahme bilden nur Verweise auf Quellen, denen unmittelbar im Buch verwendete experimentelle Ergebnisse entnommen sind, sowie einzelne Fälle, in denen andere Literaturquellen fehlen. Wir hoffen, daß unsere Kollegen, von denen wir in diesem Buch interessante und wichtige Ergebnisse benutzt haben, die Absichten der Autoren richtig verstehen und sich nicht bestohlen fühlen. Diejenigen aber, die diese Erklärung nicht zufriedenstellt, können wir nur daran erinnern, daß bei der Darlegung der Newtonschen Axiome oder der Beschreibung von Experimenten Faradays nur sehr selten auf Originalarbeiten dieser Autoren verwiesen wird.

Im Buch sind keine Aufgaben und Übungen in Form von speziellen Anhängen enthalten, da eine entsprechende Aufgabensammlung bereits existiert.[1]) Die im Text aufgeführten Zahlenbeispiele sollen nur spezielle Sachverhalte illustrieren.

Einer der „wunden Punkte“ der modernen wissenschaftlichen Literatur ist die Frage der Bezeichnungen. Es gibt wesentlich mehr Begriffe, die eine quantitative Beschreibung verlangen, als Buchstaben in den gebräuchlichen Alphabeten. Daher mußten einige Symbole in mehreren Bedeutungen benutzt werden. Um diesen Mangel wenigstens teilweise zu kompensieren, ist dem Buch ein Verzeichnis der häufigsten Bezeichnungen beigefügt. Es sei angemerkt, daß Vektorkomponenten meist durch kleine griechische Buchstaben indiziert werden und daß über wiederholt auftretende Indizes zu summieren ist, sofern nicht ausdrücklich etwas anderes bestimmt ist. Die Formeln innerhalb eines jeden Kapitels haben eine doppelte Numerierung. Die erste Zahl bezeichnet die Nummer des Abschnitts, die zweite die Nummer der Formel im betreffenden Abschnitt (z. B. (4.7)). Bei Verweisen auf Gleichungen aus anderen Kapiteln erscheint noch eine dritte Zahl, die die Nummer des Kapitels angibt (z. B. 4.4.7)). Alle Formeln sind im CGS-System geschrieben. Die Zahlenwerte einiger Halbleiterdaten sind jedoch in den SI-Einheiten angegeben, die in der Literatur dafür üblicherweise benutzt werden (also die Beweglichkeiten z. B. in cm^2/Vs).

Wir möchten M. I. Kaganov zutiefst dafür danken, daß er die umfangreiche Arbeit der Durchsicht des Buches übernommen hat und eine große Zahl von wertvollen Hinweisen machte. Natürlich trifft ihn keine Verantwortung für möglicherweise weniger gelungene Stellen des Buches.

Wir danken auch V. D. Egorov, P. E. Zil'berman, V. F. Kiselev, I. A. Kurova, A. G. Mironov, Ju. F. Novotozkij-Vlasov und A. N. Temčin, die einige Kapitel dieses Buches lasen und eine Reihe wertvoller Bemerkungen machten. Einer der Autoren (V. L. B.-B.) ist O. A. Golovina, V. V. Bonč-Bruevič und A. K. Kuprijanova für die Hilfe bei der Vorbereitung des Manuskriptes zum Druck sehr dankbar.

April 1977 V. L. Bonč-Bruevič, S. G. Kalašnikov

[1]) Bontsch-Brujewitsch, W. L.; Swjagin, I. P.; Karpenko, I. W.; Mironow, A. G.: Aufgabensammlung zur Halbleiterphysik. Berlin: Akademie-Verlag 1970.

Inhaltsverzeichnis

1. Einige Eigenschaften von Halbleitern

1.1. Transporterscheinungen in Halbleitern

In diesem Kapitel sollen einige Ergebnisse der experimentellen Untersuchung von Halbleitereigenschaften betrachtet werden. Diese Resultate trugen wesentlich zum Verständnis der physikalischen Prozesse in Halbleitern bei und bildeten beim Aufbau der Theorie der Halbleiter die Grundlage. Eine große Rolle bei der Untersuchung von Halbleitern spielt das Studium der sogenannten Transporterscheinungen oder kinetischen Erscheinungen. Die gemeinsame Grundlage dieser Vorgänge besteht darin, daß die Leitungselektronen bei ihrer Bewegung auch Masse, elektrische Ladung, Energie u. a. übertragen. Deshalb entstehen unter bestimmten Bedingungen gerichtete Ströme dieser Größen, die zu einer Reihe elektrischer und thermischer Effekte führen. Im folgenden werden kurz die wichtigsten kinetischen Erscheinungen aufgeführt, die für die Untersuchung von Halbleitern von besonderem Interesse sind.

Elektrische Leitfähigkeit. In Abwesenheit eines äußeren elektrischen Feldes vollführen die Elektronen lediglich eine thermische Bewegung mit der Geschwindigkeit $\boldsymbol{v}_T$. Diese Bewegung ist dadurch charakterisiert, daß sich das Elektron eine gewisse Zeit (die freie Flugzeit) näherungsweise geradlinig und gleichförmig bewegt und dann infolge der Wechselwirkung mit dem Kristallgitter die Richtung seiner Bewegung plötzlich ändert. Solche Prozesse der Impulsänderung werden im weiteren als Impulsstreuung bezeichnet. Sie sind den Stößen zwischen Atomen analog, wie sie aus der kinetischen Gastheorie bekannt sind. Infolge der Ungeordnetheit der Wärmebewegung gibt es im Elektronengas im thermischen Gleichgewichtszustand keine ausgezeichnete Bewegungsrichtung, und der Mittelwert der thermischen Geschwindigkeit verschwindet. Das heißt, daß der mittlere Teilchenstrom und folglich auch die mittlere Stromdichte für eine beliebige Richtung gleich Null sind.

Unter Einwirkung eines äußeren elektrischen Feldes erhalten die Elektronen eine zusätzliche Geschwindigkeit $\boldsymbol{v}$. In diesem Fall ist die resultierende Bewegung der Elektronen nicht mehr völlig ungeordnet, und es entsteht ein gerichteter Fluß elektrischer Ladung (ein elektrischer Strom). Den Mittelwert der Geschwindigkeit für ein Elektron über einen Zeitraum, in dem eine große Zahl von Stößen stattfindet, bezeichnen wir mit $\overline{\boldsymbol{v}}$ und den Mittelwert dieser Geschwindigkeiten über die Gesamtheit der Elektronen mit $\langle \boldsymbol{v} \rangle \equiv \boldsymbol{v}_\mathrm{d}$. Die mittlere Geschwindigkeit $\boldsymbol{v}_\mathrm{d}$ der geordneten Bewegung heißt Driftgeschwindigkeit.

In vielen Fällen zeigt sich, daß die Driftgeschwindigkeit proportional zur elektrischen Feldstärke $\boldsymbol{E}$[1]) ist. Dann ist der Begriff der Driftbeweglichkeit μ der geladenen Teilchen sehr nützlich. Die Driftbeweglichkeit ist durch die pro Einheit der Feldstärke

---

1) *Anm. d. Red. d. deutschsprach. Ausgabe:* Statt der Bezeichnungen $\boldsymbol{E}$ und $\mathscr{E}$ des russischen Originals schreiben wir $\boldsymbol{E}$ für den Vektor und E für den Betrag der elektrischen Feldstärke. Später wird für die Energie ebenfalls E verwendet. Wo Verwechslungen möglich sind, weisen wir ausdrücklich darauf hin oder schreiben $|\boldsymbol{E}|$ für den Betrag der Feldstärke.

erzeugte mittlere Driftgeschwindigkeit bestimmt. Damit gilt also

$$\boldsymbol{v}_{\mathrm{d}} = \mu \boldsymbol{E}. \tag{1.1}$$

Für Elektronen ist μ negativ, für positiv geladene Teilchen positiv.

Sind nur geladene Teilchen einer Sorte vorhanden, so ist die elektrische Stromdichte

$$\boldsymbol{j} = en\boldsymbol{v}_{\mathrm{d}} = en\mu\boldsymbol{E}, \tag{1.2}$$

wobei e die Ladung eines Teilchens[1]) und n die Konzentration der beweglichen Teilchen bezeichnen. Andererseits gilt nach dem Ohmschen Gesetz

$$\boldsymbol{j} = \sigma\boldsymbol{E} \tag{1.3}$$

(mit σ als der spezifischen elektrischen Leitfähigkeit des Stoffes). Daraus folgt

$$\sigma = en\mu. \tag{1.4}$$

Da sich bei Änderung des Vorzeichens von e auch das Vorzeichen der Beweglichkeit ändert, ist σ unabhängig vom Vorzeichen der Teilchenladung.

In isotropen Stoffen ist die Driftgeschwindigkeit entweder, bei positiv geladenen Teilchen, parallel oder, bei negativ geladenen Teilchen, antiparallel zum Feld gerichtet. Deshalb sind μ und σ Skalare, und folglich stimmen die Richtungen der Vektoren $\boldsymbol{j}$ und $\boldsymbol{E}$ überein. In anisotropen Stoffen trifft das nicht mehr zu, und die Beziehung zwischen $\boldsymbol{j}$ und $\boldsymbol{E}$ hat eine allgemeinere Form:

$$\begin{aligned} j_x &= \sigma_{xx}E_x + \sigma_{xy}E_y + \sigma_{xz}E_z, \\ j_y &= \sigma_{yx}E_x + \sigma_{yy}E_y + \sigma_{yz}E_z, \\ j_z &= \sigma_{zx}E_x + \sigma_{zy}E_y + \sigma_{zz}E_z \end{aligned} \tag{1.5}$$

oder in abgekürzter Schreibweise

$$j_\alpha = \sigma_{\alpha\beta}E_\beta \qquad (\alpha, \beta = x, y, z), \tag{1.5a}$$

wobei über wiederholt auftretende Indizes zu summieren ist. Im allgemeinen Fall wird also der Ladungstransport nicht mehr durch einen einzigen kinetischen Koeffizienten, sondern durch die Gesamtheit der Koeffizienten $\sigma_{\alpha\beta}$ bestimmt, die die Komponenten eines Tensors zweiter Stufe, des Leitfähigkeitstensors, darstellen.

Hall-Effekt. Bei Anwesenheit eines äußeren Magnetfeldes wirkt auf die sich bewegenden Elektronen die Lorentz-Kraft. Sie steht senkrecht auf der Bewegungsrichtung der Elektronen und der magnetischen Induktion. Deshalb ist die Bewegung in den verschiedenen Richtungen unterschiedlich, und selbst ein Halbleiter, der bei Abwesenheit des Magnetfeldes isotrop ist, wird anisotrop. Dieser Umstand führt zum Auftreten galvanomagnetischer Erscheinungen. Zu deren wichtigsten gehören der Hall-Effekt und die magnetische Widerstandsänderung.

Der Hall-Effekt besteht darin, daß in einem stromführenden Leiter, der sich in einem Magnetfeld befindet, elektromotorische Kräfte auftreten und demzufolge ein zusätzliches elektrisches Feld entsteht. Abbildung 1.1 macht für den einfachsten und besonders wichtigen Fall das Wesen dieses Effekts verständlich. Wir betrachten dazu einen homogenen und isotropen Leiter in Form eines kleinen Quaders, an

---

[1]) In diesem Kapitel bezeichnet e durchweg die Ladung einschließlich des Vorzeichens.

dessen Stirnflächen Elektroden angebracht sind. Die Achsen eines rechtwinkligen Koordinatensystems seien parallel zu den Kanten des Quaders gelegt, und es sei vorausgesetzt, daß der Stromdichtevektor $\boldsymbol{j}$ parallel zur x-Achse und die magnetische Induktion $\boldsymbol{B}$ in Richtung der z-Achse liegen. Ohne äußeres Magnetfeld haben die elektrische Feldstärke $\boldsymbol{E}$ und die Stromdichte $\boldsymbol{j}$ im Leiter die gleiche Richtung. Der Potentialunterschied zwischen den Kontakten a und b in einer zu $\boldsymbol{j}$ senkrechten Ebene ist gleich Null. Beim Einschalten eines transversalen Magnetfeldes tritt zwischen den Kontakten a und b eine Potentialdifferenz auf, die beim Umkehren der Stromrichtung oder beim Umpolen des Magnetfeldes ihr Vorzeichen ändert. Das Auftreten dieser Potentialdifferenz zeigt, daß beim Vorhandensein eines Magnetfeldes im Leiter ein zusätzliches elektrisches Feld $\boldsymbol{E}_y$ entsteht. Die Richtung des resultierenden elektrischen Feldes $\boldsymbol{E}$ fällt nun nicht mehr mit der Richtung von $\boldsymbol{j}$ zusammen, sondern ist relativ zu $\boldsymbol{j}$ um einen gewissen Winkel φ gedreht, der die Bezeichnung Hall-Winkel trägt. Die Äquipotentialflächen, die ohne Magnetfeld zu $\boldsymbol{E}_x$

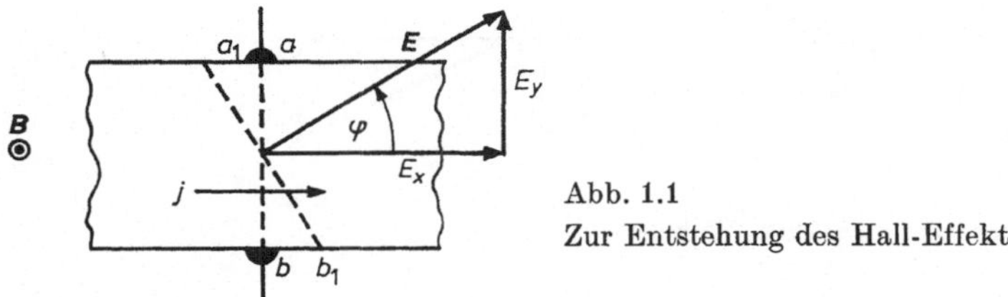

Abb. 1.1
Zur Entstehung des Hall-Effekts

senkrechte Ebenen waren (eine davon ging durch die Punkte a und b), sind jetzt senkrecht zu $\boldsymbol{E}$, also ebenfalls um den Winkel φ gedreht (a_1b_1 in Abb. 1.1). Für das Hall-Feld $\boldsymbol{E}_y$ und die Hall-Spannung u findet man auf empirischem Wege die Beziehung

$$E_y = \frac{u}{d} = RBj = RB\,\frac{i}{ad}. \tag{1.6}$$

Dabei bedeuten d die Dicke der Probe, a deren Breite (in Richtung des Magnetfeldes), i die Gesamtstromstärke und R einen Proportionalitätsfaktor, der bei schwachen Magnetfeldern nicht von der magnetischen Induktion abhängt und lediglich eine Materialkonstante ist. Er wird als Hall-Konstante bezeichnet.

Das Vorzeichen von Hall-Winkel und Hall-Konstante hängt vom Vorzeichen der Ladung der beweglichen Teilchen ab, die die elektrische Leitfähigkeit hervorrufen. Dieser Zusammenhang geht aus Abb. 1.2 hervor. Wenn die magnetische Induktion aus der Zeichenebene heraus gerichtet ist und die beweglichen Teilchen positive Ladung tragen, dann zeigt die Lorentz-Kraft $\boldsymbol{F}$ bei der angegebenen Stromrichtung nach unten. Die untere Grenzfläche des Kristalls wird positiv, die obere negativ aufgeladen. Das resultierende elektrische Feld $\boldsymbol{E}$ wird entgegen dem Uhrzeigersinn relativ zum Strom $\boldsymbol{j}$ gedreht. In diesem Fall ist es üblich, den Hall-Winkel und die Hall-Konstante positiv zu zählen.

Bei negativ geladenen Teilchen ist die Kraft $\boldsymbol{F}$ ebenfalls nach unten gerichtet, jedoch wird jetzt die untere Grenzfläche des Kristalls negativ aufgeladen, und das Hall-Feld $\boldsymbol{E}_y$ ändert sein Vorzeichen. Dementsprechend ist das Feld $\boldsymbol{E}$ im Uhrzeigersinn gedreht, und φ und R sind negativ.

Der Hall-Effekt findet verschiedene technische Anwendungen. Er kann zur Messung der magnetischen Feldstärke oder, wenn diese bekannt ist, zur Messung der Stromstärke und der Leistung genutzt werden. Mit Hilfe des Hall-Effekts lassen sich elektrische Schwingungen erzeugen, modulieren und demodulieren, eine Gleichrichtung von Schwingungen bewirken, elektrische Signale verstärken und andere technische Probleme lösen.

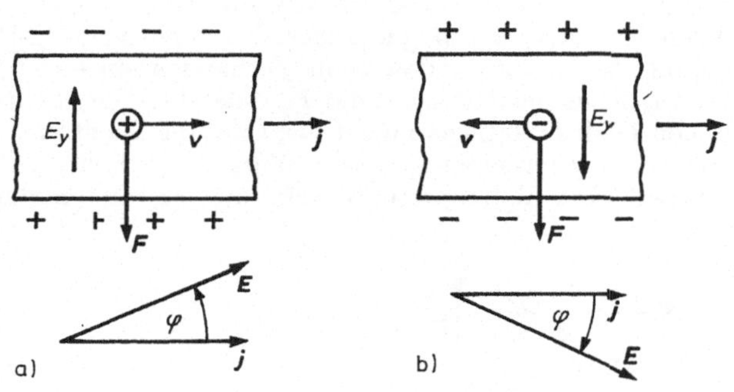

Abb. 1.2
Vorzeichen des Hall-Winkels
a) $\varphi > 0$, b) $\varphi < 0$

Hall-Winkel und Hall-Konstante lassen sich unmittelbar durch die Elemente des Tensors $\sigma_{\alpha\beta}$ der elektrischen Leitfähigkeit im Magnetfeld ausdrücken. Wir nehmen zunächst an, daß nur eine Sorte von Ladungsträgern vorhanden ist (zur Verallgemeinerung auf den Fall mehrerer Ladungsträgersorten siehe Abschnitt 1.4.). Dann hat ihre Driftgeschwindigkeit die Richtung des Stromes (x-Achse in Abb. 1.1). Lorentz-Kraft und Hall-Feld liegen in der x-y-Ebene, und in Gl. (1.5) ist $E_z = 0$. Außerdem wird

$$\sigma_{xy} = -\sigma_{yx}, \qquad \sigma_{xx} = \sigma_{yy} \tag{1.7}$$

vorausgesetzt. Daß die erste dieser Beziehungen gerechtfertigt ist, erkennt man anhand der direkten Rechnung (Abschnitt 1.3.). Die zweite ist evident, da die Achsen x und y bezogen auf $\boldsymbol{B}$ gleichberechtigt sind. Damit erhält man für $j_y = 0$ in (1.5) (bei offenen Kontakten a und b)

$$\tan\varphi = \frac{E_y}{E_x} = -\frac{\sigma_{yx}}{\sigma_{yy}} = \frac{\sigma_{xy}}{\sigma_{xx}} \tag{1.8}$$

und nach Eliminieren von E_x aus der ersten Beziehung von (1.5) und aus (1.8)

$$E_y = \frac{\sigma_{xy}}{\sigma_{xx}^2 + \sigma_{xy}^2}\, j_x.$$

Der Vergleich dieser Beziehung mit Gl. (1.6) ergibt für die Hall-Konstante

$$R = \frac{1}{B}\,\frac{\sigma_{xy}}{\sigma_{xx}^2 + \sigma_{xy}^2}. \tag{1.9}$$

Magnetische Widerstandsänderung (Magnetowiderstand). Ein äußeres Magnetfeld ruft nicht nur das Entstehen eines Hall-Feldes E_y hervor, sondern ändert auch den Strom j_x. Das bedeutet, daß sich in einem transversalen Magnetfeld der Widerstand eines Leiters ändert. Die Erfahrung zeigt, daß die Änderung $\Delta\sigma_\perp$ der elektrischen Leitfähigkeit und die Änderung $\Delta\varrho_\perp$ des spezifischen Widerstands bei hinreichend schwachem Magnetfeld innerhalb eines bestimmten Bereichs dem Gesetz

$$-\frac{\Delta\sigma_\perp}{\sigma} = \frac{\Delta\varrho_\perp}{\varrho} = \varkappa_\perp B^2 \tag{1.10}$$

folgen. Dabei sind σ und ϱ die elektrische Leitfähigkeit bzw. der spezifische Widerstand bei $B = 0$ und $\varkappa_\perp$ der transversale Magnetowiderstand, der von den Materialeigenschaften abhängt.

Die magnetische Widerstandsänderung (der Magnetowiderstand) resultiert unmittelbar daraus, daß die Leitfähigkeit im Magnetfeld Tensorcharakter annimmt. Deshalb kann man den Magnetowiderstand wie den Hall-Winkel über die Elemente dieses Tensors ausdrücken. Setzt man wieder in Gl. (1.5) $E_z = 0$ und $j_y = 0$ und eliminiert aus den ersten beiden Beziehungen von (1.5) E_y, so erhält man

$$j_x = \left(\sigma_{xx} + \frac{\sigma_{xy}^2}{\sigma_{xx}}\right) E_x.$$

Die spezifische elektrische Leitfähigkeit in einem transversalen Magnetfeld ist gleich

$$\sigma_\perp(B) = \frac{j_x}{E_x} = \frac{\sigma_{xx}^2 + \sigma_{xy}^2}{\sigma_{xx}}. \tag{1.11}$$

Davon ausgehend läßt sich auch der Magnetowiderstand $\varkappa_\perp$ durch die Elemente des Tensors $\sigma_{\alpha\beta}$ ausdrücken. Wir wollen dies aber bis zum Abschnitt 1.3. zurückstellen.

Ist das Magnetfeld parallel zum Strom gerichtet, dann tritt in dem von uns betrachteten Modell keine Lorentz-Kraft auf, also ist $\sigma_{\parallel}(B) = \sigma$, und für den longitudinalen Magnetowiderstand gilt $\Delta\varrho_{\parallel}/\varrho = 0$.

Es sei angemerkt, daß die Gleichungen (1.8), (1.9) und (1.11) nur für ein unendlich ausgedehntes Medium streng gültig sind. In realen Proben endlicher Ausdehnung kommt es durch die stromführenden Kontakte zu einer Verzerrung der Strom- und der Feldlinien, die bei Messungen berücksichtigt werden muß. Damit der Einfluß der Oberflächeneffekte gering gehalten wird, muß die Länge der Proben (in Stromrichtung) groß gegen ihre Querabmessungen sein.

Thermospannung (Seebeck-Effekt). Eine physikalisch ausgezeichnete Richtung tritt nicht nur in einem äußeren Magnetfeld auf, sondern auch beim Vorhandensein eines Temperaturgradienten — auch ohne Magnetfeld. Dies führt zum Auftreten einer Reihe von thermoelektrischen Erscheinungen.

Die wichtigsten thermoelektrischen Effekte in einem homogenen Halbleiter sind das Auftreten einer Thermospannung (Seebeck-Effekt) und der Thomson-Effekt.

Der erstgenannte Effekt besteht darin, daß zwischen den Enden eines stromlosen Leiters, die unterschiedliche Temperaturen besitzen, eine Potentialdifferenz entsteht, d. h. innerhalb des Leiters eine elektromotorische Kraft auftritt. Zur Veranschaulichung dieses Effekts wird ein Stromkreis betrachtet, der aus zwei verschiedenen Leitern, z. B. einem Halbleiter und einem metallischen Leiter, besteht (s. Abb. 1.3). Die Metallelektroden a und b sowie der Leiter selbst sollen dabei aus ein und demselben Material bestehen, und die Enden c und d, die mit dem Voltmeter verbunden sind,

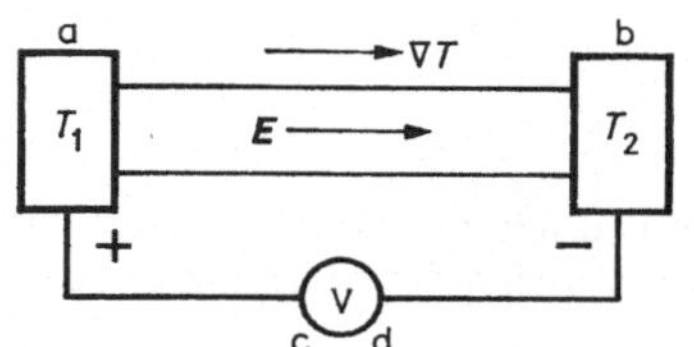

Abb. 1.3
Zur Entstehung der Thermospannung. Das angegebene Vorzeichen der Spannung entspricht positiven Ladungsträgern und $T_2 > T_1$.

mögen die gleiche Temperatur haben. Dann ist die Potentialdifferenz V_0 zwischen diesen Enden gleich dem Spannungsabfall im gesamten Stromkreis. Diese ist gleich der Differenz zwischen der im Halbleiter entstehenden und der im Metall entstehenden Thermospannung. Im Experiment zeigt sich, daß die Thermospannung für einen Stromkreis aus zwei Leitern für kleine Temperaturdifferenzen $(T_2 - T_1)$ durch die Gleichung

$$V_0 = (\alpha_1 - \alpha_2)\,(T_2 - T_1) \tag{1.12}$$

beschrieben werden kann. Die Größen α_1 und α_2 charakterisieren dabei die thermoelektrischen Eigenschaften der Leiter 1 und 2. Sie werden als differentielle Thermospannung des betreffenden Stoffes bezeichnet. Da die Größen selbst temperaturabhängig sind, muß die Temperaturdifferenz in Gl. (1.12) klein sein. Wird der Stromkreis geschlossen, so entsteht in diesem ein Strom $i = V_0/r$, wenn r der Gesamtwiderstand des Stromkreises ist.

In Metallen ist α bei Zimmertemperatur gewöhnlich etwa von der Ordnung 1···10 V/K. Für Halbleiter kann α mehrere hundertmal so groß sein. Daher ist die Thermospannung für einen Stromkreis aus einem Halbleiter und einem Metall praktisch durch die Halbleitereigenschaften gegeben.

Die Entstehung der Thermospannung beruht darauf, daß der Diffusionsstrom der geladenen Teilchen von dem heißeren zum kälteren Ende größer ist als der in umgekehrter Richtung. An den Enden des Leiters und an dessen Oberfläche treten daher elektrische Ladungen auf und innerhalb des Leiters folglich ein elektrisches Feld (siehe Abb. 1.3). Im stationären Zustand ist dieses Feld bei einer offenen Leiterschleife gerade so groß, daß der von diesem hervorgerufene Driftstrom den Diffusionsstrom gerade kompensiert. Die Gesamtspannung, die von einem Voltmeter zwischen den Punkten c und d angezeigt wird, setzt sich aus den Spannungsabfällen innerhalb des Leiters und den Potentialsprüngen in den beiden Kontakten (s. Abschnitt 6.5.) zusammen, wobei diese ebenfalls von der Temperatur abhängen.

Die Größe α kann sowohl positiv als auch negativ sein. Es ist üblich, α als positiv zu zählen, wenn der thermoelektrische Strom innerhalb des Leiters vom heißeren zum kälteren Ende fließt, was der Diffusion positiv geladener Teilchen entspricht.

Um die Polarität der Thermospannung zu bestimmen, braucht man nur das Vorzeichen der Ladung der beweglichen Träger festzustellen. Dafür wird eine

„Thermosonde" — ein beheizter Metallstab, z. B. ein gewöhnlicher elektrischer Lötkolben — verwendet, die auf den zu untersuchenden Halbleiter gepreßt wird. Zwischen den Stab und die kalte Seite der Probe wird ein Millivoltmeter gelegt (Abb. 1.4).

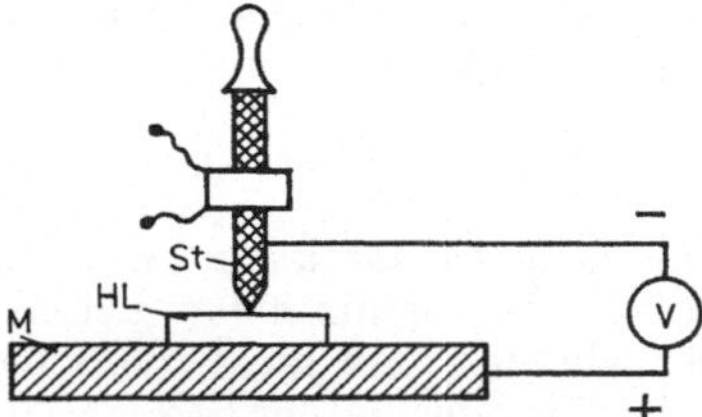

Abb. 1.4
Zur Wirkungsweise der Thermosonde
St — beheizter Stab, *HL* — Halbleiter, *M* — kalte Metallplatte. Das Vorzeichen der Spannung ist für positive Ladungsträger angegeben.

Thomson-Effekt. Existiert in einem homogenen Leiter ein Temperaturgradient in Richtung der x-Achse und fließt in derselben Richtung ein Strom mit der Stromdichte j, dann entwickelt sich in jeder Volumeneinheit pro Zeiteinheit zusätzlich zur Jouleschen Wärme j^2/σ die Wärmemenge

$$-\alpha_T j \frac{\mathrm{d}T}{\mathrm{d}x}. \tag{1.13}$$

Dabei ist α_T der Thomson-Koeffizient, der von der Art und dem Zustand des Materials abhängig ist. Im Unterschied zur Jouleschen Wärme ist die Thomson-Wärme linear in j. Daher wechselt sie bei Umkehrung der Stromrichtung ihr Vorzeichen. Anstelle von Wärmeaufnahme beobachtet man dann Wärmeabgabe und umgekehrt.

Bei Vorhandensein eines Temperaturgradienten fließt im Leiter außerdem noch ein durch die Wärmeleitfähigkeit des Stoffes bedingter Wärmestrom. Dabei ist die Wärmemenge, die pro Zeiteinheit durch eine Oberflächeneinheit in x-Richtung hindurchtritt, gleich

$$-\varkappa \frac{\mathrm{d}T}{\mathrm{d}x} \tag{1.14}$$

mit der Wärmeleitfähigkeit $\varkappa$. Erfährt dieser Wärmestrom eine räumliche Änderung (infolge einer Änderung von $\varkappa$ oder von $\mathrm{d}T/\mathrm{d}x$), dann entwickelt sich im Leitervolumen die Wärme

$$\frac{\mathrm{d}}{\mathrm{d}x}\left(\varkappa \frac{\mathrm{d}T}{\mathrm{d}x}\right).$$

Für den allgemeinen Fall, daß die Richtungen von $\boldsymbol{j}$ und ∇T nicht zusammenfallen, ist die gesamte Wärmeerzeugung pro Zeiteinheit und Volumeneinheit des Leiters gleich

$$Q_V = \frac{j^2}{\sigma} - \alpha_T(\boldsymbol{j} \cdot \nabla T) + \mathrm{div}\,(\varkappa \cdot \nabla T). \tag{1.15}$$

In dieser Gleichung ist der erste Summand die Joulesche, der zweite die Thomsonsche Wärme, und der dritte wird durch die Wärmeleitung verursacht. Im stationären

Zustand ist $Q_V = 0$. Deshalb stellt sich im Leiter eine räumliche Temperaturverteilung ein, bei der die durch Wärmeleitung abgeführte Wärmemenge gerade gleich der Summe aus Joulescher und Thomsonscher Wärme ist.

Peltier-Effekt. Eine reversible Erzeugung von Wärme wird auch an der Kontaktstelle zweier verschiedener Leiter beobachtet. Die Wärmemenge, die pro Zeiteinheit und pro Flächeneinheit des Kontaktes entsteht, ist gleich

$$Q_S = \Pi_{12} j. \tag{1.16}$$

Hierbei bedeuten j die Dichte des Stromes durch den Kontakt und Π_{12} den Peltier-Koeffizienten, der von den Eigenschaften der sich berührenden Leiter abhängt. Durch die Indizes 1, 2 wird zum Ausdruck gebracht, daß die Stromrichtung vom Leiter 1 zum Leiter 2 angenommen wird. Bei Umkehrung der Stromrichtung wird Wärme nicht freigesetzt, sondern verbraucht. Folglich ist $\Pi_{12} = -\Pi_{21}$.

Die grundlegende Ursache für die Abgabe (bzw. Aufnahme) der Peltier-Wärme läßt sich wie folgt erklären:

Die Elektronen transportieren bei ihrer Bewegung nicht nur ihre Ladung, sondern auch die ihnen zugehörige kinetische und potentielle Energie. Existiert in einem Leiter ein Strom, so ist damit stets auch ein bestimmter Energiestrom verknüpft. Zu ein und derselben elektrischen Stromdichte gehört in verschiedenen Leitern jedoch im allgemeinen eine unterschiedliche Energiestromdichte. Die pro Zeiteinheit zu einer Flächeneinheit der Kontaktfläche hintransportierte Energiemenge ist daher nicht gleich der weggeführten. Das bedeutet aber, daß zur Konstanthaltung der Kontakttemperatur entweder Energie abgeführt werden muß (Abgabe von Peltier-Wärme) oder Energie zugeführt werden muß (Aufnahme von Peltier-Wärme).

Die Theorie der Energieübertragung durch Elektronen (siehe Kapitel 8.) läßt den Schluß zu, daß Π_{12} als Differenz dargestellt werden kann,

$$\Pi_{12} = \Pi_1 - \Pi_2, \tag{1.17}$$

wobei Π_1 und Π_2 die Peltier-Koeffizienten des Leiters 1 und des Leiters 2 sind. Diese Theorie zeigt außerdem, daß die thermoelektrischen Koeffizienten α, α_T und Π nicht unabhängig voneinander sind, sondern den Beziehungen

$$\Pi = \alpha T, \tag{1.18}$$

$$\alpha_T = T \frac{d\alpha}{dT} \tag{1.19}$$

genügen.

Aus Gl. (1.18) erkennt man, daß Π proportional zu α ist. Daher ist bei Halbleitern sowohl der Peltier-Koeffizient als auch die Thermokraft weitaus größer als bei Metallen. Andererseits zeigt Gl. (1.19), daß die Thomson-Wärme durch die Temperaturabhängigkeit der Thermokraft α bedingt ist. Hängt α nicht von der Temperatur ab, dann ist die Thomson-Wärme gleich Null.

Die thermoelektrischen Erscheinungen haben interessante Perspektiven im Hinblick auf eine technische Anwendung. Die Thermokraft kann man für den Bau thermoelektrischer Generatoren geringer Leistung nutzen, die für die direkte Umwandlung von Wärmeenergie in elektrische Energie geeignet sind. Durch Anwendung des Peltier-Effekts lassen sich verschiedene thermoelektrische Kühleinrichtungen realisieren. Aber wir wollen uns hier nicht bei diesen Fragen aufhalten und verweisen den Leser auf entsprechende Spezialliteratur.

Nernst-Ettinghausen-Effekt. Wird ein Halbleiter, in dem ein Temperaturgradient vorliegt, in ein Magnetfeld gebracht, so treten verschiedene thermomagnetische Effekte auf. Am interessantesten ist der transversale Nernst-Ettinghausen-Effekt, der in der Ausbildung eines elektrischen Feldes $\boldsymbol{E}$ senkrecht zu ∇T und zu $\boldsymbol{B}$, d. h. in Richtung des Vektors $[\nabla T \times \boldsymbol{B}]$, besteht. Wenn der Temperaturgradient in x-Richtung und die magnetische Induktion in z-Richtung liegt, ist das elektrische Feld parallel zur y-Achse. Deshalb entsteht zwischen gegenüberliegenden Kontakten a und b (Abb. 1.5) eine Differenz u des elektrischen Potentials. Die Größe E_y kann man folgendermaßen ausdrücken:

$$E_y = \frac{u}{d} = q_\perp B_z \frac{\mathrm{d}T}{\mathrm{d}x}. \tag{1.20}$$

Dabei ist $q_\perp$ der sogenannte Nernst-Ettinghausen-Koeffizient, der von den Eigenschaften des Halbleiters abhängt und sowohl positiv als auch negativ sein kann.

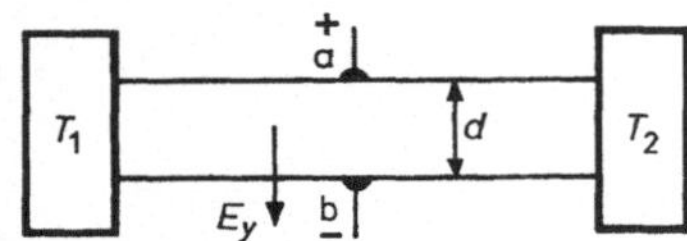

Abb. 1.5
Zur Entstehung des transversalen Nernst-Ettinghausen-Effekts.
Der Vektor der magnetischen Induktion steht senkrecht zur Zeichenebene.

Um eine Vorstellung von der Größenordnung dieses Effekts zu vermitteln, weisen wir darauf hin, daß beispielsweise in Germanium mit einem spezifischen Widerstand von $\sim 1\,\Omega$ cm bei Zimmertemperatur, $B \sim 10^3$ G und $\mathrm{d}T/\mathrm{d}x \sim 10^2$ K/cm eine Feldstärke $E_y \sim 10^{-2}$ V/cm beobachtet wird. Der Wert von $q_\perp$ und demzufolge auch der von E_y hängt stark von der Probentemperatur und vom Magnetfeld ab und kann bei einer Änderung dieser Größen sogar das Vorzeichen wechseln. Der betrachtete Effekt basiert auf derselben Ursache wie der Hall-Effekt, d. h. auf der Ablenkung des Ladungsträgerstromes durch die Lorentz-Kraft. Der Unterschied beider besteht nur darin, daß beim Hall-Effekt der gerichtete Teilchenstrom durch Drift im elektrischen Feld entsteht, hier aber durch Diffusion.

Es ist leicht zu sehen, daß das Vorzeichen von $q_\perp$ im Unterschied zu dem der Hall-Konstante nicht vom Vorzeichen der Ladung abhängt. Tatsächlich führt eine Änderung des Ladungsvorzeichens bei der Drift im elektrischen Feld zu einer Umkehrung der Driftrichtung, was auch eine Vorzeichenänderung des Hall-Feldes mit sich bringt (vgl. Abb. 1.2). Im vorliegenden Fall dagegen ist der Diffusionsstrom stets vom erwärmten Probenende zum kalten gerichtet, unabhängig vom Vorzeichen der Ladung der Teilchen. Daher hat die Lorentz-Kraft für positive und negative Ladungsträger entgegengesetzte Richtung, wobei die Bewegungsrichtung der betreffenden elektrischen Ladungen in beiden Fällen ein und dieselbe ist.

Righi-Leduc-Effekt. In einem Halbleiter, in dem ein Temperaturgradient vorliegt, bildet sich bei Einschalten eines Magnetfeldes auch ein (bezüglich des ursprünglichen

Wärmestromes und der Richtung von $\boldsymbol{B}$) transversaler Temperaturunterschied aus (Abb. 1.6). Den Betrag des transversalen Temperaturgradienten kann man in der Form

$$\frac{\partial T}{\partial y} = S B_z \frac{\partial T}{\partial x} \tag{1.21}$$

schreiben mit dem Righi-Leduc-Koeffizienten S, der die Eigenschaften des verwendeten Materials charakterisiert. Der Righi-Leduc-Effekt hängt damit zusammen, daß die diffundierenden Ladungsträger Wärme mit sich führen. Ohne Magnetfeld ist der Wärmestrom vom erwärmten Ende der Probe zum kalten gerichtet, d. h. parallel zu $-\nabla_x T$. Im Magnetfeld werden der Diffusionsstrom und damit der Wärmestrom durch die Lorentz-Kraft um einen gewissen Winkel abgelenkt. Infolgedessen entsteht eine Wärmestromkomponente in y-Richtung, was auch zum Auftreten einer Komponente $\nabla_y T$ des Temperaturgradienten führt. Da die Richtung der Lorentz-Kraft bei gegebener Diffusionsrichtung vom Vorzeichen der geladenen Teilchen abhängt, haben der Ablenkwinkel des Wärmestromes und damit auch der Koeffizient S für positive und negative Ladungsträger unterschiedliche Vorzeichen.

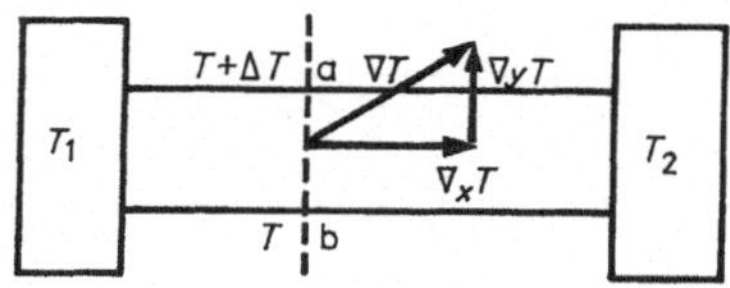

Abb. 1.6
Zum transversalen Righi-Leduc-Effekt

Longitudinale thermomagnetische Effekte. Neben den bisher betrachteten transversalen thermomagnetischen Effekten werden in Halbleitern auch longitudinale beobachtet. Verläuft der ursprüngliche Wärmestrom in x-Richtung, so entsteht bei Einschalten eines transversalen Magnetfeldes nicht nur ein transversaler, sondern auch ein longitudinaler Potentialunterschied (longitudinaler Nernst-Ettinghausen-Effekt). Diesen Effekt kann man als Änderung der Thermokraft in einem transversalen Magnetfeld interpretieren.

Wird nach Einschalten des Magnetfeldes der Wärmestrom längs der x-Achse (Abb. 1.6) konstant gehalten, dann bildet sich zusätzlich zu dem transversalen Temperaturunterschied (längs der y-Achse) eine longitudinale Temperaturdifferenz in x-Richtung aus (longitudinaler Righi-Leduc-Effekt). Diese entsteht infolge der Änderung der Wärmeleitfähigkeit im Magnetfeld.

Ergänzend sei bemerkt, daß die Werte der kinetischen Koeffizienten bei Veränderung des Wärmeaustausches zwischen Probe und Umgebung variieren können. Aus diesem Grund unterscheidet man isotherme und adiabatische Effekte. Isotherm heißen die Effekte, bei denen die transversalen Temperaturgradienten (in y- und z-Richtung) gleich Null sind. Adiabatische heißen solche Effekte, bei denen die transversalen Wärmeströme gleich Null sind. Eine Ausnahme stellt offenbar lediglich der Righi-Leduc-Effekt dar, der per definitionem nicht isotherm sein kann.

Außer den erwähnten Effekten gehören natürlich auch die Prozesse der Diffusion und der Wärmeleitung zu den Transporterscheinungen.

Die Werte der verschiedenen kinetischen Koeffizienten — der elektrischen Leitfähigkeit, der Hall-Konstante, der Thermokraft u. a. — hängen wesentlich von den Eigenschaften der beweglichen Ladungsträger ab: von ihrer Ladung, ihrer Masse, ihrem Energiespektrum im Kristall und ebenso von den Besonderheiten ihrer Wechselwirkung mit dem Kristallgitter. Daher erhält man aus der Untersuchung der Transporterscheinungen umfangreiche Informationen über die elektronischen Prozesse in den Halbleitern.

Die Theorie der Transporterscheinungen wird in Kapitel 14. behandelt. Eine elementare Betrachtung der galvanomagnetischen Effekte ist aber bereits an dieser Stelle zweckmäßig, da sie unmittelbar die Interpretation einer Reihe wichtiger experimenteller Fakten gestattet.

1.2. Die Relaxationszeit

Die Bewegung der Elektronen im Kristall unterliegt den Gesetzen der Quantenmechanik. Man kann die Bewegungsgleichungen jedoch in einigen Fällen auch klassisch formulieren, wenn man dem Elektron anstelle der Masse m_0 des freien Elektrons die sogenannte effektive Masse (siehe Kapitel 4.) zuschreibt. Deshalb bedienen wir uns in diesem Kapitel der korpuskularen Beschreibungsweise und betrachten die Elektronen als klassische Teilchen. Außerdem werden wir die effektive Masse zunächst als skalare Größe ansehen. Um die mittlere Geschwindigkeit der geordneten Bewegung der Elektronen zu ermitteln, wird zunächst das Verteilungsgesetz für die freien Flugzeiten bestimmt. Wir nehmen dazu an, daß eine große Zahl N_0 von Elektronen gleichzeitig im Zeitpunkt $t = 0$ einen Stoß erfahren haben. $N(t)$ sei die Zahl der Elektronen aus dieser Gesamtheit, die im nachfolgenden Zeitintervall von 0 bis t keinen Stoß erleiden. Dann können wir annehmen, daß die Anzahl $\mathrm{d}N$ dieser Elektronen, die im Zeitintervall $(t, t + \mathrm{d}t)$ an Stößen beteiligt sind, proportional zu $N(t)$ und der Intervallbreite $\mathrm{d}t$ sein wird, so daß sich die Zahl N der Elektronen dabei um $\mathrm{d}N$ verringert. Folglich gilt

$$-\mathrm{d}N = N \frac{\mathrm{d}t}{\tau} \tag{2.1}$$

mit dem Proportionalitätsfaktor $1/\tau$. Diese Größe hat die Bedeutung der Wahrscheinlichkeit dafür, daß ein Elektron pro Zeiteinheit einen Stoß erfährt. Integriert man die obige Gleichung und berücksichtigt man dabei, daß zur Anfangszeit $t = 0$ noch mit keinem Elektron ein Stoßprozeß stattgefunden hat, so erhält man

$$N = N_0 \exp\left(-\frac{t}{\tau}\right).$$

Deshalb ergibt sich für die Zahl der Stöße im Zeitintervall von t bis $t + \mathrm{d}t$

$$\mathrm{d}N = N_0 \exp\left(-\frac{t}{\tau}\right) \cdot \frac{\mathrm{d}t}{\tau}.$$

Statt für jedes der N_0 Elektronen einen freien Flug zu betrachten, kann man auch die Bewegung eines Elektrons über eine solche Zeitdauer verfolgen, die eine große Anzahl von Stößen erfaßt. Daher lassen sich die obigen Ergebnisse auch auf die Bewegung eines Elektrons anwenden, wenn man unter N_0 eine große Zahl freier Flüge versteht. Selbstverständlich muß diese Zahl hinreichend groß sein, damit die

Gesetze der Statistik angewendet werden können. Die Wahrscheinlichkeit dafür, daß die freie Flugzeit eines beliebigen Elektrons in das Intervall von t bis $t + dt$ fällt, ist gleich

$$f(t)\,dt = \frac{dt}{\tau} \exp\left(-\frac{t}{\tau}\right). \tag{2.2}$$

Dabei gilt, wie man sich leicht überzeugen kann,

$$\int_0^\infty f(t)\,dt = 1. \tag{2.3}$$

Die hier auftretende Konstante τ hat eine anschauliche physikalische Bedeutung, die bei der Berechnung der mittleren freien Flugzeit deutlich wird. Diese ist nach der Definition des Mittelwertes einer beliebigen Größe gleich

$$\bar{t} = \int_0^\infty t\, f(t)\,dt.$$

Dabei bezeichnet $f(t)$ die auf eins normierte Wahrscheinlichkeit dafür, daß die betrachtete Größe den Wert t hat. Setzen wir für $f(t)$ den Ausdruck (2.2) ein, dann erhalten wir

$$\bar{t} = \tau. \tag{2.4}$$

Die Konstante τ ist also gleich der mittleren freien Flugzeit.

Wir hatten weiter oben τ als konstant angenommen. Diese Annahme trifft jedoch eigentlich nicht zu. Das Problem besteht darin, daß wir es, wenn wir von Elektronenstößen sprechen, mit Impulsänderungen zu tun haben, die aufgrund der Wechselwirkung zwischen den Elektronen und verschiedenen Gitterstörungen (hervorgerufen durch die Wärmebewegung, Fremdatome und Baufehler) entstehen. Die Ergebnisse dieser Wechselwirkung aber sind abhängig vom Bewegungszustand des Elektrons und insbesondere von seiner Gesamtenergie. Insofern kann τ für verschiedene Elektronen verschiedene Werte haben. Eine der einfachsten Annahmen besteht darin, daß τ nur von der Gesamtenergie des Elektrons abhängt.

Bei der Untersuchung der Flugzeitverteilung für eine Gesamtheit von Elektronen wurde stillschweigend vorausgesetzt, daß entweder τ energieunabhängig ist oder die Energien aller Elektronen dicht beieinander liegen, so daß τ als konstant angesetzt werden kann. Ebenso müssen wir bei Anwendung der Verteilung (2.2) auf ein einzelnes Elektron voraussetzen, daß sich die Gesamtenergie des Elektrons bei seiner Bewegung nicht wesentlich ändert.

Für ein einzelnes Elektron ist diese Annahme in vielen Fällen gerechtfertigt. Das trifft dann zu, wenn erstens die elektrischen Felder nicht allzu stark sind, so daß die Energie, die das Elektron bei seiner geordneten Bewegung während eines freien Fluges gewinnt, klein gegen die Energie der thermischen Bewegung ist, und wenn zweitens diese Energie nicht gespeichert, sondern durch Stoßprozesse an das Gitter abgegeben wird. Bei der Bestimmung des Mittelwertes $\langle\tau\rangle$ für die Gesamtheit der Elektronen muß man dagegen berücksichtigen, daß die Elektronen in einem Festkörper ganz unterschiedliche Energien haben können und τ somit eigentlich als energieabhängig anzusehen ist. Die Größe $\langle\tau\rangle \equiv \tau_p$ nennt man Impulsrelaxationszeit. Sie wird in Kapitel 13. ausführlicher betrachtet.

1.3. Elementare Theorie galvanomagnetischer Erscheinungen

Tensor der elektrischen Leitfähigkeit im magnetischen Feld. Unter Verwendung des Begriffs der Relaxationszeit kann man den Tensor $\sigma_{\alpha\beta}$ der elektrischen Leitfähigkeit im Magnetfeld berechnen, der — wie wir sahen — bestimmend ist für alle galvanomagnetischen Effekte. Zu diesem Zweck betrachten wir zunächst die Bewegung eines Teilchens zwischen zwei aufeinanderfolgenden Stößen und mitteln dann das Ergebnis über alle freien Flüge. Dies gestattet uns, die Driftgeschwindigkeit $\langle \boldsymbol{v} \rangle$ zu ermitteln und damit auch die Stromdichte, woraus sich dann unmittelbar die Elemente des Tensors $\sigma_{\alpha\beta}$ bestimmen lassen.

Die magnetische Induktion $\boldsymbol{B}$ sei parallel zur z-Achse eines rechtwinkligen Koordinatensystems. Dann hat die auf das Teilchen wirkende Lorentz-Kraft die Komponenten

$$F_x = eE_x + \frac{1}{c} e\dot{y}B, \qquad F_y = eE_y - \frac{1}{c} e\dot{x}B, \qquad F_z = eE_z$$

mit der Teilchenladung e und den Geschwindigkeitskomponenten $\dot{x}$ und $\dot{y}$ in x- und y-Richtung. Die Bewegungsgleichung für die Bewegung zwischen aufeinanderfolgenden Stößen hat die Form

$$\ddot{x} = \frac{e}{m} E_x + \omega_c \dot{y}, \qquad \ddot{y} = \frac{e}{m} E_y - \omega_c \dot{x}, \qquad \ddot{z} = \frac{e}{m} E_z, \tag{3.1}$$

wobei ω_c die „Zyklotronfrequenz“

$$\omega_c = \frac{eB}{cm} \tag{3.2}$$

bezeichnet, d. h. die (Kreis-) Frequenz der gleichförmigen Kreisbewegung eines Teilchens im Magnetfeld, die unabhängig vom Bahnradius und von der Teilchenenergie ist.

Als Anfangsbedingungen wählen wir wiederum

$$t = 0: \qquad x = y = z = 0, \qquad \dot{x} = \dot{y} = \dot{z} = 0. \tag{3.3}$$

Die Lösung der letzten der Gleichungen (3.1) ergibt sich sofort zu

$$z = \frac{e}{m} E_z t^2. \tag{3.4}$$

Da die Lorentz-Kraft bei der gewählten Richtung von $\boldsymbol{B}$ in der x-y-Ebene liegt, ändert sich die Bewegung in z-Richtung im Magnetfeld nicht. Die Lösungen der ersten beiden Gleichungen von (3.1), die die Randbedingungen erfüllen, haben dagegen die Gestalt

$$\begin{aligned} x - a &= -a \cos \omega_c t - b \sin \omega_c t + b\omega_c t, \\ y - b &= -b \cos \omega_c t + a \sin \omega_c t - a\omega_c t, \end{aligned} \tag{3.5}$$

was sich durch Einsetzen leicht bestätigen läßt. Hierbei sind a und b Konstanten mit der Dimension einer Länge:

$$a = \frac{1}{\omega_c^2} \frac{e}{m} E_x, \qquad b = \frac{1}{\omega_c^2} \frac{e}{m} E_y. \tag{3.6}$$

Diese Bewegung hat einen einfachen Charakter: Die letzten Summanden in (3.5) beschreiben die Translationsbewegung in der x-y-Ebene mit der konstanten Geschwindigkeit v_t. Ihre Komponenten in den Achsenrichtungen sind

$$v_{tx} = b\omega_c = \frac{E_y}{B}; \qquad v_{ty} = -a\omega_c = -\frac{E_x}{B}. \tag{3.7}$$

Dabei ist das Skalarprodukt $(\boldsymbol{v}_t\boldsymbol{E}) = v_{tx}E_x + v_{ty}E_y = 0$, und folglich steht $\boldsymbol{v}_t$ senkrecht auf $\boldsymbol{E}$ (und senkrecht auf $\boldsymbol{B}$). Die übrigen Terme in (3.5) beschreiben eine gleichmäßige Drehbewegung mit der Frequenz ω_c auf dem Kreis $(x - a)^2 + (y - b)^2 = a^2 + b^2$, dessen Mittelpunkt im Punkt (a, b) liegt. Im Ergebnis der Überlagerung dieser beiden Bewegungen durchläuft das Teilchen eine Zykloide, die in Abb. 1.7 dargestellt ist.

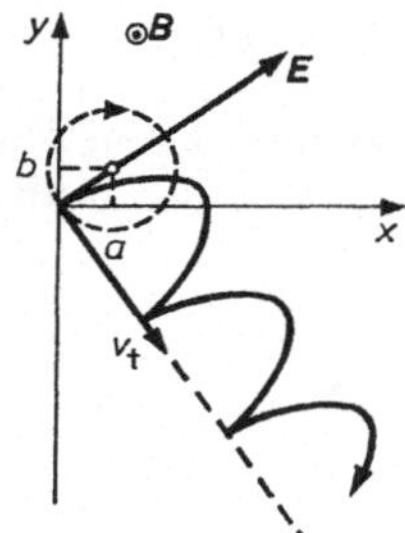

Abb. 1.7
Bewegung eines geladenen Teilchens in gekreuzten elektrischen und magnetischen Feldern

Multipliziert man x, y und z mit der Wahrscheinlichkeit (2.2) dafür, daß das Teilchen die freie Flugzeit t hat, und integriert man über t von 0 bis ∞, so erhält man die mittleren Translationen $\bar{x}$, $\bar{y}$ und $\bar{z}$ für ein Teilchen. Dividiert man die so erhaltenen Mittelwerte dann noch durch τ, so ergeben sich die mittleren Geschwindigkeiten $\bar{v}_x$, $\bar{v}_y$, $\bar{v}_z$. Unter Berücksichtigung von

$$\int_0^\infty \exp\left(-\frac{t}{\tau}\right) \sin \omega_c t \cdot \frac{dt}{\tau} = \frac{\omega_c \tau}{1 + \omega_c^2 \tau^2},$$

$$\int_0^\infty \exp\left(-\frac{t}{\tau}\right) \cos \omega_c t \cdot \frac{dt}{\tau} = \frac{1}{1 + \omega_c^2 \tau^2}$$

erhält man

$$\begin{aligned} \bar{v}_x &= \frac{e}{m} E_x \frac{\tau}{1 + \omega_c^2\tau^2} + \omega_c \frac{e}{m} E_y \frac{\tau^2}{1 + \omega_c^2\tau^2}, \\ \bar{v}_y &= \frac{e}{m} E_y \frac{\tau}{1 + \omega_c^2\tau^2} - \omega_c \frac{e}{m} E_x \frac{\tau^2}{1 + \omega_c^2\tau^2}, \\ \bar{v}_z &= \frac{e}{m} E_z \tau. \end{aligned} \tag{3.8}$$

Um zu den Driftgeschwindigkeiten zu kommen, hat man diese Werte noch über alle Teilchen zu mitteln. Als Abkürzungen führen wir die Bezeichnungen

$$\zeta_1 = \left\langle \frac{\tau}{1 + \omega_c^2 \tau^2} \right\rangle, \qquad \zeta_2 = \left\langle \frac{\tau^2}{1 + \omega_c^2 \tau^2} \right\rangle \quad . \tag{3.9}$$

ein, wobei das Symbol $\langle \ldots \rangle$ wie oben die Mittelung über alle Teilchen bedeutet. Dann erhält man für die Stromdichten

$$\begin{aligned} j_x &= en\langle v_x \rangle = \frac{e^2 n}{m} (\zeta_1 E_x + \omega_c \zeta_2 E_y), \\ j_y &= en\langle v_y \rangle = \frac{e^2 n}{m} (-\omega_c \zeta_2 E_x + \zeta_1 E_y), \\ j_z &= en\langle v_z \rangle = \frac{e^2 n}{m} \langle \tau \rangle \, E_z . \end{aligned} \tag{3.10}$$

Aus dem Vergleich dieser Ausdrücke mit den Beziehungen (1.5) ergeben sich die Elemente des Tensors der elektrischen Leitfähigkeit zu

$$\begin{aligned} &\sigma_{xx} = \sigma_{yy} = \frac{e^2 n}{m} \zeta_1, \qquad \sigma_{xy} = -\sigma_{yx} = \omega_c \frac{e^2 n}{m} \zeta_2, \\ &\sigma_{zz} = \frac{e^2 n}{m} \langle \tau \rangle, \qquad \sigma_{xz} = \sigma_{zx} = \sigma_{yz} = \sigma_{zy} = 0 . \end{aligned} \tag{3.11}$$

Ohne Magnetfeld ist $\omega_c = 0$, und die Nichtdiagonalelemente von $\boldsymbol{\sigma}_{\alpha\beta}$ sind sämtlich gleich Null. Dann ist $\zeta_1 = \langle \tau \rangle$, und alle Diagonalelemente stimmen überein. Die elektrische Leitfähigkeit wird damit zu einem Skalar:

$$\sigma = \frac{e^2 n}{m} \langle \tau \rangle . \tag{3.12}$$

Die Beweglichkeit der Ladungsträger ist ohne Magnetfeld

$$\mu = \frac{e}{m} \langle \tau \rangle . \tag{3.13}$$

Sie wird durch den Betrag (und das Vorzeichen) der spezifischen Ladung und durch die mittlere Relaxationszeit bestimmt.

Um die Zahlenwerte der $\sigma_{\alpha\beta}$ zu erhalten, hat man eine Mittelung gemäß Gl. (3.9) für ζ_1 und ζ_2 auszuführen. Dafür ist es notwendig, die Mittelungsvorschrift, die durch das Symbol $\langle \ldots \rangle$ gekennzeichnet wird, explizit festzulegen. Wir kommen darauf in Kapitel 13. zurück und beschränken uns hier auf Ergebnisse, die eine tatsächliche Ausführung der genannten Mittelung nicht erfordern.

Hall-Winkel und Hall-Konstante. Durch Einsetzen der für σ_{xx} und σ_{xy} gefundenen Beziehungen (3.11) in (1.8) erhält man für den Hall-Winkel den Ausdruck

$$\tan \varphi = \frac{\sigma_{xy}}{\sigma_{xx}} = \omega_c \frac{\zeta_2}{\zeta_1}$$

oder, wenn für ω_c der Ausdruck (3.2) eingesetzt wird,

$$\tan\varphi = \frac{1}{c}\,\mu_H B, \tag{3.14}$$

wobei die Bezeichnung

$$\mu_H = \frac{e}{m}\,\frac{\zeta_2}{\zeta_1} \tag{3.15}$$

eingeführt wurde. Da der Quotient ζ_2/ζ_1 die Dimension einer Zeit hat, ist μ_H von der Dimension einer Beweglichkeit. Die Größe μ_H ist jedoch im allgemeinen nicht gleich der Driftbeweglichkeit μ, die durch (3.13) gegeben ist. Die über den Hall-Effekt ermittelte Beweglichkeit μ_H wird als Hall-Beweglichkeit bezeichnet. In schwachen Magnetfeldern, die der Bedingung

$$\tan\varphi \simeq \omega_c\tau \ll 1 \tag{3.16}$$

genügen, erhält man $\zeta_1 \simeq \langle\tau\rangle$, $\zeta_2 \simeq \langle\tau^2\rangle$. In diesem Fall gilt

$$\mu_H = \frac{e}{m}\,\frac{\langle\tau^2\rangle}{\langle\tau\rangle}. \tag{3.15a}$$

Die Hall-Konstante ergibt sich unmittelbar aus Gl. (1.9). Beschränkt man sich auf den Fall nicht sehr starker Magnetfelder, die die Bedingung (3.16) erfüllen, dann ist $\sigma_{xy} \ll \sigma_{xx}$ und außerdem $\sigma_{xx} \simeq \sigma = en\mu$. Damit gilt

$$R \simeq \frac{\sigma_{xy}}{B\sigma^2} = \frac{\tan\varphi}{B\sigma} = \gamma\,\frac{1}{cen} \tag{3.17}$$

mit $\gamma = \mu_H/\mu$. Daraus ist ersichtlich, daß man bei bekanntem „Hall-Faktor" γ aus Messungen der Hall-Konstanten die Ladungsträgerkonzentration n bestimmen kann. Das Produkt aus Hall-Konstante und spezifischer elektrischer Leitfähigkeit ist

$$R\sigma = \frac{1}{c}\,\mu_H \tag{3.18}$$

und liefert die Hall-Beweglichkeit μ_H.

Verweilen wir noch etwas bei dem Faktor γ. Für schwache Magnetfelder erhalten wir aus (3.15a) und (3.13)

$$\gamma = \frac{\langle\tau^2\rangle}{\langle\tau\rangle^2}. \tag{3.19}$$

Da der Mittelwert des Quadrates immer größer als das Quadrat des Mittelwertes (oder gleich diesem) ist, gilt stets $\gamma \gtrsim 1$. Hängt τ nicht von der Energie ab, dann ist $\langle\tau\rangle = \tau$, $\langle\tau^2\rangle = \tau^2$ und deshalb $\gamma = 1$. Für die Ermittlung von γ muß man die Abhängigkeit der Relaxationszeit von der Energie kennen. Diese wird davon bestimmt, welche Arten von Impulsstreuprozessen im betrachteten Halbleiter bei gegebener Temperatur die dominierende Rolle spielen. Daher hat γ in den verschiedenen Fällen auch unterschiedliche Werte. Wir wollen hier ohne Herleitung (siehe Kapitel 14.) einige besonders wichtige Fälle angeben.

Wenn der Halbleiter relativ rein ist (d. h., wenn er nicht in hohen Konzentrationen Fremdatome enthält), seine Temperatur hinreichend hoch und außerdem die Konzentration beweglicher Teilchen nicht zu groß ist (also ein sogenannter nichtentarteter Halbleiter vorliegt), dominieren die durch thermische Gitterschwingungen hervorgerufenen Streuprozesse. In diesem Fall ist $\gamma = 3\pi/8 = 1{,}18$.

Befindet sich der Halbleiter dagegen auf niedriger Temperatur, so daß die Gitterstreuung schwach ist, und enthält er eine beträchtliche Anzahl geladener Fremdatome, so spielt die Streuung an diesen Störstellen die Hauptrolle. Die Rechnung ergibt $\gamma = 315\,\pi/512 \simeq 1{,}93$.

Haben wir schließlich einen Leiter mit hoher Konzentration beweglicher Teilchen, wie es z. B. bei Metallen (sogenannten entarteten Leitern) der Fall ist, so ist $\gamma = 1$.

Allerdings ist γ in allen aufgeführten Fällen von der Größenordnung 1, wobei die verschiedenen Werte in dem vergleichsweise schmalen Intervall zwischen 1 und 2 liegen. Deshalb ist für viele Fälle, in denen keine große Genauigkeit gefordert ist, die Frage nach der Art des dominierenden Streuprozesses nicht sehr wesentlich, und man kann als Näherung $\gamma \simeq 1$ annehmen.

Magnetische Widerstandsänderung (Magnetowiderstand). Durch Einsetzen von σ_{xx} und σ_{xy} aus (3.11) in (1.11) erhält man

$$\sigma_\perp(B) = \frac{e^2 n}{m}\left(\zeta_1 + \omega_c^2 \frac{\zeta_2^2}{\zeta_1}\right).$$

Wir wollen nun die relative Änderung $\Delta\sigma_\perp/\sigma$ der elektrischen Leitfähigkeit bestimmen, wobei $\Delta\sigma_\perp = \sigma_\perp(B) - \sigma$ ist und $\sigma = e^2 n\langle\tau\rangle/m$ die elektrische Leitfähigkeit ohne Magnetfeld. Unter Berücksichtigung von

$$\zeta_1 - \langle\tau\rangle = \left\langle\frac{\tau}{1 + \omega_c^2\tau^2} - \tau\right\rangle = -\omega_c^2\zeta_3,$$

mit der Abkürzung

$$\zeta_3 = \left\langle\frac{\tau^3}{1 + \omega_c^2\tau^2}\right\rangle, \tag{3.20}$$

erhält man

$$-\frac{\Delta\sigma_\perp}{\sigma} = \frac{\Delta\varrho_\perp}{\varrho} = \omega_c^2\,\frac{\zeta_3 - \zeta_2^2/\zeta_1}{\langle\tau\rangle}. \tag{3.21}$$

Da ω_c proportional zur magnetischen Induktion B ist und alle Größen in (3.21) ω_c^2 enthalten, ist die Widerstandsänderung im Magnetfeld (wie zu erwarten) ein gerader Effekt, d. h. unabhängig von der Richtung des Magnetfeldes. Die Abhängigkeit von $\Delta\sigma$ von B ist im allgemeinen nicht quadratisch, sondern weitaus komplizierter.

Wie beim Hall-Effekt stellen auch hier schwache Magnetfelder, die der Bedingung (3.16) genügen, einen wichtigen Grenzfall dar. Man kann dann die Ausdrücke für ζ_1, ζ_2 und ζ_3 in eine Reihe nach Potenzen von $(\omega_c\tau)^2$ entwickeln und in (3.21) alle Glieder von höherer als 1. Ordnung in $(\omega_c\tau)^2$ vernachlässigen. Danach ergibt (3.21)

$$-\frac{\Delta\sigma_\perp}{\sigma} = \frac{\Delta\varrho_\perp}{\varrho} = \varkappa_\perp^2 B^2 \tag{3.22}$$

mit

$$\varkappa_\perp^2 = \left(\frac{e}{cm}\right)^2 \frac{\langle\tau^3\rangle\langle\tau\rangle - \langle\tau^2\rangle^2}{\langle\tau\rangle^2}. \tag{3.23}$$

In schwachen Feldern ist die Widerstandsänderung im Magnetfeld proportional dem Quadrat der magnetischen Induktion. Hinge τ nicht von der Energie ab, dann wäre $\varkappa_\perp^2 = 0$, und folglich träte eine Widerstandsänderung (in schwachen Feldern) überhaupt nicht auf. Wir merken jedoch an, daß bei Anwesenheit zweier (oder mehrerer) verschiedener Teilchensorten die Widerstandsänderung nicht mehr gleich Null ist, auch wenn τ nicht von der Energie abhängt. Wir betrachten nun den anderen Grenzfall sehr starker Magnetfelder:

$$(\omega_c\tau)^2 \gg 1. \tag{3.24}$$

Allerdings müssen wir dabei eine wichtige Einschränkung machen. Da geladene Teilchen im Magnetfeld eine Präzessionsbewegung ausführen, ist diese Bewegung gequantelt (ausführlicher siehe dazu Abschnitt 4.5.). Damit die von uns benutzte klassische Beschreibungsweise anwendbar bleibt, müssen die mit dieser Bewegung verbundenen Energiequanten $\hbar\omega_c$ klein sein gegen die mittlere Energie kT der Wärmebewegung. Deshalb werden wir unter starken Feldern solche Felder verstehen, die einerseits der Bedingung (3.24) und andererseits der Bedingung

$$\frac{\hbar\omega_c}{kT} \ll 1 \tag{3.25}$$

genügen. (Für stark entartete Halbleiter geht statt kT die Fermi-Energie ein, siehe weiter unten.)

Für ein starkes Feld ist es günstiger, nicht die Änderung der elektrischen Leitfähigkeit, sondern die Leitfähigkeit selbst zu betrachten. Entwickeln wir jetzt ζ_1, ζ_2 und ζ_3 in eine Reihe nach Potenzen der kleinen Größe $1/(\omega_c\tau)^2$ und vernachlässigen Glieder zweiter und höherer Ordnung, so erhalten wir nach einfachen Umformungen

$$\sigma_\infty = \frac{e^2 n}{m} \left\langle \frac{1}{\tau} \right\rangle^{-1}.$$

Die elektrische Leitfähigkeit hört im sehr starken Magnetfeld auf, von dessen Feldstärke abzuhängen, und nimmt den konstanten Wert σ_∞ an. Das Verhältnis der Grenzwerte der elektrischen Leitfähigkeit bzw. des spezifischen Widerstandes beträgt

$$\frac{\sigma}{\sigma_\infty} = \frac{\varrho_\infty}{\varrho} = \left\langle \frac{1}{\tau} \right\rangle \langle \tau \rangle. \tag{3.26}$$

Dieses Ergebnis wurde wie schon vorhergehende Resultate unter der Voraussetzung erhalten, daß effektive Masse und Relaxationszeit nicht von der Bewegungsrichtung abhängen. Tatsächlich kann aber die effektive Masse stark richtungsabhängig sein und ist dann kein Skalar, sondern ein Tensor zweiter Stufe (siehe Kapitel 3.). Die Ausdrücke für die Hall-Konstante und für die Widerstandsänderung im Magnetfeld werden in diesen Fällen komplizierter. Dieser Umstand bringt keine prinzipiellen Veränderungen in die Gesetzmäßigkeiten des Hall-Effekts hinein, kann aber für die magnetische Widerstandsänderung entscheidende Bedeutung haben. Insbesondere kann in diesem Fall ein zum elektrischen Feld paralleles Magnetfeld ebenfalls zu einer Widerstandsänderung führen. Das Verhältnis ϱ_∞/ϱ kann sich in starken Magnetfeldern als magnetfeldabhängig erweisen (siehe Kapitel 13).

1.4. Gemischte Leitfähigkeit

Wie wir im folgenden noch sehen werden, zwingen Beobachtungen an Halbleitern oftmals zu der Annahme, daß Teilchen verschiedener Art am Transport elektrischer Ladung beteiligt sind. Daher ist es für die weiteren Erörterungen erforderlich, die in den vorangegangenen Abschnitten erzielten Ergebnisse auf den Fall der gleichzeitigen Anwesenheit verschiedener Ladungsträger zu verallgemeinern.

Hall-Effekt. Eine qualitative Darstellung des Hall-Effekts bei zwei verschiedenen Teilchensorten zeigt Abb. 1.8. Es sei angenommen, daß die eine Teilchensorte positiv und die andere negativ geladen ist. Dann sind die Stromdichtevektoren $\boldsymbol{j}_{\mathrm{p}}$ der positiven und $\boldsymbol{j}_{\mathrm{n}}$ der negativen Teilchen so gerichtet, daß der Vektor $\boldsymbol{E}$ des resultierenden

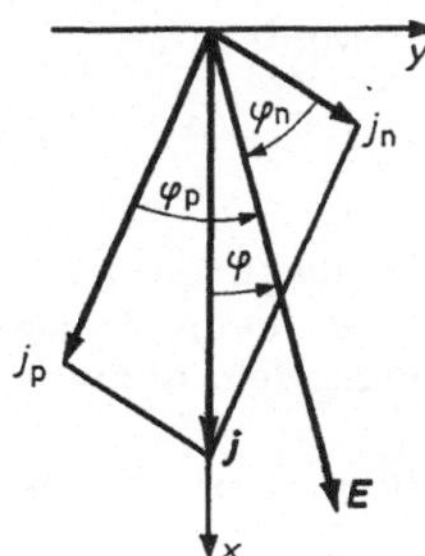

Abb. 1.8
Der Hall-Effekt bei gemischter Leitfähigkeit

elektrischen Feldes bezüglich $\boldsymbol{j}_{\mathrm{p}}$ um den Hall-Winkel φ_{p} in positiver und bezüglich $\boldsymbol{j}_{\mathrm{n}}$ um den Winkel φ_{n} in negativer Richtung gedreht ist. Die resultierende Stromdichte ist gleich $\boldsymbol{j} = \boldsymbol{j}_{\mathrm{p}} + \boldsymbol{j}_{\mathrm{n}}$. Der resultierende Hall-Winkel φ, den man im Experiment beobachtet, ist der Winkel, um den der Vektor $\boldsymbol{E}$ bezüglich des Vektors $\boldsymbol{j}$ gedreht wird. Dieser Winkel kann je nach Betrag und Richtung von $\boldsymbol{j}_{\mathrm{p}}$ und $\boldsymbol{j}_{\mathrm{n}}$ sowohl positiv als auch negativ sein, je nach dem Verhältnis der Konzentrationen und der Beweglichkeiten der beiden Teilchensorten.

Für die Berechnung des resultierenden Hall-Winkels kommen wir noch einmal auf die Ausdrücke für die durch Teilchen der Sorte i hervorgerufene Stromdichte zurück, die sich unter Berücksichtigung von (1.8) in der Form

$$\begin{aligned} j_x^{(i)} &= \sigma_{xx}^{(i)}(E_x + E_y \tan \varphi^{(i)}), \\ j_y^{(i)} &= \sigma_{yy}^{(i)}(E_y - E_x \tan \varphi^{(i)}) \end{aligned} \tag{4.1}$$

schreiben lassen. Die Komponenten des Gesamtstromes kann man mit (3.11) folgendermaßen darstellen:

$$\begin{aligned} j_x &= \sum_i j_x^{(i)} = E_x \sum \sigma_{xx}^{(i)} + E_y \sum \sigma_{xx}^{(i)} \tan \varphi^{(i)}, \\ j_y &= \sum_i j_y^{(i)} = -E_x \sum \sigma_{xx}^{(i)} \tan \varphi^{(i)} + E_y \sum \sigma_{xx}^{(i)}. \end{aligned} \tag{4.2}$$

Sind auch hier wiederum die Hall-Elektroden stromlos, so ist $j_y = 0$. Somit finden wir für den resultierenden Hall-Winkel

$$\tan \varphi = \frac{E_y}{E_x} = \frac{\sum \sigma_{xx}^{(i)} \tan \varphi^{(i)}}{\sum \sigma_{xx}^{(i)}}. \tag{4.3}$$

Da $\varphi^{(i)}$ aus (3.14) hervorgeht, läßt sich $\tan \varphi$ ermitteln, wenn die (in σ_{xx} eingehenden) Konzentrationen und die Hall-Beweglichkeiten für jede Teilchensorte bekannt sind.

Um auf die Hall-Konstante zu kommen, eliminieren wir aus (4.2) das Feld E_x. Dann entsteht

$$E_y = \frac{\sum \sigma_{xx}^{(i)} \tan \varphi^{(i)}}{(\sum \sigma_{xx}^{(i)})^2 + (\sum \sigma_{xx}^{(i)} \tan \varphi^{(i)})^2} j_x.$$

Aus dem Vergleich dieses Ausdrucks mit (1.6) erhält man

$$RB = \frac{\sum \sigma_{xx}^{(i)} \tan \varphi^{(i)}}{(\sum \sigma_{xx}^{(i)})^2 + (\sum \sigma_{xx}^{(i)} \tan \varphi^{(i)})^2} \tag{4.4}$$

oder, wenn im Zähler die Hall-Beweglichkeiten eingeführt werden,

$$R = \frac{1}{c} \frac{\sum \sigma_{xx}^{(i)} \mu_{\mathrm{H}}^{(i)}}{(\sum \sigma_{xx}^{(i)})^2 + (\sum \sigma_{xx}^{(i)} \tan \varphi^{(i)})^2}. \tag{4.41'}$$

Im allgemeinen sind alle Größen dieser Gleichung von der magnetischen Induktion abhängig, so daß die Hall-Konstante strenggenommen gar keine Konstante ist, sondern ebenfalls von B abhängt. In einem schwachen Magnetfeld nimmt sie jedoch einen konstanten Wert an.

Sind nur zwei verschiedene Teilchensorten vorhanden und ist das Magnetfeld schwach, so gilt

$$\tan \varphi^{(i)} \ll 1, \qquad \sigma_{xx}^{(i)} \simeq e n^{(i)} \mu^{(i)},$$

und (4.4a) nimmt die Form

$$R = \frac{1}{ce} \cdot \frac{n_1 \mu_1 \mu_{1\mathrm{H}} + n_2 \mu_2 \mu_{2\mathrm{H}}}{(n_1 \mu_1 + n_2 \mu_2)^2} \tag{4.5}$$

an. Setzt man noch voraus, daß die Hall-Faktoren γ für beide Teilchensorten identisch sind,

$$\gamma = \frac{\mu_{1\mathrm{H}}}{\mu_1} = \frac{\mu_{2\mathrm{H}}}{\mu_2},$$

dann läßt sich das Ergebnis wie folgt schreiben:

$$R = \frac{\gamma}{c e n_1} \frac{1 + \frac{n_2}{n_1} \left(\frac{\mu_2}{\mu_1}\right)^2}{\left(1 + \frac{n_2}{n_1} \left(\frac{\mu_2}{\mu_1}\right)\right)^2}. \tag{4.5a}$$

Dabei stellt der zweite Faktor auf der rechten Seite eine Korrektur dar, die durch die Teilchen der Sorte 2 bedingt ist.

Für den Fall eines sehr starken Magnetfeldes, das den Bedingungen (3.24) und (3.25) genügt, gilt $\tan \varphi^{(i)} \gg 1$, so daß man in (4.4) die Annahmen

$$\sum \sigma_{xx}^{(i)} \tan \varphi^{(i)} \gg \sum \sigma_{xx}^{(i)}, \qquad \zeta_2 \simeq \frac{1}{\omega_{ci}^2},$$

$$\sigma_{xx}^{(i)} \tan \varphi^{(i)} = \frac{e^2 n^{(i)}}{m^{(i)}} \zeta_1^{(i)} \cdot \omega_{ci} \frac{\zeta_2^{(i)}}{\zeta_1^{(i)}} \simeq \frac{c e n^{(i)}}{B}$$

machen kann. Damit ergibt sich

$$R_\infty = \frac{1}{ce(n_1 + n_2)}. \tag{4.6}$$

Folglich wird für diesen Grenzfall die Hall-Konstante ebenfalls magnetfeldunabhängig. Auch vom Verhältnis γ der Beweglichkeiten hängt R_∞ nicht ab, sondern wird lediglich durch die Gesamtteilchenkonzentration bestimmt. Deshalb bietet die Bestimmung der Ladungsträgerkonzentration aus der Messung der Hall-Konstanten im starken Magnetfeld im Prinzip große Vorteile. Leider gelingt es jedoch im Experiment nicht oft, solche Bedingungen zu realisieren, unter denen die Ungleichungen (3.24) und (3.25) gleichzeitig erfüllt sind.

Dem betrachteten Fall zweier Teilchensorten mit gleicher Ladung begegnet man relativ häufig. Er liegt beispielsweise in Germanium und Silizium vor, wo sogenannte leichte und schwere positive Löcher vorhanden sind (siehe Kapitel 4.). Er wird auch in vielen Störstellenhalbleitern bei tiefen Temperaturen angetroffen, wenn außer der gewöhnlichen elektrischen Leitung die sogenannte Störstellenbandleitung eine bedeutende Rolle spielt (siehe Abschnitt 4.7.).

Noch häufiger liegt der Fall vor, daß die elektrische Leitfähigkeit durch zwei verschiedene, ungleichnamig geladene Teilchensorten (negativ geladene Elektronen und positiv geladene Löcher, siehe unten) hervorgerufen wird. Für diesen Fall ist der Hall-Winkel für die negativen Teilchen überall mit einem negativen Vorzeichen zu versehen. Deshalb geht in (4.6) — wenn p bzw. n die Konzentration der positiven bzw. negativen Ladungsträger ist— $(p - n)$ anstelle von $(n_1 + n_2)$ ein. Der Ausdruck für die Hall-Konstante in schwachen Feldern wird zu

$$R = \frac{1}{ce} \frac{p\mu_p\mu_{pH} - n\mu_n\mu_{nH}}{(p\mu_p + n\mu_n)^2}, \tag{4.7}$$

wobei die Indizes p und n angeben, zu welcher Teilchensorte die Beweglichkeiten gehören. Ist keine besondere Genauigkeit erforderlich, so kann man als Näherung $\mu_{pH} \simeq \mu_p$, $\mu_{nH} \simeq \mu_n$ annehmen und erhält

$$R = \frac{1}{ce} \frac{p - nb^2}{(p + nb)^2} \tag{4.7a}$$

mit $b = \mu_n/\mu_p$. Dies ist der am häufigsten benutzte Ausdruck für R. Aus (4.7a) ist ersichtlich, daß für den Fall gemischter Leitung die Hall-Konstante in Abhängigkeit vom Verhältnis der Teilchenkonzentrationen für beide Sorten sowohl positiv als auch negativ sein kann. Für den Spezialfall $p = nb^2$ geht die Hall-Konstante gegen Null.

Magnetische Widerstandsänderung. Auch die Gleichungen für den Magnetowiderstand werden in analoger Weise auf den Fall gemischter Leitung verallgemeinert. Indem in (4.2) $j_y = 0$ gesetzt und E_y eliminiert wird, erhält man

$$j_x = E_x \left\{ \sum \sigma_{xx}^{(i)} + \frac{(\sum \sigma_{xx}^{(i)} \tan \varphi^{(i)})^2}{\sum \sigma_{xx}^{(i)}} \right\}.$$

Hier stellt der in Klammern stehende Faktor die Leitfähigkeit $\sigma_\perp(B)$ im Magnetfeld dar. Daher erhalten wir unter Berücksichtigung von (4.3)

$$\sigma_\perp(B) = (1 + \tan^2 \varphi) \sum \sigma_{xx}^{(i)}. \tag{4.8}$$

Auf diese Weise läßt sich die elektrische Leitfähigkeit im Magnetfeld durch den resultierenden Hall-Winkel und die Diagonalelemente des Tensors der elektrischen Leitfähigkeit darstellen. Bei der Untersuchung verschiedener Spezialfälle dieser Beziehung wollen wir uns jedoch nicht aufhalten.

1.5. Einige experimentelle Ergebnisse

Elektronen- und Löcherleitung. Die Erfahrung zeigt, daß Hall-Konstante und Thermospannung sowohl negatives als auch positives Vorzeichen haben können. Der Fall R, $\alpha < 0$ entspricht negativ geladenen beweglichen Teilchen, die für die elektrische Leitung verantwortlich sind, d. h. den Elektronen. Halbleiter dieses Typs erhielten die Bezeichnung elektronische[1]) oder n-Halbleiter (von „negativ").

Doch keineswegs seltener beobachtet man in Halbleitern, in denen nachweislich keine Ionenleitung vorliegt und in denen folglich der Strom ebenfalls durch die negativ geladenen Elektronen bedingt ist, R, $\alpha > 0$. Also entspricht in diesen Fällen der Hall-Effekt der Bewegung positiv geladener Teilchen. Vom klassischen Standpunkt aus gibt es für dieses Verhalten keine Erklärung. Es ist nur dadurch zu verstehen, daß die Elektronen in einem Kristall den Gesetzen der Quantenmechanik unterliegen. Diese besagen, daß unter bestimmten Bedingungen die Bewegung von Elektronen in elektrischen und magnetischen Feldern so erfolgt, als ob statt der negativ geladenen Elektronen positiv geladene Teilchen (siehe Kapitel 4.) vorhanden wären. Diese Teilchen werden (positive) Löcher genannt, und die Halbleiter, in denen R und α größer Null sind, heißen Löcher- oder p-Halbleiter (von „positiv").

Der Leitungstyp (Elektronen- oder Löcherleitung) hängt von der Art der Beimengungen (Fremdatome) ab, die in einem Halbleiter enthalten sind. So kann beispielsweise Elektronenleitung erzeugt werden, wenn Germanium oder Silizium mit Arsen, Antimon oder einem anderen Element der 5. Hauptgruppe des Periodensystems dotiert wird. Dagegen macht die Zugabe von Gallium, Bor oder einem anderen Element der 3. Gruppe Germanium und Silizium löcherleitend. Sauerstoffüberschuß in Kupferoxid Cu_2O ruft Löcherleitung, Kupferüberschuß Elektronenleitung hervor. Beimengungen (Dotanden), die einem gegebenen Halbleiter elektronische Leitfähigkeit verleihen (also n-Leitung erzeugen), heißen *Donatoren* und solche, die Löcherleitung hervorrufen, *Akzeptoren.* Es sei bemerkt, daß ein und dasselbe chemische Element in manchen Halbleitern als Donator, in anderen als Akzeptor wirkt.

Somit kann die elektrische Leitung in Halbleitern nicht nur durch die Bewegung der negativ geladenen Elektronen, sondern auch durch die Bewegung von positiv geladenen Teilchen — den Löchern — hervorgerufen werden. In Abhängigkeit von der Menge und der Art der Fremdatome sowie von der Temperatur kann das Verhältnis der Konzentration der Elektronen und der der Löcher recht unterschiedlich sein. Die in der Mehrzahl vorhandenen Teilchen nennen wir Majoritätsladungsträger (Elektronen im n-, Löcher im p-Halbleiter), diejenigen, die die Minderheit darstellen, Minoritätsladungsträger (Elektronen im p-, Löcher im n-Halbleiter).

---

[1]) Der Begriff „elektronischer Halbleiter" wird in doppeltem Sinn verwendet: Er widerspiegelt erstens die Tatsache, daß in dem betrachteten Halbleiter keine Ionenleitung vorliegt, und weist zweitens darauf hin, daß die Hall-Konstante $R < 0$ ist.

Eigenleitung und Störstellenleitung. Interessante Ergebnisse liefert die Untersuchung der Temperaturabhängigkeit der Hall-Konstante. Typische Charakteristiken zeigt Abb. 1.9 für Germaniumkristalle, die in verschiedenen Konzentrationen mit Arsen dotiert sind.[1]) Im Bereich hoher Temperaturen ist die Hall-Konstante sehr stark temperaturabhängig. Die Kurven aller Probekristalle münden bei ausreichender Temperaturerhöhung (um so rascher, je größer die Arsenkonzentration ist) in einen

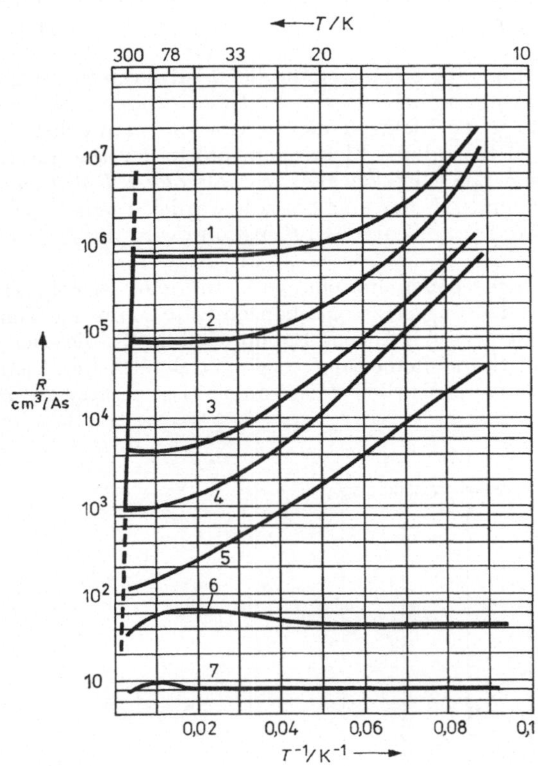

Abb. 1.9
Temperaturabhängigkeit der Hall-Konstante für As-dotiertes Germanium.
Die Störstellenkonzentration steigt mit wachsender Nummer der Probe.

Verlauf, der in der $\log R(1/T)$-Darstellung näherungsweise eine Gerade darstellt. Dieses Verhalten weist darauf hin, daß der wesentliche Beitrag zur Beweglichkeit der Ladungsträger in diesem Temperaturbereich nicht durch die Ionisierung von Störstellen geleistet wird, sondern durch das Ablösen von Elektronen aus Gitteratomen. Wir sprechen deshalb vom Gebiet der *Eigenleitung*.

Wie wir weiter unten noch sehen werden, haben wir es in diesem Bereich sowohl mit negativen Elektronen als auch mit positiven Löchern — und zwar in gleicher

[1]) Nach Debye, P. P.; Conwell, E. M., Phys. Rev. **93** (1954) 693.

Anzahl — zu tun (siehe Abschnitt 2.6.). Somit gilt hier gemäß Gl. (4.7a) für die Hall-Konstante ($n = p$)

$$R = -\frac{1}{c e n_i} \frac{b - 1}{b + 1}, \tag{5.1}$$

wobei n_i die Konzentration der Elektronen (Löcher) im Gebiet der Eigenleitung des betrachteten Halbleiters bezeichnet (*Eigenkonzentration*). Da für Germanium die Beweglichkeit der Elektronen größer ist als die der Löcher, gilt $b > 1$, und die Hall-Konstante ist negativ.

Im Bereich niedrigerer Temperaturen hängen die $R(1/T)$-Kurven entscheidend von der Störstellenkonzentration ab, wobei mit zunehmender Störstellenkonzentration R kleiner wird und demzufolge die Elektronenkonzentration n anwächst. In diesem Temperaturbereich entstehen bewegliche Elektronen infolge der thermischen Ionisation der Störstellen. Diesen Bereich bezeichnet man als *Störstellenleitung*. Im Fall der Störstellenleitung liegt praktisch nur eine Sorte beweglicher geladener Teilchen vor (in unserem Fall Elektronen), und die Hall-Konstante wird durch (3.17) ausgedrückt mit $R < 0$.

Unter Verwendung der angegebenen Beziehungen kann man über die Hall-Konstante die Abhängigkeit der Leitungselektronenkonzentration von der Temperatur ermitteln. Sie ist in Abb. 1.10 dargestellt (siehe Fußnote auf S. 37), die auch deutlich die Gebiete von Eigen- und Störstellenleitung zeigt. Im Bereich der Eigenleitung hängt die Konzentration n_i außerordentlich stark von der Temperatur ab. Hingegen

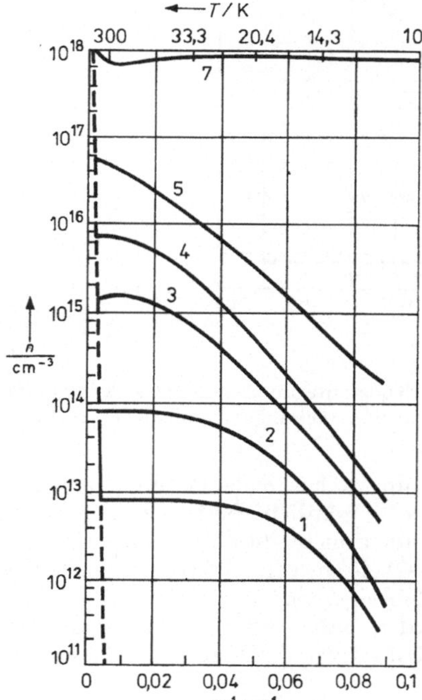

Abb. 1.10
Temperaturabhängigkeit der Elektronenkonzentration für As-dotiertes Germanium

existiert für die Störstellenleitung ein Temperaturintervall, in dem sich die Elektronenkonzentration praktisch überhaupt nicht mit der Temperatur ändert. Die Erklärung dafür ist, daß in diesem Temperaturbereich alle Arsen-Atome ionisiert sind, wobei jedes Atom ein Leitungselektron abgibt. Bei weiterer Erniedrigung der Temperatur wird die Störstellenionisation unvollständig, und die Leitungselektronenkonzentration verringert sich erneut, jetzt aber nach einer anderen Gesetzmäßigkeit als im Gebiet der Eigenleitung.

Die Kurven in Abb. 1.9 und 1.10 zeigen auch, daß bei hohen Arsen-Konzentrationen die Temperaturabhängigkeit von R und n schwächer wird. Bei Konzentrationen über $\sim 10^{17}$ cm^{-3} hören sie ganz auf, von der Temperatur abzuhängen, und die Leitfähigkeit nimmt metallischen Charakter an. Daraus folgt, daß bei hohen Störstellenkonzentrationen die Ionisierungsenergie der Störstellen gegen Null geht. Die Ursache dieses Verhaltens werden wir in Abschnitt 4.7. betrachten.

Analoge Abhängigkeiten werden in Löcherhalbleitern beobachtet, die einen Akzeptor der III. Gruppe des Periodischen Systems der Elemente enthalten.

In Abschnitt 1.4. hatten wir erwähnt, daß für den Fall gemischter Leitung die Hall-Konstante bei einem bestimmten Verhältnis der Konzentrationen positiv und negativ geladener Teilchen gegen Null gehen kann. Dieses Verhalten wird im Experiment tatsächlich beobachtet. In Abb. 1.11 ist die Temperaturabhängigkeit der Hall-Konstante für Indiumantimonid InSb dargestellt.[1]) Im Bereich der Störstellenleitung ist die Elektronenkonzentration klein gegen die Löcherkonzentration, und

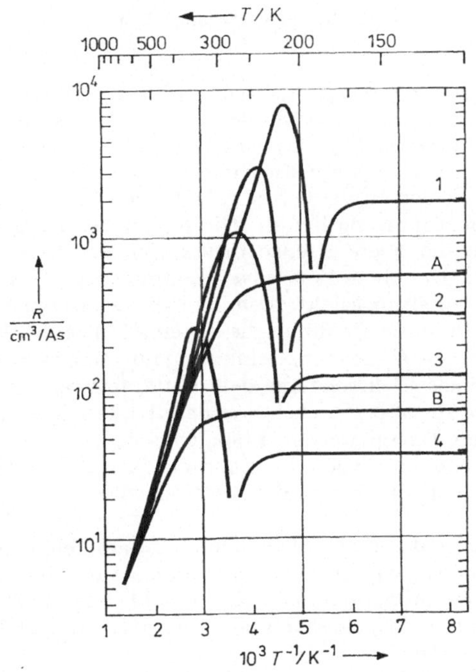

Abb. 1.11
Temperaturabhängigkeit der Hall-Konstante für InSb
1, 2, 3, 4: p-InSb, *A, B*: n-InSb

[1]) Die Kurven wurden dem Buch DANLÉP, U.: Vvedenie v fiziku poluprovodnikov. – Moskau: IL 1959 entnommen.

gemäß (4.7a) ist $R > 0$. Bei Erhöhung der Temperatur wächst n, und bei $nb^2 = p$ geht die Hall-Konstante gegen Null. Bei weiterer Temperaturerhöhung nimmt die Elektronenkonzentration noch mehr zu, und die Hall-Konstante wechselt das Vorzeichen. In Indiumantimonid-Kristallen ist $b > 1$ und sehr groß (~ 100), deshalb wird im p-Material eine Vorzeichenumkehr von R beobachtet, und zwar besonders deutlich. Wäre die Beweglichkeit der Elektronen kleiner als die der Löcher ($b < 1$), dann würde die Vorzeichenumkehr von R im n-Material erfolgen.

Die angeführten Ergebnisse zeigen, daß in Halbleitern eine charakteristische Temperaturabhängigkeit der Konzentration beweglicher Ladungsträger beobachtet wird, die sie von den Metallen unterscheidet. In Metallen hängt die Konzentration der Leitungselektronen praktisch nicht von der Temperatur ab. In typischen Halbleitern gibt es dagegen stets einen Temperaturbereich (den Bereich der Eigenleitung), in dem sich die Konzentration n_i beweglicher Teilchen wesentlich mit der Temperatur ändert, wobei sie sich bei Erwärmung erhöht.

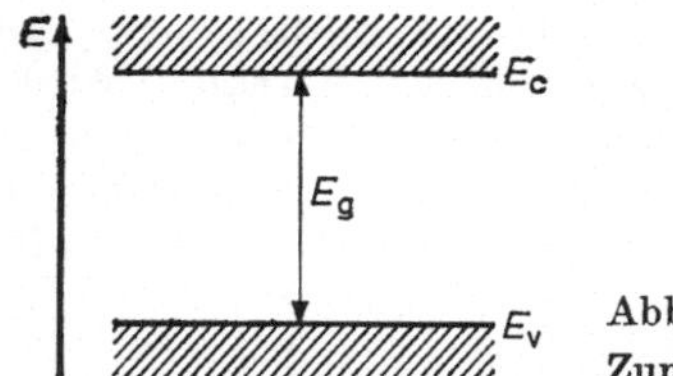

Abb. 1.12
Zum Begriff der verbotenen Zone

Die verbotene Zone. Die Ionisierungsenergie für einen idealen, reinen Halbleiter kann man mit Hilfe eines Energiediagramms darstellen, wie es Abb. 1.12 zeigt. Auf der Ordinate ist in positiver Richtung die Gesamtenergie der Kristallelektronen aufgetragen. Das untere schraffierte Gebiet — wir nennen diese Gebiete Energiebänder — enthält die energetischen Zustände der an das Gitter gebundenen Valenzelektronen, die keinen Beitrag zur elektrischen Leitung liefern. Die maximale Energie der gebundenen Elektronen ist durch die obere Grenze dieses „Valenzbandes" — die Valenzbandkante — E_v gegeben. Die obere Zone, das „Leitungsband", enthält die Energiezustände der freien oder Leitungselektronen, die die elektrische Leitung hervorrufen. Ihr energetisches Minimum ist durch die untere Grenze des Leitungsbandes — die Leitungsbandkante — E_c gekennzeichnet. Somit entspricht die Mindestenergie, die zur Befreiung eines Elektrons aus dem Gitterverband erforderlich ist (die Ionisierungsenergie), dem Abstand zwischen den Bandkanten $E_g = E_c - E_v$. Den zwischen E_c und E_v gelegenen Energiewerten entsprechen keine stationären Bewegungen eines Elektrons („verbotene" Zone oder Bandlücke). Für Metalle ist die Ionisierungsenergie und damit auch die Breite der verbotenen Zone gleich Null: $E_g = 0$.

Die Existenz von Energiebändern, die wir hier lediglich im Zusammenhang mit der Ionisierungsenergie eingeführt haben, wird bei der quantenmechanischen Behandlung der Bewegung von Elektronen im periodischen Kristallfeld (Kapitel 3.) theoretisch begründet. Es ist aber ganz nützlich, sie schon an dieser Stelle für die Deutung experimenteller Befunde heranzuziehen.

Die Temperaturabhängigkeit der Elektronenkonzentration n_i im Gebiet der Eigenleitung gestattet die Bestimmung der Bandlücke E_g.

Wir wollen dies zunächst durch einfache Überlegungen zeigen, auch wenn diese nicht ganz exakt sind. So setzen wir voraus, daß die Elektronen im Kristall der Boltzmann-Statistik gehorchen (bei hinreichend hohen Temperaturen ist diese Voraussetzung erfüllt). Des weiteren bezeichnen wir die Zahl der möglichen Elektronenzustände im Leitungsband (die uns vorerst nicht bekannt ist) mit N_c. Dann ist die Zahl der nicht besetzten Zustände im Leitungsband gleich $N_c - n_i$ und die der freien Plätze im Valenzband gleich $-n_i$. Die Zahl der Leitungselektronen, die pro Volumen- und Zeiteinheit infolge thermischer Ionisation entstehen, muß proportional zu $(N_c - n_i)$ und zum Boltzmann-Faktor $\exp(-E_g/kT)$ sein. Andererseits muß die Häufigkeit der entgegengesetzten Prozesse — der Übergänge von Leitungselektronen in gebundene Zustände — proportional zur Elektronenkonzentration n_i und zur Anzahl der freien Plätze im Valenzband, ebenfalls n_i, insgesamt also proportional zu $n_i{}^2$, sein. Deshalb gilt im Gleichgewicht

$$a(N_c - n_i)\exp\left(-\frac{E_g}{kT}\right) = bn_i^2,$$

wobei a und b Proportionalitätskoeffizienten bezeichnen. Ist $n_i \ll N_c$, so ergibt sich eine exponentielle Temperaturabhängigkeit für n_i:

$$n_i = C\exp\left(-\frac{E_g}{2kT}\right).$$

Eine strengere Rechnung (Kapitel 5.) führt auf eine etwas veränderte Beziehung:

$$n_i = AT^{3/2}\exp\left(-\frac{E_g}{2kT}\right), \tag{5.2}$$

die sich durch den Faktor $T^{3/2}$ von dem obigen Ausdruck unterscheidet. Gewöhnlich kann jedoch dieser Faktor gegenüber dem Exponentialterm vernachlässigt werden.

Die Gleichung (5.2) gibt uns die Möglichkeit, aus der experimentell ermittelten Temperaturabhängigkeit von n_i für Eigenleitung die Bandlücke zu bestimmen. Allerdings hängt die Bandlücke selbst auch von der Temperatur ab; im allgemeinen wird sie bei Abkühlung breiter. Deshalb müssen wir genauer untersuchen, welcher Wert aus der Temperaturabhängigkeit der Eigenkonzentration bestimmt wird. Um diese Situation zu verdeutlichen, entwickeln wir die Bandlücke E_g nach Potenzen von T:

$$E_g = E_{g0} - \alpha T + \cdots.$$

Dabei bezeichnet E_{g0} die Bandlücke am absoluten Nullpunkt. Brechen wir die Entwicklung bereits nach dem linearen Term ab, so erhalten wir mit diesem Ausdruck für E_g aus Gl. (5.2) den Wert von E_{g0}, da das Einsetzen des Terms αT den konstanten Faktor $\exp(-\alpha/2k)$ ergibt, den wir in die Konstante A einbeziehen können. Sobald sich dagegen die Temperaturabhängigkeit der Bandlücke nicht über den gesamten Temperaturbereich als linear annehmen läßt, ist der aus den Temperaturmessungen ermittelte Wert von E_g nicht gleich der tatsächlichen Bandlücke bei $T = 0$ (vgl. Abb. 1.13). Letztere ist vielmehr gleich E_{gT} und kann durch Extrapolation einer Geraden, die die Abhängigkeit $E_g(T)$ im untersuchten Temperaturbereich näherungsweise beschreibt, nach $T = 0$ erhalten werden. Die Größe E_{gT} nennt man mitunter auch thermische Bandlücke.

Die tatsächliche Bandlücke (und ihre Abhängigkeit von der Temperatur) kann man aus optischen Messungen bestimmen, indem man die Abhängigkeit des Absorptionskoeffizienten für Licht von der Energie der Photonen untersucht. Die optische Bandlücke kann etwas von der thermischen abweichen.

Für einige wichtige Halbleiter ist in Tabelle 1.1 die Bandlücke angegeben.

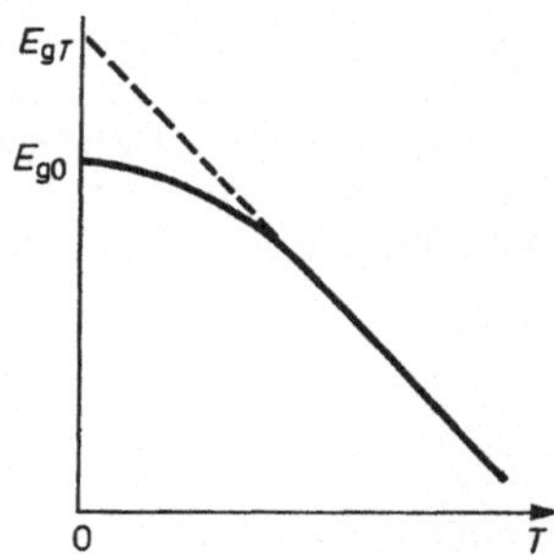

Abb. 1.13
Zur experimentellen Bestimmung der Breite der verbotenen Zone

Spezifische elektrische Leitfähigkeit. Wie bei der Hall-Konstante treten auch in der Temperaturabhängigkeit der spezifischen elektrischen Leitfähigkeit von Halbleitern charakteristische Besonderheiten auf. Abbildung 1.14 (siehe Fußnote S. 37) auf S. 45 zeigt die Temperaturabhängigkeit des spezifischen Widerstands für die gleichen Kristalle wie in Abb. 1.10. Auch hier sind der Bereich der Eigenleitung (gestrichelte Gerade) und der Bereich der Störstellenleitung bei niedrigeren Temperaturen deutlich zu unterscheiden.

Im Gebiet der Eigenleitung ($n = p = n_i$) ist die spezifische elektrische Leitfähigkeit gleich

$$\sigma = en_i(\mu_n + \mu_p). \tag{5.3}$$

Da die Beweglichkeiten vergleichsweise schwach von der Temperatur abhängen, ist die starke Änderung von σ und ϱ in diesem Bereich durch die starke Temperaturabhängigkeit von n_i bedingt.

Im Bereich der Störstellenleitung ist die Löcherkonzentration p vernachlässigbar klein gegen die Elektronenkonzentration und damit

$$\sigma \simeq en\mu_n.$$

In diesem Gebiet hängen σ und ϱ von der Arsen-Konzentration ab: Je größer die Störstellenkonzentration ist, um so größer ist σ und um so kleiner ϱ. Im Unterschied zu den Kurven von Abb. 1.9 und 1.10 beobachtet man hier anstelle eines Plateaus im Gebiet der Störstellenleitung jedoch eine kompliziertere, nichtmonotone Änderung von ϱ. Das erklärt sich daraus, daß ϱ von dem Produkt aus Elektronenkonzentration und -beweglichkeit und die Beweglichkeit ihrerseits von der Temperatur abhängt. Bei weiterer Temperaturerniedrigung wächst der Widerstand monoton an. Bei sehr tiefen Temperaturen (im betrachteten Beispiel unter ~ 4 K) hört ϱ jedoch auf, von der Temperatur abzuhängen. Die Ursache dafür liegt in der Existenz der sogenannten Störstellenbandleitung (siehe Abschnitt 4.7.).

Tabelle 1.1

Bandlücke E_g *in* eV *und Beweglichkeit der Elektronen* (μ_n) *und Löcher* (μ_p) *in* cm²/Vs *bei* 300 K *für einige Halbleiter* (RODO, M.: Poluprovodnikovye materialy. — Moskva: Izd. Metallurgija 1971). Die Zahlen in Klammern bezeichnen die Temperatur, sofern sie von 300 K abweicht.

Gruppe des Periodensystems	Stoff	E_g	μ_n	μ_p
IV	Diamant	5,4	1800	1400
IV	Si	1,1	1300	500
IV	Ge	0,67	3800	1820
IV—IV	α-SiC	3,1	220	48
III—V	GaP	2,32 (77)	300	100
III—V	GaAs	1,52 (77)	8800	400
III—V	InP	1,40 (77)	4600	150
III—V	GaSb	0,80 (77)	4000	1400
III—V	InAs	0,43 (77)	33000	460
III—V	InSb	0,22 (77)	78000	750
II—VI	ZnO	3,2	180	—
II—VI	ZnSe	2,80	260	15
II—VI	α-CdS	2,42	295	—
II—VI	β-CdSe	1,85	500	—
IV—VI	PbS	0,39	550	600
IV—VI	PbSe	0,27	1000	900
IV—VI	PbTe	0,33	1600	550

Beweglichkeiten. In Tabelle 1.1 sind für eine Reihe von Halbleitern die Elektronen- und Löcherbeweglichkeiten angegeben. Sie beziehen sich auf (weitgehend) reine Kristalle bei 300 K. Beim Vergleich dieser Werte muß man beachten, daß die Beweglichkeiten von der Reinheit und dem Grad der Gitterperfektion der Kristalle abhängen. Deshalb sind die Beweglichkeiten für solche Kristalle, die man heute in sehr reiner Form herstellen kann (Germanium, Silizium, Indiumantimonid) gut bekannt. Für viele andere Kristalle, deren Herstellungstechnologie noch weniger ausgearbeitet ist, charakterisieren dagegen die Leitfähigkeitswerte nicht nur die Eigenschaften des gegebenen Halbleiters, sondern bis zu einem gewissen Grade auch die Qualität der untersuchten Kristalle. In der Tabelle sind die größten gemessenen Werte aufgeführt.

Aus der Tabelle ist zu sehen, daß sich die Beweglichkeiten in verschiedenen Kristallen stark unterscheiden. So hat die Löcherbeweglichkeit in GaP nur die Größenordnung 100 cm²/(V s) (bei einigen Stoffen ist sie sogar noch wesentlich niedriger). Beim Indiumantimonid erreicht die Elektronenbeweglichkeit bei 300 K $\sim$ 80000 cm²/V s) und kann bei Temperaturerniedrigung 10^6 cm²/(V s) überschreiten. Durch Messung von R und ϱ bei verschiedenen Temperaturen kann man die Temperaturabhängigkeit der Hall-Beweglichkeit der Majoritätsladungsträger ermitteln. Aus solchen Messungen läßt sich unter bestimmten Bedingungen aber auch die Temperaturabhängigkeit der Driftbeweglichkeiten (ebenfalls für die Majoritätsladungsträger) bestimmen. Letzteres ist beispielsweise im Gebiet der Störstellenleitung möglich, in dem die Elektronen- (oder Löcher-) Konzentration temperaturunabhängig ist (Plateau in Abb. 1.9 und 1.10). Dann liefert die Temperaturabhängigkeit der elektrischen Leitfähigkeit auch die der Driftbeweglichkeiten der Majoritätsladungsträger.

Das Experiment zeigt, daß sich die Funktion $\mu(T)$ in Halbleitern mit hoher Beweglichkeit (z. B. in Germanium und Silizium) hinreichend gut durch

$$\mu = AT^p$$

darstellen läßt, wobei A und p vom Typ des Halbleiters, von dem betrachteten Temperaturintervall und von der Teilchensorte (Elektronen bzw. Löcher) abhängen. In Kristallen mit niedriger Störstellenkonzentration und bei hinreichend hohen Temperaturen ist $p < 0$, so daß μ mit steigender Temperatur abnimmt.

Bei Erhöhung der Störstellenkonzentration verringern sich sowohl die Hall- als auch die Driftbeweglichkeit. Bei hoher Störstellenkonzentration und im Bereich tiefer Temperaturen wächst μ im Unterschied zum ersten Fall mit steigender Temperatur; das entspricht $p > 0$. Beispiele für die Abhängigkeit der Beweglichkeit μ von der Temperatur und von der Störstellenkonzentration sind an späterer Stelle angeführt (siehe Abschnitt 14.7.).

Der allgemeine Charakter der beobachteten Gesetzmäßigkeiten wird durch die Streutheorie befriedigend erklärt, die wir im Zusammenhang mit den Transporterscheinungen in den Kapiteln 13. und 14. ausführlicher behandeln werden. Hier wollen wir uns auf einige allgemeine Bemerkungen beschränken.

Die Quantenmechanik zeigt, daß sich die Elektronen in einem idealen, unendlich ausgedehnten Kristall, also in einem streng periodischen Feld mit konstanter Energie und konstantem Impuls bewegen (siehe Kapitel 4.). Sie erfahren keine „Stöße", so daß die Relaxationszeit τ und folglich auch die Beweglichkeit $\mu = e\tau/m$ unendlich groß sind. Die endliche Beweglichkeit wird durch Impulsstreuprozesse verursacht, die infolge der Störungen des idealen Gitters auftreten. Die wesentlichsten Störungen sind die Wärmebewegung und ionisierte Störstellen. Jede dieser Störungen bedingt eine bestimmte Relaxationszeit τ_T (thermische Gitterschwingungen) bzw. τ_I (ionisierte Störstellen) und eine bestimmte Streuwahrscheinlichkeit $1/\tau_T$ bzw. $1/\tau_I$. Wie in Kapitel 14. gezeigt wird, ist die Gesamtstreuwahrscheinlichkeit in guter Näherung gleich der Summe dieser Wahrscheinlichkeiten, d. h.

$$\frac{1}{\tau} = \frac{1}{\tau_T} + \frac{1}{\tau_I},$$

wobei τ die resultierende Relaxationszeit ist, die durch die beiden Prozesse bedingt wird.

Die Größen τ_T und τ_I sind temperaturabhängig, aber in unterschiedlicher Weise. Mit Erhöhung der Temperatur wächst die Wahrscheinlichkeit der Gitterstreuung, und deshalb nimmt τ_T ab. Dagegen nimmt τ_I mit steigender Temperatur zu. Das wird qualitativ bereits aus klassischen Überlegungen klar, denn je höher die thermische Geschwindigkeit der Teilchen ist, um so geringere Änderungen in ihrer Bewegung ruft ein elektrisches Feld des ionisierten Atoms hervor.

Nach dem oben Gesagten ist die $\mu(T)$-Abhängigkeit für Kristalle mit größerer Störstellenkonzentration in einem großen Temperaturbereich recht kompliziert. Bei tiefen Temperaturen überwiegt die Streuung an Störstellen, und μ wächst zunächst mit steigender Temperatur. Bei weiterer Temperaturerhöhung beginnt aber die Streuung an Gitterschwingungen die wesentliche Rolle zu spielen, und μ nimmt bei Erwärmung ab. Bei einer bestimmten Temperatur durchläuft μ ein Maximum (vgl. Abb. 14.1). Die Temperatur, die diesem Maximum entspricht, ist um so höher, je höher die Störstellenkonzentration ist.

In Halbleitern mit sehr kleiner Beweglichkeit (Se, B, NiO_2, Fe_2O_3, In_2Te_3 u. a.) hat die $\mu(T)$-Abhängigkeit eine andere Form. Hier wächst μ bei Erhöhung der Temperatur näherungsweise nach dem exponentiellen Gesetz $\mu \sim \exp(-w/kT)$, wobei w eine „Aktivierungsenergie" ist. Dieses Gesetz läßt zusammen mit der kleinen Beweglichkeit den Schluß zu, daß in diesen Stoffen die Ladungsträgerbewegung einen sprunghaften Charakter hat. Die Ladungsträger befinden sich vorzugsweise in gebundenen Zuständen und gehen nur von Zeit zu Zeit von einer Lage in die andere

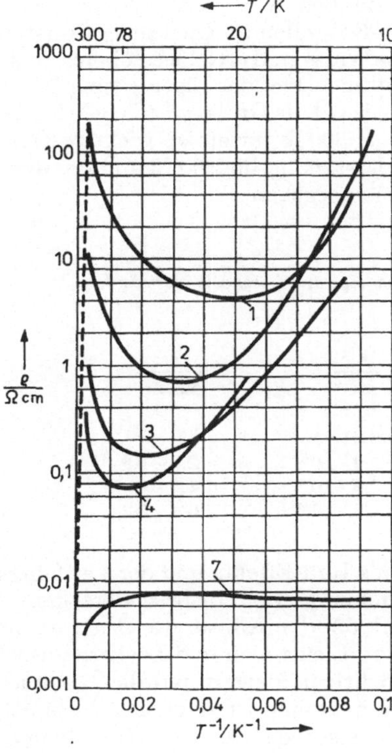

Abb. 1.14
Temperaturabhängigkeit des spezifischen Widerstands in As-dotiertem Germanium

über. Da für einen solchen Übergang das Überwinden einer Potentialbarriere erforderlich ist, erhöht sich die Frequenz der Sprünge mit wachsender Temperatur, und zwar nach dem angegebenen exponentiellen Gesetz. Dabei hat w die Bedeutung einer Energie, die zur Überwindung der Potentialbarriere aufgebracht werden muß.

Eigenkonzentration der Elektronen. Die Eigenkonzentration n_i ist eines der wichtigsten Charakteristika eines Halbleiters. Sie geht in viele theoretische Beziehungen wesentlich ein. Daher ist die exakte Kenntnis dieser Größe und ihrer Temperaturabhängigkeit für die verschiedensten Berechnungen unabdingbar.

Von der Temperaturabhängigkeit der Eigenkonzentration n_i war weiter oben schon die Rede. Sie wird durch die Gleichung (5.2) beschrieben. Wir wollen nun etwas bei der Größe n_i selbst verweilen. Man kann sie z. B. mit Hilfe der Beziehung (5.1) aus der Hall-Konstante im Eigenleitungsgebiet ermitteln. Dafür muß man jedoch noch die zwar schwache, aber dennoch wesentliche Temperaturabhängigkeit von $b = \mu_n/\mu_p$ kennen. Außerdem wurde in (5.1) vorausgesetzt, daß die Hall-Beweglichkeiten gleich den Driftbeweglichkeiten sind, so daß für eine genaue Bestimmung von n_i die exakte Gleichung (4.7) zu benutzen wäre und der Zusammenhang zwischen diesen Beweglichkeiten bekannt sein müßte.

Mit größerer Genauigkeit kann man n_i aus der elektrischen Leitfähigkeit bestimmen. Wie schon oben ausgeführt wurde, kann man die Driftbeweglichkeiten μ_n und μ_p sowie ihre Temperaturabhängigkeit aus den Werten der elektrischen Leitfähigkeit und der Hall-Konstante in n- und p-Kristallen im Gebiet der Störstellenleitung ermitteln. Extrapoliert man danach diese Werte in das Gebiet höherer Temperaturen, so folgt aus der elektrischen Leitfähigkeit im Gebiet der Eigenleitung (5.3) die Eigenkonzentration n_i. In Tabelle 1.2 ist als Beispiel die Größe n_i^2 (die gewöhnlich auch in die theoretischen Gleichungen eingeht) bei 300 K für einige wichtige Halbleiter angeführt. Außerdem ist dort der Eigenwiderstand ϱ_i für 300 K und der experimentell ermittelte Wert der Konstante A in (5.2) angegeben.

Tabelle 1.2

Eigenkonzentrationen n_i und dazugehörige spezifische Widerstände ϱ_i einiger Halbleiter bei 300 K

Halbleiter	A^2 / $\text{cm}^{-6}\,\text{K}^{-3}$	n_i^2 / cm^{-6}	ϱ_i / $\Omega\,\text{cm}$
Ge	$3{,}10 \cdot 10^{32}$	$5{,}61 \cdot 10^{26}$	47
Si	$1{,}5 \cdot 10^{33}$	$1{,}9 \cdot 10^{20}$	$2{,}3 \cdot 10^{5}$
InSb	$2{,}0 \cdot 10^{29}$	$2{,}9 \cdot 10^{32}$	$4{,}5 \cdot 10^{-3}$
GaAs	$1{,}2 \cdot 10^{29}$	$1{,}2 \cdot 10^{14}$	$6{,}4 \cdot 10^{7}$

Es sei noch bemerkt, daß Messungen des Hall-Effekts und der Leitfähigkeit nicht die einzigen Möglichkeiten der n_i-Bestimmung sind. Insbesondere kann man mit Hilfe statistischer Gleichungen (Kapitel 5.) die Konstante A durch universelle Konstanten und die effektiven Massen von Elektronen und Löchern ausdrücken, so daß sich n_i berechnen läßt, wenn die effektiven Massen und die Bandlücke E_g bekannt sind. Für die eingehend untersuchten Halbleiter zeigt sich dabei, daß die auf diese Weise erhaltenen n_i-Werte den aus Messungen des Hall-Effekts und der Leitfähigkeit ermittelten nahekommen.

Abschließend weisen wir noch darauf hin, daß Messungen der Elektronen- (bzw. Löcher-) Konzentration sowie des spezifischen Widerstands breite Anwendung bei der Bewertung des Reinheitsgrades halbleitender Materialien finden. Wir hatten weiter oben gesehen, daß im Bereich der Störstellenleitung bereits eine geringfügige Anzahl von Störstellen die Konzentration der Elektronen (Löcher) und die Leitfähigkeit merklich verändern. So beträgt die Elektronenkonzentration in sehr reinen Germanium-Kristallen bei 300 K $\sim 10^{13}\,\text{cm}^{-3}$. Andererseits gibt im Bereich des Plateaus von Abb. 1.10 jedes Arsen-Atom ein Leitungselektron ab, so daß man bei einer Arsen-Konzentration von $\sim 10^{13}\,\text{cm}^{-3}$ schon eine merkliche Änderung der Leitfähigkeit beobachtet. Da die Anzahl der Atome in einem Kubikzentimeter Germanium $\sim 10^{22}$ ist, entspricht die genannte Konzentration etwa 1 Arsen-Atom pro 10^9 Germanium-Atome oder 10^{-7} Atom-%. Dies trifft auch auf andere Halbleiter zu. So ändert beispielsweise in Kupferoxid Cu_2O bei 300 K der Gehalt von 0,1 Atom-% Sauerstoff die Leitfähigkeit um fünf Größenordnungen. Diese Beispiele erklären auch, warum in vielen Fällen außerordentlich hohe Forderungen an die Reinheit halbleitender Materialien gestellt werden.

Man muß dabei jedoch beachten, daß die Messung allein des Widerstands wie auch die Messung allein der Ladungsträgerkonzentration sich als unzureichend für die Beurteilung der Reinheit eines Stoffes erweisen können. Befinden sich in einem Halbleiter gleichzeitig Donator- und Akzeptorstörstellen in zudem annähernd gleicher Anzahl, dann können sich die Störstellen gegenseitig kompensieren. Dabei kann die Elektronenkonzentration klein sein, und der spezifische Widerstand kann durch Verringerung der Beweglichkeit infolge Streuung an Störstellen sogar ϱ_i überschreiten. Deshalb müssen derartige Messungen immer durch die Bestimmung der Beweglichkeit ergänzt werden, die für kompensierte Störstellen stets aufgrund der zusätzlichen Streuung an den Störstellen erniedrigt sein wird.

Andererseits gibt es auch solche Störstellen, die nur einen schwachen Einfluß auf die Leitfähigkeit haben. Als Beispiel kann Sauerstoff in Germanium und Silizium dienen, bei dem der Gehalt Hundertstel Atom-% erreichen kann, ohne daß eine wesentliche Beeinflussung der Leitfähigkeit auftritt. Aus dem Gesagten wird auch klar, daß der Einfluß der Störstellen auf die elektrische Leitfähigkeit zusätzlich noch von der Temperatur abhängt. Daher kann ein und dasselbe Material im Gebiet der Eigenleitung (hohe Temperaturen) als sehr rein und im Gebiet der Störstellenleitung (tiefe Temperaturen) als stark verunreinigt erscheinen.

Magnetische Widerstandsänderung. In Abschnitt 1.3. wurde gezeigt, daß für den Fall, daß nur eine Ladungsträgersorte vorhanden ist und m und τ nicht von der Bewegungsrichtung abhängen, die Änderung $\Delta\varrho_\perp/\varrho$ des Widerstands in einem transversalen Magnetfeld für schwache Magnetfelder $\sim B^2$ sein muß. Das gleiche Ergebnis erhält man auch für mehrere Sorten von Ladungsträgern. Das Experiment zeigt, daß dies auch tatsächlich so ist.

Dagegen stimmen andere Folgerungen aus der einfachen Theorie nicht mit dem Experiment überein. Weiter oben wurde schon darauf hingewiesen, daß in einem isotropen Modell der longitudinale Magnetowiderstand $\Delta\varrho_{\parallel}/\varrho$ gleich Null sein muß, da bei parallelem Verlauf von Magnetfeld und Driftgeschwindigkeit die Lorentz-Kraft gleich Null ist. In Abb. 1.15 ist die Abhängigkeit des Magnetowiderstands $\Delta\varrho/\varrho$ vom Winkel ϑ zwischen Stromrichtung und Magnetfeld in Germanium und

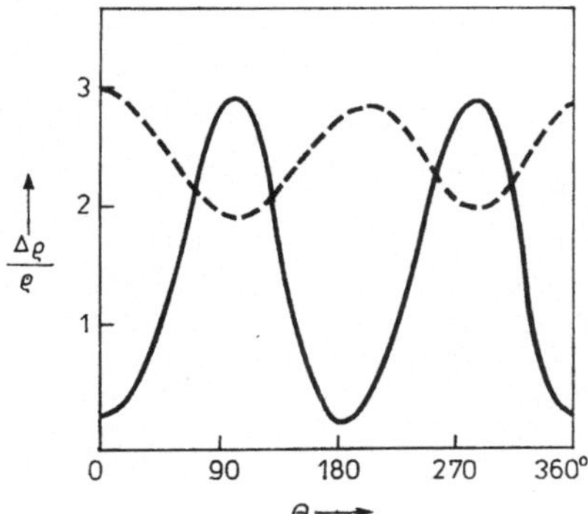

Abb. 1.15

Abhängigkeit des Magnetowiderstands $\Delta\varrho/\varrho$ vom Winkel ϑ zwischen Stromrichtung und Magnetfeld in n-Germanium (gestrichelt) und n-Silizium (ausgezogen). Der Strom fließt in x-Richtung, das Magnetfeld liegt in der xz-Ebene.

Silizium dargestellt. Die Abbildung zeigt, daß der longitudinale Magnetowiderstand $\Delta\varrho_{\parallel}/\varrho$ (bei $\vartheta = 0$ und $\vartheta = 180°$) aber durchaus nicht gleich Null, sondern von derselben Größenordnung wie $\Delta\varrho_{\perp}/\varrho$ ist. Außerdem fällt das Verhältnis $\Delta\varrho_{\perp}/\varrho$ wesentlich größer aus als der aus dem isotropen Modell folgende Wert. Es gibt noch andere Abweichungen der einfachen Theorie vom Experiment. Es zeigt sich also, daß das isotrope Modell für eine quantitative Beschreibung des Magnetowiderstands nicht ausreicht. Die beobachteten Gesetzmäßigkeiten werden durch eine vollständigere Theorie, die die Anisotropie der effektiven Massen und der Relaxationszeiten, die Anwesenheit verschiedener Ladungsträgersorten sowie die Energieabhängigkeit der Relaxationszeiten berücksichtigt, befriedigend erklärt. Diese Fragen werden in Kapitel 13. detailliert behandelt.

Fügen wir die betrachteten experimentellen Daten zusammen, so gelangen wir zu folgenden wichtigen Schlußfolgerungen:

a) Die Bildung von Leitungselektronen erfordert in Halbleitern im Unterschied zu Metallen eine bestimmte Aktivierungsenergie.
b) Die elektrische Leitfähigkeit in Halbleitern kann nicht nur durch Elektronen, sondern auch durch positiv geladene Teilchen — die Löcher — hervorgerufen werden.
c) In Halbleitern gibt es eine Eigenleitung, die nur durch die Grundgitter-Eigenschaften des Kristalls bestimmt wird, und eine Störstellenleitung, die durch die im Kristall enthaltenen Störstellen bedingt ist.
d) Unter bestimmten Bedingungen können die Störstellen die elektrische Leitfähigkeit stark beeinflussen. Die verschiedenen Störstellen kann man in zwei Gruppen einteilen: in solche, die Elektronenleitung (Donatoren), und solche, die Löcherleitung hervorrufen (Akzeptoren).
e) Die Beweglichkeiten der Ladungsträger können sich für verschiedene Halbleiter um viele Größenordnungen unterscheiden, was auf starke Unterschiede der effektiven Massen und der Relaxationszeiten hinweist.
f) Die Relaxationszeit hängt von der Energie der Ladungsträger ab. Relaxationszeit und effektive Masse können außerdem von der Bewegungsrichtung abhängen.

2. Chemische Bindung in Halbleitern

Eine umfassende Theorie des festen Körpers müßte von der quantenmechanischen Behandlung eines Systems aus vielen Elektronen und Atomkernen, die miteinander wechselwirken, ausgehen. Ein solcher strenger Zugang ist mit ungewöhnlich großen mathematischen Schwierigkeiten verbunden. Deshalb ist man bei der praktischen Lösung der Aufgabe gezwungen, radikale Vereinfachungen vorzunehmen. Das geschieht z. B. in der Bändertheorie des festen Körpers, die im nächsten Kapitel behandelt wird.

Neben diesen Methoden erweisen sich auch halbphänomenologische Zugänge zur Analyse der Eigenschaften von Halbleitern als sehr nützlich, bei denen ein Teil der makroskopischen Charakteristika des Festkörpers nicht berechnet, sondern dem Experiment entnommen wird. Dadurch werden die wichtigsten Besonderheiten der Wechselwirkung zwischen Elektronen und Kernen automatisch berücksichtigt. Ein derartiger Zugang, den man als kristallchemische Methode bezeichnen könnte, verwendet die Eigenschaften der chemischen Bindung in Halbleitern. Diese Methode beruht darauf, daß die chemische Bindungsenergie der Atome im Inneren des Kristalls wesentlich kleiner ist als die Ionisationsenergie für die inneren Elektronenschalen der Atome. Aus diesem Grunde lassen sich anhand eines Vergleichs von a) der Lage der Atome innerhalb der Struktur der betreffenden Stoffe, b) der Elektronenkonfigurationen der Atome, aus denen die Halbleiter aufgebaut sind, und c) der chemischen Bindungstypen viele wichtige Fragen beantworten. Mit dieser Methode kann man erklären, warum einige Materialien Halbleiter oder Isolatoren sind und andere Metalle. In einem bestimmten Grade können typische Halbleitereigenschaften vorausbestimmt werden. Man kann u. a. verstehen, auf welche Weise sich die grundlegenden Besonderheiten von Halbleitern (Breite der verbotenen Zone, Beweglichkeit usw.) innerhalb einer Klasse analoger Materialien ändern. Eine solche Analyse gestattet es auch, das Auftreten von halbleitenden Eigenschaften bei einigen nichtkristallinen Stoffen (den amorphen und flüssigen Halbleitern) zu erklären, was zur Zeit mit Hilfe anderer Methoden noch große Schwierigkeiten bereitet. Der Mangel dieser Methode besteht darin, daß die Mehrzahl der Resultate nur qualitativen Charakter haben. Ihr Vorzug ist jedoch die große Anschaulichkeit, und deshalb beschäftigen wir uns zuerst mit dieser Methode.

2.1. Kristallgitter

Im folgenden werden wir davon ausgehen, daß die Atome im Inneren der Kristalle regelmäßig angeordnet sind und die Kristalle deshalb eine *Translationssymmetrie* besitzen. Das bedeutet, daß man für eine beliebige Kristallstruktur drei nichtkomplanare Vektoren $\boldsymbol{a}_1$, $\boldsymbol{a}_2$, $\boldsymbol{a}_3$ angeben kann, die die Eigenschaft haben, daß eine beliebige Verschiebung der Struktur um den Vektor

$$\boldsymbol{a}_n = \boldsymbol{a}_1 n_1 + \boldsymbol{a}_2 n_2 + \boldsymbol{a}_3 n_3, \tag{1.1}$$

wobei n_1, n_2, n_3 beliebige ganze Zahlen sind, die Struktur als Ganzes ungeändert läßt. Die kürzesten Vektoren $\boldsymbol{a}_1$, $\boldsymbol{a}_2$ und $\boldsymbol{a}_3$ werden wir der üblichen Terminologie folgend *Basisvektoren* des Kristallgitters nennen und einen Vektor $\boldsymbol{a}_n$ — *Gittervektor*, wobei mit dem Index n das Tripel (n_1, n_2, n_3) von ganzen Zahlen bezeichnet wird. Wenn von der Translationssymmetrie die Rede ist, wird die bekannte Idealisierung gemacht, daß von der Wärmebewegung der Atome abzusehen und die endliche Ausdehnung des Kristalls nicht in Betracht zu ziehen ist. Für viele Fragen bedeutet diese Idealisierung jedoch keine wesentliche Änderung der Problemstellung.

Wenn man vom Mittelpunkt irgendeines Gitteratoms (Gitterplatz) die Basisvektoren $\boldsymbol{a}_1$, $\boldsymbol{a}_2$ und $\boldsymbol{a}_3$ abträgt, erhält man ein Parallelepiped — die *Elementarzelle* des betreffenden Gitters. Den gesamten Kristall kann man sich aufgebaut denken durch eine fortgesetzte Wiederholung seiner Elementarzellen.

Die Elementarzelle kann ein oder mehrere Atome enthalten. Im ersten Fall sprechen wir von einem primitiven Gitter, im zweiten von einem nichtprimitiven Gitter. Jedes nichtprimitive Gitter kann man sich offensichtlich aus primitiven Gittern, die in bestimmter Weise relativ zueinander verschoben sind, aufgebaut denken. Bezogen auf einen beliebigen, aber festen Gitterplatz bildet die Gesamtheit der Ortsvektoren $\boldsymbol{r}_{10}$, $\boldsymbol{r}_{20}$, ... aller Atome, die in einer Elementarzelle enthalten sind, die *Basis* des betreffenden nichtprimitiven Gitters.

Die geometrischen Eigenschaften der verschiedenen kristallographischen Strukturen werden durch die Kristallographie detailliert untersucht und klassifiziert. Nach den Relationen zwischen den Winkeln, die die Basisvektoren der Gitter miteinander bilden, und zwischen den Längen der Basisvektoren werden die verschiedenen Strukturen in sieben Kristallsysteme (oder Syngonien) unterteilt. Abhängig von dem Satz von Symmetrieelementen, die sowohl der Kristall als Ganzes als auch seine Elementarzellen besitzen, werden die Strukturen zu verschiedenen Raumgruppen und Kristallklassen gezählt (siehe z. B. [M 4]).

Für das Folgende muß man stets im Auge behalten, daß die Wahl der Basisvektoren und folglich auch der Elementarzelle in einem gewissen Grade willkürlich ist. Betrachten wir ein zweidimensionales einfaches rechtwinkliges Gitter mit den Basisvektoren $\boldsymbol{a}_x$ und $\boldsymbol{a}_y$ (Abb. 2.1a). Seine Elementarzelle ist ein Rechteck, dessen Ecken man in die Gitterplätze legen kann. Weil jeder Gitterplatz gleichzeitig zu vier benachbarten Zellen gehört, ist die Zahl der Atome in der Zelle gleich $4 \cdot (1/4) = 1$.

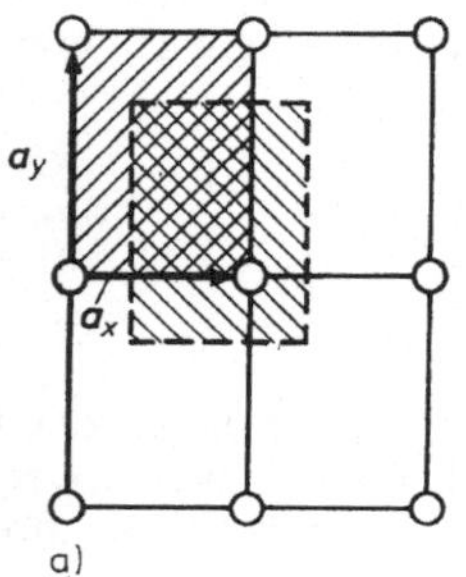

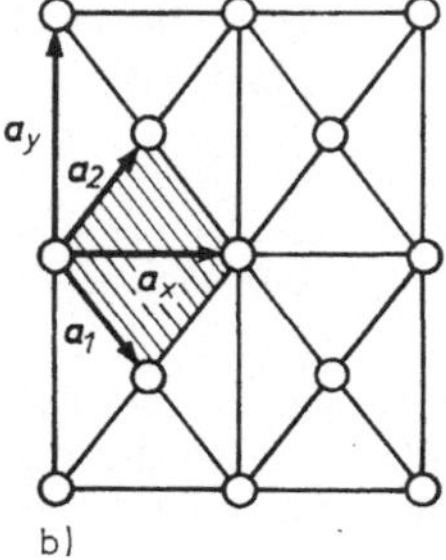

Abb. 2.1
Zweidimensionales rechtwinkliges Gitter
a) primitiv, b) zentriert
$\boldsymbol{a}_1$, $\boldsymbol{a}_2$ — Basisvektoren des Bravais-Gitters

Offensichtlich ist ein beliebiges anderes ähnliches Rechteck, das aus dem ersten durch Parallelverschiebung hervorgeht (Abb. 2.1a) ebenfalls eine Elementarzelle. Das illustriert die Abb. 2.1b, die ein zweidimensionales rechtwinkliges zentriertes Gitter zeigt. Als Basisvektoren können wir wiederum die zueinander senkrechten Vektoren $\boldsymbol{a}_x$ und $\boldsymbol{a}_y$ wählen. Dann wird die Elementarzelle ein Rechteck sein und zwei Atome enthalten, wobei die Basis $\boldsymbol{r}_{10} = 0$ und $\boldsymbol{r}_{20} = \frac{1}{2}(\boldsymbol{a}_x + \boldsymbol{a}_y)$ ist. Als Basisvektoren lassen sich aber auch $\boldsymbol{a}_1$ und $\boldsymbol{a}_2$ wählen, die von einem beliebigen Gitterplatz zu den Zentren der benachbarten Rechtecke abgetragen werden. In diesem Falle erhalten wir eine Elementarzelle in Form eines Rhombus, die nur ein Atom enthält.

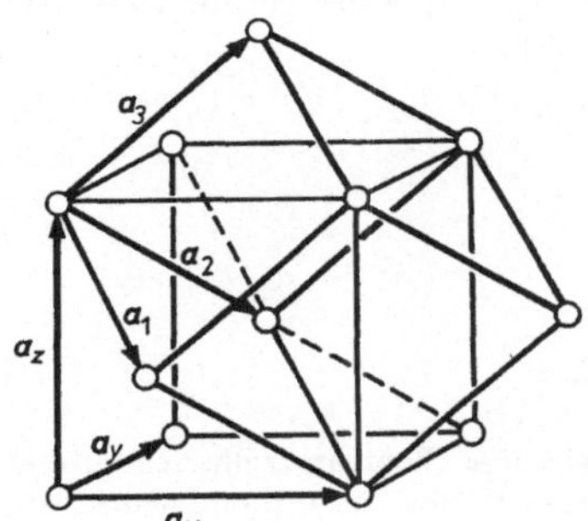

Abb. 2.2
Rechtwinklige Elementarzelle des kubisch raumzentrierten Gitters (Basisvektoren $\boldsymbol{a}_x$, $\boldsymbol{a}_y$, $\boldsymbol{a}_z$) und rhomboedrisches Bravais-Gitter (Basisvektoren $\boldsymbol{a}_1$, $\boldsymbol{a}_2$, $\boldsymbol{a}_3$)

Dasselbe gilt auch für dreidimensionale Strukturen. In Abb. 2.2 ist die Lage der Atome im kubisch raumzentrierten Gitter gezeigt. Wenn man die Basisvektoren $\boldsymbol{a}_x$, $\boldsymbol{a}_y$, $\boldsymbol{a}_z$ längs der Würfelkanten orientiert, erhält man die kubische Elementarzelle. Da jedes Atom an den Ecken gleichzeitig zu acht benachbarten Kuben gehört, ist die Zahl der Atome in der Elementarzelle gleich $8 \cdot (1/8) + 1 = 2$. Ihre Basis ist

$$\boldsymbol{r}_{10} = 0, \qquad \boldsymbol{r}_{20} = \frac{1}{2}\boldsymbol{a}_x + \frac{1}{2}\boldsymbol{a}_y + \frac{1}{2}\boldsymbol{a}_z,$$

und die Ortsvektoren der Gitterplätze sind gleich

$$\boldsymbol{r}_1 = \boldsymbol{a}_x l_x + \boldsymbol{a}_y l_y + \boldsymbol{a}_z l_z, \tag{1.2a}$$

$$\boldsymbol{r}_2 = \boldsymbol{a}_x\left(l_x + \frac{1}{2}\right) + \boldsymbol{a}_y\left(l_y + \frac{1}{2}\right) + \boldsymbol{a}_z\left(l_z + \frac{1}{2}\right), \tag{1.2b}$$

wobei l_x, l_y und l_z beliebige ganze Zahlen sind. Ein solches Gitter kann man sich aufgebaut denken aus zwei primitiven kubischen Gittern, die gegeneinander verschoben sind. Als Basisvektoren lassen sich jedoch auch die Vektoren

$$\begin{aligned} \boldsymbol{a}_1 &= -\frac{1}{2}\boldsymbol{a}_x + \frac{1}{2}\boldsymbol{a}_y + \frac{1}{2}\boldsymbol{a}_z, \\ \boldsymbol{a}_2 &= \frac{1}{2}\boldsymbol{a}_x - \frac{1}{2}\boldsymbol{a}_y + \frac{1}{2}\boldsymbol{a}_z, \\ \boldsymbol{a}_3 &= \frac{1}{2}\boldsymbol{a}_x + \frac{1}{2}\boldsymbol{a}_y - \frac{1}{2}\boldsymbol{a}_z \end{aligned} \tag{1.3}$$

wählen, also die Verbindungsvektoren zwischen einem beliebigen Gitterplatz und den Zentren der angrenzenden Würfel. Dann erhält man eine rhomboedrische Elementarzelle, die in Abb. 2.2 gezeigt ist. Weil die Atome in diesen Zellen nur an deren Ecken liegen, enthält jede derartige Zelle nur ein Atom, und das Gitter, das aus solchen Zellen aufgebaut ist, erweist sich als primitiv. Die Koordinaten aller Gitterplätze werden dann durch die Gleichung

$$\boldsymbol{r} = \boldsymbol{a}_1 l_1 + \boldsymbol{a}_2 l_2 + \boldsymbol{a}_3 l_3 \tag{1.4}$$

ausgedrückt, in der l_1, l_2 und l_3 ganze Zahlen sind. Wenn man in Gl. (1.4) für $\boldsymbol{a}_1$, $\boldsymbol{a}_2$ und $\boldsymbol{a}_3$ die Ausdrücke aus (1.3) einsetzt und mit (1.2) vergleicht, so ist leicht zu sehen, daß man die Würfelecken erhält, wenn $(l_1 + l_2 + l_3)$ eine gerade Zahl ist, und die Zentren, wenn $(l_1 + l_2 + l_3)$ eine ungerade Zahl ist.

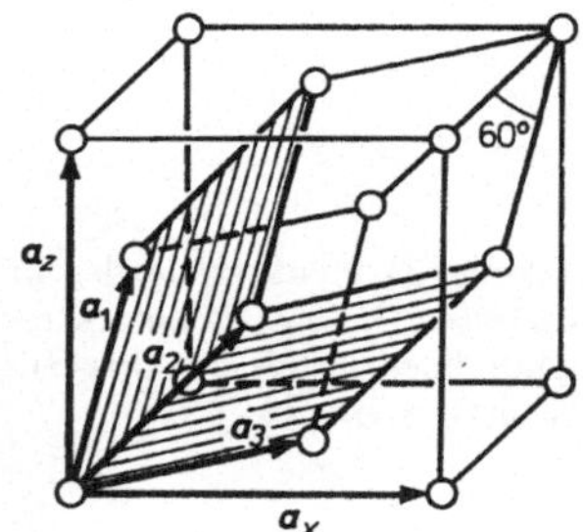

Abb. 2.3
Rechtwinklige Elementarzelle des kubisch flächenzentrierten Gitters und rhomboedrisches Bravais-Gitter

Als zweites wichtiges Beispiel ist in Abb. 2.3 ein kubisches Gitter mit zentrierten Flächen gezeigt. Wählt man als Basisvektoren die Vektoren $\boldsymbol{a}_1$, $\boldsymbol{a}_2$, $\boldsymbol{a}_3$, die parallel zu den Kanten des Kubus orientiert sind, so ergibt sich ein kompliziertes Gitter. Da jedes Atom im Zentrum der Flächen zu zwei benachbarten Zellen gehört, ist die Zahl der Atome in einer Zelle gleich $8 \cdot (1/8) + 6 \cdot (1/2) = 4$, und die Basis ist

$$\boldsymbol{r}_{10} = 0, \quad \boldsymbol{r}_{20} = \frac{1}{2}(\boldsymbol{a}_x + \boldsymbol{a}_y), \quad \boldsymbol{r}_{30} = \frac{1}{2}(\boldsymbol{a}_y + \boldsymbol{a}_z), \quad \boldsymbol{r}_{40} = \frac{1}{2}(\boldsymbol{a}_z + \boldsymbol{a}_x).$$

Dieses nichtprimitive Gitter kann man sich aufgebaut denken aus vier gegeneinander verschobenen primitiven Gittern. Wenn man jedoch als Basisvektoren

$$\boldsymbol{a}_1 = \frac{1}{2}(\boldsymbol{a}_y + \boldsymbol{a}_z), \quad \boldsymbol{a}_2 = \frac{1}{2}(\boldsymbol{a}_z + \boldsymbol{a}_x), \quad \boldsymbol{a}_3 = \frac{1}{2}(\boldsymbol{a}_x + \boldsymbol{a}_y) \tag{1.5}$$

wählt, die von einem beliebigen Gitterplatz zu den Mittelpunkten der angrenzenden Flächen abgetragen werden, geht das nichtprimitive in ein primitives Gitter über. Dann erhält man eine rhomboedrische Zelle; die in Abb. 2.3 gezeigt ist. Aus der Abbildung ist zu sehen, daß die Atome nur an den acht Ecken der Zelle liegen, so daß auf eine Zelle nur ein Atom entfällt. Bei der Wahl einer solchen rhomboedrischen Zelle können die Koordinaten aller Gitterplätze des flächenzentrierten Gitters wieder durch Gl. (1.4) ausgedrückt werden.

In der Kristallographie wird gezeigt, daß insgesamt 14 Typen von Kristallgittern existieren, die auf primitive Gitter zurückgeführt werden können. Sie erhielten die Bezeichnung Bravais-Gitter.

Aus dem Gesagten ist ersichtlich, daß die Zahl der Atome, die zu einer Zelle gehören, von der Wahl der Form (und der Abmessungen) der Zelle abhängt. Wir weisen schon an dieser Stelle darauf hin, daß die Kenntnis der kleinsten Anzahl von Atomen, die zu einer Zelle gehören, für das Verständnis verschiedener Erscheinungen im Festkörper wesentlich ist. Insbesondere hängen von dieser Zahl die möglichen Typen von Gitterschwingungen ab, die in Kapitel 12. betrachtet werden.

Wichtig für die weitere Charakteristik der Struktur ist die Koordinationszahl k. Sie zeigt an, wieviel nächste Nachbarn ein Atom in einer gegebenen Struktur hat. So hat z. B. jedes Atom im primitiven kubischen sechs nächste Nachbarn, und entsprechend ist $k = 6$. Im kubisch raumzentrierten Gitter hat jedes Atom (das sich z. B. im Zentrum der kubischen Elementarzelle befindet) acht nächste Nachbarn (in den Ecken der Zelle), und k ist gleich 8. Für das kubisch flächenzentrierte Gitter ist k gleich 12.

In den Kristallen von chemischen Verbindungen, deren Gitter dann aus mehreren Sorten von Atomen besteht, können die Koordinationszahlen der einzelnen Atome unterschiedlich sein. Beispiele dafür werden uns im folgenden begegnen.

2.2. Die Elektronenkonfiguration der Atome

Aus der Atomphysik ist bekannt, daß der Zustand eines Elektrons im isolierten Atom durch vier Quantenzahlen bestimmt wird: die Hauptquantenzahl n, die Azimutalquantenzahl l, die magnetische Quantenzahl m und die Spinquantenzahl s. Die Hauptquantenzahl n kann nur ganzzahlige positive Werte annehmen:

$$n = 1, 2, 3, \ldots.$$

Die Gesamtheit der Elektronen, die durch ein und dieselbe Hauptquantenzahl charakterisiert werden, bilden eine Elektronenschale des Atoms.

Die Quantenzahl l (die manchmal auch als Drehimpulsquantenzahl bezeichnet wird) bestimmt die Größe des Drehimpulses des Elektrons und kann n verschiedene Werte annehmen:

$$l = 0, 1, 2, \ldots, (n - 1).$$

Bei Abwesenheit äußerer elektrischer und magnetischer Felder ist die Energie des Atoms eine Funktion dieser beiden Quantenzahlen: $E = E(n, l)$.

Die Elektronen mit derselben Quantenzahl l bilden eine Gruppe von Elektronen. Diese Elektronengruppen sind jeweils ein Teil der Elektronenschalen. Aus historischen Gründen, die mit der lange vor der Entwicklung der heutigen Quantentheorie des Atoms eingeführten Benennung der optischen Spektralserien zusammenhängen, werden verschiedene Elektronengruppen nach folgendem Schema mit Buchstaben bezeichnet:

$$\begin{array}{l} l = 0,\ 1,\ 2,\ 3, \ldots \\ \quad\ \ \mathrm{s},\ \mathrm{p},\ \mathrm{d},\ \mathrm{f}, \ldots \end{array}$$

Diesem Schema folgend werden die Elektronen, die zu einer bestimmten Schale und einer bestimmten Gruppe gehören, durch die Hauptquantenzahl n und die oben angegebenen Buchstaben bezeichnet und als oberer Index die Zahl der tatsächlich vorhandenen Elektronen der betreffenden Gruppe hinzugefügt. So besagt z. B. das Symbol $3p^2$, daß sich in dem Atom zwei Elektronen in dem Zustand befinden, der durch die Quantenzahlen $n = 3$ und $l = 1$ charakterisiert ist. Die dritte Quantenzahl m legt die mögliche räumliche Orientierung des Drehimpulsvektors bei Vorhandensein einer physikalisch ausgezeichneten Richtung fest und kann $(2l + 1)$ Werte annehmen:

$$m = -l, -(l - 1), \ldots, 0, \ldots (l - 1), l.$$

Eine vierte Quantenzahl s ist durch die Existenz eines bestimmten, von der Bewegung des Elektrons innerhalb des Atoms unabhängigen Eigendrehimpulses des Elektrons (und des mit diesem verknüpften magnetischen Dipolmoments) gegeben. Für diesen Eigendrehimpuls existiert auch eine räumliche Quantelung. Die Spinquantenzahl kann nur zwei Werte annehmen:

$$s = \pm\frac{1}{2}.$$

Nach dem Pauli-Prinzip kann sich im Atom (wie in jedem beliebigen System von Elektronen) nicht mehr als ein Elektron in ein und demselben Quantenzustand befinden. Dieses Prinzip führt zu einer bestimmten endlichen Aufnahmefähigkeit der Elektronengruppen und Elektronenschalen. So ist die Zahl der möglichen Elektronenzustände einer Gruppe (wegen $l =$ const) gleich der Zahl der möglichen Werte von m multipliziert mit 2 (infolge der zwei möglichen Werte von s), also gleich $2\,(2l + 1)$. Das ergibt für die verschiedenen Gruppen:

Gruppe:	s	p	d	f ...
l:	0	1	2	3 ...
Zahl der möglichen Elektronenzustände:	2	6	10	14 ...

In jeder voll besetzten Gruppe gibt es immer eine gerade Anzahl von Elektronen, und dabei gehört zu jedem Elektron mit den Quantenzahlen n, l, m immer ein anderes Elektron mit denselben Quantenzahlen, jedoch entgegengesetzter Richtung des Spins.

Die Zahl der möglichen Elektronenzustände einer Schale ($n =$ const) ist gleich

$$\sum_{l=0}^{n-1} 2(2l + 1) = 2n^2.$$

Das ergibt:

Schale:	K	L	M	N	O	P
n:	1	2	3	4	5	6
Zahl der möglichen Elektronenzustände:	2	8	18	32	50	72.

Es sei noch daran erinnert, daß voll besetzte Elektronengruppen eine besondere Stabilität besitzen. Das Vorhandensein von sogar voll besetzten Elektronenschalen ist charakteristisch für die Atome der Edelgase. Die chemische Valenz der Atome wird bestimmt durch die Elektronen der äußeren nicht voll besetzten Schale (die Valenzelektronen). Die Atome der Metalle besitzen nur eine geringe Zahl von Valenzelektronen, die verhältnismäßig leicht vom Atom gelöst werden können. So hat z. B.

das Atom eines typischen Metalls, nämlich des Natriums mit der Ordnungszahl $Z = 11$ und folglich 11 Elektronen, die Elektronenstruktur

$$\mathrm{Na}^{11}: (1s)^2 (2s)^2 (2p)^6 (3s)^1 = (\mathrm{Ne})^{10} (3s)^1.$$

Das Natriumatom hat nur ein 3s-Valenzelektron, und folglich ist Natrium einwertig.

Im Gegensatz dazu ist bei den Atomen der Halogene eine der Elektronengruppen fast voll besetzt. So hat z. B. das Atom des Chlors als eines typischen Halogens die folgende Elektronenstruktur:

$$\mathrm{Cl}^{17}: (\mathrm{Ne})^{10} (3s)^2 (3p)^5.$$

Hier ist für die Auffüllung der Gruppe 3p (die 6 Elektronen aufnehmen kann) nicht mehr als ein Elektron erforderlich. Deshalb ist das Chloratom einwertig. Im Unterschied zum Natrium, das leicht ein Elektron abgibt, kann jedoch Chlor leicht ein Elektron einfangen, wodurch seine Halogen-Eigenschaften erklärt werden.

Wir geben noch die elektronische Struktur der Atome von Kohlenstoff, Silizium und Germanium an, die besonders wegen der Halbleitereigenschaften der Kristalle dieser Elemente interessant sind:

$$\mathrm{C}^{6}: \quad (\mathrm{He})^2 (2s)^2 (2p)^2,$$

$$\mathrm{Si}^{14}: \quad (\mathrm{Ne})^{10} (3s)^2 (3p)^2,$$

$$\mathrm{Ge}^{32}: \quad (\mathrm{Ar})^{18} (3d)^{10} (4s)^2 (4p)^2.$$

Alle diese Elemente gehören zur Untergruppe IV B des periodischen Systems und sind vierwertig. Die vier Valenzelektronen sind zwei s-Elektronen und zwei p-Elektronen. Wir stellen fest, daß die Atome dieser Elemente in der nicht voll besetzten letzten Gruppe nur zwei Elektronen haben: $(2p)^2$ beim Kohlenstoff, $(3p)^2$ beim Silizium und $(4p)^2$ beim Germanium. Man könnte daher auch erwarten, daß diese Elemente nicht vierwertig, sondern zweiwertig sind. Wenn die Atome jedoch eine chemische Verbindung eingehen, befinden sie sich nicht im Grundzustand, sondern im angeregten Zustand, in dem ein s-Elektron in die p-Gruppe übergeht. So nimmt z. B. Kohlenstoff die Konfiguration $(\mathrm{He})^2 (2s)^1 (2p)^3$ an, und die anderen Elemente dieser Untergruppe gehen in analoge Konfigurationen über. Deshalb gehören die genannten vier s- und p-Elektronen zu unvollständig besetzten Gruppen und sind Valenzelektronen, die in der Lage sind, die sogenannte „s-p-Hybridbindung" zu bilden.

2.3. Typen der chemischen Bindung

Wir wenden uns nun kurz den Grundtypen der chemischen Wechselwirkung zwischen den Atomen zu (eine ausführlichere Darstellung findet man in [1]). Zunächst soll der einfachste Fall zweier Atome betrachtet werden.

In Abb. 2.4 ist schematisch die Abhängigkeit der potentiellen Energie U der beiden Atome von dem Abstand R zwischen ihren Kernen für zwei wichtige typische Fälle dargestellt. Die Energie der Atome bei verschwindender Wechselwirkung ($R = \infty$) wurde als Bezugspunkt gewählt. Im Fall 1 ist die Energie immer positiv und vergrößert sich bei Verringerung des Abstandes. Das bedeutet, daß zwischen den Atomen für beliebige Werte von R eine abstoßende Kraft wirkt und deshalb die Bildung eines Moleküls unmöglich ist. Im Fall 2 hat die potentielle Energie ein Minimum bei einem bestimmten Abstand R_0. Hier ist die Bildung eines stabilen zweiatomigen Moleküls möglich.

Der Verlauf der potentiellen Energie im zweiten Fall läßt sich anhand der Existenz zweier Kräfte, einer abstoßenden und einer anziehenden Kraft, erklären: Die gesamte potentielle Energie ergibt sich als Summe zweier Beiträge — eines positiven Beitrags $U_{\text{abst.}}$ (von der Abstoßung herrührend), der mit wachsendem Abstand schnell abnimmt, und eines negativen Beitrags $U_{\text{anz.}}$ (von der Anziehung herrührend), dessen Betrag mit wachsendem Abstand etwas langsamer abnimmt (siehe Abb. 2.4).

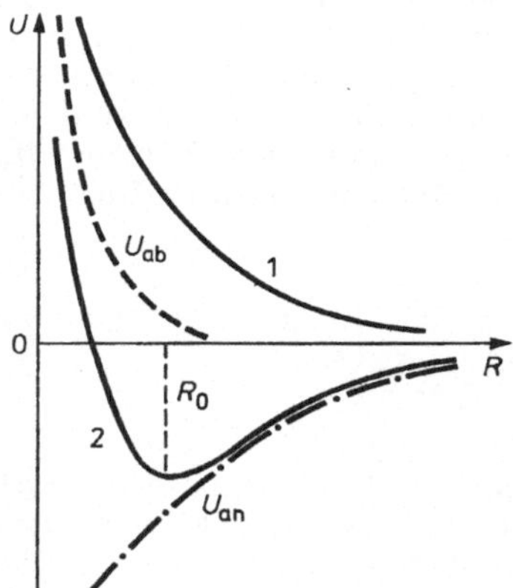

Abb. 2.4
Abhängigkeit der potentiellen Energie U zweier Atome vom Abstand R zwischen ihren Kernen. Kurve 2 in Anziehungs- (—·—) und Abstoßungsteil (------) zerlegt

Man unterscheidet folgende Grundtypen der chemischen Bindung: a) Ionenbindung oder heteropolare Bindung, b) kovalente oder homöopolare Bindung, c) van-der-Waalsche Bindung und d) metallische Bindung. In den typischen Halbleitern spielen nur die ersten beiden Bindungstypen eine wesentliche Rolle.

Ionenbindung. Im Falle der Ionenbindung sind die anziehenden Kräfte Coulombsche elektrostatische Kräfte. Einen solchen Bindungstyp finden wir in den zweiatomigen Molekülen der Alkalihalogenide, z. B. im NaCl-Molekül. Bei der Bildung eines solchen Moleküls wird das einzige 3s-Valenzelektron des Natriums an das Chloratom abgegeben (bei dem ein Elektron genügt, um die Gruppe 3p (und damit die M-Schale) voll zu besetzen), und infolgedessen werden zwei Ionen Na^+ und Cl^- gebildet, die einander anziehen. Wir bemerken, daß ein solcher Übergang des Elektrons deshalb stattfindet, weil er energetisch günstig ist, und infolge der Anziehung zwischen den dabei entstehenden Ionen Na^+ und Cl^- ist die Gesamtenergie des Systems geringer als im Fall von neutralen Atomen Na und Cl.

In großen Entfernungen kann man die Wechselwirkung zwischen den Ionen näherungsweise als Wechselwirkung zwischen Punktladungen ansehen und annehmen, daß der Teil der Wechselwirkungsenergie, der mit den anziehenden Kräften verbunden ist, gleich $-e^2/R$ ist. Andererseits sollten bei kleineren Entfernungen R die abstoßenden Kräfte in Erscheinung treten. Sie entstehen bei der wechselseitigen Durchdringung der Elektronenschalen der Atome und auch durch die Abstoßung zwischen den gleichnamigen Kernladungen. In vielen Fällen kann man als hinreichende Näherung annehmen, daß die abstoßenden Kräfte umgekehrt proportional zur m-ten Potenz der Entfernung zwischen ihnen sind. Dann kann die gesamte Wechselwirkungsenergie durch eine Interpolationsformel

$$U = (a/R^m) - e^2/R \tag{3.1}$$

dargestellt werden, wobei a und m gewisse Konstanten sind, die die abstoßenden Kräfte charakterisieren. Bei $m > 1$ hat die potentielle Energie $U(R)$ etwa den durch die Kurve 2 in Abb. 2.4 dargestellten Verlauf und besitzt bei einem bestimmten Gleichgewichtsabstand R_0 zwischen den Ionen ein Minimum.

Homöopolare Bindung. Eine solche Bindung entsteht in reiner Form im Falle gleicher, ungeladener Atome. Ein klassisches Beispiel ist das Wasserstoffmolekül.

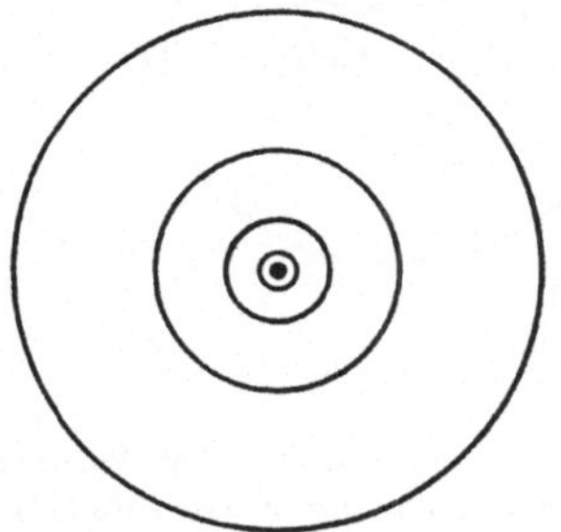

Abb. 2.5
Elektronendichteverteilung im Grundzustand des Wasserstoffatoms

Die Entstehung der homöopolaren Bindung läßt sich etwa in folgender Weise erklären. Wir betrachten zwei Wasserstoffatome im Grundzustand und setzen voraus, daß anfangs beide Atome weit voneinander entfernt sind, so daß keinerlei Wechselwirkung zwischen ihnen stattfindet. Aus der Lösung des Wasserstoffproblems ist bekannt, daß die Ladungsdichteverteilung in jedem Atom sphärische Symmetrie besitzt. Das ist in Abb. 2.5 mit Hilfe von Linien gleicher Ladungsdichte schematisch dargestellt. Je dichter diese Linien aufeinander folgen, um so größer ist die radiale Änderung der Ladungsdichte und im hier betrachteten Fall auch die Ladungsdichte. Jedes Atom hat in diesem Zustand eine bestimmte Energie E_0, so daß die Gesamtenergie des Systems gleich $2E_0$ ist.

Stellen wir uns nun vor, daß die Entfernung zwischen den Kernen verringert wird. Infolge der Wechselwirkung zwischen den Elektronen und Kernen beider Atome verändert sich die Verteilung der Elektronendichte, so daß die Gesamtenergie des Systems jetzt $E = 2E_0 + u(R)$ ist. Die Größe $u(R)$ ist die mittlere Energie der Coulomb-Wechselwirkung zwischen den Ladungen. Bei klassischer Betrachtung ist sie immer positiv und erhöht sich bei einer Verringerung des Abstandes R, so daß wir immer eine Abstoßung zwischen den beiden Wasserstoffatomen erhalten. Daher kann die Existenz eines H_2-Moleküls im Rahmen der klassischen Theorie nicht erklärt werden. Ein grundsätzlich anderes Resultat erhält man in der Quantenmechanik (siehe z. B. [M 1]). Dank der spezifischen Besonderheiten im Verhalten identischer Teilchen — in unserem Falle der Elektronen — kann die mittlere Wechselwirkungsenergie auch negativ werden. Sie kann dargestellt werden als Summe zweier Terme, von denen ein Term eine rein klassische Form hat (und immer positiv ist). Der zweite Term hat unterschiedliche Vorzeichen (und unterschiedliche Größe) in Abhängigkeit von der relativen Orientierung der Elektronenspins, Dieser zweite Term wird als Austauschenergie bezeichnet. Die Rechnung zeigt, daß man für die gesamte Wechselwirkungsenergie als Funktion des Abstands einen Verlauf ähnlich der Kurve 1 in Abb. 2.4 erhält, wenn die Spins der Elektronen parallel orientiert sind. Die Linien gleicher Ladungsdichte der Elektronenhülle eines solchen Systems sind in Abb. 2.6a schematisch dargestellt. In diesem Fall hat die Ladungsdichte zwischen den Atomen ein Minimum, und die negative Ladung ist in der Nähe jedes der beiden Kerne lokalisiert. Die Wechselwirkungsenergie ist immer positiv, und folglich stoßen sich die beiden H-Atome in einem solchen Fall ab.

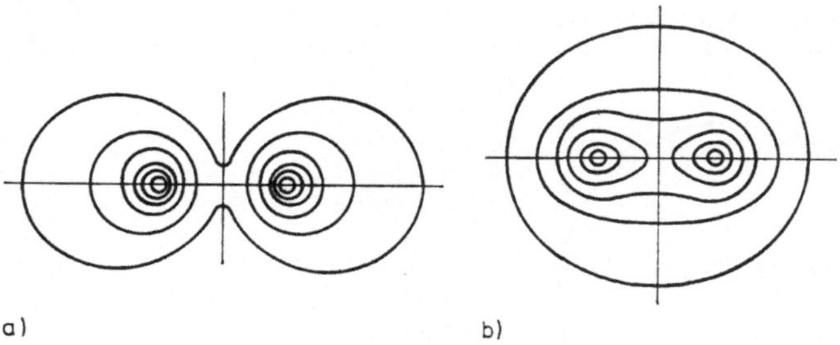

Abb. 2.6

Elektronendichteverteilung zweier miteinander wechselwirkender Wasserstoffatome a) Elektronenspins parallel (Abstoßung), b) Elektronenspins antiparallel (H_2-Molekül)

Wenn die Spins der beiden Elektronen antiparallel sind, verläuft $U(R)$ etwa wie Kurve 2 in der Abbildung 2.4. $U(R)$ hat in diesem Fall ein Minimum, wodurch die Möglichkeit der Bildung eines stabilen H_2-Moleküls bei $R = R_0$ erklärt wird. Die Kurven gleicher Ladungsdichte sind für diesen Fall in Abb. 2.6b dargestellt. Hier sind die Elektronenwolken beider Atome zu einer einheitlichen Raumladung verschmolzen, die beide Kerne umhüllt.

Eine wesentliche Eigenschaft der homöopolaren Bindung ist die Möglichkeit ihrer Sättigung. Bei der Annäherung eines dritten H-Atoms an das H_2-Molekül tritt keine Austauschenergie zwischen den beiden Partnern auf. Deshalb wird ein drittes H-Atom von dem H_2-Molekül abgestoßen. Eine andere wesentliche Besonderheit der homöopolaren Bindung besteht in ihrer räumlichen Gerichtetheit. Sie entsteht deshalb, weil die Elektronenwolke, die sich aus den Valenzelektronen gebildet hat, im allgemeinen nicht sphärisch, sondern längs bestimmter Richtungen verzerrt ist. Andererseits ist zur Bildung einer homöopolaren Bindung ein Überlappen der Elektronenwolken (der wechselwirkenden Atome) erforderlich. Deshalb sind die gebundenen Atome in bestimmter Weise relativ zueinander orientiert, was in der Chemie durch gerichtete Striche, die Valenzelektronenorbitale, ausgedrückt wird.

Das Gesagte wird schematisch in Abb. 2.7 erläutert, wo in zweidimensionaler Darstellung die Elektronenwolke des Kohlenstoffatoms (a) dargestellt ist. Sie kennzeichnet gewisse resultierende Elektronenzustände, die sich aus der Superposition eines 2s-Zustandes und dreier 2p-Zustände ergeben. In der Abbildung (b) sind auch die der Bindung entsprechenden vier gerichteten Orbitale dargestellt. In Wirklichkeit liegen diese vier Orbitale nicht in einer Ebene, sondern bilden eine tetraedrische Konfiguration und schließen untereinander jeweils einen Winkel von 109,5° ein.

Wir wollen noch bemerken, daß eine genaue Abgrenzung zwischen der homöopolaren und der ionischen Bindung nicht immer möglich ist. Die homöopolare Bindung in reiner Form gibt es in Molekülen aus gleichartigen Atomen, z. B. im Wasserstoffmolekül, wo die Verteilung der Elektronendichte symmetrisch bezüglich beider Kerne ist. Wenn die Atome jedoch verschieden sind, so wird die resultierende Elektronenwolke im Molekül asymmetrisch sein, und man darf die beiden Atome nicht mehr als ungeladen ansehen. Die Ionenbindung kann als Grenzfall der homöopolaren Bindung betrachtet werden, wobei die Elektronenwolke der Valenzelektronen um einen der Kerne konzentriert ist.

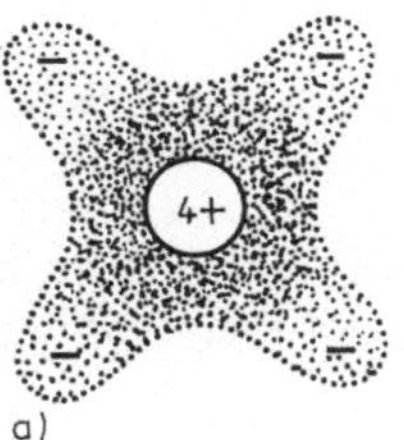

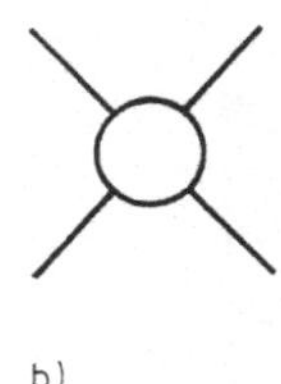

Abb. 2.7
Elektronenwolke der 2s- und 2p-Elektronen des Kohlenstoffatoms (schematisch) und seine vier gerichteten Valenzen

Van-der-Waalssche Bindung. Der Untersuchung der Eigenschaften der realen Gase zeigt, daß zwischen den neutralen Atomen auch in dem Fall, wo homöopolare (Valenz-) Kräfte vollständig fehlen, anziehende Kräfte auftreten können, die sehr rasch mit der Entfernung abnehmen. Der Ursprung dieser sogenannten van-der-Waalsschen Kräfte ist ebenfalls quantenmechanischer Natur.

Die van-der-Waalsschen Kräfte spielen in den Kristallen der Edelgase und ebenso in den sogenannten Molekülkristallen die entscheidende Rolle. In den typischen halbleitenden Materialien kann der Einfluß dieser Kräfte jedoch gegenüber denen anderer Bindungstypen vernachlässigt werden. Deshalb werden wir uns bei ihrer Betrachtung nicht weiter aufhalten.

2.4. Der Kristallaufbau einiger Halbleiter

Analysiert man verschiedene Halbleitermaterialien, so läßt sich feststellen, daß ihre halbleitenden Eigenschaften eng mit dem Typ der chemischen Bindung verknüpft sind.

Unter diesem Gesichtspunkt werden im folgenden einige typische Beispiele untersucht.

Ionenkristalle. In reinster Form liegt die Ionenbindung in den Kristallen der Alkalihalogenide vor. In Abb. 2.8 ist die kubische Elementarzelle des NaCl-Gitters gezeigt. Das Gitter kann man sich aufgebaut denken aus zwei kubisch flächenzentrierten Gittern einerseits aus den positiven Natriumionen und andererseits aus den negativen Chlorionen, die gegeneinander verschoben sind. Weil jedes Ion in einer Ecke des Kubus gleichzeitig zu acht Nachbarzellen gehört, enthält jede Elementarzelle $8 \cdot (1/8) + 6 \cdot (1/2) = 4$ Ionen Na^+ und 4 Ionen Cl^-. Jedes positive Ion hat sechs negative nächste Nachbarn und umgekehrt. Folglich sind im vorliegenden Fall die Koordinationszahlen beider Ionentypen gleich: $k_{Na} = k_{Cl} = 6$. Ein anderes

Beispiel für ein Kristallgitter der Alkalihalogenidverbindungen ist das CsI-Gitter. Seine Elementarzelle ist ein raumzentrierter Würfel, in dessen Ecken die Ionen des anderen Typs liegen. Die Anzahl der Ionen in der Zelle ist gleich 2, und die Koordinationszahlen sind wiederum einander gleich: $k_{Cs} = k_I = 8$.

Die Anziehungskräfte, die auf die Ionen im Gitter wirken, sind hier wie im NaCl-Molekül Coulombsche Kräfte. Die Wechselwirkungsenergie der Ionen im Kristall (Gitterenergie) kann man erhalten, indem man die Wechselwirkungsenergie der verschiedenen Ionenpaare addiert. Man kann zeigen, daß das Resultat einer solchen Summation folgende Form hat

$$U = N(A/R^m - \alpha e^2/R), \tag{4.1}$$

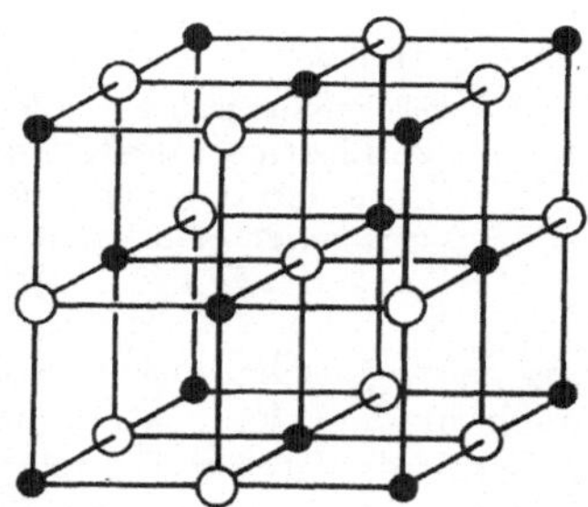

Abb. 2.8
Elementarzelle des NaCl-Kristalls

wobei R die Entfernung zwischen benachbarten (verschiedenartigen) Ionen, N die Anzahl der Ionenpaare im Kristall und A eine gewisse neue Konstante ist. Der hier auftretende Faktor α ist eine dimensionslose Größe (die Madelung-Konstante) und hängt vom Typ des Kristallgitters ab. Die Zahl kann man durch eine einfache Reihe darstellen. Sie ist z. B. für Gitter vom NaCl-Typ $\alpha = 1{,}748$, für CsI-Gitter $\alpha = 1{,}736$. In diesen Fällen hat die potentielle Energie für $m > 1$ ein Minimum.

Bis jetzt haben wir noch nichts über die Konstanten A und m gesagt, welche die abstoßenden Kräfte charakterisieren. Man kann sie auf folgende Weise finden. Im Gleichgewicht ist

$$(\mathrm{d}U/\mathrm{d}R)_{R_0} = 0, \tag{4.2}$$

wobei R_0 die aus dem Experiment bekannte Entfernung zwischen nächsten Nachbarn im gegebenen Kristall ist. Benutzt man die Gleichungen (4.1) und (4.2), so ergibt sich eine Relation, durch die man die Konstante A über den Exponenten m ausdrücken kann. Der Wert von m wird so gewählt, daß sich bei der Berechnung der verschiedenen physikalischen Eigenschaften des Kristalls mit Hilfe der Beziehung (4.1) eine möglichst gute Übereinstimmung mit den experimentellen Daten ergibt. Dazu kann man z. B. den Kompressionsmodul bei hydrostatischem Druck bei tiefen Temperaturen heranziehen, der sich unmittelbar aus (4.1) berechnen läßt. Ein solcher Vergleich zeigt, daß m eine große Zahl ist, die für die untersuchten Ionenkristalle zwischen 9 und 11 liegt. Aus diesem Grunde verringern sich die abstoßenden Kräfte mit wachsender Entfernung zwischen den Ionen sehr schnell.

Die Kristalle der Alkalihalogenid-Verbindungen sind bei Zimmertemperatur Isolatoren. Die s-Valenzelektronen der Alkalimetallatome, die auf die Halogenatome übergehen, sind im Kristall sehr fest an die letzteren gebunden, so daß die

Wärmebewegung zu ihrer Abspaltung nicht ausreicht. Bei einer Erhöhung der Temperatur tritt in diesen Kristallen eine merkliche elektrische Leitfähigkeit auf. Diese rührt jedoch nicht von den Elektronen, sondern von den Ionen her, die sich durch den Kristall bewegen.

Homöopolare Kristalle. Die homöopolare Bindung tritt in reiner Form in den Kristallen chemischer Elemente auf. Insbesondere gilt das für die halbleitenden Kristalle der Elemente der Untergruppe IV B — also für Diamant, Silizium, Germanium. Sie haben das gleiche kubisch flächenzentrierte Gitter. Die Elementarzelle des Diamantgitters für orthogonale Basisvektoren ist in Abb. 2.9 dargestellt.

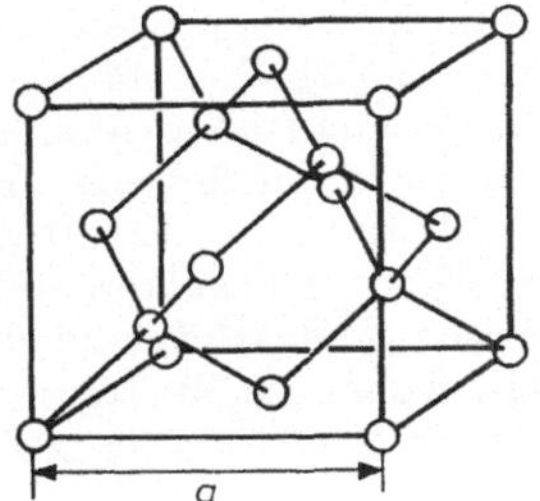

Abb. 2.9
Diamantstruktur. Die Gitterkonstante a beträgt für Diamant 3,56 Å, für Silizium 5,42 Å, für Germanium 5,62 Å und für graues Zinn 6,46 Å.

Sie ist ein flächenzentrierter Würfel, in dem sich noch zusätzlich vier Atome befinden. Diese inneren Atome kann man erhalten, indem man die äußeren Atome der Zelle in Richtung der Raumdiagonale um 1/4 der Länge dieser Diagonale verschiebt, so daß diese ebenfalls ein flächenzentriertes Gitter bilden. Mit anderen Worten: Das Diamantgitter kann man sich aufgebaut denken aus zwei kubisch flächenzentrierten Gittern, die gegeneinander verschoben sind. Weil in jeder Zelle des flächenzentrierten Gitters vier Atome enthalten sind, enthält die kubische Elementarzelle der Diamantstruktur acht Atome.

Erinnern wir uns jedoch daran, daß die Wahl der Elementarzelle nicht eindeutig ist. Im Abschnitt 2.1. wurde gezeigt, daß das flächenzentrierte Gitter eines der Bravais-Gitter ist und daß bei der Wahl einer rhomboedrischen Elementarzelle jede Zelle nur ein Atom enthält. Deshalb ist die kleinstmögliche Zahl von Atomen in einer Zelle der Kristalle mit Diamantstruktur zwei.

Aus dem oben Gesagten ist ersichtlich, daß zur Ausbildung einer homöopolaren Bindung zwischen den wechselwirkenden Atomen Elektronenpaare mit antiparallelem Spin erforderlich sind. Es ist leicht zu sehen, daß dies gerade bei Kristallen der Untergruppe IV B der Fall ist. Aus Abb. 2.9 ist zu entnehmen, daß die Koordinationszahl der Diamantstruktur gleich 4 ist. Die tetraedrische Koordination der vier nächsten Nachbarn jedes Atoms läßt sich durch das zweidimensionale Schema

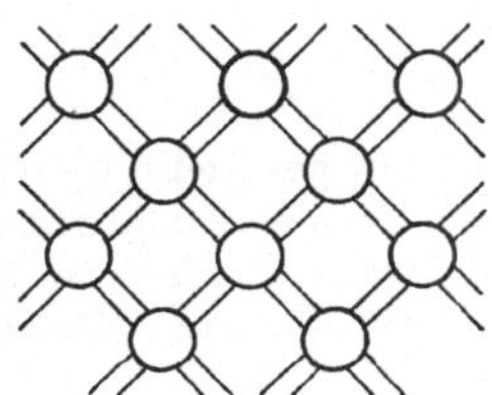

Abb. 2.10
Zweidimensionales Schema der homöopolaren Bindungen im Diamantgitter

in Abb. 2.10 wiedergeben, das für das Folgende günstiger ist. Zum anderen hat jedes Atom dieser Untergruppe vier Valenzelektronen: $(2s)^2$ und $(2p)^2$ beim Diamant, $(3s)^2$ und $(3p)^2$ beim Silizium usw. Man findet also genau die Zahl von Valenzelektronen, die zur Ausbildung einer (homöopolaren) Elektronenpaarbindung zwischen allen unmittelbar benachbarten Atomen erforderlich sind.

Kristalle mit gemischtem Bindungstyp. Zwischen den zwei betrachteten Grenzfällen mit reiner Ionen- und reiner homöopolarer Bindung gibt es Fälle mit gemischter Bindung, die in Kristallen vieler chemischer Verbindungen vorliegen. Die wichtigsten Beispiele sind die halbleitenden Kristalle der $A^{III}B^{V}$-Verbindungen, also von Elementen der dritten und fünften Hauptgruppe: InSb, GaAs, GaP u. a. Die Anordnung der Atome in solchen Kristallen, die wie Diamant zum kubischen System gehören, ist in Abb. 2.11 gezeigt. Auch hier hat jedes Atom vier nächste Nachbarn. Andererseits hat jedes In-Atom (aus der III. Gruppe) 3 Valenzelektronen und jedes Sb-Atom (aus der V. Gruppe) 5 Valenzelektronen, so daß insgesamt für jedes Atompaar die 8 Elektronen zur Verfügung stehen, die zur Bildung aller Elektronenpaarbindungen erforderlich sind. Hier sind jedoch die Elektronenwolken infolge der zwei unterschiedlichen Komponenten nicht symmetrisch. Deshalb ist die chemische Bindung zum Teil ionisch und zum Teil homöopolar, wobei die In-Atome negativ, die Sb-Atome positiv geladen sind. Die Kristalle der $A^{III}B^{V}$-Verbindungen gehören zu den typischen Halbleitern.

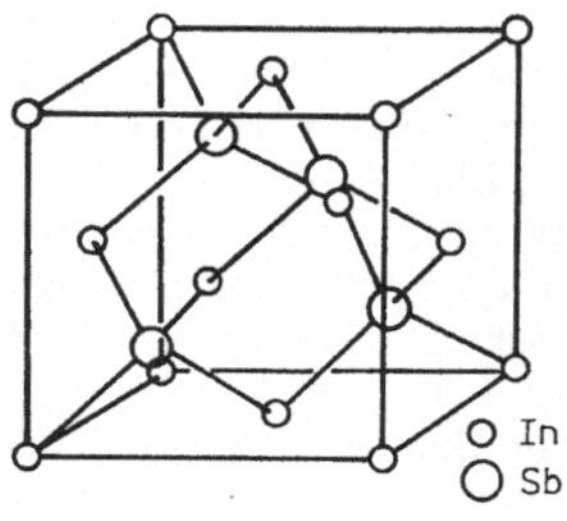

Abb. 2.11
Elementarzelle des Indiumantimonid-Kristalls InSb

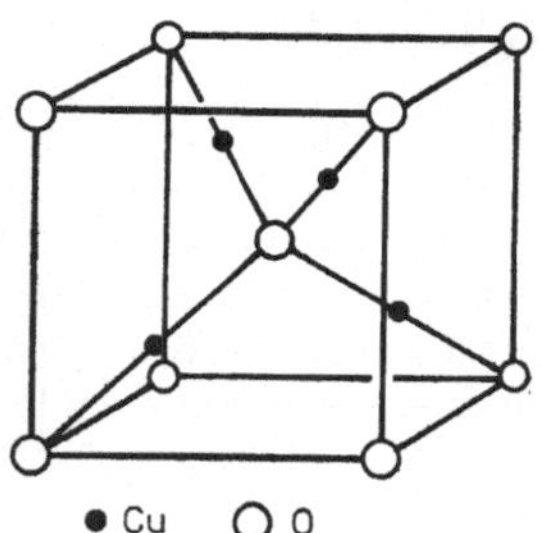

Abb. 2.12
Elementarzelle von Cuprit Cu_2O

Ein anderes Beispiel für einen halbleitenden Kristall mit gemischten Bindungen ist das Cuprit Cu_2O. Es hat ein kubisches Gitter, dessen Elementarzelle in Abb. 2.12 dargestellt ist. Die Elementarzelle enthält 4 Atome Kupfer und 2 Atome Sauerstoff. Die gegenseitige Lage der Atome (die Anzahl der nächsten Nachbarn) ist in dem ebenen Schema in Abb. 2.13 dargestellt. Jedes Sauerstoffatom ist unmittelbar an vier Kupferatome gebunden und jedes Kupferatom an zwei Sauerstoffatome. Andererseits hat jedes Sauerstoffatom sechs Valenzelektronen und jedes Kupferatom ein Valenzelektron. Daher entfallen auf jede Gruppe Cu_2O 8 Valenzelektronen, die auch für die Bildung der vier homöopolaren Bindungen zwischen jedem Sauerstoffatom und den unmittelbar mit ihm verbundenen vier Kupferatomen gebraucht werden (vgl. Abb. 2.12). Wie in den $A^{III}B^{V}$-Verbindungen sind die Elektronenwolken auch hier nicht symmetrisch, so daß hier ebenfalls ein gemischter Bindungstyp vorliegt.

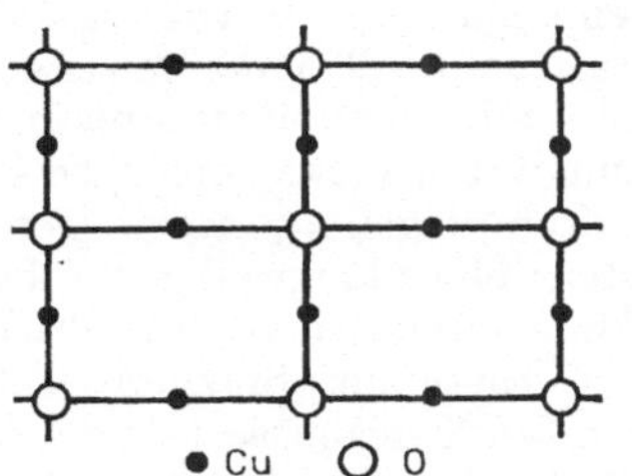

Abb. 2.13
Zweidimensionales Schema der Koordination der Atome im Cu_2O-Kristall
○ — Sauerstoff, • — Kupfer

Die angeführten Fakten, die für die betrachteten Stoffe typisch sind, gestatten einige allgemeine Schlußfolgerungen. Wir haben schon gesagt, daß die reinen Ionenkristalle Isolatoren sind. Im Gegensatz dazu spielt in allen betrachteten Kristallen, die Halbleiter sind, die homöopolare (kovalente) Bindung eine wesentliche Rolle. Diese Verhältnisse treten auch bei der Analyse anderer halbleitender Kristalle auf. Deshalb kann man schlußfolgern, daß die halbleitenden Eigenschaften besonders in denjenigen Stoffen ausgeprägt sind, in denen der kovalente Anteil der Bindung vorherrschend ist. Dabei ist ein Stoff ein um so besserer Isolator, je stärker der ionische Teil der Bindung ist und umgekehrt.

2.5. Nichtkristalline Halbleiter

Die oben betrachteten Beispiele von Halbleitern bezogen sich auf die Kristalle verschiedener Stoffe. In diesen Fällen hat man erstens eine regelmäßige Anordnung der nächsten Nachbarn jedes Atoms oder Ions im Gitter (Nahordnung) und zweitens ein Kristallgitter, d. h. eine gesetzmäßige periodische Aufeinanderfolge solcher Gruppen in größeren Kristallbereichen (Fernordnung). Deshalb entsteht die Frage, welche dieser beiden Umstände für das Auftreten von halbleitenden Eigenschaften wesentlich ist. Die Antwort auf diese Frage wird durch die Untersuchung der elektrischen Eigenschaften nichtkristalliner Stoffe gegeben. Die Erfahrung zeigt nämlich, daß viele Stoffe in einem Zustand, in dem sie nachweislich kein Kristallgitter haben, eine elektronische Leitfähigkeit besitzen (der Anteil der ionischen Leitfähigkeit also klein ist) und außerdem die charakteristischen Merkmale typischer Halbleiter zu beobachten sind. Diese Stoffe kann man in zwei Gruppen einteilen.

Amorphe Halbleiter. Ein Beispiel dafür ist Selen. Selen hat zwei kristalline Modifikationen: das graue oder hexagonale Selen (an das man gewöhnlich denkt, wenn von

Selen als Halbleiter die Rede ist) und das monokline Selen, das eine rote Farbe hat und ein Isolator ist. Bei schneller Abkühlung von geschmolzenem Selen kann man jedoch noch eine amorphe Modifikation erhalten, die nur im Laufe einer sehr langen Zeit allmählich in die hexagonale Modifikation übergeht. Die Untersuchung der elektrischen Leitfähigkeit des amorphen Selens zeigt, daß sich seinWiderstand wie der des kristallinen Selens bei Erhöhung der Temperatur verringert, was für einen Halbleiter typisch ist. Am amorphen Selen beobachtet man auch eine Änderung des Widerstandes bei Belichtung (Photoleitfähigkeit), was ein anderer Beweis für das Vorhandensein einer bestimmten energetisch verbotenen Zone ist. Den amorphen Zustand vieler Stoffe kann man erhalten, wenn man sie im Vakuum als dünne Schichten kondensieren läßt, wobei die Temperatur des Trägers gewisse kritische Werte, die für verschiedene Stoffe verschieden sind, nicht überschreiten darf. Es zeigt sich, daß dünne (d. h. bis zu einigen hundert Å dicke) amorphe Schichten einiger Stoffe typische halbleitende Eigenschaften zeigen (positiver Temperaturkoeffizient der elektrischen Leitfähigkeit, Existenz einer langwelligen Schwelle der Lichtabsorption, Photoleitfähigkeit). Außer beim Selen beobachtet man halbleitende Eigenschaften auch an amorphem Antimon, Germanium, Silizium, Tellur und einigen chemischen Verbindungen. Die angeführten Ergebnisse zeigen, daß halbleitende Eigenschaften zumindest bei einigen Stoffen infolge der Nahordnung ihrer Struktur auftreten. Weitere Bestätigungen dieser Schlußfolgerungen findet man bei der Untersuchung der elektrischen Leitfähigkeit der Legierungen.

Flüssige Halbleiter. Werden beim Übergang in den flüssigen Zustand die kovalenten Bindungen zerstört, so entsteht eine chemische Bindung anderen Typs. Wenn die Eigenschaften der Atome und der mittlere Abstand zwischen ihnen so beschaffen sind, daß alle Valenzelektronen von den Atomrümpfen getrennt sind, entsteht eine metallische Bindung, und die elektrische Leitfähigkeit erhöht sich beim Schmelzen wesentlich. Im flüssigen Zustand vermindert sich die elektrische Leitfähigkeit bei Erhöhung der Temperatur wie bei den Metallen (infolge der Verminderung der Beweglichkeit). Es kann jedoch auch ein anderer Fall eintreten, nämlich dann, wenn die Valenzelektronen nach der Zerstörung der Valenzbindungen bei einzelnen Atomen lokalisiert sind. In diesem Fall kann sich die elektrische Leitfähigkeit beim Schmelzen plötzlich vermindern, und der Temperaturkoeffizient kann positiv sein. In jedem Fall wird sich bei der Zerstörung der gesättigten und gerichteten Valenzbindungen die Nahordnung und die Koordinationszahl ändern, was z. B. zur Änderung der Dichte des Stoffes beim Schmelzen führen kann.

Aus diesem Grunde ist bei der Zerstörung der Valenzbindungen in jedem Fall eine Änderung der elektrischen Leitfähigkeit, der Dichte und anderer physikalischer Eigenschaften, die mit der Nahordnung verbunden sind, zu erwarten. Diese Änderungen brauchen jedoch nicht unbedingt plötzlich und sprunghaft zu erfolgen. Bei der Schmelztemperatur ändert sich nur die Beschaffenheit des Kristallgitters sprunghaft — die Fernordnung wird zerstört.

Die Lage der nächsten Nachbarn muß jedoch nicht völlig chaotisch sein, die Nahordnung kann im flüssigen Zustand teilweise erhalten bleiben und erst bei genügender Erhöhung der Temperatur allmählich verlorengehen. Es versteht sich, daß dabei die Koordinationszahl einen statistischen Sinn erhält und auch gebrochene Werte annehmen kann. Bei der Erhaltung der Nahordnung müssen wir erwarten, daß der Stoff auch nach dem Schmelzen halbleitende Eigenschaften haben wird, d. h., er wird ein flüssiger Halbleiter.

Diese verschiedenen Fälle werden im Experiment auch tatsächlich beobachtet. Beispiele für Stoffe, bei denen die kovalenten Bindungen sofort nach dem Schmelzen zerstört werden, sind die Elementhalbleiter der Untergruppe IV B (Diamantstruktur) und die intermetallischen Verbindungen $A^{III}B^{V}$ (Zinkblendestruktur).

Im Gegensatz dazu behalten viele Stoffe ihre halbleitenden Eigenschaften nach dem Schmelzen. Hierher gehören z. B. Selen und viele Oxide und Sulfide der Metalle. Ein interessantes Beispiel für solche Stoffe ist Tellur. Die Kristalle des Tellurs (wie auch des Selens) haben ein hexagonales Gitter, und die Atome sind in Form von Spiralketten angeordnet, wie aus Abb. 2.14 zu sehen ist (dargestellt ist die Hälfte der

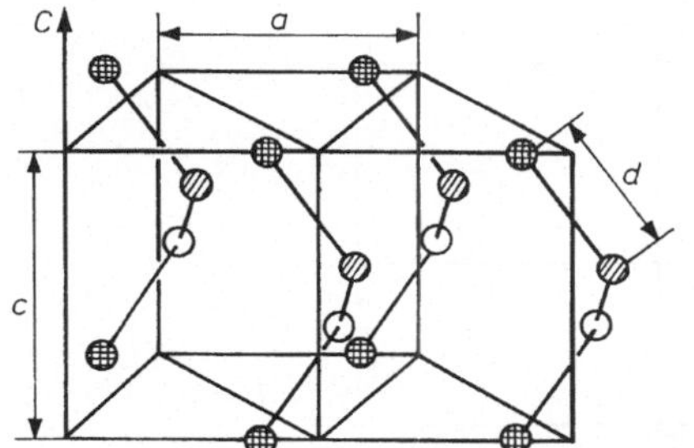

Abb. 2.14
Struktur von Tellur
$a = 4{,}44$ Å, $c = 5{,}92$ Å, $d = 2{,}86$ Å

Elementarzelle). Einheitlich schraffierte Atome verschiedener Ketten liegen dabei in einer Ebene. Jedes dritte Atom ein und derselben Kette liegt über einem anderen Atom derselben Kette in Richtung der C-Achse. Die Koordinationszahl ist gleich 2. Jedes Atompaar in ein und derselben Kette ist verbunden durch kovalente Elektronenpaarkräfte. Die Atome in ein und derselben Kette sind eng benachbart. Verschiedene Ketten (die weiter voneinander entfernt sind) sind durch van-der-Waalssche Kräfte verbunden. Infolge dieser Lage der Atome sind die elektrischen Eigenschaften des Tellur stark anisotrop. So beträgt der spezifische Widerstand bei 20 °C für die Richtung entlang der C-Achse $\varrho_{\parallel} = 0{,}26\ \Omega \cdot \mathrm{cm}$ und für die Richtung senkrecht zur C-Achse $\varrho_{\perp} = 0{,}51\ \Omega \cdot \mathrm{cm}$. Tellur ist ein typischer Halbleiter.

Die Abhängigkeit des spezifischen Widerstandes des Tellurs von der Temperatur ist in Abb. 2.15 dargestellt (Richtung des Stroms im festen Zustand senkrecht zur C-Achse). Unterhalb der Schmelztemperatur ist der Temperaturkoeffizient des Widerstandes negativ, was, wie wir wissen, typisch für Halbleiter ist. Aber auch nach dem Schmelzen setzt sich die Abnahme des Widerstandes mit wachsender Temperatur in einem gewissen Temperaturintervall fort, d. h., das flüssige Tellur verhält sich ebenfalls wie ein Halbleiter.

Besonders interessant ist die Temperaturabhängigkeit der Hall-Konstante in Tellur, die in Abb. 2.16 dargestellt ist.[1]) Bei tiefen Temperaturen, im Bereich der Störstellenleitung (Fremdleitung), zeigt Tellur gewöhnlich Löcherleitung, und die Hall-Konstante ist positiv ($R > 0$) (dieser Bereich ist in der Abbildung nicht enthalten). Wenn bei einer Temperaturerhöhung die Eigenleitung einsetzt, ändert die Hall-Konstante ihr Vorzeichen, wird also negativ. Daran ist zu erkennen, daß die Beweglichkeit der Elektronen im Tellur größer ist als die Beweglichkeit der Löcher. Bei einer weiteren Erhöhung der Temperatur bis ungefähr 230 °C ändert die Hall-

[1]) Die Darstellungen sind der Arbeit Epstein, A. S.; Fritsche, H.; Lark-Horovitz, H., Phys. Rev. **107** (1957) 412 entnommen.

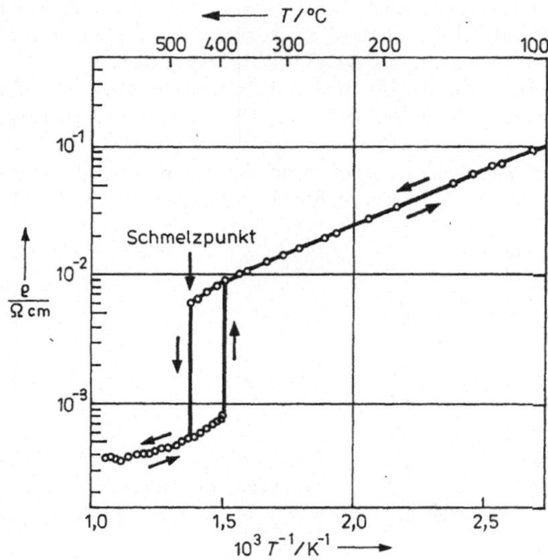

Abb. 2.15

Spezifischer Widerstand von Tellur in Abhängigkeit von der Temperatur. Die Verschiebung des Widerstandssprungs beim Abkühlen ist durch die Unterkühlung der Schmelze bedingt.

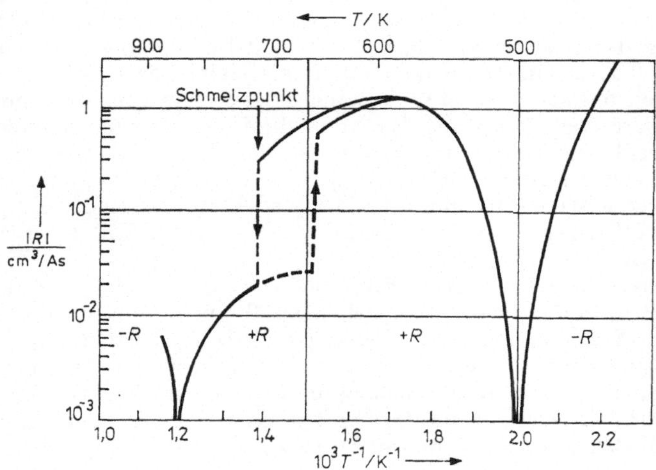

Abb. 2.16

Temperaturabhängigkeit der Hall-Konstante in festem und flüssigem Tellur

Konstante ein zweites Mal ihr Vorzeichen und bleibt bis zur Schmelztemperatur positiv. Eine solche zweimalige Änderung des Vorzeichens von R im festen Zustand ist das Resultat einer komplizierten Bandstruktur in Tellur. Wir werden uns jedoch bei der Diskussion dieser Verhältnisse nicht weiter aufhalten, weil sie nicht unmittelbar mit der von uns betrachteten Frage in Zusammenhang stehen. Beim Schmelzen nimmt der Betrag der Hall-Konstante plötzlich ab und verringert sich weiter bei einer weiteren Erhitzung der Schmelze, bleibt jedoch positiv. Bei ungefähr 575 °C wird die Hall-Konstante Null und ändert ein drittes Mal ihr Vorzeichen ($R < 0$). Der letztgenannte Wechsel ist besonders interessant. Im Abschnitt 1.4. haben wir gesehen, daß die Hall-Konstante nur im Falle einer gemischten Leitung Null werden kann. Deshalb kann man schlußfolgern, daß im flüssigen Tellur die elektrische Leitfähigkeit sowohl von negativen Elektronen als auch von positiven Löchern getragen wird.

Die beobachteten Erscheinungen führen zu folgenden Schlußfolgerungen: Die halbleitenden Eigenschaften von Tellur im festen Zustand werden durch die kovalenten Bindungen verursacht, die die Atome innerhalb der Ketten zusammenhalten. Beim Schmelzen werden die van-der-Waalsschen Bindungen zerstört, die die Ketten untereinander zusammenhalten, während die kovalenten Bindungen innerhalb einzelner Ketten zum großen Teil erhalten bleiben, wodurch die halbleitenden Eigenschaften des flüssigen Tellurs erklärt werden können. In der Nähe der Schmelztemperatur werden Leitungselektronen durch Ionisation der Ketten frei (dabei werden einige kovalente Bindungen zerstört), und die verbleibenden ungesättigten Bindungen spielen die Rolle von positiven Löchern (siehe Abschnitt 2.6.). Die Tatsache, daß in diesem Temperaturbereich $R > 0$ ist, zeigt, daß die Beweglichkeit der Löcher im flüssigen Tellur größer als die Beweglichkeit der Elektronen ist. Bei einer weiteren Erhöhung der Temperatur beginnt auch die Zerstörung der kovalenten Bindungen, und die chemische Bindung wird metallisch. Das führt zu einer Erhöhung der Elektronenkonzentration, wodurch die Hall-Konstante wiederum negativ wird.

Außer den angeführten Beispielen sind heute noch eine große Zahl anderer halbleitender Materialien bekannt, die im flüssigen Zustand innerhalb eines gewissen Temperaturbereichs ihre halbleitenden Eigenschaften behalten.

Glasartige Halbleiter. Zu den Halbleitern gehört auch eine große Gruppe glasartiger chemischer Verbindungen. Hierher gehören die binären Verbindungen von Pb, As, Sb und Bi mit einem der Elemente S, Se und Te (Chalkogenide) oder die ternären Verbindungen dieser Elemente, wie z. B. $m\mathrm{As_2Se_3} \cdot n\mathrm{As_2Te_3}$ (wobei m und n ganze Zahlen sind) und andere. Obwohl sich die glasartigen Halbleiter im Prinzip nicht von den flüssigen unterscheiden, weil man Glas als eine stark unterkühlte Flüssigkeit mit einer sehr großen Zähigkeit ansehen kann, ist diese Gruppe von Halbleitern doch von eigenständigem Interesse. In diesen Stoffen beobachtet man den für Halbleiter typischen negativen Temperaturkoeffizienten des Widerstandes, die charakteristische spektrale Abhängigkeit des Absorptionskoeffizienten des Lichts (Vorhandensein einer Absorptionskante, die von der Zusammensetzung des Stoffes abhängt), Photoleitfähigkeit und andere halbleitende Eigenschaften.

Eine detaillierte Darstellung der Eigenschaften nichtkristalliner Halbleiter findet man in den Monographien [3, 4].

Zusammenfassend kann gesagt werden, daß in vielen Stoffen die Nahordnung eine entscheidende Rolle für das Auftreten von Halbleitereigenschaften spielt. Hinweise zu der Bedeutung der Nahordnung, an die sich viele Untersuchungen zu diesem Problem anschlossen, wurden erstmals von A. F. Joffe gegeben.

2.6. Die verbotene Zone der Energie

Wenn man von der Besonderheit der chemischen Bindung in Halbleitern ausgeht, kann man unmittelbar die Existenz einer verbotenen Zone der Energie erklären. Betrachten wir als Beispiel die Elementhalbleiter der Untergruppe IV B und setzen voraus, daß in ihnen keine chemischen Verunreinigungen oder Strukturdefekte vorhanden sind. Dann ist aus Abb. 2.10 zu erkennen, daß sich in den intakten Bindungen im Kristall alle Valenzelektronen jedes Atoms (zwei s-Elektronen und zwei p-Elektronen) befinden und die kovalenten Bindungen bilden. Deshalb sind alle Valenzelektronen im bekannten Sinne Strukturelemente und befinden sich im gebundenen Zustand. In einem solchen Zustand (bei der absoluten Temperatur $T = 0$ und der Abwesenheit äußerer ionisierender Einwirkungen) ist der Kristall ein Isolator.

Zur Schaffung beweglicher Elektronen ist die Zerstörung eines gewissen Teils der Bindungen erforderlich. Das geschieht bei Erhöhung der Temperatur oder unter der Einwirkung einer geeigneten ionisierenden Strahlung (Licht, schnelle Elektronen u. ä. m.). Bei der Zerstörung jeder Bindung tritt ein Leitungselektron und ein unbesetzter Quantenzustand des Elektrons auf. Der kleinste Energiezuwachs des Elektrons bei seinem Übergang aus dem gebundenen Zustand in den Zustand eines Leitungselektrons (Arbeit zur Zerstörung der Bindung) ist die Breite E_g der verbotenen Zone der Energie.

Wenn in einem Halbleiter ein elektrisches Feld existiert, so werden sich die Elektronen entgegengesetzt zur Feldrichtung bewegen, und es entsteht ein Elektronenstrom mit einer gewissen Dichte $\boldsymbol{j}_n$. Aber außer diesem Prozeß ist noch ein anderer Mechanismus der elektronischen Leitfähigkeit möglich. Bei Vorhandensein gestörter Valenzbindungen (Leerstellen) kann nämlich irgendein Elektron aus der Bindung in diese Leerstelle übergehen. Anstelle der Leerstelle liegt nun eine normale kovalente Bindung vor, aber die Leerstelle befindet sich nun an einem anderen Ort. In die neu entstandene Leerstelle kann nun wiederum irgendein Elektron aus einer Bindung übergehen, und dieser Prozeß kann sich fortsetzen. Es versteht sich, daß die Übergänge von Elektronen aus der Bindung in alle Richtungen möglich ist. Es werden jedoch Übergänge in Richtung der wirkenden Kräfte (entgegengesetzt zum Feld) bevorzugt, und deshalb entsteht ein gewisser Zusatzstrom $\boldsymbol{j}_p$, der durch die Verschiebung der Bindungselektronen hervorgerufen wird. Die Leerstellen selbst werden in Feldrichtung verschoben, so daß es den Anschein hat, als bewegten sich positiv geladene Teilchen. Dieser zweite Mechanismus der elektrischen Leitfähigkeit ist der Prozeß der Löcherleitung. Die unbesetzten Quantenzustände der Elektronen, die an den zerstörten kovalenten Bindungen lokalisiert sind und sich unter dem Einfluß des Feldes bewegen können, sind positive Löcher. Aus dem Gesagten ist klar ersichtlich, daß in nichtdotierten Halbleitern die Konzentration p der Löcher immer gleich der Konzentration n der Leitungselektronen ist. Im Kapitel 4. wird gezeigt, daß man für die Löcher (aber nicht für die Elektronen der Bindungen) einfache Bewegungsgleichungen erhält, die den Bewegungsgleichungen positiv geladener Teilchen in der klassischen Mechanik analog sind, wodurch auch die Einführung dieses Begriffs gerechtfertigt wird. Diese Vorstellungen über den Mechanismus der Löcherleitung, die von uns qualitativ am Beispiel der Halbleiter der Untergruppe IV B betrachtet wurden, sind für Halbleiter beliebigen Typs gültig.

2.7. Halbleitereigenschaften und chemische Bindung

Aus dem oben Gesagten folgt, daß die Breite der verbotenen Zone unmittelbar von der Stärke der chemischen Bindung abhängt. Leider kann letztere nicht direkt quantitativ gemessen werden. Sie steht jedoch im Zusammenhang mit anderen physikalischen Eigenschaften des Stoffes, die einer unmittelbaren Messung zugänglich sind, und man kann deshalb erwarten, daß zwischen diesen Eigenschaften und der Größe E_g für Kristalle mit gleicher Struktur ein bestimmter Zusammenhang bestehen sollte.

Als Beispiel für eine Größe, die die Festigkeit der chemischen Bindung charakterisiert, wählten manche Autoren die Bildungswärme Q des Kristalls. Dabei zeigte sich, daß zwische nE_g und Q tatsächlich eine bestimmte Korrelation besteht: Wie zu erwarten, erhöht sich E_g bei einer Erhöhung von Q.

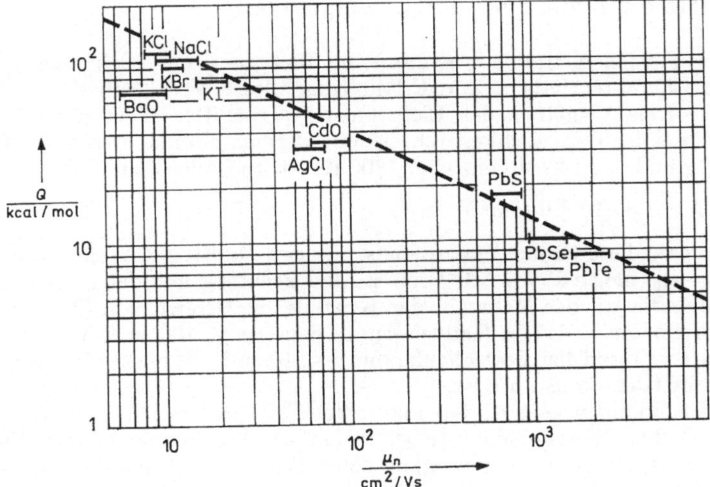

Abb. 2.17
Elektronenbeweglichkeit in Abhängigkeit von der Kristallisationswärme für binäre Verbindungen mit NaCl-Struktur

Eine analoge Abhängigkeit besteht auch für die Beweglichkeit der Elektronen. So ändert sich z. B. bei einer Reihe von Stoffen mit einheitlicher kristallographischer Struktur die Beweglichkeit μ_n gesetzmäßig mit der Änderung der Bildungswärme nach der Beziehung

$$\mu_n = cQ^{-n},$$

wobei c und n Konstanten sind, die vom Typ der Kristallstruktur abhängen. In Abb. 2.17 ist eine solche Abhängigkeit für eine Reihe binärer Verbindungen mit NaCl-Struktur gezeigt.[1]) Eine ähnliche Abhängigkeit findet man auch für binäre Verbindungen mit anderen Strukturen.

[1]) Nach ZUSE, W. P., ŽTF 25 (1955) 2019;

In Kristallen der binären $A^{II}B^{VI}$-Verbindungen aus Elementen der II. und VI. Gruppe, die dieselbe Kristallstruktur haben (ZnS, ZnTe, HgTe u. a.), beobachtet man eine Abhängigkeit von E_g von der mittleren Ordnungszahl der Elemente $Z = (Z_A + Z_B)/2$; E_g verringert sich bei wachsendem Z. Es existiert außerdem eine Abhängigkeit von E_g und μ von anderen makroskopischen Größen, die den Charakter der chemischen Bindung widerspiegeln. Obwohl diese Gesetzmäßigkeiten halbempirischen Charakter tragen, gebührt ihnen nichtsdestoweniger großes Interesse, weil sie erstens eine gute Bestätigung für die Richtigkeit allgemeiner Vorstellungen über den engen Zusammenhang zwischen dem Typ der chemischen Bindung und den Halbleitereigenschaften und zweitens für die Beurteilung von elektrischen Eigenschaften neuer Halbleitermaterialien nützlich sind.

2.8. Halbleiter mit geringer Beweglichkeit

In den verschiedenen Halbleitern kann die Bewegung der Elektronen ganz verschiedenen Charakter haben. Zur Erläuterung dieser Verhältnisse berechnen wir die mittlere freie Weglänge der Elektronen $l = v_T\tau$. Der Wert für τ kann über Gl. (1.3.13) aus der Beweglichkeit μ bestimmt werden. Nimmt man an, daß $m = m_0 = 9 \cdot 10^{-28}$ g und $v_T \simeq 1 \cdot 10^7$ cm $\cdot$ s^{-1} (300 K) ist, so findet man

$$l/\text{cm} \simeq 5 \cdot 10^{-9}\, \mu/(\text{cm}^2\, \text{V}^{-1}\, \text{s}^{-1}).$$

Vergleicht man diese Größe jetzt erstens mit der De-Broglie-Wellenlänge, die bei 300 K ($m = m_0$) gleich $\lambda = 7 \cdot 10^{-7}$ cm ist, und zweitens mit der Gitterkonstante a des Kristalls, die bei der Mehrzahl der Kristalle im Bereich von $(3 - 6) \cdot 10^{-8}$ cm liegt, so erkennt man, daß in Halbleitern, in denen $\mu \lesssim 100$ cm$^2 \cdot$ V$^{-1} \cdot$ s^{-1} gilt, der Betrag von $l < \lambda$ und bei Beweglichkeiten $\mu \lesssim 10$ cm$^2 \cdot$ V$^{-1} \cdot$ s^{-1} die Größe l schon kleiner als die Gitterkonstante ist.

Diese Berechnungen zeigen, daß man zwei Fälle unterscheiden muß. In Halbleitern mit hoher Beweglichkeit ($\mu \gtrsim 100$ cm$^2 \cdot$ V$^{-1} \cdot$ s^{-1}) können die Elektronen während der Zeit ihrer freien Bewegung einen Weg zurücklegen, der ein Vielfaches der Gitterkonstante beträgt. Diese Bewegung kann in guter Näherung als Bewegung im periodischen Potential des Kristalls betrachtet werden, die nur von Zeit zu Zeit durch Streuprozesse gestört wird, wobei sich der Impuls und die Energie des Elektrons sprunghaft ändern. Gerade auf solche Halbleiter mit hoher Beweglichkeit (Germanium, Silizium, $A^{III}B^{V}$-Verbindungen u. a.) ist die Bändertheorie, die in den Kapiteln 3. und 4. behandelt wird, anwendbar. Im Gegensatz dazu hat die Bewegung der Elektronen in Halbleitern mit geringer Beweglichkeit ($\mu \lesssim 10$ cm$^2 \cdot$ V$^{-1} \cdot$ s^{-1}) einen vollkommen anderen Charakter. In diesem Fall ist es weitaus richtiger, davon auszugehen, daß die Elektronen vorzugsweise an bestimmte Gitteratome gebunden sind und vergleichsweise selten zu benachbarten Gitterplätzen springen. Die Existenz eines derartigen „Hopping"-Mechanismus der elektrischen Leitfähigkeit wurde zuerst von A. F. Joffe und unabhängig davon durch N. Mott vorausgesagt. Auf Halbleiter mit geringer Beweglichkeit ist die Bändertheorie nicht anwendbar. Wie optische und elektrische Messungen zeigen, gibt es auch in solchen Halbleitern Zonen erlaubter und verbotener Energien. Daraus kann man schlußfolgern, daß das Konzept der Energiebänder (-zonen) bei weitem allgemeiner ist, als aus dessen Begründung innerhalb der Bändertheorie folgt (siehe Kapitel 17. und 19.).

Diese beiden Mechanismen der elektrischen Leitfähigkeit sind durch unterschiedliche Temperaturabhängigkeiten der Beweglichkeit charakterisiert, worauf bereits in Abschnitt 1.5. hingewiesen wurde. In reinen Halbleitern mit hoher Beweglichkeit führt eine Erhöhung der Temperatur immer zu einer Verringerung der Beweglichkeit. In Halbleitern mit geringer Beweglichkeit wird durch eine Temperaturerhöhung die Hopping-Wahrscheinlichkeit der Elektronen vergrößert und damit die Beweglichkeit erhöht.

Wir weisen darauf hin, daß der Hopping-Mechanismus der elektrischen Leitfähigkeit unter bestimmten Bedingungen auch in Halbleitern mit hoher Beweglichkeit bei sehr tiefen Temperaturen auftreten kann. So ist z. B. in Germanium, das Donatoren und Akzeptoren (in Konzentrationen $< 10^{15}\,\mathrm{cm}^{-3}$, bei denen die sogenannte Störstellenleitung noch nicht auftritt (siehe Kapitel 4.)) enthält, bei Heliumtemperaturen die Konzentration der beweglichen Elektronen bzw. der beweglichen Löcher verschwindend klein, so daß praktisch alle an Störstellenatomen lokalisiert sind. Doch auch in diesem Fall beobachtet man eine sehr kleine elektrische Leitfähigkeit, die offensichtlich durch den Hopping-Mechanismus hervorgerufen wird.

2.9. Fremdatome

Einen Kristall, in dem alle Gitterplätze nur von den Atomen eines gegebenen Stoffes eingenommen werden und dessen Gitter unbegrenzt in alle Richtungen ausgedehnt ist, werden wir einen Idealkristall nennen. Alle realen Kristalle haben jedoch verschiedene Unvollkommenheiten, welche die strenge Periodizität des Kristallgitters stören.

Untersuchungen mittels der Röntgenstrahlbeugung zeigen, daß in realen Kristallen die regelmäßige Anordnung der Atome nur innerhalb kleiner Bereiche mit linearen Abmessungen von $0{,}1 \cdots 1\,\mu\mathrm{m}$ erhalten bleibt. Diese Bereiche sind relativ zueinander geringfügig gedreht und bilden eine sogenannte Mosaikstruktur.

Ein anderer Typ von Störungen sind Fremdatome. Sie treten im Kristallgitter in zwei verschiedenen Lagen auf: entweder besetzen sie Gitterplätze, substituieren also gewisse Atome des Grundgitters, oder sie besetzen Zwischengitterplätze. In beiden Fällen existiert eine maximale Löslichkeit, d. h. eine maximale Konzentration der Fremdatome, die im Gitter bei einer bestimmten Temperatur im thermodynamischen Gleichgewicht möglich ist. Die Diffusionskoeffizienten für beide Typen von festen Lösungen sind sehr verschieden. Wie zu erwarten, ist bei einer gegebenen Temperatur der Diffusionskoeffizient der Zwischengitteratome um mehrere Größenordnungen höher als der Diffusionskoeffizient für die Substitutionsstörstellen.

Störungen in realen Kristallen sind auch unbesetzte Gitterplätze oder Leerstellen, Stufenversetzungen und Schraubenversetzungen (siehe unten). Die genannten Störungen können zum Auftreten zusätzlicher Energieniveaus der Elektronen führen, die viele physikalische Vorgänge in Halbleitern beeinflussen.

Betrachten wir zunächst die Eigenschaften der Fremdatome. Der einfachste und klarste Fall liegt bei Fremdatomen aus der III. und V. Gruppe des Periodensystems in Halbleitern der Untergruppe IV B (Germanium und Silizium) vor. Solche Fremdatome bilden eine feste Lösung von Substitutionsstörstellen. Darauf ist auch der sehr kleine Wert ihrer Diffusionskoeffizienten zurückzuführen.

Ein Atom eines beliebigen Elementes der V. Gruppe hat 5 Valenzelektronen, und folglich ist der Atomrumpf 5fach positiv geladen. Zur Ausbildung der tetraedrischen Valenzbindungen im Diamantgitter sind jedoch nur 4 Elektronen erforderlich. Deshalb erhalten wir bei der Ersetzung eines Grundgitteratoms durch ein Fremdatom ein überzähliges Elektron. Dieses bewegt sich im Feld des Atomrumpfes und der restlichen Valenzelektronen, d. h. in einem durch eine effektive Ladung $+e$ erzeugten Feld, und stellt ein System dar, das einem Wasserstoffatom ähnlich ist (Abb. 2.18a). Das zusätzliche Elektron kann unter der Wirkung thermischer Gitterschwingungen, Belichtung des Kristalls u. a. von seinem Gitterplatz losgetrennt und damit zu einem Leitungselektron werden. Dabei bildet sich jedoch kein positives Loch (wie im Fall der Zerstörung einer Bindung bei einem Eigenhalbleiter). Daraus ist ersichtlich, daß die Fremdatome der V. Gruppe in Halbleitern mit Diamantgitter Donatoren sind.

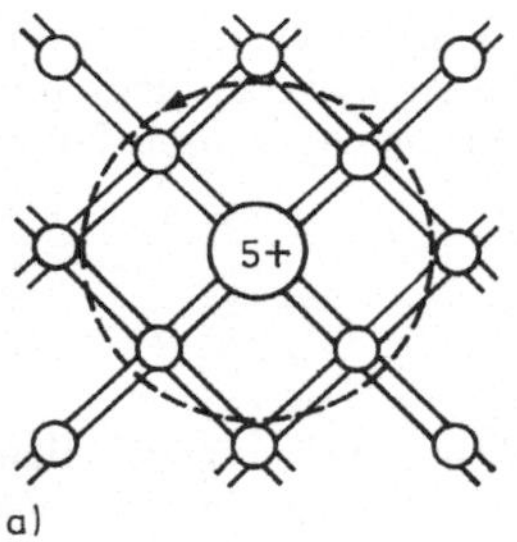

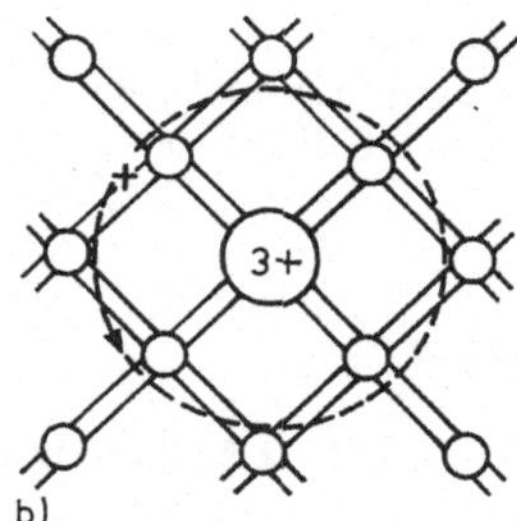

Abb. 2.18
Substitutionsatom eines Elements der V. (a) bzw. der III. (b) Gruppe in einem Gitter mit Diamantstruktur

Im Fall der Substitution durch ein Element der III. Gruppe (B, Al oder ähnliche) stehen insgesamt 3 Valenzelektronen zur Verfügung, d. h., es fehlt ein Elektron zur Ausbildung einer vollständigen Valenzbindung. Dieses fehlende Elektron kann den benachbarten Elektronenbindungen entzogen werden. Dabei bildet sich ein leerer Platz in den benachbarten Bindungen, d. h. ein positives Loch, das sich im Feld des Ionenrumpfes ($+3e$) und der vier Bindungselektronen ($-4e$) bewegt, d. h. in einem Feld mit der effektiven Ladung $-e$ (siehe Abb. 2.18b). In diese Leerstelle können andere Bindungselektronen übergehen, und das Loch kann sich um das Zentrum der Störstelle bewegen, so daß wir erneut ein wasserstoffähnliches System haben, jedoch in diesem Fall mit einer unbeweglichen negativen und einer beweglichen positiven Ladung.

Unter dem Einfluß der Wärmebewegung, von Belichtung oder anderen äußeren Einwirkungen können durch die gebildete Leerstelle auch weiter entfernte Bindungselektronen beeinflußt werden. Dann entsteht anstelle eines Loches, das mit einem bestimmten Störstellenzentrum verbunden ist, ein Loch an einem anderen Platz, und dieses Loch bewegt sich infolge einer Aufeinanderfolge von Platzwechselvorgängen anderer Bindungselektronen im Kristall. Dieser Prozeß verläuft analog zur Trennung eines gebundenen Elektrons von einem Donator der V. Gruppe und kann als Übergang eines gebundenen Loches in einen freien Zustand betrachtet werden. Aus dem Gesagten ist ersichtlich, daß die Atome der Elemente der III. Gruppe in Diamantgittern Akzeptoren sind.

Störstellen, die nur ein Elektron abgeben oder binden können und die sich deshalb in nur zwei verschiedenen Ladungszuständen befinden können, werden im folgenden als einfache Zentren bezeichnet. Aus dem oben Gesagten folgt, daß ein einfacher Donator ein Zentrum ist, an das bei vollständigen Valenzbindungen ein Elektron gebunden ist. Analog dazu ist ein einfacher Akzeptor ein Zentrum, an das bei vollständigen Valenzbindungen ein Loch gebunden ist.

Einfache Donatoren können durch das niedrigste Energieniveau des gebundenen Elektrons charakterisiert werden (Grundzustand). Analog dazu besitzt ein einfacher Akzeptor ein tiefstes Energieniveau zum Einfang eines Elektrons. Diese Energieniveaus sind im Unterschied zu den Energieniveaus der Leitungselektronen lokalisierte Niveaus, d. h., die Elektronen, die sie besetzen, sind in unmittelbarer Nähe der

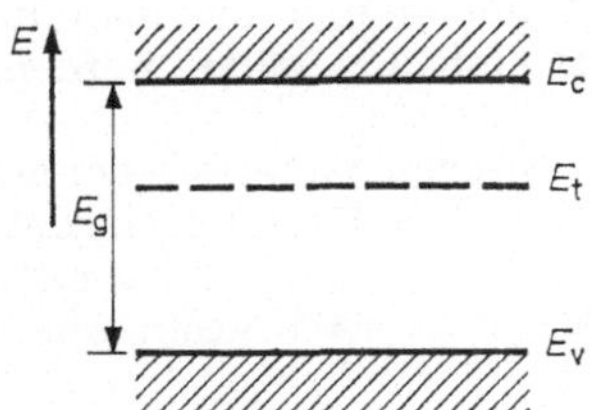

Abb. 2.19
Energieniveaus der Kristallelektronen bei Anwesenheit einfacher Donatoren oder Akzeptoren

Tabelle 2.1
Ionisierungsenergie (in eV) *für Atome von Elementen der III. und V. Hauptgruppe des periodischen Systems*[1])

Element	Ge	Si	Typ	Element	Ge	Si	Typ
B	10,6	44,3		P	12,7	45,3	
Al	10,9	68,4	Akzeptoren,	As	14,0	53,5	Donatoren,
Ga	11,1	72,3	$I_a = E_t - E_v$	Sb	10,2	42,5	$I_d = E_c - E_t$
In	11,7	155		Bi	12,7	71,0	
Tl	13,1	—					

[1]) Kogan, Š. M.; Lifšitz, T. M., Phys. Status solidi (a) **39** (1977) 11.

Störstellenzentren lokalisiert (siehe Abb. 2.19). Die Ionisationsenergie I_d eines Donators ist $(E_c - E_t)$. Analog dazu ist die Energie, die für den Übergang eines Valenzbandelektrons in den Akzeptor erforderlich ist (oder mit anderen Worten, die Energie I_a zur Lösung der Bindung des Loches an den Akzeptor), gleich $(E_t - E_v)$.

Die Ionisationsenergie der Störstellenatome im Kristall kann experimentell entweder aus der Temperaturabhängigkeit der Hall-Konstante („thermische" Ionisationsenergie) oder aus der spektralen Abhängigkeit des Absorptionskoeffizienten des Lichts und der Photoleitung („optische" Ionisationsenergie) bestimmt werden.

Die Werte für die Ionisationsenergie der Atome der III. und V. Gruppe in Germanium und Silizium, die aus optischen Daten bei Heliumtemperaturen bestimmt wurden, sind in der Tabelle 2.1 aufgeführt. Die Ionisationsenergien in Germanium unterscheiden sich etwas voneinander und liegen ungefähr bei 0,01 eV. Dieses Ergebnis wird durch die Theorie der „wasserstoffähnlichen" Störstellen, die in

Kapitel 6. betrachtet werden, gut erklärt. Infolge der kleinen Ionisierungsenergie der Atome dieser Elemente in Germanium sind diese praktisch bei Temperaturen von ~ 10 K und höher vollständig ionisiert. Die Ionisierungsenergien dieser Elemente, insbesondere der Akzeptoren der III. Gruppe in Silizium, unterscheiden sich jedoch wesentlich stärker. Aber auch hier ist (mit Ausnahme von In) die Ionisationsenergie nicht sehr groß, so daß die Atome dieser Elemente bei Temperaturen, die in der Nähe der Zimmertemperatur (und höher) liegen, ebenfalls fast vollständig ionisiert sind. Andererseits ist die Löslichkeit der Mehrzahl der Elemente der III. und V. Gruppe (außer Bi und Tl) in Germanium und Silizium sehr hoch (z. B. für In, Ga, P in Germanium ungefähr 10^{21} Atome/cm^3). Infolgedessen kann man durch die Elemente der III. und V. Gruppe die Konzentration der Elektronen und Löcher und damit die elektrische Leitfähigkeit in Germanium und Silizium in weiten Grenzen ändern. Derartige Störstellen, die flache Energieniveaus bilden und die man in großen Konzentrationen in das Gitter eines Halbleiters einbauen kann, werden wir im folgenden als *Dotierungsstörstellen* bezeichnen.

Wenn die Fremdatome zu einer Gruppe des periodischen Systems gehören, die sich um mehr als eine Einheit von der Gruppe des Wirtskristalls unterscheidet, ist das System der lokalen Energieniveaus komplizierter. Es entstehen dabei erstens zwei oder mehrere verschiedene Energieniveaus für ein und dasselbe Atom, und zweitens treten tiefe Energieniveaus auf.

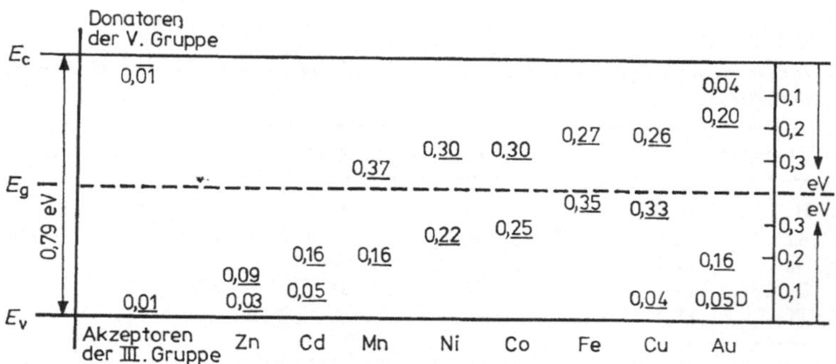

Abb. 2.20

Energieniveaus einiger Fremdatome in Germanium am absoluten Nullpunkt der Temperatur. Alle Niveaus, mit Ausnahme des niedrigsten Niveaus von Gold, haben Akzeptorcharakter.

In Abb. 2.20 sind als Beispiel Störstellenniveaus in Germanium dargestellt, das in dieser Hinsicht gut bekannt und untersucht ist. Der Inhalt dieser Abbildung soll im folgenden genauer diskutiert werden.

Kupfer z. B. hat in Germanium drei Akzeptorniveaus, die 0,04 und 0,33 eV vom oberen Rand des Valenzbandes und 0,26 eV vom unteren Rand des Leitungsbandes entfernt sind. Das bedeutet, daß ein Atom Kupfer drei Elektronen binden kann. Die Bindung des ersten Elektrons (aus der Gesamtheit der Elektronen, die die Valenzbindungen im Kristall bilden) erfordert die geringste Energie von $E_1 - E_v = 0{,}04$ eV. Dabei wird das Kupferatom in ein negativ geladenes Ion Cu$^-$ umgewandelt, und gleichzeitig bildet sich ein bewegliches positives Loch. Aus diesem Grunde läßt sich auch sagen, daß dieser elektronische Übergang die Loslösung eines gebundenen Loches vom Akzeptor darstellt, wofür die Ionisationsenergie von 0,04 eV erforderlich ist. Zur Ablösung des eingefangenen Elektrons vom Cu^--Ion und seine Umwandlung in ein Leitungselektron ist eine Energie von 0,75 eV erforderlich, wobei 0,79 eV die Breite der verbotenen Zone (bei 0 K) in Germanium ist. Analog dazu ist die Energie $E_2 - E_v = 0{,}33$ eV in Abb. 2.2a der Energiezuwachs des Zentrums, wenn zum Cu^--Ion ein zweites Elektron (aus den Bindungselektronen) hinzugefügt wird und dadurch ein Cu^{2-}-Ion entsteht. Dabei wird innerhalb der Bindungselektronen (im Valenzband) ein zweites bewegliches Loch gebildet, so daß sich auch sagen läßt, daß die Energie von 0,33 eV die Ablösungsenergie des zweiten Loches ist, das an das Cu^--Ion gebunden ist. Die Ablöseenergie eines Elektrons vom Cu^{2-}-Ion beträgt $(0{,}79 - 0{,}33)$ eV $= 0{,}46$ eV. Schließlich ist die Energie, die man beim Hinzufügen eines dritten Elektrons, nun schon zum Cu^{2-}-Ion, erhält (oder, was dasselbe ist, die Ablösung eines dritten Loches), gleich $E_3 - E_v = (0{,}79 - 0{,}26)$ eV $= 0{,}53$ eV. Dabei wird ein Cu^{3-}-Ion gebildet. Die Ablöseenergie des dritten eingefangenen Elektrons ist $E_c - E_3 = 0{,}26$ eV. Auf diese Weise können Substitutionsstörstellen in Germanium dreifache Akzeptoren sein und in vier verschiedenen Ladungszuständen als Cu^0, Cu^-, Cu^{2-} und als Cu^{3-} vorkommen.

Die Anzahl der verschiedenen lokalisierten Energieniveaus für Substitutionsstörstellen in Germanium stimmt in einer Reihe von Fällen mit den Erwartungen überein, die sich auf Grundlage der Elektronenstruktur der Atome und dem tetraedrischen Charakter der Valenzbindungen in Germanium ergeben. Beispiele dafür sind die Elemente Zn und Cd der II. Gruppe. Ihre Atome besitzen jeweils zwei Valenzelektronen ($(4s)^2$- bzw. $(5s)^2$-Konfiguration). Zur Ausbildung einer vollständigen tetraedrischen Bindung in Germanium sind jedoch vier Elektronen erforderlich. Das Fehlen von zwei Elektronen führt zur Bildung von zwei Löchern, die an diese Atome gebunden sind, die deshalb zweifache Akzeptoren darstellen.

Die Elemente Mn (VII. Gruppe) und Fe, Co, Ni (VIII. Gruppe) haben auf der äußersten Schale jeweils zwei Elektronen ($(4s)^2$). Es ist offensichtlich, daß gerade dieses Paar von Elektronen auch an der Bildung der Valenzbindungen beteiligt ist. Aber für eine vollständige Bindung reichen diese zwei Elektronen nicht aus, und diese Elemente sind doppelte Akzeptoren. Die Elemente Cu, Ag und Au der Gruppe I haben jeweils nur ein Valenzelektron: (4s), (5s) und (6s). Deshalb binden sie als Substitutionsstörstellen drei Löcher, sind also dreifache Akzeptoren. Bei Au beobachtet man noch ein zusätzliches Donatorniveau, das die Möglichkeit bietet, ein Valenzelektron abzulösen.

Betrachten wir zum Schluß noch ein Beispiel, das Te (VI. Gruppe). Tellur hat sechs Valenzelektronen: $(5s)^2$, $(5p)^4$, aber zum Aufbau der Bindung sind nur vier Elektronen erforderlich. In Übereinstimmung damit hat die Substitutionsstörstelle Te in Germanium zwei Donatorniveaus.

2.10. Leerstellen und Zwischengitteratome

Eine Störung der regelmäßigen Periodizität des Kristalls kann nicht nur durch Fremdatome, sondern auch durch strukturelle Defekte, d. h. verschiedene Unregelmäßigkeiten in der Lage der Wirtskristallatome, verursacht werden. Solche strukturellen Defekte führen ebenso wie die Fremdatome an einzelnen Gitterplätzen zur

Zerstörung der regelmäßigen Aufeinanderfolge der chemischen Bindungen, was zum Auftreten von lokalisierten Energieniveaus in der verbotenen Zone führen kann.

Der einfachste Typ solcher strukturellen Defekte sind die Leerstellen (Schottky-Defekte), die nichts anderes darstellen als unbesetzte Gitterplätze. Sie sind schematisch in Abb. 2.21a am Beispiel des Gitters einer Verbindung vom Typ AB veranschaulicht. Die großen Kreise sollen Atome der Sorte A, die kleinen Kreise Atome der Sorte B bezeichnen. Leerstellen können sowohl im primitiven Gitter der Sorte A als auch im primitiven Gitter der Sorte B auftreten. Den Vorgang ihrer Bildung kann man sich so vorstellen, daß ein in der Nähe der Oberfläche befindliches Atom an die Oberfläche des Kristalls gelangt. In diese in der Nähe der Oberfläche, z. B. infolge der Wärmebewegung, gebildete Leerstelle kann nun eines der tiefer im Inneren des Kristalls liegenden Atome springen, und es entsteht wiederum eine Leerstelle, die aber weiter von der Oberfläche entfernt ist, usw. Mit Hilfe eines solchen Prozesses, den man als Diffusion von Leerstellen von der Oberfläche in das Innere des Kristalls begreifen kann, können Leerstellen an einer beliebigen Stelle im Kristall entstehen.

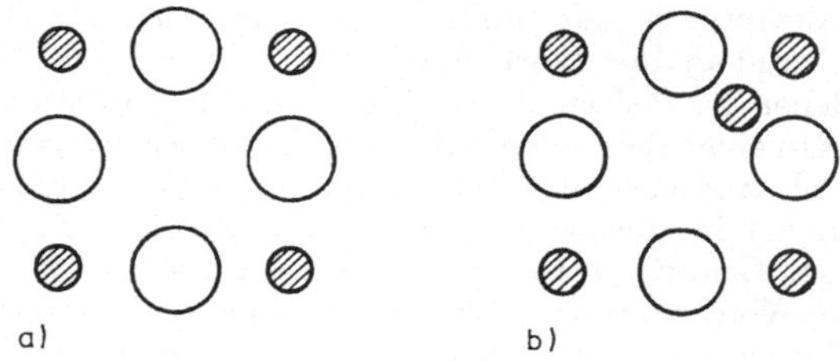

Abb. 2.21
a) Leerstelle
b) Leerstelle mit Zwischengitteratom

Ein anderer Typ von Defekten, der ebenfalls mit einer Verschiebung der Atome verbunden ist, entsteht dann, wenn das verschobene Atom in unmittelbarer Nähe seines Gitterplatzes bleibt, so daß der Defekt aus einer Leerstelle und einem Zwischengitteratom besteht (Abb. 2.21b). Die Möglichkeit des Auftretens solcher Defekte wurde von Ja. I. Frenkel vorausgesagt (Frenkel-Defekte).

Die betrachteten Defekte existieren in allen Kristallen, auch wenn diese sich im thermodynamischen Gleichgewicht befinden. In diesem Fall entstehen die Defekte infolge thermischer Fluktuationen, bei denen einzelne Gitteratome eine Energie erhalten können, die zur Bildung eines Defektes ausreichend ist. Die Konzentration der Leerstellen und Defekte hängt nach Frenkel von ihrer Bildungsenergie und der Temperatur ab und erhöht sich sehr schnell mit wachsender Temperatur.

Eine große Konzentration von Leerstellen kann in nichtstöchiometrischen Kristallen chemischer Verbindungen auftreten, d. h. in Kristallen, die einen Überschuß oder ein Defizit einer ihrer Komponenten aufweisen. Ein gut bekanntes Beispiel für Leerstellen sind die sogenannten Farbzentren in Alkalihalogenidkristallen. Die Experimente zeigen, daß bei der Erhitzung von LiCl, NaCl, KCl u. a. im Dampf ihres Alkalimetalls die Kristalle eine intensive Färbung annehmen: gelb im Fall von NaCl, blau im Fall von KCl und andere Farben. Eine solche Färbung kann man in Alkalihalogenidkristallen auch durch Bestrahlung mit Röntgenstrahlen erzeugen. Chemische Analysen zeigen, daß solche verfärbten Kristalle einen Überschuß des

Alkalimetalls enthalten. Ihre Färbung ist auf bestimmte Absorptionsbanden im Absorptionsspektrum zurückzuführen, die für verschiedene Kristalle in unterschiedlichen Spektralbereichen liegen. Diese Absorptionsbanden wurden von R. W. POHL F-Banden genannt und die mit ihnen verbundenen Zentren F-Zentren (Farbzentren).

Eine Erklärung der Eigenschaften der Farbzentren wurde von N. MOTT und R. GURNEY [2] gegeben. In Kristallen mit einem Alkalimetallüberschuß besteht ein Defizit an Halogenatomen, was zum Auftreten von Leerstellen im Gitter der Anionen führt. Infolgedessen wird die positive Ladung der Kationen, die eine Leerstelle umgibt, nicht kompensiert, und im Kristall tritt ein positiv geladenes Zentrum auf, das ein Überschußelektron an sich binden kann (Abb. 2.22). Auf diese Weise wird ein Zentrum vom Donatortyp gebildet. Unter der Einwirkung von Photonen genügend großer Energie kann dieses Elektron aus der Bindung an das F-Zentrum gelöst werden. Dabei wird Licht absorbiert, und der Kristall wird leitfähig (Photoleitung). Die Ionisationsenergie des F-Zentrums ist annähernd gleich der Energie der Photonen, die dem Maximum der optischen Absorptionsbande entspricht.

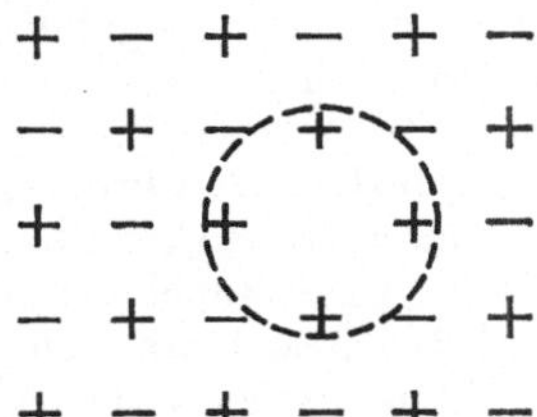

Abb. 2.22
Modell für ein F-Zentrum nach MOTT und GURNEY

Die Experimente zeigen, daß nach einer längeren Bestrahlung mit Licht im Bereich der F-Bande in verfärbten Kristallen die Banden schwächer werden, doch gleichzeitig eine neue Absorptionsbande im langwelligen Bereich auftritt (die F'-Bande). Eine nachfolgende Lichtabsorption im Bereich der F'-Bande führt ebenfalls zum Auftreten von Photoleitung. Dabei wird die F'-Bande schwächer, und die ursprüngliche F-Bande wird wieder aufgebaut. Daraus folgt, daß außer den F-Zentren in Alkalihalogeniden auch Zentren eines anderen Typs auftreten können (die F'-Zentren). Die vorliegenden experimentellen Daten legen den Schluß nahe, daß die F'-Zentren Leerstellen sind, die zwei Elektronen eingefangen haben, und daß die Absorption im Bereich der F'-Bande und die mit ihr verbundene Photoleitfähigkeit infolge der Ionisation des zweiten eingefangenen Elektrons auftritt.

In Analogie dazu gibt es Hinweise, daß die Leerstellen im Kationengitter von Ionenkristallen zur Bildung von negativ geladenen Zentren führen, an die ein positives Loch gebunden ist, d. h. zu Akzeptoren. Zentren dieses Typs erhielten den Namen V-Zentren.

Ein instruktives Beispiel für Frenkel-Defekte sind die sogenannten Strahlungsdefekte in Germanium und Silizium. Sie entstehen beim Beschuß des Kristalls mit Elektronen einer Energie von einigen hundert Kiloelektronenvolt und höher, die beim Stoß mit den Kristallatomen diese von ihren Gitterplätzen entfernen und auf Zwischengitterplätze bringen. Die Experimente zeigen, daß die zur Bildung eines Defekts erforderliche mittlere Energie in Germanium ungefähr 3,6 eV und in Silizium ungefähr 4,2 eV beträgt.

Messungen des Hall-Effekts und der photoelektrischen Eigenschaften von Germanium- und Silizium-Kristallen mit Strahlungsdefekten zeigen, daß diese Defekte zu einer komplizierten Struktur des Energiespektrums führen. Es wurde nachgewiesen, daß wenigstens ein Teil dieser Niveaus nicht durch einfache Frenkel-Defekte hervorgerufen wird, sondern durch kompliziertere Zentren, die aus Frenkel-Defekten und den mit ihnen verbundenen Sauerstoffatomen bestehen. Doch diese Frage werden wir nicht genauer behandeln und verweisen den Leser auf die Spezialliteratur [5].

2.11. Versetzungen

Die bisher besprochenen Defekte — Fremdatome, Leerstellen und die Kombination von Leerstellen und Zwischengitteratomen — zerstören die regelmäßige Anordnung der Atome nur in kleinen Kristallbereichen in der Größenordnung einiger Elementarzellen und werden deshalb Punktdefekte genannt. Außer diesen Defekten können im Kristall jedoch noch ausgedehntere strukturelle Defekte, die sogenannten Versetzungen, auftreten. Sie werden bei einer Deformation des Kristalls gebildet, wenn die Atome so verschoben werden, daß eine Gitterebene relativ zu einer anderen gleitet.

Wenn dabei alle Atome einer Gitterebene gleiten würden, so würden sich alle Atome dieser Ebene um dieselbe Entfernung, um eine oder mehrere Gitterkonstanten, in die Richtung der Verschiebung bewegen und eine neue Lage einnehmen, die identisch mit der Ausgangsposition wäre. Tatsächlich gleitet jedoch nur ein Teil der Gitterebene. Dieser Vorgang ist schematisch in Abb. 2.23a gezeigt, wobei ABCD die Verschiebungsfläche ist. Die Folge dieser Deformation ist, daß sich längs der Linie AD, die den Bereich der Verschiebung begrenzt, eine charakteristische Deformation des Gitters ausbildet. Die Linie AD nennt man Stufenversetzung (oder lineare Versetzung) und bezeichnet sie mit dem Symbol $\perp$. Eine Stufenversetzung ist immer senkrecht zur Richtung der Verschiebung orientiert.

Die Lage der Atome in einer Ebene senkrecht zur Versetzung ist für den Fall eines einfachen kubischen Gitters in Abb. 2.23b dargestellt. Infolge der Verschiebung hat sich eine unvollständige Atomebene gebildet, deren Rand die Versetzungslinie ist. Aus

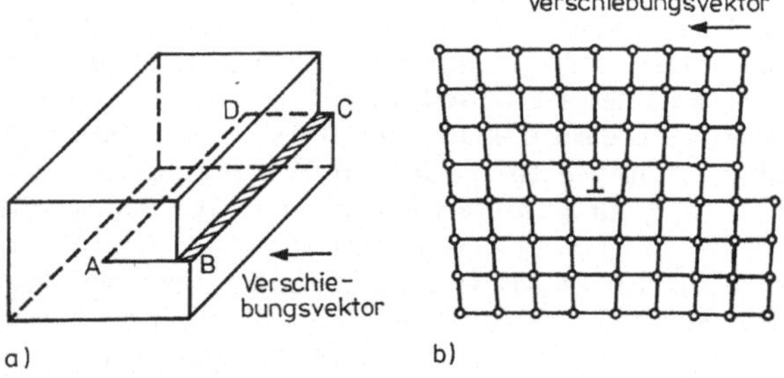

Abb. 2.23

a) Bildung einer linearen Versetzung bei Verschiebung. Die lineare Versetzung AD verläuft senkrecht zum Verschiebungsvektor.

b) Lage der Atome in einer Ebene senkrecht zu der linearen Versetzung im primitiven kubischen Gitter

der Abbildung ist ebenfalls ersichtlich, daß das Gitter in der Umgebung der Versetzung elastisch deformiert ist, so daß man einen Bereich hat, in dem eine Kompression, und einen anderen, in dem eine Dilatation des Gitters stattfindet.

Diese deformierten Bereiche treten auch an der Kristalloberfläche auf, nämlich in der Umgebung des Punktes, in dem die Versetzung die Kristalloberfläche erreicht. Deshalb ändert sich die Löslichkeit des Kristalls in verschiedenen Ätzmitteln in der Umgebung dieser Punkte. Auf dieser Eigenschaft beruht die weitverbreitete Untersuchungsmethode von Versetzungen mittels der „Ätzgruben“. Es versteht sich, daß man zur genauen Untersuchung spezielle Ätzmittel benötigt, die sich für verschiedene Kristalle unterscheiden (und manchmal sogar für verschiedene Flächen ein und desselben Kristalls). Ätzgruben von Versetzungen unterscheiden sich von solchen anderer makroskopischer Defekte (z. B. von eingeschlossenen Fremdkörpern, Blasen u. a.) durch ihre regelmäßige Form, die die Symmetrie der Lage der Atome in einer bestimmten Fläche widerspiegelt.

Infolge der mechanischen Spannung ist in der Umgebung der Versetzung die potentielle Energie der Fremdatome kleiner als in größerem Abstand von der Versetzung. Aus diesem Grunde können sich diffundierende Fremdatome in der Umgebung der Versetzung ansammeln und eine Art „Wolke“ um die Versetzung bilden. Diese Eigenschaft kann man ebenfalls benutzen, um Versetzungen sichtbar zu machen. So lassen sich z. B. Versetzungen in Silizium beobachten, indem durch Diffusion Kupfer eingebracht wird und das Innere des Kristalls danach mit Licht im nahen Infrarot durch ein Mikroskop und einen elektrooptischen Wandler abgebildet wird. Weil Silizium im Wellenlängenbereich von $\lambda \gtrsim 1$ µm gut durchlässig ist, erhält man dabei eine scharfe Abbildung der Versetzungen, die infolge der Atmosphäre aus Kupferatomen im Kristall lichtundurchlässige Bereiche bilden.

Die Versetzungen werden in der Regel schon beim Kristallwachstum gebildet. Diese „angeborenen“ Versetzungen entstehen infolge der Deformation beim ungleichmäßigen Abkühlen des Kristalls, infolge der ungleichmäßigen Wachstumsgeschwindigkeit des Kristalls, infolge der Ausbreitung von Versetzungen vom Keimbildungszentrum aus und aus anderen Gründen.

Es kann jedoch auch wünschenswert sein, im Kristall Versetzungen zu erzeugen. Man benutzt dazu die plastische Deformation und insbesondere die Biegung des Kristalls. Bei einer einfachen Biegung ist die Versetzungsdichte (d. h. die Anzahl der Versetzungen pro 1 cm^2 senkrecht zur Richtung der Versetzungen) umgekehrt proportional zum Krümmungsradius der neutralen Ebene und kann theoretisch berechnet werden. Außerdem kann man bei der Biegung reine Stufenversetzungen erhalten, die einheitlich parallel zur Biegeachse orientiert sind.

Den interessanten Fall einer regelmäßigen Anordnung von Versetzungen beobachtet man auch an der Grenze zweier einkristalliner Blöcke, die um kleine Winkel gegeneinander fehlorientiert sind. Diese sogenannten „Kleinwinkelkorngrenzen“ können von selbst beim Kristallwachstum entstehen oder können künstlich geschaffen werden, wenn die Kristallisation mittels zweier identischer Keime erfolgt, die untereinander einen kleinen Winkel bilden. In diesem Fall erfolgt die Vereinigung der zwei Teile des Bikristalls mit Hilfe einer Reihe von parallelen Versetzungen, die eine sogenannte „Versetzungswand“ bilden (Abb. 2.24). Aus der Abbildung ist ersichtlich, daß der mittlere Abstand zwischen zwei benachbarten Versetzungen $D = b/\theta$ beträgt, wobei θ der Winkel zwischen den Blöcken (gemessen in Radiant) und b der Abstand zwischen den Atomen in Gleitrichtung ist. Bei der Ätzung der Kristalloberfläche, auf der die Versetzungen austreten, erhält man eine regelmäßige

Anordnung von Ätzgruben entlang bestimmter Linien, die identisch sind mit der Grenze zwischen den beiden schwach fehlorientierten Kristallbereichen. Bei der thermischen Behandlung eines Kristalls mit inneren mechanischen Spannungen vollzieht sich im Kristall eine plastische Deformation. Dabei erfolgt eine Bewegung der Versetzungen, und es bildet sich oft ein ganzes System von Versetzungen aus, das den Kristall in eine Vielzahl kleiner Kristalle (Mosaikkristalle) verwandelt, die gegeneinander um kleine Winkel fehlorientiert sind (diese Erscheinung nennt man auch „Polygonisation").

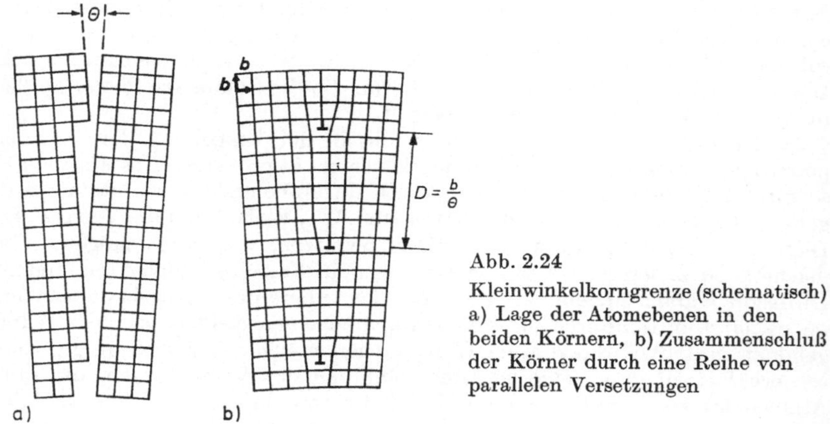

Abb. 2.24
Kleinwinkelkorngrenze (schematisch) a) Lage der Atomebenen in den beiden Körnern, b) Zusammenschluß der Körner durch eine Reihe von parallelen Versetzungen

Wenn die lineare Versetzungsdichte $1/D$ an der Grenze zweier Mosaikkristalle sehr groß wird, ergibt sich auch ein großer Winkel θ für die Fehlorientierung. Dann kann der Kristall schon nicht mehr als ein einheitlicher Einkristall mit einer verformten Struktur betrachtet werden, sondern muß als ein polykristalliner Stoff angesehen werden.

Außer den oben erwähnten Stufenversetzungen gibt es noch einen anderen Typ von Strukturdefekten, die sogenannten Schraubenversetzungen (siehe z. B. [6]).

Die Versetzungen führen ebenso wie die Fremdatome und Punktdefekte zum Auftreten zusätzlicher elektronischer Zustände in der verbotenen Zone. Im Abschnitt 2.9. wurde gezeigt, daß bei der Analyse der Besonderheiten der chemischen Bindung in der Nähe der Fremdatome bestimmte Schlußfolgerungen über den Charakter der entstehenden lokalen Energieniveaus gezogen werden können. Versuchen wir von diesem Standpunkt die Versetzungen zu betrachten und beginnen wir nach W. Shockley mit einer Stufenversetzung im Diamantgitter (z. B. in Germanium oder Silizium). In Abb. 2.25a ist die Lage der Atome im Gitter eines solchen Typs gezeigt.[1]) Sie entspricht einer Elementarzelle des Diamantgitters, die in Abb. 2.9 abgebildet war, wobei hier eine größere Anzahl von Atomen gezeigt wird. Wie früher bezeichnen die Linien die Richtungen der Valenzbindungen, die jedes Atom mit seinen vier nächsten Nachbarn verbinden. In Abb. 2.25b ist dieselbe Gruppe von Atomen gezeigt für den Fall, daß der Kristall eine Stufenversetzung enthält, die als

[1]) Nach Read, W. T., Philos. Mag. 45 (1954) 775.

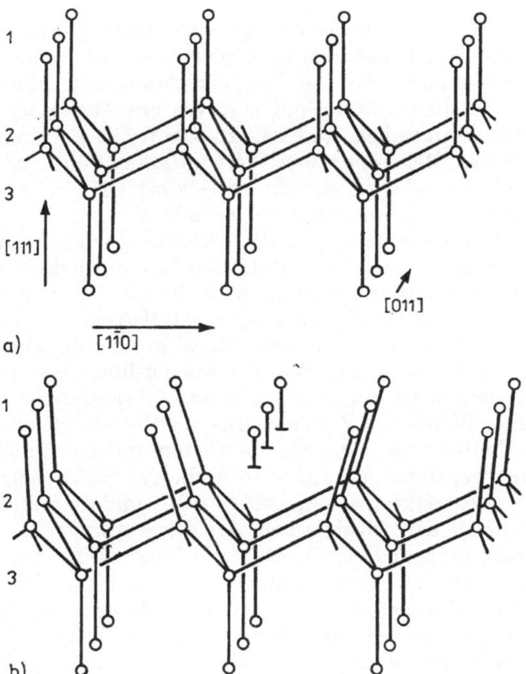

Abb. 2.25

a) Lage der Atome in der Diamantstruktur

b) Eine der möglichen Arten von linearen Versetzungen in der Diamantstruktur (nach W. SHOCKLEY). Die Versetzung entstand infolge einer teilweisen Verschiebung der Ebene 1 relativ zur Ebene 2. Gezeigt sind auch drei Atome am Rand einer unvollständigen Atomebene und deren ungesättigte oder „hängende" Bindungen.

Ergebnis einer teilweisen Verschiebung der Atome der Ebene 1 relativ zu den Atomen der Ebene 2 entsteht. In der Abbildung sind zusätzlich die kristallographischen Richtungen eingezeichnet. Die Verschiebung erfolgte in einer (111)-Ebene in (1$\bar{1}$0)-Richtung. Die Versetzung ist längs der (01$\bar{1}$)-Achse orientiert. Über der Gleitebene liegt eine Reihe von Atomen (in der Abbildung sind drei dieser Atome eingezeichnet), die am Rand einer unvollständigen Gitterebene liegen, die keine Fortsetzung nach unten hat. Deshalb hat jedes dieser Atome ein unpaariges Elektron, was eine ungesättigte oder (der Terminologie von SCHOTTKY folgend) „hängende" Bindung bedeutet.

Wir betonen, daß die Konfiguration mit ungesättigten Bindungen nicht die einzig mögliche Konfiguration ist. So kann z. B. bei einer teilweisen Verschiebung der Ebene 2 relativ zur Ebene 3 eine Struktur mit ganz anderen Bindungen entstehen.

Ungepaarte Elektronen am Rande einer unvollständigen Gitterebene können zum Auftreten zusätzlicher Energiezustände führen. Dabei muß man im Prinzip zwei Möglichkeiten berücksichtigen. Erstens kann die ungesättigte Bindung zum Einfang eines zweiten Elektrons führen, so daß eine Elektronenpaarbindung entsteht. Wenn die Energie dieses Elektrons kleiner ist als die Energie eines Leitungsbandelektrons, aber größer als die eines Valenzbandelektrons, so wird in der verbotenen Zone ein für die Elektronen erlaubter Zustand auftreten. Die Versetzung kann demnach ein zusätzliches Elektron an sich binden und verhält sich wie ein Akzeptor. Zweitens kann die ungesättigte Bindung zerreißen und das Elektron ein Leitungselektron werden. Wenn die Energie dieses Elektrons einen Wert zwischen denen der Valenz- und Leitungsbandelektronen hatte, so wird sich die Versetzung wie ein Donator mit einem Energieniveau innerhalb der verbotenen Zone verhalten.

Aus diesem Grunde haben Stufenversetzungen ähnliche elektrische Eigenschaften wie Fremdatome. Zwischen beiden Arten von Defekten besteht jedoch auch ein wesentlicher Unterschied. Im Fall der Fremdatome sind die lokalisierten Zustände nahezu isotrop in jedem makroskopischen Bereich des Kristalls verteilt. Im Fall der Versetzung ist die Verteilung einzelner „Zentren" stark anisotrop. Die mittlere Entfernung zwischen ihnen ist in Richtung der Versetzungslinie sehr klein (das entspricht der Entfernung zwischen benachbarten hängenden Bindungen). Deshalb wird sich bei Abwesenheit einer Wolke von Fremdatomen die Versetzung eher wie ein eindimensionaler Kristall verhalten und nicht wie ein System mit einer nichtgleichförmigen Verteilung von Punktzentren. Deshalb ist es in diesem Fall richtiger, nicht von lokalen Niveaus von Punktdefekten (siehe Abb. 2.19), sondern von Energiebändern zu sprechen, die infolge der Anwesenheit der Versetzungen in der verbotenen Zone entstehen („Versetzungsbänder"). Beim Vorhandensein einer Fremdatomwolke in der Umgebung der Versetzung können jedoch auch diskrete lokale Niveaus auftreten. Benutzt man die soeben skizzierten Vorstellungen, so kann man eine Stufenversetzung näherungsweise als eine geladene Linie auffassen. Wenn die Versetzungen die Eigenschaften von Akzeptoren haben, so werden sie in einem Material negativ geladen sein. Dabei wird infolge der Abstoßung der Leitungsbandelektronen die Versetzung von einer zylindrischen Schicht induzierter positiver Ladungen umgeben sein.

In diesem Modell läßt sich weiter zeigen, daß die Versetzungen ebenso wie die Störstellen zu einer zusätzlichen Streuung der Elektronen führen und folglich deren Beweglichkeit herabsetzen. Es ist zu erwarten, daß dieser Einfluß gering sein wird, wenn der Strom parallel zur Versetzung fließt, weil sich in diesem Fall der größte Teil der Elektronen außerhalb des zylindrischen Bereichs der Raumladung bewegt, also in einem Kristallbereich, in dem das elektrische Feld der geladenen Versetzung Null ist. Wenn jedoch der Strom senkrecht zur Versetzung fließt, so werden die Trajektorien der Elektronen wesentlich geändert, und die Beweglichkeit der Elektronen wird stark herabgesetzt.

Der Einfluß von Stufenversetzungen auf die elektrischen Eigenschaften von Halbleitern wird tatsächlich im Experiment beobachtet. So führt z. B. das Auftreten von Versetzungen in n-Germanium zur Herabsetzung der Konzentration der Leitungselektronen. Daraus folgt, daß die Versetzungen in Germanium akzeptorähnliche lokale Zustände hervorrufen.

Die Versetzungen können außerdem wirksame Rekombinationszentren sein (siehe Kapitel 9.) und die Kinetik elektronischer Prozesse wesentlich verändern.

3. Grundlagen der Bändertheorie des Festkörpers

I. Das ideale Gitter

3.1. Grundannahmen

Zur theoretischen Untersuchung eines beliebigen Teilchensystems und insbesondere zur Berechnung seiner möglichen Energiewerte ist, wie aus der Quantenmechanik bekannt, die entsprechende Schrödinger-Gleichung zu lösen. Letztere stellt eine partielle Differentialgleichung dar, die so viele Variable enthält, wie das betrachtete System Freiheitsgrade besitzt. In der Festkörperphysik enthält dieses System streng genommen alle Elektronen und Atomkerne, die den Kristall bilden. Damit erweist sich die Zahl der Freiheitsgrade und also auch die der Variablen in der Schrödinger-Gleichung als makroskopisch groß — sie ist von der Größenordnung $10^{22} \cdots 10^{23}$. Infolge der Wechselwirkung der Teilchen untereinander kann keine Separation der Variablen erfolgen. Dadurch ergibt sich ein mathematisches Problem von außerordentlicher Schwierigkeit. Seine exakte Lösung ist gegenwärtig nicht möglich. Mehr als das, selbst wenn die Lösung der so formulierten Aufgabe gelänge, würde ihre physikalische Interpretation nicht weniger Schwierigkeiten bereiten als das Auffinden der Lösung selbst, denn das Ausmaß der damit gewonnenen Information wäre ungewöhnlich groß.

Aus diesen Gründen ist die moderne Quantentheorie der Festkörper gezwungen, auf einer Reihe von Vereinfachungen aufzubauen. Diese Vereinfachungen werden so vorgenommen, daß nur die wesentlichsten Züge des Systems erhalten bleiben und alles Unwesentliche weggelassen wird. Das Bändermodell (diese Bezeichnung wird im folgenden noch erklärt) stellt das einfachste quantenmechanische Modell dar, das die wesentlichsten Besonderheiten der Bewegung von Elektronen in vielen Kristallen berücksichtigt. Wie wir sehen werden, erlaubt es, eine Reihe experimenteller Ergebnisse erfolgreich zu interpretieren.

Das Bändermodell baut auf folgenden Grundannahmen auf:

1. Bei der Untersuchung der Elektronenbewegung werden die Atomkerne in Anbetracht ihrer großen Masse als unbewegliche Quellen des auf die Elektronen wirkenden Feldes betrachtet.
2. Die räumliche Lage der Kerne wird als genau periodisch angenommen: Die Atomkerne befinden sich in den Punkten des dem betreffenden Kristall entsprechenden idealen Gitters.
3. Die Wechselwirkung der Elektronen wird durch ein effektives äußeres Feld ersetzt, oder anders ausgedrückt: Das System der Elektronen, die mit den Kernen und untereinander wechselwirken, wird durch ein System unabhängiger Elektronen, die sich in einem gewissen Feld bewegen, ersetzt. Dieses Feld setzt sich aus dem der Kerne und dem effektiven Feld, das annähernd die Wechselwirkung zwischen den Elektronen beschreibt, zusammen.

Die erste Annahme erlaubt es, das Verhalten der Elektronen unabhängig von der Bewegung der schweren Teilchen zu betrachten. Diese Möglichkeit ist nicht offensichtlich, da als Resultat der Wechselwirkung zwischen den Elektronen und den Atomkernen ihre Bewegungen nicht unabhängig sind: Streng genommen ist die Lage der Kerne nicht fest, sondern von einer Änderung des Zustandes der Elektronen abhängig. Der Sinn der ersten Annahme besteht in der Behauptung, daß der letztgenannte Effekt klein ist.

Die zweite Annahme schränkt die Klasse der betrachteten Systeme ein: Es werden kristalline Festkörper betrachtet und nicht Flüssigkeiten, Gläser oder ähnliches.

Die dritte Annahme reduziert das Vielelektronenproblem auf ein Einelektronenproblem. Anstelle einer Schrödinger-Gleichung für das gesamte System der Atomkerne und Elektronen erhält man jetzt eine Gesamtheit identischer, unabhängiger Schrödinger-Gleichungen für jedes einzelne Elektron. Der Umstand, daß das betrachtete System aus vielen Teilchen besteht, findet seine direkte Berücksichtigung erst später, wenn die statistische Verteilung der Elektronen auf die einzelnen Zustände von Interesse ist. Anders ausgedrückt: Anstelle einer Elektronenflüssigkeit, d. h. eines Systems untereinander wechselwirkender Teilchen, betrachten wir ein ideales Elektronengas in einem effektiven äußeren Feld. Es versteht sich von selbst, daß eine derartige Behandlung nur Näherungscharakter trägt und die Qualität der Näherung von der Wahl des effektiven Feldes abhängt. Die Methode seiner Wahl und seine explizite Berechnung sowie die Begründung und die Angabe der Gültigkeitsgrenzen der verwendeten Annahmen werden im Kapitel 17. untersucht. Dort wird gezeigt, daß eine Reihe grundlegender Resultate der Bändertheorie tatsächlich von relativ allgemeinen Positionen aus bewiesen werden kann. Zugleich ergeben sich wichtige Probleme, die über die im Rahmen des Bändermodells gemachten Näherungen hinausgehen. Diese werden ebenfalls im Kapitel 17. besprochen. Im vorliegenden Kapitel geben wir den Annahmen 1 bis 3 den Charakter von Postulaten.

Weiterhin ist zu bemerken, daß für die meisten elektrischen, magnetischen und optischen Eigenschaften von Festkörpern die Elektronen der inneren Atomschalen keine aktive Rolle spielen. Die Bindungsenergie dieser Elektronen an „ihre" Kerne ist von der Größenordnung 10 oder sogar 100 eV (bezogen auf ein Elektron). Sie ist bedeutend größer als ihre mittlere Wechselwirkungsenergie mit vielen äußeren Feldern sowie die Energie der Quanten des elektromagnetischen Feldes im sichtbaren und längerwelligen Bereich. Deshalb ist es möglich, in vielen Aufgaben eine andere (ebenfalls Näherungscharakter tragende) Trennung der Teilchen in schwere und leichte vorzunehmen. Zu dem „Elektronensystem", das explizit betrachtet wird, werden in diesem Fall nur die Valenzelektronen der Atome, die das Gitter aufbauen, gezählt; die Elektronen der inneren Schalen bilden zusammen mit den Kernen Atomrümpfe, deren Zustände sich bei den betrachteten Erscheinungen praktisch nicht verändern. Dabei sind die unbeweglichen Quellen des Feldes nicht mehr die Kerne, sondern die Atomrümpfe. Dementsprechend sind die Annahmen 1 und 2 so umzuformulieren, daß in ihnen das Wort „Atomkern" durch „Atomrumpf" zu rsetzen ist.

3.2. Die Wellenfunktion des Elektrons im periodischen Feld

Wie wir im vorhergehenden Punkt sahen, kann im Rahmen der Näherungen das im Festkörper vorliegende Vielelektronenproblem auf das der Bewegung eines Elektrons in einem gegebenen äußeren Feld zurückgeführt werden. Wir bezeichnen nun die potentielle Energie des Elektrons in diesem Feld mit $U(\boldsymbol{r})$, wo $\boldsymbol{r}(x, y, z)$ den Ortsvektor des gegebenen Raumpunktes darstellt. Die explizite Form der Funktion $U(\boldsymbol{r})$ ist dabei noch nicht bekannt. Im weiteren (siehe Kapitel 17.) wird sich erweisen, daß sogar die näherungsweise Berechnung von $U(\boldsymbol{r})$ mit großen mathematischen Schwierigkeiten verbunden ist. Viele wichtige Besonderheiten des betrachteten Systems können jedoch ohne Berücksichtigung der expliziten Form von $U(\boldsymbol{r})$, ausgehend von den allgemeinen Eigenschaften dieser Funktion, abgeleitet werden. Gerade damit ist im wesentlichen der Erfolg des Bändermodells bei der Interpretation der experimentellen Ergebnisse zu erklären.

Zur Bestimmung der Eigenschaften der Funktion $U(\boldsymbol{r})$ sei vorausgesetzt, daß das betrachtete System insgesamt elektrisch neutral ist: Die Gesamtladung der Valenzelektronen kompensiert exakt die Ladung aller Atomrümpfe. Weiterhin kann man erwarten, daß nicht nur die Atomrümpfe, sondern auch die Elektronen im Mittel räumlich periodisch angeordnet sind (im weiteren wird dieser Sachverhalt direkt nachgewiesen). Folglich muß auch das Potential, das von diesem System von Ladungen erzeugt wird, räumlich periodisch sein:

$$U(\boldsymbol{r}) = U(\boldsymbol{r} + \boldsymbol{a}_n), \tag{2.1}$$

d. h., die potentielle Energie des Elektrons im Kristall ist invariant bezüglich einer Translation um den Gittervektor $\boldsymbol{a}_n$. Somit ist das Problem der Bewegung eines Elektrons in einem periodischen Potential zu lösen.

In diesem Kapitel werden nur stationäre Elektronenzustände betrachtet. Die Schrödinger-Gleichung hat damit die Form

$$H\psi = E\psi. \tag{2.2}$$

Hier ist H der Energieoperator (Hamiltonian) des betrachteten Systems und ψ die dem Eigenwert E zugeordnete Eigenfunktion. In der von uns betrachteten Aufgabe setzt sich der Hamilton-Operator H aus dem Operator U der potentiellen Energie des Elektrons und dem seiner kinetischen Energie zusammen. Dabei ist m_0 die Masse des freien Elektrons und $\boldsymbol{p}$ der Impulsoperator

$$p_x = -\mathrm{i}\hbar \frac{\partial}{\partial x}, \qquad p_y = -\mathrm{i}\hbar \frac{\partial}{\partial y}, \qquad p_z = -\mathrm{i}\hbar \frac{\partial}{\partial z}, \tag{2.3}$$

d. h.

$$\boldsymbol{p} = -\mathrm{i}\hbar \nabla. \tag{2.3'}$$

Mit $\hbar$ wird wie üblich das Plancksche Wirkungsquantum, dividiert durch 2π, bezeichnet.

Bezogen auf die Bewegung des Elektrons im periodischen Feld nimmt damit Gl. (2.2) die Form

$$-\frac{\hbar^2}{2m_0} \nabla^2\psi + U\psi = E\psi \tag{2.4}$$

an, wobei die Funktion $U(\boldsymbol{r})$ die Eigenschaft (2.1) besitzt.

Falls die potentielle Energie vom Elektronenspin unabhängig ist, sind jedem Energieeigenwert E und jeder koordinatenabhängigen Wellenfunktion ψ zwei Zustände zugeordnet, die den beiden möglichen Spinrichtungen entsprechen. Dieser Sachverhalt wird als Spinentartung bezeichnet.

Beim Anlegen eines Magnetfeldes $\boldsymbol{B}$ wird die Spinentartung aufgehoben, da die Energie des Elektrons von der Projektion des magnetischen Moments auf die Richtung von $\boldsymbol{B}$ abhängig wird. Bei ausgeschaltetem Magnetfeld $\boldsymbol{B}$ spielt die Spinentartung nur bei der Berechnung der Zahl der erlaubten Quantenzustände eine Rolle, ndem sie zum Auftreten eines zusätzlichen Faktors 2 führt.

Die Existenz von Spinzuständen kann berücksichtigt werden, indem die Funktion ψ als Matrix dargestellt wird:

$$\psi = \begin{pmatrix} \psi_1 \\ \psi_2 \end{pmatrix}. \tag{2.5}$$

Die Funktionen ψ_1 und ψ_2 entsprechen den beiden unterschiedlichen Spinprojektionen auf die z-Achse. In dem von uns betrachteten Fall gilt $\psi_1 = \psi_2 = \psi$. Die Darstellung (2.5) behält jedoch auch im allgemeinen Fall ihre Gültigkeit, wenn die Abhängigkeit der Energie des Elektrons vom Spin zu berücksichtigen ist. Diese Abhängigkeit entsteht sowohl bezüglich des Magnetfelds als auch des Magnetfelds, das durch die Orbitalbewegung des Elektrons selbst bedingt ist. Zur Berücksichtigung des letztgenannten Effekts ist in den Hamilton-Operator des Elektrons der Operator H_{so} der Spin-Bahn-Kopplung einzuführen. Seine explizite Form wird in der relativistischen Quantenmechanik abgeleitet [M 2, M 3]. Es zeigt sich, daß

$$H_{\mathrm{so}} = \frac{\hbar}{4m_0^2c^2} (\boldsymbol{\sigma}[\nabla U \times \boldsymbol{p}]) \tag{2.6}$$

gilt. Hier ist c die Lichtgeschwindigkeit im Vakuum und $\boldsymbol{\sigma}$ der Vektor der Paulischen Spinmatrizen. Bei Erfüllung von (2.1) ist der rechte Teil von (2.6) räumlich periodisch. Entsprechend kann unter U in (2.4) formal die Summe aus der potentiellen Energie und dem Operator (2.6) verstanden werden. Aus diesem Grund läßt die Berücksichtigung der Spin-Bahn-Kopplung die in diesem Paragraph abgeleiteten qualitativen Schlußfolgerungen unverändert.

Nachdem aus der Gl. (2.4) die Wellenfunktion ψ bestimmt ist, können die Mittelwerte beliebiger physikalischer Größen, die das Verhalten des Elektrons charakterisieren, berechnet werden. Insbesondere gibt der Ausdruck

$$|\psi(\boldsymbol{r})|^2 \, \mathrm{d}^3\boldsymbol{r} \tag{2.7}$$

die Wahrscheinlichkeit an, das Elektron im Volumenelement in der Nähe des Punktes $\boldsymbol{r}$ zu finden. Dem Wahrscheinlichkeitsbegriff entsprechend muß dann die Normierungsvorschrift

$$\int |\psi(\boldsymbol{r})|^2 \, \mathrm{d}^3\boldsymbol{r} = 1 \tag{2.8}$$

gelten, wobei über das gesamte Volumen des Systems zu integrieren ist. Die Konvergenzbedingung für dieses Integral spielt die Rolle einer Zusatzbedingung zu Gl. (2.4): Physikalisch sind nur solche Lösungen zulässig, für die das Integral (2.8) konvergiert.

Wir nehmen nun in Gl. (2.4) eine Substitution des Argumentes vor:

$$\boldsymbol{r} = \boldsymbol{r}' + \boldsymbol{a}_n .$$

Unter Berücksichtigung der Gl. (2.1) und nach Weglassen des Striches an $\boldsymbol{r}'$ erhält man dann

$$-\frac{\hbar^2}{2m_0} \nabla^2\psi(\boldsymbol{r} + \boldsymbol{a}_n) + U(\boldsymbol{r})\, \psi(\boldsymbol{r} + \boldsymbol{a}_n) = E\psi(\boldsymbol{r} + \boldsymbol{a}_n). \tag{2.4'}$$

Durch Vergleich mit (2.4) erkennt man, daß die Funktionen $\psi(\boldsymbol{r})$ und $\psi(\boldsymbol{r} + \boldsymbol{a}_n)$ ein und derselben Schrödinger-Gleichung mit dem gleichen Eigenwert E genügen. Wenn zu diesem Eigenwert die gleiche Wellenfunktion gehört (d. h., wenn dieser Eigenwert nicht entartet ist), können sich die Funktionen $\psi(\boldsymbol{r})$ und $\psi(\boldsymbol{r} + \boldsymbol{a}_n)$ nur durch einen konstanten Faktor unterscheiden:

$$\psi(\boldsymbol{r} + \boldsymbol{a}_n) = c_n \psi(\boldsymbol{r}). \tag{2.9}$$

Da beide Funktionen normiert sein müssen, ist der Betrag von c_n gleich Eins zu setzen:

$$|c_n| = 1. \tag{2.10}$$

Daraus folgt

$$|\psi(\boldsymbol{r} + \boldsymbol{a}_n)|^2 = |\psi(\boldsymbol{r})|^2, \tag{2.11}$$

d. h., das Elektron kann mit gleicher Wahrscheinlichkeit sowohl in der Nähe des Punktes $\boldsymbol{r}$ als auch in der Nähe eines beliebigen äquivalenten Punktes $\boldsymbol{r} + \boldsymbol{a}_n$ in einem Volumenelement $\mathrm{d}^3\boldsymbol{r}$ angetroffen werden. Folglich besitzt, wie zu erwarten war, die (im quantenmechanischen Sinne) mittlere Verteilung der Elektronen im Gitter dessen räumliche Periodizität.

Die Überlegungen werden etwas komplizierter, wenn zu einem gegebenen Eigenwert einige Eigenfunktionen gehören (d. h., wenn er entartet ist): In Gl. (2.9) tritt dann im allgemeinen eine Linearkombination aller dieser Funktionen auf. Die Auswahl der Eigenfunktionen, die zu einem gegebenen entarteten Eigenwert E gehören, ist jedoch nicht eindeutig: Eine beliebige Linearkombination ist wieder Eigenfunktion zum gleichen Eigenwert. Man kann jedoch die Eigenfunktionen immer so wählen, daß die Gl. (2.9) für jede von ihnen einzeln gilt (siehe Anhang 1.).

Die explizite Abhängigkeit des Faktors c_n vom Vektor $\boldsymbol{a}_n$ ist leicht zu bestimmen. Dazu führt man in Gl. (2.4) zwei aufeinanderfolgende Verschiebungen des Arguments aus — um $\boldsymbol{a}_n$ und $\boldsymbol{a}_{n'}$, wo der Vektor $\boldsymbol{a}_{n'}$ sich von $\boldsymbol{a}_n$ nur durch eine Ersetzung der Zahlen n_1, n_2, n_3 durch n_1', n_2', n_3' unterscheidet. Nach zweimaliger Anwendung der Beziehung (2.9) erhält man die Gleichung

$$\psi(\boldsymbol{r} + \boldsymbol{a}_n + \boldsymbol{a}_{n'}) = c_n c_{n'} \psi(\boldsymbol{r}). \tag{2.12'}$$

Andererseits gilt per definitionem

$$\boldsymbol{a}_n + \boldsymbol{a}_{n'} = \boldsymbol{a}_{n+n'}$$

und folglich

$$\psi(\boldsymbol{r} + \boldsymbol{a}_n + \boldsymbol{a}_{n'}) \equiv \psi(\boldsymbol{r} + \boldsymbol{a}_{n+n'}) = c_{n+n'} \psi(\boldsymbol{r}). \tag{2.12''}$$

Vergleicht man (2.12′) und (2.12″), so findet man

$$c_n c_{n'} = c_{n+n'}. \tag{2.13}$$

Wie man sich leicht überzeugen kann, hat diese Funktionalgleichung die Lösung

$$c_n = \mathrm{e}^{\mathrm{i}\boldsymbol{k}\boldsymbol{a}_n}, \tag{2.14}$$

wo $\boldsymbol{k}$ ein beliebiger Vektor ist. Aus (2.10) folgt, daß die Komponenten des Vektors $\boldsymbol{k}$ reell sind.

Gleichung (2.14) erlaubt zusammen mit der Gl. (2.11), die Form der Funktion $\psi(\boldsymbol{r})$, die der Schrödinger-Gleichung mit einem periodischen Potential $U(\boldsymbol{r})$ genügt, einzugrenzen. Man findet

$$\psi(\boldsymbol{r}) = \mathrm{e}^{\mathrm{i}\boldsymbol{k}\boldsymbol{r}} u_{\boldsymbol{k}}(\boldsymbol{r}), \tag{2.15}$$

wo $u_{\boldsymbol{k}}(\boldsymbol{r})$ eine gitterperiodische Funktion darstellt:

$$u_{\boldsymbol{k}}(\boldsymbol{r}) = u_{\boldsymbol{k}}(\boldsymbol{r} + \boldsymbol{a}_n). \tag{2.16}$$

Infolge von (2.11) kann sich $\psi(\boldsymbol{r})$ von einer gitterperiodischen Funktion nämlich nur durch einen Phasenfaktor der Form $\mathrm{e}^{\mathrm{i}f(\boldsymbol{r})}$, wo $f(\boldsymbol{r})$ eine reelle Funktion ist, unterscheiden. Aus (2.14) folgt, daß diese Funktion linear ist.

Die Gleichungen (2.15), (2.16) stellen den Inhalt des Blochschen Theorems dar: Die Wellenfunktion des sich im periodischen Potential bewegenden Elektrons stellt eine modulierte ebene Welle dar. Anders ausgedrückt: Sie ist das Produkt eines Faktors $\mathrm{e}^{\mathrm{i}\boldsymbol{k}\boldsymbol{r}}$ und einer gitterperiodischen Funktion. Die Funktion (2.15) mit der Eigenschaft (2.16) wird als Blochfunktion bezeichnet.[1])

Der Vektor $\boldsymbol{k}$ heißt Quasiwellenvektor. Die Dimension seiner Komponenten ist cm^{-1}. Gewöhnlich wird $\boldsymbol{k}$ in der Form

$$\boldsymbol{k} = \frac{\boldsymbol{p}}{\hbar} \tag{2.17}$$

geschrieben, wo $\boldsymbol{p}$ ein Vektor mit der Dimension des Impulses ist. Er wird als Quasiimpuls bezeichnet.

Entsprechend ergibt sich

$$\psi(\boldsymbol{r}) = \mathrm{e}^{\frac{\mathrm{i}}{\hbar}\boldsymbol{p}\boldsymbol{r}} u_{\boldsymbol{p}}(\boldsymbol{r}). \tag{2.15'}$$

Die Bezeichnungen „Quasiwellenvektor“ und „Quasiimpuls“ verweisen auf die Analogie zwischen dem vorliegenden Problem und dem des sich frei bewegenden Elektrons. Bei der freien Bewegung ist die potentielle Energie des Elektrons konstant (und kann Null gesetzt werden), womit die Schrödinger-Gleichung die Form

$$-\frac{\hbar^2}{2m_0} \nabla^2\psi = E\psi \tag{2.18}$$

annimmt. Die Lösungen von (2.18) sind ebene Wellen

$$\psi(\boldsymbol{r}) = N \mathrm{e}^{\frac{\mathrm{i}}{\hbar}\boldsymbol{p}\boldsymbol{r}}, \tag{2.19}$$

wo N eine Normierungskonstante darstellt. Der Vektor $\boldsymbol{p}$ ist hier der gewöhnliche Impuls, der über die Gleichung

$$E = \frac{\boldsymbol{p}^2}{2m_0} \tag{2.20}$$

die Energie des Elektrons bestimmt.

---

[1]) Lange vor der Anwendung der Quantenmechanik in der Festkörpertheorie wurde das eindimensionale Analogon zur Gl. (2.4) in der Theorie der Schwingungen behandelt. Gl. (2.15) (für den eindimensionalen Fall) wurde von Hill aufgestellt; im Zusammenhang damit werden Funktionen dieser Form manchmal auch als Hillsche Funktionen bezeichnet.

Aus der Formel (2.17) folgt unmittelbar die de-Brogliesche Beziehung, die den Impuls mit dem Wellenvektor verknüpft. Der Ausdruck (2.15′) ist der Formel (2.19) ähnlich, wobei der Quasiimpuls eine dem Impuls analoge Rolle spielt. Formal gesehen ist (2.19) ein spezieller Fall von (2.15′) für $u_{\boldsymbol{p}} = \text{const} = N$. Außerdem kann Gl. (2.19) völlig analog zum Ausdruck (2.15′) abgeleitet werden. Dazu ist nur zu fordern, daß die Wahrscheinlichkeit, das Elektron an einem gegebenen Punkt zu finden, sich beim Übergang aus einem beliebigen Punkt des Raumes in einen beliebigen anderen Punkt nicht ändert. Dann folgt aus (2.11) $|\psi|^2 = \text{const}$ — in Übereinstimmung mit (2.19). Physikalisch bedeutet die Äquivalenz ausnahmslos aller Punkte des Raumes das Fehlen jeglicher Kräfte, die auf das Elektron einwirken, denn bei Vorhandensein solcher Kräfte wäre die potentielle Energie des Elektrons in verschiedenen Punkten unterschiedlich groß, d. h., mindestens einige unter ihnen wären den anderen nicht äquivalent.

So verhält es sich insbesondere im periodischen Potential, wo die Funktion $u_{\boldsymbol{k}}(\boldsymbol{r})$ sich nicht auf eine Konstante reduziert und folglich $|\psi|^2 \neq \text{const}$ ist. Dabei ist die Analogie zwischen Impuls und Quasiimpuls (oder entsprechend zwischen Wellen- und Quasiwellenvektor) nicht vollständig. Man kann sich z. B. leicht davon überzeugen, daß der Ausdruck (2.19) eine Eigenfunktion des Impulsoperators (2.3′) mit dem Eigenwert $\boldsymbol{p}$ darstellt:

$$-\mathrm{i}\hbar\,\nabla\,\mathrm{e}^{\frac{\mathrm{i}}{\hbar}\boldsymbol{p}\boldsymbol{r}} = \boldsymbol{p}\,\mathrm{e}^{\frac{\mathrm{i}}{\hbar}\boldsymbol{p}\boldsymbol{r}}.$$

Andererseits besitzt der Ausdruck (2.15′) diese Eigenschaft nicht, und die in ihm enthaltenen Komponenten des Quasiimpulses sind keine Eigenwerte des Operators (2.3). Oder anders ausgedrückt: Die Komponenten des Quasiimpulses sind in dem durch die Wellenfunktion (2.15′) beschriebenen Zustand nicht genau gegeben.

Die Gründe für die Ähnlichkeit und Unterschiedlichkeit von Impuls und Quasiimpuls sind leicht zu verstehen. Der Impuls charakterisiert die Bewegung des freien Elektrons, wobei das System bezüglich einer Translation um einen beliebigen Vektor invariant ist (alle Punkte des Raumes sind äquivalent). Der Quasiimpuls charakterisiert die Bewegung im periodischen Potential, wobei das System bezüglich einer Translation um einen Gittervektor invariant ist (äquivalent sind nur solche Punkte, die sich im Abstand des Vektors $\boldsymbol{a}_n$ befinden). In beiden Fällen ermöglicht die Existenz einer Invarianz bezüglich Translationen den Zustand des Elektrons durch einen konstanten Vektor, den Impuls oder den Quasiimpuls, zu beschreiben. Der Unterschied in den zugelassenen Translationen führt dazu, daß Impuls und Quasiimpuls wesentlich verschiedene physikalische Größen darstellen.

3.3. Die Brillouin-Zone

Der im vorhergehenden Abschnitt eingeführte Quasiimpuls ist durch (2.14) und (2.17) definiert. Aus diesen beiden Gleichungen erhält man

$$\psi(\boldsymbol{r} + \boldsymbol{a}_n) = \mathrm{e}^{\frac{\mathrm{i}}{\hbar}\boldsymbol{p}\boldsymbol{a}_n}\,\psi(\boldsymbol{r}). \tag{3.1}$$

Damit charakterisiert der Vektor $\boldsymbol{p}$ (oder $\boldsymbol{k} = \boldsymbol{p}/\hbar$) das Transformationsverhalten der Wellenfunktion des Elektrons bei einer Verschiebung ihres Argumentes um einen

Gittervektor. Verschiedenen Eigenfunktionen entsprechen im allgemeinen verschiedene Werte des Quasiimpulses (Quasiwellenvektors). Deshalb sind seine Komponenten (wie auch die Komponenten des Impulses des freien Elektrons) als Quantenzahlen anzusehen, die den betreffenden stationären Zustand charakterisieren. Jedoch ist im Unterschied zu den Komponenten des Impulses und zu den Quantenzahlen, die in der Theorie des Atoms vorkommen, der Quasiimpuls im Prinzip nicht eindeutig definiert. Bezeichnet man nämlich mit $\boldsymbol{c}$ einen Vektor, dessen Skalarprodukt mit $\boldsymbol{a}_n$ ein ganzzahliges Vielfaches von $2\pi\hbar$ darstellt,

$$\boldsymbol{a}_n\boldsymbol{c} = 2\pi\hbar \times (\text{ganze Zahl}), \tag{3.2}$$

so ergeben dann die Vektoren $\boldsymbol{p}$ und $\boldsymbol{p} + \boldsymbol{c}$ nach Einsetzen in Gl. (3.1) das gleiche Resultat. Die Gl. (3.1) stellt jedoch die einzige Bedingung dar, die den Quasiimpuls definiert. Folglich sind die Vektoren $\boldsymbol{p}$ und $\boldsymbol{p} + \boldsymbol{c}$ physikalisch äquivalent: Sie ergeben das gleiche Transformationsverhalten der Wellenfunktion.

Die explizite Form des Vektors $\boldsymbol{c}$ kann leicht ermittelt werden. Dazu führt man den Begriff des reziproken Gitters ein. Seine Basisvektoren $\boldsymbol{b}_1$, $\boldsymbol{b}_2$ und $\boldsymbol{b}_3$ werden durch die Gleichungen

$$\boldsymbol{b}_1 = 2\pi\,\frac{[\boldsymbol{a}_2 \times \boldsymbol{a}_3]}{V_0}, \qquad \boldsymbol{b}_2 = 2\pi\,\frac{[\boldsymbol{a}_3 \times \boldsymbol{a}_1]}{V_0}, \qquad \boldsymbol{b}_3 = 2\pi\,\frac{[\boldsymbol{a}_1 \times \boldsymbol{a}_2]}{V_0} \tag{3.3}$$

definiert, wo $V_0 = |(\boldsymbol{a}_1[\boldsymbol{a}_2 \times \boldsymbol{a}_3])|$ das Volumen des Parallelepipeds darstellt, das von den Vektoren $\boldsymbol{a}_1$, $\boldsymbol{a}_2$ und $\boldsymbol{a}_3$ aufgespannt wird (Volumen der Elementarzelle). Insbesondere erhalten wir für das einfache kubische Gitter, wo $a_1 = a_2 = a_3 = a$ und $b_1 = b_2 = b_3 = b$ ist,

$$b = \frac{2\pi}{a}. \tag{3.3'}$$

Die Vektoren $\boldsymbol{b}_1$, $\boldsymbol{b}_2$ und $\boldsymbol{b}_3$ haben offensichtlich die Dimension einer reziproken Länge. Mit den Basisvektoren $\boldsymbol{b}_1$, $\boldsymbol{b}_2$ und $\boldsymbol{b}_3$ kann ein periodisches Gitter konstruiert werden. Dieses Gitter heißt reziprokes Gitter (bezogen auf das sog. direkte Gitter des gegebenen Kristalls).

Ein beliebiger Gittervektor des reziproken Gitters ist von der Form

$$\boldsymbol{b}_m = m_1\boldsymbol{b}_1 + m_2\boldsymbol{b}_2 + m_3\boldsymbol{b}_3, \tag{3.4}$$

wo m_1, m_2, m_3 positive oder negative ganze Zahlen oder Null sind (dabei sind m_1, m_2 und m_3 nicht gleichzeitig Null), $m = \{m_1, m_2, m_3\}$.

Die Elementarzelle des reziproken Gitters stellt ein Parallelepiped dar, das von den Vektoren $\boldsymbol{b}_1$, $\boldsymbol{b}_2$ und $\boldsymbol{b}_3$ aufgespannt wird. Das „Volumen" dieses Parallelepipeds ist gleich $|(\boldsymbol{b}_1[\boldsymbol{b}_2 \times \boldsymbol{b}_3])|$ (es hat offensichtlich die Dimension eines reziproken Volumens). Nach Einsetzen der Formeln (3.3) für $\boldsymbol{b}_1$, $\boldsymbol{b}_2$, $\boldsymbol{b}_3$ und Ausrechnen des sich ergebenden Produktes finden wir

$$|(\boldsymbol{b}_1[\boldsymbol{b}_2 \times \boldsymbol{b}_3])| = \frac{(2\pi)^3}{V_0}. \tag{3.5}$$

Die Wahl der Elementarzelle des reziproken Gitters ist wie auch im Fall des direkten Gitters nicht eindeutig und wird daher der Zweckmäßigkeit nach vorgenommen.

Eine andere Möglichkeit der Konstruktion der Elementarzelle besteht in folgendem. Irgendein herausgegriffener Gitterpunkt des reziproken Gitters wird als Koordinatenursprung gewählt und durch gerade Linien mit den nächstliegenden Gitterpunkten verbunden. Durch die Mitte dieser Linien werden zu ihnen senkrechte Flächen gelegt. Als Elementarzelle des reziproken Gitters kann man das kleinste Polyeder wählen, das durch die so konstruierten Flächen begrenzt wird und den Koordinatenursprung enthält. Dieses Polyeder heißt Wigner-Seitz-Zelle.

Solche Polyeder können um einen beliebigen Punkt des reziproken Gitters konstruiert werden; dabei überlappen sie sich nicht und füllen den gesamten reziproken Raum aus. Daraus folgt, daß das Volumen eines Polyeders tatsächlich gleich $\frac{(2\pi)^3}{V_0}$ ist, wie es auch zu erwarten war. Im Unterschied zum Parallelepiped, das von den Vektoren $\boldsymbol{b}_1$, $\boldsymbol{b}_2$, $\boldsymbol{b}_3$ aufgespannt wird, besitzt die so ausgewählte Elementarzelle alle Symmetrieeigenschaften des reziproken Gitters.

Aus der Definition (3.3) folgen die Gleichungen

$$\begin{aligned} &\boldsymbol{a}_1\boldsymbol{b}_1 = \boldsymbol{a}_3\boldsymbol{b}_2 = \boldsymbol{a}_3\boldsymbol{b}_3 = 2\pi, \\ &\boldsymbol{a}_\alpha\boldsymbol{b}_\beta = 0, \qquad \alpha \neq \beta \qquad (\alpha, \beta = 1, 2, 3). \end{aligned} \tag{3.6}$$

Für das Skalarprodukt eines beliebigen Gittervektors (2.1.1) mit einem Vektor des reziproken Gitters (3.4) erhält man mit den Gleichungen (3.6)

$$\boldsymbol{a}_n\boldsymbol{b}_m = (n_1m_1 + n_2m_2 + n_3m_3)\cdot 2\pi.$$

In den Klammern steht hier eine ganze Zahl, und folglich kann der Vektor $\boldsymbol{c}$, der der Bedingung (3.2) genügt, in der Form

$$\boldsymbol{c} = \hbar\boldsymbol{b}_m \tag{3.7}$$

geschrieben werden. Somit ist der Quasiimpuls nur bis auf einen beliebigen mit $\hbar$ multiplizierten Vektor des reziproken Gitters definiert. Dieser Umstand erlaubt es, die Änderung der Komponenten des Quasiimpulses auf ein endliches Gebiet zu begrenzen, das alle physikalisch nichtäquivalenten Werte dieser Komponenten umfaßt. Dieses Gebiet — die Gesamtheit aller physikalisch nichtäquivalenten Werte des Quasiimpulses — heißt Brillouin-Zone. In Anbetracht der Willkür des Vektors $\boldsymbol{b}_m$ in (3.7) ist ihre Wahl nicht eindeutig. Insbesondere kann als Brillouin-Zone ein Gebiet ausgewählt werden, das durch die Ungleichungen

$$\begin{aligned} -\pi\hbar &< \boldsymbol{p}\boldsymbol{a}_1 \leqq \pi\hbar \\ -\pi\hbar &< \boldsymbol{p}\boldsymbol{a}_2 \leqq \pi\hbar \\ -\pi\hbar &< \boldsymbol{p}\boldsymbol{a}_3 \leqq \pi\hbar \end{aligned} \tag{3.8}$$

bestimmt ist. Diese Ungleichungen legen ein Parallelepiped im $\boldsymbol{p}$-Raum fest, das den Koordinatenursprung enthält. Es wird erste Brillouin-Zone genannt.

Die erste Brillouin-Zone kann auch für die Komponenten des Quasiwellenvektors $\boldsymbol{k}$ bestimmt werden: Dazu ist in den Ungleichungen (3.8) nur $\boldsymbol{p}$ durch $\boldsymbol{k}$ zu ersetzen, wobei die Faktoren $\hbar$ gekürzt werden können. Der Quasiimpuls (oder Quasiwellenvektor), der nur in den Grenzen der ersten Brillouin-Zone variiert, wird reduziert genannt. Insbesondere sind für das einfache kubische Gitter die Vektoren $\boldsymbol{a}_1$, $\boldsymbol{a}_2$ $\boldsymbol{a}_3$ dem Betrag nach gleich der Gitterkonstante a und längs den drei einander senkrechten Kanten des Würfels gerichtet. Wählt man diese Kanten als Koordinatenachsen, so ergibt sich aus (3.8) für diesen speziellen Fall

$$-\frac{\pi\hbar}{a} < p_\alpha \leqq \frac{\pi\hbar}{a}, \qquad \alpha = x, y, z. \tag{3.8'}$$

Die erste Brillouin-Zone ist dann ein Würfel mit dem Volumen $\frac{(2\pi)^3}{V_0} = \frac{(2\pi\hbar)^3}{a^3}$. Im $\boldsymbol{k}$-Raum ist das entsprechende Volumen gleich $\frac{(2\pi)^3}{V_0}$.

Der soeben erhaltene Ausdruck für das Volumen der ersten Brillouin-Zone gilt auch für ein beliebiges Gitter. Dazu stellen wir das uns interessierende Volumen durch das folgende Integral dar,

$$I = \int \mathrm{d}p_x \, \mathrm{d}p_y \, \mathrm{d}p_z,$$

das über das durch die Ungleichungen (3.8) festgelegte Gebiet zu nehmen ist. Zur Berechnung dieses Integrals ist es zweckmäßig, zu den Variablen $\varrho_1 = \frac{1}{\hbar}(\boldsymbol{p}\boldsymbol{a}_1)$, $\varrho_2 = \frac{1}{\hbar}(\boldsymbol{p}\boldsymbol{a}_2)$, $\varrho_3 = \frac{1}{\hbar}(\boldsymbol{p}\boldsymbol{a}_3)$ überzugehen. Für die Jacobische Transformationsdeterminante erhält man [1]

$$\begin{vmatrix} \frac{\partial \varrho_1}{\partial p_x} & \frac{\partial \varrho_2}{\partial p_x} & \frac{\partial \varrho_3}{\partial p_x} \\ \frac{\partial \varrho_1}{\partial p_y} & \frac{\partial \varrho_2}{\partial p_y} & \frac{\partial \varrho_3}{\partial p_y} \\ \frac{\partial \varrho_1}{\partial p_z} & \frac{\partial \varrho_2}{\partial p_z} & \frac{\partial \varrho_3}{\partial p_z} \end{vmatrix} = \frac{1}{\hbar^2} \begin{vmatrix} a_{1x} a_{2x} a_{3x} \\ a_{1y} a_{2y} a_{3y} \\ a_{1z} a_{2z} a_{3z} \end{vmatrix} = \frac{(\boldsymbol{a}_1[\boldsymbol{a}_2 \times \boldsymbol{a}_3])}{\hbar^3} = \frac{V_0}{\hbar^3}.$$

Somit ergibt sich

$$\mathrm{d}\varrho_1 \, \mathrm{d}\varrho_2 \, \mathrm{d}\varrho_3 = \frac{V_0}{\hbar^3} \mathrm{d}p_x \, \mathrm{d}p_y \, \mathrm{d}p_z,$$

und es folgt

$$I = \frac{\hbar^3}{V_0} \int_{-\pi}^{+\pi} \mathrm{d}\varrho_1 \int_{-\pi}^{+\pi} \mathrm{d}\varrho_2 \int_{-\pi}^{+\pi} \mathrm{d}\varrho_3 = \frac{(2\pi\hbar)^3}{V_0}.$$

Indem man andere Perioden für p_x, p_y, p_z wählt, erhält man die zweite, dritte usw. Brillouinsche Zone. Man kann zeigen [M 6], daß alle ihre Volumina gleich $\frac{(2\pi\hbar)^3}{V_0}$ sind. Aus einem Vergleich mit Gl. (3.5) ist ersichtlich, daß das Volumen der Brillouin-Zone gleich dem Volumen der Elementarzelle des reziproken Gitters ist (im Falle des $\boldsymbol{p}$-Raumes multipliziert mit $\hbar^3$).

Ähnlich wie die Elementarzelle kann die erste Brillouin-Zone auch anders gewählt werden. Nach ihrer Definition muß sie folgende Eigenschaften besitzen: a) sie muß den Punkt $\boldsymbol{k} = 0$ enthalten, b) zwei beliebige Vektoren in ihrem Innern dürfen sich nicht um mehr als $(\boldsymbol{b}_1 + \boldsymbol{b}_2 + \boldsymbol{b}_3)$ unterscheiden, c) ihr Volumen muß gleich $(2\pi)^3/V_0$ sein. Entsprechende Eigenschaften besitzt die Wigner-Seitz-Zelle. Sie soll hier als erste Brillouin-Zone gewählt werden, im weiteren werden wir diese Definition benutzen.

Somit ist die Brillouin-Zone eine rein geometrische Konstruktion: Ihre Form hängt nur von der Struktur des Gitters ab, aber nicht von der Natur der in ihm wirksamen Kräfte. Weiterhin wird, wie aus dem vorangegangenen ersichtlich, die Brillouin-Zone nur durch die Basisvektoren des Gitters festgelegt. Folglich ist sie die gleiche sowohl für einfache Gitter als auch für Gitter mit Basis ein und desselben Kristallsystems, z. B. für das einfache flächenzentrierte Gitter und für das Gitter vom Diamanttyp.

In Abb. 3.1 ist die erste Brillouin-Zone für Gitter vom Diamant- und Zinkblendetyp dargestellt. Für die Untersuchung des Verhaltens der Elektronen und Löcher sind einige ihrer Punkte von besonderem Interesse. Das sind die „Symmetriepunkte", die die Eigenschaft besitzen, bei den am gegebenen Gitter zulässigen Symmetrieoperationen in sich selbst überzugehen. Zu diesen Punkten gehören der Mittelpunkt der ersten Brillouin-Zone (d. h. der Koordinatenursprung im $\boldsymbol{k}$-Raum), die Mittelpunkte der sie begrenzenden Flächen oder Kanten, die Punkte auf den Achsen, die den Mittelpunkt der Zone mit den Mittelpunkten der begrenzenden Flächen oder Kanten verbinden, usw. Sie werden mit großen griechischen oder lateinischen Buchstaben, wie in der Abbildung angegeben, bezeichnet. So ist z. B. der Γ-Punkt der Mittelpunkt der ersten Brillouin-Zone usw.

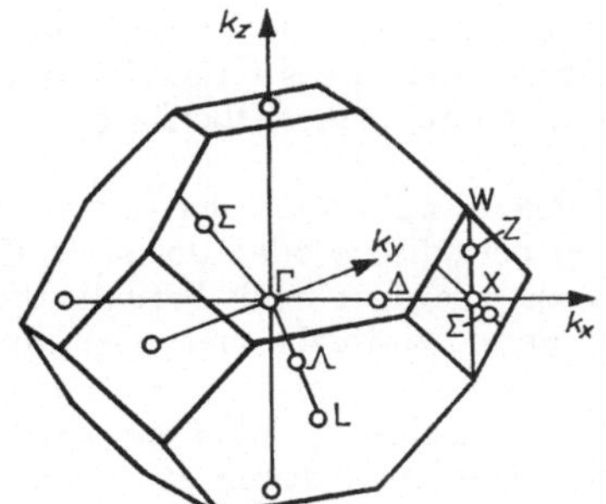

Abb. 3.1
Die erste Brillouin-Zone für Gitter vom Diamant- und Zinkblendetyp

Die nicht eindeutige Bestimmtheit des Quasiimpulses ist eine spezifische Eigenschaft des Elektrons, das sich im periodischen Potential bewegt. Sie stellt den deutlichsten Unterschied zwischen Quasiimpuls und Impuls dar: Letzterer ist eindeutig bestimmt, wobei sich seine Komponenten von $-\infty$ bis $+\infty$ verändern. Davon kann man sich auch formal überzeugen, indem man wie am Ende des vorhergehenden Abschnitts die Invarianz des Systems bezüglich der Translation um einen beliebigen Vektor fordert. In diesem Fall sind die Punkte, die unendlich nah sind, auch tatsächlich äquivalent, d. h., die „Gitterkonstante" a ist beliebig klein. Wenn man nun a gegen Null gehen läßt, ist aus (3.8′) zu sehen, daß die Komponenten p_x, p_y, p_z sich in den Grenzen von $-\infty$ bis $+\infty$ ändern können. Das Volumen der „Brillouin-Zone" erweist sich dabei als unendlich: es stellt einfach den gesamten Impulsraum dar.

Die Ungleichungen (3.8) legen die Grenzen für die Änderung der Komponenten des Quasiimpulses fest, sagen aber noch nichts über seine physikalisch erlaubten Werte aus. Diese werden durch die Randbedingungen festgelegt, denen die Wellenfunktion ψ unterworfen ist. Strenggenommen müssen die Randbedingungen die physikalische Situation an der Oberfläche der Probe enthalten. Diese Situation wird durch den Charakter der auf das Elektron wirkenden Kräfte bestimmt. Alle Wechselwirkungskräfte, mit denen wir es hier zu tun haben, klingen jedoch mehr oder weniger schnell mit dem Abstand ab. Folglich können die Bedingungen an der Oberfläche nicht merklich auf das Verhalten der Elektronen tief im Inneren des Kristalls einwirken, wenn seine Abmessungen genügend groß sind. Deshalb ist es zur Festlegung der möglichen Werte des Quasiimpulses einer großen Probe nicht zwingend notwendig, das echte (bei weitem nicht einfache) Bild der Oberflächenerscheinungen zu betrachten, sondern man kann dieses Problem umgehen, indem man wie folgt verfährt: Zunächst wird das „innere" Kristallgebiet als Volumen, in dem Oberflächeneffekte unwesentlich sind, herausgelöst. Das innere Gebiet wird in eine Reihe genügend großer Teile, z. B. Würfel mit der Kantenlänge L, eingeteilt. Die Länge L muß alle „physikalischen" Längen, wie die der Gitterkonstante, der Wellenlänge des Elektrons, der freien Weglänge usw., die in der Aufgabe enthalten sind, wesentlich übertreffen; ansonsten ist der Wert von L beliebig. Da verschiedene Würfel sich durch nichts unterscheiden, ist natürlich zu fordern, daß die Werte der Wellenfunktion in den entsprechenden (im Abstand L voneinander befindlichen) Punkten benachbarter Würfel gleich sind:

$$\psi(x, y, z) = \psi(x + L, y, z) = \cdots = \psi(x + L, y + L, z + L). \tag{3.9}$$

Die Gleichungen (3.9) erlauben es, die Untersuchung der Bewegung des Elektrons auf den Bereich eines einzelnen Würfels zu beschränken und ihn als „Kristall" zu betrachten; alles, was sich in ihm abspielt, wiederholt sich in den anderen Würfeln. Damit erweist es sich formal als möglich, „Abmessungen des Kristalls" in das Problem einzuführen, ohne sich für die Erscheinungen auf seiner Oberfläche zu interessieren.[1])

Die Bedingungen (3.9) bedeuten, daß die Wellenfunktion mit der Periode L periodisch ist. Daher heißen die Bedingungen (3.9) periodische oder Born-von-Kármánsche Randbedingungen. Der Würfel mit der Kantenlänge L heißt Periodizitätswürfel (gebräuchlich sind auch die Bezeichnungen Periodizitätsvolumen, Grundvolumen und Grundgebiet).

Da die Länge L beliebig groß ist, können wir annehmen, daß L ein ganzzahliges Vielfaches der Gitterkonstante a in der entsprechenden Richtung ist. Folglich erhält man, wenn man die Funktion (2.15) den Bedingungen (3.9) unterwirft und die Periodizitätseigenschaft der Funktion $u_{\boldsymbol{k}}(\boldsymbol{r})$ (2.16) berücksichtigt:

$$\begin{aligned} &e^{i(k_x x + k_y y + k_z z)} u_{\boldsymbol{k}}(x, y, z) \\ &= e^{ik_x(x+L) + ik_y(y+L) + ik_z(z+L)} u_{\boldsymbol{k}}(x + L, y + L, z + L) \\ &= e^{ik_x(x+L) + ik_y(y+L) + ik_z(z+L)} u_{\boldsymbol{k}}(x, y, z). \end{aligned}$$

Daraus ergibt sich

$$k_x = \frac{2\pi}{L} n_x, \qquad k_y = \frac{2\pi}{L} n_y, \qquad k_z = \frac{2\pi}{L} n_z, \tag{3.10}$$

wo n_x, n_y, n_z positive oder negative ganze Zahlen (begrenzt durch die Bedingungen (3.8)) oder Nullen sind. Entsprechend erhält man für $\boldsymbol{p}$

$$p_x = \frac{2\pi\hbar}{L} n_x, \qquad p_y = \frac{2\pi\hbar}{L} n_y, \qquad p_z = \frac{2\pi\hbar}{L} n_z. \tag{3.10'}$$

Somit bilden die Werte der Komponenten des Quasiwellenvektors (oder Quasiimpulses) eine diskrete Gesamtheit. Die Differenzen zwischen den benachbarten Werten sind jedoch sehr klein (gleich $2\pi/L$ bzw. $2\pi\hbar/L$.) Aus diesem Grund ist der diskrete Charakter des Spektrums aus den experimentell beobachtbaren elektrischen und optischen Erscheinungen nicht ersichtlich. Ein Spektrum dieser Art wird quasikontinuierlich genannt.

---

[1]) Man kann zeigen [2], daß bei einer genügend großen Länge L die Verteilung der Eigenwerte der Komponenten von $\boldsymbol{p}$ bis auf Terme von der Ordnung L^{-1} nicht von den Randbedingungen abhängt.

3.4. Energiebänder

Wenden wir uns jetzt dem Energiespektrum für das sich im periodischen Potential bewegende Elektron zu. Nach Einsetzen der Wellenfunktion (2.15′) in die Gl. (2.4) erhalten wir

$$-\frac{\hbar^2}{2m_0}\nabla^2 u_{\boldsymbol{p}}(\boldsymbol{r}) - \frac{\mathrm{i}\hbar}{m_0}(\boldsymbol{p}, \nabla u_{\boldsymbol{p}}) + \frac{\boldsymbol{p}^2}{2m_0}u_{\boldsymbol{p}} + U(\boldsymbol{r})\,u_{\boldsymbol{p}} = E u_{\boldsymbol{p}}. \tag{4.1.}$$

Unter U ist hier die potentielle Energie des Elektrons im periodischen Potential zu verstehen.[1])

Die Gl. (4.1) stellt ein gewöhnliches Eigenwertproblem dar, bei dem die Komponenten des Vektors $\boldsymbol{p}$ die Rolle von Parametern spielen. Es ist offensichtlich, daß von ihnen nicht nur die Eigenfunktionen, sondern auch die Eigenwerte abhängen: $E = E(\boldsymbol{p})$. Für fixierte Werte p_x, p_y und p_z hat Gl. (4.1) im allgemeinen mehrere Eigenwerte und dazugehörige Eigenfunktionen. Wir numerieren sie mit dem Index ν durch, wobei wir die Werte für E nach wachsender Reihenfolge anordnen:

$$E = E_\nu(\boldsymbol{p}), \quad u_{\boldsymbol{p}}(\boldsymbol{r}) = u_{\boldsymbol{p}\nu}(\boldsymbol{r}),$$

wobei

$$E_1(\boldsymbol{p}) \leqq E_2(\boldsymbol{p}) \leqq \cdots. \tag{4.2}$$

Eine solche Art der Numerierung ist nicht zwingend, für das folgende aber zweckmäßig.

Wie im Anhang 2. gezeigt ist, sind die Eigenfunktionen der Gleichungen (4.1), die bei fixierten Komponenten von $\boldsymbol{p}$ verschiedenen ν entsprechen, zueinander orthogonal[2]):

$$\int u_{\boldsymbol{p}\nu}^* u_{\boldsymbol{p}\nu'}\,\mathrm{d}^3\boldsymbol{r} = \delta_{\nu\nu'}. \tag{4.3}$$

Hier ist $\delta_{\nu\nu'}$ das Kronecker-Symbol (A2.9); das Integral wird über das Grundgebiet genommen.

Nun fixieren wir vorläufig den Index ν und betrachten die Eigenschaften der Energie als Funktion des Quasiimpulses bei gegebenen ν.

Zuerst ersetzen wir in Gl. (4.1) die Funktion $u_{\boldsymbol{p}}$ durch $u_{\boldsymbol{p}}^*$ und verändern in ihr das Vorzeichen von $\boldsymbol{p}$. Letzteres ist der Substitution von i durch —i in (4.1) äquivalent. Anders ausgedrückt, überführen die angegebenen Substitutionen Gl. (4.1) in ihre komplex konjugierte Form. Da E als Eigenwert reell ist, kann sich E dabei nicht ändern. Folglich ergibt sich

$$E_\nu(\boldsymbol{p}) = E_\nu(-\boldsymbol{p}); \tag{4.4}$$

---

[1]) Bei Berücksichtigung der Spin-Bahn-Kopplung würden im linken Teil von (4.1) zwei weitere Terme auftreten:

$$\frac{\hbar}{4m_0^2c^2}(\boldsymbol{\sigma}[\nabla u \times \boldsymbol{p}])\,u_{\boldsymbol{p}} - \frac{\mathrm{i}\hbar^2}{4m_0^2c^2}(\boldsymbol{\sigma}[\nabla u \times \nabla u_{\boldsymbol{p}}]):$$

Die weiteren Überlegungen würden sich dabei etwas komplizieren, die qualitativen Resultate (4.4), (4.5) u. a. aber erhalten bleiben (vgl. z. B. [M 7]. Bei der expliziten Berechnung der Funktionen $u_{\boldsymbol{p}}$ und der Eigenwerte E kann die Spin-Bahn-Kopplung jedoch wesentlich sein.

[2]) Es sei angemerkt, daß in den linken Teil von (4.1) Funktionen eingehen, die ein und demselben Vektor $\boldsymbol{p}$ zugeordnet sind: bei unterschiedlichen $\boldsymbol{p}$ hätten wir es mit den Eigenfunktionen verschiedener Operatoren zu tun, die keinerlei Bedingungen der Art (4.3) unterworfen sind.

die Energie des Elektrons im periodischen Potential ist also eine gerade Funktion des Quasiimpulses. Weiterhin ist bekannt, daß die Werte des Quasiimpulses, die sich um $\hbar \boldsymbol{b}$ unterscheiden, physikalisch äquivalent sind (der Kürze halber wird jetzt der Index m am reziproken Gittervektor $\boldsymbol{b}$ weggelassen, wenn das möglich ist). Folglich müssen die entsprechenden Energiewerte zusammenfallen:

$$E_\nu(\boldsymbol{p}) = E_\nu(\boldsymbol{p} + \hbar \boldsymbol{b}). \tag{4.5}$$

Also ist die Energie des Elektrons im idealen Gitter eine periodische Funktion des Quasiimpulses mit der Periode des reziproken Gitters, multipliziert mit $\hbar$.

Dasselbe gilt auch für die Funktion:

$$u_{\boldsymbol{p}\nu}(\boldsymbol{r}) = u_{\boldsymbol{p}+\hbar\boldsymbol{b},\nu}(\boldsymbol{r}). \tag{4.5'}$$

Bei der Betrachtung der Abhängigkeit der Energie vom Quasiimpuls können wir uns darauf beschränken, die Komponenten von $\boldsymbol{p}$ in den Grenzen einer Periode zu fändern (d. h. in den Grenzen irgendeiner Brillouin-Zone). Nun soll der Quasiimpuls eine Brillouin-Zone durchlaufen. Man kann beweisen [M 6, M 7], daß dabei die Energie eine stetige Funktion von $\boldsymbol{p}$ darstellt. Oder anders ausgedrückt, ihre Werte füllen quasistetig ein bestimmtes Intervall aus:

$$E_{\nu,\min} \leqq E_\nu(\boldsymbol{p}) \leqq E_{\nu,\max}. \tag{4.6}$$

Nach den Gleichungen (3.10′) nehmen die Differenzen zwischen den aufeinanderfolgenden Energieniveaus in den Grenzen des gegebenen Intervalls wie $1/L$ ab. Bei Vergrößerung der Abmessungen des Periodizitätswürfels werden diese Differenzen beliebig klein, so daß sich das Energiespektrum des Elektrons in den Grenzen des Intervalls (4.6) praktisch nicht vom stetigen unterscheidet. Aus diesem Grund wird die Vorsilbe „quasi“ oft weggelassen und einfach vom Gebiet des stetigen Spektrums gesprochen.

Das Energieintervall, in dessen Grenzen sich die Werte von $E_\nu(\boldsymbol{p})$ stetig ändern, wird Energieband genannt. Die Zahl der unterschiedlichen Bänder ist gleich der Zahl der Werte, die vom Index ν angenommen werden können. Aus diesem Grund heißt ν Bandindex.

Manchmal ist es zweckmäßig, alle Funktionen $E_\nu(\boldsymbol{p})$ als verschiedene Zweige einer mehrdeutigen Funktion zu betrachten. Dann bezeichnet ν die Nummer des Zweiges.

Die Größen $E_{\nu,\min}$ und $E_{\nu,\max}$ — das Minimum und das Maximum der Energie im ν-ten Band — heißen entsprechend untere und obere Bandkanten. Die Differenz zwischen ihnen ist die Breite des ν-ten Bandes.

Wenden wir uns nun der Abhängigkeit der Energieeigenwerte vom Bandindex zu. Wir betrachten zwei benachbarte Bänder, die durch die Funktionen $E_\nu(\boldsymbol{p})$ und $E_{\nu+1}(\boldsymbol{p})$ charakterisiert sind. Laut (4.2) kann eine der folgenden zwei Möglichkeiten realisiert sein:

entweder

$$E_{\nu,\max} < E_{\nu+1,\min} \tag{4.7a}$$

oder

$$E_{\nu,\max} \geqq E_{\nu+1,\min}. \tag{4.7b}$$

Die letzte Ungleichung widerspricht offensichtlich (4.2) nicht, da die untere Kante des $(\nu + 1)$-ten und die obere Kante des ν-ten Bandes in unterschiedlichen Punkten der Brillouin-Zone liegen können.

Im Fall (4.7a) sagt man, daß das ν-te und $(\nu + 1)$-te Band durch eine Energielücke getrennt sind. Ihre Breite ist $E_{\nu,\nu+1} = E_{\nu+1,\min} - E_{\nu,\max}$. Die Energiewerte, die in der Energielücke liegen, gehören nicht zu den Eigenwerten des Hamilton-Operators. Anders ausgedrückt kann das Elektron bei Abwesenheit von äußeren Feldern im idealen Kristall eine solche Energie nicht besitzen, womit auch die Bezeichnung „Energielücke" verbunden ist.

Die Situation, die dem Fall (4.7a) entspricht, ist in der Abb. 3.2a dargestellt. Die Bänder, in denen die Eigenwerte liegen, sind gestrichelt eingezeichnet, zwischen ihnen liegt die Energielücke.

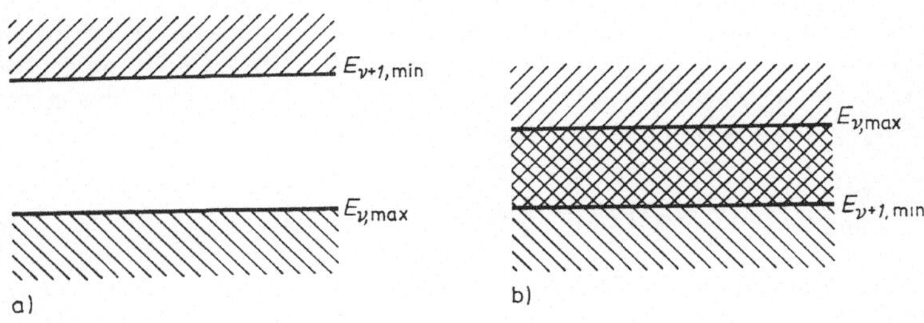

Abb. 3.2
Energiebänder
a) nicht-überlappende, b) überlappende

Im Fall (4.7b) spricht man von einer Bandüberlappung des ν-ten und $(\nu + 1)$-ten Bandes (oder einer Berührung, wenn das Gleichheitszeichen gilt). Eine Energielücke existiert hier offensichtlich nicht. Eine derartige Situation ist in der Abb. 3.2b dargestellt. Die Bänder (das ν-te und $(\nu + 1)$-te) sind in unterschiedlichen Richtungen gestrichelt; die Energiewerte in dem Gebiet, welches doppelt gestrichelt ist, gehören zu beiden Bändern.

Die Charakteristika des Energiespektrums, d. h. die Breite der Bänder und Energielücken, die Werte des Quasiimpulses, bei denen die Funktionen $E_\nu(\boldsymbol{p})$ Maxima und Minima annehmen, u. ä. werden durch die konkreten Besonderheiten des gegebenen Kristalls bestimmt. Sie können bestimmt werden, indem die Schrödinger-Gleichung für das gegebene konkrete System gelöst wird. Praktisch ist es jedoch einfacher, die benötigten Größen unmittelbar aus dem Experiment zu bestimmen (vgl. Abschnitt 4.3. und Kapitel 18.).

3.5. Die Methode der starken Bindung (LCAO-Methode[1])

Das in Kapitel 2. bewiesene Blochsche Theorem hatte die Existenz von Energiebändern im idealen Kristall zum Inhalt. Es sagte allerdings nichts über den physikalischen Mechanismus der Entstehung von solchen Bändern aus. Das Wesentliche dieses Vorganges kann man verstehen, indem man untersucht, wie die diskreten

[1]) Nach der in der englischsprachigen Literatur üblichen Bezeichnung: LCAO = linear combination of atomic orbitals (*Anm. d. Übers.*).

Energieniveaus, die für die freien Atome charakteristisch sind, sich in Bänder verwandeln, wenn man die Atome einander allmählich nähert und sie zu einem Kristallgitter vereint. Zur expliziten Behandlung dieses Problems ist es zweckmäßig, eine Näherungsmethode zu benutzen, die zuerst ebenfalls von F. Bloch vorgeschlagen wurde und anwendbar ist, sobald die Abstände zwischen benachbarten Atomen groß gegen ihre eigenen Abmessungen sind. Zur Vereinfachung der Rechnungen betrachten wir nicht den dreidimensionalen Kristall, sondern eine eindimensionale unendliche Kette gleicher periodisch angeordneter einwertiger Atome. Die Verallgemeinerung für den dreidimensionalen Fall und mehrwertige Atome erfordert im Rahmen dieser Methode keine prinzipiellen Erweiterungen der Rechnungen.

Wir nehmen an, daß uns die Wellenfunktion des Valenzelektrons im isolierten Atom bekannt ist. Wir bezeichnen sie mit $\varphi_g(\boldsymbol{r} - \boldsymbol{R}_g)$, wo g die Nummer des Atoms in der Kette und $\boldsymbol{r}$ bzw. $\boldsymbol{R}_g$ die Ortsvektoren des Elektrons bzw. des g-ten Atomrumpfes sind.[1]) Die Funktion φ_g genügt der Gleichung

$$-\frac{\hbar^2}{2m_0}\nabla^2\varphi_g + U_g(\boldsymbol{r})\,\varphi_g = E_{\mathrm{a}}\varphi_g. \tag{5.1}$$

Hier ist $U_g(\boldsymbol{r})$ die potentielle Energie der Wechselwirkung des Elektrons mit dem g-ten Atom, E_{a} der zur Eigenfunktion φ_g gehörige Energieeigenwert, d. h. das diskrete Energieniveau des Valenzelektrons im betreffenden Atom. Wir nehmen an, daß die Funktion φ_g einen s-Zustand beschreibt. Dann ist das Energieniveau E_{a} nur spin-entartet (zweifach).

Die Wellenfunktionen, die den diskreten Atomniveaus entsprechen, klingen mit wachsender Entfernung vom Kern schnell ab. Für große Abstände verhält sich φ_g asymptotisch wie eine Exponentialfunktion:

$$\varphi_g \sim \exp\left\{-\frac{|\boldsymbol{r} - \boldsymbol{R}_g|}{r_{\mathrm{a}}}\right\}, \tag{5.2}$$

wo r_{a} eine Konstante mit der Dimension einer Länge darstellt. Sie spielt die Rolle eines „effektiven Atomradius" und wird oft als Radius der Valenzorbitale bezeichnet. Wir nehmen an, daß sie klein gegen den Abstand d benachbarter Atome ist:

$$r_{\mathrm{a}} \ll d. \tag{5.3}$$

In realen Kristallen ist diese Bedingung in der Regel nicht erfüllt; deshalb kann die im weiteren dargelegte Methode, die wesentlich die Ungleichung (5.3) voraussetzt, nur orientierende Bedeutung besitzen. Nichtsdestoweniger erlaubt sie, den physikalischen Grund der Entstehung von Energiebändern und einige ihrer Charakteristika zu verstehen.

Infolge der Identität der Atome in der Kette unterscheiden sich die Funktionen φ_g mit verschiedenen g voneinander nur dadurch, daß sie an verschiedenen Atomen „zentriert" sind; die ihnen entsprechenden Energieniveaus sind offensichtlich gleich, aus diesem Grund wurde E_{a} nicht mit einem Index g versehen.

Bei allmählicher Annäherung der Atome fängt das Elektron an, nicht nur mit „seinem", sondern auch mit den „fremden" Atomrümpfen in Wechselwirkung zu treten. Die entsprechende Schrödinger-Gleichung hat die Form (2.4).

---

[1]) Wenn z. B. die x-Achse längs der Kettenrichtung liegt, ist $\boldsymbol{R}_g$ ein Vektor mit den Komponenten $\{dg, 0, 0\}$.

Die Bedingung (5.3) bedeutet, daß das Elektron sich in der Nähe jedes Atomrumpfes im wesentlichen so wie im isolierten Atom bewegt. Anders ausgedrückt muß die Wellenfunktion ψ des Elektrons in der Kette in der Nähe des g-ten Atomrumpfes annähernd gleich φ_g sein. In Übereinstimmung damit werden wir die Lösung der Gleichung (2.4) in der Form

$$\psi(\boldsymbol{r}) = \sum_g a_g \varphi_g \tag{5.4}$$

suchen, wo a_g zu bestimmende Koeffizienten sind. Nach Einsetzen von (5.4) in (2.4) erhalten wir

$$\sum_{g=-\infty}^{+\infty} a_g \left\{ -\frac{\hbar^2}{2m_0} \nabla^2 \varphi_g + (U - U_g)\, \varphi_g + U_g \varphi_g - E\varphi_g \right\} = 0. \tag{5.5}$$

Unter Berücksichtigung von Gl. (5.1) nimmt Gl. (5.5) die Form

$$\sum_{g=-\infty}^{+\infty} a_g \{(E_\mathrm{a} - E)\, \varphi_g + (U - U_g)\, \varphi_g\} = 0 \tag{5.6}$$

an. Zur Bestimmung der Koeffizienten a_g multiplizieren wir beide Teile von Gl. (5.6) mit der komplex konjugierten Wellenfunktion $\varphi_{g'}^*$ des Elektrons im isolierten Atom g' und integrieren über die Koordinaten $\boldsymbol{r}$ des Elektrons. Nach Einführung der Bezeichnungen

$$\int \varphi_{g'}^* \varphi_g \, \mathrm{d}^3\boldsymbol{r} = S_{g'g}, \quad \int \varphi_{g'}^* (U - U_g)\, \varphi_g \mathrm{d}^3\boldsymbol{r} = U_{g'g} \tag{5.7}$$

erhält man folgendes Gleichungssystem:

$$\sum_{g=-\infty}^{+\infty} a_g \{(E_\mathrm{a} - E)\, S_{g'g} + U_{g'g}\} = 0. \tag{5.8}$$

Offensichtlich gilt $S_{gg} = 1$, da es sich hierbei einfach um die Normierungsvorschrift der Funktion φ_g handelt. Jedoch ist für $g' \neq g$ das Integral $S_{g'g}$ nicht gleich Null. Man kann nur behaupten, daß es klein gegen Eins ist. Aus der Bedingung (5.3) und dem asymptotischen Verhalten der Wellenfunktion (5.2) folgt, daß mit Vergrößerung des Abstandes zwischen den Atomen die Integrale $S_{g'g}$ und $U_{g'g}$ abnehmen wie $\exp\left(-\frac{d}{r_\mathrm{a}} |g' - g|\right)$.

Für $g' \neq g$ heißt die Größe $S_{g'g}$ *Nichtorthogonalitäts-* oder *Überlappungsintegral* und die Größe $U_{g'g}$ ebenfalls für $g' \neq g$ *Transferintegral.*

Da alle Atome der Kette gleich sind, hängen die Integrale $S_{g'g}$ und $U_{g'g}$ nicht davon ab, wo gerade das g-te und g'-te Atom liegen: Wesentlich ist nur ihr gegenseitiger Abstand. Das bedeutet, daß $S_{g'g}$ und $U_{g'g}$ nur vom Absolutbetrag der Differenz der Argumente abhängen:

$$S_{g'g} = S(|g' - g|), \quad U_{g'g} = U(|g' - g|). \tag{5.9}$$

Die Gleichungen (5.9) stellen den mathematischen Ausdruck für die Identität aller Gitteratome und die Konstanz des Abstandes benachbarter Atome dar. Anders ausgedrückt stellen sie die Bedingung der Translationsinvarianz des von uns betrachteten Systems dar.

Berücksichtigt man die Gleichungen (5.9), so läßt sich die explizite Lösung des Systems (5.8) leicht bestimmen. Dazu gehen wir von dem Ansatz

$$a_g = N\,\mathrm{e}^{\mathrm{i}\lambda g} \tag{5.10}$$

aus, wo der Normierungsfaktor N und der Parameter λ nicht von g abhängen.

Da das Betragsquadrat der Wellenfunktion integrierbar sein muß, ist der Parameter λ reell; denn wäre λ komplex (oder rein imaginär), so würde der Koeffizient a_g (und mit ihm die gesamte Wellenfunktion ψ) bei $g \to \infty$ oder $g \to -\infty$ gegen Unendlich gehen.

Die Auswahl der Lösung in der Form (5.10) mit reellen Werten λ hat einen klaren physikalischen Sinn. Das Betragsquadrat der einzelnen Terme der Reihe (5.4) charakterisiert nämlich die Wahrscheinlichkeit, das Elektron in der Nähe des g-ten Atomrumpfes zu finden. Um sich davon zu überzeugen, erinnern wir uns, daß die Wahrscheinlichkeit, das Elektron in einem bestimmten Volumenelement ΔV zu finden, durch das Integral $\int\limits_{\Delta V} |\psi|^2\, \mathrm{d}^3\boldsymbol{r}$ über dieses Volumen gegeben ist. Wenn wir nun ψ in der Form (5.4) in diesen Ausdruck einsetzen und benutzen, daß infolge von (5.3) sich die Funktionen ψ_g und $\psi_{g'}$ bei $g' \neq g$ nur schwach überlappen, erhalten wir

$$\int\limits_{\Delta V} |\psi|^2\, \mathrm{d}^3\boldsymbol{r} \cong \sum_{g'=-\infty}^{+\infty} |a_{g'}|^2 \int\limits_{\Delta V} |\varphi_{g'}|^2\, \mathrm{d}^3\boldsymbol{r} \cong |a_g|^2,$$

wenn ΔV ein kleines den g-ten Atomrumpf einhüllendes Volumenelement darstellt.

Da laut (5.10) $|a_g|^2 = \text{const}$ gilt, kann das Elektron im Zustand (5.4) mit gleicher Wahrscheinlichkeit in der Nähe eines beliebigen Atoms der Kette gefunden werden — in voller Übereinstimmung mit der Translationsinvarianz des Systems.

Nach Einsetzen von (5.10) in (5.8) und unter Berücksichtigung von (5.9) erhalten wir

$$N \sum_{g=-\infty}^{+\infty} \{(E_a - E)\, S(|g' - g|) + U(|g' - g|)\}\, \mathrm{e}^{\mathrm{i}\lambda g} = 0.$$

Hier führen wir eine Substitution der Summationsvariablen durch, indem wir $g' - g = g''$ setzen. Nach dem Kürzen des Faktors $\mathrm{e}^{\mathrm{i}\lambda g'}$ finden wir

$$N \sum_{g''=-\infty}^{+\infty} \{(E_a - E)\, S(|g''|) + U(|g''|)\}\mathrm{e}^{-\mathrm{i}\lambda g''} = 0. \tag{5.11}$$

Diese Gleichung enthält das Argument g' nicht mehr, womit die Richtigkeit der Wahl der Lösung in Form von (5.10) bewiesen ist.

Da $N \neq 0$ ist, bedeutet (5.11), daß die Summe über g'' Null zu setzen ist. Das ergibt die Bedingung zur Bestimmung der Energieeigenwerte des Elektrons. Nach dem Ersetzen des Summationsindex g'' durch g erhalten wir:

$$E = E_a + \frac{\sum\limits_{g=-\infty}^{+\infty} U(|g|)\, \mathrm{e}^{-\mathrm{i}\lambda g}}{\sum\limits_{g=-\infty}^{+\infty} S(|g|)\, \mathrm{e}^{-\mathrm{i}\lambda g}}. \tag{5.12}$$

Gl. (5.12) kann in folgende Form umgeschrieben werden:

$$E = E_a + \frac{U(0) + 2 \sum\limits_{g=1}^{\infty} U(g) \cos \lambda g}{1 + 2 \sum\limits_{g=1}^{\infty} S(g) \cos \lambda g}. \tag{5.12'}$$

Die Summen über g in (5.12) oder (5.12′) stellen periodische Funktionen von λ mit der Periode 2π dar.

Es ist leicht zu sehen, daß bis auf den Faktor d^{-1} der Parameter λ gerade das eindimensionale Analogon des Quasiwellenvektors $\boldsymbol{k}$ darstellt, der im Kapitel 2. ausgehend von allgemeinen Überlegungen eingeführt wurde. Die Wellenfunktion (5.4) kann mit Berücksichtigung von (5.10) nämlich in folgender Form geschrieben werden:

$$\psi = N \sum_{g=-\infty}^{+\infty} e^{i\lambda g} \varphi_g(\boldsymbol{r} - \boldsymbol{R}_g). \tag{5.13}$$

Führen wir nun den Vektor $\boldsymbol{k}$ mit den Komponenten $\{\lambda d^{-1}, 0, 0\}$ ein und bemerken, daß die Komponenten des Vektors $\boldsymbol{R}_g$ definitionsgemäß die Größen $\{dg, 0, 0\}$ sind, so kann Gl. (5.13) wie folgt umgeschrieben werden:

$$\psi = N \sum_{g=-\infty}^{+\infty} \varphi_g(\boldsymbol{r} - \boldsymbol{R}_g)\, e^{i(\boldsymbol{k},\boldsymbol{R}_g - \boldsymbol{r}) + i\boldsymbol{k}\boldsymbol{r}} = e^{i\boldsymbol{k}\boldsymbol{r}} u_{\boldsymbol{k}}(\boldsymbol{r}). \tag{5.14}$$

Offensichtlich ist die durch diese Beziehung definierte Funktion

$$u_{\boldsymbol{k}}(\boldsymbol{r}) = N \sum_{g=-\infty}^{+\infty} e^{i(\boldsymbol{k},\boldsymbol{R}_g - \boldsymbol{r})} \varphi_g(\boldsymbol{r} - \boldsymbol{R}_g) \tag{5.15}$$

periodisch, wobei die Periode d die unseres eindimensionalen Gitters darstellt. Um dies zu verdeutlichen, betrachten wir eine Verschiebung um den Vektor $\boldsymbol{a}$ mit den Komponenten $\{d, 0, 0\}$.

Für die Funktion $u_{\boldsymbol{k}}(\boldsymbol{r} + \boldsymbol{a})$ erhalten wir

$$u_{\boldsymbol{k}}(\boldsymbol{r} + \boldsymbol{a}) = N \sum_{g=-\infty}^{+\infty} e^{i(\boldsymbol{k},\boldsymbol{R}_g - \boldsymbol{r} - \boldsymbol{a})} \varphi_g(\boldsymbol{r} - \boldsymbol{R}_g + \boldsymbol{a}). \tag{5.16}$$

Durch die Substitution $g = g' + 1$ der Summationsvariablen überzeugt man sich leicht davon, daß die rechten Teile der Gleichungen (5.15) und (5.16) identisch sind.

Somit ist der Ausdruck (5.14) ein spezieller Fall der allgemeinen Gl. (2.15): die Wellenfunktion ψ stellt ein Produkt der ebenen Welle $e^{i\boldsymbol{k}\boldsymbol{r}}$ mit einer gitterperiodischen Funktion dar.

Die Gleichungen (5.12) und (5.12′) befinden sich ebenfalls in vollständiger Übereinstimmung mit dem Kapitel 2., da die Periode des reziproken Gitters im vorliegenden Fall gleich $b = \frac{2\pi}{d}$ ist und die Energieeigenwerte E periodisch mit der Periode b von $\boldsymbol{k}$ abhängen, wie es auch sein muß. Das Intervall $\left(-\frac{b}{2}, +\frac{b}{2}\right)$ definiert die erste (eindimensionale) Brillouin-Zone. Weiterhin ist zu sehen, daß E eine gerade Funktion von $\boldsymbol{k}$ ist — wieder in Übereinstimmung mit den Resultaten des Kapitels 2.

Analoge Beziehungen gelten auch (im Rahmen der oben getroffenen Annahmen) für den zwei- und dreidimensionalen Fall. So erhält man für die Energie des Elektrons im einfachen dreidimensionalen kubischen Gitter einwertiger Atome den Ausdruck

$$E = E_a + \frac{\sum_{\boldsymbol{g}} U(|\boldsymbol{g}|)\, e^{-i\boldsymbol{\lambda}\boldsymbol{g}}}{\sum_{\boldsymbol{g}} S(|\boldsymbol{g}|)\, e^{-i\boldsymbol{\lambda}\boldsymbol{g}}}, \tag{5.17}$$

wo $\boldsymbol{g}$ einen Vektor darstellt, dessen Komponenten ganze Zahlen (oder Nullen) sind. Der Vektor $\boldsymbol{\lambda}$ ist offensichtlich mit dem Quasiwellenvektor $\boldsymbol{k}$ verknüpft:

$$a_x = ak_x \quad \text{usw.}$$

Infolge der Ungleichung (5.3) nehmen die Größen $U(|g|)$ und $S(|g|)$ schnell mit wachsendem Argument $|g|$ ab. Aus diesem Grund kann man sich in den Reihen, die in den rechten Seiten von (5.12), (5.12′) und (5.17) stehen, auf die ersten Glieder beschränken. Dann nimmt die Gl. (5.12′) folgende Form an:

$$E = E_a + U(0) + 2[U(1) - U(0)\, S(1)] \cos \lambda. \tag{5.12''}$$

Die Integrale $S_{g'g}$ und $U_{g'g}$ können berechnet werden, wenn die Wellenfunktionen des Elektrons im isolierten Atom bekannt sind. Manchmal jedoch werden diese Größen (oder entsprechende Kombinationen) einfach als Parameter betrachtet, die aus dem Experiment zu bestimmen sind. Dabei verschwinden die Nachteile der betrachteten Methode; die Möglichkeit, die Bandstruktur unmittelbar mit den chemischen Eigenschaften der den Kristall bildenden Atome zu verknüpfen, geht jedoch verloren.

Gl. (5.12″) wie auch die Gleichungen (5.12′) und (5.17) zeigen deutlich, in welcher Weise das Potential des Kristallgitters auf das Energiespektrum der Elektronen einwirkt:

Erstens wird das Atomniveau E_a um eine konstante, nicht von λ abhängige Größe $U(0)$ verschoben. Ihr Sinn ist offensichtlich: laut (5.9) und (5.7) ist

$$U(0) = \int d^3\boldsymbol{r}\varphi_g^*(\boldsymbol{r})\, (U - U_g)\, \varphi_g(\boldsymbol{r}). \tag{5.18}$$

$U(0)$ ist die mittlere Energie des Elektrons im Feld aller anderen Atome, wenn es an irgendeinem (g-ten) Gitteratom lokalisiert ist (das Resultat hängt natürlich nicht von g ab — die Energieverschiebung ist für alle Atome die gleiche).

Zweitens wird das diskrete Atomniveau zu einem Band „verschmiert": bei der Änderung des Parameters λ von $-\pi$ bis $+\pi$ verändert sich der letzte Summand des rechten Teiles von (5.12″) stetig im Intervall von $-2\,|U(1) - U(0)\, S(1)|$ bis $+2\,|U(1) - U(0)\, S(1)|$ (das Vorzeichen der Differenz $U(1) - U(0)\, S(1)$ kann im Prinzip beliebig sein; für die weiteren Schlußfolgerungen ist es unwesentlich). In diesem Intervall sind alle Energiewerte erlaubt: Diesen entsprechen überall beschränkte Wellenfunktionen (5.14), die (wie auch die Energie E) durch verschiedene Parameter λ charakterisiert sind. Die Breite dieses Intervalls, d. h. die „Bandbreite" ist gleich

$$4\,|U(1) - U(0)\, S(1)|.$$

Den Gleichungen (5.9) und (5.7) entsprechend wird sie durch den Grad der Überlappung der Wellenfunktionen benachbarter Atome φ_g und $\varphi_{g\pm 1}$ bestimmt. Bei einer

Verkleinerung der Überlappung (d. h. bei Vergrößerung des Abstandes d zwischen den Atomen) geht die Bandbreite schnell (exponentiell) gegen Null — das Band „zieht sich zu einem diskreten Niveau zusammen" (welches durch die Anwesenheit anderer Atome laut (5.18) gestört sein kann). Die Abhängigkeit der Energie E vom Parameter λ verschwindet dabei.

Das Vorzeichen der Differenz $U(1) - U(0)\,S(1)$ bestimmt, ob das Minimum der Energie in (5.12'') (d. h. die untere Bandkante) im Punkt $\boldsymbol{\lambda} = 0$ ($\boldsymbol{k} = 0$) oder im Punkt $\boldsymbol{\lambda} = \pi$, d. h. im Zentrum oder an der Grenze der Brillouin-Zone liegt.[1]) In der Nähe des Minimums hat die Funktion (5.12'') die Form

$$E = E_0 + d^2\,|U(1) - U(0)\,S(1)|\,k^2, \tag{5.19}$$

wo E_0 das Minimum der Energie ist und die Größe k vom Minimum aus gerechnet wird. Der Ausdruck (5.19) fällt formal mit der Formel für die Energie des freien Teilchens zusammen, wenn die Masse m_0 durch den Ausdruck

$$m = \frac{\hbar^2}{2d^2|U(1) - U(0)\,S(1)|} \tag{5.20}$$

ersetzt wird. Die Größe m heißt *effektive Masse*. Wir sehen, daß sie mit der Vergrößerung der Bandbreite abnimmt.

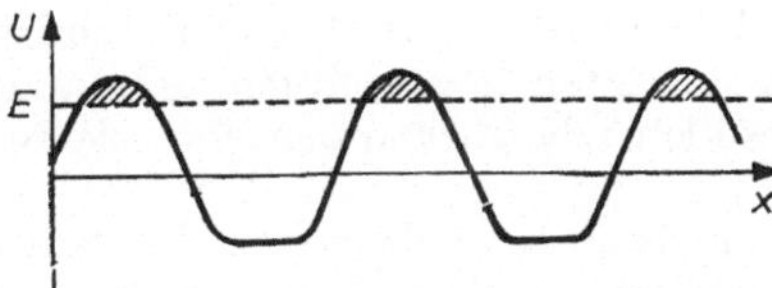

Abb. 3.3
Die potentielle Energie des Elektrons in einer eindimensionalen Kette gleicher Atome als Funktion der Koordinate (schematisch)

Analog gilt in der Nähe des Maximums der Energie (der oberen Bandkante)

$$E = \text{const} + \frac{\hbar^2 k^2}{2m'}, \qquad m' < 0, \tag{5.21}$$

wo k von dem Maximum aus gerechnet wird. Die konstanten Größen sind hier offensichtlich von den in (5.19) auftretenden verschieden; ihre Differenz ist gleich der Bandbreite.

Der rechte Teil in (5.21) ist ebenfalls der Formel für die kinetische Energie des freien Teilchens ähnlich, die effektive Masse m' ist jetzt jedoch negativ und fällt für (5.12') dem Betrag nach mit m zusammen; im allgemeinen können die Größen m und m' auch verschieden sein.

Wie schon festgestellt, kann das durch die Wellenfunktion (5.13) beschriebene Elektron mit gleicher Wahrscheinlichkeit an einem beliebigen Atom der Kette gefunden werden. Dieser Umstand erscheint auf den ersten Blick paradox. Betrachtet man den Verlauf der potentiellen Energie des Elektrons in der Kette, so stellt er eine Gesamtheit von mit den einzelnen Atomrümpfen verbundenen Potentialtrichtern mit dazwischen liegenden Potentialwällen dar (Abb. 3.3). Man könnte meinen, daß es

[1]) Die Punkte $\lambda = \pi$ und $\lambda = -\pi$ sind physikalisch äquivalent und müssen, wie in Abschnitt 3.4. vermerkt, als ein Punkt betrachtet werden.

möglich ist, das Elektron in irgendeinen der Potentialtrichter „einzuschließen", falls seine Energie E kleiner als die potentielle Energie der Höhe der Potentialwälle ist (einem solchen Elektronenzustand entspricht die punktierte Linie in der Abb. 3.3). Eine solche Überlegung beruht jedoch völlig auf klassischen Vorstellungen, die im vorliegenden Fall unzureichend sind. In der Quantenmechanik wird gezeigt, daß es unmöglich ist, ein Elektron in einen Potentialtrichter endlicher Tiefe und Breite „einzuschließen": es besteht immer eine endliche Wahrscheinlichkeit, das Elektron im Bereich des Potentialwalles, der den Potentialtrichter einschließt, anzutreffen (die gestrichelten Teile in der Abb. 3.3). Wenn sich neben dem gegebenen Potentialtrichter noch andere befinden (in denen das Elektron die gleiche Energie annehmen kann), wie es auch in unserem Fall ist, so ist ein isoenergetischer Tunnelübergang des Elektrons aus einem Potentialtrichter in einen anderen möglich. Dabei ist das Elektron schon nicht mehr an ein ganz bestimmtes Gitteratom gebunden, sondern gehört allen Atomen gleichzeitig an. Gerade dieser Tunnelübergang erlaubt es den Elektronen, sich ohne thermische Aktivierung ungehindert durch den Kristall zu bewegen.

Die Wahrscheinlichkeit des Tunnelüberganges wird durch den Grad der Überlappung der Wellenfunktionen des Elektrons in einander benachbarten Potentialtrichtern, d. h. in unserem Falle durch die Integrale $S_{g'g}$ und $U_{g'g}$, bestimmt. Beim Entfernen der Atome voneinander ins Unendliche geht die Wahrscheinlichkeit des Tunneleffektes gegen Null. In der Tat sind die Elektronen in einem nichtionisierten Gas dann bei „ihren" Atomen lokalisiert. Unter den von uns betrachteten Bindungen (die Ausmaße der Atome sind klein gegen ihren gegenseitigen Abstand) ist die Wahrscheinlichkeit des Tunnelüberganges klein: die Elektronen sind relativ stark an „ihre" Atome gebunden.[1])

Der Zusammenhang zwischen der Tunnelwahrscheinlichkeit und dem Abstand zwischen den Atomen erlaubt es, die Abhängigkeit der effektiven Masse von den Nichtorthogonalitäts- und Transferintegralen (5.7) anschaulich zu interpretieren. Gerade die Verkleinerung der Übergangswahrscheinlichkeit (d. h. die Verkleinerung von $S_{g'g}$ und $U_{g'g}$) erschwert es dem Elektron, sich längs des Kristalls zu bewegen, was sich insbesondere in seinem „Schwererwerden" ausdrückt: für $S(1)$ und $U(1) \to 0$ erhält man $m \to \infty$.[2]) Der Fakt, daß die Wahrscheinlichkeit des Tunnelüberganges ungefähr der Bandbreite proportional ist, ist nicht erstaunlich. Die Entstehung von Energiebändern und das Tunneln der Elektronen von einem Atom zum anderen stellen nämlich zwei Seiten der gleichen Erscheinung dar — der Verteilung der Elektronen zwischen allen Atomen des Gitters, die infolge der Überlappung der atomaren Wellenfunktionen einsetzt.

Somit entstehen die Energiebänder der Kristalle infolge der „Verschmierung" diskreter Atomniveaus, die durch die Wechselwirkung der Elektronen mit den benachbarten (und möglicherweise mit weiter entfernten) Gitteratomen und die Überlappung der Wellenfunktionen benachbarter Atome bedingt ist. Diese Schlußfolgerung, zu der wir mittels einer Näherungsrechnung an einem vereinfachten Modell gelangten, erweist sich als allgemein gültig. Andererseits können die in diesem Abschnitt abgeleiteten quantitativen Beziehungen, wie schon vermerkt, keinen Anspruch auf größere Genauigkeit erheben.[3])

Nichtsdestoweniger erweist sich die Methode der starken Bindung manchmal als

---

1) Daher auch die Bezeichnung „Methode der starken Bindung".

2) Mit diesem Umstand ist auch die Bezeichnung „Transferintegral" verbunden.

3) Eine Zusammenstellung moderner Methoden zur Berechnung der Bandstruktur fester Körper, die auch auf quantitative Genauigkeit Anspruch erheben, ist in [3] enthalten.

nützlich. Ihr hauptsächlicher Vorteil besteht darin, daß sie es erlaubt, eine Verbindung zwischen den Charakteristika der Energiebänder und den chemischen Eigenschaften der den Kristall bildenden Atome, insbesondere dem Typ der chemischen Bindung im gegebenen Material, herzustellen. Dabei kann die in diesem Abschnitt dargelegte Methode leicht für kompliziertere Fälle verallgemeinert werden, bei denen der dreidimensionale Fall, die Anwesenheit mehrerer Atomniveaus usw. zu betrachten sind (vgl. z. B. [M 7]). Dabei zeigt sich, daß jedem Atomniveau eine seinem Entartungsgrad entsprechende Zahl von Energiebändern entspricht, wobei sich verschiedene Bänder auch überlappen können. Anders ausgedrückt entsprechen entarteten Atomniveaus gewöhnlich auch entartete Bänder. Eine analoge Situation liegt auch dann vor, wenn die Energieniveaus der Valenzelektronen der Atome nicht entartet sind, jedoch energetisch hinreichend nahe beieinander liegen.

Die entsprechenden Wellenfunktionen können als Summen vom Typ (5.4) dargestellt werden — mit dem Unterschied, daß nun die Summation sich nicht nur über die Atomnummern, sondern auch über die in der Rechnung zu berücksichtigenden Atomzustände erstreckt. Bei der Entstehung der Bänder durch Verschmierung entarteter oder naheliegender Energieniveaus treten somit anstelle der „atomaren Funktionen" φ_g die Linearkombinationen der Atomfunktionen auf, die zu den betrachteten Niveaus gehören. In diesem Fall spricht man auch von einer Hybridisierung der entsprechenden Atomzustände.

Die angegebenen qualitativen Schlußfolgerungen sind nicht unbedingt an die Bedingung (5.3) gebunden und geben auch dann eine gewisse Orientierung, wenn die Methode der starken Bindung genaugenommen nicht anwendbar ist. Das gleiche läßt sich auch bezüglich der Schlußfolgerungen über Symmetrieeigenschaften der Bloch-Funktionen sagen; diesbezügliche Informationen sind für viele Aufgaben, z. B. für die Absorption und Emission von Licht bei Elektronenübergängen aus einem Energieband in ein anderes (Kapitel 18.), wesentlich.

3.6. Dispersionsgesetz und Isoenergieflächen

Die Situation, die uns in den letzten beiden Abschnitten begegnete, ist für die moderne Festkörpertheorie charakteristisch. Oft ist es nämlich möglich, ausgehend von allgemeinen physikalischen Überlegungen einige allgemeine Besonderheiten und Eigenschaften des Energiespektrums des Systems zu bestimmen, dagegen ist die explizite Berechnung z. B. der Abhängigkeit der Energie vom Quasiimpuls mit großen mathematischen Schwierigkeiten verbunden. In der Regel müssen dabei eine Reihe vereinfachender Annahmen und Näherungen eingeführt werden. Aus diesem Grund spielt die experimentelle Untersuchung der Bandstruktur des Festkörpers eine wichtige Rolle.

Damit diese Untersuchung richtig durchgeführt werden kann, ist zunächst zu klären, durch welche Begriffe und Größen das Energiespektrum der Elektronen im Kristallgitter am zweckmäßigsten beschrieben werden kann.

Als erstes muß dabei der Begriff des *Dispersionsgesetzes* eingeführt werden. So wird die Abhängigkeit der Energie vom Quasiimpuls im Band bezeichnet.[1])

[1]) Die Bezeichnung ist mit dem Wellencharakter der Elektronenbewegung verbunden, da infolge der de-Broglieschen Beziehung das Dispersionsgesetz gerade die Abhängigkeit der Frequenz der Elektronenwelle vom Quasiwellenvektor darstellt.

Es ist zweckmäßig, das Dispersionsgesetz graphisch darzustellen. Dazu wird gewöhnlich eine der beiden folgenden Darstellungen herangezogen.

1. Es werden zwei der drei Komponenten des Quasiimpulses fixiert. Sind z. B. die Komponenten p_y und p_z fixiert, so wird durch die Abhängigkeit $E_\nu(p_x)$ eine bestimmte Kurve in der E_ν,p_x-Ebene festgelegt. Kurven von dieser Art heißen *Dispersionskurven*. Ihre durch variierende p_y- und p_z-Werte gegebene Gesamtheit charakterisiert das Dispersionsgesetz vollständig.
2. Es wird ein Energiewert im ν-ten Band fixiert, indem

$$E_\nu(\boldsymbol{p}) = \text{const} \tag{6.1}$$

gesetzt wird. Gleichung (6.1) definiert eine Fläche im dreidimensionalen Quasiimpulsraum. Sie wird Fläche gleicher Energie oder einfach Isoenergiefläche genannt. Dadurch, daß verschiedene Konstanten in der rechten Seite von Gl. (6.1) vorgegeben werden und die Form der dazugehörigen Isoenergieflächen angegeben wird, läßt sich das Dispersionsgesetz ebenfalls vollständig beschreiben.

Die Isoenergieflächen besitzen bestimmte Symmetrieeigenschaften. Aus (4.4) folgt, daß sie ein Symmetriezentrum im Punkt $\boldsymbol{p} = 0$ besitzen: Bei Umkehrung der Vorzeichen aller Komponenten von $\boldsymbol{p}$ geht die Isoenergiefläche in sich selbst über. Diese Eigenschaft ist völlig allgemein — sie ist weder mit der Struktur des betreffenden Kristallgitters noch mit der Art der in ihm wirkenden Felder verknüpft. Die weiteren Symmetrieeigenschaften werden durch die Struktur des Gitters bestimmt: Neben dem Symmetriezentrum besitzt die Isoenergiefläche alle Symmetrieelemente des betreffenden Kristallgitters.

Es sollen nun die möglichen Formen der Dispersionskurven und der Energieflächen in der Nähe der Extremalpunkte der Bänder untersucht werden. In der Abb. 3.4a sind die Dispersionskurven für den Fall nichtüberlappender Bänder schematisch dargestellt. Dabei wurde angenommen, daß das Minimum des $(\nu + 1)$-ten und das Maximum des ν-ten Bandes in den Punkten $(p_{x0}, 0, 0)$ bzw. $(0, 0, 0)$ liegen, wobei im allgemeinen $p_{x0} \neq 0$ ist; die Energie wird von der Oberkante des unteren Bandes an gerechnet.

Für den Fall, daß die Bänder sich im Zentrum der Brillouin-Zone berühren, sind die Dispersionskurven schematisch in der Abb. 3.4b dargestellt. Hier fällt derselbe Energiewert $E_\nu(0) = E_{\nu+1}(0) = 0$ gleichzeitig in beide Bänder. Anders ausgedrückt

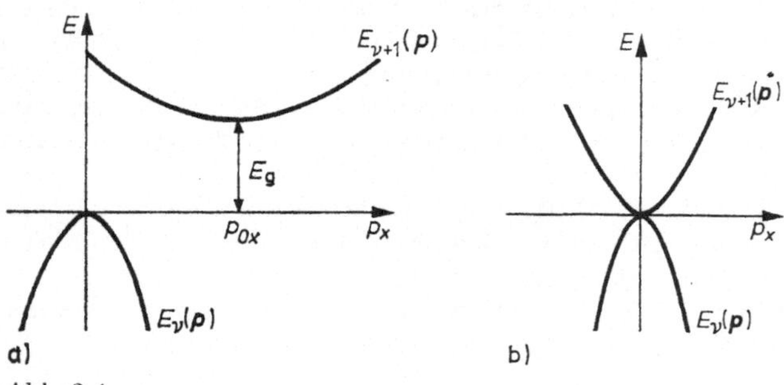

Abb. 3.4
Dispersionskurven (schematisch)
a) für zwei nichtüberlappende Bänder, b) für sich berührende Bänder

sind dem Energiewert $E = 0$ gleichzeitig zwei Eigenfunktionen $u_{0,\nu}$ und $u_{0,\nu+1}$ zugeordnet, d. h., es liegt Entartung vor. Dementsprechend nennt man den Punkt, in dem sich die Bänder berühren, *Entartungspunkt*, und die Bänder selbst werden in diesem Punkt als *entartet* bezeichnet. Der Entartungspunkt stellt einen singulären Punkt der Funktion $E(\boldsymbol{p})$ dar: In ihm treffen sich zwei Zweige $E_\nu(\boldsymbol{p})$ und $E_{\nu+1}(\boldsymbol{p})$, d. h., es handelt sich um einen Verzweigungspunkt zweiter Ordnung.

Es ist auch der kompliziertere Fall möglich, daß im Entartungspunkt eine größere Zahl von Bändern zusammenlaufen. Dann liegt ein Verzweigungspunkt höherer Ordnung vor. Außerdem kann der Fall eintreten, daß im Entartungspunkt zwei Bänder (oder eine größere Zahl) ein Maximum (oder Minimum) besitzen. Ein Beispiel für solch eine Situation ist in der Abb. 3.5 dargestellt.

Bei der Betrachtung entarteter Bänder (Abb. 3.4b) wird der Sinn der Bedingung (4.2) klar: Wie aus Abb. 3.4b ersichtlich, gilt nur in diesem Fall Gl. (4.4) für jedes Band einzeln.[1])

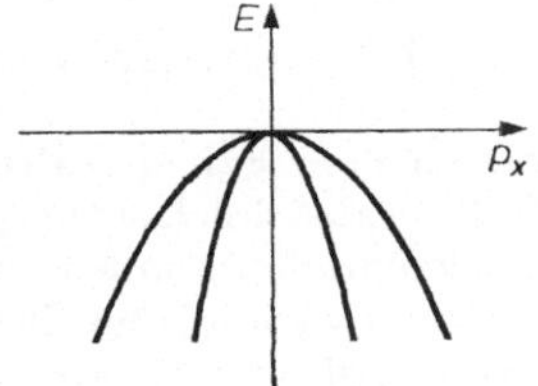

Abb. 3.5
Ein Beispiel für Bandentartung im Maximum der Bänder

3.7. Metalle und Halbleiter

Das Auftreten von Energiebändern und Energielücken gestattet es zusammen mit dem Pauli-Prinzip, den grundsätzlichen Unterschied zwischen Metallen und Halbleitern zu erklären, der den Unterschied in den beobachtbaren elektrischen und anderen Eigenschaften nach sich zieht. Dazu betrachten wir, wie sich die Elektronen im Grenzfall gegen den absoluten Nullpunkt gehender Temperatur über die Bänder verteilen.

Wie wir wissen, ist das Volumen der Brillouin-Zone gleich $(2\pi\hbar)^3/V_0$, wo V_0 das Volumen der Elementarzelle darstellt. Andererseits sind die erlaubten Komponenten des Quasiimpulses durch die Gleichungen (3.10′) gegeben, aus denen folgt, daß jedem erlaubten Wert des Vektors $\boldsymbol{p}$ — einem Punkt in der Brillouin-Zone — im reziproken Gitter eine Zelle mit dem Volumen $(2\pi\hbar)^3/V$ entspricht, wobei V das Kristallvolumen ist. Somit enthält die Brillouin-Zone insgesamt

$$\frac{(2\pi\hbar)^3}{V_0}\bigg/\frac{(2\pi\hbar)^3}{V} = \frac{V}{V_0} = G$$

Zustände mit unterschiedlichem Quasiimpuls — genau so viele, wie der gegebene Kristall an Elementarzellen enthält. Bei Berücksichtigung des Spins heißt das, daß die Gesamtzahl der Zustände in der Brillouin-Zone gleich $2G$ ist. Gemäß Abschnitt 3.4.

[1]) Bei der Ableitung von (4.4) wurde benutzt, daß die reelle Funktion $E_\nu(\boldsymbol{p})$ sich beim Übergang zur komplex konjugierten Gleichung nicht ändert. Im Entartungspunkt ist jedoch zunächst nicht klar, welchen Bändern die Energiewerte $E(\boldsymbol{p})$ und $E(-\boldsymbol{p})$ zuzuordnen sind.

ist das auch die Zahl der erlaubten Quantenzustände, die in jedem Energieband enthalten sind. Dem Pauli-Prinzip entsprechend kann jeder dieser Zustände nur durch ein Elektron besetzt sein. Nehmen wir an, daß die Elementarzelle des gegebenen Kristalls z Elektronen enthält. Dann ist die Gesamtzahl der Elektronen im Gitter gleich $z \cdot G$. Bei genügend tiefen Temperaturen besetzen diese Elektronen die ersten $z \cdot G$ Energieniveaus. Dabei gibt es drei Möglichkeiten:

a) das energetisch höchste Band, das noch Elektronen enthält, ist nicht vollständig besetzt, sondern weist noch freie Zustände auf;

b) das energetisch höchste Band, das noch Elektronen enthält, ist von diesen vollständig besetzt, berührt (oder überlappt) jedoch das nächstfolgende höhere Band;

c) das energetisch höchste und vollständig gefüllte Band ist von dem folgenden leeren Band durch eine Energielücke E_g endlicher Größe getrennt.

Der Fall a) ist offensichtlich realisiert, wenn z eine ungerade Zahl ist, denn die Zahl der gefüllten Bänder ist gerade gleich $\frac{zG}{2G} = \frac{z}{2}$. Bei ungeradem z ist diese Größe eine ganze Zahl.

Aus dem Gesagten folgt jedoch nicht, daß bei geradem z der Fall c) realisiert ist: Verschiedene Energiebänder können überlappen. Ob dies tatsächlich vorliegt, kann man nur feststellen (ohne auf das Experiment zurückzugreifen), indem man die Gl. (4.1) explizit löst. Dabei ist es jedoch nicht unbedingt notwendig, alle Elektronen des Kristalls zu betrachten, denn die Elektronen der völlig gefüllten inneren Schalen füllen offensichtlich die Bänder, die aus der Verwaschung des entsprechenden Atomniveaus entstehen. Deshalb wird unter z häufig nur die Zahl der Valenzelektronen verstanden.

Die elektrischen Eigenschaften des Materials unterscheiden sich in den ersten beiden Fällen gegenüber dem dritten prinzipiell. Um dies zu verdeutlichen, nimmt man an, daß der Kristall in ein äußeres konstantes elektrisches Feld gebracht wird. Um einen elektrischen Strom hervorzurufen, muß das Feld die Elektronen beschleunigen, d. h. an ihnen eine bestimmte Arbeit verrichten. Anders ausgedrückt muß das Feld Elektronen auf höhere Energieniveaus heben. Offensichtlich müssen diese Niveaus im schwachen Feld nah an den gefüllten liegen. Andererseits dürfen sie nicht besetzt sein, da sonst infolge des Pauli-Prinzips der Übergang der Elektronen auf diese Niveaus unmöglich ist. Daraus folgt, daß in den Fällen a) und b) ein beliebig schwaches äußeres Feld einen elektrischen Strom hervorruft — in diesem Fall verhält sich das Material wie ein Metall. Es ist auch klar, daß im Fall c) ein schwaches Feld keinen Strom hervorrufen kann. Den Elektronen sind keine Übergänge möglich.[1]) Um in diesem Fall einen Strom zu erzeugen, ist eine vorhergehende „Aktivierung" der Elektronen notwendig, d. h., ein Teil der Elektronen muß durch die Energie der Wärmebewegung, des Lichts usw. in das nicht besetzte Band angehoben worden sein. Ein derartiger Kristall besitzt die Eigenschaften eines Halbleiters (im Grenzfall großer Werte von E_g die eines Isolators). Das höchstliegende der bei $T = 0$ besetzten Bänder heißt Valenzband (diesem wird der Index $\nu = \mathrm{v}$ zugeordnet), das tiefstliegende leere Band heißt Leitungsband (Index $\nu = \mathrm{c}$). Die obere Kante des Valenzbandes wird mit E_v und die untere Kante des Leitungsbandes mit E_c bezeichnet.

---

[1]) In einem hinreichend starken elektrischen Feld ist das Tunneln der Elektronen durch die Energielücke möglich (vgl. Abschnitt 4.6.). Dafür sind jedoch Feldstärken von der Größenordnung 10^6 V/cm erforderlich.

Die Alkalimetalle, die je Atom ein Valenzelektron im s-Zustand enthalten, sind ein Beispiel für das sichere Eintreten des Falles a). Ein weniger triviales Beispiel stellen die Kristalle der Erdalkalimetalle dar, die je Atom zwei Valenzelektronen im s-Zustand enthalten. Bei ihnen sind die metallischen Eigenschaften durch die Überlappung der Bänder bedingt, die als Folge der Verschmelzung der s- und p-Elektronenniveaus der Atome entsteht (hier ist der Fall b) realisiert).

In den Kristallen von Germanium und Silizium ist schließlich der Fall c) realisiert. Die Schalen der Valenzelektronen der freien Atome haben in diesem Fall die Konfiguration s^2p^2 (vier Valenzelektronen, jeweils zwei in s- und p-Zuständen).

Die Energiedifferenzen zwischen s- und p-Niveaus sind relativ gering, daher erfolgt bei der Bildung der Kristalle eine Hybridisierung der entsprechenden Zustände (vgl. Abschnitte 2.2. und 3.5.). Als Folge dessen sind die Wellenfunktionen des Valenzbandes (in der Näherung der starken Bindung) aus einer s- und drei p-Funktionen aufgebaut. Ein solches Band enthält jeweils vier Zustände pro Atom — genau so viele, wie dieses Valenzelektronen besitzt. Bei $T = 0$ ist dieses Band vollständig besetzt. Das folgende Band ist vom Valenzband durch eine Energielücke getrennt. Genauso ist die Situation im Falle des Diamantgitters.

Wir halten also fest, daß das Auftreten einer Energielücke in diesem und in anderen Fällen nicht, wie die Form der Brillouin-Zone, durch die geometrischen, sondern durch die dynamischen Besonderheiten des betreffenden Kristalls bedingt ist — nämlich durch die konkrete Form und Größe der potentiellen Energie des Elektrons. Durch eine Änderung des Atomabstandes (z. B. durch Druck) kann man im Prinzip erreichen, daß Valenz- und Leitungsband überlappen. Dabei verwandelt sich das betrachtete Material aus einem Halbleiter in ein Metall. Der umgekehrte Fall — das Entstehen einer Energielücke und der Übergang eines Metalls in einen Halbleiter — ist bei genügend starkem Druck an der Probe ebenfalls möglich.

Aus dem oben Festgestellten folgt, daß die Elektronen der vollständig besetzten Bänder keinen unmittelbaren Anteil an einem gerichteten Strom und auch am Energietransport haben. Sie bilden einen Untergrund, auf dem sich die Elektronen des Leitungsbandes und die Löcher des Valenzbandes bewegen. Im weiteren werden wir die Elektronen des Leitungsbandes einfach als Elektronen bezeichnen (wenn dabei keine Verwechslungen entstehen können).

3.8. Die effektive Masse

Das Dispersionsgesetz liefert ein umfassendes Bild von der Bewegung des Elektrons im betreffenden Gitter. Seine experimentelle Bestimmung ist jedoch mit Schwierigkeiten verbunden, da im allgemeinen Fall die explizite Form einer Funktion von drei sich praktisch stetig verändernden Variablen — den Komponenten des Quasiimpulses — ermittelt werden muß. Zum Glück spielen in den meisten Problemen der Halbleiterphysik nur relativ kleine Bereiche der Brillouin-Zone eine Rolle, die den Energien in der Nähe der oberen und unteren Bandkanten eines Energiebandes entsprechen. Wie wir gleich sehen werden, ist es zur Darstellung des Dispersionsgesetzes in der Nähe der Extremalpunkte des Bandes nicht notwendig, die gesamte Funktion $E_\nu(\boldsymbol{p})$ zu bestimmen, sondern es ist ausreichend, einige Konstanten vorzugeben.

Wir wollen annehmen, daß ein Extremalpunkt des ν-ten Bandes im Punkt $\boldsymbol{p} = \boldsymbol{p}_{0\nu}$ liegt und daß das Band in diesem Punkt nichtentartet ist. Dann kann die Funktion

$E_\nu(\boldsymbol{p})$ in der Nähe des Extremalpunktes in eine Reihe entwickelt werden. Wenn wir noch vereinbaren, daß über sich zweifach wiederholende Indizes summiert wird, erhalten wir (der Kürze halber lassen wir die Indizes ν und p_0 weg)

$$E_\nu(\boldsymbol{p}) = E_\nu(\boldsymbol{p}_0) + \frac{1}{2}\, m^{-1}_{\alpha\beta,\nu}(p_\alpha - p_{\alpha,0})\,(p_\beta - p_{\beta,0}) + \cdots. \tag{8.1}$$

Hier besitzt die Größe

$$m^{-1}_{\alpha\beta,\nu} = \left.\frac{\partial^2 E_\nu(\boldsymbol{p})}{\partial p_\alpha\, \partial p_\beta}\right|_{\boldsymbol{p}=\boldsymbol{p}_0} \tag{8.2}$$

die Dimension einer reziproken Masse; durch die Punkte sind Glieder höherer Ordnung angedeutet, die in der Nähe des Extremalpunktes vernachlässigt werden können. Gemäß der Definition des Punktes $\boldsymbol{p}_0$ treten in der Entwicklung (8.1) in $(\boldsymbol{p} - \boldsymbol{p}_0)$ lineare Terme nicht auf.

Da in der zweiten Ableitung die Reihenfolge der Differentiation vertauscht werden kann, bilden die Größen $m^{-1}_{\alpha\beta,\nu}$ einen symmetrischen Tensor zweiten Ranges. Die Werte von $m^{-1}_{\alpha\beta,\nu}$ hängen von der Wahl des Koordinatensystems im $\boldsymbol{p}$-Raum ab. Man kann das Koordinatensystem jedoch immer so wählen [M 5], daß die Komponenten $m^{-1}_{\alpha\beta,\nu}$ für $\alpha \neq \beta$ Null werden. Die so festgelegten Koordinatenachsen werden als Hauptachsen bezeichnet und die Komponenten von $m^{-1}_{\alpha\beta,\nu}$ in diesem Koordinatensystem als Hauptwerte des Tensors. Der Kürze halber werden sie nur mit einem Index α versehen — es ist jedoch immer zu beachten, daß diese Größen die Komponenten eines Tensors und nicht eines Vektors darstellen.

Im Hauptachsensystem nimmt dann Gl. (8.1) die Form

$$E_\nu(\boldsymbol{p}) = E_\nu(\boldsymbol{p}_0) + \frac{1}{2} \sum_{\alpha=x,y,z} m_\alpha^{-1}(p_\alpha - p_{\alpha,0})^2 \tag{8.1'}$$

an. Dabei gilt $m_\alpha > 0$ oder $m_\alpha < 0$ abhängig davon, ob der betrachtete Extremalpunkt ein Minimum oder Maximum darstellt.

Da die Größe $E_\nu(\boldsymbol{p}_0)$ bei fixiertem Index ν eine Konstante ist, nimmt Gl. (6.1) in diesem Fall die Form

$$\frac{(p_x - p_{x,0})^2}{2m_x} + \frac{(p_y - p_{y,0})^2}{2m_y} + \frac{(p_z - p_{z,0})^2}{2m_z} = \text{const} \tag{8.3}$$

an. (Hier und im weiteren wird der Bandindex ν der Kürze halber weggelassen.) Somit stellen die Isoenergieflächen in der Nähe nichtentarteter Extremalpunkte Ellipsoide mit dem Zentrum im Punkt $\boldsymbol{p} = \boldsymbol{p}_0$ und mit Halbachsen proportional zu $\sqrt{|m_x|}$, $\sqrt{|m_y|}$ und $\sqrt{|m_z|}$[1]) dar.

Die Konstanten m_x, m_y und m_z sind nicht vollkommen unabhängig: Sie können über die Symmetrieeigenschaften der Isoenergieflächen verknüpft sein. Betrachten wir z. B. einen Kristall des kubischen Systems. Dann besitzen die Isoenergieflächen, wie im Abschnitt 3.6. bemerkt, die Symmetrieeigenschaften des Würfels. Insbesondere muß bei Drehungen von 90° um jede der drei zueinander senkrechten Achsen, die durch das Zentrum des Würfels und seine Seitenflächen verlaufen, die Isoenergie-

[1]) Für ein Maximum, wenn also $m_\alpha < 0$ gilt, ist die Konstante in Gl. (8.3) negativ. Diese ist gleich der Energie von ihrem Maximum aus gezählt.

fläche in sich selbst übergehen. Daher sind diese Achsen untereinander physikalisch äquivalent.

In diesem Zusammenhang sind zwei Fälle möglich:

1. Der Extremalpunkt der Funktion $E(\boldsymbol{p})$ liegt im Zentrum der Brillouin-Zone, d. h., es ist $\boldsymbol{p}_0 = 0$.

So sind z. B. die Isoenergieflächen des Leitungsbandes von InSb, GaSb, GaAs und einiger anderer Verbindungen beschaffen. Der unteren Bandkante entspricht hier der Punkt $\boldsymbol{p} = 0$. Aus Symmetriebetrachtungen ist dann ersichtlich, daß die Hauptachsen des Tensors $m_{\alpha\beta}^{-1}$ in diesem Fall mit den oben angegebenen Achsen des Würfels zusammenfallen. Dabei gilt $m_x = m_y = m_z \equiv m$, und die Isoenergiefläche ist eine Kugel, deren Mittelpunkt bei $\boldsymbol{p} = 0$ liegt

$$E(\boldsymbol{p}) = E_c + \frac{\boldsymbol{p}^2}{2m}. \tag{8.4}$$

Das Dispersionsgesetz (8.4) wird parabolisch isotrop genannt.

Für den speziellen Fall einer eindimensionalen Kette wurde Gl. (8.4) im Rahmen der Methode der starken Bindung schon im Abschnitt 3.5. (Gl. (5.9)) abgeleitet. Ebenso wie dort wird die Größe m in (8.4) effektive Masse genannt. Im weiteren werden wir sehen (siehe Abschnitt 4.1.), daß diese Bezeichnung nicht nur einen formalen Sinn hat: Durch die Größe m läßt sich auch die mittlere Beschleunigung eines Elektrons in einem äußeren elektrischen oder Magnetfeld darstellen. Sogar wenn sie nicht gleich sind, werden die Größen m_x, m_y, m_z als effektive Massen bezeichnet und die Gesamtheit der Größen $m_{\alpha\beta}^{-1}$ als *Tensor der reziproken Effektivmasse.*

2. Das Extremum liegt im Punkt $\boldsymbol{p}_0 \neq 0$, wobei der Vektor $\boldsymbol{p}_0$, der das Extremum der Brillouin-Zone verbindet, längs einer der Symmetrieachsen des Kristalls gerichtet ist. Aus den Symmetrieeigenschaften der Isoenergiefläche folgt dann, daß in diesem Fall mehrere physikalisch äquivalente Extrema, die auf den entsprechenden Punkten der äquivalenten Symmetrieachsen liegen, existieren müssen. Dementsprechend sind mehrere Vektoren $\boldsymbol{p}_0$ und mehrere Ellipsoide der Form (8.3) zu betrachten, die wir durch den oben angebrachten Index i durchnumerieren wollen.

Die Isoenergiefläche stellt in diesem Fall die Gesamtheit der einzelnen Ellipsoide dar. So sind z. B. die Isoenergieflächen des Leitungsbandes von Germanium und Silizium beschaffen. Im Germanium liegen die Minima des Leitungsbandes auf den Raumdiagonalen des Würfels (der [111]-Achse und den äquivalenten Achsen im reziproken Gitter); im Silizium auf der [100]- und den zu dieser äquivalenten Achsen. In den Abbildungen 3.6 und 3.7 sind die Kurven der Isoenergieflächen im Germanium und Silizium in den Ebenen $p_z = 0$ dargestellt. In der Nähe eines jeden Minimums hat die Isoenergiefläche die Form eines Ellipsoides (8.3). Es sei dazu angemerkt, daß dies nicht der kubischen Symmetrie des Kristalls widerspricht. Tatsächlich, bei Drehungen von 90° an drei zueinander senkrechten Achsen, die durch einen der Punkte $\boldsymbol{p}_0^i$ gehen, muß die gesamte Isoenergiefläche nicht unbedingt in sich selbst übergehen. Anders ausgedrückt ist die Symmetrie in der Nähe jedes dieser Punkte niedriger als die kubische. Aus den Abb. 3.6 und 3.7 ist jedoch ersichtlich, daß in den betrachteten Fällen zwei beliebige zueinander senkrechte Achsen, die in den Flächen senkrecht zu den Vektoren $\boldsymbol{p}_0^i$ liegen, physikalisch äquivalent sind. Offensichtlich bilden diese Achsen gemeinsam mit $\boldsymbol{p}_0^i$ das Hauptachsensystem des Tensors $m_{\alpha\beta}^{-1}$ für den gegebenen Ellipsoid. Wählen wir die längs des Vektors $\boldsymbol{p}_0^i$ gerichtete Achse als

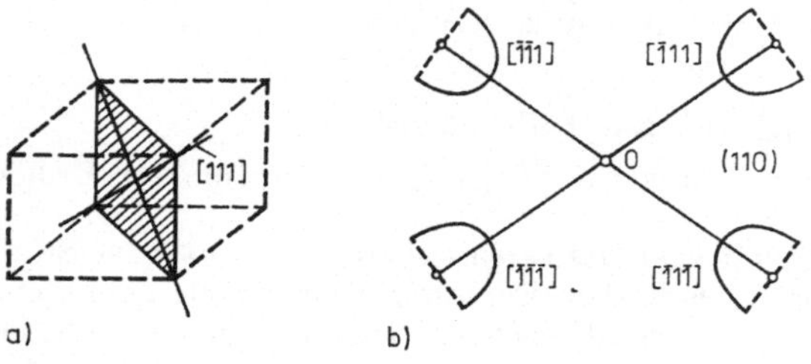

Abb. 3.6

a) Zwei (von vier) Raumdiagonalen des Würfels [111],

b) Die Lage der Energieflächen in der Brillouin-Zone (Ge). Es ist ein Schnitt durch die Fläche (110) dargestellt. Die Punktlinien stellen die Grenze der Brillouin-Zone dar.

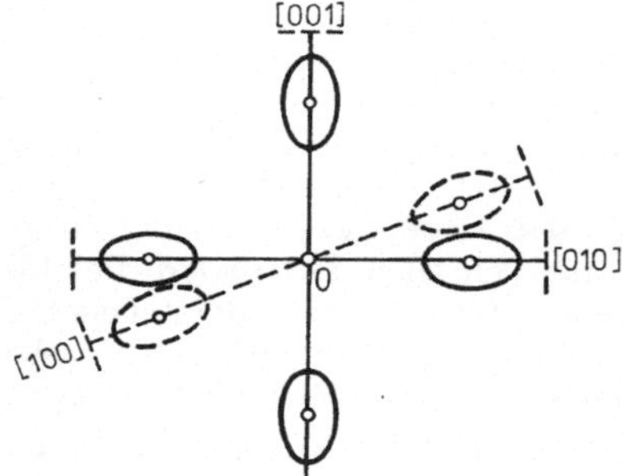

Abb. 3.7

Die Lage der Energieflächen in der Brillouin-Zone (Si). Die Punktlinien stellen die Grenze der Brillouin-Zone dar.

z-Achse und die anderen beiden als x- und y-Achse. Aus dem Obigen folgt dann

$$m_x = m_y \equiv m_\perp, \qquad m_z \equiv m_{\parallel} \neq m_\perp .$$

Folglich haben die Isoenergieflächen im betrachteten Fall in der Nähe jedes Extremums die Form von Rotationsellipsoiden

$$E(\boldsymbol{p}) = E_c + \frac{(p_x - p_{x,0}^i)^2}{2m_\perp} + \frac{(p_y - p_{y,0}^i)^2}{2m_\perp} + \frac{(p_z - p_{z,0}^i)^2}{2m_{\parallel}}. \tag{8.5}$$

Wir unterstreichen dabei, daß der Ausdruck (8.5) nur in der Nähe jedes einzelnen Extremums Sinn hat. Ein Dispersionsgesetz der Form (8.5) (oder allgemeiner der Form (8.1′) für nicht zusammenfallende effektive Massen) heißt parabolisch anisotrop.

Die Energiebereiche in der Nähe jedes Minimums werden auch Täler genannt und Halbleiter mit einigen äquivalenten Energieminima — Mehrtalhalbleiter. In diesen Materialien gibt es verschiedene Gruppen von Ladungsträgern. Diese Gruppen haben alle gleiche Energieminima und sind in diesem Sinne äquivalent. Im thermodynamischen Gleichgewicht sind die Ladungsträger zwischen den verschiedenen Tälern gleich verteilt. Für verschiedene Täler sind jedoch längs einer bestimmten Bewegungsrichtung die effektiven Massen und folglich auch die Beweglichkeiten im allgemeinen verschieden. Die im Experiment gemessene Beweglichkeit ist eine resultierende Größe. In Kristallen mit kubischer Symmetrie ergibt sie sich als isotrop infolge der kubischen Symmetrie in der Anordnung der Ellipsoide und der gleichen Zahl von Elektronen in jedem Ellipsoid.

Die Äquivalenz der Täler kann bei äußeren Einwirkungen bestimmter Art gestört werden. Dieser Fall tritt zum Beispiel beim Anlegen uniaxialen Druckes ein, wobei die Energie der Ladungsträger in einigen Tälern vergrößert und in anderen verkleinert wird. Dabei verändert sich die Verteilung der Ladungsträger zwischen den Tälern, wodurch die resultierende Beweglichkeit ebenfalls verändert wird. Dieser Sachverhalt äußert sich in einer Druckabhängigkeit des elektrischen Widerstandes (Piezowiderstand). Eine Reihe interessanter Erscheinungen entsteht, wenn die Äquivalenz verschiedener Täler durch die Einwirkung starker elektrischer und magnetischer Felder gestört wird. Einige dieser Erscheinungen sollen im folgenden genauer betrachtet werden.

Die Extremalpunkte der Funktion $E(\boldsymbol{p})$ können sich sowohl innerhalb der Brillouin-Zone als auch auf ihren Grenzen befinden. Im Germanium ist der letztgenannte Fall realisiert, der Leitungsbandkante entsprechen hier die Punkte L der Brillouin-Zone (Abb. 3.1). Dabei sind die Punkte 1 und 3, 2 und 4 in Abb. 3.6 dem gleichen Zustand zuzuordnen, und die entsprechenden Minima sind als ein Punkt zu betrachten: Von jedem der Ellipsoide, deren Querschnitte in der Abb. 3.6 dargestellt sind, ist nur die in der ersten Brillouin-Zone liegende Hälfte zu berücksichtigen (vgl. die Abb. 3.9 auf S. 116). Folglich sind in der Abb. 3.6 nicht vier, sondern zwei äquivalente Minima dargestellt. In der dreidimensionalen, dem Germaniumkristall entsprechenden Darstellung sind dann nicht acht, sondern vier äquivalente Minima (gleich der Zahl der Raumdiagonalen des Würfels) enthalten. Im Silizium ist anscheinend der erstgenannte Fall realisiert: die Leitungsbandkante liegt hier in den Punkten Δ. Dementsprechend sind in der Abb. 3.7 vier äquivalente Minima dargestellt. In der dreidimensionalen Darstellung erhält man dann sechs äquivalente Minima für den Siliziumkristall. In der Nähe nichtentarteter Extremalpunkte wird somit die Form der Energiefläche durch nicht mehr als drei Konstanten bestimmt. In speziellen Fällen, in denen zwei oder alle drei effektiven Massen infolge der Symmetrieeigenschaften der Isoenergieflächen gleich sind, verringert sich die Zahl der Konstanten entsprechend.

Die Situation wird etwas komplizierter, wenn im Extremalpunkt gleichzeitig Entartung vorliegt. Dann sind die Isoenergieflächen nicht mehr Ellipsoide; ihre Form hängt dann vom Entartungsgrad sowie den Symmetrieeigenschaften des Gitters ab. Für den praktisch wichtigen Fall zweifacher Entartung kann man jedoch leicht einen allgemeinen Ausdruck für die Funktion $E(\boldsymbol{p})$ in der Nähe des Extremalpunktes angeben, wenn dieser im Zentrum der Brillouin-Zone liegt. Der gesuchte Ausdruck muß nämlich

a) zwei Zweige besitzen, die im Punkt $\boldsymbol{p} = 0$ zusammenlaufen;
b) seine ersten Ableitungen müssen im Punkt $\boldsymbol{p} = 0$ verschwinden;
c) er darf keine Potenzen $|\boldsymbol{p}|$ höher als die quadratische enthalten.

In den Kristallen des kubischen Systems kann die einzige Funktion, die diesen Bedingungen genügt und die geforderten Symmetrieeigenschaften besitzt, in folgender Form dargestellt werden:

$$E(\boldsymbol{p}) = E(0) + \frac{1}{2m_0}\{Ap^2 \pm \sqrt{B^2p^4 + C^2(p_x^2p_y^2 + p_y^2p_z^2 + p_z^2p_x^2)}\}. \qquad (8.6)$$

Hier sind A, B, C dimensionslose skalare Größen[1]); dabei sind A und B reell, C kann jedoch auch imaginär sein (wobei aber $C^2 > -3B^2$ ist).

Der Tensor der reziproken effektiven Masse $\mathbf{m}_{\alpha\beta}^{-1}$ kann auch für ein Dispersionsgesetz der Form (8.6) eingeführt werden. Seine Komponenten sind dann jedoch nicht mehr konstant, sondern hängen sogar von der Richtung des Vektors $\boldsymbol{p}$ ab. Den zwei Zweigen der Funktion (8.6) entsprechen verschiedene Werte der Komponenten $m_{\alpha\beta}^{-1}$. In diesem Zusammenhang spricht man von Bändern der „leichten" und „schweren" Ladungsträger (gewöhnlich handelt es sich in diesem Fall um Löcher — vgl. den folgenden Abschnitt 3.9.). Die dem Dispersionsgesetz (8.6) entsprechenden Energieflächen sind nicht kugelförmig, sondern die sog. „warped surfaces". In Abb. 3.8 ist ein Schnitt längs der (100)-Fläche dargestellt.

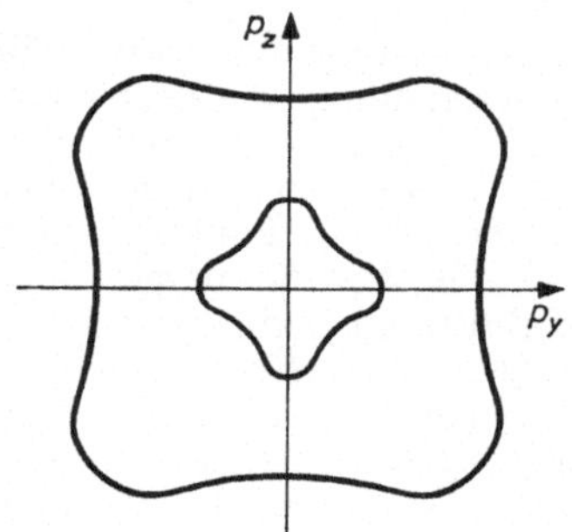

Abb. 3.8

Ein Schnitt der dem Dispersionsgesetz (8.6) entsprechenden Energieflächen längs der (100)-Fläche (*warped surfaces*). Der äußere Verlauf entspricht den „schweren" Ladungsträgern, der innere den „leichten".

Im vorliegenden Fall hat es keinen Sinn, für den Tensor $\mathbf{m}_{\alpha\beta}^{-1}$ ein Hauptachsensystem einzuführen: Da seine Komponenten von $\boldsymbol{p}$ abhängen, gilt die entsprechende Hauptachsendarstellung im allgemeinen nur für die Punkte der Brillouin-Zone, die bei Symmetrieoperationen ineinander übergehen.

In einigen Fällen ist die Abweichung der Isoenergiefläche (8.6) von der Kugelform unerheblich. Dann kann der rechte Teil in (8.6) annähernd durch seinen über die Kugel mit dem Radius $|\boldsymbol{p}|$ gebildeten Mittelwert ersetzt werden. Dabei erhält man zwei parabolische Bänder mit isotropen Dispersionsgesetzen und verschiedenen effektiven Massen m_1 und m_2.

Bandentartung liegt oft vor. Wie im Abschnitt 3.5. bemerkt wurde, kann ihr Auftreten erwartet werden, wenn die Bänder durch Verschmierung entarteter Elektronenniveaus der Atome entstehen. Nach dem im Abschnitt 3.7. Gesagten kann dieser Fall z. B. bei den Valenzbändern des Germaniums und Siliziums auftreten. Ausdrücke der Form (8.1) u. ä. gelten per definitionem nur in der Nähe des betreffenden Extremalpunktes. In größerer Entfernung von diesem Punkt beginnen die höheren Entwicklungsterme der Funktion $E(\boldsymbol{p})$ nach Potenzen von $p_\alpha - p_{\alpha,0}$ auch eine Rolle zu spielen. Wenn diese Situation eintritt, spricht man von einem nichtparabolischen Dispersionsgesetz.

Zur Abschätzung der Bedingungen, bei denen das Dispersionsgesetz merklich vom parabolischen Verlauf abzuweichen beginnt, ist Gl. (4.1) zu lösen. Das nicht-

[1]) Damit der Punkt $\boldsymbol{p} = 0$ keinen Sattelpunkt, sondern einen Extremalpunkt darstellt, müssen folgende Ungleichungen erfüllt sein: $A^2 > B^2 + \frac{1}{3} C^2$ (für $C^2 > 0$) oder $A^2 > B^2$ (für $C^2 < 0$).

pabarolische Verhalten erweist sich besonders in Halbleitern mit schmaler Energielücke als wesentlich. Für einige dieser Materialien sind die Dispersionsgesetze in Abschnitt 3.9. angegeben.

3.9. Die Bandstruktur einiger Halbleiter

Ausgehend von Gl. (4.1) könnte man die Bandstruktur eines Halbleiters berechnen. Dabei entstehen jedoch bedeutende rechnerische Schwierigkeiten, zu deren Überwindung die leistungsstärksten modernen Computer notwendig sind. In der Praxis wird häufiger ein kombiniertes Verfahren angewandt: Parameter wie die Breite der Energielücke, die effektiven Massen usw. werden aus dem Experiment bestimmt, quantenmechanische Methoden werden dagegen angewandt, um eine vorläufige orientierende Information über die mögliche Lage der Maxima und Minima der Funktion $E_\nu(\boldsymbol{p})$ in der Brillouin-Zone zu erhalten. Dabei spielen Überlegungen, die vom Typ der chemischen Bindung ausgehen, sowie Symmetriebetrachtungen eine wichtige Rolle.

Im Extremalpunkt $\boldsymbol{p} = \boldsymbol{p}_0$ ist nämlich die Bedingung

$$\nabla_{\boldsymbol{p}} E_\nu(\boldsymbol{p}) = 0 \tag{9.1}$$

notwendig erfüllt.

Diese Größe kann entweder zufällig (als Ergebnis der gegenseitigen Kompensation der in einen Ausdruck vom Typ (5.17) eingehenden Summanden) oder aus Symmetriegründen Null werden. Da die Energie eine gerade Funktion von $\boldsymbol{p}$ ist, ist die Funktion $\nabla_{\boldsymbol{p}} E_\nu(\boldsymbol{p})$ ungerade. Da sie andererseits beschränkt ist, muß sie bei $\boldsymbol{p} = 0$ Null werden: Im Zentrum der Brillouin-Zone eines Kristalls beliebiger Klasse hat die Energie des Elektrons entweder ein Maximum, ein Minimum oder einen Wendepunkt. In Abhängigkeit vom Symmetrietyp des Kristalls kann die Funktion $E_\nu(\boldsymbol{p})$ auch bezüglich einiger anderer Punkte der Brillouin-Zone eine gerade (und $\nabla_{\boldsymbol{p}} E_\nu(\boldsymbol{p})$ damit eine ungerade) Funktion von $\boldsymbol{p}$ sein.

Somit erlaubt die Untersuchung der Symmetrieeigenschaften der Energiefläche, vorher zu bestimmen, wo die Extremalpunkte des Bandes zu suchen sind. Dabei gelingt es, wie wir im Abschnitt 3.8. sahen, die Hauptachsen des Tensors der reziproken effektiven Masse und die Zahl der unterschiedlichen Eigenwerte zu bestimmen.

Die Methoden zur experimentellen Bestimmung der Bandstrukturparameter bauen auf der Wechselwirkung von Halbleitern mit elektromagnetischen Feldern, aber auch auf der Untersuchung von Transporteigenschaften im Magnetfeld bzw. bei Deformation auf (dabei wird die Änderung des elektrischen Widerstandes im Magnetfeld bzw. bei Deformationen der Probe gemessen), vgl. Abschnitt 4.3. und Kapitel 18.

Indem man die Besonderheiten dieser von der Lage und Form der Isoenergieflächen abhängenden Erscheinungen untersucht und die Ergebnisse der Rechnungen mit dem Experiment vergleicht, kann man die gesuchten Parameter, wie die Größen m_x, m_y, m_z (oder A, B, C), die Punkte p_0^i usw., bestimmen. Im folgenden werden die experimentellen Ergebnisse für einige wichtige Halbleitermaterialien zusammengefaßt.[1]) In der Abb. 3.9 sind die grundlegenden Züge der Bandstruktur von Germa-

[1]) Bei Benutzung dieser Angaben ist zu berücksichtigen, daß sie durch genauere Durchführung der Experimente im Laufe der Zeit präzisiert werden können.

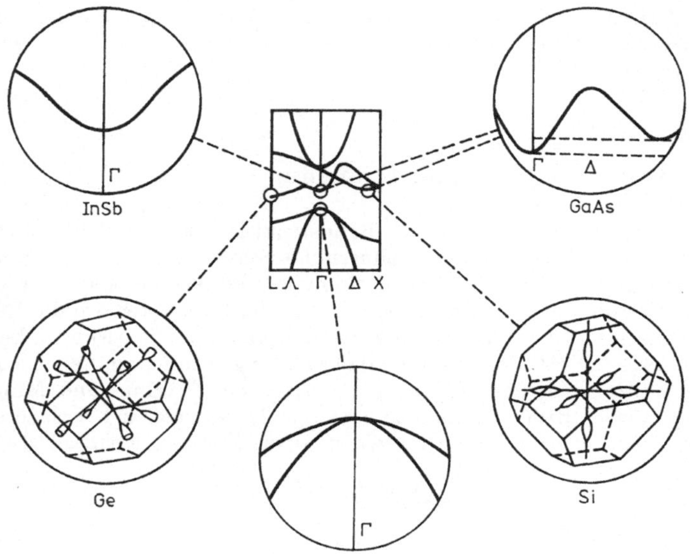

Abb. 3.9

Die Bandstruktur einiger Halbleiter. In der Mitte sind die Dispersionskurven schematisch dargestellt; in den offenen Kreisen befinden sich die Extremalpunkte der Bänder. Oben links und oben rechts sind die Dispersionskurven angegeben, die das Leitungsband in InSb und GaAs beschreiben, darunter in der Mitte befinden sich die Dispersionskurven der Valenzbänder von Germanium und Silizium. Unten links und rechts sind die Isoenergieflächen der Leitungsbänder von Germanium und Silizium schematisch dargestellt. Die punktierten Linien, die von den Kreisen der mittleren Zeichnung zu den seitlichen Zeichnungen ausgehen, geben an, welchem Material das gegebene Extremum zuzuordnen ist.

nium, Silizium, Galliumarsenid und Indiumantimonid dargestellt.[1]) In Germanium und Silizium laufen im Zentrum der Brillouin-Zone zwei Valenzbänder (mit den Energien $E_1(\boldsymbol{p})$ und $E_2(\boldsymbol{p})$) zusammen; das dritte Valenzband (mit der Energie $E_3(\boldsymbol{p})$) ist bei $\boldsymbol{p} = 0$ um die Energie Δ nach unten verschoben (in der Zeichnung nicht dargestellt). Dieses Band ist von den ersten beiden Bändern durch die Spin-Bahn-Wechselwirkung abgespaltet. Jedes dieser Bänder ist zweifach entartet. Die Dispersionsgesetze der oberen beiden Bänder sind durch (8.6) gegeben, das Dispersionsgesetz des unteren Bandes ist in guter Näherung isotrop und parabolisch.

Wie wir in Kapitel 4. sehen werden, ist es bei der Betrachtung der Valenzbänder zweckmäßig, die Vorstellung von positiv geladenen freien Löchern zu benutzen. Ihre Energie wird dabei in entgegengesetzter Richtung zur Energie der Elektronen gezählt (in Abb. 3.10 und ähnlichen Abbildungen nach unten). Somit beschreiben in dem betrachteten Fall die Funktionen $-E_1(\boldsymbol{p})$ und $-E_2(\boldsymbol{p})$ die Bänder der schweren und leichten Löcher.

Für den Bereich der Leitungsbandkante wurden die Dispersionsgesetze von Germanium und Silizium im Abschnitt 3.8. betrachtet. Dabei ergab sich eine Gesamt-

[1]) Nach MADELUNG, O.: Grundlagen der Halbleiterphysik. — Berlin/Heidelberg/New York: Springer-Verlag 1970.

heit von Ellipsoiden von der Form (8.5), deren Mittelpunkte in L (Germanium) und Δ (Silizium) liegen. Dabei muß jedoch bemerkt werden, daß die Abhängigkeit der Energie vom Quasiimpuls in größerer Entfernung von den angegebenen Extremalpunkten keinen monotonen Charakter hat: In beiden Materialien sind im Zentrum der Brillouin-Zone seitliche Minima vorhanden. Im Germanium beträgt der Abstand zwischen dem seitlichen Minimum und der Valenzbandkante 0,80 eV (bei Zimmertemperatur).

In der Tabelle 3.1 sind einige Parameter der Bandstruktur von Germanium und Silizium zusammengestellt.[1])

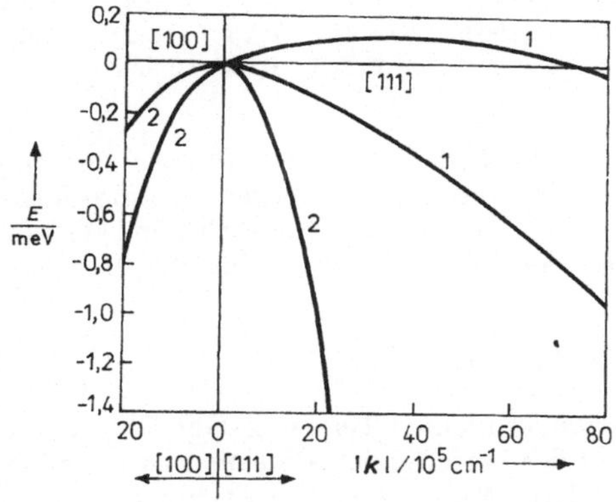

Abb. 3.10

Die Dispersionsgesetze der oberen Valenzbänder im InSb. Auf der Abszisse sind die Werte des Quasiwellenvektors $k = p/\hbar$ längs den Richtungen [111] (rechts) und [100] (links) abgetragen. Durch die Zahlen an den Kurven ist der Entartungsgrad der Bänder bezeichnet. Die beiden oberen Kurven des rechten Teils der Zeichnung entsprechen dem Band der schweren Löcher, die unteren dem Band der leichten Löcher.

Bei Vernachlässigung der Spin-Bahn-Wechselwirkung würden in Galliumarsenid, Indiumantimonid und anderen $A^{III}B^{V}$-Verbindungen die Valenzbänder ebenfalls im Zentrum der Brillouin-Zone zusammenlaufen. Im Unterschied zu Germanium und Silizium führt die Spin-Bahn-Wechselwirkung in diesen Verbindungen jedoch nicht nur zur Abspaltung des zweifach entarteten Bandes $E_3(\boldsymbol{p})$, sondern auch zur Aufhebung der Entartung aller drei Valenzbänder. Ausnahmen sind dabei die Richtungen [100] und [111] in den Bändern E_2 und E_3 sowie die Richtung [100] im Band E_1. In der Abbildung 3.10 ist dargestellt, wie sich die Dispersionskurven $E_1(\boldsymbol{p})$ und $E_2(\boldsymbol{p})$ im InSb verhalten. Insbesondere ist ersichtlich, daß das Energiemaximum

---

[1]) Alle Angaben beziehen sich auf Heliumtemperaturen. Gewöhnlich verkleinert sich die Breite der Energielücke bei Erhöhung der Temperatur; in einem nicht zu großen Temperaturbereich kann diese Verkleinerung durch eine lineare Abhängigkeit approximiert werden (der negative Anstieg beträgt dabei $2 \cdots 3 \cdot 10^{-4}$ eV/K). Bei $T = 300$ K ist im Germanium $E_g = 0{,}67$ eV.

Die Werte der effektiven Massen und die Parameter A, B und C sind für Germanium der Arbeit Levinger, B.; Frank, D., J. Phys. Chem. Sol. **20** (1961) 281 und für Silizium den Arbeiten Hensel, J.; Feher, G., Phys. Rev. **129** (1963) 1041 (obere Zeile) und Balslev, J.; Lawaetz, P., Phys. Lett. **19** (1955) 6 (untere Zeile) entnommen. Mit m_1 und m_2 sind die mittleren effektiven Massen der „schweren" und „leichten" Löcher bezeichnet (siehe Abschnitt 3.8.).

Tabelle 3.1
Bandstrukturparameter von Germanium und Silizium

Material	$\frac{E_g}{\text{eV}}$	Breite der Energielücke im Punkt $\frac{p}{m} = 0$	$\frac{m_\parallel}{m_0}$	$\frac{m_\perp}{m_0}$	A	B	C	$\frac{m_1}{m_0}$	$\frac{m_2}{m_0}$
Germanium	0,744	0,898	1,588	0,0815	−10,27	8,63	12,4	0,30	0,044
Silizium	1,15	3,4	0,9163	0,1905	−4,98	0,75	5,25	0,50	0,17
					−4,27	0,63	5,03		

des oberen Bandes aus dem Zentrum der Brillouin-Zone in Punkte verschoben wird, die auf der [111]-Achse bzw. den äquivalenten Achsen liegen. Entsprechend sind die Energieflächen Ellipsoide vom Typ (8.5) mit der Rotationsachse in [111]- (oder einer äquivalenten) Richtung. Dabei ist jedoch zu bemerken, daß das Maximum $E_1(\boldsymbol{p}_0)$ dennoch sehr nah an $E_1(0)$ liegt:

$$|E_1(\boldsymbol{p}_0) - E_1(0)| = 1{,}0 \cdot 10^{-4}\,\text{eV} \quad (\text{bei } 1{,}5\,\text{K}).$$[1]

Der Vektor $\boldsymbol{p}_0$ stellt ebenfalls nur einen kleinen Teil (ungefähr 7%) des Abstandes vom Zentrum der Brillouin-Zone in der betreffenden Richtung zu ihrer Grenze dar. Ähnlich ist das Bild auch in den anderen Materialien dieser Gruppe.

Aus diesem Grund kann oft die Aufhebung der Entartung der Valenzbänder vernachlässigt werden. Dabei kann zur Beschreibung der oberen beiden Valenzbänder in guter Näherung die Gl. (8.6) benutzt werden. Es ist jedoch zu beachten, daß unter den $A^{III}B^{V}$-Verbindungen auch Verbindungen mit relativ kleiner Energielücke wie Indiumantimonid und Indiumarsenid angetroffen werden (vgl. Tab. 3.2[2]). Bei diesen Materialien tritt die Nichtparabolizität schon für relativ kleine Werte des Quasiimpulses auf. Dasselbe gilt auch für die Leitungsbänder dieser Materialien.

Bei konsequenter Berücksichtigung der Besonderheiten eines Halbleiters mit schmaler Energielücke, die zwei nichtentartete erlaubte Energiebänder trennt, erhielt man folgenden Ausdruck für die Dispersionsgesetze der Leitungsbänder von InSb und InAs[3]):

$$E(\boldsymbol{p}) = E(0) + \frac{p^2}{2m_0} - \frac{E_g}{2}\left\{1 - \left[1 + \frac{4p^2P^2}{3m_0^2E_g^2}\left(2 + \frac{E_g}{E_g + \Delta}\right)\right]^{1/2}\right\}. \tag{9.2}$$

Hier sind P und Δ Parameter mit der Dimension des Impulses bzw. der Energie. Das untere Band ist hier das Band der leichten Löcher. Das Bandstrukturmodell, für das die Gl. (9.2) gilt, heißt Kane-Modell. Gleichung (9.2) gilt für $E(\boldsymbol{p}) - E(0) \ll E_g + \frac{2}{3}\Delta$; diese Bedingung hat einen relativ weiten Gültigkeitsbereich. Es ist noch zu

[1]) Die Zahl wurde der Arbeit PIDGEON, C.; GROVES, S., Phys. Rev. Lett. **20** (1968) 1003 entnommen.
[2]) Die Tabelle wurde nach den Angaben der Arbeiten BAGGULEY, D.; ROBINSON, M.; STRADLING, R., Phys. Rev. Lett. **6** (1963) 143; STRADLING, R., Phys. Lett. **20** (1966) 217 zusammengestellt.
[3]) Die Ableitung von Gl. (9.2) ist in [M 8] und [4] enthalten.

bemerken, daß das Dispersionsgesetz (9.2) isotrop ist: $E = E(|\boldsymbol{p}|)$. Die entsprechenden Isoenergieflächen sind folglich Kugelflächen. Bei

$$\frac{p^2P^2}{3m_0^2E_g^2} \ll 1 \tag{9.3}$$

geht die Beziehung (9.2) in (8.4) über, wobei die effektive Masse an der Kante des Leitungsbandes durch den Ausdruck

$$m = \frac{m_0}{1 + \frac{4P^2}{3m_0E_g}\left(1 + \frac{E_g}{2(E_g + \Delta)}\right)} \tag{9.4}$$

gegeben ist.

In den Materialien mit größerer Energielücke, wie Galliumarsenid und Galliumantimonid, Indiumphosphid u. a., sind Effekte der Nichtparabolizität weniger wesentlich, und das Dispersionsgesetz wird im Bereich der Leitungsbandkante durch die Gl. (8.4) gut beschrieben. Wie auch in Germanium und Silizium sind auch im Leitungsband dieser Materialien seitliche Minima vorhanden. So treten im Galliumarsenid sechs äquivalente Minima auf, die in den Δ-Punkten liegen, d. h. auf der [100]-Achse und den zu dieser äquivalenten Achsen. Ihr Abstand von der Bandkante beträgt 0,34 eV.

Tabelle 3.2

Bandstrukturparameter von $A^{III}B^{V}$-Verbindungen

Material	InSb	InAs	InP	GaSb	GaAs	GaP	AlSb
Punkt der Brillouin-Zone, in dem das Hauptminimum liegt	Γ	Γ	Γ	Γ	Γ	auf der [100]-Achse	auf der [100]-Achse
Effektive Masse an der Leitungsbandkante (in Einheiten m_0)	0,012 (300 K)	0,023 ···0,027	0,077	0,047	0,043 ···0,071	0,34	0,39
A	$-25 \pm 2{,}5$			$-11{,}0 \pm 0{,}6$			
B	$+25 \pm 2{,}1$			$+6{,}0 \pm 1{,}5$			
C	$16 \pm 1{,}6$			11 ± 4			

In Tab. 3.2 sind einige Bandstrukturparameter von $A^{III}B^{V}$-Verbindungen zusammengestellt. Die Angaben beziehen sich auf Heliumtemperaturen (wenn nicht eine andere Temperatur angegeben ist).

Der Parameter E_g in Gl. (9.2) ist nicht unbedingt positiv. Er kann sowohl Null sein als auch negativ werden. Bei $E_g = 0$ berühren sich das Valenz- und Leitungsband im Punkt $\boldsymbol{p} = 0$, und zur Bildung eines freien Ladungsträgerpaares wird keine Wärmeaktivierung benötigt. Entsprechend ist die Ladungsträgerkonzentration (und mit ihr die Leitfähigkeit des Materials) bei beliebig tiefen Temperaturen wie in Metallen von Null verschieden. Die Konzentration selbst ist jedoch viel kleiner als in Metallen. Deshalb werden solche Materialien *Halbmetalle* genannt. Zu ihnen gehört z. B. das graue Zinn. Bei $E_g < 0$ überlappen das Valenz- und Leitungsband. Solange diese Überlappung nicht zu groß ist, bleibt das Material ein Halbmetall. Diese Situation ist wahrscheinlich in Quecksilbertellurid und Quecksilberselenid sowie in einer Reihe anderer Verbindungen anzutreffen.[1])

---

[1]) *Anm. d. Red. d. deutschsprach. Ausg.:* Die z. Z. allgemein akzeptierte Vorstellung besteht darin, daß in grauem Zinn, Quecksilbertellurid und Quecksilberselenid $E_g < 0$ ist. Das bedeutet eine Inversion zwischen Leitungs- und Valenzband und läuft darauf hinaus, daß nur eines der beiden bei $p = 0$ entarteten Valenzbänder mit Elektronen besetzt wird, während das andere leer bleibt. Die wirkliche Energielücke in diesen Materialien ist also gleich Null.

4. Grundlagen der Bändertheorie des Festkörpers

II. Kristalle in äußeren Feldern — Realkristalle

4.1. Mittelwerte der Geschwindigkeit und der Beschleunigung eines Elektrons im Kristallgitter

Im folgenden sollen die quantenmechanischen Mittelwerte der Geschwindigkeit und der Beschleunigung eines Elektrons im Gitter berechnet werden. Nach den allgemeinen Regeln der Quantenmechanik ist die mittlere Geschwindigkeit durch den Ausdruck

$$\boldsymbol{v}_\nu(\boldsymbol{p}) = \int \psi^*_{\boldsymbol{p}\nu}(\boldsymbol{r})\, \boldsymbol{v} \psi_{\boldsymbol{p}\nu}(\boldsymbol{r})\, \mathrm{d}\boldsymbol{r} \tag{1.1}$$

gegeben, wobei $\boldsymbol{v}$ der Operator der Geschwindigkeit ist und die Integration über das Grundvolumen ausgeführt wird. Nach Definition ist

$$\boldsymbol{v} = -\mathrm{i} \frac{\hbar}{m_0} \nabla, \tag{1.2}$$

wobei m_0 die Masse des freien Elektrons und $-\mathrm{i}\hbar\nabla$ der Impulsoperator sind. Als $\psi_{\boldsymbol{p}\nu}$ sind in die Formel (1.1) die Bloch-Funktionen (3.2.15′) einzusetzen:

$$\psi_{\boldsymbol{p}\nu} = u_{\boldsymbol{p}\nu} \exp\left(\frac{\mathrm{i}}{\hbar} \boldsymbol{p}\boldsymbol{r}\right).$$

Die Gleichung nimmt dementsprechend die Form

$$\boldsymbol{v}_\nu(\boldsymbol{p}) = \frac{\boldsymbol{p}}{m_0} - \frac{\mathrm{i}\hbar}{m_0} \int u^*_{\boldsymbol{p}\nu} \nabla u_{\boldsymbol{p}\nu}\, \mathrm{d}^3\boldsymbol{r} \tag{1.1′}$$

an. Dabei wurde die Normierungsbedingung (3.2.8) berücksichtigt. Wie aus (1.1′) ersichtlich, ist im allgemeinen $\boldsymbol{v}_\nu \neq \boldsymbol{p}/m_0$. Wie bereits in Abschnitt 3.2. festgestellt wurde, fällt der Quasiimpuls $\boldsymbol{p}$ nicht mit dem Impuls zusammen. Das zweite Glied auf der rechten Seite von (1.1′) wird im Anhang 2. berechnet. Durch Einsetzen von Gl. (A 2.10) in (1.1′) findet man schließlich

$$\boldsymbol{v}_\nu(\boldsymbol{p}) = \nabla_{\boldsymbol{p}} E_\nu(\boldsymbol{p}). \tag{1.3}$$

Auf der rechten Seite von (1.3) steht der Gradient der Elektronenenergie $\mathrm{E}_\nu(\boldsymbol{p})$ im Quasiimpuls-Raum. Dieser Vektor ist im allgemeinen von Null verschieden. Eine Ausnahme bilden lediglich die Grenzen der Energiebänder, wo die Funktion $\mathrm{E}_\nu(\boldsymbol{p})$ Extrema besitzt, sowie die Sattelpunkte der Funktion $\mathrm{E}_\nu(\boldsymbol{p})$. Dementsprechend ist auch die mittlere elektrische Stromdichte $\boldsymbol{j}_\nu(\boldsymbol{p})$ eines Elektrons mit dem Quasiimpuls $\boldsymbol{p}$ im Band ν von Null verschieden. Es gilt nämlich

$$\boldsymbol{j}_\nu(\boldsymbol{p}) = -e\boldsymbol{v}_\nu(\boldsymbol{p}) = -e\, \nabla_{\boldsymbol{p}} E_\nu(\boldsymbol{p}). \tag{1.4}$$

Wir unterstreichen, daß die von Null verschiedenen Werte für $\boldsymbol{v}_\nu$ und $\boldsymbol{j}_\nu(\boldsymbol{p})$ hier unter der Annahme erhalten wurden, daß keine äußeren elektrischen Felder vorhanden sind.

Das bedeutet, daß der elektrische Widerstand eines idealen Kristalls verschwindet. Ein endlicher Wert des Widerstandes wird nur bedingt durch Abweichungen des Kraftfeldes von der idealen Periodizität infolge der Wärmeschwingungen oder durch das Vorhandensein irgendwelcher Strukturdefekte des Gitters.

Die Formel (1.3) wird besonders anschaulich, wenn für die Energie des Elektrons der Ausdruck (3.8.4) benutzt wird. Dann wird (der Index ν wird wiederum fortgelassen)

$$\boldsymbol{v} = \frac{\boldsymbol{p}}{m}. \tag{1.5}$$

Man sieht klar sowohl die formale Analogie zwischen Impuls und Quasiimpuls als auch den fundamentalen Unterschied zwischen beiden Größen: m ist nicht die echte Elektronenmasse, sondern die effektive, und die Beziehung (1.5) gilt nicht für alle $\boldsymbol{p}$, sondern lediglich in einem bestimmten Bereich der Brillouin-Zone.

Gl. (1.3) kann man in einer etwas anderen Form schreiben, falls die de-Broglieschen Relationen

$$\boldsymbol{p} = \hbar\boldsymbol{k}, \qquad E = \hbar\omega$$

benutzt werden, wobei ω die Frequenz der Elektronenwelle und $\boldsymbol{k}$, ebenso wie im vorangegangenen Kapitel, den Quasiwellenvektor bezeichnen. Dann wird

$$\boldsymbol{v} = \nabla_{\boldsymbol{k}}\omega_{\boldsymbol{k}}. \tag{1.3'}$$

In der Theorie der Wellenbewegungen wird bewiesen, daß die Ableitung der Kreisfrequenz der Welle nach den Komponenten des Wellenvektors die Gruppengeschwindigkeit der Welle darstellt (siehe [M 1], Kapitel 7.; [M 2], Kapitel 3.; [M 3], Kapitel 3.). Dementsprechend kann man die mittlere Geschwindigkeit des Elektrons im idealen Kristallgitter als Gruppengeschwindigkeit eines aus Bloch-Funktionen zusammengesetzten Wellenpaketes interpretieren.

Bringt man den Kristall in ein äußeres elektrisches oder magnetisches Feld, so wird der Zustand mit einem gegebenen Quasiimpuls instationär: Der Quasiimpuls und damit auch die mittlere Geschwindigkeit ändern sich unter der Wirkung des Feldes. Wir beschränken uns auf hinreichend schwache elektrische Felder. Wir nehmen an, daß die Feldstärke E des auf ein Elektron wirkenden äußeren elektrischen Feldes die Ungleichung

$$e|\boldsymbol{E}|a \ll E_{\mathrm{g}} \tag{1.6}$$

erfüllt. In diesem Falle ist die Wahrscheinlichkeit für durch das elektrische Feld induzierte Interbandübergänge klein (siehe Kapitel 6.), und die Wirkung des Feldes besteht hauptsächlich in der Änderung des Quasiimpulses des Elektrons innerhalb eines bestimmten Bandes.

Es soll jetzt die zeitliche Ableitung des Quasiimpulses bei Anwesenheit eines äußeren Feldes berechnet werden. Dazu sei daran erinnert, daß für die Mittelwerte quantenmechanischer Größen die klassischen Bewegungsgleichungen ([M 1], Kapitel 32.; [M 3], Kapitel 8.) ihre Gültigkeit behalten.

Dementsprechend ist die zeitliche Änderung der Energie (innerhalb des entsprechenden Bandes) durch die Gleichung

$$\frac{\mathrm{d}E_\nu(\boldsymbol{p})}{\mathrm{d}t} = \boldsymbol{F}\boldsymbol{v}_\nu(\boldsymbol{p}) \tag{1.7}$$

bestimmt. Weiter gilt

$$\frac{\mathrm{d}E_\nu(\boldsymbol{p})}{\mathrm{d}t} = \frac{\mathrm{d}E_\nu[\boldsymbol{p}(t)]}{\mathrm{d}t} = \left(\nabla_{\boldsymbol{p}} E_\nu(\boldsymbol{p}), \frac{\mathrm{d}\boldsymbol{p}}{\mathrm{d}t}\right), \tag{1.8}$$

so daß Gl. (1.7) umgeschrieben werden kann in die Form

$$\left(\boldsymbol{v}, \frac{\mathrm{d}\boldsymbol{p}}{\mathrm{d}t} - \boldsymbol{F}\right) = 0.$$

Diese Beziehung ist für beliebige Orientierungen des Vektors $\boldsymbol{v}$ gültig. Deshalb muß die Bewegungsgleichung

$$\frac{\mathrm{d}\boldsymbol{p}}{\mathrm{d}t} = \boldsymbol{F} \tag{1.9}$$

gelten. Der Form nach stimmt diese Beziehung mit der Newtonschen Bewegungsgleichung überein (wenn unter $\boldsymbol{p}$ der Impuls verstanden wird!). In Wirklichkeit besteht jedoch ein tiefer Unterschied: In Gl. (1.9) ist $\boldsymbol{p}$ nicht der Impuls, sondern der Quasiimpuls, und $\boldsymbol{F}$ ist nicht die vollständige gesamte Kraft, sondern nur die durch die äußeren Felder auf das Elektron ausgeübte Kraft. Diejenige Kraft, die durch die regelmäßig angeordneten Gitteratome (die das periodische Feld erzeugen) auf das Elektron ausgeübt wird, ist nicht in Gl. (1.9) enthalten; sie wurde bereits im Dispersionsgesetz $E_\nu(\boldsymbol{p})$ und damit in der Formel für die mittlere Geschwindigkeit berücksichtigt.

Die oben angeführte Ableitung von Gl. (1.9) ist nur anwendbar für Kräfte, die am Elektron Arbeit zu leisten vermögen; andernfalls (z. B. im Falle der klassischen Lorentz-Kraft, die auf ein Elektron im Magnetfeld wirkt) geht Gl. (1.7) in die Identität „0 = 0" über. Die Beziehung (1.9) bleibt dagegen auch für ein Elektron, das sich im Magnetfeld bewegt, gültig. Der Beweis für diese Behauptung ist komplizierter; er ist in [1], Kapitel 6., zu finden.

Der Unterschied zwischen Gl. (1.9) und der Newtonschen Bewegungsgleichung wird bei der Berechnung der mittleren Beschleunigung $\boldsymbol{a}$ eines Elektrons deutlich. Aus (1.3) folgt nämlich

$$a_\alpha = \frac{\mathrm{d}\boldsymbol{v}_\alpha}{\mathrm{d}t} = \frac{\mathrm{d}}{\mathrm{d}t}\,\frac{\partial E_\nu(p)}{\partial \boldsymbol{p}_\alpha}.$$

Weiter wird, wie bei der Ableitung von (1.9), die Beziehung (1.8) benutzt. Man erhält

$$a_\alpha = \frac{\partial^2 E_\nu(\boldsymbol{p})}{\partial p_\alpha\,\partial p_\beta}\,\frac{\mathrm{d}\boldsymbol{p}_\beta}{\mathrm{d}t},$$

woraus folgt

$$\frac{\mathrm{d}\boldsymbol{v}_\alpha(\boldsymbol{p}, \nu)}{\mathrm{d}t} = \frac{\partial^2 E_\nu(p)}{\partial p_\alpha\,\partial p_\beta}\,F_\beta. \tag{1.10}$$

Die Größen

$$\frac{\partial^2 E_\nu(\boldsymbol{p})}{\partial p_\alpha\,\partial p_\beta} \equiv m_{\alpha\beta}^{-1}(\boldsymbol{p}, \nu) \tag{1.11}$$

bezeichnet man als Komponenten des Tensors der reziproken effektiven Masse des Elektrons im Band ν im Punkt $\boldsymbol{p}$. Sie hängen im allgemeinen vom Quasiimpuls ab; an den Bandkanten fallen sie mit den Größen (3.8.2) zusammen. Man sieht auf diese Weise, daß die Bezeichnung „effektive Masse" einen tiefen Sinn besitzt: Die Gesamtheit der Komponenten $m_{\alpha\beta,\nu}^{-1}$ bestimmt im Mittel die gesamte Dynamik des Elektrons in der Nähe der Bandkanten. Es ist anzumerken, daß gerade diese Energiebereiche die Hauptrolle für die Mehrzahl der elektronischen Erscheinungen in Halbleitern spielen: Im thermodynamischen Gleichgewicht sind die Ladungsträger in der Hauptsache in der Umgebung des Minimums des entsprechenden Bandes konzentriert.

Die Gleichungen (1.10) nehmen eine besonders einfache Form in der Umgebung der Kante nichtentarteter Bänder an, wo für die Energie der Ausdruck (3.8.5) benutzt werden kann. Richtet man die Koordinatenachsen entlang den Hauptachsen des Energieellipsoids, so ergibt sich

$$\frac{\mathrm{d}\boldsymbol{v}_\alpha}{\mathrm{d}t} = \frac{\boldsymbol{F}_\alpha}{m_\alpha} \tag{1.10'}$$

(ohne Summation über α!).

Insbesondere erhält man für gleiche effektive Massen ($m_x = m_y = m_z = m$)

$$\frac{\mathrm{d}\boldsymbol{v}}{\mathrm{d}t} = \frac{\boldsymbol{F}}{m}. \tag{1.10''}$$

Die Gleichungen (1.10) bis (1.10″) rechtfertigen die in Kapitel 1. eingeführte Vorstellung über die effektive Masse eines Ladungsträgers und legen gleichzeitig deren Gültigkeitsgrenzen fest (Ungleichung (1.6)).

Wir bemerken, daß die Gleichungen (1.10) bis (1.10″) nur die (im quantenmechanischen Sinne) gemittelte Elektronenbewegung beschreiben. Für die vollständige quantenmechanische Beschreibung ist eine wesentlich umfangreichere Information notwendig, die in der Wellenfunktion enthalten ist. In der Festkörperphysik trifft man jedoch oft Situationen an, in welchen die Quantenkorrekturen zur Elektronenbewegung in äußeren Feldern hinreichend klein sind. Tatsächlich ist die charakteristische de-Brogliesche Wellenlänge im Elektronengas $\bar{\lambda} = \frac{2\pi\hbar}{\bar{p}}$, wobei $\bar{p}$ ein charakteristischer Wert des Quasiimpulses ist. Für ein der Boltzmann-Statistik genügendes Gas hat man hierfür den der Wärmebewegung entsprechenden Wert $\bar{p} = \sqrt{mkT}$ zu setzen. (Im Falle des Elektronengases in Metallen ändert sich die Abschätzung, das endgültige Resultat bleibt jedoch gültig.) Damit wird $\bar{\lambda} = \frac{2\pi\hbar}{\sqrt{mkT}}$, so daß sich für $T = 300$ K und $m = m_0$ etwa 10^{-6} cm ergibt. Bekanntlich besteht eine der Bedingungen für den „klassischen Charakter" der Bewegung darin, daß sich die potentielle Energie des Elektrons auf der Strecke $\bar{\lambda}$ langsam ändert. Man sieht, daß diese Bedingung tatsächlich oft erfüllt ist. Es sei betont, daß es sich im vorliegenden Fall nur um äußere Felder handelt. Die Bewegung der Elektronen im periodischen Feld des idealen Gitters muß unbedingt quantenmechanisch behandelt werden. Sämtliche uns interessierende Eigenschaften dieser Bewegung werden jedoch durch das Dispersionsgesetz $E_\nu(\boldsymbol{p})$ ausgedrückt (im Spezialfall (1.10″) durch die effektive Masse m). Ist das Dispersionsgesetz bekannt, können alle weiteren das Verhalten des Systems in äußeren Feldern betreffenden Überlegungen klassisch durchgeführt werden. Hierbei liefern die Gleichungen (1.10) bis (1.10″) praktisch alle erforderlichen Informationen.

4.2. Elektronen und Löcher

Die Gleichungen (1.10) bis (1.10'') erlauben zusammen mit Gl. (1.4) für den Strom, der Vorstellung von den „positiven Löchern", die in Kapitel 1. auf der Grundlage experimenteller Resultate über das Vorzeichen der Hall-Konstante und der Thermospannung eingeführt wurde, einen klaren Sinn zu geben. Zu diesem Zweck sei zunächst bemerkt, daß die effektiven Massen in (1.10) bis (1.10'') bekanntlich auch negativ sein können; dies geschieht in der Umgebung des Maximums eines Energiebandes. Es ist leicht zu sehen, daß sich dieser Umstand als Vorzeichenänderung der Ladung des Trägers interpretieren läßt. Es sei $\boldsymbol{F}$ die Lorentz-Kraft

$$\boldsymbol{F} = e\boldsymbol{E} + \frac{e}{c}\,[\boldsymbol{v} \times \boldsymbol{B}].$$

Man sieht, daß die Bewegungsgleichungen (1.10) bis (1.10'') die Elektronenladung und die Tensorkomponenten $m_{\alpha\beta}^{-1}$ nicht einzeln, sondern nur in Gestalt einer bestimmten Kombination, d. h. $em_{\alpha\beta}^{-1}$ bzw. im Falle (1.10'') e/m enthalten. Hieraus wird deutlich, daß ein Elektron mit negativer effektiver Masse durch ein elektrisches und magnetisches Feld wie ein Teilchen mit positiver Masse und positiver Ladung beschleunigt wird.

Negative Werte der effektiven Masse dürfen keine Verwunderung hervorrufen. Die Gleichungen (1.10') und (1.10'') beschreiben die mittlere Beschleunigung eines Elektrons unter der Wirkung der Lorentz-Kraft. Daneben existiert jedoch noch die Kraft, welche von seiten der Gitteratome auf das Elektron wirkt und die in der Form des Dispersionsgesetzes $E_\nu(\boldsymbol{p})$ berücksichtigt wird. Gerade diese ist für die Entstehung der negativen effektiven Masse verantwortlich.

Die Richtung der makroskopischen Ströme von Ladung, Energie usw. im Elektronensystem ist davon abhängig, welche Elektronen den wesentlichen Beitrag liefern. An dieser Stelle ist es angebracht, die Grenzfälle fast leerer und fast vollständig besetzter Bänder zu betrachten.

Der erste Fall entspricht dem Leitungsband gewöhnlicher Halbleiter. Nahe dem thermodynamischen Gleichgewicht befinden sich alle Elektronen im Bereich des Bandminimums, wo die effektiven Massen positiv sind. Nur diese Elektronen können an den Transportprozessen beteiligt sein — wir haben es hier mit einem System negativ geladener Träger zu tun.

Der zweite Fall entspricht beispielsweise dem Valenzband, aus dem eine gewisse (nicht sehr große) Zahl von Elektronen entfernt wurde (diese mögen im speziellen Falle durch die Wärmebewegung des Gitters ins Leitungsband befördert worden sein). Nahe dem thermodynamischen Gleichgewicht sind nur die Zustände in der Umgebung des Bandmaximums unbesetzt. Die darunterliegenden vollständig besetzten Zustände liefern keinen Beitrag zum Ladungs-, Energiestrom usw. Tatsächlich kann man entsprechend (3.4.4.) jedem Elektron mit dem Quasiimpuls $\boldsymbol{p}$ ein anderes Elektron mit dem Quasiimpuls $-\boldsymbol{p}$ und der gleichen Energie (3.4.4.) gegenüberstellen. Gemäß (1.4) heben sich die Beiträge dieser Elektronen zum Strom gegenseitig auf. Einen von Null verschiedenen Beitrag zum Elektronenstrom können nur diejenigen von ihnen liefern, die keinen „Partner" mit der gleichen Energie und entgegengesetzt gerichtetem Quasiimpuls haben. Das sind die Elektronen, die sich in nicht vollständig besetzten Zuständen befinden, d. h. in der Nähe des Bandmaximums, wo die effektiven Massen negativ sind. Mit anderen Worten, wir haben es hier anscheinend mit einem System positiv geladener Träger zu tun.

Hier erweist sich die Vorstellung über „Löcher" im nicht vollständig besetzten Band als außerordentlich bequem. Diese läßt sich leicht einführen, wenn man davon ausgeht, daß, wie oben gezeigt wurde, die von allen Elektronen eines vollständig besetzten Bandes erzeugte Stromdichte $\boldsymbol{j}_\nu$ gleich Null ist:

$$\boldsymbol{j}_\nu = 2 \sum_{\boldsymbol{p}} \boldsymbol{j}_\nu(\boldsymbol{p}) = 0. \tag{2.1}$$

Der Faktor 2 entsteht hier durch die beiden möglichen Werte der Spinprojektion (für einen gegebenen Quasiimpuls $\boldsymbol{p}$); die Summation über $\boldsymbol{p}$ umfaßt die erste Brillouin-Zone. Ein Elektron werde nun aus dem Band entfernt, so daß ein Zustand mit dem Quasiimpuls $\boldsymbol{p}'$ und, sagen wir, mit einer positiven Projektion des Spins[1]) frei wird (der Zustand mit dem Quasiimpuls $\boldsymbol{p}'$ und der negativen Projektion des Spins bleibt hierbei besetzt). Dann wird die Stromdichte

$$\boldsymbol{j}_\nu = 2 \sum_{\boldsymbol{p} \neq \boldsymbol{p}'} \boldsymbol{j}_\nu(\boldsymbol{p}) + \boldsymbol{j}_\nu(\boldsymbol{p}') = 2 \sum_{\boldsymbol{p}} \boldsymbol{j}_\nu(\boldsymbol{p}) - \boldsymbol{j}_\nu(\boldsymbol{p}') = -\boldsymbol{j}_\nu(\boldsymbol{p}'). \tag{2.2}$$

Die Stromdichte, die von den Elektronen eines Bandes mit einem unbesetzten Zustand erzeugt wird, hat den gleichen Betrag und die umgekehrte Richtung wie die Stromdichte, die von dem fehlenden Elektron herrühren würde.

Entsprechend (1.4) und (1.3.13) ist für $\boldsymbol{B} = 0$ die mit einem Elektron pro Volumeneinheit verknüpfte Stromdichte

$$\boldsymbol{j}_\nu(\boldsymbol{p}') = \frac{e^2}{m} \langle\tau\rangle \boldsymbol{E}.$$

Im betrachteten Fall ist $m < 0$. Daher gilt

$$\boldsymbol{j}_\nu = -\boldsymbol{j}_\nu(\boldsymbol{p}') = \frac{e^2}{|m|} \langle\tau\rangle \boldsymbol{E}.$$

Das ist die Stromdichte, die von einem Teilchen mit der Masse $|m|$ und der Ladung e, das sich mit der Geschwindigkeit $\frac{e}{|m|} \langle\tau\rangle \boldsymbol{E}$ bewegt, erzeugt wurde.

Die Situation ist demnach so, daß die Ladungsträger als Teilchen mit der positiven Masse $|m|$ und der positiven Ladung e erscheinen. In Wirklichkeit bewegen sich natürlich die Elektronen. Die Bewegung eines Elektrons in der Umgebung des Bandmaximums erfolgt jedoch entgegengesetzt zur wirkenden Kraft. Wird ein solches Elektron entfernt, so führt das zu einer Vergrößerung der Stromdichte derart, als ob ein „Teilchen" mit positiver Masse $|m|$ und positiver Ladung e erschiene. Mit anderen Worten: Die kollektive Bewegung aller verbleibenden Elektronen des Valenzbandes ist der Bewegung eines „Teilchens" äquivalent.

Analog verhält es sich mit der Energiestromdichte. Diese ist durch den Ausdruck

$$\boldsymbol{I}_\nu = \sum_{\boldsymbol{p},\sigma} E_\nu(\boldsymbol{p})\, \boldsymbol{v}(\boldsymbol{p})\, n(\boldsymbol{p}, \sigma) \tag{2.3}$$

gegeben. Hier ist $n(\boldsymbol{p}, \sigma)$ die Konzentration der Elektronen mit dem Quasiimpuls $\boldsymbol{p}$ und der Spinprojektion σ. In einem vollständig besetzten Band ist $n(\boldsymbol{p}, \sigma) = 1/V$, wobei V das Volumen des Systems ist.

[1]) Die Richtung, auf welche der Spin projiziert wird, ist hier beliebig.

Fehlt ein Elektron in der Volumeneinheit, so wird, ähnlich wie im Falle (2.2), die Energiestromdichte

$$\boldsymbol{I}_\nu = 2 \sum_{\boldsymbol{p} \neq \boldsymbol{p}'} E_\nu(\boldsymbol{p})\, \boldsymbol{v}_\nu(\boldsymbol{p}) + E_\nu(\boldsymbol{p}')\, \boldsymbol{v}_\nu(\boldsymbol{p}') = -E_\nu(\boldsymbol{p}')\, \boldsymbol{v}_\nu(\boldsymbol{p}')\,. \tag{2.4}$$

Die Energiestromdichte, die durch die Elektronen eines Bandes mit einem unbesetzten Zustand hervorgerufen wird, hat den gleichen Betrag und die entgegengesetzte Richtung im Vergleich zu demjenigen Energiestrom, der durch das fehlende Elektron entstehen würde. Mit anderen Worten, sie ist gleich der Energiestromdichte eines „Teilchens" mit der Energie $-E_\nu(\boldsymbol{p}')$.

In ganz ähnlicher Weise könnte man auch den Fall mehrerer fehlender Elektronen (mit den Quasiimpulsen $\boldsymbol{p}', \boldsymbol{p}'', \ldots$) betrachten.

Die Ladungs- und Energieströme stimmten hier mit den Strömen der gleichen Anzahl positiv geladener „Teilchen" (mit den Energien $-E_\nu(\boldsymbol{p}')$, $-E_\nu(\boldsymbol{p}'')$, ...) überein.

Diese „Teilchen" wurden „Löcher" genannt, weil ihre Entstehung mit unbesetzten Zuständen (freien „Plätzen") im Band zusammenhängt.[1])

Bei der Beschreibung der Transportprozesse sind „Elektronen-" und „Löchersprache" vollständig äquivalent. Die letztere ist besonders zweckmäßig, wenn es sich um ein fast voll besetztes Band handelt. Wie wir gesehen haben, sind hier Zustände nahe des Bandmaximums E_v unbesetzt, so daß die Energie der Löcher, gerechnet von der Bandkante, $-E_\nu(\boldsymbol{p})$ ist. Im Falle eines isotropen parabolischen Dispersionsgesetzes hat man insbesondere

$$-E_\nu(\boldsymbol{p}) = -E_\mathrm{v} - \frac{p^2}{2m} = -E_\mathrm{v} + \frac{p^2}{2|m|}\,.$$

Wie zu erwarten war, ist dies die Energie eines Teilchens mit der positiven effektiven Masse $|m|$. Die Energie eines Loches an der Valenzbandkante ist $-E_\mathrm{v}$. Die Löchermassen versieht man gewöhnlich mit dem Index p (nicht zu verwechseln mit dem Quasiimpuls), die der Elektronen mit dem Index n. Im vorliegenden Fall ist $m_\mathrm{p} = |m_\mathrm{n}|$.

Interessiert man sich nur für Transporterscheinungen von Energie und Impuls, kann man die Existenz des Valenzbandes und der entsprechenden Elektronen vollkommen „vergessen". Dafür wird das Konzept des Löchergases und des Löcherbandes eingeführt. Das Energieminimum im Löcherband fällt mit der Valenzbandkante zusammen, und die Energie der Löcher im Bändermodell wird nach unten gezählt (Abb. 4.1). Der Quasiimpuls des Loches ist gleich dem negativen Quasiimpuls des fehlenden Elektrons. Mit anderen Worten, wir sind berechtigt, ein Gas von Ladungsträgern beiderlei Vorzeichens mit positiven effektiven Massen zu betrachten.

In diesem Zusammenhang ist es notwendig, auf drei Punkte aufmerksam zu machen.

Erstens ist die Analogie zwischen Löchern und Elektronen nicht vollständig. Die Elektronen können auch im Vakuum existieren, hingegen hat das Löchermodell nur dann einen Sinn, wenn Valenzschalen vorhanden sind, in denen es freie Plätze geben kann. Ohne ein Elektronenensemble hat das Löchermodell keinen Sinn. Deshalb nennt man die Löcher oft Quasiteilchen.

---

[1]) Das Konzept der Löcher wurde von JA. I. FRENKEL (1928) eingeführt.

Zweitens wurde die Äquivalenz der Beschreibung eines Systems mit Hilfe von Elektronen und Löchern oben nur für den Ladungs- und Energiestrom bewiesen bzw. allgemeiner für das Verhalten des Systems in äußeren Feldern. Daraus folgt jedoch nicht, daß diese Bilder auch vom Standpunkt des von den Elektronen und Löchern selbst erzeugten Feldes äquivalent sind. Mit anderen Worten, „Elektronen-" und „Löcherbild" sind zwar kinematisch, aber nicht in allen Fällen dynamisch äquivalent. Die Frage, welches der beiden Bilder „richtiger" ist, wird später im Kapitel 17. behandelt.

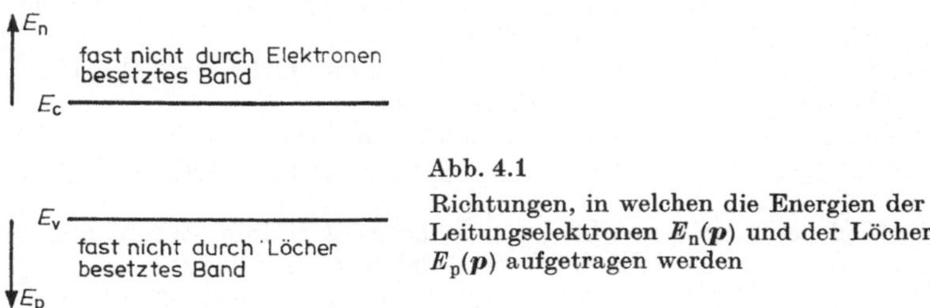

Abb. 4.1
Richtungen, in welchen die Energien der Leitungselektronen $E_n(\boldsymbol{p})$ und der Löcher $E_p(\boldsymbol{p})$ aufgetragen werden

Schließlich bezogen sich drittens die vorangegangenen Überlegungen auf das Verhalten des Systems im elektrischen und magnetischen Feld, dagegen nicht im Gravitationsfeld (und damit im Trägheitsfeld). Das Konzept der effektiven Masse und damit das der positiven Löcher hat nichts mit der Gravitation (und der Trägheit) zu tun. Das Wesen der Sache besteht darin, daß die Trägheitskräfte durch die Zeitableitung des Impulses und nicht des Quasiimpulses bestimmt werden. Dementsprechend wird sich beispielsweise in den bekannten Versuchen von TOLMAN und STUART (Bestimmung der spezifischen Ladung der Elektronen aus der Stromimpulsmessung bei der Verzögerung einer rotierenden Drahtspule) das Verhältnis der Teilchenladung zur Masse immer zu $-e/m_0$ ergeben, d. h., es wird negativen Elektronen mit der freien Masse m_0 (und nicht der effektiven Masse) entsprechen. Dieses Resultat erhält man auch in dem Fall, daß das Metall durch einen p-Halbleiter ersetzt wird. Ferner haben wir im Abschnitt 3.5. gesehen, daß die effektive Masse vom Überlappungsgrad der Atomwellenfunktionen abhängt. Dieser wächst stark mit der Breite des Energiebandes an; für tiefe schmale Bänder ist $m \gg m_0$ (die inneren Elektronen der Atome sind praktisch in der Umgebung ihrer Kerne lokalisiert). Dieser Umstand widerspiegelt sich jedoch in keiner Weise im Gewicht des Körpers, das von der wahren Masse aller Kerne und Elektronen abhängt.

4.3. Klassische Theorie der Bewegung der Ladungsträger im statischen und homogenen Magnetfeld — Diamagnetische Resonanz

Im folgenden soll die Bewegung eines Elektrons oder Loches im statischen und homogenen Magnetfeld betrachtet werden. Wir gelangen damit zu einer wichtigen Methode der experimentellen Bestimmung der effektiven Masse. Um das Wesen der Sache zu beleuchten, vernachlässigen wir zunächst die Streuung der Ladungsträger. Später werden wir auch diesen Effekt berücksichtigen und klären, worin seine Rolle besteht und in welchem Maße er für das behandelte Problem wesentlich ist.

Wir wählen die Koordinatenachsen so, daß sie mit den Hauptachsen des Tensors der reziproken effektiven Masse übereinstimmen. Mit dem Ausdruck für die Lorentz-Kraft

$$\boldsymbol{F} = -\frac{e}{c}\,[\boldsymbol{v}\times\boldsymbol{B}]$$

können wir in unserem Fall die Gleichungen (1.10′) in der Form

$$\begin{aligned} \frac{\mathrm{d}v_x}{\mathrm{d}t} &= -\frac{Be}{cm_x}\,(\alpha_z v_y - \alpha_y v_z), \\ \frac{\mathrm{d}v_y}{\mathrm{d}t} &= -\frac{Be}{cm_y}\,(\alpha_x v_z - \alpha_z v_x), \\ \frac{\mathrm{d}v_z}{\mathrm{d}t} &= -\frac{Be}{cm_z}\,(\alpha_y v_x - \alpha_x v_y) \end{aligned} \tag{3.1}$$

schreiben. Hier sind α_x, α_y, α_z die Richtungscosinus zwischen dem Vektor $\boldsymbol{B}$ und den Koordinatenachsen. Das ist ein System von linearen homogenen Gleichungen. Die Lösung setzen wir an als harmonische Schwingungen,

$$v_x = v_1\,\mathrm{e}^{-\mathrm{i}\omega t}, \qquad v_y = v_2\,\mathrm{e}^{-\mathrm{i}\omega t}, \qquad v_z = v_3\,\mathrm{e}^{-\mathrm{i}\omega t}, \tag{3.2}$$

wobei v_1, v_2, v_3 konstante Koeffizienten (Schwingungsamplituden) und ω die Frequenz sind. Setzt man (3.2) in die Gleichungen (3.1) ein, so erhält man ein System linearer algebraischer Gleichungen für die Amplituden v_1, v_2 und v_3:

$$\begin{aligned} -\mathrm{i}\omega v_1 + \frac{Be}{m_x c}\,\alpha_z v_2 - \frac{Be}{m_x c}\,\alpha_y v_3 &= 0, \\ -\frac{Be}{m_y c}\,\alpha_z v_1 - \mathrm{i}\omega v_2 + \frac{Be}{m_y c}\,\alpha_x v_3 &= 0, \\ \frac{Be}{m_z c}\,\alpha_y v_1 - \frac{Be}{m_z c}\,\alpha_x v_2 - \mathrm{i}\omega v_3 &= 0. \end{aligned}$$

Die Lösbarkeitsbedingung für dieses System besteht im Verschwinden der Koeffizientendeterminante.

Damit sind die möglichen Werte der Schwingungsfrequenz bestimmt:

$$\omega = 0, \tag{3.3a}$$

$$\omega^2 = \omega_\mathrm{c}^2 \equiv \left(\frac{Be}{c}\right)^2 \left(\frac{\alpha_x^2}{m_y m_z} + \frac{\alpha_y^2}{m_z m_x} + \frac{\alpha_z^2}{m_x m_y}\right), \tag{3.3b}$$

d. h.

$$\omega_c = \frac{Be}{m_\mathrm{c} c}, \tag{3.4}$$

mit

$$\frac{1}{m_\mathrm{c}} = \left(\frac{\alpha_x^2}{m_y m_z} + \frac{\alpha_y^2}{m_z m_x} + \frac{\alpha_z^2}{m_x m_y}\right)^{1/2}. \tag{3.5}$$

Die Größe m_c wird mitunter als *effektive Zyklotronmasse* bezeichnet.

Für $m_x = m_y = m_z$ geht der Ausdruck (3.5) in Gl. (1.3.2) über. Eine Vereinfachung ergibt sich auch dann, wenn die Isoenergieflächen Rotationsellipsoide sind (3.8.5). Bezeichnet man mit φ den Winkel zwischen der Richtung der magnetischen Induktion B und der Rotationsachse des Ellipsoids (z-Achse), so wird

$$\alpha_z^2 = \cos^2\varphi, \quad \alpha_x^2 + \alpha_y^2 = \sin^2\varphi, \quad m_z = m_{\parallel}, \quad m_x = m_y = m_{\perp},$$

und der Ausdruck (3.5) nimmt die Gestalt

$$\frac{1}{m_c} = \left(\frac{\cos^2\varphi}{m_\perp^2} + \frac{\sin^2\varphi}{m_\perp m_\parallel}\right)^{1/2} \tag{3.5'}$$

an. Die Wurzel (3.3 a) entspricht einer Bewegung mit konstanter Geschwindigkeit, also der gleichförmigen Bewegung in Richtung des Feldes. Die beiden Wurzeln (3.3 b) beschreiben harmonische Schwingungen, die in der Summe eine gleichförmige Kreisbewegung des Elektrons in der zum Magnetfeld senkrechten Ebene ergeben. Die Winkelgeschwindigkeit dieser Rotation ist ω_c.

Die Formel (3.5) kann verallgemeinert werden für den Fall nichtentarteter Bänder mit nichtparabolischem Dispersionsgesetz. Dazu ist es zweckmäßig, von Gl. (1.9) auszugehen — wobei die z-Achse in Magnetfeldrichtung zeigen soll:

$$\frac{d\boldsymbol{p}}{dt} = -\frac{e}{c}[\boldsymbol{v} \times \boldsymbol{B}],$$

d. h.

$$\frac{dp_x}{dt} = -\frac{e}{c} B v_x, \quad \frac{dp_y}{dt} = \frac{e}{c} B v_y, \quad \frac{dp_z}{dt} = 0. \tag{3.6}$$

Da die Lorentz-Kraft keine Arbeit leistet, ist zu sehen, daß im betrachteten Fall zwei Bewegungsintegrale existieren:

$$p_z = \text{const}, \qquad E(\boldsymbol{p}) = E = \text{const}.$$

Diese Gleichungen beschreiben die Trajektorie des Elektrons im Quasiimpulsraum. Wir nehmen an, daß sie geschlossen ist und sich selbst nicht schneidet. Gemäß (3.8.3) ist dies im Falle des parabolischen Dispersionsgesetzes eine Ellipse:

$$\frac{(p_x - p_x^0)^2}{2m_x} + \frac{(p_y - p_y^0)^2}{2m_y} = E - \frac{(p_z - p_z^0)^2}{2m_z} = \text{const}. \tag{3.7'}$$

Die Abweichungen von der Parabolizität führen zu einer Deformation der Ellipse; werden sie sehr groß, kann die Trajektorie auch nicht geschlossen sein. Untersuchungen zeigen jedoch, daß dies erst in Energiebereichen möglich ist, die genügend weit vom Bandmaximum entfernt sind.

Wir bezeichnen mit $dp_\perp$ ein Bogenelement der Trajektorie und betrachten die Zeit als Parameter, der die Lage des Punktes auf dieser bestimmt. Dann gilt

$$\frac{dp_\perp}{dt} = \left[\left(\frac{dp_x}{dt}\right)^2 + \left(\frac{dp_y}{dt}\right)^2\right]^{1/2}. \tag{3.8}$$

Weiter führen wir die zur Kurve (3.7) senkrechte Komponente des Vektors $\boldsymbol{v}$ ein: $\boldsymbol{v}_\perp = \{v_x, v_y\}$. Deren Betrag ist $v_\perp = \sqrt{v_x^2 + v_y^2}$. Unter Verwendung von Gl. (3.8) können die Gleichungen (3.6) umgeschrieben werden in die Form

$$\frac{dp_\perp}{d\tau} = -\frac{e}{c} B v_\perp. \tag{3.6'}$$

Hieraus folgt

$$t = -\frac{c}{eB}\int \frac{\mathrm{d}p_\perp}{v_\perp}.$$

Die Umlaufperiode $2\pi/\omega_c$ des Elektrons auf der Bahn erhält man, indem man über die gesamte Trajektorie (3.7) integriert:

$$\frac{2\pi}{\omega_c} = -\frac{c}{eB}\oint \frac{\mathrm{d}p_\perp}{v_\perp}. \tag{3.9}$$

Das Integral in (3.9) kann man durch die von der Kurve (3.7) eingeschlossene Fläche ausdrücken. Es ist nämlich

$$S(E, p_z) = \int \mathrm{d}p_x\,\mathrm{d}p_y,$$

wobei die Integrationsgrenzen durch die Gleichungen (3.7) festgelegt werden.

Anstelle der Variablen p_x und p_z führen wir E' und $p_\perp$ ein, wobei E' alle Werte von E_c bis E annimmt. Dann ist das Flächenelement gegeben durch

$$\mathrm{d}p_x\,\mathrm{d}p_y = \frac{\mathrm{d}E\,\mathrm{d}p_\perp}{v_\perp}.$$

Damit wird

$$S(E, p_z) = \int\limits_{E_c}^{E} \mathrm{d}E' \oint \frac{\mathrm{d}p_\perp}{v_\perp},$$

so daß

$$\oint \frac{\mathrm{d}p_\perp}{v_\perp} = \frac{\partial S(E, p_z)}{\partial E}$$

gilt. Setzt man diesen Ausdruck in (3.9) ein, so erhält man

$$\omega_c = \frac{eB}{m_c c}, \tag{3.9'}$$

mit

$$m_c = \frac{1}{2\pi}\,\frac{\partial S(E, p_z)}{\partial E}. \tag{3.10}$$

Unter den Bedingungen (3.7′) folgt hieraus wiederum Gl. (3.5). Im allgemeineren Fall ist die effektive Zyklotronmasse (3.10) von E und p_z abhängig.

Im Falle entarteter Bänder behalten die oben dargestellten allgemeinen Überlegungen ihre Gültigkeit; für die effektive Zyklotronmasse ergibt sich jedoch anstelle von (3.5) ein komplizierterer Ausdruck.

Aus Gl. (3.5) ist ersichtlich, daß sich aus der Messung der Umlauffrequenz ω_c der Elektronen (Löcher) für verschiedene Richtungen der magnetischen Induktion die Komponenten des Effektivmassentensors bestimmen lassen und damit auch die Form der Isoenergieflächen.[1])

Die Frequenz ω_c wird ermittelt, indem man die Absorption elektromagnetischer Wellen untersucht. Diese Möglichkeit wird in Abb. 4.2 veranschaulicht, in der die Trajektorie eines Elektrons im statischen und homogenen Magnetfeld mit der Induktion $\boldsymbol{B}$ dargestellt wird. Eine linear polarisierte elektromagnetische Welle breitet sich

---

[1]) Eine strenge quantenmechanische Rechnung (siehe unten, Kapitel 5.) zeigt, daß die in diesem Abschnitt verwendete klassische Behandlung der Ladungsträgerbewegung im Magnetfeld bestimmte Gültigkeitsgrenzen besitzt. Die Formel (3.5) bleibt jedoch auch in einer exakten Theorie gültig.

9*

in y-Richtung aus, wobei der Vektor des elektrischen Feldes $\boldsymbol{E}$ parallel zur Bahnebene des Elektrons gerichtet ist. Die Wellenlänge ist sehr viel größer als der Bahnradius, so daß an jedem Ort der Bahnkurve dieselben momentanen Werte $\boldsymbol{E}$ herrschen. Befindet sich beispielsweise das Elektron im Punkte a und das Feld $\boldsymbol{E}$ hat die in der Abbildung gezeigte Richtung, so wird das Elektron im Feld beschleunigt. Nach einem halben Umlauf gelangt das Elektron an den Ort b, dabei ändert sich die Phase des Feldes $\boldsymbol{E}$. Fällt die Frequenz ω der Welle mit ω_c zusammen, so wird sich die Phase gerade um π geändert haben, so daß das Elektron wiederum im Feld beschleunigt wird. Mit anderen Worten, bei $\omega = \omega_c$ kommt es zu einer Resonanzabsorption der elektromagnetischen Welle durch das Elektronensystem. Diese Erscheinung erhielt die Bezeichnung *diamagnetische* bzw. *Zyklotronresonanz*.

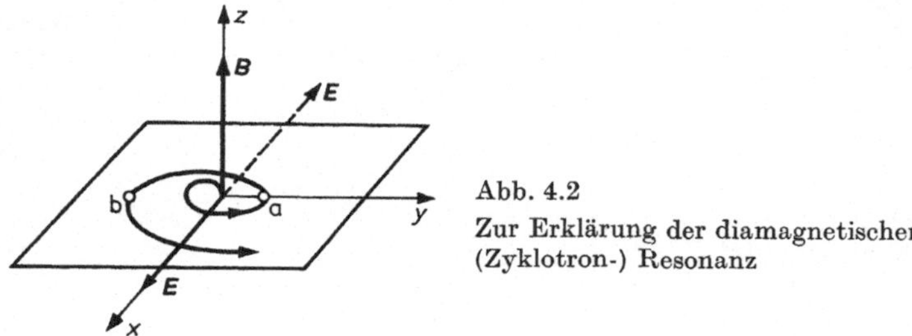

Abb. 4.2
Zur Erklärung der diamagnetischen (Zyklotron-) Resonanz

Im Falle eines nichtparabolischen Dispersionsgesetzes sind die Resonanzbedingungen für Elektronen unterschiedlicher Energie verschieden. Dies führt zu einer „Verschmierung" der Resonanz, wodurch die Beobachtung erschwert wird. Eine Ausnahme bildet lediglich der Fall eines stark entarteten Ladungsträgergases, wo (wie im Kapitel 13. gezeigt wird) nur die Fermi-Energie wesentlich ist.

Unter realen Bedingungen wird die Präzessionsbewegung der Ladungsträger durch Stöße, die die Resonanzabsorption herabsetzen bzw. deren Beobachtung völlig unmöglich machen, gestört. Wir werden dieses Problem ausführlicher betrachten und uns dabei wie oben der halbklassischen Beschreibungsweise bedienen. Der Bestimmtheit halber betrachten wir den Fall einer konstanten skalaren effektiven Masse m und setzen voraus, daß die Induktion $\boldsymbol{B}$ in z-Richtung zeigt und das elektrische Feld $\boldsymbol{E}$ der Welle in x-Richtung (Abb. 4.2).

Das Magnetfeld der Welle vernachlässigen wir gegenüber dem starken konstanten Feld $\boldsymbol{B}$. Den Einfluß der Stöße berücksichtigen wir durch die Einführung einer Reibungskraft

$$\boldsymbol{F}_{\mathrm{R}} = -\frac{m\boldsymbol{v}}{\tau_p},$$

wobei τ_p die Impulsrelaxationszeit ist, die die Teilchenbeweglichkeit bestimmt (vgl. Kapitel 1. und 13.). Dann lauten die Bewegungsgleichungen eines Teilchens

$$\begin{aligned} m\,\frac{\mathrm{d}v_x}{\mathrm{d}t} &= -eE - \frac{e}{c}\,v_yB - \frac{m}{\tau_p}\,v_x, \\ m\,\frac{\mathrm{d}v_y}{\mathrm{d}t} &= \frac{e}{c}\,v_xB - \frac{m}{\tau_p}\,v_y. \end{aligned} \tag{3.11}$$

Interessiert man sich wie oben für stationäre Schwingungen der Form (3.2) und setzt diese Ausdrücke in die Gleichungen (3.11) ein, so erhält man

$$m(-\mathrm{i}\omega + \tau_p^{-1})\, v_x = -eE - \frac{e}{c}\, Bv_y,$$

$$m(-\mathrm{i}\omega + \tau_p^{-1})\, v_y = \frac{e}{c}\, Bv_x.$$

Eliminiert man hieraus v_y, so findet man für die mittlere Driftgeschwindigkeit v_x und damit für die Leitfähigkeit im Wechselfeld

$$\sigma = -\frac{env_x}{E} = \sigma_0 \frac{1 - \mathrm{i}\omega\tau_p}{(1 - \mathrm{i}\omega\tau_p)^2 + (\omega_c\tau_p)^2}. \tag{3.12}$$

Hier ist n die Teilchenkonzentration, während $\sigma_0 = en\mu = \frac{e^2n}{m}\,\tau_c$ die Leitfähigkeit im konstanten elektrischen Feld bezeichnet.

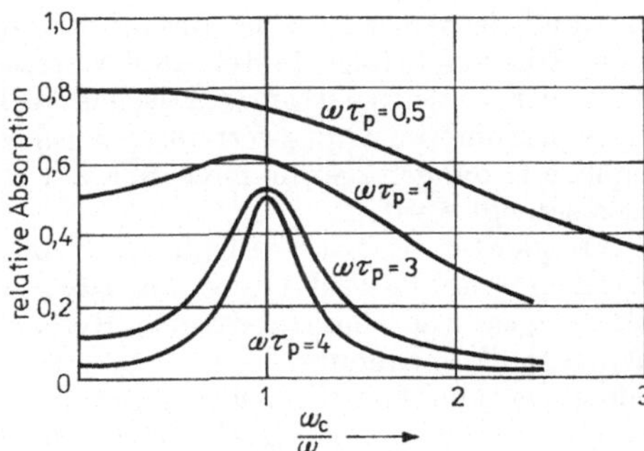

Abb. 4.3
Resonanzabsorption einer elektromagnetischen Welle in Abhängigkeit vom Verhältnis ω_c/ω

Die Größe σ ist abhängig von der Frequenz ω und ist darüber hinaus komplex, was bedeutet, daß ein Phasenunterschied zwischen Oszillationen des Stromes und des Feldes besteht. Die Absorption der elektromagnetischen Welle ist dem Realteil von σ proportional. Aus Formel (3.12) haben wir

$$\frac{\mathrm{Re}\,\sigma}{\sigma_0} = \frac{1 + (\omega\tau_p)^2 + (\omega_c\tau_p)^2}{[1 + (\omega_c\tau_p)^2 - (\omega\tau_p)^2]^2 + 4(\omega\tau_p)^2}. \tag{3.13}$$

Die Abhängigkeit der Größe $\frac{\mathrm{Re}\,\sigma}{\sigma_0}$ von $\frac{\omega_c}{\omega}$ für verschiedene Werte $\omega\tau_p$ ist in Abb. 4.3 dargestellt. Für $\omega\tau_p \ll 1$ ist sie monoton. Das ist auch verständlich, da in diesem Fall das Elektron nicht in der Lage ist, einen einzigen Umlauf ohne Stöße zu machen; seine Geschwindigkeit nach einem Stoß kann eine beliebige Richtung bezüglich des elektrischen Feldes der Welle haben. Mit anderen Worten, die Stöße zerstören den synchronen Charakter der Elektronenbewegung gegenüber den Schwingungen des Feldes in der Welle, der für das Zustandekommen der Resonanz notwendig ist. Die Resonanzabsorption wird spürbar bei $\omega\tau_p \gtrsim 1$; sie ist um so deutlicher ausgeprägt, je größer $\omega\tau_p$ ist.

Bei der experimentellen Realisierung der diamagnetischen Resonanz muß vor allem dafür gesorgt werden, daß die Bedingung $\omega_c \tau_p > 1$ erfüllt ist. Benutzt man Gl. (3.9) und drückt τ_p durch die Beweglichkeit μ aus, so hat man

$$\omega_c \tau_p = \frac{Be}{mc} \tau_p = \frac{1}{c} \mu B > 1$$

bzw., wenn μ in $cm^2/s \cdot V$ und B in T gegeben sind,

$$\mu > 10^4/B.$$

In typischen Experimenten werden Elektromagneten verwendet, die eine Induktion von einigen Zehnteln bis zu einigen Tesla erzeugen. Setzt man $B = 0{,}1$ T, so findet man, daß $\mu > 10^5\ cm^2/(V \cdot s)$ sein muß. Für die Mehrzahl der bekannten Halbleiter ist bei Zimmertemperaturen die Beweglichkeit erheblich geringer, so daß bei tiefen Temperaturen (gewöhnlich bei Heliumtemperaturen) und mit sehr reinen Kristallen (damit die Streuung durch Fremdatome nicht die Beweglichkeit verkleinert) gearbeitet werden muß.

Hierbei entsteht jedoch eine andere Schwierigkeit: bei sehr tiefen Temperaturen sind die noch verbliebenen Störstellen nicht ionisiert, und in den Bändern sind praktisch keine Träger vorhanden. Man muß deshalb zusätzlich für die Erzeugung beweglicher Elektronen (Löcher) sorgen. Eine Möglichkeit besteht in der Stoßionisation flacher Störstellen durch das elektrische Feld der elektromagnetischen Welle selbst, wobei die Intensität der Welle einen bestimmten Grenzwert übersteigen muß, der vom Halbleiter abhängig ist. Bewegliche Ladungsträger können auch mit Hilfe einer schwachen Beleuchtung des Kristalls erzeugt werden.

Die durch Gl. (3.9) bestimmten Frequenzen ω_c haben für $B \sim 1$ T die Größenordnung $10^{10} \cdots 10^{12}\ s^{-1}$, was elektromagnetischen Wellen des cm- bzw. mm-Bereiches entspricht. Deshalb wird zur Beobachtung der diamagnetischen Resonanz in den meisten Fällen die Ultrahochfrequenztechnik verwendet.

In Abb. 4.4 ist das Blockschaltbild eines typischen Versuches dargestellt (in Wirklichkeit enthalten solche Versuchsaufbauten eine Reihe zusätzlicher Elemente und Geräte; sie sind, da sie keine prinzipielle Bedeutung haben, fortgelassen worden).

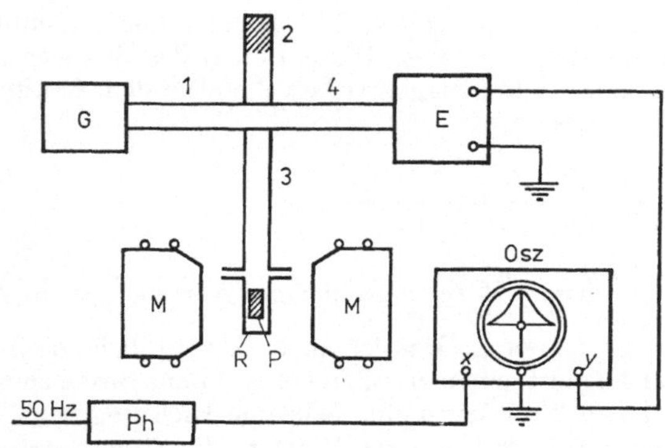

Abb. 4.4

Schaltung zum Nachweis der diamagnetischen Resonanz
G — Mikrowellengenerator, *E* — Empfänger, *Osz* — Oszillograph, *R* — Resonator mit Probe *P*, *M* — Elektromagnet, *Ph* — Phasenschieber

Die vom Generator G erzeugten Mikrowellenschwingungen werden durch den Attenuator gedämpft und fallen auf den Arm 1 eines magischen T. Dieses ist ein doppeltes Wellenleiter-T-Stück mit 4 Ausgängen. Die Arme 2 und 3 sind mit angepaßten Abschlußwiderständen verbunden, darunter mit dem Resonator R und der zu untersuchenden Probe P. Bei Gleichheit der Abschlußwiderstände tritt kein Signal im Arm 4 auf. Beim Auftreten der Resonanz ändert sich die Absorption der Welle im Resonator mit der Probe, so daß das Gleichgewicht der Brücke gestört und im Arm 4 ein Signal registriert wird. Im Versuch ist es zweckmäßig, nicht die Wellenfrequenz ω zu modulieren, sondern die magnetische Induktion (d. h. ω_c), weshalb am Elektro-

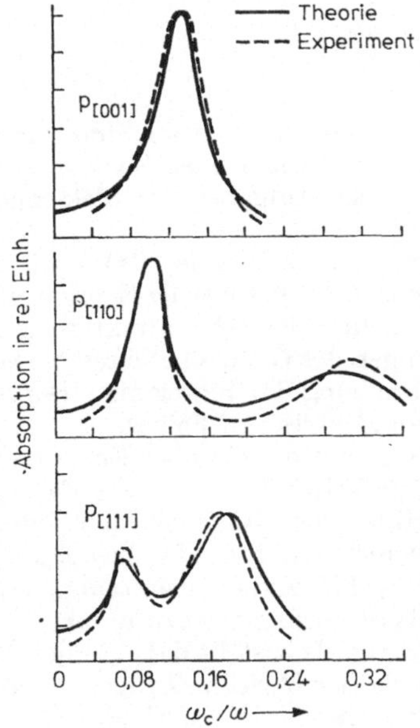

Abb. 4.5
Abhängigkeit der Mikrowellenabsorption P von der magnetischen Induktion in n-Germanium. Die Indizes bei P geben die Richtung der magnetischen Induktion an. $T = 4{,}2$ K, Frequenz $= 8{,}9$ GHz

magneten M eine Modulationswicklung angebracht wird, welche die magnetische Induktion mit niedriger Frequenz moduliert. Gibt man das Ausgangssignal des Empfängers auf die y-Platten des Oszillographen Osz und auf die x-Platten ein Signal, das der Änderung der magnetischen Induktion proportional ist, so kann man auf dem Schirm des Oszillographen die gesamte Resonanzkurve erhalten. Als Beispiel sind in Abb. 4.5 die Absorptionskurven in n-Germanium[1]) dargestellt. Aus der Zeichnung ist zu sehen, daß sich infolge der Anisotropie der effektiven Masse bei einer Drehung des Kristalls sowohl die Zahl der Maxima als auch ihre Lage ändert.

Wenn der der Resonanz ($\omega_c = \omega$) entsprechende Wert B bekannt ist, läßt sich aus Gl. (3.4) die entsprechende Masse m_c bestimmen.

Wir weisen darauf hin, daß mit Hilfe der diamagnetischen Resonanz das Vorzeichen der Majoritätsträger ermittelt werden kann. Hier verwendet man anstelle des Resonators mit rechteckigem Querschnitt einen zylindrischen Resonator und erzeugt

[1]) Lax, B.; Zeiger, H. J.; Dexter, R. N., Physica **20** (1954) 818.

in ihm eine zirkular polarisierte stehende Welle. Für den Fall, daß die magnetische Induktion $\boldsymbol{B}$ parallel zur Resonatorachse gerichtet ist, liegen die Umlaufbahnen der Träger in einer Fläche, die senkrecht auf der Resonatorachse steht, d. h. in derselben Fläche wie der Vektor der $\boldsymbol{E}$-Welle. Es ist leicht einzusehen, daß eine Absorption der Welle nur dann zustande kommen kann, wenn der Rotationssinn von $\boldsymbol{E}$ in der Welle mit dem Rotationssinn des Teilchens zusammenfällt. Der letztere ist jedoch, bei gegebener Richtung von $\boldsymbol{B}$, für positive und negative Teilchen unterschiedlich. Solche Versuche gestatteten, einen direkten experimentellen Beweis für die Existenz positiver Löcher zu liefern.

4.4. Die Effektivmassenmethode

Wie im Kapitel 2. festgestellt wurde, können durch Fremdatome und durch andere Strukturdefekte des Gitters diskrete Niveaus in der verbotenen Zone entstehen. Die Berechnung der Lage dieser Niveaus gehört zu den Aufgaben der Elektronentheorie der Realkristalle.

Die potentielle Energie des Elektrons kann dazu als Summe $U(\boldsymbol{r}) + \partial U(\boldsymbol{r})$ zweier Anteile dargestellt werden. Hier ist $U(\boldsymbol{r})$ wie bisher die potentielle Energie eines Elektrons im Idealkristall, während $\partial U(\boldsymbol{r})$ eine nichtperiodische Funktion ist, die die Wechselwirkung des Elektrons mit den Störungen des Gitters beschreibt. Das gleiche gilt auch bei der quantenmechanischen Beschreibung der Bewegung eines Elektrons im Idealkristall bei Anwesenheit eines äußeren elektrischen Feldes.

In vielen Fällen ist $\partial U(\boldsymbol{r})$ eine relativ glatte Funktion, die über Entfernungen von der Größenordnung einer Gitterkonstante a praktisch konstant ist. Es liegt daher nahe, die Bewegung eines Elektrons mit Hilfe einer Näherungsmethode, die als *Effektivmassenmethode* bezeichnet wird, zu berechnen. Die Idee besteht darin, die Schrödinger-Gleichung mit dem Potential $U + \partial U$ unter Ausnutzung des glatten Charakters der Funktion ∂U auf eine einfachere Form zurückzuführen, die nur ∂U explizit enthält. Die Rolle des periodischen Potentials besteht dabei in der Änderung des Operators der kinetischen Energie: Anstelle der Masse des freien Elektrons erscheinen die effektiven Massen (daher die Bezeichnung der Methode), die das Verhalten des Ladungsträgers im entsprechenden Idealkristall beschreiben. Die Bandstruktur des Idealkristalls wird dabei als bekannt vorausgesetzt.

Um das gerade vorgezeichnete Programm erfüllen zu können, ist es notwendig, daß in dem Gebiet, in dem sich das Elektron hauptsächlich bewegt, die Bedingung der Glattheit des Feldes δU erfüllt ist[1]):

$$a \frac{|\nabla \delta U|}{|\delta U|} \ll 1 . \tag{4.1}$$

Weitere Anwendungsbedingungen der Effektivmassenmethode werden später genannt. Eine ausführliche Behandlung der Methode ist in den Büchern [M 7] und [2] zu finden. Wir werden hier nur die Endergebnisse formulieren.

Zunächst soll das Verhalten der Elektronen in der Umgebung des Minimums eines nichtentarteten Bandes mit einem parabolischen isotropen Dispersionsgesetz be-

---

[1]) Im Falle nichtkubischer Kristalle kann anstelle von a in (4.1) eine beliebige der Gitterkonstanten eingesetzt werden, da sie alle von derselben Größenordnung sind. Die Effektivmassenmethode wurde von S. I. Pekar (1948) entwickelt.

trachtet werden. In diesem Fall läßt sich die Wellenfunktion eines Elektrons im betrachteten Kraftfeld in der Form

$$\psi(\boldsymbol{r}) = \chi(\boldsymbol{r})\,\psi_c(\boldsymbol{r}) \tag{4.2}$$

darstellen. Hier ist $\psi_c(\boldsymbol{r})$ die normierte Bloch-Funktion, die dem Bandminimum entspricht, während $\chi(\boldsymbol{r})$ die „geglättete" Wellenfunktion ist. Die Gleichung für $\chi(\boldsymbol{r})$ erhält man, indem man den Ausdruck (4.2) in die Schrödinger-Gleichung mit der potentiellen Energie $U + \delta U$ einsetzt. Wird die Funktion χ als hinreichend glatt angenommen (s. u.), so ergibt sich

$$\frac{\hat{p}^2}{2m}\,\chi + \delta U\,\chi = E\chi \tag{4.3}$$

($\hat{p} = -i\hbar\,\nabla$).
Die Eigenwerte von Gl. (4.3) sind dann die erlaubten Energiewerte, die vom Bandminimum E_c ab gezählt werden. Insbesondere entspricht der Bereich $E < 0$ einer Energie, die kleiner als E_c ist. Für $\delta U = 0$ liefert die Gl. (4.3)

$$\chi = V^{-\frac{1}{2}}\,e^{\frac{i}{\hbar}\boldsymbol{p}\boldsymbol{r}}, \qquad E = \frac{p^2}{2m}. \tag{4.4}$$

Der Faktor $V^{-1/2}$ in (4.4) garantiert die Normierung von χ auf Eins. Wie zu erwarten war, reproduziert sich hier einfach das elektronische Energiespektrum im Leitungsband.

Die Gleichungen (4.3) und (4.2) gelten, wenn sich die Funktion χ über eine Gitterkonstante wenig ändert und die Eigenwerte E hinreichend nahe am Bandminimum liegen. Es muß nämlich die Ungleichung

$$|E| \ll E_g \tag{4.5}$$

erfüllt sein, wobei E_g die Breite der verbotenen Zone bzw. allgemeiner der Abstand vom Minimum des betrachteten Bandes zur nächstliegenden Kante irgendeines anderen Bandes ist.

Analoges gilt auch im Falle der Elektronen in der Umgebung des Maximums eines ebenfalls nichtentarteten Bandes mit einer skalaren effektiven Masse. Dabei ist die effektive Masse negativ, und dementsprechend lautet das Analogon zur Gl. (4.3)

$$\frac{\hat{p}^2}{2|m|}\,\chi - \delta U\,\chi = (-E)\,\chi, \tag{4.3'}$$

wo, wie in Abschnitt 4.2., $|m| = m_p$ ist. Da die potentielle Energie δU elektrischen Ursprungs ist, kann der Wechsel des Vorzeichens von δU als Vorzeichenwechsel der Ladung eines Trägers interpretiert werden. Mit anderen Worten: Die Gleichung (4.3') beschreibt das Verhalten eines Loches mit der positiven effektiven Masse $|m|$ in der Umgebung des Minimums des Löcherbandes (d. h. des Maximums des Valenzbandes). Die Größe $-E$ ist die Energie eines Loches, die wie in Abschnitt 4.2. vom Maximum des Valenzbandes aus nach unten gezählt wird. Negative Werte von $-E$ (d. h. positive Werte E) entsprechen dann einer Energie, die größer als E_v ist.

Bei Anwesenheit eines Magnetfeldes ändern sich die Gleichungen (4.3) und (4.3') in ihrer Form. Wie aus der Elektrodynamik bekannt ist, kann man das Magnetfeld mit Hilfe eines Vektorpotentials $\boldsymbol{A}$ beschreiben, das der Bedingung

$$\operatorname{rot} \boldsymbol{A} = \boldsymbol{B} \tag{4.6}$$

genügt. Der in (4.3) auftretende Impulsoperator nimmt dabei die aus der Quantenmechanik bekannte kanonische Form

$$\hat{\boldsymbol{p}} = -\mathrm{i}\hbar\,\nabla + \frac{e}{c}\,\boldsymbol{A}$$

an. Ferner ist zu der potentiellen Energie δU die Energie des magnetischen Moments des Elektronenspins

$$\beta g(\sigma, \boldsymbol{B})$$

zu addieren. Hier ist $\beta = e\hbar/2m_0c$ das Bohrsche Magneton. Für Elektronen und Löcher in Halbleitern kann sich der g-Faktor infolge der Spin-Bahn-Wechselwirkung von 2 unterscheiden. Die Funktionen ψ und χ sind jetzt zweispaltige Matrizen.

Anstelle von (4.3) bzw. (4.3′) erhält man so

$$\frac{1}{2m}\left(-\mathrm{i}\hbar\,\nabla \pm \frac{e}{c}\,\boldsymbol{A}\right)^2 \chi \pm \delta U\,\chi \pm g\beta(\sigma, \boldsymbol{B})\,\chi = \pm E\chi. \tag{4.3''}$$

Die oberen Vorzeichen beziehen sich hier auf Elektronen im Leitungsbandminimum und die unteren auf Löcher im Valenzbandmaximum.

Bei der Bildung des Quadrats des Operators

$$-\mathrm{i}\hbar\,\nabla \pm \frac{e}{c}\,\boldsymbol{A}$$

in Gl. (4.3″) entstehen Ausdrücke der Form $(\boldsymbol{A}\,\nabla)\,\chi$ und $(\nabla\boldsymbol{A})\,\chi$. Da die Operatoren $\boldsymbol{A}$ und ∇ im allgemeinen nicht miteinander kommutieren, ist Gl. (4.3″) durch die Angabe der Reihenfolge der Operatoren zu vervollständigen. Genaue Untersuchungen [1] zeigen, daß in allen diesen Fällen der symmetrisierte Ausdruck $(\boldsymbol{A}\,\nabla + \nabla\boldsymbol{A})\,\chi$ zu nehmen ist.

Bei der Berechnung der verschiedenen Mittelwerte genügt es, wenn die geglätteten Funktionen χ bekannt sind; sie werden mitunter als Enveloppenfunktionen bezeichnet.

Ist nämlich $L(\boldsymbol{r})$ eine beliebige glatte räumliche Funktion und $\psi_1 = \chi_1\psi_c$, $\psi_2 = \chi_2\psi_c$, wobei χ_1 und χ_2 irgendwelche Lösungen von Gl. (4.3) sind, so läßt sich zeigen [1, 2], daß

$$\int \psi_1^* L \psi_2 \,\mathrm{d}^3\boldsymbol{r} \simeq \int \chi_1^* L \chi_2 \,\mathrm{d}^3\boldsymbol{r} \tag{4.7}$$

gilt. Mit anderen Worten, $\chi(\boldsymbol{r})$ spielt die Rolle einer „effektiven Wellenfunktion" des Elektrons.

Die Gleichungen (4.3) bis (4.3″) lassen sich auch auf den Fall eines anisotropen parabolischen Dispersionsgesetzes verallgemeinern, wobei die Isoenergieflächen in der Umgebung des Bandminimums dann Ellipsoide sind. Dabei ist lediglich m^{-1} durch den Tensor der reziproken effektiven Masse zu ersetzen. Das erste Glied auf der linken Seite von (4.3) nimmt dann die Form

$$\frac{1}{2}\,m_{\alpha\beta}^{-1} p_\alpha p_\beta$$

an.

Wählt man speziell die Koordinatenachsen so, daß sie mit den Hauptachsen des Energieellipsoids zusammenfallen, so erhält man anstelle von (4.3″)

$$\sum_{\alpha=x,y,z}\left\{\frac{1}{2m_\alpha}\left(-i\hbar\frac{\partial}{\partial r_\alpha}\pm\frac{e}{c}A_\alpha\right)^2\chi\right\}\pm\delta U\chi\pm g\beta(\boldsymbol{\sigma}\boldsymbol{B})\,\chi=\pm\,E\chi. \tag{4.8}$$

Wie wir in Abschnitt 3.8. gesehen haben, kann in kubischen Kristallen nur dann eine Anisotropie der effektiven Masse auftreten, wenn sich das Energieminimum nicht im Zentrum der Brillouin-Zone befindet. In diesem Falle existieren mehrere äquivalente Minima, die den Quasiimpulsen $\boldsymbol{p}_i$ $(i = 1, 2, \ldots)$ entsprechen. Die Gleichung (4.8) muß dann für jedes Minimum separat geschrieben werden. Dementsprechend erhält man so viele (im allgemeinen verschiedene) Lösungen, wie äquivalente Minima existieren. Jede dieser Lösungen hat die Form

$$\psi_i = \chi_i\psi_{c,i}, \tag{4.2′}$$

wobei der Index i die Minima numeriert und unter $\psi_{c,i}$ die Bloch-Funktion zu verstehen ist, die dem Quasiimpuls $\boldsymbol{p}_i$ im i-ten Minimum entspricht.

Die Effektivmassenmethode ist auch bei einem nichtparabolischen Dispersionsgesetz anwendbar. Zu diesem Zweck ist in (4.3″) der Operator der „kinetischen Energie“ $\frac{1}{2m}\left(-i\hbar\nabla\pm\frac{e}{c}\boldsymbol{A}\right)^2$ durch $E_\nu(\hat{\boldsymbol{p}})$ zu ersetzen, wo $\hat{\boldsymbol{p}} = -i\hbar\nabla\pm\frac{e}{c}\boldsymbol{A}$ ist. Die Gleichung (4.8) ist ein Spezialfall dieser allgemeinen Regel.

Etwas komplizierter ist die Verallgemeinerung auf den Fall entarteter Bänder. Hier kann man sich nicht mit der Betrachtung eines Bandes begnügen, da die Bedingung (4.5) mit Sicherheit nicht erfüllt ist. Physikalisch bedeutet dies, daß die durch die potentielle Energie δU (bzw. das Vektorpotential) beschriebene Störung verschiedene Bänder „mischt“, falls der Abstand zwischen ihnen mit der mittleren Störungsenergie vergleichbar ist. Wir betrachten eine entartete Bandkante. Dann kann man die Wellenfunktion des Systems (unter der Bedingung einer glatten Störung) in der Form

$$\psi(\boldsymbol{r}) = \sum_{j=1}^{r}\chi_j(\boldsymbol{r})\,\psi_j(\boldsymbol{r}) \tag{4.9}$$

darstellen, wo der Index j die entarteten Bänder numeriert, r die Zahl dieser Bänder (Entartungsgrad) angibt und ψ_j die der betrachteten Kante des j-ten Bandes entsprechende Bloch-Funktion ist. Für die Entwicklungskoeffizienten χ_j ergibt sich ein System von r Differentialgleichungen zweiter Ordnung

$$\sum_{j'=1}^{r} D_{\alpha\beta}^{jj'}\hat{p}_\alpha\hat{p}_\beta\chi_{j'} + \delta U\cdot\chi_j = E\chi_j. \tag{4.10}$$

Die Koeffizienten $D_{\alpha\beta}^{jj'}$ werden durch die Bandstruktur bestimmt und spielen die gleiche Rolle wie die Komponenten des Tensors der reziproken effektiven Masse im Falle nichtentarteter Bänder. Für $\delta U = 0$ muß sich Gl. (4.10) auf das Dispersionsgesetz des Idealkristalls reduzieren, so daß die Koeffizienten $D_{\alpha\beta}^{jj'}$ durch experimentell zu bestimmende Bandstrukturparameter ausgedrückt werden können.

Zur Illustration wollen wir den Fall zweifach entarteter Bänder in einem kubischen Kristall betrachten. Die Isoenergieflächen werden hier durch Gl. (3.8.6) beschrieben. Setzt man in (4.10) $\delta U = 0$ und $\chi_j = C_j\exp\left(\frac{i}{\hbar}\boldsymbol{pr}\right)$, wobei die C_j Konstanten sind, so erhält man für C_j das homogene Gleichungssystem

$$\sum_{j'=1,2} D_{\alpha\beta}^{jj'}p_\alpha p_\beta C_{j'} - EC_j = 0. \tag{4.11}$$

Aus der Lösbarkeitsbedingung des Systems (4.11) folgt E als Funktion des Vektors $\boldsymbol{p}$. Verwendet man der Kürze halber die Bezeichnung

$$D_{\alpha\beta}^{jj'}p_\alpha p_\beta = \gamma_{jj'}, \tag{4.12}$$

so findet man leicht

$$E = \frac{\gamma_{11} + \gamma_{22}}{2} \pm \left[\frac{(\gamma_{11} - \gamma_{22})^2}{4} + \gamma_{12}\gamma_{21}\right]^{1/2}. \tag{4.13}$$

Dies ist aber nichts anderes als Gl. (3.8.6), wobei die Koeffizienten A, B und C leicht durch $D^{jj'}_{\alpha\beta}$ ausgedrückt werden können.

Analog verhält es sich, wenn die Bänder nicht entartet sind, ihre Kanten jedoch so eng zusammenliegen, daß die Bedingung (4.5) in dem uns interessierenden Energiebereich nicht erfüllt ist (solche Bänder heißen „fast entartet"). Ein solcher Fall ist in Halbleitern mit einer sehr geringen Breite der verbotenen Zone realisiert. Die Rolle der „fast entarteten" Bänder spielen hier Leitungs- und Valenzband. In diesem Fall sind nicht die einfachen Gleichungen (4.2) und (4.3) zu benutzen, sondern die komplizierteren (4.9) und (4.10).

Wir unterstreichen, daß die Einteilung in „nichtentartete" und „fast entartete "Bänder nicht absolut ist. Wie aus dem vorangegangenen ersichtlich ist, wird sie durch das in dem betreffenden Fall interessierende Energieintervall bestimmt. Eine Orientierung gibt hier die Ungleichung (4.5).

4.5. Das Energiespektrum eines Ladungsträgers im statischen homogenen Magnetfeld (Quantentheorie)

Wir benutzen die Effektivmassenmethode zur Lösung des quantenmechanischen Problems der Bewegung eines Elektrons im statischen homogenen Magnetfeld. Der Einfachheit halber beschränken wir uns auf die Bewegung eines Elektrons mit skalarer effektiver Masse im Minimum eines nichtentarteten Bandes und wählen eine willkürliche Energieskala. Bei Abwesenheit irgendwelcher Strukturdefekte nimmt die Gleichung (4.3″) die Form

$$\frac{1}{2m}\left(-i\hbar\nabla + \frac{e}{c}\boldsymbol{A}\right)^2 + \beta g(\sigma\boldsymbol{B})\,\chi = (E - E_c)\,\chi \tag{5.1}$$

an.

Die z-Achse wählen wir parallel zur Magnetfeldstärke. Dann kann man in Übereinstimmung mit (4.6) das Vektorpotential in der Form

$$A_x = 0, \qquad A_z = 0, \qquad A_y = Bx \tag{5.2}$$

wählen. Dabei hängen die Koeffizienten in Gleichung (5.1) nicht von den Koordinaten y und z ab, so daß die Lösung in der Form

$$\chi = e^{ik_2y + ik_3z} f(x) \tag{5.3}$$

gesucht werden kann, wobei k_2 und k_3 reelle Wellenzahlen sind; $f = \begin{pmatrix} f_+ \\ f_- \end{pmatrix}$ ist eine Matrixfunktion, deren Elemente f_+ und f_- einem Elektron mit positiver bzw. negativer z-Projektion des Spins entsprechen. Setzt man diesen Ausdruck in (5.1) ein, berechnet den Operator $\left(-i\hbar\nabla + \frac{e}{c}\boldsymbol{A}\right)^2$ und berücksichtigt, daß gemäß (5.2) div $\boldsymbol{A} = 0$ ist, findet man zwei Gleichungen für die Funktionen $f_\pm$. Diese können in einheitlicher

Form geschrieben werden, wenn auch der Energie E der Index „$\pm$" zugeordnet wird:

$$-\frac{\hbar^2}{2m}\frac{d^2 f_\pm}{dx^2} + \frac{1}{2m}\left(\hbar k_2 + \frac{e}{c}Bx\right)^2 f_\pm = \left(E_\pm - E_c - \frac{\hbar^2 k_3^2}{2m} \mp \beta g B\right) f_\pm . \tag{5.4}$$

Es ist bequem, die Bezeichnung

$$\nu_\pm = E_\pm - E_c - \frac{\hbar^2 k_3^2}{2m} \mp \beta g B \tag{5.5}$$

einzuführen und den Ursprung der x-Koordinate in den Punkt

$$x_0 = -\frac{c\hbar k_2}{Be} \tag{5.6}$$

zu legen, d. h. $x = x_0 + x'$.

Dann nehmen die Gleichungen (5.4) die Form

$$-\frac{\hbar^2}{2m}\frac{d^2 f_\pm}{dx'^2} + \frac{e^2 B^2}{2mc^2} x'^2 f_\pm = \nu_\pm f_\pm \tag{5.7}$$

an.

Formal ist dies nichts anderes als die Schrödinger-Gleichung für einen harmonischen Oszillator mit der „Elastizitätskonstanten" $k = \dfrac{e^2 B^2}{mc^2}$ und der Eigenfrequenz

$$\omega = \sqrt{\frac{k}{m}} = \frac{Be}{mc} \equiv \omega_c . \tag{5.8}$$

Die Lösung der Gleichung (5.7) ist aus der Quantenmechanik gut bekannt. Die Eigenwerte $\nu_\pm$ sind

$$\nu_\pm = \hbar\omega_c \left(n + \frac{1}{2}\right), \tag{5.9}$$

wo $n = 0, 1, \ldots$ eine ganze Zahl oder Null ist, während die Eigenfunktionen gegeben sind durch

$$f_\pm = \gamma^{-1/2} \exp\left\{-\frac{1}{2}\left(\frac{x - x_0}{\gamma}\right)^2\right\} H_n\left(\frac{x - x_0}{\gamma}\right). \tag{5.10}$$

Hier ist

$$\gamma = \left(\frac{\hbar c}{Be}\right)^{1/2} \tag{5.11}$$

eine Konstante mit der Dimension einer Länge (sie wird als magnetische Länge bezeichnet); H_n ist das Hermitesche Polynom n-ter Ordnung.

Kombiniert man nun die Gleichungen (5.5) und (5.9), so folgt

$$E_\pm - E_c = \frac{\hbar^2 k_3^2}{2m} \pm \beta g B + \hbar\omega_c\left(n + \frac{1}{2}\right). \tag{5.12}$$

Das erste Glied auf der rechten Seite von (5.12) stellt die kinetische Energie eines Elektrons mit dem Impuls $\hbar k_3$ dar, das sich frei in der Richtung des Magnetfeldes bewegt.

Dieses Charakteristikum der Bewegung stimmt vollständig mit der klassischen Vorstellung überein: die Komponente der Lorentz-Kraft in Richtung der z-Achse ist gleich Null. Der zweite Term in (5.12) beschreibt die Energie des vom Spin herrührenden magnetischen Momentes im Magnetfeld. Sie kann entsprechend den zwei möglichen Orientierungen des Spins zwei Werte annehmen.

Der dritte Term schließlich entspricht der Bewegungsenergie des Elektrons in der zum Magnetfeld senkrechten Ebene. Wir sehen, daß diese Energie quantisiert ist. Bei vorgegebenen Werten der Projektion des Spins auf die z-Achse und der Wellenzahl k_3 bilden die erlaubten Energiewerte $E_\pm$ eine Serie äquidistanter diskreter Niveaus (Abb. 4.6). Der Abstand zwischen diesen ist gleich $\hbar\omega_c$. Dieses Resultat

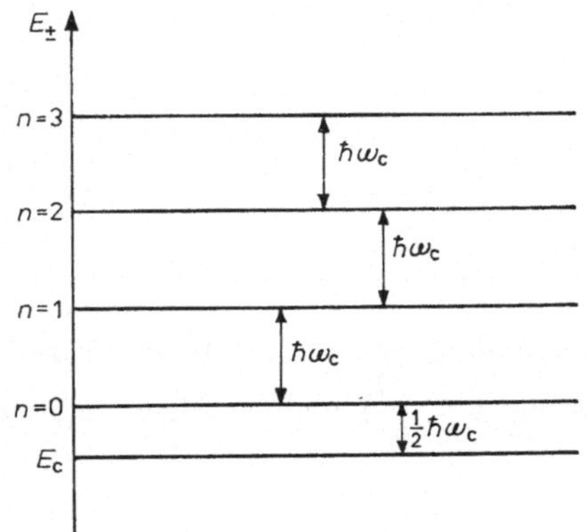

Abb. 4.6
Landau-Niveaus bei vorgegebener Spinorientierung (Das Glied βgB in (5.12) wurde fortgelassen.)

wurde im Jahre 1930 von L. D. Landau erhalten; dementsprechend spricht man von *Landau-Niveaus* und von *Landau-Quantisierung.* Bei Berücksichtigung der Bewegung des Elektrons entlang der z-Achse werden die Landau-Niveaus zu eindimensionalen „Subbändern" verschmiert. Jedes dieser Bänder entspricht einem bestimmten Wert der Quantenzahl n und einer der beiden Spinprojektionen auf die Magnetfeldrichtung. Das tiefste der Subbänder entspricht dem Wert $n = 0$, wobei sein Minimum — das Minimum des Leitungsbandes im Magnetfeld — durch den Ausdruck

$$E_{\min} = E_c - |\beta|\, gB + \frac{1}{2}\,\hbar\omega_c \tag{5.13}$$

gegeben ist. Bei einer klassischen Behandlung der Orbitalbewegung eines Elektrons würde der letzte Term in (5.13) nicht auftreten. Die Berücksichtigung der Quantisierung führt zu einer Anhebung der Bandkante um die Größe (1/2) $\hbar\omega_c$ — die Nullpunktsenergie des Oszillators.

Es sei bemerkt, daß die Energie eines sich im Magnetfeld bewegenden Elektrons nicht von der Wellenzahl k_2 abhängt. Die letztere geht lediglich in den Ausdruck für die Koordinate x' ein. Gemäß Gl. (5.6) ist der Punkt x_0 der „Schwingungsmittelpunkt". Infolge der Willkür der Zahl k_2 kann sich bei ein und derselben Elektronenenergie der Schwingungsmittelpunkt an einer beliebigen Stelle in der Probe befinden; es herrscht Entartung bezüglich der Koordinate der Gleichgewichtslage des Oszillators. Dies war auch zu erwarten: da die magnetische Induktion nicht von den

Koordinaten abhängt, existieren in der Probe keine physikalisch ausgezeichneten Punkte.

Wir berechnen jetzt den Entartungsgrad eines Niveaus in einem Landauschen Subband, d. h. die Zahl der Quantenzustände, welche den vorgegebenen Werten von Energie E und Wellenvektorkomponente k_3 entsprechen.Hierzu betrachten wir eine Probe mit einem endlichen Volumen V. Wie im Falle der Abwesenheit des Magnetfeldes spielt die Form der Probe keine Rolle, sobald ihre Abmessungen hinreichend groß sind. Es ist dabei vorteilhaft, eine Probe von der Form eines Würfels mit der Kantenlänge L zu betrachten. In den Richtungen y und z unterwerfen wir die Wellenfunktion der Periodizitätsbedingung. Dann gilt in Analogie zu (3.3.10)

$$k_y = \frac{2\pi}{L} n_y, \qquad k_z = \frac{2\pi}{L} n_z, \tag{5.14}$$

worin die n_y und n_z positive oder negative ganze Zahlen oder Null sind.

Da die Funktion (5.10) in einem Bereich um den Punkt x_0 herum lokalisiert ist, dessen charakteristische Abmessung von der Größenordnung γ ist, sind Randbedingungen bezüglich der x-Achse überhaupt unwesentlich, falls die Länge L sehr groß gegen die magnetische Länge γ ist. Es genügt daher, die möglichen Werte von x_0 durch die Bedingung

$$-\frac{L}{2} \leqq x_0 \leqq \frac{L}{2} \tag{5.15}$$

zu begrenzen. Nach (5.6), (5.8) und (5.14) folgt hieraus

$$-\frac{1}{2} m\omega_c L \leqq \hbar k_y \leqq \frac{1}{2} m\omega_c L \tag{5.16}$$

und

$$-\frac{1}{2} m\omega_c \frac{L^2}{2\pi\hbar} \leqq n_y \leqq \frac{1}{2} m\omega_c \frac{L^2}{2\pi\hbar}. \tag{5.17}$$

Für fixierte Werte von Energie und von n_z kann dementsprechend die Zahl n_y

$$g = m\omega_c \frac{L^2}{2\pi\hbar} \tag{5.18}$$

Werte annehmen. Das ist der gesuchte Entartungsgrad.

Die Gleichung (5.12) läßt sich auch auf den Fall, in dem die Isoenergieflächen Ellipsoide sind, verallgemeinern. Hierzu ist lediglich notwendig, den Operator der kinetischen Energie in (5.1) in Übereinstimmung mit (4.8) durch einen komplizierteren Ausdruck zu ersetzen. Sind die Isoenergieflächen beispielsweise Rotationsellipsoide (3.8.5), so ist die Energie eines Ladungsträgers nach wie vor durch Gl. (5.12) gegeben, die Frequenz ω_c dagegen wird dann vom Winkel zwischen der Magnetfeldrichtung und der Hauptachse des Rotationsellipsoids abhängig: Sie ist gegeben durch Gl. (5.8), in der anstelle von m die Größe m_c aus (3.5) bzw. (3.5′) einzusetzen ist.

Die Übereinstimmung der Ergebnisse von quantenmechanischer und klassischer Berechnung der Frequenz ω_c darf hier keine Verwunderung hervorrufen. Die klassische Bewegung eines geladenen Teilchens der Masse m im homogenen Magnetfeld setzt sich bekanntlich aus einer freien Translation entlang der Feldachse und einer Rotation in einer Ebene, die senkrecht auf $\boldsymbol{B}$ steht, zusammen. Die letztere kann man als Summe zweier harmonischer Schwingungen mit der Frequenz ω_c darstellen. Der Umstand, daß wir bei der quantenmechanischen Beschreibung nur einen Oszillator erhalten haben, ist dabei nicht von Bedeutung. Bei anderer Wahl des Vektorpotentials hätten wir anstelle von (5.12) einen Ausdruck erhalten können, der formal die Summe der Energien zweier harmonischer Oszillatoren enthält; hierbei würden sich die Werte von E faktisch nicht ändern.

Die klassische Behandlung des Verhaltens eines Elektrons im Magnetfeld besitzt jedoch zwei Mängel.

Erstens ist sie logisch inkonsequent: Die klassische Bewegung einer Ladung auf einer Kreisbahn ist wegen der — im Rahmen der klassischen Mechanik — zwangsläufig auftretenden Ausstrahlung elektromagnetischer Wellen durch eine sich beschleunigt bewegende Ladung nicht stabil.

Zweitens stimmt die klassische Formel für die Schwingungsfrequenz ω_c mit dem quantenmechanischen Ausdruck nur für ein parabolisches Dispersionsgesetz überein. Unter komplizierteren Bedingungen verhält es sich anders: Das Modell der Landau-Niveaus und Subbänder bleibt bestehen, Gl. (5.9) gilt jedoch nicht mehr; das Spektrum der Landau-Niveaus ist dann nicht mehr äquidistant. Das geschieht beispielsweise im Falle entarteter Bänder, die für die Löcher in Germanium, Silizium und einer Reihe anderer Materialien charakteristisch sind.

Das Magnetfeld verändert also das Energiespektrum der freien Ladungsträger wesentlich. Das Leitungsband als eine Gesamtheit von Energiewerten, die durch drei stetig veränderliche Komponenten des Quasi-Wellenvektors charakterisiert sind, verschwindet hier. An seine Stelle tritt die Gesamtheit der eindimensionalen Subbänder, von denen jedes einem bestimmten Landau-Niveau, d. h. einem bestimmten Wert der Quantenzahl n, entspricht und durch nur eine variierende Komponente k_z charakterisiert ist. Die klassische Behandlung der Bewegung eines freien Elektrons oder Loches im statischen homogenen Magnetfeld ist nur dann gerechtfertigt, wenn der Abstand zwischen benachbarten Landau-Niveaus klein gegen die charakteristische Energie E der Ladungsträger ist:

$$\hbar\omega_c \equiv \frac{e\hbar B}{m_c} \ll \bar{E}. \tag{5.19}$$

Die Rolle der Energie $\bar{E}$ spielt entweder die Größe kT (wenn das Elektronengas der Boltzmann-Statistik gehorcht) oder das Fermi-Niveau ζ, gezählt vom Minimum des entsprechenden Bandes (wenn Fermi-Entartung herrscht). Magnetfelder, für die die Ungleichung (5.19) nicht erfüllt ist, so daß die Landau-Quantelung berücksichtigt werden muß, heißen quantisierende Magnetfelder.

Man darf jedoch nicht vergessen, daß die im vorliegenden Abschnitt erhaltenen Formeln ebenfalls bestimmte Gültigkeitsgrenzen besitzen. Wir haben hier das Verhalten der Ladungsträger im Idealkristall betrachtet. In Anwendung auf den Realkristall besitzen die so gewonnenen Formeln nur dann einen Sinn, wenn Streuprozesse vernachlässigbar sind. Die letzteren führen zu einer Nichtstationarität der von uns betrachteten Zustände, denn in jedem der Niveaus kann sich das Elektron nur eine endliche Zeit τ_p — die mittlere freie Flugzeit — aufhalten. Entsprechend dem Unschärfeprinzip für Energie und Zeit bedeutet dies, daß jedes Niveau eine endliche Breite $\Delta E \sim \hbar/\tau_p$ erhält. Die Gleichungen (5.9), (5.12) usw. sind nur dann sinnvoll, wenn diese Breite klein gegen den Abstand zwischen den Niveaus ist:

$$\hbar/\tau_p \ll \hbar\omega_c. \tag{5.20}$$

Wie bei einem parabolischen Dispersionsgesetz zu erwarten war, ist dies nichts anderes als die klassische Bedingung $\omega_c \tau_p \gg 1$. Ferner ist die Anwendung der Effektivmassenmethode im vorliegenden Falle nur gerechtfertigt, wenn die durch Gl.(5.11) definierte magnetische Länge groß gegen die Gitterkonstante ist. Für $B = 1$ T hat man nach (5.11) $\gamma = 0{,}25 \cdot 10^{-6}$ cm.

Die quantenmechanische Beschreibung erlaubt, das Wesen der magnetischen Resonanz besonders klar zu begreifen: Wir haben es hier einfach mit Übergängen zwischen benachbarten Landau-Niveaus zu tun, die durch Photonen der Frequenz ω_c hervorgerufen werden.

4.6. Bewegung und Energiespektrum der Ladungsträger im statischen elektrischen Feld

In einem Kristall werde ein statisches und räumlich homogenes elektrisches Feld der Feldstärke E erzeugt. Das kann beispielsweise dadurch erreicht werden, daß eine genügend dünne Probe als „Dielektrikum" in einen Kondensator gebracht wird. Wir nehmen an, daß die Größe E die Bedingung (1.6) erfüllt.

Im Unterschied zum Magnetfeld verrichtet das elektrische Feld bereits vom Standpunkt der klassischen Mechanik aus an der Ladung Arbeit. Dementsprechend ist zu erwarten, daß sich beim Anlegen eines konstanten und homogenen elektrischen Feldes die Energie des Ladungsträgers ändern wird, d. h., daß er sich im Band verschieben wird. Zur Untersuchung dieser Bewegung bedienen wir uns der Bewegungsgleichung (1.9). Der Konkretheit halber werden wir von Elektronen sprechen; alle Resultate bezüglich der Löcher erhält man aus den unten angeführten Gleichungen, indem das Vorzeichen von e geändert wird. Da im vorliegenden Fall die Kraft $\boldsymbol{F} = -e\boldsymbol{E}$ ist, haben wir

$$\frac{\mathrm{d}\boldsymbol{p}}{\mathrm{d}t} = -e\boldsymbol{E}. \tag{6.1}$$

Integriert man diese Gleichung mit der Anfangsbedingung $\boldsymbol{p} = \boldsymbol{p}_0$ für $t = 0$, so findet man

$$\boldsymbol{p} = \boldsymbol{p}_0 - e\boldsymbol{E}t. \tag{6.2}$$

Der Form nach beschreibt Gl. (6.2) ein unbeschränktes Anwachsen des Quasi-Impulses. Man muß sich jedoch daran erinnern, daß dieser per definitionem nur innerhalb der ersten Brillouin-Zone variiert. Deshalb besitzt die Aussage „unbeschränktes Anwachsen" im vorliegenden Falle keinen Sinn. Man kann sich den Charakter der Elektronenbewegung leicht klarmachen, wenn man berücksichtigt, daß Punkte, die sich um den Vektor $\hbar\boldsymbol{b}$ unterscheiden, ein und denselben Elektronenzustand beschreiben. Gelangt also ein Elektron an die Grenze der Brillouin-Zone, so befindet es sich damit auch an der gegenüberliegenden Grenze, und die Zunahme des Quasi-Impulses beginnt von dort aus von neuem. Sind die Vektoren $\boldsymbol{E}$ und $\boldsymbol{b}$ parallel, so ändert sich der Quasi-Impuls periodisch so, wie dies in Abb. 4.7 (für den eindimensionalen Fall) gezeigt ist. Die Oszillationsperiode t_0, d. h. die Zeit, in welcher das Elektron die gesamte Brillouin-Zone durchläuft und in den Ausgangszustand zurückkehrt, findet man leicht aus der Bedingung

$$\hbar \boldsymbol{b} = e\boldsymbol{E}t_0.$$

Hieraus folgt

$$t_0 = \frac{\hbar}{e} \frac{(\boldsymbol{b}, \boldsymbol{E})}{|\boldsymbol{E}|^2}. \tag{6.3}$$

Insbesondere hat man in einem kubischen Kristall

$$t_0 = \frac{\hbar}{e|\boldsymbol{E}|\,a}, \tag{6.3'}$$

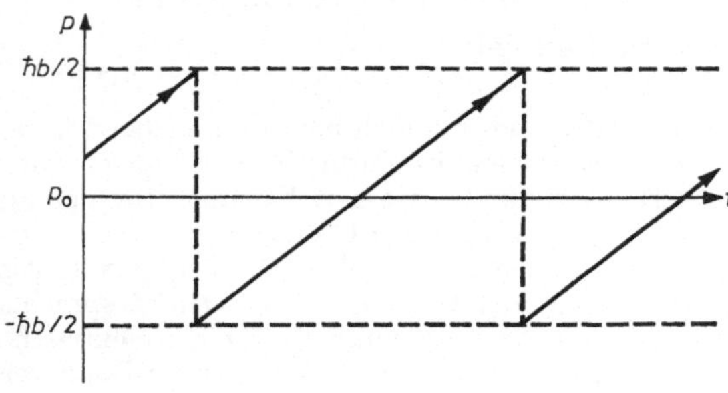

Abb. 4.7
Periodische Bewegung eines Ladungsträgers in der Brillouin-Zone im äußeren elektrischen Feld (eindimensionaler Fall). Die ausgezogenen Linien mit Pfeilen beschreiben die Ladungsträgerbahn im Quasi-Impuls-Raum.

wenn der Vektor $\boldsymbol{E}$ parallel zu einer der Hauptachsen ist. Der periodischen Bewegung des Elektrons durch die Brillouin-Zone müssen auch Oszillationen im Energieband entsprechen. Davon überzeugt man sich leicht, wenn man im Einklang mit (1.7) und (1.3)

$$\frac{\partial E(\boldsymbol{p})}{\partial t} = -e\big(\boldsymbol{E}\,\nabla_{\boldsymbol{p}}E(\boldsymbol{p})\big) \tag{6.4}$$

setzt.

Die allgemeine Lösung dieser Differentialgleichung ist eine beliebige Funktion des Argumentes $\boldsymbol{p} - e\boldsymbol{E}t$. Da für $\boldsymbol{E} = 0$ einfach die Energie des Elektrons im Idealkristall folgen muß, haben wir

$$E(\boldsymbol{p}, t) = E(\boldsymbol{p} - e\boldsymbol{E}t). \tag{6.5}$$

Wie wir wissen, ist $E(\boldsymbol{p})$ eine periodische Funktion mit der Periode $\hbar\boldsymbol{b}$. Hieraus folgt sofort, daß das Elektron im konstanten und homogenen elektrischen Feld, das zu einem der Vektoren des reziproken Gitters parallel ist, im Energieband mit der durch Gl. (6.3) gegebenen Periode oszilliert. Es sei jedoch hervorgehoben, daß die soeben durchgeführte Rechnung Näherungscharakter trägt. Wir haben nämlich Gl. (1.7) benutzt und in diese den Ausdruck (1.3) für die mittlere Elektronengeschwindigkeit eingesetzt, diesen Ausdruck jedoch für ein Elektron erhalten, das sich in einem rein periodischen Feld bewegt. Daraus folgt, daß die Gleichung (6.5) (sowie die Vorstellung von den Oszillationen des Elektrons im Band) nur dann näherungsweise gültig ist, wenn die Feldstärke des „Kristall"-Feldes, das ja die Bandstruktur determiniert, groß gegen $\boldsymbol{E}$ ist.[1])

Ferner haben wir die Streuung der Ladungsträger an den unausbleiblich existierenden Gitterstörungen nicht berücksichtigt. Bei Vorhandensein einer Streuung bleibt die Vorstellung von den Oszillationen der Elektronen und Löcher in den Bändern nur sinnvoll, solange die Bedingung

$$t_0 \ll \tau_p \tag{6.6}$$

erfüllt ist.

Bisher haben wir die nichtstationäre Bewegung der Ladungsträger betrachtet. Es ist möglich, auch nach den stationären Zuständen zu fragen, d. h. nach dem Energiespektrum der Ladungsträger in einem konstanten und homogenen elektrischen Feld. Im betrachteten Fall hat die potentielle Energie eines Elektrons die Form

$$U(\boldsymbol{r}) + e|\boldsymbol{E}|z, \tag{6.7}$$

wobei $U(\boldsymbol{r})$ wie oben dem Elektron im Gitter entspricht, während $\boldsymbol{E}$ als parallel zur z-Achse vorausgesetzt wird. Ist die Ungleichung (1.6) erfüllt. so ändert sich der zweite Term in (6.7) äußerst langsam im Vergleich zum ersten. Man kann daher lokal — in jedem nicht zu großen Kristallbereich — die potentielle Energie des Elektrons im äußeren Feld als nahezu konstant ansehen und dementsprechend die Energieeigenwerte in der Form

$$E_\nu = E_\nu(\boldsymbol{p}) + e|\boldsymbol{E}|z \tag{6.8}$$

schreiben.

Lokal gesehen bleibt also hier das Bändermodell des Energiespektrums eines Elektrons erhalten. In großen z-Intervallen (also solchen von der Größenordnung $E_g/e|\boldsymbol{E}|$) wird die Variabilität des zweiten Terms jedoch spürbar. Dies bedeutet, daß die Bänder praktisch unter Beibehaltung ihrer Form so gekippt werden, wie in Abb. 4.8 gezeigt (der Einfachheit halber sind nur die Kanten zweier Bänder, nämlich des Leitungs- und Valenzbandes, dargestellt).

Diese Überlegungen bleiben auch im Falle eines inhomogenen elektrischen Feldes gültig unter der Voraussetzung, daß dieses hinreichend glatt ist. Die Feldstärke darf sich über eine charakteristische Elektronenwellenlänge nur langsam ändern. In diesem Falle kann man die potentielle Energie des Elektrons im betrachteten Feld wie oben als lokal konstante Größe ansehen. Über hinreichend große Entfernungen wird jedoch der Unterschied zwischen einem homogenen und inhomogenen Feld bedeutsam. Im letzteren Fall erweisen sich die Bandkanten als nicht geradlinig. Man spricht dann von Biegung der Bänder. Die Bandbiegung wird häufig benutzt, wenn räumlich inhomogene elektrische Felder eine Rolle spielen (Kapitel 6. bis 11.). Es ist dabei insbesondere möglich, die Bewegungsgleichungen (1.9), (1.10) — (1.10″)

[1]) Größenordnungsmäßig beträgt die Feldstärke des „Kristall"-Feldes im Mittel etwa 10^7 V/cm.

nicht nur in räumlich homogenen, sondern auch in langsam veränderlichen inhomogenen Feldern zu verwenden.

Aus Abb. 4.8 folgt, daß eine verbotene Zone in dem Sinne, wie dieser Begriff früher gebraucht wurde, hier strenggenommen nicht existiert. Für einen beliebigen Energiewert kann man dann nämlich ein Gebiet finden, in dem dieser Wert beispielsweise in das Leitungsband fällt; in einem anderen Bereich der Variablen z fällt er hingegen in das Valenzband. Das Konzept der Bandkanten behält aber dennoch einen gewissen Sinn.

Um diesen herauszuarbeiten, kehren wir zu dem in Abschnitt 3.5. betrachteten eindimensionalen Beispiel zurück (diese Resultate besitzen allgemeingültigen Charakter). Im vorliegenden Fall entsprechen die obere und untere Grenze der Elektronenenergie im gegebenen Band (im rein periodischen Feld) dem Maximum bzw. Minimum des Ausdrucks (3.5.12″). Für reelle Werte $\lambda = kd$ ist der Ausdruck (3.5.12″) beschränkt, so daß das Band eine endliche Breite besitzt. Es ist jedoch leicht zu sehen,

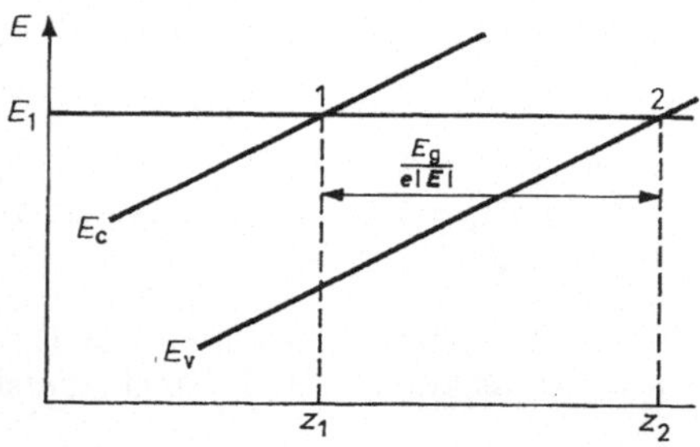

Abb. 4.8

Gekippte Energiebänder im konstanten und homogenen elektrischen Feld. Die z-Achse zeigt in Richtung des Vektors $\boldsymbol{E}$.

daß der Ausdruck (3.5.10) dem Gleichungssystem (3.5.8) auch für imaginäre λ genügt. Hierbei ist offensichtlich $\cos \lambda$ durch $\cosh |\lambda|$ zu ersetzen, d. h., der Betrag der Funktion (3.5.12″) kann beliebig groß werden. Würde man also imaginäre Werte des Quasiwellenvektors $\boldsymbol{k}$ zulassen, wäre die Breite der erlaubten Zone unendlich groß. Wir wissen jedoch, daß wegen der Normierungsbedingung (3.2.8) die Komponenten des Quasiwellenvektors reell sein müssen. Im entgegengesetzten Fall besäße nämlich die Elektronenwellenfunktion den Faktor

$$\exp(-z \operatorname{Im} k). \tag{6.9}$$

Bei beliebigem Vorzeichen von $\operatorname{Im} k$ divergiert der Ausdruck (6.9) im Unendlichen entweder für $z \to +\infty$ oder $z \to -\infty$. Die einzige Möglichkeit, diese Divergenz auszuschließen, besteht darin, im entsprechenden Energieintervall die triviale Lösung $\psi = 0$ zu wählen. Das bedeutet gerade, daß sich das Elektron nicht in der verbotenen Zone aufhalten kann. Seine Aufenthaltswahrscheinlichkeit ist dort gleich Null.

Den Energiewerten, die in der verbotenen Zone liegen, kann man also formal nicht verschwindende Lösungen der Schrödinger-Gleichung zuordnen. Diese Lösungen oszillieren jedoch nicht, sondern wachsen entweder für $z \to +\infty$ oder

$z \to -\infty$ an; sie werden deshalb auch durch die Bedingung (3.2.8) ausgeschlossen, indem sie durch die triviale Lösung $\psi = 0$ ersetzt werden. Mit anderen Worten läßt sich der Begriff der „verbotenen Zone" auf zweierlei Art definieren:

a) als Gesamtheit derjenigen Energiewerte, die durch die Bedingung (3.2.8) nicht erlaubt sind und deshalb im Idealkristall physikalisch nicht realisiert werden;
b) als Gesamtheit der Energiewerte, denen nicht verschwindende Lösungen mit einem imaginären Quasi-Impuls entsprechen und die im Unendlichen verschwinden oder divergieren.

Für den Idealkristall in Abwesenheit äußerer Felder sind diese beiden Definitionen identisch. Wird ein elektrisches Feld angelegt, ändert sich jedoch die Situation. Die erste Definition entfällt jetzt, während die zweite gültig bleibt. Da die potentielle Energie eines Elektrons im äußeren Feld über viele Gitterkonstanten hinweg nahezu konstant bleibt, werden die Elektronenwellenfunktionen lokal fast die gleiche Form haben wie bei Abwesenheit des Feldes. Die Unterteilung der Wellenfunktionen in oszillierende („erlaubte" Zone) und verschwindende bzw. divergierende („verbotene" Zone) bleibt erhalten. Die Grenzen der Zonen hängen dabei von den Koordinaten ab. (Für die erlaubte Zone als Gesamtheit der erlaubten Energiewerte wäre dies sinnlos: die Eigenwerte der Schrödinger-Gleichung hängen definitionsgemäß nicht von den Koordinaten ab.)

Aus Abb. 4.8 ist ersichtlich, warum im vorliegenden Fall die Bedingung der Beschränktheit der Lösung im Unendlichen nicht Zustände mit imaginärem Quasi-Impuls ausschließt. Dies liegt daran, daß sich infolge der Neigung der Energiebänder das Elektron in der verbotenen Zone nur in einem begrenzten Raumbereich aufhält (ein Elektron mit der Energie E_1 befindet sich z. B. in der verbotenen Zone im Intervall $z_1 < z < z_2$). Ferner liegt für einen beliebigen Punkt an der Grenze der erlaubten Zone die verbotene Zone ausschließlich entweder auf der Seite kleinerer oder auf der Seite größerer Werte von z (siehe z. B. die Punkte 2 und 1 in Abb. 4.8). Es existiert daher eine physikalisch sinnvolle Lösung mit $z \operatorname{Im} k > 0$, d. h., nach (6.9) nimmt die Wellenfunktion beim Eindringen in die verbotene Zone ab.

Anders ausgedrückt, beim Anlegen eines elektrischen Feldes wird die Wahrscheinlichkeit, ein Elektron in der verbotenen Zone zu finden, von Null verschieden. Sie ist trotzdem nicht sehr groß. In diesem Sinne ist auch der Begriff „verbotene Zone" in Anwesenheit eines äußeren elektrischen Feldes zu verstehen.

Aus dem Gesagten wird deutlich, daß ein Elektron im äußeren Feld, ohne Arbeit zu verrichten, von einem erlaubten Band in ein anderes übergehen kann. Wir wollen annehmen, daß sich zum Anfangszeitpunkt ein Elektron mit der Energie E_1 an der Valenzbandkante (im Punkt 2 der Abb. 4.8) befindet. Nach (6.9) ist dessen Wellenfunktion in der verbotenen Zone jetzt nicht mehr identisch Null, sondern proportional $\exp\{-(z_2 - z_1) \operatorname{Im} k\}$. Demzufolge existiert eine endliche Wahrscheinlichkeit dafür, daß das Elektron durch die verbotene Zone „hindurchsickert" und in den an der Leitungsbandkante befindlichen Punkt 1 gelangt. Diese Erscheinung ist in gewisser Weise dem aus der Quantenmechanik bekannten Tunnelübergang eines Elektrons aus einer Potentialgrube in eine andere durch eine trennende Potentialbarriere hindurch analog. Dementsprechend wird sie auch *Tunneleffekt*[1])

[1]) Man muß jedoch beachten, daß die Analogie mit dem üblichen Tunneleffekt nicht vollständig ist: eine Potentialbarriere im üblichen Sinne des Wortes stellt die verbotene Zone nicht dar.

genannt. Die Wahrscheinlichkeit P des Tunneleffektes ist um so größer, je kleiner der Abstand $z_2 - z_1$ ist, d. h., je stärker die Bänder gekippt sind. Rechnungen, auf die hier nicht näher eingegangen werden soll (siehe [1, 3]), zeigen, daß bis auf einen unwesentlichen Vorfaktor

$$P \sim \exp\left(-\frac{|\boldsymbol{E}_0|}{|\boldsymbol{E}|}\right) \tag{6.10}$$

ist, wobei $|\boldsymbol{E}_0|$ eine von den Kristallparametern (Breite der verbotenen Zone, Lage der Extrema in der Brillouin-Zone, effektive Masse des Elektrons im Leitungs- und Valenzband) abhängige Konstante ist.

Sind beispielsweise die Isoenergieflächen in der Umgebung des Leitungsbandminimums und des Valenzbandmaximums Kugeln mit dem Zentrum in der Mitte der Brillouin-Zone — die entsprechenden effektiven Massen bezeichnen wir mit m_n bzw. $-m_p$ ($m_p > 0$) —, so ist

$$|\boldsymbol{E}_0| = \frac{\pi E_g^{3/2} m_r^{1/2}}{2\hbar e}, \tag{6.11}$$

wo $m_r = \dfrac{m_n m_p}{m_n + m_p}$ die reduzierte effektive Masse von Elektron und Loch ist. Für $E_g = 1$ eV und $m_r = 0{,}1\, m_0$ liefert Gl. (6.11) $|\boldsymbol{E}| \simeq 10^7$ V/cm.

Man sieht, daß in schwachen Feldern ($|\boldsymbol{E}| \ll |\boldsymbol{E}_0|$) die Wahrscheinlichkeit des Tunneleffektes sehr klein und dieser damit vernachlässigbar ist. Es genügt daher, die Elektronenbewegung lediglich in einem Band zu betrachten, d. h., es sind die zu Beginn dieses Abschnitts angestellten Überlegungen gültig. Mit größer werdender Feldstärke wächst die Wahrscheinlichkeit des Tunneleffektes schnell an, so daß er für $|\boldsymbol{E}| \simeq 0{,}1 |\boldsymbol{E}_0|$ bereits nicht mehr zu vernachlässigen ist. Der Tunneleffekt kann auch in inhomogenen elektrischen Feldern stattfinden. Damit ist eine Reihe von Erscheinungen, die in Halbleitern beobachtet werden, verknüpft. Er ist die Grundlage für einen möglichen Mechanismus des Durchschlages einer defektfreien Probe: In einem hinreichend starken Feld kommt es dabei zur spontanen Bildung von Leitungselektronen und Löchern im Valenzband.[1]) Auf diesem Effekt beruht ferner die Wirkungsweise der Tunneldioden (siehe Abschnitt 8.3.). Schließlich hängen einige Besonderheiten der Lichtabsorption in Halbleitern im starken Feld ebenfalls mit dem Tunneleffekt zusammen (s. Abschnitt 18.10.).

4.7. Flache Störstellenniveaus in homöopolaren Kristallen

Wir betrachten im folgenden das einfachste Problem der Theorie der Realkristalle — die flachen Niveaus, die in der verbotenen Zone durch isolierte Fremdatome erzeugt werden. Als „flach“ werden Niveaus bezeichnet, die der Bedingung (4.5) genügen: der

---

1) Dies ist nicht der einzige Mechanismus. Offenbar spielt in einer Reihe von Fällen der Mechanismus der Stoßionisation eine wichtigere Rolle. Hier wird ein Leitungselektron im elektrischen Feld beschleunigt und nimmt die Energie auf, die ausreicht, um ein anderes Elektron aus dem Valenzband „herauszustoßen“.

energetische Abstand vom Niveau zur Grenze des nächsten Bandes muß dabei klein gegen die Breite der verbotenen Zone sein.

Solche Niveaus entstehen beispielsweise in Germanium und Silizium bei Dotierung mit Fremdatomen der V. und III. Gruppe des Periodensystems (s. Abschnitt 2.9.). Zur Berechnung der Lage dieser Niveaus kann man die Gleichung (4.3) oder ihre Verallgemeinerungen (4.8) und (4.10) benutzen. Als $\delta U(\boldsymbol{r})$ ist hier die Wechselwirkungsenergie des Elektrons mit dem Atomrumpf des Donators (bzw. eines Loches mit dem des Akzeptors) einzusetzen. Die exakte Form von δU hängt von der chemischen Natur des Fremdatoms ab und ist in allgemeingültiger Form schwer anzugeben. Für die flachen Niveaus ist dieser Umstand jedoch nicht sehr wesentlich, da, wie wir sehen werden, nur Abstände $\boldsymbol{r}$ zwischen Elektron und Donatorkern, die groß gegen die linearen Abmessungen des Atomrumpfes sind, eine Rolle spielen. Wie aus der Elektrostatik bekannt ist, spielen dann Details, die mit der konkreten Form der Ladungsverteilung im Atomrumpf verbunden sind, keine Rolle, so daß die Funktion $\delta U(\boldsymbol{r})$ die bekannte Coulombsche Form

$$\delta U = -\frac{Ze^2}{\varepsilon r} \tag{7.1}$$

hat. Hier ist Z die Ladung des Atomrumpfes in Einheiten e (im interessierenden Falle ist $Z = 1$), und ε ist die dielektrische Permeabilität des Gitters[1]).

Wir erhalten somit das Wasserstoffproblem, allerdings mit dem Unterschied, daß im vorliegenden Fall im Ausdruck (7.1) die dielektrische Permeabilität des Mediums auftritt und der Operator der kinetischen Energie anstelle der wahren Elektronenmasse die effektive Masse (bzw. allgemeiner den Tensor der reziproken effektiven Masse) enthält. Demzufolge bezeichnet man das Störstellenmodell, das auf dem Potential (7.1) und der Effektivmassenmethode fußt, als Wasserstoffatommodell.

Es sei sofort eine qualitative Folgerung aus diesem Modell erwähnt, die bei beliebiger Anisotropie der Bänder gültig ist: Die Lage der Niveaus darf nicht von der chemischen Natur des Fremdatoms (natürlich innerhalb der entsprechenden Gruppe des Periodensystems, z. B. der V. Gruppe für die Donatoren und der III. Gruppe für die Akzeptoren in Germanium und Silizium) abhängen. Dementsprechend kann die Differenz zwischen den Ionisationsenergien verschiedener Störstellen in einem Kristall als Maß dafür dienen, wie genau das Wasserstoffatommodell gilt. Die Angaben in der Tabelle 2.1 zeigen, daß für Störstellen der III. und V. Gruppe in Ge das Wasserstoffatommodell keine schlechte Näherung darstellt.

Die konkrete Rechnung ist besonders einfach für den Fall einer isotropen effektiven Masse. Setzt man den Ausdruck (7.1) (für $Z = 1$) in die Gleichung (4.3) ein, so erhält man

$$-\frac{\hbar^2}{2m}\nabla^2\chi - \frac{e^2}{\varepsilon r}\chi = E\chi. \tag{7.2}$$

---

[1]) Im betrachteten Fall homöopolarer Kristalle ist die gesamte Polarisierbarkeit trägheitslos. Für die flachen Niveaus entspricht der Dispersionsbereich von ε solchen Frequenzen, die wesentlich größer als der charakteristische Wert $I/\hbar$ sind, wo I die Ionisationsenergie des Fremdatoms ist. Es ist somit möglich, für ε einfach den statischen Wert dieser Konstante einzusetzen.

Wir führen charakteristische Längen- und Energieeinheiten ein:

$$a_B = \frac{\varepsilon\hbar^2}{me^2}, \quad E_B = \frac{me^4}{2\varepsilon^2\hbar^2}. \tag{7.3}$$

Die Größen a_B und E_B werden gewöhnlich als Bohrscher Radius bzw. Bohrsche Energie im Kristall bezeichnet. Mißt man die Länge und die Energie in Einheiten a_B bzw. E_B, so nimmt die Gleichung (7.2) die Form

$$-\nabla^2\chi - \frac{2}{r}\chi = E\chi \tag{7.2'}$$

an (dabei werden die alten Bezeichnungen für die jetzt dimensionslosen Größen benutzt). Die Lösung der Gleichung (7.2') findet man in den Quantenmechaniklehrbüchern.

Es existieren zwei Bereiche des Spektrums, die jeweils einem Vorzeichen von E entsprechen:

a) Kontinuierliches Spektrum: $E > 0$.
Hier sind alle Energiewerte E erlaubt, die Funktion ist die Coulombsche Wellenfunktion des kontinuierlichen Spektrums.

Nach dem in Abschnitt 4.4. Gesagten entspricht dieser Energiebereich dem Leitungsband. Der Unterschied der Funktion von einer ebenen Welle (4.4) widerspiegelt den Einfluß der Störstelle auf die Bewegung der freien Ladungsträger.

b) Diskretes Spektrum: $E < 0$.
Die erlaubten Energiewerte sind gegeben durch

$$E_n = -\frac{E_B}{n^2}, \qquad n = 1, 2, \ldots . \tag{7.4}$$

Die „geglättete" Eigenfunktion χ ist in diesem Fall die Coulombsche Wellenfunktion des diskreten Spektrums. Insbesondere haben wir für $n = 1$ (tieferes Niveau bzw. Grundzustand)

$$\chi = (\pi a_B^3)^{-1/2} \exp(-r/a_B). \tag{7.5}$$

(Von der Gültigkeit dieser Lösung überzeugt man sich leicht durch einfaches Einsetzen.) Der konstante Faktor ist hier gemäß der üblichen Normierungsbedingung

$$\int |\chi|^2 \, d^3\boldsymbol{r} = 1$$

gewählt worden. Da der Nullpunkt der Energie bei uns mit dem Minimum des Leitungsbandes E_c zusammenfällt, liegen die diskreten Niveaus (7.4) in der verbotenen Zone. Ein Elektron, das eines dieser Niveaus besetzt, ist in der Umgebung des Fremdatoms lokalisiert (daher bezeichnet man diese Niveaus als lokal). Der größte Lokalisierungsgrad entspricht dem Grundzustand ($n = 1$). Dann ist nach (7.5) der „Bahnradius", d. h. der wahrscheinlichste Abstand zwischen dem Fremdatom und dem Elektron, gleich a_B. Für große Werte n ist der „Bahnradius" na_B. Aus dem

Vorangegangenen ist klar, daß die gesamte Rechnung nur bei hinreichend schwacher Lokalisierung des Elektrons sinnvoll ist. Gleichung (7.1) ist nämlich nur begründet, falls

$$a_{\mathrm{B}} \gg a \tag{7.6}$$

ist. Dieselbe Bedingung gewährleistet auch die Möglichkeit, die Effektivmassenmethode anzuwenden und die dielektrische Permeabilität einzuführen.

Die Ionisationsenergie I, d. h. die Arbeit, die notwendig ist, um das Elektron in das Minimum des Leitungsbandes zu heben, ist offenbar $-E_1$:

$$I = E_{\mathrm{B}} = \frac{e^2}{2\varepsilon a_{\mathrm{B}}} = 13{,}7\,\frac{m}{m_0}\,\varepsilon^{-2}\,\mathrm{eV}. \tag{7.7}$$

In Germanium ist $\varepsilon = 16$. Wählt man noch $m = 0{,}2m_0$, erhält man aus (7.7) $I = 1{,}67 \cdot 10^{-2}$ eV, einen Wert, der den experimentellen Ergebnissen für flache Donatoren (Tab. 2.1) nahekommt. Aus diesem Grunde benutzt man mitunter für eine größenordnungsmäßige Abschätzung für die Leitungsbandelektronen in Germanium ein isotropes Modell mit der effektiven Masse $m = 0{,}2m_0$. Nach (7.3) ist dabei $a_{\mathrm{B}} = 40$ Å, so daß die Bedingung (7.6) erfüllt ist.

Eine exakte Theorie der flachen Donatoren und Akzeptoren in Germanium und Silizium muß von den Gleichungen (4.8) und (4.10) ausgehen. Einzelheiten bezüglich der hier verwendeten Näherungsmethoden kann man in den Originalarbeiten [4, 5, 6] finden.

Bisher haben wir explizit vorausgesetzt, daß sich der Ladungsträger nur mit einem Fremdatom in Wechselwirkung befindet. Tatsächlich gibt es jedoch stets viele Fremdatome, so daß man strenggenommen anstelle von (7.1) schreiben müßte:

$$\delta U(\boldsymbol{r}) = -\sum_i \frac{Z_i e^2}{\varepsilon\,|\boldsymbol{r} - \boldsymbol{R}_i|}, \tag{7.1'}$$

wo der Index i die Fremdatome numeriert und $\boldsymbol{R}_i$ der Radiusvektor des i-ten Fremdatoms ist. Der Übergang von (7.1') zu (7.1) ist nur bei hinreichend kleiner Störstellenkonzentration N_{t} zulässig. Wir wollen annehmen, daß sich der Ladungsträger im n-ten Niveau in der Umgebung irgendeines Fremdatoms befindet. Die Wechselwirkungsenergie mit allen übrigen Fremdatomen muß dann (dem Betrag nach) klein gegen $|E_n|$ (7.4) sein. Größenordnungsmäßig beträgt die genannte Energie $e^2 N_{\mathrm{t}}^{1/3} \varepsilon^{-1}$ (da der mittlere Abstand zwischen den Fremdatomen von der Ordnung $N_{\mathrm{t}}^{-1/3}$ ist). Es muß daher die Bedingung $\varepsilon E_{\mathrm{B}} n^{-2} \gg e^2 N_{\mathrm{t}}^{1/3}$ bzw. wegen (7.3)[1])

$$a_{\mathrm{B}} n^2 \ll N_{\mathrm{t}}^{-1/3} \tag{7.8}$$

erfüllt sein. Ist diese Bedingung nicht erfüllt, so führt die Wechselwirkung zwischen den Störstellenatomen zu einer Verschiebung und Aufspaltung der Niveaus (7.4).

Besonders interessant sind Erscheinungen, die mit der Überlappung der Wellenfunktion der an verschiedenen Fremdatomen lokalisierten Trägern zusammenhängen.

[1]) Tatsächlich kann die Bedingung (7.8) etwas abgeschwächt werden, indem man die Wechselwirkung der Elektronen untereinander berücksichtigt. Dieser Effekt führt insbesondere zur Abschirmung der Wechselwirkung der Elektronen mit den Donatoren, so daß sich die Felder der letzteren effektiv abschwächen (siehe Kapitel 17.).

Eine solche Überlappung wird wesentlich, wenn der mittlere Abstand zwischen den Atomen vergleichbar mit dem Radius der entsprechenden Bahn ist:

$$N_t^{-1/3} \sim n a_B. \tag{7.9}$$

Qualitativ passiert dann das gleiche wie bei der Bildung eines Kristalls aus Atomen (vgl. Abschnitt 3.5.): Es entsteht die Möglichkeit eines direkten Tunnelübergangs eines Elektrons (Loches) von einem Donator (Akzeptor) zu einem anderen ohne Beteiligung des Leitungsbandes. Infolgedessen werden die diskreten Niveaus „verschmiert" und bilden einen erlaubten Bereich, der in der verbotenen Zone liegt (analog zu der „Verschmierung" der regulären Atomniveaus). Dieser Bereich heißt *Störstellenband* (Abb. 4.9).

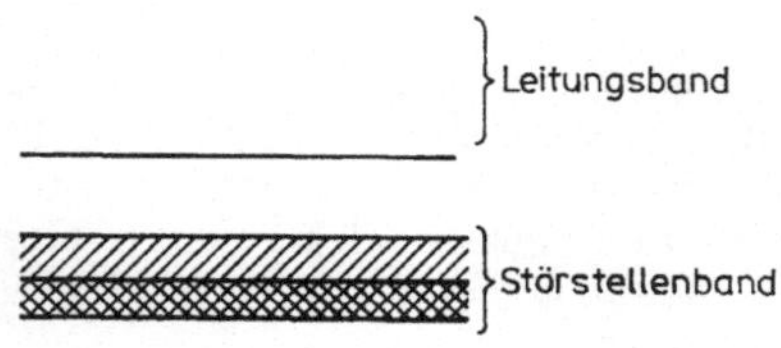

Abb. 4.9
Das Störstellenband der Akzeptoren ist schraffiert. Doppelt schraffiert sind die besetzten Niveaus im Störstellenband.

Es sei jedoch bemerkt, daß die Analogie zur Bildung der Bänder des idealen Kristalls (Eigenbänder) nicht vollständig ist, da die Störstellen im allgemeinen kein periodisches Gitter bilden. Es wäre daher falsch, einem Elektron im Störstellenband einen genau definierten Quasi-Impuls zuzuschreiben.

Bei der Bildung eines Störstellenbandes entsteht die Möglichkeit eines neuen Mechanismus der elektrischen Leitfähigkeit — die Störstellenbandleitung. In diesem Falle darf das Störstellenband nicht vollständig besetzt sein. Dies ist der Fall, wenn zusätzlich zur Ausgangsdotierung, z. B. mit flachen Donatoren (der Konzentration N_d) im Halbleiter noch kompensierende Akzeptoren (mit der Konzentration $N_a < N_d$), existieren, deren Energieniveaus unterhalb der Donatorenniveaus liegen. Bei tiefen Temperaturen sind dann alle Akzeptoren durch Elektronen besetzt, die Donatoren sind dann teilweise (mit der Konzentration N_a) leer, und es werden Elektronenübergänge aus besetzten Donatorenniveaus in leere möglich. Da der mittlere Abstand zwischen den Störstellen größer als der Abstand zwischen den Atomen des Grundgitters ist, ist auch die Wahrscheinlichkeit der Tunnelübergänge zwischen den Fremdatomen kleiner als die der Übergänge zwischen den Atomen des Grundgitters. Deshalb ist die Beweglichkeit der Elektronen (Löcher) im Störstellenband wesentlich kleiner als in den Eigenbändern.

Die Existenz einer Störstellenbandleitfähigkeit kann man experimentell beobachten, wenn man die elektrischen Eigenschaften der Kristalle bei tiefen Temperaturen untersucht. In Abb. 4.10[1]) sind die Temperaturabhängigkeiten des spezifischen Widerstandes ϱ und der Hall-Konstante R von mit Elementen der III. und V. Gruppe dotiertem p-Germanium dargestellt. Mit tiefer werdender Temperatur wachsen ϱ

[1]) Nach FRITZSCHE, H., Phys. Rev. 99 (1955) 406.

und R zunächst exponentiell an. Danach jedoch hängt ϱ nur noch schwach von T ab, während R durch ein Maximum geht (im betrachteten Beispiel bei 5,5 K).

Ein solches Verhalten von ϱ und R läßt sich dadurch erklären, daß sich die gesamte Konzentration der Elektronen an den Donatoren $(N_d - N_a)$ (der Konkretheit halber sei ein n-Halbleiter betrachtet) auf das Leitungsband (in dem die Konzentration n_1 vorliegt) und das Störstellenband (Konzentration n_2) verteilt. Dann ist $\varrho = (1/e)(n_1\mu_1 + n_2\mu_2)$, während die Hall-Konstante durch Gl. (1.4.5) gegeben ist. Für relativ hohe Temperaturen ist $n_1\mu_1 > n_2\mu_2$, und es dominiert die elektrische Leit-

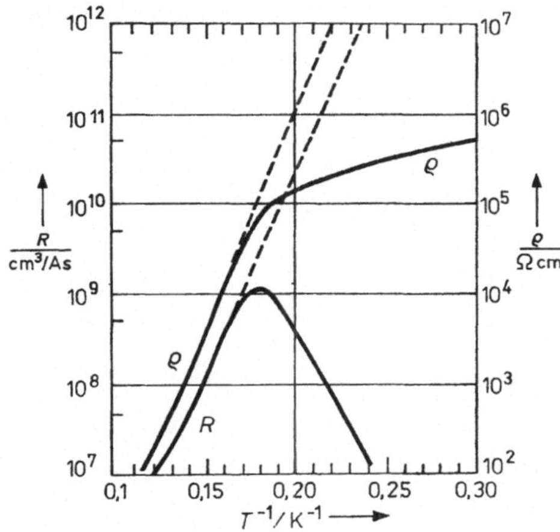

Abb. 4.10

Spezifischer Widerstand ϱ und Hall-Konstante R bei tiefen Temperaturen in Germanium

$N_a = 4{,}4 \cdot 10^{15}$ cm^{-3}, $N_d = 1{,}0 \cdot 10^{14}$ cm^{-3}

fähigkeit im Leitungsband. Wären die Störstellenniveaus diskret $(\mu_2|_{T=0} = 0)$, so hätten wir für $T \to 0$ das Verhalten $\varrho \to \infty$, $R \to \infty$, da $n_1 \to 0$ geht. (Das entspricht den gestrichelten Linien in Abb. 4.10.) Bei sehr tiefen Temperaturen, für die $n_1\mu_1 \ll n_2\mu_2$ gilt, liefert das Störstellenband den Hauptbeitrag zur elektrischen Leitfähigkeit, dessen Elektronen- (Löcher-) Konzentration praktisch nicht von der Temperatur abhängt. Für $T \to 0$ streben also die Größen ϱ und R gegen endliche Werte:

$$\varrho = \frac{1}{e(N_d - N_a)\,\mu_2}, \qquad R = \frac{\mu_{2H}}{\mu_2}\,\frac{1}{ce(N_d - N_a)}.$$

Die Existenz eines Maximums der Hall-Konstante folgt aus Gl. (1.4.5) bei Berücksichtigung der Bedingung $n_1 + n_2 = \text{const}$. Wenn z. B. die Beweglichkeiten nicht von der Temperatur abhängen würden und die Hall-Faktoren in beiden Bändern gleich wären $(\mu_{1H}/\mu_1 = \mu_{2H}/\mu_2)$, so würde der Ausdruck (1.4.5) ein Maximum bei $n_1\mu_1 = n_2\mu_2$ aufweisen.

Das Störstellenband entsteht zuerst im Ergebnis der Überlappung der Wellenfunktionen oder angeregten Zustände. Mit wachsender Dotierungskonzentration werden auch die tiefer liegenden Niveaus — einschließlich des Grundzustandes — „verschmelzen". Schließlich kommt es bei hinreichend großen Werten von N_t zu einer Überlappung des Störstellenbandes mit dem nächstliegenden Eigenband des Kristalls — also mit dem Leitungs- bzw. Valenzband. In Germanium, das mit Elementen der V. Gruppe dotiert ist, tritt eine solche Überlappung bei $N_t \approx 10^{17}$ cm^{-3} ein. Eine Unterscheidung zwischen Störstellenband und Eigenband wird gegenstandslos — es entsteht ein Bereich des kontinuierlichen Spektrums, und der Stoff verhält sich bezüglich seiner elektrischen Eigenschaften wie ein schlechtes Metall. Solche Materialien heißen stark dotierte Halbleiter. Sie werden im Kapitel 19. behandelt.

5. Die Statistik der Elektronen und Löcher in Halbleitern

5.1. Einführung

In den vorangegangenen Kapiteln wurden verschiedene mögliche Quantenzustände der Elektronen im Kristall, d. h. verschiedene Typen ihrer stationären Bewegung, betrachtet. Im Zustand des thermodynamischen Gleichgewichts existiert für einen Kristall bei gegebener Temperatur eine wohldefinierte Verteilung der Elektronen über die verschiedenen Quantenzustände. Im Ergebnis bildet sich im Kristall eine bestimmte Konzentration von freien Elektronen n im Leitungsband und von freien Löchern p im Valenzband heraus.

Außerdem können in Kristallen mit lokalisierten Energieniveaus (Störstellenatome und Strukturdefekte) noch negativ geladene Akzeptoren, an denen sich eine bestimmte Zahl n_t gebundener Elektronen pro Einheitsvolumen befindet, sowie positiv geladene Donatoren vorkommen, die eine gewisse Konzentration p_t gebundener Löcher erzeugen.

Die Berechnung dieser Konzentrationen beweglicher und gebundener Ladungsträger bildet das Grundproblem der Statistik der Elektronen und Löcher in Halbleitern.

Die Lösung dieses Problems ist für das Verständnis vieler elektrischer und optischer Erscheinungen in Halbleitern notwendig. Insbesondere gestattet sie, die Abhängigkeit grundlegender elektrischer Eigenschaften des Halbleiters (Leitfähigkeit, Ladungsträgerbeweglichkeit und anderer) von der Anzahl und der Beschaffenheit der Störstellen und von der Temperatur zu erklären.

Umgekehrt ist es möglich, die Energieniveaus und die Konzentrationen der Störstellenatome und Strukturdefekte zu finden, wenn man die experimentellen Daten über die Temperaturabhängigkeit von Elektronen- und Löcherkonzentration mit Hilfe der theoretischen Beziehungen der Statistik analysiert.

Das betrachtete Problem zerfällt in zwei Teile, einen rein quantenmechanischen — das Auffinden der Anzahl möglicher Quantenzustände der Elektronen — und einen statistischen — die Bestimmung der Verteilung der Elektronen auf diese Zustände im thermodynamischen Gleichgewicht.

5.2. Die Verteilung der Quantenzustände in den Bändern

Wie im Kapitel 3. gezeigt wurde, werden die stationären Zustände des Elektrons im idealen Kristall durch den Quasiimpuls $\boldsymbol{p} = \hbar \boldsymbol{k}$ und den Bandindex ν charakterisiert. Dabei gehört in der Brillouin-Zone zu jedem Wert von $\boldsymbol{p}$ ein Volumenelement der Größe $(2\pi\hbar)^3/V$, wenn V das Kristallvolumen ist.

Deshalb ist die auf eine Volumeneinheit des Kristalls bezogene Zahl der Quantenzustände im Brillouin-Zonenelement $\mathrm{d}^3\boldsymbol{p}$ gleich

$$2\,\frac{\mathrm{d}^3\boldsymbol{p}}{(2\pi\hbar)^3/V}\,\frac{1}{V} = 2\,\frac{\mathrm{d}^3\boldsymbol{p}}{(2\pi\hbar)^3}. \tag{2.1}$$

Der Faktor 2 berücksichtigt hier die beiden möglichen Spinorientierungen.

Im thermodynamischen Gleichgewicht hängt die Besetzungswahrscheinlichkeit der Quantenzustände nur von ihrer Energie und von der Temperatur ab. Es ist deshalb oft bequem, in (2.1) an Stelle von $\mathrm{d}^3\boldsymbol{p}$ das Volumenelement zu wählen, das zwischen zwei infinitesimal benachbarten Isoenergieflächen liegt (Abb. 5.1). Die Zahl der Quantenzustände pro Einheitsvolumen im Energieintervall E, $E + \mathrm{d}E$ kann in der Form $N(E)\,\mathrm{d}E$ dargestellt werden, wobei $N(E)$ die Zustandsdichte ist.

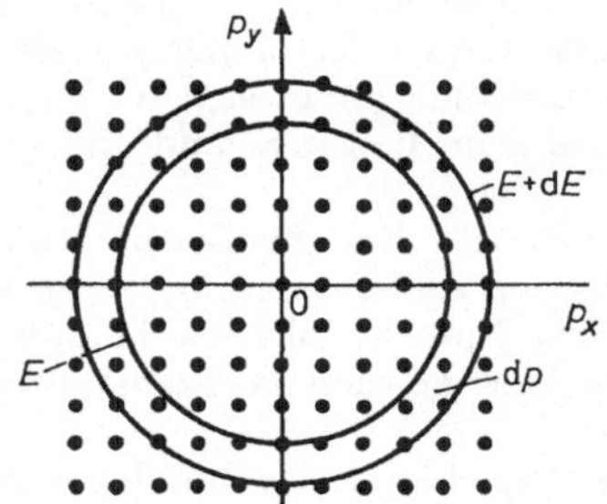

Abb. 5.1
Zur Bestimmung der Zustandsdichte im $\boldsymbol{p}$-Raum

Die genaue Berechnung der Funktion $N(E)$ ist im allgemeinen recht schwierig, weil die Flächen konstanter Energie eine komplizierte Form haben. In den meisten Fällen reicht es jedoch, die Funktion $N(E)$ nur in der Nähe der Bandkanten zu kennen, wodurch sich das Problem beträchtlich vereinfacht.

Wir betrachten zuerst den einfachsten Fall eines isotropen parabolischen Dispersionsgesetzes (Die Verallgemeinerung der Ergebnisse auf den anisotropen Fall erfolgt in Abschnitt 5.7.). Dann kann man für die Energie eines Elektrons

$$E = E_\mathrm{c} + \frac{p^2}{2m_\mathrm{n}} \tag{2.2}$$

schreiben, wobei der Quasiimpuls $\boldsymbol{p}$ vom Minimum des Leitungsbandes aus gezählt wird.

Es sei $\mathrm{d}^3\boldsymbol{p}$ das Volumen $4\pi p^2\,\mathrm{d}p$ einer Kugelschicht. Aus (2.2) folgt

$$p = (2m_\mathrm{n})^{1/2}\,(E - E_\mathrm{c})^{1/2}, \qquad \mathrm{d}p = (2m_\mathrm{n})^{1/2}\,(E - E_\mathrm{c})^{-1/2}\,\mathrm{d}E$$

und damit

$$N_\mathrm{c}(E) = \frac{1}{2\pi^2\hbar^3}\,(2m_\mathrm{n})^{3/2}\,(E - E_\mathrm{c})^{1/2}. \tag{2.3}$$

Die Verteilung der Quantenzustände im Valenz- oder Löcherband erhält man durch analoge Überlegungen. Für ein isotropes parabolisches Dispersionsgesetz gilt wieder

$$E = E_\mathrm{v} - \frac{1}{2m_\mathrm{p}}\,p^2. \tag{2.4}$$

Deshalb ergibt sich anstelle von (2.3) für die Zustandsdichte in der Nähe der Valenzbandkante

$$N_v(E) = \frac{1}{2\pi^2\hbar^3}(2m_p)^{3/2}(E_v - E)^{1/2}. \tag{2.5}$$

Allgemeinere Ausdrücke für die Zustandsdichte werden in Abschnitt 5.7. angegeben.

5.3. Die Fermi-Verteilung

Elektronen gehorchen als Teilchen mit halbzahligem Spin bekanntlich der Fermi-Statistik. Die Wahrscheinlichkeit dafür, daß sich das Elektron in einem Quantenzustand der Energie E befindet, wird durch die Fermi-Funktion

$$f(E, T) = \left(1 + \exp\frac{E - F}{kT}\right)^{-1} \tag{3.1}$$

gegeben. Hier ist F das elektrochemische Potential oder Fermi-Niveau, das im allgemeinen ebenfalls von der Temperatur abhängt.

Das Fermi-Niveau ist eng mit den thermodynamischen Eigenschaften des Systems verbunden. So kann es zum Beispiel als Zuwachs an freier Energie infolge Hinzufügens eines Elektrons zum System bei konstantem Volumen und konstanter Temperatur definiert werden (siehe Abschnitt 5.11.). Wir werden jedoch zunächst nicht ausführlicher in die Erörterungen der thermodynamischen Bedeutung von F einsteigen, sondern F als eine gewisse charakteristische Energie betrachten, die vom Typ des Halbleiters, seiner Zusammensetzung und seinem Zustand (Temperatur, Druck usw.) abhängt und deren Bedeutung Gegenstand einer späteren Definition sein wird. Aus (3.1) sieht man, daß das Fermi-Niveau auch als Energie desjenigen Quantenzustandes definiert werden kann, dessen Besetzungswahrscheinlichkeit unter den gegebenen Bedingungen gleich 1/2 ist.

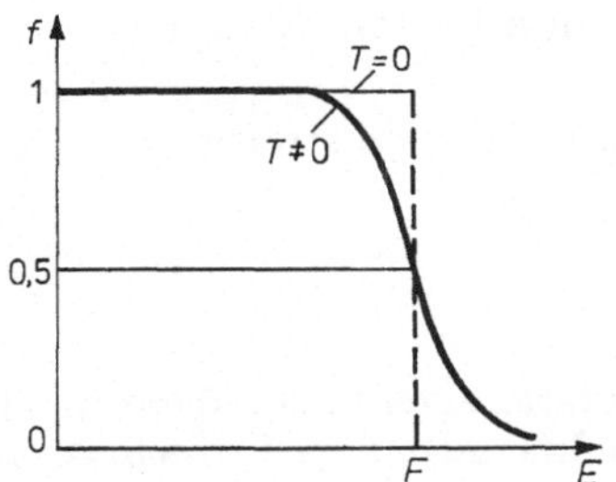

Abb. 5.2
Die Fermi-Verteilung

Die Fermi-Funktion ist schematisch in Abb. 5.2 dargestellt. Bei $T = 0$ hat sie die Form einer Sprungfunktion. Für $E < F$ ist sie gleich 1, was heißt, daß alle Quantenzustände mit solchen Energien durch Elektronen besetzt sind. Für $E > F$ gilt $f = 0$, und die entsprechenden Quantenzustände sind völlig leer. Für $T \neq 0$ ist die Fermi-Funktion eine stetige Funktion, die in einem schmalen Energieintervall von der

Ordnung einiger kT in der Umgebung des Punktes $E = F$ schnell von 1 auf 0 fällt. Diese Aufweichung der Fermi-Funktion ist um so ausgeprägter, je höher die Temperatur ist.

Die Wahrscheinlichkeit dafür, daß ein gegebener Quantenzustand nicht durch ein Elektron besetzt ist, lautet

$$f_p = (1 - f) = \left(1 + \exp\frac{F - E}{kT}\right)^{-1}. \tag{3.1a}$$

Die Berechnung der verschiedenen statistischen Größen vereinfacht sich wesentlich, wenn F um wenigstens 2 bis $3kT$ unter der Leitungsbandkante E_c und der Bandlücke liegt. Dann gilt:

$$\exp\frac{E - F}{kT} \gg 1,$$

und (3.1) geht in die Boltzmann-Verteilung der klassischen Statistik

$$f = C\exp\left(-\frac{E}{kT}\right) \tag{3.1b}$$

über, wobei C eine Konstante ist. In diesem Falle sagt man, daß das Elektronengas nicht entartet ist. Analog ist das Löchergas in p-Halbleitern dann nicht entartet, wenn das Fermi-Niveau wenigstens um 2 bis $3kT$ über der Valenzbandkante in der verbotenen Zone liegt. Der entgegengesetzte Fall, daß das Fermi-Niveau innerhalb des Leitungs- bzw. Valenzbandes liegt, ist der Fall des entarteten Elektronen- bzw. Löchergases. Dann muß man die Fermi-Verteilung (3.1) oder (3.1a) benutzen.

Im folgenden werden wir bei der Berechnung der Konzentrationen beweglicher oder gebundener Ladungsträger in zwei Schritten vorgehen.

Zuerst drücken wir diese Konzentrationen durch das Fermi-Niveau aus und überlegen dann, wie die Lage des Fermi-Niveaus selbst bestimmt werden kann.

5.4. Die Ladungsträgerkonzentrationen in den Bändern

Nach dem oben Gesagten ist die Konzentration der Elektronen im Leitungsband gleich

$$n = \int_{E_c}^{\infty} N_c(E)\, f(E, T)\, \mathrm{d}E. \tag{4.1}$$

Genaugenommen steht dabei als obere Integrationsgrenze der obere Rand des Leitungsbandes. Da jedoch die Funktion f bei Energien $E > F$ rasch verschwindet, ändert das Ersetzen der oberen Grenze durch ∞ den Wert des Integrals praktisch nicht.

Es ist zweckmäßig, das Integral (4.1) umzuformen. Dazu führt man als neue Integrationsvariable

$$x = \frac{E - E_c}{kT} \qquad (0 \leqq x \leqq \infty)$$

und die Bezeichnungen

$$\zeta = F - E_c, \qquad \zeta^* = \frac{\zeta}{kT} \tag{4.2}$$

ein. Die Größe ζ heißt *chemisches Potential* der Elektronen, ζ^* ist die entsprechende dimensionslose Größe.

Schließlich wird noch als Abkürzung

$$N_c = 2\left(\frac{2\pi m_n kT}{(2\pi\hbar)^2}\right)^{3/2} \tag{4.3}$$

gesetzt. Diese Größe bezeichnet man als *effektive Zustandsdichte im Leitungsband* (der Sinn dieser Bezeichnung wird später klar werden).

Man vergewissert sich leicht, daß das Integral (4.1) dann die Form

$$n = N_c \Phi_{1/2}(\zeta^*) \tag{4.4}$$

mit

$$\Phi_{1/2}(\zeta^*) = \frac{2}{\sqrt{\pi}} \int_0^\infty \frac{x^{1/2}\,dx}{1 + \exp(x - \zeta^*)} \tag{4.5}$$

annimmt. Der Wert des Integrals (4.5) hängt nur vom Parameter ζ^* ab, d. h. vom chemischen Potential und von der Temperatur. Dieses Integral ist als Fermi-Integral (genauer Fermi-Integral mit dem Index 1/2) bekannt und kann im allgemeinen nicht durch elementare Funktionen ausgedrückt werden. Es ist im Anhang 3. tabelliert.

Durch analoge Überlegungen kann ein entsprechender Ausdruck für die Löcherkonzentration im Valenzband gefunden werden. Der Unterschied zum vorherigen Fall besteht nur darin, daß erstens der Ausdruck (2.5) für die Zustandsdichte im Valenzband benutzt wird und zweitens nicht die Zahl der besetzten, sondern die Zahl der unbesetzten Zustände zu berechnen ist. Weiterhin ist über die Energie jetzt zwischen den Grenzen des Valenzbandes zu integrieren. Deshalb ergibt sich

$$p = \int_{-\infty}^{E_v} N_v(E)\, f_p(E, T)\, dE, \tag{4.6}$$

wobei f_p durch Formel (3.1a) gegeben ist.

Führt man genau wie oben eine dimensionslose Integrationsvariable

$$y = \frac{E_v - E}{kT} \qquad (0 \leqq y \leqq \infty)$$

und einen dimensionslosen Parameter

$$\eta^* = \frac{E_v - F}{kT} \tag{4.7}$$

ein, erhält man die Gleichung, die das Analogon zu Gl. (4.4) ist:

$$p = N_v \Phi_{1/2}(\eta^*). \tag{4.8}$$

Hier sind

$$N_v = 2\left(\frac{2\pi m_p kT}{(2\pi\hbar)^2}\right)^{3/2} \tag{4.9}$$

die effektive Zustandsdichte im Valenzband und $\Phi_{1/2}(\eta^*)$ das oben eingeführte Fermi-Integral (4.5), das aber jetzt von einem anderen Parameter η^* abhängt. Dieser charakterisiert die Lage des Fermi-Niveaus relativ zur Valenzbandkante. Die Differenz

$$\eta = E_v - F = -\zeta - E_g$$

heißt *chemisches Potential der Löcher*.

Die Formeln (4.4) und (4.8) gelten für Halbleiter, die homogen sind und sich nicht in äußeren Feldern befinden. Sie lassen sich jedoch leicht auf den Fall verallgemeinern, daß im Halbleiter ein elektrisches Feld existiert, dessen Potential φ (in dem in Abschnitt 4.6. genannten Sinne) räumlich schwach veränderlich ist. Dann ist das Konzept der gekrümmten Bänder anwendbar, und die Bandkanten E_c und E_v im feldfreien Fall sind durch $E_c - e\varphi$ und $E_v - e\varphi$ zu ersetzen.

Deshalb hat dann der Ausdruck für die Konzentration der Elektronen die Form

$$n = N_c \Phi_{1/2}\left(\zeta_0^* + \frac{e\varphi}{kT}\right), \tag{4.4a}$$

wenn ζ_0^* das dimensionslose chemische Potential für $\varphi = 0$ ist. Analog dazu erhält man für die Löcherkonzentration

$$p = N_v \Phi_{1/2}\left(\eta_0^* - \frac{e\varphi}{kT}\right). \tag{4.8a}$$

5.5. Nichtentartete Halbleiter

Die Ausdrücke (4.4) und (4.8) für die Ladungsträgerkonzentrationen vereinfachen sich erheblich für nichtentartete Halbleiter. Dieser Fall liegt der Abb. 5.3 zugrunde, in der die Zustandsdichte $N_c(E)$, die Fermi-Funktion $f(E, T)$ sowie deren Produkt, das gleich dn/dE ist, dargestellt sind (dn ist hier die Konzentration der Elektronen im Energieintervall $E, E + dE$).

Die Gesamtzahl der Elektronen im Leitungsband pro Volumeneinheit ist durch die Fläche unter der Kurve $N_c(E) \cdot f(E, T)$ gegeben. Dafür ist nur der „Schwanz" der

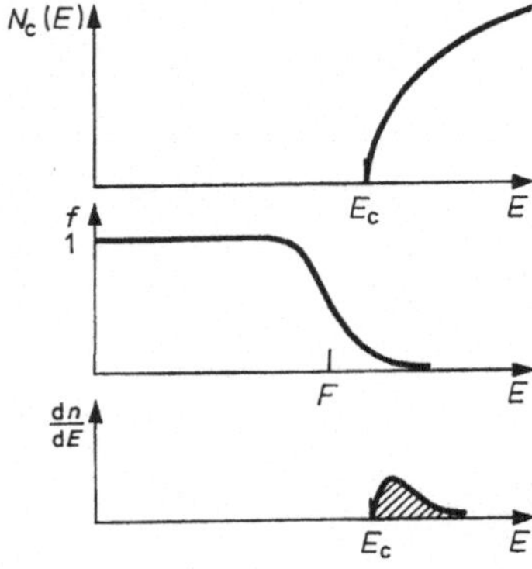

Abb. 5.3
Schematischer Verlauf der Funktionen $N_c(E)$, $f(E, T)$ und dn/dE für einen nichtentarteten n-Halbleiter

Fermi-Verteilung wesentlich, der auch näherungsweise durch den der Maxwell-Boltzmann-Verteilung ersetzt werden kann. Für nichtentartete Halbleiter gilt in Gl. (4.5) $\exp(x - \zeta^*) \gg 1$, und das Fermi-Integral wird deshalb zu

$$\Phi_{1/2}(\zeta^*) = \exp\zeta^* \cdot \frac{2}{\sqrt{\pi}} \int_0^\infty e^{-x} x^{1/2}\, dx.$$

Das hier auftretende Integral ist bekannt und gleich

$$\int_0^\infty e^{-x} x^{1/2}\, dx = 2\int_0^\infty e^{-z^2} z^2\, dz = \frac{1}{2}\sqrt{\pi}.$$

Deshalb gilt

$$\Phi_{1/2}(\zeta^*) = \exp\zeta^* = \exp\frac{F - E_c}{kT},$$

und es folgt

$$n = N_c \exp\frac{F - E_c}{kT}. \tag{5.1}$$

Analog vereinfacht sich der Ausdruck für die Löcherkonzentration im nichtentarteten Halbleiter. Hier gilt im Fermi-Integral $\exp(y - \eta^*) \gg 1$, und man erhält, wenn man wie oben vorgeht,

$$p = N_v \exp\frac{E_v - F}{kT}. \tag{5.2}$$

Die eben erhaltenen Ausdrücke (5.1) und (5.2) erhellen den Sinn der Bezeichnung „effektive Zustandsdichte" der Bänder für die Größen N_c und N_v. Der Exponentialfaktor im Ausdruck (5.1) ist die Besetzungswahrscheinlichkeit eines Quantenzustandes der Energie E_c im nichtentarteten Halbleiter (Boltzmann-Verteilung). Deshalb bedeutet Formel (5.1), daß sich im nichtentarteten Halbleiter genau die gleiche Konzentration beweglicher Elektronen einstellt, wie wenn nicht eine kontinuierliche Verteilung der Zustände über die verschiedenen Bandenergien möglich wäre, sondern statt dessen im Einheitsvolumen nur N_c Zustände ein und derselben Energie E_c existierten. Analog dazu drückt der Exponentialfaktor in (5.2) die Wahrscheinlichkeit dafür aus, daß ein Zustand der Energie E_v nicht mit Elektronen besetzt ist. Gl. (5.2) zeigt deshalb, daß man bei der Berechnung der Löcherkonzentration das Valenzband durch N_v Zustände pro Volumeneinheit ersetzen kann, die alle die gleiche Energie E_v haben.

Wenn man im Ausdruck (4.3) m_n gleich der Masse m_0 eines freien Elektrons und $T = 300$ K setzt, so erhält man $N_c = 2{,}510 \cdot 10^{19}$ cm^{-3}.

Für eine andere Temperatur und eine andere effektive Masse gilt

$$N_{c(v)} = 2{,}510 \cdot 10^{19} \left(\frac{m_{n(p)}}{m_0}\right)^{3/2} \left(\frac{T}{300\,\mathrm{K}}\right)^{3/2} \mathrm{cm}^{-3}, \tag{5.3}$$

wobei $m_{n(p)}$ die effektive Masse der Elektronen bzw. Löcher ist. **In nichtentarteten Halbleitern ist die Konzentration der Majoritätsladungsträger klein gegen N_c bzw. N_v.**

In entarteten Halbleitern ist es umgekehrt. Deshalb kann man sofort feststellen, ob ein gegebener Halbleiter entartet ist oder nicht, wenn man die gemessenen Elektronen- und Löcherkonzentrationen mit den Werten N_c und N_v vergleicht, die sich aus der Beziehung (5.3) ergeben.

Weil die effektive Masse in die Ausdrücke für n und p nur als Faktor $m^{3/2}$ eingeht, das Fermi-Niveau F aber im Exponenten steht, hängt das Verhältnis n/p hauptsächlich von der Lage des Fermi-Niveaus relativ zu den Bandkanten ab. Die Ausdrücke (5.1) und (5.2) zeigen, daß die Konzentration beweglicher Ladungsträger in den Bändern größer ist, denen das Fermi-Niveau näher liegt. Die Ladungsträger in diesem nächsten Band sind dann die Majoritätsladungsträger. Deshalb liegt in n-Halbleitern das Fermi-Niveau in der oberen Hälfte der verbotenen Zone, während es sich in p-Halbleitern in der unteren Hälfte befindet. Eine Ausnahme davon können Halbleiter mit schmaler verbotener Zone bilden, in denen sich m_n und m_p stark unterscheiden können.

Das Produkt der Elektronen- und Löcherkonzentrationen hängt für den nichtentarteten Halbleiter jedoch nicht von der Lage des Fermi-Niveaus ab. Es ist nach (5.1) und (5.2) gleich

$$np = n_i^2 = N_c N_v \exp\left(-\frac{E_g}{kT}\right). \tag{5.4}$$

Hier ist n_i die Konzentration der Elektronen für den Fall, daß $n = p$ ist, d. h. im Eigenhalbleiter. Die Relation (5.4) wird oft benutzt, um die (thermische) Breite der Energielücke aus experimentellen Daten über die Temperaturabhängigkeit der Eigenleitungskonzentration n_i zu bestimmen.

5.6. Der Fall starker Entartung

Ein anderer Grenzfall ergibt sich bei starker Entartung des Elektronengases. Es gilt dann

$$\exp\frac{E_c - F}{kT} \ll 1.$$

In diesem Falle liegt das Fermi-Niveau innerhalb des Leitungsbandes, und die Konzentration der Elektronen im Band ist $n \gg N_c$. Die gegenseitige Lage der Kurven $N_c(E)$, $f(E, T)$ und dn/dE für einen entarteten n-Halbleiter ist in Abb. 5.4 schematisch dargestellt.

Im Fermi-Integral (4.5) gilt jetzt $\exp(x - \zeta^*) \ll 1$. Als Integrationsgrenze kann hier $x_m = (F - E_c)/kT$ genommen werden. Das ist exakt bei $T = 0$, gilt jedoch in guter Näherung auch für $T \neq 0$, da die Fermi-Funktion für $E > F$ schnell sehr klein wird. Dann ist das Fermi-Integral wiederum direkt berechenbar. Man findet

$$n = N_c \frac{2}{\sqrt{\pi}} \int_0^{x_m} x^{1/2}\,dx = \frac{4}{3\sqrt{\pi}} N_c x_m^{3/2} = \frac{4}{3\sqrt{\pi}} \left(\frac{F - E_c}{kT}\right)^{3/2}. \tag{6.1}$$

Bei $T = 0$ sind alle Zustände mit einer Energie $E > F$ frei und alle Zustände mit $E < F$ besetzt. Deshalb ist das chemische Potential der Elektronen $\zeta = F - E_c$ die maximale Energie der Elektronen bei $T = 0$. Diese Energie, die in der Theorie der Metalle eine große Rolle spielt, nennt man oft *Fermi-Energie*.

Setzt man in (6.1) für N_c den Ausdruck (4.3) ein, so findet man

$$\zeta = \frac{(3\pi^2)^{2/3}\,\hbar^2 n^{2/3}}{2m_n}. \tag{6.2}$$

Im Falle eines entarteten p-Halbleiters kann im Fermi-Integral $\Phi_{1/2}(\eta^*)$ analog zum n-Halbleiter $\exp(y - \eta^*) \ll 1$ gesetzt und als obere Grenze $y_m = (E_v - F)/kT$ genommen werden. Dann erhält man anstelle von (6.2)

$$\eta = \frac{(3\pi^2)^{2/3}\,\hbar^2 p^{2/3}}{2m_p}. \tag{6.3}$$

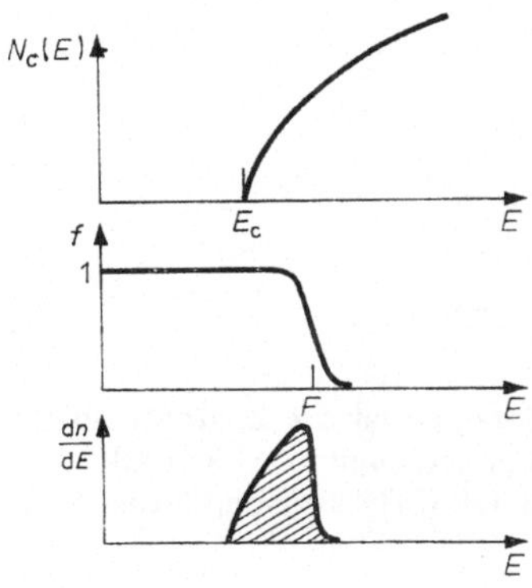

Abb. 5.4
Schematischer Verlauf der Funktionen $N_c(E)$, $f(E, T)$ und dn/dE in einem stark entarteten n-Halbleiter

5.7. Die Zustandsdichtemasse

In allen vorangegangenen Abschnitten wurde stets ein isotropes und parabolisches Dispersionsgesetz betrachtet. Oft hat man es jedoch auch mit komplizierteren Abhängigkeiten zu tun. So sind zum Beispiel in Germanium und Silizium die Isoenergieflächen im Leitungsband Rotationsellipsoide (siehe Abschnitt 3.9.). Diese Ellipsoide liegen nicht im Zentrum der Brillouin-Zone, und es gibt in dieser mehrere äquivalente Energieminima.

Die Isoenergieflächen der Löcher haben in diesen Halbleitern eine noch kompliziertere Form. Wir wollen deshalb untersuchen, was bei nichtparabolischem oder anisotropem Dispersionsgesetz unter den Größen m_n und m_p, die in die Ausdrücke für die effektiven Zustandsdichten N_c und N_v eingehen, zu verstehen ist.

Wir beginnen mit dem Fall einer elliptischen Isoenergiefläche. Hier gilt:

$$E(\boldsymbol{p}) = E_c + \frac{p_x^2}{2m_x} + \frac{p_y^2}{2m_y} + \frac{p_z^2}{2m_z}, \tag{7.1}$$

wobei die Quasiimpuls-Komponenten p_x, p_y und p_z von dem Punkt in der Brillouin-Zone aus gemessen werden, an dem sich das gerade betrachtete Energieminimum befindet. Dann ist nach (2.1) die Elektronenkonzentration, die von einem der äquivalenten Minima herrührt,

$$n = \frac{2}{(2\pi\hbar)^3} \int \frac{dp_x\, dp_y\, dp_z}{1 + \exp\frac{E - F}{kT}}, \tag{7.2}$$

wobei E durch (7.1) gegeben ist.

Diesen Ausdruck kann man für nichtentartete Halbleiter einfach berechnen. Dann gilt

$$n = \frac{2}{(2\pi\hbar)^3} \exp\frac{F - E_c}{kT} \int \exp\left(-\frac{E - E_c}{kT}\right) dp_x\, dp_y\, dp_z.$$

Setzt man nun für E den Ausdruck (7.1) ein, so zerfällt das Integral in ein Produkt dreier Integrale vom Typ

$$\int_{-\infty}^{+\infty} \exp\left(-\frac{p_x^2}{2m_x kT}\right) dp_x = (2\pi m_x kT)^{1/2},$$

und man erhält

$$n = 2\left(\frac{2\pi kT}{(2\pi\hbar)^2}\right)^{3/2} (m_x m_y m_z)^{1/2} \exp\frac{F - E_c}{kT}.$$

Hat man ν solcher Minima in der Brillouin-Zone, so ist die Zustandsdichte ν-mal so groß und die Konzentration der Elektronen bei gegebenem F ebenfalls.

Vergleicht man das erhaltene Resultat mit Gl. (5.1) und dem Ausdruck (4.3) für N_c, so sieht man, daß die Größe

$$m_{nd} = \nu^{2/3}(m_x m_y m_z)^{1/3} \tag{7.3}$$

jetzt die Rolle der skalaren effektiven Masse spielt. Diese Größe nennt man *Zustandsdichtemasse*.

Um die Zustandsdichtemasse für den allgemeinen Fall zu berechnen, ist es günstig, im Integral (7.2) neue Integrationsvariablen einzuführen. Es sei also

$$E(\boldsymbol{p}) = E = \text{const} \tag{7.4}$$

die Gleichung für eine Isoenergiefläche. Offensichtlich durchläuft man den gesamten Quasiimpulsraum, wenn man erst über die Fläche (7.4) integriert und danach über alle möglichen Werte für E. Es sei dS ein Flächenelement auf der Isoenergiefläche (7.4) und η eine Koordinate (im Impulsraum), die auf dieser Fläche konstant ist. Dann ist das Volumenelement im Impulsraum

$$d^3\boldsymbol{p} = dS \cdot d\eta. \tag{7.5}$$

Einer Änderung der Koordinate η entspricht offensichtlich die Energieänderung

$$dE = (\boldsymbol{\nu}, \nabla_{\boldsymbol{p}} E)\, d\eta,$$

wenn $\boldsymbol{\nu}$ der Einheitsvektor in Richtung der äußeren Flächennormalen ist. Laut Definition des Gradienten gilt

$$(\boldsymbol{\nu}, \nabla_{\boldsymbol{p}} E) = |\nabla_{\boldsymbol{p}} E|$$

und folglich

$$d\eta = \frac{\mathrm{d}E}{|\nabla_{\boldsymbol{p}} E|}. \tag{7.6}$$

Hierbei muß der Nenner, wenn die Differentiation nach $\boldsymbol{p}$ ausgeführt ist, durch E und zwei geeignete Koordinaten ausgedrückt werden, die die Lage des betrachteten Punktes auf der Fläche (7.4) beschreiben. In diesem Sinne kann man schreiben:

$$n = \frac{2}{(2\pi\hbar)^3} \int_0^\infty \mathrm{d}E\, f(E, T) \int_S \frac{\mathrm{d}S}{|\nabla_{\boldsymbol{p}} E|}. \tag{7.7}$$

Hieraus folgt, daß die Zustandsdichte im Leitungsband für ein beliebiges Dispersionsgesetz durch

$$N_c(E) = \frac{2}{(2\pi\hbar)^3} \int_S \frac{\mathrm{d}S}{|\nabla_{\boldsymbol{p}} E|} \tag{7.8}$$

gegeben ist. Es sei angemerkt, daß $|\nabla_{\boldsymbol{p}} E|$ gerade der Betrag der mittleren Geschwindigkeit $\boldsymbol{v}(\boldsymbol{p})$ eines Elektrons im betrachteten Zustand $\boldsymbol{p}$ ist.

Insbesondere für Halbleiter mit schmaler verbotener Zone ist ein isotropes, aber nichtparabolisches Dispersionsgesetz der Form (3.9.2) interessant. In diesem Falle ist die Fläche (7.4) eine Kugel mit $\mathrm{d}S = p^2 \sin\theta \,\mathrm{d}\theta\, \mathrm{d}\varphi$ (θ, φ sind die Polarwinkel), und folglich ergibt sich

$$N_c(E) = \frac{p^2(E)}{\pi^2\hbar^3 v(E)}. \tag{7.8a}$$

Einen anderen bequemen Ausdruck für die Zustandsdichte kann man erhalten, wenn man die Regeln für das Integrieren mit der δ-Funktion (Anhang 4.) benutzt. Man kann nämlich das Integral

$$\int \mathrm{d}^3\boldsymbol{p}\, \delta(E - E(\boldsymbol{p}))$$

unter Benutzung von (7.5), (7.6) und der Regeln des Anhangs 4. umformen in

$$\int \mathrm{d}S \int \frac{\mathrm{d}E}{|\nabla_{\boldsymbol{p}} E(\boldsymbol{p})|}\, \delta(E - E(\boldsymbol{p})) = \int \frac{\mathrm{d}S}{|\nabla_{\boldsymbol{p}} E(\boldsymbol{p})|_{E(\boldsymbol{p})=E}}.$$

Bis auf den Vorfaktor $2/(2\pi\hbar)^3$ ist das aber gleich dem Ausdruck (7.8). Also kann man schreiben

$$\begin{aligned} N_c(E) &= \frac{2}{(2\pi\hbar)^3} \int \mathrm{d}^3\boldsymbol{p}\, \delta(E - E_c(\boldsymbol{p})), \\ N_v(E) &= \frac{2}{(2\pi\hbar)^3} \int \mathrm{d}^3\boldsymbol{p}\, \delta(E - E_v(\boldsymbol{p})). \end{aligned} \tag{7.8b}$$

Man erkennt, daß nach (7.8b) $N_c(E) = 0$ für $E < E_c$ und $N_v(E) = 0$ für $E > E_v$ ist.

Nach Gl. (7.7) kann der allgemeine Ausdruck für die effektive Zustandsdichte des nichtentarteten Elektronengases in der Form

$$N_c = \int_0^\infty N_c(E) \exp\left(-\frac{E}{kT}\right) \mathrm{d}E \tag{7.9}$$

geschrieben werden, wobei $N_c(E)$ durch Gl. (7.8) gegeben ist. Vergleicht man die Ausdrücke (7.9) und (4.3), so findet man für die Zustandsdichtemasse

$$m_{\mathrm{nd}}^{3/2} = \frac{1}{(2\pi kT)^{3/2}} \int \mathrm{d}E \cdot \exp\left(-\frac{E}{kT}\right) \int \frac{\mathrm{d}S}{|\nabla_{\boldsymbol{p}} E(\boldsymbol{p})|}. \tag{7.10}$$

Im allgemeinen hängt diese von der Temperatur ab.

Analoge Gleichungen gelten für N_v und $m_{\mathrm{pd}}^{3/2}$. Die in Gl. (7.10) vorkommenden Integrale können für nichtparabolische Dispersionsgesetze meist nur numerisch berechnet werden. Wir sehen also, daß die von uns früher erhaltenen Resultate auch auf Halbleiter mit komplizierteren Dispersionsgesetzen angewandt werden können.

Man hat in solchen Fällen jedoch einen geeigneten Wert für die effektive Masse zu finden, wobei dieser von der Form der Isoenergieflächen, der Zahl äquivalenter Minima in der Brillouin-Zone und vielleicht sogar von der Temperatur abhängt.

Zum Schluß soll noch auf einen wichtigen Umstand hingewiesen werden. Bei parabolischer Dispersion ist die Masse, die die Beweglichkeit der Ladungsträger bestimmt (siehe Kap. 13), gleich der Zustandsdichtemasse. In komplizierteren Fällen unterscheiden sich die beiden Massen im allgemeinen jedoch voneinander. Die effektive Masse, die die Beweglichkeit bestimmt, heißt Leitfähigkeitsmasse und ist von der Zustandsdichtemasse zu unterscheiden.

Indem man von der allgemeinen auf der Boltzmann-Gleichung beruhenden Transporttheorie ausgeht, kann man die Leitfähigkeitsmasse für eine Reihe von Fällen berechnen, für die man die Form der Isoenergieflächen und die Energieabhängigkeit der Relaxationszeit kennt. In Tabelle 5.1 sind die berechneten Werte für die Zustandsdichtemassen m_d und die Leitfähigkeitsmassen m_σ für zwei wichtige Halbleiter (Germanium und Silizium) angegeben.

Tabelle 5.1

Effektive Masse in Germanium und Silizium[1]) (m_d Zustandsmasse, m_σ Leitfähigkeitsmasse)

		Ge	Si
m_d	Elektronen	0,57	1,08
	schwere Löcher	0,36	0,53
	leichte Löcher	0,043	0,14
	resultierende	0,37	0,59
	Eigenhalbleiter	0,46	0,80
m_σ	Elektronen	0,12	0,26
	schwere Löcher	0,31	0,49
	leichte Löcher	0,044	0,16
	resultierende	0,25	0,38

[1]) Nach LAX, B.; MAVROIDES, J. G., Phys. Rev. **100** (1955) 1950.

5.8. Die Zustandsdichte im quantisierenden Magnetfeld

Die Gleichungen (2.3), (2.5) und (7.8) beschreiben die Zustandsdichte von Ladungsträgern, die sich frei im periodischen Potential eines idealen Kristalls bewegen.

In hinreichend starken elektrischen oder Magnetfeldern ändert sich das Energiespektrum freier Elektronen und Löcher beträchtlich, was sich auf die Zustandsdichte auswirkt. Es soll jetzt die Zustandsdichte eines Elektrons, das sich in einem konstanten und homogenen Magnetfeld bewegt, berechnet werden. Wir gehen dabei davon aus, daß nach den Gesetzen der Statistik die Zahl N der im Volumen V vorhandenen freien Elektronen durch den Ausdruck

$$N = \sum_{\lambda} g_{\lambda} f(E_{\lambda}, T) \tag{8.1}$$

gegeben ist. Hier ist λ die Gesamtheit der Quantenzahlen, von denen die Energie E_{λ} des Elektrons abhängt, und g_{λ} der Entartungsgrad dieses Energieniveaus.

Im betrachteten Problem (Abschnitt 4.5.) sind n, $k_z = \dfrac{2\pi}{L} n_z$ und die z-Komponente des Spins diese Quantenzahlen, und der Entartungsgrad ist durch Gl. (4.5.18) gegegeben. Dann ist

$$N = N_+ + N_-, \tag{8.2}$$

wo $N_{\pm}$ die Zahl der Elektronen mit positiver bzw. negativer Spinprojektion sind:

$$N_{\pm} = \frac{L^2 m\omega_c}{2\pi\hbar} \sum_{n,n_z} f(E_{\lambda}, T). \tag{8.3}$$

Die Energien $E_{\pm}$ erhält man aus Gl. (4.5.12).

Die Abstände zwischen zwei benachbarten Werten von k_z sind $\Delta k_z = 2\pi/L$. Für $L \to \infty$ wird diese Größe beliebig klein, und man kann von der n_z-Summation zu einer k_z-Integration übergehen:

$$\sum_{n_z} f(E_{\pm}, T) = \frac{L}{2\pi} \sum_{n_z} f(E_{\pm}, T)\, \Delta k_z \to \frac{L}{2\pi} \int f(E_{\pm}, T)\, \mathrm{d}k_z. \tag{8.4}$$

Da $E_{\pm}$ gerade Funktionen von k_z sind, kann das Integral zwischen unendlichen Grenzen durch das doppelte Integral von 0 bis ∞ ersetzt werden. Es ergibt sich

$$N_{\pm} = L^3 \frac{m\omega_c}{(2\pi)^2\, \hbar}\, 2 \int \mathrm{d}k_z \sum_{n} f(E_{\pm}, T). \tag{8.5}$$

Offensichtlich ist der gesamte Ausdruck hinter dem Volumen L^3 die Konzentration der Elektronen $n_{\pm}$ mit der jeweiligen Spinprojektion.

Zuletzt führen wir als Integrationsvariable $E_{\pm}$ anstelle von k_z ein. Lassen wir dann die „$\pm$"-Zeichen an der Integrationsvariablen wieder weg, so ergibt sich

$$n_{\pm} = \int_{(1/2)\hbar\omega_c \pm \beta g B}^{\infty} N_{\pm}(E)\, f(E, T)\, \mathrm{d}E \tag{8.6}$$

mit

$$N_{\pm}(E) = \frac{eB\sqrt{2m}}{(2\pi\hbar)^2\, c} \sum_{n \geq 0} \left[E - E_c - \hbar\omega_c\left(n + \frac{1}{2}\right) \pm \beta g B\right]^{-1/2}. \tag{8.7}$$

Die Summe läuft hier über alle n-Werte, die der Bedingung

$$E - E_c - \hbar\omega_c \left(n + \frac{1}{2}\right) \pm \beta g B \geqq 0 \tag{8.8}$$

genügen. Die Größe $N_\pm(E)$ ist gleichzeitig die gesuchte Zustandsdichte für Elektronen mit positivem bzw. negativem Spin. Die Summe

$$N(E) = N_+(E) + N_-(E)$$

ist das Analogon zu $N_c(E)$.

Gleichung (8.7) ist auch auf Löcher anwendbar (wenn Effekte vernachlässigt werden können, die sich aus einer Entartung des Valenzbandes ergeben). Man hat dann nur $E - E_c$ durch $E_v - E$ zu ersetzen und das Vorzeichen von ω_c zu ändern.

Die Ausdrücke (8.7) und (8.8) zeigen, daß die Zustandsdichte der Elektronen im Magnetfeld eine oszillierende Funktion des Magnetfeldes ist. Sie hat scharfe Maxima bei Feldstärken, für die die Energie $(E - E_c \pm \beta g B)$ nahe bei einem Landau-Niveau $\hbar\omega_c\ (n + 1/2)$ liegt. Dieser Umstand bewirkt, daß im entarteten Elektronengas (in Metallen, Halbmetallen und entarteten Halbleitern) zahlreiche thermodynamische, elektrische und optische Größen, die durch die Zustandsdichte bestimmt werden, unter bestimmten Bedingungen bei Änderung des Magnetfeldes oszillieren. Da im entarteten Elektronengas nur Elektronen in der Nähe der Fermi-Fläche eine Rolle spielen, treten solche Oszillationen der Eigenschaften dann auf, wenn eins der Landau-Niveaus durch die Fermi-Fläche tritt. Erstmals wurden solche Quantenoszillationen bei tiefen Temperaturen beim Magnetowiderstand (*Schubnikow-de-Haas-Effekt*) und bei der magnetischen Suszeptibilität (*De-Haas-van-Alphen-Effekt*) beobachtet. Die quantitative Theorie der Quantenoszillationen ist ziemlich schwierig (siehe [M 8]). Die experimentelle Untersuchung der Quantenoszillationen gestattet, Informationen über die Form der Fermi-Flächen zu erhalten.

Neben den oben angeführten gibt es Quantenoszillationen verschiedener physikalischer Größen, die einen anderen Ursprung haben. Sie hängen ebenfalls mit den Landau-Niveaus zusammen, erfordern aber im Unterschied zum Schubnikow-de-Haas- und De-Haas-van-Alphen-Effekt nicht, daß das Elektronengas entartet ist, und werden auch bei höheren Temperaturen beobachtet. Wenn der energetische Abstand zwischen zwei beliebigen Landau-Niveaus $n\hbar\omega_c$ ($n = 1, 2, \ldots$) gleich der Energie optischer Phononen wird (siehe Abschnitt 12.6.), so steigt die Wahrscheinlichkeit für die inelastische Streuung der Elektronen an den Gitterschwingungen stark an. Deshalb oszillieren dann alle Effekte, die vom Charakter der Elektronenstreuung abhängen, wie der Magnetowiderstand, die differentielle Thermospannung und andere Größen, bei der Variation des Magnetfeldes. Diese Erscheinungen erhielten die Bezeichnung Magnetophononoszillationen (Details siehe z. B. [M 8]).

5.9. Die Konzentrationen von Elektronen und Löchern in lokalisierten Niveaus. Einfach geladene Zentren

Wir kommen nun zur Berechnung der Konzentrationen von Elektronen und Löchern, die sich in lokalisierten Energieniveaus befinden. Wir werden zuerst den einfachsten Fall betrachten, daß ein Störstellenatom oder ein Strukturdefekt entweder ein Elektron gebunden hat oder leer ist, d. h. sich nur in zwei verschiedenen Ladungszuständen befinden kann. Wenn man mögliche angeregte Zustände wegläßt, wird ein solches Zentrum durch nur ein Energieniveau E_1 charakterisiert. Wenn außerdem zu jedem Ladungszustand des Zentrums nur ein Quantenzustand des Elektrons gehört, wird die Konzentration N_1 der Zentren, die mit einem Elektron besetzt sind, $N_t f$ sein, wenn f die Fermi-Funktion (3.1) und N_t die Konzentration der Zentren ist. Analog ist die Konzentration unbesetzter Zentren $N_0 = N_t(1 - f)$. Das Verhältnis dieser Konzentrationen ist

$$\frac{N_1}{N_0} = \frac{f}{1 - f} = \exp \frac{F - E_1}{kT}.$$

Tatsächlich gehören jedoch zu ein und demselben Energieniveau des gebundenen Elektrons mehrere Quantenzustände (quantenmechanische Entartung des Energieniveaus). Wenn die Zahl dieser Zustände für das besetzte Zentrum g_1 und für das unbesetzte g_0 ist, so gilt offensichtlich[1]):

$$\frac{N_1}{N_0} = \frac{g_1}{g_0} \exp \frac{F - E_1}{kT}. \tag{9.1}$$

Weil außerdem immer

$$N_0 + N_1 = N_t \tag{9.2}$$

gelten muß, ergibt sich

$$\begin{aligned} f^{(1)} &= \frac{N_1}{N_t} = \left(1 + \frac{g_0}{g_1} \exp \frac{E_1 - F}{kT}\right)^{-1}; \\ f^{(0)} &= \frac{N_0}{N_t} = \left(1 + \frac{g_1}{g_0} \exp \frac{F - E_1}{kT}\right)^{-1}. \end{aligned} \tag{9.3}$$

Für nichtentartete Halbleiter ist es günstig, in diesen Ausdrücken die Konzentration n der Elektronen im Leitungsband einzuführen. Unter Berücksichtigung von Gl. (5.1) findet man

$$\frac{N_1}{N_t} = \frac{n}{n + n_1}, \qquad \frac{N_0}{N_t} = \frac{n_1}{n + n_1}. \tag{9.4}$$

Hier ist die Bezeichnung

$$n_1 = \frac{g_0}{g_1} N_c \exp\left(-\frac{I}{kT}\right), \qquad I = E_c - E_1 \tag{9.5}$$

eingeführt worden. Offensichtlich ist I nichts anderes als die Ionisationsenergie des Zentrums. Es sei hervorgehoben, daß n_1 bis auf den Entartungsfaktor gleich der Konzentration der Elektronen im Leitungsband ist, wenn das Fermi-Niveau mit dem Energieniveau E_1 des Zentrums zusammenfällt.

Es ist möglich, die erhaltenen Resultate zu verallgemeinern, indem auch angeregte Zustände des Zentrums berücksichtigt werden. Wir werden zuerst einen n-Halb-

[1]) Dabei wird vorausgesetzt, daß das Niveau bei beliebigem Entartungsgrad infolge der Coulomb-Abstoßung nur durch ein Elektron besetzt werden kann. Über mehrfach geladene Zentren siehe Abschnitt 5.10.

leiter betrachten und uns für die gebundenen Elektronen interessieren. Die Energie des eingefangenen Elektrons im Grundzustand sei mit E_1 und die Energien der angeregten Zustände seien mit E_k ($k = 2, 3, \ldots$) bezeichnet. Das Energiespektrum eines solchen Zentrums ist schematisch in Abb. 5.5 dargestellt. Die Niveaus der angeregten Zustände des Elektrons liegen über dem Grundzustandsniveau ($k = 1$).

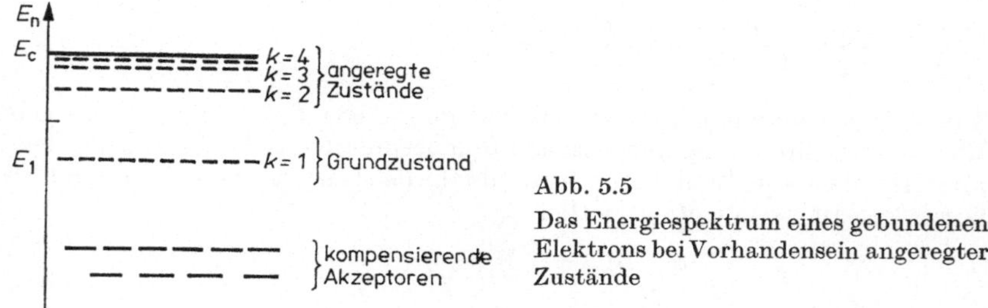

Abb. 5.5
Das Energiespektrum eines gebundenen Elektrons bei Vorhandensein angeregter Zustände

Die Wahrscheinlichkeit, ein Elektron am Zentrum im angeregten Zustand k zu finden, wird mit $f_k^{(1)}$, der Entartungsgrad dieses Zustandes mit β_k und die Wahrscheinlichkeit dafür, ein unbesetztes Zentrum zu finden, mit $f^{(0)}$ bezeichnet. Dann kann man analog zu Gl. (9.1) schreiben:

$$\frac{f_k^{(1)}}{f^{(0)}} = \frac{\beta_k}{g_0} \exp \frac{F - E_k}{kT}. \tag{9.6}$$

Die Gesamtwahrscheinlichkeit dafür, daß ein Elektron vom Zentrum eingefangen wurde (und sich in einem beliebigen angeregten oder im Grundzustand befindet), ist

$$f^{(1)} = \sum_{k=1,2,\ldots} f_k^{(1)},$$

wobei die Summe über alle Zustände läuft, deren Energien in der verbotenen Zone liegen. Deshalb ist das Verhältnis der Konzentration besetzter Zentren (N_1) zu der unbesetzter (N_0) gleich

$$\frac{N_1}{N_0} = \frac{f^{(1)}}{f^{(0)}} = \frac{1}{g_0} \sum_{k=1,2,\ldots} \beta_k \exp \frac{F - E_k}{kT}. \tag{9.7}$$

Den erhaltenen Ausdruck kann man wiederum in der Form (9.1) schreiben, wo dann E_1 die Energie des Grundzustandes des Elektrons ist, g_1 jedoch eine andere Bedeutung hat und durch die Beziehung

$$g_1 = \beta_1 + \sum_{k=2,3,\ldots} \beta_k \exp\left(-\frac{E_k - E_1}{kT}\right) \tag{9.8}$$

gegeben ist. Da in diesem Falle die Normierungsbedingung (9.2) ebenfalls gilt, erhält man für $f^{(1)}$ und $f^{(0)}$ formal die gleichen Ausdrücke (9.3) wie ohne Berücksichtigung angeregter Zustände. Der „g"-Faktor (9.8) ist jedoch im allgemeinen keine ganze Zahl mehr und kann, was besonders wichtig ist, von der Temperatur abhängen.

Betrachten wir jetzt einen p-Halbleiter. Wie oben schon mehrfach erläutert wurde, sind jetzt als Ladungsträger nicht Elektronen, sondern positive Löcher zu betrachten. Deshalb muß jetzt auch die Konzentration von gebundenen Löchern und nicht von Elektronen berechnet und das Energiespektrum gebundener Löcher betrachtet werden. Ein solches Spektrum ist schematisch in Abb. 5.6 dargestellt, wo der Grund-

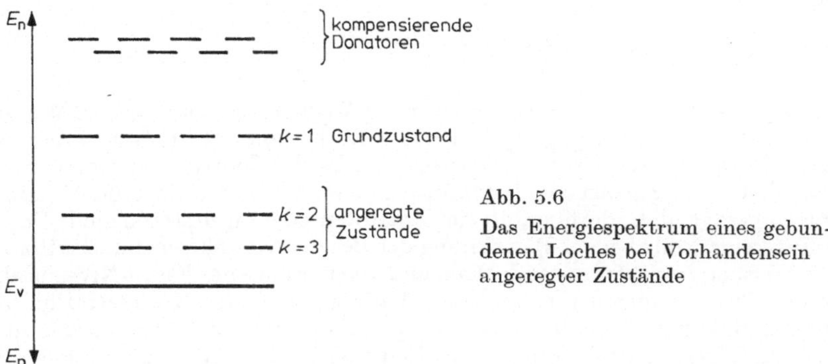

Abb. 5.6
Das Energiespektrum eines gebundenen Loches bei Vorhandensein angeregter Zustände

zustand ($k = 1$) des eingefangenen Loches und einige angeregte Zustände ($k = 2, 3, \ldots$) eingezeichnet sind. Wenn die Energie eines Elektrons weiterhin von unten nach oben zunimmt, so liegen die angeregten Löcherzustände unter dem Grundzustandsniveau. Die Ionisationsenergie eines Loches, das sich im k-ten Zustand befindet, ist in diesem Diagramm $E_k - E_v$; auch sie wird mit wachsendem k kleiner. Das Diagramm (5.6) wird dem Diagramm (5.5) ähnlich, wenn man die Richtung der Energieachse ändert (d. h. das Diagramm um 180° dreht). Dabei müssen die Zentren als leer betrachtet werden, die kein Loch eingefangen haben (d. h. mit einem Elektron besetzt sind).

Man sieht leicht, daß man in diesem Falle anstelle von (9.6) die Beziehung

$$\frac{f_{k,p}^{(1)}}{f_p^{(0)}} = \frac{\beta_{k,p}}{g_{0,p}} \exp\left(\frac{E_k - F}{kT}\right) \tag{9.9}$$

erhält. Hier sind $f_{k,p}^{(1)}$ die Wahrscheinlichkeit dafür, ein Loch im k-ten angeregten Zustand zu finden, $f_p^{(0)}$ die Wahrscheinlichkeit für das Fehlen eines Loches, E_k die Energie eines gebundenen Loches, $\beta_{k,p}$ der Entartungsgrad des k-ten angeregten Zustandes (also eine ganze Zahl) und $g_{0,p}$ der Entartungsgrad des leeren (mit einem Elektron besetzten) Zentrums. Verfährt man weiter wie oben, so erhält man anstelle von (9.3) die Beziehung

$$f_p^{(1)} = \left(1 + \frac{g_{0,p}}{g_{1,p}} \exp \frac{F - E_1}{kT}\right)^{-1}, \qquad f_p^{(0)} = 1 - f_p^{(1)}, \tag{9.10}$$

wo E_1 die Grundzustandsenergie des Loches und $f_p^{(1)}$ die Gesamtwahrscheinlichkeit dafür sind, ein Loch überhaupt am Zentrum zu finden. Dabei ist der verallgemeinerte g-Faktor jetzt

$$g_{1,p} = \beta_{1,p} + \sum_{k=2,3,\ldots} \beta_{k,p} \exp\left(-\frac{E_1 - E_k}{kT}\right). \tag{9.11}$$

Ebenso wie oben ist es günstig, für nichtentartete Halbleiter in Gl. (9.10) die Löcherkonzentration p im Valenzband einzuführen. Mit Gl. (5.2) findet man

$$f_p^{(1)} = \frac{p}{p + p_1}, \qquad f_p^{(0)} = \frac{p_1}{p + p_1} \tag{9.12}$$

mit

$$p_1 = \frac{g_{0,p}}{g_{1,p}} N_v \exp\left(-\frac{I_p}{kT}\right). \tag{9.13}$$

$I_p = E_1 - E_v$ ist gleich der Energie für die Abspaltung eines Loches. Wie früher ist p_1 bis auf den Faktor $g_{0,p}/g_{1,p}$ gleich der Löcherkonzentration im Band, wenn das Fermi-Niveau mit der Grundzustandsenergie E_1 des Zentrums zusammenfällt.

Bei den vorangegangenen Betrachtungen wurde nichts über den Charakter der Zentren gesagt, d. h. darüber, ob sie Donatoren oder Akzeptoren sind. Das spielt in der Tat keine Rolle bei der Berechnung der Besetzungswahrscheinlichkeiten, da diese nur vom Energiespektrum der Zentren und von der Lage des Fermi-Niveaus abhängen. Bei der Bestimmung der gebundenen Ladung, d. h. der Konzentration geladener Zentren, muß deren Donator- bzw. Akzeptorcharakter jedoch berücksichtigt werden. Ein Donator ist neutral, wenn er ein Elektron (d. h. kein Loch) gebunden hat, und positiv geladen, wenn an ihm kein Elektron sitzt (er also ein Loch eingefangen hat). Ist das Zentrum ein Akzeptor, so ist es neutral, wenn es ein Loch gebunden hat (also kein Elektron), und negativ geladen, wenn es kein Loch gebunden hat (also ein Elektron eingefangen).

5.10. Mehrfach geladene Zentren

Im Abschnitt 2.9. wurde schon gesagt, daß viele Störstellenatome in Halbleitern mehrfach geladene Zentren bilden, die fähig sind, nicht nur einen, sondern mehrere Ladungsträger zu binden oder abzugeben. Wir werden deshalb die bisher erhaltenen Resultate auf diesen komplizierteren Fall verallgemeinern.

Wir setzen voraus, daß die betrachteten Zentren 0, 1, 2, ..., M Elektronen tragen und sich dementsprechend in $(M + 1)$ verschiedenen Ladungszuständen befinden können. Das Energieschema eines Halbleiters mit solchen Zentren ist in Abb. 5.7 für den Fall $M = 3$ dargestellt.

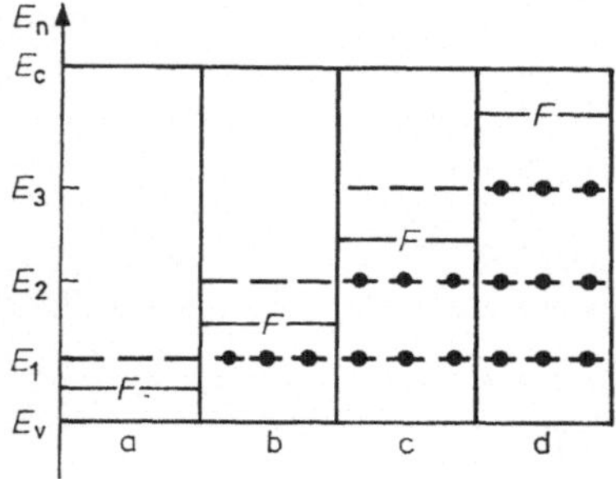

Abb. 5.7
Energieschema eines Halbleiters mit mehrfach geladenen Zentren, die drei lokale Energieniveaus erzeugen

Ist das Zentrum leer, so gibt es einen unbesetzten Einelektronen-Grundzustand, der durch das lokalisierte Energieniveau E_1 charakterisiert wird. Dazu muß das Fermi-Niveau F um einige kT unterhalb von E_1 liegen (Abb. 5.7a). Wenn $E^{(0)}$ die Energie des leeren Zentrums ist, dann ist $(E_1 - E^{(0)})$ gleich dem Energiezuwachs beim Einfang des ersten Elektrons. Die Größe $E^{(0)}$ wird jedoch für uns keine Rolle spielen, was man anhand der nachfolgenden Gleichungen erkennen kann, in die nirgendwo $E^{(0)}$ eingeht, sondern immer nur die Differenzen zwischen den Energien E_1, E_2 usw. und der Fermi-Energie F.

Das eingefangene Elektron kann sich nicht nur im Grundzustand befinden, sondern auch in verschiedenen angeregten Zuständen, deren Energieniveaus über dem Niveau E_1 liegen. Diese sind in Abb. 5.7 aber nicht eingezeichnet.

Sind die Niveaus E_1 mit Elektronen besetzt (z. B. bei Vorhandensein flacher Donatoren, deren Elektronen auf das Niveau E_1 „hinabgefallen" sind), so gibt es ein neues tiefstes Niveau mit der Energie E_2, das vom zweiten eingefangenen Elektron besetzt werden kann. Es muß betont werden, daß das Niveau E_2 erst dann existiert, wenn bereits ein Elektron auf dem Niveau E_1 sitzt. Das ist eine charakteristische Besonderheit des Energiespektrums mehrfach geladener Zentren gegenüber dem mehrerer verschiedener, aber einfacher Zentren. In diesen existiert nämlich die Gesamtheit aller Energieniveaus ständig, unabhängig vom Besetzungsgrad der einzelnen Niveaus.

Eine Situation, wie sie in Abb. 5.7b dargestellt ist, entsteht dann, wenn das Fermi-Niveau höher als E_1, aber tiefer als E_2 liegt (siehe unten). Ist auch E_2 besetzt, so entsteht ein neuer tiefster Quantenzustand mit der Energie E_3 für das dritte Elektron usw. Diese Zustände können entweder besetzt sein oder leer, je nach der Lage des Fermi-Niveaus (Abb. 5.7c, d).

5.11. Die Gibbssche Verteilung

Zur Berechnung der Besetzungswahrscheinlichkeit von mehrfach geladenen Zentren mit Elektronen darf die Fermi-Funktion (3.1) nicht mehr verwendet werden, sondern man muß von einem allgemeineren Prinzip der statistischen Physik ausgehen — der kanonischen Gibbsschen Verteilung für Systeme mit veränderlicher Teilchenzahl. Betrachten wir ein isoliertes System, das eine große Zahl gleicher Teilchen $N_0 = \text{const}$ besitzt. Innerhalb dieses Systems teilen wir einen kleinen Teil (den „Körper") ab, der durch ein konstantes Volumen begrenzt ist und sich im thermodynamischen Gleichgewicht mit dem anderen Teil des Systems (dem „Medium") befindet. Das Medium und der Körper dürfen untereinander Teilchen austauschen und dabei ihre Energie verändern. Wir bezeichnen die Zahl der zum Körper übergegangenen Teilchen mit j und die Energieänderung des Körpers, der j Teilchen erhalten hat und sich in einem bestimmten Quantenzustand m befindet, mit $E_m^{(j)}$. Bei solch einem Übergang nimmt die Energie des Mediums den Wert $(E_0 - E_m^{(j)})$ an, und seine Teilchenzahl wird $(N_0 - j)$, weswegen sich die Entropie des Mediums um die Größe $\Delta S_m^{(j)}$ ändert. Nach den allgemeinen Prinzipien der statistischen Physik[1]) ist dann die Wahrscheinlichkeit $f_m^{(j)}$ dafür, daß im Körper j Teilchen enthalten sind und daß sich der Körper im m-ten

[1]) s. [M 9], Abschnitt 35.

Quantenzustand befindet, gleich

$$f_m^{(j)} = A \exp \frac{\Delta S_m^{(j)}}{k}. \tag{11.1}$$

Hier ist k die Boltzmann-Konstante und A ein Normierungsfaktor.

Die Größe $\Delta S_m^{(j)}$ ist mit anderen thermodynamischen Größen verknüpft. Betrachten wir z. B. die freie Energie

$$\tilde{F} = E - TS$$

und berücksichtigen wir, daß die Temperatur im thermodynamischen Gleichgewicht überall (d. h. sowohl im Körper als auch im Medium) gleich ist, so ist die Änderung der freien Energie des Mediums gleich

$$\Delta \tilde{F}_m^{(j)} = -E_m^{(j)} - T\,\Delta S_m^{(j)}. \tag{11.2}$$

Wir berücksichtigen nun, daß die freie Energie bei Konstanz der den Zustand des Systems bestimmenden Variablen (im gegebenen Fall der Temperatur und des Volumens) eine additive Funktion, d. h. proportional zu der im System enthaltenen Teilchenzahl ist und führen die auf ein Teilchen bezogene freie Energie ein:

$$\left(\frac{\partial \tilde{F}}{\partial j}\right)_{V,T} = F. \tag{11.3}$$

Es sei bemerkt, daß wir für diese Größe und das Fermi-Niveau bewußt ein und dieselbe Bezeichnung gewählt haben, da beide Größen zusammenfallen (s. Abschnitt 5.12.). Damit haben wir in der Beziehung (11.2) $\Delta \tilde{F}_m^{(j)} = -jF$, und folglich ist die Änderung der Entropie des Systems gleich

$$\Delta S_m^{(j)} = \frac{jF - E_m^{(j)}}{T}.$$

Danach ergibt Gl. (11.1)

$$f_m^{(j)} = A \exp \frac{jF - E_m^{(j)}}{kT}. \tag{11.4}$$

Diese Beziehung beschreibt die Gibssche Verteilung mit veränderlicher Teilchenzahl.

Wenden wir nun die Gibbssche Verteilung auf den uns interessierenden Fall von mehrfach geladenen Zentren an. Hierbei muß unter dem Körper ein Zentrum, unter dem Medium der Kristall verstanden werden, und $f_m^{(j)}$ gibt die Wahrscheinlichkeit an, daß im Zentrum j Elektronen sind, wobei die Energie des Zentrums gleich $E_m^{(j)}$ ist. Die Konstante A wird aus der Normierung der Wahrscheinlichkeit auf 1 bestimmt,

$$\sum_{j=0}^{M} \sum_{m} f_m^{(j)} = 1, \tag{11.5}$$

wobei die Summation über m alle angeregten Zustände des Zentrums berücksichtigt und M die maximale Elektronenzahl, die das Zentrum einfangen kann, bezeichnet. Das ergibt

$$\frac{1}{A} = \sum_{j=0}^{M} \sum_{m} \exp \frac{jF - E_m^{(j)}}{kT}. \tag{11.6}$$

Für die weitere Anwendung ist es vorteilhaft, das durch die Gleichungen (11.4) und (11.6) ausgedrückte Ergebnis in einer anderen Form darzustellen. Wir setzen

$$E_m^{(j)} = E^{(j)} + \varepsilon_{jm} \qquad (m = 1, 2, \ldots), \tag{11.7}$$

wobei $E^{(j)}$ die Energie des Zentrums mit j Elektronen im Grundzustand und ε_{jm} die Energie des m-ten angeregten Zustandes gegenüber dem Grundzustand ist.

Des weiteren werden wir uns für die Wahrscheinlichkeit $f^{(j)}$ interessieren, ein Zentrum mit j Elektronen zu finden (d. h. im gegebenen Ladungszustand und in irgendeinem angeregten Zustand):

$$f^{(j)} = \sum_m f_m^{(j)}.$$

Schließlich führen wir wie auch schon an früherer Stelle den Entartungsgrad β_{jm} für verschiedene angeregte Zustände ein (ganze Zahlen). Dann erhält man aus (11.4), (11.6) und (11.7)

$$f^{(j)} = \frac{g_j \exp \dfrac{jF - E^{(j)}}{kT}}{\sum\limits_{j=0}^{M} g_j \exp \dfrac{jF - E^{(j)}}{kT}}, \tag{11.8}$$

wobei die Abkürzung

$$gj = \beta_j + \sum_{m=1,2,\ldots} \beta_{jm} \exp\left(-\frac{\varepsilon_{jm}}{kT}\right) \tag{11.9}$$

verwendet wurde.

In diesen Ausdrücken sind β_j der Entartungsgrad des Grundzustandes eines Zentrums mit j Elektronen und g_j die verallgemeinerten Entartungsgrade des j-ten Ladungszustandes. Da dem Sinn nach $E^{(j)}$ den Energiezuwachs des Zentrums darstellt, ist in Gl. (11.8) $E^{(0)} = 0$ zu setzen.

Wir weisen noch auf eine Beziehung der in die Gibbssche Verteilung (11.8) eingehenden Energien $E^{(j)}$ mit den Niveaus E_j des gewöhnlichen Energieschemas (Abb. 5.7) hin. Da die Niveaus E_j den Energiezuwachs des Zentrums bei Hinzufügung eines Elektrons darstellen, ist

$$E^{(j)} = E_1 + E_2 + \cdots + E_j. \tag{11.10}$$

Hierbei spielt das Bezugsniveau für die Energien keine Rolle, wenn E_j und F vom gleichen Anfangsniveau aus gemessen werden, da das Anfangsniveau aus dem Ausdruck herausfällt.

Bei der Bestimmung des Fermi-Niveaus über Gl. (11.3) benutzten wir die freie Energie und wählten als thermodynamische Variablen das Volumen und die Temperatur. Wir hätten jedoch auch andere thermodynamische Größen wählen können: die Enthalpie W oder die freie Enthalpie Φ und die ihnen entsprechenden Variablen. Dann würden wir gleichbedeutende Definitionen erhalten:

$$F = \left(\frac{\partial F}{\partial j}\right)_{V,T} = \left(\frac{\partial W}{\partial j}\right)_{S,p} = \left(\frac{\partial \Phi}{\partial j}\right)_{p,T}. \tag{11.11}$$

Es sei hier unterstrichen, daß das durch Gl. (11.3) (oder durch (11.11)) definierte Niveau F im Falle eines äußeren Feldes auch die potentielle Energie des Elektrons in diesem Feld, $-e\varphi$, enthalten muß. Aus diesem Grund wird es auch als elektrochemisches Potential bezeichnet.

Wählt man die Energie E_{c0} der Leitungsbandkante bei $\varphi = 0$ als Bezugspunkt, so ist das elektrochemische Potential der Elektronen gleich

$$F = \zeta - e\varphi, \tag{11.12}$$

wobei $\zeta = F - E_c$ das chemische Potential im Feld mit dem Potential φ ist.

5.12. Spezialfälle

Wir betrachten im folgenden eine einfache Störstelle, die nur ein nichtentartetes Energieniveau und keine angeregten Zustände hat. Dann kann j in Gl. (11.8) nur zwei Werte annehmen: 0 und 1. Entsprechend (11.10) ist $E^{(j)} = E_1$, und es gilt $g_0 = g_1 = 1$. Für die Wahrscheinlichkeit, daß das Zentrum mit einem Elektron besetzt ist, erhält man damit

$$f = \frac{\exp\dfrac{F - E_1}{kT}}{1 + \exp\dfrac{F - E_1}{kT}} = \frac{1}{1 + \exp\dfrac{E_1 - F}{kT}}.$$

Somit geht die Gibbssche Verteilung für ein einfaches nichtentartetes Energieniveau in die Fermi-Verteilung (3.1) über. Im Zusammenhang mit Gl. (11.3) ist hieraus ersichtlich, daß das von uns früher eingeführte Fermi-Niveau F gerade die freie Energie pro Elektron ist.

Für ein einfaches Zentrum, das nur ein einzelnes Elektron einfangen oder abgeben kann, dessen Energieniveaus aber entartet sind, geht Formel (11.8) mit $M = 1$ in die bereits früher mit Hilfe nicht ganz strenger intuitiver Überlegungen gewonnene Gleichung (9.3) über.

Untersuchen wir jetzt, wie die mittlere Ladung eines Mehrelektronenzentrums von der Lage des Fermi-Niveaus abhängt. Dazu betrachtet man zweckmäßig das Verhältnis der Wahrscheinlichkeiten, daß sich am Zentrum j bzw. $(j - 1)$ Elektronen befinden. Dieses ist entsprechend (11.8) und (11.10) gleich

$$\frac{j^{(j)}}{j^{(j-1)}} = \frac{N_j}{N_{j-1}} = \frac{g_j}{g_{j-1}} \exp\frac{F - E_j}{kT}. \tag{12.1}$$

Wir werden im folgenden voraussetzen, daß der Abstand zwischen den verschiedenen Energieniveaus E_j hinreichend groß ist (mindestens einige kT). Liegt dann das Fermi-Niveau zwischen zwei beliebigen Energieniveaus E_{j-1} und E_j und ist es von jedem der beiden wenigstens zwei bis drei kT entfernt, so folgt aus (12.1), daß das niedrigere Niveau $(j - 1)$ fast völlig besetzt und das höhere (j) praktisch leer ist. Deshalb wird die mittlere Zahl der pro Zentrum eingefangenen Elektronen sehr nahe bei $(j - 1)$ liegen. Sie ändert sich dann stark, wenn sich das Fermi-Niveau irgendeinem Energieniveau E_j des Zentrums nähert. Wenn es mit diesem zusammenfällt, so ist das Verhältnis der Konzentrationen der Zentren mit j bzw. $(j - 1)$ gebundenen Teilchen $N_j/N_{j-1} = g_j/g_{j-1}$. Wenn somit das Fermi-Niveau zwischen zwei beliebigen benachbarten Energieniveaus liegt und bei einer Verschiebung keines dieser Niveaus kreuzt, so befinden sich praktisch alle Zentren in genau einem Ladungszustand, und die Konzentration anderer Ladungszustände ist verschwindend klein.

Zur Illustration des Gesagten betrachten wir Goldatome in Germanium. Diese haben vier verschiedene Energieniveaus (siehe Abb. 5.8), deren niedrigstes ein Donatorniveau ist, während die restlichen Akzeptoren sind. Möge sich nun das Fermi-Niveau zwischen Valenz- und Leitungsbandkante verschieben (z. B. durch Veränderungen der Temperatur oder der Konzentrationen anderer flacher Donatoren oder Akzeptoren). Dann wird sich die mittlere Ladung der

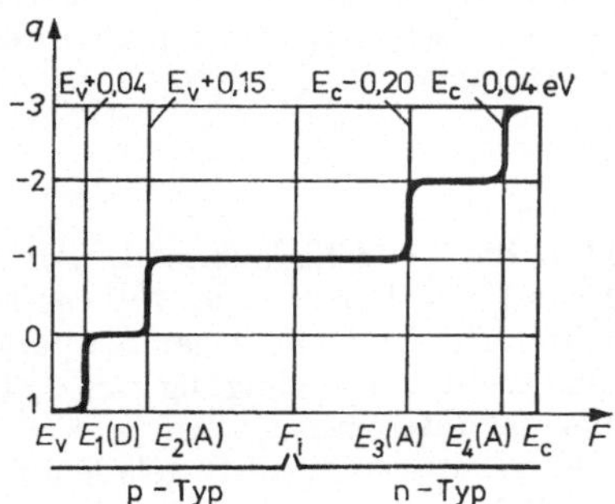

Abb. 5.8
Die Abhängigkeit der mittleren Ladung q (als Vielfaches der Elementarladung) von Goldatomen in Germanium von der Lage des Fermi-Niveaus

Goldatome so, wie in Abb. 5.8 gezeigt, verändern. Wenn F unterhalb des tiefsten (Donator-) Niveaus E_1 liegt, so ist dieses leer, und die Goldatome sind folglich positiv geladen. Liegt F zwischen E_1 und E_2, so ist E_1 besetzt, während E_2 leer bleibt. Da E_1 ein Donatorniveau ist, befindet sich die übergroße Mehrheit der Goldatome im neutralen Zustand, und ihre mittlere Ladung ist nahezu Null. Wird die Fermi-Energie größer als das zweite (Akzeptor-) Niveau E_2, so enthalten praktisch alle Atome zwei Elektronen, und ihre mittlere Ladung liegt nahe bei $-e$ usw. Bei kontinuierlicher Anhebung des Fermi-Niveaus durchlaufen die Goldatome alle möglichen Ladungszustände e, 0, $-e$, $-3e$.

5.13. Die Bestimmung der Lage des Fermi-Niveaus

Bei den bisherigen Überlegungen nahmen wir an, daß das Fermi-Niveau gegeben ist. Jetzt werden wir erörtern, wie man die Lage des Fermi-Niveaus bestimmen kann.

Die Antwort auf diese Frage hängt davon ab, welche anderen Größen bekannt sind. Wenn die Konzentrationen der Ladungsträger in den Bändern gegeben sind, dann kann man F aus den Gleichungen der Abschnitte 5.4. bis 5.6. bestimmen. So finden wir z. B. aus (5.1) für einen nichtentarteten n-Halbleiter

$$F = E_c - kT \ln \frac{N_c}{n},$$

analog aus (5.2) für einen nichtentarteten p-Halbleiter

$$F = E_v - kT \ln \frac{N_v}{p}.$$

Diese Ausdrücke liefern das uns schon bekannte Resultat, daß das Fermi-Niveau um so näher an der Kante des die Majoritätsladungsträger enthaltenden Bandes liegt, je größer deren Konzentration ist.

Meistens jedoch ist umgekehrt nur die Zusammensetzung des Kristalls gegeben, d. h., die Konzentrationen und die Arten der in ihm enthaltenen Störstellen (deren Energieniveaus) sind bekannt, und die Konzentrationen der freien und gebundenen Ladungsträger sollen berechnet werden. Dann kann die Lage des Fermi-Niveaus aus der Neutralitätsbedingung gefunden werden. Aus der klassischen Elektrodynamik ist bekannt, daß die Volumenladung eines homogenen Leiters im Gleichgewicht Null ist. Eine aus irgendeinem Grunde in ihm entstandene Ladungsansammlung verschwindet wegen der abstoßenden elektrischen Kräfte innerhalb einer Zeit von der Ordnung der Maxwellschen Relaxationszeit

$$\tau_{\mathrm{M}} = \frac{\varepsilon}{4\pi\sigma}, \tag{13.1}$$

wobei ε die Dielektrizitätskonstante und σ die Leitfähigkeit sind. Für typische Halbleiter ist τ_{M} sehr klein, z. B. bei $\varepsilon \sim 10$ und $\sigma \sim 1\ \mathrm{cm}^{-1} = 9 \cdot 10^{11}$ cgs-Einheiten $\tau_{\mathrm{M}} \sim 10^{-12}\,\mathrm{s}$. Somit kann man im stationären Zustand und sogar bei periodischen Änderungen des Zustandes mit einer Frequenz, die der Bedingung $\omega\tau_{\mathrm{M}} \ll 1$ genügt, das Innere des Halbleiters als elektrisch neutral ansehen.

Hieraus folgt, daß im Gleichgewicht die Konzentration positiv geladener Teilchen stets gleich der Konzentration negativer Teilchen sein muß. Nehmen wir an, daß ein Halbleiter Donatoren nur eines Typs mit der Konzentration N_{d} und außerdem Akzeptoren (ebenfalls nur eines Typs) mit der Konzentration N_{a} enthalte. Positive Teilchen sind dann einerseits die beweglichen Löcher mit der Konzentration p und andererseits raumfeste positive Ladungen p_{t} in Form positiv geladener Donatoren.

Für einfache Donatoren gilt

$$p_{\mathrm{t}} = N_{\mathrm{d}}(1 - f) \quad \text{(einfache Donatoren)}, \tag{13.2}$$

wobei f wie bisher die durch die erste Gleichung (9.3) (bei Weglassung des Index 1) beschriebene Wahrscheinlichkeit dafür ist, daß der Donator mit einem Elektron besetzt ist. Für mehrfach geladene Donatoren, die im neutralen Zustand M Überschußelektronen haben, ergibt sich entsprechend

$$p_{\mathrm{t}} = N_{\mathrm{d}} \sum_{j=0}^{M-1} (M - j)\, f^{(j)} = N_{\mathrm{d}} \sum_{j=1}^{M} j f_{\mathrm{p}}^{(j)} \quad \text{(mehrfach geladene Donatoren)}, \tag{13.2a}$$

wobei $f^{(j)}$ die Wahrscheinlichkeit dafür ist, daß der Donator j Elektronen enthält (Gl. (11.8)).

Die Konzentration negativer Teilchen setzt sich zusammen aus der Konzentration n der Elektronen im Band und der Konzentration negativ geladener Akzeptoren. Wenn n_{t} die Konzentration raumfester Elementarladungen bezeichnet, so gilt für einfache Akzeptoren

$$n_{\mathrm{t}} = N_{\mathrm{a}} f \qquad \text{(einfache Akzeptoren)} \tag{13.3}$$

und analog für mehrfach geladene Akzeptoren

$$n_{\mathrm{t}} = N_a \sum_{j=1}^{M} j f^{(j)}. \tag{13.3a}$$

Die Neutralitätsbedingung läßt sich jetzt in der Form

$$p + p_t - n - n_t = 0 \tag{13.4}$$

schreiben.

Wenn der Halbleiter unterschiedliche Typen von Donatoren und Akzeptoren enthält, hat man unter p_t und n_t jeweils die Gesamtkonzentrationen von gebundenen Elementarladungen zu verstehen.

Jede der Größen p, p_t, n und n_t hängt vom Fermi-Niveau ab, deshalb kann die Gleichung (13.4) zu dessen Bestimmung verwendet werden. Diese Gleichung ist jedoch transzendent, und um eine Lösung zu erhalten, muß man entweder numerische Methoden anwenden oder verschiedene Spezialfälle untersuchen, was wir im folgenden tun wollen.

5.14. Das Fermi-Niveau im Eigenhalbleiter

Im Eigenhalbleiter gilt $p_t, n_t \ll n, p$, und die Neutralitätsbedingung ist einfach $n = p$. Wenn die Bandlücke des Halbleiters hinreichend groß gegen kT ist und die effektiven Massen m_n und m_p der Elektronen und Löcher die gleiche Größenordnung haben, so liegt das Fermi-Niveau weit von den Bandkanten entfernt, und der Halbleiter ist nicht entartet. Verwendet man deshalb für n und p die Ausdrücke (5.1) und (5.2), so findet man

$$N_c \exp \frac{F - E_c}{kT} = N_v \exp \frac{E_v - F}{kT}.$$

Das ergibt

$$F = E_i - \frac{1}{2} kT \ln \frac{N_c}{N_v} = E_i - \frac{3}{4} kT \ln \frac{m_n}{m_p}, \tag{14.1}$$

wobei die Energie $E_i = \frac{1}{2}(E_v + E_c)$ in der Mitte der Bandlücke liegt.

Diese Abhängigkeit ist schematisch in Abb. 5.9 dargestellt. Dort sind auch die Bandkanten E_v und E_c eingezeichnet, wobei berücksichtigt wurde, daß sich die Breite der Bandlücke $E_g = E_c - E_v$ ebenfalls mit der Temperatur ändert. Bei $T = 0$ liegt das Fermi-Niveau genau in der Mitte der Bandlücke. Mit Erhöhung der Temperatur entfernt es sich vom Band der schwereren Ladungsträger und nähert sich dem Band der leichteren.

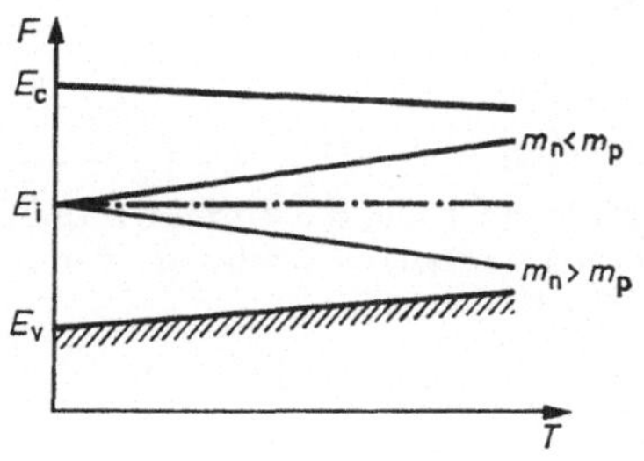

Abb. 5.9
Temperaturabhängigkeit der Lage des Fermi-Niveaus in einem Eigenhalbleiter (schematisch)

Bei Halbleitern mit schmaler Energielücke (HgSe, HgTe, graues Zinn u. a.) muß die Entartung schon bei Zimmertemperatur berücksichtigt werden, und es sind deshalb für n und p die allgemeinen Ausdrücke (4.4) und (4.6) zu benutzen.

Aus (14.1) und Abb. 5.9 sieht man, daß sich das Fermi-Niveau bei Erhöhung der Temperatur dem Band der leichten Ladungsträger bis auf einen Abstand von der Ordnung kT nähern und sogar in dieses Band hineinverlagern kann, wenn m_n und m_p sehr unterschiedlich sind. In solchen Halbleitern kann deshalb bei Erwärmung Entartung auftreten. Das ist z. B. in InSb der Fall, wo $m_n \ll m_p$ ist und das Fermi-Niveau bei Temperaturen $T \gtrsim 440$ K in das Leitungsband tritt.

5.15. Halbleiter mit Störstellen nur eines Typs

Betrachten wir einen Halbleiter, der einfache Donatoren mit dem Energieniveau E_d enthält. Möge ferner die Temperatur nicht zu hoch sein, so daß die Eigenleitung vernachlässigt werden kann. Dann entstehen Elektronen im Leitungsband nur durch thermische Ionisation von Donatoren. Wir werden für diesen Fall im folgenden die Konzentration der Elektronen im Band sowie die Lage des Fermi-Niveaus in Abhängigkeit von der Temperatur bestimmen.

Die Neutralitätsbedingung (13.4) ergibt für diesen Fall ($p \ll n$, $n_t = 0$) bei Berücksichtigung der Ausdrücke (9.3) und (4.4)

$$\frac{N_d}{1 + \frac{g_1}{g_0} \exp \frac{F - E_d}{kT}} = N_c \Phi_{1/2}\left(\frac{F - E_c}{kT}\right). \tag{15.1}$$

Mit Hilfe dieser Gleichung kann das Fermi-Niveau bestimmt werden. Für eine allgemeine Lösung sind jedoch numerische Rechnungen erforderlich. Wir werden deshalb nur den Fall eines nichtentarteten Halbleiters betrachten, für den

$$\Phi_{1/2}\left(\frac{F - E_c}{kT}\right) \simeq \exp \frac{F - E_c}{kT}$$

gilt. Benutzt man außerdem die Beziehung

$$\exp \frac{F - E_d}{kT} = \frac{n}{N_c} \exp \frac{I}{kT},$$

wobei $I = E_c - E_d$ die Ionisationsenergie des Donators ist, so kann die Neutralitätsbedingung (13.4) weiter umgeschrieben werden in

$$\frac{n^2}{N_d - n} = n_1(T). \tag{15.2}$$

Hier ist n_1 eine von uns bereits früher eingeführte Größe, die durch Gl. (9.5) gegeben ist. Die Relation (15.2) ergibt eine in n quadratische Gleichung, deren positive Wurzel

$$n = \frac{n_1}{2}\left(\sqrt{1 + \frac{4N_d}{n_1}} - 1\right) \tag{15.3}$$

ist. Bei hinreichend tiefen Temperaturen, wenn $4N_d/n_1 \gg 1$ gilt, ergibt sich

$$n = \left(\frac{g_0}{g_1} N_d N_c\right)^{1/2} \exp\left(-\frac{I}{2kT}\right). \tag{15.3a}$$

In diesem Falle liegt eine nur teilweise Ionisation der Donatoren vor, und die Konzentration der Elektronen im Band verringert sich exponentiell bei abnehmender Temperatur. Wenn man $\ln nT^{-3/4}$ über $1/T$ aufträgt, erhält man eine Gerade, deren Anstieg $I/2k$ der halben Ionisationsenergie I der Donatoren entspricht.

Bei genügend hohen Temperaturen ($4N_d/n_1 \ll 1$) ergibt sich aus (15.3)

$$n = N_d. \tag{15.3b}$$

Das bedeutet völlige Ionisation der Donatoren. Die volle Abhängigkeit $n(T)$ ist für einen konkreten Fall weiter unten in Abb. 5.11, S. 186 (Kurve 1) dargestellt.

Um die Abhängigkeit der Lage des Fermi-Niveaus F von der Temperatur zu bestimmen, brauchen wir (15.1) nicht nochmals zu lösen, sondern können die für nichtentartete Halbleiter gültige Beziehung (5.1) nutzen und erhalten

$$F - E_c = kT \ln \frac{n_1}{2N_c}\left(\sqrt{1 + \frac{4N_d}{n_1}} - 1\right). \tag{15.4}$$

Diese Abhängigkeit ist in Abb. 5.10 dargestellt.

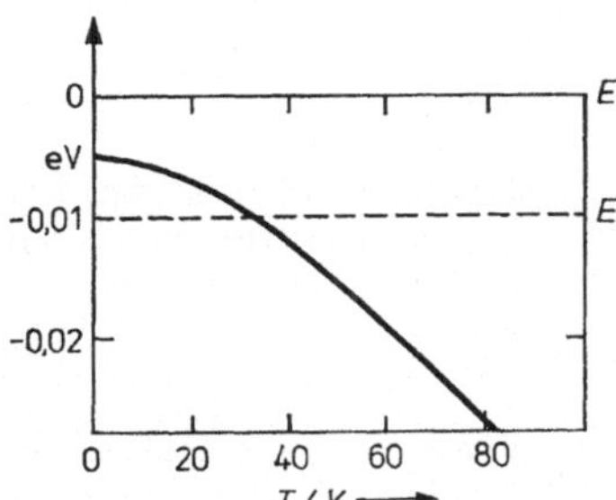

Abb. 5.10
Temperaturabhängigkeit des Fermi-Niveaus in Germanium mit unkompensierten Donatoren der fünften Hauptgruppe (für die gleichen Parameter wie Kurve 1 in Abb. 5.11)

Bei tiefen Temperaturen (die die gleiche Bedingung wie oben erfüllen) führt (15.4) zu

$$F - E_c = \frac{1}{2}(E_d - E_c) + \frac{1}{2} kT \ln\left(\frac{g_0}{g_1} \frac{N_d}{N_c}\right).$$

Für $T \to 0$ wandert das Fermi-Niveau in die Mitte zwischen E_c und E_d.

Für nichtkompensierte Akzeptoren sind analoge Beziehungen gültig.

5.16. Die gegenseitige Kompensation von Donatoren und Akzeptoren

Halbleiter mit Störstellen nur eines Typs, in denen der Einfluß anderer Störstellen vernachlässigbar ist, findet man recht selten. Das liegt daran, daß die moderne Halbleitertechnologie ungeachtet ihres äußerst hohen Entwicklungsstandes selbst für ein so gut beherrschtes Halbleitermaterial wie Germanium nicht in der Lage ist, die

Konzentration von Fremdatomen unter $10^{10} \cdots 10^{9}\,\mathrm{cm}^{-3}$ herabzudrücken. Es ist deshalb in realen Halbleitern gewöhnlich neben den absichtlich eingebrachten Donatoren noch eine gewisse Konzentration kompensierend wirkender Akzeptoren (oder umgekehrt) vorhanden. Die Existenz selbst geringer Konzentrationen kompensierender Störstellen kann die Temperaturabhängigkeit der Ladungsträgerkonzentration und der Lage des Fermi-Niveaus wesentlich beeinflussen. Deshalb werden wir jetzt Halbleiter betrachten, die gleichzeitig Donatoren und Akzeptoren enthalten.

Bevor wir jedoch den allgemeinen Fall untersuchen, wollen wir erst auf das einfache, aber praktisch wichtige Beispiel eingehen, daß der Halbleiter flache Donatoren (mit Energieniveaus in der Nähe der Leitungsbandkante) und flache Akzeptoren (mit Niveaus nahe am Valenzband) enthält. Zusätzlich werden wir voraussetzen, daß die Konzentrationen und die Temperatur derart beschaffen sind, daß das Fermi-Niveau zwischen den Akzeptor- und Donatorniveaus liegt und von diesen wenigstens einige kT entfernt ist. Solche Verhältnisse findet man z. B. in Germanium und Silizium mit Donatoren der V. Gruppe des Periodensystems und Akzeptoren der III. Gruppe, wenn deren Konzentrationen nicht größer als $10^{17}\,\mathrm{cm}^{-3}$ sind, in einem Temperaturintervall zwischen Zimmertemperatur und der Temperatur des festen Stickstoffs ($\sim 60\,\mathrm{K}$). In diesem Falle sind praktisch alle Donatoren ihres Elektrons beraubt (weil das Fermi-Niveau unterhalb der Donatorniveaus liegt) und damit positiv geladen, während alle Akzeptoren praktisch völlig mit Elektronen besetzt und negativ geladen sind (da das Fermi-Niveau über ihren Niveaus liegt). Die Neutralitätsbedingung erhält deshalb die einfache Form

$$n - p = N_{\mathrm{d}} - N_{\mathrm{a}}. \tag{16.1}$$

Wenn $N_{\mathrm{d}} > N_{\mathrm{a}}$ ist, dann gilt $n > p$, und der Halbleiter ist vom n-Typ. Wenn dabei noch die Temperatur nicht zu hoch ist, so daß die Konzentration der Minoritätsladungsträger vernachlässigt werden kann, dann gilt

$$n \simeq N_{\mathrm{d}} - N_{\mathrm{a}}. \tag{16.1a}$$

Die Elektronenkonzentration im Band ist so groß wie in einem Halbleiter, der nur Donatoren enthält, aber mit niedrigerer Konzentration, da der Anteil N_{a} an der Gesamtkonzentration der Donatoren durch die Akzeptoren kompensiert wird.

Ist dagegen die Akzeptorkonzentration größer als die Donatorkonzentration, so haben wir einen p-Halbleiter, und die Konzentration der Löcher ist $p \simeq N_{\mathrm{a}} - N_{\mathrm{d}}$.

Wenn schließlich die Donator- und Akzeptorkonzentrationen identisch sind, dann liefert (16.1) $n = p$. Weil außerdem für nichtentartete Halbleiter stets $np = n_{\mathrm{i}}^2$ gilt, ergibt sich

$$n = p = n_{\mathrm{i}}\,, \tag{16.2}$$

d. h., die Elektronen- und Löcherkonzentrationen stimmen mit ihren Werten beim völligen Fehlen irgendwelcher Störstellen überein. In diesem Falle entstehen Ladungsträger nur infolge von Interbandanregungen.

Die erhaltenen Ergebnisse zeigen, daß man Vorsicht walten lassen muß, wenn man die Reinheit von Halbleitern über die Messung der Ladungsträgerkonzentration beurteilen will, weil diese Konzentration nicht nur infolge der Reinheit des Materials, sondern auch infolge der gegenseitigen Kompensation von Donatoren und Akzeptoren klein sein kann. Für eine endgültige Beurteilung der Reinheit muß man deshalb zusätzliche Untersuchungen durchführen, z. B. die Beweglichkeit messen.

5.17. Kompensierte Halbleiter

Betrachten wir nochmals einen n-Halbleiter, der einfache Donatoren der Konzentration N_d sowie kompensierende Akzeptoren der Konzentration $N_a < N_d$ enthält. Dieser möge wie früher nicht entartet sein. Wir beschränken uns wieder auf das Gebiet der Störstellenleitung, betrachten aber einen breiteren Temperaturbereich, der auch tiefe Temperaturen einschließt, bei denen die Donatoren nicht vollständig ionisiert sein können.

Die Neutralitätsbedingung (13.4) lautet für diesen Fall

$$\frac{N_d}{1 + \frac{g_1}{g_0} \exp \frac{F - E_d}{kT}} = n + N_a. \tag{17.1}$$

Indem der Exponent wie schon früher über die Elektronenkonzentration n ausgedrückt wird, kann diese Bedingung in der Form

$$\frac{n(n + N_a)}{N_d - N_a - n} = n_1(T) \tag{17.2}$$

geschrieben werden, wobei $n_1(T)$ durch (9.5) definiert ist. Für $N_a = 0$ geht diese Gleichung in die früher erhaltene (15.2) über. Sie führt wiederum zu einer in n quadratischen Gleichung. Für sehr tiefe Temperaturen, wenn $n \ll N_a$, $N_d - N_a$ ist, ergibt sie

$$n = \frac{N_d - N_a}{N_a} \frac{g_0}{g_1} N_c \exp\left(-\frac{I_d}{kT}\right). \tag{17.3}$$

Folglich hat die Darstellung von $n(T)$ in den Koordinaten $\ln (nT^{-3/2})$ und $1/T$ wieder die Form einer Geraden. Der Anstieg dieser Geraden ist jedoch im Unterschied zum Fall einheitlicher nichtkompensierter Donatoren gleich I/k, d. h. nicht durch die halbe, sondern durch die ganze Ionisationsenergie gegeben. Aus (17.3) ist weiterhin ersichtlich, daß die Konzentration der kompensierenden Akzeptoren die Elektronenkonzentration stark beeinflußt und sie um viele Größenordnungen ändern kann.

Im allgemeinen Fall der Störstellenleitung ergibt die quadratische Gleichung (17.2)

$$n = \frac{1}{2} (N_a + n_1) \left(\sqrt{1 + \frac{4(N_d - N_a) n_1}{(N_a + n_1)^2}} - 1\right). \tag{17.4}$$

Bei hinreichend hohen Temperaturen, wenn $\frac{(N_d - N_a) n_1}{(N_a + n_1)^2} \ll 1$ und außerdem $n_1 \gg N_a$ ist, gilt einfach die schon früher erhaltene Gleichung (16.1a)

$$n \simeq N_d - N_a.$$

Man nennt diesen Temperaturbereich manchmal Sättigungsbereich der Donatoren.

Die Größe n als Funktion von T ist in Abb. 5.11 dargestellt für Germanium mit Donatoren der V. Hauptgruppe, die teilweise durch Akzeptoren der III. Hauptgruppe kompensiert sind. Für nichtkompensierte Donatoren hat Kurve 1 bei tiefen Temperaturen einen Anstieg, der der halben Ionisationsenergie der Donatoren entspricht (siehe Abschnitt 5.15). Bei vorhandener Kompensation entspricht der Anstieg der vollen Ionisationsenergie. Man muß jedoch bemerken, daß bei kleinen

Kompensationsgraden (Kurve 2) ein Temperaturbereich existiert (er ist durch $N_a \ll n \ll N_d$ festgelegt), in dem der Anstieg ebenfalls durch die halbe Ionisationsenergie gegeben ist und sich erst bei einer ausreichenden Temperaturerniedrigung verdoppelt.

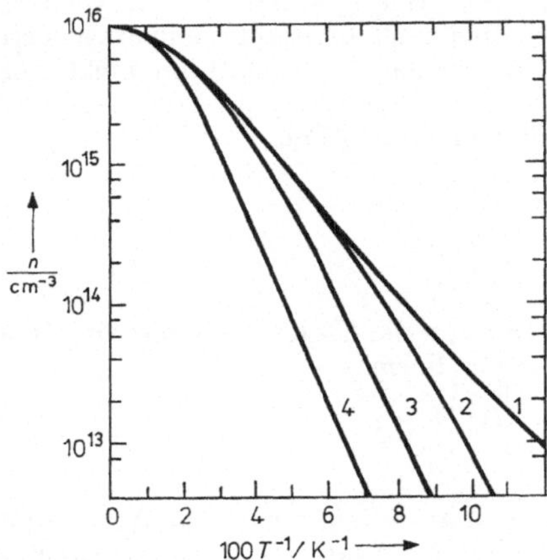

Abb. 5.11

Temperaturabhängigkeit der Elektronenkonzentration von Germanium, das Donatoren der fünften Hauptgruppe enthält (es wurde $E_c - E_d = 0{,}01$ eV angenommen), die teilweise durch Akzeptoren der dritten Hauptgruppe kompensiert werden. Für alle Kurven gilt $N_d - N_a = 10^{16}\ \text{cm}^{-3}$. *1:* $N_a = 0$; *2:* $N_a = 10^{14}\ \text{cm}^{-3}$; *3:* $N_a = 10^{15}\ \text{cm}^{-3}$; *4:* $N_a = 10^{16}\ \text{cm}^{-3}$. Zur Berechnung wurde $m_n = 0{,}25\ m_0$ und $g_0/g_1 = 1/2$ benutzt.

Um den Temperaturgang des Fermi-Niveaus zu bestimmen, nutzen wir wie schon früher die Relation (5.1). Das führt auf

$$F - E_c = kT \ln \frac{N_a + n_1}{2N_c} \left(\sqrt{1 + \frac{4(N_d - N_a)\, n_1}{(N_a + n_1)^2}} - 1 \right). \tag{17.5}$$

Für die gleichen vier Kompensationsgrade wie in Abb. 5.11 ist $F - E_c$ in Abhängigkeit von T in Abb. 5.12 dargestellt. Man sieht, daß sich der Gang des Fermi-Niveaus

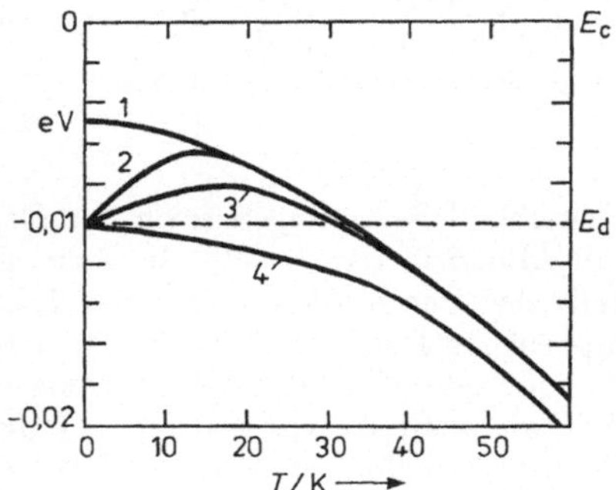

Abb. 5.12

Temperaturabhängigkeit des Fermi-Niveaus in Germanium mit teilweise kompensierten Donatoren der fünften Hauptgruppe für die gleichen Fälle wie in Abb. 5.11

im teilweise kompensierten Halbleiter bei tiefen Temperaturen wesentlich von dem des nichtkompensierten Materials unterscheidet. Für tiefe Temperaturen (wegen der quantitativen Bedingung siehe weiter oben) ergibt Gl. (17.5)

$$F = E_\mathrm{d} - kT \ln \left(\frac{N_\mathrm{a}}{N_\mathrm{d} - N_\mathrm{a}} \frac{g_1}{g_0} \right).$$

F strebt hier mit $T \to 0$ gegen E_d, während es sich im nichtkompensierten Halbleiter der Mitte zwischen E_d und der Leitungsbandkante näherte.

Für einen p-Halbleiter, dessen Akzeptoren teilweise durch Donatoren kompensiert sind, erhalten wir

$$\frac{p(N_\mathrm{d} + p)}{N_\mathrm{a} - N_\mathrm{d} - p} = p_1(T), \tag{17.6}$$

wobei $p_1(T)$ durch (9.13) gegeben wird.

Bei tiefen Temperaturen ergibt sich die Löcherkonzentration aus einer Gleichung, die der Gl. (17.3) analog ist:

$$p = \frac{g_1}{g_0} \frac{N_\mathrm{a} - N_\mathrm{d}}{N_\mathrm{d}} N_\mathrm{v} \exp \left(-\frac{I_\mathrm{a}}{kT} \right). \tag{17.7}$$

Hier ist $I_\mathrm{a} = E_\mathrm{a} - E_\mathrm{v}$ die Ionisationsenergie des Akzeptors (d. h. die für die Abtrennung des Loches nötige Energie). Bei äußerst tiefen Temperaturen strebt das Fermi-Niveau gegen das Niveau der dominanten Störstelle, d. h. gegen E_a. Mit ebensolchen Überlegungen ist es möglich, die Temperaturabhängigkeit der Elektronen- bzw. Löcherkonzentrationen für zwei andere mögliche Fälle zu finden — für teilweise kompensierte Akzeptoren in n-Halbleitern sowie teilweise kompensierte Donatoren in p-Halbleitern.

5.18. Die Bestimmung der Energieniveaus von Störstellen

Die Ergebnisse des vorigen Abschnittes bilden die Grundlage für eine wichtige Methode zur Bestimmung lokalisierter Energieniveaus, die von Fremdatomen oder Strukturdefekten verursacht werden. Dazu stellt man Proben her, die neben den zu untersuchenden Defekten noch kompensierende Störstellen enthalten, deren Konzentration so gewählt ist, daß das zu untersuchende Energieniveau teilweise kompensiert wird. Bei hinreichend tiefen Temperaturen liegt dann das Fermi-Niveau beim teilweise kompensierten Energieniveau (vgl. Abb. 5.12), und die Temperaturabhängigkeit der Konzentration der Majoritätsladungsträger wird in den Koordinaten $\ln (nT^{-3/2})$ und $1/T$ durch eine Gerade gegeben, deren Anstieg die gesuchte Ionisationsenergie liefert.

Auf ähnliche Weise können auch mehrfach geladene Zentren untersucht werden. Wir betrachten im folgenden die dabei möglichen Fälle.

Mehrfach geladene Akzeptoren im n-Halbleiter. $E_1, E_2, \ldots, E_j, \ldots, E_M$ werden hier und im folgenden beim Valenzband beginnend mit wachsender Energie der Reihe nach durchnumeriert, d. h., E_1 liegt dem Valenzband am nächsten, während E_M dem Leitungsband am nächsten liegt. Im Material mögen weiterhin leicht ionisierbare kompensierende Donatoren vorhanden sein. Es gelte

$$(j-1)\,N_a < N_d < jN_a. \tag{18.1}$$

Das bedeutet, daß bei $T = 0$ die N_d Donatorelektronen die $(j-1)$ tieferen Akzeptorniveaus völlig und das Niveau j noch teilweise besetzen. Wir setzen weiterhin voraus, daß das teilweise kompensierte j-te Niveau höher als die Mitte E_i der Bandlücke liegt. Dann werden wir infolge der thermischen Anregung von Elektronen aus dem Niveau j bei tiefen Temperaturen eine gewisse Elektronenkonzentration im Leitungsband vorfinden, aber praktisch keine Löcher im Valenzband, d. h., der Halbleiter ist vom n-Typ. Dieser Fall ist in Abb. 5.13 dargestellt. In

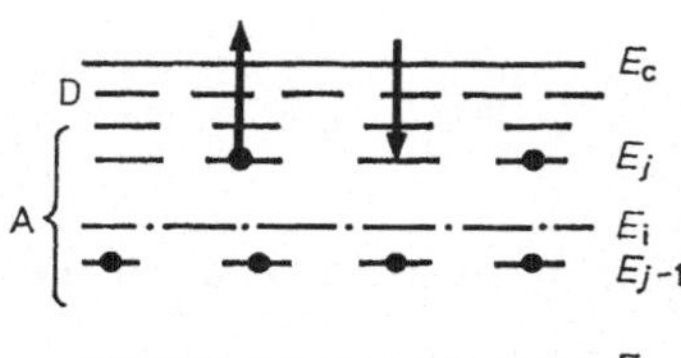

Abb. 5.13
Teilweise kompensierte mehrfach geladene Akzeptoren im n-Halbleiter

einem bestimmten Gebiet tiefer Temperaturen (dem Bereich der Störstellenleitfähigkeit) gibt es dann als positive Teilchen nur die ionisierten Donatoren und als negative die Leitungsbandelektronen sowie die negativ geladenen Akzeptoren. Die Neutralitätsbedingung hat dann die Form

$$N_d = n + N_a \sum_{j=1}^{M} jf^{(j)}. \tag{18.2}$$

Das Problem kann wesentlich vereinfacht werden, wenn man nur den Temperaturbereich betrachtet, wo die Anregung der Elektronen ausschließlich aus den teilweise kompensierten Niveaus j erfolgt. Das bedeutet, daß sich die Akzeptoren nur in einem der beiden Ladungszustände $(j-1)$ und j befinden und die Normierungsbedingung die einfache Form

$$f^{(j-1)} + f^{(j)} = 1 \tag{18.3}$$

erhält. Daraus und aus (12.1) folgt

$$f^{(j)} = \frac{1}{1 + \frac{g_{j-1}}{g_j} \exp \frac{E_j - F}{kT}}, \qquad f^{(j-1)} = \frac{1}{1 + \frac{g_j}{g_{j-1}} \exp \frac{F - E_j}{kT}}. \tag{18.4}$$

Die Neutralitätsbedingung (18.2) wird dann einfach zu

$$N_d = n + (j-1)\,N_a f^{(j-1)} + jN_a f^{(j)},$$

oder mit (18.3)

$$jN_a - N_d + n = N_a f^{(j-1)} = \frac{N_a}{1 + \frac{g_j}{g_{j-1}} \exp \frac{F - E_j}{RT}}. \tag{18.5}$$

Wenn wir nun wie in Abschnitt 5.17. verfahren und die Beziehung

$$\exp \frac{F - E_j}{kT} = \frac{n}{N_c} \exp \frac{I_j}{kT}$$

benutzen, wobei $I_j = E_c - E_j$ die Ablöseenergie eines Elektrons aus dem Niveau j ist, können wir (18.5) schreiben als

$$\frac{n(jN_a - N_d + n)}{N_d - (j-1)\,N_a - n} = n_j(T). \tag{18.6}$$

Hier wurde die Bezeichnung

$$n_j(T) = \frac{g_{j-1}}{g_j}\,N_c \exp\left(-\frac{I_j}{kT}\right) \tag{18.7}$$

eingeführt. Damit haben wir eine Beziehung des gleichen Typs wie (17.2) erhalten. Wenn insbesondere bei hinreichend tiefen Temperaturen $n \ll (jN_a - N_d)$ und $n \ll N_d - (j-1)\,N_a$ gelten, dann ergibt (18.6)

$$n = \frac{N_d - (j-1)\,N_a}{jN_a - N_d}\,n_j(T). \tag{18.8}$$

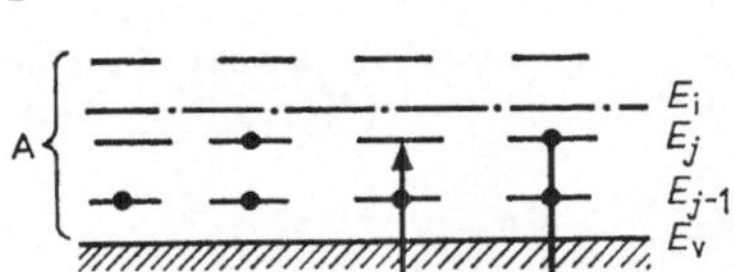

Abb. 5.14
Teilweise kompensierte mehrfach geladene Akzeptoren im p-Halbleiter

Mehrfach geladene Akzeptoren im p-Halbleiter. Jetzt nehmen wir an, daß das teilweise besetzte j-te Niveau in der unteren Hälfte der Bandlücke liegt ($E_j < E_i$, siehe Abb. 5.14). Dann haben wir es in einem bestimmten Bereich tiefer Temperaturen nur mit dem Übergang von Valenzelektronen in leere Niveaus j (d. h. der Erzeugung von Löchern bzw. den umgekehrten Übergängen) zu tun, während praktisch keine Elektronen aus den besetzten Niveaus j ins Leitungsband gelangen, d. h., der Halbleiter ist vom p-Typ. Unter den gleichen Voraussetzungen wie oben lautet die Neutralitätsbedingung jetzt

$$N_d + p = (j-1)\,N_a f^{(j-1)} + jN_a f^{(j)}$$

oder mit (18.3)

$$jN_a - N_d - p = \frac{N_a}{1 + \dfrac{g_j}{g_{j-1}} \exp\dfrac{F - E_j}{kT}}. \tag{18.9}$$

Da die Majoritätsträger jetzt Löcher sind, drücken wir den Exponentialterm durch die Löcherkonzentration p aus:

$$\exp\frac{F - E_j}{kT} = \frac{N_v}{p}\exp\left(-\frac{I_j}{kT}\right),$$

wobei $I_j = E_j - E_v$ die Energie für die Abspaltung eines Loches vom Akzeptor ist. Damit wird (18.9) zu

$$\frac{p(N_d - (j-1)\,N_a + p)}{jN_a - N_d - p} = p_j(T) \tag{18.10}$$

mit

$$p_j(T) = \frac{g_j}{g_{j-1}}\,N_v \exp\left(-\frac{I_j}{kT}\right). \tag{18.11}$$

Diese Ausdrücke bestimmen die Temperaturabhängigkeit der Löcherkonzentration im Bereich der Störstellenleitung. Wenn die Temperatur hinreichend klein ist, so daß $p \ll N_d - (j-1) N_a$ und $p \ll jN_a - N_d$ gelten, so führt (18.10) zu der exponentiellen Abhängigkeit

$$p = \frac{jN_a - N_d}{N_d - (j-1) N_a} p_j(T). \tag{18.12}$$

Mehrfach geladene Donatoren im n-Halbleiter. Wir betrachten jetzt den Fall mehrfach geladener Donatoren, die teilweise durch flache Akzeptoren kompensiert sind. Wir werden wieder annehmen, daß das j-te Niveau teilweise besetzt ist (wobei die Numerierung der Niveaus von E_v nach E_c beibehalten wird). Dazu müssen die Donatoren und Akzeptoren offensichtlich die Bedingung

$$(M - j) N_d < N_a < (M - j + 1) N_d \tag{18.13}$$

erfüllen. Wir setzen weiterhin voraus, daß $E_j > E_i$ ist, so daß wir es im Temperaturbereich der Störstellenleitung mit einem n-Halbleiter zu tun haben. Die Neutralitätsbedingung lautet dann

$$n + N_a = N_d \sum_{j=0}^{M-1} (M - j) f^{(j)}. \tag{18.14}$$

Betrachten wir wiederum nur den Teil des Bereichs der Störstellenleitung, in dem die Donatoren praktisch in nur zwei Ladungszuständen $e(M - j)$ und $e(M - j + 1)$ vorliegen, dann können wir (18.14) in der Form

$$N_a - (M - j) N_d + n = N_d f^{(j-1)} = \frac{N_d}{1 + \dfrac{g_j}{g_{j-1}} \exp \dfrac{F - E_j}{kT}} \tag{18.15}$$

schreiben. Indem wir abermals $\exp \frac{F - E_j}{kT}$ durch n ausdrücken (n-Halbleiter), erhalten wir aus (18.15) die Temperaturabhängigkeit der Elektronenkonzentration

$$\frac{n(N_a - (M - j) N_d + n)}{(M - j + 1) N_d - N_a - n} = n_j(T), \tag{18.16}$$

wobei $n_j(T)$ wieder durch (18.7) gegeben ist. Bei hinreichender Temperaturverringerung liefert das

$$n = \frac{(M - j + 1) N_d - N_a}{N_a - (M - j) N_d} n_j(T). \tag{18.17}$$

Mehrfach geladene Donatoren im p-Halbleiter. Wir wenden uns jetzt dem letzten Fall zu, daß mehrfach geladene Donatoren durch flache Akzeptoren teilweise kompensiert sind und wiederum (18.13) erfüllt wird, aber das teilweise besetzte j-te Donatorniveau in der unteren Hälfte der Bandlücke liegt ($E_j < E_i$). In diesem Fall ist der Halbleiter im Bereich der Störstellenleitung vom p-Typ. Nehmen wir wie bisher stets an, daß der Donator nur in zwei Ladungszuständen existiert, und verfahren wie früher, so erhalten wir für die T-Abhängigkeit der Löcherkonzentration

$$\frac{p[(M - j + 1) N_d - N_a + p]}{N_a - (M - j) N_d - p} = p_j(T), \tag{18.18}$$

wo $p_j(T)$ durch (18.11) gegeben ist. Bei tiefen Temperaturen vereinfacht sich (18.18) zu

$$p = \frac{N_a - (M - j) N_d}{(M - j + 1) N_d - N_a} p_j(T). \tag{18.19}$$

Somit wird die Abhängigkeit der Majoritätsladungsträgerkonzentration von der inversen Temperatur in jedem der betrachteten Fälle bei hinreichender Temperaturerniedrigung exponentiell, wobei die Aktivierungsenergie im Exponenten gleich der Ionisationsenergie des Niveaus ist, das nur teilweise mit Elektronen besetzt ist.

Zur praktischen Durchführung solcher Messungen stellt man mehrere Halbleiterproben her, die außer den zu untersuchenden noch kompensierende Störstellen entgegengesetzten Typs enthalten (Gegendotierung), wobei sich das Verhältnis der Konzentrationen beider Störstellen von Probe zu Probe ändert.

Wenn die dotierten Kristalle aus der Schmelze gezogen werden, so sind beide Störstellenarten in der Schmelze vorhanden. In diesem Falle erweist es sich als äußerst nützlich, daß das Verhältnis der Konzentration einer Störstelle in der festen Phase c_s zu der in der flüssigen Phase c_l, d. h. der Verteilungskoeffizient

$$K - c_s/c_l$$

für verschiedene Störstellenarten verschieden ist. Das führt nämlich dazu, daß die Verteilung der Störstellen sich über die Länge des gezogenen Kristalls ändert. Man kann folglich Proben mit verschiedenen Kompensationsgraden der zu untersuchenden Störstelle erhalten, indem man einfach Scheiben aus verschiedenen Teilen des Einkristalls herausschneidet. Verändert man die Konzentration der kompensierenden Störstelle in hinreichend weiten Grenzen, so ist es möglich, die Zahl und die Lage der verschiedenen Energieniveaus von Vielelektronenzentren zu erhalten. Wird dazu noch der Typ der kompensierenden Störstelle beachtet (Donator oder Akzeptor), so kann auch festgestellt werden, ob die untersuchten Niveaus Donator- oder Akzeptorcharakter haben.

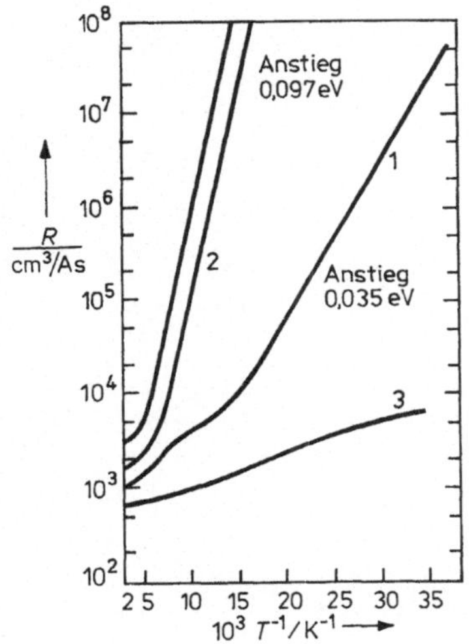

Abb. 5.15
Temperaturabhängigkeit der Hall-Konstante für verschiedene Germaniumproben, die teilweise durch Sb kompensiertes Zn enthalten
1: $N_{Sb} < N_{Zn}$ (p-Leitung);
2: $N_{Zn} < N_{Sb} < N_{Zn}$ (p-Leitung);
3: $N_{Sb} > 2N_{Zn}$ (n-Leitung)

In Abb. 5.15 wird das Beispiel der Bestimmung der Energieniveaus von Zinkatomen in Germanium gezeigt, die dort Doppelakzeptoren sind.[1]) Die kompensierenden flachen Donatoren wurden durch Hinzufügen von Antimon erhalten. Bei $N_{Sb} < N_{Zn}$ wird die Abhängigkeit des Logarithmus der Hall-Konstante von $1/T$

[1]) Nach Angaben der Arbeit W. W. Tyler, H. H. Woodbury, Phys. Rev. 102 (1956) 647.

bei tiefen Temperaturen eine Gerade, deren Anstieg der Ionisationsenergie $E_1 - E_v$ des unteren Zinkniveaus entspricht. Wenn die Konzentration der kompensierenden Donatoren steigt und in das Intervall $N_{Zn} < N_{Sb} < 2N_{Zn}$ fällt, wird der Anstieg der Geraden größer und entspricht der Ionisationsenergie $E_2 - E_v$ des zweiten Zinkniveaus. Bei noch größerer Donatorkonzentration ($N_{Sb} > 2N_{Zn}$) werden die Proben n- (und nicht mehr p-) leitend, und die Konzentration der Majoritätsladungsträger (Elektronen) wird durch die Ionisation der überschüssigen Antimonatome bestimmt, deren Temperaturabhängigkeit schwach ist.

Zum Schluß soll noch vermerkt werden, daß man bei Untersuchungen dieser Art oft nicht die Konzentration der Majoritätsladungsträger (d. h. die Hall-Konstante) mißt, sondern den spezifischen Widerstand, was einfacher ist. Weil die Beweglichkeit der Ladungsträger in teilweise kompensierten Halbleitern wesentlich schwächer von der Temperatur abhängt als ihre Konzentration, führt das nur zu einem sehr kleinen Fehler, den man meist vernachlässigen kann.

6. Kontaktphänomene

6.1. Potentialbarrieren

Bei der Berührung zweier verschiedener Halbleiter oder eines Halbleiters mit einem Metall entstehen in den Grenzschichten Potentialbarrieren. Die Ladungsträgerkonzentrationen innerhalb dieser Schichten können sich dabei von deren Werten im Volumen stark unterscheiden. Die Eigenschaften der Grenzschichten hängen von der angelegten äußeren Spannung ab, was in vielen Fällen zu einer stark nichtlinearen Strom-Spannungs-Charakteristik dieser Kontakte führt. Die nichtlinearen Eigenschaften derartiger Kontakte nutzt man u. a. zur Gleichrichtung sowie zur Umformung, Verstärkung und zur Erzeugung von elektrischen Schwingungen.

Im vorliegenden Kapitel wird vorausgesetzt, daß zum Strom nur Ladungsträger eines Typs beitragen (unipolare Leitfähigkeit). Die Kontaktphänomene im Falle bipolarer Leitfähigkeit werden im Kapitel 8. betrachtet.

Die Entstehung der Potentialbarrieren soll jetzt am Beispiel des Metall-Halbleiter-Kontakts erläutert werden. Der Halbleiter sei als n-leitend vorausgesetzt. In Abb. 6.1a sind die Energieschemata für beide Körper vor der Berührung dargestellt. Für das weitere wird vereinbart: E_0 sei das Energieniveau eines ruhenden Elektrons im Vakuum, E_c und E_v seien die Bandkanten im Halbleiter, F_M und F_H seien die Fermi-Niveaus im Metall bzw. im Halbleiter. Die Differenz $E_0 - E_c = \chi$ ist dann die Elektronenaffinität des Halbleiters.

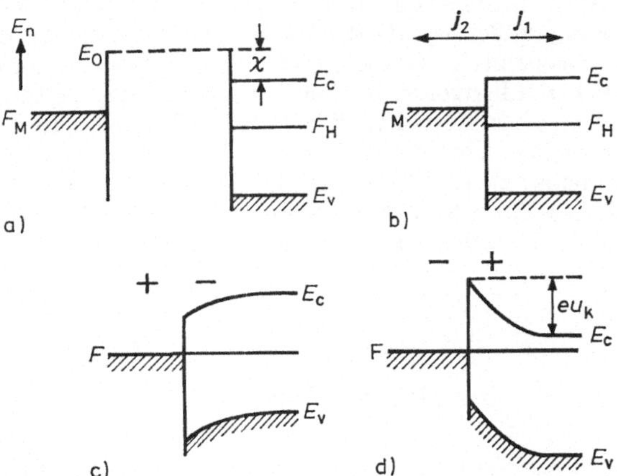

Abb. 6.1
Bildung der Potentialbarriere im Metall-Halbleiterkontakt
a) vor dem Kontakt, b) Kontakt, Nichtgleichgewicht, c) Gleichgewicht, Anreicherungsrandschicht, d) Gleichgewicht, Verarmungsrandschicht

In Abb. 6.1b ist die Situation unmittelbar nach der ersten Berührung dargestellt. Die Elektronen des Halbleiters haben jetzt die Möglichkeit, in das Metall überzugehen, was eine gewisse Stromdichte j_1 hervorruft, und die des Metalls können in den Halbleiter gelangen, was zu der Stromdichte $-j_2$ führt. Im allgemeinen werden diese Ströme verschiedene Beträge haben. Ist z. B. $j_1 < j_2$, so lädt sich der Halbleiter negativ und das Metall positiv auf, und zwar so lange, bis sich beide Ströme gegenseitig kompensieren. Für den sich damit einstellenden Zustand erhält man das Energieschema von Abb. 6.1c. Die Bandkanten sind dabei unten gekrümmt, und die Elektronenkonzentration in der randnahen Schicht ist größer als im Volumen (sog. Anreicherungsrandschicht).

Für den entgegengesetzten Fall $j_1 > j_2$ ist die sich einstellende Krümmung in Abb. 6.1d dargestellt; man erhält hier eine Verarmungsrandschicht. Die Höhe der Potentialbarriere (vom Halbleiter aus gemessen) ist gleich $-eu_k$, wobei u_k die Differenz der Werte eines Potentials im Halbleiterinneren und in der Ebene des Kontakts bezeichnet; e ist die Elementarladung. In Abb. 6.1 ist eine Bandverbiegung jeweils nur innerhalb des Halbleiters dargestellt. Diese existiert natürlich auch im Metall. Die Breite der Raumladungsschicht und der Spannungsabfall über dieser verringern sich jedoch mit zunehmender Ladungsträgerkonzentration (siehe Abschnitte 6.9. und 8.5.). Daher sind die Bandverbiegungen im Metall vernachlässigbar klein gegen die innerhalb des Halbleiters.

Bei der Berührung zweier Halbleiter ist das qualitative Erscheinungsbild völlig analog. Man hat hier jedoch die Existenz von Potentialbarrieren beiderseits der Grenzfläche zu berücksichtigen (siehe Abschnitt 6.9.).

Es sei angemerkt, daß der Einfluß der Potentialbarrieren auf die Strom-Spannungs-Charakteristik nur an den Grenzflächen von nichtentarteten Halbleitern merklich in Erscheinung tritt. Das hängt damit zusammen, daß die Elektronenkonzentration in Halbleitern dank spezifischer Besonderheiten ihrer Energiebandstruktur (nämlich der Existenz einer verbotenen Zone und der Lage des Fermi-Niveaus in der verbotenen Zone) viel geringer ist als in Metallen. Infolgedessen zeigt sich erstens, daß die Breite der Potentialbarrieren größer ist als die De-Broglie-Wellenlänge der Elektronen, so daß der quantenmechanische Tunneleffekt keine Rolle spielt. Zweitens ist der Hauptteil der beweglichen Elektronen an der Unterkante des Leitungsbandes konzentriert und „spürt" also die Existenz der Potentialbarriere. Im Falle des Metall-Metall-Kontaktes dagegen wird die Breite der Barriere infolge der hohen Elektronenkonzentration kleiner als die De-Broglie-Wellenlänge, und die Elektronen können die Barriere dank des Tunneleffektes frei durchqueren. Daher sind gerade Kontakte von Halbleitern mit Metallen oder anderen Halbleitern für die technische Nutzung besonders wichtig.

6.2. Die Stromdichte und die Einstein-Relation

Ist die Ladungsträgerkonzentration räumlich nicht konstant, so wird die Stromdichte nicht nur durch das Driften der Teilchen im elektrischen Feld, sondern auch durch ihre Diffusion bestimmt. Wenn der Diffusionskoeffizient der Elektronen D_n ist, so ist die Dichte des Konvektionsstroms $\boldsymbol{j}_n$

$$\boldsymbol{j}_n = \boldsymbol{j}_{dr} + \boldsymbol{j}_{diff} = en\mu_n\boldsymbol{E} + eD_n \nabla n. \tag{2.1}$$

μ_n ist der Betrag der Elektronenbeweglichkeit. Der Diffusionsstrom wird hier mit positivem Vorzeichen geschrieben, da für negativ geladene Teilchen die Richtung des Teilchenstroms der elektrischen Stromrichtung entgegengesetzt ist. Analog dazu hat man für die Dichte des Konvektionsstroms der Löcher

$$\boldsymbol{j}_p = ep\mu_p\boldsymbol{E} - eD_p \nabla p. \tag{2.2}$$

Es sei bemerkt, daß die Ausdrücke für die Diffusionsströme und der Begriff des Diffusionskoeffizienten selbst nur sinnvoll sind, wenn die Änderung der Konzentration über der freien Weglänge l genügend klein ist:

$$|\nabla n|\, l \ll n. \tag{2.3}$$

Für nichtentartete Halbleiter gilt die Boltzmann-Verteilung

$$n = n_0 \exp \frac{e\varphi}{kT}, \tag{2.4}$$

und folglich ist

$$\nabla n = n \frac{e}{kT} \nabla\varphi = -n \frac{e}{kT} E. \tag{2.5}$$

Damit nimmt die Gleichung (2.3) folgende Form an:

$$\left|\frac{eEl}{kT}\right| \ll 1. \tag{2.6}$$

Auf die Potentialbarriere bezogen hat man unter E ein mittleres Feld $\bar{E}$ innerhalb der Barriere zu verstehen. Für die Größenordnung der Feldstärke gilt $E \sim u_k/L_A$, wobei L_A die Abschirmlänge für das elektrische Feld ist (siehe Abschnitt 6.7.). Daher läßt sich Gl. (2.6) auch in folgender Form schreiben:

$$\left|\frac{eu_k}{kT}\right| \frac{l}{L_A} \ll 1. \tag{2.7}$$

Die Beweglichkeit und der Diffusionskoeffizient sind keine voneinander unabhängigen Größen. Die Beweglichkeit des betreffenden Teilchentyps hängt bei gegebener effektiver Masse nämlich nur von der mittleren Stoßzeit $\langle\tau\rangle$ ab. Der Diffusionskoeffizient der Teilchen ist aber ebenfalls durch diese Größe bestimmt. Daher besteht zwischen beiden Größen ein Zusammenhang. Dieser ist besonders einfach für den Fall des nichtentarteten Elektronen- bzw. Löchergases. Zur Ableitung betrachten wir die Elektronen im Halbleiter bei Vorhandensein eines Konzentrationsgradienten im Zustand des thermodynamischen Gleichgewichts. Das kann z. B. eine der oberflächennahen Schichten, die in Abb. 6.1 dargestellt sind, im stromlosen Fall sein. Dann findet man, wenn man ∇n aus Gl. (2.5) in Gl. (2.1) einsetzt und $j_n = 0$ setzt,

$$\frac{\mu_n}{D_n} = \frac{e}{kT}. \tag{2.8}$$

Wird statt dessen ein nichtentartetes Löchergas betrachtet, so erhält man die analoge Beziehung für μ_p/D_p. Die Relation (2.8) wurde erstmals von EINSTEIN im Zusammenhang mit der Theorie der Brownschen Bewegung erhalten. Sie ist jedoch eine Relation von sehr universellem Charakter und gilt für beliebige Teilchen, wenn diese ein nichtentartetes Gas bilden. Sie erlaubt bei gegebenem Wert der Beweglichkeit unmittelbar die Bestimmung des Diffusionskoeffizienten (der experimentell wesentlich schwieriger zu messen ist) und umgekehrt.

Das eben erhaltene Resultat läßt sich leicht auf den Fall eines beliebigen entarteten Gases verallgemeinern. Dazu zieht man Gl. (5.4.4a) heran, nach der die Elektronenkonzentration von den Koordinaten nur über das dimensionslose chemische Potential

$$\zeta^* = \zeta_0^* + \frac{e\varphi}{kT} \tag{2.9}$$

abhängt. In diesem Fall gilt

$$\nabla n = \frac{\mathrm{d}n}{\mathrm{d}\zeta^*} \frac{e}{kT} \nabla\varphi = -\frac{\mathrm{d}n}{\mathrm{d}\zeta^*} \frac{e}{kT} E. \tag{2.10}$$

Setzt man diesen Ausdruck wiederum in Gl. (2.1) bei $\boldsymbol{j}_\mathrm{n} = 0$ ein, so erhält man

$$n\mu_\mathrm{n} - \frac{e}{kT} D_\mathrm{n} \frac{\mathrm{d}n}{\mathrm{d}\zeta^*} = 0.$$

Hieraus ergibt sich

$$\frac{\mu_\mathrm{n}}{D_\mathrm{n}} = \frac{e}{kT} \frac{\mathrm{d}(\ln n)}{\mathrm{d}\zeta^*}. \tag{2.11}$$

Die analoge Herleitung für die Löcher liefert

$$\frac{\mu_\mathrm{p}}{D_\mathrm{p}} = \frac{e}{kT} \frac{\mathrm{d}(\ln p)}{\mathrm{d}\eta^*}. \tag{2.12}$$

Für ein nichtentartetes Elektronengas ist

$$n = N_\mathrm{c} \exp \zeta^*, \qquad \mathrm{d}(\ln n)/\mathrm{d}\zeta = 1,$$

und Gl. (2.11) geht in (2.8) über. Entsprechendes gilt für die Löcher.

Die Einstein-Relation wurde oben unter der Voraussetzung des thermodynamischen Gleichgewichts abgeleitet. Diese Beziehung läßt sich jedoch auch anwenden, wenn ein Strom vorhanden ist, vorausgesetzt die Stromdichte ist nicht so groß, daß sie zu einer wesentlichen Störung der Verteilungsfunktion der Elektronen führt (ausführlicher dazu siehe Kapitel 16.).

6.3. Gleichgewichtsbedingungen für im Kontakt befindliche Körper

Es soll jetzt untersucht werden, wovon die Höhe der Potentialbarriere abhängt. Die Antwort auf diese Frage erhält man aus den allgemein gültigen thermodynamischen Gleichgewichtsbedingungen. Insbesondere ist aus der statistischen Physik bekannt, daß zwei oder mehrere Körper im Zustand des thermodynamischen Gleichgewichts ein überall konstantes elektrochemisches Potential besitzen, wenn der gegenseitige Teilchenaustausch möglich ist. Das bedeutet, daß die Differenz zwischen dem Fermi-Niveau (siehe Abschnitt 5.11.) und einem beliebigen, aber festen Energieniveau in allen Teilen des Systems den gleichen Wert hat:

$$F = \text{const}. \tag{3.1}$$

Diese Bedingung hat einen einfachen physikalischen Sinn. Man nimmt probeweise an, daß sie nicht erfüllt ist und sich F räumlich ändert. Es wird weiter vorausgesetzt, daß im Halbleiter ein elektrisches Feld existiert, so daß das Potential φ und die Elektronenkonzentration n von den Koordinaten abhängen. In diesem Fall werden die Energiebänder geneigt sein, und das chemische Potential $F - E_c = \zeta(\boldsymbol{r})$ wird räumlich variieren (s. Abb. 6.2). Zunächst wird die Dichte des Konvektionsstroms

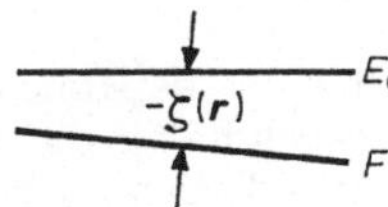

Abb. 6.2
Zur Gleichgewichtsbedingung für das Elektronengas

der Elektronen bestimmt. Da n nur von dem dimensionslosen chemischen Potential $\zeta^* = \zeta/kT$ abhängt, läßt sich schreiben

$$\nabla n = \frac{\mathrm{d}n}{\mathrm{d}\zeta^*} \nabla\zeta^* = \frac{1}{kT} \frac{\mathrm{d}n}{\mathrm{d}\zeta^*} \nabla\zeta.$$

Damit läßt sich der Ausdruck (2.1) für die Elektronen-Stromdichte in der Form

$$\boldsymbol{j}_\mathrm{n} = \mu_\mathrm{n} n \left(-e \nabla\varphi + \frac{e}{kT} \frac{D_\mathrm{n}}{\mu_\mathrm{n}} \frac{\mathrm{d}(\ln n)}{\mathrm{d}\zeta^*} \nabla\zeta \right)$$

angeben. Betrachtet man nun den Fall beliebigen Entartungsgrades des Elektronengases und ersetzt man $D_\mathrm{n}/\mu_\mathrm{n}$ mit Hilfe von Gl. (2.11), so findet man

$$\boldsymbol{j}_\mathrm{n} = \mu_\mathrm{n} n \nabla(\zeta - e\varphi).$$

Die Größe $(\zeta - e\varphi)$ ist aber gerade das elektrochemische Potential F (siehe Gl. 5.11.12). Daher ist

$$\boldsymbol{j}_\mathrm{n} = \mu_\mathrm{n} n \nabla F. \tag{3.2}$$

Betrachtete man den Löcherstrom anstelle der Elektronen, so erhielte man den völlig analogen Ausdruck

$$\boldsymbol{j}_\mathrm{p} = \mu_\mathrm{p} p \nabla(\zeta - e\varphi) = \mu_\mathrm{p} p \nabla F. \tag{3.2a}$$

Diese Ergebnisse zeigen, daß die Gleichgewichtsbedingung (3.1) einfach das Fehlen eines Stroms ausdrückt. Das ist auch verständlich, da ja ein Strom die Verletzung des thermodynamischen Gleichgewichtszustands bedeutete. Aus den Gleichungen (3.2) und (3.2a) ist auch zu ersehen, daß die Gesamtstromdichte dem Gradienten des Fermi-Niveaus proportional ist. Daher wird das Fermi-Niveau dort besonders stark räumlich variieren, wo die Ladungsträgerkonzentration gering ist (z. B. in den Verarmungsrandschichten), während die Änderungen von F in Gebieten mit großen Werten von $\mu_\mathrm{n} n$ und $\mu_\mathrm{p} p$ sehr klein sein können.

Wendet man sich nun wieder dem Metall-Halbleiter-Kontakt zu, so erhält man die Aussage, daß im stromlosen Fall $F_M = F_H$ ist, wie es auch in Abb. 6.1 dargestellt ist. Die Barrierenhöhe für die Elektronen ist damit (vom Halbleiter aus gesehen)

$$eu_k = F_H - F_M \tag{3.3}$$

mit F_M und F_H als den Fermi-Niveaus von Metall bzw. Halbleiter vor der Berührung.

6.4. Die thermische Austrittsarbeit

Zur Bestimmung der Lage der Fermi-Niveaus, die nach Gl. (3.3) die Höhe der Potentialbarriere in dem Kontakt bestimmen, benutzt man zweckmäßig die Werte der thermischen Austrittsarbeit. Die thermische Austrittsarbeit läßt sich im Experiment unmittelbar bestimmen und ist für viele Substanzen eine bekannte Materialkonstante. Um den hier interessierenden Zusammenhang zu verdeutlichen, wird die Sättigungsstromdichte $\boldsymbol{j}_s$ der thermischen Emission berechnet — also die Ladungsmenge, die durch die pro Sekunde und pro Quadratzentimeter der Leiteroberfläche ins Vakuum verdampfenden Elektronen mitgeführt wird, wenn der Leiter dabei die Temperatur T hat. Dazu setzen wir voraus, daß der Leiter sich in Kontakt mit einem Wärmebad der Temperatur T befindet. Innerhalb des Leiters befindet sich dann ein Elektronengas mit einer gewissen Elektronenkonzentration n_B, und dieses Gas befindet sich im thermodynamischen Gleichgewicht mit dem Leiter. Daraus ergibt sich, daß die mittlere Zahl der Elektronen, die aus dem Leiter ins Vakuum austreten, gleich der Zahl der aus dem Vakuum in den Leiter eintretenden Elektronen sein muß. Da das Elektronengas im Leiter nicht entartet ist, gehorchen die Geschwindigkeiten der Elektronen der Maxwell-Verteilung.

Wir benutzen daher den aus der kinetischen Gastheorie gut bekannten Ausdruck $(1/6)\, nv_T$ für die Anzahl der pro Sekunde auf 1 cm^2 auftreffenden Teilchen. n ist die Konzentration der Teilchen und v_T der Mittelwert der Beträge der aus der Wärmebewegung resultierenden Geschwindigkeiten. Als Sättigungsstrom erhält man damit

$$j_s = \frac{1}{6} v_T n_B e. \tag{4.1}$$

Für die Maxwellsche Verteilung ist

$$v_T = \sqrt{\frac{8kT}{\pi m_0}}. \tag{4.2}$$

Die Größe n_B läßt sich unmittelbar aus den Gleichungen des Kapitels 5. für die Elektronenkonzentration im Leitungsband bestimmen. Unter der Voraussetzung eines parabolischen und isotropen Dispersionsgesetzes ist für nichtentartete Halbleiter die Elektronenkonzentration n_B im Leitungsband nämlich durch die Gleichung (5.5.1) gegeben. Für das Elektronengas im Vakuum ist das Dispersionsgesetz

$$E = E_0 + \frac{p^2}{2m_0}, \tag{4.3}$$

also ebenfalls parabolisch, nur mit dem Unterschied, daß anstelle der Energie E_c die Energie E_0 des ruhenden Elektrons im Vakuum und anstelle der effektiven Masse die

Ruhmasse m_0 des freien Elektrons stehen. Ersetzt man daher in Gl. (5.5.1) E_c durch E_0 und in Gl. (5.4.3) m durch m_0, so erhält man

$$n_B = 2\left(\frac{2\pi m_0 kT}{(2\pi\hbar)^2}\right)^{3/2} \exp\left(-\frac{\Phi}{kT}\right). \tag{4.4}$$

Dabei ist die Bezeichnung

$$\Phi = E_0 - F \tag{4.5}$$

eingeführt worden. Durch Einsetzen von (4.4) und (4.2) in (4.1) erhält man schließlich

$$j_s = AT^2 \exp\left(-\frac{\Phi}{kT}\right), \tag{4.6}$$

wobei

$$A = \frac{8\pi m_0 e k^2}{3(2\pi\hbar)^3} \tag{4.7}$$

eine für alle Stoffe universelle Konstante ist.

Gleichung (4.6) ist in der Vakuumelektronik als Richardson-Dushman-Gleichung bekannt. Die Energie Φ ist per definitionem die *thermische Austrittsarbeit der Elektronen* für das jeweilige Material. Sie ist nach Gl. (4.5) gleich der Differenz zwischen der Energie des ruhenden Elektrons im Vakuum an der Festkörperoberfläche und der Fermi-Energie in dem betreffenden Material (Abb. 6.3).

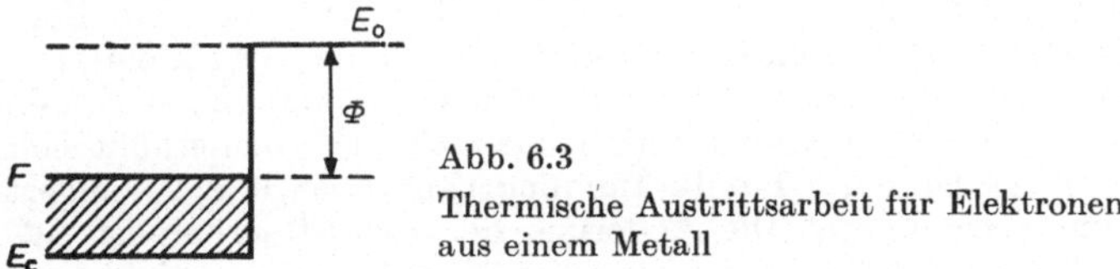

Abb. 6.3
Thermische Austrittsarbeit für Elektronen aus einem Metall

Diskutieren wir noch etwas ausführlicher den physikalischen Hintergrund der Gleichung (4.5) und betrachten wir zunächst Metalle. In diesem Fall ist das Fermi-Niveau gleich der Maximalenergie der Leitungselektronen, wenn man von der schwachen „Verschmierung" der Fermi-Verteilung für $T \neq 0$ absieht. Damit hängt die Elektronenkonzentration im Leitungsband praktisch nicht von der Temperatur ab (vgl. Abschnitt 5.6.). Folglich ist Φ in Metallen die Arbeit, die zur Entfernung eines Elektrons mit maximaler Energie aus dem Metall in das Vakuum aufzuwenden ist (Abb. 6.3). Bei Anwendung der Formel (4.5) auf nichtentartete Halbleiter können allerdings Zweifel auftreten, da in diesem Fall das Fermi-Niveau F innerhalb der verbotenen Zone liegt (Abb. 6.4) und Φ folglich nicht der Arbeit zur Entfernung eines real existierenden Elektrons entspricht. Der Grund für dieses seltsam anmutende Resultat besteht darin, daß $\boldsymbol{j}_s$ nicht nur von der Energie der Elektronen, sondern auch von ihrer Konzentration im Band abhängt, die im Gegensatz zu Metallen in Halbleitern stark von der Temperatur abhängig sein kann. In (4.5) und (4.6) ist dieser Sachverhalt berücksichtigt, so daß, wie die obigen Berechnungen zeigen, das Fermi-Niveau in die Gleichung (4.5) eingeht.

Aus dem Gesagten geht weiterhin hervor, daß die Austrittsarbeit in Halbleitern stark von der Dotierung abhängen kann. Sind vorherrschend Donatoren vorhanden, wird n-Leitung vorliegen und das Fermi-Niveau in der oberen Hälfte der verbotenen Zone liegen (Abb. 6.4a). Überwiegen dagegen die Akzeptoren, wird das Fermi-Niveau in der unteren Hälfte der verbotenen Zone liegen (Abb. 6.4b). Die Austrittsarbeit ist daher in diesem Fall größer als für einen n-Halbleiter.

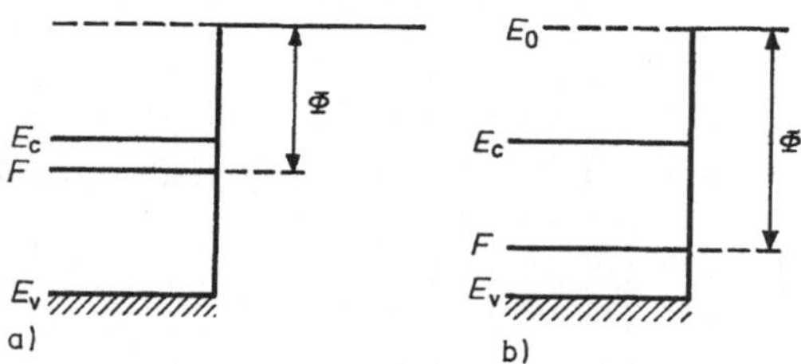

Abb. 6.4
Thermische Austrittsarbeit für Elektronen aus einem Halbleiter
a) n-Typ, b) p-Typ

Erwähnenswert ist noch, daß die Austrittsarbeit stark von kleinsten Verunreinigungen der Oberfläche abhängen kann, selbst wenn nur eine einatomige Lage von Fremdatomen vorhanden ist. Dieser Einfluß beruht darauf, daß Fremdatome an der Oberfläche mit dem Volumen des Kristalls Elektronen austauschen können und deshalb in der Regel als positiv oder negativ geladene Ionen vorhanden sind, so daß sie eine Krümmung der Energiebänder an der Oberfläche hervorrufen. Bei negativer Ladung der Oberfläche krümmen sich die Bänder nach oben (Abb. 6.5), bei positiver Ladung nach unten. Dabei ändert sich die Elektronenaffinität ($E_0 - E_c$), die nur von der Kristallstruktur abhängt, an der Oberfläche nicht. Folglich erhöht sich die Austrittsarbeit ($E_0 - F$) bei einer Bandkrümmung nach oben und verringert sich bei einer Krümmung nach unten. Die Änderung der Austrittsarbeit ist $\Delta\Phi = -e\varphi_s$, wobei φ_s das auf das Kristallvolumen bezogene Oberflächenpotential ist.

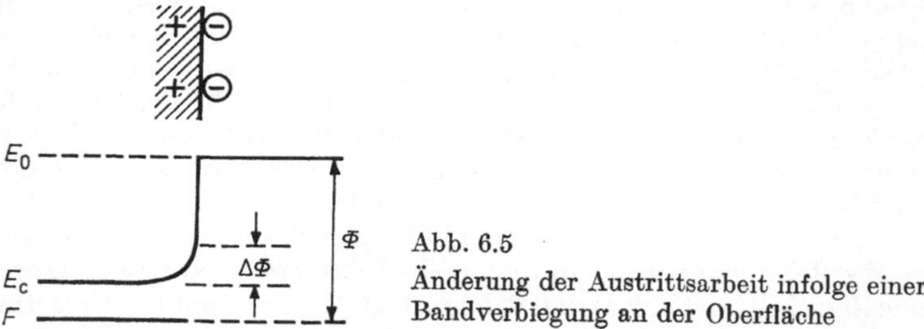

Abb. 6.5
Änderung der Austrittsarbeit infolge einer Bandverbiegung an der Oberfläche

Der starke Einfluß von Verunreinigungen der Oberfläche erfordert bei der Bestimmung der thermischen Austrittsarbeit der Elektronen sehr sorgfältige Versuche. Allerdings ist gegenwärtig Φ für viele Stoffe ausreichend gut bekannt. Unter Verwendung der thermischen Austrittsarbeit der Elektronen nimmt der Ausdruck (3.3) für die Höhe der Potentialbarriere im Kontakt die folgende einfache Form an:

$$eu_k = \Phi_M - \Phi_H . \tag{4.8}$$

6.5. Kontaktpotentiale

Zur Bestimmung der thermischen Austrittsarbeit der Elektronen über den thermoelektrischen Emissionsstrom muß das Material auf hohe Temperaturen aufgeheizt werden, damit diese Ströme hinreichend stark werden. Dies ist nicht immer möglich, da viele Stoffe mit hoher Austrittsarbeit eine niedrige Schmelztemperatur haben. Die Austrittsarbeit läßt sich jedoch auch mit anderen Methoden bestimmen, die kein Aufheizen des Materials erfordern. Eine einfache Methode besteht in der Messung der Kontaktpotentiale, d. h. der Potentialdifferenz zwischen den Oberflächen zweier sich nicht berührender Leiter, die sich im Elektronengleichgewicht befinden. Letzteres läßt sich durch Verbinden der beiden Leiter durch einen Metalldraht verwirklichen (diese Maßnahme ist jedoch nicht unbedingt erforderlich, da sich ein Gleichgewicht auch auf Grund des schwachen Elektronenaustausches durch das Vakuum einstellen kann).

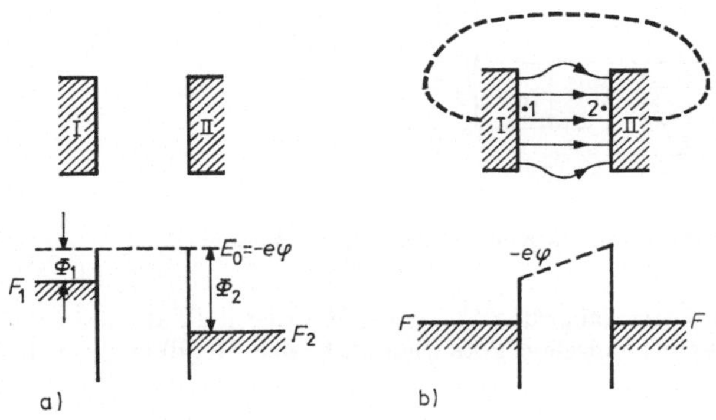

Abb. 6.6
Zur Bestimmung der Kontaktpotentialdifferenz zweier Metalle

Betrachten wir zuerst den Fall zweier Metalle. Wenn beide Körper elektrisch neutral und voneinander isoliert sind, existiert zwischen ihnen kein elektrisches Feld, und dementsprechend sind die Energie E_0 eines Elektrons im Vakuum und das elektrische Potential φ räumlich konstant (Abb. 6.6a). Die thermische Austrittsarbeit der Elektronen für das Metall I ist $\Phi_1 = E_0 - F_1$, für das Metall II ist $\Phi_2 = E_0 - F_2$. Bei Verbindung beider Körper durch einen Leiter stellt sich ein Elektronengleichgewicht ein, und die Fermi-Niveaus F_1 und F_2 gleichen sich an. Die Tiefen der beiden Potentialtöpfe dagegen sind verschieden, und folglich ist die potentielle Energie $-e\varphi$ des Elektrons als Funktion des Ortes in Abb. 6.6b keine horizontale Gerade. Das heißt aber, daß sich zwischen den Körpern ein elektrisches Feld aufbaut und daß an deren Oberflächen Ladungen auftreten. Per definitionem ist die Kontaktpotentialdifferenz u_k zwischen den Körpern I und II gleich der Differenz der Potentiale zwischen zwei beliebigen Punkten 1 und 2 (Abb. 6.6b), die in unmittelbarer Nähe der Körperoberflächen I und II, jedoch nicht in diesen Flächen liegen. Aus Abb. 6.6 ist ersichtlich, daß

$$-eu_k = -e(\varphi_1 - \varphi_2) = F_2 - F_1 = \Phi_1 - \Phi_2 \qquad (5.1)$$

ist. Folglich ist die Kontaktpotentialdifferenz durch die Differenz der thermischen Austrittsarbeiten der Elektronen in beiden Körpern gegeben.

Betrachten wir im Zusammenhang mit dem soeben Gesagten das Energiediagramm zweier sich berührender Körper etwas näher (Abb. 6.7). An der Grenze Vakuum—Metall I existiert ein elektrostatischer Potentialsprung, weshalb sich die potentielle Energie eines Elektrons beim Übergang aus dem Vakuum in das Metall um die Größe

$$-e(\varphi_{\mathrm{I}} - \varphi_1) = E_{c\mathrm{I}} - E_{0\mathrm{I}} \tag{5.2}$$

ändert. Hier ist φ_{I} das Potential innerhalb des Metalls, und φ_1 ist der entsprechende Wert im Vakuum nahe der Metalloberfläche. An der Grenze Metall I—Metall II

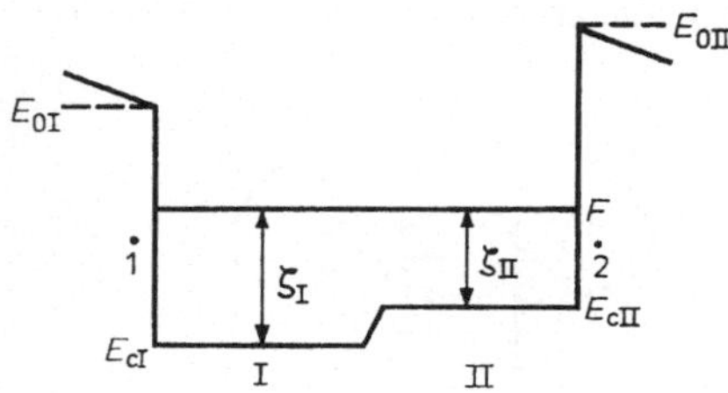

Abb. 6.7
Energiediagramm zweier in Kontakt befindlicher Metalle

existiert ebenfalls ein Potentialsprung $(\varphi_{\mathrm{II}} - \varphi_{\mathrm{I}})$, der durch die Bedingung der Übereinstimmung der elektrochemischen Potentiale in beiden Metallen gegeben ist (siehe Abschnitt 6.3.):

$$\zeta_{\mathrm{I}} - e\varphi_{\mathrm{I}} = \zeta_{\mathrm{II}} - e\varphi_{\mathrm{II}}.$$

Beim Übergang eines Elektrons aus dem Metall II in das Vakuum ändert sich dessen potentielle Energie um

$$-e(\varphi_2 - \varphi_{\mathrm{II}}) = E_{0\mathrm{II}} - e\varphi_{\mathrm{II}}. \tag{5.3}$$

Die Energieänderung eines Elektrons beim Übergang von Punkt 2 nach Punkt 1 im Vakuum schließlich beträgt $-e(\varphi_1 - \varphi_2)$.

Betrachten wir jetzt einen geschlossenen Weg, der durch die sich berührenden Metalle verläuft und über das Vakuum geschlossen wird. Offensichtlich ist die Summe aller Potentialsprünge, die auf diesem Weg anzutreffen sind, gleich Null, da nach Durchlaufen des Weges der Ausgangspunkt wieder erreicht wird. Das ergibt

$$(E_{c\mathrm{I}} - E_{0\mathrm{I}}) + (\zeta_{\mathrm{I}} - \zeta_{\mathrm{II}}) + (E_{0\mathrm{II}} - E_{c\mathrm{II}}) - e(\varphi_1 - \varphi_2) = 0. \tag{5.4}$$

Nun ist (siehe Abb. 6.7)

$$\begin{aligned} E_{0\mathrm{I}} - E_{c\mathrm{I}} - \zeta_{\mathrm{I}} &= E_{0\mathrm{I}} - F = \Phi_1, \\ E_{0\mathrm{II}} - E_{c\mathrm{II}} - \zeta_{\mathrm{II}} &= E_{0\mathrm{II}} - F = \Phi_2, \end{aligned} \tag{5.5}$$

wobei Φ_1 und Φ_2 die thermische Austrittsarbeit der Elektronen aus dem Metall I bzw. II sind. Damit geht die Beziehung (5.4) in Gl. (5.1) über.

Wir betrachten jetzt den Fall, daß der eine Körper ein Metall und der andere ein Halbleiter ist. Die entsprechenden Energiediagramme sind in Abb. 6.8a (vor Einstellung des Gleichgewichts) und in Abb. 6.8b (im Gleichgewicht) dargestellt. Der Unterschied zum obigen Fall zweier Metalle besteht lediglich darin, daß das elektrische Feld jetzt bis zu einer bestimmten Tiefe L_A in den Halbleiter eindringt (Abschirmlänge, siehe Abschnitt 6.8.). Deshalb teilt sich die gesamte Potentialdifferenz $(\Phi_1 - \Phi_2)/e$ auf den Spalt (Breite d) und die Raumladungsschicht auf. Ist $d \gg L_A$ (das ist normalerweise bei der Messung von Kontaktpotentialdifferenzen der Fall), so kann man den Spannungsabfall über der Raumladungsschicht vernachlässigen und erhält wiederum die Gleichung (5.1). Das gilt auch für zwei Halbleiter, wenn die Spaltbreite zwischen ihnen hinreichend groß gegen die Abschirmlängen in beiden Halbleitern ist.

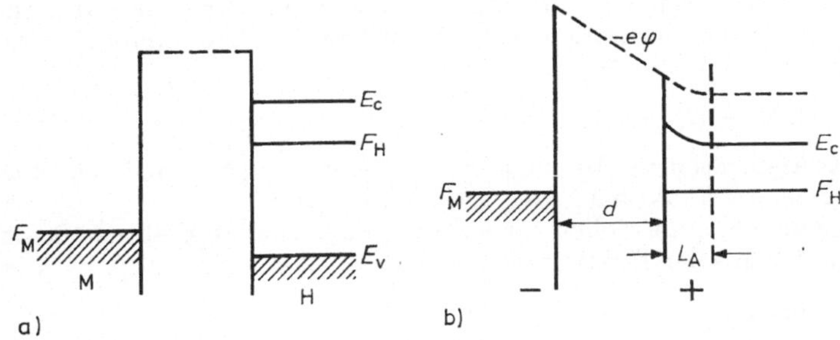

Abb. 6.8
Kontaktpotentialdifferenz zwischen einem Metall und einem Halbleiter

Damit ist die Höhe des Potentialwalls im Metall-Halbleiter-Kontakt gleich der Kontaktpotentialdifferenz u_k. Prinzipiell ist es jetzt möglich, durch Messung von u_k unmittelbar auch die Höhe der Barriere zu bestimmen. Dabei ist aber zu beachten, daß bei der Messung von u_k die Differenz der Austrittsarbeit an freien Oberflächen bestimmt wird, die eine Schicht adsorbierter Gase und anderer Verunreinigungen, die die Austrittsarbeit beeinflussen, enthalten können. Bei der Kontaktbildung können sich die Oberflächenbeschaffenheiten und damit auch die Austrittsarbeiten ändern, so daß die Kontaktpotentialdifferenz u_k, die an realen Systemen ohne entsprechende Vorkehrungen gemessen wurde, nicht mit der Barrierenhöhe nach erfolgter Kontaktbildung übereinstimmen muß.

6.6. Der Verlauf der Elektronenkonzentration und des Potentials in der Raumladungsschicht

Es soll nun untersucht werden, wovon die Barrierendicke in Kontakten abhängt. Dabei wird vorausgesetzt, daß alle Größen nur von einer Koordinate x abhängen, die senkrecht zur Kontaktebene abgetragen ist (Abb. 6.9). Der Halbleiter sei n-leitend und nicht entartet. Damit erhalten wir zur Bestimmung der Verläufe des Potentials und der Elektronenkonzentration das folgende Gleichungssystem, das aus der Beziehung für die Stromdichte, der Poisson-Gleichung und der Kontinuitätsgleichung besteht:

$$j = en\mu E + \mu kT \frac{\mathrm{d}n}{\mathrm{d}x}, \tag{6.1}$$

$$\frac{\partial E}{\partial x} = \frac{4\pi\varrho}{E}, \tag{6.2}$$

$$\frac{\partial \varrho}{\partial t} = -\frac{\partial j}{\partial x}. \tag{6.3}$$

In Gl. (6.1) wurde der Verschiebungsstrom vernachlässigt und der Diffusionskoeffizient unter Verwendung der Einstein-Beziehung (2.8) durch die Beweglichkeit ausgedrückt. Weiterhin möge der Halbleiter Donatoren mit der Konzentration N_d und Akzeptoren mit der Konzentration $N_\mathrm{a} < N_\mathrm{d}$ enthalten. Damit ergibt sich die Raumladungsdichte zu

$$\varrho = e(N_\mathrm{d}^+ - N_\mathrm{a}^- - n), \tag{6.4}$$

wobei die Konzentrationen der ionisierten Donatoren (N_d^+) und der Akzeptoren (N_a^-) im allgemeinen Funktionen von Ort und Zeit sind.

Im vorliegenden Kapitel wollen wir uns nur auf stationäre Zustände beschränken. Damit ergibt sich aus der Kontinuitätsgleichung

$$j = \mathrm{const.}$$

Des weiteren nehmen wir zuerst an, daß es sich bei den Donatoren und Akzeptoren um hinreichend flache Störstellen handelt, so daß das Donatorniveau generell einige kT über und das Akzeptorniveau einige kT unter dem Fermi-Niveau liegen (Abb. 6.9). Danach sind Donatoren und Akzeptoren vollständig ionisiert, also $N_\mathrm{d}^+ = N_\mathrm{d}$ und $N_\mathrm{a}^- = N_\mathrm{a}$. In diesem Fall nehmen die Ausgangsgleichungen die folgende einfache Form an:

$$j = -en\mu \frac{\mathrm{d}\varphi}{\mathrm{d}x} + \mu kT \frac{\mathrm{d}n}{\mathrm{d}x}, \tag{6.5}$$

$$\frac{\mathrm{d}^2\varphi}{\mathrm{d}x^2} = \frac{4\pi e}{\varepsilon}(n - n_0). \tag{6.6}$$

n_0 ist hier die konstante Elektronenkonzentration im Innern des Halbleiters, wo $\varrho = 0$ ist.

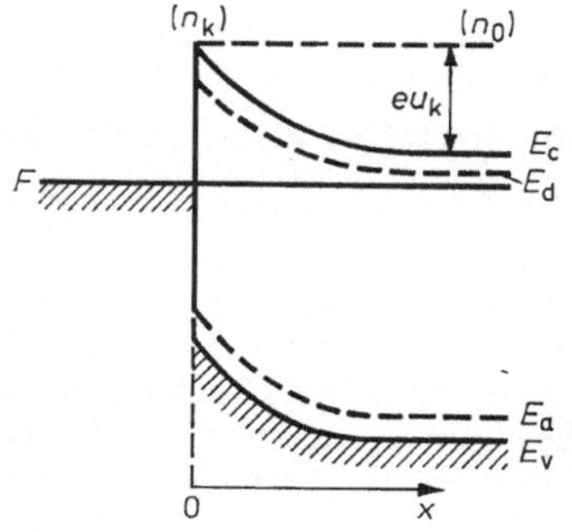

Abb. 6.9

Metall-Halbleiter-Kontakt für einen flache Donatoren und Akzeptoren enthaltenden Halbleiter

Die Kontaktfläche liege bei $x = 0$, und das Potential ist als Differenz zu seinem Wert an der Stelle $x = 0$ zu verstehen. Damit lauten die Randbedingungen

$$\begin{aligned} x = 0&: \quad \varphi = 0, \qquad n = n_k; \\ x = \infty&: \quad \varphi = u_k + u, \qquad n = n_0. \end{aligned} \tag{6.7}$$

Hier ist u die von außen angelegte Spannung.

Die Grenzkonzentration n_k ist bei Abwesenheit eines Stromes für einen gegebenen Kontakt charakteristisch, d. h., sie hängt nur von den Eigenschaften des Metalls und des Halbleiters ab:

$$n_k = n_0 \exp\left(-\frac{eu_k}{kT}\right). \tag{6.8}$$

Bei fließendem Strom ist die Konzentration an der Grenze $n(0)$ von der Gleichgewichtskonzentration n_k verschieden, und die genaue Bestimmung dieser Konzentration ist kompliziert. Wir setzen aber voraus, daß diese Änderung hinreichend klein ist, so daß man $n(0)$ näherungsweise als vom Strom unabhängig und gleich seinem Gleichgewichtswert n_k setzen kann.

Zur Abschätzung der Stromstärke, bis zu der die eben gemachte Annahme gültig ist, kann man folgende Überlegung benutzen. Die Elektronen im Halbleiter, die bereits die Kontaktebene erreicht haben, treffen auf keinen weiteren Potentialwall und gehen daher alle in das Metall über. Ohne äußere Spannung ist die Anzahl solcher Elektronen pro Flächen- und Zeiteinheit gleich $(1/6)n_k v_T$. Eine gleichgroße Anzahl Elektronen geht in umgekehrter Richtung aus dem Metall in den Halbleiter über. Damit läßt sich die Stromdichte am Kontakt durch die Grenzkonzentration $n(0)$ und n_k ausdrücken:

$$\boldsymbol{j} = \frac{1}{6} e\boldsymbol{v}_T\big(n(0) - n_k\big). \tag{6.9}$$

Hieraus ist ersichtlich, daß $n(0) \simeq n_k$ gilt, wenn j klein gegen jeden einzelnen Summanden in (6.9) ist. Setzen wir z. B. $n_k \sim 10^{13}\,\text{cm}^{-3}$ und $v_T \sim 10^7$ cm/s, so erhalten wir für den zweiten Summanden auf der rechten Seite von Gl. (6.9) ~ 10 A/cm^2. Bleibt jetzt die Stromdichte $\boldsymbol{j}$ durch den Kontakt kleiner als 0,1 A/cm^2, so wird die Differenz zwischen $n(0)$ und n_k nicht größer als 1%, und man kann in guter Näherung $n(0)$ gleich n_k setzen.

Wir betrachten zuerst den Kontakt für $\boldsymbol{j} = 0$. Dann folgt aus Gl. (6.5)

$$n = n_k \exp\frac{e\varphi}{kT}. \tag{6.10}$$

Durch Einsetzen von (6.10) in (6.6) erhalten wir die Gleichung

$$\begin{aligned} \frac{d^2\varphi}{dx^2} &= \frac{4\pi e}{\varepsilon}\, n_k \left(\exp\frac{e\varphi}{kT} - \exp\frac{eu_k}{kT}\right) \\ &= \frac{4\pi e}{\varepsilon}\, n_0 \left(\exp\frac{e(\varphi - u_k)}{kT} - 1\right), \end{aligned} \tag{6.11}$$

aus der man den Potentialverlauf $\varphi(x)$ gewinnen kann. Wir betrachten im folgenden einige wichtige Spezialfälle.

6.7. Die Abschirmlänge

Für die folgenden Betrachtungen wird vorausgesetzt, daß die Bandverbiegung an der Oberfläche klein ist, so daß $eu_k \ll kT$ gilt. Damit läßt sich eine Reihenentwicklung der Exponenten in Gl. (6.11) nach den ersten beiden Gliedern abbrechen. Diese Gleichung nimmt dann folgende einfache Form an:

$$\frac{d^2\varphi}{dx^2} = \frac{\varphi - u_k}{L_D^2} \tag{7.1}$$

mit

$$L_D^2 = \frac{\varepsilon kT}{4\pi e^2 n_0}. \tag{7.2}$$

Die Lösung dieser Gleichung für die Randbedingungen (6.7) lautet

$$\varphi = u_k \left[1 - \exp\left(-\frac{x}{L_D}\right)\right]. \tag{7.3}$$

Das Potential ändert sich exponentiell mit dem Abstand von der Kontaktebene. Daher werden auch Feldstärke und Elektronenkonzentration exponentiell vom Ort abhängen, da diese Größen durch Differentiation des Potentials nach den Koordinaten erhalten werden. Die charakteristische Länge L_D zeichnet sich dadurch aus, daß die Feldstärke und die Elektronenkonzentration über diese Länge auf den e-ten Teil der Ausgangsgrößen abfallen. L_D wird als *Debye-Länge* bezeichnet. In Halbleitern mit großer Elektronenkonzentration ist die Debye-Länge klein. Setzt man in Gl. (7.2) z. B. $n_0 \sim 10^{15}$ cm^{-3} und $\varepsilon \sim 10$ ein, so ist bei Zimmertemperatur $L_D \sim 10^{-5}$ cm. Bei Verringerung von n_0 erhöht sich die Debye-Länge L_D.

Es ist jedoch falsch anzunehmen, daß durch Verringern der Elektronenkonzentration beliebig große Abschirmlängen erreicht werden können. Bei Abnahme von n_0 erhöht sich die Debye-Länge L_D zuerst, wird dann aber von n_0 unabhängig und bleibt konstant. Ursache dafür ist, daß bei sehr geringer Elektronenkonzentration die Abschirmung nicht mehr durch die Elektronen im Band, sondern durch die im Halbleiter enthaltenen geladenen Störstellen bestimmt wird. Um abzuschätzen, wann dieser Fall eintritt, setzen wir nicht mehr die völlige Ionisierung der Störstellen (Donatoren) voraus und erhalten nach Gl. (5.9.4)

$$N_d^+ = N_d \frac{n_1}{n_1 + n}. \tag{7.4}$$

Hierbei ist n_1 durch Gl. (5.9.5) gegeben. Für die Raumladungsdichte ϱ findet man dann

$$\varrho = e\left(N_d \frac{n_1}{n + n_1} - N_a - n\right). \tag{7.5}$$

Im Innern des Halbleiters ist $\varrho = 0$ und folglich

$$N_d \frac{n_1}{n_0 + n_1} - N_a - n_0 = 0. \tag{7.6}$$

Setzt man wie oben eine schwache Bandverbiegung voraus, so erhält man

$$n \simeq n_0 \left[1 + \frac{e}{kT}(\varphi - u_k)\right]. \tag{7.7}$$

Dann ist

$$\frac{n_1}{n + n_1} \simeq \frac{n_1}{n_0 + n_1}\left[1 - \frac{e}{kT}\,\frac{n_0}{n_0 + n_1}\,(\varphi - u_\text{K})\right],$$

und mit (7.5) und (7.6) folgt

$$\varrho = -\frac{e^2 n_0}{kT\psi^2}\,(\varphi - u_\text{K}), \tag{7.8}$$

wobei

$$\psi^2 = \frac{n_0 + n_1}{N_\text{a} + n_1 + 2n_0} \tag{7.9}$$

st. Damit nimmt die Poisson-Gleichung die Form

$$\frac{\mathrm{d}^2\varphi}{\mathrm{d}x^2} = \frac{\varphi - u_\text{K}}{L_\text{D}^2\psi^2} \tag{7.10}$$

an. Vergleicht man dieses Ergebnis mit (7.1), so wird die Abschirmlänge L_A jetzt

$$L_\text{A} = L_\text{D}\psi \tag{7.11}$$

mit L_D als der durch Gl. (7.7) gegebene Debye-Länge. Im weiteren gelte

$$N_\text{a} \ll n_1, \quad n_0 \ll n_1. \tag{7.12}$$

Die erste Ungleichung bedeutet, daß die Konzentration von Kompensationsstörstellen sehr klein ist. Die zweite Ungleichung sagt nach Gl. (7.4) aus, daß die Donatoren völlig ionisiert sind. Unter diesen Voraussetzungen ist $\psi \simeq 1$, und man erhält den oben betrachteten Grenzfall $L_\text{A} = L_\text{D}$. Der andere Grenzfall liegt vor, wenn n_0 so klein wird, daß die Ungleichung $n_0 \ll N_\text{a}$, $(N_\text{d} - N_\text{a})$ erfüllt ist. Diese Situation liegt z. B. in kompensierten Halbleitern bei hinreichend niedrigen Temperaturen vor. Es sei jedoch angemerkt, daß durch die oben gestellten Bedingungen der Fall $N_\text{a} = 0$ (überhaupt keine Kompensation) und der Fall $N_\text{a} = N_\text{d}$ (vollständige Kompensation) ausgeschlossen sind. Es gilt dann nach Gl. (5.17.3)

$$n_0 = \frac{N_\text{d} - N_\text{a}}{N_\text{a}}\,n_1 = \frac{1 - K}{K}\,n_1,$$

worin $K = N_\text{a}/N_\text{d}$ der Kompensationsgrad ist. Löst man diese Gleichung nach n_1 auf und setzt den so erhaltenen Ausdruck in Gl. (7.9) ein, so findet man

$$\psi^2 \simeq \frac{n_0}{n_0(2 - K) + N_\text{a}(1 - K)}.$$

Ist nun die Elektronenkonzentration so klein, daß $n_0(2 - K) \ll N_\text{a}(1 - K)$ ist, so gilt

$$\psi^2 \simeq \frac{n_0}{N_\text{a}(1 - K)}, \qquad L_\text{A}^2 \simeq \frac{\varepsilon kT}{4\pi e^2 N_\text{a}(1 - K)}. \tag{7.13}$$

In diesem Fall hängt die Abschirmlänge nicht mehr von der Konzentration der freien Elektronen ab, sondern ist durch die Störstellenkonzentrationen bestimmt.

Physikalisch läßt sich dieses Ergebnis so interpretieren, daß bei unvollständiger Ionisierung der Störstellen die Raumladung, die ein elektrisches Feld abschirmt, nicht nur durch eine Umverteilung der Elektronen, sondern auch durch eine räumliche Änderung des Ladungszustands der Störstellen zustande kommt. Bei kleinen Werten von n_0 ist der letztgenannte Effekt der dominierende.

6.8. Die Anreicherungsrandschicht eines Kontaktes für den stromlosen Fall

Wir betrachten jetzt den Potentialverlauf in der Anreicherungsrandschicht des Kontakts (wenn also $eu_k < 0$ und eu_k gleich einem Vielfachen von kT ist) (Abb. 6.10). Dabei ist es zweckmäßig, das Raumladungsgebiet 1 des Kontaktes und das Gebiet 2 des ungestörten Halbleiters, in dem die Bänder als nicht mehr gekrümmt angesehen werden können, getrennt zu betrachten.

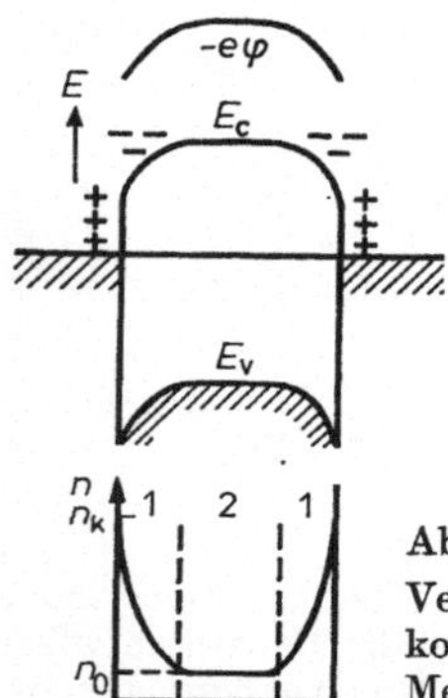

Abb. 6.10

Verlauf des elektrischen Potentials φ und der Elektronenkonzentration in einer Halbleiterschicht mit beidseitigem Metallkontakt im stromlosen Fall

Im ersten Fall haben wir

$$\exp \frac{eu_k}{kT} \ll \exp \frac{e\varphi}{kT}, \tag{8.1}$$

und Gl. (6.11) vereinfacht sich zu

$$\frac{d^2\varphi}{dx^2} = \frac{4\pi e}{\varepsilon} n_k \exp \frac{e\varphi}{kT}.$$

Multipliziert man beide Seiten dieser Gleichung mit $d\varphi/dx$ und integriert über φ, so erhält man

$$\left(\frac{d\varphi}{dx}\right)^2 = \frac{8\pi n_k kT}{\varepsilon} \exp \frac{e\varphi}{kT} + C.$$

Die Integrationskonstante C wird aus den Randbedingungen an der Grenze beider Gebiete bestimmt:

$$\varphi = u_k, \qquad \frac{d\varphi}{dx} = 0.$$

Damit ergibt sich C zu

$$C = -\frac{8\pi n_k kT}{\varepsilon} \exp \frac{eu_k}{kT}.$$

Auf Grund der Bedingung (8.1) ist die Konstante C in der Nähe des Kontaktes im Vergleich zum ersten Summanden vernachlässigbar. Deshalb gilt:

$$\frac{d\varphi}{dx} = \pm\left(\frac{8\pi n_k kT}{\varepsilon}\right)^{1/2} \exp\frac{e\varphi}{2kT}.$$

Da wir eine Anreicherungsrandschicht im Elektronenhalbleiter betrachten, ist $\varphi < 0$ und vergrößert seinen Betrag mit wachsendem x. Folglich entspricht die negative Lösung unserem Problem. Integriert man diese Gleichung nochmals über x in den Grenzen von 0 bis x, so erhalten wir folgenden Potentialverlauf:

$$-e\varphi = 2kT \ln\left(1 + \frac{x}{a}\right) \tag{8.2}$$

mit der charakteristischen Länge

$$a = \left(\frac{\varepsilon kT}{2\pi n_k e^2}\right)^{1/2}. \tag{8.3}$$

Bis auf den Faktor $2^{-1/2}$ ist sie gleich der Abschirmlänge (7.2), wenn in jener die Elektronenkonzentration im Innern des Halbleiters n_0 durch ihren Wert am Kontakt n_k ersetzt wird. Somit ist der Potentialverlauf in der Nähe des Kontakts logarithmisch. Der Verlauf der Elektronenkonzentration ist durch die folgende Gleichung gegeben:

$$n = n_k \exp\frac{e\varphi}{kT} = n_k\left(\frac{a}{a + x}\right)^2. \tag{8.4}$$

In großem Abstand vom Kontakt (Gebiet 2) gilt:

$$\varphi = u_k, \qquad n = n_k \exp\frac{eu_k}{kT} = n_0. \tag{8.5}$$

Der Verlauf von Potential und Elektronenkonzentration in einer Halbleiterschicht zwischen gleichartigen Metallelektroden für den Anreicherungsfall ist schematisch in Abb. 6.10 dargestellt.

Folglich können die an die Metallelektroden angrenzenden Halbleiterschichten, deren Dicke ungefähr gleich a ist, von Ladungsträgern überschwemmt werden. Die Trägerkonzentration in der näheren Umgebung der Kontakte hängt nach Gl. (8.4) nicht von ihrem Wert n_0 im Innern des Halbleiters ab, der beliebig klein sein kann (Isolator). Daher kann die elektrische Leitfähigkeit von dünnen Schichtstrukturen Metall—dünne Schicht eines Dielektrikums — Metall (MIM-Struktur) groß sein, auch wenn die spezifische elektrische Leitfähigkeit des Dielektrikums (ohne Kontakt) verschwindend klein ist.

6.9. Die Verarmungsrandschicht eines Kontaktes

Betrachten wir jetzt den entgegengesetzten Fall, in dem die Halbleitergrenzschicht an Majoritätsträgern verarmt ist (Sperrkontakt). Wir beschränken uns auf den Grenzfall der sehr starken Verarmung, der leicht zu behandeln ist und gleichzeitig häufig in der Praxis vorkommt.

Der Metall-Halbleiter-Kontakt. Wir nehmen an, daß an dem Kontakt eine äußere Spannung u angelegt ist, die eine Verarmungsschicht erzeugt. Ist die Spannung groß genug, so kann man nach SCHOTTKY näherungsweise annehmen, daß sich in einer Halbleiterschicht der Dicke d keine Elektronen mehr befinden („völlig verarmte Schicht"), so daß die Raumladung nur von geladenen Donatoren und Akzeptoren hervorgerufen wird. In diesem Fall ist $eu_k > 0$ (Sperrschicht), $\exp e(\varphi - u_k)/kT \ll 1$, und die Poisson-Gleichung (6.11) vereinfacht sich folgendermaßen:

$$\frac{d^2\varphi}{dx^2} = -\frac{4\pi e n_0}{\varepsilon} = \text{const.} \tag{9.1}$$

Durch zweifache Integration dieser Gleichung unter Berücksichtigung der Randbedingungen (an der noch festzulegenden Stelle $x = d$),

$$x = 0\colon\ \varphi = 0; \qquad x = d\colon\ \varphi = u + u_k, \quad \frac{d\varphi}{dx} = 0 \tag{9.2}$$

erhalten wir

$$-\frac{d\varphi}{dx} = E = -\frac{4\pi e n_0}{\varepsilon}(d - x) \tag{9.3}$$

und

$$\varphi = u_k + u - \frac{2\pi e n_0}{\varepsilon}(d - x)^2. \tag{9.4}$$

Setzt man in Gl. (9.4) $\varphi = 0$, $x = 0$, so ergibt sich die Sperrschichtdicke

$$d = \sqrt{\frac{\varepsilon(u_k + u)}{2\pi e n_0}}. \tag{9.5}$$

Analog läßt sich der Verlauf des elektrischen Feldes und des Potentials im Kontakt zweier Halbleiter bestimmen. Von besonderem Interesse ist der Fall, wo einer der Halbleiter p-leitend und der andere n-leitend ist. Solche p-n-Übergänge werden in der modernen Halbleitertechnik häufig verwendet (siehe Kapitel 7. und 8.).

Um eine Verarmungsrandschicht zu erhalten, ist es offensichtlich notwendig, daß am n-Gebiet des Übergangs der Pluspol und am p-Gebiet der Minuspol einer Spannungsquelle angelegt wird (Abb. 6.11a) bzw. bei umgekehrter Polarität $|u| < |u_k|$ ist. Die Dicke der Sperrschichten d_p und d_n auf beiden Seiten des Übergangs und der Potentialverlauf hängen von der räumlichen Verteilung der Donatoren und Akzeptoren ab. Wir betrachten zunächst zwei praktisch wichtige Fälle.

Abrupter p-n-Übergang. Die Differenz der Konzentrationen der Donatoren N_d und der Akzeptoren N_a ist hier in beiden Gebieten des Übergangs konstant und ändert sich in der Kontaktfläche sprunghaft. Außerdem seien die Donatoren und Akzeptoren vollständig ionisiert. Dann ist die Konzentration der Elektronen und Löcher in einigem Abstand vom Kontakt, wo die Raumladung verschwindet, gleich

$$n_0 \simeq N_d - N_a \qquad (x > d_n)$$

und

$$p_0 \simeq N_a - N_d \qquad (x < -d_p).$$

Damit ergibt sich für die Raumladung im Kontaktbereich

$$\begin{aligned} &\text{im p-Gebiet:} \quad \varrho = \begin{cases} -ep_0 & (-d_{\mathrm{p}} < x < 0) \\ 0 & (x < -d_{\mathrm{p}}); \end{cases} \\ &\text{im n-Gebiet:} \quad \varrho = \begin{cases} en_0 & (0 < x < d_{\mathrm{p}}) \\ 0 & (x > d_{\mathrm{n}}). \end{cases} \end{aligned} \tag{9.6}$$

Der Verlauf von $\varrho(x)$ ist in Abb. 6.11b dargestellt.

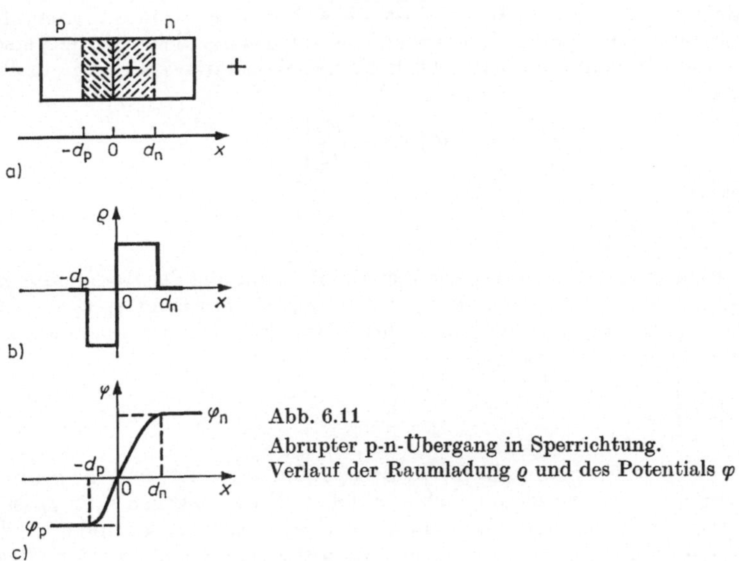

Abb. 6.11
Abrupter p-n-Übergang in Sperrichtung.
Verlauf der Raumladung ϱ und des Potentials φ

Nun subtrahieren wir von dem Potential wiederum seinen Wert in der Kontaktfläche an der Stelle $x = 0$. Dann sind die Randbedingungen für dieses Potential

$$\begin{aligned} x &= -d_{\mathrm{p}}: \quad \varphi = u_{\mathrm{p}}, \quad \frac{d\varphi}{dx} = 0; \\ x &= d_{\mathrm{n}}: \quad \varphi = u_{\mathrm{n}}, \quad \frac{d\varphi}{dx} = 0, \end{aligned} \tag{9.7}$$

wobei u_{p} und u_{n} die Potentialdifferenzen über die Raumladungsschichten im p- bzw. im n-Gebiet sind. Durch Einsetzen des Ausdrucks (9.6) für ϱ in der Poisson-Gleichung und anschließende Integration erhalten wir mit den Randbedingungen (9.7)

$$\begin{aligned} &\text{im p-Gebiet:} \quad \varphi_{\mathrm{p}} = u_{\mathrm{p}} + \frac{2\pi e p_0}{\varepsilon}(x + d_{\mathrm{p}})^2; \\ &\text{im n-Gebiet:} \quad \varphi_{\mathrm{n}} = u_{\mathrm{n}} + \frac{2\pi e n_0}{\varepsilon}(x - d_{\mathrm{n}})^2. \end{aligned} \tag{9.8}$$

Das Potential in den Raumladungsschichten verläuft parabolisch (siehe Abb. 6.11c). An der Stelle $x = 0$ müssen beide Ausdrücke (9.8) den gleichen Wert für das Potential ergeben. Folglich gilt

$$u_n - u_p = \frac{2\pi e}{\varepsilon}(n_0 d_n^2 + p_0 d_p^2), \tag{9.9}$$

wobei

$$u_n - u_p = u + u_k$$

die gesamte Spannung am Übergang ist, die sich aus der Kontaktpotentialdifferenz u_k und der externen Spannung u zusammensetzt. Da die dielektrische Verschiebung εE sich räumlich nicht ändert (die Dielektrizitätskonstante ε sei im p- und n-Gebiet gleich), ist

$$E_p(0) = -\left.\frac{d\varphi_p}{dx}\right|_{x=0} = E_n(0) = -\left.\frac{d\varphi_n}{dx}\right|_{x=0}.$$

Daraus folgt

$$n_0 d_n = p_0 d_p. \tag{9.10}$$

Die Gleichungen (9.9) und (9.10) erlauben die Bestimmung der Raumladungsschichtdicken d_n und d_p. Setzt man in (9.8) $x = 0$ und entsprechend $\varphi_p = \varphi_n = 0$ ein, so findet man unter Berücksichtigung von (9.10), daß sich der Spannungsabfall im p-Gebiet zu dem im n-Gebiet wie

$$\left|\frac{u_p}{u_n}\right| = \frac{n_0}{p_0}$$

verhält. Daher erhält man z. B. für $p_0 \gg n_0$, daß $d_p \ll d_n$ ist, und die gesamte angelegte Spannung wird über dem n-Gebiet abfallen. Wenn dagegen $n_0 \gg p_0$ ist, so wird sich der gesamte Spannungsabfall auf das p-Gebiet konzentrieren und $d_p \gg d_n$ sein.

Für beliebige Konzentrationen n_0 und p_0 erhält man leicht aus den Gleichungen (9.9) und (9.10) die Gesamtdicke der Raumladungsschicht:

$$d = d_n + d_p = \left(\frac{\varepsilon(u + u_k)}{2\pi e}\,\frac{p_0 + n_0}{p_0 n_0}\right)^{1/2}. \tag{9.11}$$

Ist $n_0 \ll p_0$, so ergibt sich mit

$$d \simeq d_n = \left(\frac{\varepsilon(u + u_k)}{2\pi e n_0}\right)^{1/2} \tag{9.11'}$$

das gleiche Ergebnis wie in Gl. (9.5) für den Metall-n-Halbleiter-Kontakt. Für $p_0 \ll n_0$ geht p_0 anstelle von n_0 in Gl. (9.11') ein.

Kontinuierlicher p-n-Übergang. Ändert sich die Differenz $(N_d - N_a)$ räumlich stetig, so weisen Feld und Potential einen anderen Verlauf auf, der durch die Ortsabhängigkeit von $(N_d - N_a)$ geprägt ist. Im einfachsten Fall wird diese Ortsabhängigkeit linear über der Schichtdicke der Raumladung (die sich über Gl. (9.15) bestimmen läßt) sein:

$$(N_d - N_a) = ax.$$

wobei a eine Konstante ist. Damit ist der Verlauf der Raumladung (Abb. 6.12) gegeben:

$$\varrho = eax. \tag{9.12}$$

Aus der Symmetrie dieses Problems folgt, daß über jeder der beiden Schichten die gleiche Spannung abfällt, die folglich gleich der Hälfte der Gesamtspannung $(u + u_k)$

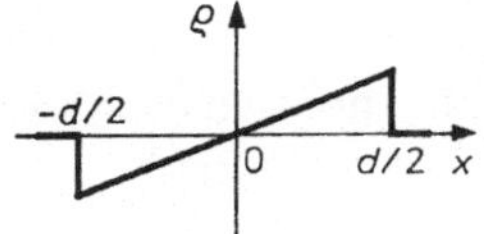

Abb. 6.12
Kontinuierlicher p-n-Übergang in Sperrichtung. Verlauf der Raumladung

sein muß. Damit ergibt sich nach Einsetzen von (9.12) in die Poisson-Gleichung und unter Berücksichtigung der Randbedingungen

$$x = 0: \quad \varphi = 0; \qquad x = \pm \frac{1}{2} d: \quad \frac{d\varphi}{dx} = 0 \tag{9.13}$$

der Potentialverlauf

$$\varphi = \frac{2\pi ae}{\varepsilon} \left(\frac{1}{4} d^2 x - \frac{1}{3} x^3 \right). \tag{9.14}$$

In diesem Fall hängt das Potential kubisch vom Ort ab. Setzt man in Gl. (9.14) $x = d/2$ und $\varphi = (u + u_k)/2$ ein, so erhält man für die Dicke der Raumladungsdoppelschicht

$$d = \left[\frac{3\varepsilon(u + u_k)}{\pi ea} \right]^{1/3}. \tag{9.15}$$

Durch analoges Vorgehen kann man die Dicke der Raumladungsschicht auch für andere Ortsabhängigkeiten von $(N_d - N_a)$ bestimmen.

Die Raumladungskapazität. Die Dicke der Raumladungsschicht wächst mit der Erhöhung der angelegten Gegenspannung bei gleichzeitigem Anwachsen der Gesamtladung in der Schicht. Folglich besitzt der Kontakt eine bestimmte Kapazität. Sie wird als *Raumladungs-* oder *Sperrschichtkapazität* bezeichnet.

Als Beispiel betrachten wir einen steilen p-n-Übergang mit stark dotiertem p-Gebiet (oder einem Metall-n-Halbleiter-Kontakt). Die Oberflächenladungsdichte beträgt dann

$$q = en_0 d_n.$$

Setzt man d_n aus Gl. (9.11′) ein, so ergibt sich für die Kapazität

$$C = \frac{dq}{du} = \left(\frac{\varepsilon e n_0}{8\pi(u + u_k)} \right)^{1/2} = \frac{\varepsilon}{4\pi d_n}. \tag{9.16}$$

Dieses Ergebnis entspricht der Kapazität eines Plattenkondensators mit einem Plattenabstand d_n.

Kommen wir zur Abschätzung der Größenordnung dieser Kapazität. Wir betrachten Germanium ($\varepsilon = 16$) mit einer Elektronenkonzentration $n_0 = 1 \cdot 10^{14}$ cm^{-3}

bei einer Gesamtspannung $u + u_k = 1$ V. Aus (9.11′) ergibt sich $d_n \simeq 4 \cdot 10^{-4}$ cm $= 4$ µm, und mit (9.16) erhalten wir für die Kapazität $C = (10^4/\pi)$ cm/cm² bzw. $C \simeq 10^3$ pF/cm².

Im Falle des kontinuierlichen Übergangs mit linearer Ortsabhängigkeit der Donatoren- und Akzeptorkonzentration ergibt sich

$$q = ea \int_0^{d/2} x \mathrm{d}x = \frac{1}{8} ead^2.$$

Durch Einsetzen von (9.15) für d und anschließende Differentiation nach u ergibt sich die Kapazität (pro Flächeneinheit)

$$C = \frac{\varepsilon}{4\pi} \left[\frac{\pi ea}{3\varepsilon(u + u_k)}\right]^{1/3} = \frac{\varepsilon}{4\pi d}. \tag{9.17}$$

Aus den Gleichungen (9.16) und (9.17) ist zu entnehmen, daß die Sperrschichtkapazität von der angelegten Sperrspannung abhängt und daß diese Abhängigkeit für verschiedene Verteilungen der Dotanden unterschiedlich ist. Für den abrupten Übergang ist $C \sim u^{-1/2}$, für die lineare Ortsabhängigkeit der Konzentrationen $(N_d - N_a)$ ist $C \sim u^{-1/3}$, und für andere Verteilungen der Donatoren und Akzeptoren wäre die Spannungsabhängigkeit eine andere. Durch experimentelle Untersuchung der Spannungsabhängigkeit der Sperrschichtkapazität ist es daher möglich, über die Struktur des p-n-Übergangs, d. h. über die Störstellenverteilung, Aussagen zu gewinnen.

6.10. Raumladungsbegrenzte Ströme

Wir wenden uns jetzt der Untersuchung der Abhängigkeit des Stromes durch einen Kontakt von der angelegten äußeren Spannung zu. Es zeigt sich, daß die Strom-Spannungs-Charakteristiken von Kontakten mit angereicherten oder verarmten Schichten verschieden sind.

Betrachten wir zuerst den Fall einer angereicherten Schicht. Das entsprechende Energieschema ist in Abb. 6.13 dargestellt. Ohne äußere Spannung erhöht sich die

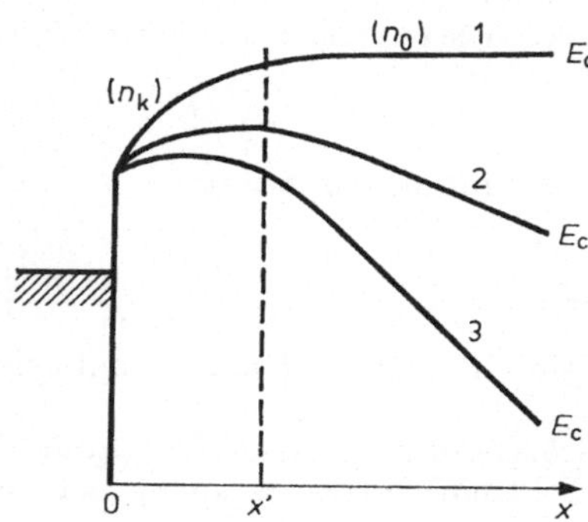

Abb. 6.13
Energieschema eines Kontaktes mit Anreicherungsschicht ohne Strom (1) und bei einsetzendem Strom (2, 3)

potentielle Energie des Elektrons $-e\varphi$ im Raumladungsgebiet an der Metallelektrode logarithmisch mit dem Abstand von der Elektrode (siehe Gl. (8.2)). Außerhalb des Raumladungsgebietes ist sie konstant. Die Unterkante E_c des Leitungsbandes verhält sich genau so wie $-e\varphi$ und ist durch Kurve 1 dargestellt. Im Raumladungsgebiet haben wir den Diffusions- und den Driftstrom, die gleichgroß und einander entgegengerichtet sind. Durch Anlegen einer positiven Spannung an die zweite Elektrode verringert sich die potentielle Energie des Elektrons, und diese Verringerung ist um so stärker, je näher die betrachtete Ebene zur Anode liegt. Damit erhalten wir für E_c die Kurve 2. In diesem Fall nimmt die potentielle Energie in einer Ebene x' einen Maximalwert an, der Betrag des resultierenden elektrischen Feldes an dieser Stelle ist gleich Null, und der Strom wird nur durch die Diffusion der Elektronen getragen. Mit Vergrößerung der äußeren Spannung nähert sich die x'-Ebene der Katode, und die Wallhöhe nimmt ab (Kurve 3). Daher ist für jeden Potentialverlauf die x'-Ebene dadurch ausgezeichnet, daß dort der Diffusionsstrom gleich dem Gesamtstrom durch den Kristall ist. Solche Kontakte, die ein spezifisches Elektronenreservoir darstellen, bezeichnet man in der Literatur auch als *sperrfreie* oder *Ohmsche* Kontakte.

Es ist bemerkenswert, daß das Energieschema in Abb. 6.13 analog dem Verlauf der potentiellen Energie der Elektronen in einer Vakuumdiode unter Berücksichtigung der Anfangsgeschwindigkeit der thermisch emittierten Elektronen ist. Unter Benutzung der Terminologie der Vakuumelektronik kann man formulieren, daß sich in der x'-Ebene eine „virtuelle" Katode befindet, die beliebig viele Elektronen emittieren kann unter der Bedingung, daß auf ihrer Oberfläche der Betrag des elektrischen Feldes gleich Null ist.

Ist die angelegte Spannung hinreichend groß, so ist der Diffusionsstrom in jeder Ebene innerhalb des Halbleiters gegen den Driftstrom zu vernachlässigen. In diesem Fall verschwindet das Maximum in den Kurven von Abb. 6.13 ganz, und der Potentialverlauf wird monoton.

Liegt die zweite Elektrode (Anode) auf positivem Potential, werden Elektronen in den Halbleiter gezogen, der Halbleiter mit Elektronen angereichert. Diese Erscheinung bezeichnet man als *Majoritätsträgerinjektion*. Dabei entsteht im Halbleiter eine Raumladung und in Übereinstimmung mit der Poisson-Gleichung ein zusätzliches elektrisches Feld, das ein Eindringen der Elektronen aus dem Kontakt in den Halbleiter verhindert. Deshalb wird die Dichte des hindurchfließenden Stromes durch die Bedingung bestimmt, daß sich der durch die Raumladung im Halbleiter hervorgerufene Spannungsabfall gegen die äußere Spannung kompensiert. Wir haben also *Ströme, die durch die Raumladung begrenzt sind.* Qualitativ entsprechen sie den Strömen in Vakuumdioden für Anodenspannungen, die kleiner als die Sättigungsspannung sind, quantitativ unterscheiden sich beide Fälle jedoch. Der Einfluß der Raumladung bewirkt, daß die Stromdichte schneller anwächst als die angelegte Spannung, der Kontakt also nicht dem Ohmschen Gesetz gehorcht.

Wenden wir uns jetzt der Bestimmung der Strom-Spannungs-Charakteristik zu. Ausgangspunkt sind die grundlegenden Gleichungen (6.5) und (6.6) und die Voraussetzung, daß die Donatoren und Akzeptoren völlig ionisiert sind. Durch Eliminieren der Elektronenkonzentration n erhält man für das elektrische Feld $E(x)$ eine nichtlineare Differentialgleichung zweiter Ordnung:

$$\frac{\mathrm{d}^2E}{\mathrm{d}x^2} + \frac{e}{kT} E \frac{\mathrm{d}E}{\mathrm{d}x} - \frac{4\pi\sigma_0}{\varepsilon\mu} \frac{e}{kT} E + \frac{4\pi j}{\varepsilon\mu} \frac{e}{kT} = 0. \tag{10.1}$$

Die Stromdichte $j = \text{const}$ geht als Parameter ein, und $\sigma_0 = e\mu n_0$ ist die elektrische Leitfähigkeit im Innern des Halbleiterplättchens bei fehlender Injektion.

Die Aufgabe vereinfacht sich wesentlich, wenn man den Diffusionsstrom (er ruft den ersten Term in Gl. (10.1) hervor) gegen den Driftstrom vernachlässigen kann. Dann geht Gl. (10.1) in eine Differentialgleichung 1. Ordnung über, die analytisch lösbar ist.

Nach MOTT und GURNEY [1] sind die Bedingungen für die Vernachlässigung des Diffusionsstromes folgendermaßen abzuschätzen. Durch einmalige gliedweise Integration von (10.1) ergibt sich

$$\frac{\mathrm{d}E}{\mathrm{d}x} - \frac{e}{2kT} E^2 - \cdots = \text{const.}$$

Für eine grobe Abschätzung der Größenordnung setzen wir

$$\frac{\mathrm{d}E}{\mathrm{d}x} \simeq \frac{\bar{E}}{L}, \qquad E^2 \simeq \bar{E}^2,$$

wobei $\bar{E} = u/L$ die mittlere Feldstärke, u die angelegte Spannung und L die Dicke der betrachteten Halbleiterschicht ist. Die Bedingung für die Vernachlässigung des Diffusionsstromes

$$\left|\frac{\mathrm{d}E}{\mathrm{d}x}\right| \ll \left|\frac{e}{kT} E^2\right|$$

nimmt damit folgende Form an:

$$u \simeq \bar{E} L \gg \frac{kT}{e}.$$

Bei einer Temperatur von $T = 300$ K ist $kT/e = 0{,}025$ V. Jedoch ist diese Abschätzung im allgemeinen zu grob, so daß zur Vernachlässigung der Diffusion eine wesentlich höhere Spannung erforderlich ist.

Die Untersuchung von Gl. (10.1) wird durch die Einführung der dimensionslosen Variablen x_1 für die Koordinate, E_1 für das Feld, φ_1 für das Potential und τ_M für die Maxwellsche Relaxationszeit wesentlich erleichtert, wobei diese durch die folgenden Beziehungen gegeben sind:

$$\begin{aligned} x_1 &= \frac{en_0}{j\tau_M} x, & E_1 &= \frac{\sigma_0}{j} E = \frac{n_0}{n}, \\ \varphi_1 &= \frac{en_0\sigma_0}{j^2\tau_M} \varphi, & \tau_M &= \frac{\varepsilon}{4\pi\sigma_0}. \end{aligned} \tag{10.2}$$

Damit nimmt Gl. (10.1) bei vernachlässigter Diffusion die Form

$$E_1 \frac{\mathrm{d}E_1}{\mathrm{d}x_1} - E_1 + 1 = 0 \tag{10.3}$$

an mit der Randbedingung

$$x_1 = 0: \quad E_1(0) = \frac{n_0}{n_k}. \tag{10.4}$$

Die Lösung für Gl. (10.3) ist

$$E_1 + \ln(1 - E_1) = x_1 + C, \tag{10.5}$$

und für die Integrationskonstante C ergibt sich aus den Randbedingungen

$$C = E_1(0) + \ln[1 - E_1(0)].$$

Da für sperrfreie Kontakte $E_1(0) = n_0/n_k \ll 1$ ist, erhält man durch Reihenentwicklung des Logarithmus im letzten Ausdruck

$$C = E_1(0) + \left[-E_1(0) - \frac{1}{2}E_1^2(0) - \cdots\right] = -\frac{1}{2}E_1^2(0) = -\frac{1}{2}\left(\frac{n_c}{n_k}\right)^2. \tag{10.6}$$

Der Spannungsabfall φ_1 über dem Halbleiterplättchen der Dicke x_1 ist

$$\varphi_1 = \int_0^{x_1} E_1\,\mathrm{d}x = \int_{E_1(0)}^{E_1} E_1 \frac{\mathrm{d}x_1}{\mathrm{d}E_1}\,\mathrm{d}E_1 = -\int_{E_1(0)}^{E_1} \frac{E_1^2\,\mathrm{d}E_1}{1 - E_1}.$$

In diesen Ausdruck kann man näherungsweise die untere Integrationsgrenze $E_1(0) = 0$ setzen und erhält damit

$$\varphi_1 = \frac{1}{2}E_1^2 + E_1 + \ln(1 - E_1) = \frac{1}{2}E_1^2 + x_1 + C. \tag{10.7}$$

Da die dimensionslosen Größen φ_1, E_1 und x_1 ihrer Definition (10.2) zufolge von der Stromdichte j abhängen, stellt Gl. (10.7) die Strom-Spannungs-Charakteristik in Parameterform dar. Hierbei ist für die Bestimmung von φ_1 über der Plättchendicke x_1 bei gegebenem Strom j der Wert $E_1(x_1)$ aus Gl. (10.5) zu bestimmen. Da diese Gleichung transzendent ist, wird im allgemeinen eine numerische Lösung erforderlich sein. Allerdings kann man einfache analytische Ausdrücke erhalten, wenn man spezielle Bereiche für Strom und Spannung betrachtet.

Schwache Ströme. Es wird vorausgesetzt, daß die Ströme so klein sind, daß im Innern des Halbleiteres $|x_1| \gg 1$ gilt. Da $|C| \ll 1$ und nach (10.2) $E_1 \leqq 1$ sind, hat Gl. (10.5) nur für negatives x_1 eine Lösung. Die Stromrichtung j ist dann der positiven Achsenrichtung (vom Metall zum Halbleiter) entgegengesetzt, d. h., bei Elektroneninjektion in den Elektronenhalbleiter fließt der Strom vom Halbleiter zum Metall. Weiterhin folgt aus Gleichung (10.5), daß $E_1 \simeq 1$ wird. Für die Feldstärke E heißt das

$$E = \frac{j}{\sigma_0}$$

(Gebiet 1). Die Spannung über dem Halbleiterplättchen der Dicke L ist gleich

$$u = \int_0^L E\,\mathrm{d}x = \frac{L}{\sigma_0}j. \tag{10.8}$$

Für sehr schwache Ströme (Kriterien dazu werden später angegeben) ist das Ohmsche Gesetz erfüllt, und die elektrische Leitfähigkeit ist gleich dem Wert σ_0 ohne Trägerinjektion.

Starke Ströme. Diesem Fall entspricht die Bedingung $E_1 \ll 1$. Durch Reihenentwicklung des Logarithmus in (10.5) und Beschränkung auf die ersten beiden Glieder erhält man

$$-\frac{1}{2} E_1^2 = x_1 + C$$

bzw.

$$E_1 = \sqrt{2}\,(|x_1| + |C|)^{1/2}. \tag{10.9}$$

Es ist zweckmäßig, zwei Fälle zu unterscheiden. Sind die Ströme nicht sehr stark, so ist $|x_1| \gg C$ (Gebiet 2), und für die maßeinheitsbehafteten Größen erhält man dann über (10.2)

$$E = \left(\frac{2j}{\tau_M \sigma_0 \mu}\right)^{1/2} x^{1/2}.$$

Für die Spannung ergibt sich

$$u = \int\limits_0^L E \, dx = \left(\frac{8jL^3}{9\tau_M \sigma_0 \mu}\right)^{1/2}$$

bzw.

$$j = \frac{9}{8} \tau_M \sigma_0 \mu \frac{u^2}{L^3} \tag{10.10}$$

(das Mottsche Gesetz). In diesem Fall ist der Strom proportional dem Quadrat der Spannung im Unterschied zur Vakuumdiode, wo $j \sim u^{3/2}$ ist.

Zur Abschätzung des Spannungsbereiches, in dem das Ohmsche Gesetz in das quadratische Mottsche Gesetz übergeht, setzt man die Ströme in den Ausdrücken (10.8) und (10.10) gleich. Dies führt zu der einfachen Bedingung

$$t \simeq \tau_M, \tag{10.11}$$

wobei $t = L^2/\mu u$ die Laufzeit der Elektronen zwischen den Elektroden ist. Abweichungen zum Ohmschen Gesetz (10.8) machen sich bei Spannungen bemerkbar, für die die Flugzeit kleiner als die Maxwellsche Relaxationszeit wird.

Werden die Ströme so groß, daß $|x_1| \ll C$ gilt, ergibt sich

$$E_1 \simeq \sqrt{2|C|}.$$

In den Originalgrößen hat dies die Form

$$E = \frac{j}{\sigma_0} \frac{n_0}{n_k}, \qquad j = e\mu n_k \frac{u}{L}. \tag{10.12}$$

Bei sehr hohen Spannungen geht das quadratische Gesetz für den Strom wieder in das Ohmsche Gesetz (Gebiet 3) über, jetzt aber mit einer anderen, sehr viel größeren elektrischen Leitfähigkeit $e\mu n_k$. Physikalisch bedeutet dies ein Auffüllen des gesamten Plättchens mit Injektionselektronen bis zu einer praktisch über das gesamte Volumen konstanten Konzentration n_k.

Die Bedingungen für den Übergang aus Gebiet 2 in das Gebiet 3 lassen sich abschätzen durch Gleichsetzen der Ausdrücke für j aus (10.10) und (10.12). Das ergibt

$$t \simeq \tau'_M,$$

wobei $\tau'_M = \varepsilon / 4\pi e \mu n_k$ die Maxwellsche Relaxationszeit für die Konzentration n_k ist. Das Ohmsche Gesetz wird wieder gültig, wenn sich t auf τ'_M verringert hat.

Die diskutierte Strom-Spannungs-Abhängigkeit ist in Abb. 6.14 doppelt logarithmisch als die Linie *abcd* schematisch dargestellt. Das Gebiet 1 entspricht der Geraden *ab*, das Gebiet 2 der Geraden *bc* und Gebiet 3 der Geraden *cd*. Natürlich sind die Übergänge zwischen den einzelnen Gebieten in Wirklichkeit fließend.

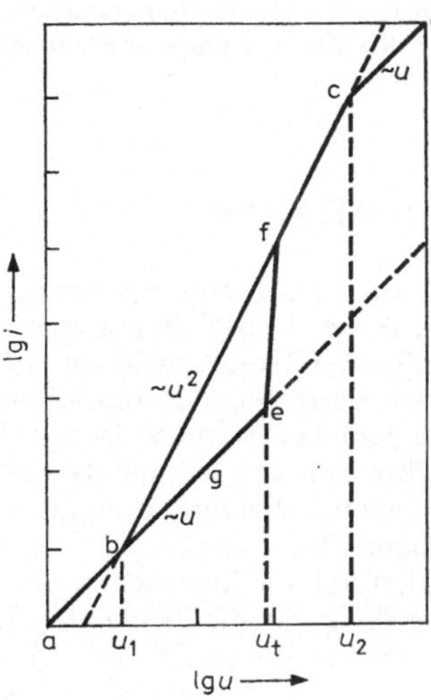

Abb. 6.14
Strom-Spannungs-Charakteristik für raumladungsbegrenzte Ströme (in willkürlichen Einheiten)
abfcd: ohne Haftstellen
abefcd: bei gleichverteilten tiefen Haftstellen

Bisher haben wir immer vorausgesetzt, daß der Halbleiter (oder das Dielektrikum) keine Haftstellen für Elektronen enthält und daß deshalb die gesamte Raumladung aus überzähligen beweglichen Elektronen im Band besteht. Sind Haftstellen vorhanden, so wird das Problem wesentlich komplizierter. Qualitativ ändern sich die Erscheinungen folgendermaßen. Wir setzen voraus, daß die Haftstellen tiefe Energieniveaus bilden, so daß der entgegengesetzte Prozeß der Elektronenemission vernachlässigt werden kann, und daß sie im Volumen gleichverteilt sind. Weiterhin sei die Haftstellenkonzentration groß gegen die Gleichgewichtskonzentration n_0 der Elektronen. Dann werden bei Spannungserhöhung zunächst praktisch alle Injektionselektronen von den Haftstellen eingefangen, und es tritt folglich keine Erhöhung der Elektronenkonzentration im Band ein. Infolgedessen wird sich der erste Ohmsche Abschnitt der Strom-Spannungs-Charakteristik über die Spannung u_1 (Abb. 6.14) hinweg in das Gebiet hoher Spannungen fortsetzen (Kurve *abe*). Ab einer gewissen Spannung u_t sind alle Haftstellen mit Elektronen gesättigt, und die Elektronenkonzentration im Band nimmt mit der Spannung stark zu. Daraus resultiert ein sehr steiles Gebiet *ef* in der Charakteristik (Abb. 6.14). Erreicht nun der Strom schließlich den Wert, der dem quadratischen Gesetz entspricht, dann verläuft die Stromstärke gemäß der Kurve *fcd*, d. h., sie verhält sich, als ob keine Haftstellen vorhanden sind. Selbstverständlich hängt der Verlauf einer realen Charakteristik von den Eigenschaften und der Konzentration der Haftstellen ab und kann sich daher im Detail von der schematisch dargestellten Abhängigkeit unterscheiden.

Es sei noch bemerkt, daß die Einstellzeit der Raumladung durch die Maxwellsche Relaxationszeit τ_M bestimmt ist. Andererseits wird die Einstellung des Elektronengleichgewichts zwischen den Haftstellen und dem Band durch eine andeie Zeit, die „Einfangzeit" τ, charakterisiert. Ist $\tau_M < \tau$ (das ist häufig der Fall), so hat die Kurve nach Anlegen einer äußeren Spannung für Zeiten $t < \tau$ denselben Verlauf wie beim völligen Fehlen von Haftstellen. Erst in der nachfolgenden Zeit $t > \tau$ stellt sich die stationäre durch die Haftstellen bestimmte Charakteristik ein. Dabei können sich die Beträge der Ströme im Impuls- und im stationären Betrieb um viele Größenordnungen unterscheiden. Durch Untersuchungen der Einstellkinetik der raumladungsbegrenzten Ströme und der charakteristischen Besonderheiten der stationären Charakteristik ist es möglich, Parameter der Haftstellen wie den Einfangquerschnitt für Elektronen, Konzentration u. a. zu bestimmen.

6.11. Gleichrichtung am Metall-Halbleiter-Kontakt

Wenden wir uns jetzt den sperrenden Kontakten zu. Die Strom-Spannungs-Charakteristik solcher Kontakte ist häufig stark nichtlinear. Daher finden speziell ausgewählte Metall-Halbleiter- oder Halbleiter-Halbleiter-Kombinationen breite Anwendung als Gleichrichter für Wechselstrom. Der Einfluß der Potentialbarriere auf den durchgehenden Strom hängt wesentlich von dem Verhältnis zwischen der Breite L_A der Barriere und der Wellenlänge λ der Elektronen ab. Ist die Barriere schmal genug, so daß $L_A < \lambda$ ist, so können sie Elektronen beliebiger Energie wegen des quantenmechanischen Tunneleffektes durchdringen. Ist dagegen $L_A > \lambda$, so ist die Möglichkeit, die Potentialbarriere zu überwinden, durch die klassischen Bedingungen bestimmt: Die Elektronenenergie muß dann größer als die Höhe der Potentialbarriere sein, die Elektronen können den Wall nur übersteigen. So ist z. B. bei einer Elektronenkonzentration $n_0 \sim 10^{15}$ cm^{-3} bei Zimmertemperatur $L_A \sim 10^{-5}$ cm (siehe Abschnitt 6.7.). Für Elektronen der entsprechenden mittleren thermischen Geschwindigkeiten ist $\lambda \sim 10^{-6}$ cm, und man hat den klassischen Fall des Übergangs über die Barriere hinweg. Ist jedoch $L_A \sim 1/\sqrt{n_0}$, wird in stark dotierten Halbleitern mit $n_0 \sim 10^{18} \cdots 10^{19}$ cm^{-3} (oder mehr) $L_A < \lambda$, so daß der Tunneleffekt eine wesentliche Rolle spielen wird.

Betrachten wir jetzt nicht sehr stark dotierte Halbleiter (der Tunneleffekt wird in Abschnitt 8.3. behandelt). Außerdem wird vorausgesetzt, daß der Anteil der Löcher am Strom vernachlässigt werden kann (unipolare Leitfähigkeit). Eine qualitative Erklärung der Stromgleichrichtung unter diesen Bedingungen ist anhand von Abb. 6.15 gegeben. Ohne eine äußere Spannung (Abb. 6.15a) liegt die Energie der Elektronen innerhalb des Halbleiters um $-eu_k$ tiefer als die der Metallelektronen (u_k ist die Kontaktpotentialdifferenz), und folglich existiert für die Elektronen, die aus dem Halbleiter in das Metall fließen, eine Energiebarriere der Höhe eu_k. Im Gleichgewicht ist der Strom j_1 der Elektronen aus dem Halbleiter in das Metall gleich dem Strom j_2 aus dem Metall in den Halbleiter, und damit ist der Gesamtstrom $j = j_1 - j_2 = 0$. Dementsprechend ist das Fermi-Niveau überall gleich.

Abb. 6.15b zeigt den Fall der von außen angelegten Spannung mit so gewähltem Vorzeichen, daß die Energieänderung der Elektronen im Halbleiter gleich $-eu > 0$ ist. Dazu ist ein n-Halbleiter mit dem Minuspol bzw. ein p-Halbleiter mit dem Pluspol der Spannungsquelle zu verbinden. Damit verringert sich die Potentialbarriere im Halbleiter um die Größe eu, und der Strom j_1 wächst, die Barriere seitens des Metalls dagegen und folglich auch der Strom j_2 ändern sich nicht. Es entsteht ein Strom

$j = j_1 - j_2$, der vom Metall in den Halbleiter fließt und mit steigendem u stark ansteigt (Durchlaßrichtung, ansteigender Ast in der Charakteristik Abb. 6.15d).

Bei entgegengesetzter Spannung (Abb. 6.15c) vergrößert sich die Potentialbarriere im Halbleiter, und der Strom j_1 verringert sich. Ist eu in der Größenordnung einiger kT, können die Elektronen aus dem Halbleiter die Potentialbarriere praktisch nicht mehr überwinden, und der Gesamtstrom wird durch den Sperrstrom $j_S = j_2$ getragen, der nicht von der äußeren Spannung abhängt (Sättigungsstrom). Für diese Stromrichtung ist der Kontaktwiderstand hoch (Sperrichtung).

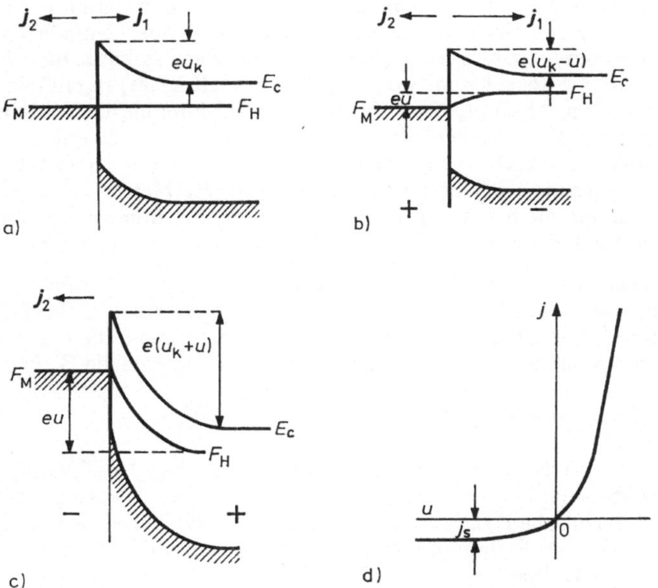

Abb. 6.15
Gleichrichtung am Metall-Halbleiter-Kontakt
a) äußere Spannung $u = 0$, b) Durchlaßrichtung; c) Sperrichtung,
d) Strom-Spannungs-Charakteristik

Natürlich trägt die Strom-Spannungs-Charakteristik in Abb. 6.15d nur schematischen Charakter. Bei genügend großer Gegenspannung treten Erscheinungen des „elektrischen Durchschlages" des Kontaktes auf, und der Sperrstrom steigt stark an.

Bei der Berechnung der Strom-Spannungs-Charakteristik ist das Verhältnis von Sperrschichtbreite L_A zur freien Weglänge l zu berücksichtigen. Ist $l \gg L_A$, so können praktisch keine Zusammenstöße der Elektronen innerhalb der Sperrschicht stattfinden, und infolgedessen kann man die Ströme j_1 und j_2 als thermoelektrische Emissionsströme ansehen (Diodentheorie der Gleichrichtung von Bethe). Der Unterschied zur eigentlichen thermischen Elektronenemission (siehe Abbschnitt 6.4.) besteht darin, daß hierbei die Emission nicht in das Vakuum stattfindet, sondern aus dem Halbleiter in das Metall (und umgekehrt). Infolge der geringen Potentialbarrierenhöhe im Kontakt, die gleich der Differenz der Austrittsarbeit der beiden beteiligten

Körper ist, können die thermischen Emissionsströme dabei schon bei Zimmertemperatur und darunter sehr stark sein.

Für den entgegengesetzten Fall, wenn die Elektronen in der Sperrschicht zahlreiche Zusammenstöße vollziehen, muß der Strom durch den Kontakt unter Berücksichtigung der Diffusions- und Driftbewegung der Elektronen berechnet werden (Diffusionstheorie der Gleichrichtung, deren Grundlagen in den Arbeiten von B. I. Dawydow, S. I. Pekar, N. F. Mott und W. Schottky dargelegt sind). Die Bedingung für die Anwendbarkeit der Diffusionstheorie ist durch die Ungleichung (2.7) gegeben.

Welche Theorie herangezogen werden muß, hängt vom betrachteten Halbleitertyp ab. So hatten wir für Germanium mit $n_0 \sim 10^{15}\,\text{cm}^{-3}$ bei Zimmertemperatur $L_A \sim 10^{-5}$ cm (bei kleineren n_0 wird L_A größer). Andererseits kann man l mit der Beziehung $l \simeq 5 \cdot 10^{-9}\,\mu$ abschätzen, wobei μ, die Beweglichkeit, in cm²/Vs und l in cm ausgedrückt ist (siehe Abschnitt 2.8). Für reines (nicht kompensiertes) Germanium kann $\mu \sim 3{,}9 \cdot 10^3\,\text{cm}^2/\text{Vs}$ erreichen, so daß $l \sim 10^{-5}$ cm wird. Damit ist die Zahl der Zusammenstöße innerhalb der Sperrschicht klein, und die Diodentheorie gilt in befriedigender Näherung. Im Gegensatz dazu wird für Halbleiter wie Cu_2O und Se, bei denen μ und damit auch l wesentlich kleiner sind, bei kleiner Ladungsträgerkonzentration und folglich größerem L_A die Diffusionstheorie anzuwenden sein.

Die Diodentheorie. Der durch Halbleiterelektronen getragene Strom j_1 läßt sich sofort berechnen, wenn man berücksichtigt, daß in nichtentarteten Halbleitern die Geschwindigkeiten der Elektronen der Maxwell-Verteilung gehorchen und daß nur solche Elektronen die Barriere überwinden können, deren Energie die Bedingung

$$\frac{1}{2} m v_x^2 \geqq e(u_K + u)$$

erfüllt. Dabei ist v_x die Normalkomponente der thermischen Geschwindigkeit bezüglich der Kontaktebene. Ferner wird der bereits hergeleitete Ausdruck (4.6) für die Stromdichte der thermischen Elektronenemission benutzt. Für diesen Fall ist die Austrittsarbeit gleich der Differenz zwischen der Barrierenhöhe und dem Fermi-Niveau im Innern des Halbleiters, also (siehe Abb. 6.15) gleich

$$e(u_K + u) + E_c - F_n.$$

Damit gilt

$$j_1 = \frac{8\pi e m k^2}{3(2\pi\hbar)^3} T^2 \exp\left[-\frac{e(u_K + u) + E_c - F}{kT}\right]. \tag{11.1}$$

Dieser Ausdruck läßt sich noch vereinfachen. Im Innern des Halbleiters galt für die Elektronenkonzentration (siehe Gl. (5.5.1) und (5.4.9))

$$n_0 = 2\left(\frac{2\pi m k T}{(2\pi\hbar)^2}\right)^{3/2} \exp\frac{F - E_c}{kT},$$

so daß sich unter Berücksichtigung von Gl. (4.2) für die mittlere thermische Geschwindigkeit v_T der Elektronen (nach Einsetzen von m_0 für m) für j_1 der folgende Ausdruck ergibt:

$$j_1 = \frac{1}{6} e n_0 v_T \exp\left(-\frac{e(u_K + u)}{kT}\right). \tag{11.1a}$$

Der Strom j_2 ergibt sich daraus unmittelbar für $u = 0$, da ohne äußere Spannung $j_1 = j_2$ gilt:

$$j_2 = \frac{1}{6} e n_0 v_\mathrm{T} \exp\left(-\frac{e u_\mathrm{k}}{kT}\right). \tag{11.2}$$

Für die Gesamtstromdichte erhalten wir

$$j = j_1 - j_2 = j_\mathrm{s}[\exp(-\alpha u) - 1] \tag{11.3}$$

mit den Abkürzungen

$$j_\mathrm{s} = \frac{1}{6} e n_0 v_\mathrm{T} \exp(-\alpha u_\mathrm{k}), \qquad \alpha = \frac{e}{kT}. \tag{11.4}$$

Die Gleichung (11.3) zeigt für den in Durchlaßrichtung gepolten Kontakt, also bei negativem Potential des Halbleiters ($u < 0$) gegenüber dem Metall, ein rasches Anwachsen des Stromes mit der Spannung. Liegt $e|u|$ in der Größenordnung von einigen kT, wird die Eins gegen den ersten Term vernachlässigbar klein, und der Stromanstieg verläuft exponentiell.

Bei entgegengesetzter Spannung ($u > 0$) verringert sich der Exponentialterm sehr schnell mit wachsender Spannung. Bei $eu \gtrsim kT$ wird dieser vernachlässigbar klein gegen Eins, und der Strom erreicht die Sättigung. Die Sättigungsstromdichte ist gleich j_s.

Abschließend sei darauf hingewiesen, daß in allen bisherigen Überlegungen u die Spannung über der Sperrschicht darstellt. In einer realen Gleichrichterdiode existiert jedoch immer ein gewisser Widerstand r des Halbleiterkristalls, der mit der Sperrschicht in Reihe geschaltet ist. Daher ist bei der Bestimmung der Abhängigkeit des Stromes von der über der Diode abfallenden Gesamtspannung V in den obigen Gleichungen u durch $(V - ir)$ zu ersetzen, wobei i die Stromstärke in der Diode ist. Dies führt zu einer horizontalen Verschiebung aller Punkte der Charakteristik um den stromabhängigen Betrag $i \cdot r$, wodurch der gerade Zweig der Charakteristik leicht abfallend verläuft.

6.12. Die Diffusionstheorie

Zur exakten Lösung des Problems in der Diffusionstheorie muß von dem Gleichungssystem (6.5) und (6.6) ausgegangen werden. Im folgenden wird jedoch gezeigt, daß die Strom-Spannungs-Charakteristik des Kontaktes nur schwach vom Verlauf der Funktion $\varphi(x)$ abhängt. Man wählt daher eine Näherung, die eine wesentlich einfachere Prozedur erlaubt [M 7] und betrachtet nur die eine Gleichung (6.5), die in folgender Form geschrieben wird:

$$\frac{\mathrm{d}n}{\mathrm{d}x} - \alpha \frac{\mathrm{d}\varphi}{\mathrm{d}x} n - \frac{j}{\mu kT} = 0. \tag{12.1}$$

Man nimmt $\varphi(x)$ als gegeben an und untersucht, welche Aussagen ohne detaillierte Kenntnis dieser Funktion möglich sind.

Der Nullpunkt der x-Achse liege wieder in der Kontaktebene, und wie bisher wird vereinbart, daß von dem Potential dessen Wert an der Stelle $x = 0$ abgezogen ist.

Dann lauten die Randbedingungen:

$$x = 0: \qquad \varphi = 0, \qquad n = n_k. \tag{12.2}$$

Außerdem gilt für jede Ebene $x_1 = \text{const}$ außerhalb der Raumladungsschicht

$$x = x_1: \qquad \varphi = u_k + u, \qquad \frac{d\varphi}{dx} = 0, \qquad n = n_0. \tag{12.3}$$

Die Gleichung (12.1) stellt eine Differentialgleichung erster Ordnung in $n(x)$ dar. Ihre Lösung, die den Randbedingungen (12.2) genügt, lautet

$$n(x) = e^{\alpha\varphi(x)} \left\{ n_k + \frac{j}{\mu kT} \int_0^x e^{-\alpha\varphi(y)}\, dy \right\}, \tag{12.4}$$

wovon man sich durch Einsetzen in (12.1) leicht überzeugen kann. Nach Abschnitt 6.6. wird u_k als unabhängig von der äußeren Spannung und gleich dem Gleichgewichtswert für nichtentartete Halbleiter angesehen:

$$n_k = n_0 e^{-\alpha u_k}. \tag{12.5}$$

Die Berechnung der Abhängigkeit n_k von der angelegten Spannung betrachten wir ergänzend in Abschnitt 6.13. Wir wenden jetzt die Lösung auf die Ebene $x = x_1$ an und berücksichtigen die Bedingungen (12.3) und (12.5). Dies ergibt

$$n_0 = e^{\alpha(u_k+u)}\, n_0 e^{-\alpha u_k} + \frac{j}{\mu kT}\, e^{\alpha(u_k+u)} \int_0^{x_1} e^{-\alpha\varphi(y)}\, dy. \tag{12.6}$$

Durch Auflösung dieser Gleichung nach j bekommt man einen Ausdruck für die Strom-Spannungs-Charakteristik von der Form

$$j = j_s[\exp(-\alpha u) - 1] \tag{12.7}$$

mit

$$j_s = \frac{\mu kT \exp(-\alpha u_k)}{\int_0^{x_1} \exp(-\alpha\varphi(y))\, dy}. \tag{12.8}$$

Der Wert des hier eingehenden Integrals läßt sich näherungsweise wie folgt bestimmen: Da für die Elektronen im Halbleiter eine Potentialbarriere existiert, ist $\varphi(y)$ positiv. Dadurch fällt der Integrand schnell mit wachsendem y, und der Wert des Integrals ist nur durch einen Bereich in der Umgebung der Ebene $y = 0$ bestimmt. Daher wird $\varphi(y)$ in eine Reihe entwickelt,

$$\varphi(y) = \varphi(0) + \left.\frac{d\varphi}{dy}\right|_{y=0} y + \cdots = -E(0) \cdot y,$$

wobei $E(0)$ der Wert des elektrischen Feldes im Halbleiter in der Kontaktebene ist. Daher ist $\boldsymbol{E}(0)$ antiparallel zur y-Achse gerichtet, d. h. $E(0) < 0$. Damit gilt

$$\int_0^{x_1} \exp[-\alpha\varphi(y)]\, dy \simeq \int_0^{\infty} \exp[-\alpha\, |E(0)|\, y]\, dy = \frac{1}{\alpha\, |E(0)|}.$$

Danach ergibt sich schließlich für den Sättigungsstrom

$$j_s = en_0\mu \, |E(0)| \exp(-\alpha u_k). \tag{12.9}$$

Strenggenommen hängt $E(0)$ von der angelegten Spannung u ab. Diese Abhängigkeit läßt sich jedoch vernachlässigen, wenn man den exponentiellen Faktor in Gl. (12.7) betrachtet, so daß für $E(0)$ näherungsweise der Wert für $u = 0$ eingesetzt werden kann.

Die Gleichung (12.7) für die Strom-Spannungs-Charakteristik in der Diffusionstheorie besitzt die gleiche Struktur wie Gl. (11.3) in der Diodentheorie. Der Unterschied besteht jedoch im Sättigungsstrom, der in beiden Theorien von verschiedenen Größen abhängt. Daher ist der Sättigungsstrom in der Diffusionstheorie wesentlich geringer. Gegenwärtig finden auch Dioden vom Typ Metall-Isolator-Halbleiter (MIS-Struktur) breite Anwendung, in denen sich zwischen Metall und Halbleiter

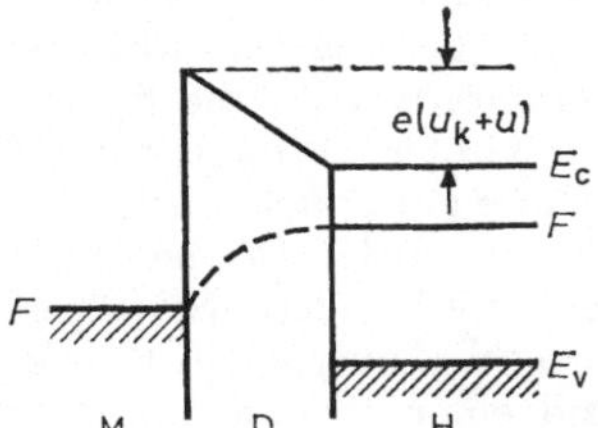

Abb. 6.16
Energieschema einer MIS-Struktur

eine dünne Schicht eines schlechtleitenden Stoffes (künstliche oder „chemische" Sperrschicht) befindet. Derartige Isolationsschichten können durch Aufdampfen im Vakuum, durch Oxydation und durch andere Methoden hergestellt werden. Wenn die Schichtdicke d des Dielektrikums wesentlich größer als die Abschirmlänge L_A im Halbleiter ist, wird praktisch das gesamte Kontaktfeld im Dielektrikum konzentriert sein (Abb. 6.16). Dabei läßt sich in den meisten Fällen der Einfluß einer Raumladung im Dielektrikum vernachlässigen, und das sich darin ausbildende elektrische Feld kann als homogen betrachtet werden, wodurch sich die Berechnung der Strom-Spannungs-Charakteristik wesentlich vereinfacht. Somit wird der Koeffizient $d\varphi/dx = -E$ in Gl. (12.1) von x unabhängig, und mit denselben Überlegungen wie oben bekommt man anstelle der Gleichungen (12.7) und (12.8) die Beziehung

$$j = en_0\mu \, |E| \exp(-\alpha u_k) \frac{\exp(-\alpha u) - 1}{1 - \exp[-\alpha(u_k + u)]}. \tag{12.10}$$

Für alle Spannungen u, bei denen noch eine Potentialbarriere $\geqq kT$ existiert, ist $\exp[-\alpha(u_k + u)] \ll 1$, so daß Gl. (12.10) die folgende Form annimmt:

$$j = en_0\mu \, |E| \exp(-\alpha u_k) [\exp(-\alpha u) - 1]. \tag{12.11}$$

Somit erhält man dieselbe Gleichung wie vorher mit dem Unterschied, daß hier $|E| = (u_k + u)/d$ die Feldstärke im Dielektrikum ist; dagegen gehört n_0 weiterhin zum Halbleiter.

Abschließend sei noch einmal darauf hingewiesen, daß in allen vorhergehenden Gleichungen die äußere Spannung u das Potential im Innern des Halbleiters auf das Metall bezogen darstellt. Für einen in Durchlaßrichtung gepolten Elektronenhalbleiter ist deshalb $u < 0$. Wählt man dagegen, wie es in der Literatur häufig geschieht, die Durchlaßrichtung als positiv, nehmen die Gleichungen (11.3) und (12.7) folgende Form an:

$$j = j_s (\exp \alpha u - 1), \tag{12.12}$$

wobei j_s durch die Gleichungen (11.4) bzw. (12.9) definiert ist.

6.13. Vergleich mit dem Experiment

Die gerichtete Durchlaßfähigkeit von Metall-Halbleiter-Kontakten wird für den Bau von Halbleitergleichrichtern für Wechselstrom genutzt. Für die Gleichrichtung technischer Ströme niedriger Frequenz finden Selengleichrichter breite Anwendung, in denen sich die Sperrschicht an der Grenze Se—Metallelektrode („Ventil"elektrode) bildet. Gewöhnlich besteht die Elektrode aus einer Legierung verschiedener Metalle, wie z. B. aus Bi, Cd und Sn. In Cu_2O-Gleichrichtern tritt die Sperrschicht an der Grenze zwischen einer Kupferplatte und der Kupferoxidschicht aus Cu_2O auf, die durch Oxydation des Kupfers an der Atmosphäre gewonnen wird.

Für die Gleichrichtung von Hochfrequenzströmen werden Germanium- und Siliziumspitzendetektoren (Hochfrequenzdetektoren) verwendet. Sie bestehen aus einem Halbleitereinkristall (n-Germanium oder p-Silizium), einer Basismetallelektrode großer Fläche, die nicht gleichrichtet, und einer angeklemmten oder angeschweißten Metallelektrode (Draht) geringen Durchmessers im µm-Bereich.

Metall-Halbleiter-Kontakte in verschiedenen anderen Konfigurationen finden gegenwärtig breite Anwendung als schnelle nichtlineare Elemente, die häufig auch als „Schottky-Dioden" bezeichnet werden.

Das Experiment bestätigt die Vorhersagen der oben dargelegten Theorie (Abschnitte 6.11. und 6.12.) über die Richtung des Stromes am Kontakt vollständig.

Des weiteren haben wir gesehen, daß die Spannungsabhängigkeit des gleichgerichteten Stromes der universell gültigen Formel (12.12) genügen muß, in der die Konstante $\alpha = e/kT$ materialunabhängig sein muß. Im Experiment ist die exponentielle Abhängigkeit gut erfüllt. Jedoch sind die α-Werte ab und zu geringer als die theoretischen (2—3mal) und für verschiedene Kontakte unterschiedlich. Der Grund für diese Abweichungen besteht darin, daß die Geometrie realer gleichrichtender Kontakte häufig von der idealen Planarstruktur abweicht. Dabei entstehen Randeffekte, die zu einer wesentlichen Vergrößerung der elektrischen Feldstärke an der Peripherie der Elektroden führen. Außerdem können in realen Kontakten noch erhebliche Verluste längs der Halbleiteroberfläche auftreten.

Diese Erscheinungen lassen sich durch die Wahl einer speziellen Diodenkonstruktion praktisch ausschließen [5]. Dann läßt sich der gerade Zweig der Strom-Spannungs-Charakteristik über einen weiten Strombereich gut mit Gleichung (12.12) beschreiben, und α stimmt mit dem theoretischen Wert bis auf wenige Prozente überein (39 V^{-1} bei 300 K). Der andere Zweig der Strom-Spannungs-Charakteristik stimmt mit der einfachen Theorie schlechter überein. So bleibt der Sättigungsstrom j_s nicht konstant, sondern vergrößert sich mit wachsender Sperrspannung langsam. Die Hauptursache für diese Abweichung besteht darin, daß bei den Berechnungen in den Abschnitten 6.11. und 6.12. die Grenzkonzentration n_K am Kontakt als unabhängig von der angelegten Spannung genommen wurde. Diese Annahme ist für Durchlaßspannungen geeignet, da dann die Spannung am Kontakt und die Feldstärke in der

Raumladungsschicht gering sind. Für Sperrspannungen ist die Feldstärke im Kontakt größer und führt zu einer Verringerung der Potentialbarriere für die Elektronen, so daß eine Erhöhung der Elektronengrenzkonzentration n_k eintritt.

Der betrachtete Effekt ist analog zur Spannungsabhängigkeit des Sättigungsstroms in Vakuumdioden. Nach SCHOTTKY kann man ihn, auf den Metall-Halbleiter-Kontakt angewandt, folgendermaßen abschätzen. Das Elektron ist beim Übergang vom Metall zum Halbleiter der Anziehungskraft des Metalls, der von ihm selbst induzierten Ladung auf dem Metall, ausgesetzt. Diese Kraft ist nach der Methode der Spiegelladung zu bestimmen (Abb. 6.17a), und die in deren Folge auftretende Verringerung der potentiellen Energie des Elektrons beträgt $-e^2/4\varepsilon x$. x ist der Abstand des Elektrons zum Metall, und ε ist die Dielektrizitätskonstante des Halbleiters. Weiterhin sei E die elektrische Feldstärke im Halbleiter, die zunächst konstant sein soll, und die durch das Feld bewirkte Änderung der potentiellen Energie ist dann $-eEx$.

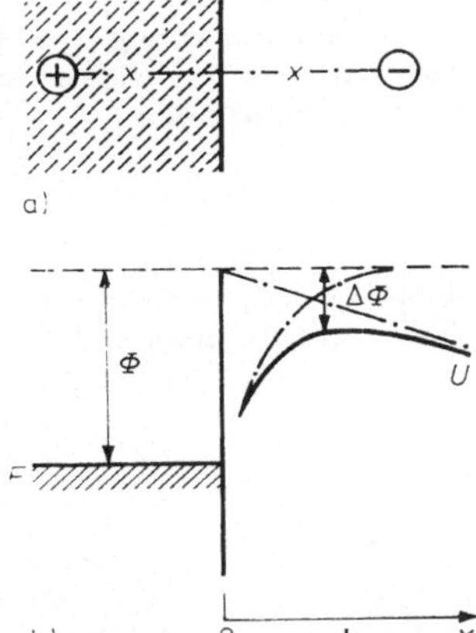

Abb. 6.17
Erniedrigung der Potentialbarriere in einem in Sperrichtung gepolten Metall-Halbleiter-Kontakt (Schottky-Effekt)

Sie ist wie auch im Fall der Kraft der Spiegelladung negativ, da in Sperrichtung („+"-Pol an den Elektronenhalbleiter) die Energie mit wachsendem x abnimmt. Damit ist die gesamte Erniedrigung der potentiellen Energie des Elektrons gleich

$$U = -\frac{e^2}{4\varepsilon x} - eEx.$$

U ist als Funktion von x in Abb. 6.17b (ausgezogene Kurve) dargestellt. U besitzt ein Maximum bei $x_m = \frac{1}{2}\,(e/\varepsilon E)^{1/2}$. Durch Einsetzen dieses x-Wertes findet man für die Erniedrigung der Potentialbarriere

$$\Delta\Phi = -U_m = \left(\frac{e^3 E}{\varepsilon}\right)^{1/2}. \tag{13.1}$$

Das elektrische Feld war als unabhängig von x vorausgesetzt worden. In Wirklichkeit ändert sich E in der verarmten Raumladungsschicht gemäß den Gleichungen (9.3) und (9.5). Jedoch ist normalerweise der Abstand x_m des Potentialmaximums um ein Vielfaches kleiner als die Dicke der Raumladungsschicht. Deshalb kann man für E in Gl. (13.1) näherungsweise die maximale Feldstärke einsetzen, die ohne den oben betrachteten Effekt in der Kontaktebene $x = 0$ liegt. Damit ergibt sich aus (9.3) und (9.5)

$$E = E(0) = \left[\frac{8\pi e n_0(u_k + u)}{\varepsilon}\right]^{1/2}. \tag{13.2}$$

Somit verringert sich als Resultat des gemeinsamen Wirkens des elektrischen Feldes in der Raumladungsschicht und der Kraft der Spiegelladung die Höhe der Potentialbarriere seitens des Metalls um $\Delta\Phi$. Um eben diesen Wert verringert sich auch die Potentialbarriere seitens des Halbleiters. Daher ist in den Gleichungen (11.4) und (12.9) u_k durch $\left(u_k - \frac{\Delta\Phi}{e}\right)$ zu ersetzen. Dies ergibt

$$j_s = j_{s0} \exp\left(\frac{\Delta\Phi}{kT}\right), \tag{13.3}$$

wobei j_{s0} der Sättigungsstrom ohne Berücksichtigung der Barrierenerniedrigung ist. Da $\Delta\Phi \sim E(0)^{1/2}$ und $E(0) \sim (u_k + u)^{1/2}$ ist, muß $\ln j_s$ proportional zu $(u_k + u)^{1/4}$ sein. An Schottky-Dioden konnte bei Ausschaltung von Randeffekten und Oberflächenverlusten experimentell näherungsweise eine solche Abhängigkeit gefunden werden.

Wir betrachten abschließend noch die Temperaturabhängigkeit des Widerstandes der Kontakte. Der differentielle Widerstand $\mathrm{d}u/\mathrm{d}j$ ohne äußere Spannung ($u = 0$; „Nullwiderstand") ist einfach zu messen. Nach (12.12) wird der Nullwiderstand r_0 pro Flächeneinheit des Kontaktes durch folgende Beziehung bestimmt:

$$\frac{1}{r_0} = \left(\frac{\mathrm{d}j}{\mathrm{d}u}\right)_{u=0} = j_s \alpha .$$

Da sowohl in der Dioden- als auch in der Diffusionstheorie $j_s \sim \exp(-\alpha u_k)$ ist und alle anderen Größen eine wesentlich schwächere Temperaturabhängigkeit aufweisen, ist für r_0 folgende Abhängigkeit zu erwarten:

$$r_0 \sim \exp \frac{e u_k}{kT} . \tag{13.4}$$

Tatsächlich ist experimentell in vielen Fällen die Abhängigkeit $\lg r_0$ linear von $1/T$ abhängig. Dabei nimmt r_0 entsprechend (13.4) mit fallender Temperatur stark zu.

Aus dem Anstieg dieser Geraden läßt sich die Kontaktpotentialdifferenz u_k bestimmen, die dann mit den Austrittsarbeiten aus dem Halbleiter und dem Metall verglichen werden kann.

Ähnliche Versuche wurden z. B. an Selengleichrichtern durchgeführt, wobei die Kontaktelektrode aus verschiedenen Metallen gefertigt war. Da Selen p-leitend ist, muß für die Bildung einer Potentialbarriere die Austrittsarbeit Φ_M aus dem Metall kleiner als Φ_{Se} sein. Dabei beträgt die Barrierenhöhe für die Löcher $e u_k = \Phi_{Se} - \Phi_M$. Nach Gl. (4.13) ist mit wachsendem Φ_M eine starke Verringerung des Widerstandes r_0 zu erwarten, wie es auch tatsächlich im Versuch beobachtet wird. Allerdings tritt eine derartige Abhängigkeit $r_0(\Phi_M)$ an Germanium- und Siliziumgleichrichtern nicht auf.

Diese Abweichung von der Theorie läßt sich dadurch erklären, daß in Germanium und Silizium Oberflächenzustände für die Elektronen eine große Rolle spielen (siehe Kapitel 10.). Diese bewirken ein Aufladen der Oberfläche, in deren Folge eine vom Kontaktfeld unabhängige Krümmung der Energiebänder auftritt. Daher ist eine Korrelation zwischen den Austrittsarbeiten und der Höhe der Potentialbarriere in derartigen Kontakten schon nicht mehr möglich.

7. Elektronen und Löcher als Nichtgleichgewichtsladungsträger

7.1. Nichtgleichgewichtsladungsträger

Im Unterschied zu Metallen kann sich in Halbleitern unter dem Einfluß äußerer Störungen (wie Belichtung, elektrischer Strom in inhomogenen Materialien u. a.) die Konzentration der Elektronen und Löcher um einige Größenordnungen ändern. Das führt zu einer Reihe von spezifischen Erscheinungen, die den Funktionsprinzipien für viele Halbleiterbauelemente zugrunde liegen. Um zu klären, warum sich die Konzentration von Elektronen und Löchern ändert, wird im folgenden eine Gruppe von Elektronenzuständen betrachtet, die als Punkte innerhalb des Volumenelements $\delta \boldsymbol{p}_1$ des $\boldsymbol{p}$-Raumes dargestellt seien (Abb. 7.1).

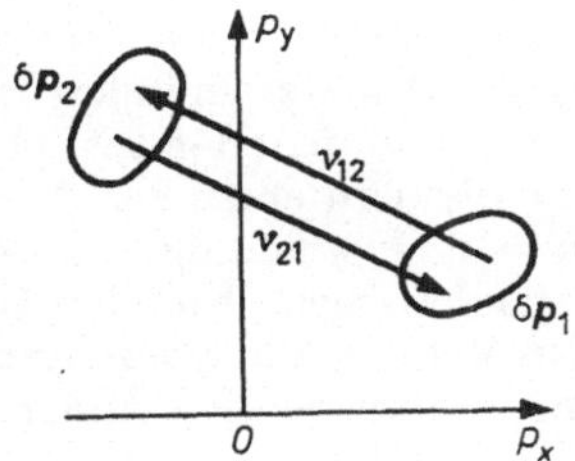

Abb. 7.1
Direkte und indirekte Elektronenübergänge

Ein Teil dieser Zustände ist mit Elektronen besetzt, die durch die Wärmebewegung oder durch die im Gleichgewicht mit dem Kristall befindliche Wärmestrahlung in andere Zustände übergehen können, die in dem Volumenelement $\delta \boldsymbol{p}_2$ enthalten seien. Dabei kann sich die Energie der Elektronen ändern. Die Übergangsrate, d. h. die Zahl der Übergänge pro Zeit- und Volumeneinheit, wird mit ν_{12} bezeichnet, die Rate des umgekehrten Prozesses aus dem Zustand 2 in den Zustand 1 mit ν_{21}. Im thermodynamischen Gleichgewicht stellt sich dann eine Verteilung der Elektronen auf die Quantenzustände ein, für die

$$\nu_{12} = \nu_{21} \tag{1.1}$$

gilt. Die daraus resultierenden Konzentrationen von Elektronen und Löchern sind dann deren Gleichgewichtswerte n_0 und p_0. Die Relation (1.1) ist eine Formulierung des *Prinzips des detaillierten Gleichgewichts*, das in statistischen Rechnungen eine große Rolle spielt und in Kapitel 13 genauer behandelt wird. Hier ist nur wesentlich, daß die gegenseitige Kompensation von direkten und Umkehrprozessen nicht nur für die Gesamtheit aller Zustände, sondern auch für physikalisch kleine Gruppen dieser Zustände gilt. Betrachtet man z. B. die thermische Anregung von Elektronen aus dem Valenzband ins Leitungsband, so kann man sofort schließen, daß die Anregungsrate dieser Prozesse (der thermischen Generation von Elektronen-Loch-Paaren) gleich der Rekombinationsrate (der Elektron-Loch-Paare) ist, da die Konzentration der Elektronen und Löcher innerhalb der Bänder konstant sein muß. Das Prinzip des detaillierten Gleichgewichts sagt noch mehr aus, nämlich daß diese Gleichheit auch für jede einzelne Gruppe von Energieniveaus in den Bändern erfüllt ist (Abb. 7.2).

Beim Vorhandensein äußerer Störungen im Halbleiter kommen zu den thermischen Übergängen ν_{12} noch Übergänge ν'_{12} nichtthermischer Natur hinzu. Die Übergangsrate ν_{21} der Umkehrprozesse verändert sich ebenfalls. Der Halbleiter befindet sich dann *außerhalb des thermodynamischen Gleichgewichts*. Das Prinzip des detaillierten Gleichgewichts ist dann im allgemeinen nicht erfüllt.

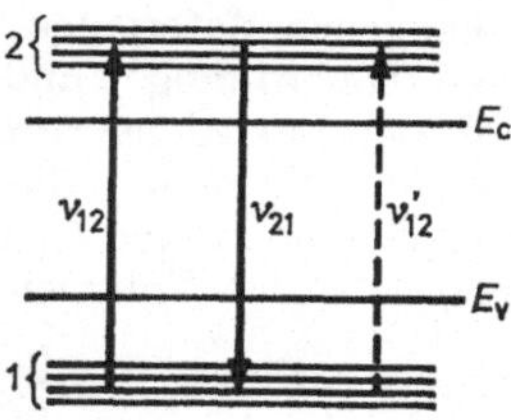

Abb. 7.2
Zur Illustration des Prinzips des detaillierten Gleichgewichts: thermische Generation von Elektron-Loch-Paaren (1 → 2) und der umgekehrte Prozeß der Rekombination von Elektronen und Löchern (2 → 1)

Bei einer Störung des thermodynamischen Gleichgewichts verändert sich die Konzentration der Elektronen (n) und der Löcher (p) in den Bändern gegenüber ihren Gleichgewichtswerten n_0 und p_0, d. h., in den Bändern entstehen *Nichtgleichgewichtsladungsträger* mit den Konzentrationen $\delta n = n - n_0$ und $\delta p = p - p_0$. Die Konzentrationen n_t und p_t gebundener Träger verändern sich ebenfalls. Das oben Gesagte gilt natürlich auch für Metalle. Da jedoch in Metallen die Konzentration der Elektronen sehr viel größer ist als in Halbleitern, ist ihre relative Änderung verschwindend klein.

Es sei an dieser Stelle bemerkt, daß Nichtgleichgewichtszustände eigentlich schon im Kapitel 6. behandelt wurden, da das Vorhandensein eines Stromes das thermodynamische Gleichgewicht zerstört (vgl. Abschnitt 6.3.). Man konnte dabei jedoch annehmen, daß bezüglich der Konzentration der Ladungsträger das Gleichgewicht erhalten blieb. Das heißt, daß für den betrachteten Halbleiter bei der angegebenen Temperatur die sich einstellende Elektronenkonzentration nur durch den Wert des elektrostatischen Potentials bestimmt ist (vgl. z. B. Abschnitt 6.12.). Im folgenden werden Effekte betrachtet, bei denen das Gleichgewicht bezüglich der Konzentration gestört ist; solche Zustände werden im weiteren als Nichtgleichgewichtszustände bezeichnet.

7.2. Die Lebensdauer von Nichtgleichgewichtsladungsträgern

In diesem Kapitel wird nur das Verhalten von Nichtgleichgewichtsladungsträgern im Volumen des Halbleiters betrachtet; von möglichen Oberflächeneffekten wird dabei abgesehen. Dies ist gerechtfertigt, wenn das Verhältnis der Oberfläche zum Volumen des Kristalls hinreichend klein ist (z. B. für einen unendlich ausgedehnten Halbleiter). Die grundlegenden Begriffe und Beziehungen dieses Kapitels bleiben jedoch auch gültig, wenn die Oberflächengeneration und -rekombination nicht vernachlässigt werden können. Der Einfluß der Oberfläche auf Nichtgleichgewichtszustände wird ergänzend im Kapitel 10. betrachtet, wo auch Bedingungen formuliert werden, unter denen man diesen Einfluß nicht vernachlässigen darf.

Es wird jetzt vorausgesetzt, daß eine äußere Störung pro Volumen- und Zeiteinheit im Halbleiter g_n Leitungselektronen und g_p Löcher im Valenzband erzeugt. Die Generationsgeschwindigkeiten g_n und g_p seien im ganzen Volumen konstant, aber nicht unbedingt einander gleich. Es sei weiterhin R_n die Geschwindigkeit des Umkehrprozesses, also des Verschwindens freier Elektronen infolge von Rekombinationsprozessen mit (freien und an lokalisierte Energieniveaus gebundenen) Löchern, und analog R_p die Rekombinationsgeschwindigkeit freier Löcher. Wenn im Halbleiter kein elektrischer Strom fließt, verändern sich die Nichtgleichgewichtskonzentrationen der Elektronen und Löcher in den Bändern gemäß

$$\frac{d\delta n}{dt} = g_n - R_n, \qquad \frac{d\delta p}{dt} = g_p - R_p. \tag{2.1}$$

Es sei betont, daß g_n und g_p die durch *äußere* Einwirkungen bedingte Generation beschreiben und darin keine thermischen Übergänge enthalten sind. Die letzteren wurden in den Größen R_n und R_p, den resultierenden Rekombinationsgeschwindigkeiten, berücksichtigt, wobei sich diese aus der Differenz zwischen Einfangrate für Ladungsträger des entsprechenden Bandes und der Rate der thermischen Anregung der Ladungsträger ins Band ergeben:

$$R_n = r_n - g_{nT}, \qquad R_p = r_p - g_{pT}. \tag{2.2}$$

Zur quantitativen Beschreibung der Kinetik von Nichtgleichgewichtsprozessen wird gewöhnlich der Begriff der *mittleren Lebensdauer von Nichtgleichgewichtselektronen* im Leitungsband (τ_n) bzw. von Löchern im Valenzband (τ_p) eingeführt. Diese sind durch die Gleichungen

$$R_n = \frac{n - n_0}{\tau_n}, \qquad R_p = \frac{p - p_0}{\tau_p} \tag{2.3}$$

definiert. Anders ausgedrückt: $1/\tau_n$ ist die Wahrscheinlichkeit des Verschwindens eines Überschußelektrons aus dem Leitungsband pro Zeiteinheit infolge von Rekombination (mit freien und gebundenen Löchern). Analog dazu ist $1/\tau_p$ die Rekombinationswahrscheinlichkeit eines Überschußloches pro Zeiteinheit.

Da r_n und r_p in Gl. (2.2) aus physikalischen Gründen keine Größen enthalten können, die nicht von n bzw. von p abhängen, folgt aus dem Vergleich von (2.2) und (2.3), daß

$$g_{nT} = \frac{n_0}{\tau_n}, \qquad g_{pT} = \frac{p_0}{\tau_p} \tag{2.4}$$

ist. Demzufolge bestimmen die Zeiten τ_n und τ_p nicht nur die Geschwindigkeit der gesamten Rekombination, sondern auch die Geschwindigkeit der thermischen Generation von Elektronen und Löchern.

Unter Verwendung der oben definierten Lebensdauer läßt sich die Transportgleichung (2.2) für einen homogenen Kristall ohne Stromfluß in der Form

$$\frac{d\delta n}{dt} = g_n - \frac{\delta n}{\tau_n}, \qquad \frac{d\delta p}{dt} = g_p - \frac{\delta p}{\tau_p} \tag{2.5}$$

schreiben. Die stationären Konzentrationen der Nichtgleichgewichtsladungsträger, die sich nach einer längeren Einwirkung der äußeren Generation einstellen, sind dann

$$(\delta n)_s = g_n \tau_n, \qquad (\delta p)_s = g_p \tau_p \tag{2.6}$$

Die Größen τ_n und τ_p hängen von den physikalischen Besonderheiten der Elementarakte von Elektronen- bzw. Löcherrekombination ab. Im allgemeinen können daher τ_n und τ_p von den Nichtgleichgewichtskonzentrationen δn und δp und auch von der Temperatur abhängen. τ_n und τ_p sind also keine spezifischen Größen für einen gegebenen Halbleiter, sondern hängen von den experimentellen Bedingungen ab. Diese Probleme werden genauer in Kapitel 9. (siehe auch Abschnitt 17.9.) behandelt. Hier werden τ_n und τ_p als gegebene phänomenologische Größen betrachtet, die die Kinetik des Elektronenensembles bestimmen. Im einfachsten Fall, wenn τ_n und τ_p nicht von n und p abhängen, liefert die Integration der Gleichungen (2.5)

$$\delta n = g_n \tau_n - C \exp(-t/\tau_n)$$

und einen analogen Ausdruck für die Überschußkonzentration δp der Löcher. C ist dabei eine Integrationskonstante, die durch die Anfangsbedingungen bestimmt wird. Wenn der Halbleiter sich z. B. zuerst im thermodynamischen Gleichgewicht befand und zum Zeitpunkt $t = 0$ die äußere Störung eingeschaltet wurde, gilt für $t = 0$ $\delta n = 0$ und damit

$$C = g_n \tau_n = (\delta n)_s, \quad \delta n = (\delta n)_s [1 - \exp(-t/\tau_n)]. \tag{2.7a}$$

Wird zum Zeitpunkt $t = t_1$ die Generation abgeschaltet, dann ist für $t \geqq t_1$ $g_n = 0$, und die Anfangsbedingung für $t = t_1$ lautet $\delta n = (\delta n)_1$.
Dann ist

$$C = -(\delta n)_1 \exp\left(\frac{t_1}{\tau_n}\right), \qquad \delta n = (\delta n)_1 \exp\left(-\frac{t - t_1}{\tau_n}\right). \tag{2.7b}$$

Bei konstantem τ_n wird die Ausbildung einer Überschußkonzentration der Elektronen und deren Verschwinden also durch ein Exponentialgesetz beschrieben, und die mittlere Lebensdauer τ_n ist die Zeit, in der sich die Konzentration der Nichtgleichgewichtselektronen um das e-fache ändert. Für Nichtgleichgewichtslöcher gilt sinngemäß das gleiche.

Im allgemeinen verändern sich τ_n und τ_p mit n und p, und die Relationen (2.3) definieren dann die *momentanen* Lebensdauern. Die Größen $1/\tau_n$ und $1/\tau_p$ sind in diesem Fall die Rekombinationswahrscheinlichkeiten eines Teilchens pro Zeiteinheit für gegebene Werte von n und p. Analog dazu sind τ_n und τ_p die Zeiten, in denen sich die Nichtgleichgewichtskonzentrationen von Elektronen bzw. Löchern um das e-fache ändern würden, wenn deren Rekombinationswahrscheinlichkeiten konstant gleich ihren Momentanwerten wären.

7.3. Kontinuitätsgleichungen

Fließt im Halbleiter ein Strom, so ist die Änderung der Ladungsträgerkonzentration nicht nur durch Generation und Rekombination bestimmt, sondern auch durch die Teilchenbewegung. Den Beitrag der Teilchenbewegung kann man leicht ermitteln, wenn man die Bilanz der hinein- und herausfließenden Ströme für einen achsenparallel liegenden Quader aufstellt. Man erhält

$$\left(\frac{\partial p}{\partial t}\right)_{\mathrm{Bew}} = -\frac{1}{e}\left(\frac{\partial j_{\mathrm{p}x}}{\partial x} + \frac{\partial j_{\mathrm{p}y}}{\partial y} + \frac{\partial j_{\mathrm{p}z}}{\partial z}\right) = -\frac{1}{e}\operatorname{div}\boldsymbol{j}_{\mathrm{p}},$$

$$\left(\frac{\partial n}{\partial t}\right)_{\mathrm{Bew}} = +\frac{1}{e}\left(\frac{\partial j_{\mathrm{n}x}}{\partial x} + \frac{\partial j_{\mathrm{n}y}}{\partial y} + \frac{\partial j_{\mathrm{n}z}}{\partial z}\right) = \frac{1}{e}\operatorname{div}\boldsymbol{j}_{\mathrm{n}}.$$

Hier sind $\boldsymbol{j}_{\mathrm{p}}$ und $\boldsymbol{j}_{\mathrm{n}}$ die Dichten der Konvektionsströme, die von der Bewegung von Löchern bzw. Elektronen herrühren:

$$\boldsymbol{j}_{\mathrm{p}} = \sigma_{\mathrm{p}}\boldsymbol{E} - eD_{\mathrm{p}}\nabla p, \qquad \sigma_{\mathrm{p}} = ep\mu_{\mathrm{p}}, \tag{3.1}$$

$$\boldsymbol{j}_{\mathrm{n}} = \sigma_{\mathrm{n}}\boldsymbol{E} + eD_{\mathrm{n}}\nabla n, \qquad \sigma_{\mathrm{n}} = en\mu_{\mathrm{n}}. \tag{3.2}$$

Die totale zeitliche Änderung von Elektronen- bzw. Löcherkonzentration ist damit durch die Gleichungen

$$\frac{\partial p}{\partial t} = g_{\mathrm{p}} - \frac{1}{e}\operatorname{div}\boldsymbol{j}_{\mathrm{p}} - \frac{\delta p}{\tau_{\mathrm{p}}}, \qquad \frac{\partial n}{\partial t} = g_{\mathrm{n}} + \frac{1}{e}\operatorname{div}\boldsymbol{j}_{\mathrm{n}} - \frac{\delta n}{\tau_{\mathrm{n}}} \tag{3.3}$$

bestimmt. Die Relationen (3.3) sind die Kontinuitätsgleichungen für Löcher bzw. Elektronen.

Wird das thermodynamische Gleichgewicht gestört, so ändert sich auch die Konzentration p_{t} gebundener Löcher (d. h. die Konzentration positiv geladener Donatoren) und die gebundener Elektronen n_{t} (also die Konzentration negativ geladener Akzeptoren). Es entsteht im allgemeinen eine Raumladung der Dichte

$$\varrho = e(p + p_{\mathrm{t}} - n - n_{\mathrm{t}}).$$

Das elektrische Feld, das in die Ausdrücke für die Stromdichten (3.1) und (3.2) eingeht, ist durch die Poisson-Gleichung

$$\operatorname{div}\boldsymbol{E} = \frac{4\pi e}{\varepsilon}(p + p_{\mathrm{t}} - n - n_{\mathrm{t}}) \tag{3.4}$$

und durch die entsprechenden Randbedingungen gegeben. Die Größen p, n einerseits und p_{t}, n_{t} andererseits sind nicht unabhängig voneinander, sondern durch die Gleichungen der Rekombinationskinetik verknüpft. Diese Gleichungen werden im Kapitel 9. behandelt. Die zeitliche und räumliche Änderung der Überschußträgerkonzentrationen sind durch das Gleichungssystem (3.1) bis (3.4) zusammen mit den Gleichungen der Rekombinationskinetik eindeutig bestimmt. Es lassen sich jedoch auch schon ohne detaillierte Untersuchung der Rekombinationsprozesse einige Schlußfolgerungen ziehen.

Als erstes sei bemerkt, daß die Gleichungen (3.3) für Gesamtladungsdichte ϱ und -stromdichte $\boldsymbol{j}$ die Kontinuitätsgleichung in ihrer üblichen Form darstellen, die insbesondere in Kapitel 6. schon benutzt wurde. Man hat nur die Identität

$$g_{\mathrm{p}} - \frac{\delta p}{\tau_{\mathrm{p}}} - \left(g_{\mathrm{n}} - \frac{\delta n}{\tau_{\mathrm{n}}}\right) = -\frac{\partial}{\partial t}(p_{\mathrm{t}} - n_{\mathrm{t}}) \tag{3.5}$$

zu berücksichtigen, die für beliebige Rekombinationsprozesse gilt. Subtrahiert man die Gleichungen (3.3) voneinander, so erhält man mit Gl. (3.5)

$$\frac{\partial \varrho}{\partial t} = -\operatorname{div} \boldsymbol{j}, \tag{3.6}$$

was im eindimensionalen Fall mit Gl. (6.6.3) übereinstimmt.

Des weiteren sei angemerkt, daß in vielen wichtigen Fällen die Lösung der Poisson-Gleichung entbehrlich ist. Dies hängt damit zusammen, daß bei der Relaxation von Nichtgleichgewichtszuständen des Elektronensystems zwei verschiedene Prozesse ablaufen. Wird im Halbleiter das thermodynamische Gleichgewicht gestört, so entstehen Diffusions- und Driftströme mit der Tendenz zum Abbau der Raumladung. In inhomogenen Halbleitern oder in einer Oberflächenschicht entsteht durch das Auftreten solcher Ströme eine Gleichgewichtsverteilung der Ladungsdichte, bei der der Diffusionsstrom gerade den Driftstrom kompensiert. Im homogenen Halbleiter bringen diese Ströme die Ladungsdichte zum Verschwinden. Bei fest gebundenen Löchern bzw. Elektronen bildet sich ein *Gleichgewicht zwischen Diffusions- und Driftstrom* aus, das durch eine bestimmte Verteilung der Ladungsträger im Kristall charakterisiert ist. Sind die Driftgeschwindigkeiten der Ladungsträger nicht zu hoch, d. h. gilt für deren Flugzeit $t_{\mathrm{Fl}} \gg \tau_{\mathrm{M}} = \dfrac{\varepsilon}{4\pi\sigma}$, dann verschwindet fast im gesamten Volumen eines homogenen Kristalls die (Raum-) Ladungsdichte. Dabei verschwinden auch die Ströme, die von der Raumladungsdichte begrenzt werden (vgl. die Bedingung (6.10.11)).

Die Einstellung des Diffusions-Drift-Gleichgewichts ist dabei durch die Maxwellsche Relaxationszeit τ_{M} bestimmt. Für das thermodynamische Gleichgewicht insgesamt ist jedoch auch das Gleichgewicht zwischen Elektronen im Leitungsband, Löchern im Valenzband und den an Haftstellen gebundenen Ladungen notwendig. Wie schnell sich ein solches *Rekombinationsgleichgewicht* einstellt, ist durch die Lebensdauern τ_{n} und τ_{p} bestimmt. Abhängig von den Größenverhältnissen zwischen τ_{M} und den Rekombinationszeiten können die Elektronenprozesse sehr verschieden ablaufen. Jedoch ist in technisch wichtigen Halbleitern gewöhnlich $\tau_{\mathrm{M}} \ll \tau_{\mathrm{n}}, \tau_{\mathrm{p}}$. Wir werden uns deshalb im weiteren ausschließlich auf diesen Fall beschränken. Dann kann man bei einer mittleren Häufigkeit ω der Rekombinationsprozesse mit $\omega \ll 1/\tau_{\mathrm{M}}$ im Volumen eines homogenen Halbleiters

$$\varrho \simeq 0 \quad (\tau_{\mathrm{M}} \ll t_{\mathrm{Fl}}, \quad \tau_{\mathrm{M}} \ll \tau_{\mathrm{n}}, \tau_{\mathrm{p}})$$

annehmen (das ist die sog. *Quasineutralitätsbedingung*). Mit (3.6) gilt dann

$$\operatorname{div} \boldsymbol{j} = 0. \tag{3.7}$$

Zu der letzten Gleichung sei folgendes bemerkt: Setzt man ϱ aus der Poisson-Gleichung (2.4) in die Kontinuitätsgleichung (3.6) ein und vertauscht die Reihenfolge bei der Differentiation, so erhält man

$$\operatorname{div}\left(\boldsymbol{j} + \frac{\varepsilon}{4\pi} \frac{\partial \boldsymbol{E}}{\partial t}\right) = 0. \tag{3.8}$$

Der zweite Term in der Klammer ist der Maxwellsche Verschiebungsstrom, so daß Gleichung (3.8) die bekannte Aussage der Maxwellschen Theorie enthält, daß die Linien des Gesamtstroms, also der Summe von Konvektions- und Verschiebungsstrom, geschlossen sind. Vergleicht man (3.8) und (3.7), so erkennt man, daß (3.7) nur gilt, wenn man den Verschiebungsstrom gegen den Konvektionsstrom vernachlässigen kann.

Aus diesen Gleichungen lassen sich zwei wichtige Schlußfolgerungen ableiten. Es sei vorausgesetzt, daß die Änderungen δp_t, δn_t der Konzentrationen gebundener Ladungen klein sind, d. h., daß $\delta p_t, \delta n_t \ll \delta n, \delta p$ ist. Dies gilt, wenn z. B. die gesamte Störstellenkonzentration klein ist gegen die Überschußkonzentrationen von Elektronen und Löchern, also entweder bei kleinen Störstellenkonzentrationen oder für hohe Anregungsdichten. Dann folgt aus der Bedingung $\delta\varrho = 0$, daß $\delta n = \delta p$ ist. In diesem Fall sind also die Konzentrationen von Überschußelektronen und -löchern gleich.

Es wird jetzt angenommen, daß die Generation als elektronischer Band-Band-Übergang erfolgt ($g_p = g_n$). Subtrahiert man dann die Gleichungen (3.3) voneinander und berücksichtigt (3.7), erhält man

$$\frac{\partial p}{\partial t} - \frac{\partial n}{\partial t} = -\frac{\delta p}{\tau_p} + \frac{\delta n}{\tau_n} = 0.$$

Falls $\delta p = \delta n$ ist, sind auch die beiden Zeiten τ_n und τ_p gleich. Dann existiert eine einheitliche Lebensdauer $\tau = \tau_n = \tau_p$ von Elektron-Loch-Paaren. Dieses Ergebnis hängt nicht von den Besonderheiten der Rekombinationsprozesse ab und gilt sowohl für die direkte Band-Band-Rekombination als auch für die Rekombination über Haftstellen (siehe Kapitel 9.).

7.4. Die Photoleitfähigkeit

Die einfachste Möglichkeit, Nichtgleichgewichtsträger zu erzeugen, besteht in der Belichtung des Halbleiters. Das Entstehen von Nichtgleichgewichtsträgern macht sich dann in einer Änderung der Leitfähigkeit des Halbleiters bemerkbar (Photoleitfähigkeit).

Es gibt verschiedene Arten von Elektronenübergängen bei der optischen Generation. Ist die Energie der Photonen $\hbar\omega$ nicht kleiner als die Energielücke, E_g, gilt also $\hbar\omega \geqq E_g$, so werden die Nichtgleichgewichtsträger durch die Anregung von Elektronen aus dem Valenzband in das Leitungsband gebildet (*direkte* optische Generation bzw. *direkte Photoleitfähigkeit*, Abb. 7.3a). Der inverse Prozeß ist die direkte

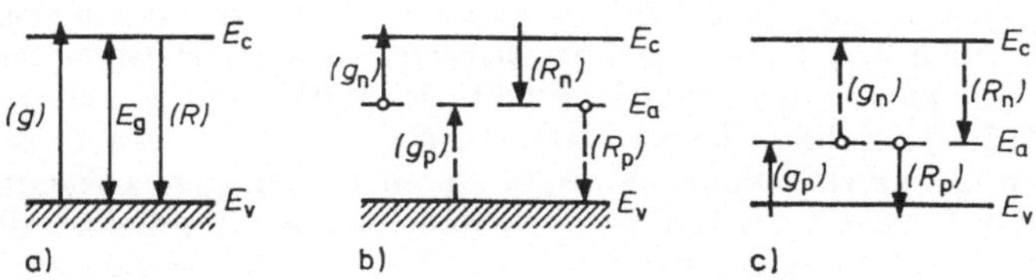

Abb. 7.3

Verschiedene Arten der optischen Generation
a) Eigengeneration von Paaren, b) Störstellengeneration von Elektronen, c) Störstellengeneration von Löchern

Rekombination von freien Elektronen und Löchern. Bei Anwesenheit von Störstellen kann Photoleitfähigkeit jedoch schon bei $\hbar\omega < E_g$ entstehen. In Abb. 7.3b ist das Energiediagramm für den konkreten Fall eines Halbleiters dargestellt, der tiefe Akzeptoren hat, die durch flache Donatoren teilweise kompensiert sind. Dabei liegen die Akzeptorniveaus in der oberen Hälfte der verbotenen Zone. Bei $\hbar\omega \geqq E_c - E_a$ erfolgt zuerst eine Anregung von an Störstellen gebundenen Elektronen ins Leitungsband. Man hat damit den Fall der optischen Generation über *Störstellen* bzw. der *Störstellenphotoleitung*. Ist dabei $\hbar\omega < E_a - E_v$, so tritt überhaupt keine Generation von freien Löchern auf, und die Photoleitfähigkeit ist unipolar. Ist $\hbar\omega > E_a - E_v$, werden sowohl Elektronen als auch Löcher erzeugt, und die Photoleitfähigkeit wird bipolar. In Abb. 7.3c ist schließlich der Fall teilweise kompensierter Akzeptorniveaus in der unteren Hälfte der verbotenen Zone schematisch dargestellt. Ist hier $\hbar\omega \geqq E_a - E_v$, können Elektronen aus dem Valenzband in unbesetzte Akzeptorniveaus angeregt werden, d. h., es werden Löcher (und keine Elektronen) erzeugt und damit eine unipolare Störstellenphotoleitfähigkeit. Bei hinreichender Vergrößerung von $\hbar\omega$ wird die Photoleitfähigkeit wieder bipolar. Das hier Dargestellte ist nicht nur für Akzeptoren gültig, sondern gilt gleichermaßen auch für Donatoren.

Die optische Generation von Elektronen und Löchern ist immer von einer zusätzlichen Absorption von Licht begleitet. Es ist zweckmäßig, *die Grundgitterabsorption* von Licht mit $\hbar\omega > E_g$, die mit elektronischen Band-Band-Übergängen, also mit einer Paarbildung verbunden ist, von der *Störstellenabsorption* zu unterscheiden, die mit der Anregung von Elektronen und Löchern von Störstellenniveaus aus verbunden ist. Die Absorption im Frequenzbereich $\hbar\omega > E_g$ ist normalerweise um einige Größenordnungen stärker als die Absorption im Störstellenbereich.

Die optische Generationsrate hängt mit dem Absorptionskoeffizienten γ zusammen. Es sei $I(x)$ der Energiestrom monochromatischen Lichtes pro Flächeneinheit in der Entfernung x von der betrachteten Oberfläche des Halbleiters (diese Größe wird im folgenden Lichtintensität genannt; sie wird gemessen durch die Zahl der Photonen, die pro Zeit- und Flächeneinheit durch eine Kontrollfläche hindurchtreten) und γ der Absorptionskoeffizient. Dann ist die Zahl der Photonen, die pro Zeit- und Flächeneinheit zwischen x und $x + dx$ absorbiert werden, gleich $dI = I(x)\,\gamma\,dx$. Folglich beträgt die Zahl der pro Zeit- und Volumeneinheit absorbierten Photonen $I(x)\,\gamma$. Die optische Generationsrate kann deshalb in der Form

$$g = \nu(\omega)\,\gamma(\omega)\,I(x) \tag{4.1}$$

geschrieben werden. Dabei ist $\nu(\omega)$ die Quantenausbeute des inneren Photoeffektes, die berücksichtigt, daß ein Teil der Energie der absorbierten Photonen direkt an das Gitter oder an freie Ladungsträger in den Bändern abgegeben werden kann, ohne daß neue Elektronen und Löcher gebildet werden. Im allgemeinen unterscheiden sich die Werte von g für unterschiedliche Punkte des Halbleiters (inhomogene Generation). Für $\gamma d \ll 1$ (d ist die Dicke der Platte) ist $I(x) \simeq$ const (schwach absorbiertes Licht), und man kann g als räumlich konstant ansehen (homogene Generation). Die Änderung der Leitfähigkeit des Halbleiters kommt dadurch zustande, daß sich bei der Belichtung sowohl die Konzentrationen von Elektronen und Löchern als auch deren Beweglichkeiten ändern. Der relative Einfluß beider Ursachen kann jedoch recht verschieden sein.

Das im Ergebnis der Absorption eines Photons entstandene Elektron-Loch-Paar besitzt nämlich sowohl einen bestimmten Quasiimpuls als auch eine Energie ($\hbar\omega - E_G$).

Der Einfachheit halber möge die Energie nur auf einen der Photoladungsträger, hier das Elektron, übertragen werden (diese Annahme ist bei einem großen Unterschied von Elektronen- und Löchermasse gerechtfertigt). Diese Überschußenergie wird dann durch die Wechselwirkung des Photoelektrons mit dem Gitter dissipiert. Nach einer Zeit von der Größenordnung der Relaxationszeit τ_E (siehe Abschnitt 16.1.) nimmt die mittlere Energie der Photoelektronen einen Wert an, der der Gittertemperatur entspricht. Analog dazu stellt sich nach einer Zeit von der Größenordnung der Impulsrelaxationszeit τ_p eine Gleichgewichtsverteilung der Quasiimpulse der Photoelektronen ein (wobei gewöhnlich $\tau_p \ll \tau_E$ ist). Wenn $\tau_E \ll T_n$ ist, mit T_n als der mittleren Lebensdauer der Photoelektronen, dann können die Photoelektronen „thermalisieren", d. h., sie erhalten die gleiche Energie- und Impulsverteilung wie ein Elektronensystem im thermodynamischen Gleichgewicht. In diesem Fall ändern sich die Beweglichkeiten nicht; die Photoleitfähigkeit wird dann nur durch eine Änderung der Elektronen- und Löcherkonzentration hervorgerufen und ist

$$\delta\sigma = e(\mu_p \delta p + \mu_n \delta n). \tag{4.2}$$

Ist dagegen $\tau_E \gtrsim T_n$, können die Photoelektronen während ihrer Lebensdauer nicht thermalisieren, und bei der Belichtung ändern sich sowohl die Konzentration als auch die Beweglichkeit der Photoladungsträger.

Eine Änderung der Beweglichkeit kann normalerweise erst bei tiefen Temperaturen nachgewiesen werden (in der Regel bei Wasserstoff- und Heliumtemperaturen). Im weiteren wird angenommen, daß die Photoleitfähigkeit nur durch eine Änderung der Elektronen- bzw. Löcherkonzentration hervorgerufen wird. Es wird ferner angenommen, daß Paarerzeugung homogen erfolgt ($g_n = g_p = g = \text{const}$) und daß im Halbleiter kein Strom fließt (oder die Ströme so schwach sind, daß man die Terme $\operatorname{div} \boldsymbol{j}_p$ und $\operatorname{div} \boldsymbol{j}_n$ in den Kontinuitätsgleichungen (3.3) vernachlässigen kann). Multipliziert man dann die erste der Gleichungen (3.3) mit $e\mu_p$, die zweite mit $e\mu_n$ und addiert beide Gleichungen, so erhält man

$$\frac{d\delta\sigma}{dt} = e(\mu_p + \mu_n)\, g - \frac{\delta\sigma}{\tau_{PL}}. \tag{4.3}$$

Dabei wurde die Bezeichnung

$$\tau_{PL} = \frac{\mu_p \delta p + \mu_n \delta n}{\dfrac{\mu_p}{\tau_p}\,\delta p + \dfrac{\mu_n}{\tau_n}\,\delta n} \tag{4.4}$$

eingeführt. Aus der Gleichung (4.3) erkennt man, daß die charakteristische Zeit τ_{PL} die *Relaxationszeit der Photoleitfähigkeit* darstellt, durch die die Geschwindigkeit des Entstehens und Abklingens von $\delta\sigma$ beschrieben wird. Im stationären Zustand ist die Photoleitfähigkeit $(\delta\sigma)_s$ gleich

$$(\delta\sigma)_s = e(\mu_p + \mu_n)\, g\tau_{PL}\,. \tag{4.5}$$

Unter τ_{PL} ist hier deren Wert im stationären Zustand zu verstehen, d. h. bei den sich stationär einstellenden Werten von δp und δn. Hier wird ersichtlich, daß $(\delta\sigma)_s$ und damit auch die Empfindlichkeit des Photoleiters um so größer sind, je größer τ_{PL} ist. Allerdings wird dabei auch die Zeit des Herausbildens (bzw. Abklingens) der Photoleitfähigkeit, d. h. die Trägheit des Photoleiters, größer. Diesem Widerspruch zwischen der Empfindlichkeit und der Schnelligkeit begegnet man stets bei der Herstellung von Photowiderständen. Zur Messung der Photoleitfähigkeit und deren Kinetik wurde eine Vielzahl von Methoden entwickelt, deren Beschreibung man in der Spezialliteratur [1] finden kann. Hier wird nur ein typisches Beispiel betrachtet, das in Abb. 7.4 dargestellt ist. Der Photoleiter R, der mit der Stromquelle B und dem Lastwiderstand r in Reihe geschaltet ist, wird Lichtimpulsen ausgesetzt. Die Modulation der Lichtintensität kann z. B. mit Hilfe einer rotierenden undurchsichtigen Scheibe D mit Spalten erfolgen. Ist die Spaltbreite gleich der Breite der undurchsichtigen Abschnitte, so wird der Halbleiter über die Zeit T belichtet, danach bleibt die Lichtintensität für dieselbe Zeit T gleich Null usw. Infolge der Leitfähigkeitsänderung des Halbleiters entsteht im Stromkreis ein Wechselstrom und am Widerstand r eine Wechselspannung. Diese wird durch einen Breitbandverstärker V verstärkt und mit dem Oszilloskop O registriert. Wenn man die Parameter der Schaltung

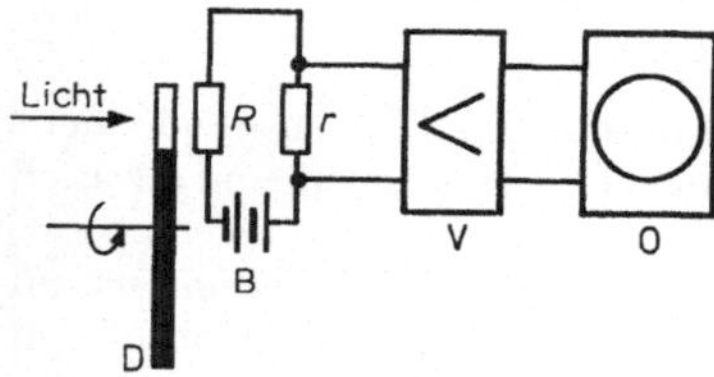

Abb. 7.4
Schematische Anordnung zur Beobachtung der Photoleitfähigkeit

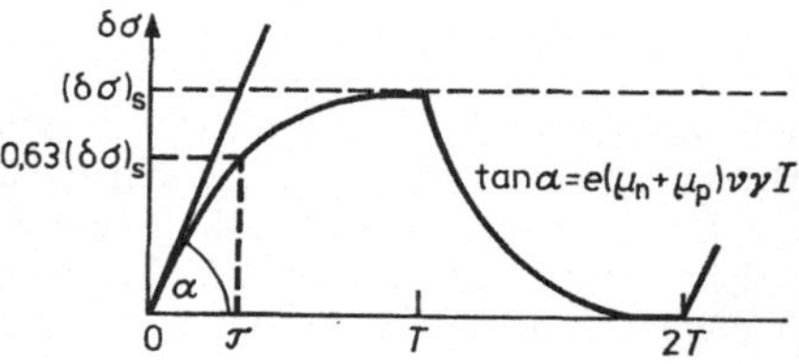

Abb. 7.5
Änderung der Photoleitfähigkeit bei Rechteckmodulation der belichteten Strahlung

kennt (EMK der Stromquelle, r und den Dunkelwiderstand R des Photoleiters), so läßt sich die Photoleitfähigkeit $\delta\sigma$ und ihre Zeitabhängigkeit leicht bestimmen. Wenn τ_{PL} konstant wäre, würde sich $\delta\sigma$ zeitlich wie in Abb. 7.5 ändern: Nach dem Einschalten der Belichtung würde sie nach dem Gesetz

$$\delta\sigma = (\delta\sigma)_s \left[1 - \exp\left(-\frac{t}{\tau_{PL}}\right)\right]$$

anwachsen und bei hinreichend langen Lichtimpulsen $T \gg \tau_{PL}$ den konstanten stationären Wert $(\delta\sigma)_s$ annehmen. Im nachfolgenden Zeitabschnitt $(T - 2T)$ fiele sie von dem Wert $(\delta\sigma)_s$ auf 0 nach einem Exponentialgesetz

$$\delta\sigma = (\delta\sigma)_s \exp(-t/\tau_{PL}).$$

Der Kurvenverlauf von Abb. 7.5 wird in verhältnismäßig seltenen Fällen beobachtet. Gewöhnlich ist die $\delta\sigma(t)$-Abhängigkeit kompliziert. In diesen Fällen kann die Kinetik der Photoleitfähigkeit nicht durch eine einheitliche Relaxationszeit charakterisiert werden und nicht durch universell gültige Relationen beschrieben werden, da sie entscheidend von den Besonderheiten der Rekombinationsprozesse abhängt. In zwei Grenzfällen vereinfacht sich die Situation allerdings: im stationären Zustand und im Anfangsabschnitt des Anwachsens von $d\sigma$. Im ersten Fall erhält man

$$\delta p = g\tau_p, \qquad \delta n = g\tau_n,$$

und daher ergibt Gl. (4.4)

$$\tau_{PL} = \frac{\mu_p \tau_p + \mu_n \tau_n}{\mu_p + \mu_n}. \tag{4.6}$$

In diesem Fall kann die stationäre Relaxationszeit der Photoleitfähigkeit (auch Photoleitfähigkeitslebensdauer genannt) direkt durch die Lebensdauer τ_n und τ_p ausgedrückt werden. Aus Gl. (4.6) ist zu ersehen, daß, falls z. B. $\tau_p \gg \tau_n$ ist und die Beweglichkeiten von gleicher Größenordnung sind, $\tau_{PL} \simeq \mu_p \tau_p/(\mu_n + \mu_p)$ gilt. Im umgekehrten Fall $\tau_p \ll \tau_n$ ist $\tau_{PL} \simeq \mu_n \tau_n/(\mu_n + \mu_p)$. Mißt man τ_{PL}, so kann man daraus die Lebensdauer der langlebigen Ladungsträger bestimmen.

Im Anfangsabschnitt des Anwachsens von $\delta\sigma$ kann man in Gl. (4.3) den zweiten Term vernachlässigen (da $\delta\sigma$ sehr klein ist). Man erhält

$$\delta\sigma = e(\mu_p + \mu_n)\, gt. \tag{4.7}$$

Der Anfangsabschnitt von $\delta\sigma(t)$ ist also näherungsweise eine Gerade. Mit dem Anstieg (Abb. 7.5)

$$\tan\alpha = e(\mu_p + \mu_n)\, \nu\gamma I \tag{4.8}$$

für dieses Intervall hängt $\delta\sigma$ überhaupt nicht von den Rekombinationsprozessen ab, sondern wird nur durch die Generationsprozesse bestimmt.

Die Untersuchung des Anfangsstadiums des Anwachsens der Photoleitfähigkeit dient oft der experimentellen Bestimmung der Quantenausbeute ν. Solche Versuche zeigen, daß ν sehr unterschiedliche Werte haben kann [2]. In der Nähe der Grundgitterabsorptionskante ($\hbar\omega \simeq E_g$) ist für viele Halbleiterverbindungen $\nu \ll 1$. Der kleine Wert von ν wird in diesen Stoffen dadurch erklärt, daß die Photoelektronen und -löcher aneinander gebunden sind und sogenannte Exzitonen bilden, deren Gesamtladung gleich Null ist und die deshalb nicht zur Leitfähigkeit beitragen (siehe Kapitel 17.). Es sind jedoch auch Halbleiter bekannt (wie Germanium und Silizium bei nicht zu tiefen Temperaturen, einige $A^{III}B^{V}$-Verbindungen), in denen im Bereich der Grundgitterabsorptionskante $\nu \simeq 1$ ist. Bei einer hinreichenden Vergrößerung der Photonenenergie kann in diesen Stoffen sogar $\nu > 1$ sein. In Germanium tritt das bei Zimmertemperatur bei $\hbar\omega \gtrsim 4{,}3\, E_g$ ein und in Silizium bei $\hbar\omega \gtrsim 3\, E_g$. Der Grund der Vergrößerung von ν besteht darin, daß die Photoelektronen und -löcher eine große kinetische Energie erhalten und deshalb in der Lage sind, selbst Ladungsträger durch eine Stoßionisation der Gitteratome zu generieren. Wenn die Photonenenergie $\hbar\omega \gg E_g$ ist, dann ist $\nu = \hbar\omega/W_i$, wobei W_i die mittlere zur Erzeugung eines Elektron-Loch-Paares notwendige Energie ist. Diese liegt in der Größenordnung von einigen Elektronenvolt (z. B. in Germanium $W_i \simeq 2{,}5$ eV). Für harte Röntgen- und γ-Strahlung kann ν sehr groß sein. Das gleiche gilt für schnelle Elektronen und andere Korpuskularstrahlungen. Gegenwärtig wird diese Tatsache in Halbleiterdetektoren für Elementarteilchen genutzt.

7.5. Das Quasi-Fermi-Niveau

Für ein System außerhalb des thermodynamischen Gleichgewichts (z. B. bei einer Bestrahlung des Halbleiters) gibt es schon kein einheitliches Fermi-Niveau für das ganze System mehr, und daher sind die Ausdrücke für die Elektronen- und Löcherkonzentrationen, die in Kapitel 5. erhalten wurden, nicht mehr gültig. Insbesondere ist auch die Relation $np = n_i^2$ nicht mehr erfüllt.

Man kann jedoch nach SHOCKLEY die Beziehungen der Statistik auf Nichtgleichgewichtszustände anwenden, wenn man anstelle des Fermi-Niveaus neue Größen einführt — die *Quasi-Fermi-Niveaus*. Nehmen wir an, daß man die Besetzungswahrscheinlichkeit eines Elektronenzustandes der Energie E im Leitungsband in einer der Fermi-Dirac-Verteilung ähnlichen Form darstellen kann (5.3.1):

$$f_n = \left(1 + \exp\frac{E - F_n}{kT}\right)^{-1}. \tag{5.1}$$

Dann ist per definitionem die Größe F_n das Quasi-Fermi-Niveau für Elektronen.

Für die Besetzungswahrscheinlichkeit einer Fehlstelle (eines Loches), der Energie E im Valenzband nehmen wir analog an, daß

$$f_p = \left(1 + \exp\frac{F_p - E}{kT}\right)^{-1} \tag{5.2}$$

gilt, wobei F_p per definitionem das Quasi-Fermi-Niveau für Löcher ist. Dann ist es offensichtlich, daß man für n und p die gleichen Relationen wie im Kapitel 5. erhält, in denen jedoch anstelle des Fermi-Niveaus F die Quasi-Fermi-Niveaus F_n bzw. F_p stehen. Insbesondere gilt in nichtentarteten Halbleitern für Nichtgleichgewichtselektronen nach wie vor die Boltzmann-Verteilung

$$f_n = \exp\frac{F_n - E}{kT}. \tag{5.1a}$$

Anstelle der Gleichungen (5.5.1) und (5.5.2) erhält man dann

$$n = n_0 + \delta n = N_c \exp\frac{F_n - E_c}{kT}, \tag{5.3}$$

$$p = p_0 + \delta p = N_v \exp\frac{E_v - F_p}{kT} \tag{5.4}$$

und anstelle von Gl. (5.5.4)

$$np = n_i^2 \exp\frac{F_n - F_p}{kT}. \tag{5.5}$$

Das Erzeugen von Nichtgleichgewichtsträgern in den Bändern kann man also als eine „Aufspaltung" des ursprünglichen Fermi-Niveaus F in zwei Quasiniveaus F_n und F_p beschreiben, wobei sich beide zu „ihrem" Band hin verschieben (Abb. 7.6).

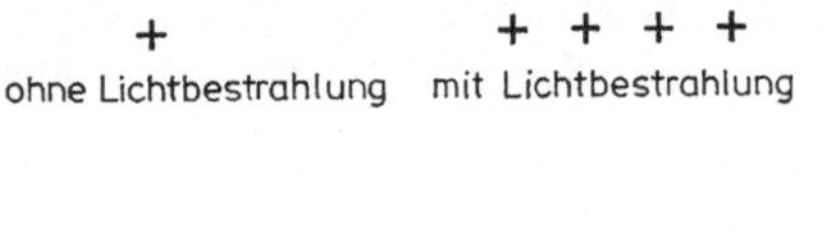

Abb. 7.6
Zum Begriff der Quasi-Fermi-Niveaus

Völlig analog könnte man zur Bestimmung der Konzentrationen an Haftstellen gebundener Ladungsträger n_t und p_t die Verteilungsfunktion (5.9.3) benutzen (oder die allgemeinere Formel (5.11.8)), indem man F durch ein Quasi-Fermi-Niveau für Haftstellen F_t ersetzt, das sich im allgemeinen von F_n und F_p unterscheidet.

Die Einführung von Quasi-Fermi-Niveaus ist physikalisch an die Voraussetzung gebunden, daß die Impuls- und Energierelaxationszeiten τ_p und τ_E für Elektronen und Löcher wesentlich kleiner als ihre Aufenthaltszeiten in den Bändern sind. Wie im Abschnitt 7.4. beschrieben, kann man in diesem Fall annehmen, daß sich im Elektronen- und Löchergas eine Gleichgewichts-Fermi-Verteilung mit ein und derselben Temperatur für das ganze System herausbildet. Ein Gleichgewicht bezüglich der Konzentrationen von Elektronen- und Löchergas braucht jedoch nicht vorhanden zu sein. Gerade dies wird durch die Einführung von Quasi-Fermi-Niveaus für Elektronen und Löcher berücksichtigt. Es sei bemerkt, daß die angeführte Voraussetzung nicht a priori erfüllt ist. Es gibt jedoch Experimente zu ihrer Überprüfung (siehe Abschnitt 7.9.). Sie zeigen, daß diese Voraussetzung mindestens für einige Halbleiter tatsächlich erfüllt ist.

Zwei wichtige Eigenschaften von Quasi-Fermi-Niveaus seien erwähnt. Im Abschnitt 6.3. wurde gezeigt, daß die Stromdichte in nichtentarteten Halbleitern proportional dem Gradienten des Fermi-Niveaus ist. Wiederholt man die gleiche Herleitung im hier betrachteten Fall einer bipolaren Nichtgleichgewichtsleitfähigkeit und verwendet man anstelle der Relationen (5.5.1) und (5.5.2) die verallgemeinerten Relationen (5.3) und (5.4), so erhält man für die Elektronen- und Löcherkomponenten $\boldsymbol{j}_n$ und $\boldsymbol{j}_p$ der Stromdichte Gleichungen, die (6.3.2) analog sind:

$$\boldsymbol{j}_n = \mu_n n(\boldsymbol{r}) \nabla F_n, \tag{5.6}$$

$$\boldsymbol{j}_p = \mu_p p(\boldsymbol{r}) \nabla F_p. \tag{5.7}$$

Daraus ist zu erkennen, daß sich die Quasi-Fermi-Niveaus bei Anwesenheit eines Stromes räumlich ändern, und zwar um so schneller, je kleiner die lokalen Werte der Elektronen- bzw. der Löcherkonzentration sind.

Darüber hinaus ist die Differenz der Quasi-Fermi-Niveaus an den Enden des Halbleiters direkt mit der Differenz der elektrostatischen Potentiale verknüpft. Wir nehmen der Einfachheit halber an, daß im Halbleiter nur Elektronen vorhanden sind und daß alle Größen nur von der x-Koordinate abhängen. Wenn man in Gl. (5.6) die Leitfähigkeit $\sigma_n(x) = e\mu_n n(x)$ einführt, erhält man

$$j_{nx} = \frac{1}{e} \sigma_n(x) \frac{dF_n}{dx}.$$

Andererseits ist nach dem Ohmschen Gesetz in differentieller Schreibweise

$$j_{nx} = \sigma_n(x) (E_x + E^*_{nx}),$$

wobei E_x die Feldstärke des elektrostatischen Feldes und E^*_{nx} die Feldstärke der Driftkräfte, die auf die Elektronen wirken, sind. (Im hier betrachteten Fall ist es die Druckkraft des Elektronengases, die durch den Gradienten der Elektronenkonzentration hervorgerufen wird). Wenn man beide Ausdrücke vergleicht, erhält man

$$\frac{dF_n}{dx} = e(E_x + E^*_{nx}).$$

Die Energiedifferenz der Quasi-Fermi-Niveaus an zwei Querschnitten A und B des Halbleiters beträgt demnach (siehe Abb. 7.7)

$$F_{nB} - F_{nA} = e\left(\int_A^B E_x \, dx + \int_A^B E_{nx}^* \, dx\right).$$

Das erste Integral auf der rechten Seite ist der vom Stromfluß verursachte Spannungsabfall von A nach B (also gleich ir mit der Stromstärke i und dem Widerstand r). Das zweite Integral ist die elektromotorische Kraft V_0. Sie ruft eine Vergrößerung der Potentialdifferenz zwischen A und B um den Wert V_0 hervor. Der ganze Ausdruck in den runden Klammern ist demnach $ir - V_0$, also gleich der Potentialdifferenz $(\varphi_A - \varphi_B)$ zwischen den Enden, und somit ist

$$F_{nB} - F_{nA} = -e(\varphi_B - \varphi_A).$$

Die Potentialverteilung ist in Abb. 7.7 unten dargestellt. Der Einfachheit halber wurde angenommen, daß die EMK nur in einer bestimmten Schicht vorhanden ist.

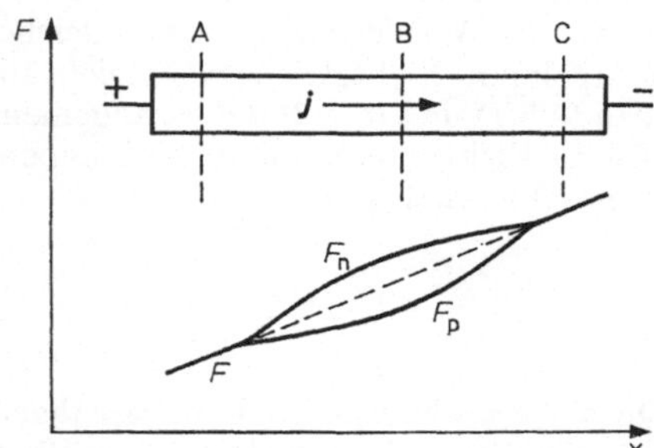

Abb. 7.7
Zum Zusammenhang zwischen den Quasi-Fermi-Niveaus und der äußeren Spannung

Analog findet man (wenn nur Löcher vorhanden sind), daß die Differenz der Quasi-Fermi-Niveaus der Löcher

$$F_{pB} - F_{pA} = -e(\varphi_B - \varphi_A)'$$

beträgt, wobei die Potentialdifferenz jetzt im allgemeinen eine andere ist, da die Verteilungen der Nichtgleichgewichtselektronen und -löcher und die Driftkräfte E_{nx}^* und E_{px}^* verschieden sind.

Legt man jetzt die Querschnittsflächen A und B an zwei Stellen des Halbleiters, wo die Überschußkonzentrationen verschwinden, also $\delta n = \delta p = 0$, dann gilt $F_{nB} = F_{pB} = F_B$, $F_{nA} = F_{pA} = F_A$ und folglich $(\varphi_B - \varphi_A) = (\varphi_B - \varphi_A)'$. Deshalb gilt

$$F_B - F_A = -e(\varphi_B - \varphi_A), \tag{5.8}$$

wobei $(\varphi_B - \varphi_A)$ die außen angelegte Spannung ist. Somit ist diese Größe, die man direkt mit einem Voltmeter messen kann, gleich der Differenz der Quasi-Fermi-Niveaus.

7.6. p-n-Übergänge

Um Nichtgleichgewichtsträger zu erzeugen, werden vielfach die schon in Abschnitt 4.9. erwähnten p-n-Übergänge verwendet. Um den komplizierten und nicht kontrollierbaren Einfluß der Mikrogeometrie der Oberfläche zu umgehen, werden diese Übergänge nicht durch eine mechanische Vereinigung zweier Halbleiter hergestellt. Sie entstehen im Innern eines Einkristalls, in dem man eine passende Verteilung von Donatoren und Akzeptoren, wie z. B. in Abb. 7.8, erzeugt.

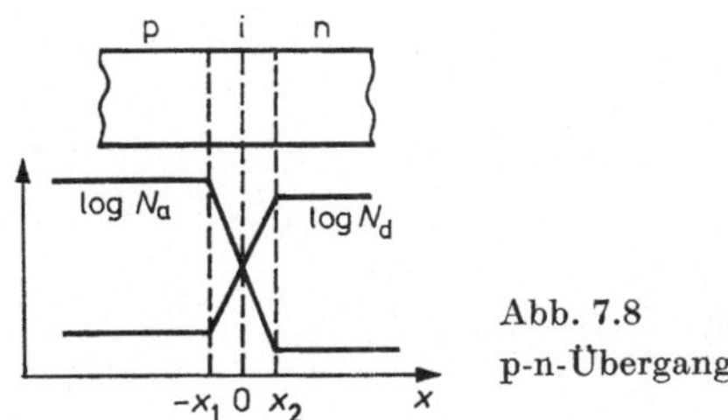

Abb. 7.8
p-n-Übergang

Sind alle Störstellen ionisiert (wie es z. B. für Elemente der III. und V. Gruppe in Germanium und Silizium bei Zimmertemperatur der Fall ist), so entsteht im linken Teil des Kristalls eine Löcherleitfähigkeit mit einer Konzentration der Majoritätsträger von $p \simeq N_a - N_d$ und im rechten Teil eine Elektronenleitfähigkeit ($n \simeq N_d - N_a$). Dazwischen liegt die Übergangsschicht (der sog. „technologische" Übergang), in der die Störstellenkonzentration sich schnell ändert. In einem sehr kleinen Bereich dieser Schicht kompensieren sich Donatoren und Akzeptoren ($N_d \simeq N_a$), und es liegt Eigenleitung vor (i).

Die erforderliche Verteilung der Donatoren und Akzeptoren kann man durch verschiedene technologische Verfahren erzielen: Einführen einer Störstellenart in die Schmelze während des Kristallwachstums; Gasphasendiffusion einer Störstellenart (z. B. von Donatoren in einen Kristall, der schon akzeptordotiert ist); Legieren eines p- (oder n-) Halbleiters mit einem Metall, das als Donator (bzw. Akzeptor) wirkt, und andere Verfahren, die hier nicht erwähnt werden sollen. Die Verteilung der Elektronen- und Löcherkonzentration im p-n-Übergang im stromlosen Fall ist in Abb. 7.9 (unten) durch die ausgezogenen Kurven 1 und 2 dargestellt. Bei der Bezeichnung der Konzentrationen werden wir einen weiteren Index (p oder n) verwenden, der angibt, zu welchem Gebiet des p-n-Übergangs die betreffende Konzentration gehört. So ist p_p, die Löcherkonzentration im p-Gebiet (als Majoritätsträgerkonzentration), groß und konstant. Sie verringert sich (um viele Größenordnungen) im Übergangsgebiet und nimmt im n-Gebiet (als Minoritätsträgerkonzentration) den kleinen Wert p_n an. Die Elektronenkonzentration ändert sich analog von dem großen Wert n_n im n-Gebiet auf den kleinen Wert n_p im p-Gebiet.

Jetzt wird eine äußere Spannung so angelegt, daß der Pluspol der Spannungsquelle am p-Gebiet liegt (wie im Kapitel 6. als positive Spannung gezählt). Die Löcher des p-Gebiets wandern dann zum n-Gebiet und werden Minoritätsladungsträger. Da $p_p \gg p_n$ ist, werden diese Löcher mit Elektronen rekombinieren. Durch die endliche Lebensdauer τ_p der Löcher bedingt, erfolgt die Rekombination nicht sofort, so daß die Löcherkonzentration über einen bestimmten Bereich jenseits des p-n-Übergangs größer als p_n ist. Gleichzeitig vergrößert sich auch die Elektronenkonzentration im n-Gebiet, da zur Kompensation der Raumladung der hindurchgewanderten Löcher zusätzliche Elektronen aus der Elektrode austreten. Analog dazu werden die Majoritätsträger des n-Gebiets (also die Elektronen) in das p-Gebiet wandern und dort Minoritätsträger werden, die allmählich mit Löchern (Majoritätsträger) rekombinieren. Links vom Übergang vergrößert sich deshalb die Elektronenkonzentration, und es vergrößert sich auch die Konzentration der Löcher, die aus der linken Elektrode zur Kompensation der Raumladung der Elektronen austreten.

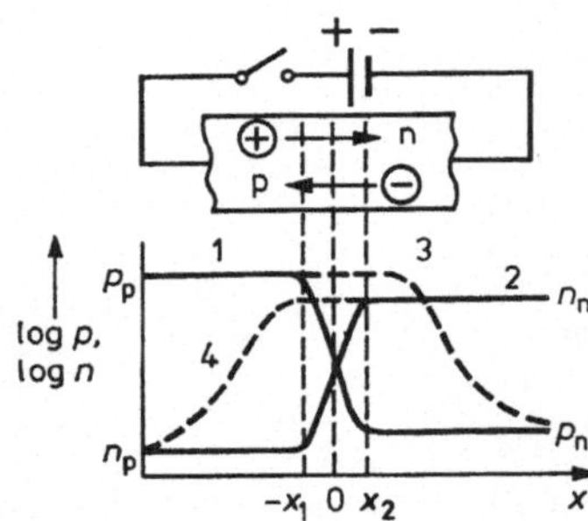

Abb. 7.9
Injektion am p-n-Übergang

Diese Erscheinung nennt man *Injektion von Minoritätsladungsträgern*. Wie wir sehen werden, besteht sie in Wirklichkeit in einer Vergrößerung der Konzentrationen beider Trägersorten auf beiden Seiten des Übergangs, d. h. in der Entstehung von *quasineutralen Gebieten erhöhter Leitfähigkeit*. Die Verteilung der Konzentrationen der Minoritätsträger bei der Injektion ist in Abb. 7.9 durch die gestrichelten Kurven 3 und 4 dargestellt. Es ist klar, daß die Injektion von Minoritätsträgern nur in Halbleitern mit *gemischter* (bipolarer) Leitfähigkeit möglich ist.

Um die mit der Injektion verbundenen elektronischen Prozesse quantitativ zu erfassen, ist es notwendig, die Nichtgleichgewichtsträgerkonzentrationen an den Grenzen x_2 und $-x_1$ des Übergangs zu kennen. Für sie hat man besonders einfache Ausdrücke, wenn

a) die Halbleiter nichtentartet sind und außerdem
b) die Ausdehnung des Übergangsgebietes $d = x_1 + x_2$ hinreichend klein ist, so daß die Rekombination innerhalb dieses Gebiets vernachlässigt werden kann.

Die zweite Bedingung erfordert, daß die Diffusionslänge (siehe Abschnitt 7.9.) der Löcher (L_p) und der Elektronen (L_n) groß gegen d sind. Nach Shockley können die gesuchten Konzentrationen dann direkt aus dem Verlauf der Quasi-Fermi-Niveaus F_n und F_p und der Bandkanten bestimmt werden. Wenn die äußere Spannung gleich Null ist ($u = 0$), dann ist $F_n = F_p = F$ (Abb. 7.10a), und die Konzentrationen der Minoritätsträger an den Grenzen nehmen die Gleichgewichtswerte

$$p(x_2) = p_n, \qquad n(-x_1) = n_p \qquad (u = 0)$$

an. Bei Vorhandensein eines äußeren Feldes ($u > 0$) verschieben sich die Bandkanten E_c und E_v im n-Gebiet relativ zu denen des p-Gebietes um den Wert eu nach oben, und außerdem gilt in der Umgebung des Übergangsgebietes $F_n \neq F_p$ (Abb. 7.10b). Weit entfernt vom Übergangsgebiet gilt jedoch

$$x \to \infty: \quad F_p = F_n = F_2, \qquad p = p_n, \qquad n = n_n;$$

$$x \to -\infty: \quad F_p = F_n = F_1, \qquad p = p_p, \qquad n = n_p,$$

dabei ist in Übereinstimmung mit (5.8)

$$F_1 = F_2 - eu.$$

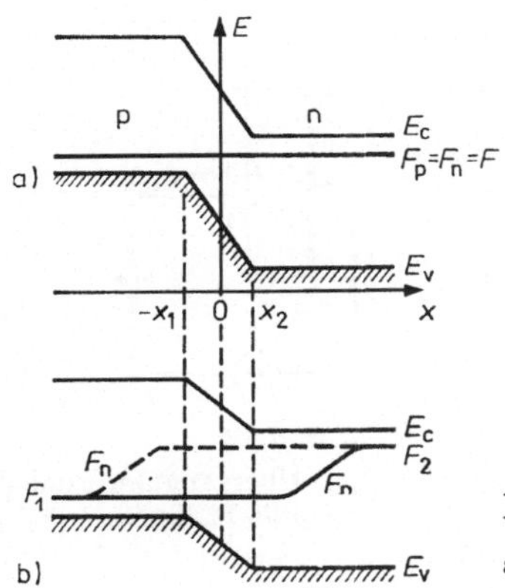

Abb. 7.10
Verlauf der Quasi-Fermi-Niveaus am p-n-Übergang
a) $u = 0$, b) $u > 0$

Weiterhin ist aus (5.6) und (5.4) ersichtlich, daß sich F_n und F_p räumlich nur schwach ändern, wenn die Ladungsträgerkonzentrationen groß sind. Ist die Rekombination im Übergangsgebiet klein, so nimmt p dort den großen Wert p_p an, und das Niveau F_p ist in diesem Gebiet fast horizontal. Anders ausgedrückt gilt

$$F_p(x_2) \simeq F_1 = F_2 - eu.$$

Analog dazu wäre für Elektronen

$$F_n(-x_1) \simeq F_2 = F_1 + eu.$$

Benutzt man diese Ausdrücke für F_p und F_n und geht damit in (5.3) und (5.4) ein, so erhält man letztendlich

$$p(x_2) = N_v \exp \frac{E_v - F_p(x_2)}{kT} = N_v \exp \frac{E_v - F_2}{kT} \exp \frac{eu}{kT} = p_n \exp \frac{eu}{kT},$$

$$n(-x_1) = N_c \exp \frac{F_n(-x_1) - E_c}{kT} = n_p \exp \frac{eu}{kT}. \tag{6.1}$$

Bei $T = 30$ K gilt z. B. $e/kT = 39\ \mathrm{V}^{-1}$.

Eine verhältnismäßig kleine Spannung genügt somit, um die Minoritätsträgerkonzentration an den Grenzen stark zu ändern. Bei $u = 0{,}2$ V verändert sich diese um das ($e^8 \simeq 10^3$)fache.

7.7. Der Nachweis von Nichtgleichgewichtsladungsträgern

Überschußelektronen und -löcher können durch Leitfähigkeitsmessungen nachgewiesen werden. Entstehen in der Nähe des Übergangs Überschußladungsträger, so zieht das elektrische Feld, das im Übergang herrscht, die Elektronen in das n-Gebiet, die Löcher in das p-Gebiet (Abb. 7.11). Bei einem offenen Stromkreis lädt sich das n-Gebiet negativ und das p-Gebiet positiv auf, d. h., im p-n-Übergang entsteht eine EMK. Wird der Stromkreis geschlossen, so fließt ein Strom. Mikroskopische p-n-Übergänge bilden sich oft am Kontakt einer Metallspitze mit einem Halbleiter,

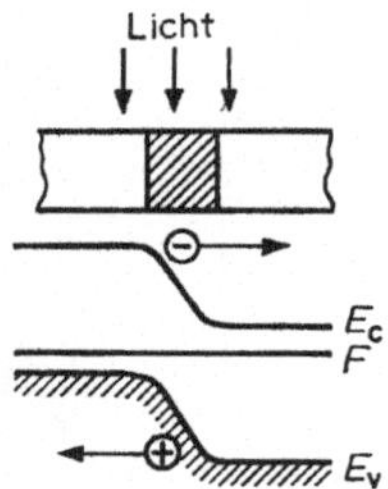

Abb. 7.11
Bei Entstehung von Nichtgleichgewichtsladungsträgern (Elektronen und Löchern) in der Umgebung des p-n-Übergangs tritt eine EMK auf.

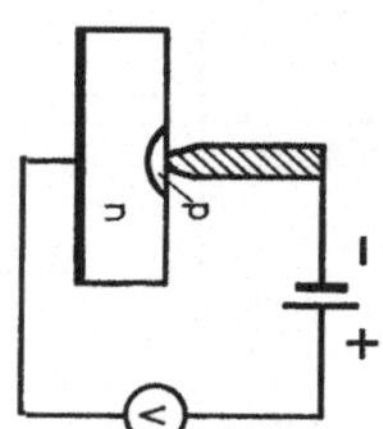

Abb. 7.12
p-n-Übergang am Punktkontakt Metall—Halbleiter

insbesondere nach der sog. „Formierung" des Kontaktes mit starken Stromimpulsen. Die Gründe für das Entstehen solcher Übergänge können verschiedener Natur sein — etwa die Diffusion des Leitermaterials in das Halbleiterinnere, eine Veränderung der Konzentration elektrisch aktiver Störstellen bei lokaler Erhitzung (Bildung sogenannter „thermischer" Donator- oder Akzeptorzentren) u. a. Um die Potentialbarriere innerhalb des Übergangs zu erhöhen, wird manchmal eine negative Spannung an den Kontakt angelegt (Abb. 7.12).

In Abb. 7.13a ist schematisch eine Versuchsanordnung zur Untersuchung der Injektion angegeben. Der Halbleiterkristall (er sei der Konkretheit halber vom n-Typ) hat dabei die Form eines dünnen und langen Stabes („fadenförmig"). Die Injektion

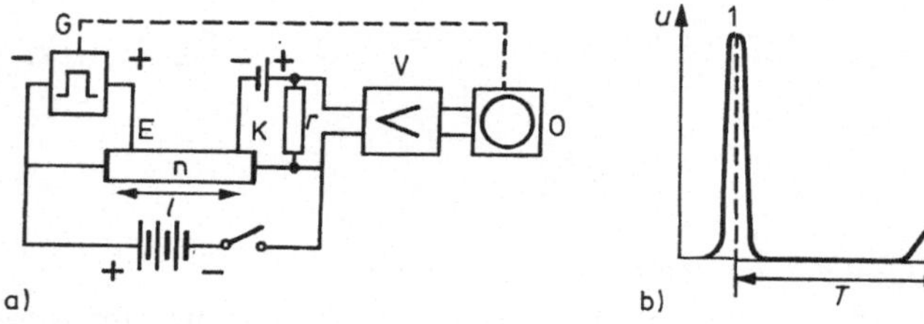

Abb. 7.13
Messung der Geschwindigkeit der Bewegung eines Pakets injizierter Ladungsträger

erfolgt am Spitzenkontakt E (dem „Emitter“), an den mit Hilfe des Impulsgenerators G kurze Spannungsimpulse gegeben werden. Die injizierten Ladungsträger werden von einem zweiten Spitzenkontakt K („Kollektor“) registriert. Anhand der Spannung u am Lastwiderstand r im Kollektorkreis läßt sich die relative Veränderung der Überschußträgerkonzentration bestimmen. Diese Spannung wird verstärkt und durch das Oszilloskop O registriert, das mit dem Generator G gekoppelt ist.

Ist an den Enden des Halbleiters keine äußere Spannung angelegt oder eine Spannung mit dem in der Abbildung angegebenen Vorzeichen, so hat das Kollektorsignal die in Abb. 7.13 dargestellte Form.

Die Änderung des Emitterpotentials, die durch den von G erzeugten Spannungsimpuls bedingt ist, wird praktisch augenblicklich (d. h. mit Lichtgeschwindigkeit) im Stromkreis übertragen, so daß auf dem Schirm ein scharfer Peak (1) sichtbar wird. Dabei entstehen im Halbleiter in der Nähe des Emitters E injizierte Träger, die von E nach K wandern. Erreichen diese den Kollektor, erscheint auf dem Oszilloskop ein zweiter Peak, der infolge der Diffusion der Träger verwaschener ist. Wird die Spannung umgepolt, verschwindet das zweite Signal.

Dieser und ähnliche Versuche zeigen eine auf den ersten Blick unerwartete Eigenschaft der Bewegung injizierter Ladungsträger: ein elektrisch neutrales Paket wird durch ein elektrisches Feld beeinflußt. Außerdem stimmt dessen Bewegungsrichtung mit der der Minoritätsträger überein, obwohl deren Konzentration um einige Größenordnungen kleiner als die Konzentration der Majoritätsträger ist. Diese Besonderheit wird jedoch voll verständlich, wenn man die Coulomb-Wechselwirkung zwischen Elektronen und Löchern in Betracht zieht (siehe Abschnitt 7.8.). Kennt man den Abstand l zwischen E und K und mißt man die entsprechende Bewegungszeit des Pakets B, so kann man die Paketgeschwindigkeit $v = l/T$ bestimmen. Sie ist proportional dem inneren Feld E. Die Beweglichkeit der injizierten Ladungsträger ergibt sich dann zu

$$\mu = \frac{v}{E}.$$

Versuche dieser Art zeigen, daß μ nach Betrag und Vorzeichen nahezu mit der Beweglichkeit der Minoritätsträger übereinstimmt, wenn es sich nicht gerade um einen Eigenhalbleiter handelt. In Abb. 7.14a ist ein Blockschaltbild eines Versuches dargestellt, bei dem die Überschußträger durch Licht erzeugt werden und der Emitter

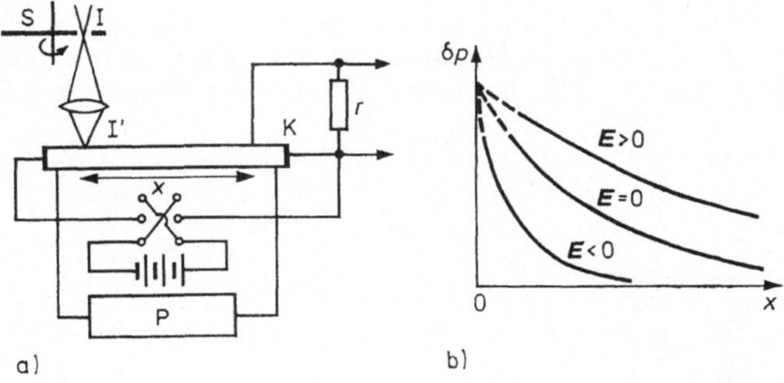

Abb. 7.14
Messung von Diffusionslänge und Eindringtiefe

das Bild I eines hell beleuchteten Spalts I ist. Die Überschußkonzentrationen (in relativen Einheiten) werden wieder mit dem punktförmigen Kollektor K gemessen. Um die Empfindlichkeit der Anordnung zu erhöhen, kann die Lichtintensität (z. B. durch eine rotierende Scheibe S mit Spaltöffnungen) niederfrequent moduliert werden, so daß das Kollektorsignal leicht verstärkt werden kann.

Der genauen Bestimmung des Feldes dient die genaue stromlose Messung des Spannungsabfalls über die Probe zwischen zwei Meßsonden (z. B. mit Hilfe einer Kompensationsmessung), wobei mögliche Potentialfluktuationen an den Sonden ausgeschlossen werden müssen.

Den räumlichen Verlauf der stationären Nichtgleichgewichtsträgerkonzentration (Überschußkonzentrationen) kann man bestimmen, wenn man in dieser Anordnung den Abstand x zwischen Lichtspalt und Kollektor ändert. Für kleine Konzentrationen der Überschußträger $\delta p\big(\delta p/(n_0 + p_0) \ll 1\big)$ verringert sich δp exponentiell mit der Entfernung vom beleuchteten Teil (Abb. 7.14b). Die Länge L, nach der sich δp bei Abwesenheit äußerer elektrischer Felder auf das 1/e-fache verringert hat, wird als *Diffusionslänge* der Nichtgleichgewichtsträger definiert. Bei Anwesenheit eines elektrischen Feldes wird die Konzentrationsverteilung durch eine andere charakteristische Länge, nämlich die sog. *Eindringtiefe* $l(E)$ bestimmt, die feldabhängig ist. Entspricht die Richtung des Feldes einer Bewegung der Minoritätsträger in das Kristallinnere, so ist $l(E) > L$, und der neutrale Bereich mit Überschußträgern vergrößert sich. In der entgegengesetzten Feldrichtung ist $l(E) < L$, und der Bereich erhöhter Trägerkonzentration wird kleiner (siehe Abb. 7.14b).

7.8. Ambipolare Diffusion und ambipolare Ladungsträgerdrift

Die Besonderheiten der Bewegung injizierter Ladungsträgerpakete werden verständlich, wenn man berücksichtigt, daß Elektronen und Löcher geladene Teilchen sind, bei deren Umverteilung ein elektrisches Feld entsteht, das seinerseits wiederum die Bewegung beeinflußt. Die Diffusion der Überschußladungsträger wird daher durch einen gemeinsamen *ambipolaren Diffusionskoeffizienten* beschrieben. Wird die Halbleiteroberfläche mit Licht bestrahlt, das stark absorbiert wird, so entstehen in einer dünnen oberflächennahen Schicht höhere Konzentrationen von Elektronen und Löchern, die dann ins Kristallinnere diffundieren (Abb. 7.15). Ist $D_n > D_p$, so werden die Elektronen die Löcher überholen, es entstehen Ladungen im Halbleiter und ein elektrisches Feld (*Feld der ambipolaren Diffusion*), das Elektronen bremst und Löcher beschleunigt. Für $D_n < D_p$ hat dieses Feld die entgegengesetzte Richtung.

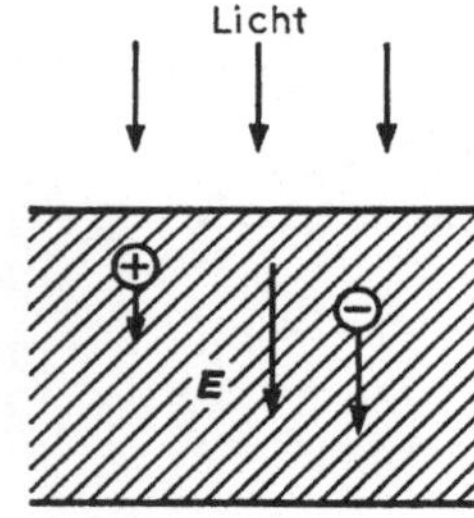

Abb. 7.15
Ambipolare Diffusion

Im stationären Fall entsteht in jedem Punkt des Halbleiters ein Feld, das Löcher- und Elektronenstromdichten einander angleicht.

Infolge der Ungleichheit von Elektronen- und Löcherbeweglichkeiten μ_n und μ_p in einem äußeren elektrischen Feld erhält ein Paket injizierter Ladungsträger auf analoge Weise eine *ambipolare Driftgeschwindigkeit.*

Die Größe des ambipolaren Diffusionskoeffizienten wird durch die Gleichungen (3.1) und (3.2) bestimmt. Indem man diese Gleichungen addiert, erhält man

$$\boldsymbol{j} = \boldsymbol{j}_p + \boldsymbol{j}_n = \sigma \boldsymbol{E} + eD_n \quad \nabla n - eD_p \quad \nabla p.$$

Die gesamte Feldstärke ergibt sich daraus zu

$$\boldsymbol{E} = \frac{\boldsymbol{j}}{\sigma} + \frac{e}{\sigma}(D_p \nabla p - D_n \nabla n). \tag{8.1}$$

Der erste Term dieses Ausdrucks beschreibt das Feld, das bei einem Strom $\boldsymbol{j}$ in Abwesenheit von Überschußträgern im Halbleiter herrscht. Der zweite Term ist das Feld der ambipolaren Diffusion

$$\boldsymbol{E}_a = \frac{e}{\sigma}(D_p \nabla p - D_n \nabla n). \tag{8.2}$$

Im weiteren wird vorausgesetzt, daß die an Haftstellen gebundenen Ladungen vernachlässigt werden können und daß $\delta p = \delta n$, $\nabla p = \nabla n$ ist. Geht man mit dem Ausdruck (8.1) in die Formeln für die Stromdichten (3.1) und (3.2) ein, so erhält man

$$\boldsymbol{j}_p = \frac{\sigma_p}{\sigma}\boldsymbol{j} - eD\nabla p, \qquad \boldsymbol{j}_n = \frac{\sigma_n}{\sigma}\boldsymbol{j} + eD\nabla n; \tag{8.3}$$

D ist hier

$$D = \frac{\sigma_p D_n + \sigma_n D_p}{\sigma}. \tag{8.4}$$

Die zweiten Terme in den Formeln (8.3), die proportional zu $\nabla p = \nabla n$ sind, stellen die Diffusionsströme der Löcher bzw. Elektronen dar, die erwartungsgemäß einander gleich sind. Sie werden durch einen einheitlichen ambipolaren Diffusionskoeffizienten D beschrieben. Setzt man in Gl. (8.4) $\sigma = \sigma_n + \sigma_p = ep\mu_p + en\mu_n$ und benutzt die Einstein-Relation $\mu_p = (e/kT)\, D_p$ bzw. $\mu_n = (e/kT)\, D_n$, so erhält man

$$D = \frac{p + n}{\dfrac{p}{D_n} + \dfrac{n}{D_p}}. \tag{8.4a}$$

Bei einer kleinen Überschußkonzentration kann man in dieser Gleichung $n \simeq n_0$ und $p \simeq p_0$ setzen.

Diese Resultate zeigen, daß in einem Halbleiter vom n-Typ ($n \gg p$) $D \simeq D_p$ ist. Entsprechend gilt in einem p-Halbleiter ($p \gg n$) $D \simeq D_n$. In beiden Fällen ist D mit dem Diffusionskoeffizienten der *Minoritätsträger* identisch. Für einen Eigenhalbleiter gilt der Zwischenwert

$$D = 2D_p D_n/(D_n + D_p).$$

Das Verhalten für beliebige Elektronenkonzentrationen ist in Abb. 7.16 dargestellt.

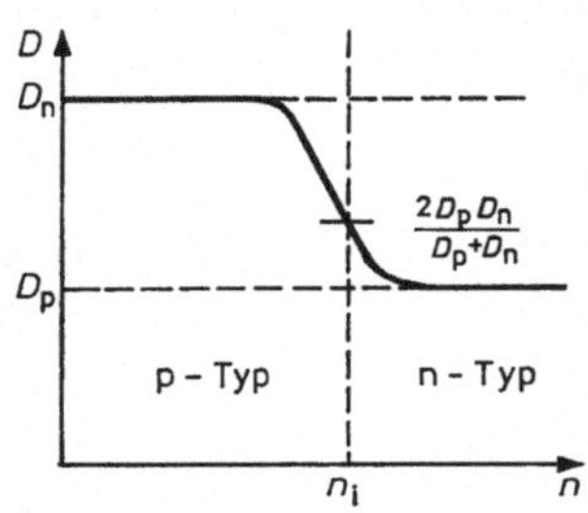

Abb. 7.16
Abhängigkeit des ambipolaren Diffusionskoeffizienten von der Elektronenkonzentration

Es soll jetzt die Bewegung der Überschußladungsträger im äußeren elektrischen Feld betrachtet werden. Man benötigt dazu nicht nur die Ausdrücke (3.1) und (3.2) für die Stromdichten, sondern auch die Kontinuitätsgleichung (3.3). Weiterhin sei der Halbleiter homogen, es sei $\delta n = \delta p$ und demzufolge die Lebensdauern der Elektronen und Löcher einander gleich $\tau_n = \tau_p = \tau$ (vgl. Abschnitt 7.3.).

Betrachten wir zuerst den Fall starker Felder, der es gestattet, den Einfluß der Diffusion und der Rekombination gegen den der Driftbewegung zu vernachlässigen. Alle Größen sollen weiterhin nur von der x-Koordinate abhängen.

Die Gleichungen (3.1) bis (3.3) nehmen dann folgende einfache Gestalt an:

$$\boldsymbol{j}_p = \sigma_p(x, t)\, \boldsymbol{E}(x, t), \qquad \boldsymbol{j}_n = \sigma_n(x, t)\, \boldsymbol{E}(x, t), \tag{8.5}$$

$$\begin{aligned} \frac{\partial p}{\partial t} &= -\frac{1}{e} \operatorname{div} \boldsymbol{j}_p = -\frac{1}{e} \sigma_p \frac{\partial E}{\partial x} - \frac{1}{e} E \frac{\partial \sigma_p}{\partial x}, \\ \frac{\partial n}{\partial t} &= \frac{1}{e} \operatorname{div} \boldsymbol{j}_n = \frac{1}{e} \sigma_n \frac{\partial E}{\partial x} + \frac{1}{e} E \frac{\partial \sigma_n}{\partial x}, \end{aligned} \tag{8.6}$$

$$\sigma_p = ep\mu_p, \qquad \sigma_n = en\mu_n, \qquad \sigma = \sigma_n + \sigma_p. \tag{8.7}$$

Hierbei wurde angenommen, daß die für die folgenden Überlegungen unwesentliche äußere Generation fehlt, d. h. $g_n = g_p = 0$. Multipliziert man die erste Gleichung (8.6) mit σ_n, die zweite Gleichung mit σ_p und addiert beide Gleichungen, so läßt sich $\partial E/\partial x$ eliminieren. Berücksichtigt man noch, daß $\frac{\partial p}{\partial t} = \frac{\partial n}{\partial t}$ ist, so erhält man

$$-\frac{\partial p}{\partial t} = \frac{\mu_n \mu_p (n - p)}{\mu_p p + \mu_n n} E \frac{\partial p}{\partial x}. \tag{8.8}$$

Man sieht leicht, daß der Koeffizient vor $\partial p/\partial x$ die Geschwindigkeit ist, mit der sich das Paket der Nichtgleichgewichtselektronen und -löcher bewegt (die ambipolare Driftgeschwindigkeit). Das wird verständlich, wenn man sich ein Teilchengas mit der Konzentration $p(x)$ vorstellt, das sich mit konstanter Geschwindigkeit v entlang der x-Achse bewegt (Abb. 7.17). Die Verringerung der Teilchenzahl pro Zeiteinheit in einer Schicht zwischen x und $x + \mathrm{d}x$ (pro Einheitsquerschnitt) ist

$$-\mathrm{d}x \frac{\partial p}{\partial t} = vp(x + \mathrm{d}x) - vp(x) = v \frac{\partial p}{\partial x} \mathrm{d}x$$

oder

$$-\frac{\partial p}{\partial t} = v \frac{\partial p}{\partial x}.$$

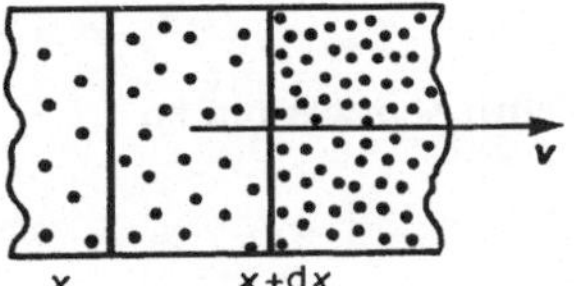

Abb. 7.17
Zur ambipolaren Driftgeschwindigkeit

Vergleicht man diese Relation mit Gl. (8.8), so erhält man die ambipolare Driftgeschwindigkeit eines Pakets von Überschußladungsträgern

$$v = \frac{\mu_n \mu_p (n - p)}{\mu_p p + \mu_n n} E. \tag{8.9}$$

Da diese proportional zu E ist, kann man folglich eine *ambipolare Beweglichkeit* μ es Pakets einführen:

$$\mu = \frac{v}{E} = \frac{n - p}{\dfrac{p}{\mu_n} + \dfrac{n}{\mu_p}}. \tag{8.10}$$

Für kleine Abweichungen vom Gleichgewicht kann man in dieser Gleichung p und n durch deren Gleichgewichtswerte p_0 und n_0 ersetzen.

Diese Beziehungen lassen experimentelle Ergebnisse zum Einfluß eines elektrischen Feldes auf die Bewegung eines Pakets injizierter Ladungsträger verständlich werden. Aus Gl. (8.10) ist zu ersehen, daß für $n \neq p$ $\mu \neq 0$ ist. Das Feld erteilt dem Paket somit eine bestimmte Geschwindigkeit, obwohl es als Ganzes elektrisch neutral ist. Im n-Halbleiter ($n \gg p$) gilt nach Gl. (8.10) $\mu \simeq \mu_p$. In diesem Fall ist $\mu > 0$, und das Paket bewegt sich in Feldrichtung, also gemeinsam mit den Minoritätsträgern — den positiven Löchern. Im p-Halbleiter folgt aus $p \gg n$ $\mu \simeq -\mu_n < 0$. Das Paket bewegt sich jetzt entgegen dem Feld, also wiederum wie die Minoritätsträger, in diesem Fall die Elektronen. Im Falle der Eigenleitung folgt aus $n = p$ nach Gl. (8.10) $\mu = 0$, d. h., das Paket wird vom Feld nicht beeinflußt. Im allgemeinen Fall, wenn die Diffusion und die Rekombination nicht vernachlässigt werden, wird die ambipolare Driftgeschwindigkeit analog berechnet. Geht man mit den Gleichungen (3.1) und (3.2) für $\boldsymbol{j}_p$ und $\boldsymbol{j}_n$ in die Kontinuitätsgleichungen (3.3) ein, so erhält man

$$\frac{\partial p}{\partial t} = g - \frac{1}{e} \boldsymbol{E} \nabla \sigma_p - \frac{1}{e} \sigma_p \operatorname{div} \boldsymbol{E} + D_p \operatorname{div} (\nabla p) - \frac{\delta p}{\tau},$$

$$\frac{\partial n}{\partial t} = g + \frac{1}{e} \boldsymbol{E} \nabla \sigma_n + \frac{1}{e} \sigma_n \operatorname{div} \boldsymbol{E} + D_n \operatorname{div} (\nabla n) - \frac{\delta n}{\tau}.$$

Eliminiert man wie oben die Terme mit div $\boldsymbol{E}$, so erhält man

$$\frac{\partial p}{\partial t} = g - \frac{1}{e\sigma}(\sigma_n \nabla\sigma_p - \sigma_p \nabla\sigma_n)\boldsymbol{E} + \frac{\sigma_n D_p + \sigma_p D_n}{\sigma} \operatorname{div}(\nabla p) - \frac{\delta p}{\tau}. \quad (8.11)$$

Wenn man für σ_n, σ_p und σ deren Werte (8.7) einsetzt, so wird

$$\frac{1}{e\sigma}(\sigma_n \nabla\sigma_p - \sigma_p \nabla\sigma_n) = \frac{n-p}{\dfrac{p}{\mu_n} + \dfrac{n}{\mu_p}} \nabla p.$$

Mit Gl. (8.4) kann der dritte Term in (8.11) umgeschrieben werden zu

$$D \operatorname{div}(\nabla p) = \operatorname{div}(D \nabla p) - \nabla D \nabla p.$$

Man erhält damit

$$\frac{\partial p}{\partial t} = g - \boldsymbol{v} \nabla p + \operatorname{div}(D \nabla p) - \frac{\delta p}{\tau} \quad (8.12)$$

mit

$$\boldsymbol{v} = \frac{n-p}{\dfrac{p}{\mu_n} + \dfrac{n}{\mu_p}} \boldsymbol{E} + \nabla D. \quad (8.13)$$

Offensichtlich stellt der zweite Term in Gl. (8.12) die Geschwindigkeit der Konzentrationsänderung dar, die durch die Bewegung des Pakets hervorgerufen wird. Man kann sich davon leicht überzeugen, wenn man anstelle der oben diskutierten unendlich dünnen Schicht ein unendlich kleines Parallelepiped mit achsenparallelen Kanten betrachtet. Die Driftgeschwindigkeit $\boldsymbol{v}$ des Paketes ist durch Gleichung (8.13) gegeben, die eine Verallgemeinerung von (8.9) ist. Der dritte Term in Gl. (8.12) beschreibt die Änderung der Konzentration infolge Diffusion und der letzte die durch die Rekombination bedingte Konzentrationsänderung.

Gleichung (8.12) ist die Kontinuitätsgleichung in der *ambipolaren Form*, die manchmal vorteilhafter als Gl. (3.3) ist. Da nämlich das ambipolare elektrische Feld schon durch die Einführung eines ambipolaren Diffusionskoeffizienten D berücksichtigt wurde, hat man in Gl. (8.13) unter $\boldsymbol{E}$ nur das durch äußere Quellen hervorgerufene Feld zu verstehen.

7.9. Diffusions- und Driftlängen

Zur Untersuchung der räumlichen Verteilung der Überschußladungen soll jetzt die Kontinuitätsgleichung (8.12) angewendet werden.

In einem Teil (bei $x < 0$, Abb. 7.18) eines ‚fadenförmigen' Halbleiters (z. B. n-leitend) werden Elektronen und Löcher erzeugt (z. B. durch optische Anregung), und im Bereich fehlender Generation ($x > 0$) sei die stationäre Verteilung der Überschußladungen gesucht. Die Überschußkonzentrationen werden als klein vorausgesetzt, so daß D, μ und E koordinatenunabhängig sind. Setzt man $v = \mu E$ und

$\partial p/\partial t = 0$ in Gl. (8.12) ein, so erhält man für δp die Gleichung

$$(\delta p)'' - \frac{2}{\lambda}(\delta p)' - \frac{\delta p}{L^2} = 0, \tag{9.1}$$

wobei ein Strich die Differentiation nach der Koordinate x bezeichnet und λ und L gewisse charakteristische Längen

$$\lambda = \frac{2D}{\mu E}, \qquad L = \sqrt{D\tau} \tag{9.2}$$

bedeuten.

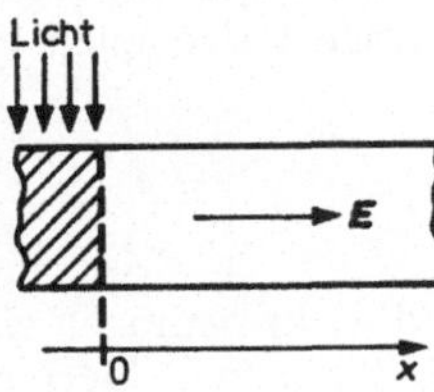

Abb. 7.18
Zur Berechnung der Diffusionslänge

Die Randbedingungen dieser Aufgabe haben die Gestalt

$$x = 0{:}\ \delta p = (\delta p)_0; \qquad x \to \infty{:}\ \delta p \to 0.$$

Die Lösung der Gleichung (9.1) ist

$$\delta p = a \exp k_1 x + b \exp k_2 x$$

mit

$$k_{1,2} = \frac{1}{\lambda} \pm \sqrt{\frac{1}{\lambda^2} + \frac{1}{L^2}} = \frac{1}{\lambda}\left(1 \pm \sqrt{1 + \frac{\lambda^2}{L^2}}\right).$$

Es werde jetzt $E > 0$ und damit $\lambda > 0$ vorausgesetzt. Das entspricht der Feldrichtung, bei der die *Minoritätsträger* in den Halbleiter hineingezogen werden. Weiterhin sind $k_1 > 0$, $k_2 < 0$, und die Randbedingungen liefern $a = 0$, $b = (\delta p)_0$. Mit einer Vergrößerung von x fällt somit δp exponentiell:

$$\delta p = (\delta p)_0 \exp\left(-\frac{x}{l}\right), \tag{9.3}$$

wobei $l = l(E)$ die Länge ist, über die δp auf das 1/e-fache verringert wird. Sie ist gegeben durch

$$\frac{1}{l} = -k_2 = \frac{1}{\lambda}\left(\sqrt{1 + \frac{\lambda^2}{L^2}} - 1\right). \tag{9.4}$$

Für sehr schwache elektrische Felder ($\lambda^2/L^2 \gg 1$) folgt aus Gl. (9.4)

$$l = L = \sqrt{D\tau}. \tag{9.5}$$

Nach Definition ist L hier die *Diffusionslänge* der Nichtgleichgewichtsträger (vgl. Abschnitt 7.7.).

Für hinreichend starke Felder ($\lambda^2/L^2 \ll 1$) kann man $\sqrt{1+\frac{\lambda^2}{L^2}} \simeq 1+\frac{\lambda^2}{2L^2}$ setzen und erhält aus Gl. (9.4)

$$l(E) \simeq \frac{2L^2}{\lambda} = \mu E\tau. \tag{9.6}$$

In starken elektrischen Feldern ist die Eindringtiefe der Träger also gleich der Entfernung, die die injizierten Ladungsträger während ihrer Lebensdauer zurücklegen, d. h. der *Driftlänge*.

Für $E < 0$, d. h. für die Feldrichtung, bei der die Majoritätsträger in das Halbleiterinnere gezogen werden, gilt $k_1 < 0$, $k_2 > 0$, und aus den Randbedingungen folgt $b = 0$ und $a = (\delta p)_0$. Mit der Vergrößerung von x verringert sich auch in diesem Fall δp exponentiell. Die Eindringtiefe ist jetzt

$$\frac{1}{l} = -k_1 = \frac{1}{|\lambda|}\left(1+\sqrt{1+\lambda^2/L^2}\right). \tag{9.7}$$

Daraus ist ersichtlich, daß $l < L$ ist. Das elektrische Feld wirkt demnach einer Ausbreitung der Überschußladungen *entgegen*. In starken elektrischen Feldern gilt

$$l \simeq \frac{2}{|\lambda|} = \frac{D}{\mu E}, \tag{9.8}$$

und für $E \to \infty$ gilt $l \to 0$.

Wir sehen, daß sich injizierte Ladungsträger durch die ambipolaren Diffusions- und Driftprozesse im äußeren elektrischen Feld wie die *Minoritätsträger* bewegen, was die in Abschnitt 7.7. betrachteten typischen Versuche erklärt.[1]) Es sei darauf hingewiesen, daß hier die Randkonzentration $(\delta p)_0$ als gegeben betrachtet wurde, wobei deren Größe nicht wesentlich war. Diese Konzentration hängt von der Intensität der Generation g am bestrahlten Gebiet und von der elektrischen Feldstärke ab. Ihr Wert kann aus der Stetigkeitsbedingung für die Lösung der Kontinuitätsgleichungen am Übergang vom bestrahlten Gebiet ($g \neq 0$) zum nichtbestrahlten Gebiet ($g = 0$) bestimmt werden.

Bisher wurden an Haftstellen gebundene Ladungen vernachlässigt, und es wurde $\delta p = \delta n$ und $\tau_p = \tau_n$ gesetzt. Alle Überlegungen können jedoch auch auf den komplizierteren Fall $\delta p \neq \delta n$ verallgemeinert werden (siehe z. B. [3]). Daher verändern sich die wesentlichen Schlußfolgerungen nicht.

Im Abschnitt 7.5. wurde davon gesprochen, daß die Einführung der Quasi-Fermi-Niveaus einer speziellen experimentellen Prüfung bedarf. Die Untersuchung der Diffusions- und der Driftbewegung der Nichtgleichgewichtselektronen und -löcher gibt nun diese Möglichkeit. Im Abschnitt 4.2. wurde gezeigt, daß die Einstein-Beziehung

$$\frac{D}{\mu} = \frac{kT}{e},$$

---

[1]) Die Besonderheiten der Diffusion und der Drift quasineutraler Pakete von Nichtgleichgewichtsträgern, die die physikalische Grundlage für die Wirkungsweise vieler Halbleiterbauelemente darstellt, wurden unabhängig voneinander von V. E. Laškarev in der UdSSR (Untersuchung der Photoleitung in den Kupfersalzen) und von J. Bardeen und B. Brattain in den USA (Injektion in Ge) Ende der 40er Jahre entdeckt.

die den Diffusionskoeffizienten mit der Beweglichkeit verknüpft, nur dann gilt, wenn die Teilchen der Boltzmann-Verteilung gehorchen. Ist es andererseits möglich, Quasi-Fermi-Niveaus einzuführen, dann genügen die Nichtgleichgewichtsträger in nichtentarteten Halbleitern gemäß Gl. (5.1a) ebenfalls der Boltzmann-Verteilung, und die Einstein-Beziehung ist für sie ebenfalls gültig.

Das Verhältnis D/μ für Nichtgleichgewichtsträger kann experimentell durch die Messung der Diffusionslänge $L = \sqrt{D\tau}$ und der Driftlänge $l(E) = \mu E\tau$ bestimmt werden.

$$\frac{D}{\mu} = \frac{L^2E}{l(E)}$$

Nach Abschnitt 7.8. entsprechen D und μ in dotierten Halbleitern den Minoritätsträgern. Man kann deshalb experimentell überprüfen, ob für die Minoritätsträger die Einstein-Beziehung und demzufolge die Boltzmann-Verteilung gilt. Diese Messungen wurden von vielen Autoren für Germanium durchgeführt. Sie ergaben, daß die Einstein-Beziehung für Nichtgleichgewichtsträger in guter Näherung gilt, was als experimenteller Beweis für die Möglichkeit, Quasi-Fermi-Niveaus einzuführen, angesehen werden kann.

7.10. n^+-n- und p^+-p-Übergänge

Bei der Injektion an p-n-Übergängen ist die Konzentration der Nichtgleichgewichtsträger am Rand $(\delta p)_0 > 0$, der Halbleiter wird mit Elektronen und Löchern angereichert. Fließt jedoch ein Strom durch die Berührungsstelle, so kann die Änderung der Gleichgewichtskonzentrationen auch so erfolgen, daß $(\delta p)_0 < 0$ gilt. Wir betrachten den Kontakt zweier Halbleiter vom gleichen Leitfähigkeitstyp, die sich jedoch durch ihre Dotierung unterscheiden. Kontakte dieser Art erhielten die Bezeichnung n^+-n- bzw. p^+-p-Kontakte. Ihr Energieschema ist im stromfreien Fall in Abb. 7.19 dargestellt. Solche Übergänge entstehen auch manchmal bei der Herstellung eines Metall-Halbleiter-Kontaktes durch Eindiffusion des Metalls (z. B. beim Schmelzen), durch thermische Bearbeitung u. ä.

Wir vereinbaren, den einen Bereich mit „Kontaktelektrode", den anderen mit „Halbleiterelektrode" zu bezeichnen, und werden als Beispiel den n^+-n-Übergang

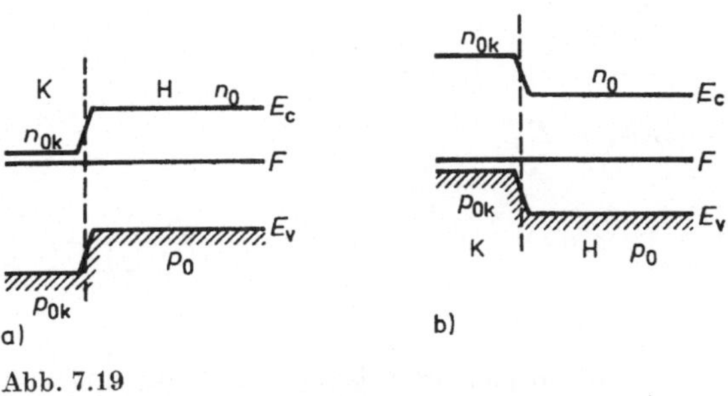

Abb. 7.19
n^+-n- (a) und p^+-p-Kontakt (b)

behandeln. Der Anteil der Minoritätsträger (Löcher) am Strom ist in beiden Bereichen verschieden. Man kann ihn durch die Koeffizienten ξ (im Halbleiter) und ξ_k (in der Kontaktelektrode) charakterisieren.

$$\xi = \frac{j_p}{j} = \frac{\mu_p p_0}{\mu_p p_0 + \mu_n n_0}, \qquad \xi_k = \frac{j_{pk}}{j} = \frac{\mu_p p_{0k}}{\mu_p p_{0k} + \mu_n n_{0k}}. \tag{10.1}$$

Eine entscheidende Rolle für das Vorzeichen von $(\delta p)_0$ spielt dabei die Differenz zwischen dem „Injektionskoeffizienten" ξ_k und dem Koeffizienten ξ. Ist $\xi_k > \xi$, dann ist $(\delta p)_0 > 0$. Ist dann die äußere Spannung positiv (Halbleiter am Minuspol), so dehnt sich die Anreicherungsschicht bis ins Innere des Halbleiters aus. Legt man dann einen Rechteckspannungsimpuls an die Probe an, so verschiebt sich dieses Gebiet mit der Geschwindigkeit μE. Nach einer Zeit der Größenordnung der Flugzeit $d/\mu E$, wobei d die Kristallänge ist, stellt sich eine stationäre exponentielle Konzentrationsverteilung mit der Eindringtiefe $l(E)$ ein, die durch Gl (9.4) bestimmt ist. Man erhält damit eine Injektion von Minoritätsträgern, die sich im Prinzip nicht von der Injektion an p-n-Übergängen unterscheidet.

Bei $\xi_k > \xi$ und negativer angelegter Spannung bildet sich ebenfalls eine Anreicherungsschicht. Sie ist allerdings in einer dünnen Schicht mit einer durch Gl. (9.7) bestimmten Dicke an der Elektrode lokalisiert. Dieser Effekt ist als *Akkumulation* von Minoritätsladungsträgern bekannt. Ist $\xi_k < \xi$, so entsteht eine Verarmungsschicht mit $(\delta p)_0 < 0$. Hier sind wieder zwei Fälle möglich. Ist die äußere Spannung positiv, so dehnt sich die Verarmungsschicht in den Halbleiter aus und die ‚Defizitverteilung' δp der Ladungsträger ist wie bei der Injektion durch die Eindringtiefe (9.4) bestimmt.

Ist die Driftlänge größer als die Länge des Kristalls, so nimmt die Verarmungsschicht den ganzen Kristall ein. Dieser Nichtgleichgewichtszustand erhielt die Bezeichnung *Exklusion* von Minoritätsträgern.

Im Unterschied zur Injektion ist die Änderung der Leitfähigkeit des Kristalls bei der Exklusion begrenzt. Im Gleichgewicht ist diese nämlich

$$\sigma_0 = e p_0 \mu_p + e n_0 \mu_n .$$

Im Grenzfall der Exklusion gilt $p_{min} = 0$. Es gilt jedoch $n_{min} \neq 0$, da ein Teil der Elektronen, ohne eine Kompensation der geladenen Störstellen und ohne die Elektroneutralität zu zerstören, nicht entfernt werden kann.

Sind alle Donatoren und Akzeptoren ionisiert, so ist

$$p + N_d = n + N_a .$$

Deshalb ist

$$\sigma_{min} = e\mu_n n_{min} = e\mu_n (N_d - N_a), \tag{10.2}$$

woraus

$$\frac{(\Delta\sigma)_{max}}{\sigma_0} = -\frac{p_0(b+1)}{p_0 + b n_0} \tag{10.3}$$

mit $b = \mu_n/\mu_p$ folgt.

Letztlich entsteht bei $\xi_k < \xi$, aber negativer äußerer Spannung eine Verarmungsschicht, die am Kontakt lokalisiert ist. Deren charakteristische Länge ist wie im Fall der Akkumulation durch Gl. (9.7) bestimmt. In diesem Fall wird das Nichtgleichgewicht als Extraktion von Minoritätsträgern bezeichnet. In Abb. 7.20 sind die vier Möglichkeiten der Erzeugung eines Konzentrationsnichtgleichgewichts am Kontakt gegenübergestellt.

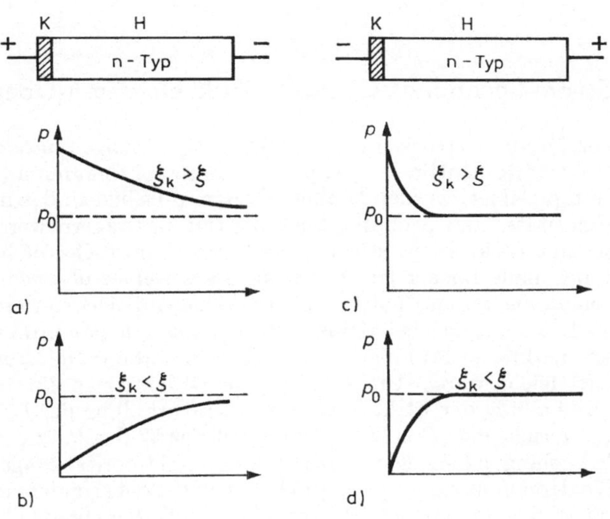

Abb. 7.20
Injektion (a), Exklusion (b), Akkumulation (c) und Extraktion (d) von Ladungsträgern

8. Gleichrichtung und Verstärkung von Wechselströmen mit Hilfe von p-n-Übergängen

8.1. Statische Strom-Spannungs-Charakteristik eines p-n-Übergangs

Durch die Injektion von Minoritätsträgern wird die Strom-Spannungs-Charakteristik eines p-n-Übergangs sehr stark nichtlinear. Bei positiver äußerer Spannung (Pluspol der Spannungsquelle am p-Gebiet) werden Löcher aus dem p-Gebiet in das n-Gebiet injiziert, wo sie zu Minoritäts- und Nichtgleichgewichtsladungsträgern werden. Sie rekombinieren intensiv mit Elektronen, deren Konzentration im n-Gebiet hoch ist, und infolgedessen können neue Löcher leicht vom p- ins n-Gebiet übergehen. Das gleiche gilt für Elektronen, die vom n-Gebiet aus ins p-Gebiet injiziert werden. Diese Rekombinationsströme können selbst bei kleinen äußeren Spannungen groß sein, da sie nicht vom Auftreten merklicher Raumladungen begleitet werden: Die Ladung der injizierten Löcher wird leicht durch Umverteilung der Elektronen im n-Gebiet kompensiert, ebenso die Ladung der Elektronen durch Umverteilung der Löcher im p-Gebiet. Für diese Stromrichtung (*Durchlaßrichtung*) ist der Widerstand des Übergangs klein. Umgekehrt gelangen bei negativer Spannung nur Minoritätsträger durch den Übergang, also Elektronen aus dem p- ins n-Gebiet und Löcher aus dem n- ins p-Gebiet. Der von ihnen erzeugte Strom ist sehr klein, und dementsprechend ist der Widerstand des Übergangs groß (*Sperrichtung*).

In Abb. 8.1 ist der Verlauf der Löcher- bzw. Elektronenstromdichte in beiden Gebieten dargestellt, wobei die unterschiedlichen Ströme durch zwei Indizes kenntlich gemacht sind. Der untere Index gibt an, welche Teilchen den Strom bilden, der obere Index kennzeichnet die Seite (p- oder n-Gebiet) des Übergangs, zu der er gehört. Der

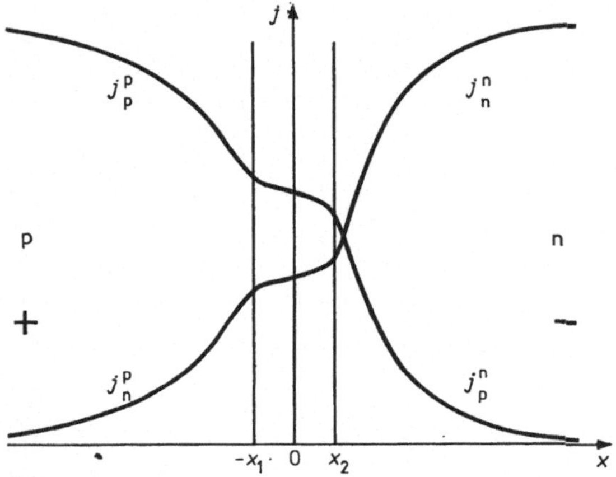

Abb. 8.1
Verteilung von Löcher- und Elektronenströmen in einem p-n-Übergang

Strom j_p^n (gebildet von ins n-Gebiet injizierten Löchern) ist an der Grenze x_2 des n-Gebiets maximal und nimmt mit wachsender Entfernung davon wegen der Löcherrekombination ab. Daneben existiert im n-Gebiet noch ein Elektronenstrom j_n^n. Dieser ist an der Grenzfläche bei x_2 am kleinsten und wächst mit größer werdender Entfernung von dort, da ja zur Aufrechterhaltung der Löcherrekombination beständig Elektronen aus der Elektrode in das n-Gebiet geliefert werden müssen. Analog dazu existiert im p-Gebiet der räumlich abklingende Strom j_n^p der injizierten Elektronen und der anwachsende Strom j_p^p von Löchern. Bei konstanter Feldstärke ist die Gesamtstromdichte am p-n-Übergang gleich der für einen beliebigen Querschnitt:

$$j = j_p^n(x) + j_n^n(x) = j_n^p(x) + j_p^p(x) = \text{const}.$$

Zur Berechnung dieses Gesamtstroms betrachtet man am zweckmäßigsten den Strom von Elektronen und Löchern an einer der Grenzen $x = x_2$ oder $x = -x_1$ des Übergangsgebiets. Dabei ist zu berücksichtigen, daß die Rekombination nicht nur im p- und im n-Gebiet, sondern auch im Übergangsgebiet erfolgt. Im weiteren wird mit j_r die Stromdichte bezeichnet, die von der Rekombination im Übergangsgebiet herrührt. Diese ist gleich der Anzahl der pro Zeit- und pro Flächeneinheit innerhalb des Übergangsgebiets mit der Dicke $d = x_1 + x_2$ rekombinierenden Elektronen (bzw. gleich der genauso großen Anzahl rekombinierender Löcher), multipliziert mit der Elementarladung. Damit ergibt sich

$$j_p^p(-x_1) - j_p^n(x_2) = j_n^n(x_2) - j_n^p(-x_1) = j_r.$$

In der Ebene $x = x_2$ hat man also

$$j = j_p^n(x_2) + j_n^n(x_2) = j_p^n(x_2) + j_n^p(-x_1) + j_r. \tag{1.1}$$

Die Bestimmung der Strom-Spannungs-Charakteristik läßt sich somit auf die Berechnung der Ströme der Minoritätsträger an den Grenzen des Übergangs und des Rekombinationsstroms j_r innerhalb der Übergangsschicht zurückführen. Das gleiche Ergebnis erhält man, wenn man die andere Grenzfläche $x = -x_1$ betrachtet.

Diese Rechnung ist unter folgenden Bedingungen besonders einfach:

1. Schwache Injektion. Dabei kann man insbesondere die Lebensdauer T_p und die Diffusionslänge L_p der Löcher im n-Gebiet und entsprechend die Größen T_n und L_n im p-Gebiet als konstant annehmen.
2. Die Länge des n- und p-Gebiets ist größer als die Diffusionslänge L_p bzw. L_n, so daß die injizierten Träger genügend Zeit zum Rekombinieren finden und nicht die Metallelektroden erreichen.
3. Die Dicke d des Übergangs sei $d \ll L_p, L_n$, so daß man in (1.1) den Rekombinationsstrom j_r in der Übergangsschicht vernachlässigen kann.

Wenn die Ströme durch den Übergang nicht allzu groß sind (eine Abschätzung wird unten gegeben), kann man bei der Berechnung von $j_p(x_2)$ und $j_n(-x_1)$ die Drift gegenüber der Diffusion vernachlässigen. Betrachten wir dazu z. B. die Löcherverteilung im n-Gebiet. Sie wird durch Gl. (7.9.3) ausgedrückt,

$$\delta p = (p(x_2) - p_n) \exp\left(-\frac{x - x_2}{l_p}\right),$$

wobei l_p durch Gl. (7.9.4) gegeben ist. Folglich erhalten wir für den Diffusionsstrom der Löcher in der Ebene $x = x_2$

$$j_{\text{diff}}(x_2) = -eD_p \left.\frac{d\delta p}{dx}\right|_{x=x_2} = \frac{eD_p}{l_p}\,[p(x_2) - p_n]. \tag{1.2}$$

Der Driftstrom in dieser Ebene ist gleich

$$j_{dr}(x_2) = ep(x_2)\,\mu_p E .$$

Übersteigt $p(x_2)$ wesentlich den Gleichgewichtswert p_n, so ergibt sich das Verhältnis der beiden Ströme zu

$$\frac{j_{diff}}{j_{dr}} \simeq \frac{D_p}{l_p \mu_p E} = \frac{1}{2}\frac{\lambda_p}{l_p} = \frac{1}{2}\left(\sqrt{1+\frac{\lambda_p^2}{L_p^2}}-1\right).$$

Daraus folgt $j_{diff} \gg j_{dr}$ für $\lambda_p/L_p \gg 1$, wobei noch $l_p \simeq L_p$ gilt. Damit erhalten wir als Bedingung für das elektrische Feld

$$E \ll \frac{D}{\mu L_p} = \frac{kT}{eL_p}. \tag{1.3}$$

Für schmale p-n-Übergänge ist die Konzentration $p(x_2)$ entsprechend Gl. (7.6.1) von der Spannung u am Übergang abhängig,

$$p(x_2) - p_n = p_n(\exp \alpha u - 1)$$

mit $\alpha = e/kT$. Deshalb wird aus Gl. (1.2)

$$j_p = j_p(x_2) = \frac{eD_p p_n}{L_p}(\exp \alpha u - 1).$$

Für den Strom $j_n(-x_1)$ ergibt sich ein analoger Ausdruck:

$$j_n(-x_1) = \frac{eD_n n_p}{L_n}(\exp \alpha u - 1).$$

Die gesamte Stromdichte für den Übergang ist gleich

$$j = j_s(\exp \alpha u - 1) \tag{1.4}$$

mit

$$j_s = \frac{eD_p p_n}{L_p} + \frac{eD_n n_p}{L_n}. \tag{1.5}$$

Gl. (1.4) gibt die Strom-Spannungs-Charakteristik eines schmalen p-n-Übergangs für kleine Spannungen an. Es zeigt sich, daß j in der gleichen Weise von u abhängt wie bei Metall-Halbleiter-Kontakten (vgl. Gl. (6.12.12)) und daß die Funktion keine Parameter aus dem p- und dem n-Gebiet enthält. Die Eigenschaften dieser Gebiete haben jedoch einen erheblichen Einfluß auf den Sättigungsstrom j_s.

Das Auftreten eines Sättigungsstroms in p-n-Übergängen ist physikalisch leicht zu erklären. Bei negativer Spannung am p-n-Übergang existiert für die Majoritätsträger eine Potentialbarriere, so daß die Löcher nicht aus dem p-Gebiet ins n-Gebiet und die Elektronen nicht aus dem n-Gebiet ins p-Gebiet gelangen können (Abb. 8.2). Dagegen gibt es für die Minoritätsträger keine Barriere. Also werden alle Elektronen, die nach ihrer Generation im p-Gebiet ohne Rekombination bis zur Grenzfläche $-x_1$ kommen, in das n-Gebiet und alle Löcher aus dem n-Gebiet, die x_2 erreichen, in das p-Gebiet gezogen. Die Diffusionslänge ist die mittlere Wegstrecke, die ein Ladungsträger ohne Rekombination zurücklegt. Somit ist die Anzahl der Elektronen, die pro Zeit- und pro Flächeneinheit den Übergang passieren, gleich der Anzahl der Elektronen, die pro Zeiteinheit in einem Zylinder mit der Flächeneinheit als Grundfläche und der Höhe L_n erzeugt werden. Das Analoge gilt für die Löcher im n-Gebiet. Als Stromdichte des von ihnen hervorgerufenen Stromes ergibt sich

$$j_s = e(L_n g_{nT} + L_p g_{pT}),$$

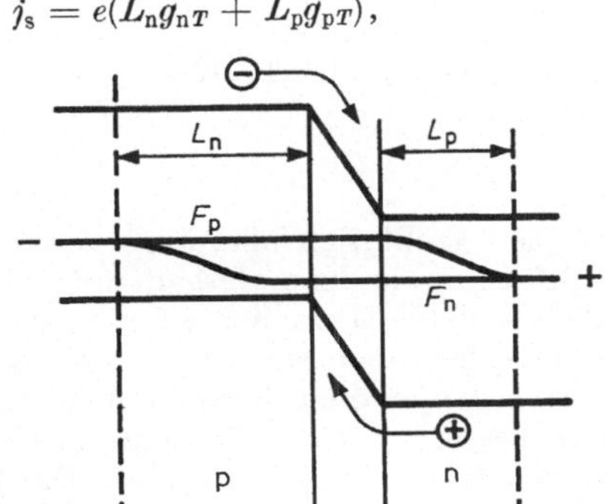

Abb. 8.2
p-n-Übergang unter Sperrspannung

wobei g_{nT} und g_{pT} die thermischen Generationsraten für die Elektronen im p-Gebiet bzw. für die Löcher im n-Gebiet bedeuten. Indem wir hierin

$$g_{nT} = \frac{n_p}{\tau_n}, \quad g_{pT} = \frac{p_n}{\tau_p}$$

setzen (vgl. Gl. (7.2.4)) und berücksichtigen, daß $L_n = \sqrt{D_n \tau_n}$ und $L_p = \sqrt{D_p \tau_p}$ gilt, erhalten wir Gl. (1.5). Wir sehen, daß der Sättigungsstrom im schmalen p-n-Übergang durch die thermische Generation von Minoritätsträgern im p- und n-Gebiet bedingt wird.

Kann das Injektionsniveau nicht als klein angenommen werden bzw. ist der von der Rekombination im Übergangsgebiet herrührende Strom j_r nicht klein im Vergleich zum Sättigungsstrom j_s, dann sind die oben angegebenen Beziehungen nicht mehr anwendbar und müssen durch andere ersetzt werden [1].

8.2. p-n-Übergang bei angelegter Wechselspannung

Wir gehen davon aus, daß an den p-n-Übergang eine Wechselspannung $u(t)$ angelegt wird. Es soll die Stromdichte ermittelt werden, die durch den Übergang fließt. Die Rechnung führen wir unter denselben Annahmen wie in Abschnitt 8.1. durch. Zur Vereinfachung wollen wir noch voraussetzen, daß das p-Gebiet stark dotiert ($p_p \gg n_n$), d. h., daß der gesamte Strom nur durch die Injektion von Löchern im n-Gebiet bestimmt ist.

Die Konzentration der Überschußlöcher an der Grenze des n-Gebietes $x = x_2$ stellt sich nach einer Zeit $t_{fl} = d/v$ ein, die die Löcher zum Durchfliegen der Übergangsschicht benötigen. Diese Zeit ist relativ klein. Für $d \sim 10^{-4}$ cm und $v = 10^7$ cm/s (thermische Geschwindigkeit bei 300 K) ergibt sich $t_{fl} \sim 10^{-11}$ s. Sofern für die

Frequenz der Wechselspannung $\omega < 1/t_{\text{fl}}$ gilt, kann man folglich annehmen, daß die Löcherkonzentration an der Grenze der Spannungsänderung folgt und wie zuvor durch (7.6.1) ausgedrückt werden kann, d. h.

$$\delta p = p_{\text{n}}(\exp \alpha u(t) - 1) = f(t) \quad \text{für} \quad x = x_2 . \tag{2.1}$$

Diese Beziehung stellt die erste Randbedingung für das Problem dar. Die zweite Randbedingung ist

$$\delta p \to 0 \quad \text{für} \quad x \to \infty . \tag{2.2}$$

Die Konzentration im Inneren des n-Gebiets stellt sich allerdings vermittels des bedeutend langsameren Prozesses der Diffusion ein, und deshalb folgen die Änderungen der Konzentration δp und folglich auch die Stromdichte j_{p} den Änderungen der Spannung $u(t)$ nicht mehr momentan. Selbst wenn sich $u(t)$ sinusartig ändert, enthält die Stromdichte im allgemeinen noch die höheren Harmonischen. Man kann die Stromdichte bei beliebiger Form der Spannung $u(t)$ (allerdings unter den in Abschnitt 8.1. gemachten Einschränkungen) folgendermaßen finden. Die Konzentration $\delta p(x, t)$ der Überschußlöcher bestimmt sich wie schon früher nach der Kontinuitätsgleichung (7.3.3), die für unseren Fall ($j_{\text{dr}} \ll j_{\text{diff}}$) die Form

$$\frac{\partial \delta p}{\partial t} = D_{\text{p}} \frac{\partial^2 \delta p}{\partial x^2} - \frac{\delta p}{\tau_{\text{p}}} \tag{2.3}$$

annimmt. Ihre Lösung kann man bequem in Gestalt einer Fourier-Reihe angeben:

$$\delta p = \sum_{k=-\infty}^{\infty} c_{\text{k}}(x)\, \mathrm{e}^{\mathrm{i}k\omega t} . \tag{2.4}$$

Setzen wir diese in (2.3) ein, so ergibt sich zur Bestimmung der c_{k} die Gleichung

$$\frac{\mathrm{d}^2 c_{\text{k}}}{\mathrm{d}x^2} - \frac{1 + \mathrm{i}k\omega\tau_{\text{p}}}{L_{\text{p}}^2} c_{\text{k}} = 0 . \tag{2.5}$$

Lösungen, die der Randbedingung (2.2) genügen, sind

$$c_{\text{k}} = A_{\text{k}} \exp\left(-\frac{x - x_2}{l_{\text{k}}}\right), \tag{2.6}$$

worin A_{k} Konstanten bezeichnen und

$$\frac{1}{l_{\text{k}}} = \frac{1}{L_{\text{p}}} (1 + \mathrm{i}k\omega\tau_{\text{p}})^{1/2} \tag{2.7}$$

gilt.

Die Konstanten A_{k} bestimmen sich aus der Randbedingung (2.1):

$$\sum_{-\infty}^{\infty} A_{\text{k}}\, \mathrm{e}^{\mathrm{i}k\omega t} = p_{\text{n}}(\mathrm{e}^{\alpha u(t)} - 1) = f(t) .$$

Hieraus ersieht man, daß die A_{k} die Koeffizienten der Fourier-Reihenentwicklung von $f(t)$ darstellen:

$$A_{\text{k}} = \frac{\omega}{2\pi} \int_{-\pi/\omega}^{+\pi/\omega} f(\zeta)\, \mathrm{e}^{-\mathrm{i}k\omega\zeta}\, \mathrm{d}\zeta . \tag{2.8}$$

Wenn man $\delta p(x, t)$ kennt, kann man die Stromdichte gemäß

$$j = j_p = -eD_p \left(\frac{\partial \delta p}{\partial x}\right)_{x=x_2} = eD_p \sum_{-\infty}^{\infty} \frac{A_k}{l_k} e^{ik\omega t} \tag{2.9}$$

finden.

Spielt die Injektion von Elektronen ins p-Gebiet eine merkliche Rolle, so stellt (2.9) nur einen Teil — die Löcherkomponente — des Stromes dar. Für den Elektronenanteil ergibt sich eine völlig analoge Formel, und die gesamte Stromdichte ist gleich der Summe beider Anteile.

Aus dem Gesagten ist ersichtlich, daß die Berechnung des Stromes auf die Bestimmung der Fourier-Koeffizienten der Funktion $f(t)$ hinausläuft. Der Term für $k = 0$ in der Summe (2.9) gibt hierbei einen konstanten Stromanteil an:

$$j_0 = \frac{eD_p}{L_p} A_0. \tag{2.10}$$

Wir betrachten nun den wichtigen speziellen Fall, daß die angelegte Spannung einen konstanten Anteil u_0 und einen veränderlichen Anteil $\tilde{u}$ besitzt, der sich harmonisch ändert,

$$u(t) = u_0 + u_1 e^{i\omega t}.$$

Die Amplitude u_1 nehmen wir als klein an, so daß $\alpha u_1 \ll 1$ gilt. Dann kann man $f(t)$ in eine Reihe nach Potenzen von $\tilde{u}$ entwickeln und sich auf die ersten beiden Glieder dieser Entwicklung beschränken:

$$\begin{aligned} f(t) &= p_n \left[e^{\alpha u_0}(1 + \alpha u_1 e^{i\omega t} + \cdots) - 1\right] \\ &= p_n(e^{\alpha u_0} - 1) + p_n \alpha e^{\alpha u_0} u_1 e^{i\omega t}. \end{aligned}$$

Indem wir diesen Ausdruck in (2.8) einsetzen, finden wir für die Fourier-Koeffizienten

$$A_0 = p_n(e^{\alpha u_0} - 1), \qquad A_1 = p_n \alpha e^{\alpha u_0} u_1, \qquad A_k = 0 \qquad (k \neq 0, 1).$$

Demgemäß liefern die Beziehungen (2.9), (2.4) und (2.7) für die Stromdichte

$$j = \frac{eD_p p_n}{L_p} (e^{\alpha u_0} - 1) + \frac{eD_p p_n}{L_p} e^{\alpha u_0} (1 + i\omega\tau_p)^{1/2} u_1 \alpha e^{i\omega t}. \tag{2.11}$$

Der erste Summand in diesem Ausdruck ist mit (1.4) identisch und gibt die konstante Komponente j_0 der Stromdichte an, die durch die konstante Spannung u_0 hervorgerufen wird. Der zweite Summand stellt die veränderliche Komponente $\tilde{j}$ der Stromdichte dar. Im betrachteten Fall kleiner u_1 ändert sich der Anteil $\tilde{j}$ harmonisch mit der Frequenz ω, höhere Harmonische treten in dieser ersten Näherung nicht auf.

Die gesamte Leitfähigkeit des p-n-Übergangs ist für kleine Wechselspannungen gleich

$$A \equiv \frac{1}{Z} = S \frac{\tilde{j}}{\tilde{u}} = S j_s \alpha e^{\alpha u_0} (1 + i\omega\tau_p)^{1/2}. \tag{2.12}$$

Hier ist Z die Impedanz des Übergangs, S die Fläche des p-n-Übergangs und $j_s = eD_p p_n / L_p$ die Sättigungsstromdichte im Sperrgebiet der statischen Kennlinie. Diesen Ausdruck kann man in noch bequemerer Form darstellen, indem man die Identität

$$(1 + i\omega\tau_p)^{1/2} = \frac{1}{\sqrt{2}} \left(\sqrt{\varrho + 1} + i \sqrt{\varrho - 1}\right), \quad \varrho = \sqrt{1 + \omega^2\tau_p^2}$$

benutzt. Dann gilt

$$A = \frac{S}{\sqrt{2}} j_s \alpha e^{\alpha u_0} \left(\sqrt{\varrho + 1} + i \sqrt{\varrho - 1}\right). \tag{2.12a}$$

Da der Imaginärteil der Leitfähigkeit Im $A > 0$ ist, eilen die Schwingungen $\tilde{j}$ den Schwingungen $\tilde{u}$ voraus, d. h., die Leitfähigkeit des p-n-Übergangs besitzt kapazitiven Charakter.

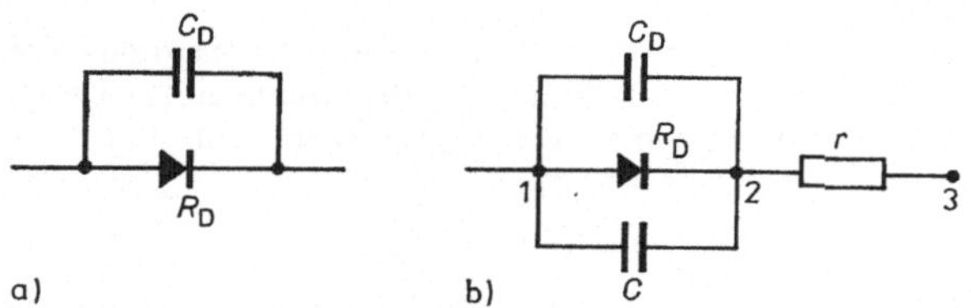

Abb. 8.3
Ersatzschaltbild eines idealen (a) und eines realen (b) p-n-Übergangs bei kleiner Wechselspannung

Aus (2.12a) folgt, daß der p-n-Übergang bei kleiner Wechselspannung als aktiver Widerstand R_D dargestellt werden kann, der gelegentlich auch als „Diffusionswiderstand" bezeichnet wird und einer parallel geschalteten Kapazität C_D („Diffusionskapazität") entspricht (Abb. 8.3a):

$$\frac{1}{R_D} = \operatorname{Re} A = \frac{S}{\sqrt{2}} j_s \alpha\, e^{\alpha u_0} \sqrt{\varrho + 1}, \tag{2.13a}$$

$$C_D = \frac{1}{\omega} \operatorname{Im} A = \frac{S}{\sqrt{2}\omega} j_s \alpha\, e^{\alpha u_0} \sqrt{\varrho - 1}.$$

Der physikalische Grund für das Auftreten einer Kapazität C_D besteht darin, daß bei Injektion im n-Gebiet (gegenüber dem Gleichgewicht) zusätzliche Löcher und im p-Gebiet zusätzliche Elektronen enthalten sind, deren Zahl von der angelegten Spannung abhängt. Deshalb muß bei jeder beliebigen Spannungsänderung Δu der Übergang einer bestimmten Ladung Δq erfolgen, was auch durch eine Kapazität beschrieben werden kann. Analog dazu tritt ein Diffusionswiderstand auf, da für die Umverteilung der Ladungsträger bei Injektion stets eine zusätzliche äußere Spannung erforderlich ist. Im Falle $\omega\tau_p \gg 1$ kann im allgemeinen keine Injektion erfolgen, und gemäß (2.13a) gilt C_D, $R_D \to 0$.

Bei allen vorangegangenen Überlegungen haben wir einige wichtige Besonderheiten nicht berücksichtigt. Erstens vernachlässigten wir überall den Verschiebungsstrom gegen den Konvektionsstrom. Bei sehr hohen Frequenzen kann dieser jedoch nicht immer außer acht gelassen werden. Der Existenz des Verschiebungsstromes kann man dadurch Rechnung tragen, daß man dem p-n-Übergang eine zusätzliche „Ladungskapazität" hinzufügt, wie sie von uns schon im Abschnitt 6.11. betrachtet wurde.

Zum zweiten berücksichtigten wir nicht den gewöhnlichen Widerstand des p- und n-Gebiets (Basis der Diode), der durch die Stöße der Elektronen und Löcher mit dem

Gitter bedingt ist. Deshalb hat das Ersatzschaltbild einer Diode mit p-n-Übergang die in Abb. 8.3b angegebene Gestalt. Hierbei ist C die Ladungskapazität und r der aktive Basiswiderstand.

Drittens haben wir angenommen, daß die Dicken d_p und d_n des p- bzw. n-Gebiets genügend groß sind, d. h. $d_p > L_n$, $d_n > L_p$, so daß sämtliche Überschußladungsträger rekombinieren können und nicht die Elektroden erreichen. Ist das nicht der Fall, so sind die erhaltenen Beziehungen nicht anwendbar. Die statische Kennlinie und die gesamte Wechselstromleitfähigkeit sind dann stark abhängig von den Eigenschaften der Elektroden, insbesondere von der Rekombinationsrate an der Grenzfläche Basis—Metallelektrode.

Viertens schließlich verlieren die abgeleiteten Ergebnisse ihren Wert, wenn die Amplitude der angelegten Wechselspannung nicht klein, wenn also die Bedingung $\alpha u_1 \ll 1$ verletzt ist. Wir verweilen jedoch bei diesen Fällen nicht weiter (vgl. z. B. [1]) und nehmen nur ein interessantes Ergebnis zur Kenntnis. Bei starker Injektion, $\delta p/(n_n + p_n) \gtrsim 1$, bleibt der Basiswiderstand nicht konstant, sondern wird durch die hindurchfließenden Injektionsladungsträger erheblich moduliert. Dieser Effekt kann dazu führen, daß die Spannungsänderungen nicht mehr, wie im Falle kleiner Spannungen, hinter den Stromänderungen zurückbleiben, sondern im Gegenteil ihnen vorauseilen. Mit anderen Worten, der p-n-Übergang wird sich dann wie eine Induktivität verhalten.

Wegen ihrer stark nichtlinearen Strom-Spannungs-Charakteristik werden p-n-Übergänge in breitem Umfang zur Gleichrichtung technischer Wechselströme sowie für den Empfang und die Erzeugung von hohen und höchsten Signalfrequenzen eingesetzt. Die Gleichungen (2.8) und (2.9) gestatten die Untersuchung der Abhängigkeit des gleichgerichteten Stromes von den Materialparametern sowie die Bestimmung der maximalen Arbeitsfrequenz der Diode. Diese Fragen gehören jedoch bereits in die Theorie der Halbleiterbauelemente und gehen über den Rahmen dieses Buches hinaus. Es ist lediglich darauf hinzuweisen, daß in Hochfrequenzdioden die Kontaktfläche und der Basiswiderstand möglichst klein zu machen sind.

Hingegen muß die Fläche des p-n-Übergangs in Leistungsgleichrichtern für Wechselströme niedriger Frequenz wegen der Stromverstärkung groß sein. Solche Gleichrichter müssen außerdem große Sperrspannungen aushalten, ohne durchzuschlagen. Dazu erweist sich die Vergrößerung der Dicke der Übergangsschicht (natürlich in den bekannten Grenzen) als vorteilhaft. Das wird beispielsweise in Strukturen der Art p-Gebiet—Eigenhalbleiter—n-Gebiet (p-i-n-Struktur) realisiert. Für die Herstellung von Leistungsgleichrichtern finden auch kompliziertere Systeme breite Anwendung, die mehrere p-n-Übergänge enthalten.

8.3. Tunneleffekte in p-n-Übergängen — Tunneldioden

Wird im p- bzw. n-Gebiet des p-n-Übergangs die Dotierungskonzentration der Elektronen bzw. Löcher auf Werte von $\sim 10^{18} \cdots 10^{19}\ \mathrm{cm}^{-3}$ erhöht, so treten neue Erscheinungen auf. Der anfängliche Teil des Durchlaßzweiges der Strom-Spannungs-Charakteristik wird nichtmonoton, und an ihn schließt sich ein abfallender Beitrag an, d. h., der Strom sinkt mit wachsender Spannung. In diesem Spannungsintervall ist die differentielle Leitfähigkeit $\sigma_d = \mathrm{d}i/\mathrm{d}u$ des Übergangs negativ. Die Ursache für dieses Verhalten des Stromes besteht darin, daß bei einer Vergrößerung der Ladungsträgerkonzentration die Dicke der Potentialbarriere des p-n-Übergangs verringert wird (vgl. Abschnitt 4.9.) und bei den angegebenen Konzentrationen mit der De-Broglie-Wellenlänge ($\sim 10^{-6}$ cm bei Zimmertemperatur) vergleichbar wird. Gleichzeitig wächst die zu dem Feld im Übergangsgebiet gehörende Spannung. Infolgedessen erhöht sich die Wahrscheinlichkeit für Tunnelübergänge der Elektronen und Löcher zwischen den Bändern beträchtlich (Abschnitt 4.6.). Dioden mit p-n-Übergängen der betrachteten Art werden *Tunneldioden* genannt.

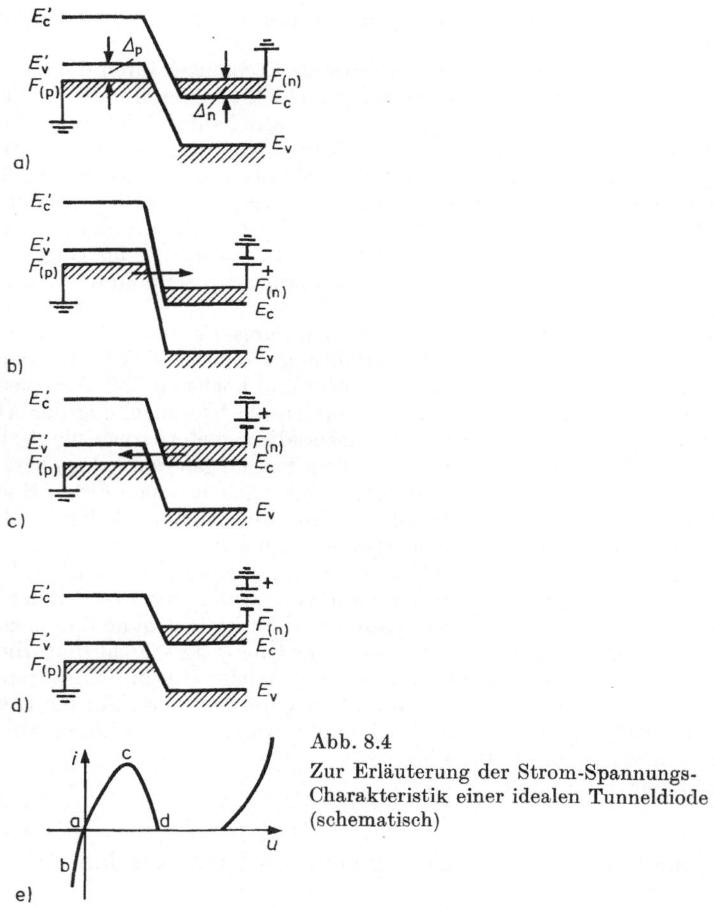

Abb. 8.4
Zur Erläuterung der Strom-Spannungs-Charakteristik einer idealen Tunneldiode (schematisch)

Die in Tunneldioden ablaufenden Prozesse lassen sich qualitativ anhand von Abb. 8.4. erklären, in der das Energieschema eines stark dotierten p-n-Übergangs bei unterschiedlichen Spannungen dargestellt ist. p- und n-Gebiet sind entartet, das Fermi-Niveau $F_{(n)}$ im n-Gebiet liegt im Innern des Leitungsbandes im Abstand Δ_n von der Bandkante und das Fermi-Niveau $F_{(p)}$ im p-Gebiet in einem Abstand Δ_p unterhalb der Valenzbandkante (Abb. 8.4a). Bei Abwesenheit einer äußeren Spannung gilt $F_{(n)} = F_{(p)}$, und der resultierende Strom ist gleich Null. Bei negativer äußerer Spannung (Abb. 8.4b, Pluspol am n-Gebiet) wird die Energie im n-Gebiet, bezogen auf das p-Gebiet, abgesenkt, und Elektronen aus dem p-Gebiet tunneln in das n-Gebiet. Der daraus resultierende Strom wächst mit steigender Spannung rasch an, da im p-Gebiet eine große Zahl von besetzten und im n-Gebiet eine große Zahl von unbesetzten Zuständen vorhanden ist.

Bei nicht zu großen positiven Spannungen gehen die Elektronen vom n- ins p-Gebiet über. In diesem Falle wächst der Strom jedoch nur bis zu einer gewissen Grenze mit der Spannung, da die Elektronen aus dem n-Gebiet nicht ins Leere der verbotenen Zone im p-Gebiet tunneln können. Deshalb erreicht der Strom bei einem

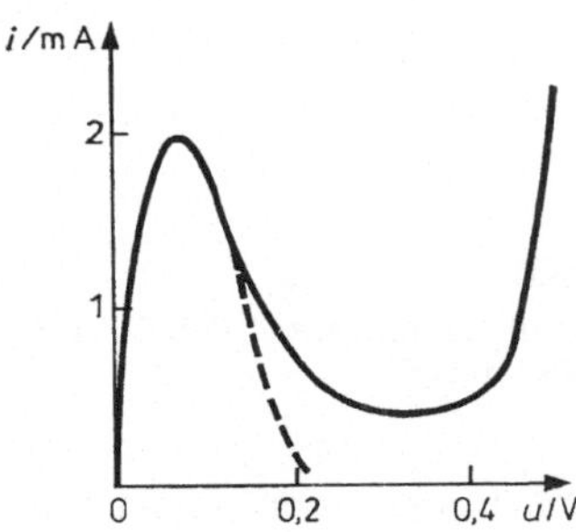

Abb. 8.5
Experimentell ermittelte Strom-Spannungs-Charakteristik einer Germanium-Tunneldiode 300 K, $\Delta_p = 6$ kT, $\Delta_n = 8$ kT
(Die gestrichelte Kurve entspricht der schematischen Darstellung von Abb. 8.4.)

gewissen Spannungswert sein Maximum (Abb. 8.4c) und sinkt danach wieder. Wenn E_c mit E_v' zusammenfällt, wird der Interband-Tunnelstrom Null. Bei weiterer Spannungserhöhung wird die Höhe der Potentialbarriere so stark verringert, daß normale Elektronenübergänge über die Barriere hinweg möglich werden und ein gewöhnlicher Diffusionsstrom fließen kann, wie er bereits früher betrachtet wurde. Die Strom-Spannungs-Charakteristik dieses Modells ist in Abb. 8.4e dargestellt.

Wir stellen also fest: Spielt der Tunneleffekt in einem p-n-Übergang eine wesentliche Rolle, so entstehen große Ströme bei negativen Spannungen, und die Gleichrichtungswirkung ist folglich im Vergleich zu den üblichen „breiten" Übergängen gerade entgegengesetzt.

Die Berechnung der Strom-Spannungs-Charakteristik eines dünnen p-n-Übergangs ist sehr kompliziert, da das elektrische Feld im Übergangsgebiet nicht konstant ist. Es hat sein Maximum auf einer bestimmten Fläche innerhalb der Barriere und nimmt stetig zu ihren Grenzen hin ab. Obwohl man die Feldverteilung berechnen kann, erweist sich eine quantitative Theorie der Tunneldiode als sehr schwierig und erfordert numerische Rechnungen.

Der Vergleich von theoretischen und experimentellen Strom-Spannungs-Charakteristiken von Tunneldioden zeigt, daß das oben betrachtete Modell die beobachteten Gesetzmäßigkeiten nur angenähert beschreibt (Abb. 8.5). Der wesentlichste Unterschied besteht darin, daß für Spannungen, die für den fallenden Zweig der Strom-Spannungs-Charakteristik verantwortlich sind, die Stromdichte größer ist als theoretisch vorausgesagt und nicht gegen Null geht, wenn die Kanten der Energiebänder übereinstimmen (Abb. 8.4d). Die Differenz $j_{\text{exp}} - j_{\text{theor}}$ wird als *Reststrom* der Tunneldiode bezeichnet.

Die Experimente zeigen, daß der Reststrom bei sonst gleichen Bedingungen mit der Konzentrationserhöhung von Störstellen zunimmt, die tiefe Energieniveaus für die

Elektronen bilden. Daraus folgt, daß eine der Ursachen für diesen Reststrom in zusätzlichen Tunnelübergängen unter Beteiligung von Störstellen besteht. In Abb. 8.6 sind zwei Arten derartiger Übergänge gezeigt. So kann ein Elektron aus dem Leitungsband zunächst von einem unbesetzten lokalen Energieniveau E_{t1} (Übergang 1) eingefangen werden und anschließend in einem isoenergetischen Tunnelübergang (2) ins Valenzband gelangen. Eine andere Möglichkeit besteht darin, daß das Elektron zuerst einen Tunnelübergang aus dem Leitungsband in ein entsprechend günstig gelegenes lokales Niveau E_{t2} (Übergang 3) vollzieht und anschließend an das Valenzband abgegeben wird (Übergang 4). Es sind auch andere, noch kompliziertere Übergänge möglich.

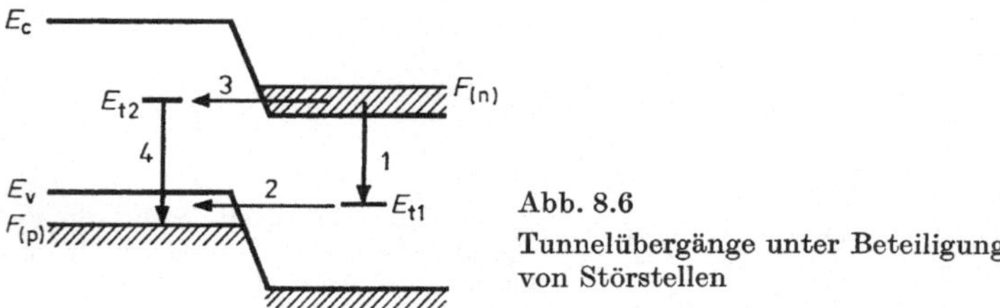

Abb. 8.6
Tunnelübergänge unter Beteiligung von Störstellen

Eine andere Ursache, die zu einem Reststrom führen kann, hängt mit der Veränderung des Energiespektrums eines Halbleiters bei starker Dotierung zusammen. Das wird in Abschnitt 19.5. näher betrachtet.

Aus der Wirkungsweise der Tunneldiode ist ersichtlich, daß die in ihr ablaufenden Prozesse von den Majoritätsladungsträgern getragen werden und eine Rekombination (wie in breiten p-n-Übergängen) keine wesentliche Rolle spielt. Deshalb wird die charakteristische Zeit in Tunnelübergängen nicht durch die Lebensdauer τ der Nichtgleichgewichtsladungsträger bestimmt, sondern durch die Maxwellsche Relaxationszeit $\tau_M = \varepsilon/4\pi\sigma$. Diese ist gewöhnlich viel kleiner als τ und hat z. B. für $\sigma \sim 1$ $(\Omega\ \mathrm{cm})^{-1}$ die Größenordnung 10^{-12} s. Folglich liegt die theoretische Grenze der Frequenz, bis zu der Tunneldioden arbeiten, bei $\omega_{\mathrm{grenz}} \sim 1/\tau_M$, also viel höher als in breiten (Diffusions-) p-n-Übergängen. Tatsächlich wird die Grenzfrequenz realer Tunneldioden jedoch aufgrund parasitärer Kapazitäten und Induktivitäten der Diodenhalterung verringert, obgleich sie in guten Dioden $\sim 10^{10}$ Hz erreichen kann.

Die verschiedenen Anwendungen der Tunneldioden basieren auf der Nutzung des fallenden Teils der Strom-Spannungs-Charakteristik. Dabei ist das Verhältnis der Ströme $i_{\max}/i_{\min}$ sowie die maximale Größe der negativen differentiellen Leitfähigkeit $|\mathrm{d}i/\mathrm{d}u|_{\max}$ wichtig. Je größer diese Kenngrößen sind und je höher die Grenzfrequenz liegt, um so höher ist die Qualität der Diode.

Die Existenz einer negativen differentiellen Leitfähigkeit gestattet die Benutzung von Tunneldioden zur Verstärkung und Erzeugung von elektrischen Schwingungen im Mikrowellenbereich, zur Frequenzmischung in Superheterodyne-Empfängern (wobei im Unterschied zu gewöhnlichen Mischgliedern hier die Möglichkeit zur Kompensation von Umwandlungsverlusten besteht), als schnelle Schalter für Rechenanlagen und für andere Zwecke.

8.4. Der Bipolartransistor

Eine der wichtigsten technischen Anwendungen, die in entscheidendem Maße die Entwicklung der modernen Halbleiterphysik stimulierte, besteht in der Nutzung von Halbleitern zur Verstärkung und Erzeugung elektrischer Schwingungen. Bauelemente für derartige Zwecke werden allgemein als Transistoren[1]) bezeichnet.

Ein spezieller, häufig verwendeter Transistor ist die bipolare[2]) Halbleitertriode. Ihr Arbeitsteil besteht aus einer (im allgemeinen einkristallinen) Halbleiterscheibe, in der durch geeignete Dotierung zwei dicht benachbarte p-n-Übergänge hergestellt werden (vgl. Abb. 8.7). Das Gebiet zwischen den beiden Übergängen wird als Basis des

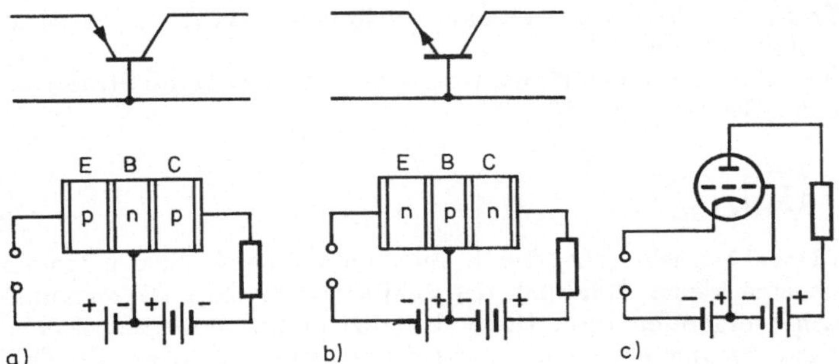

Abb. 8.7
Bipolarer p-n-p- (a) bzw. n-p-n- (b) Transistor in Basisschaltung und analoge Schaltung mit einer Triode (c). Über den Transistorschaltungen sind die üblichen Schaltzeichen angegeben.

Transistors bezeichnet, die angrenzenden Gebiete heißen Emitter bzw. Kollektor. Ein derartiges System kann man realisieren, indem man an Emitter und Kollektor Löcherleitung und an der Basis Elektronenleitung erzeugt, also als p-n-p-Typ (Abb. 8.7a) oder aber als n-p-n-Typ (Abb. 8.7b). Die physikalischen Prozesse sind in beiden Fällen völlig analog, so daß wir im weiteren der Einfachheit halber nur p-n-p-Strukturen betrachten werden.

Um das Wirkungsprinzip des Transistors zu erklären, ist es zweckmäßig, zunächst die in Abb. 8.7 gezeigte Schaltungsart ins Auge zu fassen, bei der Emitter- und Basiskreis eine gemeinsame Elektrode besitzen (Basisschaltung). Wir setzen des weiteren konstante oder langsam veränderliche Ströme voraus. Zwischen Emitter und Basis wird eine niedrige Gleichspannung angelegt, so daß Löcher aus dem Emitter ins Basisgebiet injiziert werden. Gilt für die Breite w der Basis, d. h. für den Abstand zwischen den Grenzen des Emitter- und Kollektor-p-n-Übergangs, $w < L_p$, wobei L_p die Diffusionslänge der Löcher in der Basis bezeichnet, dann wird ein beträchtlicher Teil dieser injizierten Löcher nicht rekombinieren, sondern zum Kollektorübergang gelangen.

---

[1]) Die Bezeichnung „Transistor" entstand aus der Verbindung der Silben der englischen Wörter „transfer" (übertragen) und „resistor" (Widerstand).

[2]) „Bipolar" weist darauf hin, daß in dem Bauelement Injektionserscheinungen ausgenutzt werden und deshalb die bipolare Leitfähigkeit des Halbleiters erforderlich ist.

Legt man nun an den Kollektor eine hohe Gegenspannung an (Kollektorpotential ist negativ bezüglich der Basis), so wird im Kollektorübergang ein starkes elektrisches Feld aufgebaut, das die Löcher ins Kollektorgebiet saugt. Das bedeutet, daß alle Löcher, die den Kollektorübergang erreichen, in den Kollektor gelangen und somit zum Strom im Kollektorkontakt beitragen. Über die injizierten Löcher sind also beide Kontakte miteinander verbunden, d. h., eine Stromänderung im Emitterkontakt bewirkt eine bestimmte Stromänderung im Basiskontakt. Insofern ähnelt der Transistor sehr der Vakuumtriode, wobei der Emitter die Rolle der Katode und der Kollektor die Rolle der Anode spielt und an die Stelle des Steuergitters die Basis tritt (Abb. 8.7c). Ebenso wie in der Vakuumtriode erfolgt die Schwingungsverstärkung auf Kosten der Energie der eingeschalteten Gleichspannungsquelle. Der soeben beschriebene Transistoreffekt wurde im Jahre 1948 von J. BARDEEN, W. H. BRATTAIN und W. SHOCKLEY entdeckt.

Eine wichtige Kenngröße des Transistors ist der Koeffizient der Stromverstärkung, der im Falle der Basisschaltung durch

$$\alpha = \left(\frac{\Delta i_c}{\Delta i_e}\right)_{u_c=\text{const}} \tag{4.1}$$

definiert ist. Dabei bezeichnet Δi_c den Betrag einer kleinen Kollektorstromänderung, wie sie durch eine kleine Änderung des Emitterstroms Δi_e bei konstanter Basisspannung u_c hervorgerufen wird. Dieser Koeffizient ist von wesentlichem Einfluß auf die Transistorparameter in den verschiedenen Schaltungsarten. Die Größe von α hängt von den Eigenschaften des Emitter-, Basis- und Kollektorgebietes ab, und zwar in erster Linie von der Konzentration der Gleichgewichtsladungsträger, aber auch von den Rekombinationsprozessen im p-n-Übergang von Basis und Emitter. Den gesamten Emitterstrom i_e kann man gemäß (1.1) folgendermaßen darstellen:

$$i_e = i_{pe} + i_{ne} + i_r.$$

Hier bedeutet $i_{pe} = i_n^p(x_2)$ den Löcherstrom, der aus dem Emitter in die Basis an der Grenze des Emitter-Basis-Übergangs bei $x = x_2$ fließt (vgl. Abb. 8.1); $i_{ne} = i_n^p(-x_1)$ ist der Elektronenstrom aus der Basis in den Emitter an der Grenze des Übergangs bei $x = -x_1$, und i_r bezeichnet den Rekombinationsstrom im Innern des Emitter-p-n-Übergangs. Da zum Kollektor nur Löcher fließen, ändern sich die Anteile i_{ne} und i_r nicht und sind insofern nutzlos. Das Verhältnis

$$\xi_e = \frac{i_{pe}}{i_e} = \frac{i_{pe}}{i_{pe} + i_{ne} + i_r} \tag{4.2}$$

wird Emittereffektivität genannt. Je näher ξ_e an 1 liegt, um so höher ist die Qualität des Emitters.

Aufgrund von Rekombinationsprozessen im Basisgebiet gilt für den Löcherstrom im Kollektorübergang $i_{pc} < i_{pe}$. Der Einfluß der Rekombination in der Basis läßt sich durch den Transferkoeffizienten der Löcher

$$\beta = \frac{i_{pc}}{i_{pe}} \tag{4.3}$$

charakterisieren. Er liegt um so näher an Eins, je kleiner das Verhältnis w/L_p ist.

Schließlich ist zu berücksichtigen, daß der gesamte Kollektorstrom aus einem Löcher- und einem Elektronenanteil besteht. Setzt man

$$\xi_c = \frac{i_{pc}}{i_c} = \frac{i_{pc}}{i_{pc} + i_{nc}}, \tag{4.4}$$

so gilt für den gesamten Kollektorstrom $i_c = i_{pc}/\xi_c$. Die Größe $1/\xi_c$ wird gelegentlich als innerer Verstärkungskoeffizient des Kollektorstroms bezeichnet. Mit den eingeführten Begriffen kann der Koeffizient α in folgender Weise dargestellt werden:

$$\alpha = \frac{\Delta i_{pc}}{\Delta i_{pe}} \frac{\xi_e}{\xi_c} = \beta \frac{\xi_e}{\xi_c}. \tag{4.5}$$

Bei Bipolartransistoren ist anzustreben, daß die Basisbreite möglichst klein gegen die Diffusionslänge wird, damit bei positivem Emitterpotential die Löcherkonzentration in der Basis bedeutend größer als im Gleichgewicht ist. Deshalb ist gewöhnlich $i_{pc} \gg i_{nc}$, und folglich kann man $\xi_c \simeq 1$ annehmen.

Wegen $\xi_c < 1$ und $\beta < 1$ gilt auch $\alpha < 1$, d. h., in der hier betrachteten Schaltung mit gemeinsamer Basis ist keine Stromverstärkung möglich. Dagegen kann die Spannungsänderung im Arbeitswiderstand am Kollektorkontakt $\Delta u_c = R_c \cdot \Delta i_c$ bei entsprechend großem R_c bedeutend größer als die Änderung der Emitterspannung Δu_e sein, so daß eine beträchtliche Spannungsverstärkung möglich ist.

Durch die Basiselektrode fließt außerdem noch ein gewisser Strom

$$i_b = i_e - i_c. \tag{4.6}$$

Dieser Strom ist durch die Elektronenkomponenten der Ströme i_{ne} und i_{nc} sowie durch die Rekombination der Löcher und Elektronen in der Basis bedingt, denn für die Aufrechterhaltung dieser Rekombination ist ein konstanter Zufluß von Elektronen ins Basisgebiet erforderlich.

Im Falle $\xi_e = \xi_c = \beta = 1$ könnten wir $i_b = 0$ erhalten. In realen Transistoren ist jedoch $i_b \neq 0$, allerdings $i_b \ll i_e, i_c$.

In den Abbildungen 8.8 und 8.9 sind zwei weitere Schaltungsarten des Transistors gezeigt.

In der Emitterschaltung (Abb. 8.8) dient der Basistrom i_b als Steuerstrom, und der Strom im Ausgangskontakt ist i_c. Dementsprechend wird in dieser Schaltung der Stromverstärkungskoeffizient durch

$$\alpha_e = \left(\frac{\Delta i_c}{\Delta i_b}\right)_{u_{ab}} = \text{const} \tag{4.7}$$

definiert.

In der Kollektorschaltung (Abb. 8.9) ist der Stromverstärkungskoeffizient

$$\alpha_c = \left(\frac{\Delta i_c}{\Delta i_b}\right)_{u_{ab}} = \text{const}. \tag{4.8}$$

Im Gegensatz zur Basisschaltung kann in den beiden zuletzt genannten Schaltungsarten die Stromverstärkung bedeutend größer als Eins sein, weil der Steuerstrom i_b viel kleiner als der Ausgangsstrom i_c bzw. i_e ist. Deshalb entsprechen bedeutenden Änderungen des Ausgangsstromes nur geringfügige Änderungen des Steuerstromes.

Zu einer quantitativen Theorie des Bipolartransistors gelangt man unter Verwendung der in Abschnitt 7.3 angeführten Grundgleichungen (Kontinuitätsgleichung und Poisson-Gleichung) und entsprechender Bedingungen an den Grenzen jedes p-n-Überganges.

Für schmale Übergänge nehmen die Grenzbedingungen die Form (7.6.1) an. Auf diese Weise kann man die Verteilung der Löcher (Elektronen) im Basisgebiet ermitteln und die Ströme i_e und i_c als Funktion der Spannungen u_e und u_c von Emitter und Kollektor bezüglich der Basis berechnen. So können alle Parameter des Transistors als aktiver Vierpol bestimmt werden. Wir wollen uns jedoch mit den dazu erforderlichen langen Rechnungen, die man in Büchern zur Halbleitertechnik [1, 2] finden kann, nicht aufhalten.

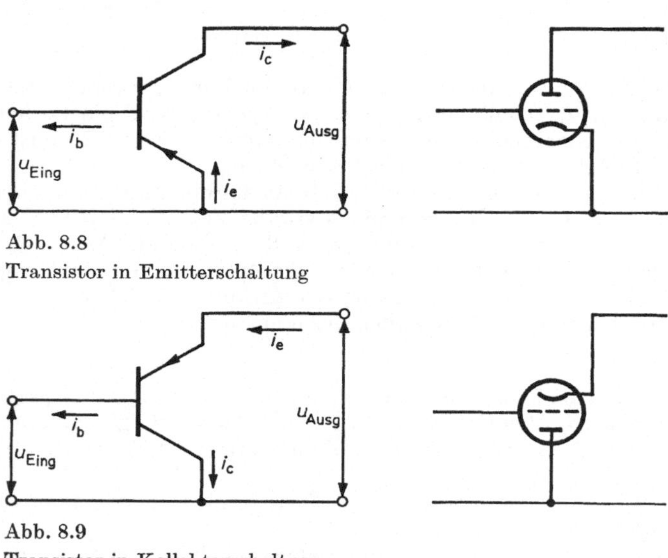

Abb. 8.8
Transistor in Emitterschaltung

Abb. 8.9
Transistor in Kollektorschaltung

Der oben betrachtete Bipolartransistor stellt nur einen Typ von halbleitenden Verstärkern dar, die auf Injektionserscheinungen basieren. Es gibt andere Halbleiterbauelemente für derartige Zwecke, die z. T. auf Prinzipien basieren, bei denen Injektionsvorgänge keine Rolle spielen. Wir erinnern nur an die vorher besprochenen Tunneldioden. Hierher gehören aber auch die sogenannten Feldeffekttransistoren, in denen zur Steuerung des Ausgangsstromes die Modulation der Breite der Raumladungsschicht mit Hilfe einer Spannung benutzt wird, sowie andere Bauelemente.

8.5. Heteroübergänge

Bisher haben wir p-n-Übergänge betrachtet, die an ein und demselben Einkristall durch geeignete Dotierung gewonnen wurden. In derartigen Übergängen, die oft als Homoübergänge bezeichnet werden, haben wir es im p- und n-Gebiet mit demselben Kristallgitter und demzufolge mit gleichen Charakteristika, wie z. B. der Breite der verbotenen Zone, zu tun.

Jetzt wollen wir uns kurz mit Kontakten zweier verschiedener Halbleiter, den sogenannten Heteroübergängen, befassen.

Heteroübergänge kann man erhalten, indem man eine einkristalline Halbleiterschicht auf die einkristalline Unterlage aus einem anderen Halbleiter aufwachsen läßt. Dieses Aufwachsen kann verständlicherweise nicht für alle beliebigen Paare von Halbleitern ohne erhebliche Störungen der einkristallinen Struktur erfolgen, weil dafür bestimmte Beziehungen zwischen den Kristallgittern vorhanden sein müssen. Heteroübergänge lassen sich beispielsweise aus folgenden Halbleiterpaaren herstellen: Ge—GaAs, GaAs—$Ga_xAl_{1-x}As$, GaAs—$GaAs_xP_{1-x}$, CdTe—CdSe.

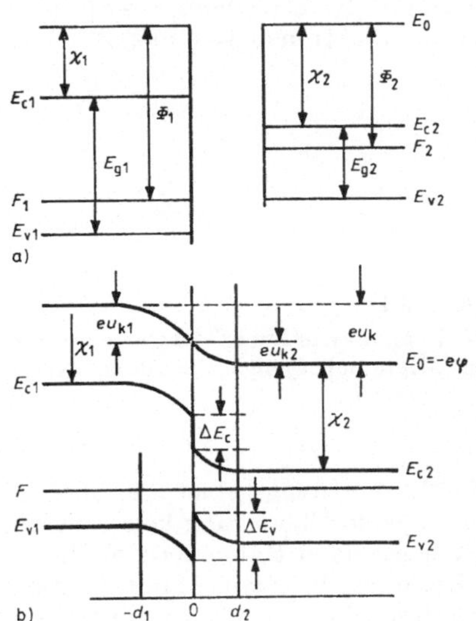

Abb. 8.10
Energieschema zweier verschiedener Halbleiter vor dem Kontakt (a) und p-n-Heteroübergang (b)
E_g — Breite der verbotenen Zone, χ — Elektronenaffinität, Φ — Austrittsarbeit, u_k — Kontaktpotentialunterschied, E_0 — Ruhenergie des Elektrons im Vakuum

In Abhängigkeit von den Störstellen kann man sowohl einen gleichen Leitungstyp („isotype Heteroübergänge") der Struktur n—n^+, p—p^+ usw. als auch einen unterschiedlichen Leitungstyp („anisotype Heteroübergänge") p—n, p—n^+ usw. realisieren.

Das Energieschema von Heteroübergängen, in dem die „Bandverbiegungen" und die entstehenden Potentialbarrieren dargestellt sind, weist gegenüber dem von Homoübergängen Besonderheiten auf. Dieses Schema läßt sich folgendermaßen konstruieren. Wir wollen dazu einen bestimmten anisotypen Übergang ins Auge fassen, der aus einem breitlückigen p-Halbleiter und einem schmallückigen n-Halbleiter gebildet wird. Das Energieschema beider Halbleiter vor Bildung des Übergangs ist in Abb. 8.10a dargestellt. Nach der Herstellung des Heteroübergangs ergibt sich das in Abb. 8.10b gezeigte Schema. Bei Abwesenheit von Strömen muß wie immer das Fermi-Niveau in beiden Halbleitern gleich sein, so daß zwischen ihnen eine Kontaktpotentialdifferenz $u_k = (\Phi_1 - \Phi_2)/e$ entsteht. Das Vakuumenergieniveau ist jetzt durch die Kurve $E_0 = -e \cdot \varphi(x)$ gegeben, wobei $\varphi(x)$ das von den Raumladungsschichten an der Grenze gebildete elektrostatische Potential ist. Wenn wir von E_0 den Abstand χ_1 bzw. χ_2 nach unten abtragen, erhalten wir die Lage des Leitungsbandes für beide Halbleiter. Da χ_1 und χ_2 im allgemeinen voneinander verschieden sind, entsteht im Unterschied zu Homoübergängen an der Grenze $x = 0$ im Leitungsband ein Sprung von $\Delta E_c = E_c(+0) - E_c(-0)$. Die Lage der Valenzbänder erhalten wir auf analoge Weise, indem wir den Abstand E_{g1} bzw. E_{g2} vom Niveau $E_c(x)$ aus abtragen. Auch hier tritt in der Fläche $x = 0$ ein Sprung von $\Delta E_v = E_v(+0) - E_v(-0)$ auf. Dieser Sprung kann in Form eines Kelches (Abb. 8.10b, ΔE_c) oder eines Hakens (Abb. 8.10b, ΔE_v) ausgeprägt sein, je nach dem Verhältnis zwischen den Elektronenaffinitäten χ_1 und χ_2 bzw. den Bandlücken E_{g1} und E_{g2}.

In Abb. 8.11 ist als anderes Beispiel ein isotyper Heteroübergang (auch im Gleichgewicht) dargestellt. Dort entsteht der „Haken" im Leitungsband und der „Kelch" im Valenzband. Hier liegt das Fermi-Niveau in der Umgebung des Sprunges ΔE_c im Leitungsband, d. h., in dieser Schicht ist das Elektronengas entartet.

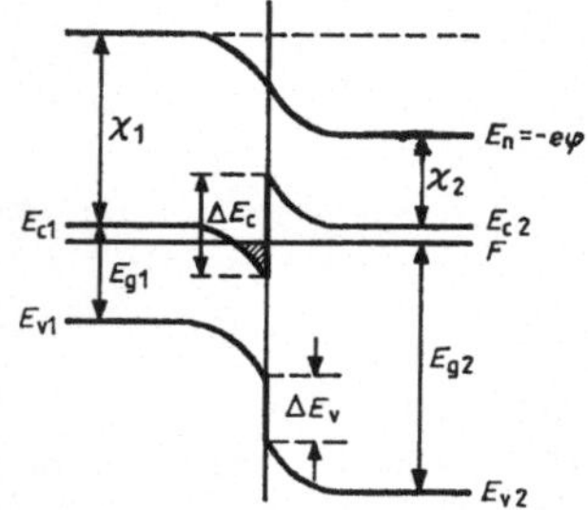

Abb. 8.11
Beispiel für das Energieschema eines isotypen n-n-Heteroübergangs. Das Anregungsgebiet ist schraffiert.

Der Bandverlauf $E_c(x)$ bzw. $E_v(x)$ im Raumladungsgebiet wie auch die Bandsprünge ΔE_c und ΔE_v lassen sich durch folgende Überlegung konstruieren: Die gesamte Kontaktpotentialdifferenz u_k zwischen beiden Halbleitern zerfällt in die Anteile u_{k1} und u_{k2} (Abb. 8.10). Wenn die Dotierung in beiden Halbleitern bekannt ist (d. h. ihre Konzentration und die energetische Lage der Störstellenniveaus), dann läßt sich die Raumladung $\varrho(\varphi)$ als Funktion des Potentials φ berechnen, und durch Integration der Poisson-Gleichung findet man die räumliche Verteilung der Potentiale $\varphi_1(x, u_{k1})$ und $\varphi_2(x, u_{k2})$ in jedem der beiden Halbleiter. Diese Verteilung hängt wegen der zu berücksichtigenden Randbedingungen auch von u_{k1} bzw. u_{k2} ab. Aus der Stetigkeitsbedingung der Normalkomponente der dielektrischen Verschiebung an der Trennfläche, d. h., aus

$$\varepsilon_1 \left. \frac{\mathrm{d}\varphi_1}{\mathrm{d}x} \right|_{x=0} = \varepsilon_2 \left. \frac{\mathrm{d}\varphi_2}{\mathrm{d}x} \right|_{x=0} \tag{5.1}$$

lassen sich somit u_{k1} und u_{k2} und folglich auch die Potentialverteilung sowie die Lage der Energiebänder bestimmen.

Im folgenden sollen die vorangegangenen Ausführungen am Beispiel des in Abb. 8.10 dargestellten p-n-Heteroübergangs verdeutlicht werden. Der Einfachheit halber setzen wir flache, vollständig ionisierte Donatoren und Akzeptoren voraus, deren Konzentration außerhalb des Übergangsgebietes mit p_0 bzw. n_0 bezeichnet werde. In diesem Fall entsteht in beiden Halbleitern eine Verarmungs-Raumladungsschicht, und deshalb benutzen wir die Näherung der vollständig verarmten Schicht. Dann können wir sofort die Resultate aus Abschnitt 6.9. verwenden, wobei allerdings zu beachten ist, daß in unserem Falle die Dielektrizitätskonstanten in den beiden Gebieten unterschiedlich sind. Mit Gl. (6.9.8) gilt also

$$\begin{aligned} \varphi_1(x) &= u_1 + \frac{2\pi e p_0}{\varepsilon_1}(x + d_1)^2 \qquad \text{(p-Gebiet)}, \\ \varphi_2(x) &= u_2 - \frac{2\pi e n_0}{\varepsilon_2}(x - d_2)^2 \qquad \text{(n-Gebiet)}, \end{aligned} \tag{5.2}$$

wobei u_1 und u_2 die Werte des Potentials bei $x = -d_1$ und $x = d_2$ sind. Wir setzen (5.2) in die Bedingung (5.1) ein und finden

$$\frac{d_1}{d_2} = \frac{n_0}{p_0}. \tag{5.3}$$

Weiterhin ergibt sich aus (5.2) mit $x = 0$

$$\begin{aligned} \varphi_1(0) - u_1 &= u_{k1} = \frac{2\pi e p_0}{\varepsilon_1} d_1^2, \\ u_2 - \varphi_2(0) &= u_{k2} = \frac{2\pi e n_0}{\varepsilon_2} d_2^2. \end{aligned} \tag{5.4}$$

Daraus erhält man unter Berücksichtigung von (5.3)

$$\frac{u_{k1}}{u_{k2}} = \frac{n_0}{p_0}\frac{\varepsilon_2}{\varepsilon_1}. \tag{5.5}$$

Die gesamte Kontaktpotentialdifferenz ist gleich

$$u_k = u_{k1} + u_{k2} = 2\pi e \frac{n_0 d_2^2}{\varepsilon_2} + \frac{p_0 d_1^2}{\varepsilon_1}. \tag{5.6}$$

Aus (5.6) und (5.3) finden wir für die Breite der Raumladungsschichten folgende Ausdrücke:

$$\begin{aligned} d_1 &= \sqrt{\frac{\varepsilon_1 \varepsilon_2 n_0 u_k}{2\pi e p_0(n_0\varepsilon_2 + p_0\varepsilon_1)}}, \\ d_2 &= \sqrt{\frac{\varepsilon_1 \varepsilon_2 p_0 u_k}{2\pi e n_0(n_0\varepsilon_2 + p_0\varepsilon_1)}}. \end{aligned} \tag{5.7}$$

Durch die Relationen (5.2) bis (5.7) sind die Potentialverteilung $\varphi(x)$, die Krümmung der Energiebänder $-e \cdot \varphi(x)$, die Breiten d_1 und d_2 der Raumladungsschichten sowie das Verhältnis u_{k1}/u_{k2} der Potentialdifferenzen in beiden Halbleitern vollständig bestimmt.

Die untersuchten Energieschemata stellen Idealisierungen dar, weil lokale Energieniveaus der Elektronen an der Grenze nicht berücksichtigt wurden. Diese lokalen Niveaus entstehen bei beliebigen Störungen der Periodizität des Gitterpotentials, wie z. B. an der freien Oberfläche des Kristalls (vgl. Kapitel 10.), aber auch an der Grenze des Heteroübergangs wegen der Ungleichheit der Kristallgitter beider Halbleiter. Wenn die Konzentration der Oberflächenniveaus groß ist, kann an der Grenzfläche eine beträchtliche elektrische Ladung gebildet werden, was zu einer wesentlichen Verzerrung des energetischen Profils des Heteroübergangs Anlaß gibt.

Die Oberflächenniveaus ermöglichen zusätzliche Elektronenübergänge im Heteroübergang. In Abb. 8.12 ist ein schematisiertes Beispiel eines Energieschemas für einen n-p-Heteroübergang bei Berücksichtigung von Oberflächenniveaus E_s dargestellt. Bei positiver äußerer Spannung und fehlenden Oberflächenniveaus erfolgen Elektronenübergänge in den Halbleiter 2 nur oberhalb der Barriere (Übergang 1), wo sie dann mit freien Löchern rekombinieren. Die Löcher bewegen sich in umgekehrter Richtung ebenfalls nur oberhalb der Barriere (Übergang 1') und rekombinieren im Halbleiter 1 mit freien Elektronen. Bei Anwesenheit von Oberflächenniveaus können Elektronen und Löcher in diese Niveaus tunneln (Übergänge 2 und 2'). Indem die Elektronen anschließend über eine Kette von Oberflächenniveaus nach unten fallen, können sie schließlich mit Löchern rekombinieren. Beim Vorhandensein von Oberflächenniveaus sind also kompliziertere Übergänge möglich.

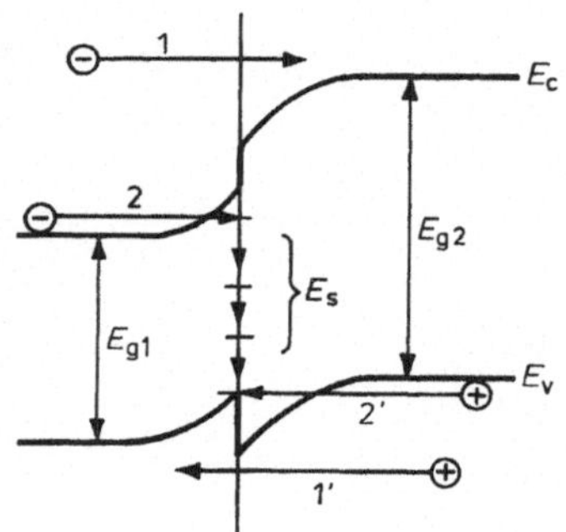

Abb. 8.12
Heteroübergang bei Anwesenheit von Oberflächenniveaus an der Grenzfläche

Der Einsatz von Heteroübergängen kann in bestimmten Halbleiterbauelementen vorteilhafter als die Verwendung von Homoübergängen sein. So läßt sich z. B. in Heteroübergängen eine einseitige Injektion realisieren, bei der nur eines der Gebiete (des Heteroübergangs) mit Ladungsträgern angereichert wird. Die Effektivität $\xi = j_{n0}/(j_{n0} + j_0)$ solcher Übergänge kann nahe Eins liegen.

Wenn man an einen Heteroübergang, der aus einem breitlückigen n-Halbleiter, einer dünnen Schicht aus einem schmallückigen Halbleiter und einem breitlückigen p-Halbleiter besteht, eine große positive Spannung anlegt, kann man in der Mittelschicht leichter ein hohes Injektionsniveau erzielen als in einem normalen Homoübergang. Diese Besonderheit ist im Hinblick auf die Herstellung von Halbleiter-Quantengeneratoren (Lasern) von Bedeutung.

Mit Hilfe von Heteroübergängen lassen sich Photoelemente mit scharf begrenzter spektraler Empfindlichkeit und höherer Ausbeute (s. Abschnitt 11.5.) sowie andere Halbleiterbauelemente herstellen. Ein Nachteil von Heteroübergängen besteht in ihrer wesentlich komplizierteren Herstellungstechnologie.

9. Rekombinationsstatistik von Elektronen und Löchern

9.1. Die verschiedenen Typen von Rekombinationsprozessen

Bei der Untersuchung von Nichtgleichgewichtszuständen der Elektronen (Kapitel 7.) führten wir den Begriff der mittleren Lebensdauer τ_n bzw. τ_p der Überschußelektronen bzw. -löcher ein, ohne uns jedoch dafür zu interessieren, wovon diese Zeiten abhängen. Das Experiment zeigt unter anderem, daß sich τ_n und τ_p innerhalb außerordentlich weiter Grenzen verändern können — von mehreren Stunden bis zu 10^{-8} s und weniger. In diesem Kapitel wollen wir uns nun ausführlicher mit Rekombinations- und Generationsprozessen von Nichtgleichgewichtsladungsträgern befassen und dabei die physikalischen Ursachen klären, die die Lebensdauer beeinflussen.

Die Rekombinationsprozesse teilt man zweckmäßigerweise in 2 Klassen ein: 1. direkte Band-Band-Rekombination und 2. Rekombination unter Beteiligung von Störstellen und Defekten. Im ersten Fall rekombiniert ein freies Elektron des Leitungsbandes mit einem freien Loch aus dem Valenzband in einem einzigen Rekombinationsakt. Bei den Prozessen der zweiten Klasse rekombinieren freie Elektronen mit Löchern, die an Störstellen oder Defekte gebunden sind und ebenso freie Löcher mit gebundenen Elektronen. Zunächst wollen wir bei der Band-Band-Rekombination verweilen. Beim Übergang eines Elektrons aus dem Leitungs- ins Valenzband müssen stets die Erhaltungssätze für Energie und Quasiimpuls erfüllt sein. Wenn also E' und $\boldsymbol{k}'$ die Energie und den Quasiwellenvektor des Elektrons im Anfangszustand (Leitungsband) bezeichnen und E und $\boldsymbol{k}$ die entsprechenden Größen im Endzustand (Valenzband) sind, so müssen die Relationen

$$E'(\boldsymbol{k}') = E(\boldsymbol{k}) + \Delta E, \tag{1.1}$$

$$\hbar\boldsymbol{k}' = \hbar\boldsymbol{k} + \Delta\boldsymbol{p} \tag{1.2}$$

erfüllt sein. Dabei ist ΔE die in einem Elementarakt freigesetzte Energie und $\Delta\boldsymbol{p}$ die Änderung des Quasiimpulses des Elektrons bei dem Übergang. Da der Quasiimpuls im Anfangs- und Endzustand in der 1. Brillouin-Zone liegen muß, kann die rechte Seite von (1.2) noch einen zusätzlichen Term $\hbar\boldsymbol{b}$ enthalten, der hier nicht explizit hervorgehoben wird. Die direkte Elektron-Loch-Rekombination ist nur möglich, wenn die Elektronen den Energieüberschuß ΔE abgeben können und die Quasiimpulsänderung $\Delta\boldsymbol{p}$ entsprechend den Erhaltungssätzen (1.1) und (1.2) gewährleistet ist.

Es gibt nun verschiedene Prozesse, die die Erfüllung der Erhaltungssätze realisieren. Das kann z. B. durch Aussendung von Quanten elektromagnetischer Strahlung, d. h. Photonen einer bestimmten Frequenz ω geschehen, dann ist[1]

$$\Delta E = \hbar\omega, \quad |\Delta\boldsymbol{p}| = \frac{\hbar\omega}{c}. \tag{1.3}$$

In diesem Falle sprechen wir von strahlender Rekombination.

[1]) Strenggenommen bedarf die zweite der Beziehungen (1.3) eines zusätzlichen Beweises, da $\hbar\omega/c$ der Impuls und nicht der Quasiimpuls des Photons ist (siehe Kapitel 18.).

Die Überschußenergie und der ausgetauschte Quasiimpuls können auch an Gitterschwingungen oder Phononen abgegeben werden. Außerdem sind Prozesse bekannt, in denen die Energie- und Quasiimpulsübergabe an ein drittes Teilchen erfolgt, entweder an ein Elektron (in Elektronen-Halbleitern) oder an ein Loch (in Löcher-Halbleitern). Prozesse dieser Art tragen die Bezeichnung Auger-Rekombination. Offensichtlich wächst die Wahrscheinlichkeit der zuletzt genannten Prozesse mit Erhöhung der Ladungsträgerkonzentration, so daß die Stoßrekombination in stark dotierten Halbleitern dominiert.

Prinzipiell sind natürlich noch weitere Typen von elementaren Rekombinationsakten denkbar (vgl. Abschnitt 17.9.). In allen Fällen, wo keine Photonen am Energie- und Quasiimpulsaustausch beteiligt sind, sprechen wir von nichtstrahlender Rekombination. Die Wahrscheinlichkeit der verschiedenen Arten von Elementarakten hängt von der energetischen Struktur des Kristalls sowie von der Konzentration der Elektronen und Löcher ab, wobei gleichzeitig Prozesse unterschiedlichen Typs von Bedeutung sein können.

In diesem Kapitel werden wir lediglich die Statistik der Rekombination betrachten und dabei Beziehungen gewinnen, die für beliebige Rekombinationsmechanismen gelten. Die konkrete Natur der Rekombinationsprozesse wird lediglich auf die Größe der im weiteren abgeleiteten Übergangswahrscheinlichkeiten (effektiven Rekombinationsquerschnitte) Einfluß haben.

9.2. Band-Band-Rekombinationsrate

Wir betrachten eine Gruppe von Zuständen 1 (Abb. 9.1) im Leitungsband mit Energien im Intervall $(E', E' + \mathrm{d}E')$ und eine Gruppe von Valenzbandzuständen 2 im Energieintervall $(E, E + \mathrm{d}E)$. Die Zahl der Übergänge von $1 \to 2$ pro Zeit- und

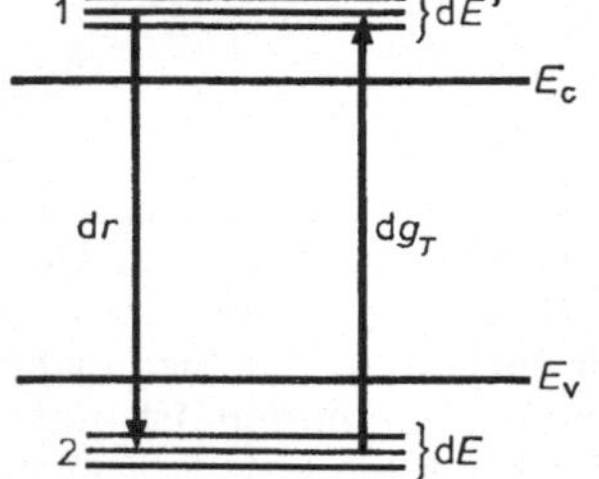

Abb. 9.1
Elektronenübergänge zwischen zwei Gruppen von Zuständen

Volumeneinheit muß proportional zur Anzahl der Elektronen in den Zuständen 1, d. h. $N_c(E')\,\mathrm{d}E' f(E')$ und zur Anzahl unbesetzter Zustände der Gruppe 2, also $N_v(E)\,\mathrm{d}E f_p(E)$ sein. Folglich kann man die Zahl $\mathrm{d}r$ der Übergänge pro Zeit- und Volumeneinheit in folgender Weise schreiben:

$$\mathrm{d}r = W(E', E)\, N_c(E')\, N_v(E)\, f(E')\, f_p(E)\, \mathrm{d}E'\, \mathrm{d}E. \tag{2.1}$$

Darin ist $W(E', E)$ die Übergangswahrscheinlichkeit pro Zeiteinheit. Im Prinzip kann $W(E', E)$ mit Methoden der Quantenmechanik berechnet werden (vgl. Abschnitt 18.4.). Um nun die gesamte Rekombinationsrate zu ermitteln, muß man (2.1) über alle Energien E' und E aufsummieren. Die Rekombinationsrate läßt sich für folgende zwei Situationen besonders einfach ausdrücken:

1. es existiert ein Quasi-Fermi-Niveau F_n und F_p für Elektronen und Löcher und
2. der Halbleiter ist nicht entartet

In diesem Falle (vgl. Abschnitt 7.5.) gilt

$$f(E') = \exp\frac{F_n - E'}{kT}, \quad f_p = \exp\frac{E - F_p}{kT}, \quad np = n_0p_0\exp\frac{F_n - F_p}{kT}.$$

wobei n und p die Gesamtkonzentrationen der Elektronen und Löcher und n_0 und p_0 die entsprechenden Gleichgewichtswerte sind. Benutzt man noch die Bezeichnung (5.5.4), so erhält man

$$f(E')\,f_p(E) = \exp\frac{F_n - F_p}{kT}\cdot\exp\frac{E - E'}{kT} = \frac{np}{n_0p_0}\exp\frac{E - E'}{kT}$$

$$= \frac{np}{N_cN_v}\exp\left(-\frac{E' - E_c}{kT}\right)\cdot\exp\left(-\frac{E_v - E}{kT}\right). \tag{2.2}$$

Setzt man diesen Ausdruck in Gl. (2.1) ein und integriert dann über E' und E, so führt das auf

$$r = \alpha np \tag{2.3}$$

mit

$$\alpha = \frac{1}{N_cN_v}\int\limits_{E'=E_c}^{\infty}\int\limits_{E=-\infty}^{E_v} W(E', E)\,N_c(E')N_v(E)$$

$$\times\exp\left(-\frac{E' - E_c}{kT}\right)\cdot\exp\left(-\frac{E_v - E}{kT}\right)\mathrm{d}E'\,\mathrm{d}E. \tag{2.4}$$

Wir erkennen, daß die totale Rekombinationsrate für Band-Band-Prozesse dem Produkt aus n und p proportional ist, also dem gleichen Gesetz unterliegt wie die Geschwindigkeit bei bimolekularen chemischen Reaktionen. Der Koeffizient α ist per definitionem der Rekombinationskoeffizient. Aus Gl. (2.4) ist ersichtlich, daß er von der Wahrscheinlichkeit $W(E', E)$ für einen elementaren Rekombinationsakt und von der Verteilung der Quantenzustände $N_c(E')$ und $N_v(E)$ in den Bändern abhängt, d. h. von der Energiebandstruktur. Außerdem hängt er auch von der Temperatur ab.

In Kapitel 7. wurde die Netto-Rekombinationsrate als Differenz

$$R = r - g_T = \alpha np - g_T$$

definiert, wobei g_T die thermische Generationsrate für Elektronen und Löcher unter Gleichgewichtsbedingungen ist. Da im Gleichgewicht (also für $n = n_0$, $p = p_0$) $R = 0$ gilt, folgt

$$g_T = \alpha n_0p_0 = \alpha n_i^2. \tag{2.5}$$

Deshalb erhält man schließlich

$$R = \alpha(np - n_0p_0). \tag{2.6}$$

Genau diese Größe muß in die früher eingeführte Kontinuitätsgleichung eingesetzt werden.

Die Wahrscheinlichkeit für einen elementaren Rekombinationsakt wird häufig mit Hilfe des effektiven Rekombinationsquerschnittes ausgedrückt. Dabei wird in Analogie zur kinetischen Gastheorie jeder Rekombinationsakt der Elektronen und Löcher formal mit einem Zusammenstoß des Elektrons und eines Teilchens mit einem gewissen Querschnitt S verglichen. Dabei muß die Zahl der „Zusammenstöße" der Elektronen mit einem Loch pro Zeiteinheit gleich der Zahl der Elektronen sein, die in einem Zylinder enthalten sind, der die Grundfläche S hat und dessen Länge der mittleren thermischen Geschwindigkeit v_T entspricht (vgl. Abb. 9.2), also gleich Sv_Tn. Vergleicht man das mit dem Ausdruck (2.3), so ergibt sich

$$\alpha = Sv_T, \tag{2.7}$$

wobei S definitionsgemäß der effektive Rekombinationsquerschnitt ist. Gewöhnlich versteht man unter v_T in (2.7) die Geschwindigkeit eines einzelnen Elektrons mit der Masse m_0.

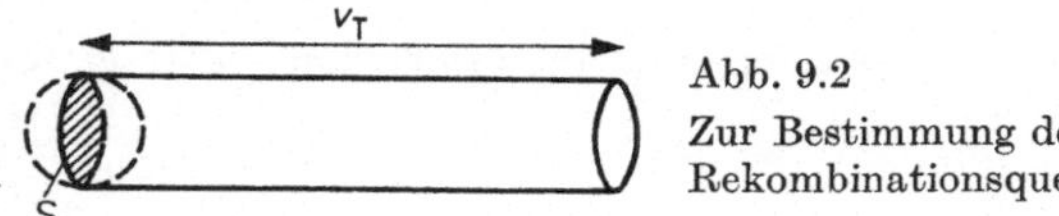

Abb. 9.2
Zur Bestimmung des effektiven Rekombinationsquerschnittes

Wenden wir uns nun der Lebensdauer zu. Da bei Band-Band-Übergängen jedes Auftreten eines Elektrons im Leitungsband mit dem Auftreten eines Loches im Valenzband einhergehen muß, gilt $\delta n = \delta p$. Wenn wir weiterhin $n = n_0 + \delta n$, $p = p_0 + \delta n$ ansetzen, erhalten wir

$$R = \alpha(np - n_0p_0) = \alpha(p_0 + n_0 + \delta n)\,\delta n.$$

Daraus ergibt sich für die Lebensdauer eines Nichtgleichgewichtspaares

$$\tau = \frac{1}{\alpha(n_0 + p_0 + \delta n)} = \frac{\delta n}{R}. \tag{2.8}$$

Die Lebensdauer hängt somit von den Gleichgewichtskonzentrationen n_0 und p_0 und von der Nichtgleichgewichtskonzentration δn der Paare ab. Deshalb kann die Paar-Lebensdauer nicht zur Charakterisierung eines gegebenen Halbleitertyps herangezogen werden, sondern beschreibt nur die Eigenschaft einer konkreten Probe in einem bestimmten Zustand. Dagegen sind der Rekombinationskoeffizient oder auch der Rekombinationsquerschnitt Charakteristika eines bestimmten Halbleitertyps. Sie hängen allerdings noch von der Temperatur ab (siehe Gl. (2.4)).

Schließlich sei betont, daß τ als Funktion von n_0 und p_0 ein scharfes Maximum besitzt. Wenn wir die Beziehung $n_0 \cdot p_0 = n_i^2$ benutzen und die Ableitung des Ausdrucks (2.8) gleich Null setzen, so finden wir, daß τ für $n_0 = p_0$, also im Eigenhalbleiter, maximal wird. Für kleine Anregungsniveaus ($\delta n < n_0 + p_0$) ist dieses Maximum gleich

$$\tau_{\max} = \tau_i = \frac{1}{2\alpha n_i}. \tag{2.9}$$

9.3. Lebensdauer für strahlende Rekombination

Die direkte Berechnung des Rekombinationskoeffizienten nach Gl. (2.4) ist schwierig. Er läßt sich jedoch bestimmen, indem man das Prinzip des detaillierten Gleichgewichts (siehe Abschnitt 7.1.) benutzt und α mit anderen bekannten makroskopischen Größen in Beziehung setzt.

Wir wollen einen Halbleiter im Zustand des thermodynamischen Gleichgewichts betrachten. In ihm gibt es Elektronen mit der Gleichgewichtskonzentration n_0, Löcher mit der Konzentration p_0 und eine Gleichgewichts-(Dunkel-) Strahlung. Entsprechend dem Prinzip des detaillierten Gleichgewichts muß die Rate r der strahlenden Rekombination gleich der optischen Generationsrate g_T sein, die durch die Absorption von Gleichgewichtsphotonen im Halbleiter bedingt ist. Für die letztgenannte Größe gilt Gl. (2.5). Folglich läßt sich α angeben, wenn man g_T berechnet und die Eigenkonzentration n_i im gegebenen Halbleiter kennt.

Die optische Generation g_T im Gleichgewicht kann man folgendermaßen ermitteln. Es sei $\varrho_0(\hbar\omega)\,\mathrm{d}(\hbar\omega)$ die Konzentration der Gleichgewichtsphotonen, deren Energie im Intervall $[\hbar\omega, \hbar\omega + \mathrm{d}(\hbar\omega)]$ liegt. Die Größe $\varrho_0(\hbar\omega)$ ist durch die Plancksche Formel

$$\varrho_0(\hbar\omega) = \frac{\omega^2 n^3}{\pi^2 c^3 \hbar} \frac{1}{\mathrm{e}^{\hbar\omega/kT} - 1} \tag{3.1}$$

gegeben, wobei n der Brechungsindex des Mediums ist.

Weiterhin wollen wir mit $P(\hbar\omega)$ die Absorptionswahrscheinlichkeit eines Photons der Energie $\hbar\omega$ pro Zeiteinheit und mit $\nu(\hbar\omega)$ die Quantenausbeute des inneren Photoeffekts (= Zahl der entstehenden Elektron-Loch-Paare bei Absorption eines Photons (s. Abschnitt 7.4.)) bezeichnen. Dann gilt offensichtlich

$$g_T = \int_0^\infty \varrho_0(\hbar\omega)\, P(\hbar\omega)\, \nu(\hbar\omega)\, \mathrm{d}(\hbar\omega). \tag{3.2}$$

Die Wahrscheinlichkeit $P(\hbar\omega)$ kann man durch den Absorptionskoeffizienten und den Brechungsindex ausdrücken. Dazu schreibt man die Lichtabsorption als Verringerung der Photonenkonzentration

$$\frac{\mathrm{d}\varrho}{\mathrm{d}x} = -\gamma\varrho,$$

wobei γ den Absorptionskoeffizienten darstellt. Anstelle der Ortskoordinate x kann man die Ausbreitungszeit t des Wellenpaketes über die Beziehung

$$x = v \cdot t = \frac{ct}{n}$$

einführen und somit

$$\frac{\mathrm{d}\varrho}{\mathrm{d}t} = -\frac{\gamma c}{n}\varrho$$

schreiben. Dabei haben wir v mit der Gruppengeschwindigkeit des Wellenpaketes der Photonen zu identifizieren. Diese haben wir jedoch näherungsweise durch die Phasengeschwindigkeit c/n ersetzt, wofür an späterer Stelle eine Begründung gegeben wird.

Auf der anderen Seite erhalten wir gemäß der Definition der Wahrscheinlichkeit

$$\frac{\mathrm{d}\varrho}{\mathrm{d}t} = -P(\hbar\omega)\,\varrho\,.$$

Der Vergleich beider Beziehungen liefert

$$P(\hbar\omega) = \gamma(\hbar\omega)\,\frac{c}{n}\,.$$

Für konkrete Rechnungen ist es zweckmäßig, von der dimensionslosen Photonenenergie

$$u = \frac{\hbar\omega}{kT}$$

auszugehen. Dann erhalten wir durch Einsetzen der Ausdrücke (3.1) und (3.3) für ϱ_0 und P in (3.2) nach Übergang zur Variablen

$$g_T = \frac{(kT)^3}{\pi^2 c^2 \hbar^3} \int\limits_0^\infty \frac{n^2 \gamma(u)\, \nu(u) u^2 \,\mathrm{d}u}{\mathrm{e}^u - 1}\,. \tag{3.4}$$

Mit Hilfe dieser Formel kann g_T und folglich der Koeffizient der strahlenden Rekombination bestimmt werden, wenn aus dem Experiment die spektrale Abhängigkeit des Absorptionskoeffizienten $\gamma(\omega)$, der Quantenausbeute $\nu(\omega)$ sowie der Wert des Brechungsindex n bekannt sind. Da die Abhängigkeiten $\gamma(\omega)$ und $\nu(\omega)$ gewöhnlich in Form von Kurven gegeben sind, erfordern diese Rechnungen numerische Methoden. In den vorangegangenen Überlegungen setzten wir den Brechungsindex als konstant voraus. Bei Berücksichtigung der Dispersion $n(\omega)$ würde sich erstens der Ausdruck (3.3) für $P(\hbar\omega)$ ändern, und zweitens würden wir auch einen komplizierteren Ausdruck für $\varrho_0(\hbar\omega)$ erhalten. Wie jedoch die Rechnung zeigt [3], heben sich die dabei zusätzlich auftretenden Terme im Endausdruck gerade gegenseitig auf, so daß sich wieder Gleichung (3.4) ergibt, in der lediglich nun $n = n(u)$ zu setzen ist. Die Berücksichtigung der Lichtdispersion bringt nur eine kleine Korrektur mit sich, da sich n mit der Frequenz im Vergleich zur starken Abhängigkeit des Absorptionskoeffizienten kaum ändert.

Es ist außerdem noch zu bemerken, daß der Hauptbeitrag zum Integral (3.4) von Photonen mit Energien $\hbar\omega \sim E_g$ herrührt, da bei kleineren Energien der Absorptionskoeffizient sehr klein ist, bei großen Photonenenergien andererseits der Exponent im Nenner sehr groß wird. Deshalb müssen zur Berechnung von g_T die optischen Konstanten des Halbleiters lediglich in einem bestimmten Spektralgebiet um die Kante der Eigenabsorption bekannt sein.

In Abb. 9.3 ist ein Beispiel für eine solche Rechnung für Germanium bei $T = 300$ K angegeben. Hier ist zum einen die spektrale Abhängigkeit der Konzentration ϱ_0 der Gleichgewichtsphotonen eingetragen, wie sie sich nach (3.1) ergibt. Da an der Kante der Eigenabsorption $\exp u \gg 1$ gilt, ist diese Abhängigkeit fast exponentiell. Weiterhin sind der Absorptionskoeffizient γ (in cm^{-1}) und das Produkt $\varrho_0\gamma$ angegeben. Da in Germanium an der Eigenabsorptionskante $\nu \simeq 1$ gilt, ist dieses Produkt der Gleichgewichtsgenerationsrate (bzw. der Rekombinationsrate) für Photonen mit der Energie u proportional, d. h. $\mathrm{d}g_T/\mathrm{d}u$. Diese Kurve weist zwei Maxima auf. Eines davon ($\hbar\omega \simeq 0{,}65$ eV) entspricht Übergängen der Elektronen ins tiefste Minimum des Leitungsbandes (indirekte oder „schräge“ Übergänge), das andere Maximum resul-

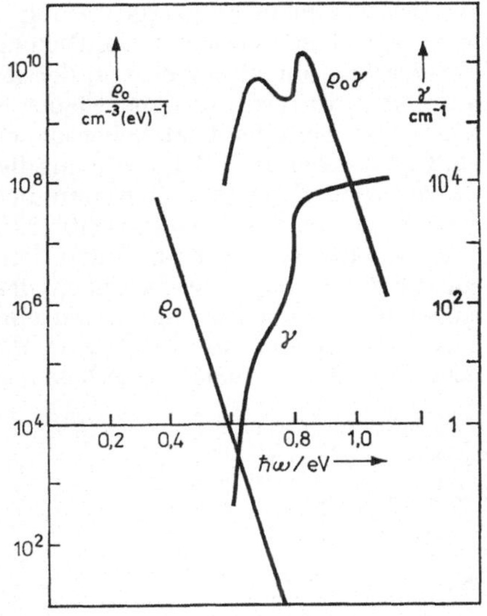

Abb. 9.3
Zur Berechnung des Koeffizienten der strahlenden Rekombination. Gleichgewichtskonzentration der Photonen ϱ_0, optischer Absorptionskoeffizient γ und das Produkt $\varrho_0\gamma$ für Germanium bei 300 K [2]

tiert aus Übergängen in das relative Minimum bei $k = 0$ („direkte" odes „vertikale" Übergänge, vgl. Abschnitt 18.5.). Die totale Generationsrate (Rekombinationsrate) ist der Fläche unter der Kurve $\varrho_0\gamma$ proportional. Unter Einbeziehung der konstanten Faktoren, die in Gl. (3.4) eingehen, liefert das bei $T = 300$ K

$$g_T = 2{,}8 \cdot 10^{13}\ \mathrm{cm^{-3}\ s^{-1}}.$$

Daraus ergibt sich für den Koeffizienten der strahlenden Rekombination

$$\alpha = \frac{g_T}{n_i^2} = \frac{2{,}8 \cdot 10^{13}}{5{,}6 \cdot 10^{26}}\ \mathrm{cm^3\ s^{-1}} = 0{,}50 \cdot 10^{-13}\ \mathrm{cm^3\ s^{-1}}.$$

Die mittlere thermische Geschwindigkeit der Elektronen beträgt bei 300 K etwa 10^7 cm/s, so daß der effektive Rekombinationsquerschnitt von der Größenordnung 10^{-21} cm^2 ist. Die maximale Lebensdauer eines Elektron-Loch-Paares ist (im Eigenhalbleiter) gemäß (2.9) gleich

$$\tau_i = \frac{1}{2\alpha n_i} = 0{,}43\ \mathrm{s}.$$

In Tabelle 9.1 sind die strahlenden Lebensdauern für drei wichtige halbleitende Materialien angegeben: Ge, Si (indirekte Halbleiter) und InSb (direkter Halbleiter).

Tabelle 9.1
Lebensdauer von Elektron-Loch-Paaren bei strahlender Rekombination (300 K)

Halbleiter	Breite der verbotenen Zone E_g/eV	Eigenkonzentration n_i/cm^{-3}	effektiver Rekombinationsquerschnitt S/cm^2	Lebensdauer τ_i
Si	1,1	$1{,}4 \cdot 10^{10}$	10^{-22}	3 h
Ge	0,65	$2{,}4 \cdot 10^{13}$	10^{-21}	0,43 s
InSb	0,17	$1{,}7 \cdot 10^{16}$	10^{-18}	$0{,}6 \cdot 10^{-6}$ s

Es ist ersichtlich, daß mit Verringerung der Energielücke (Vergrößerung von n) τ_i außerordentlich stark abnimmt und dementsprechend die strahlende Rekombination anwächst. Die strahlende Band-Band-Rekombination ist ein Prozeß, der sich durch keinerlei Verfahren beseitigen läßt, so daß er prinzipiell die Lebensdauer begrenzt. Wir wollen noch etwas über den physikalischen Sinn der Paar-Lebensdauer bei der strahlenden Rekombination nachdenken. Entsprechend Gl. (2.8) bestimmt die Lebensdauer τ bei gegebener Konzentration δn von Nichtgleichgewichtspaaren die Rekombinationsrate R. In dem Spezialfall kleiner Störungen des Gleichgewichts ($\delta n/(n_0 + p_0) \ll 1$) hängt τ nicht von δn ab, d. h., bei Abschalten der äußeren Generation muß δn exponentiell abklingen, so daß τ als die Zeit definiert ist, in der δn sich um das e-fache verringert hat. Tatsächlich jedoch können die bei der Rekombination emittierten Photonen erneut im Halbleiter absorbiert werden und eine zusätzliche Erzeugung von Paaren bewirken, wobei sich dieser Prozeß mehrmals wiederholen kann. In

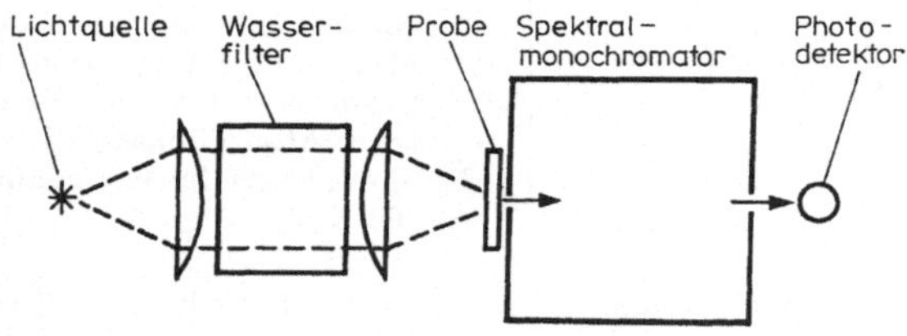

Abb. 9.4
Untersuchung der Rekombinationsstrahlung bei optischer Anregung

diesem Falle ist die Rekombinationskinetik komplizierter. Folglich hat die strahlende Lebensdauer den oben angegebenen einfachen physikalischen Sinn nur bei Abwesenheit von sekundärer Paarerzeugung. Dazu müssen die emittierten Photonen schnell genug ohne Paarerzeugung (beispielsweise infolge Absorption an freien Trägern, vgl. Abschnitt 18.2.) verschwinden, oder die Abmessungen der Probe müssen hinreichend klein sein, damit die Photonen ungehindert nach außen gelangen können.

Bisher befand sich der Halbleiter im Zustand des thermodynamischen Gleichgewichts, so daß keine Rekombinationsstrahlung beobachtet werden kann, da gleichzeitig mit der Aussendung von Photonen bei der Rekombination auch ihre Absorption erfolgt, und zwar mit der gleichen Rate. Deshalb bleibt die Energieverteilung der Photonen im Gleichgewicht. Wenn jedoch im Halbleiter mit Hilfe irgendeiner Methode eine Überschußladungsträgerkonzentration erzeugt wird, so wird die Rekombinationsrate um die Größe $R = \alpha(np - n_0p_0)$ die Generationsrate übertreffen, und diese Photonen werden pro Einheitsvolumen und Zeiteinheit emittiert.

In Abb. 9.4 ist das Schema eines typischen Versuchs zur Beobachtung der Rekombinationsstrahlung aus Germanium bei optischer Anregung der Nichtgleichgewichtsträger wiedergegeben. Das Licht der äußeren Quelle (z. B. einer Glühlampe) fällt zuerst durch einen Wasserfilter und wird danach auf die Germaniumprobe fokussiert. Die aus dem Germanium austretende Strahlung wird mit einem Spektrometer registriert. Da das Wasser praktisch völlig undurchsichtig für Wellenlängen $\lambda > 1{,}4\,\mu m$ ist, umgekehrt aber das Germanium gerade für Strahlung $\lambda < 1{,}7\,\mu m$ völlig undurchsichtig ist, wird durch die Kombination Wasser—Germanium das von der äußeren

Quelle erzeugte Licht restlos absorbiert, und auf das Spektrometer fällt wirklich nur die eigentlich interessierende Rekombinationsstrahlung. Damit die Rekombinationsstrahlung nicht wieder vom Germanium absorbiert werden kann, muß die Dicke der Probe klein sein ($10^{-2} \cdots 10^{-3}$ cm).

In Abb. 9.5[1]) ist die spektrale Verteilung der Rekombinationsstrahlung aus Germanium angegeben, die zwei Maxima zeigt. Ein Maximum ($\lambda \simeq 1{,}75$ µm) ist durch strahlende Übergänge der Elektronen (unter Phononenbeteiligung) aus dem Grundminimum ins Valenzband bedingt. Das andere Maximum ($\lambda \simeq 1{,}52$ µm) entspricht Übergängen aus dem Zentralminimum ins Valenzband (ohne Phononenbeteiligung). Beide Maxima sind „aufgeweicht", da die rekombinierenden Elektronen und Löcher keine bestimmte Energie besitzen, sondern thermisch verteilt sind.

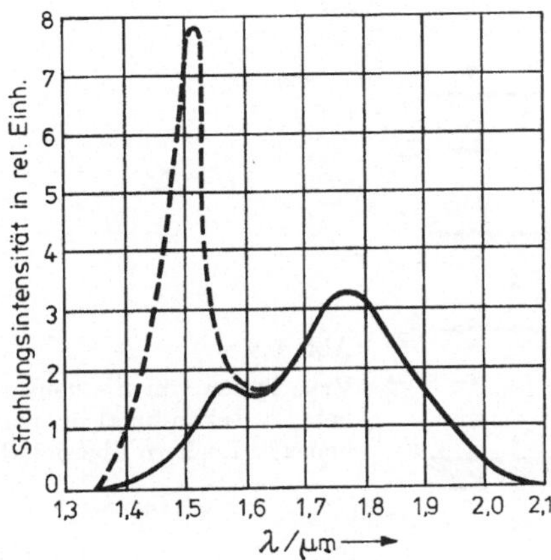

Abb. 9.5
Spektrale Verteilung der Rekombinationsstrahlung von Germanium. Ausgezogene Kurve — austretende Strahlung, punktierte Kurve — korrigierte Meßkurve durch Berichtigung der Absorption im Innern der Probe

Rekombinationsstrahlung wird auch in p-n-Übergängen hervorgerufen, wo die Nichtgleichgewichtsträger durch Injektion erzeugt werden. Dieser Effekt wird für halbleitende Lichtquellen ausgenutzt (Leuchtdioden). Durch Benutzung von Halbleitern mit unterschiedlicher Energielücke ergibt sich die Möglichkeit, derartige Lichtquellen unterschiedlicher Farbe herzustellen.

9.4. Rekombination über Störstellen und Defekte

Die strahlende Band-Band-Rekombination ist in schmallückigen Halbleitern relativ groß. Das gleiche trifft auf direkte Halbleiter mit breiterer Energielücke zu (GaAs, CdS u. a.). Sehr häufig spielt in breitlückigen Halbleitern allerdings die Rekombination unter Beteiligung von Störstellen und Strukturdefekten die entscheidende Rolle. Darauf weisen zahlreiche experimentelle Fakten hin. So sahen wir beispielsweise in Abschnitt 9.3., daß für den Fall, daß die strahlende Rekombination in Si der dominierende Prozeß wäre, die Paarlebensdauer ungefähr 3 Stunden betragen

[1]) Nach HAYNES, J. R., Phys. Rev. 98 (1955) 1867.

müßte. Die maximal bei Zimmertemperatur in Si beobachteten Lebensdauern sind jedoch nicht größer als einige Millisekunden. Das Experiment zeigt weiterhin, daß die Lebensdauer außerordentlich empfindlich von in geringsten Mengen enthaltenen Störstellen abhängt. Bringt man z. B. in reinste n-Ge-Kristalle mit $\tau \sim 10^{-3}$ s Nickel oder Gold (wodurch tiefe lokalisierte Energieniveaus hervorgerufen werden) in Konzentrationen $\sim 10^{15}$ cm^{-3} (d. h. 10^{-5} Atom-%!) ein, so sinkt die Lebensdauer der Elektronen auf $10^{-9} \cdots 10^{-8}$ s, d. h. ändert sich um 6 Größenordnungen.

Der Rekombinationsprozeß unter Beteiligung lokaler Niveaus (Haftstellen) ist zweistufig und besteht aus dem Einfang eines Leitungsbandelektrons an einem unbesetzten Zentrum (Haftstelle) und dem Einfang eines Loches aus dem Valenzband an einem unbesetzten Zentrum. Dabei verändert sich das Rekombinationszentrum selbst nicht und spielt gewissermaßen die Rolle eines Katalysators für den Rekombinationsprozeß.

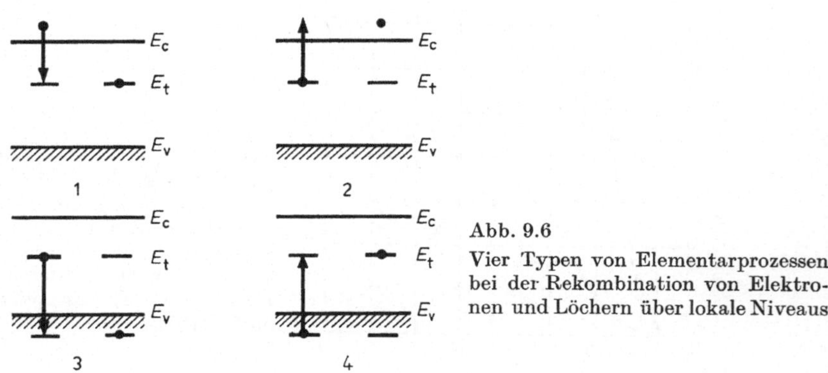

Abb. 9.6
Vier Typen von Elementarprozessen bei der Rekombination von Elektronen und Löchern über lokale Niveaus

Wir werden zunächst einfache Rekombinationszentren betrachten, die ein einziges Elektron einfangen bzw. abgeben können, also nur zwei verschiedene Ladungszustände besitzen.

Sieht man von angeregten Zuständen ab, so kann ein solches Zentrum durch ein einziges lokalisiertes Energieniveau E_t in der verbotenen Zone (siehe Abb. 9.6) beschrieben werden. Wenn N_t die Gesamtkonzentration von Haftstellen (lokalisierter Niveaus) ist, dann gibt es im thermodynamischen Gleichgewicht eine Konzentration von $N_t \cdot f_0$ besetzten und $N_t \cdot [1 - f_0]$ unbesetzten Haftstellen, wobei f_0 die Fermi-Funktion bezeichnet. Bei Störung des thermodynamischen Gleichgewichts ändern sich diese Konzentrationen und werden $N_t \cdot f$ bzw. $N_t \cdot [1 - f]$, wobei die Nichtgleichgewichtsverteilungsfunktion zusätzlich bestimmt werden muß (vgl. unten).

In diesem Modell wird die resultierende Kinetik für die Änderung der Elektronen- bzw. Löcherkonzentration durch vier Prozesse bestimmt: Einfang von Elektronen in Haftstellen (Abb. 9.6, Übergang 1), thermische Anregung von Elektronen aus der Haftstelle ins Leitungsband (Übergang 2), Einfang eines Loches in einer Haftstelle (Übergang 3) und Anregung eines Loches aus der Haftstelle ins Valenzband (Übergang 4). Die Raten für diese Prozesse sind nun zu bestimmen.

Dazu fassen wir eine Gruppe von Leitungsbandelektronen ins Auge, deren Energie im Intervall $(E, E + \mathrm{d}E)$ liegt. Die Zahl der Übergänge $(E, E + \mathrm{d}E) \to E_t$ pro Einheitsvolumen und Zeiteinheit ist erstens der Konzentration der betrachteten

Elektronen $N_c(E)\,dE \cdot f(E)$ und zweitens der Konzentration unbesetzter Haftstellen $N_t[1 - f(E_t)]$ proportional. Deshalb ist die Einfangrate

$$r_n = N_t[1 - f(E_t)] \int_{E_c}^{\infty} c_n(E)\, N_c(E)\, f(E)\, dE. \tag{4.1}$$

Der Koeffizient $c_n(E)$ ist der zeitlichen Wahrscheinlichkeit für einen Elementarakt (Übergang eines Elektrons mit der Energie E ins Niveau E_t) proportional. Der Ausdruck (4.1) läßt sich wesentlich einfacher in der Form

$$r_n = \alpha_n N_t[1 - f(E_t)]\, n \tag{4.2}$$

schreiben, wenn man die Gesamtelektronenkonzentration

$$n = \int_{E_c}^{\infty} N_c(E)\, f(E)\, dE$$

und den Einfangkoeffizienten der Elektronen an Haftstellen

$$\alpha_n = \frac{\int_{E}^{\infty} c_n(E)\, N_c(E)\, f(E)\, dE}{\int_{E_c}^{\infty} N_0(E)\, f(E)\, dE} \tag{4.3}$$

bzw.

$$\alpha_n = \langle c_n \rangle \tag{4.3a}$$

einführt, wobei $\langle \ldots \rangle$ die Mittelung über alle Leitungsbandzustände bezeichnet.

Nun läßt sich wie in Abschnitt 9.2. wieder ein mit dem Einfangkoeffizienten α_n verknüpfter effektiver Einfangquerschnitt für Elektronen S_n gemäß

$$\alpha_n = S_n v_T \tag{4.4}$$

definieren.

Wenden wir uns nun dem Prozeß 2 (Abb. 9.6) zu — der thermischen Emission von Elektronen aus der Haftstelle ins Band. Offensichtlich ist die Rate für diesen Prozeß g_{nT} der Konzentration der besetzten Haftstellen proportional, also

$$g_{nT} = \beta_n N_t f(E_t). \tag{4.5}$$

Hierin ist β_n irgendein Koeffizient, der von der Natur der Haftstellen sowie der Temperatur abhängt und der sich nicht mit dem Einfangkoeffizienten α_n in Beziehung setzen läßt. Nach dem Prinzip des detaillierten Gleichgewichts muß im thermodynamischen Gleichgewicht $r_n = g_{nT}$ gelten. Das liefert

$$\alpha_n N_t[1 - f_0]\, n_0 = \beta_n N_t f_0. \tag{4.6}$$

Für unsere Zwecke schreiben wir die Gleichgewichtsverteilung f_0 in der Gestalt

$$f_0 = \frac{n_0}{n_0 + n_1},$$

wobei n_1 durch Formel (5.9.5) beschrieben wird und von der Ionisierungsenergie der Haftstelle $E_c - E_t$ und der Temperatur abhängt. Das ergibt für β_n die Beziehung

$$\beta_n = \alpha_n \frac{1 - f_0}{f_0} n_0 = \alpha_n n_1.$$

Der Ionisationskoeffizient β_n ist also durch den Einfangkoeffizienten, die energetische Lage der Haftstellen sowie die Temperatur vollständig bestimmt. Setzen wir die gefundene Beziehung in (4.5) ein, so ergibt sich

$$g_{nT} = \alpha_n n_1 N_t f.$$

Die Gesamteinfangrate der Elektronen ist nun gegeben durch die Differenz

$$R_n = r_n - g_{nT} = \alpha_n N_t[n(1 - f) - n_1 f].$$

Für die Löcher lassen sich völlig analoge Überlegungen anstellen. Der Unterschied besteht lediglich darin, daß die Löchereinfangrate der Zahl der besetzten Haftstellen proportional ist, so daß anstelle von (4.2)

$$r_p = \alpha_p N_t f p$$

geschrieben werden muß; α_p ist der Einfangkoeffizient für Löcher. Entsprechend ist die thermische Ionisationsrate für Löcher aus Haftstellen ins Valenzband durch

$$g_{pT} = \alpha_p N_t[1 - f]$$

gegeben. Zwischen r_p und g_{pT} besteht der Zusammenhang

$$g_{pT} = \beta_p N_t(1 - f) = \alpha_p p_1 N_t(1 - f),$$

wobei p_1 nach (5.9.13) berechnet wird. Also ist die Gesamteinfangrate für Löcher

$$R_p = r_p - g_{pT} = \alpha_p N_t[pf - p_1(1 - f)]. \tag{4.7a}$$

Die Größen R_n und R_p müssen in der Kontinuitätsgleichung (7.3.3) zur Berücksichtigung der Rekombination verwendet werden. Bei kleiner Änderung der Ladungsträgerkonzentrationen besitzen diese Gleichungen die Gestalt

$$\frac{dn}{dt} = g_n - R_n = g_n - \alpha_n N_t[n(1 - f) - n_1 f], \tag{4.8}$$

$$\frac{dp}{dt} = g_p - R_p = g_p - \alpha_p N_t[pf - p_1(1 - f)]. \tag{4.9}$$

g_n und g_p sind die Raten für die äußere Generation von Elektronen und Löchern.

Da bei der Haftstellenrekombination jedes verschwindende Elektron von einer Haftstelle aufgenommen wird (gleiches gilt für Löcher), läßt sich die Änderung der Konzentration besetzter Haftstellen $N_t f$ aus der Gleichung

$$N_t \frac{df}{dt} = R_n - R_p + (g_p - g_n) \tag{4.10}$$

bestimmen. Außerdem gibt es wegen der Quasineutralität noch eine weitere Gleichung:

$$p - p_0 = n - n_0 + N_t(f - f_0). \tag{4.11}$$

Die Gleichungen (4.8)—(4.11) bestimmen vollständig die Konzentrationsänderung der Nichtgleichgewichtsladungsträger infolge von Rekombination. Es ist hinzuzufügen, daß eine der angegebenen vier Gleichungen aus den anderen gewonnen werden kann. So erhalten wir z. B. durch Differenzieren von (4.11)

$$\frac{\mathrm{d}p}{\mathrm{d}t} = \frac{\mathrm{d}n}{\mathrm{d}t} + N_\mathrm{t} \frac{\mathrm{d}f}{\mathrm{d}t}.$$

Ersetzt man hier jeden Term durch die Ausdrücke (4.8)—(4.10), so entsteht eine Identität. Die drei verbleibenden Gleichungen bestimmen die gesuchten Größen $n(t)$, $p(t)$ und $f(t)$.

Da die Gleichungen (4.8) und (4.9) nicht linear sind, läßt sich im allgemeinen die Änderung von n und p nicht exponentiell ausdrücken. In speziellen Fällen ist das jedoch möglich. Im weiteren werden einige Beispiele angegeben.

9.5. Nichtstationäre Prozesse

Monopolare Anregung. Wir werden annehmen, daß im Halbleiter nur Nichtgleichgewichtsträger eines Vorzeichens angeregt werden, sagen wir nur Elektronen (das ist z. B. bei störstelleninduzierter Photoleitung der Fall). Dann haben wir es nur mit einer Differentialgleichung (4.8) zu tun. Setzen wir nun

$$n = n_0 + \delta n, \quad f = f_0 + \delta f$$

und berücksichtigen

$$n_0(1 - f_0) - n_1 f_0 = 0,$$

finden wir

$$\frac{\mathrm{d}\delta n}{\mathrm{d}t} = g_\mathrm{n} - \alpha_\mathrm{n} N_\mathrm{t}(1 - f_0)\, \delta n - \alpha_\mathrm{n} N_\mathrm{t}(n_0 + n_1 + \delta n)\, \delta f.$$

Eliminiert man hieraus δf mit Hilfe der Quasineutralitätsgleichung

$$\delta n + N_\mathrm{t} \delta f = 0,$$

erhält man

$$\frac{\mathrm{d}\delta n}{\mathrm{d}t_0} = g_\mathrm{n} - \alpha_\mathrm{n}(N_\mathrm{t}^0 + n_0 + n_1 + \delta n)\, \delta n.$$

Darin ist durch $N_\mathrm{t}^0 = N_\mathrm{t}(1 - f_0)$ die Gleichgewichtskonzentration freier Haftstellen bezeichnet worden. Aus der letzten Gleichung folgt für die Lebensdauer der Elektronen (vgl. Abschnitt 7.2.)

$$\tau_\mathrm{n} = \frac{1}{\alpha_\mathrm{n}(N_\mathrm{t}^0 + n_0 + n_1 + \delta n)}. \tag{5.1}$$

τ_n hängt von δn selbst ab und verändert sich während des Relaxionsprozesses. Wenn die Nichtgleichgewichtskonzentration der Elektronen jedoch nicht sehr groß ist, so daß

$$\delta n \ll N_\mathrm{t}^0 + n_0 + n_1$$

gilt, so ändert sich δn exponentiell, wie in Abschnitt 7.2. dargelegt, und die Lebensdauer ist eine Konstante.

Für die Löchergeneration gilt ein analoger Ausdruck:

$$\tau_p = \frac{1}{\alpha_p(N_t + p_0 + p_1 + \delta p)}. \tag{5.2}$$

Bipolare Anregung. Jetzt wollen wir den komplizierten Fall betrachten, daß Elektronen und Löcher angeregt werden. Dabei soll $g_n = g_p = g$ angenommen werden (z. B. Lichtanregung im Eigenabsorptionsgebiet). Zerlegen wir die Größen n, p, f wieder in ihre Gleichgewichtsanteile n_0, p_0, f_0 bzw. Nichtgleichgewichtskomponenten δn, δp, δf, finden wir für die Rekombinationsrate der Elektronen

$$R_n = \alpha_n N_t[n(1 - f) - n_1 f] = \alpha_n N_t[(1 - f_0)\,\delta n - (n_0 + n_1 + \delta n)\,\delta f]. \tag{5.3}$$

Hieraus wird wieder δf mit Benutzung von

$$\delta p = \delta n + N_t \delta f, \tag{5.4}$$

$$R_n = a\delta n + b\delta p,$$

$$a = \alpha_n(N_t^0 + n_0 + n_1 + \delta n), \qquad b = -\alpha_n(n_0 + n_1 + \delta n) \tag{5.5}$$

eliminiert.

Bei bipolarer Anregung wird die Rekombinationsrate der Elektronen sowohl durch die Überschußkonzentration der Elektronen δn als auch die der Löcher δp bestimmt. Das ist dadurch begründet, daß die Nichtgleichgewichtslöcher und -elektronen die Besetzung der Haftstellen ändern und diese wiederum in die Rekombinationsrate eingeht. Auf völlig analoge Weise erhalten wir für die Löcher-Rekombinationsrate

$$R_p = \alpha_p N_t[pf - p_1(1 - f)] = c\,\delta p + d\,\delta n \tag{5.6}$$

mit

$$c = \alpha_p(N_t^- + p_0 + p_1 + \delta p), \qquad d = -\alpha_p(p_0 + p_1 + \delta p).$$

Hierbei ist $N_t^- = N_t \cdot f_0$ die Gleichgewichtskonzentration besetzter Haftstellen.

Auf diese Weise ergibt sich für die Nichtgleichgewichtskonzentration $\delta n(t)$ und $\delta p(t)$ ein System von zwei gekoppelten Differentialgleichungen erster Ordnung:

$$\frac{\mathrm{d}\,\delta n}{\mathrm{d}t} = g - a\,\delta n - b\,\delta p, \qquad \frac{\mathrm{d}\,\delta p}{\mathrm{d}t} = g - c\,\delta p - d\,\delta n. \tag{5.7}$$

Dabei sind a, b, c und d von δn und δp abhängig, das System ist also nichtlinear.

Die kinetischen Gleichungen werden linear, wenn die Bedingungen

$$\delta n \ll n_0 + n_1, \qquad \delta p \ll p_0 + p_1 \tag{5.8}$$

erfüllt sind. Eine dieser Gleichungen bezieht sich auf die Majoritätsträger und ist sicherlich häufig erfüllt. Die Bedingung für die Minoritätsträger ist jedoch weit schwerer zu realisieren, und deshalb ist im Falle der bipolaren Anregung in der Tat die Rekombinationskinetik meist nicht exponentiell beschreibbar.

Sind die Ungleichungen (5.8) erfüllt, so erhält man nach Eliminierung von δp aus (5.7) für δn:

$$\frac{\mathrm{d}^2(\delta n)}{\mathrm{d}t^2} + (a + c)\frac{\mathrm{d}(\delta n)}{\mathrm{d}t} + (ac - bd)\,\delta n + g(b - c) = 0. \tag{5.9}$$

Für die Konzentration der Überschußlöcher gilt eine analoge Gleichung:

$$\frac{\mathrm{d}^2(\delta p)}{\mathrm{d}t^2} + (a + c)\frac{\mathrm{d}(\delta p)}{\mathrm{d}t} + (ac - bd)\,\delta p + g(d - a) = 0. \tag{5.10}$$

Mittels Standardlösungsmethoden für Differentialgleichungen 2. Ordnung mit konstanten Koeffizienten finden wir

$$\delta n(\delta p) = A_{n(p)} + B_{n(p)}\,\mathrm{e}^{-t/\tau_1} + C_{n(p)}\,\mathrm{e}^{-t/\tau_2}. \tag{5.11}$$

Darin sind

$$A_n = g\,\frac{c - b}{ac - bd}, \quad A_p = \frac{a - d}{ac - bd},$$

die Konstanten B und C werden aus den Anfangsbedingungen bestimmt. Die Größen τ_1 und τ_2 geben die Relaxationszeiten der Überschußkonzentration an und bestimmen sich als Wurzeln der Gleichung

$$\left(\frac{1}{\tau}\right)^2 - (a + c)\,\frac{1}{\tau} + (ac - bd) = 0,$$

also

$$\frac{1}{\tau_{1,2}} = \frac{1}{2}\,(a + c) \pm \sqrt{\frac{1}{4}\,(a + c)^2 - (ac - bd)}\,. \tag{5.12}$$

Man sieht leicht, daß die Wurzeln stets existieren und positiv sind.

Im Falle bipolarer Anregung und bei Erfülltsein der Ungleichungen (5.8) (linearisiertes Problem) wird die Änderung der Nichtgleichgewichtskonzentration der Elektronen und Löcher durch zwei Exponentialfunktionen beschrieben, wobei zwei verschiedene Relaxationszeiten τ_1 und τ_2 auftreten. Diese Zeiten sind für Elektronen und Löcher die gleichen. Aus Gl. (5.12) ist außerdem ersichtlich, daß die Relaxationszeiten in ziemlich komplizierter Weise von den Haftstellenparametern abhängen — also von den Koeffizienten α_n und α_p und den energetischen Niveaus (die in n_1 und p_1 eingehen).

Diese Beziehungen vereinfachen sich allerdings unter bestimmten Bedingungen. Wenn z. B. die Haftstellenkonzentration genügend groß ist und die Temperatur des Kristalls niedrig, so daß die Ungleichungen

$$N_t^0 \gg n_0 + n_1, \qquad N_t^- \gg p_0 + p_1 \tag{4.13}$$

gelten, erhalten wir $a \gg |b|$, $c \gg |d|$ und folglich $bd \ll ac$, also

$$\frac{1}{\tau_{1,2}} = \frac{1}{2}\,(a + c) \pm \frac{1}{2}\,(a - c),$$

d. h.

$$\frac{1}{\tau_1} = a \simeq \alpha_n N_t^0, \qquad \frac{1}{\tau_2} = c \simeq \alpha_p N_t^-. \tag{5.14}$$

In diesem Falle bestimmt τ_1 nur die Einfangrate der Elektronen bzw. τ_2 nur die Einfangrate der Löcher.

9.6. Stationäre Zustände

Betrachten wir nun genauer stationäre (aber Nichtgleichgewichts-) Zustände, die sich im Halbleiter nach genügend langer Zeit nach dem Einschalten einer konstanten äußeren Ladungsträgergeneration einstellen. In diesem Falle sind alle zeitlichen Ableitungen in den Bilanzgleichungen für die Kinetik gleich Null, und die Berechnung der sich einstellenden Konzentrationen $(\delta n)_s$ und $(\delta p)_s$ vereinfacht sich beträchtlich. Diese Konzentrationen lassen sich immer über die Beziehungen (7.2.6) bestimmen. Die Aufgabe besteht in der Berechnung der Lebensdauer τ_n und τ_p im stationären Zustand. Diese Zeiten müssen nicht mit den Relaxationszeiten τ_1 und τ_2 der nichtstationären Prozesse übereinstimmen.

Für monopolare Anregung läßt sich das Resultat unmittelbar herleiten, die gesuchten Lebensdauern sind durch (5.1) bzw. (5.2) gegeben. Deshalb betrachten wir nur die bipolare Anregung, wobei die Generationsraten für Elektronen und Löcher als gleich vorausgesetzt werden.

Da sich im stationären Zustand die Konzentration der besetzten und unbesetzten Haftstellen nicht ändert, gilt

$$R_n = R_p = R. \tag{6.1}$$

Die Bedingung legt die Nichtgleichgewichtsverteilung f fest. Setzt man diese Größe in (4.7) oder (4.7a) ein, läßt sich die allgemeine Einfangrate für Elektronen und Löcher R bestimmen, die sich unter Verwendung der Quasineutralitätsbedingung entweder als Funktion der Konzentration der Nichtgleichgewichtselektronen $R(\delta n)$ oder der Nichtgleichgewichtslöcher $R(\delta n)$ ausdrücken läßt. Daraus lassen sich die gesuchten Lebensdauern sofort als

$$\tau_n = \frac{\delta n}{R(\delta n)}, \qquad \tau_p = \frac{\delta p}{R(\delta p)} \tag{6.2}$$

gewinnen. Dazu wollen wir einige wichtige Beispiele betrachten.

Angenommen, die Anregungsrate wächst unbegrenzt an. Dann kann in den Ausdrücken (4.7) und (4.7a) für R_n und R_p die Reemission (Ionisation) ins Band (die wegen $f \leqq 1$ begrenzt ist) gegenüber dem Einfang vernachlässigt werden; außerdem ist $n \simeq p$, und Bedingung (6.1) lautet

$$\alpha_n(1 - f) = \alpha_p f,$$

woraus

$$f = \frac{\alpha_n}{\alpha_n + \alpha_p}, \qquad 1 - f = \frac{\alpha_p}{\alpha_n + \alpha_p}$$

folgt. Für $\alpha_n \gg \alpha_p$ bleiben praktisch alle Haftstellen mit Elektronen besetzt, unabhängig davon, daß anfänglich eine Gleichgewichtsverteilung vorlag. Umgekehrt sind für $\alpha_n \ll \alpha_p$ sämtliche Haftstellen leer. Die allgemeine Einfangrate der Elektronen und Löcher ist gleich

$$R = \alpha_n N_t(1 - f)\, n = \alpha_p N_t f p = N_t \frac{\alpha_n \alpha_p}{\alpha_n + \alpha_p} n$$

und die Lebensdauer im Falle einer sehr hohen Anregungsrate

$$\tau_\infty = \frac{n}{R} = \frac{1}{N_t} \frac{\alpha_n + \alpha_p}{\alpha_n \alpha_p}. \tag{6.3}$$

Für die weiteren Überlegungen ist es zweckmäßig, die charakteristischen Zeiten

$$\tau_{n0} = \frac{1}{\alpha_n N_t}, \qquad \tau_{p0} = \frac{1}{\alpha_p N_t} \tag{6.4}$$

einzuführen, deren Sinn weiter unten klar werden wird. Damit läßt sich (6.3) in der Form

$$\tau_\infty = \tau_{n0} + \tau_{p0} \tag{6.3a}$$

darstellen. Bei hoher Anregungsrate ist die Lebensdauer der Elektronen und Löcher identisch und hängt nicht von den Nichtgleichgewichtskonzentrationen ab. Sie wird von der größeren der beiden Zeiten τ_{n0}, τ_{p0} bestimmt, d. h. dem kleinsten Einfangkoeffizienten (bzw. dem schmalsten Rekombinationskanal). Der hier betrachtete Fall ist häufig in hochohmigen Photoleitern (Photowiderständen) mit tiefen Haftstellen realisiert. Da in ihnen die Dunkelkonzentrationen n_0 und p_0 (und ebenso die

Konzentrationen n_1 und p_1) klein sind, liegt schon bei mittlerer Lichtintensität eine hohe Anregungsrate vor.

Im allgemeinen Fall liefert (6.1)

$$\alpha_n[n(1-f) - n_1 f] = \alpha_p[pf - p_1(1-f)].$$

Daraus ergibt sich

$$f = \frac{\alpha_n n + \alpha_p p_1}{\alpha_n(n+n_1) + \alpha_p(p+p_1)}, \qquad 1 - f = \frac{\alpha_n n_1 + \alpha_p p}{\alpha_n(n+n_1) + \alpha_p(p+p_1)}.$$

Durch Einsetzen dieser Ausdrücke in (4.7) oder (4.7a) finden wir

$$R = \frac{np - n_0 p_0}{\tau_{n0}(p+p_1) + \tau_{p0}(n+n_1)}. \tag{6.6}$$

Jetzt wollen wir den Fall kleiner Haftstellenkonzentrationen betrachten, wo man $\delta n = \delta p$ annehmen kann. Mit der üblichen Zerlegung $n = n_0 + \delta n$ und $p = p_0 + \delta p$ ist

$$R = \frac{n_0 + p_0 + \delta n}{\tau_{n0}(p_0 + p_1 + \delta n) + \tau_{p0}(n_0 + n_1 + \delta n)}\, \delta n$$

und dementsprechend

$$\tau_n = \tau_p = \tau = \frac{\tau_{p0}(n_0 + n_1 + \delta n) + \tau_{n0}(p_0 + p_1 + \delta n)}{n_0 + p_0 + \delta n}. \tag{6.7}$$

Bei kleiner Haftstellenkonzentration sind die Lebensdauern der Elektronen und Löcher also ebenfalls gleich, obwohl diese Lebensdauer nun von der Anregungsrate abhängt. Wenn die Anregungsrate genügend klein ist, so daß $\delta n \ll (n_0 + n_1)$, $(p_0 + p_1)$ gilt, so geht τ über in

$$\tau_0 = \frac{\tau_{p0}(n_0 + n_1) + \tau_{n0}(p_0 + p_1)}{n_0 + p_0}. \tag{6.8}$$

Dieser Ausdruck wird Shockley-Read-Hall-Beziehung genannt.

Die erhaltenen Resultate könnten leicht auf den Fall beliebiger Haftstellenkonzentration verallgemeinert werden. Dazu müßten wir in den vorherigen Ausdrücken entweder δp durch δn mit Hilfe der Quasineutralitätsgleichung (zur Berechnung von τ_n) oder δn durch δp (zur Bestimmung von τ_p) ausdrücken. Dann ergeben sich bedeutend kompliziertere Beziehungen, die für eine niedrige Anregungsrate die Gestalt

$$\begin{aligned} \tau_n &= \frac{\tau_{p0}(n_0 + n_1) + \tau_{n0}(p_0 + p_1) + \tau_{n0} N_t \left(\dfrac{p_0 + p_1}{p_1}\right)^{-1}}{n_0 + p_0 + N_t \left(\dfrac{p_0 + p_1}{p_0}\right)^{-1} \left(\dfrac{p_0 + p_1}{p_1}\right)^{-1}} \\ \tau_p &= \frac{\tau_{p0}(n_0 + n_1) + \tau_{n0}(p_0 + p_1) + \tau_{p0} N_t \left(\dfrac{p_0 + p_1}{p_1}\right)^{-1}}{n_0 + p_0 + N_t \left(\dfrac{p_0 + p_1}{p_0}\right)^{-1} \left(\dfrac{p_0 + p_1}{p_1}\right)^{-1}} \end{aligned} \tag{6.9}$$

haben. Bei beliebiger Haftstellenkonzentration sind die Lebensdauern der Elektronen und Löcher selbst bei niedriger Anregungsrate voneinander verschieden.

Aus dem Gesagten wird ersichtlich, daß der Einfluß von Haftstellen (Störstellen oder Strukturdefekte) auf die Rekombination von ihrer Konzentration, den Einfangkoeffizienten α_n und α_p (die in τ_{n0} und τ_{p0} eingehen) und dem Energieniveau E_t der Haftstelle abhängt. Bei sonst gleichen Bedingungen ist dieser Einfluß um so geringer, je flacher das Energieniveau der Haftstelle (bezogen auf ein Band) ist. Das erkennt man unmittelbar aus Gl. (6.7): Bei Verringerung von $(E_c - E_t)$ bzw. $(E_t - E)$ wächst n_1 bzw. p_1 stark, was zu einer Vergrößerung von τ führt. Physikalisch ist das so zu verstehen, daß die meisten Ladungsträger, die in Zustände nahe dem Band eingefangen werden, sofort wieder ins Band reemittiert werden.

Diese Störstellen sind gute Lieferanten für Elektronen und Löcher und verändern die elektrische Leitfähigkeit in starkem Maße. Andererseits beeinflussen Störstellen mit tiefen Energieniveaus die Leitfähigkeit nur schwach, sie können jedoch die Lebensdauer beträchtlich verändern (Rekombinationsstörstellen). Bei gegebener Haftstellenkonzentration kann allerdings die Lebensdauer noch sehr unterschiedlich sein, da sie auch von der Anregungsrate, der Temperatur (die in n_1 und n_2 sowie auch in α_n und α_p eingeht) und den Gleichgewichtskonzentrationen n_0 und p_0 abhängt.

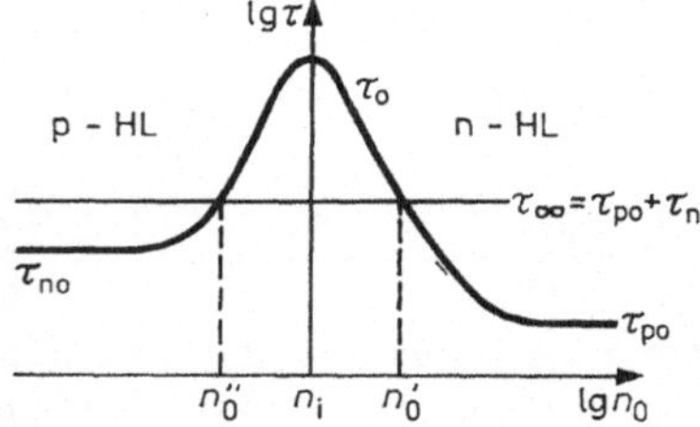

Abb. 9.7
Lebensdauer von Nichtgleichgewichtselektronen und -löchern bei unendlich kleiner (τ_0) und unendlich großer (τ_∞) Anregungsrate

Die Abhängigkeit von τ_0 von der Gleichgewichtskonzentration der Elektronen ist in Abb. 9.7 dargestellt. Da n_0 und p_0 in nichtentarteten Halbleitern durch die Beziehung $n_0 p_0 = n_i^2$ verknüpft sind, besitzt τ_0 bei $n_0 = n_i$ ein scharfes Maximum, wie man aus Gl. (6.8) erkennt — also in einem Material mit Eigenkonzentration. Bei Erhöhung der Donatorenkonzentration erhalten wir $n_0 \gg p_0$. Wenn das Haftstellenniveau in der oberen Hälfte der verbotenen Zone liegt ($n_1 \gg p_1$), liefert Gl. (6.8)

$$\tau_0 \simeq \tau_{p0}\left(1 + \frac{n_1}{n_0}\right). \tag{6.10}$$

Liegt das Niveau in der unteren Hälfte, so ergibt sich

$$\tau_0 \simeq \tau_{p0} + \tau_{n0}\frac{p_1}{n_0}.$$

In beiden Fällen verringert sich τ_0 bei einer Vergrößerung des Dotierungsgrades und strebt gegen den Wert τ_{p0}. Ebenso verringert sich τ_0 in p-Halbleitern bei Erhöhung der Akzeptorkonzentration und strebt gegen τ_{n0}. Insofern erweisen sich die früher eingeführten Zeiten τ_{p0} und τ_{n0} als Grenzwerte der Lebensdauer in stark dotierten n- bzw. p-Materialien.

Um die Abhängigkeit von τ vom Injektionsgrad $\delta n/(n_0 + p_0)$ deutlich zu machen, schreiben wir Gl. (6.7) in der Form

$$\tau = \tau_0\,\frac{1 + \dfrac{\tau_\infty}{\tau_0}\,\dfrac{\delta n}{n_0 + p_0}}{1 + \dfrac{\delta n}{n_0 + p_0}}.$$

Hieraus ist erkennbar, daß τ mit Anwachsen des Injektionsgrades zunimmt, wenn $\tau_\infty > \tau_0$ ist, bzw. im Falle $\tau_\infty < \tau_0$ abnimmt. Da τ_0 von n_0 und p_0 sowie der Temperatur abhängt, kann man bei Änderung der Temperatur und der Gleichgewichtsleitfähigkeit beide Fälle beobachten. Das Gesagte wird durch Abb. 9.7 illustriert, wo außer der Abhängigkeit $\tau_0(n_0)$ noch die Horizontale $\tau_\infty = \tau_{p0} + \tau_{n0}$ eingezeichnet ist. Beide Kurven schneiden sich in zwei Punkten, einer davon bestimmt eine gewisse Gleichgewichtskonzentration n_0' im n-Material (Majoritätsträger) und die Elektronenkonzentration n_0'' im p-Material (Minoritätsträger; die entsprechende Konzentration der Majoritätsträger ist $p_0'' = n_i^2/n_0''$). Bei diesen Konzentrationen hängen $\tau_0 = \tau_\infty$ und τ im allgemeinen nicht vom Injektionsgrad ab. Ist die tatsächliche Konzentration $n_0 > n_0'$ (im n-Material) oder $p_0 > p_0''$ (p-Material), so wird sich τ mit anwachsendem Injektionsgrad vergrößern bzw. im Falle $n_0 < n_0'$ bzw. $p_0 < p_0''$ verringern.

9.7. Mehrfach geladene Haftstellen

Im Falle mehrfach geladener Störstellen (oder Defekte) (vgl. Abschnitt 2.9.) entstehen mehrere Energieniveaus, und die resultierende Rekombinationsrate ist gleich der Summe der Rekombinationsraten für jedes einzelne Niveau. Wenn die Lage der Niveaus und die Einfangkoeffizienten der Elektronen und Löcher für jedes Niveau bekannt sind, läßt sich wie oben besprochen die Besetzungswahrscheinlichkeit jedes Niveaus ermitteln und die resultierende Rekombinationsrate (und folglich die Lebensdauer der Elektronen und Löcher) berechnen. Diese Rechnung ist detaillierter in Anhang 5. angeführt.

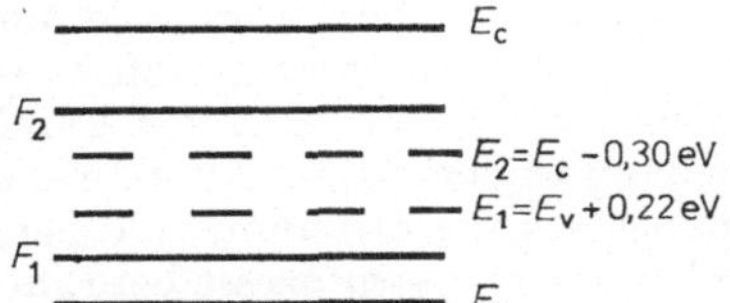

Abb. 9.8
Energieniveaus von Nickel in Germanium

Eine wesentliche Besonderheit der Rekombination über mehrfach geladene Haftstellen besteht darin, daß bei einer Änderung der Temperatur oder der Gleichgewichtskonzentration der Elektronen eine Veränderung des Ladungszustandes der Haftstellen erfolgen kann, was einer Änderung der Natur der Rekombinationszentren gleichbedeutend ist. Wir wollen uns das am konkreten Beispiel von Nickelatomen in Germanium klarmachen. Diese bilden zwei Akzeptorniveaus E_1 und E_2 (Abb. 9.8) und können sich folglich in drei verschiedenen Ladungszuständen befinden: Ni^0, Ni^- und Ni^{2-}. Wir wollen annehmen, daß im Gleichgewicht das Fermi-Niveau (F_1 in Abb. 9.8) einige kT unterhalb von E_1 gelegen ist. Dann wird sich die übergroße Mehrheit der Zentren (vgl. Abschnitt 5.11.) im Zustand Ni^0 befinden. Das bleibt auch bei Störung des Gleichgewichts so, wenn die Störung nur genügend klein ist (z. B. bei schwacher Beleuchtung des Kristalls). Deshalb werden Elektronen nur von Zentren Ni^0 (was dem freien Niveau E_1 entspricht) und Löcher nur von Zentren Ni^- entstehen), d. h., an der Rekombination ist nur ein energetisches Niveau E_1 beteiligt. Ist dabei die Konzentration der Zentren gering ($\delta p \simeq \delta n$), so wird bei einer Vergrößerung der Gleichgewichtskonzentration der Majoritätsträger (Löcher) die Lebensdauer der Elektron-Loch-Paare gegen $\tau_{n0} = (\alpha_n^0 N_t)^{-1}$ streben, wobei α_n^0 der Einfangkoeffizient der Elektronen an neutralen Nickelatomen ist.

Wenn wir das Fermi-Niveau nach oben verschieben (z. B. durch Erhöhung der Donatorkonzentration oder Vergrößerung der Temperatur), so daß es oberhalb des Niveaus E_1 zu liegen kommt, so treten Ionen Ni^{2-} auf, die nun an der Rekombination beteiligt sind. Bei einer Lage des Fermi-Niveaus oberhalb von E_2 (F_2 in Abb. 9.8) werden praktisch alle Zentren im Zustand Ni^{2-} sein. Dann werden die Löcher nur von diesen Zentren (d. h. besetzten Niveaus E_2) und die Elektronen von den Zentren Ni^- (d. h. unbesetzten Niveaus E_2) eingefangen. In diesem Falle läuft die Rekombination allein über das Niveau E_2 ab. Bei Vergrößerung der Konzentration der Gleichgewichtselektronen strebt die Lebensdauer gegen $\tau_{p0} = (\alpha_p^{2-} N_t)^{-1}$ mit α_p^{2-} als Einfangquerschnitt der Löcher an zweifach negativen Nickelatomen.

Ist die Abweichung vom Gleichgewicht nicht gering, so kann die Elektronenkonzentration in den verschiedenen Ladungszuständen beträchtlich von der Gleichgewichtskonzentration abweichen (Umladung der Niveaus). Das kann auch bei kleinen Störungen des Gleichgewichts auftreten, wenn sich die Einfangkoeffizienten der Löcher und Elektronen erheblich voneinander unterscheiden. Bei Vergrößerung des Anregungsniveaus hängen die Nichtgleichgewichtskonzentrationen nicht mehr von δn und δp ab und erreichen Grenzwerte, die vom Verhältnis der Einfangkoeffizienten für die unterschiedlichen Niveaus sowie der Tiefe der Niveaus bestimmt sind.

Wenn man aus dem Experiment weiß, wie sich die Lebensdauern τ_n und τ_p mit der Konzentration der Elektronen und Löcher und der Temperatur ändern, und wenn aus einer dazu unabhängigen Messung die Haftstellenkonzentration (Rekombinationsstörstellen) und deren energetische Lagen bekannt sind, so können die Einfangkoeffizienten α_n und α_p für gegebene Zentren (und im vorgegebenen Halbleiter) sowie die Einfangquerschnitte S_n und S_p bestimmt werden. Derartige Messungen zeigen, daß sich S_n und S_p in außerordentlich breiten Intervallen von $\sim 10^{-12}$ cm^2 bis 10^{-22} cm^2 ändern können. Untersucht man die Abhängigkeit des Einfangquerschnittes von den Versuchsbedingungen (Ladungsträgerkonzentration, Temperatur, äußeres elektrisches Feld) und analysiert außerdem die Strahlung, die bei der Rekombination auftritt, so läßt sich klären, welche Elementarprozesse bei Einfang und Rekombination eine wichtige Rolle spielen. Auf diese Prozesse kommen wir in Kapitel 17. zurück.

Abschließend soll auf die Bedeutung der hier betrachteten Prozesse hingewiesen werden. Wie oben bemerkt, kann man den Wert des Einfangquerschnitts für verschiedene Störstellen experimentell bestimmen. Diese Einfangquerschnitte stellen zusammen mit den energetischen Niveaus der Störstellen wichtige Charakteristika der betreffenden Störstellen in dem betrachteten Halbleiter dar und bestimmen deren Einfluß auf die Gleichgewichtseigenschaften des Halbleiters und die Kinetik der Elektronenprozesse vollständig. Wenn man diese Charakteristika kennt, so kann man die erforderliche Zusammensetzung und Zahl von Störstellen abschätzen, um vorgegebene Eigenschaften des Halbleiters zu realisieren — etwa (gemäß den Beziehungen aus Kapitel 5.) die Gleichgewichtskonzentration von Elektronen und Löchern oder (mit den Gleichungen dieses Kapitels) die erforderlichen Lebensdauern, die für die Herstellung gewisser Halbleiterbauelemente von Interesse sind.

10. Elektronische Oberflächenzustände

10.1. Die Entstehung von Oberflächenzuständen

Eine der wichtigsten Besonderheiten von Halbleitern besteht darin, daß ihre elektrischen und optischen Eigenschaften wesentlich vom Zustand der Oberfläche abhängen können und sich je nach deren Bearbeitung (Schleifen, Ätzen, Änderungen des umgebenden Mediums) ändern können. All diesen Erscheinungen liegt zugrunde, daß im begrenzten Kristall nicht nur Quantenzustände von Elektronen entstehen, die sich im Kristallvolumen bewegen, sondern auch zusätzliche Zustände, in denen die Elektronen direkt an der Kristalloberfläche lokalisiert sind. Entsprechend entstehen neben den im Volumen vorhandenen Energieniveaus, die die Energiebänder des unendlich ausgedehnten Kristalls bilden, lokale unmittelbar an der Oberfläche liegende Niveaus.

Die Existenz lokaler Energieniveaus an der Oberfläche führt dazu, daß die Elektronen und Löcher dort „haften" und eine elektrische Oberflächenladung bilden können. Dabei entsteht unter der Oberfläche eine induzierte Raumladung gleicher Größe mit entgegengesetztem Vorzeichen, d. h. eine Anreicherungs- oder Verarmungsrandschicht. Durch das Auftreten solcher Schichten erklärt sich auch der Einfluß der Oberfläche auf die Gleichgewichtseigenschaften (wie elektrische Leitfähigkeit, Austrittsarbeit, Kontaktpotentialdifferenz u. a.) von Halbleitern.

Die Energieniveaus an der Oberfläche können auch die Kinetik der elektronischen Prozesse wesentlich verändern, da sie zusätzliche Rekombinations- und Generationszentren für Ladungsträger darstellen. Daher hängen alle Erscheinungen, die mit Nichtgleichgewichtselektronen und -löchern verbunden sind (Photoleitfähigkeit, Photospannung, Prozesse in Injektionshalbleiterbauelementen u. a.) auch vom Zustand der Oberfläche ab.

Einer der Gründe für die Entstehung von Oberflächenzuständen liegt im Abbruch des periodischen Kristallpotentials an der Oberfläche. I. E. Tamm zeigte im Jahre 1932 als erster, daß eben dieser Umstand zusätzliche Lösungen der Schrödinger-Gleichung für das Kristallelektron (im Vergleich zum unbegrenzten Kristall) zuläßt, die mit wachsender Entfernung von der Oberfläche stark gedämpft sind. Der Grund für die Entstehung von Oberflächenzuständen kann am folgenden Beispiel verdeutlicht werden. Wir betrachten einen eindimensionalen Kristall und berücksichtigen nur die Wechselwirkung zwischen benachbarten Atomen. Wie bekannt (Kapitel 3.), bleiben dabei die charakteristischen Besonderheiten des Energiespektrums erhalten. Dementsprechend findet man für den unendlichen Kristall das gewöhnliche System der Energiebänder im Volumen (Abb. 10.1a). Nehmen wir jetzt an, daß eines der Atome entfernt wurde. Ein solcher Strukturdefekt kann — wie auch ein Dotierungsatom — ein oder mehrere lokale Energieniveaus E_t erzeugen, die in der verbotenen Zone liegen (Abb. 10.1b). Andererseits zerfällt in der Näherung kurzreichweitiger Wechselwirkung der unendliche Kristall bei Entfernung eines Atoms in zwei nichtwechselwirkende Kristalle, die eine begrenzende „Oberfläche" haben. Damit kommt man für den endlichen Kristall zum Energieschema von Abb. 10.1c, das außer den Energiebändern im Volumen noch ein Oberflächenniveau E_s enthält. Falls das Niveau in ein erlaubtes Band fällt (E_s'), so gehört es nicht zu einem lokalisierten Zustand.

Eine strengere Diskussion muß vom Verlauf der potentiellen Energie des Elektrons im endlichen Kristall ausgehen. Dieser ist in Abb. 10.2 schematisch dargestellt. Im Unterschied zum unendlichen Kristall ist die Funktion $U_1(x)$ jetzt nicht mehr

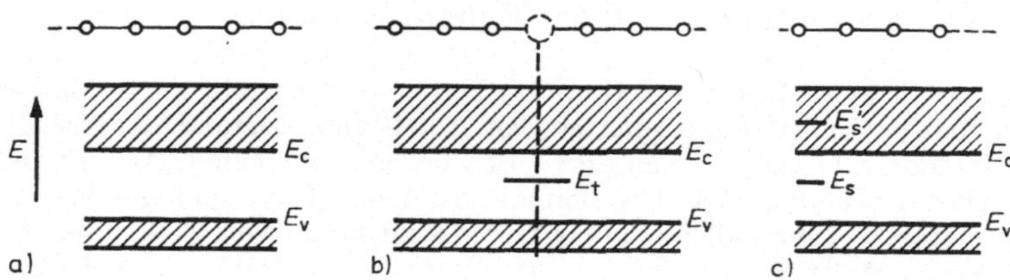

Abb. 10.1
Grobes Schema zur Entstehung von Energieniveaus an der Oberfläche

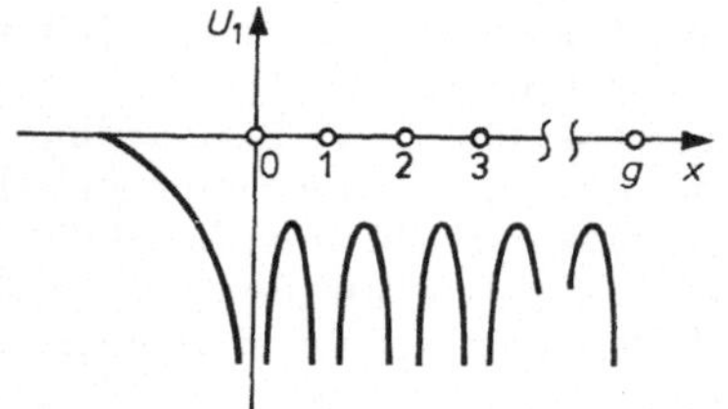

Abb. 10.2
Potentielle Energie des Elektrons im eindimensionalen begrenzten Gitter

periodisch. Sie kann in Form einer Summe aus der periodischen Funktion $U(x)$, die für den unendlichen Kristall charakteristisch ist, und der zusätzlichen Funktion $W(x)$, die den Einfluß der Oberfläche beschreibt, dargestellt werden. Nach der Methode stark gebundener Elektronen (Kapitel 3.) kann wie früher auch hier die Lösung der Schrödinger-Gleichung in der Form

$$\psi(x) = \sum_{g=0}^{\infty} c_g \varphi_g \tag{1.1}$$

angesetzt werden, wobei $\varphi_g = \varphi(x - ag)$ die Wellenfunktion des Elektrons im isolierten Atom der Nummer „g“ ist und die Koeffizienten C_g so zu wählen sind, daß die Funktion ψ die Schrödinger-Gleichung befriedigt. Hier nimmt die Zahl g jedoch nur positive Werte an. Ähnlich dem Vorgehen in Abschnitt 3.5. sucht man die Koeffizienten C_g in der Form

$$c_g = A\,\mathrm{e}^{\mathrm{i}\lambda g} + B\,\mathrm{e}^{-\mathrm{i}\lambda g}, \tag{1.2}$$

wobei A und B unbestimmte Konstanten sind.

Falls beide Koeffizienten A und B ungleich Null sind, so muß, damit $\psi(x)$ überall endlich bleibt, λ reell sein. Dann ist $\psi(x)$ eine oszillierende Funktion, was, wie wir wissen, ausgebreiteten Elektronenzuständen entspricht. Es erweist sich jedoch, daß in Abhängigkeit vom Charakter der Wechselwirkung des Elektrons mit den Atomen und von der Form der Wellenfunktion φ_g einer der Koeffizienten A oder B verschwinden kann. Dann werden auch komplexe Werte λ möglich. Falls z. B. $B = 0$ ist, bleibt $\psi(x)$ für

$$\lambda = \lambda_1 + \mathrm{i}\lambda_2 \tag{1.3}$$

endlich, wobei λ_1, λ_2 reell und $\lambda_2 > 0$ ist. Durch Einsetzen von (1.3) in Gl. (1.1) findet man dann

$$\psi(x) = A \sum_{g=0}^{\infty} \mathrm{e}^{-\lambda_2 g} \, \mathrm{e}^{\mathrm{i}\lambda_1 g} \varphi(x - ag). \tag{1.4}$$

Jedes Glied dieser Summe klingt mit größer werdender Atomnummer g ab. Da andererseits die Atomfunktionen $\varphi(x - ag)$ nur in der Umgebung ihres Gitterpunktes $x \simeq ag$ merklich von Null verschieden sind, fällt die Wellenfunktion $\psi(x)$ mit größer werdendem x ab. In solchen Quantenzuständen ist das Elektron an der Grenze des Kristalls lokalisiert. Sie werden Tammsche Oberflächenzustände genannt.

Die Bedingungen, unter denen eine Lösung der Form (1.4) auftritt, kann man durch Einsetzen von (1.4) in die entsprechende Schrödinger-Gleichung finden. Auf diesem Wege läßt sich zeigen, daß eine Lösung mit rein reellen λ-Werten für ψ stets existiert, während der Fall (1.3) nur realisiert wird, falls die Änderung der potentiellen Energie W an der Oberfläche hinreichend groß ist. Dabei ist der Wert von λ_1 fixiert und in Abhängigkeit vom Charakter der Atomwellenfunktionen gleich Null oder π.

Wir bemerken, daß man die Existenz von Oberflächen-Energieniveaus auch vom Standpunkt der chemischen Bindungen im Kristall erklären kann (ähnlich wie in Kapitel 2. bei der Erklärung anderer Halbleitereigenschaften). Von diesem Gesichtspunkt gesehen entstehen die Oberflächenniveaus infolge ungepaarter Elektronen, die an der Oberfläche wegen des Abbruchs des Gitters existieren (Shockley).

In dreidimensionalen Kristallen entstehen anstelle der diskreten Oberflächenniveaus Oberflächen-Energiebänder (Abb. 10.3a). Sie bestehen aus nahe beieinander

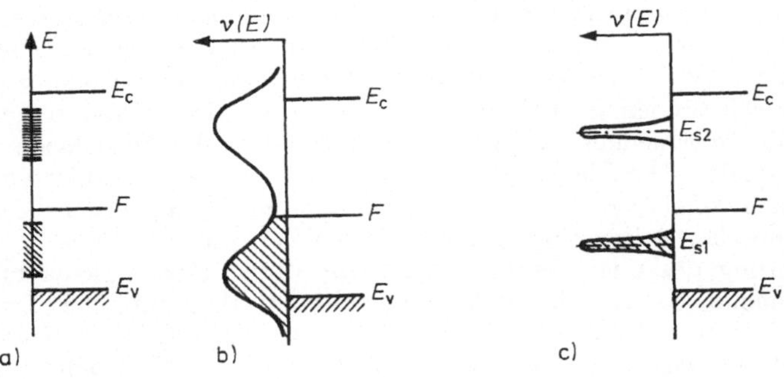

Abb. 10.3
a) Oberflächen-Energiebänder
b) Kontinuierliche Verteilung der Oberflächenniveaus
c) Quasidiskrete Oberflächenniveaus

liegenden Energieniveaus, die den verschiedenen möglichen Komponenten des Quasiimpulses p_y und p_z parallel zur Oberfläche entsprechen.

Falls irgendeines der Oberflächenbänder nur teilweise mit Elektronen gefüllt ist, wird im Prinzip eine Elektronenleitung metallischen Typs längs der Oberfläche möglich.

Tatsächlich ist jedoch die Kristalloberfläche stets inhomogen und die Potentialverteilung in ihr keineswegs periodisch. Aus diesem Grunde ist die Vorstellung von den Oberflächenbändern als exaktem zweidimensionalem Analogon zu den Volumen-Energiebändern des Kristalls eine zu starke Idealisierung. Der Begriff der Oberflächen-Energiebänder selbst behält jedoch auch bei einer Inhomogenität der realen Oberfläche seinen Sinn.

Die Oberflächen-Energiebänder können sich ebenso wie die Volumenbänder überlappen. Deshalb ist es oft richtiger, von einer kontinuierlichen Verteilung der Oberflächenniveaus zu sprechen und diese dadurch zu beschreiben, daß man die Dichte der Oberflächenniveaus $\nu(E)$ (Zahl der Niveaus pro Flächeneinheit der Oberfläche und pro Energieeinheitsintervall) angibt. Ein Beispiel einer solchen Verteilung ist in Abb. 10.3b gegeben. Dabei drückt sich die Oberflächenkonzentration der Elektronen (wenn man von der thermischen Aufweichung der Fermi-Funktion absieht) durch die Fläche aus, die vom entsprechenden Teil der Kurve $\nu(E)$ (für $E < F$) und der E-Achse begrenzt wird.

Manchmal kann man bei der Interpretation der experimentellen Daten voraussetzen, daß die Verteilung $\nu(E)$ ein oder mehrere scharfe und schmale Maxima hat (Abb. 10.3c). In diesen Fällen spricht man von quasidiskreten (oder einfach diskreten) Oberflächenniveaus, die den Niveaus eindimensionaler Kristalle analog sind. Eine solche Näherung wird oft zur qualitativen (oder halbquantitativen) Analyse von Erscheinungen benutzt.

Oben wurde überall angenommen, daß die Kristalloberfläche „atomar rein", d. h. frei von irgendwelchen Fremdatomen und Defekten ist. Oberflächen, die den atomar reinen nahekommen, kann man mit Hilfe spezieller Methoden (z. B. Herstellen der Oberfläche durch Spalten im Ultrahochvakuum oder Reinigen der Oberfläche durch Bombardieren mit Edelgasionen) erhalten. Gewöhnlich ist die Oberfläche eines Halbleiters immer von einer Oxidschicht bedeckt. Außerdem befinden sich auf ihr adsorbierte Atome, die auch Oberflächen-Energieniveaus für Elektronen erzeugen. Diese Atome können Elektronen mit dem Halbleitervolumen austauschen und in Abhängigkeit davon, was energetisch vorteilhafter ist, entweder Elektronen an den Halbleiter abgeben (wobei sie sich in positive Ionen umwandeln) oder zusätzliche Elektronen an sich binden (wobei sie sich negativ aufladen). Eine analoge Rolle können auch die verschiedenen „Eigen"-Strukturdefekte der Oberfläche — Leerstellen usw. — spielen. Der Elektronenaustausch zwischen den adsorbierten Atomen und dem Volumen spielt eine äußerst wichtige Rolle in der modernen Elektronentheorie der chemischen Adsorption und der heterogenen Katalyse [3, 4].

Unter Beachtung des oben Gesagten kommen wir zum Energiediagramm der „realen" Oberfläche, das in Abb. 10.4 dargestellt ist. Hier sind der Einfachheit halber nur zwei diskrete Tammsche Niveaus (E_{s1} und E_{s2}) sowie ein Niveau eines adsorbierten Atoms dargestellt. Durch die Aufladung der Oberfläche (die durch Niveaus aller Art bewirkt wird) ändert sich das elektrische Potential in der Oberflächenschicht des Halbleiters (deren Dicke von der Ordnung der Debyeschen Abschirmlänge ist), und entsprechend verbiegen sich die Energiebänder (die Abbildung entspricht einer negativen Oberflächenladung). Die Potentialdifferenz φ_s zwischen der

Oberfläche des Halbleiters und seinem Volumen, wo die Bänder bereits horizontal verlaufen, werden wir als Oberflächenpotential bezeichnen. Im weiteren werden wir dieses Potential in dimensionslosen Einheiten ausdrücken:

$$Y_s = \frac{e\varphi_s}{kT}, \tag{1.5}$$

da es gewöhnlich in dieser Form in die Formeln eingeht.

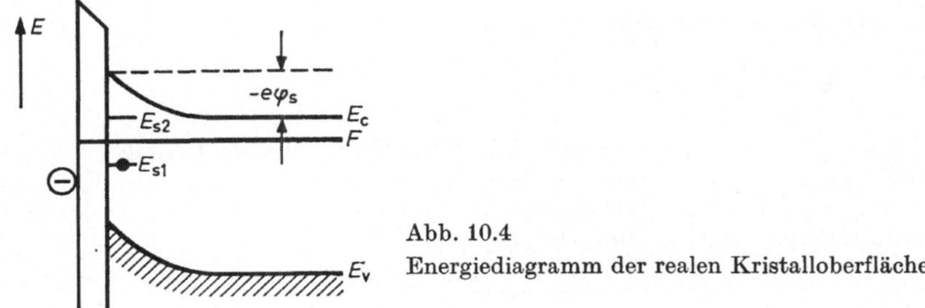

Abb. 10.4
Energiediagramm der realen Kristalloberfläche

Das Energieschema in Abb. 10.4 ist natürlich sehr vereinfacht. So muß man bei einer hinreichend großen Zahl von adsorbierten Atomen oder anderen Strukturdefekten die Oberfläche genauer als ungeordnetes System betrachten und für ihre theoretische Untersuchung Methoden anwenden, die in der Physik der stark dotierten Halbleiter entwickelt wurden (Kapitel 19.).

10.2. Der Einfluß des Oberflächenpotentials auf die elektrische Leitfähigkeit

Bei einer Änderung des Oberflächenpotentials ändern sich die Konzentrationen der Elektronen und Löcher in der Oberflächenschicht des Halbleiters und folglich auch dessen elektrische Leitfähigkeit. Deshalb kann man durch Untersuchung der elektrischen Leitfähigkeit nach unterschiedlicher Bearbeitung der Oberfläche Informationen darüber erhalten, wie sich dabei die Oberflächenladung ändert und daraus Angaben über die Oberflächenzustände gewinnen.

Betrachten wir eine Platte eines homogenen Halbleiters. Eine seiner Oberflächen liege in der Ebene $x = 0$ (Abb. 10.5), und die Dicke d sei viel kleiner als alle anderen Abmessungen. Die Dicke der Platte setzen wir gleich eins. Die Stromstärke durch eine unendlich dünne Schicht der Platte $(x, x + dx)$ ist

$$e[\mu_p p(x) + \mu_n n(x)]\, E\, dx,$$

und ihre Änderung im Vergleich zum Fall nichtverbogener Bänder ($Y_s = 0$) ist gleich

$$e\,\{\mu_p[p(x) - p_0] + \mu_n[n(x) - n_0]\}\, E\, dx.$$

Folglich finden wir mit

$$\Gamma_p = \int_0^\infty [p(x) - p_0]\,dx, \tag{2.1}$$

$$\Gamma_n = \int_0^\infty [n(x) - n_0]\,dx,$$

daß die Änderung der elektrischen Leitfähigkeit ΔG der Platte (bezogen auf eine Länge und eine Breite der Platte von jeweils 1 cm), die durch den Einfluß der Oberfläche bei $x = 0$ verursacht wird, gleich

$$\Delta G = \frac{\Delta i}{E} = e\mu_p(\Gamma_p + b\Gamma_n) \tag{2.2}$$

mit $b = \mu_n/\mu_p$ ist. Die Größe ΔG wird oft als *Oberflächen-Leitfähigkeit* bezeichnet. In den Integralen (2.1) wurde die obere Grenze ∞ (statt gleich der Koordinate der zweiten Oberfläche) gesetzt, wobei vorausgesetzt wird, daß die Dicke der Platte d die Abschirmlänge mehrfach übersteigt.

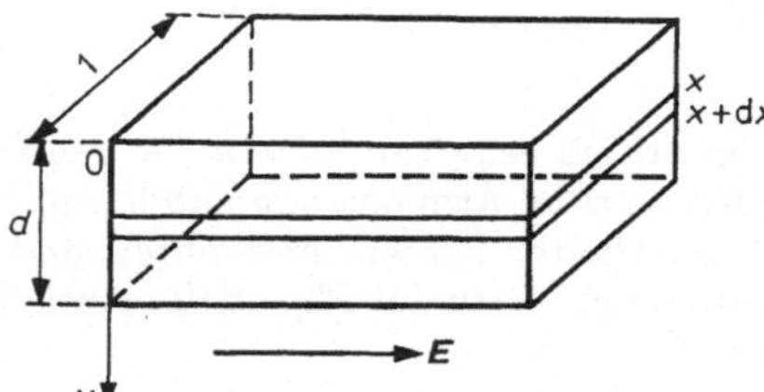

Abb. 10.5
Zur Berechnung des Einflusses der Oberfläche auf die elektrische Leitfähigkeit

Wir haben die Beweglichkeiten in der oberflächennahen Schicht gleich ihren Werten μ_p und μ_n im Volumen gesetzt. Tatsächlich erfolgt an der Oberfläche eine zusätzliche Impulsstreuung. Folglich muß man in strengen Rechnungen anstelle von μ_n und μ_p die Oberflächenbeweglichkeiten benutzen, die unter definierten Voraussetzungen über den Charakter der Streuung an der Oberfläche berechnet werden können (genauer vgl. z. B. [1]). Diese Korrektur ändert an den Ergebnissen jedoch prinzipiell nichts, und wir werden sie nicht berücksichtigen. Damit wird die Berechnung des Einflusses des Oberflächenpotentials auf die elektrische Leitfähigkeit auf die Berechnung der Verteilung $p(x)$ und $n(x)$ in der Raumladungsschicht zurückgeführt. Den allgemeinen Charakter der Abhängigkeit ΔG von Y_s kann man jedoch ohne Rechnung klären. Wir wollen einen Halbleiter vom n-Typ voraussetzen. Bei positivem Oberflächenpotential verbiegen sich die Bänder nach unten, und der Bandrand der Majoritätsladungsträger E_c nähert sich dem Fermi-Niveau (Abb. 10.6a). Folglich bildet sich an der Oberfläche eine mit Elektronen angereicherte Schicht aus, und ΔG wächst mit größer werdendem Y_s kontinuierlich an. Bei $Y_s < 0$ verbiegen sich die Bänder nach oben (Abb. 10.6b), und entsprechend verarmt die Randschicht an Elektronen. Solange $(F - E_v)$ an der Oberfläche größer als $(E_c - F)$ bleibt, gilt für die Konzentration der Löcher überall $p \ll n$, und ΔG verringert sich mit wachsendem $|Y_s|$. Ist jedoch die Bandverbiegung derart, daß F näher an E_v als an E_c liegt, so bildet sich in der Randschicht eine Löcherkonzentration aus, die größer als die Elektronenkonzentration ist, d. h., es entsteht eine Inversionsschicht, die im gegebenen Fall vom p-Typ ist (Abb. 10.6c). Analog hätte in einem Halbleiter mit Löcherleitung die Inversionsschicht eine Leitfähigkeit vom n-Typ. Entsprechend geht bei weiterem Anwachsen von $|Y_s|$ die Leitfähigkeit ΔG durch ein Minimum und wächst danach infolge jetzt größer werdender Löcherkonzentration in der Inversionsschicht wieder an.

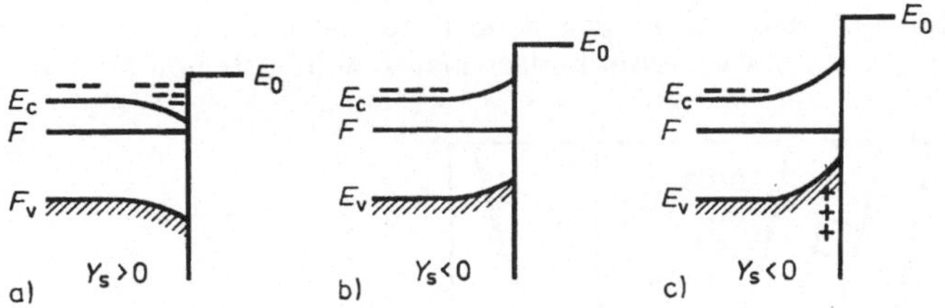

Abb. 10.6
Anreicherungs- (a), Verarmungs- (b) und Inversions (c) -Randschicht in einem Halbleiter vom n-Typ

Den Wert des Oberflächenpotentials $Y_{s\,min}$, der dem Minimum von ΔG entspricht, kann man aus folgenden einfachen (wenn auch nicht strengen) Überlegungen finden. Offensichtlich liefern bei $Y_{s\,min}$ Elektronen und Löcher einen gleichen Beitrag zur elektrischen Leitfähigkeit der Randschicht. Deshalb kann man für eine beliebige mittlere Fläche $x_1 = \text{const}$ im Raumladungsgebiet, wo das Potential $Y_s = \frac{1}{2} Y_{s\,min}$ ist, schreiben:

$$\mu_n n(x_1) = \mu_p p(x_1).$$

Andererseits gilt bei Beschränkung auf den Fall nichtentarteter Halbleiter entsprechend dem Boltzmannschen Gesetz

$$n = n_0 \exp Y, \qquad p = p_0 \exp(-Y). \tag{2.3}$$

Setzt man das in die vorhergehende Gleichung ein, folgt

$$\mu_n n_0 \exp\left(\frac{1}{2} Y_{s\,min}\right) = \mu_p p_0 \exp\left(-\frac{1}{2} Y_{s\,min}\right). \tag{2.4}$$

Daraus erhält man

$$Y_{s\,min} = \ln(\xi^2/b), \tag{2.5}$$

wobei $\xi^2 = p_0/n_0$ und $b = \mu_n/\mu_p$ ist.

Für den betrachteten Fall eines Halbleiters vom n-Typ ist der Wert $\xi < 1$ und das Verhältnis der Beweglichkeiten b gewöhnlich > 1. Folglich wird $Y_{s\,min}$ negativ, und der Absolutbetrag ist um so größer, je kleiner ξ ist.

Die berechnete Abhängigkeit ΔG von Y_s für Germanium vom n-Typ bei verschiedenen Werten des Parameters ξ ist in Abb. 10.7 dargestellt. Bei der Berechnung wurde vorausgesetzt, daß die Donatoren und Akzeptoren vollständig ionisiert sind und daß das Elektronengas nicht entartet ist. Die Gleichung dieser Kurven sowie die exakte Herleitung der Formel (2.5) sind in Anhang 6. wiedergegeben.

Die betrachtete Abhängigkeit $\Delta G(Y_s)$ liefert die Grundlage einer wichtigen Methode zur experimentellen Bestimmung von Y_s. Dazu muß man von vornherein das Verhältnis p_0/n_0 innerhalb der Probe (jenseits der Raumladungsschicht) kennen. Dieses kann leicht aus Messungen der Konzentration der Majoritätsladungsträger in der massiven Probe vor dem Herausschneiden einer dünnen Scheibe gefunden werden. Danach ist bei bekanntem Verhältnis der Beweglichkeiten b definiert, welche Kurve der Schar in Abb. 10.7 sich auf die gegebene Probe bezieht und welches der dazugehörige Wert $Y_{s\,min}$ ist. Im weiteren ändert man das umgebende Medium, um eine

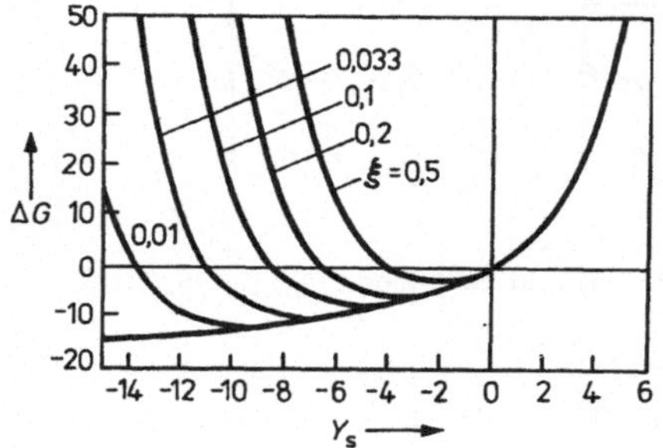

Abb. 10.7
Abhängigkeit der Leitfähigkeitsänderung ΔG für n-Germanium vom Oberflächenpotential $Y_s = e\varphi_s/kT$ (willkürliche Einheiten)

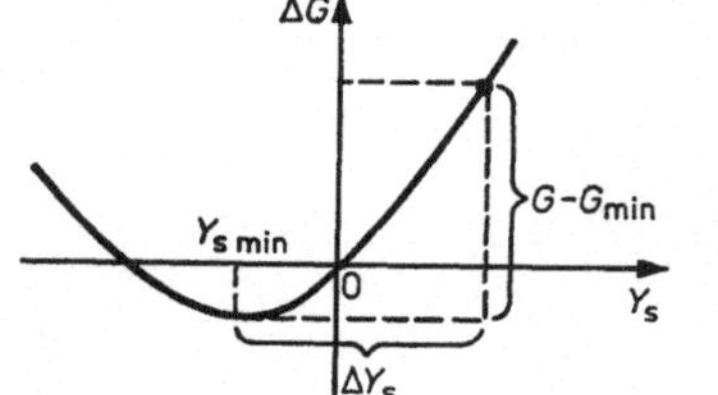

Abb. 10.8
Zur Bestimmung der Größe des Oberflächenpotentials

Änderung von Y_s zu bewirken. Dazu benutzt man oft verschiedene Gase (Stickstoff, Sauerstoff, Wasserdampf u. a.) bei unterschiedlichem Druck und wählt das Medium aus, bei dem die elektrische Leitfähigkeit durch ein Minimum geht. Dieser Wert G_{min} wird gemessen. Damit ist für einen beliebigen anderen Zustand der Oberfläche, dem die elektrische Leitfähigkeit G der Probe entspricht, das Oberflächenpotential gleich

$$Y_s = Y_{s\,min} + \Delta Y_s, \tag{2.6}$$

wobei ΔY_s durch die Größe $(G - G_{min})$ bestimmt ist, wie Abb. 10.8 zeigt.

10.3. Der Feldeffekt

Die Größe des Oberflächenpotentials kann man nicht nur ändern, indem man das umgebende Medium verändert, sondern auch durch Anlegen eines zur Halbleiteroberfläche senkrechten elektrischen Feldes. Der Einfluß eines äußeren elektrischen Feldes auf die elektrische Leitfähigkeit eines Halbleiters trägt die Bezeichnung *Feldeffekt.*

Es existiert eine große Anzahl verschiedenartiger experimenteller Zugänge zum Studium des Feldeffektes sowohl unter stationären als auch unter nichtstationären Bedingungen. Ein Beispiel für eine stationäre Methode ist in Abb. 10.9 dargestellt. Die Halbleiterplatte S dient als eine Kondensatorplatte, die zweite Platte M ist metallisch und vom Halbleiter durch eine dünne Isolatorschicht I getrennt. An den Kondensator wird eine Gleichspannung angelegt, deren Größe und Vorzeichen geändert werden können. Die Enden der Halbleiterplatte tragen niederohmige Kontakte, mit deren Hilfe diese in eine Brückenschaltung (oder irgendeine andere Anordnung) zur genauen Messung kleiner Änderungen der Leitfähigkeit gelegt werden kann.

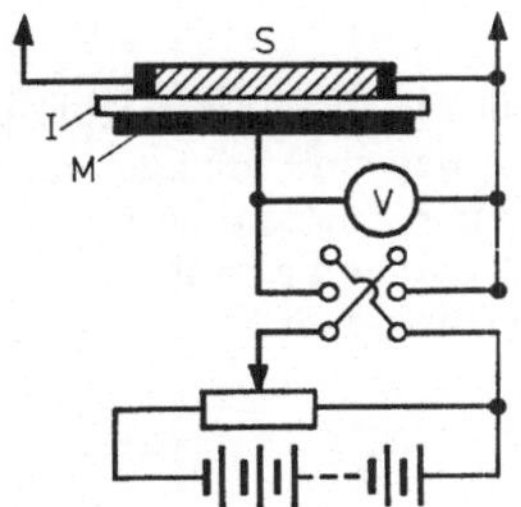

Abb. 10.9
Anordnung zur Beobachtung des stationären Feldeffektes

Noch bequemer läßt sich der Feldeffekt untersuchen, wenn man an die Platten des Kondensators eine Wechselspannung niedriger Frequenz (einige Zehntel oder Hundertstel Hertz) anlegt. Indem man dann an eines der Plattenpaare eines Oszillographen ein Signal proportional der angelegten Spannung u und an das zweite der Plattenpaare ein Signal proportional zu ΔG legt, kann man auf dem Schirm die gesamte ΔG-Kurve in Abhängigkeit von u erhalten. Das erlaubt nach Gl. (2.6) die einfache Bestimmung des Wertes von Y_s bei beliebiger Kondensatorspannung und speziell auch bei $u = 0$ (dem „natürlichen" Zustand der Oberfläche). Diese Methode hat große Vorteile vor der der Änderung der umgebenden Gasatmosphäre, da letztere nicht nur die Energiebänder verbiegen, sondern auch die Konzentration der Oberflächen-Energieniveaus infolge Adsorption von Gasatomen ändern kann.

Die Untersuchung des Feldeffektes liefert wertvolle Informationen über Oberflächenzustände (Energieniveaus und ihre Konzentrationen). Elektronen und Löcher erzeugen je Oberflächeneinheit die Ladung

$$Q = Q_v + Q_s = e(\Gamma_p - \Gamma_n) + Q_s. \tag{3.1}$$

Hier ist Q_v die bewegliche Ladung im Volumen der Randschicht, Q_s ist die an Oberflächenniveaus gebundene Ladung und Γ_p, Γ_n die Gesamtzahl der Überschußlöcher und -elektronen, die durch Gl. (2.1) bestimmt wird. Außerdem gibt es noch eine Ladung, die von den Ionen im Halbleitervolumen (geladene Donatoren und Akzeptoren) und von den Ionen, die auf der äußeren Oxidoberfläche adsorbiert sind, verursacht wird. Bei Abwesenheit des äußeren Feldes ist die Ionenladung von gleicher Größe und entgegengesetztem Vorzeichen zur Ladung Q.

In vielen Fällen kann man annehmen, daß sich beim Feldeffekt die Ionenladung nicht ändert. Das ist gerechtfertigt, wenn die Donatoren und Akzeptoren im Halbleitervolumen vollständig ionisiert sind. Die adsorbierten Ionen tauschen mit dem Halbleiter Elektronen sehr langsam aus (oft über viele Sekunden und Minuten), so daß während der Meßzeit ihre Ladung konstant bleibt. Folglich ist die induzierte Ladung gleich

$$\delta Q = \delta Q_v + \delta Q_s = e(\delta\Gamma_p - \delta\Gamma_n) + \delta Q_s. \tag{3.2}$$

Da Γ_p und Γ_n bekannte Funktionen des Oberflächenpotentials Y_s (siehe Anhang 6.) sind und dieses sich, wie oben gezeigt, auch aus dem Feldeffekt bestimmen läßt, kann man die Größe δQ_v leicht ermitteln. Andererseits ist die gesamte induzierte Ladung pro Flächeneinheit) gleich

$$\delta Q = Cu \tag{3.3}$$

mit C als der Kondensatorkapazität pro Flächeneinheit, die sich unmittelbar aus dem Versuch ergibt. Damit wird es möglich, δQ_s zu bestimmen und anzugeben, welcher Anteil von Ladungsträgern sich im freien bzw. gebundenen Zustand befindet.

Die Resultate der Messung des Feldeffektes werden manchmal mittels einer *effektiven Beweglichkeit* ausgedrückt. Diese ist nach Definition gleich

$$\mu_{\text{eff}} = \frac{\delta G}{\delta Q}, \tag{3.4}$$

wobei δG die Änderung der Leitfähigkeit durch den Feldeffekt ist. Die effektive Beweglichkeit hat einen besonders einfachen physikalischen Sinn, wenn die Bandverbiegung klein ist und die Leitfähigkeit überall als unipolar angenommen werden kann. Dann haben wir z. B. im Falle eines p-Halbleiters

$$\delta G = e\mu_p\,\delta\Gamma_p = \mu_p\,\delta Q_v$$

und folglich

$$\frac{\mu_{\text{eff}}}{\mu_p} = \frac{\delta Q_v}{\delta Q_v + \delta Q_s}.$$

In diesem Falle bestimmt μ_{eff}, welcher Anteil der gesamten Oberflächenladung sich im beweglichen Zustand befindet.

Indem man die Abhängigkeit Q_s von Y_s untersucht, lassen sich die energetische Lage und die Konzentration der Oberflächen-Energieniveaus bestimmen. Tatsächlich verschieben sich bei Änderung von Y_s sowohl die Oberflächenniveaus als auch die Bandränder an der Oberfläche in bezug auf das Fermi-Niveau F. Beim Durchgang eines Niveaus E_s durch F ändert sich der Ladungszustand des Niveaus. Sind nur Niveaus eines Typs anwesend, so äußert sich diese Änderung des Ladungszustandes in den Kurven für Q_s in Abhängigkeit von Y_s durch das Auftreten einer Stufe.

Um das Energiespektrum der Oberflächenzustände zu charakterisieren, werden wir E_s bei unverbogenen Bändern ($Y_s = 0$) von der Lage des Fermi-Niveaus im Eigenhalbleiter F_i aus zählen und mit $\varepsilon_s = E_s - F_i$ bezeichnen. Dann ist

$$E_s - F = \varepsilon_s - (F - F_i) - kT\,Y_s.$$

Ferner hat man für nichtentartete Halbleiter (im Volumen) nach den Gleichungen (5.5.1) und (5.5.2)

$$F - F_i = \frac{1}{2}\,kT \ln \frac{n_0}{p_0}.$$

Damit findet man mit der Verteilungsfunktion (5.9.3) für die Besetzungswahrscheinlichkeit des Niveaus E_s bei gegebenem Y_s den Ausdruck

$$f(\varepsilon_s, Y_s) = \frac{1}{1 + \exp\left(\frac{\varepsilon_s}{kT} - \frac{1}{2}\ln\frac{n_0}{p_0} - Y_s\right)}. \tag{3.5}$$

Hier wurde der Einfachheit halber der Faktor, der die Entartung des Niveaus berücksichtigt, weggelassen. Falls die betrachteten Niveaus Akzeptorcharakter haben und ihre Oberflächenkonzentration gleich ν ist, wird die Oberflächenladung gleich

$$Q_s = -e\nu f(\varepsilon_s, Y_s). \tag{3.6}$$

Für Donatorniveaus haben wir

$$Q_s = e\nu[1 - f(\varepsilon_s, Y_s)]. \tag{3.7}$$

Aus den Gleichungen (3.5) bis (3.7) ist ersichtlich, daß in beiden Fällen in den Kurven Q_s in Abhängigkeit von Y_s eine Stufe sowie ein Wendepunkt auftritt. Letzterer entspricht dem Oberflächenpotential

$$Y_{s1} = \frac{\varepsilon_s}{kT} - \frac{1}{2}\ln\frac{n_0}{p_0}. \tag{3.8}$$

Folglich kann man durch Bestimmung von Y_{s1} aus Feldeffektdaten ε_s finden. Die Größe der Stufe ist gleich $e\nu$. Im Falle mehrerer diskreter Energieniveaus hätten wir nicht einen, sondern mehrere Wendepunkte.

Falls ein kontinuierliches Energiespektrum der Oberflächenzustände vorliegt, ergibt sich Q_s durch Summation von Ausdrücken des Typs (3.6) und (3.7). So erhalten wir z. B. für Akzeptorniveaus

$$Q_s = -e\int\frac{\nu(\varepsilon_s)\,\mathrm{d}\varepsilon_s}{1 + \exp\left(\frac{\varepsilon_s}{kT} + \frac{1}{2}\ln\frac{p_0}{n_0} - Y_s\right)}, \tag{3.9}$$

wobei die Integration über alle Energien in der verbotenen Zone ausgeführt wird. Hier ist $\nu(\varepsilon_s)$ die Oberflächendichte der Niveaus, bezogen auf das Einheitsenergieintervall. In diesem Falle wird die Aufgabe der Bestimmung des Energiespektrums der Oberflächenzustände $\nu(\varepsilon_s)$ aus der experimentell bestimmten Abhängigkeit der Größe Q_s von Y_s wesentlich komplizierter und verlangt entweder zusätzliche Daten oder zusätzliche Annahmen.

Die experimentelle Untersuchung der Abhängigkeit Q_s von Y_s (der sog. „Einfangkurven") zeigt, daß die Einfangkurven sich in der Regel als glatt erweisen und klar ausgeprägte Stufen und Wendepunkte nicht auftreten. Ein Beispiel solcher Kurven für Germanium ist in Abb. 10.10 (aus [1]) gegeben. Das zeigt, daß das Energiespektrum der Oberflächenzustände, die für den Einfang von Ladungsträgern verantwortlich sind, quasikontinuierlich ist. Die Analyse der Einfangkurven führt auch zu der Schlußfolgerung, daß $\nu(\varepsilon_s)$ gewöhnlich einen Minimalwert nahe der Mitte der verbotenen Zone hat und zu den Rändern der erlaubten Energiebänder hin anwächst. Wichtige Einzelheiten über die Eigenschaften der Oberflächenniveaus kann man durch die Untersuchung der zeitlichen Änderung ΔG der Oberflächenleitfähigkeit erhalten. Zu diesem Zweck wurden verschiedene Methoden ausgearbeitet. Eine davon ist in Abb. 10.11 schematisch dargestellt. Dabei wird auf die Belegungen des Halbleiter-Isolator-Metall-Kondensators ein Rechteckspannungsimpuls mit steiler Vorderfront gegeben. Aus der Änderung des Spannungsabfalls am Halbleiter, der infolge des von der Batterie B erzeugten schwachen Gleichstromes entsteht, schließt man dabei auf die Änderung der Leitfähigkeit des Halbleiters. Diese Spannung wird vom

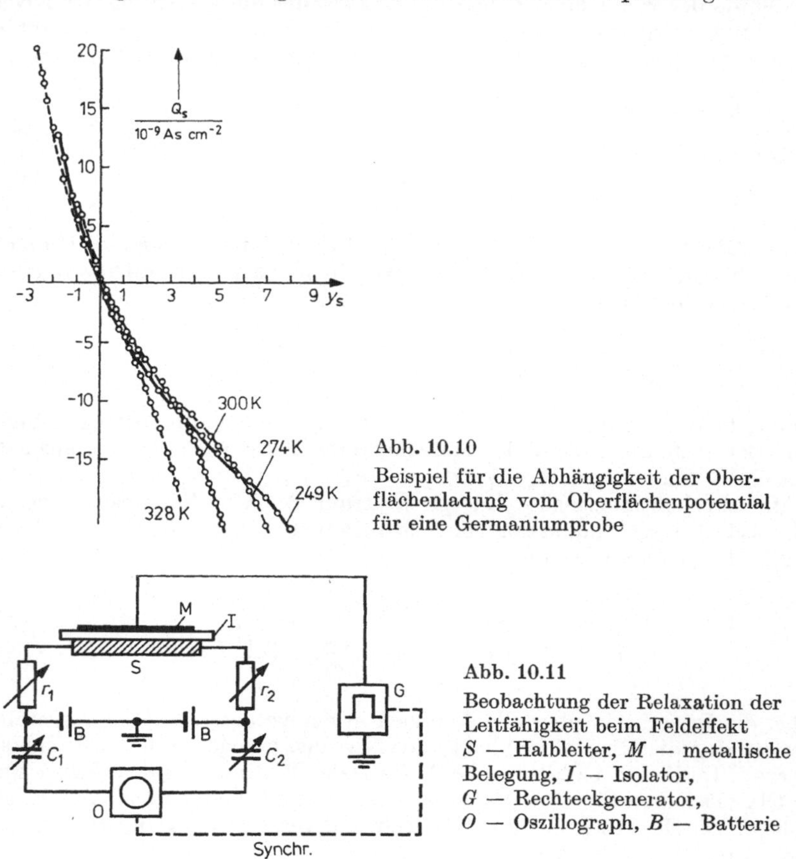

Abb. 10.10

Beispiel für die Abhängigkeit der Oberflächenladung vom Oberflächenpotential für eine Germaniumprobe

Abb. 10.11

Beobachtung der Relaxation der Leitfähigkeit beim Feldeffekt
S — Halbleiter, M — metallische Belegung, I — Isolator, G — Rechteckgenerator, O — Oszillograph, B — Batterie

Oszillographen O registriert, dessen Kippspannung mit dem Impulsgenerator IG synchronisiert ist. Bei derartigen Impulsmethoden ist es jedoch stets notwendig, parasitäre Ströme in der Meßschaltung sorgfältig auszuschließen, die bei Anlegen der Spannung an den Kondensator infolge der nicht vollständigen Symmetrie der Schaltung entstehen und die viel größer als das Meßsignal sein können. Zu ihrer Vermeidung legt man die Probe in eine R-C-Brückenschaltung und wählt die Widerstände r_1, r_2 und die Kapazitäten C_1, C_2 so, daß bei ausgeschalteter Batterie B das Signal der parasitären Ströme minimal wird.

Die beobachtete Abhängigkeit von ΔG von der Zeit hat gewöhnlich die in Abb. 10.12 schematisch angegebene Form. Nach Anlegen der Spannung, die der Anreicherung der Randschicht mit Majoritätsladungsträgern entspricht, wächst G schnell an, und ΔG erreicht nach einer kurzen Zeit, die von der Ordnung der Maxwellschen Relaxationszeit ist, seinen größten Wert. In dieser Zeit schaffen es die Oberflächenniveaus noch nicht, ihren Ladungszustand merklich zu ändern, und die gesamte induzierte Ladung befindet sich im freien Zustand. Danach beginnt die Umverteilung der Ladung zwischen dem Volumen und den Oberflächenniveaus, und G verringert sich. Diese Änderung hat einen komplizierten nichtexponentiellen Charakter. Zu Anfang ändert sich G schnell um eine gewisse Größe ΔG_1. Dieses Stadium des Prozesses kann man durch eine Relaxationszeit τ_1 charakterisieren, in deren Verlauf sich G auf den Teil 1/e verringert. Die τ_1-Werte hängen von der Art des Halbleiters und vom Zustand seiner Oberfläche ab und liegen gewöhnlich im Intervall $10^{-2} \ldots 10^2$ Mikro-

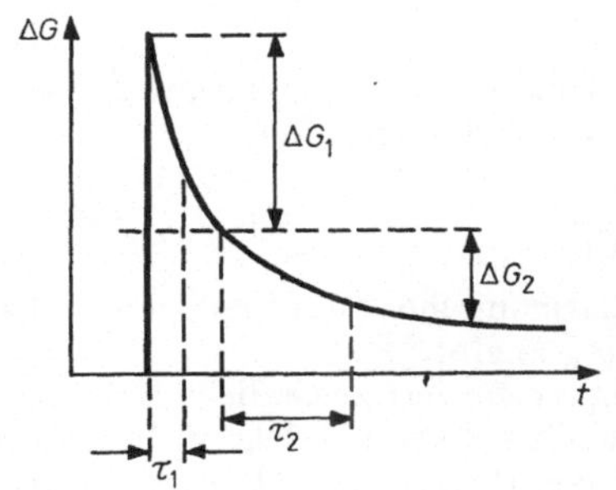

Abb. 10.12
Abhängigkeit der Leitfähigkeitsänderung ΔG von der Zeit beim Feldeffekt (schematisch)

sekunden. Danach ändert sich die elektrische Leitfähigkeit noch um die Größe ΔG_2, jedoch entschieden langsamer, und erreicht schließlich einen stationären Wert. Als charakteristische Zeit für dieses zweite Stadium des Prozesses mißt man mehrere Sekunden bis mehrere Minuten. Ein solcher Charakter der Kinetik zeigt, daß man die Oberflächenniveaus in zwei Gruppen unterteilen kann: „schnelle" Niveaus, die leicht Elektronen mit dem Volumen austauschen, und „langsame" Niveaus, deren Elektronenaustausch mit dem Volumen stark behindert ist.

Ein anderer Weg zur Untersuchung des Feldeffektes ist in Abb. 10.13 gezeigt. Dabei werden an den Kondensator und an die Anschlüsse der Probe Wechselspannungen gleicher Frequenz

$$u = u_0 \cos \omega t, \qquad u_1 = u_{10} \cos \omega t$$

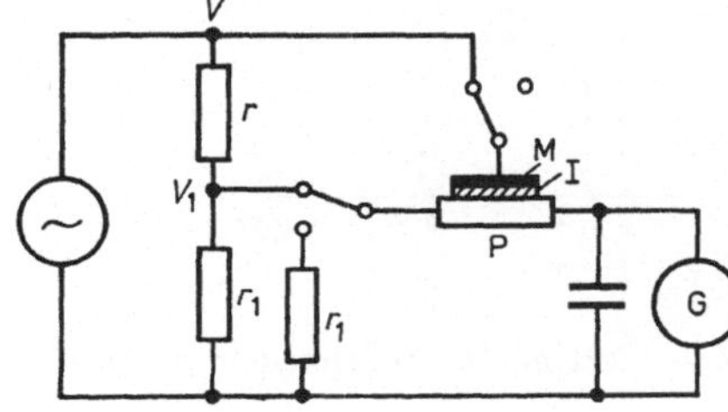

Abb. 10.13
Messung der Frequenzabhängigkeit der effektiven Beweglichkeit
P — Probe, I — Isolator,
M — Metallbelegung,
G — Galvanometer

gelegt. Der Feldeffekt bewirkt eine Modulation der Leitfähigkeit der Probe, die bei kleinen Spannungen als ebenfalls harmonisch angenommen werden kann:

$$G = G_0 + (\Delta G)_0 \cos(\omega t - \varphi)$$
$$= G_0 + (\Delta G)_0 (\cos \omega t \cos \varphi + \sin \omega t \sin \varphi).$$

Damit ist die Stromstärke durch die Probe

$$i = \frac{a}{l} G u_1 = \frac{a}{l} [G_0 + (\Delta G)_0 \cos \varphi \cos \omega t + (\Delta G)_0 \sin \varphi \sin \omega t] \, u_{10} \cos \omega t,$$

wobei a die Breite der Probe und l ihre Länge bezeichnet. Nach Mittelung dieses Ausdrucks über eine Schwingungsperiode finden wir, daß infolge des Feldeffektes ein konstanter Anteil des Stromes

$$\bar{i} = \frac{1}{2} \frac{a}{l} (\Delta G)_0 \cos \varphi \, u_{10}$$

auftritt. Andererseits ist die Amplitude der induzierten Ladung pro Flächeneinheit $(\Delta Q)_0 = C u_0$. Damit ergibt sich für die effektive Beweglichkeit

$$\mu_{\text{eff}} \cos \varphi = \frac{(\Delta G)_0}{(\Delta Q)_0} \cos \varphi = \frac{2l}{u_0 u_{10} C a} \bar{i}. \tag{3.10}$$

Benutzt man die komplexe Beschreibung harmonischer Schwingungen, so kann man sagen, daß Formel (3.10) den Realteil Re μ_{eff} angibt.

Die Bestimmung der Phasenverschiebung φ erfordert zusätzliche Messungen. Aber bereits die Untersuchung von Re μ_{eff} liefert eine Reihe von Daten. In Abb. 10.14 ist ein Beispiel für die Frequenzabhängigkeit von Re μ_{eff} für p-Germanium angegeben, dessen Oberfläche durch Säuren (Gemisch aus Essigsäure, Salpetersäure und Flußsäure) in verschiedenen Gasatmosphären geätzt wurde. Aus der Darstellung ist ersichtlich, daß bei Adsorption von Wassermolekülen, die Dipolcharakter haben, Re μ_{eff} bei niedrigen Frequenzen negativ wird, was auf die Existenz einer Inversionsschicht hinweist. Bei Anwachsen der Frequenz wird jedoch Re μ_{eff} positiv. In anderen Gasen (trockener Sauerstoff, Ozon) entsteht keine Inversionsschicht. Die Untersuchung der Abhängigkeit μ_{eff} von der Frequenz bestätigt die Existenz von schnellen

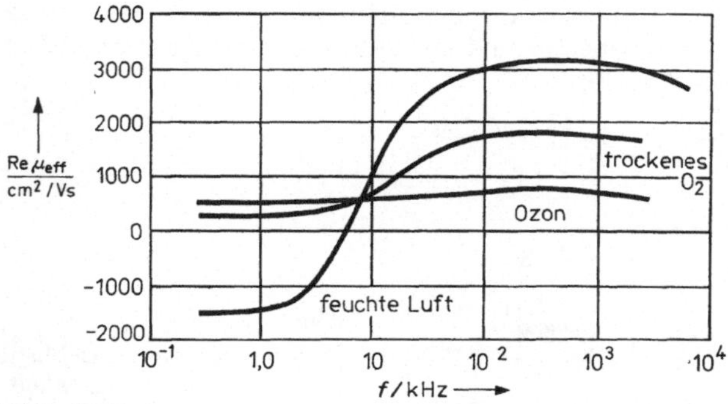

Abb. 10.14

Beispiel für die Abhängigkeit der effektiven Beweglichkeit von der Frequenz für p-Germanium [2]

und langsamen Oberflächenniveaus und erlaubt, ihre charakteristischen Relaxationszeiten abzuschätzen.

Die experimentellen Ergebnisse zeigen, daß die Oberflächenzustände durch ein kompliziertes und in der Regel kontinuierliches Energiespektrum beschrieben werden müssen. Ein Teil der Oberflächenniveaus liegt in der oberen Hälfte der verbotenen Zone, ein anderer Teil in der unteren. Diese Niveaus können Akzeptor- und Donatorcharakter haben. Ihre Konzentration hängt von der Bearbeitung der Oberfläche (Polieren, chemisches Ätzen u. a.) ab und kann z. B. für Germanium die Ordnung $10^{14} \ldots 10^{15}$ cm^{-2} erreichen.

Den Hauptteil der schnellen Oberflächenzustände machen offensichtlich die Tamm-Zustände aus, deren Niveaus an der realen Oberfläche nahe der Grenzschicht Halbleiter—Oxid lokalisiert sind. Die langsamen Zustände sind gewöhnlich mit adsorbierten Atomen verbunden, da der Elektronenaustausch zwischen diesen und dem Halbleitervolumen durch die Anwesenheit der Oxidschicht stark erschwert wird. Jedoch können einige der Tamm-Zustände auch langsame sein, falls die ihnen ent-

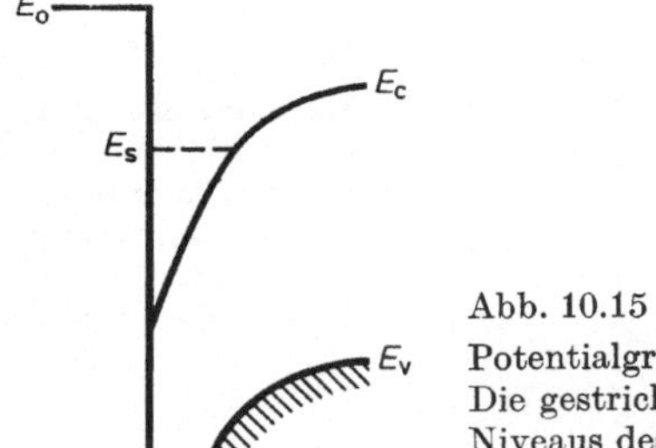

Abb. 10.15
Potentialgrube für ein Elektron bei $Y_s > 0$. Die gestrichelte Linie bezeichnet eines der Niveaus des Elektrons in der Grube.

sprechenden Einfangquerschnitte für Elektronen (Löcher) (siehe Abschnitt 10.8.) hinreichend kleine Werte besitzen. Oberflächenzustände eines besonderen Typs entstehen bei hinreichend starker Bandverbiegung. Falls z. B. $Y_s > 0$ ist, verbiegen sich die Bänder nach unten, und an der Oberfläche entsteht eine Potentialgrube für Elektronen (Abb. 10.15). Ihre Form hängt vom Grad der Homogenität der Oberfläche ab. Bei vollkommener Homogenität hat die Grube offensichtlich die Form einer Rinne mit spitzem Boden, die sich längs der Oberfläche erstreckt. Bei hinreichender Tiefe und Breite der Grube können sich in ihr gebundene Zustände ausbilden, in denen die Elektronen nahe der Oberfläche lokalisiert sind. Diese Erscheinung heißt *Oberflächen-Quantisierung*. Im eindimensionalen Fall würden diesen Zuständen diskrete Niveaus in der verbotenen Zone entsprechen, im dreidimensionalen Fall mit homogener Oberfläche würden wir Oberflächen-Energiebänder erhalten. Die sie anfüllenden Elektronen könnten sich frei längs der Oberfläche bewegen, und entsprechend wären ihre Zustände außer durch den Bandindex durch den zweidimensionalen Quasiimpuls mit den Komponenten p_y, p_z zu charakterisieren. Die reale Oberfläche ist jedoch immer inhomogen, und die Potentialverteilung in ihr ist nichtperiodisch. Folglich gibt es, wie bereits oben vermerkt, keine völlige Analogie zwischen Oberflächen- und Volumenbändern. Dementsprechend braucht auch eine elektrische Leitfähigkeit über Oberflächenbänder in realen Kristallen nicht aufzutreten.

Offensichtlich gilt das Gesagte auch für Löcher mit dem einen Unterschied, daß für diese die Potentialgrube bei einer Bandverbiegung nach oben auftritt.

10.4. Einige Effekte im Zusammenhang mit Oberflächenzuständen

Da die Oberflächenniveaus eine Bandverbiegung in der Nähe der Oberfläche hervorrufen, hängen auch alle mit Potentialbarrieren verbundenen Erscheinungen von den Oberflächenzuständen ab.

1. Die Oberflächenniveaus ändern die thermische Austrittsarbeit der Elektronen. Bei positivem Oberflächenpotential (Abb. 10.16) verbiegen sich die Bänder um $-e\varphi_s$ nach unten. Indem wir, von der unteren Leitungsbandkante E_c an der Oberfläche ausgehend, die Elektronenaffinität χ auftragen (die nicht von der Bandverbiegung abhängt), erhalten wir das Energieniveau E_0 eines Elektrons im Vakuum. Aus Abb. 10.16 ist ersichtlich, daß die thermische Austrittsarbeit $\Phi = E_0 - F$ sich in diesem Falle verringert. Ihre Änderung ist gleich $\Delta\Phi = -e\varphi_s$. Bei negativem Oberflächenpotential verbiegen sich die Bänder nach oben, und Φ vergrößert sich.

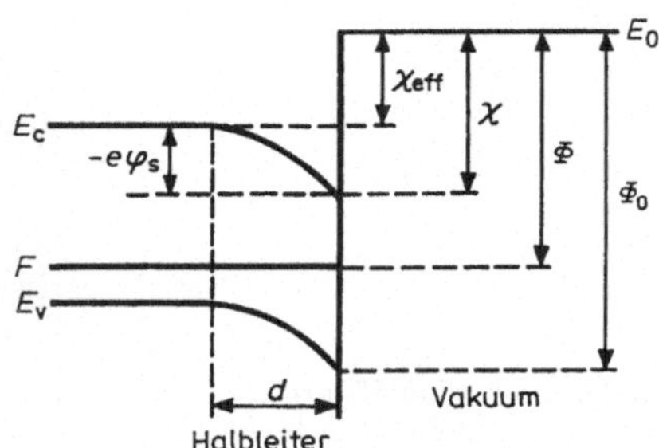

Abb. 10.16
Einfluß der Bandverbiegung an der Oberfläche auf die Elektronenemission
Φ — thermische Austrittsarbeit,
Φ_0 — optische Austrittsarbeit,
χ — Elektronenaffinität,
χ_{eff} — effektive Elektronenaffinität

Die Vorzeichen von $\Delta\Phi$ und der Änderung der Leitfähigkeit ΔG stehen im Zusammenhang. In einem n-Halbleiter entsteht für $\varphi_s > 0$ eine Anreicherungsschicht, und es gilt $\Delta G > 0$, während für $\varphi_s < 0$ (bei geringer Bandverbiegung, solange keine Inversionsschicht entsteht) $\Delta G < 0$ gilt. Folglich haben $\Delta\Phi$ und ΔG verschiedene Vorzeichen. Dagegen haben in einem p-Halbleiter (wie in Abb. 10.16) $\Delta\Phi$ und ΔG gleiche Vorzeichen. Diese Schlußfolgerung wird in Experimenten, bei denen gleichzeitig ΔG und die Änderung der Kontaktpotentialdifferenz (bez. eines Standard-Metalls) bei Veränderung der Gasatmosphäre oder im Feldeffekt gemessen wird, gut bestätigt.

2. Eine Oberflächenbandverbiegung bildet sich auch beim äußeren photoelektrischen Effekt an Halbleiterphotokatoden aus. Dabei werden bei der Absorption von Licht Elektronen aus dem Valenzband in das Leitungsband angeregt. Falls dabei die Elektronen eine Energie erhalten, die für die Überwindung der Oberflächenpotentialbarriere ausreicht, kann ein Teil von ihnen ins Vakuum austreten. Um den Dunkelstrom an der Katode abzusenken, ist es offensichtlich vorteilhaft, Halbleiter vom p-Typ zu verwenden, da bei ihnen die Elektronenkonzentration im Leitungsband bei fehlender Beleuchtung sehr gering ist.

Die Quantenausbeute der Photoemission (Zahl der emittierten Elektronen pro absorbiertes Photon) hängt wesentlich von der Beziehung zwischen der Dicke d der Raumladungsschicht und der mittleren freien Weglänge l ab. Tatsächlich diffundieren die durch Licht im Leitungsband angeregten Elektronen zur Oberfläche, erleiden Stöße mit dem Gitter und thermalisieren auf einer Wegstrecke von der Größenordnung einiger freier Weglängen. Bei $d \gg l_e$ erfolgt die Thermalisierung in der Raumladungsschicht, und demnach können nur solche Elektronen austreten, die in einer dünnen Schicht der Ordnung l durch Licht angeregt werden. Diese „Austrittstiefe" der Elektronen ist gewöhnlich klein im Vergleich zur Eindringtiefe des Lichts und ist z. B. für Germanium, Silizium und $A^{III}B^{V}$-Verbindungen von der Größenordnung 10^{-6} cm.

Damit ein Elektron unter diesen Bedingungen ins Vakuum austreten kann, muß es die minimale Energie $\Phi_0 = E_g + \chi$ (Abb. 10.16) erhalten. Diese Größe heißt *optische Austrittsarbeit*. Sie hängt nicht vom Oberflächenpotential und der Bandverbiegung an der Oberfläche ab. Die minimale Photonenenergie (rote Grenze der Photoemission) ist durch die Bedingung $\hbar\omega \simeq \Phi_0$ definiert. Das Zeichen „ungefähr gleich" schreiben wir wegen der möglichen Beteiligung von Phononen an den Prozessen der Elektronenanregung (vgl. Abschnitt 18.5.).

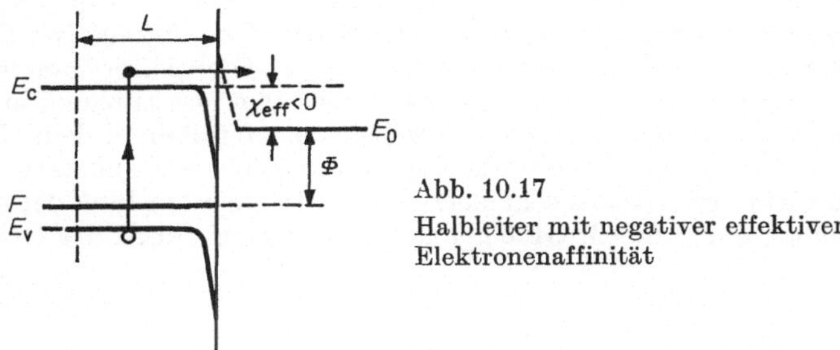

Abb. 10.17
Halbleiter mit negativer effektiver Elektronenaffinität

Jedoch verringert sich d bei Erhöhung des Dotierungsgrades des Halbleiters, so daß für stark dotierte Halbleiter die Relation $d \lesssim l_e$ möglich wird. Für die oben angeführten Halbleiter tritt das bei Konzentrationen der Majoritätsladungsträger von $\sim 10^{18}-10^{19}$ cm^{-3} auf, wenn sich das Fermi-Niveau E_v nähert. In diesem Falle verlieren die Elektronen praktisch keine Energie in der Raumladungsschicht, und die Photoemission erfolgt so, als hätten wir anstelle der wahren Elektronenaffinität χ eine effektive Affinität $\chi_{eff} = \chi - e\varphi_s$ (Abb. 10.16).

Bei positivem Oberflächenpotential ist $\chi_{eff} < \chi$. Dementsprechend ist die rote Grenze der Photoemission jetzt durch die Bedingung $\hbar\omega_{min} \approx E_c + \chi - e\varphi_s < \Phi_0$ definiert und verschiebt sich in das Gebiet längerer Wellen.

Bei spezieller Oberflächenbearbeitung kann man das Energieniveau E_0 im Vakuum zusätzlich bezüglich der Bandkanten absenken und sogar erreichen, daß E_0 tiefer als E_c im Halbleitervolumen liegt (Abb. 10.17). Das gelingt z. B. durch Aufdampfen einer dünnen Cäsiumschicht (eine oder wenige Atomlagen) auf die Oberfläche von Silizium oder Kristallen der $A^{III}B^{V}$-Verbindungen im Vakuum mit anschließender Oxydation der Schicht in einer Sauerstoffatmosphäre. Die Dicke der dabei entstehenden Potentialbarriere ist kleiner als die de-Brogliesche Wellenlänge für Elektronen, und folglich geht ein beträchtlicher Teil der Elektronen infolge des Tunneleffektes durch diese Barriere hindurch. In diesem Falle wird $\chi_{eff} = E_0 - E_c$ negativ. Das heißt, daß es für den Austritt eines Elektrons ins Vakuum ausreicht, das Elektron lediglich auf das Niveau E_c anzuheben. Dementsprechend verringert sich die Photonen-Schwellenenergie, und es wird $\hbar\omega_{min} \simeq E_g$.

Eine zweite wichtige Besonderheit des Falles $\chi_{\text{eff}} < 0$ besteht darin, daß hier alle Überschußelektronen, die nicht während der Diffusion zur Oberfläche durch Rekombination verschwinden, ins Vakuum austreten können. Damit nimmt die Austrittstiefe der Photoelektronen hier die Größenordnung der Diffusionslänge L an, die gewöhnlich wesentlich größer als l_e ist. Infolgedessen steigt die Quantenausbeute derartiger Photokatoden stark (um mehrere Größenordnungen) an.

Durch die Verwendung von Halbleitern mit $\chi_{\text{eff}} < 0$ läßt sich auch die Effektivität von Sekundärelektronenemittern, in denen die Anregung der Elektronen nicht durch Licht, sondern durch das Auftreten eines Strahls von Primärelektronen erfolgt, wesentlich erhöhen.

3. Oberflächenniveaus können sich stark auf die elektrischen Eigenschaften von Metall-Halbleiter-Kontakten auswirken. In den Abschnitten 6.11. und 6.12. sahen wir, daß die Strom-Spannungs-Charakteristik eines idealen Kontaktes wesentlich vom Kontaktpotential Metall—Halbleiter und folglich auch von der Austrittsarbeit des Metalls abhängt. Diese „wirksame“ Kontaktspannung kann man durch Untersuchung der Temperaturabhängigkeit des differentiellen Kontaktwiderstandes bei der Nullspannung bestimmen (siehe Abschnitt 6.13.). Jedoch beobachtet man, wie bereits erwähnt, bei einigen Halbleitern, wie z. B. bei Germanium und Silizium, im Versuch keinerlei Korrelation zwischen der Austrittsarbeit des Metalls und dem Nullwiderstand des Kontaktes. Das erklärt sich daraus, daß in solchen Halbleitern die Oberflächenkonzentration der Niveaus sehr hoch ist und folglich die Bandverbiegung in ihnen hauptsächlich durch die Oberflächenladung und nicht durch das Kontaktfeld bewirkt wird.

10.5. Die Geschwindigkeit der Oberflächenrekombination

Die Oberflächenenergieniveaus, ebenso wie auch lokale Niveaus von Störstellenatomen im Volumen, können an der Rekombination und an der thermischen Generation von Elektronen und Löchern beteiligt sein und damit starken Einfluß auf deren Lebensdauer haben. Der Einfluß der Oberfläche auf die Kinetik der elektronischen Prozesse wird üblicherweise durch die *Geschwindigkeit der Oberflächenrekombination* charakterisiert. Zu diesem Begriff gelangen wir auf folgende Weise.

Es sei R_{ps} die Netto-Rekombinationsrate für Löcher an der Oberfläche, d. h. die Differenz aus den Raten für Einfang und thermische Anregung, bezogen auf die Oberflächeneinheit und die Zeiteinheit. Wir bezeichnen ferner mit p_s die Löcherkonzentration an der Oberfläche in der Raumladungsschicht (Abb. 10.18). Im Gleichgewicht ist $p_s = p_{s0}$, $R_{ps} = 0$. Dann kann man analog zur Ableitung der Rate der Volumenrekombination (Abschnitt 7.2.) formal schreiben

$$R_{ps} = s'_p(p_s - p_{s0}) = s'_p\,\delta p_s. \tag{5.1}$$

Entsprechend kann man die Netto-Rate der Oberflächenrekombination für Elektronen ansetzen in der Form

$$R_{ns} = s'_n(n_s - n_{s0}) = s'_n\,\delta n_s. \tag{5.2}$$

Diese Beziehungen werden manchmal als erste Glieder einer Entwicklung der Funktionen R_{ps} und R_{ns} nach Potenzen der Variablen δp_s bzw. δn_s betrachtet. Faktisch kann jedoch jeder der Koeffizienten s'_p und s'_n selbst von beiden Variablen δp_s und δn_s abhängen.

Üblicherweise werden jedoch die Ausdrücke für R_{ps} und R_{ns} etwas anders geschrieben. Betrachten wir eine Fläche $x = 0$, die nahe der Grenze der Raumladungsschicht im Volumen liegt, wo die Bänder nicht verbogen sind, und bezeichnen mit $p(0)$ und $n(0)$ die Konzentrationen der Löcher und Elektronen in dieser Ebene (Abb. 10.18). Wir setzen voraus, daß die Dicke der Raumladungsschicht (von der Ordnung der Abschirmlänge L_s) kleiner als die Diffusionslängen L_p, L_n für Löcher bzw. Elektronen ist. Dann ist die Rekombination in der Raumladungsschicht näherungsweise vernachlässigbar. Diese Näherung ist gewöhnlich für die technisch wichtigen Halbleiter Germanium und, etwas schlechter, für Silizium erfüllt, braucht jedoch in anderen Halbleitern nicht zu gelten. Ferner sei die Rate der Oberflächenrekombination R_{ps} für Löcher klein gegen die Diffusions- und Driftströme der Löcher an der Oberfläche. Das gleiche werden wir auch für Elektronen als gültig annehmen. Unter diesen Bedingungen kann man damit rechnen, daß sich Diffusions- und Driftstrom in der Raumladungsschicht näherungsweise die Waage halten, d. h., daß im Löcher- und Elektronengas ein Diffusions-Drift-Gleichgewicht vorliegt (vgl. Abschnitt 7.3.). In diesem Falle existiert zwischen den Konzentrationen p_s und $p(0)$ ein eindeutiger Zusammenhang, nämlich derselbe wie auch unter Gleichgewichtsbedingungen. Insbesondere gilt für einen nichtentarteten Halbleiter

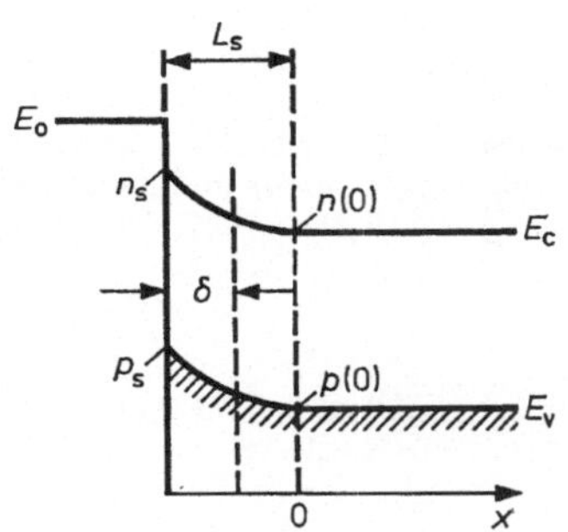

Abb. 10.18
Zur Definition des Begriffes der Oberflächenrekombinationsgeschwindigkeit

$$p_s = p(0)\, e^{-Y_s}, \quad n_s = n(0)\, e^{Y_s}. \tag{5.3}$$

Damit kann man anstelle von (5.1) und (5.2) schreiben

$$\begin{aligned} R_{ps} &= s_p[p(0) - p_0] = s_p\, \delta p(0), \\ R_{ns} &= s_n[n(0) - n_0] = s_n\, \delta n(0), \end{aligned} \tag{5.4}$$

wobei p_0 und n_0 die Gleichgewichtskonzentrationen im Halbleitervolumen sind. Die Koeffizienten s_p und s_n haben die Dimension einer Geschwindigkeit und werden gewöhnlich in cm/s angegeben. Sie tragen die Bezeichnung Geschwindigkeit der Oberflächenrekombination für Löcher bzw. für Elektronen. Die Größen s_p und s_n sind im allgemeinen nicht gleich. Außerdem können sie selbst von δp und δn abhängen.

Falls sich der Halbleiter in einem stationären (aber Nichtgleichgewichts-) Zustand befindet und die Abweichung vom Gleichgewicht klein ist, so läßt sich eine einheitliche Geschwindigkeit der Oberflächenrekombination s einführen, die nicht von δp und δn abhängt. Im stationären Zustand hat man nämlich

$$R_{\mathrm{ps}} = R_{\mathrm{ns}} = R_{\mathrm{s}} = s_{\mathrm{p}}\,\delta p(0) = s_{\mathrm{n}}\,\delta n(0)\,. \tag{5.5}$$

Andererseits sahen wir bei der Betrachtung der Volumenrekombination (s. Abschnitt 9.6.), daß deren Rate $R \sim (pn - p_0 n_0)$ ist.

In Abschnitt 10.8. werden wir sehen, daß ein analoges Resultat auch für die Rekombination über Oberflächenniveaus gilt, nämlich $R_{\mathrm{s}} \sim (n(0)\,p(0) - n_0 p_0)$ (vgl. Gl. (8.4), in der man bei $L_{\mathrm{s}} \ll L\; n_{\mathrm{s}} p_{\mathrm{s}}$ im Zähler durch $n(0)\,p(0)$ ersetzen kann). Damit läßt sich schreiben

$$R_{\mathrm{s}} = s\,\frac{n(0)\,p(0) - n_0 p_0}{n_0 + p_0}, \tag{5.6}$$

wobei s ein gewisser Koeffizient ist, der die Dimension einer Oberflächenrekombinationsgeschwindigkeit hat. Setzen wir $n(0) = n_0 + \delta n(0)$, $p(0) = p_0 + \delta p(0)$ und linearisieren diesen Ausdruck, so folgt

$$R_{\mathrm{s}} = s\,\frac{n_0}{n_0 + p_0}\,\delta p(0) + s\,\frac{p_0}{n_0 + p_0}\,\delta n(0)\,. \tag{5.7}$$

Durch Einsetzen von $\delta p(0) = R_{\mathrm{s}}/s_{\mathrm{p}}$ und $\delta n(0) = R_{\mathrm{s}}/s_{\mathrm{n}}$ gemäß (5.5) und Auflösen der erhaltenen Gleichung nach s finden wir

$$s = s_{\mathrm{p}} s_{\mathrm{n}} \left(s_{\mathrm{n}}\,\frac{n_0}{n_0 + p_0} + s_{\mathrm{p}}\,\frac{p_0}{n_0 + p_0}\right)^{-1}. \tag{5.8}$$

Im n-Halbleiter, wo die Bedingungen $n_0 \gg p_0$, $s_{\mathrm{n}} n_0 \gg s_{\mathrm{p}} p_0$ erfüllt sind, gilt $s \simeq s_{\mathrm{p}}$. Damit läßt sich der zweite Term in (5.7) gewöhnlich vernachlässigen. Dagegen erhält man im p-Halbleiter unter den Bedingungen $p_0 \gg n_0$, $s_{\mathrm{p}} p_0 \gg s_{\mathrm{n}} n_0$ $s \simeq s_{\mathrm{n}}$, und der erste Term in (5.7) ist klein gegen den zweiten. Folglich fällt s in beiden Fällen mit der Oberflächenrekombinationsgeschwindigkeit für die Minoritätsladungsträger zusammen. Dieses Resultat hat einen einfachen physikalischen Sinn. Die Rekombination über Oberflächenniveaus ist ebenso wie die über Volumenniveaus ein Zweistufenprozeß, der aus dem Einfang eines Loches und dem Einfang eines Elektrons besteht. Als „Nadelöhr" des Prozesses erweist sich der Einfang der Minoritätsladungsträger, deren Konzentration bei kleiner Anregungsdichte sehr klein gegen die der Majoritätsladungsträger bleibt. Folglich wird die Rekombinationsrate durch die Einfangrate für Minoritätsträger bestimmt.

Wir nehmen jetzt an, daß unter dem Einfluß irgendwelcher äußerer Einwirkungen, z. B. bei Bestrahlung des Halbleiters mit Licht, das stark absorbiert wird, eine Oberflächengeneration von Elektron-Loch-Paaren erfolgt. Dabei haben wir, wenn wir von „Oberflächengeneration" sprechen, vor Augen, daß die Generation in einer dünnen Schicht nahe der Oberfläche erfolgt, deren Dicke $\delta \lesssim L_{\mathrm{s}}$ ist (Abb. 10.18). Die Rate der Oberflächengeneration sei g_{s}. Für den Fall optischer Generation gilt

$$\delta \sim \frac{1}{\gamma}, \qquad g_{\mathrm{s}} = I\nu,$$

wobei γ der Absorptionskoeffizient des Lichtes, I die Bestrahlungsintensität und ν die Quantenausbeute des inneren Photoeffektes sind (Abschnitt 7.4.). Falls alle Photonen in der Raumladungsschicht (die wir in den Begriff „Oberfläche" einschließen) absorbiert werden, so hängt g_s nicht von γ ab. Dann liefert der Erhaltungssatz für Nichtgleichgewichtsladungsträger z. B. im Falle der Löcher an der Oberfläche

$$g_s = \frac{1}{e} j_p(0) + s_p \, \delta p(0), \tag{5.9}$$

wobei $j_p(0)$ die Löcherstromdichte an der Oberfläche ist. Eine analoge Beziehung gilt für Nichtgleichgewichtselektronen. Dabei wird der Teilchenstrom als positiv gezählt, wenn er von der Oberfläche ins Innere des Halbleiters gerichtet ist. Falls $g_s \neq 0$ ist, gilt $j_p(0) > 0$, und folglich entsteht ein Teilchenstrom von der Oberfläche weg. Bei $g_s = 0$ gilt $j_p(0) < 0$. In diesem Falle entsteht ein Strom zur Oberfläche hin, der gleich der Annihilationsrate infolge Rekombination ist.

In Abschnitt 7.8. sahen wir, daß die gleichzeitige Diffusion und Drift von Nichtgleichgewichtslöchern und -elektronen durch die Minoritätsladungsträger bestimmt wird. Deshalb definiert die Beziehung (5.9), die für Minoritätsladungsträger aufgestellt wurde, die Randbedingungen für die Berechnung der Verteilung von Nichtgleichgewichtslöchern und -elektronen in Halbleitern endlicher Abmessungen.

Die Oberflächenrekombination erscheint, wenn auch in unterschiedlichem Grade, in allen elektronischen Nichtgleichgewichtsprozessen. Im weiteren werden einige Beispiele betrachtet.

10.6. Der Einfluß der Oberflächenrekombination auf die Photoleitfähigkeit

Stationäre Photoleitfähigkeit bei homogener Volumengeneration. Wir wollen annehmen, daß die Probe die Form einer rechteckigen Platte mit den Kantenlängen $2A$, $2B$ und $2C$ hat (Abb. 10.19), wobei $A \ll B, C$ ist. In diesem Falle hängen die Konzentrationen δp und δn nur von der Koordinate z ab. Weiter nehmen wir an, daß

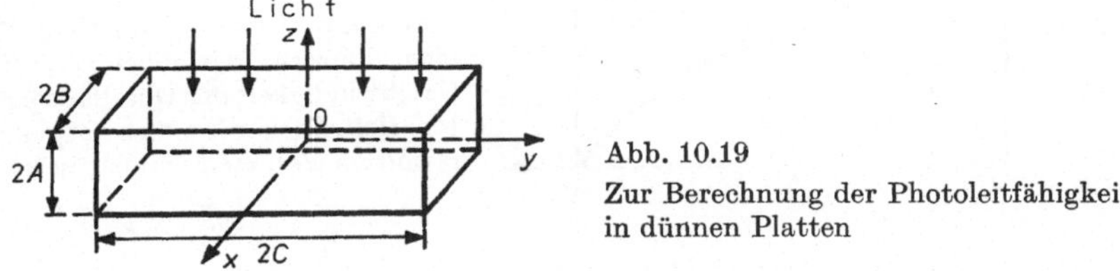

Abb. 10.19
Zur Berechnung der Photoleitfähigkeit in dünnen Platten

die Platte auf ihrer größten Seitenfläche bestrahlt wird und daß sich der Absorptionskoeffizient des Lichtes γ zur Dicke der Platte $2A$ wie $2A\gamma \lesssim 1$ verhält. Dann kann man näherungsweise die Generation der Elektron-Loch-Paare als homogenen Volumeneffekt ansehen. Im weiteren werden wir noch voraussetzen, daß die Konzentration der Einfangzentren im Volumen klein ist, so daß $\delta p = \delta n$ ist und entsprechend für die Volumenlebensdauer $\tau_p = \tau_n = \tau$ gilt. Die Geschwindigkeiten der Oberflächenrekombination der Minoritätsladungsträger werden auf beiden Seiten der Platte als gleich angenommen.

Die Kontinuitätsgleichung hat im hier vorliegenden Fall die Form

$$D \frac{d^2p}{dz^2} - \frac{\delta p}{\tau} + g = 0, \tag{6.1}$$

wobei für D der Diffusionskoeffizient für Minoritätsträger einzusetzen ist. Die Randbedingungen ergeben sich aus Formel (5.9):

$$\mp D \left. \frac{d\,\delta p}{dz} \right|_{z=\pm A} = s\, \delta p|_{z=\pm A}. \tag{6.2}$$

Hier wurde $g_s = 0$ gesetzt, und S entspricht den Minoritätsträgern. Die Lösung hat damit folgende Gestalt:

$$\delta p = g\tau \left(1 - \frac{s}{S \cos h \frac{A}{L} + \sin h \frac{A}{L}} \cos h \frac{z}{L} \right). \tag{6.3}$$

Dabei ist $L = \sqrt{D\tau}$ die Diffusionslänge und

$$S = \frac{sL}{D} \tag{6.4}$$

die dimensionslose Geschwindigkeit der Oberflächenrekombination.

Falls es keine Oberflächenrekombination gäbe ($S = 0$), wäre die Konzentration der Photolöcher gleich $\delta p = g\tau$ und konstant über das Volumen. Bei $S \neq 0$ verringert sich die Konzentration der Photolöcher in jedem Punkt, und ihre Verteilung wird inhomogen (Abb. 10.20).

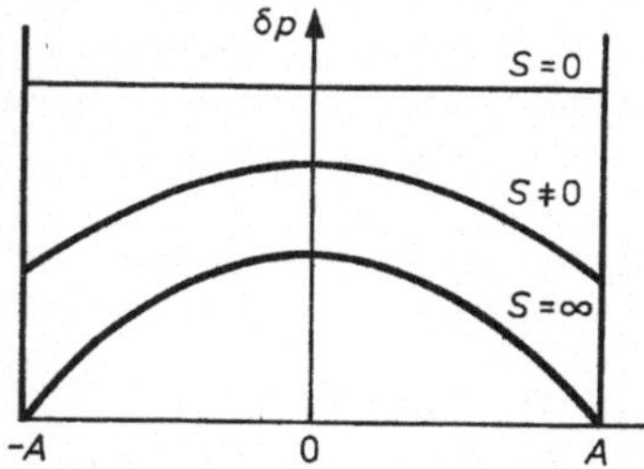

Abb. 10.20
Stationäre Verteilung der Photolöcher in einer dünnen Platte bei verschiedener Geschwindigkeit der Oberflächenrekombination. Es wurde eine homogene Generation im Volumen vorausgesetzt.

Es soll jetzt die mittlere Konzentration der Photolöcher $\overline{\delta p}$ bestimmt werden. Da

$$\int_{-A}^{+A} \cos h \frac{z}{L} dz = \frac{1}{2} \int_{-A}^{+A} (e^{z/L} + e^{-z/L})\, dz = 2L \sin h \frac{A}{L}$$

gilt, ist

$$\overline{\delta p} = \frac{1}{2A} \int_{-A}^{+A} \delta p\, dz = g\tau \left(1 - \frac{S \frac{L}{A} \sin h \frac{A}{L}}{S \cos h \frac{A}{L} + \sin h \frac{A}{L}} \right) \tag{6.5}$$

Die Konzentrationen der Photoelektronen δn und $\overline{\delta n}$ werden durch dieselben Gleichungen ((6.3) und (6.5)) beschrieben. Falls an die Anschlüsse der Platte eine Spannung angelegt wird, entsteht in der Platte ein Photostrom, dessen Dichte

$$\Delta j = e(\mu_p + \mu_n)\, \overline{\delta p} E \tag{6.6}$$

ist, wobei E die elektrische Feldstärke innerhalb der Platte ist.

Aus dem Gesagten geht hervor, daß die Oberflächenrekombination das Leitfähigkeitssignal verringert, und zwar um so stärker, je dünner die Platte ist.

Für sehr dünne Platten $\left(\frac{A}{L} \ll 1\right)$ kann man

$$\cos\text{h} \frac{A}{L} \simeq 1, \qquad \sin\text{h} \frac{A}{L} \simeq \frac{A}{L}$$

setzen, und Gl. (6.5) liefert

$$\overline{\delta p} = \overline{\delta n} \simeq g\tau \frac{A/L}{S + \frac{A}{L}}.$$

Bei Verringerung von A/L verringern sich $\overline{\delta p}$ und $\overline{\delta n}$ und damit auch die Photoleitfähigkeit. Der physikalische Sinn dieses Ergebnisses besteht darin, daß wir mit der Verringerung der Dicke der Platte auch deren Volumen verringern und damit auch die Gesamtgeneration von Elektron-Loch-Paaren. Die Rekombinaton bleibt dabei unverändert, da sich die Oberfläche der Platte nicht ändert.

Stationäre Photoleitfähigkeit bei Oberflächengeneration. Wir betrachten jetzt den anderen Grenzfall, daß eine Oberfläche der Platte mit Licht bestrahlt wird, das stark absorbiert wird. In diesem Fall ist die Volumengeneration $g = 0$. Die Platte werde als „dick“ angenommen, d. h. $2A \gg L$. Die z-Achse sei in die Tiefe der Platte gerichtet, und z werde von der bestrahlten Oberfläche aus gezählt. Dann gelten die Randbedingungen

$$z = 0: \qquad g_s = -D \frac{\mathrm{d}p}{\mathrm{d}z} + s\,\delta p, \tag{6.7}$$

$$z \to \infty: \qquad \delta p \to 0.$$

Die Lösung der Kontinuitätsgleichung unter der zweiten Randbedingung lautet

$$\delta p = \delta n = \delta p(0)\, \mathrm{e}^{-z/L}. \tag{6.8}$$

Der Wert der Grenzkonzentration $\delta p(0)$ wird durch die erste Randbedingung bestimmt. Diese liefert

$$g_s = \frac{D}{L} \delta p(0) + s\,\delta p(0)$$

und folglich

$$\delta p(0) = \frac{L}{D} \frac{g_s}{1 + S}. \tag{6.9}$$

Falls an die Anschlüsse der Platte eine Spannung angelegt wird und im Innern das elektrische Feld E parallel zur bestrahlten Oberfläche liegt (z. B. in Richtung der y-Achse, s. Abb. 10.19), so ist die Gesamtstromstärke des Photostromes gleich

$$\Delta i = e(\mu_p + \mu_n)\, 2BE \int_0^\infty \delta p \, dz = e(\mu_p + \mu_n)\, 2BL\, \delta p(0)\, E,$$

wobei $2B$ die Breite der Platte ist. Unter Berücksichtigung von (6.9) haben wir damit

$$\Delta i = e(\mu_p + \mu_n)\, 2B \frac{g_s \tau}{1 + S} E. \tag{6.10}$$

Auch in diesem Fall verringert die Oberflächenkombination die Größe des Photostromes, jedoch wird ihr Einfluß durch die dimensionslose Größe S bestimmt.

Die Verallgemeinerung der Formel (6.10) auf den Fall $\tau_p \neq \tau_n$ (sowie auf den Fall der Anwesenheit eines Magnetfeldes) ist in Anhang 7. gegeben.

10.7. Die Dämpfung der Photoleitfähigkeit in dünnen Platten und eindimensionalen Proben

Die Oberflächenrekombination ändert nicht nur die stationäre Photoleitfähigkeit, sondern auch die Kinetik von deren Entstehung und Dämpfung. Betrachten wir diese Frage am Beispiel einer dünnen Platte mit $A \ll B, C$ (Abb. 10.19). Wir nehmen an, daß zum Zeitpunkt $t = 0$ die Volumengeneration ausgeschaltet ist und untersuchen das zeitliche Abklingen der Konzentration der Überschußladungsträger. In diesem Fall müssen wir die zeitabhängige Kontinuitätsgleichung heranziehen, die bei Abwesenheit des äußeren elektrischen Feldes lautet

$$\frac{\partial p}{\partial t} = D \frac{\partial^2 p}{\partial z^2} - \frac{\delta p}{\tau_{vol}}. \tag{7.1}$$

Hier haben wir die Volumenlebensdauer durch den Index „vol" bezeichnet, um sie nicht mit der Abklingzeit der Photoleitfähigkeit zu verwechseln. Die Randbedingungen haben dieselbe Gestalt wie in Abschnitt 10.6. und werden durch die Formel (5.9) bei $z = \pm A$ und $g_s = 0$ ausgedrückt. Wegen der Symmetrie der Aufgabe ist zu erwarten, daß die Lösung von (7.1) symmetrisch bezüglich der Fläche $z = 0$ ist.

Man sieht leicht, daß die allgemeine Lösung der Gleichung (7.1) in der Form

$$\delta p(t, z) = \sum_{m=1}^{\infty} \alpha_m \, e^{-t/\tau_m} \cos maz \tag{7.2}$$

geschrieben werden kann, wobei m ganze Zahlen und α_m, τ_m und a Konstanten sind. Tatsächlich finden wir durch Einsetzen des Ausdrucks (7.2) in die Gleichung (7.1), daß diese dann befriedigt wird, wenn zwischen τ_m und a die Beziehung

$$\frac{1}{\tau_m} = \frac{1}{\tau_{vol}} + Da^2 m^2 \tag{7.3}$$

erfüllt ist.

Indem wir in (7.2) $t = 0$ setzen, sehen wir auch, daß α_m die Koeffizienten einer Fourier-Reihenentwicklung der Anfangsverteilung $\delta p(0, z)$ der Ladungsträger sind.

Aus Formel (7.2) ist ersichtlich, daß sich die Dämpfung in δp durch eine Summe von Exponentialfunktionen ausdrücken läßt und folglich ein kompliziertes nichtexponentielles Gesetz darstellt. Jedoch verringern sich, wie Formel (7.3) zeigt, die charakteristischen Zeiten τ_m schnell mit wachsendem m. Deshalb kann man, falls die Anfangsperiode der Dämpfung ausgeschlossen wird, näherungsweise eine asymptotische Lösung verwenden, die in Gl. (7.2) durch das erste Glied mit $m = 1$ gegeben ist. Dann ist

$$\delta p \simeq \alpha\, e^{-t/\tau} \cos az \tag{7.2a}$$

mit

$$\frac{1}{\tau} = \frac{1}{\tau_{\mathrm{vol}}} + \frac{1}{\tau_s}, \qquad \frac{1}{\tau_s} = Da^2. \tag{7.3a}$$

Hier drückt der zusätzliche Term τ_s^{-1} den Einfluß der Oberflächenrekombination auf die konstante Abklingzeit aus. Die Zeit τ_s wird daher oft Oberflächenlebensdauer (im Unterschied zur Volumenlebensdauer τ_{vol}) genannt. Die Konstante a kann man aus den Randbedingungen finden. Durch Einsetzen der Lösung (7.2a) in die Beziehung (5.9) (bei $g_s = 0$) finden wir für a die transzendente Gleichung

$$aA \tan (aA) = \frac{sA}{D}, \tag{7.4}$$

die eine numerische Lösung erfordert.

Die Aufgabe vereinfacht sich in zwei Grenzfällen.

a) Es gilt $sA/D \gg 1$.

Dann kann man näherungsweise $aA \simeq \pi/2$ setzen, und Formel (7.3a) liefert für τ_s

$$\frac{1}{\tau_s} = \left(\frac{\pi}{2}\right)^2 \frac{D}{A^2} \qquad \left(\frac{sA}{D} \gg 1\right). \tag{7.5}$$

In diesem Fall hängt τ_s überhaupt nicht von der Oberflächenrekombinationsgeschwindigkeit ab. Physikalisch bedeutet dieses Resultat, daß bei sehr großem s die Überschußladungsträger praktisch augenblicklich an der Oberfläche rekombinieren, so daß als „Nadelöhr" des Prozesses der Strom der Teilchen zur Oberfläche auftritt. Dieser hängt aber nur vom Diffusionskoeffizienten und von der Plattendicke ab.

b) Es gilt die Bedingung $\frac{sA}{D} \ll 1$.

Hier kann man näherungsweise $\tan (aA) \simeq aA$ setzen. Dann liefert Gleichung (7.4) $a^2 = \frac{s}{DA}$, und wir erhalten

$$\frac{1}{\tau_s} = \frac{s}{A} \qquad \left(\frac{sA}{D} \ll 1\right). \tag{7.6}$$

Im betrachteten Falle ist die Oberflächenrekombination das „Nadelöhr" des Prozesses. Deshalb ist τ_s^{-1} proportional zu s und hängt nicht vom Diffusionskoeffizienten ab.

Die Formeln (7.3a) und (7.6) liegen einer Reihe von Methoden zur Messung der Oberflächenrekombinationsgeschwindigkeit zugrunde. Durch Messung der Volumenlebensdauer τ_{vol} und danach der Abklingkonstanten τ in einer dünnen Platte kann man τ_s bestimmen und daraus nach Gl. (7.6) s finden.

Durch analoges Vorgehen wie oben läßt sich leicht auch die Abklingzeit in einer „fadenförmigen" Probe ($A \sim B$, aber $C \gg A, B$) bestimmen. Dabei gelten anstelle der Formeln (7.5) und (7.6) die Ausdrücke

$$\frac{1}{\tau_s} = \left(\frac{\pi}{2}\right)^2 D \left(\frac{1}{A^2} + \frac{1}{B^2}\right), \tag{7.5a}$$

$$\frac{1}{\tau_s} = s \left(\frac{1}{A} + \frac{1}{B}\right). \tag{7.6a}$$

10.8. Die Abhängigkeit der Oberflächenrekombination vom Oberflächenpotential

Die Erfahrung zeigt, daß die Oberflächenrekombinationsgeschwindigkeit s außerordentlich stark von der Bearbeitung der Oberfläche abhängt. So ist z. B. für feinpolierte Germaniumoberflächen, die in wässeriger Lösung von H_2O_2 oder in speziellen Säuregemischen (Essigsäure, Salpetersäure, Fluorwasserstoffsäure) geätzt wurden, bei Zimmertemperatur $s \sim 1$—10 cm/s. Dagegen kann nach grobem Polieren der Oberfläche oder Anordnung der Probe im Vakuum s bis zu 10^4—10^5 cm/s anwachsen. Entsprechend kann sich die Lebensdauer der Nichtgleichgewichtsträger in dünnen Platten und in massiven Proben des gleichen Materials stark unterscheiden. Wenn in sehr reinen Germaniumkristallen τ den Wert $\sim 10^{-1}$ s erreichen kann, so fällt dieser in nichtgeätzten Platten der Dicke ~ 1 mm auf 10^{-6} s und weniger.

Die Größe s hängt stark von den Eigenschaften des umgebenden Mediums, d. h. von der Zusammensetzung der Gasatmosphäre oder verschiedenen auf der Oberfläche befindlichen Bedeckungen, aber auch von der Temperatur ab. Sie ändert sich stark unter dem Einfluß eines äußeren transversalen elektrischen Feldes. Das zeigt, daß die Oberflächenrekombinationsgeschwindigkeit stark vom Oberflächenpotential abhängt.

Die Abhängigkeit der Größe s von Y_s kann man durch die Untersuchung des Feldeffektes erhalten, wenn gleichzeitig mit Y_s (vgl. Abschnitt 10.3) auch s (z. B. über die Abklinggeschwindigkeit der Photoleitung, Abschnitt 10.7.) gemessen wird. Ein Beispiel für diese Abhängigkeit bei Germanium ist in Abb. 10.21 gegeben. Die Größe s hat ein Maximum bei einem gewissen Wert Y_{sm} und fällt auf beiden Seiten des Maximums schnell ab. Die Kurven $s(Y_s)$ unterscheiden sich für verschiedene Bearbeitung der Oberfläche.

Zur Erklärung der beobachteten experimentellen Fakten betrachten wir den Prozeß der Rekombination über Oberflächenniveaus detaillierter. Der Einfachheit halber sei angenommen, daß nur eines der Niveaus für die Rekombination effektiv wird, während die anderen Niveaus an der Bandverbiegung beteiligt sind. Dann sind ebenso wie bei der Volumenrekombination vier Arten von Elementarprozessen, die in Abb. 10.22 dargestellt sind, zu berücksichtigen. Durch gleiches Vorgehen wie in Ab-

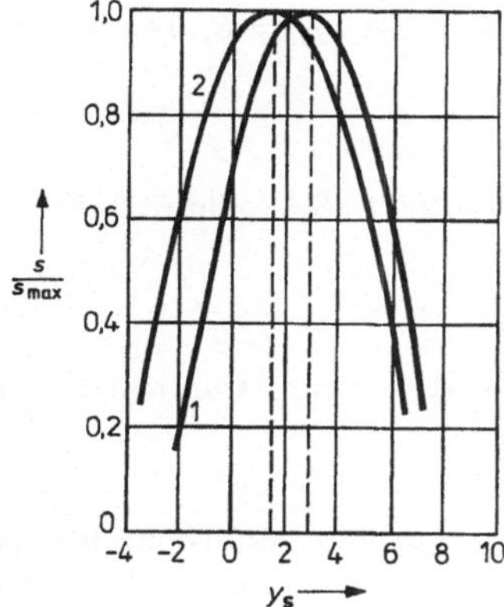

Abb. 10.21
Beispiel für die Abhängigkeit der Oberflächenrekombinationsgeschwindigkeit $\frac{S}{S_{max}}$ vom Oberflächenpotential in Germanium
1 — Vakuum, *2* — trockener Sauerstoff; 300 K [1]

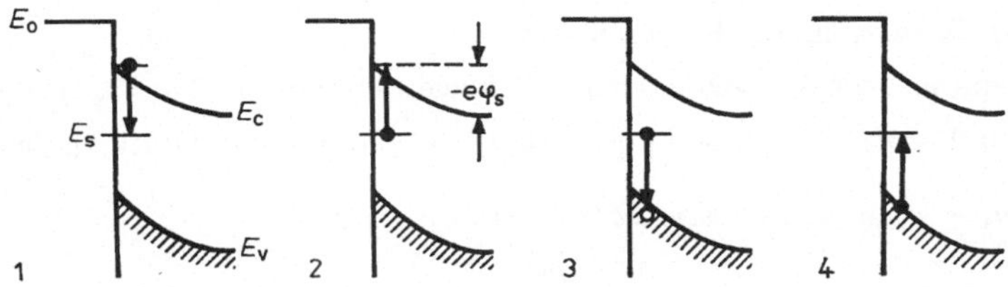

Abb. 10.22
Elementarprozesse bei der Rekombination über ein Oberflächenenergieniveau
1 — Einfang eines Elektrons, *2* — Emission eines Elektrons, *3* — Einfang eines Loches, *4* — Emission eines Loches

schnitt 9.4. finden wir, daß die Einfangrate für Elektronen aus dem Volumen an die Oberfläche durch die Formel

$$R_{sn} = \alpha_n \nu[(1 - f_s)\, n_s - n_1 f_s] \tag{8.1}$$

ausgedrückt werden kann. Der Unterschied zur Formel (9.4.7) besteht darin, daß jetzt links die Netto-Einfangrate an die Oberfläche (pro 1 cm² und pro 1 s) steht und ν die Zahl der Oberflächenrekombinationsniveaus pro 1 cm² bezeichnet; f_s ist die (Nichtgleichgewichts-)Besetzungswahrscheinlichkeit des Oberflächenniveaus für Elektronen, n_s — die Gesamtkonzentration freier Elektronen nahe der Oberfläche, α_n — der Einfangkoeffizient des Oberflächenniveaus für Elektronen, und n_1 wird wie früher durch Gl. (5.9.5) ausgedrückt, wobei jetzt jedoch $(E_c - E_t)$ die Ionisationsenergie des Oberflächenniveaus ist.

Für den Löchereinfang gilt ein analoger Ausdruck:

$$R_{sp} = \alpha_p \nu[f_s p_s - (1 - f_s)\, p_1], \tag{8.2}$$

wobei α_p der Einfangkoeffizient für Löcher ist und p_1 wie früher durch Gl. (5.9.13) bestimmt ist.

Bei Beschränkung auf stationäre Zustände gilt $R_{sn} = R_{sp} = R_s$. Daraus folgt für f_s:

$$f_s = \frac{\alpha_n n_s + \alpha_p p_1}{\alpha_n(n_s + n_1) + \alpha_p(p_s + p_1)}. \tag{8.3}$$

Durch Einsetzen dieses Ausdruckes in eine der Formeln (8.1) oder (8.2) findet man

$$R_s = \nu \alpha_n \alpha_p \frac{p_s n_s - p_1 n_1}{\alpha_n(n_s + n_1) + \alpha_p(p_s + p_1)}, \tag{8.4}$$

wobei $n_1 p_1 = n_0 p_0 = n_i^2$ ist und n_0, p_0 die Volumenkonzentration jenseits der Grenzen der Raumladungsschicht bezeichnet.

Im weiteren werden wir folgende Annahmen zugrunde legen:

a) Der Halbleiter ist nichtentartet, und die Konzentrationen der Nichtgleichgewichtslöcher und -elektronen genügen der Boltzmann-Verteilung (5.3). Dementsprechend gilt $p_s n_s = pn$, wobei p und n die Gesamtkonzentrationen an der Raumladungsgrenze $x = 0$ sind (Abb. 10.18).

b) Es gilt $\delta p = \delta n$, d. h., die Konzentration der Niveaus sei gering.

c) Es liegt eine geringe Abweichung vom Gleichgewicht vor, d. h. $\delta n/(n_0 + p_0) \ll 1$.

Wir setzen $n = n_0 + \delta n$, $p = p_0 + \delta p$ und erhalten in erster Ordnung der kleinen Größe

$$p_s n_s - p_1 n_1 = pn - p_0 n_0 \simeq (n_0 + p_0)\, \delta n$$

$$R_s = \nu \alpha_n \alpha_p \frac{n_0 + p_0}{\alpha_n(n\, e^{Y_s} + n_1) + \alpha_p(p\, e^{-Y_s} + p_1)}\, \delta n. \tag{8.4a}$$

Falls unter diesen Bedingungen der Halbleiter kein Eigenhalbleiter ist, kann man für kleine Abweichungen vom Gleichgewicht n und p durch n_0 und p_0 ersetzen. Dann erhält man für die Oberflächenrekombinationsgeschwindigkeit

$$s = \frac{R_s}{\delta n} \nu \alpha_n \alpha_p \frac{n_0 + p_0}{\alpha_n(n_0\, e^{Y_s} + n_1) + \alpha_p(p_0\, e^{-Y_s} + p_1)}. \tag{8.5}$$

Die Gleichung (8.5) beschreibt in einer Reihe von Fällen befriedigend den allgemeinen Charakter der Abhängigkeit s von Y_s. Speziell zeigt sie in Übereinstimmung mit den experimentellen Daten, daß s bei einem gewissen Wert $Y_s = Y_{sm}$ ein Maximum hat. Indem man die Ableitung des Nenners in Gl. (8.5) nach Y_s gleich Null setzt, findet man

$$Y_{sm} = \ln \left(\frac{p_0}{n_0} \frac{\alpha_p}{\alpha_n}\right)^{1/2}. \tag{8.6}$$

Durch experimentelle Bestimmung von Y_{sm} kann man bei Kenntnis des Verhältnisses $p_0 n_0 = n_i^2/n_0^2 = p_0^2/n_i^2$ im Volumen (das leicht zu messen ist) das Verhältnis der Einfangkoeffizienten α_p/α_n für ein gegebenes Oberflächenniveau finden. Daraus läßt sich ableiten, ob das gegebene Niveau Akzeptor- oder Donatorcharakter trägt. Da in der Tat die Einfangprozesse bei Anwesenheit der Coulomb-Anziehung durch größere α-Werte charakterisiert sind, weisen Werte $\alpha_p/\alpha_n \gg 1$ eher darauf hin, daß die möglichen Ladungszustände des Niveaus negativ oder neutral sind und folglich das Niveau Akzeptorcharakter trägt. Dagegen sind Werte $\alpha_p/\alpha_n \ll 1$ ein Hinweis auf den Donatorcharakter des Niveaus.

Die Analyse der Daten der Oberflächenrekombination zeigt, daß aus der Gesamtheit der Oberflächenniveaus nur ein Teil an Rekombinationsprozessen beteiligt ist. Die übrigen Niveaus können nur mit einem der Bänder Ladungsträger austauschen und sind „Haftniveaus" für Elektronen oder für Löcher.

10.9. Der Sättigungsstrom für Dioden

Die Oberflächenrekombination kann die Parameter von Halbleiterbauelementen mit p-n-Übergängen stark beeinflussen. Dies soll an dem einfachen Beispiel der Diode erläutert werden. Man kann sich diese, so wie sie praktisch oft realisiert wird, als eine dünne Halbleiterplatte vorstellen (der Konkretheit halber sei ein n-Halbleiter vorausgesetzt), auf die ein Metalltropfen vom Radius a aufgeschmolzen ist, der Akzeptorcharakter trägt (Abb. 10.23). Die Dicke der Platte $2A$ sei viel kleiner als die effektive

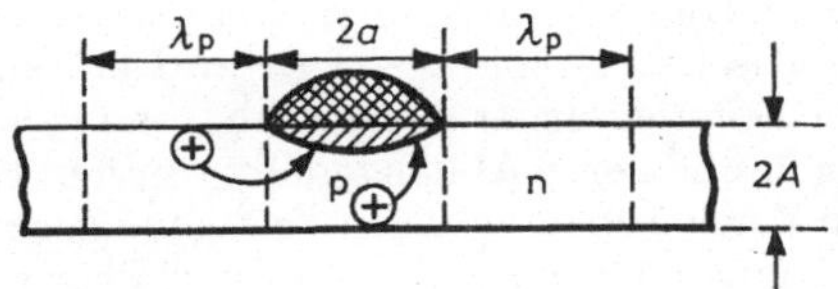

Abb. 10.23
Zur Berechnung des Sättigungsstromes einer Diode bei Berücksichtigung der Oberflächenrekombination

Diffusionslänge für Löcher $\lambda_p = \sqrt{D_p \tau}$. Hier ist τ die durch Gl. (7.3a) bestimmte resultierende Lebensdauer. Bekanntlich ist (s. Abschnitt 8.1.) der Umkehr-Sättigungssperrstrom der Dioden durch die thermische Generation von Minoritätsladungsträgern gegeben. Im vorliegenden Fall werden das jedoch nicht nur Löcher sein, die im Volumen der Platte entstehen, sondern auch Löcher, die aus Oberflächenniveaus auf beiden Oberflächen der Platte (Abb. 10.23) generiert werden. Aus Gl. (5.4) folgt, daß pro Oberflächeneinheit in der Zeiteinheit sp_0 Löcher generiert werden. Deshalb ist der durch die Oberfläche bewirkte zusätzliche Sättigungsstrom gleich

$$i'_s = esp_0[2\pi(\lambda_p + a)^2 - \pi a^2]. \tag{9.1}$$

Im Falle dünner Platten kann τ_s wesentlich kleiner als τ_{vol} sein. So haben wir z. B. für $s \sim 10^3$ cm/s und $A \sim 10^{-2}$ cm $\tau_s \sim 10^{-5}$ s, während τ_{vol} oft einige Ordnungen größer ist. Folglich kann man in Formel (9.1) gewöhnlich annehmen, daß $\lambda_p \simeq \sqrt{D_p \tau_s}$ ist. Dann wird der gesamte Überschußstrom nur durch die Eigenschaften der Oberfläche bestimmt. Abschätzungen in Übereinstimmung mit dem Experiment zeigen, daß der Überschußstrom i'_s in Dioden mit dünner Basis um vieles größer sein kann als der Sättigungsstrom, der durch die Generation von Ladungsträgern im Volumen bedingt ist.

Da s vom Oberflächenpotential Y_s abhängt, ändert sich der Überschuß-Sättigungsstrom bei Änderung der Bearbeitung der Oberfläche und der Eigenschaften des umgebenden Mediums.

Die Oberflächenrekombination wirkt sich auch wesentlich auf die Eigenschaften anderer Halbleiterbauelemente, wie z. B. von Transistoren mit p-n-Übergängen, aus. Auch die Änderung des Oberflächenzustandes mit der Zeit führt zu einer Instabilität der Bauelementeparameter. Deshalb ist die erwünschte Stabilisierung der Oberfläche und ihr Schutz vor äußeren Einflüssen eine der wichtigsten Aufgaben der Technologie von Halbleiterbauelementen.

11. Photoelektrische Erscheinungen

11.1. Die Rolle der Minoritätsladungsträger

Bei der Belichtung eines Halbleiters ändert sich nicht nur dessen elektrische Leitfähigkeit, sondern es treten auch elektromotorische Kräfte (EMK) auf. Die grundlegende Ursache für das Auftreten einer Photo-EMK (oder Photospannung) ist, jedenfalls in den wichtigsten uns bekannten Fällen, ein und dieselbe und besteht in der Diffusion von Photoelektronen und -löchern. Beim Wegdriften vom Ort ihrer Erzeugung rufen die Nichtgleichgewichtsträger gerichtete Ströme hervor, was dem Auftreten von Kräften nichtelektrostatischen Ursprungs (Driftkräften) entspricht.

Unabhängig von den Ursachen ihrer Entstehung ist es nützlich, etwas zu den verschiedenen Typen von Photospannungen und deren Abhängigkeit von den Besonderheiten der Halbleiterstruktur und den Versuchsbedingungen zu sagen. Zuerst jedoch wenden wir uns den allgemeinen Bedingungen für das Auftreten einer Photospannung zu.

Um die Darlegungen möglichst einfach zu halten, betrachten wir einen Halbleiter in Form eines Ringes, dessen Teil *ab* beleuchtet wird (Abb. 11.1).

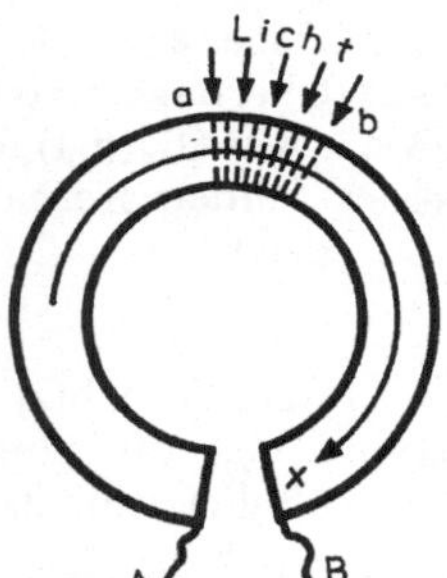

Abb. 11.1
Stromkreis mit einem lokal beleuchteten Halbleiter

Der Ring besitzt einen schmalen Einschnitt mit gleichartigen Metallelektroden A und B zur Messung der EMK. Der Halbleiter kann dabei inhomogen sein, d. h., die Störstellen können unregelmäßig über die Länge des Ringes verteilt sein. Insbesondere können verschiedene Teile desselben zu unterschiedlichem Leitfähigkeitstyp (Elektronen- bzw. Löcher-Leitung) gehören. Es soll jedoch angenommen werden, daß der Einschnitt an einer Stelle gemacht wurde, an der die chemische Zusammensetzung des Halbleiters konstant ist und die Nichtgleichgewichtsanteile δp und δn der Ladungsträgerkonzentrationen verschwinden. Unter diesen Bedingungen geben die Kontakte keinen Beitrag zur EMK. Es wird ferner angenommen, daß sich die Beweglichkeiten von Elektronen und Löchern bei der Belichtung nicht ändern (Voraussetzungen siehe Abschnitt 7.4.).

Die Konzentrationen δp und δn mögen dabei nur von einer Koordinate x abhängen (die Dicke des Ringes sei klein gegen die Diffusionslänge von Elektronen und Löchern), und sie mögen räumlich stetig und hinreichend glatt verlaufen, so daß man den Diffusionskoeffizienten (siehe Abschnitt 6.2.) einführen kann. Der Halbleiter sei als nichtentartet vorausgesetzt. Dann ist unschwer einzusehen, daß eine Photospannung nur auftreten kann, wenn das Licht Ladungsträger beiderlei Vorzeichens erzeugt. Bei der Belichtung entstehen im Ring Ströme mit den Dichten

$$j_{\mathrm{p}} = \sigma_{\mathrm{p}} E - e D_{\mathrm{p}} \frac{\mathrm{d}p}{\mathrm{d}x}, \qquad j_{\mathrm{n}} = \sigma_{\mathrm{n}} E + e D_{\mathrm{n}} \frac{\mathrm{d}n}{\mathrm{d}x}.$$

Die Gesamtstromdichte wird

$$j = j_{\mathrm{p}} + j_{\mathrm{n}} = \sigma \left(E + e \frac{D_{\mathrm{n}} \dfrac{\mathrm{d}n}{\mathrm{d}x} - D_{\mathrm{p}} \dfrac{\mathrm{d}p}{\mathrm{d}x}}{\sigma} \right),$$

worin $\sigma = e\,(\mu_{\mathrm{n}} n + \mu_{\mathrm{p}} p)$ die gesamte elektrische Leitfähigkeit an der betreffenden Stelle ist. Andererseits kann man für einen Halbleiter mit eingeprägter Spannung nach dem Ohmschen Gesetz schreiben

$$j = \sigma(E + E^*),$$

wo E^* die Feldstärke der Driftkräfte ist. Vergleicht man beide Ausdrücke für j, erhält man

$$E^* = \frac{D_{\mathrm{n}} \dfrac{\mathrm{d}n}{\mathrm{d}x} - D_{\mathrm{p}} \dfrac{\mathrm{d}p}{\mathrm{d}x}}{\mu_{\mathrm{p}} p + \mu_{\mathrm{n}} n}. \tag{1.1}$$

Wir erkennen, daß E^* dem Betrag nach mit dem Feld der ambipolaren Diffusion zusammenfällt, sich von diesem aber durch das Vorzeichen unterscheidet (vgl. Gl. (7.8.2)).

Die Gesamt-Photospannung im Ring ist nach der allgemeinen Definition der Spannung

$$V_0 = \oint E^* \,\mathrm{d}x = \oint \frac{D_{\mathrm{n}} \dfrac{\mathrm{d}n}{\mathrm{d}x} - D_{\mathrm{p}} \dfrac{\mathrm{d}p}{\mathrm{d}x}}{\mu_{\mathrm{p}} p + \mu_{\mathrm{n}} n} \,\mathrm{d}x, \tag{1.2}$$

wobei längs des ganzen Ringes zu integrieren ist. Legt man den Schnitt in einen Teil des Ringes, in dem sich noch keine Nichtgleichgewichtsträger befinden, tritt zwischen den Enden A und B (Abb. 11.1) ein Potentialunterschied gemäß Gl. (1.2) auf. Wir untersuchen den für die Photospannung erhaltenen Ausdruck jetzt ausführlicher.

Unbelichteter inhomogener Halbleiter. In diesem Fall sind $n_0(x)$ und $p_0(x)$ Gleichgewichtskonzentrationen, die durch die Gesetze der Gleichgewichtsstatistik (Kapitel 5.) verknüpft sind. Insbesondere ist für nichtentartete Halbleiter

$$n_0 p_0 = n_{\mathrm{i}}^2, \qquad \frac{1}{p_0} \frac{\mathrm{d}p_0}{\mathrm{d}x} = -\frac{1}{n_0} \frac{\mathrm{d}n_0}{\mathrm{d}x}. \tag{1.3}$$

Außerdem gilt für μ und D die Einstein-Relation $D/\mu = kT/e$. Daher ist

$$D_n \frac{dn_0}{dx} - D_p \frac{dp_0}{dx} = \frac{kT}{e} (\mu_p p_0 + \mu_n n_0) \frac{1}{n_0} \frac{dn_0}{dx},$$

und folglich ist die Spannung

$$V_0 = \frac{kT}{e} \oint \frac{dn_0}{n_0} = 0, \tag{1.4}$$

da unter den Integralzeichen ein vollständiges Differential steht. Wir bemerken, daß der Endausdruck von allen individuellen Besonderheiten des Halbleiters (n_i, μ_p und μ_n) unabhängig ist. Daher ist dieses Ergebnis auch für eine beliebige Kombination verschiedener Halbleiter gültig, wenn sich das System im thermodynamischen Gleichgewicht befindet.

Belichteter homogener Halbleiter. Wir setzen

$$p = p_0 + \delta p, \qquad n = n_0 + a\,\delta p, \qquad \frac{dn_0}{dx} = \frac{dp_0}{dx} = 0.$$

Durch die Einführung des Faktors a berücksichtigen wir ein mögliches Einfangen der Träger an Haftstellen. Dann ist

$$D_n \frac{dn}{dx} - D_p \frac{dp}{dx} = \frac{kT}{e} (a\mu_n - \mu_p) \frac{d(\delta p)}{dx},$$

und für die Spannung erhält man

$$V_0 = \frac{kT}{e} (a\mu_n - \mu_p) \oint \frac{d(\delta p)}{\mu_n n_0 + \mu_p p_0 + (\mu_p + a\mu_n)\,\delta p}. \tag{1.5}$$

Hier ist der Integrand wieder ein vollständiges Differential, nämlich der Funktion

$$\frac{\ln\left[\mu_n n_0 + \mu_p p_0 + (\mu_p + a\mu_n)\,\delta p\right]}{\mu_p + a\mu_n},$$

und daher ist wieder $V_0 = 0$.

Inhomogener Halbleiter — nur Majoritätsträgererzeugung. Um etwas Konkretes vor Augen zu haben, betrachten wir einen n-Halbleiter. Dann kann man unter Berücksichtigung von (1.3) in Gl. (1.2) setzen

$$D_n \frac{dn}{dx} \gg D_p \frac{dp}{dx} = D_p \frac{dp_0}{dx}, \qquad \mu_n n \gg \mu_p p = \mu_p p_0.$$

Es folgt

$$V_0 = \frac{kT}{e} \oint \frac{dn}{n} = 0, \tag{1.6}$$

da wir wieder ein vollständiges Differential erhalten haben. Für das Auftreten einer Spannung ist es notwendig, daß der Integrand in (1.2) kein vollständiges Differential ist. Dazu muß, wie wir gesehen haben, erstens der Halbleiter inhomogen sein, und zweitens ist es notwendig, daß das Licht Ladungsträger erzeugt, deren Vorzeichen dem der Dunkelleitfähigkeitsträger entgegengesetzt ist.

Um im folgenden Mißverständnisse zu vermeiden, bemerken wir, daß bei dem, was wir zur Unmöglichkeit einer Photospannung in homogenen Halbleitern gesagt haben, die Homogenität für den Bereich gemeint ist, in dem Nichtgleichgewichts-Photoelektronen und -löcher auftreten. Im Fall eines homogenen Kristalls endlicher Abmessungen, dessen Rand beleuchtet wird (siehe Abschnitt 11.2.), hat man dagegen im Bereich der Photoleitfähigkeit eine „Inhomogenität", die eben dieser Rand darstellt, und daher ist eine Photospannung möglich.

11.2. Photospannung in homogenen Halbleitern

Wir betrachten einen rechteckigen Halbleiter, dessen eine Begrenzungsfläche das dort auffallende Licht stark absorbiert. Der Konkretheit halber sei ein n-Halbleiter vorausgesetzt. Um die Ergebnisse zu vereinfachen, werden wir auch annehmen, daß a) die Haftstellenkonzentration klein ist ($\delta n = \delta p$) und b) die Lichtintensität nicht sehr groß ist, so daß die elektrische Leitfähigkeit σ sich in allen Punkten nur wenig von der Dunkelleitfähigkeit σ_0 unterscheidet. Dann liefert Gl. (1.2)

$$V_0 = \frac{e}{\sigma_0} (D_n - D_p) \int_0^d \mathrm{d}p = \frac{e}{\sigma_0} (D_n - D_p) [\delta p(d) - \delta p(0)], \tag{2.1}$$

wobei d die Probendicke und $\delta p(0)$ und $\delta p(d)$ die Konzentration der vom Licht erzeugten Ladungsträger an der belichteten bzw. an der Rückseite bedeuten. Hier ist es offensichtlich ausreichend, nur über die Dicke der Platte zu integrieren, da auf dem restlichen Integrationsweg $E^* = 0$ ist.

Falls d nun groß ist gegen die Diffusionslänge L, ist $\delta p(d) \ll \delta p(0)$. Die Überschußkonzentration für eine „dicke" Platte haben wir schon früher berechnet (Abschnitt 10.6.):

$$\delta p(0) = \frac{L}{D} \frac{g_s}{1 + S}, \tag{2.2}$$

worin D der ambipolare Diffusionskoeffizient ist und die restlichen Symbole die alte Bedeutung behalten. Daher erhalten wir schließlich

$$V_0 = -\frac{e}{\sigma_0} \frac{D_n - D_p}{D_p} L \frac{g_s}{1 + S}. \tag{2.3}$$

Abb. 11.2 zeigt für den Fall $D_n > D_p$ die Richtungen der Feldstärke E der ambipolaren Diffusion und des Driftfeldes E^*. Die Elektronen, die schneller diffundieren,

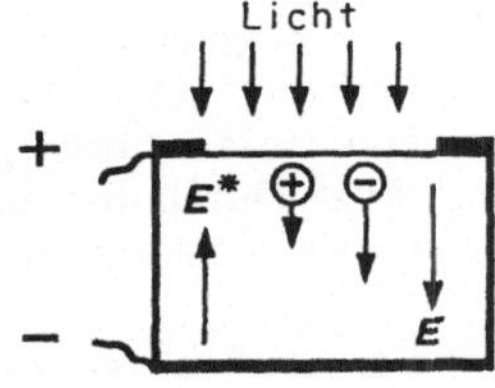

Abb. 11.2
Zur Entstehung der Dember-Spannung

laden die untere Fläche negativ auf. Auf der belichteten Seite dagegen entsteht eine positive Aufladung. Die hier betrachtete Photospannung, die infolge der unterschiedlichen Diffusionskoeffizienten von Elektronen und Löchern entsteht, wird als Dember-Spannung bezeichnet.

Die Größe der Dember-Spannung ist gering. Nehmen wir zur Abschätzung $(D_n - D_p/D_p \simeq 1$, $L \sim 0{,}1$ cm, $\sigma_0 \sim 1\,\Omega^{-1}\,\text{cm}^{-1}$, was z. B. für Germanium typisch ist. Die dimensionslose Oberflächenrekombinationsgeschwindigkeit setzen wir $S \ll 1$. Außerdem möge die Probe direkt durch unfokussiertes Sonnenlicht beleuchtet werden.

Eine Rechnung zeigt, daß die Zahl der Photonen mit einer Energie $\hbar\omega \geqq 0{,}65$ eV, die an der Erdoberfläche bei klarem Himmel pro Sekunde auf 1 cm² auftreffen, etwa gleich $2 \cdot 10^{17}\,\text{cm}^{-2}\,\text{s}^{-1}$ ist. Also ist bei einer Quantenausbeute von $\nu = 1$, $g_s \sim 10^{17}\,\text{cm}^{-2}\,\text{s}^{-1}$. Dann finden wir nach Formel (2.3), daß sogar bei dieser starken Belichtung $V_0 \sim 10^{-3}$ V ist.

Obwohl eine Spannung dieser Größe leicht zu messen ist, trifft die experimentelle Bestimmung der reinen Dember-Spannung auf große Schwierigkeiten. Das rührt daher, daß bei der Belichtung in der Regel auch ein Sperrschichtphotoeffekt an Potentialbarrieren auftritt (siehe Abschnitt 11.5.), der viel größer als der Dember-Effekt ist. Solche Potentialbarrieren existieren stets sowohl an Kontakten als auch an der freien Halbleiteroberfläche infolge der Bandverbiegung an Oberflächen. Daher spielt der Dember-Effekt gewöhnlich die Rolle eines Begleiteffekts bei verschiedenen photoelektrischen Erscheinungen.

11.3. Der innere Photoeffekt

Der innere Photoeffekt tritt in inhomogenen Halbleitern auf, in denen der Gradient des spezifischen Widerstandes von Null verschieden ist.[1])

Diesen Typ einer Photospannung werden wir am Beispiel eines dünnen Plättchens (oder einer Probe in Form eines sehr dünnen Zylinders) untersuchen, auf dessen Oberfläche ein schmaler beleuchteter Spalt abgebildet wird (Abb. 11.3a). Der Lichtspalt ist von den Enden der Probe mindestens mehrere Diffusionslängen entfernt, so daß die Photoelektronen und -löcher rekombinieren, bevor sie die Enden erreichen, und daher keine Spannung in den Kontakten hervorrufen. Im Experiment zeigt sich, daß zwischen den Enden der Probe eine Spannung auftritt, die um so größer ist, je größer der Gradient des spezifischen Widerstandes an der belichteten Stelle ist. Die Entstehung dieser Spannung wird in Abb. 11.3b verdeutlicht. Wir setzen voraus, daß sich der Widerstand infolge einer Variation der Konzentration der Dunkelleitfähigkeitsträger ändert, was z. B. durch eine Nichtgleichgewichtsverteilung von Donatoren und Akzeptoren längs der Probe erreicht werden kann. Das bedeutet, daß die Energiebänder relativ zum konstanten Fermi-Niveau geneigt sind oder, anders ausgedrückt, daß in der Probe ein inneres elektrisches Feld existiert. Ohne Belichtung ruft dieses Feld natürlich keinen Strom hervor, da der von diesem hervorgerufene Driftstrom exakt durch den Diffusionsstrom kompensiert wird. Durch die Belichtung wird dieses Gleichgewicht jedoch gestört, und es treten Ströme von Photoelektronen

---

[1]) Der innere Photoeffekt wurde entdeckt und untersucht von V. E. Laškarev und, unabhängig davon, von Ja. Tauc.

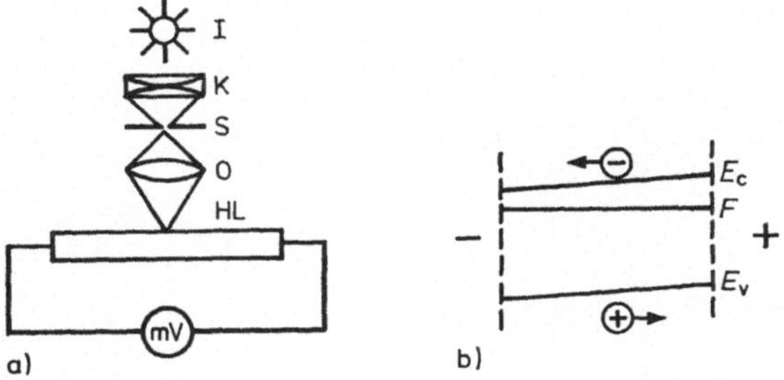

Abb. 11.3
a) Nachweis des inneren Photoeffekts
I — Lichtquelle, K — Kondensor, S — Spalt, O — Objektiv,
HL — Halbleiter, mV — Millivoltmeter
b) Bewegungsrichtungen der photoelektrisch erzeugten Ladungsträger

und -löchern auf, die nach entgegengesetzten Seiten hin gerichtet sind. Falls der Gradient des Widerstandes wie in der Zeichnung von links nach rechts gerichtet ist, werden sich die Elektronen zum linken Ende der Probe bewegen und dieses negativ aufladen, während die Löcher sich zum rechten Ende bewegen und dort eine positive Aufladung hervorrufen.

Im weiteren werden wir wieder einen n-Halbleiter zugrunde legen. Zur Berechnung der Photospannung setzen wir voraus, daß

1. δp und δn nur von einer Koordinate x abhängen (s. Abb. 11.4);

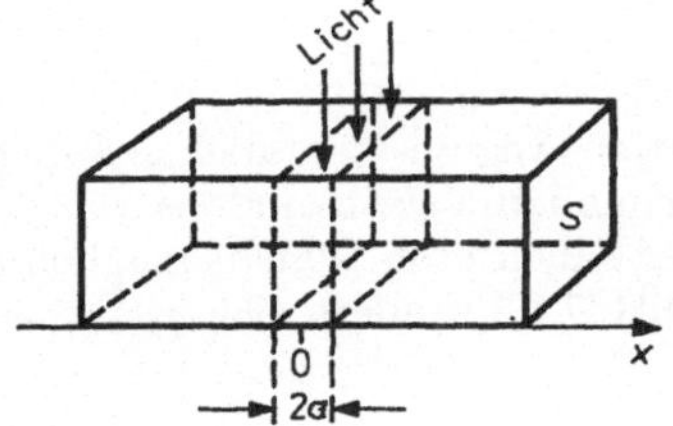

Abb. 11.4
Zur Berechnung der Spannung des inneren Photoeffekts

2. die Elektron-Loch-Paare in einer dünnen Schicht der Breite $2a$, die etwa der Breite des Lichtspalts entspricht, erzeugt werden. Die Breite $2a$ sei klein gegen die Diffusionslänge L (so daß in der belichteten Schicht keine Rekombination auftritt);
3. die Konzentration der Überschußladungen in dieser Schicht konstant ist (diese Näherung vereinfacht die Rechnungen wesentlich und führt zu keinem großen Fehler);
4. die Beleuchtung schwach ist: $\delta p/n_0 \ll 1$. Daher werden wir voraussetzen, daß auch bei Belichtung $\mu_n n \gg \mu_p p$ gilt.

Dann haben wir nach Gl. (1.2)

$$V_0 = \oint \frac{D_n \frac{dn}{dx} - D_p \frac{dp}{dx}}{\mu_n n} dx = V_{01} + V_{02}.$$

Der erste Summand ist

$$V_{01} = \frac{D_n}{\mu_n} \oint \frac{dn}{n} = 0,$$

da der Integrand ein vollständiges Differential darstellt. Bei der Berechnung des zweiten Summanden setzen wir $n \simeq n_0$ (schwache Beleuchtung). Weiter berücksichtigen wir, daß im Dunkeln, wenn für die Löcherkonzentration $p = p_0(x)$ gilt, die Spannung $V_{02} = 0$ ist. Daher haben wir

$$V_0 = \frac{D_p}{\mu_n} \oint \frac{\frac{d(\delta p)}{dx}}{n_0(x)} dx.$$

Führen wir in diesen Ausdruck noch den spezifischen Dunkelwiderstand ϱ_0 und die Diffusionsstromdichte j_p der Überschußlöcher mit

$$\varrho_0(x) = \frac{1}{e\mu_n n_0(x)}, \qquad j_p(x) = -eD_p \frac{d(\delta p)}{dx}$$

ein, so kann man für V_0 schreiben:

$$V_0 = \int_{-\infty}^{-a} j_p(x) \varrho_0(x) dx + \int_a^{\infty} j_p(x) \varrho_0(x) dx.$$

Hier sind wir von dem geschlossenen Integrationsweg zu unendlichen Integrationsgrenzen übergegangen, was wegen des sehr schnellen Verschwindens von $j_p(x)$ über eine Entfernung der Größenordnung L von der belichteten Schicht möglich ist.

Da $\delta p(x) \sim \exp(-x/L_p)$ ist (siehe Abschnitt 7.9.), ändert sich $j_p(x)$ nach demselben Gesetz. Daher erhalten wir

$$\begin{aligned} x > a: \quad & j_p = j_p(a) \exp\left(-\frac{x-a}{L_p}\right); \\ x < -a: \quad & j_p = -j_p(-a) \exp\left(\frac{x+a}{L_p}\right), \end{aligned} \tag{3.1}$$

wobei aus der Symmetrie des Problems folgt, daß $j_p(-a) = j_p(a)$ ist. Dann erhält man

$$V_0 = -j_p(a) \int_{-\infty}^{-a} \varrho_0(x) \exp\left(\frac{x+a}{L_p}\right) dx + j_p(a) \int_a^{\infty} \varrho_0(x) \exp\left(-\frac{x-a}{L_p}\right) dx.$$

Ersetzt man im ersten Integranden die Variable x durch $-x$, kann man diesen Ausdruck vereinfachen:

$$V_0 = j_p(a) \int_a^\infty \exp\left(\frac{a-x}{L_p}\right) [\varrho_0(x) - \varrho_0(-x)]\,dx. \tag{3.2}$$

Der Verlauf von $\varrho_0(x)$ in einem schmalen Bereich um die belichtete Schicht herum kann in linearer Näherung in der Form

$$\varrho_0(x) - \varrho_0(-x) = 2 \left|\frac{d\varrho}{dx}\right|_{x=0} x \tag{3.3}$$

angesetzt werden. Dann folgt

$$V_0 = 2j_p(a) \frac{d\varrho_0}{dx} \int_a^\infty \exp\left(-\frac{x-a}{L_p}\right) x\,dx$$

$$= 2j_p(a) \frac{d\varrho_0}{dx} (L_p a + L_p^2) \simeq 2j_p(a) \frac{d\varrho_0}{dx} L_p^2, \tag{3.4}$$

da $a \ll L_p$ ist.

Schließlich erhält man den Wert des Stroms $j_p(a)$ an den Grenzen unmittelbar aus der Kontinuitätsgleichung für die vom Licht erzeugten Löcher. Es sei I die Zahl der Elektron-Loch-Paare, die pro Sekunde durch das Licht in der ganzen beleuchteten Zone erzeugt werden. Dann ist

$$2j_p(a)\,S = eI, \tag{3.5}$$

worin S den Probenquerschnitt bedeutet. Daher erhält man schließlich aus Gl. (3.4) und (3.5)

$$V_0 = \frac{e}{S} I \cdot L_p^2 \frac{d\varrho_0}{dx}. \tag{3.6}$$

Wir betonen nochmals, daß hier $d\varrho_0/dx$ der Gradient des Dunkelwiderstandes an der belichteten Stelle ist. Für p-Halbleiter erhält man offensichtlich die gleiche Formel, nur mit dem Unterschied, daß anstelle der Diffusionslänge der Löcher dann die der Elektronen (als Minoritätsträger) eingeht.

Es soll jetzt die Größenordnung des inneren Photoeffekts abgeschätzt werden. Wir setzen voraus, daß wir relativ reines Germanium bei Zimmertemperatur haben. Dann kann man $L \sim 0{,}1$ cm als typischen Wert annehmen. Als Probenquerschnitt nehmen wir $S \sim 10^{-2}\,\text{cm}^2$ an. Des weiteren möge sich ϱ_0 über eine Länge von 1 cm um $10\,\Omega \cdot \text{cm}$ ändern, d. h., es ist $d\varrho_0/dx = 10\,\Omega$. Wenn man dann $I \sim 10^{15}\,\text{s}^{-1}$ annimmt, ergibt sich nach Gl. (3.6) $V_0 \sim 1$ mV.

Also ist die EMK des inneren Photoeffekts dem Gradienten des Dunkelwiderstandes proportional. Diese Schlußfolgerung stimmt gut mit dem Experiment überein. Zu ihrer Bestätigung ist es notwendig, zum einen eine unabhängige Bestimmung des Widerstandsverlaufs über die Länge der Probe vorzunehmen. Das kann leicht dadurch geschehen, daß man durch die Probe einen schwachen Gleichstrom schickt und den Potentialverlauf längs der Probe mit einer feinen Metallsonde mißt. Zum anderen ist dann die Abhängigkeit der Photospannung von der Lage der Lichtsonde zu untersuchen. Das Experiment zeigt, daß der Verlauf der Größe und des Vorzeichens der Photospannung gut den Verlauf des Widerstandsgradienten wiedergibt. Solch eine Sondierung bei gleichzeitiger Messung der Photospannung an den Enden der belichteten Probe ist ein sehr nützliches praktisches Verfahren zur Bestimmung der Homogenität von Halbleitern.

11.4. Der Sperrschichtphotoeffekt

Der wichtigste Photoeffekt ist der sogenannte Sperrschichtphotoeffekt. Er tritt auf, wenn das Licht Ladungsträger in unmittelbarer Nähe einer Potentialbarriere erzeugt, also bei der Belichtung von Metall-Halbleiter-Kontakten und von p-n-Übergängen. Wegen der komplizierten Mikrostruktur des Metall-Halbleiter-Kontakts werden wir uns im folgenden jedoch auf den einfacheren Fall der p-n-Übergänge beschränken.

Man hat grundsätzlich zwei verschiedene Schaltungen eines Photoelements mit einem p-n-Übergang zu unterscheiden. In der ersten wird das Photoelement direkt an einen äußeren Belastungswiderstand gelegt (Abb. 11.5a), so daß Lichtenergie direkt in elektrische umgewandelt wird. Diese Schaltungsart werden wir als die eines Photoelements bezeichnen. Die andere Schaltungsart (Abb. 11.5b) enthält im

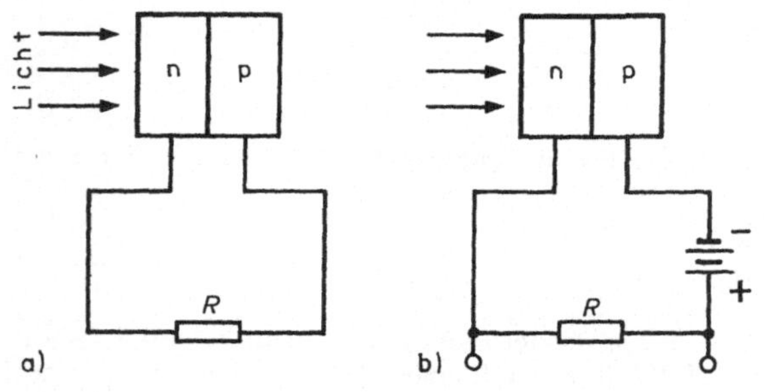

Abb. 11.5
Schaltung eines Photoelements (a) und einer Photodiode (b)

äußeren Kreis noch eine Spannungsquelle, die so geschaltet ist, daß am p-n-Übergang eine Sperrspannung liegt. Diese Spannung wählt man möglichst hoch, aber natürlich noch kleiner als die Durchbruchsspannung des p-n-Übergangs. Diese Schaltungsart wird als Photodioden-Schaltung bezeichnet. Bei dieser Schaltung ändert sich der im Stromkreis fließende Strom (der ja im Dunkeln den Sperrstrom des p-n-Übergangs darstellt und bei guten Dioden sehr klein ist) bei Belichtung sehr stark. Dabei ändert sich der Spannungsabfall am Belastungswiderstand R. Bei richtiger Wahl der angelegten Spannung und des äußeren Widerstandes kann man ein viel größeres elektrisches Signal erhalten als im Falle des Photoelements. Daher werden Photodioden sehr häufig zur Registrierung und Messung von Lichtsignalen angewendet. Im weiteren werden wir Photoelemente nur als Stromquellen betrachten.

Die Effizienz des Sperrschichtphotoeffekts ist um mehrere Größenordnungen höher als die des Dember-Effekts und des inneren Photoeffekts. Die Quantenausbeute von Sperrschichtphotoelementen kann so groß gemacht werden (s. u.), daß sie für technische Anwendung zur direkten Umwandlung von Lichtenergie in elektrische Energie in Frage kommen. Insbesondere werden Sperrschichtphotoelemente beim Bau von Sonnenbatterien benutzt, die häufig in künstlichen Erdtrabanten und kosmischen Raketen verwendet werden.

Die physikalische Ursache des Sperrschichtphotoeffekts besteht darin, daß die Potentialbarriere die durch das Licht erzeugten Elektronen und Löcher trennt. Zur Erklärung dieses Effekts setzen wir voraus, daß die (stark absorbierte) Strahlung auf eine Fläche des Kristalls fällt, die dem p-n-Übergang parallel ist (Abb. 11.6). Wir

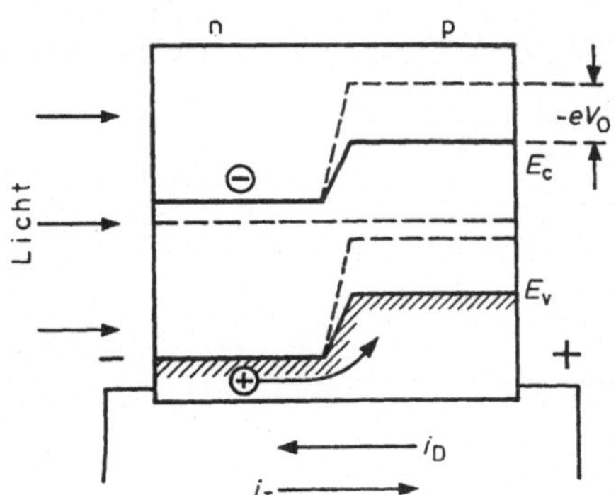

Abb. 11.6

Zur Entstehung des Sperrschichtphotoeffekts. Der Verlauf der Bandkanten ohne Belichtung ist gestrichelt eingezeichnet.

nehmen an, daß das n-Gebiet beleuchtet wird, und setzen außerdem voraus, daß das Photoelement offen ist. Die durch das Licht erzeugten Elektronen und Löcher werden dann im Kristall diffundieren, und ein bestimmter Teil davon, der weder an der Oberfläche noch im Innern rekombinieren konnte, erreicht den p-n-Übergang. Für die Majoritätsträger (die Elektronen) stellt der p-n-Übergang jedoch eine Potentialbarriere dar, und daher können praktisch keine in das p-Gebiet gelangen. Für die Minoritätsträger (die Löcher) existiert dagegen keine Potentialbarriere, und alle Löcher, die den Übergang erreichen, werden durch das elektrische Feld im Übergangsgebiet in das Innere des Kristalls gezogen, wobei sie den Strom i_I verursachen.

Wenn g_s die Paarerzeugungsrate an der Oberfläche ist und β der Anteil der Löcher, die bis zum Übergang gelangen, ohne zu rekombinieren, so gilt

$$i_I = e g_s \beta S. \tag{4.1}$$

Dabei bezeichnet S die beleuchtete Fläche. Durch den „Lichtstrom“ i_I wird der p-Bereich positiv, der n-Bereich negativ aufgeladen, und an den Elektroden des Photoelements entsteht eine Potentialdifferenz. Daher tritt in einem Photoelement, das ja eine gewöhnliche Diode mit einem p-n-Übergang darstellt, ein Zusatzstrom i_D auf, der durch die Injektion von Löchern im n-Gebiet und von Elektronen im p-Gebiet verursacht wird und dem Strom i_I entgegen gerichtet ist. Für eine „ideale“ Diode

(d. h. ohne Rekombination im p-n-Übergang, mit kleinem Sperrstrom und mit vernachlässigbarem Spannungsabfall über die Kristalldicke) ist dieser Strom durch Gl. (7.1.4) gegeben. Als Ergebnis entsteht zwischen den offenen Elektroden eine Spannung, bei der der Gesamtstrom $i = i_{\mathrm{I}} - i_{\mathrm{D}} = 0$ ist.

Wenn die Elektroden des Photoelements über den äußeren Belastungswiderstand verbunden werden, sinkt die Spannung zwischen ihnen unter den Wert V_0, und die Ströme i_{I} und i_{D} kompensieren einander nicht mehr. Daher entsteht im Stromkreis ein Strom

$$i = i_{\mathrm{I}} - i_{\mathrm{D}} = i_{\mathrm{I}} - i_{\mathrm{S}}(\mathrm{e}^{\alpha u} - 1), \tag{4.2}$$

worin $\alpha = e/kT$ und i_s den Sperrstrom bezeichnet.

Gl. (4.2) stellt eine grundlegende Beziehung in der Theorie der Sperrschichtphotoelemente dar.

Die Strom-Spannungs-Kennlinie $i(u)$ für ein ideales Sperrschichtphotoelement ist in Abb. 11.7 dargestellt. Kurve 1 zeigt die Abhängigkeit des Dunkelstroms von der

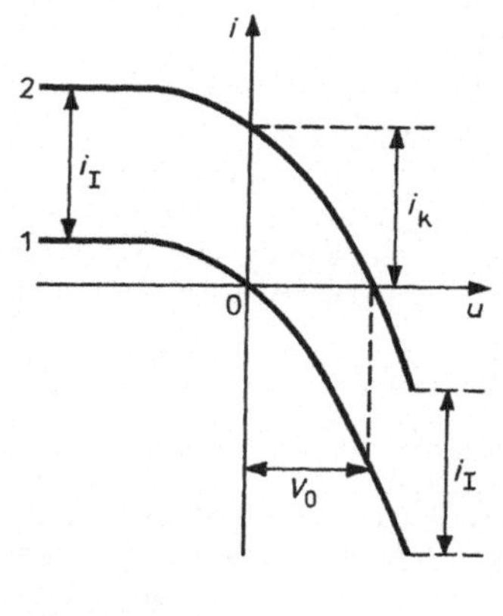

Abb. 11.7
Strom-Spannungs-Charakteristik des idealen Photoelements
a) Dunkelverlauf, b) Verlauf bei Belichtung

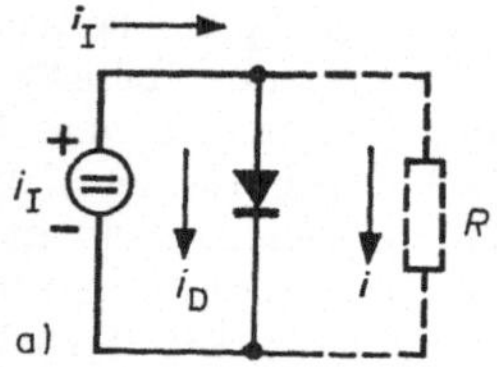

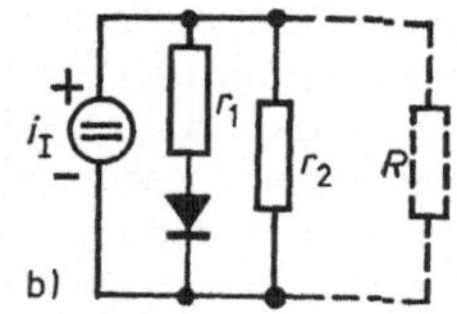

Abb. 11.8
Ersatzschaltbilder a) eines idealen, b) eines realen Sperrschichtphotoelements

(angelegten) Spannung. Sie entspricht der gewöhnlichen Strom-Spannungs-Charakteristik eines schmalen p-n-Übergangs. Bei Belichtung werden alle Punkte dieser Kurve um den gleichen Betrag nach oben verschoben (Kurve 2). Infolgedessen ist bei $i = 0$ (offener Stromkreis) die Spannung am Photoelement von Null verschieden. Das heißt aber, daß an ihm eine EMK V_0 entsteht. Analog dazu existiert bei $u = 0$ (Kurzschluß) im Kreis der Kurzschlußstrom. Dieser ist gleich dem Lichtstrom i_{I}.

Aus dem Gesagten folgt, daß man die Eigenschaften eines idealen Sperrschichtphotoelements mit Hilfe einer Ersatzschaltung aus einer Stromquelle und einer zu dieser parallel geschalteten idealen Diode beschreiben kann (Abb. 11.8a). Dabei ist nach dem Kirchhoffschen Gesetz $i_I = i_D + i$, was auch auf die Gleichung (4.2) führt. Setzen wir in Gl. (4.2) $i = 0$ (offener Stromkreis), so finden wir, daß für die EMK des Photoelements

$$V_0 = \frac{kT}{e} \ln \left(1 + \frac{i_I}{i_S}\right) \tag{4.3}$$

gilt. Bei wachsender Belichtung (d. h. Erhöhung von i_I) erhöht sich die Photospannung jedoch nicht proportional zu i_I, sondern nach einem logarithmischen Gesetz. Natürlich wächst i_I nicht unbegrenzt, da sich bei wachsender Belichtung die Höhe der Potentialbarriere des p-n-Übergangs verringert und das Ansteigen der Photospannung aufhört, wenn die Barrierenhöhe nur noch etwa von der Größenordnung kT ist. Daraus folgt, daß die Photospannung die Differenz der Kontaktpotentiale zwischen p- und n-Gebiet nicht übersteigen kann. Im günstigsten Fall, wenn das Fermi-Niveau (ohne Belichtung) in der Nähe einer Bandkante liegt, ist $V_{0\,\max} \simeq E_g/e$, was z. B. für Germanium bei Zimmertemperatur $V_{0\,\max} \simeq 0{,}6$ V, für Silizium $V_{0\,\max} \simeq 1$ V ergibt.

Es soll jetzt noch der Kurzschlußstrom abgeschätzt werden. Dazu betrachten wir wieder das konkrete Beispiel Germanium bei direkter unfokussierter Sonneneinstrahlung ($g_s \sim 10^{17}$ cm^{-2} s^{-1}). Setzen wir zur Abschätzung in Gl. (4.1) $\beta = 1$, so finden wir $i_I/S \sim 10^{-19} \cdot 10^{17}$ A cm^{-2} = 10 mA/cm^2. Beim realen Photoelement muß man erstens den Widerstand des p- und des n-Gebiets und zweitens das Vorhandensein von Haftstellen an der Oberfläche berücksichtigen. So gelangen wir zu dem etwas komplizierteren Ersatzschaltbild von Abb. 11.8, in dem r_1 den Widerstand des Kristalls beider Gebiete und r_2 den Sperrwiderstand bedeutet. Das Vorhandensein des Widerstands r_1 äußert sich in der Abhängigkeit des Kurzschlußstroms von der Belichtung. Nach Gl. (4.1) muß der Kurzschlußstrom eines idealen Photoelements $i_K = i_I$ der Größe g_s, also der Belichtung proportional sein. Das wird über einen breiten Variationsbereich von g_s auch beobachtet. Bei sehr starker Belichtung steigt i_K jedoch schwächer an. Die Erklärung besteht darin, daß beim Kurzschließen der äußeren Kontakte des Photoelements die Spannung an seinem p-n-Übergang nicht gleich Null ist, sondern gleich ir_1, wobei das p-Gebiet auf positivem Potential liegt. Daher entsteht ein Diodenstrom i_D, der dem Lichtstrom i entgegengerichtet ist, was dann zur Verringerung von i_K führt.

Die oben dargelegten einfachen Überlegungen erklären das Zustandekommen einer Photospannung und einige allgemeine charakteristische Züge. Dabei haben wir jedoch erstens nicht erklärt, wovon der Koeffizient β, durch den Rekombinationsverluste berücksichtigt werden, abhängt. Zweitens haben wir nichts über den Sperrstrom i_s gesagt. Zuvor haben wir im Abschnitt 8.1. schon den Sperrstrom einer p-n-Diode berechnet, aber diese Rechnungen bezogen sich auf eine „dicke" Diode, bei der die Breiten von p- und n-Gebiet nicht klein gegen die Diffusionslängen sind. In Sperrschichtphotoelementen macht man die Dicke des beleuchteten Gebiets jedoch möglichst klein, um den Koeffizienten β zu vergrößern. Daher ist der oben erhaltene Ausdruck nicht auf reale Photoelemente anwendbar. Schließlich haben wir die wichtige Frage nach dem Wirkungsgrad nicht berührt. Daher werden wir uns noch etwas ausführlicher mit den Prozessen innerhalb des Photoelements beschäftigen.

11.5. Sperrschichtphotoelemente

1. Wir betrachten ein Photoelement in Form eines planparallelen Plättchens mit einem p-n-Übergang, dessen n-Gebiet mit Licht beleuchtet wird, das vom Halbleiter stark absorbiert wird (s. Abb. 11.9). Die Dicke des beleuchteten Bereichs bezeichnen wir mit d. Das Plättchen hat zwei Metallelektroden M, von denen eine die Rückseite (das p-Gebiet) durchgehend bedeckt, die andere dagegen, um den Durchgang des Lichts zu ermöglichen, als schmaler Ring oder schmaler Streifen am Rand der Vorderseite (dem n-Gebiet) angebracht ist. Die Breite des p-n-Übergangs selbst werden wir wie vorher als klein gegen die Diffusionslänge der Löcher voraussetzen und daher die Rekombination innerhalb des Übergangs vernachlässigen (eine Rechnung für „breite" p-n-Übergänge findet man in [3]).

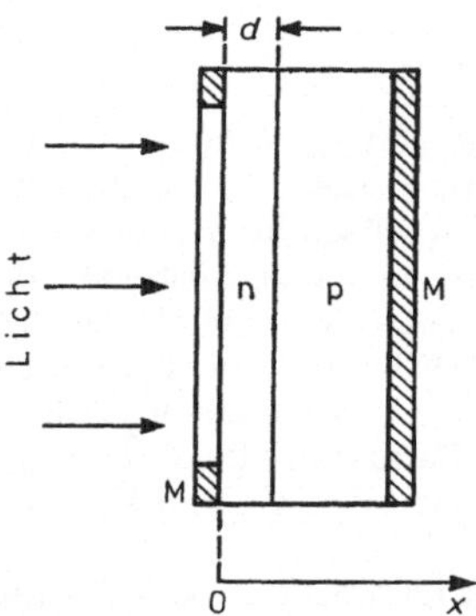

Abb. 11.9
Zur Beschreibung des Sperrschichtphotoelements

Die Stromdichte der Löcher im n-Gebiet wird hauptsächlich durch Diffusion bestimmt und ist

$$j_p = -eD_p \frac{dp}{dx}. \tag{5.1}$$

Die Verteilung der Löcher im n-Gebiet kann man mit Hilfe der Kontinuitätsgleichung bestimmen, die für unser Problem die Form

$$\frac{d^2p}{dx^2} - \frac{\delta p}{L_p^2} = 0 \tag{5.2}$$

hat. Der Nullpunkt der x-Achse liege in der beleuchteten Fläche. Dann sind die Randbedingungen

$$x = 0: \quad g_s = \frac{1}{e} j_p(0) + s\,\delta p(0); \tag{5.3}$$

$$x = d: \ \delta p(d) = p_n(e^{\alpha n} - 1). \tag{5.4}$$

Die allgemeine Lösung von Gl. (5.2) unter diesen Randbedingungen hat eine sehr unhandliche Form. In realen Photoelementen ist man jedoch stets bestrebt, $d/L_p \ll 1$ zu erreichen. Wir beschränken uns daher auf eine Näherungslösung für diesen Fall und vernachlässigen dementsprechend den zweiten Summanden in Gl. (5.2), der die Rekombination im Kristallinneren beschreibt. Dann kann man setzen

$$\frac{\mathrm{d}p}{\mathrm{d}x} = \text{const} = \frac{\delta p(d) - \delta p(0)}{d}, \qquad j_p = \text{const}. \tag{5.5}$$

Bestimmt man hier $\delta p(0)$ aus der Randbedingung (5.3) und setzt für $\delta p(d)$ dessen Wert gemäß der Randbedingung (5.4) ein, erhält man

$$j_p = e\,\frac{g_s - s p_n(e^{\alpha u} - 1)}{1 + s(d/D_p)}. \tag{5.6}$$

Neben diesem Löcheranteil der Stromdichte wird durch den p-n-Übergang auch ein Elektronenstrom fließen, der durch die Injektion von Elektronen aus dem n-Gebiet in das p-Gebiet verursacht wird. Da die Breite des unbeleuchteten Gebiets gewöhnlich mindestens einige Diffusionslängen erreicht, wird dieser Stromanteil durch eine Gleichung ausgedrückt, die wir schon im Abschnitt 8.1. erhielten:

$$j_n = -\frac{e D_n n_p}{L_n}\,(e^{\alpha u} - 1). \tag{5.7}$$

Die Gesamtstromstärke durch das Photoelement ist

$$i = S(j_p + j_n) = \frac{S e g_s}{1 + s(d/D_p)} - Se\left(\frac{s p_n}{1 + s(d/D_p)} + \frac{D_n n_p}{L_n}\right)(e^{\alpha u} - 1). \tag{5.8}$$

Wir sehen, daß der Gesamtstrom in Übereinstimmung mit den einfachen Überlegungen im Abschnitt 11.4. einen „Licht"-Anteil i_I (erster Summand) enthält und einen Anteil, der von der Injektion im p-n-Übergang herrührt (zweiter Summand). Dabei folgt für den Koeffizienten β die Beziehung

$$\beta = \frac{1}{1 + s(d/D_p)}. \tag{5.9}$$

Er ist um so kleiner, je größer die Oberflächenrekombinationsrate ist. Für den Sperrstrom einer Diode der beschriebenen Geometrie gilt

$$i_s = Se\left(\frac{s p_n}{1 + s(d/D_p)} + \frac{D_n n_p}{L_n}\right). \tag{5.10}$$

Dieser Strom wird nicht nur durch die thermische Erzeugung von Minoritätsträgern im Kristallinneren (zweiter Summand), sondern auch durch deren thermische Erzeugung an der vorderen Oberfläche des Photoelements (erster Summand) bestimmt.

2. Es soll jetzt noch der Wirkungsgrad eines Photoelements betrachtet werden.

Nach Gl. (4.2) ist die Spannung an den Elektroden des Photoelements, das an einen beliebigen Außenwiderstand gelegt wird,

$$u = \frac{kT}{e}\ln\left(1 + \frac{i_I}{i_s} - \frac{i}{i_s}\right). \tag{5.11}$$

Für die Leistung, die an den äußeren Kreis abgegeben wird, folgt

$$P = iu = \frac{kT}{e} i \ln \left(1 + \frac{i_{\mathrm{I}}}{i_{\mathrm{s}}} - \frac{i}{i_{\mathrm{s}}}\right). \tag{5.12}$$

Wir führen der Kürze halber die dimensionslosen Ströme

$$y = \frac{i}{i_{\mathrm{s}}}, \qquad z = \frac{i_{\mathrm{I}}}{i_{\mathrm{s}}} \tag{5.13}$$

ein und bezeichnen mit G_{s} die Gesamt-Generationsrate von Photoleitfähigkeitsträgern:

$$G_{\mathrm{s}} = g_{\mathrm{s}} \cdot S, \qquad i_{\mathrm{I}} = eG_{\mathrm{s}}\beta. \tag{5.14}$$

Dann läßt sich der Ausdruck für P in einer einfacheren Form schreiben:

$$P = kT\beta G_{\mathrm{s}} \frac{y \ln (1 + z - y)}{z}. \tag{5.15}$$

Folglich hängt die nutzbare Leistung von der Größe des entnommenen Stroms, d. h. von der äußeren Belastung ab. Bei offenem Stromkreis ($y = 0$) und im Kurzschlußfall ($y = z$) ist diese Leistung gleich Null und erreicht ihr Maximum bei einem Wert y_{m} des entnommenen Stroms.

Für die Energieumwandlung ist es wichtig, daß man im Außenkreis die maximale Leistung erhält. Differenziert man den Ausdruck (5.15) nach y und setzt man die Ableitung gleich Null, so findet man, daß das Maximum für einen Strom y_{m} erreicht wird, der die Gleichung

$$(1 + z - y_{\mathrm{m}}) \ln (1 + z - y_{\mathrm{m}}) = y_{\mathrm{m}} \qquad (0 \leqq y_{\mathrm{m}} \leqq z) \tag{5.16}$$

erfüllt. Bei sehr geringer Belichtung, wenn $z \ll 1$ ist, kann man $\ln (1 + z - y_{\mathrm{m}}) \simeq z - y_{\mathrm{m}}$ setzen. Beschränkt man sich dann in Gl. (5.16) auf Terme, die klein von höchstens erster Ordnung sind, findet man $y_{\mathrm{m}} = \frac{1}{2} z$, d. h. $i_{\mathrm{m}} = \frac{1}{2} i_{\mathrm{s}}$. Also ist in diesem Fall die optimale Stromstärke gleich der halben Kurzschlußstromstärke. Im allgemeinen kann Gl. (5.16) nur numerisch gelöst werden. In Abb. 11.10 ist y_{m} als Funktion von z dargestellt. Bei Vergrößerung der Lichtintensität (d. h. Vergrößerung von z) wächst y_{m} monoton und nähert sich z. Die maximale Leistung im äußeren Kreis ist

$$P_{\mathrm{m}} = kT\beta G_{\mathrm{s}} f(z), \tag{5.17}$$

worin

$$f(z) = \frac{y_{\mathrm{m}}^2}{z(1 + z - y_{\mathrm{m}})} \tag{5.18}$$

und y_{m} die Lösung der Gl. (5.16) bezeichnen.

Wir setzen jetzt voraus, daß das Photoelement mit monochromatischer Strahlung der Photonenenergie beleuchtet wird, dann ist die Leistung P_0 des einfallenden Lichts mit G_{s} durch die unmittelbar einleuchtende Beziehung

$$P_0 = \frac{G_{\mathrm{s}} \hbar \omega}{(1 - R) \nu} \tag{5.19}$$

verknüpft, worin R der Reflexionskoeffizient und ν die Quantenausbeute sind. Daher folgt für den maximalen Wirkungsgrad

$$\eta_m = \frac{P_m}{P_0} = \frac{kT}{\hbar\omega} \nu(1 - R)\, \beta f(z). \tag{5.20}$$

Dieser Ausdruck zeigt, daß η_m um so größer wird, je kleiner $\hbar\omega$ ist. Da $\hbar\omega$ andererseits größer als E_g sein muß (damit eine Elektron-Loch-Paarerzeugung stattfindet), ist es vorteilhaft, wenn $\hbar\omega \simeq E_g$ gilt. Das ist offensichtlich ein physikalisch sinnvolles Ergebnis, denn ein Energieüberschuß $(\hbar\omega - E_g)$ beim Photon geht ungenutzt verloren. Letztlich wandelt sich dieser entweder in Wärme oder in Strahlung um, was den Wirkungsgrad verringert.

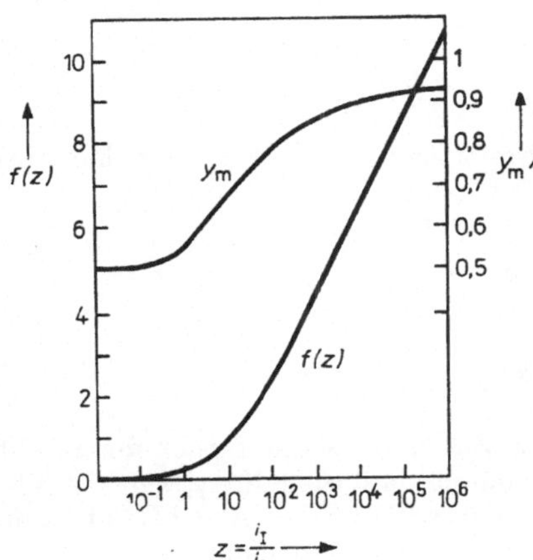

Abb. 11.10
Optimaler Strom $y_m = i_m/i_s$ eines Photoelements in Abhängigkeit vom Lichtstrom $z = i_I/i_s$ und der Funktion $f(z)$

Die Funktion $f(z)$ ist in Abb. 11.10 dargestellt. $f(z)$ wächst mit wachsendem z, was bedeutet, daß sich auch der Wirkungsgrad η_m erhöht. Physikalisch läßt sich dieses Ergebnis wie folgt interpretieren: Jedes vom Licht erzeugte Loch, das durch den Potentialsprung des p-n-Übergangs (s. Abb. 11.6) hindurchgeht, erhält eine bestimmte zusätzliche Energie. Diese Energie wird jedoch nicht an den äußeren Kreis abgegeben, sondern innerhalb des Photoelements dissipiert. Bei Erhöhung der Belichtung verringert sich die Höhe des Potentialsprungs und damit auch der Energieverlust. Gleichzeitig wird die Energieabgabe an den äußeren Kreis, die der Klemmenspannung u proportional ist, vergrößert. Beide Sachverhalte führen zu einer Erhöhung des Wirkungsgrades bei wachsender Belichtung.

Natürlich kann der Wirkungsgrad nur bis zu einer bestimmten Grenze erhöht werden. Das hängt erstens damit zusammen, daß die Spannung u die Höhe der Potentialbarriere bei Dunkelheit nicht überschreiten kann und daher bei sehr starker Belichtung nicht mehr durch Gl. (5.11) ausgedrückt wird. Zweitens hat man an realen Photoelementen im p- und n-Gebiet (sowie an den Kontakten) stets einen endlichen Widerstand, an dem ein Teil der Spannung abfällt. Dieser Spannungsabfall erhöht sich mit wachsender Stromstärke, was ebenfalls die weitere Erhöhung von η_m begrenzt.

3. Die wichtigste technische Anwendung finden Sperrschichtphotoelemente in Sonnenbatterien zur direkten Umwandlung der Energie der Sonnenstrahlung in elektrische. Da die Sonnenstrahlung nicht monochromatisch ist, gilt schon die Beziehung (5.19) für den Zusammenhang von P_0 und G_s nicht mehr, so daß der Ausdruck für den Wirkungsgrad abgeändert werden muß. Da nur Photonen mit einer Energie $\hbar\omega \geqq E_g$ aktiv sind, ist die Generationsrate G_s

$$G_s \sim \int_{E_g}^{\infty} \varrho_0(\hbar\omega)\, d(\hbar\omega),$$

worin $\varrho_0(\hbar\omega)$ die spektrale Dichte der Photonen mit der Energie $\hbar\omega$ im auffallenden Licht bezeichnet. Hierbei wurde die Quantenausbeute $\nu = 1$ gesetzt. Die auf das Photoelement auffallende Lichtleistung P_0 ist

$$P_0 \sim \int_0^{\infty} \varrho_0(\hbar\omega)\, \hbar\omega\, d(\hbar\omega),$$

wobei der hier nicht mitgeschriebene Proportionalitätsfaktor in beiden Ausdrücken übereinstimmt. Daher haben wir hier statt Gl. (5.19)

$$\frac{G_s}{P_0} = (1 - R)\, \frac{\int_{E_g}^{\infty} \varrho_0(\hbar\omega)\, d(\hbar\omega)}{\int_0^{\infty} \varrho_0(\hbar\omega)\, \hbar\omega\, d(\hbar\omega)}. \tag{5.21}$$

Da die Sonnenstrahlung ihrer spektralen Zusammensetzung nach der Strahlung des absolut schwarzen Körpers sehr nahekommt, läßt sich für $\varrho_0(\hbar\omega)$ die Plancksche Formel (9.3.1) benutzen, wenn man in dieser $T = T_1 = 6 \cdot 10^3$ K, die Temperatur der Sonnenoberfläche, einsetzt. Wenn wir noch die Bezeichnungen

$$x = \frac{\hbar\omega}{kT_1}, \qquad x_1 = \frac{E_g}{kT_1} \tag{5.22}$$

einführen, haben wir

$$\frac{G_s}{P_0} = \frac{1 - R}{E_g}\, \psi(x_1), \tag{5.23}$$

worin

$$\psi(x_1) = x_1 \frac{\int_{x_1}^{\infty} \frac{x^2\, dx}{e^x - 1}}{\int_0^{\infty} \frac{x^3\, dx}{e^x - 1}}. \tag{5.24}$$

ist. Mit Gl. (5.17) und (5.23) erhalten wir für den maximalen Wirkungsgrad den Ausdruck

$$\eta_m = \frac{kT}{E_g} (1 - R)\, \beta f(z)\, \psi(x_1). \tag{5.25}$$

Dieser unterscheidet sich von dem entsprechenden Ausdruck (5.20) für monochromatische Strahlung dadurch, daß anstelle von $\hbar\omega$ hier E_g eingeht und der zusätzliche Faktor $\psi(x_1)$ auftritt, der ausdrückt, daß nur ein Teil der einfallenden Photonen Elektron-Loch-Paare erzeugt.

In Abb. 11.11 ist die Funktion $\psi(x_1)$ grafisch dargestellt. Diese Funktion erreicht ihren Maximalwert von etwa 44% für $x_{1m} = 2{,}2$. Das bedeutet, daß zu einer vorgegebenen Temperatur der schwarzen Strahlung eine optimale Breite E_{gm} der verbotenen Zone des Halbleiters gehört. So wird bei $T_1 = 6000$ K und $kT_1 = 0{,}5$ eV, $E_{gm} = kT_1 \cdot x_{1m} = 2{,}2 \cdot 0{,}5$ eV $= 1{,}1$ eV. Diese Breite der verbotenen Zone hat

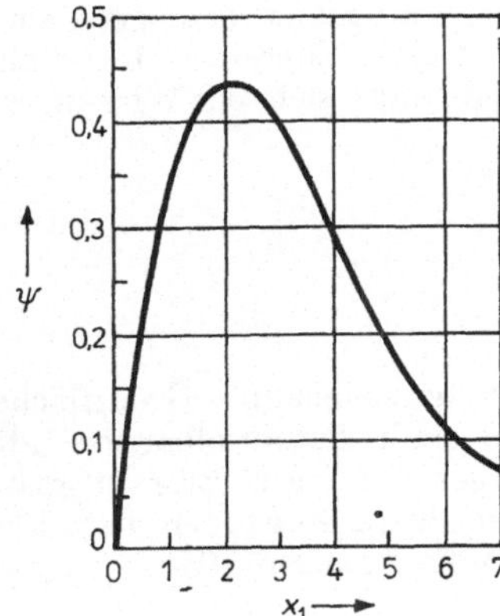

Abb. 11.11
Die Funktion $\psi(x_1)$

Silizium. Da außerdem die Technologie von einkristallinem Silizium gut entwickelt ist, findet dieses Material bei der Herstellung von Sonnenbatterien breite Anwendung. Aus dem oben Gesagten folgt, daß der Wirkungsgrad von Sonnenbatterien sogar bei Vermeidung aller Verluste innerhalb des Photoelements einen Wert von $\psi_m = 40\%$ nicht übersteigen kann. In der Praxis ist der maximale Wirkungsgrad sogar noch erheblich kleiner — für Silizium-Photoelemente ist er z. B. nicht größer als 15···16%. Das hängt damit zusammen, daß ein beträchtlicher Anteil der Energie durch die Oberflächenrekombination dissipiert wird, daß innerhalb des Elements Joulesche Wärme erzeugt wird und daß ein Teil durch Reflexion verlorengeht. Die Verluste über die Oberflächenrekombination lassen sich dadurch verringern, daß man Heteroübergänge benutzt (Abschnitt 8.5.). In Abb. 11.12 ist der Verlauf der Energiebänder eines Photoelements mit einem Heteroübergang dargestellt, wobei die beleuchtete Seite aus einem n-Halbleiter mit einer verbotenen Zone der Breite E_{g1} und die Rückseite

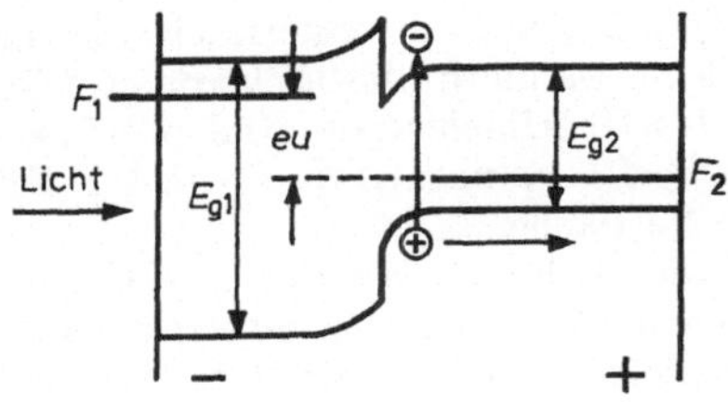

Abb. 11.12
Verlauf der Energiebänder in einem Photoelement mit einem p-n-Heteroübergang

aus einem p-Halbleiter mit einer verbotenen Zone der Breite $E_{g2} < E_{g1}$ besteht. In diesem Fall werden Photonen mit einer Energie $\hbar\omega < E_{g1}$ im n-Gebiet nur sehr schwach absorbiert. Daher kann der p-n-Übergang hier etwas weiter von der Oberfläche des Photoelements entfernt liegen als im Fall eines einfachen Übergangs. Die hier auftretende Barriere für Löcher verhindert ihre Wanderung zur Oberfläche. So wird es möglich, die Dicke der Schicht des breitlückigen Halbleiters zu vergrößern und so den inneren Widerstand des Photoelements zu verringern, was zu einer Verringerung der Verluste durch Joulesche Wärme führt.

Da Photonen mit einer Energie $\hbar\omega > E_{g1}$ im n-Gebiet stark absorbiert werden und sie den p-n-Übergang praktisch nicht erreichen und andererseits Photonen mit $\hbar\omega < E_{g2}$ keine Elektron-Loch-Paare im Übergangsgebiet erzeugen, sind solche Photoelemente nur empfindlich für Photonen mit einer Energie im Intervall von E_{g2} bis E_{g1}. Bei Verwendung von Heteroübergängen läßt sich ein Wirkungsgrad von über 20% erreichen.

11.6. Der Grenzflächenphotoeffekt

Ein Spezialfall des Sperrschichtphotoeffekts ist der sogenannte Grenzflächenphotoeffekt. Er entsteht durch das Vorhandensein einer Potentialbarriere, die durch Oberflächenzustände (Abschnitt 10.1.) hervorgerufen wird. Erzeugt man in der Nähe der Oberfläche durch Licht Elektron-Loch-Paare, so werden diese Elektronen und Löcher im Feld der Potentialbarriere wie im Feld eines p-n-Übergangs getrennt,

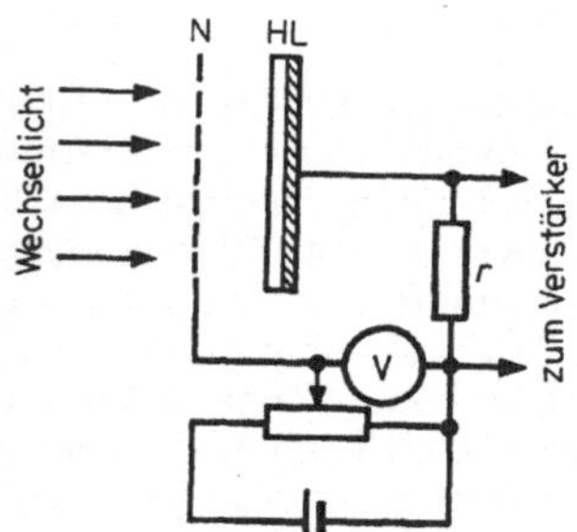

Abb. 11.13
Zum Nachweis der Photospannung mit Hilfe der Kondensatormethode

wobei sich die Ladung der Oberfläche ändert. Daher entsteht bei Belichtung eine zusätzliche Potentialdifferenz zwischen Oberfläche und Kristallinnerem. Das Vorzeichen dieser Potentialdifferenz hängt vom Vorzeichen des Oberflächenpotentials vor der Belichtung ab. Ist $Y_s < 0$ (sind die Bänder an der Oberfläche also nach oben gebogen), werden die Löcher zur Oberfläche wandern, die Elektronen dagegen von der Oberfläche weg, und folglich wird das Oberflächenpotential positiver werden. Ist $Y_s > 0$, wird das Potential an der Oberfläche negativer. In beiden Fällen verringert sich die Bandverbiegung an der Oberfläche.

Der Grenzflächenphotoeffekt läßt sich mit Hilfe der Kondensatormethode, die in Abb. 11.13 schematisch dargestellt ist, nachweisen. Hierbei bilden der untersuchte Halbleiter HL und eine durchsichtige Metallelektrode (z. B. ein Metalldrahtnetz) N die

Beläge eines Kondensators, die über den Widerstand r verbunden sind. Bei einer schwingenden Metallelektrode hätten wir die bekannte Kelvinsche Schaltung zur Bestimmung der Kontaktpotentialdifferenz. Wir werden jedoch die Metallelektrode ganz einfach fest lassen und den Halbleiter intermittierend beleuchten. Die bei Belichtung entstehende Photospannung wird dann zu der Kontaktpotentialdifferenz ohne Belichtung addiert (oder von dieser subtrahiert, abhängig vom Vorzeichen). Am Widerstand r tritt eine zeitlich veränderliche Spannung auf, aus der sich die EMK des Grenzflächenphotoeffekts berechnen läßt. Diese ist also durch die Änderung der Kontaktpotentialdifferenz bei Belichtung gegeben.

Es muß darauf hingewiesen werden, daß die Änderung des Kontaktpotentials nicht nur durch den Grenzflächenphotoeffekt, sondern auch durch den Dember-Effekt verursacht wird, so daß man im Experiment die Summe beider Effekte beobachtet. Dabei ist das Vorzeichen der Dember-Spannung nur durch das der Differenz $(D_n - D_p)$ der Diffusionskoeffizienten bestimmt, ist also vom Vorzeichen vom Y_s unabhängig. Im Experiment zeigt sich jedoch, daß in Germanium und Silizium die Änderung der Kontaktspannung bei Belichtung von der Oberflächenbearbeitung abhängt und sogar das Vorzeichen wechseln kann. Das zeigt, daß die mit der Kondensatormethode gemessene Photospannung zumindest in diesen Halbleitern im wesentlichen durch den Grenzflächenphotoeffekt entsteht.

11.7. Der photoelektromagnetische (PEM-) Effekt

1. 1934 entdeckten I. K. Kikoin und M. M. Noskov einen Photoeffekt, der bei der Belichtung eines Halbleiters in einem Magnetfeld auftritt (den sog. photoelektromagnetischen (PEM-) Effekt). Im einfachsten Fall hat man dabei einen Halbleiter in Form eines planparallelen Plättchens, dessen eine Seitenfläche mit Licht, das der Halbleiter stark absorbiert, beleuchtet wird, wobei der Vektor der magnetischen Induktion $\boldsymbol{B}$ senkrecht zur Lichteinfallsrichtung liegt (Abb. 11.14). Zwischen den

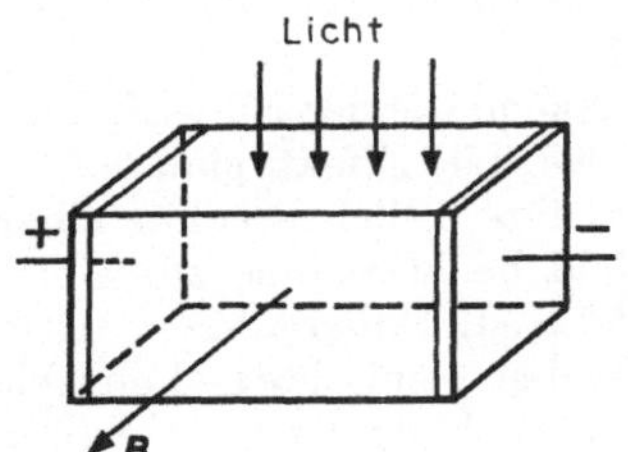

Abb. 11.14
Der photoelektromagnetische Effekt (PEM-Effekt)

Endflächen der Probe, zu denen die Ausbreitungsrichtung des Lichts und die magnetische Induktion parallel sind, tritt dann eine Potentialdifferenz auf. Werden diese Endflächen leitend verbunden, so fließt ein Strom.

Der PEM-Effekt kann wesentlich größer sein als die weiter oben betrachteten Photoeffekte. In hochohmigen Kupfer(I)oxid-Kristallen, in denen dieser Effekt erstmals beobachtet wurde, kann die Spannung bei einer Induktion von $|\boldsymbol{B}| \sim 0{,}1$ T einige 10 V betragen.

Verursacht wird der PEM-Effekt durch die Ablenkung der Diffusionsströme von Photoleitfähigkeitsträgern im Magnetfeld (JA. I. FRENKEL). Im folgenden werden wir den Halbleiter stets als isotrop voraussetzen.

Die x-Achse eines rechtwinkligen Koordinatensystems möge in der beleuchteten Fläche liegen, die y-Achse senkrecht zu dieser, und die z-Achse liege in der Richtung von $\boldsymbol{B}$ (Abb. 11.15). Ist kein Magnetfeld vorhanden, fließen die Teilchenströme aus

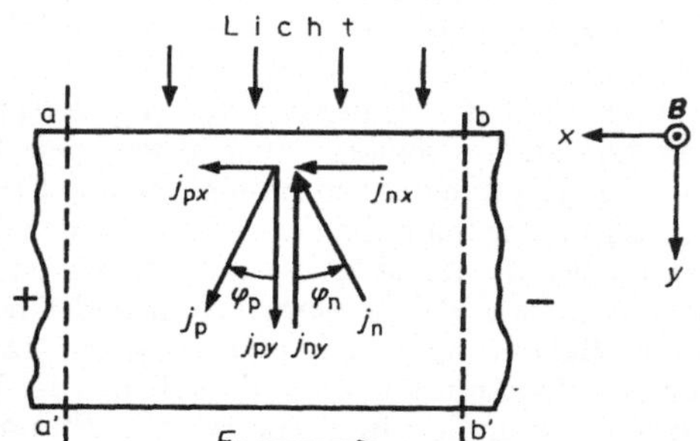

Abb. 11.15
Elektronen- und Löcherstrom beim PEM-Effekt. Die magnetische Induktion ist dabei zum Betrachter hin gerichtet.

Elektronen und Löchern senkrecht zur belichteten Oberfläche, d. h. parallel zur y-Achse, und zwar beide in die gleiche Richtung. Die von ihnen gebildeten Ströme j_p und j_n sind einander entgegengerichtet. Beim Einschalten des Magnetfeldes wird der Löcherstrom durch die Lorentz-Kraft um den Hall-Winkel φ_p, der Elektronenstrom in entgegengesetzter Richtung um den Hall-Winkel φ_n abgelenkt, wobei

$$\tan \varphi_p = \frac{1}{c} \mu_{pH} B, \qquad \tan \varphi_n = -\frac{1}{c} \mu_{nH} B \tag{7.1}$$

ist (siehe Abschnitt 1.3.). Daher treten hier Komponenten j_{px} und j_{nx} der Stromdichte auf, die der beleuchteten Fläche parallel sind und in die gleiche Richtung zeigen. Sind die Enden der Probe isoliert, lädt sich die linke Seite positiv, die rechte Seite negativ auf. In den Plättchen entsteht eine Feldstärkekomponente E_x, und zwischen seinen Enden tritt ein Potentialunterschied auf.

So gesehen hat der PEM-Effekt die gleiche Ursache wie der Hall-Effekt. Zwischen beiden besteht jedoch ein Unterschied. Im Fall des Hall-Effekts sind die Richtungen von Elektronen- und Löcherstromdichte gleich, ihre Teilchenströme einander entgegengesetzt. Infolgedessen lenkt ein Magnetfeld beide Ströme zur gleichen Seite hin ab, so daß der Hall-Effekt ein Differenzeffekt ist. Dabei können resultierender Hall-Winkel bzw. resultierende Hall-Konstante bei gemischtem Leitfähigkeitstyp sogar zu Null werden, wie wir gesehen haben (Abschnitt 1.4.). Im Fall des PEM-Effekts sind die Teilchenströme von Löchern und Elektronen gleichgerichtet und werden durch das Magnetfeld nach entgegengesetzten Seiten hin abgelenkt, so daß man hier die Summe beider Ablenkungen beobachtet.

Es soll jetzt der Verlauf der elektrischen Feldstärke und der Stromdichte innerhalb der Probe untersucht werden. Die Elektroden seien leitend verbunden. Da das Magnetfeld zeitlich konstant ist, gilt nach MAXWELL $\operatorname{rot} \boldsymbol{E} = 0$. Das ergibt

$$\operatorname{rot}_z \boldsymbol{E} = \frac{\partial E_y}{\partial x} - \frac{\partial E_x}{\partial y} = 0.$$

Wenn die Probenausdehnung in X-Richtung hinreichend groß ist, sind aus Symmetriegründen alle Größen von der Koordinate X unabhängig, woraus $\partial E_y/\partial x = 0$ folgt. Daraus folgt

$$\frac{\partial E_x}{\partial y} = 0, \qquad E_x = \text{const},$$

d. h., die longitudinale Komponente des elektrischen Feldes hängt nicht von y ab. Dann ist die durch den PEM-Effekt erzeugte Spannung zwischen zwei beliebigen Punkten a und b (Abb. 11.15) auf der beleuchteten Oberfläche genauso groß wie zwischen zwei gleich weit entfernten Punkten a′ und b′ auf der Unterseite. Diesen Sachverhalt nutzt man bei der Messung der Spannung und legt die Meßsonden an der Rückseite der Probe an, so daß man das Auftreten eines Sperrschichtphotoeffekts am Metallsonde-Halbleiter-Kontakt ausschließt.

Im folgenden soll die Form der Äquipotentialflächen bestimmt werden. In jedem Punkt besteht das elektrische Feld $\boldsymbol{E}$ aus der konstanten Komponente E_x und dem Feld E_y, das durch ambipolare Diffusion entsteht (Dember-Effekt, siehe Abschnitt 11.2.). Daher ist das Gesamtfeld $\boldsymbol{E}$ im allgemeinen gegen die beleuchtete Fläche geneigt (Abb. 11.16a).

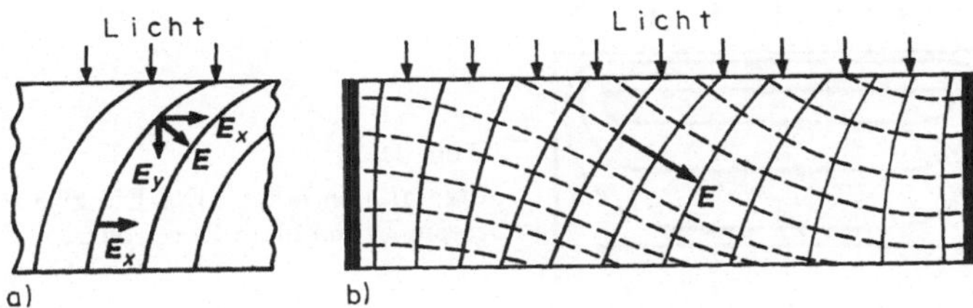

Abb. 11.16

Äquipotentialflächen in einer freien Probe beim PEM-Effekt a) ohne Elektroden, b) mit Metallelektroden. Die elektrischen Feldlinien sind gestrichelt eingezeichnet.

Infolge der Rekombination von Elektronen und Löchern verkleinert sich E_y jedoch mit wachsendem y, so daß das Feld $\boldsymbol{E}$ in einem Abstand von einigen Diffusionslängen von der Oberfläche parallel zu dieser verläuft. Konstruiert man daraus die zu $\boldsymbol{E}$ orthogonalen Äquipotentialflächen, erhält man Abb. 11.16a.

Ein solcher Verlauf der Äquipotentialflächen ergibt sich natürlich nur, falls sich auf den Begrenzungsflächen der Probe keine Metallelektroden befinden. Sind solche Metallelektroden vorhanden, ändert sich der Verlauf der Äquipotentialflächen in deren Nähe, da die Elektrodenoberfläche natürlich eine Äquipotentialfläche sein muß. So erhalten wir das etwas kompliziertere Bild in Abb. 11.16b, in dem auch die elektrischen Feldlinien eingezeichnet sind. Die deformierende Wirkung der Elektroden muß bei Messungen des PEM-Effekts berücksichtigt werden. Dazu ist es notwendig, die Meßsonden in hinreichender Entfernung von den Elektroden anzubringen.

Wir wenden uns jetzt der Stromverteilung zu. Für eine unendlich lange Probe ist der Gesamtstrom in y-Richtung in jedem Punkt gleich Null:

$$j_y = j_{py} + j_{ny} = 0. \tag{7.2}$$

Sind die Probenenden kurzgeschlossen, ist $E_x = 0$, so daß kein Driftstrom existiert. Die Stromdichte rührt dann ausschließlich von der Diffusion im Magnetfeld her und ist

$$j_x^k(y) = j_{px}(y) + j_{nx}(y). \tag{7.3}$$

Sind die Enden der Probe nicht leitend verbunden, überlagert sich diesem Strom noch der Driftstrom, und die Stromdichte wird

$$j_x(y) = \sigma E_x + j_x^k(y), \tag{7.4}$$

worin σ die spezifische Leitfähigkeit ist. Dabei sind Driftstrom und Diffusionsstrom einander entgegengerichtet (siehe Abb. 11.15). Da die Komponente E_x nicht von y abhängt und j_x^k bei wachsendem y fällt, überwiegt nahe der belichteten Fläche des Plättchens der Diffusionsstrom, im Kristallinnern jedoch ein Driftstrom, der diesem entgegengerichtet ist. Infolgedessen entstehen im Kristall geschlossene Stromlinien. Diese sind für einen Kristall endlicher Länge, dessen Enden nicht leitend verbunden sind, in Abb. 11.17 dargestellt. Das Plättchen zeigt dabei ein bestimmtes magnetisches Moment, das auch experimentell beobachtet werden kann.

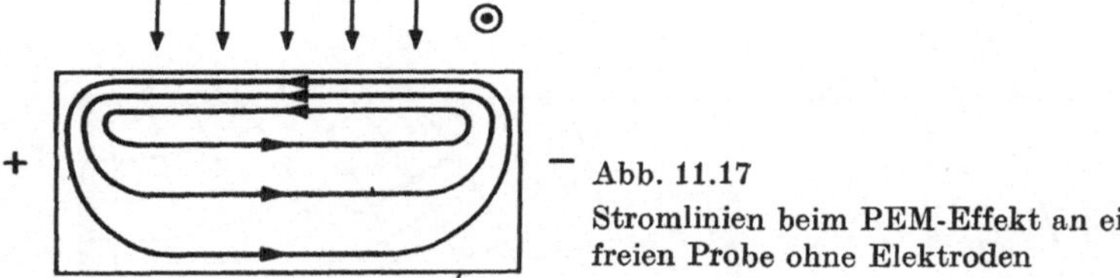

Abb. 11.17
Stromlinien beim PEM-Effekt an einer freien Probe ohne Elektroden

Es soll jetzt die Größe des PEM-Effekts bestimmt werden. Man kann dazu eine Probe im offenen Stromkreis betrachten und die Hall-Spannung berechnen. Es zeigt sich jedoch, daß es einfacher ist, den Kurzschlußstrom i^k, der durch den gesamten Leiterquerschnitt fließt, zu berechnen. Diese beiden Größen sind wie bei jeder Spannungsquelle durch die Beziehung

$$V_0 = i^k R \tag{7.5}$$

verknüpft, wobei R der Gesamtwiderstand des Plättchens ist, so daß aus i^k auch V_0 bestimmt werden kann.

Aus dem oben Gesagten folgt (s. Abb. 11.15), daß

$$j^k = j_p \sin \varphi_p + j_n \sin \varphi_n$$

ist. Aus Gl. (7.2) folgt

$$j_y = j_p \cos \varphi_p - j_n \cos \varphi_n = 0.$$

Setzt man j_n aus der zweiten Gleichung in die erste ein, so findet man

$$j^k = j_p \cos \varphi_p \cdot \Theta = j_{py} \Theta, \tag{7.6}$$

worin abkürzend

$$\Theta = \Theta_p + \Theta_n = \tan \varphi_r + \tan \varphi_n \tag{7.7}$$

gesetzt wurde. Die Kurzschlußstromstärke pro 1 cm Probenlänge ist dann

$$i^{\mathrm{k}} = \int_0^d j^{\mathrm{k}}(y)\,\mathrm{d}y = \Theta \int_0^d j_{\mathrm{p}y}(y)\,\mathrm{d}y, \tag{7.8}$$

worin d die Dicke des Plättchens bezeichnet. Damit ist das Problem auf das der Berechnung der Normalkomponente $j_{\mathrm{p}y}(y)$ der Diffusionsstromdichte zurückgeführt.

Die Rechnung vereinfacht sich wesentlich unter folgenden Bedingungen:

1. kein merklicher Löcherüberschuß, so daß $\delta p = \delta n$ gilt,
2. kleine Lichtintensitäten — dann sind der Diffusionskoeffizient D und die Lebensdauer τ unabhängig von y;
3. schwaches Magnetfeld — $\Theta \ll 1$.

Dann kann man voraussetzen, daß sich die Diffusionslänge L im Magnetfeld nicht wesentlich ändert. Außerdem kann man den Einfluß des Magnetowiderstands vernachlässigen und (bei schwacher Belichtung) voraussetzen, daß $\sigma(B) \simeq \sigma_0$ ist, worin σ_0 die Leitfähigkeit ohne Belichtung und ohne Magnetfeld ist. Schließlich sei

4. das Plättchen nicht besonders dünn ($d/L \ll 2\cdots3$), so daß $\delta p(d) \ll \delta p(0)$ gilt. Dann haben wir

$$j_{\mathrm{p}y} = -eD\,\frac{\mathrm{d}p}{\mathrm{d}y}, \qquad i^{\mathrm{k}} = -eD\Theta \int_0^d \frac{\mathrm{d}p}{\mathrm{d}y}\,\mathrm{d}y = eD\Theta\delta p(0).$$

Unter den obigen Voraussetzungen folgt für $\delta p(0)$ nach Gl. (10.6.9)

$$\delta p(0) = \frac{L}{D}\,\frac{g_{\mathrm{s}}}{1+S}.$$

Daher erhält man schließlich für i^{k}

$$i^{\mathrm{k}} = eL\,\frac{g_{\mathrm{s}}}{1+S}\,\Theta = eL\,\frac{g_{\mathrm{s}}}{1+S}\,\frac{1}{c}\,(\mu_{\mathrm{pH}} + \mu_{\mathrm{nH}})\,B. \tag{7.9}$$

In schwachen Magnetfeldern ist der Kurzschlußstrom also der magnetischen Induktion B proportional.

Zur Abschätzung der Größe des Effektes betrachten wir wie in den vorausgegangenen Beispielen reines Germanium bei 300 K. Es gilt dann $\mu_{\mathrm{nH}} \simeq 4 \cdot 10^3\ \mathrm{cm^2/V \cdot s} = 12 \cdot 10^5$ CGS-Einh., $\mu_{\mathrm{pH}} \simeq 6 \cdot 10^5$ CGS-Einh., so daß bei $B = 0{,}1$ T $\Theta \simeq 6 \times 10^{-2}$ wird. Bei dieser Feldstärke ist $\Theta \ll 1$, Gl. (7.9) also anwendbar. Setzt man ferner $g_{\mathrm{s}} \sim 10^{17}\ \mathrm{cm^{-2}\,s^{-1}}$, $L \sim 0{,}1$ cm (das entspricht den Werten für reines Germanium bei Zimmertemperatur) und $S \ll 1$, so findet man nach Gl. (7.9) $i^{\mathrm{k}} \sim 10^{-4} \times$ A/cm. Ist die Probenlänge 1 cm und deren Dicke 0,1 cm, so hat deren Widerstand (auch pro 1 cm Probenbreite) die Größenordnung $10^2\cdots10^3\ \Omega \cdot \mathrm{cm}$. Daher ist die Spannung zwischen dem Ende des Plättchens im offenen Kreis gleich $V_0 = i^{\mathrm{k}}R \sim 10$ bis 100 mV.

Den PEM-Effekt nutzt man in empfindlichen Infrarotempfängern. Er findet auch breite Anwendung bei der Messung der Lebensdauer von Nichtgleichgewichtsträgern. Kennt man nämlich die Oberflächen-Generationsrate g_s (d. h. die Intensität des aktiven Anteils des Lichts) und die Oberflächenrekombinationsrate S, so kann durch die Messung des Kurzschlußstroms i^k nach Gl. (7.9) die Diffusionslänge L $(= \sqrt{D\tau})$ und damit auch τ bestimmt werden.

Praktisch ist es jedoch wesentlich einfacher, gleichzeitig den PEM-Effekt und die Photoleitfähigkeit zu messen, da man so den Einfluß der Oberflächenrekombination ausschließen kann und keine Messung der Lichtintensität benötigt. Dazu wird die Methode der Kompensation von PEM-Effekt und Photoleitung benutzt, bei der eine kleine Gleichspannung an die Probe gelegt wird. Dann tritt in der Probe neben dem Kurzschlußstrom i^k_{PEM} des PEM-Effekts noch ein Photostrom nach Gl. (10.6.10) auf:

$$i_{\mathrm{PC}} = e(\mu_{\mathrm{p}} + \mu_{\mathrm{n}}) \frac{g_s \tau}{1 + S} \frac{u}{l}. \tag{7.10}$$

Dabei wurde die Probenbreite zu 1 cm angenommen und die Feldstärke E gleich u/l gesetzt (mit l als der Probenlänge). Betrag und Vorzeichen der Spannung u werden so gewählt, daß der resultierende Strom verschwindet, was der Bedingung $i^k_{\mathrm{PEM}} = i_{\mathrm{PC}}$ entspricht. Setzt man die Ausdrücke (7.9) und (7.10) gleich, erhält man

$$L = \frac{1}{c} D \frac{\mu_{\mathrm{pH}} + \mu_{\mathrm{nH}}}{\mu_{\mathrm{p}} + \mu_{\mathrm{n}}} B \frac{l}{u}. \tag{7.11}$$

Hier sind die Generationsrate g_s und die Oberflächenrekombinationsrate S eliminiert.

Den PEM-Effekt nutzt man auch mit Erfolg zur Messung der Oberflächenrekombinationsgeschwindigkeit. Ist die Diffusionslänge für das Kristallinnere bekannt, so läßt sich S aus Gl. (7.9) bestimmen. Natürlich muß dazu der Einfluß der Oberflächenrekombination hinreichend groß sein, d. h., es muß $S \gtrsim 1$ gelten. Zur Messung der Oberflächenrekombinationsrate benutzt man jedoch am besten dünne Plättchen (mit $d/L < 1$). Dann erhält man anstelle von Gl. (7.9) eine andere Beziehung, mit der wir uns hier aber nicht aufhalten wollen.

2. In der oben durchgeführten Rechnung setzten wir voraus, daß das Magnetfeld schwach ist und die Diffusionslänge L und der Diffusionskoeffizient D durch das Einschalten des Magnetfelds nicht verändert werden. Kann man das Magnetfeld nicht als schwach annehmen, so hat man bei der Berechnung des Kurzschlußstroms i^k das Problem der Diffusion im Magnetfeld zu lösen. Im Anhang 7. wird für größere Hall-Winkel ($\Theta \gtrsim 1$) und unterschiedliche Lebensdauern ($\tau_{\mathrm{p}} \neq \tau_{\mathrm{n}}$), jedoch bei nach wie vor kleinen Lichtintensitäten gezeigt, daß Gl. (7.9) auch in diesem Fall gültig bleibt, wenn L darin durch die Diffusionslänge L^* im Magnetfeld ersetzt wird und D durch den Diffusionskoeffizienten D^* im Magnetfeld. Dabei ist

$$L^* = \sqrt{D^* \tau_{\mathrm{PEM}}} \tag{7.12}$$

mit τ_{PEM} als „mittlerer" Lebensdauer:

$$\tau_{\mathrm{PEM}} = \frac{\tau_{\mathrm{p}} n_0 + \tau_{\mathrm{n}} p_0}{n_0 + p_0}. \tag{7.13}$$

n_0 und p_0 sind hierbei die Gleichgewichtskonzentrationen von Elektronen bzw. Löchern. Diese Zeit τ_{PEM} wird als „Lebensdauer des PEM-Effekts" bezeichnet. Aus

Gl. (7.13) ist ersichtlich, daß sie für einen dotierten Halbleiter praktisch mit der Lebensdauer der Minoritätsträger zusammenfällt. Der Diffusionskoeffizient D^* im Magnetfeld ist dann

$$D^* = D \frac{bn_0 + p_0}{bn_0(1 + \Theta_p^2) + p_0(1 + \Theta_n^2)}. \tag{7.14}$$

Hier bedeutet

$$D = \frac{n_0 + p_0}{\dfrac{n_0}{D_p} + \dfrac{p_0}{D_n}}$$

den ambipolaren Diffusionskoeffizienten ohne Magnetfeld und $b = \mu_n/\mu_p$. Bei der Herleitung dieser Gleichung wurde $\mu_{pH} = \mu_p$, $\mu_{nH} = \mu_n$ vorausgesetzt, was jedoch keinen großen Fehler mit sich bringt.

Außerdem wurde angenommen, daß der Halbleiter nicht entartet ist, und die Einstein-Relation wurde in der Form $\mu_n/\mu_p = D_n/D_p$ benutzt. In schwachen Feldern (d. h. für $\Theta_n^2, \Theta_p^2 \ll 1$) geht D^* in den gewöhnlichen ambipolaren Diffusionskoeffizienten über.

In starken Magnetfeldern geht mithin der lineare Zusammenhang zwischen i^k und B verloren. Dabei unterscheidet sich die Magnetfeldabhängigkeit des Kurzschlußstroms $i^k(B)$ für kleine und große Oberflächenrekombinationsraten. Aus Gl. (7.9) folgt, daß für $S \ll 1$, $i^k \sim LB$ gilt. Demgegenüber folgt aus den Gleichungen (7.12) und (7.14), daß im starken Magnetfeld ($\Theta \gg 1$) $D^* \sim 1/B^2$ und folglich $L^* \sim 1/B$ ist. Der Kurzschlußstrom i^k hört dann auf, von B abzuhängen, und erreicht einen Sättigungswert. In dem anderen Grenzfall $S \gg 1$ ist $i^k \sim D^*B$ und geht für starke Felder wie $1/B$ gegen Null. Infolgedessen wächst i^k bei allmählich wachsendem Magnetfeld anfangs linear an, erreicht dann ein Maximum und fällt wieder ab. Beide Tendenzen werden im Experiment auch beobachtet.

Hat man keine dicke Probe (ist also $d/L^* \lesssim 1$), trifft schon die oben benutzte Beziehung $\delta p(d) \ll \delta p(0)$ nicht mehr zu, und die oben erhaltenen Gleichungen werden ungültig. Eine ausführliche Rechnung für den PEM-Effekt an einer Probe beliebiger Dicke (für kleine und große Lichtintensitäten) im schwachen Magnetfeld findet man in der Arbeit [5].

3. Oben wurde vorausgesetzt, daß das Licht stark absorbiert wird (d. h. nur Oberflächengeneration vorliegt) und daß die magnetische Induktion senkrecht zur Ausbreitungsrichtung des Lichtes liegt. Bei Bestrahlung mit Licht, für das das Material durchsichtig ist, ändern sich die Diffusionsströme von Elektronen und Löchern und

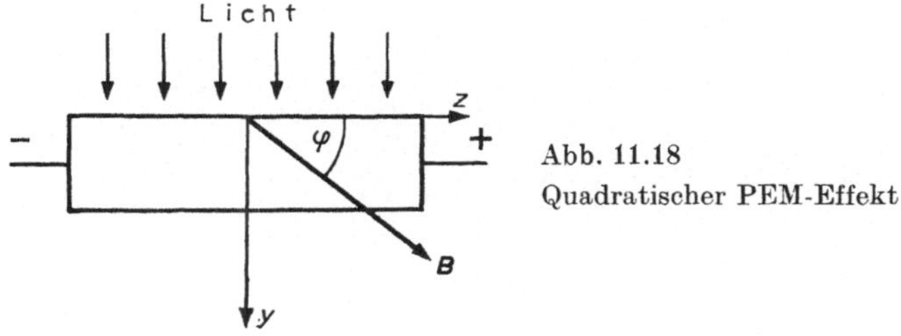

Abb. 11.18
Quadratischer PEM-Effekt

damit die Größe des PEM-Effekts. Die EMK verringert sich dann meist und kann dabei sogar ihr Vorzeichen wechseln. Letzteres geschieht dann, wenn die Oberflächenrekombinationsrate an der Rückseite die an der Vorderseite übersteigt. Dann ist die Konzentration der Photoleitfähigkeitsträger an der Rückseite größer als vorn, und die Diffusionsströme sind der Lichtausbreitungsrichtung entgegengesetzt.

Liegt der Vektor $\boldsymbol{B}$ nicht senkrecht zur Lichtausbreitungsrichtung, entsteht neben dem oben betrachteten linearen PEM-Effekt (der für schwache Magnetfelder B proportional ist) noch ein quadratischer Effekt, der B^2 proportional ist. Qualitativ läßt sich der quadratische PEM-Effekt wie folgt erklären:

Es sei vorausgesetzt, daß die y-Achse senkrecht auf der beleuchteten Oberfläche steht, $\boldsymbol{B}$ in der yz-Ebene liegt und mit der z-Achse den Winkel φ bildet (Abb. 11.18). Dann verursacht die z-Komponente $B \cos \varphi$ den üblichen linearen Effekt, dessen Kurzschlußstrom i^k (in schwachen Magnetfeldern) proportional $B \cos \varphi$ ist und der in x-Richtung fließt. Auf diesen Strom wirkt jetzt jedoch die y-Komponente $B \sin \varphi$ der Induktion, die diesen in der xz-Ebene ablenkt. Daher entsteht eine Komponente i_z^k des Kurzschlußstroms in z-Richtung, die proportional $B \cos \varphi B \sin \varphi \sim B^2 \sin 2\varphi$ ist — oder es tritt an der Probe im offenen Kreis eine entsprechende Hall-Spannung auf. Diese Abhängigkeit beobachtet man näherungweise auch im Experiment.

12. Gitterschwingungen

12.1. Kleine Schwingungen

Wir behandeln im folgenden das Problem kleiner Schwingungen der Atome des Kristallgitters um ihre Gleichgewichtslage. Dazu betrachten wir einen Kristall mit r Atomen in der Elementarzelle. Die Gleichgewichtslage eines jeden Gitteratoms läßt sich dann mit Hilfe zweier Größen, der Nummer des Atoms innerhalb der Elementarzelle und der Lage der Elementarzelle im Kristall, eindeutig angeben. Die Nummer des Atoms in der Elementarzelle wird im folgenden mit h $(1 \leqq h \leqq r)$ bezeichnet. Die Lage einer Elementarzelle innerhalb des Kristalls wird mit Hilfe des Ortsvektors $\boldsymbol{\varrho}$ eines beliebig, aber fest gewählten Punktes aus ihrem Inneren, z. B. ihres Zentrums oder eines ihrer Atome, bestimmt. Eine dieser Zellen möge als Ursprung gewählt werden, wobei die Koordinatenachsen parallel zu den Hauptachsenrichtungen des Kristalls gelegt seien. Dann sind die Komponenten des Ortsvektors einer beliebigen Elementarzelle ganzzahlige Vielfache der entsprechenden Komponenten des Gittervektors $\boldsymbol{a}$:

$$\boldsymbol{\varrho} = \{g_x a_x, g_y a_y, g_z a_z\}. \tag{1.1}$$

Darin sind die g_x, g_y, g_z ganzzahlig (oder Null); man kann sie als Komponenten eines Vektors $\boldsymbol{g}$ ansehen. Als Grundgebiet[1]) des Kristalls wählen wir einen Würfel, dessen Kanten von $G_x = L/a_x$, $G_y = L/a_y$ bzw. $G_z = L/a_z$ aneinanderliegenden Elementarzellen gebildet werden (so daß deren Gesamtzahl $G_x G_y G_z = G$ wird). Dann ist

$$0 \leqq g_\alpha \leqq G_\alpha, \qquad \alpha = x, y, z. \tag{1.2}$$

(Strenggenommen müßte auf der rechten Seite der Ungleichung $G_\alpha - 1$ stehen, aber gegen eine Zahl von der ungeheuren Größe wie G_α kann man die Eins getrost vernachlässigen.) Der Kürze halber werde die Gesamtheit der Zahlen h, g_x, g_y, g_z durch einen Index a bezeichnet:

$$a = \{h, g_x, g_y, g_z\}. \tag{1.3}$$

Es sei $\boldsymbol{R}_a$ nun der Ortsvektor des a-ten Atoms, M_a dessen Masse. Die kinetische Energie des Gitters wird dann

$$T = \frac{1}{2} \sum_a M_a \dot{\boldsymbol{R}}_a^2 \tag{1.4}$$

mit $\dot{\boldsymbol{R}}_a = \mathrm{d}\boldsymbol{R}_a/\mathrm{d}t$.

[1]) Wie im Kapitel 3. ist das Grundgebiet definiert als hinreichend großer Bereich des Kristalls, an dessen Grenzflächen die physikalischen Randbedingungen identisch sind. Daß man ein solches Grundgebiet überhaupt einführen kann, hängt damit zusammen, daß wir uns nicht für Oberflächeneigenschaften des Kristalls interessieren, so daß dieser als hinreichend groß angenommen ist.

Die potentielle Energie V des Gitters ist eine Funktion sämtlicher Veränderlicher $\boldsymbol{R}_a$. Ihre explizite Gestalt bei beliebiger Lage der Atome kann sehr kompliziert sein. Für unsere Zwecke ist es jedoch ausreichend, davon auszugehen, daß die Atome nur kleine Schwingungen um ihre Gleichgewichtslage herum ausführen (wobei deren Koordinaten im folgenden durch $\boldsymbol{R}_a^{(0)}$ bezeichnet werden). Daher ist für die Funktion V eine Taylor-Reihenentwicklung nach Potenzen der Auslenkungen aus der Gleichgewichtslage möglich. Die Differenz $\boldsymbol{R}_a - \boldsymbol{R}_a^{(0)}$ wird im folgenden Verschiebungsvektor des a-ten Atoms genannt und mit $\boldsymbol{Q}_a$ bezeichnet:

$$\boldsymbol{Q}_a = \boldsymbol{R}_a - \boldsymbol{R}_a^{(0)}. \tag{1.5}$$

Der Kürze halber bezeichnen wir die Gesamtheit aller $\boldsymbol{R}_a$ (bzw. $\boldsymbol{R}_a^{(0)}$) mit R (bzw. R^0). Es sei daran erinnert, daß die potentielle Energie V bei $R = R^0$ ein Minimum hat, das per definitionem den stabilen Gleichgewichtslagen entspricht. Wir erhalten

$$V(R) = V(R^0) + \frac{1}{2} \sum_{a,a'} \Gamma_{aa'}^{\alpha\alpha'} Q_{a,\alpha} Q_{a',\alpha'} + \cdots. \tag{1.6}$$

Mit den Punkten sind die höheren Terme der Entwicklung nach Komponenten der Verschiebungsvektoren angedeutet. Der Term $V(R^0)$ — die potentielle Energie in der Gleichgewichtskonfiguration — ist im Rahmen unserer Probleme hier nur eine additive Konstante. Sie kann im allgemeinen eliminiert werden, indem der Nullpunkt der Energieskale geeignet gewählt wird. Die Koeffizienten $\Gamma_{aa'}^{\alpha\alpha'}$ sind die zweiten Ableitungen der potentiellen Energie nach den Komponenten der Verschiebungsvektoren, genommen an der Stelle des Minimums von V:

$$\Gamma_{aa'}^{\alpha\alpha'} = \left. \frac{\partial^2 V}{\partial R_{a,\alpha}\, \partial R_{a',\alpha'}} \right|_{R=R^0}. \tag{1.7}$$

Offensichtlich sind sie symmetrisch bezüglich der gestrichenen und der ungestrichenen Indizes:

$$\Gamma_{aa'}^{\alpha\alpha'} = \Gamma_{a'a}^{\alpha'\alpha}. \tag{1.7'}$$

Eine solche Vertauschung bedeutet nur eine Änderung der Reihenfolge beim Differenzieren und hat keinen Einfluß auf das Ergebnis. Aus der Minimumbedingung für die potentielle Energie bei $R = R^0$ folgt, daß die Größen (1.7) für $\alpha = \alpha'$, $a = a'$ positiv sind:

$$\Gamma_{aa}^{\alpha\alpha} > 0. \tag{1.7''}$$

Schließlich sei noch eine für das Weitere wichtige Eigenschaft der Koeffizienten $\Gamma_{aa'}^{\alpha\alpha'}$ festgehalten, die daraus folgt, daß alle Elementarzellen innerhalb des Grundgebietes physikalisch äquivalent sind. Daraus folgt nämlich, daß die Wechselwirkungsenergie zwischen den Atomen nur von ihrer Lage innerhalb der Elementarzelle und von deren relativem Abstand abhängen kann, nicht aber von den Nummern der Elementarzellen selbst:

$$\Gamma_{aa'}^{\alpha\alpha'} = \Gamma_{hh'}^{\alpha\alpha'}(\boldsymbol{g} - \boldsymbol{g}'). \tag{1.8}$$

Prinzipiell ließen sich die Werte der $\Gamma_{hh'}^{\alpha\alpha'}$ berechnen, wenn die Wechselwirkungskräfte zwischen den Atomen bekannt wären. Das erfordert jedoch sehr umfangreiche Berechnungen. Bei einer Reihe von Problemen (speziell beim Problem der Elektronenstreuung) genügt es, die $\Gamma_{hh'}^{\alpha\alpha'}$ einfach als bekannte Parameter anzusehen, durch die das Gitter charakterisiert ist. Kombinationen dieser Parameter, die in die Endresultate (z. B. die Schallgeschwindigkeit) eingehen, kann man dann direkt aus dem Experiment bestimmen.

Die Gesamtenergie eines Systems von Atomen, die kleine Schwingungen um die periodisch angeordneten Gleichgewichtslagen vollführen, ist durch die Summe der Ausdrücke (1.4) und (1.6) gegeben. Nach Fortlassen der additiven Konstante $V(R^0)$ hat man

$$H = \frac{1}{2} \sum_a M_a \dot{Q}_a^2 + \frac{1}{2} \sum_{a,a'} \Gamma_{hh'}^{\alpha\alpha'}(g - g')\, Q_{a,\alpha} Q_{a',\alpha'}. \tag{1.9}$$

Beim Übergang zur quantenmechanischen Betrachtung sind die Verschiebungsvektoren Q_a und deren kanonisch konjugierte Impulse $M_a \dot{Q}_a$ durch die entsprechenden Operatoren zu ersetzen. Wir werden das etwas später tun, nachdem wir den Ausdruck (1.9) zuerst in eine geeignetere Form gebracht haben.

12.2. Normalkoordinaten

Der Ausdruck (1.9) stellt die Energie eines Systems gekoppelter Oszillatoren dar, deren Koordinaten durch Q_a gegeben sind. Die Kopplung wird dabei durch das Auftreten der „gemischten" Summanden $\Gamma_{hh'}^{\alpha\alpha'} Q_{a,\alpha} Q_{a',\alpha'}$ mit $a' \neq a$, $\alpha' \neq \alpha$ im Ausdruck (1.9) verursacht. Infolgedessen tritt ein beständiger Austausch von Energie zwischen den Oszillatoren auf. Die Energie eines jeden einzelnen ist folglich kein Integral der Bewegung. Dementsprechend ist die Zeitabhängigkeit der Q_a nirgends die einer einfachen harmonischen Schwingung, sondern erweist sich als bedeutend komplizierter.

Tatsächlich gelingt es, anstelle der Q_a solche neuen Koordinaten einzuführen, daß die Energie, wenn sie in diesen Koordinaten geschrieben wird, keine gemischten Terme mehr enthält. Diese Koordinaten heißen Normalkoordinaten. Per definitionem ist die Energie des Systems als Funktion dieser Koordinaten und der entsprechenden Geschwindigkeiten (bzw. Impulse) die Summe der Energien voneinander unabhängiger harmonischer Oszillatoren. Demzufolge sind die Normalkoordinaten einfache harmonische Funktionen der Zeit (und zwar mit der jeweiligen Eigenfrequenz). Die Schwingungen, die von Normalkoordinaten vollführt werden, heißen Normalschwingungen.

Die Bestimmung der Normalkoordinaten und der Eigenfrequenzen, mit denen sie schwingen, stellt offensichtlich nichts anderes dar als die Aufgabe, die quadratische Form (1.9) in eine Summe von Quadraten zu transformieren. Wie aus der linearen Algebra bekannt ist, hat man dazu eine lineare Transformation der Variablen auszuführen, das heißt in unserem Fall, die Verschiebungsvektoren Q_a der einzelnen Atome als Linearkombination neuer verallgemeinerter Koordinaten darzustellen. Die Form dieser Linearkombinationen kann man bereits weitgehend bestimmen, wenn man die physikalische Äquivalenz aller Elementarzellen innerhalb des Grundgebiets des Kristalls berücksichtigt. Wegen dieser Äquivalenz ist nämlich zu erwarten, daß die Amplituden der Verschiebungsvektoren von einander entsprechenden Atomen in verschiedenen Elementarzellen übereinstimmen und daß sich beim Übergang von einer Elementarzelle zur anderen nur die Phase der Schwingung ändert. Aus diesem Grunde machen wir für die Verschiebungsvektoren den Ansatz

$$\boldsymbol{Q}_a(t) = \frac{1}{\sqrt{G}} \sum_{\boldsymbol{q},s} \{\boldsymbol{\zeta}_h(\boldsymbol{q}, s)\, \eta(\boldsymbol{q}, s, t)\, e^{i\boldsymbol{q}\boldsymbol{\rho}}\}. \tag{2.1}$$

Der Faktor $G^{-1/2}$ ist hier mit Rücksicht auf das Folgende eingeführt worden; $\boldsymbol{q}$ ist ein Vektor, der die Phasenänderung beim Übergang von einer Elementarzelle zur anderen beschreibt; $\boldsymbol{\rho}$ ist der Vektor (1.1); die komplexen Größen $\eta(\boldsymbol{q}, s, t)$ spielen die Rolle neuer verallgemeinerter (zeitabhängiger) Koordinaten, und die $\boldsymbol{\zeta}_h(\boldsymbol{q}, s)$ bedeuten Vektoren, die so zu wählen sind, daß nach dem Einsetzen von (2.1) in (1.9) keine „gemischten" Terme mehr auftreten. Der Index s numeriert die verschiedenen Typen von Normalschwingungen mit gleichem Vektor $\boldsymbol{q}$. Die Notwendigkeit, diesen Index einzuführen, geht aus den folgenden Überlegungen hervor.

Da die verallgemeinerten Koordinaten per definitionem harmonisch von der Zeit abhängen müssen, ist der Ausdruck (2.1) eine Summe von Wellen. Die Ausbreitungsrichtung jeder dieser Wellen ist durch den Vektor $\boldsymbol{q}$ gegeben, die Schwingungsrichtung des h-ten Atoms durch den Vektor $\boldsymbol{\zeta}_h$. Abhängig vom Winkel zwischen diesen Vektoren hat man verschiedene Wellentypen mit der gleichen Wellenlänge, z. B. longitudinale und transversale. Zu ihrer Unterscheidung dient der Index s.[1]) Der Vektor $\boldsymbol{q}$ heißt Quasi-Wellenvektor. Diese Bezeichnung rührt von der offensichtlichen Analogie zwischen dem Ausdruck (2.7) und dem eines Wellenpakets in einem Kontinuum her. Im folgenden Abschnitt werden wir jedoch sehen, daß diese Analogie keine vollständige ist (wie auch im Fall eines Elektrons in einem Kristallgitter, s. Abschnitt 3.2.), weswegen hier auch nicht der Begriff „Wellenvektor" benutzt wird.

Die möglichen Werte der Komponenten von $\boldsymbol{q}$ bestimmen sich aus den Randbedingungen, denen die Verschiebungsvektoren genügen müssen. Wie im Kapitel 3. ist es dabei zweckmäßig, ein System innerhalb des Grundgebiets V zu betrachten und die Periodizität an dessen Rändern zu fordern. Dann ergeben sich die Komponenten von $\boldsymbol{q}$ aus Gleichungen von der Form (3.3.10), in denen

$$L_\alpha = G_\alpha a_\alpha, \qquad \alpha = x, y, z$$

zu setzen ist. Wir merken an, daß die Größen $\eta(\boldsymbol{q}, s, t)$ — die komplexen Normalkoordinaten — nicht unabhängig sind. Tatsächlich stehen auf der rechten Seite von Gl. (2.1) komplexe Zahlen, während die Komponenten des Verschiebungsvektors natürlich reell sein müssen. Das ist nur möglich, wenn die Gleichung

$$\boldsymbol{\zeta}_h(\boldsymbol{q}, s)\, \eta(\boldsymbol{q}, s, t) = \boldsymbol{\zeta}^*(-\boldsymbol{q}, s)\, \eta^*(-\boldsymbol{q}, s, t) \tag{2.2}$$

erfüllt ist. Nun ist der zur rechten Seite von (2.1) konjugiert komplexe Ausdruck

$$G^{-1/2} \sum_{\boldsymbol{q},s} \boldsymbol{\zeta}_h^*(\boldsymbol{q}, s)\, \eta^*(\boldsymbol{q}, s, t)\, e^{-i\boldsymbol{q}\boldsymbol{\rho}}.$$

Ersetzt man die Summationsindizes q_x, q_y, q_z durch $-q_x, -q_y, -q_z$, erhält man

$$G^{-1/2} \sum_{\boldsymbol{q},s} \boldsymbol{\zeta}^*(-\boldsymbol{q}, s)\, \eta^*(-\boldsymbol{q}, s, t)\, e^{i\boldsymbol{q}\boldsymbol{\rho}}.$$

Wegen (2.2) ist das aber gerade gleich dem rechten Teil von (2.1). Daher stimmt dieser Ausdruck mit dem dazu konjugiert komplexen überein, ist also reell.

---

[1]) In Kristallgittern mit mehr als einem Atom pro Elementarzelle gibt es noch andere Gründe, den Index s einzuführen (s. Abschnitt 12.3.).

Wir setzen jetzt den Ausdruck (2.1) in den rechten Teil von (1.9) ein. Berücksichtigt man (1.8), erhält man

$$H = T + V \tag{2.3}$$

mit

$$T = \frac{1}{2G} \sum_{\boldsymbol{q}\boldsymbol{q}'} \sum_{ss'} \sum_{h} M_h \zeta_{h\alpha}(\boldsymbol{q}, s)\, \zeta_{h\alpha}(\boldsymbol{q}', s')\, \dot{\eta}(\boldsymbol{q}, s, t)\, \dot{\eta}(\boldsymbol{q}', s', t') \sum_{\boldsymbol{g}} \mathrm{e}^{\mathrm{i}(\boldsymbol{q}+\boldsymbol{q}', \boldsymbol{\rho})}, \tag{2.4}$$

$$V = \frac{1}{2G} \sum_{\boldsymbol{q}\boldsymbol{q}'} \sum_{ss'} \sum_{hh'} \sum_{\boldsymbol{g}\boldsymbol{g}'} \Gamma_{hh'}^{\alpha\alpha'}(\boldsymbol{g} - \boldsymbol{g}')\, \zeta_{h\alpha}(\boldsymbol{q}, s)\, \zeta_{h'\alpha'}(\boldsymbol{q}', s') \times \eta(\boldsymbol{q}, s, t)\, \eta(\boldsymbol{q}', s', t)\, \mathrm{e}^{\mathrm{i}(\boldsymbol{q}\boldsymbol{\rho}+\boldsymbol{q}'\boldsymbol{\rho}')}. \tag{2.5}$$

Wie in Anhang 8. gezeigt wird, ist

$$\sum_{\boldsymbol{g}} \mathrm{e}^{\mathrm{i}(\boldsymbol{q}+\boldsymbol{q}', \boldsymbol{\rho})} = G\, \delta_{\boldsymbol{q}+\boldsymbol{q}', 0}, \tag{2.6}$$

worin $\delta_{\boldsymbol{q}+\boldsymbol{q}',0}$ das Kronecker-Symbol bedeutet, das gleich Eins ist für $\boldsymbol{q} + \boldsymbol{q}' = 0$ und gleich Null sonst.

Damit nimmt der Ausdruck (2.4) unter Berücksichtigung von Gl. (2.2) die Form

$$T = \frac{1}{2} \sum_{\boldsymbol{q}} \sum_{s,s'} \sum_{h} M_h \zeta_{h\alpha}(\boldsymbol{q}, s)\, \zeta_{h\alpha}^{*}(\boldsymbol{q}, s')\, \eta(\boldsymbol{q}, s, t)\, \eta^{*}(\boldsymbol{q}, s', t) \tag{2.4'}$$

an. Wir wenden uns jetzt der Berechnung der Summe über $\boldsymbol{g}$ und $\boldsymbol{g}'$ in Gl. (2.5) zu. Ersetzt man die Summationsindizes gemäß

$$\boldsymbol{g} - \boldsymbol{g}' = \boldsymbol{g}_1, \qquad \boldsymbol{g} + \boldsymbol{g}' = 2\boldsymbol{g}_2 \tag{2.7}$$

und

$$\boldsymbol{\varrho} - \boldsymbol{\varrho}' = \boldsymbol{\varrho}_1, \boldsymbol{\varrho} + \boldsymbol{\varrho}' = 2\boldsymbol{\varrho}_2,$$

so erhält man mit Gl. (2.6)

$$\sum_{\boldsymbol{g},\boldsymbol{g}'} \Gamma_{hh'}^{\alpha\alpha'}(\boldsymbol{g} - \boldsymbol{g}')\, \mathrm{e}^{\mathrm{i}(\boldsymbol{q}\boldsymbol{\rho}+\boldsymbol{q}'\boldsymbol{\rho}')} = \sum_{\boldsymbol{g}_1} \Gamma_{hh'}^{\alpha\alpha'}(\boldsymbol{g}_1)\, \mathrm{e}^{\mathrm{i}/2(\boldsymbol{q}-\boldsymbol{q}', \boldsymbol{\rho}_1)} \sum_{\boldsymbol{g}_2} \mathrm{e}^{\mathrm{i}(\boldsymbol{q}+\boldsymbol{q}', \boldsymbol{\rho}_2)} = G \sum_{\boldsymbol{g}_1} \Gamma_{hh'}^{\alpha\alpha'}(\boldsymbol{g}_1)\, \mathrm{e}^{\mathrm{i}\boldsymbol{q}\boldsymbol{\rho}_1}\, \delta_{\boldsymbol{q}+\boldsymbol{q}',0}. \tag{2.8}$$

Die Summationsgrenzen lassen sich leicht aus Gl. (2.7) und (1.2) ermitteln: Es ist $-G_x \leqq g_{1x} \leqq G_x$ usw. Führt man die Bezeichnung

$$\sum_{\boldsymbol{g}_1} \Gamma_{hh'}^{\alpha\alpha'}(\boldsymbol{g}_1)\, \mathrm{e}^{\mathrm{i}\boldsymbol{q}\boldsymbol{\rho}_1} = \Gamma_{hh'}^{\alpha\alpha'}(\boldsymbol{q}) \tag{2.9}$$

ein, so erhält man für den Ausdruck (2.5) unter Berücksichtigung von (2.2) und (2.8) die Form

$$V = \frac{1}{2} \sum_{s,s'} \sum_{hh'} \sum_{\boldsymbol{q}} \Gamma_{hh'}^{\alpha\alpha'}(\boldsymbol{q})\, \zeta_{h\alpha}(\boldsymbol{q}, s)\, \zeta_{h'\alpha'}^{*}(\boldsymbol{q}, s')\, \eta(\boldsymbol{q}, s, t)\, \eta^{*}(\boldsymbol{q}, s', t). \tag{2.5'}$$

Aus den Gleichungen (2.3), (2.4') und (2.5') ist zu ersehen, daß im Ausdruck für die Gesamtenergie keine „gemischten“ Terme mit verschiedenen $\boldsymbol{q}$ auftreten. Er enthält nur eine Summe von Termen, von denen jeder nur von einem bestimmten Vektor $\boldsymbol{q}$ abhängt. Das zeigt uns (s. Gl. (1.1)), daß die Abhängigkeit von $\boldsymbol{q}$ in der Linearkombination (2.1) richtig gewählt wurde und die Normalschwingungen tatsächlich durch den Quasi-Wellenvektor $\boldsymbol{q}$ charakterisiert werden können. Es bleibt noch zu fordern, daß in den Ausdrücken (2.4′) und (2.5′) die Summanden mit $s \neq s'$ Null sind. Man kann zeigen, daß diese Bedingung erfüllt ist, wenn die Größen $\zeta_{h\alpha}$ das Gleichungssystem

$$\sum_h \Gamma_{hh'}^{\alpha\alpha'}(\boldsymbol{q})\, \zeta_{h\alpha}(\boldsymbol{q}, s) = \omega_s^2(\boldsymbol{q})\, M_{h'} \zeta_{h'\alpha'}(\boldsymbol{q}, s) \tag{2.10}$$

erfüllen — worin die $\omega_s(\boldsymbol{q})$ gewisse Zahlen mit der Dimension einer Frequenz sind. (Aus dem Folgenden wird noch ersichtlich, daß sie nichts anderes als die Frequenzen der Normalschwingungen darstellen.) Im Anhang 9. wird gezeigt, daß aus dem Gleichungssystem (2.10) tatsächlich die Orthogonalitätsrelation

$$\sum_h M_h \zeta_{h\alpha}^*(\boldsymbol{q}, s)\, \zeta_{h\alpha}(\boldsymbol{q}, s') = 0 \qquad \text{für} \qquad s' \neq s \tag{2.11}$$

folgt. Aus den Beziehungen (2.10) und (2.11) ist sofort ersichtlich, daß die Summanden mit $s \neq s'$ sowohl in Gl. (2.4′) als auch in Gl. (2.5′) tatsächlich verschwinden. Zu erkennen ist auch die formale Bedeutung des Index s: Er numeriert die verschiedenen Lösungen des Gleichungssystems (2.10) zu gegebenem Wellenvektor $\boldsymbol{q}$.

Wir erwähnen noch einige wichtige Eigenschaften des Gleichungssystems (2.10). Zunächst folgt aus der Symmetrierelation (1.7′) und der Definition (2.9) die Gleichung

$$\Gamma_{hh'}^{\alpha\alpha'}(\boldsymbol{q}) = [\Gamma_{h'h}^{\alpha'\alpha}(-\boldsymbol{q})]^*. \tag{2.12}$$

Also geht die Koeffizientenmatrix in (2.10) in sich selbst über, wenn man in dieser $\boldsymbol{q}$ durch $-\boldsymbol{q}$ ersetzt und zu der komplex konjugierten, bezüglich beider Indexpaare transponierten Matrix übergeht. Offensichtlich gilt das auch für die Determinante dieser Matrix und deren Unterdeterminanten, wobei diese beiden Größen bekanntlich durch das Vertauschen von Zeilen und Spalten nicht geändert werden. Daher gilt für die Größen $\omega_s(\boldsymbol{q})$ und für die Eigenvektoren $\boldsymbol{\zeta}(\boldsymbol{q}, s)$, die beide durch diese Determinanten ausgedrückt werden,

$$\boldsymbol{\zeta}(\boldsymbol{q}, s) = \boldsymbol{\zeta}^*(-\boldsymbol{q}, s), \quad \omega_s^2(\boldsymbol{q}) = [\omega_s^2(-\boldsymbol{q})]^*. \tag{2.13}$$

Man kann noch eine weitere Eigenschaft der Koeffizienten $\Gamma_{hh'}^{\alpha\alpha'}(\boldsymbol{q})$ gewinnen, wenn man berücksichtigt, daß die potentielle Energie des Kristalls ebenso wie ihre Ableitungen nach den Verschiebungen invariant sein muß gegen eine Translation des Gitters als Ganzes. Tatsächlich werden bei einer solchen Verschiebung die Abstände zwischen den Atomen nicht verändert, so daß sich auch die Wechselwirkungskräfte zwischen ihnen nicht ändern können. Andererseits kann man formal die Änderung der potentiellen Energie sowie ihrer Ableitungen bei einer solchen Verschiebung berechnen, indem man alle Atome um den konstanten Vektor $\boldsymbol{Q}_0$ verschoben denkt. Wenn man dann fordert, daß die Änderung der potentiellen Energie gleich Null ist, erhält man eine weitere Beziehung zwischen den Koeffizienten $\Gamma_{hh'}^{\alpha\alpha'}(\boldsymbol{q})$.

Es ist zweckmäßig, dazu die erste Ableitung der potentiellen Energie nach einer Komponente des Verschiebungsvektors zu betrachten (die Tatsache, daß diese im Gleichgewicht verschwindet, spielt dabei keine Rolle). Offensichtlich ist deren Änderung bei einer Verschiebung $\boldsymbol{Q}_0$

$$\frac{\partial V}{\partial Q_\alpha(\varrho, h)} - \frac{\partial V}{\partial Q_\alpha(\varrho, h)}\bigg|_0 = \sum_{h'=1}^{r} \sum_{\varrho'} \frac{\partial^2 V}{\partial Q_\alpha(\varrho, h)\, \partial Q_{\alpha'}(\varrho', h')}\bigg|_0 Q_{0,\alpha} + \cdots. \tag{2.14}$$

Der Index „0“ bedeutet, daß die entsprechende Größe bei $\boldsymbol{Q}_0 = 0$ zu nehmen ist, und durch die Punkte sind die Terme höherer Ordnung in den Komponenten von $\boldsymbol{Q}_0$ angedeutet. Diese können stets fortgelassen werden, wenn man $|\boldsymbol{Q}_0|$ nur als hinreichend klein annimmt. Mit der Definition der $\Gamma_{hh'}^{\alpha\alpha'}$ (siehe Gl. (1.7)) erhält man aus (2.14)

$$\sum_{h'=1}^{r} \sum_{\boldsymbol{g}'} \Gamma_{hh'}^{\alpha\alpha'}(\boldsymbol{g} - \boldsymbol{g}')\, Q_{0,\alpha'} \equiv 0. \tag{2.15}$$

Die Summation über $\boldsymbol{g}'$ läßt sich offensichtlich durch eine über die Differenz $\boldsymbol{g} - \boldsymbol{g}' = \boldsymbol{g}''$ ersetzen. Da die Komponenten $Q_{0,\alpha'}$ unabhängig sind, liefert Gl. (2.15)

$$\sum_{h'=1}^{r} \sum_{\boldsymbol{g}'} \Gamma_{hh'}^{\alpha\alpha'}(\boldsymbol{g}') \equiv 0. \tag{2.16}$$

Zur Vereinfachung wurde hier statt des Summationsindex $\boldsymbol{g}''$ $\boldsymbol{g}'$ geschrieben. Diese Bedingung (2.16) muß für ein beliebiges Kristallgitter erfüllt sein.

Insbesondere entfällt in einem primitiven Gitter mit nur einem Atom in der Elementarzelle ($r = 1$) die Summation über h', und die Identität (2.16) erhält die Form

$$\sum_{\boldsymbol{g}'} \Gamma_{11}^{\alpha\alpha'}(\boldsymbol{g}') \equiv 0. \tag{2.16'}$$

Geht man zurück auf die Definition (2.9), so erkennt man, daß die Summe über $\boldsymbol{g}'$ in (2.16) nichts anderes ist als der Wert von $\Gamma_{hh'}^{\alpha\alpha'}(\boldsymbol{q})$ bei $\boldsymbol{q} = 0$. Daher haben wir

$$\sum_{h'=1}^{r} \Gamma_{hh'}^{\alpha\alpha'}(\boldsymbol{q})\Big|_{\boldsymbol{q}=0} = 0. \tag{2.17}$$

In einem primitiven Gitter entfällt die Summation über h' ($h = h' = 1$), und es folgt

$$\Gamma_{11}^{\alpha\alpha'}(\boldsymbol{q})|_{\boldsymbol{q}=0} = 0. \tag{2.17'}$$

Das Gleichungssystem (2.10) stellt ein gewöhnliches Eigenwertproblem dar: Die Größen $\omega_s^2(\boldsymbol{q})$ und $\zeta_{h\alpha}(\boldsymbol{q}, s)$ sind die Eigenwerte und Eigenvektoren der Matrix $\Gamma_{hh'}^{\alpha\alpha'}(\boldsymbol{q})$. Wegen (2.12) ist diese Matrix hermitesch. In der linearen Algebra wird gezeigt, daß die Eigenwerte $\omega_s^2(\boldsymbol{q})$ einer solchen Matrix reell sind. Aus der Minimaleigenschaft der potentiellen Energie in der Gleichgewichtskonfiguration folgt [1], daß die Eigenwerte $\omega_s^2(\boldsymbol{q})$ nichtnegativ, d. h. die Frequenzen $\omega_s(\boldsymbol{q})$ selbst auch reell sind. Mit (2.13) folgt daraus

$$\omega_s(\boldsymbol{q}) = \omega_s(-\boldsymbol{q}), \tag{2.18}$$

d. h., die Frequenzen der Normalschwingungen sind gerade Funktionen des Quasi-Wellenvektors.

Für $s' = s$ verschwindet die Summe in (2.11) nicht. Ihr Wert ist in diesem Falle zunächst unbestimmt. Aus Gl. (2.1) ist nämlich ersichtlich, daß die Multiplikation eines Vektors $\boldsymbol{\zeta}_h(\boldsymbol{q}, s)$ mit einem konstanten Faktor (bei festem Verschiebungsvektor $\boldsymbol{Q}_a$) einfach eine Maßstabsänderung für die verallgemeinerten Koordinaten η bedeutet. Andererseits ist das Gleichungssystem (2.10) homogen, so daß die Funktionen $\boldsymbol{\zeta}_h(\boldsymbol{q}, s)$ auch nur bis auf einen konstanten Faktor bestimmt sind. Die Wahl dieses Faktors ist eine Frage der Zweckmäßigkeit. Für das Folgende ist es günstig, den Koordinaten η die Dimension einer Länge zu geben. Dann müssen die Funktionen

$\zeta_h(\boldsymbol{q}, s)$ dimensionslos sein, und die Normierungsbedingung wird dann zweckmäßig in der Form

$$\sum_{h=1}^{r} M_h \, |\zeta_h(\boldsymbol{q}, s)|^2 = M \tag{2.19}$$

geschrieben. Hier ist M die Masse der Elementarzelle:

$$M = \sum_{h=1}^{r} M_h .$$

Insbesondere ist, wenn die Massen aller Atome übereinstimmen, der Vektor ζ_h ein Einheitsvektor:

$$|\zeta_h(\boldsymbol{q}, s)|^2 = 1 . \tag{2.19'}$$

Setzt man jetzt die Ausdrücke (2.4′) und (2.5′) in die Gleichung (2.3) ein, erhält man unter Benutzung von (2.10), (2.11) und (2.19)

$$H = \frac{1}{2} \sum_{\boldsymbol{q},s} M\{|\dot{\eta}(\boldsymbol{q}, s, t)|^2 + \omega_s^2(\boldsymbol{q}) \, |\eta\,(\boldsymbol{q}, s, t)|^2\} . \tag{2.20}$$

Dieser Ausdruck stimmt formal mit der Energie eines Systems von harmonischen Oszillatoren mit den Frequenzen $\omega_s(\boldsymbol{q})$ überein. Wie jedoch schon oben bemerkt wurde, sind die komplexen Koordinaten $\eta(\boldsymbol{q}, s, t)$ nicht vollkommen unabhängig, sondern durch die Beziehung (2.2) verknüpft. Diese läßt sich nach Gl. (2.13) in der Form

$$\eta(\boldsymbol{q}, s, t) = \eta^*(-\boldsymbol{q}, s, t) \tag{2.2'}$$

schreiben.

Um die Gesamtenergie als Summe der Energien unabhängiger harmonischer Oszillatoren zu erhalten, müssen die komplexen Funktionen $\eta(\boldsymbol{q}, s, t)$ durch reelle Normalkoordinaten ausgedrückt werden, und zwar derart, daß die Beziehung (2.2′) automatisch erfüllt ist. Dabei müssen die reellen Normalkoordinaten, die wir mit $x(\boldsymbol{q}, s, t)$ bezeichnen, harmonisch von der Zeit abhängen. Das sichern wir, indem wir fordern, daß diese der Gleichung

$$\ddot{x}(\boldsymbol{q}, s) + \omega^2(\boldsymbol{q}, s) \, x(\boldsymbol{q}, s) = 0 \tag{2.21}$$

genügen (der Kürze halber wird das Zeitargument nicht mitgeschrieben).

Wir setzen

$$\eta(\boldsymbol{q}, s, t) = \frac{1}{2} \left\{ x(\boldsymbol{q}, s) + x(-\boldsymbol{q}, s) + \frac{\mathrm{i}}{\omega(\boldsymbol{q}, s)} [\dot{x}(\boldsymbol{q}, s) - \dot{x}(-\boldsymbol{q}, s)] \right\} . \tag{2.22}$$

Es ist sofort zu sehen, daß dann die Bedingung (2.2′) erfüllt ist. Wir bemerken, daß nach (2.21) und (2.22)

$$\dot{\eta}(\boldsymbol{q}, s, t) = \frac{1}{2} \{\dot{x}(\boldsymbol{q}, s) + \dot{x}(-\boldsymbol{q}, s) - \mathrm{i}\omega(\boldsymbol{q}, s) [x(\boldsymbol{q}, s) - x(-\boldsymbol{q}, s)]\} \tag{2.23}$$

gilt. Setzen wir die Ausdrücke (2.22) und (2.23) in Gl. (2.20) ein, finden wir als endgültigen Ausdruck für die Energie eines Kristallgitters, das kleine Schwingungen um die Gleichgewichtslage herum ausführt,

$$\mathrm{H} = \frac{1}{2} \sum_{\boldsymbol{q},s} \{M\dot{x}^2(\boldsymbol{q}, s) + M\omega^2(\boldsymbol{q}, s)\, x^2(\boldsymbol{q}, s)\}. \tag{2.24}$$

Für den Übergang zur Quantentheorie führt man zweckmäßigerweise anstelle der verallgemeinerten Geschwindigkeiten $\dot{x}(\boldsymbol{q}, s)$ die entsprechenden Impulse

$$p(\boldsymbol{q}, s) = M\dot{x}(\boldsymbol{q}, s) \tag{2.25}$$

ein. Dann ist

$$H = \frac{1}{2} \sum_{\boldsymbol{q},s} \left\{\frac{p^2(\boldsymbol{q}, s)}{M} + M\omega^2(\boldsymbol{q}, s)\, x^2(\boldsymbol{q}, s)\right\}. \tag{2.24'}$$

Es sollen jetzt die Normalkoordinaten über die Verschiebungsvektoren ausgedrückt werden. Mit den Gleichungen (2.6) und (2.1) erhält man

$$\eta(\boldsymbol{q}, s, t) = \frac{1}{MG} \sum_{\boldsymbol{g},h} M_h Q_{\boldsymbol{g},h,\alpha} \zeta^*_{h,\alpha}(\boldsymbol{q}, s)\, \mathrm{e}^{-\mathrm{i}\boldsymbol{q}\boldsymbol{\rho}}. \tag{2.26}$$

Daraus ist ersichtlich, daß im idealen Gitter jede Normalschwingung im allgemeinen alle Atome erfaßt und nicht irgendeinem einzelnen Atom zugeschrieben werden kann. Anders gesagt: Die Normalschwingungen beschreiben kollektive Anregungen der Teilchen des Systems.

Die Gleichung (2.10) wenden wir jetzt auf den Spezialfall der Schwingungen einer linearen Kette von identischen Atomen längs der x-Achse an. Dann besteht die Elementarzelle aus nur einem Atom ($r = 1$), d. h., es ist stets $h' = h$ und $M_h = M$. Für die Vektorindizes α, α' ist ebenfalls nur $\alpha' = \alpha = x$ zu setzen. Die Indizes h, h', α, α' können also überhaupt fortgelassen werden, so daß Gl. (2.10) die Form

$$\Gamma(\boldsymbol{q})\, \zeta(\boldsymbol{q}, s) = M\omega_s^2(\boldsymbol{q})\, \zeta(\boldsymbol{q}, s) \tag{2.27}$$

annimmt. Diese Gleichung hat nichttriviale Lösungen für

$$\omega_s^2(\boldsymbol{q}) = \Gamma(\boldsymbol{q})/M. \tag{2.28}$$

Daher ist hier nur eine Art von Normalschwingungen möglich, so daß der Index s auch fortgelassen werden kann. Der Vektor $\boldsymbol{\rho}$ (siehe (1.1)) hat hier nur eine Komponente $\rho = g \cdot a$, worin g die Nummer des Atoms in der Kette und a der Abstand zwischen den Atomen ist. Infolgedessen erhalten die Gleichungen (1.7), (2.9) und (2.17') die Form

$$\Gamma(g - g') = \left.\frac{\partial^2 V}{\partial R_g\, \partial R_{g'}}\right|_{R=R^0}, \tag{2.29}$$

$$\Gamma(q) = \sum_{g_1=-\infty}^{\infty} \Gamma(g_1)\, \mathrm{e}^{\mathrm{i}qag_1} = \Gamma(0) + 2 \sum_{g_1=1}^{\infty} \Gamma(g_1) \cos(qag_1) \tag{2.30}$$

und

$$\Gamma(0) + 2 \sum_{g_1=1}^{\infty} \Gamma(g_1) = 0. \tag{2.31}$$

Dabei ist nach (1.7'') $\Gamma(0) > 0$. Berücksichtigt man diese Tatsache, kann man (2.30) mit Hilfe von (2.31) in der Form

$$\Gamma(q) = -4 \sum_{g_1=1}^{\infty} \Gamma(g_1) \sin^2\left(\frac{qag_1}{2}\right) \tag{2.30'}$$

schreiben, wobei

$$-\sum_{g_1=1}^{\infty} \Gamma(g_1) > 0$$

ist. Anstelle von (2.19') erhalten wir

$$\zeta^2 = 1.$$

Die Eigenfrequenzen der Normalschwingungen sind dann durch den Ausdruck

$$\omega(q) = \frac{2}{M} \sqrt{-\sum_{g_1=1}^{\infty} \Gamma(g_1) \sin^2\left(\frac{qag_1}{2}\right)} \tag{2.32}$$

gegeben. Für kleine Werte der Wellenzahl q gilt

$$\omega(q) = \frac{a}{M} \sqrt{\left|\sum_{g_1=1}^{\infty} \Gamma(g_1)\, g_1^2\right|}\, q. \tag{2.32'}$$

12.3. Die Frequenzen der Normalschwingungen: Akustische und optische Zweige

Wir betrachten jetzt das Gleichungssystem (2.10) genauer. Es hat nur dann nichttriviale Lösungen, wenn die folgende Koeffizientendeterminante verschwindet:

$$\begin{vmatrix} \Gamma_{11}^{xx} - M_1\omega_s^2 & \Gamma_{11}^{xy} & \Gamma_{11}^{xz} & \Gamma_{12}^{xx} & \cdots & \Gamma_{1r}^{xz} \\ \Gamma_{11}^{yx} & \Gamma_{11}^{yy} - M_1\omega_s^2 & \Gamma_{11}^{yz} & \Gamma_{12}^{yx} & \cdots & \Gamma_{1r}^{yz} \\ \cdots & \cdots & \cdots & \cdots & & \cdots \\ \Gamma_{r1}^{zx} & \Gamma_{r1}^{zy} & \Gamma_{r1}^{zz} & \Gamma_{r2}^{zx} & & \Gamma_{rr}^{zz} - M_r\omega_s^2 \end{vmatrix} = 0. \tag{3.1}$$

Da der Index h von 1 bis r läuft und α gleich x, y oder z ist, stellt (3.1) eine Gleichung $3r$-ten Grades in ω_s^2 dar. Für einen festen Vektor $\boldsymbol{q}$ existieren $3r$ Wurzeln — die Eigenfrequenzen des Systems. Demzufolge erhält man im allgemeinen auch $3r$ verschiedene Funktionen $\zeta(\boldsymbol{q}, s)$, die die einzelnen sogenannten „Schwingungszweige" beschreiben.

Die Komponenten des Vektors $\boldsymbol{q}$ treten dabei als Parameter auf. Werden diese variiert, so ändern sich die Eigenfrequenzen und Eigenvektoren. Die funktionelle Abhängigkeit der Frequenz ω_s von $\boldsymbol{q}$ wird als Dispersionsgesetz der Normalschwingung des s-ten Zweiges bezeichnet. Einige Eigenschaften des Dispersionsgesetzes wurden schon im vorangegangenen Abschnitt erhalten. Wir wissen z. B., daß die Frequenzen reelle, gerade Funktionen des Quasi-Wellenvektors $\boldsymbol{q}$ sind. Daneben zeigt man leicht, daß $\Gamma_{hh'}^{\alpha\alpha'}(\boldsymbol{q})$ periodisch vom Vektor $\boldsymbol{q}$ abhängt. Nach (1.1) ändert sich nämlich der Ausdruck unter dem Summenzeichen in Gl. (2.9) nicht, wenn zu $\boldsymbol{q}$ ein Gittervektor $\boldsymbol{b}$ des reziproken Gitters addiert wird. Daraus folgt, daß die Größen $\omega_s(\boldsymbol{q}) = \omega(\boldsymbol{q}, s)$ und $\zeta(\boldsymbol{q}, s)$ periodische Funktionen im reziproken Gitter sind.

Betrachten wir jetzt die Analogie zwischen diesen Eigenschaften der Normalschwingungen und den entsprechenden Eigenschaften von Energie und Wellenvektor eines Elektrons im periodischen Potential (siehe Abschnitte 3.2., 3.3.). Diese Analogie hat eine tiefere physikalische Ursache: In beiden Fällen haben wir eine Translationsinvarianz des Systems. Im Kapitel 3. war nämlich von der Bewegung des Elektrons im periodischen Kraftfeld die Rede. Im vorliegenden Kapitel werden kleine Schwingungen der Atome um räumlich periodische Gleichgewichtslagen betrachtet.

Wie im Abschnitt 3.3. gestattet die Periodizität der Funktionen $\omega(\boldsymbol{q}, s)$ und $\zeta(\boldsymbol{q}, s)$ im reziproken Gitter, den Bereich der zu betrachtenden $\boldsymbol{q}$-Werte einzugrenzen, indem der Begriff der Brillouin-Zone eingeführt wird. Insbesondere ist die erste Brillouin-Zone durch die Beziehung (3.9.8) definiert. Da das eine Definition rein geometrischen Charakters ist, kann man einfach von *der* Brillouin-Zone sprechen, ohne genauer festzulegen, ob durch die entsprechenden Quasi-Wellenvektoren die Bewegung des Elektrons oder Normalschwingungen des Gitters beschrieben werden.

Die Identitäten (2.17) und (2.17′) bestimmen das Verhalten des Dispersionsgesetzes für kleine Wellenvektoren, d. h. für große Wellenlängen („groß" bedeutet hier groß gegen die Gitterkonstante).

Zunächst soll ein primitives Gitter betrachtet werden ($r = 1$). In diesem Fall ist (3.1) eine kubische Gleichung. Man erhält daher drei Schwingungszweige ($s = 1, 2, 3$). Für $\boldsymbol{q} = 0$ hat das Gleichungssystem die Form

$$\Gamma_{11}^{\alpha\alpha'}(0)\,\zeta_{1\alpha}(0, s) = \omega_s^2(0)\,\zeta_{1\alpha'}(0, s)\,. \tag{3.2}$$

Nach (2.17′) ist die linke Seite von Gl. (3.2) gleich Null, und da der Vektor ζ nicht identisch verschwindet, gilt

$$\omega_s(0) = 0\,.$$

Also verschwinden im Grenzfall $\boldsymbol{q} = 0$ die Eigenfrequenzen aller drei Zweige. Da die $\omega_s(\boldsymbol{q})$ gerade Funktionen von $\boldsymbol{q}$ sind, folgt daraus in Übereinstimmung mit der Definition (2.9), daß ω_s^2 für große Wellenlängen eine quadratische Funktion des Wellenvektors $\boldsymbol{q}$ ist:

$$\omega_s^2(\boldsymbol{q}) = c_{\alpha\beta}(s)\,q_\alpha q_\beta \tag{3.3}$$

d. h.

$$\omega_s = c_s q\,. \tag{3.3′}$$

Die Größen c_s hängen im allgemeinen von der Richtung des Vektors $\boldsymbol{q}$ (und natürlich vom Index des Zweiges) ab. Eine analoge Formel, nur mit konstantem c_s, erhalten wir, wenn wir die Ausbreitung von kleinen Dichteschwankungen in einem elastischen isotropen Kontinuum betrachten. Dabei beschreibt bekanntlich ein Zweig (er trage den Index $s = 1$) longitudinale Wellen, d. h. den gewöhnlichen Schall, und zwei Zweige ($s = 2, 3$) transversale. Im anisotropen Medium läßt sich die Zuordnung zu longitudinalen und transversalen Wellen nur für spezielle Richtungen treffen, im allgemeinen Fall ist der Winkel zwischen $\boldsymbol{q}$ und $\zeta(\boldsymbol{q}, s)$ von Null und $\pi/2$ verschieden. Im allgemeinen hat also jeder Zweig sowohl longitudinale als auch transversale Komponenten.

Ungeachtet dessen nennt man die Konstanten c_s auch dann oft Schallgeschwindigkeiten.

In nichtprimitiven Gittern, wenn also $r > 1$ ist, hat man auch stets drei Schwingungszweige, für die das Dispersionsgesetz für kleine $\boldsymbol{q}$ die Form (3.3) hat. Das rührt daher, daß für kleine Wellenvektoren alle Atome in der Elementarzelle sich auch zusammen verschieben können, d. h., es existiert eine Bewegung, bei der die Elementarzelle als Ganzes schwingt. Die innere Struktur der Elementarzelle ist dabei unerheblich. Formal erhält man diese Zweige, indem man das Gleichungssystem (2.10) für $\boldsymbol{q} = 0$ aufschreibt und wie oben $\omega_s(0) = 0$ setzt:

$$\sum_{h=1}^{r} \Gamma_{hh'}^{\alpha\alpha'}(0)\, \zeta_{h\alpha}(0, s) = 0. \tag{3.4}$$

Aus der Identität (2.17) folgt, daß dieses System nichttriviale Lösungen hat, die nicht von h abhängen:

$$\boldsymbol{\zeta}_h(0, s) = \boldsymbol{\zeta}(s). \tag{3.5}$$

Setzt man nämlich (3.5) in (3.4) ein, so sieht man, daß diese Gleichung tatsächlich wegen (2.17) erfüllt ist. Also ist der Verschiebungsvektor für alle Atome der betreffenden Elementarzelle gleich. Zweige dieses Typs heißen *akustische Zweige*; für einige spezielle Richtungen lassen sich diese wie im primitiven Gitter in einen longitudinalen und zwei transversale unterteilen. Wir ordnen diesen die Indizes $s = 1, 2, 3$ zu.

Im hier betrachteten Fall ist (3.1) von sechstem oder höherem Grade ($3r$). Neben den drei akustischen existieren noch $3r - 3$ Schwingungszweige, die kein Analogon in der Kontinuumsdynamik haben. Das Dispersionsgesetz dieser Zweige hat jedoch nicht die Form (3.3), d. h., für $\boldsymbol{q} \to 0$ verschwinden die Eigenfrequenzen dieser Schwingungen nicht. Da die Frequenzen nach (2.18) gerade Funktionen von $\boldsymbol{q}$ sind, ist $\omega(\boldsymbol{q}, s)$ (für $s \geqq 4$) für große Wellenlängen fast konstant[1]):

$$\omega(\boldsymbol{q}, s) = \omega_0(s) - \alpha_s \boldsymbol{q}^2. \tag{3.6}$$

Der Koeffizient α_s ist dabei gewöhnlich größer als Null. Die Frequenz $\omega_0(s)$ wird als Grenzfrequenz bezeichnet. Schwingungen dieses Typs sind dadurch ausgezeichnet, daß bei $\boldsymbol{q} \to 0$ der Schwerpunkt der Elementarzelle in Ruhe bleibt. Bei $\boldsymbol{q} = 0$ und $\omega = \omega_0 \neq 0$ hat das Gleichungssystem (2.10) nämlich die Form

$$\sum_{h=1}^{r} \Gamma_{hh'}^{\alpha\alpha'}(0)\, \zeta_{h\alpha}(0, s) = M_{h'} \omega_0^2(s)\, \zeta_{h'\alpha'}(0, s).$$

Addiert man diese Gleichungen und vertauscht auf der linken Seite die Summationsreihenfolge, so erhält man

$$\sum_{h=1}^{r} \zeta_{h\alpha}(0, s) \sum_{h'=1}^{r} \Gamma_{hh'}^{\alpha\alpha'}(0) = \sum_{h'=1}^{r} M_{h'} \omega_0^2(s)\, \zeta_{h'\alpha'}(0, s).$$

Nach (2.17) verschwindet die linke Seite dieser Gleichung identisch. Also ist bei $\omega_0(s) \neq 0$

$$\sum_{h'=1}^{r} M_{h'} \zeta_{h'\alpha'}(0, s) = 0. \tag{3.7}$$

---

[1]) Den Ausdruck (3.6) erhält man bei einer Reihenentwicklung von $\omega(\boldsymbol{q}, s)$ mit $s \geqq 4$ nach Potenzen von q^2, wenn man die Terme proportional $(q^2)^2$, $(q^2)^3$ usw. vernachlässigt.

Auf der linken Seite von (3.7) steht aber gerade der Verschiebungsvektor des Massenmittelpunktes, multipliziert mit M. Damit ist die oben aufgestellte Behauptung bewiesen. Schwingungszweige mit einem Dispersionsgesetz von der Form (3.6) heißen *optische Zweige*. Physikalisch läßt sich der Unterschied zwischen akustischen und optischen Zweigen am einfachsten verstehen, wenn man einen Kristall mit zwei Atomen in der Elementarzelle betrachtet. Wie wir gesehen haben, bewegen sich diese beiden Atome bei langwelligen akustischen Schwingungen fast gleichphasig, bei langwelligen optischen dagegen fast gegenphasig (siehe Abb. 12.1). Es ist klar,

Abb. 12.1
Verschiebungen der Atome bei langwelligen akustischen und optischen Gitterschwingungen in einem zweiatomigen Kristall. Die Kreise stellen hier die beiden in der Elementarzelle enthaltenen Atome dar.

daß sich das Dipolmoment der Elementarzelle in Ionenkristallen bei Schwingungen vom zweiten Typ stark ändern kann. Daher lassen sich in solchen Kristallen einige optische Schwingungen relativ leicht durch ein elektromagnetisches Feld geeigneter Frequenz anregen. Dieser Prozeß gehört zu den wichtigsten Mechanismen der Absorption von elektromagnetischen Wellen in Ionenkristallen. Dieser Tatsache verdanken sie auch die Bezeichnung „optische Zweige".

In Gittern mit einer großen Zahl von Atomen in der Elementarzelle werden die Phasenbeziehungen zwischen den Verschiebungen der einzelnen Atome komplizierter, der Unterschied zwischen akustischen und optischen Schwingungen bleibt jedoch der gleiche: Die ersteren entsprechen Verschiebungen der Elementarzelle als Ganzes, die letzteren Deformationen innerhalb der Elementarzelle bei fast unbewegtem Schwerpunkt.

Bei Verringerung der Wellenlänge wird das Dispersionsgesetz komplizierter und läßt sich schwerer allgemein bestimmen. Man kann nur zeigen, daß bei allen erlaubten Werten von q die Schwingungsfrequenz endlich bleibt. Letztlich hängt das damit zusammen, daß die entsprechende Wellenlänge $2\pi/q$ nicht kleiner werden kann als der Abstand zweier benachbarter Atome. Die höchste Frequenz der akustischen

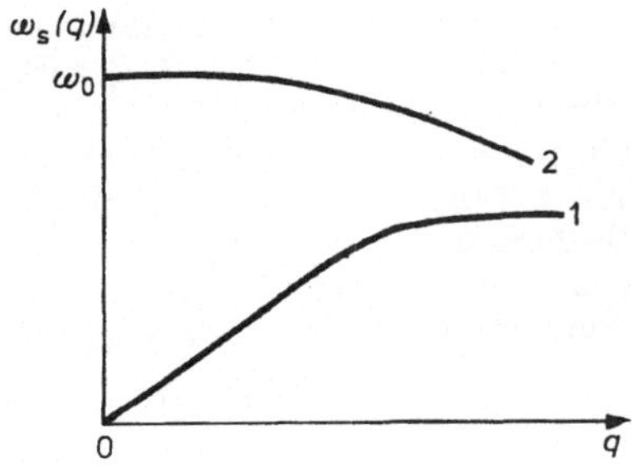

Abb. 12.2
Schematische Darstellung des Dispersionsgesetzes für akustische und für optische Phononen in einer eindimensionalen Kette von Atomen
1: akustische Phononen,
2: optische Phononen

Schwingung ist die sogenannte *Debye-Frequenz* ω_D; mit dieser hängt die charakteristische *Debye-Temperatur* T_D über $\hbar\omega_D = kT_D$ zusammen.

Die Bestimmung des Verlaufs von $\omega_s(\boldsymbol{q})$ über die gesamte Brillouin-Zone hinweg erfolgt entweder durch numerische Rechnungen für ein bestimmtes Modell oder anhand experimenteller Daten. Diese gewinnt man vorzugsweise durch Messung der inelastischen Streuung von möglichst gut durchdringender Strahlung, insbesondere durch die von langsamen Neutronen. Mißt man die Winkelverteilung der gestreuten Neutronen, läßt sich mit Hilfe von Energie- und Impulserhaltungssatz die Form des Dispersionsgesetzes $\omega_s(\boldsymbol{q})$ mit guter Genauigkeit bestimmen.[1]) Ein Beispiel für den akustischen und den optischen Zweig der Dispersionsrelation ist in Abb. 12.2 dargestellt.

12.4. Der Verschiebungsvektor

Im folgenden soll der Verschiebungsvektor des a-ten Atoms durch die reellen Normalkoordinaten $x(\boldsymbol{q}, s)$ ausgedrückt werden. Dazu hat man nach Gl. (2.1)

$$\boldsymbol{Q}_a = G^{-1/2} \sum_{\boldsymbol{q},s} \zeta_h(\boldsymbol{q}, s)\, \eta(\boldsymbol{q}, s)\, e^{i\boldsymbol{q}\boldsymbol{\rho}}. \tag{4.1}$$

Setzt man den Ausdruck (2.22) auf der rechten Seite in Gl. (4.1) ein, erhält man

$$\boldsymbol{Q}_a = \frac{1}{2\sqrt{G}} \sum_{\boldsymbol{q},s} \zeta_h(\boldsymbol{q}, s)\, e^{i\boldsymbol{q}\boldsymbol{\rho}} \left\{x(\boldsymbol{q}, s) + x(-\boldsymbol{q}, s) + i\,\frac{p(\boldsymbol{q}, s) - p(-\boldsymbol{q}, s)}{M\omega(\boldsymbol{q}, s)}\right\}. \tag{4.2}$$

In den Summanden, die $x(-\boldsymbol{q}, s)$ und $p(-\boldsymbol{q}, s)$ enthalten, wird jetzt $\boldsymbol{q}$ durch $-\boldsymbol{q}$ ersetzt. Berücksichtigt man dabei Gl. (2.13), erhält man schließlich

$$\boldsymbol{Q}_a = \frac{1}{2\sqrt{G}} \sum_{\boldsymbol{q}} \sum_{s=1}^{r} \left\{\zeta_h(\boldsymbol{q}, s) \left[x(\boldsymbol{q}, s) + i\,\frac{p(\boldsymbol{q}, s)}{M\omega(\boldsymbol{q}, s)}\right] e^{i\boldsymbol{q}\boldsymbol{\rho}} + \zeta_h^*(\boldsymbol{q}, s) \left[x(\boldsymbol{q}, s) - i\,\frac{p(\boldsymbol{q}, s)}{M\omega(\boldsymbol{q}, s)}\right] e^{-i\boldsymbol{q}\boldsymbol{\rho}}\right\}. \tag{4.3}$$

Da $x(\boldsymbol{q}, s)$ und $p(\boldsymbol{q}, s)$ harmonisch von der Zeit abhängen, stellt die rechte Seite von (4.3) eine Superposition von Wellen dar; die jeweilige Wellenlänge ist mit dem Betrag des Quasi-Wellenvektors durch die übliche Relation $\lambda = 2\pi/q$ verknüpft.

Als ein Spezialfall soll ein einatomiger Kristall betrachtet werden (d. h. $r = 1$). Die Komponenten des Vektors ζ sind hier reell. Um das einzusehen, ist es hinreichend zu zeigen (siehe Gl. (2.10)), daß die Koeffizienten $\Gamma^{\alpha\alpha'}(\boldsymbol{q})$, die durch Gl. (2.19) gegeben sind, reell sind (wir vernachlässigen hier die Indizes h, h', da ja die Elementarzelle nur ein Atom enthält). In Kristallen dieses Typs ist jedes Atom selbst Symmetriezentrum. Folglich gibt es links in Gl. (2.9) zu jedem Summanden zu dem Vektor $\boldsymbol{q}_1$ einen zweiten

[1]) Näheres dazu findet man in [2].

zum Vektor $-\boldsymbol{q}_1$. Daher hat Gl. (2.9) unter diesen Voraussetzungen die Form

$$\Gamma^{\alpha\alpha'}(\boldsymbol{q}) = \Gamma^{\alpha\alpha'}(0) + 2 \sum_{\boldsymbol{g}_1} \Gamma^{\alpha\alpha'}(\boldsymbol{g}_1) \cos(\boldsymbol{q}\varrho_1),$$

d. h., die Koeffizienten $\Gamma^{\alpha\alpha'}(\boldsymbol{q})$ und also auch die Komponenten des Vektors ζ sind reell. Es ist klar, daß diese Überlegungen nicht nur für primitive Gitter gelten, sondern für beliebige Gitter, in denen jedes Atom selbst Symmetriezentrum ist. Darüber hinaus sieht man, daß in jedem beliebig komplizierten Gitter die Koeffizienten $\Gamma^{\alpha\alpha'}_{hh'}(\boldsymbol{q})$ für $\boldsymbol{q} = 0$ und für $\boldsymbol{q}\boldsymbol{a} = \pm\pi$, d. h. im Grenzfall sehr großer und sehr kleiner Wellenlängen, reell sind.

Gleichung (4.3) beschreibt die Verschiebungen der Atome in einem diskreten Gitter. Bei einer Reihe von Vorgängen sind jedoch nur Wellenlängen wesentlich, die groß gegen die Gitterkonstante sind. In diesem Fall spielt die Diskretheit des Gitters keine Rolle. Offensichtlich kann man im Grenzfall sehr großer Wellenlängen das diskrete Argument ϱ in Gl. (4.3) durch einen kontinuierlich veränderlichen Vektor $\boldsymbol{r}$ ersetzen, der dann für alle Atome einer Elementarzelle gleich ist. Mit anderen Worten: es ist sinnvoll, in der Summe über $\boldsymbol{q}$ auf der rechten Seite von Gl. (4.3) den langwelligen Anteil $\boldsymbol{Q}_l$ abzuspalten. In diesem sind nur Summanden enthalten, deren Quasi-Wellenvektoren die Bedingung

$$2\pi/q \gg |\boldsymbol{a}| \tag{4.4}$$

erfüllen.

Für akustische Schwingungen stellt der Übergang von dem diskreten Vektor ϱ zu einem kontinuierlich veränderlichen nichts anderes dar als den Übergang zur makroskopischen Elastizitätstheorie, in der der Kristall als kontinuierliches Medium behandelt wird. Dabei schwingen alle Atome in der Elementarzelle praktisch in Phase, und der Index h am Vektor ζ kann fortgelassen werden. Daher läßt sich der langwellige Teil des Verschiebungsvektors, der mit Schwingungen des akustischen Typs zusammenhängt, in der Form

$$\begin{aligned} \boldsymbol{Q}_{l,\mathrm{ak}}(\boldsymbol{r}) = \frac{1}{2\sqrt{G}} \sum_{\boldsymbol{q}} \sum_{s=1}^{3} \Big\{ \zeta(\boldsymbol{q}, s) \left[x(\boldsymbol{q}, s) + \mathrm{i} \frac{p(\boldsymbol{q}, s)}{M\omega(\boldsymbol{q}, s)} \right] \mathrm{e}^{\mathrm{i}\boldsymbol{q}\boldsymbol{r}} \\ + \zeta^*(\boldsymbol{q}, s) \left[x(\boldsymbol{q}, s) - \mathrm{i} \frac{p(\boldsymbol{q}, s)}{M\omega(\boldsymbol{q}, s)} \right] {}^{-}\mathrm{e}^{\mathrm{i}\boldsymbol{q}\boldsymbol{r}} \Big\} \end{aligned} \tag{4.5}$$

schreiben. Bei den optischen Schwingungen kann man dagegen auch bei dem langwelligen Teil die Diskretheit des Gitters nicht vernachlässigen (und folglich auch nicht den Index h fortlassen). So sind in einem zweiatomigen Gitter die Vektoren ζ_h für die beiden Atome in einer Elementarzelle etwa einander entgegengerichtet. Dann ist die Ersetzung des diskreten Vektors ϱ durch einen kontinuierlichen wie in obigem Fall möglich. Der Phasenunterschied zwischen entsprechenden Atomen in benachbarten Elementarzellen ist nur klein. Damit ist der langwellige Anteil des Verschiebungsvektors, der durch optische Schwingungen bedingt ist, durch eine Gleichung ähnlich der Gl. (4.5) gegeben:

$$\begin{aligned} \boldsymbol{Q}_{l,\mathrm{opt}}(\boldsymbol{r}) = \frac{1}{2\sqrt{G}} \sum_{\boldsymbol{q}} \sum_{s\geq 4} \Big\{ \zeta_h(\boldsymbol{q}, s) \left[x(\boldsymbol{q}, s) + \mathrm{i} \frac{p(\boldsymbol{q}, s)}{M\omega(\boldsymbol{q}, s)} \right] \mathrm{e}^{\mathrm{i}\boldsymbol{q}\boldsymbol{r}} \\ + \zeta_h^*(\boldsymbol{q}, s) \left[x(\boldsymbol{q}, s) - \mathrm{i} \frac{p(\boldsymbol{q}, s)}{M\omega(\boldsymbol{q}, s)} \right] \mathrm{e}^{-\mathrm{i}\boldsymbol{q}\boldsymbol{r}} \Big\}. \end{aligned} \tag{4.6}$$

12.5. Quantenmechanische Betrachtung der Gitterschwingungen

Der Ausdruck (2.24′) für die Energie ist gleichermaßen für die klassische wie für die Quantentheorie des Kristallgitters gültig. Im letzteren Fall hat man nur die Größen p und x als Operatoren anzusehen, die dann folgende Vertauschungsrelationen erfüllen müssen:

$$x(\boldsymbol{q}, s)\, p(\boldsymbol{q}', s') - p(\boldsymbol{q}', s')\, x(\boldsymbol{q}, s) = \mathrm{i}\hbar\, \delta_{\boldsymbol{q}\boldsymbol{q}'}\, \delta_{ss'}. \tag{5.1}$$

Wie früher bezeichnen $\delta_{\boldsymbol{q}\boldsymbol{q}'}$ und $\delta_{ss'}$ das Kronecker-Symbol (A 11.9). Man kann insbesondere $x(\boldsymbol{q}, s)$ als c-Zahl ansehen; dann ist $p(\boldsymbol{q}, s) = -\mathrm{i}\hbar\, \partial/\partial x(\boldsymbol{q}, s)$. Der Operator H stellt jetzt den Hamilton-Operator eines Systems von nicht wechselwirkenden Oszillatoren dar, deren Koordinaten und Impulse $x(\boldsymbol{q}, s)$ bzw. $p(\boldsymbol{q}, s)$ sind. Die Schrödinger-Gleichung für ein System von Atomen, die um räumlich periodisch angeordnete Gleichgewichtslagen schwingen, läßt sich also in der Form

$$\sum_{\boldsymbol{q},s} \left\{\frac{p^2(\boldsymbol{q}, s)}{2M} + \frac{M\omega^2(\boldsymbol{q}, s)}{2}\, x^2(\boldsymbol{q}, s)\right\} \Phi = E\Phi \tag{5.2}$$

schreiben.

Darin ist Φ die Wellenfunktion, die die kleinen Schwingungen des Gitters beschreibt, und E sind die zugehörigen Eigenwerte. Als Argument von Φ kann man z. B. die Gesamtheit aller Normalkoordinaten $x(\boldsymbol{q}, s)$ wählen. Die Gesamtzahl dieser Koordinaten ist offensichtlich gleich der Zahl $3r \cdot G$ der Freiheitsgrade des Systems, da es G unabhängige Werte jeder Komponente des Vektors $\boldsymbol{q}$ gibt und der Index s, wie wir wissen, die Werte von 1 bis $3r$ annimmt. Der Bequemlichkeit halber bezeichnen wir die Gesamtheit der Variablen $\boldsymbol{q}$ und s durch einen Index f:

$$f = \{(\boldsymbol{q}, s)\}, \qquad f = 1, \ldots, 3rG = N, \qquad \omega(\boldsymbol{q}, s) = \omega_f. \tag{5.3}$$

Dann ist $x(\boldsymbol{q}, s) = x_f$ und $\Phi = \Phi(x_1, \ldots, x_N)$ mit x_1 als der Normalkoordinate, die die Schwingungen vom Typ $s = 1$ mit dem Wellenvektor $\boldsymbol{q} = \boldsymbol{q}_1$ beschreibt, usw. Nach den Gesetzen der Quantenmechanik bestimmt die Größe $|\Phi|^2$ die Wahrscheinlichkeitsdichte des Vorliegens der Werte $x_1, \ldots, x_N$. Dann ist der Ausdruck

$$|\Phi(x_1, \ldots, x_N)|^2\, \mathrm{d}x_1 \ldots \mathrm{d}x_N \tag{5.4}$$

die Wahrscheinlichkeit, daß der Wert der ersten Normalkoordinate in dem kleinen Intervall $\mathrm{d}x_1$ um den Wert x_1 herum, die zweite im Intervall $\mathrm{d}x_2$ um den Wert x_2 herum usw. liegt. Da nach (2.1) und (2.26) die Normalkoordinaten eindeutig mit den Komponenten des Verschiebungsvektors zusammenhängen, definiert der Ausdruck (5.4) auch die Wahrscheinlichkeitsverteilung für eine bestimmte Verschiebung der Gitteratome.

Da der Hamilton-Operator (5.2) aus Summanden besteht, die jeweils nur von einer bestimmten Koordinate abhängen, läßt sich die Lösung der Gl. (5.2) ansetzen als

$$\Phi = \prod_f \varphi(x_f). \tag{5.5}$$

Für alle Funktionen φ dieses Produkts erhält man dieselbe Gleichung

$$\left(\frac{p_f^2}{2M} + \frac{M\omega_f^2 x_f^2}{2}\right) \varphi(x_f) = E_f \varphi(x_f). \tag{5.6}$$

E_f sind die Eigenwerte des Operators in der Klammer. Der Energieeigenwert des Gesamtsystems ist die Summe

$$E = \sum_f E_f. \tag{5.7}$$

Gl. (5.6) zusammen mit der Bedingung, daß die Funktionen φ über $-\infty < x_f < +\infty$ quadratintegrabel sein müssen, entspricht völlig dem Problem des harmonischen Oszillators in der Quantenmechanik. Man erhält die wohlbekannte Lösung

$$\varphi = \varphi_{n_f}(x_f) = \left(\frac{M\omega_f}{\pi\hbar}\right)^{1/4} \frac{1}{\sqrt{2^{n_f} n_f!}} \exp\left(-\frac{M\omega_f}{2\hbar} x_f^2\right) H_{n_f}\left(x_f \sqrt{\frac{M\omega_f}{\hbar}}\right), \tag{5.8}$$

$$E_f = \hbar\omega_f(n_f + 1/2). \tag{5.9}$$

Hier sind die n_f ganze positive Zahlen (zum betreffenden Typ der Normalschwingung) und H_{n_f} Hermitesche Polynome von der Ordnung n_f. Die Funktion φ, die durch (5.8) definiert ist, erfüllt die übliche Normierungsbedingung

$$\int \varphi_{n_f}^2(x)\,\mathrm{d}x = 1.$$

Der Zustand des einzelnen Oszillators, der einer Normalschwingung des Typs s mit dem Quasi-Wellenvektor $\boldsymbol{q}$ entspricht, wird also durch die Zahl $n_f = n(\boldsymbol{q}, s)$ bestimmt. Durch die Gesamtheit der Zahlen $n(\boldsymbol{q}, s)$ für alle $\boldsymbol{q}, s$ ist der Zustand des schwingenden Gitters eindeutig festgelegt. Wir werden im folgenden manchmal diese Gesamtheit mit dem Buchstaben n bezeichnen und ihn als Index an der Funktion Φ anbringen.

Der Verschiebungsvektor $\boldsymbol{Q}_a$ wird bei der quantenmechanischen Behandlung ebenfalls ein Operator. Im folgenden (Kapitel 15.) werden dessen Matrixelemente bezüglich der Funktionen Φ_n, d. h. Integrale vom Typ

$$J_{nn'} = \int \Phi_{n'}^* \boldsymbol{Q}_a \Phi_n \,\mathrm{d}x_1 \cdots \mathrm{d}x_N \tag{5.10}$$

benötigt. Mit dem Ausdruck (4.3) für den Verschiebungsvektor läßt sich Gl. (5.10) in die Form

$$J_{nn'} = \frac{1}{2} \sum_{\boldsymbol{q}} \sum_{s=1}^{r} \{\zeta_h(\boldsymbol{q}, s)\, J_{nn'}^+(f)\, \mathrm{e}^{\mathrm{i}\boldsymbol{q}\boldsymbol{\rho}} + \zeta_h^*(\boldsymbol{q}, s)\, J_{nn'}^-(f)\, \mathrm{e}^{-\mathrm{i}\boldsymbol{q}\boldsymbol{\rho}}\} \tag{5.11}$$

umschreiben, wobei

$$J_{nn'}^{\pm}(f) = \int \Phi_{n'}^* \left(x_f \pm \mathrm{i}\,\frac{p_f}{M\omega_f}\right) \Phi_n \,\mathrm{d}x_1 \cdots \mathrm{d}x_N \tag{5.12}$$

bedeutet. Setzt man in diesen Ausdruck die Funktion $\Phi_{n'}^*$ in der Form (5.5) ein, erhält man

$$J_{nn'}^{\pm}(f) = \int \mathrm{d}x_f \varphi_{n'_f}(x_f) \left(x_f \pm \mathrm{i}\,\frac{p_f}{M\omega_f}\right) \varphi_{n_f}(x_f) \prod_{f' \neq f} \int \mathrm{d}x_{f'} \varphi_{n'_{f'}}(x_{f'})\, \varphi_{n_{f'}}(x_{f'}). \tag{5.13}$$

Da die Funktionen $\varphi_{n_f}, \varphi_{n'_f}$ ein Orthogonalsystem bilden, sind die Integrale über $x_{f'}$ bei $f' \neq f$ nur für $n_{f'} = n_f$ von Null verschieden. In diesem Fall nehmen sie wegen der

Normierungsbedingung den Wert Eins an. Die Integrale über x_f lassen sich mit Hilfe der aus Gl. (5.8) folgenden Rekursionsbeziehung berechnen ([M 2], Kapitel 33.):

$$\left(x_f + \frac{\hbar}{M\omega_f}\frac{\partial}{\partial x_f}\right)\varphi_{n_f} = \sqrt{2\,\frac{\hbar_{n_f}}{M\omega_f}}\,\varphi_{n_f-1}, \tag{5.14a}$$

$$\left(x_f - \frac{\hbar}{M\omega_f}\frac{\partial}{\partial x_f}\right)\varphi_{n_f} = \sqrt{\frac{2\hbar}{M\omega_f}(n_f+1)}\,\varphi_{n_f+1}. \tag{5.14b}$$

Da $p_f = -\mathrm{i}\hbar\,\partial/\partial x_f$ ist, stehen links wieder die Ausdrücke

$$x_f + \frac{\mathrm{i}p_f}{M\omega_f} \qquad \text{und} \qquad x_f - \mathrm{i}\,\frac{p_f}{M\omega_f}.$$

Benutzt man noch einmal die Orthonormalität der Funktionen φ_{n_f}, erhält man auch

$$\int \mathrm{d}x_f\varphi_{n'_f}(x_f)\left(x_f + \mathrm{i}\,\frac{p_f}{M\omega_f}\right)\varphi_{n_f}(x_f) = \left(\frac{2\hbar}{M\omega_f}\right)^{1/2}\begin{cases}\sqrt{n_f} & (n'_f = n_f - 1),\\ 0 & (n'_f \neq n_f - 1).\end{cases} \tag{5.15a}$$

$$\int \mathrm{d}x_f\varphi_{n'_f}(x_f)\left(x_f - \mathrm{i}\,\frac{p_f}{M\omega_f}\right)\varphi_{n_f}(x_f) = \left(\frac{2\hbar}{M\omega_f}\right)^{1/2}\begin{cases}\sqrt{n_f+1} & (n'_f = n_f + 1),\\ 0 & (n'_f \neq n_f + 1).\end{cases} \tag{5.15b}$$

Also sind die Integrale $J^{\pm}_{nn'}$ nur von Null verschieden für vollständig übereinstimmende Sätze der Quantenzahlen aller Oszillatoren bis auf den f-ten. Der Wert von n_f bei diesem muß sich genau um Eins ändern. Man kann sagen, daß jeder Summand in (4.3) (oder in (4.5) oder (4.6)) für die quantenmechanische Behandlung selbst ein Operator ist, der die Quantenzahl des entsprechenden Oszillators um genau Eins ändert und auf alle anderen Oszillatoren dagegen nicht wirkt. Es ist nützlich, neue Operatoren b_f, b_f^* einzuführen, indem man setzt

$$\frac{1}{2}\left(x_f + \mathrm{i}\,\frac{p_f}{M\omega_f}\right) = \left(\frac{\hbar}{2M\omega_f}\right)^{1/2} b_f, \tag{5.16a}$$

$$\frac{1}{2}\left(x_f - \mathrm{i}\,\frac{p_f}{M\omega_f}\right) = \left(\frac{\hbar}{2M\omega_f}\right)^{1/2} b_f^*. \tag{5.16b}$$

Nach (5.5), (5.15a) und (5.15b) ist

$$b_f\Phi_n = \sqrt{n_f}\,\Phi_{n'}\,\delta_{n'_f,n_f-1}\prod_{f'\neq f}\delta_{n'_f,n_f}, \tag{5.17a}$$

$$b_f^*\Phi_n = \sqrt{n_f+1}\,\Phi_{n'}\,\delta_{n'_f,n_f+1}\prod_{f'\neq f}\delta_{n'_f,n_f}. \tag{5.17b}$$

Durch das Kronecker-Symbol wird die oben erhaltene Bedingung ausgedrückt, der die Zustände nach (5.15a) und (5.15b) genügen müssen. Ist diese Bedingung erfüllt, sind die Matrixelemente der Operatoren b_f bzw. b_f^* gleich $\sqrt{n_f}$ bzw. $\sqrt{n_f+1}$. Setzt man (5.16a, b) auf der rechten Seite in (4.5) ein, erhält man einen für die weitere

Vuswertung geeigneten Ausdruck für den langwelligen Anteil des Operators der Aerschiebung bei akustischen Schwingungen:

$$Q_{1,\mathrm{ak}}(\boldsymbol{r}) = \sum_{\boldsymbol{q}} \sum_{s=1}^{3} \left[\frac{\hbar}{2M\omega_s(\boldsymbol{q})\, G}\right]^{1/2} \{\zeta(\boldsymbol{q}, s)\, b_{\boldsymbol{q},s}\, \mathrm{e}^{\mathrm{i}\boldsymbol{q}\boldsymbol{r}} + \zeta^*(\boldsymbol{q}, s)\, b^*_{\boldsymbol{q},s}\, \mathrm{e}^{-\mathrm{i}\boldsymbol{q}\boldsymbol{r}}\}. \tag{5.18}$$

Analog dazu ergibt sich aus (4.6):

$$Q_{1,\mathrm{opt}}(\boldsymbol{r}) = \sum_{\boldsymbol{q}} \sum_{s\geq 4} \left[\frac{\hbar}{2M\omega_s(\boldsymbol{q})\, G}\right]^{1/2} \{\zeta_n(\boldsymbol{q}, s)\, b_{\boldsymbol{q},s}\, \mathrm{e}^{\mathrm{i}\boldsymbol{q}\boldsymbol{r}} + \zeta^*_h(\boldsymbol{q}, s)\, b^*_{\boldsymbol{q},s}\, \mathrm{e}^{-\mathrm{i}\boldsymbol{q}\boldsymbol{r}}\}. \tag{5.19}$$

Auf diese Gleichung werden wir später zurückkommen (Kapitel 14.).

12.6. Phononen

Nach (5.9) und (5.7) lassen sich die Energieeigenwerte des schwingenden Gitters in der Form

$$E = \sum_f \hbar\omega_f \left(n_f + \frac{1}{2}\right) \tag{6.1}$$

$$= \frac{1}{2} \sum_f \hbar\omega_f + \sum_f n_f \hbar\omega_f \tag{6.2}$$

schreiben. Der erste Term in (6.2) stellt die Nullpunktsenergie des Systems von Oszillatoren dar, die auch im Grundzustand nicht verschwindet. Unabhängig von der Anregung der Normalschwingungen ist die Nullpunktsenergie einfach eine gewisse Konstante. Der zweite Term in (6.2) ist die Anregungsenergie des Systems. Unterschiedliche Anregungszustände entsprechen dabei unterschiedlichen Sätzen von Werten der n_f, wobei die Anregungsenergie mit steigenden Werten der n_f wächst. Formal stimmt der Ausdruck für die Anregungsenergie überein mit dem für die Gesamtenergie eines idealen Gases aus Teilchen, deren Zustand durch den Index f, d. h. durch den Quasi-Wellenvektor $\boldsymbol{q}$ und den Index s des betreffenden Zweiges, gegeben ist. Die Zahl der „Teilchen" in einem Zustand f ist die Quantenzahl n_f des entsprechenden Oszillators, und die Energie eines „Teilchens" ist gleich $\hbar\omega_f$. Der Begriff des idealen Gases ist hier sehr nützlich: Dadurch wird auf einfache und anschauliche Weise ausgedrückt, daß die Energie des schwingenden Gitters nicht beliebig, sondern nur in Quanten der Größe $\hbar\omega_f$ auftreten kann. Die „Teilchen" des Gases, also die Quanten der Anregungsenergie, heißen *Phononen*[1]).

Die Anzahl der Phononen im Kristall ist natürlich nicht konstant. Sie ist durch die Summe aller n_f gegeben und kann beliebig groß sein. Die Zahl n_f der Phononen in einem bestimmten Zustand ist ebenfalls beliebig. Wie wir oben sahen, kann n_f die Werte 0, 1, 2, ... annehmen. Das heißt, daß das Phononengas der Bose-Einstein-Statistik gehorcht. Zur Beschreibung von kleinen Schwingungen der Gitteratome hat man also zwei äquivalente Ausdrucksweisen zur Verfügung — die in der Sprache

[1]) Der Begriff „Phononen" wurde erstmals 1930 von I. E. TAMM eingeführt.

harmonischer Oszillatoren und die in der Sprache der Phononen. Bei einer Reihe von Aufgaben wird die eine oder die andere zu bevorzugen sein, und es ist daher nützlich, Übersetzungsregeln von einer Ausdrucksweise in die andere zu haben. Diese sind in Tabelle 12.1 zusammengestellt, in der in der Mitte jeweils der physikalische Sachverhalt angeführt ist und links und rechts dessen Ausdruck in der Sprache der Oszillatoren bzw. der Phononen.

In der Sprache der Phononen haben die Operatoren b_f^* und b_f (5.16a, b) eine sehr klare und anschauliche Bedeutung. Der erste vergrößert, der zweite verringert die Zahl der Phononen des s-ten Zweiges mit dem Wellenvektor $\boldsymbol{q}$ um Eins. Daher heißen die Operatoren b_f^* und b_f Erzeugungs- bzw. Vernichtungsoperatoren von Phononen im Zustand f.

Tabelle 12.1

Sprechweise der Oszillatoren	Sachverhalt	Sprechweise der Phononen
Satz von unabhängigen Oszillatoren, deren Frequenzen gleich denen der Normalschwingungen sind. Die Oszillatoren sind durch den Vektor $\boldsymbol{q}$ und die Zahl s numeriert.	Gitter von Atomen oder Ionen, die kleine Schwingungen um die Gleichgewichtslagen herum ausführen	Ideales Gas von Phononen, deren Energien mit den Frequenzen der Normalschwingungen über die De-Broglie-Beziehung zusammenhängen. Der Zustand der Phononen ist durch den Vektor $\boldsymbol{q}$ und die Zahl s gegeben.
Quantenzahlen n_f aller Oszillatoren	Größen, die den Zustand des Gitters bestimmen	Zahlen n_f der Phononen in allen Zuständen
Summe der Energien der unabhängigen Oszillatoren	Energie des schwingenden Gitters (ohne Nullpunktsenergie)	Energie des idealen Phononengases
Änderung der Quantenzahl bei mindestens einem Oszillator	Zustandsänderung des Gitters	Änderung der Besetzungszahl mindestens eines Phononenzustandes
Übergang mindestens eines Oszillators in einen Zustand mit höherer Quantenzahl	Anregung des Gitters	Erzeugung von mindestens einem Phonon
Übergang mindestens eines Oszillators in einen Zustand mit kleinerer Quantenzahl	Verringerung der Energie des Gitters	Vernichtung mindestens eines Phonons

Die oben eingeführten „Übersetzungsregeln“ gelten sowohl für Gleichgewichts- als auch für Nichtgleichgewichtszustände des Gitters. Im Fall des thermodynamischen Gleichgewichts bezeichnen die Begriffe „kleine Schwingungen des Kristallgitters“ und „thermische Bewegung der Gitteratome“ genau dasselbe. Der zweite Begriff läßt sich daher in der Sprache der Phononen ausdrücken. Erwärmung oder Abkühlung bedeutet hier eine Änderung der Phononenverteilung sowohl durch Umverteilen auf die einzelnen Zustände als auch durch Änderung ihrer Gesamtzahl. Die mittlere Zahl der Phononen im Zustand $f = \{\boldsymbol{q}, s\}$ ist im thermodynamischen Gleichgewicht durch die Bose-Einstein-Verteilung gegeben. Dazu sei angemerkt, daß das chemische Potential des Phononengases gleich Null ist. Dieses wird nämlich, da die Gesamtzahl der Phononen nicht konstant ist, im thermodynamischen Gleichgewicht einfach aus der Minimalbedingung für die freie Energie F berechnet: $\left(\frac{\partial F}{\partial n}\right)_{T,V} = 0$, und $\left(\frac{\partial F}{\partial n}\right)_{T,V}$ ist gerade das chemische Potential [M 9]. Die Bose-Einstein-Verteilung führt hier also einfach auf die Plancksche Verteilungsfunktion:

$$n_f = \left[\exp \frac{\hbar\omega_f}{kT} - 1\right]^{-1}. \tag{6.3}$$

Zusammen mit der Dispersionsrelation $\omega(\boldsymbol{q})$ erlauben die Beziehungen (6.2) und (6.3) die Berechnung der mittleren Energie des schwingenden Gitters und damit aller übrigen thermodynamischen Grundgrößen nach den Standardformeln für das ideale Bose-Einstein-Gas.

Zur Beschreibung des Gitters im Bild des Phononengases sind noch drei Bemerkungen zu machen.

Erstens gründet sich die Analogie zwischen den Phononen und den Teilchen eines idealen Gases auf

a) die Gleichung (6.2) und
b) auf die de-Brogliesche Beziehung zwischen der Phononenenergie und der Frequenz der Normalschwingung.

Um hier eine zwingende Analogie zu haben, müßte es möglich sein, den Phononen nicht nur eine Energie, sondern auch einen Quasiimpuls $\boldsymbol{q}$ zuzuschreiben. Dieser Quasiimpuls müßte dann mit dem Quasi-Wellenvektor des Phonons über die Beziehung $\boldsymbol{q} = \hbar\boldsymbol{q}$ zusammenhängen. Betrachtet man nur das ideale Phononengas für sich, kann die Frage, ob dieser Quasiimpuls eines Phonons existiert, nicht entschieden werden. Der Quasiimpuls besitzt nämlich die Eigenschaft, sowohl im periodischen Feld als auch (in der Summe über alle Teilchen) bei ihrer Streuung untereinander (bis auf $\hbar\boldsymbol{b}$) erhalten zu bleiben. Im idealen Phononengas gibt es jedoch überhaupt keine Streuprozesse. Daher kann man, um den Quasiimpuls eines Phonons einzuführen, nur seine Wechselwirkung mit Elektronen oder mit Löchern, also mit Objekten, deren Quasiimpuls schon definiert ist, heranziehen. Dieses Problem wird im Abschnitt 14.4. behandelt. Dort wird gezeigt, daß man einem Phonon tatsächlich einen Quasiimpuls $\boldsymbol{p} = \hbar\boldsymbol{q}$ zuschreiben kann.

Zweitens läßt sich die Analogie zwischen den Teilchen eines idealen Gases und den Phononen nicht beliebig weit treiben. Teilchen — also z. B. Atome oder Moleküle eines Gases — stellen im bekannten Sinne „selbständige“ Individuen dar. Man kann z. B. die Frage einer Isolierung einer gewissen Anzahl dieser Teilchen aus dem Gesamtsystem stellen. Der Begriff der Phononen jedoch dient nur zur Beschreibung der Normalschwingungen des Gitters. Diese stellen kollektive Anregungen aller Atome des Kristalls dar. Folglich beschreiben die Phononen kollektive Eigenschaften eines Systems von Atomen oder Ionen, die zusammen ein Gitter bilden, und existieren also nur so lange, wie das System selbst existiert. Anders formuliert: Die Phononen verhalten sich wie Teilchen — aber nur so lange, wie das physikalische System, dessen Kollektivanregungen sie darstellen, selbst existiert. Aus diesem Grunde heißen die Phononen (wie auch die Löcher, siehe 4.2.) Quasiteilchen.

Drittens schließlich tauchte der Begriff des idealen Phononengases bei der Betrachtung von Gl. (6.2) auf. Diese ist jedoch nur in der harmonischen Näherung richtig. Bei ihrer Ableitung wurde vorausgesetzt, daß die potentielle Energie V des Gitters durch eine quadratische Form in den Verschiebungen Q_a der Gitteratome aus ihren Gleichgewichtslagen angenähert werden kann. Bei Berücksichtigung der Anharmonizität, d. h. der folgenden Terme der Entwicklung von V nach den Q_a, hat der Operator der Gesamtenergie nicht mehr die einfache Form (2.20). Es treten dann auch Terme von dritter und höherer Ordnung in x_f auf. Diese lassen sich als Wechselwirkungsenergie zwischen den Phononen interpretieren. Bei Berücksichtigung der Anharmonizität wird das Phononengas also nichtideal — dann sind zum Beispiel Phonon-Phonon-Streuprozesse möglich. Offensichtlich ist der Einfluß der anharmonischen Terme um so geringer, je geringer die Amplituden der Schwingungen der Atome im Vergleich zur Gitterkonstante sind. Im Phononen-„Bild" heißt das, daß das Phononengas nur so lange als ideal angesehen werden kann, wie die Zahl der Phononen hinreichend klein ist, d. h., solange das Gitter nur schwach angeregt ist.

Der Begriff der Phononen ist nicht nur bei der Lösung konkreter Probleme nützlich und bequem. Er hat auch große prinzipielle Bedeutung. Wir begannen nämlich mit der Behandlung eines Systems von stark wechselwirkenden Teilchen — von Atomen, Ionen oder Molekülen —, die das Kristallgitter bilden. Durch die Wechselwirkung zwischen ihnen ist die Energie des Gitters nicht gleich der Summe der Energien der einzelnen Atome. Es stellte sich jedoch heraus, daß schwach angeregte Zustände des betrachteten Systems als Zustände eines idealen Gases aus sogenannten Quasiteilchen dargestellt werden können, und zwar aus Phononen, die nichts mit irgendeinem speziellen Gitteratom gemeinsam haben.[1]) Wie wir im folgenden noch sehen werden (siehe Abschnitt 17.6.), stellt diese Situation nichts Außergewöhnliches dar, sondern erweist sich vielmehr als typisch für alle Systeme aus vielen wechselwirkenden Teilchen.

---

[1]) Es sei hier nur daran erinnert, daß beispielsweise die Phononen in beliebigen Kristallen der Bose-Einstein-Statistik gehorchen — unabhängig davon, welcher Statistik die Teilchen unterliegen, die den Kristall bilden.

13. Grundlagen der kinetischen Theorie der Transporterscheinungen

13.1. Phänomenologische Beziehungen

Die kinetische Theorie der Transporterscheinungen hat die Aufgabe, Größen, die die Reaktion des Systems auf eine äußere Einwirkung beschreiben, zu berechnen. Zu diesen Größen gehören die elektrische Leitfähigkeit, die Hall-Konstante, die Thermospannung und andere.

Im vorliegenden Abschnitt werden wir uns für das Verhalten von Stoffen in hinreichend schwachen elektrischen Feldern $\boldsymbol{E}$ oder bei hinreichend kleinem Temperaturgradienten ∇T, wenn der Zusammenhang zwischen diesen und der elektrischen bzw. Wärmestromdichte linear ist, interessieren. Was „hinreichend schwach" bzw. „hinreichend klein" im einzelnen bedeutet, wird im Abschnitt 13.7. genauer erläutert.

Es ist zweckmäßig, als erstes drei Spezialfälle zu betrachten, nämlich das Verhalten der Ladungsträger in schwachen elektrischen Feldern, im schwachen Temperaturgradienten und im kombinierten elektrischen und magnetischen Feld.

Ladungsträger im schwachen räumlich und zeitlich konstanten elektrischen Feld. Wir betrachten zunächst eine homogene Probe, in der die Konzentration der Störstellenatome und die Gleichgewichtskonzentrationen von Elektronen und Löchern nicht von den Koordinaten abhängen. Es möge ferner kein Magnetfeld vorhanden sein, und die Temperatur sei überall konstant. Der allgemeinste lineare Zusammenhang zwischen den Vektoren $\boldsymbol{j}$ und $\boldsymbol{E}$ hat die Form des generalisierten Ohmschen Gesetzes (1.1.5). Ohne Magnetfeld ist der Leitfähigkeitstensor symmetrisch: $\sigma_{\alpha\beta} = \sigma_{\beta\alpha}$ (einen Beweis zu dieser Behauptung findet man in [M 13]). Am zweckmäßigsten legt man das Koordinatensystem so, daß dessen Achsen mit den Hauptachsen des Leitfähigkeitstensors $\boldsymbol{\sigma}$ zusammenfallen. Dann ist $\sigma_{\beta\alpha} = 0$ für $\alpha \neq \beta$, und σ_{xx}, σ_{yy}, σ_{zz} sind die Eigenwerte des Leitfähigkeitstensors. In einem Kristall kubischer Symmetrie gilt $\sigma_{xx} = \sigma_{yy} = \sigma_{zz} = \sigma$, und Gl. (1.1.5) nimmt die Form (1.1.3) an. Zu den Materialien, für die Gl. (1.1.3) zutrifft, gehören viele wichtige Halbleiter wie Germanium, Silizium, $\mathrm{A^{III}B^{V}}$-Verbindungen u. v. a. Wir beschränken uns hier durchweg auf die Behandlung solcher Substanzen.

Es wird nun klar, wie die Berechnung der Komponenten des Leitfähigkeitstensors zu erfolgen hat: Mit Hilfe statistischer Methoden hat man die Stromdichte unter den gegebenen Bedingungen zu berechnen. In einem hinreichend schwachen elektrischen Feld wird das Ergebnis von der Form (1.1.5) oder auch von der Form (1.1.3) sein, aber eben mit explizit berechneten Proportionalitätsfaktoren zwischen den j_α und E_β. Diese Koeffizienten hat man mit den Größen $\sigma_{\alpha\beta}$ zu identifizieren.

Gleichung (1.1.3) läßt sich leicht auf den Fall eines inhomogenen Materials verallgemeinern. Man hat dabei nur zu beachten, daß die Stromdichte bei konstanter Temperatur durch den Gradienten des elektrochemischen Potentials F bestimmt wird, wie in Abschnitt 6.3. gezeigt wurde.[1]) Das bedeutet, daß an die Stelle des Vektors $\boldsymbol{E} = -\nabla\varphi$ in Gl. (1.1.3) und den folgenden die Größe

$$\boldsymbol{E}' = \boldsymbol{E} + \boldsymbol{E}^* = \frac{1}{e}\,\nabla F \tag{1.1}$$

zu setzen ist. Darin ist $\boldsymbol{E}$ die Feldstärke des elektrostatischen Feldes und $\boldsymbol{E}^*$ die des Driftfeldes. Die Feldstärke $\boldsymbol{E}'$ enthält also einen nichtelektrostatischen Anteil, der von der „Druckdifferenz" des Elektronengases an verschiedenen Punkten der Probe herrührt (die Temperatur wird dabei als konstant vorausgesetzt). Im (räumlich) homogenen Medium ist bei konstanter Temperatur $\boldsymbol{E}^* = 0$, und $\boldsymbol{E}'$ geht in $\boldsymbol{E}$ über.

Ladungsträger in einem schwachen räumlich und zeitlich konstanten Temperaturgradienten. Es sei jetzt kein elektrisches oder magnetisches Feld vorhanden, zwischen den Enden der Probe werde jedoch eine zeitlich konstante Temperaturdifferenz aufrechterhalten (siehe Abb. 1.3, S. 20). Dabei entsteht in der Probe ein zeitlich konstanter Temperaturgradient ∇T; wir werden annehmen, daß dieser in der homogenen Probe nicht von den Koordinaten abhängt. Verbindet man die Enden der Probe leitend, fließt im äußeren Kreis ein Strom.

Bei hinreichend kleinem Temperaturgradienten sind die Vektoren $\boldsymbol{j}$, $\boldsymbol{E}'$ und ∇T über lineare Beziehungen miteinander verknüpft. Für kubische Kristalle (bzw. isotrope Medien) hat man ähnlich wie Gl. (1.1.3)

$$\boldsymbol{j} = a\,\nabla T + \sigma E'. \tag{1.2}$$

Darin ist der skalare Koeffizient a von ∇T und E' unabhängig.

Es werde jetzt eine Leiterschleife aus zwei verschiedenen Leitern betrachtet und vorausgesetzt, daß diese nicht geschlossen ist ($\boldsymbol{j} = 0$). Dann gilt in jedem Punkt

$$\boldsymbol{E}' = -\frac{a}{\sigma}\,\nabla T.$$

Zunächst wird die Potentialdifferenz $V_a - V_b$ an den Enden eines beliebigen Abschnitts ab der Leiterschleife bestimmt. Dazu wird die letzte Gleichung mit dem Linienelement $\mathrm{d}\boldsymbol{l}$ in Richtung des Vektors ∇T multipliziert und über die gesamte Länge des betrachteten Abschnitts integriert. Dabei ist zu berücksichtigen, daß (siehe Gl. (5.11.12))

$$\boldsymbol{E}' = \frac{1}{e}\,\nabla F = \frac{1}{e}\,\nabla(\zeta - e\varphi) \tag{1.3}$$

gilt, wobei ζ das chemische Potential ist. Da $(\zeta - e\varphi)$ und T überall stetig sind, erhält man

$$\int_a^b \boldsymbol{E}\,\mathrm{d}\boldsymbol{l} = \frac{1}{e}\,(\zeta_a - \zeta_b) - (\varphi_b - \varphi_a), \qquad \int_a^b \frac{a}{\sigma}\,\nabla T\,\mathrm{d}\boldsymbol{l} = \int_{T_1}^{T_2} \frac{a}{\sigma}\,\mathrm{d}T$$

[1]) Diese Behauptung, deren Gültigkeit an einen linearen Zusammenhang zwischen $\boldsymbol{j}$ und $\boldsymbol{E}$ gebunden ist, erfährt in Abschnitt 13.5. eine Begründung.

und damit

$$\varphi_a - \varphi_b = \frac{1}{e}(\zeta_a - \zeta_b) - \int_{T_1}^{T_2} \frac{a}{\sigma}\, dT. \tag{1.4}$$

Die gesamte Thermospannung ergibt sich als Potentialdifferenz zwischen den offenen Enden einer Leiterschleife, wobei diese aus dem gleichen Material bestehen und sich auf gleicher Temperatur befinden müssen (also z. B. zwischen den Punkten c und d in Abb. 1.3). In diesem Fall verschwindet der erste Summand in Gl. (1.4), und man hat

$$V_0 = -\int_{T_1}^{T_2} \frac{a}{\sigma}\, dT. \tag{1.5}$$

Die Indizes 1 und 2 kennzeichnen, zu welchem Material die betreffenden Quotienten a/σ gehören.

Im Abschnitt 1.1. wurde schon erwähnt, daß die Thermospannung durch die Nichtübereinstimmung der Teilchenströme an zwei Probenenden auf unterschiedlicher Temperatur entsteht. Diese Ströme werden zum einen durch das Vorhandensein eines Konzentrationsgradienten hervorgerufen. In beiden Kontakten existieren solche Konzentrationsgradienten auch bei konstanter Temperatur; sie erzeugen Driftkräfte und Sprünge des Potentials in den Kontakten. In diesem Falle ist die Summe beider Potentialsprünge jedoch gleich Null. Bei Vorhandensein eines Temperaturgradienten kompensieren sich die beiden Potentialsprünge dagegen nicht mehr, und es entsteht außerdem noch ein Gradient der Ladungsträgerkonzentration und damit verbunden ein Spannungsabfall im Volumen des Leiters. Der Einfluß der Driftkräfte, die durch die Konzentrationsgradienten entstehen, wird durch den ersten Summanden in Gl. (1.4) beschrieben. Zum anderen sind die Teilchenströme durch die Änderung der Geschwindigkeitsverteilung der Teilchen infolge des Temperaturgradienten bedingt. Dieser Effekt wird durch den zweiten Summanden in Gl. (1.4) beschrieben. Gl. (1.4) zeigt, daß die Thermospannung in jedem Teilstück der Leiterschleife durch beide Ursachen hervorgerufen wird. Für die Leiterschleife als Ganzes kompensieren sich die von den Konzentrationsunterschieden herrührenden Driftkräfte jedoch, und daher enthält Gl. (1.5) für die gesamte Thermospannung die chemischen Potentiale nicht mehr.

Bei nur kleinen Temperaturunterschieden kann man voraussetzen, daß die Quotienten a/σ in Gl. (1.5) temperaturunabhängig sind. Dann ist

$$dV_0 = -\frac{a}{\sigma}\, dT.$$

Vergleicht man diesen Ausdruck mit Gl. (1.1.12), so findet man zwischen dem Koeffizienten a und der differentiellen Thermospannung α die Beziehung

$$\alpha = -\frac{a}{\sigma} = \frac{|\nabla F|}{e|\nabla T|}. \tag{1.6}$$

Daher läßt sich die grundlegende Beziehung (1.2) in die Form

$$\boldsymbol{j} = \sigma \boldsymbol{E}' - \alpha\sigma\, \nabla T \tag{1.7}$$

bringen. Das Minuszeichen entsteht dabei dadurch, daß α positiv gezählt wird, wenn der thermoelektrische Strom entgegen dem Temperaturgradienten, also vom wärmeren Ende zum kälteren hin, gerichtet ist.

Aus dem oben Gesagten folgt nun der Weg zur Berechnung der Thermospannung. Man hat zunächst auf der Grundlage der Statistik die Stromdichte unter den gegebenen Bedingungen zu berechnen. Bei hinreichend kleinem Temperaturgradienten ist das Ergebnis von der Form (1.2), enthält aber eben einen expliziten Ausdruck für den Proportionalitätsfaktor von ∇T. Dieser Koeffizient wird dann mit der phänomenologisch eingeführten Größe a identifiziert und in Gl. (1.6) verwendet.

Das Vorhandensein eines Temperaturgradienten oder eines elektrischen Feldes in der Probe bewirkt nicht nur einen Strom von elektrischer Ladung, sondern auch einen von Energie. Die Energiestromdichte $\boldsymbol{I}$, eine vektorielle Größe, kann man durch die das System charakterisierenden voneinander unabhängigen Vektoren ausdrücken. Da die drei Vektoren $\boldsymbol{j}$, ∇T und $\boldsymbol{E}'$ durch die Beziehung (1.7) miteinander verknüpft sind, sind nur zwei von ihnen voneinander unabhängig. Als voneinander unabhängig sollen jetzt $\boldsymbol{j}$ und ∇T gewählt werden. Dann hat die Elektronen-Energiestromdichte in einem isotropen Material (oder einem kubischen Kristall) die Form

$$\boldsymbol{I} = -\varkappa \cdot \nabla T + \Pi \boldsymbol{j} - \frac{F}{e} \boldsymbol{j}, \tag{1.8}$$

worin $\varkappa$ und Π gewisse Skalare sind. Formal lassen sich in (1.8) der zweite und der dritte Summand zusammenfassen. Es ist jedoch günstiger, sie getrennt zu betrachten, da der zweite Summand, wie wir sehen werden, eng mit dem Peltier-Effekt zusammenhängt, während der dritte zu diesem keinen Beitrag liefert.

Um die Bedeutung der Größen $\varkappa$ und Π zu klären, setzen wir vorerst $\boldsymbol{j} = 0$. So entstehen die für die Messung der Thermospannung üblichen Bedingungen: In einer elektrisch isolierten Probe wird ein konstanter Temperaturgradient erzeugt, und ein Wärmestrom fließt. Somit ist wie in Abschnitt 1.1. der Koeffizient $\varkappa$ gerade die Wärmeleitfähigkeit des Elektronengases.

Als nächstes soll der Kontakt zweier Halbleiter 1 und 2 betrachtet werden. Ihre Berührungsfläche möge in der yz-Ebene liegen, senkrecht zu den Vektoren $\boldsymbol{j}$ und ∇T (Abb. 13.1); den Vektor $\boldsymbol{j}$ nehmen wir in positiver x-Richtung an. Es ist nun die Wärmemenge Q zu berechnen, die pro Zeit- und Flächeneinheit der Berührungsfläche emittiert oder absorbiert wird. Dazu schreiben wir Gl. (1.8) zweimal — für den ersten und für den zweiten Halbleiter — und benutzen die Stetigkeitsbedingungen für die Normalkomponente von $\boldsymbol{j}$ (relativ zur Berührungsfläche) und die für das elektrochemische Potential F. Bezeichnet man die entsprechenden Größen an der Grenz-

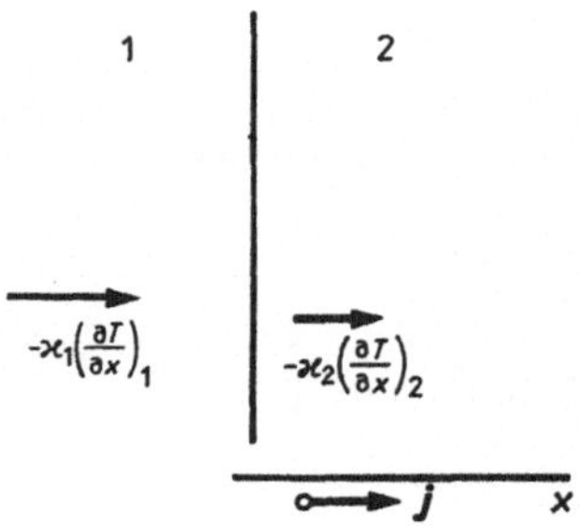

Abb. 13.1
Zur Ableitung des Ausdrucks für die Peltier-Wärme. Die Trennebene der beiden Halbleiter ist durch die vertikale Linie angedeutet; der Temperaturgradient ist der elektrischen Stromdichte entgegengerichtet angenommen.

fläche durch die Indizes 1 und 2, erhält man

$$-\varkappa_1 \left(\frac{\partial T}{\partial x}\right)_1 + \varkappa_2 \left(\frac{\partial T}{\partial x}\right)_2 = -(\Pi_1 - \Pi_2)\, j\,. \tag{1.9}$$

Links in dieser Gleichung steht die Gesamt-Wärmestromdichte, die zu der Kontrollfläche hingeleitet wird. Da wir stationäre Bedingungen voraussetzen, muß dieser Wärmestrom durch einen Wärmeabfluß aus der Kontaktfläche kompensiert werden. Also ist

$$Q = \Pi_{12} j = (\Pi_1 - \Pi_2)\, j\,. \tag{1.10}$$

Vergleicht man diesen Ausdruck mit Gl. (1.1.16), sieht man, daß die Gleichung (1.1.17) dadurch bestätigt wird. Die Größen Π_1 und Π_2 heißen Peltier-Koeffizienten (des ersten bzw. zweiten Halbleiters).

Die Größen Π und α lassen sich leicht mit dem durch Gl. (1.1.13) definierten Thomson-Koeffizienten α_{T} in Beziehung setzen. Nach der Definition der Divergenz des Vektors $\boldsymbol{I}$ ist nämlich die gesamte Wärmemenge, die pro Volumeneinheit der Probe und pro Zeiteinheit dissipiert wird, gleich $-\operatorname{div} \boldsymbol{I}$[1]).

Gemäß der Kontinuitätsgleichung ist unter stationären Bedingungen $\operatorname{div} \boldsymbol{j} = 0$. Berücksichtigt man diese Tatsache, erhält man aus (1.1) und (1.8)

$$-\operatorname{div} \boldsymbol{I} = \operatorname{div} (\varkappa \cdot \nabla T) - (\boldsymbol{j}, \nabla \Pi) + (\boldsymbol{j}, \boldsymbol{E}')\,. \tag{1.11}$$

Nach (1.7) ist

$$\boldsymbol{E}' = \frac{\boldsymbol{j}}{\sigma} + \alpha \nabla T\,. \tag{1.12}$$

Setzt man (1.12) in (1.11) ein, findet man

$$-\operatorname{div} \boldsymbol{I} = \operatorname{div} (\varkappa \cdot \nabla T) + \frac{\boldsymbol{j}^2}{\sigma} - \left(\frac{\mathrm{d}\Pi}{\mathrm{d}T} - \alpha\right) (\boldsymbol{j}, \nabla T)\,. \tag{1.11'}$$

Der erste Summand der rechten Seite beschreibt die Wärmeabgabe durch die Wärmeleitfähigkeit, der zweite die Joulesche Wärme und der dritte den Thomson-Effekt. Der Thomson-Koeffizient ist durch den Ausdruck

$$\alpha_{\mathrm{T}} = \frac{\mathrm{d}\Pi}{\mathrm{d}T} - \alpha \tag{1.13}$$

gegeben. Gleichung (1.1.19) folgt hieraus unter Berücksichtigung von (1.1.18). Die letztgenannte Beziehung erhält man auf etwas komplizierterem Wege (siehe Abschnitt 13.7.).

Aus dem obigen Weg wird der Weg zur Berechnung des Wärmeleitfähigkeitskoeffizienten und des Peltier-Koeffizienten deutlich: Man hat dazu mit Hilfe der Statistik die Energiestromdichte unter den gegebenen Bedingungen zu berechnen. Bei hinreichend kleinen Gradienten von Temperatur und elektrochemischem Potential ist das Ergebnis von der Form (1.8), enthält aber dann explizite Ausdrücke für die Proportionalitätsfaktoren in den ersten beiden Summanden. Diese Koeffizienten sind dann mit den phänomenologisch eingeführten Größen $\varkappa$ und Π zu identifizieren.

---

[1]) Unter stationären Bedingungen ist diese Größe gleich Null. Für das Folgende ist wichtig, woraus sie sich zusammensetzt.

Ladungsträger im räumlich und zeitlich konstanten kombinierten elektrischen und magnetischen Feld. Die Probe, an die eine konstante Spannung angelegt sei, befinde sich jetzt in einem räumlich und zeitlich konstanten Magnetfeld. Die Temperatur werde als überall konstant angenommen. Das elektrische Feld sei schwach im oben beschriebenen Sinne.

Will man für diesen Fall eine phänomenologische Beziehung von der Form (1.1.5a) aufschreiben, hat man zu beachten, daß jetzt zwei unabhängige Vektoren existieren — der Vektor $\boldsymbol{E}$ und der Pseudovektor $\boldsymbol{B}$[1]). In einem isotropen Medium lassen sich aus diesen die folgenden polaren Vektoren bilden:

$$\boldsymbol{E}, \quad [\boldsymbol{E} \times \boldsymbol{B}], \quad (\boldsymbol{B}, \boldsymbol{E})\, \boldsymbol{B}. \tag{1.14}$$

Der Ausdruck für die Stromdichte ist dann von der Form

$$\boldsymbol{j} = a_1 \boldsymbol{E} + a_2 [\boldsymbol{E} \times \boldsymbol{B}] + a_3 (\boldsymbol{B}, \boldsymbol{E})\, \boldsymbol{B}, \tag{1.15}$$

wobei a_1, a_2, a_3 gewisse Skalare sind. Da das Magnetfeld nicht notwendig als schwach vorausgesetzt wurde, können diese auch von $\boldsymbol{B}^2$ abhängen.

Offensichtlich kann man Gl. (1.15) in der Form (1.1.5a) schreiben:

$$j_\alpha = \sigma_{\alpha\beta}(\boldsymbol{B})\, E_\beta. \tag{1.16}$$

Legt man die z-Achse in die Richtung des Magnetfeldes, haben die Komponenten des Tensors $\sigma_{\alpha\beta}(\boldsymbol{B})$ die Form

$$\begin{aligned} \sigma_{xx} &= \sigma_{yy} = a_1, & \sigma_{zz} &= a_1 + a_3 B^2 \\ \sigma_{xy} &= -\sigma_{yx} = a_2 B, & \sigma_{xz} &= \sigma_{zx} = \sigma_{yz} = \sigma_{zy} = 0. \end{aligned} \tag{1.17}$$

Wie man sieht, hat der Leitfähigkeitstensor bei Vorhandensein eines Magnetfeldes sowohl einen symmetrischen Anteil $\sigma^{\mathrm{s}}_{\alpha\beta}$ als auch einen antimetrischen Anteil $\sigma^{\mathrm{a}}_{\alpha\beta}$. Die Komponenten beider sind gerade bzw. ungerade Funktionen der magnetischen Induktion. Man hat also

$$\sigma^{\mathrm{a}}_{xy} = -\sigma^{\mathrm{a}}_{yx} = a_2 B; \qquad \sigma^{\mathrm{a}}_{xz} = \sigma^{\mathrm{a}}_{yz} = 0. \tag{1.18}$$

Diese Abhängigkeit von $\boldsymbol{B}$ ist nicht ganz zufällig. Sie folgt als Spezialfall aus dem Symmetrieprinzip der kinetischen Koeffizienten [M 13].

In anisotropen Medien wie einem Kristall bleibt (1.16) gültig, der Satz unabhängiger Vektoren ist mit den Größen (1.14) jedoch nicht erschöpft. Das rührt daher, daß die Vektoren hier durch ihr Verhalten gegenüber Koordinatentransformationen definiert sind, die durch die Symmetrie des Kristalls, also einer niedrigeren als der des isotropen Raumes, bestimmt sind. Das soll am Beispiel eines schwachen Magnetfeldes erklärt werden, wobei wir uns auf Kristalle kubischer Symmetrie beschränken.

Entwickelt man den Tensor $\sigma_{\alpha\beta}(\boldsymbol{B})$ nach Potenzen von $\boldsymbol{B}$ bis zur zweiten Ordnung einschließlich, erhält man

$$\boldsymbol{j}_\alpha = \sigma_{\alpha\beta} E_\beta + \eta [\boldsymbol{E} \times \boldsymbol{B}]_\alpha + \sigma_{\alpha\beta\gamma\delta} \varepsilon_\beta B_\gamma B_\delta + \cdots. \tag{1.16'}$$

---

[1]) Es sei daran erinnert, daß ein Pseudovektor (oder axialer Vektor) sich bei allen Drehungen des Koordinatensystems wie ein gewöhnlicher (polarer) Vektor verhält. Im Unterschied zu diesem ändern die Komponenten eines Pseudovektors bei der Richtungsumkehr aller Koordinatenachsen (der sog. Inversion) ihr Vorzeichen jedoch nicht. Das Skalarprodukt $(\boldsymbol{B}, \boldsymbol{E})$ ist ein Pseudoskalar. Im Unterschied zu einem echten Skalar ändert dieser bei der Inversion sein Vorzeichen. Als solcher tritt er im letzten Ausdruck in (1.14) auf: Das Produkt aus einem Pseudoskalar und einem Pseudovektor ergibt einen gewöhnlichen (polaren) Vektor.

Mit $\sigma_{\alpha\beta} = \sigma_{\beta\alpha}$ sei dabei der Tensor $\sigma_{\alpha\beta}(0)$ und mit η eine gewisse Konstante bezeichnet. Man kann voraussetzen, daß $\sigma_{\alpha\beta\gamma\delta} = \sigma_{\alpha\beta\delta\gamma}$ ist, da der Ausdruck $B_\gamma B_\delta$ offensichtlich in γ und δ symmetrisch ist. Folglich gibt ein in γ und δ antimetrischer Anteil des Tensors $\sigma_{\alpha\beta\gamma\delta}$, falls ein von Null verschiedener überhaupt existierte, in (1.16') keinen Beitrag.

Es gibt drei unabhängige Komponenten des Tensors $\sigma_{\alpha\beta\gamma\delta}$ in einem kubischen Kristall [M 7], als die üblicherweise

$$\sigma_{\lambda\lambda\lambda\lambda} \equiv \gamma, \qquad \sigma_{\lambda\lambda\mu\mu} \equiv \delta, \qquad \sigma_{\lambda\mu\lambda\mu} \equiv \beta$$

gewählt werden (über λ und μ ist dabei nicht zu summieren). Gl. (1.16) gewinnt damit die Form

$$\boldsymbol{j} = \sigma\boldsymbol{E} + \eta[\boldsymbol{E}\times\boldsymbol{B}] + \beta\boldsymbol{B}(\boldsymbol{B},\boldsymbol{E}) + \delta\boldsymbol{B}^2\boldsymbol{E} + \gamma\boldsymbol{K}. \tag{1.15'}$$

$\boldsymbol{K}$ bezeichnet hier den Vektor mit den Komponenten

$$E_xB_x^2, \qquad E_yB_y^2, \qquad E_zB_z^2.$$

Das Auftreten des letzten Summanden in (1.15') ist für anisotrope Medien charakteristisch. Im isotropen Fall, wenn beliebige drei zueinander senkrechte Koordinatenachsen jeweils physikalisch äquivalent sind, muß der Koeffizient γ Null werden. In einem schwachen Magnetfeld geht Gl. (1.15) tatsächlich in (1.15') ohne den letzten Summanden über; man hat dazu nur die Grenzwerte von a_1, a_2 und a_3 für $B \to 0$ durch σ, η bzw. β zu bezeichnen.

Setzt man (1.17) in (1.1.9) ein, findet man für die Hall-Konstante

$$R = \frac{a_2}{a_1^2 + a_2^2B^2}. \tag{1.19}$$

Unter Benutzung von (1.1.11) und (1.17) findet man für den transversalen Magnetowiderstand

$$\frac{\varrho_\perp - \varrho_0}{\varrho_0} = \frac{a_1(1 - \varrho_0 a_1) - \varrho_0 a_2^2 B^2}{\varrho_0(a_1^2 + a_2^2B^2)}. \tag{1.20}$$

Auf ähnlichem Wege läßt sich auch der longitudinale Magnetowiderstand berechnen. Man erhält

$$\frac{\varrho_\parallel - \varrho_0}{\varrho_0} = \frac{1 - \varrho_0 a_1 - \varrho_0 a_3 B^2}{\varrho_0(a_1 + a_3B^2)}. \tag{1.21}$$

Analog dazu findet man im Fall (1.15')

$$R = \frac{\eta}{\sigma^2}, \tag{1.22}$$

$$\frac{\varrho_\perp - \varrho_0}{\varrho_0} = -\left(\frac{\delta}{\sigma} + \frac{\eta^2}{\sigma^2}\right)B^2, \tag{1.23}$$

$$\frac{\varrho_\parallel - \varrho_0}{\varrho_0} = -\frac{\delta + \beta + \gamma}{\sigma}B^2. \tag{1.24}$$

$\sigma = \varrho_0^{-1}$ ist darin die elektrische Leitfähigkeit für $B = 0$.

Aus den Gleichungen (1.19) bis (1.24) wird deutlich, wie bei der Berechnung der Hall-Konstanten und des Magnetowiderstandes zu verfahren ist: Man hat mit Hilfe der Statistik die Stromdichte unter den gegebenen Bedingungen zu berechnen. In hinreichend schwachen elektrischen Feldern ist das Ergebnis von der Form (1.15) oder (1.15′), enthält aber explizite Ausdrücke für die Koeffizienten, mit denen $\boldsymbol{E}$, $(\boldsymbol{B}, \boldsymbol{E})\,\boldsymbol{B}$, $[\boldsymbol{E} \times \boldsymbol{B}]$ und $\boldsymbol{K}$ in $\boldsymbol{j}$ eingehen. Diese Koeffizienten hat man mit den phänomenologisch eingeführten Größen a_1, a_2, a_3 oder $\sigma + \delta B^2$, η, β, γ zu identifizieren.

Analog zu (1.16) erhält man bei gleichzeitigem Vorhandensein eines Temperaturgradienten und eines Magnetfeldes die Ausdrücke für die elektrische und die Energiestromdichte der Elektronen in einer für anisotrope Medien charakteristischen Form:

$$j_\alpha = \frac{1}{e}\,\sigma_{\alpha\beta}(B)\,\frac{\partial F}{\partial x_\beta} - \sigma_{\alpha\beta}(B)\,\alpha_{\beta\gamma}\,\frac{\partial T}{\partial x_\gamma}, \tag{1.25}$$

$$I_\alpha = -\varkappa_{\alpha\beta}(B)\,\frac{\partial T}{\partial x_\beta} + \Pi_{\alpha\beta}(B)\,j_\beta - \frac{F}{e}\,j_\alpha. \tag{1.26}$$

Mit dieser Analogie erhält man die Beziehung (1.1.18) in der Form

$$\Pi_{\alpha\beta} = T\alpha_{\alpha\beta},$$

wobei der Tensor $\alpha_{\alpha\beta}$ im allgemeinen nicht symmetrisch ist.

Damit sind alle phänomenologischen Koeffizienten, die den Transport von Ladung und Energie in hinreichend schwachen elektrischen Feldern und hinreichend kleinen Temperaturgradienten beschrieben, eingeführt. Der Weg zu ihrer Berechnung ist nach dem oben Gesagten nun klar.

13.2. Kinetische Koeffizienten und die Verteilungsfunktion

In der Theorie der Transporterscheinungen interessiert man sich in der Regel für das Verhalten des Ladungsträgergases unter der Bedingung, daß dessen elektrochemisches Potential räumlich relativ schwach veränderlich ist, also die Änderung von F über Abstände von der Größenordnung einer Gitterkonstanten sehr klein ist. Nach den Ergebnissen des Abschnitts 4.4. lassen sich die Ladungsträger dabei als Teilchen mit einem Dispersionsgesetz $E(\boldsymbol{p})$ und einer Geschwindigkeit $\boldsymbol{v} = \nabla_{\boldsymbol{p}} E$ ansehen.

Falls darüber hinaus das elektrochemische Potential auch über Abstände von der Größenordnung der charakteristischen Wellenlänge der Ladungsträger nur schwach veränderlich ist, läßt sich das System von Elektronen (bzw. Löchern) einfach als Gas von sich klassisch bewegenden Teilchen behandeln, wobei alle Quanteneffekte in das Dispersionsgesetz hineingesteckt werden. Eine wichtige Rolle spielt dabei der Begriff der Verteilungsfunktion $f(\boldsymbol{p}, \boldsymbol{r})$ der Ladungsträger über die Impulse und Koordinaten. Bei der Behandlung eines räumlich homogenen Systems im Gleichgewichtszustand wurde dieser Begriff schon im Kapitel 5. benutzt. Per definitionem ist die mittlere Konzentration von Leitungselektronen im Volumenelement $\mathrm{d}p_x\,\mathrm{d}p_y\,\mathrm{d}p_z = \mathrm{d}^3\boldsymbol{p}$ des $\boldsymbol{p}$-Raumes um den Punkt $\boldsymbol{p}$ herum

$$\frac{2}{(2\pi\hbar)^3}\,f(\boldsymbol{p}, \boldsymbol{r})\,\mathrm{d}^3\boldsymbol{p}. \tag{2.1}$$

Nach (2.1) lassen sich die Ausdrücke für die Stromdichte und die Energiestromdichte der Elektronen in der Form

$$\boldsymbol{j} = -\frac{2e}{(2\pi\hbar)^3} \int \boldsymbol{v}(\boldsymbol{p})\, f(\boldsymbol{p}, \boldsymbol{r})\, \mathrm{d}^3\boldsymbol{p}, \tag{2.2}$$

$$\boldsymbol{I} = -\frac{2}{(2\pi\hbar)^3} \int \boldsymbol{v}(\boldsymbol{p})\, [E(\boldsymbol{p}) - e\varphi]\, f(\boldsymbol{p}, \boldsymbol{r})\, \mathrm{d}^3\boldsymbol{p} \tag{2.3}$$

schreiben (der Index l wurde hier fortgelassen). Strenggenommen ist in beiden Fällen über die Brillouin-Zone zu integrieren. Wegen des schnellen Verschwindens der Verteilungsfunktion mit wachsender Elektronenenergie ist es jedoch möglich, über den gesamten unendlichen $\boldsymbol{p}$-Raum zu integrieren.

Im thermodynamischen Gleichgewicht verschwinden die rechten Seiten von (2.2) und (2.3). Formal ist das daraus ersichtlich, daß unter dieser Bedingung $f(\boldsymbol{p}) = f_0\big(E(\boldsymbol{p})\big)$ ist, d. h., die Funktion ist von der Form (5.3.1) und hängt nur von der Energie ab. Da die Energie eine gerade Funktion des Quasiimpulses ist und die Geschwindigkeit $\boldsymbol{v}(\boldsymbol{p})$ eine ungerade, verschwinden die Integrale über das Produkt $f_0\boldsymbol{v}$. Eine Störung des thermodynamischen Gleichgewichts führt zu einer Änderung der Form der Verteilungsfunktion, die dann nicht mehr nur von der Energie, sondern auch vom Vektor $\boldsymbol{p}$ abhängt.

Die Berechnung von Stromdichte und Energiestromdichte reduziert sich damit auf die Bestimmung der Nichtgleichgewichts-Verteilungsfunktion $f(\boldsymbol{p}, \boldsymbol{r})$ und die nachfolgende Berechnung der Integrale auf der rechten Seite von (2.2) und (2.3). Abhängig davon, wodurch das thermodynamische Gleichgewicht im Ladungsträgersystem gestört wurde, kann die Verteilungsfunktion von unterschiedlicher Form sein. Daher ist es am ehesten angebracht, nicht nach einem universellen Ausdruck für die Verteilungsfunktion $f(\boldsymbol{p}, \boldsymbol{r})$ selbst, sondern eine allgemeingültige Gleichung zu suchen, durch die diese bestimmt ist und die sowohl die experimentellen Bedingungen als auch die Materialeigenschaften enthält. Im Rahmen der klassischen kinetischen Gastheorie wurde diese Aufgabe von L. Boltzmann formuliert und gelöst; von A. Sommerfeld wurde sie unter Berücksichtigung einer möglichen Entartung des Elektronengases verallgemeinert. Die von Boltzmann erhaltene Gleichung wird als kinetische oder Boltzmann-Gleichung bezeichnet. Die auf dieser Gleichung beruhende Methode der Berechnung kinetischer Koeffizienten gehört zu den meistverbreiteten und effektivsten Hilfsmitteln in der Theorie der Transporterscheinungen (Bedingungen ihrer Anwendbarkeit werden in Abschnitt 14.2. diskutiert).

13.3. Die Boltzmann-Gleichung

Die Boltzmann-Gleichung ist nichts anderes als eine Kontinuitätsgleichung im Phasenraum. Die Koordinaten in diesem Phasenraum sind dabei durch die Komponenten der Vektoren $\boldsymbol{p}$ und $\boldsymbol{r}$ gegeben. Um diese Gleichung abzuleiten, wählt man im Phasenraum ein beliebiges, aber festes infinitesimales Volumenelement, beispielsweise ein Parallelepiped mit den Seiten $\mathrm{d}x$, $\mathrm{d}y$, $\mathrm{d}z$, $\mathrm{d}p_x$, $\mathrm{d}p_y$, $\mathrm{d}p_z$ und untersucht, wie sich die Teilchenzahl in diesem während des infinitesimalen Zeitintervalls $\mathrm{d}t$ ändert. Terme höherer Ordnung im $\mathrm{d}t$, $\mathrm{d}x$, ..., $\mathrm{d}p_z$ werden dabei vernachlässigt.

Nach der Definition der Funktion f ist die Zahl der Teilchen (mit fester Spinquantenzahl s_z) zum Zeitpunkt t in dem Parallelepiped gleich

$$\mathrm{d}n = f(\boldsymbol{p}, \boldsymbol{r}, t) \frac{\mathrm{d}^3\boldsymbol{p} \, \mathrm{d}^3\boldsymbol{r}}{(2\pi\hbar)^3}.$$

Nach Ablauf der Zeit $\mathrm{d}t$ ist diese Zahl

$$\mathrm{d}n' = f(\boldsymbol{p}, \boldsymbol{r}, t + \mathrm{d}t) \frac{\mathrm{d}^3\boldsymbol{p} \, \mathrm{d}^3\boldsymbol{r}}{(2\pi\hbar)^3} = \left\{ f(\boldsymbol{p}, \boldsymbol{r}, t) + \frac{\partial f(\boldsymbol{p}, \boldsymbol{r}, t)}{\partial t} \mathrm{d}t \right\} \frac{\mathrm{d}^3\boldsymbol{p} \, \mathrm{d}^3\boldsymbol{r}}{(2\pi\hbar)^3}.$$

Die Differenz

$$\mathrm{d}n' - \mathrm{d}n = \frac{\partial f}{\partial t} \frac{\mathrm{d}^3\boldsymbol{p} \, \mathrm{d}^3\boldsymbol{r} \, \mathrm{d}t}{(2\pi\hbar)^3} \tag{3.1}$$

ergibt den resultierenden Zugang an Teilchen mit gegebener Spinprojektion im betrachteten Volumenelement des Phasenraumes. Um die uns interessierende Gleichung zu erhalten, muß die linke Seite von (3.1) unabhängig davon durch die Verteilungsfunktion f ausgedrückt werden. Dazu hat man offensichtlich die Prozesse, die zu einer Änderung der Teilchenzahl mit den betreffenden Werten von Koordinaten und Impuls führen, explizit zu erfassen, und eben das ist die Stelle, an der die konkreten physikalischen Bedingungen eingehen.

Ganz allgemein kann sich die Zahl der Teilchen in einem gegegebenen Volumenelement des Phasenraumes ändern durch

a) Verschiebungen im Koordinatenraum (Translationsbewegung),
b) die Wirkung äußerer Felder (d. h. die Beschleunigung der Teilchen),
c) Streuung der Teilchen an inneren Feldern des Kristalls oder der Teilchen untereinander (d. h. durch „Stöße"),
d) Generation oder Rekombination von Teilchen (oder Einfang an lokalen Niveaus).

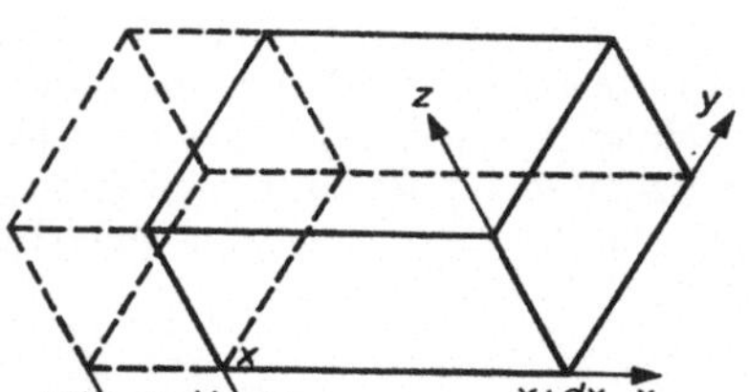

Abb. 13.2
Zur Ableitung der Boltzmann-Gleichung

Zur Berechnung des Translationsbeitrags sei bemerkt, daß die räumliche Bewegung der Teilchen als Gesamtheit der Verschiebungen längs dreier beliebiger zueinander senkrechter Achsen beschrieben werden kann. Offensichtlich bewegen sich im Zeitintervall $\mathrm{d}t$ durch die linke Begrenzungsfläche des Parallelepipeds in Abb. 13.2 alle die Teilchen (mit fester Spinprojektion) in dieses hinein, die zur Zeit t nicht weiter als $\boldsymbol{v}_x \, \mathrm{d}t$ von ihr entfernt waren und sich nach rechts bewegten. Deren Anzahl ist

$$f(\boldsymbol{p}, x, y, z, t) \frac{v_x \, \mathrm{d}t \, \mathrm{d}y \, \mathrm{d}z \, \mathrm{d}^3\boldsymbol{p}}{(2\pi\hbar)^3}. \tag{3.2a}$$

Analog dazu ist die Zahl der Teilchen, die während dieser Zeit durch die rechte Begrenzungsfläche austreten, gleich

$$f(\boldsymbol{p}, x + \mathrm{d}x, y, z, t) \frac{v_x \,\mathrm{d}t\, \mathrm{d}y\, \mathrm{d}z\, \mathrm{d}^3\boldsymbol{p}}{(2\pi\hbar)^3}. \tag{3.2b}$$

Entwickelt man den Ausdruck (3.2b) in eine Taylor-Reihe nach dx und subtrahiert diese von (3.2a), erhält man den aus der Bewegung in x-Richtung resultierenden „Zugang" an Teilchen:

$$-\frac{\partial f}{\partial x} v_x \frac{\mathrm{d}t\, \mathrm{d}\boldsymbol{r}\, \mathrm{d}\boldsymbol{p}}{(2\pi\hbar)^3}.$$

Analog dazu wird die Teilchenzahlbilanz für die Bewegung in y- und z-Richtung berechnet. Man findet schließlich für die Änderung der Zahl der Teilchen mit gegebener Spinprojektion während des Zeitintervalls dt, die durch die translatorische Bewegung im Koordinatenraum hervorgerufen wird,

$$(\mathrm{d}n' - \mathrm{d}n)_{\mathrm{Transl}} = -(\boldsymbol{v}, \nabla f) \frac{\mathrm{d}t\, \mathrm{d}\boldsymbol{r}\, \mathrm{d}\boldsymbol{p}}{(2\pi\hbar)^3}. \tag{3.3}$$

Auf die gleiche Weise läßt sich auch der „Beschleunigungsterm" berechnen, d. h. die Änderung der Teilchenzahl im betrachteten Volumenelement des Phasenraumes durch die Wirkung von Kräften, die von elektrischen oder magnetischen Feldern herrühren. Diese Kräfte bewirken eine Änderung des Quasiimpulses $\boldsymbol{p}$, d. h. eine Translation im Impulsraum. Formal wird dieser Prozeß wie die Translation im Koordinatenraum beschrieben – man hat hier nur die Geschwindigkeit $\boldsymbol{v} = \mathrm{d}\boldsymbol{r}/\mathrm{d}t$ durch $\mathrm{d}\boldsymbol{p}/\mathrm{d}t$ und den Gradienten im Ortsraum durch den Gradienten $\nabla_{\boldsymbol{p}} f$ im Quasiimpulsraum zu ersetzen. So ist

$$(\mathrm{d}n' - \mathrm{d}n)_{\mathrm{Kraft}} = -\left(\frac{\mathrm{d}\boldsymbol{p}}{\mathrm{d}t}, \nabla_{\boldsymbol{p}} f\right) \frac{\mathrm{d}t\, \mathrm{d}\boldsymbol{r}\, \mathrm{d}\boldsymbol{p}}{(2\pi\hbar)^3}. \tag{3.4}$$

Dabei ist nach der Bewegungsgleichung (4.1.9)

$$\frac{\mathrm{d}\boldsymbol{p}}{\mathrm{d}t} = \boldsymbol{F} = -e\boldsymbol{E} - \frac{e}{c}[\boldsymbol{v} \times \boldsymbol{B}]. \tag{3.5}$$

Unter $\boldsymbol{E}$ und $\boldsymbol{B}$ hat man dabei die elektrische Feldstärke und die magnetische Induktion zu verstehen, die (über eine Entfernung von etwa einer Gitterkonstanten) räumlich schwach variieren. Dazu zählen in der Regel die von äußeren Quellen herrührenden Felder (also die durch Batterien, Magnete, elektromagnetische Wellen usw. erzeugten), aber auch die Felder, die durch die Umverteilung der Ladungsträger infolge der Wirkung von äußeren Kräften innerhalb der Probe erzeugt werden. Manchmal zählt man sogar die Felder, die von irgendwelchen Strukturdefekten herrühren, dazu. Wenn diese Felder räumlich hinreichend glatt sind, kann man sie je nach der Problemstellung entweder in Gl. (3.5) berücksichtigen oder mit in den Term aufnehmen, der die Ladungsträgerstreuung beschreibt (im sog. „Stoßintegral" (3.10)).

Wir betrachten jetzt die Änderung der Teilchenzahl im Parallelepiped durch Streuung (d. h. infolge von „Stößen"). Zunächst soll die Streuung der Ladungsträger an Gitterdefekten (sog. Streuzentren), also nicht der Ladungsträger untereinander, behandelt werden. Prinzipiell kann durch eine Streuung nur die Verteilung der Ladungsträger über die möglichen Quasiimpulse (und evtl. die Spinquantenzahl s_z), jedoch nicht unmittelbar ihre räumliche Verteilung geändert werden. Vom quantenmechanischen Standpunkt aus hat auch nur diese Aufgabenstellung einen Sinn. Streuung ist hier jede Änderung des Zustandes der Ladungsträger durch die Wechselwirkung mit einem Streuzentrum, und der Zustand ist eben durch den Quasiimpuls und die Spinquantenzahl gegeben. Von den beiden Argumenten $\boldsymbol{p}$ und $\boldsymbol{r}$ der Verteilungsfunktion ändert sich bei der Streuung also nur das erste, während das zweite konstant bleibt. Es sei $\boldsymbol{p}'$ der Quasiimpuls eines Ladungsträgers vor dem Stoß, $\boldsymbol{p}$ der nach dem Stoß.[1] Die Zahl der Streuakte pro Zeiteinheit ist offensichtlich proportional der Zahl der Ladungsträger im Ausgangszustand und der Zahl der freien Endzustände, also proportional dem Produkt

$$P_1(\boldsymbol{p}', \boldsymbol{p})\, f(\boldsymbol{p}', \boldsymbol{r})\, [1 - f(\boldsymbol{p}, \boldsymbol{r})]\, \frac{\mathrm{d}^3\boldsymbol{p}\, \mathrm{d}^3\boldsymbol{p}'\, \mathrm{d}^3\boldsymbol{r}}{(2\pi\hbar)^6}. \tag{3.6}$$

P_1 ist darin ein Proportionalitätsfaktor, der im allgemeinen eine Funktion von $\boldsymbol{r}$ ist. Strenggenommen kann P_1 auch von der äußeren elektrischen oder magnetischen Feldstärke abhängen. Diese müssen für einen merklichen Einfluß jedoch etwa die Größenordnung der inneratomaren Feldstärken erreichen. Derartig hohe Feldstärken werden hier aber nicht betrachtet. Integriert man den Ausdruck (3.6) über $\boldsymbol{p}'$ und multipliziert ihn mit $\mathrm{d}t$, erhält man die Gesamtzahl der während des Zeitintervalls $\mathrm{d}t$ in das betrachtete Volumenelement des Phasenraumes hineingestreuten Ladungsträger:

$$\frac{\mathrm{d}^3\boldsymbol{r}\, \mathrm{d}^3\boldsymbol{p}\, \mathrm{d}t}{(2\pi\hbar)^3} \int P_1(\boldsymbol{p}', \boldsymbol{p})\, f(\boldsymbol{p}', \boldsymbol{r})\, [1 - f(\boldsymbol{p}, \boldsymbol{r})]\, \frac{\mathrm{d}^3\boldsymbol{p}'}{(2\pi\hbar)^3} = A\, \frac{\mathrm{d}t\, \mathrm{d}^3\boldsymbol{r}\, \mathrm{d}^3\boldsymbol{p}}{(2\pi\hbar)^3}. \tag{3.7}$$

Das Integral A ist durch diese Beziehung definiert. Es beschreibt den „Zugang“ an Teilchen im Einheitsvolumen des Phasenraumes pro Zeiteinheit. Wählt man umgekehrt als Anfangszustand den mit dem Quasiimpuls $\boldsymbol{p}$ und den mit dem Quasiimpuls $\boldsymbol{p}'$ als Endzustand, erhält man die Zahl der insgesamt aus dem betrachteten Volumenelement des Phasenraumes durch Stöße hinausgestreuten Teilchen:

$$\frac{\mathrm{d}^3\boldsymbol{r}\, \mathrm{d}^3\boldsymbol{p}\, \mathrm{d}t}{(2\pi\hbar)^3} \int P_2(\boldsymbol{p}, \boldsymbol{p}')\, f(\boldsymbol{p}, \boldsymbol{r})\, [1 - f(\boldsymbol{p}'\boldsymbol{r})]\, \frac{\mathrm{d}^3\boldsymbol{p}'}{(2\pi\hbar)^3} = B\, \frac{\mathrm{d}t\, \mathrm{d}^3\boldsymbol{r}\, \mathrm{d}^3\boldsymbol{p}}{(2\pi\hbar)^3}. \tag{3.8}$$

Das durch diese Beziehung definierte Integral B beschreibt die Abnahme der Teilchenzahl im Einheitsvolumen pro Zeiteinheit.

Kombiniert man die Gleichungen (3.7) und (3.8), erhält man die Gesamtänderung der Teilchenzahl durch Streuung:

$$(\mathrm{d}n' - \mathrm{d}n)_{\text{Streu}} = J[f]\, \frac{\mathrm{d}t\, \mathrm{d}^3\boldsymbol{r}\, \mathrm{d}^3\boldsymbol{p}}{(2\pi\hbar)^3}. \tag{3.9}$$

Darin ist

$$J[f] \equiv A - B = \frac{1}{(2\pi\hbar)^3} \int \mathrm{d}^3\boldsymbol{p}' \{P_1(\boldsymbol{p}', \boldsymbol{p})\, f(\boldsymbol{p}', \boldsymbol{r})\, [1 - f(\boldsymbol{p}, \boldsymbol{r})] - P_2(\boldsymbol{p}, \boldsymbol{p}')\, f(\boldsymbol{p}, \boldsymbol{r})\, [1 - f(\boldsymbol{p}', \boldsymbol{r})]\}. \tag{3.10}$$

[1] Die Spinvariablen werden nier nicht explizit mitgeschrieben; sie sind im Bedarfsfalle in $\boldsymbol{p}$, $\boldsymbol{p}'$ enthalten zu denken. Natürlich gehört dann zu einer Integration z. B. über $\boldsymbol{p}'$ eine Summation über die beiden entsprechenden Werte der Spinvariablen.

Der Ausdruck auf der rechten Seite von Gl. (3.10) heißt *Stoßintegral*. Wie man sieht, geht die Verteilungsfunktion im allgemeinen nichtlinear ein. Die Koeffizienten $P_1(\boldsymbol{p}', \boldsymbol{p})$ und $P_2(\boldsymbol{p}, \boldsymbol{p}')$, die die Streurate bestimmen, haben die Dimension cm^3/s. Sie sind den Wahrscheinlichkeiten der entsprechenden Übergänge proportional. Zuweilen schreibt man sie als Produkte des Betrages der Geschwindigkeit des Teilchens vor dem Stoß und dem effektiven Streuquerschnitt für die betreffende Änderung des Quasiimpulses (und ggf. der Spinquantenzahl). Zu ihrer Berechnung ist der konkrete Streumechanismus, also die Art der Streuzentren, ihre Wechselwirkungsenergie mit den Ladungsträgern usw., vorzugeben und das entsprechende Bewegungsproblem zu lösen.

Es sei angemerkt, daß — im Unterschied zur Bewegung von Ladungsträgern in räumlich glatten Feldern — Wechselwirkungsprozesse von Elektronen und Löchern mit Streuzentren keiner klassischen Beschreibung zugänglich sind. So erweist sich die Anwendung quantenmechanischer Methoden auf einer bestimmten Stufe bei der Berechnung der kinetischen Koeffizienten als unumgänglich. Dieser Umstand ist für das Folgende sehr wesentlich.

Wie wir im Kapitel 14. sehen werden, stellt die Notwendigkeit, Quanteneffekte zu berücksichtigen, eine wesentliche Einschränkung hinsichtlich der Anwendbarkeit der Boltzmann-Gleichung dar. Für die Streuung der Ladungsträger untereinander bleibt Gl. (3.9) gültig, aber die explizite Gestalt des Stoßintegrals ändert sich, da sich jetzt nicht der Zustand nur eines Teilchens, sondern der beiden Stoßpartner ändert. Sind P_1', P_2' und P_1, P_2 die Quasiimpulse der Teilchen vor bzw. nach dem Stoß, so ist die Zahl der Stöße pro Zeiteinheit

$$P_1(\boldsymbol{p}_1', \boldsymbol{p}_2'; \boldsymbol{p}_1, \boldsymbol{p}_2)\, f(\boldsymbol{p}_1', \boldsymbol{r}) \frac{\mathrm{d}^3\boldsymbol{p}_1'}{(2\pi\hbar)^3} f(\boldsymbol{p}_2', \boldsymbol{r}) \frac{\mathrm{d}^3\boldsymbol{p}_2'}{(2\pi\hbar)^3} [1 - f(\boldsymbol{p}_1, \boldsymbol{r})] \times \frac{\mathrm{d}^3\boldsymbol{p}_1}{(2\pi\hbar)^3} [1 - f(\boldsymbol{p}_2, \boldsymbol{r})] \frac{\mathrm{d}^3\boldsymbol{p}_2}{(2\pi\hbar)^3},$$

worin P_1 ein Proportionalitätsfaktor ist.

Die Gesamtzahl der Stöße, die zum Anwachsen der Teilchenzahl im betrachteten Volumenelement des Phasenraumes führen, erhält man hieraus durch Integration über $\boldsymbol{p}_1', \boldsymbol{p}_2$ und $\boldsymbol{p}_2'$. Berücksichtigt man noch den umgekehrten Prozeß, erhält man

$$\begin{aligned} J[f] = \int \frac{\mathrm{d}^3\boldsymbol{p}_1'\, \mathrm{d}^3\boldsymbol{p}_2'\, \mathrm{d}^3\boldsymbol{p}_2}{(2\pi\hbar)^9} \{ & P_1(\boldsymbol{p}_1', \boldsymbol{p}_2', \boldsymbol{p}_1, \boldsymbol{p}_2) \\ & \times f(\boldsymbol{p}_1', \boldsymbol{r})\, f(\boldsymbol{p}_2', \boldsymbol{r})\, [1 - f(\boldsymbol{p}_1, \boldsymbol{r})]\, [1 - f(\boldsymbol{p}_2, \boldsymbol{r})] \\ & - P_2(\boldsymbol{p}_1, \boldsymbol{p}_2, \boldsymbol{p}_1', \boldsymbol{p}_2')\, f(\boldsymbol{p}_1, \boldsymbol{r})\, f(\boldsymbol{p}_2, \boldsymbol{r})\, [1 - f(\boldsymbol{p}_1', \boldsymbol{r})]\, [1 - f(\boldsymbol{p}_2', \boldsymbol{r})]\}. \end{aligned} \tag{3.11}$$

Die Koeffizienten P_1, P_2 sind proportional zu den Wahrscheinlichkeiten der betreffenden Streuakte.

Die Änderung der Teilchenzahl durch Rekombination oder Einfang schließlich sollte sich ebenfalls mit Hilfe einer Gleichung wie (3.10) beschreiben lassen, wobei die Koeffizienten P_1, P_2 dann allerdings eine andere Bedeutung haben und die Integration über $\boldsymbol{p}'$ im Falle des Einfangs durch eine Summation über die Quantenzahlen, die die einzelnen diskreten Niveaus des Einfangzentrums numerieren, zu ersetzen wäre.

Meistens kann man Rekombinationsprozesse bei der Berechnung von kinetischen Koeffizienten sogar völlig außer acht lassen. Das liegt daran, daß sich die mittleren Häufigkeiten von Streu- und Rekombinationsprozessen in der Regel stark unterscheiden.

Wie bekannt (siehe Kapitel 9.), sind für Rekombinationsprozesse die charakteristischen Zeiten von der Ordnung $10^{-8} \cdots 10^{-6}$ s und größer. Die mittlere freie Flugzeit $\tau_p \equiv \langle \tau \rangle$ (siehe Abschnitt 1.2.), die die mittlere Stoßfrequenz der Streuprozesse charakterisiert, ist dagegen von der Größenordnung $10^{-13} \cdots 10^{-11}$ s. Man kann daher annehmen, daß die Streuung bei praktisch unveränderlicher Teilchenzahl (der freien Ladungsträger) vor sich geht — unabhängig davon, ob ein Gleichgewichtszustand vorliegt oder nicht. Andererseits wird die Wirkung von Rekombinations- und Einfangprozessen nach einer gewissen Zeit, nachdem Streuprozesse (und die äußeren Felder usw.) die Verteilungsfunktion der Ladungsträger im Quasiimpulsraum „ausgebildet" haben, durchaus wesentlich. Diese Unterscheidung der überhaupt vorkommenden Prozesse in schnelle (hier die Streuprozesse) und langsame (hier Rekombination und Einfang), die praktisch unabhängig voneinander ablaufen, ist für die Kinetik charakteristisch. In anderer Gestalt ist das in Kapitel 7. u. a. schon vorgekommen, als die Diffusion der Ladungsträger und die damit verbundenen Erscheinungen betrachtet wurden. Die Diffusion ist ein solcher langsamer Prozeß, der durch den Diffusionskoeffizienten D charakterisiert ist. Die Größe D selbst ist dagegen durch schnelle Streuprozesse bestimmt, die so ablaufen, als gäbe es keine Diffusion, und dabei die Verteilungsfunktion formieren.

Kombiniert man jetzt die Gleichungen (3.1), (3.3), (3.4) und (3.9), so erhält man die Gleichung für die Verteilungsfunktion

$$\frac{\partial f}{\partial t} = -(\boldsymbol{v}, \nabla f) - (\boldsymbol{F}, \nabla_{\boldsymbol{p}} f) + J[f]. \tag{3.12}$$

Das ist die Boltzmann-Gleichung. Das Stoßintegral $J[f]$ ist hier durch die Gleichung (3.10) oder (3.11) gegeben (oder durch die Summe beider, wenn beide Arten von Streuung wesentlich sind) und die Kraft $\boldsymbol{F}$ durch den Ausdruck (3.5).

Die Gleichung (3.12) wurde für den Fall, daß nur Ladungsträger ein und desselben Typs vorhanden sind, abgeleitet. Bei Vorhandensein mehrerer Arten von Ladungsträgern (z. B. Elektronen und Löchern oder von „leichten" und „schweren" Löchern usw.) hat man für jede Ladungsträgerart jeweils eine Verteilungsfunktion einzuführen. Man hat also so viele Boltzmann-Gleichungen der Form (3.12) wie Arten von Ladungsträgern. Auf den rechten Seiten dieser Gleichungen tritt dann die Summe über alle die Arten von Teilchen auf, in die die betrachtete Art durch Streuung übergehen kann. Man gelangt daher, falls die Streuung der Teilchen untereinander oder die Erzeugung anderer Teilchen wesentlich sind, zu einem System gekoppelter Boltzmann-Gleichungen.

Gleichung (3.12) ist eine Integrodifferentialgleichung. Ihre Lösung ist nur dann eindeutig bestimmt, wenn dazu noch Randbedingungen angegeben werden. Diese formuliert man jedoch am zweckmäßigsten nicht in allgemeiner Form, sondern bezogen auf den konkreten Fall. Daher wird an dieser Stelle nicht näher darauf eingegangen.

Die Ableitung der Boltzmann-Gleichung folgt dem im vorangegangenen Abschnitt ausführlich dargestellten Schema der Berechnung kinetischer Koeffizienten. Wie aus dem obigen ersichtlich ist, zerfällt die Lösung des Problems in zwei Teile, die man etwa als „mechanischen“ und als „statistischen“ Teil bezeichnen könnte. Der erste besteht in der Bestimmung der Faktoren P_1 und P_2, d. h. der Streuwahrscheinlichkeiten für den betrachteten Mechanismus. Die zweite besteht dann in der Lösung der Gleichung (bzw. der Gleichungen) (3.12) mit bekannten Funktionen P_1 und P_2.

13.4. Thermodynamisches Gleichgewicht und das Prinzip des detaillierten Gleichgewichts

Die Boltzmann-Gleichung, die im vorigen Abschnitt für beliebige Nichtgleichgewichtssysteme abgeleitet wurde, bleibt natürlich auch im Falle des thermodynamischen Gleichgewichts gültig. Hier definiert sie dann die Gleichgewichts-Verteilungsfunktion f_0. Diese ist andererseits schon aus der Gleichgewichtsstatistik bekannt. Es ist die Fermi-Funktion (5.3.1). Im folgenden werden wir diesen Umstand nutzen, um zu einer nützlichen Beziehung zwischen den Koeffizienten P_1 und P_2 zu gelangen.

Man betrachtet dazu ein System von Elektronen ohne äußeres elektrisches Feld. Da f_0 nicht von der Zeit abhängt, hat Gl. (3.12) die Form

$$-(\boldsymbol{v}, \nabla f_0) - (\boldsymbol{F}, \nabla_{\boldsymbol{p}} f_0) + J[f_0] = 0. \tag{4.1}$$

Dabei ist nach (5.3.1)

$$f_0 = \left\{\exp\left[\frac{E(\boldsymbol{p}) - e\varphi - F}{kT}\right] + 1\right\}^{-1}, \tag{4.2}$$

wobei das elektrostatische Potential φ dann keine Konstante ist, wenn im Gleichgewichtsfall eine Verbiegung der Bänder vorliegt.

Mit f_0' wird im folgenden die Ableitung von f_0 nach der Energie $E(\boldsymbol{p})$ bezeichnet. Da die Funktion f_0 nur über das Potential φ von den Koordinaten abhängt, und zwar nur über die Kombination $E(\boldsymbol{p}) - e\varphi$, hat man

$$\nabla f_0 = -e f_0' \nabla\varphi. \tag{4.3}$$

Weiter ist nach (4.13)

$$\nabla_{\boldsymbol{p}} f_0 = \left(\nabla_{\boldsymbol{p}} E(\boldsymbol{p})\right) f_0' = \boldsymbol{v} f_0'. \tag{4.4}$$

Hier sei angemerkt, daß im thermodynamischen Gleichgewicht das elektrochemische Potential F und die Temperatur nicht von den Koordinaten abhängen.

Die Kraft $\boldsymbol{F}$ ist durch Gl. (3.5) gegeben, wobei hier

$$\boldsymbol{E} = -\nabla\varphi$$

gilt. Folglich ist

$$(\boldsymbol{F}, \nabla_{\boldsymbol{p}} f_0) = e f_0' \left\{(\boldsymbol{v}, \nabla\varphi) - \frac{1}{c}(\boldsymbol{v}, [\boldsymbol{v} \times \boldsymbol{B}])\right\}. \tag{4.5}$$

Der letzte Summand in Gl. (4.5) verschwindet identisch. Das heißt, daß ein räumlich und zeitlich konstantes Magnetfeld die Gleichgewichtsverteilung der Ladungsträger im Quasiimpulsraum nicht stören kann.

Setzt man die Ausdrücke (4.3) und (4.5) in Gl. (4.1) ein, so erhält man

$$e(\boldsymbol{v}, \nabla\varphi) f_0' - e(\boldsymbol{v}, \nabla\varphi) f_0' + J[f_0] = 0. \tag{4.1'}$$

Man erkennt, daß sich im thermodynamischen Gleichgewicht „Translations"- und „Beschleunigungs"-Term in der Boltzmann-Gleichung gegenseitig aufheben. Das bedeutet, daß eine gegenseitige Kompensation von Diffusions -und Driftstromdichte vorliegt (siehe Abschnitt 4.3.). Der Diffusionsstrom wird dabei bekanntlich durch die inhomogene räumliche Verteilung der Ladungsträger hervorgerufen, während der Driftstrom durch die Wirkung von Kräften des elektrischen Feldes verursacht wird.

Die Gleichung (4.1) erhält damit die Form

$$J[f_0] = 0. \tag{4.1''}$$

Der Inhalt dieser Gleichung ist klar: Bei gegenseitiger Kompensation der ersten beiden Summanden in Gl. (4.1) kann sich die Teilchenzahl in einem beliebigen Volumenelement des Phasenraumes nur durch Stöße ändern.[1]) Da unter den hier betrachteten Bedingungen die Verteilungsfunktion nicht von der Zeit abhängt, müssen Zugang und Abgang der Teilchen sich gegenseitig kompensieren. Die Gleichungen (4.1') und (4.2) führen auf einen bestimmten Zusammenhang zwischen den Größen $P_1(\boldsymbol{p}', \boldsymbol{p})$ und $P_2(\boldsymbol{p}, \boldsymbol{p}')$.

Zunächst werde der Fall betrachtet, daß die Ladungsträger an Gitterdefekten (d. h. nicht untereinander) gestreut werden. Dann nimmt Gl. (4.1'') nach (3.10) die Form

$$\int \{P_1(\boldsymbol{p}', \boldsymbol{p}) f_0(\boldsymbol{p}') [1 - f_0(\boldsymbol{p})] - P_2(\boldsymbol{p}, \boldsymbol{p}') f_0(\boldsymbol{p}) [1 - f_0(\boldsymbol{p}')]\} \, d^3\boldsymbol{p}' = 0 \tag{4.6}$$

an. Wir postulieren, daß das Verschwinden des Integrals in (4.6) auch das Verschwinden des Integranden bedeutet. Setzt man dann in (4.6) den expliziten Ausdruck für die Fermi-Funktion ein, erhält man

$$\frac{P_1(\boldsymbol{p}', \boldsymbol{p})}{P_2(\boldsymbol{p}, \boldsymbol{p}')} = \exp \frac{E(\boldsymbol{p}') - E(\boldsymbol{p})}{kT}. \tag{4.7}$$

Daraus ist ersichtlich, daß Streuprozesse mit einer Erhöhung der Energie weniger wahrscheinlich sind als solche, die zu einer Verringerung der Energie führen: Für $E(\boldsymbol{p}') < E(\boldsymbol{p})$ ist die rechte Seite von (4.1) kleiner als Eins. Bei elastischer Streuung, wenn sich also die Teilchenenergie insgesamt nicht ändert, ist $P_1(\boldsymbol{p}', \boldsymbol{p}) = P_2(\boldsymbol{p}, \boldsymbol{p}')$.

Die Annahme, daß in Gl. (4.6) nicht nur das Integral, sondern auch dessen Integrand verschwindet, bedeutet, daß im Gleichgewicht der Teilchenstrom aus einem herausgegriffenen Volumenelement des Phasenraumes in ein anderes exakt gleich dem in umgekehrter Richtung ist. Die kleinere Übergangswahrscheinlichkeit aus Zuständen zu kleineren Energien wird dabei durch deren größere Besetzung kompensiert. Anders formuliert: Zugang und Abgang an Teilchen heben einander nicht nur in der Summe auf, sondern auch im Detail, d. h. in der Bilanz je zweier beliebig herausgegriffener Elemente des Phasenraumes. Diese durch Gl. (4.7) gegebene Aussage bezeichnet man als das *Prinzip des detaillierten Gleichgewichts*. Das oben Gesagte stellt natürlich keine Herleitung dieses Prinzips dar. Es ist eine Möglichkeit, einzugrenzen,

[1]) Die Situation wird noch klarer, wenn überhaupt keine Bandverbiegung vorhanden ist, d. h. das System der Ladungsträger räumlich homogen ist. In diesem Fall hängt die Verteilungsfunktion nicht von den Koordinaten ab, und zugleich ist $\boldsymbol{E} = -\nabla\varphi = 0$. Dann sind der erste und der zweite Summand in (4.1) für sich gleich Null: Es gibt dann überhaupt keinen Teilchentransport — weder im Koordinaten- noch im Impulsraum.

welche Relationen zwischen $P_1(\boldsymbol{p}', \boldsymbol{p})$ und $P_2(\boldsymbol{p}, \boldsymbol{p}')$ zu erwarten sind. Tatsächlich folgt Gl. (4.7) unter bestimmten Bedingungen aus den Grundannahmen der Quantenmechanik ([M 2], § 108). Sie kann dazu genutzt werden, die explizite Form der Gleichgewichtsverteilung zu bestimmen. Das trifft zum Beispiel auf die elastische Streuung von Teilchen ohne Spin zu (was im folgenden noch an konkreten Beispielen erläutert werden wird). Die Einschränkung „ohne Spin“ ist dabei nicht unbedingt wörtlich zu nehmen: Das Gesagte trifft zu für alle Streuprozesse, bei denen der Spin der Teilchen keine Rolle spielt. Gerade mit solchen Streuprozessen hat man es aber in nichtferromagnetischen Halbleitern und Metallen zu tun.

In vollständiger Analogie dazu läßt sich die Streuung der Ladungsträger untereinander behandeln. Das Stoßintegral ist dabei durch Gl. (3.11) gegeben. Kombiniert man letztere mit Gl. (4.1''), erhält man analog zu Gl. (4.7)

$$\frac{P_1(\boldsymbol{p}_1', \boldsymbol{p}_2'; \boldsymbol{p}_1, \boldsymbol{p}_2)}{P_2(\boldsymbol{p}_1, \boldsymbol{p}_2; \boldsymbol{p}_1', \boldsymbol{p}_2')} = \exp\frac{E(\boldsymbol{p}_1') + E(\boldsymbol{p}_2') - E(\boldsymbol{p}_1) - E(\boldsymbol{p}_2)}{kT}. \tag{4.8}$$

Im Exponenten steht hier also die gesamte Energieänderung der beiden Teilchen beim Stoß. Ist kein Energieaustausch mit einem dritten Körper möglich, muß diese offensichtlich verschwinden. Gleichung (4.8) enthält damit eine einfachere Form:

$$P_1(\boldsymbol{p}_1', \boldsymbol{p}_2'; \boldsymbol{p}_1, \boldsymbol{p}_2) = P_2(\boldsymbol{p}_1, \boldsymbol{p}_2; \boldsymbol{p}_1', \boldsymbol{p}_2'). \tag{4.8'}$$

Wie Gl. (4.7) gilt auch Gl. (4.8) nicht immer [M 2]. Für die uns interessierenden Probleme ändern jedoch die für den allgemeinen Fall anzubringenden Korrekturen nichts.

13.5. Kleine Abweichungen vom Gleichgewicht

Ein System von Elektronen läßt sich durch Anlegen einer Spannung oder dadurch, daß man in der Probe einen Gradienten der Ladungsträgerkonzentration oder einen Temperaturgradienten erzeugt, aus dem thermodynamischen Gleichgewicht bringen. Das elektrochemische Potential oder die Temperatur werden dann von den Koordinaten abhängig. Berücksichtigt man das, so läßt sich die Nichtgleichgewichtsverteilung in der Form

$$f(\boldsymbol{p}, \boldsymbol{r}) = f_0(\boldsymbol{p}, \boldsymbol{r}) + f_1(\boldsymbol{p}, \boldsymbol{r}) \tag{5.1}$$

schreiben, wobei

$$f_0 = \left\{\exp\frac{E(\boldsymbol{p}) - e\varphi - F(\boldsymbol{r})}{kT(\boldsymbol{r})} + 1\right\}^{-1} \tag{5.2}$$

die Fermi-Funktion für den Fall ist, daß Temperatur und elektrochemisches Potential räumlich variieren, und f_1 eine aus der Boltzmann-Gleichung zu bestimmende noch unbekannte Funktion. Die Darstellung (5.1) für die Funktion $f(\boldsymbol{p}, \boldsymbol{r})$ ist zweckmäßig, wenn die Gradienten der Funktionen $F(\boldsymbol{r})$ und $T(F)$ hinreichend klein sind. Wie im Abschnitt 13.7. noch gezeigt wird, ist dann im hauptsächlich interessierenden Energiebereich

$$|f_1| \ll f_0. \tag{5.3}$$

Solange die Beziehung (5.3) erfüllt ist, spricht man von kleinen Abweichungen vom thermodynamischen Gleichgewicht. Bei der Anwendung auf solche Systeme vereinfacht sich die Boltzmann-Gleichung (3.12) etwas. Formt man sie nämlich mit Hilfe des expliziten Ausdrucks (3.5) für die Kraft $\boldsymbol{F}$ um, erhält man

$$\frac{\partial f}{\partial t} + (\boldsymbol{v}, \nabla f) - (e\boldsymbol{E}, \nabla_{\boldsymbol{p}} f) - \frac{e}{c}([\boldsymbol{v} \times \boldsymbol{B}], \nabla_{\boldsymbol{p}} f) = J[f]. \tag{5.4}$$

Wegen der Bedingung (5.3) kann man im zweiten und dritten Summanden auf der linken Seite von (5.4) die Funktion f durch f_0 ersetzen, denn für $\nabla T = \nabla F = 0$ ist die Funktion f_1 gleich Null. Also ist zu erwarten, daß f_1 linear von $\boldsymbol{E}$ und ∇T abhängt (im Abschnitt 13.7. wird das bewiesen). Beschränkt man sich wie in Abschnitt 13.1. auf die in $\boldsymbol{E}$ und ∇T lineare Näherung, kann man die Terme $(\boldsymbol{v}, \nabla f_1)$ und $(e\boldsymbol{E}, \nabla_{\boldsymbol{p}} f_1)$ fortlassen, da diese klein von höherer Ordnung sind. Zur Berechnung des Summanden, der das Magnetfeld enthält, und des Stoßintegrals ist das dagegen keine gute Näherung. Wie wir in Abschnitt 13.4. gesehen haben, verschwinden diese Terme bei $f = f_0$.

Für die Gradienten ∇f_0 und $\nabla_{\boldsymbol{p}} f_0$ erhält man analog zu (4.3) und (4.4)

$$\nabla f_0 = \left(-e\nabla\varphi - \nabla F - \frac{E(\boldsymbol{p}) - e\varphi - F}{kT} \nabla kT\right) f_0,$$

$$\nabla_{\boldsymbol{p}} f_0 = \boldsymbol{v} f_0',$$

wobei wie oben $f_0' = \partial f_0 / \partial E(\boldsymbol{p})$ ist.

So ist in der hier verwendeten Näherung die Summe aus dem zweiten und dritten Term in (5.4) gleich

$$\left\{-e(\boldsymbol{v}, \nabla\varphi) - (\boldsymbol{v}, \nabla F) - \frac{E(\boldsymbol{p}) - e\varphi - F}{T} (\boldsymbol{v}, \nabla T) - e(\boldsymbol{E}, \boldsymbol{v})\right\} f_0'. \tag{5.5}$$

Da $\boldsymbol{E} = -\nabla\varphi$ ist, heben sich der erste und letzte Summand in (5.5) gegeneinander auf. Daher steht in der Boltzmann-Gleichung statt (5.5) letztlich der Ausdruck

$$\left\{-(\boldsymbol{v}, \nabla F) - \frac{E(\boldsymbol{p}) - e\varphi - F}{T} (\boldsymbol{v}, \nabla T)\right\} f_0'. \tag{5.5'}$$

Man sieht, daß der Ausdruck $\boldsymbol{E}' = \frac{1}{e} \nabla F$ (1.1) hier tatsächlich an die Stelle der elektrischen Feldstärke tritt.

Also hat die Boltzmann-Gleichung (5.4) bei kleinen Abweichungen vom Gleichgewicht die Form

$$\frac{\partial f}{\partial t} - (e\boldsymbol{E}', \boldsymbol{v}) f_0' - \frac{E(\boldsymbol{p}) - e\varphi - F}{T} (\boldsymbol{v}, \nabla T) f_0' - \frac{e}{c}([\boldsymbol{v} \times \boldsymbol{B}], \nabla_{\boldsymbol{p}} f_1) = J[f]. \tag{5.4'}$$

Im folgenden wird die Energie $E(\boldsymbol{p})$ bei der Betrachtung des Elektronengases am zweckmäßigsten von der unteren Leitungsbandkante aus gezählt. Dabei ist $F + e\varphi = \zeta$ mit ζ als dem chemischen Potential aus Kapitel 5. Unter stationären Bedingungen und bei $\boldsymbol{E}' = \nabla T = 0$ folgt daraus $f_1 = 0$ und $f = f_0$, wie es sein muß. Anders gesagt: Das Gleichgewicht wird nur gestört, wenn wenigstens einer der Vektoren ∇F und ∇T von Null verschieden ist. Nur unter dieser Bedingung kann ein elektrischer Strom und ein Energiestrom auftreten.

13.6. Das Stoßintegral bei elastischer Streuung und isotropen Isoenergieflächen und die Impulsrelaxationszeit

Die Boltzmann-Gleichung (5.4′) ist wie Gl. (3.12) eine nichtlineare Integrodifferentialgleichung. Ihre analytische Lösung für den allgemeinen Fall ist mit großen mathematischen Schwierigkeiten verbunden. Daher ist es zweckmäßig, Vereinfachungen, die sich jeweils aus den konkreten physikalischen Bedingungen ergeben, einzuführen.

Als erstes sei angemerkt, daß meistens die Wahrscheinlichkeit einer Änderung der Spinquantenzahl bei der Streuung sehr klein ist und außerdem Teilchen mit nach links bzw. nach rechts gerichtetem Spin praktisch gleich gestreut werden. Die Spinquantenzahl kann sich nämlich nur durch die relativ schwache Wechselwirkung mit einem Magnetfeld ändern. Bei Vernachlässigung der letzteren kann die Summation über die Spinquantenzahl in (3.10) entfallen, so daß man nur Teilchen mit beliebiger Spinorientierung zu betrachten hat. Das Vorhandensein von Elektronen oder Löchern mit jeweils der entgegengesetzten Spinorientierung wird dann in den Gleichungen einfach durch den Faktor 2 vor der Teilchenkonzentration, der Stromdichte oder der Energiestromdichte berücksichtigt, so wie das in (2.1), (2.2) und (2.3) getan wurde.

Des weiteren ist die Streuung der Ladungsträger meist fast elastisch. Das ist zum Beispiel bei der Streuung an geladenen oder neutralen Störstellen, Versetzungen und anderen Strukturdefekten des Gitters der Fall. Alle diese Streuzentren haben eine wesentlich größere Masse als die Elektronen bzw. Löcher. Wie aus der Mechanik bekannt ist, kann sich bei dem Stoß eines leichten mit einem schweren Teilchen der Impuls beider stark ändern, der Energieaustausch dagegen ist stark behindert. Es zeigt sich, daß die relative Energieänderung selbst des leichten Teilchens sehr klein ist. Im folgenden Kapitel wird deutlich, daß das auch bei der Streuung von Elektronen an akustischen Gitterschwingungen der Fall ist. Die Energieänderung bei der Streuung ist hier proportional $(m/M)^{1/2}$, wenn m die Effektivmasse des Elektrons und M die Masse eines Gitteratoms ist.

Im Sinne des oben Gesagten sei jetzt vorausgesetzt, daß die Ladungsträgerstreuung ohne Energieänderung vor sich geht: Die Ladungsträger erfahren nur eine Umverteilung innerhalb einer Isoenergiefläche, ohne diese zu verlassen. Diese Art von Streuung wird *elastisch* genannt.

Natürlich stellt diese Annahme über die Elastizität der Streuung eine Idealisierung dar, die nicht in jedem Fall gerechtfertigt ist. Bei vollständigem Fehlen eines Energieaustausches zwischen den Ladungsträgern und deren Umgebung würde keine Joulesche Wärme entstehen, und es könnte sich außerdem kein thermodynamisches Gleichgewicht zwischen den Elektronen oder Löchern und dem Kristallgitter einstellen. Die Voraussetzung quasielastischer Streuung besagt, daß der Energieaustausch zwischen den Ladungsträgern und dem Gitter wesentlich langsamer als der Impulsaustausch erfolgt. Diese Idealisierung vorzunehmen heißt also den ersten Prozeß zu vernachlässigen. Das wird bei nur hinreichend kleinen Abweichungen vom Gleichgewichtszustand (z. B. in einem schwachen elektrischen Feld) gerechtfertigt sein, wenn nämlich die Energie, die von den Ladungsträgern aus einer äußeren Quelle aufgenommen wird, zu vernachlässigen ist.

Mathematisch wird die Elastizität der Streuung dadurch beschrieben, daß die im Stoßintegral auftretenden Faktoren $P_1(\boldsymbol{p}', \boldsymbol{p})$ und $P_2(\boldsymbol{p}, \boldsymbol{p}')$ nur für $E(\boldsymbol{p}') = E(\boldsymbol{p})$ von Null verschieden sind. Andererseits müssen die Integrale von P_1 und P_2 über $\boldsymbol{p}'$ von

Null verschieden sein können. Diese Forderungen lassen sich erfüllen, indem man setzt

$$\begin{aligned} P_1(\boldsymbol{p}', \boldsymbol{p}) &= \delta[E(\boldsymbol{p}') - E(\boldsymbol{p})]\, S(\boldsymbol{p}', \boldsymbol{p}), \\ P_2(\boldsymbol{p}, \boldsymbol{p}') &= \delta[E(\boldsymbol{p}') - E(\boldsymbol{p})]\, S(\boldsymbol{p}, \boldsymbol{p}'), \end{aligned} \tag{6.1}$$

worin S eine noch zu bestimmende Funktion und $\delta[E(\boldsymbol{p}') - E(\boldsymbol{p})]$ die Diracsche δ-Funktion[1]) ist. Wegen der Eigenschaften der δ-Funktion sind die Integrale über die Größen (6.1), multipliziert mit der Verteilungsfunktion f, nämlich erstens von Null verschieden und enthalten zweitens nur Werte von f und S zu Quasiimpulsen, für die $E(\boldsymbol{p}') = E(\boldsymbol{p})$ ist. Im Kapitel 14. werden die Ausdrücke (6.1) explizit berechnet. Es ist dann gemäß dem Prinzip des detaillierten Gleichgewichts

$$S(\boldsymbol{p}', \boldsymbol{p}) = S(\boldsymbol{p}, \boldsymbol{p}').$$

Setzt man (6.1) in die Gl. (3.10) ein, erhält man

$$J[f] = \frac{1}{(2\pi\hbar)^3} \int S(\boldsymbol{p}', \boldsymbol{p})\, \delta[E(\boldsymbol{p}) - E(\boldsymbol{p}')]\, \{f(\boldsymbol{p}', \boldsymbol{r}) - f(\boldsymbol{p}, \boldsymbol{r})\}\, d^3\boldsymbol{p}'. \tag{6.2}$$

Setzt man also die Streuung als elastisch voraus, so führt das letztlich dazu, daß die gesuchte Verteilungsfunktion linear in den Integranden des Stoßintegrals eingeht. Zu einer weiteren Vereinfachung des Stoßintegrals kann man gelangen, wenn man die Symmetrie der Isoenergieflächen in Betracht zieht. Es soll hier nur der einfachste Fall betrachtet werden, wenn diese nichtentartet und isotrop, also Kugeln sind[2]):

$$E = E(p^2). \tag{6.3}$$

Zu dieser Funktion gibt es dann eine Umkehrfunktion; die zugehörige inverse Funktion sei $p^2(E)$. Ihrer physikalischen Bedeutung nach ist die Funktion $S(\boldsymbol{p}, \boldsymbol{p}')$ ein Skalar. Folglich kann diese nur skalare Kombinationen der Vektoren $\boldsymbol{p}$ und $\boldsymbol{p}'$ enthalten. Im hier betrachteten Fall gibt es deren fünf:

$$p^2, \quad p'^2, \quad (\boldsymbol{p}, \boldsymbol{p}') = pp' \cos\theta, \quad E(p^2), \quad E(p'^2). \tag{6.4}$$

Darin ist $\theta = \widehat{(\boldsymbol{p}, \boldsymbol{p}')}$ der Streuwinkel.

Bei elastischer Streuung sind die letzten beiden Größen identisch. Außerdem ist nach (6.3) $p^2 = p'^2$. Damit verbleiben nur zwei unabhängige Skalare, als die hier die Energie $E = E(p^2)$ und $\cos\theta$ gewählt werden mögen:

$$S(\boldsymbol{p}, \boldsymbol{p}') = S(E, \cos\theta). \tag{6.5}$$

Also ist bei elastischer Streuung und isotropen nichtentarteten Isoenergieflächen die Funktion S nicht von fünf, sondern nur von zwei Argumenten abhängig, wobei eines davon beim Streuprozeß noch konstant ist.

An späterer Stelle, bei der Behandlung des quantenmechanischen Teils dieses Problems (siehe Kapitel 14.), werden die Faktoren P_1 und P_2 für einige Streumechanismen explizit berechnet. Man erkennt dann unmittelbar die Gültigkeit der Gleichungen (6.1) und (6.5) in dem jeweiligen konkreten Fall.

Dagegen zeigt sich, daß zu der Behandlung des statistischen Teils des Problems bei kleinen Abweichungen vom Gleichgewichtszustand keine Konkretisierung der

[1]) Siehe Anhang 4.

[2]) Die Annahme eines parabolischen Dispersionsgesetzes ist dabei nicht zwingend.

Funktion $S(E, \cos\theta)$ erforderlich ist. Es reicht aus, die Verteilungsfunktion in der Form (5.1) darzustellen.

Wie im Abschnitt 13.1. werden nur die in $\boldsymbol{E}$ und ∇T linearen Terme berücksichtigt. Es läßt sich leicht ermitteln, wie die Funktion f_1 hier von $\boldsymbol{E}$, ∇T und $\boldsymbol{B}$ abhängen muß. Dazu hat man nur zu beachten, daß f_1 ein Skalar, $\boldsymbol{E}$ und ∇T Vektoren und $\boldsymbol{B}$ ein Pseudovektor ist.

Zunächst sollen dieselben drei Spezialfälle wie in Abschnitt 13.1. betrachtet werden.

a) Ladungsträger im schwachen räumlich und zeitlich konstanten elektrischen Feld. Da die Funktion f_1 ein Skalar sein muß, der linear von dem Vektor $\boldsymbol{E}$ abhängt, muß man hier ansetzen

$$f_1 = (\boldsymbol{p}, \boldsymbol{E})\, \psi(E), \tag{6.6a}$$

worin $\psi(E)$ eine noch unbekannte skalare Funktion der Energie der Ladungsträger ist.

b) Ladungsträger in einem schwachen zeitlich und räumlich konstanten Temperaturgradienten. Hier ist

$$f_1 = (\boldsymbol{p}, \nabla T)\, \chi_1(E) + (\boldsymbol{p}, \boldsymbol{E}')\, \chi_2, \tag{6.6b}$$

worin χ_1, χ_2 noch unbekannte skalare Funktionen sind und E mit der Erwärmung der Probe und einer möglichen Umverteilung der Ladungsträger in dieser zusammenhängt. Tatsächlich ist nämlich der Vektor $\boldsymbol{E}'$ nicht unabhängig, sondern hängt von ∇T ab. Die konkrete Beziehung zwischen diesen Vektoren ist jedoch durch das Experiment bestimmt und wird hier am besten noch nicht spezialisiert.

c) Ladungsträger im räumlich und zeitlich konstanten elektrischen und magnetischen Feld. Hier hat man drei unabhängige Vektoren $\boldsymbol{E}$, $[\boldsymbol{E} \times \boldsymbol{B}]$ und $(\boldsymbol{B}, \boldsymbol{E})\, \boldsymbol{B}$. Also gilt

$$f_1 = (\boldsymbol{p}, \boldsymbol{E})\, \psi_1(E) + (\boldsymbol{p}, [\boldsymbol{E} \times \boldsymbol{B}])\, \psi_2(E) + (\boldsymbol{p}, \boldsymbol{B})\, (\boldsymbol{B}, \boldsymbol{E})\, \psi_3(E), \tag{6.6c}$$

worin jetzt ψ_1, ψ_2, ψ_3 noch unbekannte Funktionen sind. Sie hängen von der Energie der Ladungsträger und eventuell von B^2 ab.[1])

Analoge Ausdrücke lassen sich auch sofort bei Vorhandensein entweder eines elektrischen oder eines magnetischen Feldes und eines Temperaturgradienten oder nur eines Magnetfeldes und eines Temperaturgradienten aufschreiben. Ganz allgemein erhält man also

$$f_1 = \big(\boldsymbol{p}, \boldsymbol{\xi}(E)\big), \tag{6.7}$$

wobei der Vektor $\boldsymbol{\xi}$ irgendeine Linearkombination von Vektoren, durch die die äußere Störung charakterisiert wird, darstellt. Die skalaren Koeffizienten in dieser Linearkombination hängen dann von $\boldsymbol{E}$ und eventuell von $\boldsymbol{B}^2$ ab.

Offensichtlich beschreibt die Funktion (5.1) mit f_1 aus (6.7) einen Zustand mit von Null verschiedenen Werten der elektrischen und der Energiestromdichte. f_1 ist nämlich ebenso wie $\boldsymbol{v}(\boldsymbol{p})$ eine ungerade Funktion des Quasiimpulses $\boldsymbol{p}$, und die Integrale (2.2) und (2.3) erweisen sich als von Null verschieden. Damit unter-

---

[1]) Wie im nächsten Abschnitt gezeigt wird, widerspricht die letztgenannte Möglichkeit der Bedingung (5.3) nicht.

scheidet sich die mittlere Energie $\langle E\rangle$ der Ladungsträger in diesem Zustand nicht von der des Gleichgewichtszustandes. Es ist nämlich

$$\langle E\rangle = \frac{2}{(2\pi\hbar)^3}\int f(\boldsymbol{p})\, E(\boldsymbol{p})\, d^3\boldsymbol{p}. \tag{6.8}$$

Da $E(\boldsymbol{p})$ eine gerade Funktion des Quasiimpulses $\boldsymbol{p}$ ist, gibt der Term f_1 keinen Beitrag zum Integral (6.8). In der hier verwendeten Näherung wird von den Ladungsträgern aus den äußeren Feldern nur (Quasi-) Impuls aufgenommen und an das Gitter abgegeben, dagegen keine Energie.[1])

Setzt man den Ausdruck (5.1) in das Stoßintegral (6.2) ein und beachtet noch (6.5), so gilt bei elastischer Streuung

$$f_0\big(E(\boldsymbol{p})\big) = f_0\big(E(\boldsymbol{p}')\big)$$

und also

$$J[f] = \int \frac{d^3\boldsymbol{p}'}{(2\pi\hbar)^3}\,\delta\big(E(\boldsymbol{p}) - E(\boldsymbol{p}')\big)\, S\big(E(\boldsymbol{p}), \cos\theta\big)\,\{(\boldsymbol{p}', \boldsymbol{\xi}) - (\boldsymbol{p}, \boldsymbol{\xi})\}. \tag{6.9}$$

Das Integral über $\boldsymbol{p}'$ berechnet man am besten in sphärischen Koordinaten, wobei die Polarachse in Richtung des Vektors $\boldsymbol{p}$ gelegt wird. Die Polarwinkel der Vektoren $\boldsymbol{p}'$ und $\boldsymbol{\xi}$ relativ zu $\boldsymbol{p}$ werden mit (θ, φ) bzw. (α, β) bezeichnet, und anstelle von $\boldsymbol{p}'$ führt man die Variable $E' = E(\boldsymbol{p}')$ ein. Dann gilt

$$d^3\boldsymbol{p}' = \frac{p'^2(E')}{v(E')}\, dE' \sin\theta\, d\theta\, d\varphi,$$

wobei $v(E') = |dE'/dp'|$ ist. Führt man die Zustandsdichte (5.7.8a) ein und integriert in (6.9) über E' mit Hilfe der δ-Funktion, so erhält man

$$J[f] = \frac{N(E)\,\xi(E)}{8\pi}\int_0^{\pi} d\theta \sin\theta\, S(E, \cos\theta)\int_0^{2\pi} d\varphi\,\big(p\cos\widehat{(\boldsymbol{p}', \boldsymbol{\xi})} - p\cos\alpha\big). \tag{6.10}$$

Wie aus der sphärischen Trigonometrie bekannt ist, gilt

$$\cos\widehat{(\boldsymbol{p}', \boldsymbol{\xi})} = \cos\theta\cdot\cos\alpha + \sin\theta\sin\alpha\cdot\cos(\varphi - \beta).$$

Setzt man diesen Ausdruck in (6.10) ein und integriert über φ, so erhält man

$$J[f] = -\frac{\xi p(E)\cos\alpha}{\tau(E)} \equiv -\frac{f_1}{\tau(E)}, \tag{6.11}$$

wo

$$\frac{1}{\tau(E)} = \frac{N(E)}{2}\int_0^{\pi} d\theta\, S(E, \cos\theta)\,(1 - \cos\theta)\sin\theta \tag{6.12}$$

---

[1]) Dieses Ergebnis ließ sich auch schon früher voraussehen, wenn man sich daran erinnert, daß die Joulesche Wärme vom Quadrat der elektrischen Feldstärke abhängt.

ist. Offensichtlich ist die Funktion $\tau(E)$ nichtnegativ. Insbesondere hat man für Elektronen mit einem quadratischen Dispersionsgesetz

$$\frac{1}{\tau(E)} = \frac{\sqrt{2m^3(E - E_c)}}{(2\pi)^2 \hbar^3} \int_0^\pi d\theta \, S(E, \cos\theta) \, (1 - \cos\theta) \sin\theta \,. \tag{6.13}$$

Wie man sieht, besteht $\tau^{-1}(E)$ aus zwei Summanden: Der erste (der von der Eins in der runden Klammer unter dem Integral herrührt) entspricht dem „Teilchenzugangs"-Integral B (3.8), der zweite (der von dem Term $\cos\theta$ in der runden Klammer herrührt) entspricht dem „Teilchenabgangs"-Integral A (3.7). Man sieht leicht, daß der Abgangsterm keine Rolle spielt, falls S eine gerade Funktion von $\cos\vartheta$ ist (oder nicht von ϑ abhängt).

Die Funktion $\tau(E)$, die durch die Gleichungen (6.12) oder (6.13) definiert ist, heißt *Impulsrelaxationszeit*. Der Kürze halber werden wir im folgenden überall das Wort „Impuls-" fortlassen, wenn das nicht zu Mehrdeutigkeiten führen kann. Oft wird auch der Terminus „Transportrelaxationszeit" benutzt.

Den Sinn dieser Bezeichnung „Relaxationszeit" kann man sich leicht veranschaulichen, wenn man den Spezialfall betrachtet, daß alle äußeren Felder fehlen und die Probe räumlich homogen ist ($\nabla f = 0$), wobei aber für die Verteilungsfunktion immer noch der Nichtgleichgewichts-Ausdruck (5.1) gilt. Das kann zum Beispiel sofort nach dem Ausschalten eines äußeren elektrischen Feldes (zum Zeitpunkt $t = 0$) der Fall sein. Dieser Zustand wird natürlich nicht stationär sein, und die Verteilungsfunktion wird sich zeitlich ändern, wobei sie in die Gleichgewichtsverteilung übergeht. Die Boltzmann-Gleichung (3.12) hat in diesem Fall die Form

$$\frac{\partial f}{\partial t} + \frac{f - f_0}{\tau(E)} = 0 \,. \tag{6.14}$$

Daraus folgt

$$f - f_0 = C \, e^{-t/\tau(E)} \,. \tag{6.15}$$

Die Konstante C bestimmt man aus den Anfangsbedingungen; uns interessiert sie hier jedoch nicht. Es ist offensichtlich, daß die Größe τ die Zeit für den Übergang des Systems in den Gleichgewichtszustand beschreibt.

Wie aus dem Folgenden zu ersehen ist, ist die Zeit $\tau(E)$ identisch mit der in Abschnitt 1.2. eingeführten freien Flugzeit. Hier wurde diese jedoch nicht ad hoc eingeführt, sondern — unter bestimmten Voraussetzungen — aus der Untersuchung des Stoßintegrals abgeleitet. Dabei ist es jetzt möglich, mit Hilfe der Gleichungen (6.12) und (6.13) τ explizit als Funktion der Energie der Ladungsträger und im Experiment zu variierender äußerer Parameter zu berechnen, sofern die Funktion $S(E, \cos\theta)$ bekannt ist, d. h., sobald der mechanische Teil des Problems gelöst ist.

Es muß betont werden, daß die Voraussetzungen, unter denen die einfachen Gleichungen (6.11) und (6.12) abgeleitet wurden, ziemlich einschneidend sind. Vor allem sind die Isoenergieflächen bei weitem nicht immer isotrop (siehe Abschnitte 3.8., 3.9.). Ganz im Gegenteil hängt die Energie der Elektronen meist nicht nur vom Betrag des Quasiimpulses, sondern auch von dessen Richtung relativ zu den Kristallachsen ab. Insbesondere trifft das für Germanium und Silizium zu. In einem solchen Fall ist die Kinetik des Elektronensystems durch eine „Relaxationszeit", die nicht nur von der Energie, sondern auch von der Bewegungsrichtung des Teilchens relativ zu den Kristallachsen abhängt, charakterisiert. Die einfache Gleichung (6.12) bleibt dann nicht mehr gültig. Zuweilen kann man erfolgreich drei „Relaxationszeiten“, die nur energieabhängig sind und dem Elektronenstrom längs der betreffenden kristallographischen Achse entsprechen, einführen. Außerdem existieren Streumechanismen, für die, wie im Kapitel 14. gezeigt wird, die Voraussetzung der Elastizität nicht mehr erfüllt ist.

Die Lösung der Boltzmann-Gleichung unter Berücksichtigung der Anisotropie der Isoenergieflächen oder der Nichtelastizität der Streuung ist mit ernsthaften mathematischen Schwierigkeiten verbunden, und wir werden uns an dieser Stelle nicht damit aufhalten. Eine näherungsweise analytische Behandlung, die auch auf Kristalle wie Germanium und Silizium anwendbar ist, ist in der Monographie [M 7] zu finden. In noch komplizierteren Fällen löst man die Boltzmann-Gleichung mit Hilfe numerischer Methoden.

Trotz der genannten Einschränkungen infolge der oben gemachten Voraussetzungen erweisen sich die Gleichungen (6.11) und (6.12) als sehr nützlich. In einer Reihe von Fällen gestatten sie, die Abhängigkeit der kinetischen Koeffizienten von äußeren Parametern richtig vorauszusagen und auch ihre Größenordnung richtig abzuschätzen. Das liegt daran, daß die Anisotropie der Isoenergieflächen nicht immer eine entscheidende Rolle spielt. Ihre partielle Berücksichtigung führt dann einfach zu einigen nicht besonders wichtigen Korrekturfaktoren. Diese Frage wird im Abschnitt 13.7. und im Abschnitt 14.6. noch genauer behandelt.

13.7. Eine elementare stationäre Lösung der Boltzmann-Gleichung für kleine Abweichungen vom Gleichgewichtszustand

Die Lösung der Boltzmann-Gleichung für den Fall, daß die Ungleichung (5.3) und die Beziehung (6.11) erfüllt sind, ist nicht allzu schwierig. In diesem Abschnitt soll nur der stationäre Zustand interessieren, für den die Verteilungsfunktion f nicht von der Zeit abhängt. Das entspricht der Situation in einem konstanten Feld (oder einem konstanten Temperaturgradienten), wenn nach dessen Einschalten eine Zeit vergangen ist, die groß gegen die mittlere freie Flugzeit und gegen die Maxwellsche Relaxationszeit ist.

Es werden wieder drei Fälle getrennt behandelt. Dabei werden nur Materialien betrachtet, die ohne äußere Einwirkungen (insbesondere bei fehlendem Temperaturgradienten) räumlich homogen sind.

a) Statische Leitfähigkeit. In diesem Fall ist keine Abhängigkeit der Verteilungsfunktion von den Koordinaten zu erwarten, und es ist einfach $\boldsymbol{B} = 0, \boldsymbol{E}' = \boldsymbol{E}$.

Damit ist die Boltzmann-Gleichung (5.4′) mit Rücksicht auf (6.6a) und (6.11) von der Form

$$e(\boldsymbol{E}, \boldsymbol{v})\, f_0' - (\boldsymbol{p}, \boldsymbol{E})\, \frac{\psi}{\tau} = 0\,. \tag{7.1}$$

Im isotropen Medium ist die Geschwindigkeit $\boldsymbol{v}$ dem Vektor $\boldsymbol{p}$ parallel. Also setzt man

$$\boldsymbol{p} = m(E)\, \boldsymbol{v}\,, \tag{7.2}$$

worin $m(E)$ eine Größe mit der Dimension einer Masse ist. Für ein parabolisches

Dispersionsgesetz ist das einfach die Effektivmasse der Ladungsträger; bei Berücksichtigung der Nichtparabolizität wird diese von der Energie abhängig. Gleichung (7.1) nimmt dann die Form

$$\left(\frac{e}{m} f_0' - \frac{\psi}{\tau}\right)(\boldsymbol{p}, \boldsymbol{E}) = 0 \tag{7.3}$$

an. Die Argumente von m, ψ und τ sind hier der Kürze halber weggelassen.

Da der Winkel zwischen den Vektoren $\boldsymbol{p}$ und $\boldsymbol{E}$ beliebig ist, muß der Faktor vor dem Skalarprodukt verschwinden. Daher ist

$$\psi = \frac{e}{m} \tau f_0'. \tag{7.4}$$

Da τ und f_0 nur von der Energie abhängen, erkennt man, daß auch ψ tatsächlich nur von der Energie abhängt und nicht von der Richtung des Quasiimpulses — wie es auch vorausgesetzt wurde. Für die Verteilungsfunktion hat man hier nach (7.4), (6.6a) und (5.1)

$$f(\boldsymbol{p}) = f_0(E) + \frac{e}{m} \tau(\boldsymbol{p}, \boldsymbol{E}) f_0'. \tag{7.5}$$

Dazu hat man das Skalarprodukt $(\boldsymbol{p}, \boldsymbol{E})$ in (7.5) durch das Produkt der Beträge zu ersetzen und zu fordern, daß der zweite Summand in (7.5) dem Betrag nach für alle wesentlich beitragenden Werte von p und E klein gegen den ersten ist. Das führt auf die folgende Ungleichung:

$$\frac{e\tau p|\boldsymbol{E}|}{mkT} \ll 1. \tag{7.6}$$

Für ein nichtentartetes Gas spielen hauptsächlich Impuls- bzw. Geschwindigkeitsbeträge, die etwa gleich den sog. „thermischen“ Werten

$$p \simeq p_T \equiv \sqrt{mkT}, \qquad v \simeq v_T \equiv \sqrt{kT/m} \tag{7.7}$$

sind, eine Rolle. Damit erhält die Bedingung (7.6) die Form

$$\frac{e|\boldsymbol{E}|}{m} \tau p_T \ll kT, \tag{7.8}$$

wobei $\tau = \tau(E)$ bei dem Wert $E \simeq kT$ zu nehmen ist. Die linke Seite von (7.8) ist aber gerade die Energie, die ein Elektron (bzw. Loch) während seiner freien Flugzeit aus dem äußeren Feld aufnimmt. Man sieht also, daß diese Energie klein sein muß gegen die mittlere Energie eines Ladungsträgers, die er im thermodynamischen Gleichgewicht ohnehin hat.

Mit Hilfe der zweiten Gleichung (7.7) läßt sich die Bedingung (7.8) noch umschreiben in die Form

$$\frac{e|\boldsymbol{E}|\tau}{m} \equiv v_D \ll v_T \tag{7.9}$$

oder

$$|\boldsymbol{E}| \ll |\boldsymbol{E}|_{\text{krit}} = \frac{mv_T}{e\tau}. \tag{7.9'}$$

Also ist die oben gemachte Näherung gerechtfertigt, solange die Driftgeschwindigkeit hinreichend klein gegen die thermische ist.

Für ein vollständig entartetes Gas spielt der Energiebereich $E \simeq \zeta$ die Hauptrolle, wobei ζ das Fermi-Niveau, gemessen von der Bandkante aus, ist, und der Quasiimpuls und die Geschwindigkeit jetzt durch den „Fermi"-Impuls $p_\zeta \equiv p(\zeta)$ (bzw. $v_\zeta \equiv v(\zeta)$) zu ersetzen sind. Statt der Ungleichung (7.6) erhält man dann

$$\frac{e\,|\boldsymbol{E}|}{m}\,\tau p_\zeta \ll \zeta\,, \tag{7.6'}$$

wobei $\tau = \tau(\zeta)$ ist. Etwas anders ausgedrückt hat man also eine Bedingung von der Form (7.9)

$$v_{\mathrm{d}} \ll v_\zeta$$

oder

$$|\boldsymbol{E}| \ll |\boldsymbol{E}|_{\mathrm{krit}} = \frac{m v_\zeta}{e\tau}\,. \tag{7.9''}$$

Für $T = 77$ K, $m = 0{,}1\,m_0$ und $\tau = 10^{-13}$ s ergibt sich für $|\boldsymbol{E}|_{\mathrm{krit}}$ im nichtentarteten Fall etwa 10^4 V/cm.

Die Ungleichungen (7.9′), (7.9″) geben die Grenzen der Anwendbarkeit der (in E) linearen Näherung an, die oben bei der Lösung der Boltzmann-Gleichung gemacht wurde. Wie aus dem Folgenden noch ersichtlich wird, stellen sie auch die Gültigkeitsgrenzen des Ohmschen Gesetzes dar. Nach dem Programm, das in Abschnitt 13.2. skizziert wurde, hat man die Verteilungsfunktion (7.5) in den Ausdruck (2.2) für die Stromdichte einzusetzen und einen expliziten Ausdruck für $\boldsymbol{j}$ zu berechnen, indem man das Integral auswertet. Der so gefundene Proportionalitätsfaktor zwischen $\boldsymbol{j}$ und $\boldsymbol{E}$ wird dann mit der Leitfähigkeit σ identifiziert. Man hat

$$\boldsymbol{j} = -\frac{2e^2}{(2\pi\hbar)^3}\int \frac{(\boldsymbol{p},\boldsymbol{E})}{m^2(E)}\,\boldsymbol{p}\tau f_0'\,\mathrm{d}^3\boldsymbol{p}\,. \tag{7.10}$$

Wie bei der Ableitung von (6.11) führt man hier zweckmäßig Kugelkoordinaten ein und legt dabei die Polarachse in die Richtung von $\boldsymbol{E}$. Aus Symmetrieüberlegungen wird klar, daß die zu $\boldsymbol{E}$ senkrechten Komponenten von $\boldsymbol{j}$ verschwinden (was sich auch leicht unmittelbar verifizieren läßt).

Führt man anstelle von p wieder die Variable E (die Energiedifferenz zur Unterkante des Leitungsbandes) ein, erhält man mit (7.2)

$$\boldsymbol{j} = -\frac{e^2\boldsymbol{E}}{3}\int\limits_0^\infty N(E)\,\tau(E)\,v^2(E)\,f_0'\,\mathrm{d}E\,. \tag{7.11}$$

Vergleicht man nun (7.11) mit (1.1.3), so erhält man

$$\sigma = -\frac{e^2}{3}\int\limits_0^\infty N(E)\,\tau(E)\,v^2(E)\,f_0'\,\mathrm{d}E\,. \tag{7.12}$$

Diese Beziehung drückt die elektrische Leitfähigkeit eines Stoffes über die Größe $\tau(E)$ aus, die ihrerseits durch die Lösung des mechanischen Teils des Problems bestimmt ist.

Die Ladungsträgerkonzentration geht hier über das Fermi-Niveau, das ja in der Gleichgewichtsverteilung f_0 vorkommt, ein. Nach (5.3.1) ist $f_0' < 0$ und also $\sigma > 0$, wie es auch sein muß. Die Driftbeweglichkeit μ ist dann definiert durch die Gleichung

$$\sigma = en\mu \,, \tag{7.13}$$

wobei die Ladungsträgerkonzentration n dann durch (5.4.1) gegeben ist. Kombiniert man die Gleichungen (7.12), (7.13) und (5.4.1) miteinander, so erhält man

$$\mu = -\frac{e}{3} \frac{\int\limits_0^\infty \tau v^2 N f_0' \,\mathrm{d}E}{\int\limits_0^\infty N f_0 \,\mathrm{d}E}. \tag{7.14}$$

Das aber ist nichts anderes als Gl. (1.3.13), nur mit dem Unterschied, daß hier für die Mittelung, die dort mit dem Symbol $\langle \ldots \rangle$ bezeichnet wurde, ein expliziter Ausdruck steht. Man definiert daher die *Transport-Effektivmasse* m_σ[1]) durch

$$m_\sigma = -\frac{3 \int\limits_0^\infty N(E)\, f_0(E) \,\mathrm{d}E}{\int\limits_0^\infty N(E)\, v^2(E)\, f_0' \,\mathrm{d}E} \equiv m_{\mathrm{opt}}. \tag{7.15}$$

Dann läßt sich Gl. (7.14) in der Form

$$\mu = \frac{e\tau_{\mathrm{p}}}{m_\sigma} \tag{7.14'}$$

schreiben, wobei

$$\tau_p \equiv \langle \tau \rangle = \frac{\int\limits_0^\infty f_0 \frac{\mathrm{d}}{\mathrm{d}E} (\tau v^2 N) \,\mathrm{d}E}{\int\limits_0^\infty f_0 \frac{\mathrm{d}}{\mathrm{d}E} (v^2 N) \,\mathrm{d}E} = \frac{\int\limits_0^\infty f_0' \tau v^2 N \,\mathrm{d}E}{\int\limits_0^\infty f_0' v^2 N \,\mathrm{d}E} \tag{7.16}$$

ist. Wie aus dem Folgenden ersichtlich, ist die Mittelungsvorschrift (7.16) auch anwendbar auf die Gleichungen, die für die Thermospannung, die Hall-Konstante u. a. gelten. Die Größe m_σ hängt von der Form der Isoenergieflächen und im allgemeinen auch von der Temperatur und der Teilchenkonzentration ab. Für ein isotropes parabolisches Dispersionsgesetz geht sie in die Effektivmasse m, wie sie in dem Ausdruck (3.8.4) für das Dispersionsgesetz auftritt, über.

Es sollen jetzt noch zwei Grenzfälle betrachtet werden, und zwar das vollständig entartete und das nichtentartete Ladungsträgergas. Der erste Fall ist bei $\zeta \gg kT$ realisiert. Wie aus Gl. (5.3.1) hervorgeht, hat die Größe f_0' dann bei $E = \zeta$ ein scharfes

[1]) Die Größe m_σ heißt auch optische Effektivmasse m_{opt}; diese wiederum hängt mit einer dritten Bezeichnung für m_σ zusammen (s. Abschnitt 13.8. und Kapitel 18.).

Maximum. Bei der Berechnung von Integralen über ihr Produkt mit glatten Funktionen kann man sie durch die δ-Funktion ersetzen:

$$f_0' \to -\delta(E - \zeta) \tag{7.17}$$

(s. Anhang 15.). Daher läßt sich das Integral in (7.16) sofort ausrechnen, und man erhält

$$\tau_p = \tau(\zeta). \tag{7.18}$$

Es sei hervorgehoben, daß hier die Beweglichkeit bei beliebigen Streumechanismen von der Ladungsträgerkonzentration abhängen kann. Das ist auf die Konzentrationsabhängigkeit der Fermi-Energie ζ, also letztlich auf das Pauli-Prinzip zurückzuführen.

Für ein nichtentartetes Gas, wenn

$$f_0 \simeq \exp\left(\frac{\zeta - E}{kT}\right)$$

ist, hat Gl. (7.14) die Form

$$\mu = \frac{e}{3kT} \frac{\int\limits_0^\infty \tau v^2 N \exp\left(-\frac{E}{kT}\right) \mathrm{d}E}{\int\limits_0^\infty N \exp\left(-\frac{E}{kT}\right) \mathrm{d}E}. \tag{7.19}$$

Da das Pauli-Prinzip bei fehlender Entartung keine Rolle spielt, kann dieser Ausdruck hier nur über die Relaxationszeit $\tau(E)$ von der Ladungsträgerkonzentration abhängen: Die Funktion S, die in Gl. (6.12) auftrat und die man bei der Lösung des mechanischen Teils des Problems erhält, kann von n abhängen, falls die Wechselwirkung der Elektronen untereinander eine Rolle spielt. Für ein parabolisches Dispersionsgesetz hat man hier nach Gl. (5.2.3)

$$N(E) = \frac{(2m)^{3/2} E^{1/2}}{2\pi^2 \hbar^3}.$$

Damit wird das Integral im Nenner von (2.19) gleich

$$\frac{(2m^3)^{1/2} (kT)^{3/2}}{2\pi^{3/2} \hbar^3},$$

und man erhält, wenn man im Zähler v^2 durch $2E/m$ ersetzt,

$$\mu = \frac{4e}{3m(kT)^{5/2} \sqrt{\pi}} \int\limits_0^\infty E^{3/2} \tau \exp\left(-\frac{E}{kT}\right) \mathrm{d}E. \tag{7.20}$$

Für das Folgende muß die Energieabhängigkeit der Relaxationszeit explizit bekannt sein. Wie im Kapitel 14. gezeigt wird, ist das sehr oft eine Potenzfunktion

$$\tau(E) = C \cdot E^r, \tag{7.21}$$

wobei die Konstante C nicht von der Energie abhängt und r eine andere Konstante ist (deren Werte für einige Streumechanismen in Tabelle 14.2 angegeben sind). Setzt man den Ausdruck (7.21) in Gl. (7.20) ein, erhält man

$$\mu = \frac{4e\Gamma\left(r + \frac{5}{2}\right)C}{3m\sqrt{\pi}}\,(kT)^r. \tag{7.20'}$$

Darin ist $\Gamma\left(r + \frac{5}{2}\right)$ die Eulersche Γ-Funktion, die durch die Gleichung

$$\Gamma(x) = \int\limits_0^\infty y^{x-1}\,\mathrm{e}^y\,\mathrm{d}y$$

definiert ist.

b) Thermospannung und Peltier-Koeffizient. Wie im Abschnitt 13.1., S. 376, soll jetzt der Fall betrachtet werden, daß äußere elektrische und magnetische Felder fehlen, aber $\nabla T \neq 0$ ist und ein Feld $\boldsymbol{E}'$ (siehe 13.1. und 13.6., Fall b) existiert. Dann hat Gl. (5.4) wegen (6.11) die Form

$$\left\{(e\boldsymbol{E}', \boldsymbol{v}) + (\boldsymbol{v}, \nabla T)\frac{E(\boldsymbol{p}) - \zeta}{T}\right\} f_0' = \frac{f_1}{\tau}. \tag{7.22}$$

Setzt man hier den Ausdruck (6.6b) für f_1 ein und berücksichtigt Gl. (7.2), so erhält man

$$\chi_1 = \tau\,\frac{E(p) - \zeta}{mT}\,f_0', \qquad \chi_2 = \frac{e\tau}{m}\,f_0'. \tag{7.23}$$

Wie vorausgesetzt, hängen χ_1 und χ_2 nur von der Energie des Elektrons ab. Die Funtion χ_2 hat, wie zu erwarten, die gleiche Form (7.4) wie die Funktion ψ in Punkt a): der entsprechende Beitrag zur Stromdichte ist durch (7.11) gegeben. Für die Verteilungsfunktion findet man nach (5.1)

$$f = f_0 + \frac{E(\boldsymbol{p}) - \zeta}{mT}\,\tau f_0' \cdot (\boldsymbol{p}, \nabla T) + (\boldsymbol{p}, \boldsymbol{E}')\,\frac{e\tau}{m}\,f_0'. \tag{7.24}$$

Setzt man diesen Ausdruck in Gl. (2.2) für Stromdichte ein und integriert wie bei der Herleitung von Gl. (7.11), erhält man für die Elektronen-Stromdichte

$$\boldsymbol{j} = \frac{e}{3}\,\nabla T \int\limits_0^\infty v^2(E)\,N(E)\,\frac{\zeta - E}{T}\,f_0'\tau\,\mathrm{d}E + \cdots. \tag{7.25}$$

Durch die Punkte ist der Summand proportional zu $(\boldsymbol{p}, \boldsymbol{E}')$ angedeutet; man erhält diesen aus (7.11) durch Ersetzen von $\boldsymbol{E}$ durch $\boldsymbol{E}'$.

Die Größe ζ in (7.25) wird wie immer von der Unterkante des Leitungsbandes aus gemessen. Dabei wird, da im Integranden der Faktor ∇T auftritt und der Gradient des elektrischen Potentials hier nur infolge des Temperaturgradienten von Null verschieden ist, die Bandverbiegung bei der Berechnung von ζ nicht berücksichtigt. Vergleicht man (7.25) mit Gl. (1.2), so findet man einen Ausdruck für den dort phänomenologisch eingeführten Koeffizienten a und mit den Gleichungen (7.6) und (7.12) die differentielle Thermospannung:

$$\alpha = -\frac{k}{e}\left\{-\frac{\zeta}{kT} + \frac{1}{kT}\,\frac{\int\limits_0^\infty E v^2 N \tau f_0' \,\mathrm{d}E}{\int\limits_0^\infty v^2 N \tau f_0' \,\mathrm{d}E}\right\}. \tag{7.26}$$

Eine analoge Gleichung gilt auch für die Löcher — mit den offensichtlichen Ersetzungen von Geschwindigkeit, Zustandsdichte, Verteilungsfunktion und chemischem Potential durch die entsprechenden Löchergrößen. Das heißt insbesondere, daß ζ durch $(-E_g - \zeta)$ zu ersetzen ist (vgl. Abschnitt 5.4.). Für ein parabolisches Dispersionsgesetz, wenn $v^2 = 2E/m$ ist, nimmt der Ausdruck (7.26) wegen (5.2.3) die Form

$$\alpha = -\frac{k}{e}\left\{-\frac{\zeta}{kT} + \frac{1}{kT}\,\frac{\int\limits_0^\infty E^{5/2} \tau f_0' \,\mathrm{d}E}{\int\limits_0^\infty E^{3/2} \tau f_0' \,\mathrm{d}E}\right\} \tag{7.27}$$

an. Das ist der nach Pisarenko benannte Ausdruck für die differentielle Thermospannung.

Der erste Summand in der geschweiften Klammer hängt nur von den Gleichgewichtseigenschaften des Systems ab, der zweite dagegen ist auch durch den Streumechanismus bestimmt.

Der Ausdruck (7.27) soll jetzt noch für den Fall des nichtentarteten und den des vollständig entarteten Ladungsträgergases betrachtet werden. Im ersten Fall erhält man

$$\alpha = -\frac{k}{e}\left\{-\frac{\zeta}{kT} + \frac{1}{kT}\,\frac{\int\limits_0^\infty E^{5/2} \tau \exp(-E/kT) \,\mathrm{d}E}{\int\limits_0^\infty E^{3/2} \tau \exp(-E/kT) \,\mathrm{d}E}\right\}. \tag{7.28}$$

Der zweite Summand in der geschweiften Klammer ist eine dimensionslose Zahl, die vom Verlauf von $\tau(E)$ abhängt. Gewöhnlich ist er etwa gleich Eins. Für eine Abhängigkeit der Form (7.21) ist der Quotient

$$\frac{\Gamma\left(r + \frac{7}{2}\right)}{\Gamma\left(r + \frac{5}{2}\right)} = r + \frac{5}{2},$$

d. h.

$$\alpha = -\frac{k}{e}\left\{-\frac{\zeta}{kT} + \left(r + \frac{5}{2}\right)\right\}. \tag{7.28'}$$

Die Ausdrücke in den geschweiften Klammern von (7.28), (7.28′) sind offensichtlich positiv. Bei fehlender Entartung ist $\zeta < 0$.

Betrachtet man dagegen den Fall der Löcherleitung, hat man nach Abschnitt 4.2. das Vorzeichen vor k/e umzukehren. Man hat also für die Löcher

$$\alpha = \frac{k}{e} \left\{ \frac{\zeta + E_g}{kT} + \left(r + \frac{5}{2} \right) \right\}. \tag{7.28''}$$

Der Ausdruck in der geschweiften Klammer ist dann wieder positiv.

Für den Fall vollständiger Entartung erweist sich die Näherung (7.17) als unzureichend. Setzt man nämlich in diesem Fall

$$f_0' = -\delta(E - \zeta),$$

so erhält man aus (7.27)

$$\alpha = -\frac{k}{e} \left\{ -\frac{\zeta}{kT} + \frac{1}{kT} \frac{\zeta^{5/2}\tau(\zeta)}{\zeta^{3/2}\tau(\zeta)} \right\} = 0.$$

Folglich hat man zur Berechnung der Integrale in (7.27) statt Gl. (7.17) die genauere Gleichung (A 15.15) zu benutzen. Dann ergibt sich

$$\alpha = -\frac{\pi^2 k^2 T}{3e\zeta} \tau(\zeta) \left[\frac{3}{2} + \left. \frac{\mathrm{d} \ln \tau(E)}{\mathrm{d} \ln E} \right|_{E=\zeta} \right]. \tag{7.28'''}$$

Für ζ hat man das Fermi-Niveau bei $T = 0$, gemessen von der Unterkante des Leitungsbandes, einzusetzen.

Der Ausdruck in den eckigen Klammern in (7.28''') ist wieder eine Zahl von der Größenordnung Eins. Für eine Abhängigkeit (7.21) ist dieser gleich

$$\frac{3}{2} + r.$$

Vergleicht man (7.28') und (7.28'''), so erkennt man, daß die Thermospannung in nichtentarteten Halbleitern sogar noch größer als in Metallen ist. Statt des in (7.28') auftretenden Quotienten ζ/kT tritt in (7.28''') die kleine Zahl kT/ζ als Faktor auf (die in Metallen von der Größenordnung 10^{-3} ist).

Es soll nun die Energiestromdichte berechnet werden. Dabei soll nur der Fall des nichtentarteten Ladungsträgergases betrachtet werden. Setzt man (7.24) in (2.3) ein, so erhält man

$$\begin{aligned} \boldsymbol{I} = {} & \frac{2}{(2\pi\hbar)^3} \int \boldsymbol{v}(\boldsymbol{p})\, \tau\, \frac{E(\boldsymbol{p}) - \zeta}{mT} (\boldsymbol{p}, \nabla T)\, [E(\boldsymbol{p}) - e\varphi]\, f_0'\, \mathrm{d}^3\boldsymbol{p} \\ & + \frac{2}{(2\pi\hbar)^3\, m} \int \boldsymbol{v}(\boldsymbol{p})\, [E(\boldsymbol{p}) - e\varphi]\, \tau(\boldsymbol{p}\boldsymbol{E}')\, f_0'\, \mathrm{d}^3\boldsymbol{p}. \end{aligned} \tag{7.29}$$

Die Integrationen sind hier wie unter Punkt a) auszuführen. Vergleicht man (7.25) mit (7.29), so sieht man, daß die Terme in (7.29), die $e \cdot \varphi$ enthalten, zusammen gleich $\boldsymbol{j}\varphi$ sind. Benutzt man für τ Gl. (7.21), so erhält man

$$\boldsymbol{I} = \boldsymbol{j}\varphi + \boldsymbol{I}' - \frac{2enC\Gamma\left(r + \frac{7}{2}\right)}{3m\Gamma\left(\frac{3}{2}\right)} (kT)^{r+1} \boldsymbol{E}' \tag{7.29'}$$

mit

$$\boldsymbol{I}' = \frac{4nC(kT)^{r+1}\,\Gamma\left(r+\frac{7}{2}\right)k}{3m\sqrt{\pi}}\left\{-\nabla T - \frac{e}{k}\boldsymbol{E}' + \left[\frac{\zeta}{kT} - \left(\frac{5}{2}+r\right)\right]\nabla T\right\}. \tag{7.30}$$

Der Summand in eckigen Klammern in (7.30) ist aber gerade $e\alpha/k$. Die Größe $\boldsymbol{E}'$ läßt sich mit (1.7) durch $\boldsymbol{j}$ und ∇T ausdrücken. Zieht man nochmals Gl. (7.13) und (7.20′) heran, so erkennt man, daß der Beitrag zu $\boldsymbol{I}$, der von dem zweiten und dritten Summanden in der geschweiften Klammer in (7.30) und dem letzten Summanden in (7.29) herrührt, zusammengefaßt werden kann zu

$$-\frac{kT}{e}\left(\frac{5}{2}+r\right)\boldsymbol{j} = -\frac{kT}{e}\left[\left(\frac{5}{2}+r\right) - \frac{\zeta}{kT}\right]\boldsymbol{j} - \frac{\zeta}{e}\boldsymbol{j}$$

$$= -\frac{\zeta}{e}\boldsymbol{j} + T\alpha\boldsymbol{j}. \tag{7.31}$$

Daraus wird ersichtlich, daß der erste Summand in der geschweiften Klammer in (7.30) mit der Energiestromdichte bei $\boldsymbol{j} = 0$, d. h. mit der Wärmeleitfähigkeit des Elektronengases zusammenhängt. Faßt man die Gleichungen (7.31), (7.13) und (7.20′) zusammen, so findet man für die Wärmeleitfähigkeit des Ladungsträgergases

$$\varkappa = \frac{4nkC(kT)^{r+1}\,\Gamma\left(r+\frac{7}{2}\right)}{3m\sqrt{\pi}} = \frac{k^2T_\sigma}{e^2}\left(r+\frac{5}{2}\right). \tag{7.32}$$

Kombiniert man jetzt die Ausdrücke (7.29′) und (7.30)···(7.32), so erhält man als endgültige Beziehung für die Elektronen-Energiestromdichte

$$\boldsymbol{I} = -\frac{\zeta}{e}\boldsymbol{j} - \varkappa\,\nabla T + T\alpha\boldsymbol{j}. \tag{7.33}$$

Vergleicht man das mit (1.8) (bei dem dort gewählten Energienullpunkt ist $\zeta = F$), so erhält man die Beziehung (1.1.18):

$$\Pi = \alpha T.$$

Es sei nochmals darauf hingewiesen, daß die Richtigkeit der letzten Gleichung nicht notwendig von den hier bei der Herleitung von Gl. (7.33) gemachten vereinfachenden Annahmen abhängt. Tatsächlich folgt diese aus sehr allgemeinen Beziehungen der Thermodynamik der Nichtgleichgewichtsprozesse.[1])

Als ein Beispiel soll die Bedingung (5.3) jetzt auf das hier betrachtete Problem angewendet werden. Dabei werden wir uns auf nichtentartete Halbleiter beschränken. Unter Verwendung von Gl. (7.2) und (7.23) gelangt man zu der folgenden Ungleichung:

$$v_T\tau\,\frac{|\nabla T|}{T}\left|\frac{\zeta}{kT} - 1\right| \ll 1. \tag{7.34}$$

Das Produkt

$$v_T\tau = l$$

[1]) Eine allgemeine Herleitung der thermoelektrischen Beziehungen (1.1.18) und (1.1.19) findet man in [M 13].

nennt man *mittlere freie Weglänge* (für die Impulsstreuung). Dafür, daß die Ungleichung (7.34) erfüllt ist, erweist es sich also als notwendig (aber im allgemeinen nicht als hinreichend), daß die Änderung der Temperatur über die mittlere freie Weglänge klein gegen die Temperatur selbst ist.

Diese Bedingung hat aber einen sehr viel allgemeineren Charakter. Ist sie nicht erfüllt, kann man das Modell einer räumlich variierenden Temperatur im allgemeinen überhaupt nicht verwenden. Der Temperaturbegriff wird nämlich in der Gleichgewichts-Thermodynamik eingeführt, und eine der Gleichgewichtsbedingungen besteht in der Konstanz der Temperatur über das gesamte betrachtete System. Die Definition der Temperatur läßt sich auf den Nichtgleichgewichtsfall verallgemeinern, wenn man die sogenannte „*Hypothese des lokalen Gleichgewichts*" zu Hilfe nimmt. Es sei hier nur angemerkt, daß jeder hier betrachtete makroskopische Körper in physikalisch unendlich kleine Volumina unterteilt gedacht werden kann, also in hinreichend kleine Bereiche, von denen jeder noch makroskopisch viele Teilchen enthält (die Ausdehnung jedes dieser Bereiche muß dabei noch groß gegen die mittlere freie Weglänge sein). Diese Bereiche kann man nun ihrerseits wieder als makroskopische Systeme ansehen und ihren Zustand mit Hilfe der gewöhnlichen Thermodynamik beschreiben. Es ist natürlich, anzunehmen, daß sich ein Gleichgewicht zuallererst innerhalb jedes dieser Bereiche (also lokal) einstellt. Läßt man dann nur hinreichend viel Zeit vergehen, stellt sich auch ein Gleichgewicht zwischen den verschiedenen Bereichen ein. Wir haben hier ein weiteres Beispiel für die Unterscheidung von schnellen und langsamen Prozessen (s. Abschnitt 13.3.). Die Einstellung des Gleichgewichts innerhalb der physikalisch unendlich kleinen Bereiche des Körpers stellt einen schnellen Prozeß dar (der in einer Zeit von der Größenordnung der Relaxationszeit abläuft); die Einstellung des Gleichgewichts über dessen ganzes Volumen dagegen kann mit bedeutend langsameren makroskopischen Prozessen wie Wärmeleitung, Diffusion usw. verknüpft sein. In diesem Sinne läßt sich auch bei einem Nichtgleichgewichtszustand des Systems als Ganzes von einem lokalen Gleichgewicht innerhalb der physikalisch unendlich kleinen Bereiche sprechen. Der Zustand jedes dieser kleinen Bereiche wird dabei durch dessen (in seinem Innern konstante) Temperatur, dessen Teilchenkonzentration usw. charakterisiert. Ebenso erhält der Begriff der räumlich variierenden Temperatur einen genau bestimmten Sinn. Überlegungen dieser Art werden häufig bei Problemen der Kinetik angewendet. Insbesondere bilden sie die Grundlage für die gewöhnliche Theorie der Wärmeleitung, der Diffusion usw. Nichtsdestoweniger ist ihre Gültigkeit bislang nicht offenkundig. Wie nämlich oben schon bemerkt wurde, müssen die „physikalisch unendlich kleinen Bereiche" sowohl hinreichend groß als auch hinreichend klein sein, und diese Bedingungen sind gleichzeitig zu erfüllen. Aus diesem Grunde benötigt man den Begriff des „lokalen Gleichgewichts", wobei man letztlich mit diesem Begriff die Annahme verbindet, daß es möglich ist, einen makroskopischen Körper in kleine Bereiche der oben beschriebenen Art zu unterteilen.

c) Hall-Konstante und Magnetowiderstand. Wie im Falle eines räumlich und zeitlich konstanten elektrischen Feldes gibt es hier keinen Grund, eine Koordinatenabhängigkeit der Verteilungsfunktion anzunehmen, und es ist $\boldsymbol{E}' = \boldsymbol{E}$. Damit gewinnt Gl. (5.4') für Elektronen folgende Gestalt:

$$+e(\boldsymbol{E}, \boldsymbol{v})\, f_0' + \frac{e}{c}\left([\boldsymbol{v} \times \boldsymbol{B}],\ \nabla_{\boldsymbol{p}} f_1\right) = \frac{f_1}{\tau}. \tag{7.36}$$

Dabei ist f_1 durch den Ausdruck (6.6c) gegeben. Der letzte Summand in (7.36) soll jetzt umgeformt werden. Dazu wird die folgende Vektoridentität benutzt:

$$([\boldsymbol{a} \times \boldsymbol{b}], [\boldsymbol{c} \times \boldsymbol{d}]) = (\boldsymbol{a}, \boldsymbol{c})\,(\boldsymbol{b}, \boldsymbol{d}) - (\boldsymbol{a}, \boldsymbol{d})\,(\boldsymbol{b}, \boldsymbol{c}).$$

So erhält man mit (6.6c)

$$([\boldsymbol{v} \times \boldsymbol{B}], \nabla_{\boldsymbol{p}} f_1) = (\boldsymbol{v}, [\boldsymbol{B} \times \boldsymbol{E}])\,\psi_1 + (\boldsymbol{v}, \boldsymbol{E})\,B^2\psi_2 - (\boldsymbol{v}, \boldsymbol{B})\,(\boldsymbol{B}, \boldsymbol{E})\,\psi_2. \tag{7.37}$$

Der Ausdruck (7.37) ist im allgemeinen von Null verschieden. Zuerst wird über Gl. (7.2) die Masse $m(E)$ eingeführt. Setzt man dann (7.37) in (7.36) ein, so erhält man

$$\left\{\frac{e}{m} f_0' - \frac{\psi_1}{\tau} + \frac{eB^2}{mc}\psi_2\right\}(\boldsymbol{p}, \boldsymbol{E}) - \left\{\frac{e}{mc}\psi_1 + \frac{\psi_2}{\tau}\right\}(\boldsymbol{p}, [\boldsymbol{E} \times \boldsymbol{B}])$$
$$- \left\{\frac{e}{mc}\psi_2 + \frac{\psi_3}{\tau}\right\}(\boldsymbol{E}, \boldsymbol{B})\,(\boldsymbol{p}, \boldsymbol{B}) = 0. \tag{7.38}$$

Da die Lage der Vektoren $\boldsymbol{p}, \boldsymbol{E}$, und $\boldsymbol{B}$ zueinander beliebig ist, stellt Gl. (7.38) die Forderung nach dem Verschwinden aller drei Ausdrücke in den geschweiften Klammern als den Koeffizienten der Skalarprodukte $(\boldsymbol{p}, \boldsymbol{E})$, $(\boldsymbol{p}, [\boldsymbol{E} \times \boldsymbol{B}])$ und $(\boldsymbol{p}, \boldsymbol{B})$ dar. Das ergibt drei lineare Bestimmungsgleichungen für die drei gesuchten Funktionen ψ_1, ψ_2, ψ_3. Löst man diese auf, erhält man

$$\psi_1 = \frac{e\tau}{m(1 + \omega_c^2\tau^2)} f_0', \tag{7.39a}$$

$$\psi_2 = -\frac{1}{c}\,\frac{e^2\tau^2}{m^2(1 + \omega_c^2\tau^2)} f_0', \tag{7.39b}$$

$$\psi_3 = \frac{1}{c^2}\,\frac{e^3\tau^3}{m^3(1 + \omega_c^2\tau^2)} f_0'. \tag{7.39c}$$

Darin ist

$$\omega_c(E) = \frac{Be}{m(E)\,c}. \tag{7.40}$$

Für ein parabolisches Dispersionsgesetz, wenn die Funktion $m(E)$ eine Konstante ist, ist das die wohlbekannte Zyklotronfrequenz (siehe Abschnitt 4.3.).

Das Produkt $\omega_c\tau$ bestimmt dabei den Bogen, den das Elektron (bzw. Loch) während der mittleren freien Flugzeit beschreibt. Das gestattet eine anschauliche Interpretation des Faktors $\tau(1 + \omega_c^2\tau^2)^{-1}$, der in allen drei Gleichungen (7.39) auftaucht. Wie wir in Kapitel 1. sahen, bewegt sich ein Teilchen im Magnetfeld nicht längs einer Geraden, sondern längs einer Zykloide, und sein Beitrag zum Gesamtstrom ist dabei durch die Projektion der Verschiebung des Teilchens auf die Richtung der Stromdichte gegeben. In diesem Sinne wirkt das Magnetfeld als ein „Streuzentrum", indem es die Teilchen aus der Bewegung längs der Stromlinien ablenkt. Der Nenner $(1 + \omega_c^2\tau^2)$ berücksichtigt diese Ablenkung, wobei er zu einer Vergrößerung der „effektiven mittleren freien Flugzeit" relativ zu dem System ohne Magnetfeld führt. Beim Verschwinden des Magnetfeldes ($B \to 0$) geht die Lösung (6.6c), (7.39) natürlich in (6.6a), (7.4) über.

Setzt man jetzt Gl. (6.6c) in Gl. (2.2) für die Stromdichte ein und integriert wie unter Punkt a), so erhält man einen Ausdruck der Form (1.15), aber mit expliziten Ausdrücken für die Koeffizienten der Vektoren $\boldsymbol{E}$, $[\boldsymbol{E} \times \boldsymbol{B}]$ und $\boldsymbol{B}(\boldsymbol{B}, \boldsymbol{E})$. Diese

Koeffizienten hat man mit den phänomenologisch eingeführten Größen a_1, a_2, a_3 zu identifizieren.

Es wird jetzt wieder nur ein parabolisches Dispersionsgesetz betrachtet. Nach Einsetzen von (6.6c) in Gl. (2.2) erhält man bei Berücksichtigung von (7.39a—c) Integrale der Form

$$J_k = -\int_0^\infty E^{3/2} f_0' \frac{\tau^k(E)}{1+\omega_c^2\tau^2}\,\mathrm{d}E\,, \tag{7.41}$$

worin k eine ganze Zahl ist. Man findet für die Koeffizienten a_1, a_2, a_3

$$\begin{aligned} a_1 &= \frac{2e^3\sqrt{2m}}{3\pi^2\hbar^3} J_1\,, \qquad a_2 = -\frac{2e^2\sqrt{2m}}{3\pi^2\hbar^3}\frac{e}{mc} J_2\,, \\ a_3 &= \frac{2e^2\sqrt{2m}}{3\pi^2\hbar^3}\frac{e^2}{m^2c^2} J_3\,. \end{aligned} \tag{7.42}$$

Für den Fall vollständiger Entartung ist

$$J_k = \frac{\zeta^{3/2}\tau^k(\zeta)}{1+\omega_c^2(\zeta)\,\tau^2(\zeta)}\,. \tag{7.41'}$$

Im nichtentarteten Fall hängen die Integrale etwas komplizierter von der magnetischen Induktion und der Temperatur ab. Ihre explizite Gestalt läßt sich nur finden, wenn der mechanische Teil des Problems gelöst ist. Eine Ausnahme bilden nur die beiden Grenzfälle des schwachen und des starken Magnetfeldes, die durch die Ungleichungen

$$\omega_c^2\tau^2(E) \ll 1 \quad \text{und} \quad \omega_c^2\tau^2(E) \gg 1 \tag{7.43}$$

gegeben sind.

Im ersten Fall erhält man

$$J_k \simeq -\int_0^\infty E^{3/2}\tau^k(E)\, f_0'(1-\omega_c^2\tau^2)\,\mathrm{d}E\,, \tag{7.44a}$$

und im zweiten Fall

$$J_k \simeq -\frac{1}{\omega_c^2}\int_0^\infty E^{3/2}\tau^{k-2}(E)\, f_0'\,\mathrm{d}E\,. \tag{7.44b}$$

Es sei angemerkt, daß (7.44b) für $k = 2$ von der Relaxationszeit unabhängig wird und man einfach

$$J_2 = \frac{3(kT)^{3/2}\sqrt{\pi}}{4\omega_c^2}\,\Phi_{1/2}\left(\frac{\zeta}{kT}\right) \tag{7.44b'}$$

erhält. Setzt man (7.44a) für $k = 1, 2, 3$ in (7.42) ein, so ergibt sich für die Stromdichte im schwachen Magnetfeld ein Ausdruck der Form (1.15′) mit

$$\delta = -\beta = \frac{2e^2\sqrt{2m}}{3\pi^2\hbar^3}\frac{e^2}{m^2c^2}\int_0^\infty E^{3/2}\tau f_0'\,\mathrm{d}E\,, \qquad \gamma = 0\,. \tag{7.45}$$

Die letzte Gleichung folgt dabei schon aus den Symmetriebetrachtungen des Abschnitts 13.1.

Die Gleichungen (7.42) gestatten insbesondere, die Hall-Konstante und den Magnetowiderstand für zwei spezielle Magnetfeldrichtungen, die auch in Abschnitt 1.3. betrachtet wurden, zu berechnen. Diese beiden Fälle sollen im folgenden im einzelnen betrachtet werden.

1. Transversales Magnetfeld: $\boldsymbol{B} \perp \boldsymbol{j}$

Nach (1.19) und (7.42) hat der Ausdruck für die Hall-Konstante die Form

$$R = -\frac{3\pi^2\hbar^3}{2ec\sqrt{2m^3}}\,\frac{J_2}{J_1^2 + \omega_c^2 J_2^2}.$$

Es ist sinnvoll, hier die Ladungsträgerkonzentration n über Gl. (5.4.4) einzuführen. Dann erhält man für die Hall-Konstante eine Gleichung von der Form wie (1.3.17):

$$R = -\frac{\gamma}{nec}, \tag{7.46}$$

wobei der dimensionslose Faktor γ durch die Gleichung

$$\gamma = \frac{3\sqrt{\pi}}{4}\,\Phi_{1/2}\left(\frac{\zeta}{kT}\right)(kT)^{3/2}\,\frac{J_2}{J_1^2 + \omega_c^2 J_2^2} \tag{7.47}$$

gegeben ist. Dieser hängt vom Entartungsgrad und vom Verlauf der Funktion $\tau(E)$, also letztlich von dem Streumechanismus ab.

Für den Fall vollständiger Entartung läßt sich γ nach (7.47) leicht berechnen: Nach Abschnitt 5.6. und Gl. (7.41′) ist unter den genannten Bedingungen

$$\gamma_{\text{Entartung}} = 1. \tag{7.47′}$$

Diese Beziehung ist gültig für beliebige Streumechanismen und beliebige Werte der magnetischen Induktion. Ebenso erhält man γ auch für einen beliebigen Entartungsgrad, wenn das Magnetfeld stark ist. Nach (7.44b) und (7.44b′) hat man nämlich in diesem Fall

$$\gamma_{\text{starkes Feld}} = 1 + O\left(\frac{1}{\omega_c^2\tau^2}\right). \tag{7.47″}$$

Man kann zeigen,[1]) daß dieses Ergebnis auch bei Berücksichtigung von Quanteneffekten gültig bleibt, solange die zweite Ungleichung in (7.43) erfüllt ist.

Dieser Umstand ist deswegen besonders wichtig, weil bekanntlich, vor allem im Bereich sehr starker Magnetfelder, Quanteneffekte nachweisbar eine Rolle spielen können (s. Abschnitt 4.5.).

Andererseits hat man im schwachen Magnetfeld nach (7.44a)

$$\gamma_{\text{schwaches Feld}} = \frac{3\sqrt{\pi}}{4}\,\Phi_{1/2}\left(\frac{\zeta}{kT}\right)(kT)^{3/2}\,\frac{J_2^{(0)}}{(J_2^{(1)})^2}, \tag{7.48}$$

wo

$$J_k^{(0)} = -\int_0^\infty E^{3/2}\tau^k f_0'\,\mathrm{d}E$$

---

[1]) Siehe [1] (Artikel 10).

ist. Insbesondere nimmt Gl. (7.48) für ein nichtentartetes System die Gestalt

$$\gamma_{\substack{\text{schwaches Feld,}\\ \text{nichtentartet}}} = \frac{3\sqrt{\pi}\,(kT)^{5/2}}{4} \frac{\int\limits_0^\infty E^{5/2}\tau^2 \exp(-E/kT)\,\mathrm{d}E}{\left[\int\limits_0^\infty E^{3/2}\tau \exp(-E/kT)\,\mathrm{d}E\right]^2} \tag{7.48'}$$

an. Wie bei der Berechnung der Beweglichkeit erhält man also eine Gleichung von derselben Form (1.3.19) in der elementaren kinetischen Theorie. Hängt τ von der Energie über eine Potenzfunktion (7.21) ab, so erhält Gl. (7.48′) die Form

$$\gamma_{\substack{\text{schwaches Feld,}\\ \text{nichtentartet}}} = \frac{3\sqrt{\pi}\,\Gamma\left(2r + \frac{5}{2}\right)}{4\Gamma^2\left(r + \frac{5}{2}\right)}. \tag{7.48''}$$

Die Grenze zwischen schwachen und starken Magnetfeldern ist durch den charakteristischen Wert

$$B_{\text{krit}} = \frac{mc}{e\tau} \tag{7.49}$$

der magnetischen Induktion gegeben. Setzt man $\tau = 10^{-13}$ s, erhält man

$$B_{\text{krit}} = 6 \cdot 10 \frac{m}{m_0}\,\mathrm{T}, \tag{7.49'}$$

wobei m_0 wie stets die Masse des freien Elektrons ist. Nach (7.43) heißt ein Magnetfeld also stark oder schwach, je nachdem ob $B \gg B_{\text{krit}}$ oder $B \ll B_{\text{krit}}$ ist. Man erkennt, daß für Materialien mit kleiner Effektivmasse im o. g. Sinne starke Magnetfelder nicht allzu groß sein müssen. So erhält man bei $m/m_0 = 0{,}01$ den Wert $B_{\text{krit}} = 0{,}6$ T.

Es sei jedoch darauf hingewiesen, daß, wie schon in Kapitel 4. bemerkt, in einem hinreichend starken Magnetfeld die gesamte Verfahrensweise bei der Berechnung der kinetischen Koeffizienten inkonsistent werden kann, da diese auf der Boltzmann-Gleichung beruht. Wie aus Abschnitt 4.5. zu ersehen ist, ändert nämlich ein starkes Magnetfeld das Energiespektrum der Ladungsträger radikal. Diese Quanteneffekte kann man nur vernachlässigen, solange die Ungleichung (4.5.19) gilt.

Damit hat man bei der Betrachtung des Einflusses eines Magnetfeldes auf die Kinetik und das Energiespektrum von Ladungsträgern drei Fälle zu unterscheiden.

1. klassische schwache Felder: $B \ll B_{\text{krit}}, \quad \dfrac{e\hbar B}{mc} < \bar{E}$;
2. klassische starke Felder: $B \gg B_{\text{krit}}, \quad \dfrac{e\hbar B}{mc} < \bar{E}$;
3. quantisierende Felder: $\dfrac{e\hbar B}{mc} > \bar{E}$.

Dabei ist $\bar{E}$ die charakteristische Energie der Ladungsträger. Bei fehlender Entartung ist $\bar{E} \simeq kT$, bei vollständiger Entartung ist $\bar{E} = \zeta$.

Die kinetischen Koeffizienten für Stoffe in quantisierenden Magnetfeldern werden mit Methoden aus der Quantentheorie irreversibler Prozesse beschrieben (s. z. B. [1]).

Der transversale Magnetowiderstand $\frac{\varrho_\perp - \varrho_0}{\varrho_0}$ ist nach (1.20), (7.12) und (7.42) durch

$$\frac{\varrho_\perp - \varrho_0}{\varrho_0} = \frac{J_1 J_1^{(0)}}{J_1^2 + \omega_c^2 J_2^2} - 1 \tag{7.50}$$

gegeben. Setzt man hier die Ausdrücke (7.41) und (7.44b) ein, so sieht man, daß Gl. (7.50) wie zu erwarten das Ergebnis der elementaren Theorie (1.3.21) reproduziert.

Mit Gl. (7.41) kann man leicht zeigen, daß der Ausdruck (7.50) im Fall vollständiger Entartung identisch verschwindet, also kein Magnetowiderstand existiert. Wie gezeigt werden kann [M 7], hängt dieses Ergebnis mit hier gemachten Näherungen, nämlich der Vernachlässigung der Anisotropie der Isoenergieflächen, zusammen. Bei Berücksichtigung der Anisotropie der Isoenergiefläche zeigt sich, daß der Magnetowiderstand eines Elektronengases im allgemeinen einen endlichen Wert hat.

Ein endlicher Wert des Magnetowiderstandes ergibt sich auch dann, wenn die Entartung nicht vollständig ist und die Relaxationszeit von der Energie abhängt. Der Magnetowiderstand hängt dann in ziemlich komplizierter Weise vom Betrag der magnetischen Induktion ab, wobei dieser Zusammenhang durch die explizite Gestalt der Funktion $\tau(E)$, also letztlich durch den Streumechanismus bestimmt wird. In den Grenzfällen starker und schwacher Magnetfelder gelten die Gleichungen (1.3.22) bzw. (1.3.26). Für den Fall, daß τ über eine Potenzfunktion von der Energie abhängt (s. Gl. (7.21)) und das Ladungsträgergas nicht entartet ist, erhält man unter Benutzung von Gl. (7.41)

$$\left.\frac{\varrho_\perp - \varrho_0}{\varrho_0}\right|_{\text{starkes Feld}} = \frac{16}{9\pi}\,\Gamma\left(\frac{5}{2} - r\right)\Gamma\left(\frac{5}{2} + r\right) - 1 \tag{7.50'}$$

und

$$\left.\frac{\varrho_\perp - \varrho_0}{\varrho_0}\right|_{\text{schwaches Feld}} = \omega_c^2 C^2 (kT)^{2r}\,\frac{\Gamma\left(3r + \frac{5}{2}\right)\Gamma\left(r + \frac{5}{2}\right) - \Gamma^2\left(2r + \frac{5}{2}\right)}{\Gamma^2\left(r + \frac{5}{2}\right)}. \tag{7.50''}$$

Es sei jedoch darauf hingewiesen, daß gerade der Magnetowiderstand sehr empfindlich von der Anisotropie der Isoenergieflächen abhängt. Daher haben die Gleichungen (7.50) bis (7.50″) einen sehr eingeschränkten Anwendungsbereich. Insbesondere braucht bei einem komplizierteren Dispersionsgesetz keine Sättigung des Magnetowiderstands aufzutreten.

2. Longitudinales Feld: $\boldsymbol{B} \parallel \boldsymbol{j}$

Nach (1.21) und (7.42) hat man

$$\frac{\varrho_\parallel - \varrho_0}{\varrho_0} = \frac{J_1^{(0)} - J_1 - \omega_c^2 J_3}{J_1 + \omega_c^2 J_3}. \tag{7.51}$$

Mit (7.41) verschwindet dieser Ausdruck identisch. Im Rahmen des hier behandelten Modells tritt bei beliebigem Entartungsgrad des Ladungsträgergases kein longitudinaler Magnetowiderstand auf. Dieses Ergebnis ist ebenfalls auf die Vernachlässigung der Anisotropie der Isoenergieflächen zurückzuführen. Bei deren Berücksichtigung wird der longitudinale Magnetowiderstand im allgemeinen endlich. In diesem Fall gilt nämlich Gl. (7.45) im allgemeinen nicht mehr, und der Ausdruck (1.24) wird von Null verschieden. Beobachtet man also im Experiment einen endlichen Wert des longitudinalen Magnetowiderstands, so kann man annehmen, daß die Isoenergieflächen in dem betreffenden Material anisotrop sind.

Im Rahmen der Anwendbarkeit der Boltzmann-Gleichung hat das oben dargelegte und an Beispielen erläuterte Schema der Berechnung der kinetischen Koeffizienten ziemlich allgemeinen Charakter. Explizite Ausdrücke für verschiedene kinetische Koeffizienten, darunter die der thermomagnetischen Effekte, findet man in dem Buch [M 7].

13.8. Ladungsträger im schwachen elektrischen Wechselfeld

Im folgenden soll die elektrische Leitfähigkeit eines homogenen n-Halbleiters in einem zeitlich veränderlichen elektromagnetischen Feld betrachtet werden. Die Feldstärken des elektrischen und des magnetischen Feldes mögen dabei harmonisch (mit der Kreisfrequenz ω) von der Zeit abhängen. Sowohl die räumliche Variation des elektrischen Feldes $\boldsymbol{E}$ als auch der Einfluß des Magnetfeldes auf das Verhalten der Ladungsträger werden dabei vernachlässigt. Wie aus (3.5) ersichtlich, ist die letztgenannte Näherung gerechtfertigt, solange die mittlere Geschwindigkeit der Ladungsträger klein gegen die Lichtgeschwindigkeit im Vakuum ist. Im Unterschied zu dem Fall, der in 13.7c) betrachtet wurde, sind ja die Feldstärken von elektrischem und magnetischem Feld in der Lichtwelle nicht voneinander unabhängig, sondern eindeutig miteinander verknüpft. In einer ebenen Welle stehen sie z. B. im Verhältnis $\sqrt{\mu/\varepsilon}$, wobei μ und ε die magnetische bzw. dielektrische Permeabilität bei der betreffenden Frequenz sind; dieses Verhältnis ist in der Regel mindestens von der Größenordnung 0,1 (eine Ausnahme bilden nur Piezoelektrika bei hinreichend niedrigen Frequenzen). Eine Bedingung dafür, daß die erste der o. g. Näherungen erfüllt ist, wird am Ende dieses Abschnitts angegeben.

Unter den genannten Bedingungen hat die Boltzmann-Gleichung (3.12) die Form

$$\frac{\partial f}{\partial t} - e(\boldsymbol{E}, \nabla_{\boldsymbol{p}} f) + \frac{f - f_0}{\tau(E)} = 0. \tag{8.1}$$

Man setzt zweckmäßig

$$\boldsymbol{E} = \boldsymbol{E}_{\mathrm{m}}\, \mathrm{e}^{-\mathrm{i}\omega t}, \tag{8.2}$$

wobei $\boldsymbol{E}_{\mathrm{m}}$ die Amplitude der elektrischen Feldstärke ist und die Anfangsphase gleich Null gesetzt wurde. Wie bei statischen Feldern läßt sich die Lösung von Gl. (8.1) in der Form (5.1) und (6.6a) schreiben — nur mit dem Unterschied, daß jetzt die elektrische Feldstärke durch (8.2) gegeben ist. Setzt man die Ausdrücke (5.1) und (6.6a) in Gl. (8.1) ein und beschränkt man sich auf die in $\boldsymbol{E}$ linearen Terme, so erhält man

$$\psi = \frac{e}{m} \frac{\tau}{1 - \mathrm{i}\omega\tau} f_0'. \tag{8.3}$$

Der Vergleich mit (7.4) zeigt, daß der einzige Unterschied zum statischen Fall darin besteht, daß τ durch den komplexen Faktor $\tau/(1 - \mathrm{i}\omega\tau)$ zu ersetzen ist:

$$f = f_0 + \frac{e}{m} (\boldsymbol{p}, \boldsymbol{E}_\mathrm{m}) \frac{\tau}{1 - \mathrm{i}\omega\tau} f_0' \, \mathrm{e}^{-\mathrm{i}\omega t}. \tag{8.4}$$

Man sieht, daß zwischen dem Nichtgleichgewichtsanteil von f und dem elektrischen Feld eine Phasenverschiebung von $\arctan \omega\tau$ auftritt. Ist die Schwingungsperiode $2\pi/\omega$ groß gegen die Relaxationszeit ($\omega\tau \ll 1$), so ist diese Phasenverschiebung sehr klein; im entgegengesetzten Fall ($\omega\tau \gg 1$) kommt sie $\pi/2$ sehr nahe. Die Ursache dieser Phasenverschiebung liegt in dem in 13.6. Gesagten. Die Geschwindigkeit, mit der die Verteilungsfunktion einem sich verändernden elektrischen Feld folgt, ist durch die Relaxationszeit τ bestimmt. Ist diese von Null verschieden, so muß die Schwingungsphase von f_1 hinter der von $\boldsymbol{E}(t)$ zurückbleiben. In diesem Sinne kann man sagen, daß das Ladungsträgergas (ebenso wie eines aus anderen Teilchen) eine gewisse „Eigenträgheit" hat. Es sei jedoch hervorgehoben, daß dieser Effekt nicht durch die Masse der Teilchen, sondern durch die Statistik des Systems verursacht wird. Das Feld beschleunigt natürlich alle Elektronen (bzw. Löcher) auf genau die gleiche Weise; auf die Form der Verteilungsfunktion wirkt das jedoch nur vermittelt durch Stöße.

Nach Gl. (8.4) wird auch die Leitfähigkeit des Ladungsträgergases im Wechselfeld komplex. Setzt man nämlich den Ausdruck (8.4) in (2.2) ein und rechnet wie in 13.7a) weiter, erhält man

$$\sigma = \sigma_1 + \mathrm{i}\sigma_2, \tag{8.5}$$

wobei Real- und Imaginärteil der Leitfähigkeit σ_1, σ_2 gegeben sind durch

$$\sigma_1 = -\frac{e^2}{3} \int_0^\infty N(E)\, v^2 \frac{\tau}{1 + \omega^2\tau^2} f_0' \, \mathrm{d}E \tag{8.6}$$

und

$$\sigma_2 = -\frac{\omega e^2}{3} \int_0^\infty N(E)\, v^2 \frac{\tau^2}{1 + \omega^2\tau^2} f_0' \, \mathrm{d}E. \tag{8.7}$$

Für $\omega \to 0$ geht σ_1 in die statische Leitfähigkeit (7.12) über, während σ_2 erwartungsgemäß verschwindet. Bei wachsender Frequenz dagegen verringert sich σ_1 gegenüber seinem statischen Wert. Der Grund dafür liegt in dem oben zur Ursache der Phasenverschiebung Gesagten: Gelingt es dem System der freien Ladungsträger nicht, den Schwingungen des Feldes instantan zu folgen, so verhält es sich in bestimmtem Maße wie ein System gebundener Ladungen, das keinen Beitrag zum Leitungsstrom liefert. Dadurch kommt es zu einer Verringerung von σ_1.

Für $\omega\tau \to \infty$ nimmt Gl. (8.6) eine einfache Form an:

$$\sigma_1 = -\frac{e^2}{3\omega^2} \int_0^\infty N\tau^{-1} v^2 f_0' \, \mathrm{d}E. \tag{8.8}$$

Die Frequenzabhängigkeit von σ_1 ist durch diesen Ausdruck explizit gegeben, und zwar für beliebige Streumechanismen. Es sei hier angemerkt, daß σ_1 im Unterschied zur statischen Leitfähigkeit unter den genannten Bedingungen bei einer Vergrößerung der mittleren freien Flugzeit nicht wächst, sondern fällt: Hier ist die Ladungsträgerbeweglichkeit nicht hauptsächlich durch die Streuung, sondern durch die Phasenverschiebung zwischen den Schwingungen von f_1 und $\boldsymbol{E}$ bestimmt.

Ein Imaginärteil der Leitfähigkeit bedeutet natürlich nicht, daß die Joulesche Wärme Q komplex wird. Diese ist durch den Realteil von σ bestimmt.

Man hat als Mittelwert über eine Periode

$$Q = \frac{1}{2} |\boldsymbol{E}|_{\mathrm{m}}^2 \sigma_1 . \tag{8.9}$$

Die physikalische Bedeutung des Imaginärteils von σ wird anhand der Überlegungen zur Frequenzabhängigkeit von σ_1 deutlich. Es ist daher also zu erwarten, daß σ_2 die Polarisationsstromdichte beschreibt und seinerseits mit dem Realteil der dielektrischen Permeabilität verknüpft ist. Diesen Zusammenhang findet man, wenn man von der Maxwell-Gleichung ausgeht, in der die Stromdichte vorkommt:

$$\operatorname{rot} \boldsymbol{H} = \frac{4\pi}{c} \boldsymbol{j} + \frac{1}{c} \frac{\partial \boldsymbol{D}}{\partial t} . \tag{8.10}$$

Darin ist $\boldsymbol{j} = (\sigma_1 + \mathrm{i}\sigma_2) \cdot \boldsymbol{E}$ und $\boldsymbol{D}$ der Vektor der dielektrischen Verschiebung

$$\boldsymbol{D} = \varepsilon_0 \boldsymbol{E} \tag{8.11}$$

mit ε_0 als Dielektrizitätskonstante (oder dielektrische Permeabilität) des Gitters zu der Frequenz ω, die ohne Berücksichtigung der freien Ladungsträger berechnet wurde.[1]) Hier ist nur eine Lösung mit (wie in (8.2)) harmonisch von der Zeit abhängenden Vektoren $\boldsymbol{E}$, $\boldsymbol{D}$ und $\boldsymbol{H}$ von Interesse. Für diesen Fall hat Gl. (8.10) die Form

$$\operatorname{rot} \boldsymbol{H} = \frac{4\pi}{c} \left(\omega \frac{\varepsilon_2}{4\pi} + \sigma_1 \right) \boldsymbol{E} - \frac{\mathrm{i}\omega}{c} \left(\varepsilon_1 - \frac{4\pi}{\omega} \sigma_2 \right) \boldsymbol{E} . \tag{8.12}$$

Hier sind ε_1, ε_2 Real- bzw. Imaginärteil von $\varepsilon_0(\omega)$. Für das Zustandekommen des Magnetfeldes ist der Summand $-4\pi\sigma_2/\omega$ physikalisch offensichtlich nicht von ε_1 zu unterscheiden. Also bestimmt der Imaginärteil der Leitfähigkeit der freien Ladungsträger deren Beitrag $\Delta\varepsilon$ zum Realteil der dielektrischen Permeabilität[2]):

$$\Delta\varepsilon = -\frac{4\pi\sigma_2}{\omega} = +\frac{4\pi e^2}{3} \int_0^\infty N(E)\, v^2(E)\, f_0' \frac{\tau^2}{1 + \omega^2\tau^2} \,\mathrm{d}E . \tag{8.13}$$

Nach (8.13) ist $\Delta\varepsilon$ negativ (da $f_0' < 0$ ist). Dem Betrag nach kann $\Delta\varepsilon$ sogar größer als ε_1 sein. Demzufolge kann der Realteil der gesamten dielektrischen Permeabilität negativ sein. Wie aus der Elektrodynamik bekannt ist, bedeutet das, daß sich Wellen

---

[1]) Für piezoelektrische Halbleiter ist unter ε_0 hier die differentielle dielektrische Permeabilität zu verstehen, die für parallele Vektoren $\boldsymbol{D}$ und $\boldsymbol{E}$ als $\mathrm{d}\boldsymbol{D}/\mathrm{d}\boldsymbol{E}$ definiert ist.

[2]) Gl. (8.13) ist ein Spezialfall einer allgemeineren Beziehung zwischen der komplexen Leitfähigkeit und der dielektrischen Permeabilität, die aus Gl. (8.12) folgt. Dieser Zusammenhang besteht darin, daß ε und σ im wesentlichen übereinstimmende komplexe Parameter des Systems sind, die dessen Verhalten im zeitabhängigen elektrischen Feld beschreiben. Der Umstand, daß sie manchmal unabhängig voneinander eingeführt werden, hat teils historische, teils Zweckmäßigkeitsgründe.

mit dieser Frequenz in dem betreffenden Material nicht ausbreiten können und an dessen Oberfläche eine Totalreflexion erfahren. Diese Situation ist manchmal im Plasma (insbesondere in der Ionosphäre) realisiert.

Wie Gl. (8.6) vereinfachen sich auch (8.7) und (8.13) für $(\omega\tau)^2 \gg 1$ beträchtlich. Die Größen σ_2 und $\Delta\varepsilon$ bleiben dabei im allgemeinen von dem Streumechanismus abhängig. Anstelle von (8.13) erhält man (vgl. (7.15))

$$\Delta\varepsilon = -\frac{4\pi n e^2}{m_{\text{opt}}\omega^2}. \tag{8.14}$$

Mit (8.14) ließe sich also die Effektivmasse bestimmen, indem man die Frequenzabhängigkeit der dielektrischen Permeabilität eines Stoffes bestimmt (insbesondere dann, wenn aus anderen Überlegungen feststeht, daß ein einfaches parabolisches Band vorliegt, so daß $m_{\text{opt}} = m$ ist). Dabei sind jedoch zwei Bemerkungen wesentlich. Erstens bedeutet die Bedingung $(\omega\tau)^2 \gg 1$ eine ziemlich starke Einschränkung. Bei nicht sehr tiefen Temperaturen kann die mittlere freie Flugzeit $10^{-13} \ldots 10^{-12}$ s betragen. Folglich ist für den Frequenzbereich, für den Gl. (8.14) erfüllt ist, die übliche Hochfrequenztechnik ungeeignet. Zweitens verlieren bei Berücksichtigung der Anisotropie die Ergebnisse viel an Eindeutigkeit. Es seien zum Beispiel die Isoenergieflächen Ellipsoide mit den Effektivmassen m_x, m_y, m_z längs der drei Hauptachsen. Vernachlässigt man die Streuung, so ist die obige Gleichung für $\Delta\varepsilon$ leicht auf diesen Fall zu verallgemeinern. Dazu hat man sich nur daran zu erinnern, daß die Massen m_x, m_y und m_z in den Ausdruck für $\Delta\varepsilon$ gleichberechtigt eingehen müssen und man beim Zusammenfallen aller dreier Werte Gl. (8.14) erhalten muß. Diese Bedingung erfüllt der Ausdruck

$$\Delta\varepsilon = -\frac{4\pi n e^2}{m_{\text{opt}}\omega^2} \tag{8.14'}$$

mit

$$\frac{1}{m_{\text{opt}}} = \frac{1}{3}\left(\frac{1}{m_x} + \frac{1}{m_y} + \frac{1}{m_z}\right). \tag{8.15}$$

Die Bezeichnung „*optische Effektivmasse*" rührt daher, daß die Größe bei der Beschreibung einiger optischer Eigenschaften, bei denen freie Ladungsträger eine Rolle spielen, auftritt. Bei konstanter und isotroper Relaxationszeit τ läßt sich der Ausdruck für den Realteil der elektrischen Leitfähigkeit für einen kubischen Kristall in der Form

$$\sigma_1 = \frac{n e^2}{m_{\text{opt}}} \frac{\tau}{1 + \omega^2\tau^2} \tag{8.14''}$$

schreiben. Man muß dabei jedoch im Auge behalten, daß die Relaxationszeit selbst von der Effektivmasse abhängt. Außerdem läßt sich, wie in 13.6. gezeigt wurde, in Systemen mit einem anisotropen Dispersionsgesetz in der Regel keine einheitliche, von der Orientierung des Impulsvektors relativ zu den Kristallachsen unabhängige Relaxationszeit einführen.

Aus Gl. (8.14') ist ersichtlich, daß die Messung von $\Delta\varepsilon$ nicht jede Effektivmasse einzeln, sondern nur deren Kombination (8.15) liefert. In diesem Zusammenhang haben Messungen der paramagnetischen Elektronenresonanz klare Vorteile (siehe Abschnitt 4.3.).

Um noch zu klären, inwieweit die obige Vernachlässigung der Ortsabhängigkeit der elektrischen Feldstärke gerechtfertigt ist, ersetzt man den Ausdruck (8.2) durch eine ebene Welle mit dem Wellenvektor $\boldsymbol{k}$:

$$\boldsymbol{E} = \boldsymbol{E}_{\mathrm{m}}\, \mathrm{e}^{-\mathrm{i}\omega t+\mathrm{i}\boldsymbol{k}\boldsymbol{r}}. \tag{8.16}$$

Analoge Ausdrücke gelten dann für die Vektoren $\boldsymbol{D}$ und $\boldsymbol{j}$. Der Nichtgleichgewichtsanteil der Verteilungsfunktion muß dann den Faktor $\mathrm{e}^{-\mathrm{i}\boldsymbol{k}\boldsymbol{r}}$ enthalten, und die Boltzmann-Gleichung wird dann in der Form

$$\frac{\partial f}{\partial t} + (\boldsymbol{v}, \nabla f) - e(\boldsymbol{E}, \nabla_{\mathrm{p}} f) + \frac{f - f_0}{\tau(E)} = 0 \tag{8.17}$$

geschrieben. Demzufolge hängen die dielektrische Permeabilität und die Leitfähigkeit nicht nur von ω, sondern auch von $\boldsymbol{k}$ ab. Die letztgenannte Abhängigkeit wird als räumliche Dispersion bezeichnet. Offensichtlich ist der zweite Summand in (8.17) gleich $\mathrm{i}(\boldsymbol{k}, \boldsymbol{v})\, f_1$. Dessen Betrag steht zu dem des letzten Summanden im Verhältnis

$$k v_T \tau = 2\pi \frac{l}{\lambda},$$

worin $l = v_T\tau$ die mittlere freie Weglänge bezüglich der Impulsstreuung und $\lambda = l\,\pi/k$ die Wellenlänge der elektromagnetischen Welle ist. Man erkennt, daß die Ortsabhängigkeit der elektrischen Feldstärke zu vernachlässigen ist, solange die mittlere freie Weglänge klein gegen die Wellenlänge der elektromagnetischen Welle ist. Typische Werte für die mittlere freie Weglänge in den meisten Halbleitern sind $10^{-6} \cdots 10^{-4}$ cm $\triangleq$ $10 \cdots 1000$ nm. Damit ist die oben gemachte Näherung in einem ziemlich breiten Wellenlängenbereich anwendbar.

13.9. Plasmawellen

Von besonderem Interesse ist der Fall, daß die gesamte Dielektrizitätsfunktion

$$\varepsilon = \varepsilon_0 + \frac{4\pi \mathrm{i}}{\omega}\sigma \tag{9.1}$$

gleich Null wird. Um zu untersuchen, wie sich dieser Umstand auf das elektrische Feld innerhalb des Halbleiters auswirkt, geht man zweckmäßig von den entsprechenden Maxwell-Gleichungen und der Kontinuitätsgleichung aus. Das Magnetfeld der elektromagnetischen Welle wird dabei völlig vernachlässigt. Bezeichnet man mit ϱ die (Volumen-) Ladungsdichte, so hat man

$$\operatorname{rot} \boldsymbol{E} = 0, \qquad \operatorname{div} \boldsymbol{D} = 4\pi\varrho, \qquad \frac{\partial \varrho}{\partial t} + \operatorname{div} \boldsymbol{j} = 0. \tag{9.2}$$

Man sucht Lösungen von der Form (8.16). Dann gilt mit (8.11)

$$\operatorname{rot} \boldsymbol{E} = \mathrm{i}[\boldsymbol{k} \times \boldsymbol{E}], \qquad \operatorname{div} \boldsymbol{D} = \mathrm{i}\varepsilon_0(\boldsymbol{k}, \boldsymbol{E}),$$

und für die Amplitude $\boldsymbol{E}_{\mathrm{m}}$ erhält man die beiden Gleichungen

$$[\boldsymbol{k} \times \boldsymbol{E}_{\mathrm{m}}] = 0, \qquad \varepsilon(\boldsymbol{k}, \boldsymbol{E}_{\mathrm{m}}) = 0. \tag{9.3}$$

Für $\varepsilon \neq 0$ haben die Gleichungen (9.3) offensichtlich nur die triviale Lösung $\boldsymbol{E}_{\mathrm{m}} = 0$. Das ist nicht anders zu erwarten, da ja die gegenseitige Abhängigkeit von elektrischem und Magnetfeld vernachlässigt wurde, also gerade das, was die elektromagnetischen Wellen ausmacht. Für $\varepsilon = 0$ ändert sich die Lage jedoch wesentlich. Die zweite Gl. (9.3) wird dann eine Identität, und aus der ersten folgt nur, daß $\boldsymbol{E}_{\mathrm{m}} \parallel \boldsymbol{k}$ ist, also daß die betrachteten Wellen longitudinal sein müssen. Somit erweist sich, daß für $\varepsilon = 0$ eine Ausbreitung von longitudinalen Wellen des elektrischen Feldes und der Ladungsdichte möglich sind. Diese Wellen heißen *Plasmawellen*. Sie stellen einen bestimmten Typ von Normalschwingungen des Feldes in einem Medium mit freien Ladungsträgern dar. Physikalisch gesehen besteht deren Ausbreitungsmechanismus darin, daß sich die Schwingungen von Ladungsdichte und elektrischem Feld wechselseitig aufrechterhalten. Es soll jetzt die Bedingung $\varepsilon = 0$ näher betrachtet werden, und zwar der Einfachheit halber für hinreichend große Frequenzen ($\omega^2\tau^2 \gg 1$), wenn $\Delta\varepsilon$ durch den Ausdruck (8.14′) gegeben ist und der Realteil σ_1 der elektrischen Leitfähigkeit zu vernachlässigen ist. Die Dielektrizitätsfunktion des Gitters sei als reell vorausgesetzt ($\varepsilon_0 = \varepsilon_1$). Das heißt, es ist jetzt der Frequenzbereich von Interesse, der weitab von dem Gebiet der Absorption des Lichtes durch das Gitter selbst (d. h. der Grundgitterabsorption) liegt. Mit diesen Näherungen ist $\varepsilon = \varepsilon_0 + \Delta\varepsilon$, und die Bedingung $\varepsilon = 0$ lautet hier

$$\omega^2 = \frac{4\pi n e^2}{\varepsilon m_{\mathrm{opt}}} \equiv \omega_{\mathrm{Pl}}^2. \tag{9.4}$$

Die durch diese Relation definierte Frequenz ω_{Pl} heißt Plasmafrequenz. Dieser Begriff ist wegen der bei der Ableitung von Gl. (9.4) gemachten Näherungen nur sinnvoll, solange $(\omega_{\mathrm{Pl}}\tau)^2 \gg 1$ gilt. Für die meisten Halbleiter stellt das eine sehr starke Einschränkung dar. Setzt man nämlich $\varepsilon_0 = 16$, $m_{\mathrm{opt}} = 0{,}1 m_0$ und $n = 10^{16}\,\mathrm{cm}^{-3}$, so erhält man nach (9.4) $\omega_{\mathrm{Pl}} = 4{,}5 \cdot 10^{12}\,\mathrm{s}^{-1}$. Ist die Ungleichung $(\omega_{\mathrm{Pl}}\tau)^2 \gg 1$ nicht erfüllt, so läßt sich σ_1 nicht vernachlässigen. Dann enthält die Bedingung $\varepsilon = 0$ zwei Gleichungen:

$$\operatorname{Im} \varepsilon(\omega) = 0, \qquad \operatorname{Re} \varepsilon(\omega) = 0. \tag{9.5}$$

Diese Gleichungen lassen sich nur erfüllen, wenn die Frequenz ω auch komplex wird. Physikalisch bedeutet das Auftreten eines Imaginärteils der Frequenz, daß die Plasmawellen zeitlich gedämpft sind — wie das beim Vorhandensein von Ohmschen Verlusten auch zu erwarten ist.

Da bei nicht allzu großen Frequenzen Gl. (8.14) auch nicht erfüllt ist, kann die Lösung von Gl. (9.5) ziemlich kompliziert sein. Sowohl Real- als auch Imaginärteil der Plasmafrequenz hängen dann von dem Streumechanismus ab. Die Existenz gedämpfter Plasmawellen macht sich insbesondere in einigen optischen Effekten bemerkbar (siehe Abschnitt 18.3.).

Die Gleichungen (8.13), (8.14) und also alle aus diesen Gleichungen abgeleiteten Beziehungen für ω_{Pl} wurden unter Vernachlässigung der räumlichen Variation der elektrischen Feldstärke, also formal für $k = 0$ erhalten.

Eine Berücksichtigung dieser Koordinatenabhängigkeit in der Gl. (8.17) führt zu einer vom Wellenvektor $\boldsymbol{k}$ abhängigen Plasmafrequenz ω_{Pl}. Diese Abhängigkeit ist nach dem in 13.8. Gesagten durch Terme von der Ordnung $(kl)^2$ bestimmt und folglich nicht allzu stark. Für $\omega_{\mathrm{Pl}}\tau \gg 1$ führte sie in Gl. (9.4) einfach zu einem kleinen additiven Zusatzterm.[1]) Diese Abhängigkeit ist jedoch von prinzipieller Bedeutung, denn a) erhält man durch sie nicht nur eine diskrete Plasmafrequenz, sondern ein ganzes kontinuierliches Spektrum und b) folgt nur bei Berücksichtigung dieser Abhängigkeit $\omega(k)$ eine von Null verschiedene Gruppengeschwindigkeit $\mathrm{d}\omega/\mathrm{d}k$ der Plasmawellen.

---

[1]) Man sieht leicht, daß sich Plasmawellen bei großen Wellenzahlen überhaupt nicht mehr ausbreiten können. Das koordinierte Verhalten der räumlichen Verteilung von Ladungsdichte und elektrischer Feldstärke ist nämlich nur möglich, wenn sich noch viele Ladungsträger gleichphasig bewegen können. Das führt auf die Ungleichung $kn^{-1/3} < 1$.

14. Streuung der Ladungsträger im nichtidealen Kristallgitter

14.1. Aufgabenstellung und Störungstheorie

Die Ergebnisse des Kapitels 13. führen die Bestimmung der kinetischen Koeffizienten auf die Berechnung von Integralen zurück, die die freie Flugzeit τ enthalten. Diese wird ihrerseits durch die Streuwahrscheinlichkeit $S(\boldsymbol{p}, \boldsymbol{p}')$ bestimmt. Die Berechnung dieser Wahrscheinlichkeit ist Gegenstand des vorliegenden Kapitels.

In einem idealen Kristallgitter bleibt der Quasiimpuls des Elektrons erhalten, eine Streuung fehlt. Deshalb ist bei einer Streuung der Ladungsträger die Nichtidealität des Gitters unbedingt zu berücksichtigen. Der Hamilton-Operator des Systems „Elektron + nichtideales Gitter“ kann in der Form

$$H = H_0 + H' \tag{1.1}$$

dargestellt werden. Hier ist H_0 die Summe der Operatoren der Elektronen- und Phononenenergie (12.6.2) im idealen Gitter. Der Summand H' beschreibt die Änderung der Energie des Elektrons bei Vorhandensein irgendeiner Abweichung des Gitterkraftfeldes vom idealen periodischen Feld. H' wird Hamilton-Operator der Wechselwirkung des Elektrons mit den Streuzentren genannt. Der Ausdruck Streuzentrum bezeichnet ein beliebiges Streuobjekt, das eine Abweichung des Gitterfeldes vom ideal periodischen hervorruft. In vielen Fällen erweist sich die Energie der Wechselwirkung der Ladungsträger mit den Streuzentren als hinreichend klein, so daß man sie bei der Berechnung des Energiespektrums vernachlässigen kann (die genaue Bedeutung von „hinreichend klein“ wird im weiteren verdeutlicht (siehe 14.2., 14.4., 14.5.). Dann besteht die Funktion der Streuzentren lediglich darin, daß die Ladungsträger bei „Zusammenstößen“ mit ihnen den Quasiimpuls ändern können.

Wir haben es folglich mit einem bekannten Problem der Quantenmechanik zu tun — der Berechnung der Übergangswahrscheinlichkeit zwischen zwei Zuständen eines ungestörten Systems unter dem Einfluß einer Störung H'. Die Rolle des ungestörten Systems spielen im vorliegenden Fall die nicht miteinander wechselwirkenden Elektronen und Phononen. Dementsprechend geht in den Operator H_0 auch die Energie (12.6.2) der Schwingungen des Kristallgitters ein. Insbesondere ist der Summand (12.6.2), wenn sich der Zustand des Gitters nicht ändert, einfach eine additive Konstante, die aus allen nachfolgenden Gleichungen herausfällt.

14.2. Die Übergangswahrscheinlichkeit. Bedingung für die Anwendbarkeit der Boltzmann-Gleichung

Wir bezeichnen mit λ die Gesamtheit der Quantenzahlen, die die verschiedenen Zustände des ungestörten Systems charakterisieren. Die entsprechenden Wellenfunktionen bezeichnen wir mit ψ_λ und die zugehörigen Energieeigenwerte mit E_λ:

$$H_0\psi_\lambda = E_\lambda\psi_\lambda. \tag{2.1}$$

Somit enthält λ im Falle eines Elektrons im idealen Gitter den Bandindex l und die Komponenten des Quasiimpulses $\boldsymbol{p}$ (falls nötig, werden wir die Projektion des Spins in l mit einbeziehen). In diesem Fall ist ψ_λ die Bloch-Funktion (3.2.15′). Für die Elektronen im schwingenden Gitter ist λ die Gesamtheit von l, $\boldsymbol{p}$ und der Zahl der Phononen in allen möglichen Zuständen; ψ_λ stellt das Produkt von Bloch-Funktion und Wellenfunktion des Gitters dar (12.5.5).

Die Bloch-Funktionen und die Normalschwingungen des Gitters sollen den üblichen Periodizitätsbedingungen für einen Würfel vom Volumen $V = L^3$ genügen. Dann ergeben sich die möglichen Werte für die Komponenten des Quasiimpulses der Elektronen und des Quasiwellenvektors der Phononen aus (3.3.10) und (3.3.10′).

Die Funktionen ψ_λ wollen wir als orthonormiert annehmen:

$$\int \psi_{\lambda'}^* \psi_\lambda \,\mathrm{d}\tau = \delta_{\lambda\lambda'}. \tag{2.2}$$

Hierbei ist $\delta_{\lambda\lambda'}$ das Kronecker-Symbol, und $\int \mathrm{d}\tau$ bedeutet die Integration über die Koordinaten des Elektrons (über das Grundgebiet) und über die reellen Normalkoordinaten des Gitters.

Die unter Berücksichtigung der Wechselwirkungsenergie H' berechnete Wellenfunktion bezeichnen wir mit Ψ. Möge sich das System zum Anfangszeitpunkt ($t = 0$) im Zustand λ befinden:

$$\Psi|_{t=0} = \psi_\lambda. \tag{2.3}$$

In der Folgezeit ändert sich die Wellenfunktion Ψ entsprechend der Schrödinger-Gleichung:

$$\mathrm{i}\hbar\,\frac{\partial\Psi}{\partial t} = H\Psi. \tag{2.4}$$

Ohne die Wechselwirkung H' würden wir hieraus erhalten:

$$\Psi = \psi_\lambda \exp\left(-\frac{\mathrm{i}}{\hbar}\,E_\lambda t\right), \tag{2.5}$$

wie es auch im stationären Zustand sein muß. Bei Berücksichtigung der Wechselwirkung ist das nicht mehr der Fall: die Funktionen ψ_λ sind keine Eigenfunktionen des vollständigen Hamilton-Operators $H = H_0 + H'$ und beschreiben folglich keine stationären Zustände. Nehmen wir an

$$\Psi(t) = \sum_{\lambda''} c_{\lambda''}(t)\,\psi_{\lambda''} \exp\left(-\frac{\mathrm{i}}{\hbar}\,E_{\lambda''}t\right), \tag{2.6}$$

wobei $c_{\lambda''}$ bisher nicht bekannte Entwicklungskoeffizienten sind. Nach den allgemeinen Regeln der Quantenmechanik stellen die Größen $|c_{\lambda''}(t)|^2$ die Wahrscheinlichkeit dafür dar, daß sich das System zum Zeitpunkt t im Zustand λ'' befindet. Ihre Summe, genommen über alle möglichen Werte λ'', ist dann für alle t gleich Eins:

$$\sum_{\lambda''} |c_{\lambda''}(t)|^2 = 1. \tag{2.7}$$

Die Gleichungen für die Koeffizienten $c_{\lambda''}$ lassen sich leicht finden, wenn man die Funktion (2.6) in Gl. (2.4) einsetzt, von links mit $\psi_{\lambda'}^*$ multipliziert und die Gleichungen (2.1) und (2.2) benutzt. Wir erhalten

$$\mathrm{i}\hbar \frac{\partial c_{\lambda'}(t)}{\partial t} = \sum_{\lambda''} c_{\lambda''}(t) \exp\left[\frac{\mathrm{i}}{\hbar}(E_{\lambda'} - E_{\lambda''})\, t\right] \int \psi_{\lambda'}^* H' \psi_{\lambda''}\, \mathrm{d}\tau. \tag{2.8}$$

Die Anfangsbedingung für dieses Gleichungssystem hat gemäß (2.3) die Form

$$c_{\lambda'}|_{t=0} = \delta_{\lambda\lambda'}. \tag{2.9}$$

Die Integrale auf der rechten Seite von (2.8) sind die Matrixelemente des Operators H' bezüglich des Funktionensystems ψ_λ. Führen wir für sie die Bezeichnung

$$\int \psi_{\lambda'}^* H' \psi_{\lambda''}\, \mathrm{d}\tau = (\lambda'\, |H'|\, \lambda'') \tag{2.10}$$

ein, so ist

$$\mathrm{i}\hbar \frac{\partial c_{\lambda'}(t)}{\partial t} = \sum_{\lambda''} (\lambda'\, |H'|\, \lambda'')\, c_{\lambda''}(t) \exp\left[\frac{\mathrm{i}}{\hbar}(E_{\lambda'} - E_{\lambda''})\, t\right]. \tag{2.8'}$$

Wie aus der Gl. (2.8') zu ersehen ist, sind bei $t \neq 0$ die Koeffizienten $c_{\lambda'}$ im Falle $\lambda' \neq \lambda$ im allgemeinen von Null verschieden, und die Größe $|c_\lambda|^2$ nimmt entsprechend der Beziehung (2.7) ab. Dies ist der mathematische Ausdruck der Nichtstationarität des Zustandes λ bei Vorhandensein der Störung H'.

Die exakte Lösung des Gleichungssystems (2.8') ist mit beträchtlichen mathematischen Schwierigkeiten verbunden. Eine Näherungslösung kann mit Hilfe der Störungstheorie erhalten werden. Nehmen wir an, daß die Wechselwirkungsenergie, die durch den Operator H' beschrieben wird, hinreichend klein ist. Dann kann man das Gleichungssystem (2.8') mit Hilfe eines Iterationsverfahrens lösen, wenn man die Matrixelemente $(\lambda'\, |H'|\, \lambda'')$ als kleine Größen erster Ordnung ansieht.

Betrachten wir zuerst den Fall $\lambda' \neq \lambda$. Dann können in erster Näherung auf der rechten Seite von (2.8') die nichtgestörten Werte $c_{\lambda''}$ eingesetzt werden. Diese fallen offensichtlich mit den Anfangswerten (2.9) zusammen. In der Tat folgt aus dem Gleichungssystem (2.8') unmittelbar, daß die Änderung der Koeffizienten $c_{\lambda'}$ mit der Zeit nur durch das Vorhandensein der Wechselwirkung H' bedingt ist. Auf diese Weise gilt für $\lambda' \neq \lambda$

$$\mathrm{i}\hbar \frac{\partial c_{\lambda'}}{\partial t} = (\lambda'\, |H'|\, \lambda) \exp\left[\frac{\mathrm{i}}{\hbar}(E_{\lambda'} - E_\lambda)\, t\right]. \tag{2.11}$$

Hieraus finden wir leicht bei Berücksichtigung von (2.9)

$$c_{\lambda'}(t) = \frac{-1 + \exp\left[\frac{\mathrm{i}}{\hbar}(E_{\lambda'} - E_\lambda)\, t\right]}{E_\lambda - E_{\lambda'}} (\lambda'\, |H'|\, \lambda). \tag{2.12}$$

Folglich ist die Wahrscheinlichkeit dafür, daß das System zum Zeitpunkt t im Zustand λ' beobachtet wird, gleich

$$|c_{\lambda'}(t)|^2 = \frac{2\left[1 - \cos\left\{\left(\frac{E_{\lambda'} - E_\lambda}{\hbar}\right) t\right\}\right]}{(E_\lambda - E_{\lambda'})^2} |(\lambda' |H'| \lambda)|^2. \tag{2.13}$$

Setzen wir (2.13) auf der linken Seite von Gl. (2.7) ein, können wir $|c_\lambda(t)^2|$, die Wahrscheinlichkeit dafür finden, daß das System im Zustand λ verbleibt. Differenzieren wir die Beziehung (2.13) nach t, so erhalten wir die auf die Zeiteinheit bezogene Übergangswahrscheinlichkeit:

$$\frac{\mathrm{d}\,|c_{\lambda'}(t)|^2}{\mathrm{d}t} = \frac{2}{\hbar} \frac{\sin\left(\frac{E_{\lambda'} - E_\lambda}{\hbar} t\right)}{E_{\lambda'} - E_\lambda} |(\lambda' |H'| \lambda)|^2. \tag{2.14}$$

Die Formel (2.14) kann man noch nicht unmittelbar in der Boltzmann-Gleichung benutzen, da sie sich auf Übergänge zwischen den Zuständen eines diskreten Spektrums bezieht. Wir betrachteten ja die Komponenten des Quasiimpulses ebenso wie die Komponenten des Quasiwellenvektors der Phononen als diskrete Größen. Dagegen handelt es sich bei der Boltzmann-Gleichung um Zustände eines kontinuierlichen Spektrums. Der Übergang vom diskreten zum kontinuierlichen Spektrum ist leicht zu vollziehen, da wir es faktisch immer mit Systemen makroskopisch großer Abmessung zu tun haben. Dies gestattet, den Ausdruck (2.14) bei großen t zu vereinfachen. Der zweite Faktor auf der rechten Seite von (2.14) geht gemäß (A 4.6) asymptotisch für $t \to \infty$ in eine δ-Funktion über, und wir erhalten

$$\frac{\mathrm{d}\,|c_\lambda(t)|^2}{\mathrm{d}t} = \frac{2\pi}{\hbar} |(\lambda' |H'| \lambda)|^2 \,\delta(E_{\lambda'} - E_\lambda). \tag{2.15}$$

Auf diese Weise finden die Übergänge nur zwischen Zuständen gleicher Energie $E_{\lambda'} - E_\lambda$ statt.

Wie schon gesagt, charakterisieren die Größen $c_{\lambda'}$ nicht unbedingt nur Elektronenzustände. In Abhängigkeit von den konkreten Bedingungen können sie sich auch auf das System „Elektron + Phonen" oder „Elektron + elektromagnetisches Feld der Lichtwelle" usw. beziehen. Andererseits treten im Stoßintegral die Größen $P_{1,2}(\boldsymbol{p}, \boldsymbol{p}')$ auf, die die Wahrscheinlichkeit des entsprechenden Elektronenübergangs unabhängig z. B. von den Phononen definieren. Um sie zu gewinnen, ist $\frac{\mathrm{d}\,|c_{\lambda'}(t)|^2}{\mathrm{d}t}$ über alle „Nichtelektronen"-Quantenzahlen, die in λ' eingehen, zu summieren (z. B. über alle Quasiwellenvektoren der Phononen und über alle Zweige des Phononenspektrums).

Wir bezeichnen wie im Kapitel 12. die Gesamtheit der Phononen-Besetzungszahlen n_f in allen Zuständen durch n. Dann ist $\lambda = \{\boldsymbol{p}, l, n\}$, und für die Wahrscheinlichkeit des Elektronenübergangs, bezogen auf die Zeiteinheit, gilt

$$W(l, \boldsymbol{p}; l', \boldsymbol{p}') = \sum_{n'} \frac{\mathrm{d}\,|c_{\lambda'}(t)|^2}{\mathrm{d}t}. \tag{2.16}$$

Bei der Berechnung der Ladungsträgerstreuung interessiert uns die Wahrscheinlichkeit W bei $l' = l$. Die Größen $P_1(\boldsymbol{p}, \boldsymbol{p}')$ und $P_2(\boldsymbol{p}, \boldsymbol{p}')$ unterscheiden sich von ihr nur durch einen Normierungsfaktor. Dieser läßt sich leicht bestimmen, wenn man z. B. das Integral für die Abnahme der Ladungsträger B mit Hilfe der Koeffizienten C_λ berechnet und das Ergebnis mit Formel (13.3.8) vergleicht.[1]) Offensichtlich ist

$$B = \sum_{\boldsymbol{p}'} W(l, \boldsymbol{p}; l, \boldsymbol{p}')\, f(\boldsymbol{p})\, [1 - f(\boldsymbol{p}')]$$
$$= \frac{V}{(2\pi\hbar)^3} \int d^3\boldsymbol{p}'\, W(l, \boldsymbol{p}; l, \boldsymbol{p}')\, f(\boldsymbol{p})\, [1 - f(\boldsymbol{p}')] . \tag{2.17}$$

Dabei wurde die Beziehung (A 10.3) verwendet. Die Verteilungsfunktion bezieht sich selbstverständlich auf das Band l als dem einzigen, mit dem wir es jetzt zu tun haben.

Es darf hier nicht verwundern, daß auf der rechten Seite von (2.17) auch weiterhin explizit das Grundgebietvolumen V auftritt. Dieses geht auch in den Ausdruck für die Übergangswahrscheinlichkeit W ein (z. B. über die Normierungsbedingung (2.2)) und fällt aus den endgültigen Ausdrücken für die beobachtbaren Größen heraus. Dort treten, wie wir sehen werden, anstelle von V nur solche Größen auf wie die Konzentration der Störstellen oder das Volumen der Elementarzelle.

Vergleichen wir die Formeln (2.17) und (13.3.8), so erhalten wir

$$P_2(\boldsymbol{p}, \boldsymbol{p}') = V W(l, \boldsymbol{p}; l, \boldsymbol{p}'), \tag{2.18}$$

d. h., asymptotisch für $t \to \infty$ gilt

$$P_2(\boldsymbol{p}, \boldsymbol{p}') = \frac{2\pi}{\hbar} V \sum_{n'} |(l, \boldsymbol{p}', n'|H'|\, l, \boldsymbol{p}, n)|^2\, \delta\big(E(l, \boldsymbol{p}', n') - E(l, \boldsymbol{p}, n)\big). \tag{2.19}$$

Im weiteren werden wir in diesem Kapitel der Kürze wegen den Index l in den Formeln vom Typ (2.18) weglassen. Bei Verwendung der Formeln (2.15) und (2.19) muß man im Auge behalten, daß bei ihrer Herleitung eine wichtige Annahme gemacht wurde. Beim Übergang von (2.14) zu (2.15) vollzogen wir den Grenzübergang $t \to \infty$. Faktisch ist jedoch das Zeitintervall, für das die Gleichungen (2.11) und (2.14) gelten, endlich. In der Tat werden in erster Näherung der Störungstheorie keine mehrfachen Streuakte berücksichtigt. Solche müssen jedoch mit großer Wahrscheinlichkeit in einer Zeit von der Größenordnung der freien Flugzeit τ vor sich gehen. Auf diese Weise muß die Ungleichung

$$t \ll \tau \tag{2.20}$$

erfüllt sein. Wie man zeigen kann,[2]) ist die Ungleichung (2.20) nicht unbedingt mit der Anwendung der Störungstheorie in der oben gewählten Form verknüpft. Sie tritt immer dann auf, wenn wir es mit der Boltzmann-Gleichung zu tun haben. Dieser Umstand ist sehr wesentlich, da Gl. (2.15) aus (2.14) durch einen formalen Grenzübergang $t \to \infty$ erhalten wurde. Physikalisch bedeutet dies, daß die Größe t wesentlich größer als eine charakteristische Zeit sein muß, die die Dynamik des Stoßes bestimmt. Um zu verstehen, um welche Zeit es sich hierbei handelt, schreiben wir das Argument des Sinus auf der rechten Seite von (2.14) in der Form

$$\frac{E_{\lambda'} - E_\lambda}{\bar{E}} \frac{\bar{E}}{\hbar} t .$$

---

[1]) Das gleiche Resultat wird auch erhalten, wenn anstelle von B der Term des Ladungsträger-„Zugangs“ A berechnet wird.

[2]) Siehe Sammelband [1] (Artikel 5, 6) und auch den Schluß dieses Abschnitts.

Bei $\frac{\bar{E}}{\hbar} t \gg 1$ wird dieses Argument sehr groß und entsprechend auch das Argument des Sinus. Damit oszilliert auch der ganze rechte Teil (2.14), der eine Funktion von $E_{\lambda'}$ darstellt, recht schnell. Deshalb wird sein Beitrag zum Integral über $\boldsymbol{p}'$, das in der Boltzmann-Gleichung auftritt, sehr klein. Eine Ausnahme ist der Fall, daß das Verhältnis $|E_{\lambda'} - E_\lambda|/E$ hinreichend klein ist:

$$\frac{E_{\lambda'} - E_\lambda}{\bar{E}} \ll \frac{\hbar}{\bar{E} t}.$$

Im Grenzfall $t \to \infty$ liefert das auch die in Gl. (2.15) durch die δ-Funktion ausgedrückte Bedingung der Energieerhaltung.

Dem Grenzübergang „$t \to \infty$" entspricht real die Ungleichung

$$t \gg \hbar/E\,. \tag{2.21}$$

Für eine in sich konsistente Theorie darf diese Ungleichung der Ungleichung (2.20) nicht widersprechen. Die Relaxationszeit muß folglich hinreichend groß sein, so daß für das nichtentartete Gas

$$\tau \gg \hbar/kT \tag{2.22a}$$

gilt und

$$\tau \gg \hbar/\zeta \tag{2.22b}$$

für das vollständig entartete Elektronengas (für das vollständig entartete Löchergas ist der Nenner von (2.22b) durch $-E_g - \zeta$ zu ersetzen).

Es sei noch einmal hervorgehoben, daß man von der Bedingung (2.21) (und damit auch von (2.22a, b)) nicht abgehen kann. Ohne diese Bedingungen wäre es überhaupt nicht möglich, die zeitunabhängigen Übergangswahrscheinlichkeiten (2.15) einzuführen, und die stationäre Formulierung des Problems, die im vorigen Kapitel zugrunde gelegt wurde (und die durch das Experiment bestätigt wird), bliebe nicht länger sinnvoll. Anders formuliert stellen die Ungleichungen (2.22a, b) die Grundbedingung für die Anwendbarkeit der Boltzmann-Gleichung dar. Berechnet man also auf der Grundlage irgendeines Streumechanismus die Relaxationszeit, so hat man dann zu verifizieren, daß diese Bedingung erfüllt ist. Nur im positiven Fall ist das erhaltene Ergebnis sinnvoll und kann damit für eine weitergehende Berechnung der kinetischen Koeffizienten verwendet werden. Im entgegengesetzten Fall muß die ganze Problemstellung erneut überprüft werden. Die Wechselwirkungsenergie von Ladungsträgern und den entsprechenden Streuzentren muß dann schon bei der Bestimmung des Energiespektrums des Systems in die Betrachtung einbezogen werden.

Die Ursache dafür, daß die Ungleichungen (2.22a, b) für das Konzept der Boltzmann-Gleichung unbedingt erfüllt sein müssen, kann man mit Hilfe der Unbestimmtheitsrelation für Energie und Zeit besser verstehen. Bei einer endlichen Beobachtungszeit τ ist die Unbestimmtheit in der Differenz von Ausgangs- und Endzustandsenergie von der Größenordnung $\hbar/\tau$. Damit man wenigstens näherungsweise von einer Energieerhaltung beim Stoßprozeß sprechen kann, muß diese Unbestimmtheit klein gegen die charakteristische Energie des Elektrons sein. Daraus folgen die Ungleichungen (2.22a, b).

Um Mißverständnissen vorzubeugen, sei daran erinnert, daß E_λ und $E_{\lambda'}$ Energieeigenwerte des ungestörten Systems sind. Die exakten Energiewerte, die mit H_0 und dem Operator H' der Wechselwirkungsenergie berechnet werden, bleiben natürlich exakt erhalten.

Gl. (2.19) führt das Problem der Berechnung der Relaxationszeiten letztlich auf die Berechnung der Matrixelemente des Operators H' zurück.

14.3. Die Wechselwirkungsenergie zwischen Ladungsträgern und Phononen

Allgemeine Vorbetrachtungen. Per definitionem beschreibt der Operator H' die Energieänderung eines Ladungsträgers bei der Auslenkung eines Gitteratoms aus seiner Gleichgewichtslage. Die Berechnung dieser Energie stellt eine relativ schwierige Aufgabe dar, nicht zuletzt deswegen, weil die Atome eine endliche Größe aufweisen und sich bei der Verschiebung deformieren können. Zur Bestimmung dieser Deformation und der mit dieser verbundenen Änderung des Kraftfeldes hat man das dynamische Vielteilchenproblem zu lösen. Die Sachlage vereinfacht sich jedoch in einem Fall, der zudem für Streuprobleme typisch ist, ganz wesentlich. Wie im folgenden (siehe Abschnitt 16.4.) noch ersichtlich wird, spielen bei der Streuung von Ladungsträgern Phononen mit relativ kleinen Quasiwellenvektoren die entscheidende Rolle. Die Wellenlängen der wesentlich beitragenden Phononen müssen etwa gleich denen der Elektronen sein, also groß gegen die Gitterkonstante. Wie stets in solchen Fällen ist dabei die Wellenlänge der Mehrzahl der Elektronen gemeint (also etwa $2\pi\hbar/\sqrt{mkT}$ in einem nichtentarteten System). Behält man das im Auge und zieht man noch einige Überlegungen allgemeiner Natur heran, so läßt sich ein expliziter Ausdruck für den Operator H' angeben, der nur wenige experimentell bestimmbare Parameter enthält, ohne daß das oben erwähnte dynamische Problem gelöst wird.

Die Wechselwirkung der Ladungsträger mit akustischen Phononen und das Deformationspotential. Wir betrachten zuerst einen einatomigen Kristall. Zunächst sei festgestellt, daß der Operator H' ein Skalar sein muß. Ferner ist er nur dann von Null verschieden, wenn Gitteratome aus ihren Gleichgewichtslagen ausgelenkt sind. Anders formuliert muß der Operator H' zusammen mit den Verschiebungsvektoren verschwinden. Betrachtet man wie in Kapitel 12. den Fall kleiner Schwingungen, so kann man sich auf eine lineare Abhängigkeit des Operators H' von den Vektoren $\boldsymbol{Q}(\boldsymbol{g}, \boldsymbol{h})$ und deren Ableitungen beschränken.[1]) Schließlich ist zu berücksichtigen, daß sich die Elektronenenergie bei einer Translation oder Rotation des Kristalls als Ganzes nicht ändert. Einer solchen Translation entspricht die streng gleichphasige Verschiebung aller Gitteratome. Der Operator H' muß also auch unter diesen Bedingungen verschwinden. In den jetzt betrachteten einatomigen Kristallen sind bekanntlich nur akustische Gitterschwingungen möglich. Der gleichphasigen Bewegung der Atome entspricht eine unendlich große Wellenlänge, also nach Gl. (12.4.5) ein Verschiebungsvektor, der nicht von der Koordinate $\boldsymbol{r}$ abhängt. Daraus folgt dann, daß der Operator H' nicht über den Verschiebungsvektor, sondern über dessen Ableitungen nach den Koordinaten auszudrücken ist — denn bei einer Verschiebung des

[1]) In Kapitel 12. mußte man bei der Potenzreihenentwicklung der potentiellen Energie nach den Verschiebungen die quadratischen Terme berücksichtigen, da die linearen wegen der Minimumbedingung verschwinden. Im hier vorliegenden Fall hat der Operator H' im allgemeinen keine Extremaleigenschaft bezüglich der Verschiebungen, und die linearen Terme müssen demzufolge nicht verschwinden.

Kristalls als Ganzes verschwinden diese Ableitungen. Anders ausgedrückt sind nicht die Verschiebungen der Atome selbst, sondern die damit verbundenen Gitterdeformationen entscheidend.

Interessiert man sich nur für langwellige akustische Phononen, so kann man sich auf die ersten Ableitungen nach den Koordinaten beschränken. Aus Gl. (12.4.5) folgt nämlich, daß jede Ableitung der Größe $\boldsymbol{Q}$ nach den Koordinaten einen Faktor $\boldsymbol{q}$ liefert.

Somit ist der Operator H' ein Skalar, der linear von den ersten Ableitungen des Verschiebungsvektors $\boldsymbol{Q}$ nach den Koordinaten abhängt. Der einfachste Ausdruck dieser Art ist von der Form

$$H'_{\text{ak}} = E_1 \operatorname{div} \boldsymbol{Q}, \tag{3.1}$$

wobei E_1 eine Konstante ist. Prinzipiell läßt sich diese Konstante berechnen, indem man das mechanische Problem der Änderung der Elektronenenergie bei einer räumlich glatten und periodischen Deformation des Gitters löst. Es ist jedoch einfacher, E_1 als einen Parameter der Theorie, der der experimentellen Bestimmung bedarf (wie etwa eine Effektivmasse oder eine Energielücke), anzusehen. Die Werte von E_1 sind für Elektronen und Löcher im allgemeinen verschieden, so daß man hier nicht einen, sondern zwei Parameter E_{1c} und E_{1v} hat, die dann zum Leitungs- bzw. Valenzband gehören.

Der Ausdruck (3.1) heißt *Deformationspotential* und der Parameter E_1 *Deformationspotentialkonstante* (zuweilen läßt man auch das Wort „Konstante" fort und bezieht die Bezeichnung „Deformationspotential" nicht nur auf den Ausdruck (3.1), sondern auch auf den Parameter E_1).[1] Ein Ausdruck derselben Form beschreibt die Energieänderung eines Ladungsträgers bei einer homogenen statischen Deformation, die z. B. bei der Kompression oder Dehnung eines Kristalls auftritt. Die Parameter in diesem Ausdruck stimmen aber im allgemeinen nicht mit E_{1c} und E_{1v} überein. Obwohl die Wellenlänge einer akustischen Schwingung auch groß gegen die Gitterdonstante ist, so bleibt sie doch endlich, so daß die Deformation, die von der akustichen Schwingung hervorgerufen wird, stets inhomogen ist.

Man kann nun Gl. (3.1) in den Ausdruck (12.5.18) für den Verschiebungsvektor $\boldsymbol{q} = 0$ einsetzen. Nach (12.2.13) ist der Vektor ζ dabei reell. Nach (12.2.19′) ist er außerdem ein Einheitsvektor. Somit wird

$$\begin{aligned} H'_{\text{ak}} = \frac{\mathrm{i}E_1}{\sqrt{G}} \sum_{\boldsymbol{q}} \sum_{s=1}^{3} (\boldsymbol{q}, \zeta(\boldsymbol{q}, s)) \sqrt{\frac{\hbar}{2M\omega(\boldsymbol{q}, s)}} \\ \times \{b(\boldsymbol{q}, s)\, e^{\mathrm{i}\boldsymbol{q}\boldsymbol{r}} - b^*(\boldsymbol{q}, s)\, e^{-\mathrm{i}\boldsymbol{q}\boldsymbol{r}}\}. \end{aligned} \tag{3.2}$$

Im hier betrachteten Fall langer akustischer Wellen hat die Unterteilung der Schwingungen in longitudinale und transversale einen Sinn. Aus Gl. (3.2) folgt, daß im Rahmen der obigen Voraussetzungen nur die longitudinalen Wellen ($s = 1$) einen Beitrag zur Energieänderung des Elektrons liefern: Bei $\zeta(\boldsymbol{q}, s) \perp \boldsymbol{q}$ verschwinden die entsprechenden Summanden in (3.2). Folglich ist

$$H'_{\text{ak}} = \mathrm{i}E_1 \sum_{\boldsymbol{q}} q \sqrt{\frac{\hbar}{2MG\omega(\boldsymbol{q}, 1)}} \{b(\boldsymbol{q}, 1)\, e^{\mathrm{i}\boldsymbol{q}\boldsymbol{r}} - b^*(\boldsymbol{q}, 1)\, e^{-\mathrm{i}\boldsymbol{q}\boldsymbol{r}}\}. \tag{3.3}$$

---

[1]) Der Ausdruck (3.1) wurde 1935 von Titejka bei der Behandlung eines Problems der Metallphysik verwendet. In die Halbleiterphysik führten ihn unabhängig voneinander M. F. Dejgen und S. I. Pekar sowie J. Bardeen und W. Shockley ein.

Es sei daran erinnert, daß für longitudinale Wellen (die durch den Index $s = l$ gekennzeichnet sind) $\left(\boldsymbol{q}, \zeta(\boldsymbol{q}, l)\right) = q$ gilt.

Die in Gl. (3.1) auftretende Größe div $\boldsymbol{Q}$ hat eine einfache geometrische Bedeutung. Wie in der Mechanik der Kontinua gezeigt wird, hat man bei kleinen Deformationen

$$\operatorname{div} \boldsymbol{Q} = \frac{\Delta V}{V_0}. \tag{3.4}$$

V_0 ist dabei ein herausgegriffenes Volumen des undeformierten Kristalls (das Volumen der Elementarzelle zum Beispiel), und ΔV ist dessen Änderung bei einer Deformation, die durch den Vektor $\boldsymbol{Q}$ beschrieben wird. div $\boldsymbol{Q}$ ist somit gleich der relativen Volumenänderung bei einer kleinen Deformation.

Die Gleichung (3.4) gestattet auch eine grobe Abschätzung der Größenordnung der Konstante E_1. Die Änderung der Elektronen- (bzw. Löcher-) Energie H' läßt sich auch als Verschiebung der entsprechenden Bandkanten bei der Deformation interpretieren.[1]) Extrapoliert man die Gleichungen (3.1), (3.2) auf den Fall großer Deformationen, so wird deutlich, daß E_1 von der Größenordnung der energetischen Verschiebung der Bandkanten bei $\Delta V = V_0$, also bei einer Vergrößerung des Volumens der Elementarzelle auf das Zweifache, ist. Diese Verschiebung muß die Größenordnung der Energie des Elektrons auf der äußersten Schale des Atoms besitzen, so daß $|E_1| \sim 1 \cdots 10$ eV ist. Die Vorzeichen von E_{1c} und E_{1v} sind dabei im Prinzip unbestimmt. In Abhängigkeit vom konkreten Kristall können die Unterkante des Leitungsbandes und die Oberkante des Valenzbandes unabhängig voneinander unter Druck angehoben oder abgesenkt (unter Zug also abgesenkt bzw. angehoben) werden.

Nach Gl. (3.1) und (3.4) beeinflussen Gitterschwingungen, die nicht mit einer Änderung des Volumens der Elementarzelle verknüpft sind, die Energie der Ladungsträger nicht und verursachen folglich auch keine Streuung. Der Ausdruck (3.1) folgt jedoch nicht zwangsläufig aus den oben angeführten Bedingungen. Der allgemeinste Skalar, der linear von den ersten Ableitungen des Verschiebungsvektors nach den Koordinaten abhängt, ist

$$H'_{\mathrm{ak}} = \sum_{s=1}^{3} E_{\alpha\beta}(s) \frac{\partial Q_{\alpha,s}}{\partial x_\beta}. \tag{3.5}$$

Wie im Anhang 11. gezeigt wird, bilden die Größen $E_{\alpha\beta}(s)$ einen symmetrischen Tensor 2. Ranges (und zwar für jeden Zweig der Gitterschwingungen im allgemeinen einen anderen). Daher läßt sich Gl. (3.5) in die Form

$$H'_{\mathrm{ak}} = \sum_{s=1}^{3} E_{\alpha\beta}(s)\, u_{\alpha\beta}(s) \tag{3.5'}$$

bringen, wobei die $u_{\alpha\beta}(s) = \dfrac{1}{2}\left(\dfrac{\partial Q_\alpha}{\partial x_\beta} + \dfrac{\partial Q_\alpha}{\partial x_\alpha}\right)$ die Komponenten des Deformationstensors sind. Gl. (3.1) ist ein Spezialfall von Gl. (3.5), wenn der Tensor $E_{\alpha\beta}(s)$ zu einem Skalar entartet:

$$E_{\alpha\beta} = E_1 \delta_{\alpha\beta}. \tag{3.6}$$

[1]) Im hier betrachteten Fall der inhomogenen Deformation hängt diese Verschiebung von den Koordinaten ab, was auch zu einer Streuung führt.

Die Abhängigkeit von der Nummer des Zweiges wurde dabei fortgelassen, weil hier nur die longitudinalen Phononen ($s = 1$) mit den Elektronen wechselwirken. Es sei jedoch angemerkt, daß Gl. (3.6) im allgemeinen nicht einmal für kubische Kristalle gilt und daß man zur exakten Berechnung von dem allgemeinen Ausdruck (3.5′) ausgehen muß. Wegen der Kristallsymmetrie sind nicht alle Komponenten des Tensors $E_{\alpha\beta}$ unabhängig voneinander, die Zahl der aus dem Experiment zu bestimmenden Parameter ist jedoch größer als im isotropen Fall (3.6). In n-Germanium und n-Silizium sind es z. B. zwei (siehe Anhang 11.). Die Aussage über den ausschließlichen Beitrag der longitudinalen Phononen gilt schon im Falle des Operators (3.5) nicht mehr. Anstelle von (3.3) erhält man nämlich jetzt ausgehend von (12.5.18)

$$H'_{\text{ak}} = \mathrm{i} \sum_{s=1}^{3} \sum_{\boldsymbol{q}} E_{\alpha\beta}\, q_\alpha \zeta_\beta \sqrt{\frac{\hbar}{2MG\omega(\boldsymbol{q}, s)}}\, \{b(\boldsymbol{q}, s)\, e^{\mathrm{i}\boldsymbol{q}\boldsymbol{r}} - b^*(\boldsymbol{q}, s)\, e^{-\mathrm{i}\boldsymbol{q}\boldsymbol{r}}\}. \tag{3.7}$$

Die darin auftretende Summe

$$E_{\alpha\beta} q_\alpha \zeta_\beta$$

verschwindet für $\boldsymbol{\zeta} \perp \boldsymbol{q}$ im allgemeinen nicht. Die transversalen akustischen Gitterschwingungen liefern daher im anisotropen Fall (3.5) einen Beitrag zur Ladungsträgerstreuung (siehe Anhang 11.).

Wir wenden uns nun den Kristallen mit nichtprimitiven Gittern zu ($r > 1$). Die oben formulierten allgemeinen Bedingungen, denen der Operator H' der Wechselwirkungsenergie genügen muß, bleiben auch in diesem Falle bestehen. Daraus folgt, daß die Energie der Wechselwirkung des Elektrons mit langwelligen akustischen Phononen auch jetzt durch Gl. (3.1) oder deren Verallgemeinerung (3.5) auf den anisotropen Fall gegeben ist. In Kristallen mit Inversionszentren (dazu gehören auch Germanium und Silizium) bleiben auch die expliziten Ausdrücke (3.3) und (3.7) gültig.

Die Wechselwirkung der Ladungsträger mit optischen Phononen in homöopolaren Kristallen und die Deformationspotentialmethode. Nach dem im Abschnitt 12.3. Gesagten bewegt sich der Massenmittelpunkt der Elementarzelle bei langwelligen optischen Schwingungen fast nicht. Es ist daher nicht notwendig zu fordern, daß der Hamilton-Operator der Wechselwirkung von Elektronen und optischen Phononen über die Ableitungen des Verschiebungsvektors nach den Koordinaten ausgedrückt wird. Ein Ausdruck, der den Verschiebungsvektor selbst enthält, kann sich hier als zutreffend erweisen:

$$H'_{\text{opt}} = \sum_{s \geqq 4} \boldsymbol{A}(s)\, \boldsymbol{Q}s. \tag{3.8}$$

Der hier auftretende Vektor $\boldsymbol{A}(s)$ hängt im allgemeinen von der Nummer des betreffenden Zweiges ab. Seine Komponenten müssen über die Bandstrukturparameter des entsprechenden idealen Gitters ausgedrückt werden. Die untere Grenze $s = 4$ für die Summation besagt, daß in den Ausdruck nur optische Phononen eingehen.

Gl. (3.8) gilt, falls die Symmetrie der den Elektronen (bzw. den Löchern) zugeordneten Isoenergieflächen die Existenz eines nichtverschwindenden Vektors $\boldsymbol{A}$ zuläßt. Dazu ist offensichtlich notwendig, daß bestimmte Richtungen in der Brillouin-Zone physikalisch ausgezeichnet sind. Das ist beispielsweise der Fall, wenn ein Energieminimum nicht im Zentrum der Brillouin-Zone liegt (von derartigen Punkten kann es dann mehrere geben). In diesem Fall ist die Richtung des Radiusvektors, der das Minimum mit dem Punkt $\boldsymbol{p} = 0$ verbindet, ausgezeichnet. Diese notwendige Bedingung ist jedoch nicht hinreichend. Hinreichende Bedingungen dafür, daß der Hamilton-Operator H' in der Form (3,8) geschrieben werden kann, lassen sich nur gewinnen, wenn man sämtliche Symmetriebeziehungen, die die betreffende Isoenergiefläche charakterisieren, untersucht. Eine entsprechende Analyse zeigt, daß der obige Ausdruck für Leitungsbandelektronen in Germanium möglich ist, in Silizium dagegen $\boldsymbol{A}(s) = 0$ gilt.[1])

Im Falle $\boldsymbol{A}(s) = 0$ hat man in dem Ausdruck für H'_{opt} Terme proportional den Ableitungen analog zu Gl. (3.5) zu berücksichtigen. Natürlich ließen sich diese auch bei $\boldsymbol{A} \neq 0$ beibehalten, in diesem Falle ist ihr relativer Beitrag jedoch klein, da hier nur große Wellenlängen (also kleine $\boldsymbol{q}$) wesentlich sind. Interessiert man sich nur für Elektronen in unmittelbarer Umgebung des Minimums, so läßt sich der Vektor $\boldsymbol{A}$ in der Form

$$\boldsymbol{A} = \boldsymbol{n} \cdot E_0 \tag{3.9}$$

schreiben mit $\boldsymbol{n}$ als dem Einheitsvektor in Richtung der Verbindungslinie zwischen dem Zentrum der Brillouin-Zone und dem Minimum und E_0 als einer Konstanten (mit der Dimension Energie pro Länge). Ein allgemeinerer Ausdruck für $\boldsymbol{A}$ (allgemeiner im Sinne des Übergangs von (3.1) zu (3.5)) ist

$$A_\alpha = E^{(0)}_{\alpha\beta} n_\beta, \tag{3.9'}$$

wobei die $E^{(0)}_{\alpha\beta}$ die Komponenten eines Tensors sind. Offensichtlich erhält man Gl. (3.9) aus (3.9'), wenn dieser Tensor zu einem Skalar entartet.

Setzt man den Ausdruck (12.5.19) in Gl. (3.8) ein, erhält man als endgültigen Ausdruck für den Hamilton-Operator der Wechselwirkung von Elektronen mit optischen Phononen in einem homöopolaren Kristall

$$H'_{\text{opt}} = \sum_{s \geq 4} \sum_{\boldsymbol{q}} E^{(0)}_{\alpha\beta}(s)\, n_\beta \zeta_\alpha \left[\frac{\hbar}{2MG\omega(\boldsymbol{q}, s)}\right]^{1/2} \{b(\boldsymbol{q}, s)\, e^{i\boldsymbol{q}\boldsymbol{r}} + b^*(\boldsymbol{q}, s)\, e^{-i\boldsymbol{q}\boldsymbol{r}}\}. \tag{3.10}$$

Für kubische Kristalle schreibt man die Größe E_0 (bzw. die Komponenten $E^{(0)}_{\alpha\beta}$) manchmal als Produkt $\Xi_0 b$ (bzw. als $\Xi^{(0)}_{\alpha\beta} b$) mit b als dem Betrag des reziproken Gittervektors und Ξ ($\Xi_{\alpha\beta}$) als einer neuen Konstante mit der Dimension einer Energie. Diese wird dann *optische Deformationspotentialkonstante* genannt.

Wechselwirkung der Ladungsträger mit optischen Phononen in einem heteropolaren Kristall. In einem heteropolaren Halbleiter tragen die Gitteratome eine von Null verschiedene effektive Ladung. Infolgedessen sind optische Gitterschwingungen von Schwingungen des Dipolmoments, also Schwingungen der Polarisation des Mediums begleitet.[2]) Das führt zu einer Änderung der Elektronenenergie (bezogen auf ein ruhendes Gitter), die nicht direkt mit dem Deformationspotential verknüpft ist. Bei großen Wellenlängen läßt sich diese Energieänderung leicht aus den Gesetzen der Elektrostatik berechnen.

Es sei die Änderung des Dipolmoments einer Elementarzelle bei einer Verschiebung der Atome aus ihren Gleichgewichtslagen gleich $\boldsymbol{d}$. Der zugehörige Polarisationsvektor $\boldsymbol{P}$ ist offensichtlich

$$\boldsymbol{P} = \frac{\boldsymbol{d}}{V_0}, \tag{3.11}$$

---

[1]) Einen Beweis dieser Behauptung kann man in [2] finden.

[2]) Aus diesem Grunde werden Schwingungen dieses Typs zuweilen auch als polare Schwingungen bezeichnet.

wobei V_0 das Volumen der Elementarzelle ist (der Kürze halber werde die Änderung des Polarisationsvektors einfach als Polarisationsvektor bezeichnet).

Wie aus der Elektrostatik bekannt ist, bedeutet das Vorhandensein einer Polarisation $\boldsymbol{P}$, daß im Gitter eine Ladung mit der räumlichen Dichte

$$\varrho = -\operatorname{div} \boldsymbol{P} \tag{3.12}$$

existiert. Diese Ladung erzeugt ein elektrisches Feld, dessen Potential φ aus der Poisson-Gleichung

$$\nabla^2\varphi = -4\pi\varrho$$

oder nach den Gleichungen (3.11) und (3.12) aus

$$\nabla^2\varphi = \frac{4\pi}{V_0} \operatorname{div} \boldsymbol{d} \tag{3.13}$$

zu bestimmen ist. Hat man φ so ermittelt, ergibt sich der Hamilton-Operator der Wechselwirkung der Ladungsträger mit den Polarisationsschwingungen zu

$$H'_{\text{pol}} = \pm e\varphi . \tag{3.14}$$

Zur Berechnung von $\boldsymbol{d}$ ist die Art des Kristalls zu spezialisieren. Wir betrachten im folgenden einen Kristall des kubischen Systems, der zwei chemisch verschiedene Atome pro Elementarzelle enthält. Von diesem Typ sind z. B. die Alkalihalogenide (NaCl, KCl u. a.), Kristalle vom CsCl-Typ, aber auch $A^{III}B^{V}$-Verbindungen wie InSb, GaAs u. a. Die beiden effektiven Atomladungen werden mit Ze und $-Ze$ bezeichnet. Z muß dabei keine ganze Zahl sein, da die chemische Bindung in dem betrachteten Kristall keine reine Ionenbindung ist (siehe Kapitel 2.). Offensichtlich gilt dann

$$\boldsymbol{d} = Ze[\boldsymbol{Q}(\boldsymbol{r}, 1) - \boldsymbol{Q}(\boldsymbol{r}, 2)], \tag{3.15}$$

wobei die Zahlen 1 bzw. 2 die Atome innerhalb der Elementarzelle bezeichnen und der Radiusvektor $\boldsymbol{r}$ als stetig vorausgesetzt wird (da wir ja nur den Fall großer Wellenlängen betrachten). Für den Verschiebungsvektor $\boldsymbol{Q}$ läßt sich der Ausdruck (12.5.19) einsetzen. Wir erhalten

$$\begin{aligned}\boldsymbol{d} = Ze \sum_{s\geqq 4} \sum_{\boldsymbol{q}} \left[\frac{\hbar}{2MG\omega(\boldsymbol{q}, s)}\right]^{1/2} [\zeta_1(\boldsymbol{q}, s) - \zeta_2(\boldsymbol{q}, s)]\\ \times\{b(\boldsymbol{q}, s)\, e^{\mathrm{i}\boldsymbol{q}\boldsymbol{r}} + b^*(\boldsymbol{q}, s)\, e^{-\mathrm{i}\boldsymbol{q}\boldsymbol{r}}\}.\end{aligned} \tag{3.16}$$

Gleichung (3.13) nimmt dabei die Form

$$\begin{aligned}\nabla^2\varphi = \frac{4\pi \mathrm{i} Ze}{V_0} \sum_{s\geqq 4} \sum_{\boldsymbol{q}} \left[\frac{\hbar}{2MG\omega(\boldsymbol{q}, s)}\right]^{1/2} [(\boldsymbol{q}, \zeta_1) - (\boldsymbol{q}, \zeta_2)]\\ \times \{b(\boldsymbol{q}, s)\, e^{\mathrm{i}\boldsymbol{q}\boldsymbol{r}} - b^*(\boldsymbol{q}, s)\, e^{-\mathrm{i}\boldsymbol{q}\boldsymbol{r}}\}\end{aligned}$$

an. Uns interessiert dabei die Lösung dieser Gleichung, die zusammen mit Z verschwindet. Stellt man φ als Fourier-Reihe dar,

$$\varphi(\boldsymbol{r}) = \sum_{\boldsymbol{q}} \{\varphi_{\boldsymbol{q}} e^{\mathrm{i}\boldsymbol{q}\boldsymbol{r}} + \varphi_{\boldsymbol{q}}^* e^{-\mathrm{i}\boldsymbol{q}\boldsymbol{r}}\},$$

so findet man leicht

$$\varphi(\boldsymbol{r}) = -\frac{4\pi i Z e}{V_0} \sum_{s\geqq 4}^{6} \sum_{\boldsymbol{q}} \frac{1}{q^2} \left[\frac{\hbar}{2MG\omega(\boldsymbol{q}, s)}\right]^{1/2}$$
$$\times [(\boldsymbol{q}, \zeta_1) - (\boldsymbol{q}, \zeta_2)] \{b(\boldsymbol{q}, s)\, e^{i\boldsymbol{q}\boldsymbol{r}} - b^*(\boldsymbol{q}, s)\, e^{-i\boldsymbol{q}\boldsymbol{r}}\}. \tag{3.17}$$

Hier ist zu erkennen, daß transversale Phononen in (3.17) keinen Beitrag liefern können. Für diese ist

$$(\boldsymbol{q}, \zeta_1) = (\boldsymbol{q}, \zeta_2) = 0.$$

Da in Gl. (3.17) als Summe über s nur ein Term verbleibt, kann man den Index s im Argument der Funktionen ζ_1, ζ_2 auch fortlassen, wenn man von nun an für diese Größen deren zu den longitudinalen optischen Phononen gehörende Werte einsetzt. Dasselbe gilt auch für die Operatoren b, b^*.

Die Bestimmung der Wechselwirkungsenergie von Elektron und langwelligen Polarisationsschwingungen ist jetzt auf die Berechnung der Differenz $\zeta_1 - \zeta_2$ für kleine Beträge des Wellenvektors $\boldsymbol{q}$ zurückgeführt. Dazu ziehen wir die Beziehungen (12.2.19) und (12.3.7) heran. Für $r = 2$ und $\boldsymbol{q} = 0$ haben diese die Form

$$M_1\zeta_1^2(0) + M_2\zeta_2^2(0) = M_1 + M_2,$$
$$M_1\zeta_1(0) + M_2\zeta_2(0) = 0.$$

Daraus ergibt sich

$$\zeta_1 = \left(\frac{M_2}{M_1}\right)^{1/2}\zeta, \qquad \zeta_2 = -\left(\frac{M_1}{M_2}\right)^{1/2}\zeta, \tag{3.18}$$

wobei ζ der Einheitsvektor in Richtung der Verschiebung des ersten Atoms bei Schwingungen des betreffenden Zweiges ist. Man erkennt, daß die Atome tatsächlich in entgegengesetzter Richtung ausgelenkt werden.

Nach Gl. (3.18) wird

$$\zeta_1(0) - \zeta_2(0) = \frac{M_1 + M_2}{\sqrt{M_1 M_2}}\,\zeta. \tag{3.19}$$

Interessiert man sich nur für große Wellenlängen, so kann man diesen Ausdruck auch direkt in Gl. (3.17) einsetzen — die Berücksichtigung der $\boldsymbol{q}$-Abhängigkeit von $\zeta_1 - \zeta_2$ liefert dann nur relativ kleine Korrekturen. Setzt man noch $\varphi(\boldsymbol{r})$ in Gl. (3.14) ein, so findet man schließlich

$$H'_{\text{pol}} = \pm\frac{4\pi i e^2 Z}{V_0} \sum_{\boldsymbol{q}} \left[\frac{\hbar}{2MG\omega(\boldsymbol{q})}\right]^{1/2} \frac{M_1 + M_2}{\sqrt{M_1 M_2}}$$
$$\times \frac{1}{q} \{b(\boldsymbol{q})\, e^{i\boldsymbol{q}\boldsymbol{r}} - b^*(\boldsymbol{q})\, e^{-i\boldsymbol{q}\boldsymbol{r}}\}. \tag{3.20}$$

Dabei ist berücksichtigt, daß für longitudinale Phononen $(\zeta, \boldsymbol{q}) = q$ gilt.

Die Wechselwirkung der Elektronen mit den Gitterschwingungen in einem heteropolaren Kristall kann nicht nur über die veränderliche Polarisation des Mediums, sondern auch über das Deformationspotential zustande kommen. Die Gleichungen (3.1), (3.5) und (3.10) bleiben dabei gültig, denn bei ihrer Herleitung wurden keine expliziten Annahmen über die Art des Kristalls gemacht. Bei nicht allzu kleiner effektiver Ladung Z jedoch ist die „Polarisations"-Wechselwirkung wesentlich effizienter als die „Deformations"-Wechselwirkung: Die Kräfte, die zum Auftreten der Wechselwirkungsenergie (3.20) führen, sind langreichweitige, weswegen das Elektron stets dem Einfluß der Dipolmoment-Änderungen sehr vieler Elementarzellen ausgesetzt ist.

Wechselwirkung der Ladungsträger mit piezoelektrischen Gitterschwingungen. In einer Reihe von Kristallen ist eine mechanische Deformation von einer elektrischen Polarisation und dem Auftreten eines elektrischen Feldes begleitet. Diese Kristalle werden piezoelektrisch genannt. Der piezoelektrische Effekt beruht darauf, daß sich bei einer mechanischen Deformation eines Kristalls, dessen Gitter unterschiedlich geladene Ionen enthält, Untergitter mit gleichartig geladenen Ionen relativ zueinander verschieben können, wobei ein elektrisches Dipolmoment entsteht. Zu den piezoelektrischen Materialien gehören einige $A^{II}B^{VI}$-Verbindungen (z. B. CdS, CdSe), $A^{III}B^{V}$-Verbindungen (GaAs, InSb) und viele andere. Eine notwendige, aber nicht hinreichende Bedingung für das Auftreten dieses Effekts besteht im Fehlen eines Symmetriezentrums bei dem betreffenden Gitter.[1]) Bei Gitterschwingungen in piezoelektrischen Kristallen werden auf die Ladungsträger von dem piezoelektrischen Feld Kräfte ausgeübt, was zusätzlich zu den früher behandelten zu einem neuen Streumechanismus führt. Zur quantitativen Beschreibung des piezoelektrischen Effekts werden wir zwei grundlegende Beziehungen verwenden. Wir betrachten zunächst den einfachsten Fall, in dem dieser Effekt nur durch eine Komponente u des Deformationstensors $\mathbf{u}$ bestimmt ist. Die Richtungen der dielektrischen Verschiebung $\boldsymbol{D}$ und des elektrischen Feldes $\boldsymbol{E}$ mögen dabei zusammenfallen. Bei kleinen Deformationen kann man das dabei auftretende elektrische Dipolmoment als proportional zu u annehmen. Setzt man dieses gleich $-\beta \cdot u$, so erhält man die erste Grundgleichung

$$D = \varepsilon E - 4\pi\beta u. \tag{3.21}$$

Hier ist β die piezoelektrische Konstante des betreffenden Kristalls.

Die zweite Grundgleichung beschreibt den sogenannten inversen piezoelektrischen Effekt. Dieser tritt in einem freien (d. h. nicht fest eingespannten) Kristall auf und besteht in dem Auftreten einer zusätzlichen Deformation, die der ersten Potenz der von außen angelegten Feldstärke proportional ist. In einem fest eingespannten Kristall entstehen dagegen zusätzlich mechanische Spannungen. In dem einfachsten hier betrachteten Fall ist die mechanische Spannung s durch den Ausdruck

$$s = \Lambda u + \beta E, \tag{3.22}$$

gegeben, wobei $\boldsymbol{\Lambda}$ der Elastizitätsmodul ist.

In dem allgemeinen Fall einer beliebigen Deformation in einem Kristall beliebiger Symmetrie erhält man anstelle der Beziehung (3.21) eine lineare Gleichung für die Komponenten der angeführten Größen:

$$D_\alpha = \varepsilon_{\alpha\beta} E_\beta - 4\pi\beta_{\alpha,\mu\nu} u_{\mu\nu}. \tag{3.21'}$$

Hier durchlaufen die Indizes α, β, μ, ν wie oben überall die „Werte" x, y, z, und über zweifach auftretende Indizes ist zu summieren. Statt einer einzigen Größe β tritt

---

[1]) Eine Aufstellung der Kristallklassen, in denen der piezoelektrische Effekt auftreten kann, findet man in den Einführungen in die Kristallphysik [3, M 4].

hier die Gesamtheit der $\beta_{\alpha,\mu\nu}$ auf, die den Tensor der piezoelektrischen Konstanten bilden — einen Tensor dritten Ranges, der bezüglich der letzten beiden Indizes symmetrisch ist: $\beta_{\alpha,\mu\nu} = \beta_{\alpha,\nu\mu}$.

Analog gilt anstelle von (3.22) im allgemeinen Fall die Beziehung

$$s_{\mu\nu} = \Lambda_{\alpha\beta,\mu\nu} u_{\alpha\beta} + \beta_{\alpha,\mu\nu} E_\alpha , \tag{3.22'}$$

worin $\Lambda_{\alpha\beta,\mu\nu}$ die Komponenten des Elastizitätstensors sind.

Es sei hervorgehoben, daß die beiden Beziehungen (3.21′) und (3.22′) miteinander verknüpft sind und ein und derselbe Tensor der piezoelektrischen Konstanten $\beta_{\alpha,\mu\nu}$ in diese eingeht. Das wird verständlich, wenn man den Ausdruck für die freie Energie eines deformierten piezoelektrischen Kristalls genauer betrachtet. Wenn F_0 die freie Energie des undeformierten Kristalls ist, so treten im deformierten Kristall zwei Zusatzterme auf, nämlich die Energie der mechanischen Deformation und die des polarisierten Dielektrikums im elektrischen Feld. Schreibt man die Komponenten des Polarisationsvektors in der Form $\beta_{\alpha,\mu\nu} u_{\mu\nu}$, so hat man, ausgehend von Gl. (3.21′),

$$F = F_0 + \frac{1}{2} \Lambda_{\alpha\beta,\mu\nu} u_{\alpha\beta} u_{\mu\nu} + \beta_{\alpha,\mu\nu} u_{\mu\nu} E_\alpha .$$

Da die mechanischen Spannungskoeffizienten aus der Gleichung

$$s_{\mu\nu} = \left(\frac{\partial F}{\partial u_{\mu\nu}} \right)_{T,E}$$

berechnet werden, erhält man daraus auch die Beziehung (3.22′).

Die Zahl der unabhängigen Komponenten der Tensoren $\varepsilon_{\alpha\beta}$, $\beta_{\alpha,\mu\nu}$ und $\Lambda_{\alpha\beta,\mu\nu}$ ist durch die Kristallsymmetrie bestimmt. Wir betrachten kubische Kristalle vom Zinkblendetyp (dazu gehören z. B. $A^{III}B^{V}$-Verbindungen). In diesen existieren drei vierzählige Drehspiegelachsen, die hier als Koordinatensystem gewählt werden mögen. Dann liegt der Fall (3.21) vor (siehe [M 13]): Der Tensor $\varepsilon_{\alpha\beta}$ entartet zu einem Skalar $\varepsilon\delta_{\alpha\beta}$, und der piezoelektrische Tensor hat nur eine unabhängige Komponente

$$\beta_{x,yz} = \beta_{z,xy} = \beta_{y,zx} = \beta ; \qquad \beta_{\lambda,\mu\nu} = 0 \quad \text{für} \quad \mu = \lambda \quad \text{oder} \quad \nu = \lambda . \tag{3.23}$$

Wir kehren nun zu dem Problem der Streuung zurück. Der Operator der Wechselwirkungsenergie der Ladungsträger mit den Phononen hat die Form

$$H'_{\text{piezo}} = \pm e\varphi . \tag{3.24}$$

Das obere Vorzeichen gehört dabei zu den Löchern, das untere zu den Elektronen. Mit φ wird das Potential des piezoelektrischen Feldes bezeichnet, das mit der elektrischen Feldstärke über die gewohnte Beziehung

$$\boldsymbol{E} = -\nabla\varphi \tag{3.25}$$

zusammenhängt. Es sei ϱ nun die Volumenladungsdichte. Unter Verwendung der Poisson-Gleichung

$$\operatorname{div} \boldsymbol{D} = 4\pi\varrho$$

und der Beziehung (3.21′) läßt sich dann schreiben

$$\varepsilon_{\alpha\beta}\,\frac{\partial^2\varphi}{\partial x_\alpha\,\partial x_\beta} + 4\pi\beta_{\alpha,\mu\nu}\,\frac{\partial u_{\mu\nu}}{\partial x_\alpha} = -4\pi\varrho\,. \tag{3.26}$$

In den von uns betrachteten technologisch homogenen Kristallen kann die lokale Ladungsneutralität nur durch eine Umverteilung der freien Ladungsträger im Feld der piezoelektrischen Welle gestört werden. Das ist aber nichts anderes als eine Abschirmung des piezoelektrischen Feldes. Bei nicht zu hohen Konzentrationen der freien Ladungsträger spielt dieser Effekt keine Rolle, und die rechte Seite in Gl. (3.26) läßt sich gleich Null setzen.

Bei der Behandlung der piezoelektrischen Schwingungen beschränken wir uns auf die akustischen Zweige. Gemäß (12.5.18) erhält man im Grenzfall großer Wellenlängen dann

$$u_{\mu\nu} \equiv \frac{1}{2}\left(\frac{\partial Q_\mu}{\partial x_\nu} + \frac{\partial Q_\nu}{\partial x_\mu}\right) = \mathrm{i}\sum_{\boldsymbol{q}}\sum_{s=1}^{3}\left[\frac{\hbar}{2MG\omega(\boldsymbol{q},s)}\right]^{1/2}$$
$$\times\{(\zeta_\mu q_\nu + \zeta_\nu q_\mu)\,b(\boldsymbol{q},s)\,e^{\mathrm{i}\boldsymbol{qr}} - (\zeta^*_\mu q_\nu + \zeta^*_\nu q_\mu)\,b^*(\boldsymbol{q},s)\,e^{-\mathrm{i}\boldsymbol{qr}}\}. \tag{3.27}$$

Das Potential φ wird nun als Fourier-Reihe geschrieben:

$$\varphi(\boldsymbol{r}) = \sum_{\boldsymbol{q}}\sum_{s=1}^{3}(\varphi_{\boldsymbol{q}s}e^{\mathrm{i}\boldsymbol{qr}} + \varphi^*_{\boldsymbol{q}s}e^{-\mathrm{i}\boldsymbol{qr}})\,. \tag{3.28}$$

Setzt man die Ausdrücke (3.27) und (3.28) nun (bei $\varrho = 0$) in Gl. (3.26) ein, so erhält man

$$\varphi(\boldsymbol{q},s) = -\frac{4\pi\beta_{\lambda,\mu\nu}}{\varepsilon_{\alpha\beta}q_\alpha q_\beta}\,q_\lambda(\zeta_\mu q_\nu + \zeta_\nu q_\mu)\,b(\boldsymbol{q},s)\left[\frac{\hbar}{2MG\omega(\boldsymbol{q},s)}\right]^{1/2}. \tag{3.29}$$

Dieser Ausdruck wird jetzt für den Fall einer $A^{III}B^{V}$-Verbindung, für die Gl. (3.23) zutrifft, konkretisiert. Mit ϑ und φ werden die Polarwinkel des Vektors $\boldsymbol{q}$ bezüglich der z-Achse bezeichnet, und es wird die Funktion

$$f(\vartheta,\varphi) = \zeta_x\sin 2\vartheta\cdot\sin\varphi + \zeta_y\sin 2\vartheta\cdot\cos\varphi + \zeta_z\sin^2\vartheta\,\sin 2\varphi \tag{3.30}$$

eingeführt. Dann nimmt Gl. (3.29) wegen (3.23) die Form

$$\varphi(\boldsymbol{q},s) = -\frac{4\pi\beta}{\varepsilon}\,f(\vartheta,\varphi)\,b(\boldsymbol{q},s)\left[\frac{\hbar}{2MG\omega(\boldsymbol{q},s)}\right]^{1/2} \tag{3.29′}$$

an. Setzt man diesen Ausdruck in (3.24) ein, so erhält man

$$H'_{\text{piezo}} = \mp\frac{4\pi\beta e}{\varepsilon}\sum_{\boldsymbol{q}}\sum_{s=1}^{3}\left[\frac{\hbar}{2MG\omega(\boldsymbol{q},s)}\right]^{1/2}$$
$$\times\{f(\vartheta,\varphi)\,b(\boldsymbol{q},s)\,e^{\mathrm{i}\boldsymbol{qr}} + f^*(\vartheta,\varphi)\,b(\boldsymbol{q},s)\,e^{-\mathrm{i}\boldsymbol{qr}}\}. \tag{3.31}$$

Der Ausdruck für den Hamilton-Operator der Wechselwirkung von Ladungsträgern mit piezoelektrischen Schwingungen der optischen Zweige läßt sich nun auch sofort niederschreiben. Dazu hat man in den allgemeinen Ausdruck (12.5.19) nur den Ausdruck für $\zeta_h(\boldsymbol{q}, s)$, der für $\boldsymbol{q} = 0$ aus den Beziehungen (12.2.19) und (12.3.7) folgt, einsetzen.

Zusammenstellung der Formeln. Die Ausdrücke (3.7), (3.10), (3.20) und (3.31) lassen sich in einheitlicher Weise schreiben:

$$H' = \sum_{\boldsymbol{q},s} \{H'(\boldsymbol{q}, s)\, b(\boldsymbol{q}, s)\, e^{i\boldsymbol{q}\boldsymbol{r}} + H'^*(\boldsymbol{q}, s)\, b^*(\boldsymbol{q}, s)\, e^{-i\boldsymbol{q}\boldsymbol{r}}\}, \tag{3.32}$$

wobei

$$H'(\boldsymbol{q}, s) = \left[\frac{\hbar}{2MG\omega(\boldsymbol{q}, s)}\right]^{1/2} B(\boldsymbol{q}, s) \tag{3.32'}$$

ist und $B(\boldsymbol{q}, s)$ eine Funktion, die den betreffenden Wechselwirkungstyp charakterisiert. Die expliziten Ausdrücke für diese Funktion und die entsprechenden Werte von s, über die in (3.32) summiert wird, sind in Tabelle 14.1 zusammengestellt.

Tabelle 14.1

Die Koeffizienten $B(\boldsymbol{q}, s)$ für einige Streumechanismen

	Akustische Phononen (Deformationspotential)	Akustische Phononen (Piezoelektrisches Potential)	Nichtpolare optische Phononen	Polare (longitudinale) Phononen
$B(\boldsymbol{q}, s)$	$iE_{\alpha\beta}(s)\, q_\alpha \zeta_\beta$ ($iE_1(\boldsymbol{q}\boldsymbol{\zeta})$)[1]	$\mp \frac{4\pi\beta e}{\varepsilon} f(\Theta, \varphi)$	$E^{(0)}_{\alpha\beta} n_\beta \zeta_\alpha$ ($E_0(\boldsymbol{n}\boldsymbol{\zeta})$)[1]	$\frac{4\pi i Z e^2 (M_1 + M_2)}{q V_0 \sqrt{M_1 M_2}}$
Zul. Werte von s	1, 2, 3	1, 2, 3	4, 5, ...	4

[1]) In Klammern stehen die vereinfachten Ausdrücke, die den Gleichungen (3.3) und (3.9) entsprechen.

Durch den Ausdruck in der vierten Spalte ließe sich auch die Wechselwirkung von Ladungsträgern und Phononen, die zu Übergängen zwischen verschiedenen „Tälern" in Halbleitern mit mehreren äquivalenten Minima der Energie führt, beschreiben (Beispiele wären n-Germanium, n-Silizium u. a.). Man hat dazu nur die Größe $E^{(0)}_{\alpha\beta} n_\beta \zeta_\alpha$ durch eine andere, ebenfalls im Experiment zu bestimmende Konstante mit der Dimension einer Energie zu ersetzen und den Zweigindex s über alle Werte (von Eins an) laufenzulassen. Die Punkte in der Brillouin-Zone, die äquivalenten Energieminima entsprechen, haben Abstände voneinander, die mit der Ausdehnung der Brillouin-Zone, also der Gitterkonstante des reziproken Gitters, vergleichbar sind. Die Quasiwellenvektoren der Phononen, die beim Übergang der Elektronen zwischen zwei „Tälern" emittiert oder absorbiert werden, müssen folglich Beträge von der Größenordnung dieser Gitterkonstanten haben. Wie wir in Kapitel 12. sahen, verschwindet dabei der Unterschied zwischen akustischen und optischen Zweigen weitgehend.

14.4. Die Ladungsträgerstreuung an Phononen

Nach (2.19) führt die Berechnung der Koeffizienten P_1 und P_2 auf die Berechnung des Matrixelements

$$(\boldsymbol{p}', l, n' |H'| \boldsymbol{p}, l, n) = \int d^3\boldsymbol{r} \int \prod_{\boldsymbol{q},s} dx_{\boldsymbol{q}s} \psi^*_{\boldsymbol{p}',l,n'} H' \psi_{\boldsymbol{p},l,n}. \tag{4.1}$$

Wie im Abschnitt 14.2. wird die Gesamtheit der Zahlen $\boldsymbol{p}, l, n$ $(\boldsymbol{p}', l', n')$ durch λ (λ') bezeichnet.

Da die Funktionen ψ_λ und $\psi_{\lambda'}$ ein Phononengas und ein Elektronengas beschreiben, die nicht miteinander wechselwirken, hat man

$$\psi_\lambda = \psi_{\boldsymbol{p}}(\boldsymbol{r}) \Phi_n. \tag{4.2}$$

Die Funktion $\psi_{\boldsymbol{p}}(\boldsymbol{r})$ ist dabei die Bloch-Funktion, die das Elektron im idealen Kristall beschreibt, und Φ_n die Wellenfunktion (12.5.5) des Systems voneinander unabhängiger harmonischer Oszillatoren.

Setzt man die Ausdrücke (3.32), (3.32') und (4.2) in Gl. (4.1) ein, erhält man

$$(\boldsymbol{p}', l, n' |H'| \boldsymbol{p}, l, n) = \sum_{\boldsymbol{q},s} [H'(\boldsymbol{q}, s) J_1 + H'^*(\boldsymbol{q}, s) J_2], \tag{4.3}$$

wobei

$$J_1 = \int \psi^*_{\boldsymbol{p}'} e^{i\boldsymbol{q}\boldsymbol{r}} \psi_{\boldsymbol{p}} \, d^3\boldsymbol{r} \int \Phi_{n'} b(\boldsymbol{q}, s) \Phi_n \prod_{\boldsymbol{q}'',s''} dx_{\boldsymbol{q}''s''}, \tag{4.4a}$$

$$J_2 = \int \psi^*_{\boldsymbol{p}'} e^{-i\boldsymbol{q}\boldsymbol{r}} \psi_{\boldsymbol{p}} \, d^3\boldsymbol{r} \int \Phi_{n'} b^*(\boldsymbol{q}, s) \Phi_n \prod_{\boldsymbol{q}'',s''} dx_{\boldsymbol{q}''s''} \tag{4.4b}$$

sind. Die beiden Größen J_1 und J_2 sind Produkte von Integralen über die Elektronenkoordinaten und die Normalkoordinaten des Gitters. Letztere lassen sich leicht mit Hilfe von Gl. (12.5.16) berechnen. Bis auf den Faktor $2\left[\frac{\hbar}{2M\omega}\right]^{1/2}$ sind das die Integrale (12.5.12). Zur Berechnung des Integrals über $\boldsymbol{r}$ sei angemerkt, daß der Operator im hier interessierenden Fall großer Wellenlängen eine Störung darstellt, die sich über Abstände von der Größenordnung einer Gitterkonstanten nur langsam ändert. Folglich ist es gerechtfertigt, die Effektivmassennäherung anzuwenden, indem die Bloch-Funktion $\psi_{\boldsymbol{p}}$ durch die ebene Welle

$$\psi_{\boldsymbol{p}}(\boldsymbol{r}) = V^{-1/2} e^{\frac{i}{\hbar}\boldsymbol{p}\boldsymbol{r}} \tag{4.5}$$

ersetzt wird. Der Faktor $1/V^{1/2}$ in (4.5) wurde im Einklang mit der Normierungsbedingung (2.2) gewählt.

Setzt man (4.5) in (4.4a, b) ein und berücksichtigt man die Gleichungen (12.5.12) und (12.5.14), so erhält man

$$J_1 = \delta_{\boldsymbol{p}+\hbar\boldsymbol{k},\boldsymbol{p}'} \sqrt{n(\boldsymbol{q}, 1)} \prod_{\boldsymbol{q}'\neq\boldsymbol{q}} \prod_{s'\neq 1} \delta_{n'(\boldsymbol{q}',s'),\, n(\boldsymbol{q}',s')} \, \delta_{n'(\boldsymbol{q},1),\, n(\boldsymbol{q},1)-1}, \tag{4.6a}$$

$$J_2 = \delta_{\boldsymbol{p}-\hbar\boldsymbol{k},\boldsymbol{p}'} \sqrt{n(\boldsymbol{q}, 1) + 1} \prod_{\boldsymbol{q}'\neq\boldsymbol{q}} \prod_{s'\neq 1} \delta_{n'(\boldsymbol{q}',s'),\, n(\boldsymbol{q}',s')} \, \delta_{n'(\boldsymbol{q},1),\, n(\boldsymbol{q},1)+1}. \tag{4.6b}$$

Man erkennt, daß die Matrixelemente des Operators H' (und damit auch die Übergangswahrscheinlichkeiten) nur von Null verschieden sind, wenn sich die Phononenzahlen von Anfangs- und Endzustand voneinander unterscheiden. Anders ausgedrückt besteht der Wechselwirkungsprozeß von Elektronen und Phononen in der Emission und Absorption von Phononen. Dabei sind in der hier verwendeten Näherung (erste Ordnung der Störungstheorie und in den Normalkoordinaten linearer Ausdruck für den Operator der Wechselwirkungsenergie) nur Ein-Phononen-Prozesse möglich. In jedem Wechselwirkungsakt wird jeweils nur ein Phonon emittiert oder absorbiert. Offensichtlich entspricht der den Faktor J_1 enthaltende Term der Streuung unter Absorption und der den Faktor J_2 enthaltende der unter Emission eines Phonons. Man sieht ferner, daß die Übergangswahrscheinlichkeiten nur von Null verschieden sind, wenn im Fall der Absorption eines Phonons die Beziehung

$$\boldsymbol{p} - \boldsymbol{p}' = -\hbar \boldsymbol{q} \tag{4.7a}$$

und im Fall der Emission die Beziehung

$$\boldsymbol{p} - \boldsymbol{p}' = \hbar \boldsymbol{q} \tag{4.7b}$$

erfüllt ist. Diese Beziehungen sind nichts anderes als Erhaltungssätze. Eine Streuung unter Beteiligung von Phononen ist nur möglich, wenn sich der Quasiimpuls des Elektrons um den definierten Wert $\pm\hbar\boldsymbol{q}$ ändert, der nach der de-Broglieschen Beziehung zu dem Quasiwellenvektor $\boldsymbol{q}$ gehört. Das liefert die Berechtigung, den Vektor $\hbar \cdot \boldsymbol{q}$ als Quasiimpuls des Phonons zu bezeichnen.

Im Abschnitt 12.6. wurde gezeigt, daß den Phononen die Energie $\hbar\omega(\boldsymbol{q}, s)$ zuzuordnen ist. Nun ist klar, daß man die Funktion $\omega(\boldsymbol{q}, s)$ als das Dispersionsgesetz der Phononen ansehen kann. Damit ist die Auffassung der Phononen als Quasiteilchen abschließend begründet.

Im Zusammenhang mit den Gleichungen (4.7a, b) sind noch drei Bemerkungen angebracht.

Erstens ist die Ableitung der obigen Erhaltungssätze nicht zwingend mit der Effektivmassennäherung verknüpft. Wie sich zeigen läßt (siehe Anhang 14.), erhält man dasselbe Ergebnis auch bei Verwendung der exakten Bloch-Funktionen $\psi_{\boldsymbol{p}}$ anstelle ebener Wellen (4.5). Dabei hat man nur zu berücksichtigen, daß die Vektoren $\boldsymbol{q}$ und $\boldsymbol{p}/\hbar$ nur bis auf einen reziproken Gittervektor $\boldsymbol{b}$ bestimmt sind. Daher sind die Erhaltungssätze (4.7a, b) auch nur als Gleichungen modulus $\hbar\boldsymbol{b}$ zu verstehen. Streuprozesse, für die $\boldsymbol{p} - \boldsymbol{p}' = \pm\hbar\boldsymbol{q} + \hbar\boldsymbol{b}$ (mit nichtverschwindendem Vektor $\boldsymbol{b}$) gilt, heißen *Umklapp-Prozesse.* Deren Berücksichtigung ist wesentlich, sofern der Vektor $\boldsymbol{p} - \boldsymbol{p}'$ außerhalb der ersten Brillouin-Zone liegt, so daß der Summand $\hbar\boldsymbol{b}$ den Vektor $\hbar\boldsymbol{q}$ wieder auf die erste Brillouin-Zone zurückführt. Im folgenden wird dieser Sachverhalt nicht explizit berücksichtigt. Unter den oben angenommenen Voraussetzungen (wenn sich das Minimum der Energien der Ladungsträger im Zentrum der Brillouin-Zone befindet) sind Umklapp-Prozesse hinsichtlich der uns interessierenden Problemstellungen unwesentlich.

Zweitens soll nochmals unterstrichen werden, daß der Quasiimpuls nicht mit dem Impuls zu verwechseln ist: $\hbar\boldsymbol{q}$ ist kein Eigenwert des Impulsoperators des Kristalls.

Drittens erkennt man, daß die Wellenlänge der bei der Streuung emittierten oder absorbierten Phononen von der Größenordnung der De-Broglie-Wellenlänge der Elektronen ist. Die meisten Phononen werden (im Falle des nichtentarteten Elektronengases) eine Wellenlänge von etwa $h/\sqrt{mkT}$ haben (also von etwa 10^{-6} cm für typische Werte der Temperatur und der effektiven Massen). Diese ist groß gegen die Gitterkonstante, wodurch die im Abschnitt 14.3. gemachte Annahme, daß bei der

Wechselwirkung mit den Ladungsträgern die langwelligen Phononen dominieren, gerechtfertigt ist.

Wir wenden uns nun der Übergangswahrscheinlichkeit $P_2(\boldsymbol{p}, \boldsymbol{p}')$ zu. Nach (4.3) und (4.6a, b) gilt

$$|(\boldsymbol{p}', l, n' \,|H'|\, \boldsymbol{p}, l, n)|^2 = |H'(\boldsymbol{q}, l)|^2 \prod_{\substack{\boldsymbol{q}', s' \\ (\neq \boldsymbol{q}, 1)}} \delta_{n'(\boldsymbol{q}', s'),\, n(\boldsymbol{q}', s')} \{n(\boldsymbol{q}, 1)\, \delta_{n'(\boldsymbol{q},1),\, n(\boldsymbol{q},1)-1} + [n(\boldsymbol{q}, 1) + 1]\, \delta_{n'(\boldsymbol{q},1),\, n(\boldsymbol{q},1)+1}\}, \tag{4.8}$$

wobei unter $\boldsymbol{q}$ im ersten Summanden $-\frac{\boldsymbol{p} - \boldsymbol{p}'}{\hbar}$ und im zweiten Summanden $\frac{\boldsymbol{p} - \boldsymbol{p}'}{\hbar}$ zu verstehen ist. Damit setzt sich die Übergangswahrscheinlichkeit zu einer vorgegebenen Änderung $\boldsymbol{p} - \boldsymbol{p}'$ des Quasiimpulses des Elektrons aus den Wahrscheinlichkeiten von Absorption und Emission eines Phonons zusammen:

$$P_2(\boldsymbol{p}, \boldsymbol{p}') = P_{\text{abs}} + P_{\text{em}}. \tag{4.9}$$

Die Größen P_{abs} und P_{em} sind einfach zu ermitteln, indem man (4.8) in (2.19) einsetzt. Für die Argumente der Delta-Funktion in (2.19) erhält man nach (12.6.2)

$$E(\boldsymbol{p}', l, n') - E(\boldsymbol{q}, l, n) = E(\boldsymbol{p}', l) - E(\boldsymbol{p}, l) + \sum_{\boldsymbol{q}', s'} \hbar\omega(\boldsymbol{q}', s')\, [n'(\boldsymbol{q}', s') - n(\boldsymbol{q}', s')] \tag{4.10}$$

$$= E(\boldsymbol{p}', l) - E(\boldsymbol{p}, l) \pm \hbar\omega \left(\pm \frac{\boldsymbol{p} - \boldsymbol{p}'}{\hbar}, s\right). \tag{4.10'}$$

Das obere bzw. untere Vorzeichen gehören dabei zur Emission bzw. zur Absorption eines Phonons. Man erkennt, daß Emission bzw. Absorption eines Phonons mit dem Quasiimpuls $\hbar\boldsymbol{q} = \pm(\boldsymbol{p} - \boldsymbol{p}')$ der Verringerung bzw. der Vergrößerung der Elektronenenergie, und zwar gerade um die Größe $\hbar\omega(\boldsymbol{q}', s)$ entspricht — wie das auch sein muß.

Bei der Streuung an optischen Phononen liegt diese Frequenz sehr nahe bei der Grenzfrequenz ω_0 (s. Abschnitt 12.3.). Die oben gemachte Annahme, daß die Streuung elastisch ist, trifft nur dann zu, wenn die mittlere Energie der Ladungsträger hinreichend groß ist. Im Falle des nichtentarteten Gases muß dazu die Ungleichung

$$kT \gg \hbar\omega_0 \tag{4.11}$$

erfüllt sein.[1]) Anderenfalls wird die Streuung merklich unelastisch und die Lösung der Boltzmann-Gleichung wesentlich komplizierter (das trifft gewöhnlich auf den Fall der Zwischentalstreuung zu).

Die Situation vereinfacht sich wiederum bei hinreichend niedrigen Temperaturen, wenn $\hbar\omega_0 \gg kT$ gilt. Dann können optische Phononen von praktisch allen Elektronen nur absorbiert werden. Hat ein Elektron ein solches Phonon absorbiert, so emittiert es das auch praktisch augenblicklich wieder. Nach dem Prinzip des detaillierten Gleichgewichts stehen die Wahrscheinlichkeiten für die Emission und für die

[1]) Die Bedingung (4.11) kann dabei eine starke Einschränkung bedeuten, da $\hbar\omega_0$ einige 10 meV betragen kann.

Absorption im Verhältnis $\exp(\hbar\omega_0/kT) : 1$. Dieser Prozeß heißt Kombinationsstreuung. Dabei ändert sich die Energie des Elektrons nur unwesentlich. Wenn die Frequenz ω des optischen Phonons nicht von dessen Quasi-Wellenvektor abhinge, bliebe die Energie eines derart gestreuten Elektrons sogar exakt konstant. Wegen der sehr schwachen Abhängigkeit der Funktion $\omega(\boldsymbol{q})$ von $\boldsymbol{q}$ gibt es zwar eine Energieänderung, jedoch nur eine kleine. Die Kombinationsstreuung ist also fast elastisch. Das gestattet wiederum, eine Relaxationszeit einzuführen [M 7]; offensichtlich ist diese dann zu $\exp(-\hbar\omega_0/kT)$ proportional. Eine andere Möglichkeit, die für tiefe Temperaturen auftritt, wird am Ende dieses Abschnitts betrachtet.

Die Streuung an akustischen Phononen erweist sich demgegenüber als fast elastisch. In diesem Fall läßt sich für die Frequenz $\omega(\boldsymbol{q}, s)$ Gl. (12.3.3′) heranziehen. Dann nimmt der Ausdruck (4.10′) die Gestalt

$$E(\boldsymbol{p}') - E(\boldsymbol{p}) \pm c_s|\boldsymbol{p} - \boldsymbol{p}'| \tag{4.10''}$$

an, wobei c_s die Phasengeschwindigkeit der longitudinalen ($s = 1$) bzw. der transversalen ($s = 2, 3$) Schallwellen ist.

Möge nun das Ladungsträgergas nichtentartet sein. Dann ist $|\boldsymbol{p} - \boldsymbol{p}'| \sim \sqrt{mkT}$, und folglich gilt

$$\frac{c_s|\boldsymbol{p} - \boldsymbol{p}'|}{kT} \sim c_s\sqrt{\frac{m}{kT}} \equiv \frac{c_s}{v_T}, \tag{4.12}$$

worin $v_T = \sqrt{kT/m}$ eine Konstante von der Größenordnung der mittleren thermischen Geschwindigkeit ist. In der Regel ist $v_T \sim 10$ cm/s, während $c_s \sim 5 \cdot 10^5$ cm/s ist: Im Mittel bewegen sich die Elektronen also schneller als der Schall. Die Ursache dafür ist offensichtlich. Die Schallausbreitung im Kristall ist mit Verschiebungen schwerer Teilchen, nämlich der Gitteratome, verknüpft. Setzt man zur Abschätzung $m = m_0$, so werden die Geschwindigkeiten c_s und v_T bei einer Temperatur von $\simeq 3$ K miteinander vergleichbar. Bei höheren Temperaturen läßt sich der letzte Summand in (4.10″) vernachlässigen. Da das Verhältnis (4.12) dann sehr klein wird, ist die Änderung der Energie des Elektrons bei der Emission oder Absorption eines akustischen Phonons in der Regel klein gegen die Elektronenenergie. Dann werden die Argumente der Delta-Funktionen in den Ausdrücken für P_{abs} und P_{em} miteinander identisch und einfach gleich der Differenz der Elektronenenergie von Anfangs- und Endzustand.

Für die fast elastische Streuung erhält man, indem man Gl. (4.8) und (2.19) kombiniert,

$$P_{\text{abs}} = \frac{V}{G} \cdot \frac{\pi\,|B(\boldsymbol{q}, s)|^2}{M\omega(\boldsymbol{q}, s)}\, n(\boldsymbol{q}, s)\, \delta\big(E(\boldsymbol{p}) - E(\boldsymbol{p}')\big), \tag{4.13a}$$

$$P_{\text{em}} = \frac{V}{G} \cdot \frac{\pi\,|B(\boldsymbol{q}, s)|^2}{M\omega(\boldsymbol{q}, s)}\, [n(\boldsymbol{q}, s) + 1]\, \delta\big(E(\boldsymbol{p}) - E(\boldsymbol{p}')\big), \tag{4.13b}$$

mit $\hbar\boldsymbol{q} = |\boldsymbol{p} - \boldsymbol{p}'|$.

Der Quotient $V/G = V_0$ ist dabei gleich dem Volumen der Elementarzelle. Für $G \to \infty$ und $V \to \infty$ bleibt diese Größe (und damit auch die Übergangswahrscheinlichkeit) endlich und hängt insbesondere nicht von V ab, wie das auch sein muß. Es sei noch bemerkt, daß $V_0/M = \varrho^{-1}$ ist, wobei ϱ die Dichte des Kristalls bezeichnet.

Wie aus den Gleichungen (4.13a, b) folgt, ist nicht nur die Wahrscheinlichkeit der Absorption, sondern auch die der Emission eines Phonons von der in der Probe schon vorhandenen Phononenzahl abhängig. Das ist das Analogon zu der in der Optik wohlbekannten Erscheinung der induzierten Emission von Licht (siehe Abschnitt 18.4.).

Für $n(\boldsymbol{q}, s) \to 0$ verschwindet die Wahrscheinlichkeit für die Absorption natürlich, die der Emission bleibt jedoch wegen des zweiten Summanden in der eckigen Klammer in (4.13b) von Null verschieden. Das ist das Analogon zur spontanen Emission von Photonen (s. Kapitel 18.) und hat seine physikalische Ursache in der Wechselwirkung der Ladungsträger mit den Nullpunktschwingungen des Gitters. Die in den Gleichungen (4.13a, b) auftretenden Besetzungszahlen $n(\boldsymbol{q}, s)$ der Phononenzustände sind strenggenommen nicht bekannt. Man hätte für sie eigentlich eine Boltzmann-Gleichung von der Form (13.3.12) aufzustellen. Dann erhielte man ein System von Boltzmann-Gleichungen für die Funktionen $f(\boldsymbol{p})$ und $n(\boldsymbol{q}, s)$, wobei zu bemerken ist, daß die Größen P_1 und P_2 in das Stoßintegral als Produkte mit dem Nichtgleichgewichtsanteil f_1 der Verteilungsfunktion der Elektronen eingehen. Man kann daher erwarten, daß man eine gute Näherung erhält, wenn man für $n(\boldsymbol{q}, s)$ den Ausdruck (12.6.3) für den Gleichgewichtsfall einsetzt.[1]) Dabei läßt sich die Plancksche Funktion (12.6.3) wegen (4.11) und (4.12) durch den klassischen Ausdruck, der der Gleichverteilung der Energie auf alle Freiheitsgrade entspricht, approximieren:

$$n[\omega(\boldsymbol{q}, s)] \simeq \frac{kT}{\hbar\omega(\boldsymbol{q}, s)}. \tag{4.14}$$

Die Gleichungen (4.13a, b) und (4.9) liefern dann

$$P_2 = P_1 = \frac{2\pi V_0 kT}{M\omega^2(\boldsymbol{q}, s)\,\hbar}\, |B(\boldsymbol{q}, s)|^2\, \delta[E(\boldsymbol{p}) - E(\boldsymbol{p}')]. \tag{4.15}$$

Die Gleichung (4.15) wird für hinreichend niedrige Temperaturen ungültig (wenn $T \ll T_{\mathrm{D}}$, die Debye-Temperatur, ist), da die Phononenenergie dann größer als kT ist und $n(\boldsymbol{q}, s) \to 0$ gilt. In diesem Fall gilt $P_{\mathrm{abs}} \to 0$, und für P_{em} erhält man

$$P_{\mathrm{em}} \equiv P = \frac{2\pi V_0}{M\omega(\boldsymbol{q}, s)}\, |B(\boldsymbol{q}, s)|^2\, \delta[E(\boldsymbol{p}) - E(\boldsymbol{p}') - \hbar\omega(\boldsymbol{q}, s)] \tag{4.15'}$$

mit $\hbar\boldsymbol{q} = |\boldsymbol{p} - \boldsymbol{p}'|$ (und natürlich $E(\boldsymbol{p}) > \hbar\omega(\boldsymbol{q}, s)$). Der Ausdruck (4.15′) beschreibt die Wahrscheinlichkeit für die Streuung der Elektronen an Nullpunktsschwingungen des Gitters.

Die Ausdrücke für $B(\boldsymbol{q}, s)$ für die verschiedenen Streumechanismen sind in Tab. 14.1 aufgeführt. Daraus ist zu ersehen, daß die rechte Seite von Gl. (4.15) tatsächlich mit den rechten Seiten der Gleichungen (13.6.1), (13.6.5) übereinstimmt, sofern die Streuung an optischen Phononen betrachtet wird. Das gleiche gilt auch bei der Streuung an akustischen Phononen, wenn es sich dabei um die Deformationspotentialstreuung handelt und die isotrope Näherung (3.3) verwendet wird. Die Streuwahrscheinlichkeit für die Streuung an piezoelektrischen Phononen dagegen ist merklich anisotrop. Nach Gl. (3.30) hängt die Funktion $f(\vartheta, \varphi)$ wesentlich von der Orientierung des Vektors $\boldsymbol{q}$ relativ zu den Kristallachsen ab. Bei orientierenden Rechnungen wird

---

[1]) Die Überlegungen können falsch werden, wenn im Kristall ein Temperaturgradient vorhanden ist. Dabei entsteht nämlich ein Strom von Phononen, der vom „heißeren" zum „kälteren" Ende gerichtet ist. Beim Stoß mit den Ladungsträgern können die Phononen diese mitführen (sog. *phonon-drag*), wodurch sich die Thermospannung merklich vergrößern kann. Dieser Effekt der Mitführung wurde 1945 von L. E. Gurevič theoretisch untersucht. Die Rechnung zeigt, daß dieser Effekt bei tiefen Temperaturen in Halbleitern wesentlich werden kann.

für P_{piezo} zuweilen ein vereinfachter Ausdruck benutzt, in dem die Funktion $f^2(\vartheta, \varphi)$ durch ihren Mittelwert

$$\langle f^2(\vartheta, \varphi)\rangle = \frac{1}{4\pi}\int_0^{2\pi} d\varphi \int_0^{\pi} \sin\vartheta\, f^2(\nu, \varphi)\, d\vartheta \tag{4.16}$$

ersetzt wurde. Wird hier der Ausdruck (3.30) eingesetzt und integriert, so erhält man

$$\langle f^2(\vartheta, \varphi)\rangle = 4/15.$$

Vergleicht man die Ausdrücke (4.15) und (13.6.1), (13.6.5), so läßt sich mit dem oben erhaltenen Zahlenwert die Funktion $S(E, \cos\vartheta)$ berechnen, die in dem Ausdruck (13.6.12) für die Relaxationszeit auftritt. Zunächst wird dabei ein parabolisches Dispersionsgesetz vorausgesetzt, wobei der Energienullpunkt mit der Unterkante des Leitungsbandes zusammenfallen möge ($E_c = 0$). Man erhält

$$S(E, \cos\vartheta) = BE^{-r-\frac{1}{2}}(1 - \cos\vartheta)^{r'}. \tag{4.17}$$

Hier ist wie im Kapitel 13. $\vartheta = \sphericalangle(\boldsymbol{p}, \boldsymbol{p}')$ der Streuwinkel; die Werte für die Konstanten B, r und r' für verschiedene Streumechanismen sind in der Tabelle 14.2 aufgeführt.

Der Ausdruck (4.17) läßt sich auf den Fall eines nichtparabolischen (jedoch isotropen) Dispersionsgesetzes verallgemeinern. Dazu hat man nur die Ersetzung

$$mE \to \frac{1}{2} p^2(E) \tag{4.18}$$

Tabelle 14.2

Die Konstanten B, r, r' und C für einige Streumechanismen

Stoßpartner	B	r	r'	$C^{-1} = \frac{2B\sqrt{2m^3}}{\pi M c_s^2 \hbar^4}$
Akustische Phononen (Deformationspotential)	$\frac{2\pi V_0 kT E_1^2}{M c_s^2 \hbar}$	$-\frac{1}{2}$	0	$\frac{V_0 kT E_1^2 \sqrt{2m^3}}{\pi M c_s^2 \hbar^4}$
Akustische Phononen (Piezoelektrisches Potential)	$\frac{32\pi^3\beta^2 e^2 \hbar V_0 kT}{15 M c_s^2 \varepsilon^2 m}$	$+\frac{1}{2}$	-1	$\frac{16\pi\beta^2 e^2 V_0 kT \sqrt{2m}}{15\varepsilon^2 M c_s^2 \hbar^2}$
Nichtpolare optische Phononen[1]), $kT \gg \hbar\omega_0$	$\frac{2\pi V_0 kT E_0^2}{M\hbar\omega_0^2}$	$-\frac{1}{2}$	0	$\frac{V_0 kT E_0^2 \sqrt{2m^3}}{\pi M \hbar^4 \omega_0^2}$
Polare Phononen $kT \gg \hbar\omega_0$	$8\pi^3\hbar kT(Ze^2)^2 \times \frac{(M_1 + M_2)}{V_0\omega_0^2 m M_1 M_2}$	$+\frac{1}{2}$	-1	$4\pi kT(Ze^2)^2 \times \frac{(M_1 + M_2)\sqrt{2m}}{V_0 M_1 M_2 \hbar^2 \omega_0^2}$

[1]) Die Abkürzung E_0^2 steht für $|E_{\alpha\beta}^{(0)} n_\beta \zeta_\alpha|^2$

auszuführen. Die Effektivmasse m fällt dabei aus den Gleichungen für C heraus (siehe Tabelle 14.2).

Die mit der Streuung an einer beliebigen Art von Phononen verknüpfte Relaxationszeit läßt sich nunmehr leicht berechnen. Setzt man den Ausdruck (4.17) in Gl. (13.6.13) ein und integriert über den Winkel ϑ, so erhält man Gl. (13.7.21):

$$\tau(E) = CE^r \tag{4.19}$$

mit den schon bekannten Größen C und r. Die Ausdrücke für C sind in Tabelle 14.2 aufgeführt.

Es soll jetzt noch geprüft werden, ob die Bedingung für die Anwendbarkeit der Boltzmann-Gleichung, die für den Fall des nichtentarteten Ladungsträgergases durch die Ungleichung (2.22a) ausgedrückt wird, erfüllt ist. Offensichtlich hat man in dieser Ungleichung für τ den Ausdruck (4.19) einzusetzen, und zwar für die wesentlich beitragenden Elektronen, also mit $E \sim kT$. Dann nimmt die genannte Bedingung die Form

$$\hbar/C(kT)^{r+1} \ll 1. \tag{4.20}$$

an. Beim Einsetzen der entsprechenden Parameter (also $c_s \simeq 10^5$ cm/s, $M \simeq 10^{-22}$ g, $E_1 \simeq 10$ eV, $V_0 \simeq 10^{-22}$ cm^3) ergibt sich, daß die Bedingung (4.20) für die Streuung an akustischen Phononen gewöhnlich erfüllt ist. Bei der Streuung an polaren optischen Phononen dagegen kann die Ungleichung (4.20) auch verletzt sein. Der Grund dafür liegt in der relativ großen Energie der Wechselwirkung zwischen Ladungsträgern und polaren Phononen (siehe Abschnitt 12.3.). Die damit verbundenen Komplikationen werden im Kapitel 17. betrachtet.

Sowohl Gl. (4.15) als auch die Ausdrücke in Tabelle 14.2 verlieren bei tiefen Temperaturen ihre Gültigkeit, wenn nämlich nur die Streuung an Nullpunktsschwingungen des Gitters auftritt. In diesem Falle ist auch Gl. (13.6.13) nicht länger anwendbar, da die Streuung dann inelastisch wird. Nach Gl. (4.12) ist dann die Energie des emittierten oder absorbierten Phonons mit der Energie des Ladungsträgers selbst vergleichbar. Trotzdem läßt sich auch hier eine Relaxationszeit für den Quasiimpuls einführen, indem man diese nämlich als charakteristische Zeit der Phononenemission definiert:

$$\frac{1}{\tau(E)} = \frac{1}{(2\pi\hbar)^3} \int d^3\boldsymbol{p}' P(\boldsymbol{p}, \boldsymbol{p}'). \tag{4.21}$$

Für $P(\boldsymbol{p}, \boldsymbol{p}')$ hat man hier den Ausdruck (4.15') einzusetzen. Somit ist die oben definierte Größe gerade die mittlere Lebensdauer eines Elektrons mit dem Quasiimpuls $\boldsymbol{p}$. Diese Zeit fällt im allgemeinen nicht mit der an früherer Stelle definierten mittleren freien Flugzeit zusammen.[1])

Wir berechnen nun $\tau(E)$ unter der Voraussetzung, daß die Streuung an (polaren oder nichtpolaren) optischen Gitterschwingungen erfolgt. Dabei werden wir uns auf den Fall eines isotropen parabolischen Dispersionsgesetzes beschränken und die Abhängigkeit der Frequenz ω vom Quasiwellenvektor der optischen Phononen ver-

---

[1]) Diese Übereinstimmung wäre vorhanden, wenn man in der Boltzmann-Gleichung den „Zugangs"-Term (13.3.7) vernachlässigen könnte. Gl. (4.21) stellt nämlich nichts anderes dar als den „Abgangs"-Term B (13.3.8) für $f(\boldsymbol{p}, \boldsymbol{r}) \simeq 1$, $f(\boldsymbol{p}', \boldsymbol{r}') \ll 1$. Wie aus Gl. (13.6.12) folgt, spielt der „Zugangs"-Term keine Rolle, falls $P(\boldsymbol{p}, \boldsymbol{p}')$ nicht vom Streuwinkel abhängt.

nachlässigen. Für nichtpolare Phononen erhält man, wenn man Gl. (4.15′) in (4.21) einsetzt,

$$\frac{1}{\tau(E)} = \sum_s \frac{\sqrt{2m^3}\, V_0 B_1}{\pi M \hbar^2 \sqrt{\hbar\omega_0(s)}} \left[\frac{E}{\hbar\omega_0(s)} - 1\right]^{1/2}. \tag{4.22}$$

Hier ist $B_1 = |E^{(0)}_{\alpha\beta}(s)\, n_\beta \zeta_\alpha|^2$. Es sei angemerkt, daß der „Zugang“ in diesem Falle tatsächlich keine Rolle spielt und der Ausdruck (4.22) die übliche Relaxationszeit des Quasiimpulses liefert. Dieser läßt sich (unter der Voraussetzung, daß sich die Phononen im thermodynamischen Gleichgewicht befinden) auch auf den Fall beliebiger Temperaturen verallgemeinern. Dazu hat man dann jedoch nicht nur die Streuung an den Nullpunktsschwingungen, sondern auch an den thermischen Phononen zu berücksichtigen. Mit anderen Worten muß man also die Abhängigkeit der Relaxationszeit von der Zahl der Phononen, die sich schon im Gitter befinden, in Rechnung stellen. Bekanntlich ist die Wahrscheinlichkeit für einen Übergang unter Emission bzw. Absorption eines Phonons der Größe $n(\omega(\boldsymbol{q}, s)) + 1$ bzw. $n(\omega(\boldsymbol{q}, s))$ proportional. Die gesuchte Verallgemeinerung erhält man folglich, wenn man in die rechte Seite von Gl. (4.22) den Faktor

$$\frac{2}{\exp\left(\frac{\hbar\omega_0(s)}{kT}\right) - 1} + 1$$

einfügt (im hier gegebenen Fall ist $\omega(\boldsymbol{q}, s) = \omega_0(s)$). Für polare Phononen liefert Gl. (4.15′) mit Rücksicht auf Tab. 14.1

$$\frac{1}{\tau(E)} = \frac{V_0 \sqrt{2m}\, B_2}{4\pi M \sqrt{\hbar\omega_0(s)}} \left[\frac{E}{\hbar\omega_0(s)} - 1\right]^{1/2} \times \frac{1}{\sqrt{E(E - \hbar\omega_0(s))}} \cdot \ln \frac{\sqrt{E} + \sqrt{E - \hbar\omega_0(s)}}{\sqrt{E} - \sqrt{E - \hbar\omega_0(s)}}. \tag{4.23}$$

Hier ist $B_2 = \left[\frac{4\pi z e^2 (M_1 + M_2)}{V_0 \sqrt{M_1 M_2}}\right]^2$. Die Summation über s entfällt, da im vorliegenden Fall s nur dem longitudinalen Zweig entspricht.

Bei $E - \hbar\omega_0(s) \ll E$ wird Gl. (4.23) der Form nach der Gleichung (4.22) analog:

$$\frac{1}{\tau(E)} = \frac{V_0 \sqrt{2m}\, B_2}{2\pi M \sqrt{\hbar\omega_0(s)}\, E} \left[\frac{E}{\hbar\omega_0(s)} - 1\right]^{1/2}. \tag{4.23′}$$

Die Gleichungen (4.22) und (4.23′) lassen sich in der Form

$$\frac{1}{\tau(E)} = \sum_s \frac{1}{\tau_0(s)} \left[\frac{E}{\hbar\omega_0(s)} - 1\right]^{1/2} \tag{4.24}$$

darstellen, wobei $\tau_0(s)$ jeweils eine charakteristische Zeit ist, deren explizite Ausdrücke man durch Heranziehen der Gleichungen (4.24), (4.22) und (4.23′) findet. Bei $\hbar\omega_0(s) \gg kT$ und dem Vorliegen der Gleichgewichtsverteilung der Ladungsträger bezüglich der Energie ist die Zahl der Elektronen, die optische Phononen emittieren können, proportional zu $\exp(-\hbar\omega_0(s)/kT)$. Daher wird unter diesen Bedingungen die durch die Relaxationszeiten (4.22) und (4.23) charakterisierte Streuung ebenso unwahrscheinlich wie die Kombinationsstreuung. Dieser Sachverhalt kann sich jedoch in einem hinreichend starken elektrischen Feld, durch das dem Elektronengas eine genügend große Energie erteilt wird, wesentlich ändern (siehe Kapitel 16.).

14.5. Die Ladungsträgerstreuung an Störstellen

Bei der Streuung von Elektronen an unbeweglichen Störstellenatomen hat der Operator H' die Form

$$H' = \sum_{i=1}^{N} \delta U(\boldsymbol{r} - \boldsymbol{R}_i). \tag{5.1}$$

Der Index i numeriert dabei die Störstellenatome, $\boldsymbol{R}_i$ ist der Ortsvektor des i-ten Atoms, $\delta U(\boldsymbol{r} - \boldsymbol{R}_i)$ ist die potentielle Energie der Wechselwirkung eines Elektrons mit diesem Atom, und N ist die Gesamtzahl der Störstellenatome im Kristall. Der Zustand des Gitters ändert sich im vorliegenden Fall bei der Streuung nicht, und daher verschwindet die Summe über n' in Gl. (2.19). So erhält man aufgrund von (2.19) und (5.1)

$$P_2(\boldsymbol{p}, \boldsymbol{p}') = \frac{2\pi}{\hbar} V \left| \int \psi^*_{\boldsymbol{p}'}(\boldsymbol{r}) \sum_{i=1}^{N} \delta U(\boldsymbol{r} - \boldsymbol{R}_i)\, \psi_{\boldsymbol{p}}(\boldsymbol{r})\, \mathrm{d}^3\boldsymbol{r} \right|^2 \delta\big(E(\boldsymbol{p}) - E(\boldsymbol{p}')\big). \tag{5.2}$$

Im Rahmen der Effektivmassenmethode, die hier verwendet wird, sind die Bloch-Funktionen $\psi_{\boldsymbol{p}}$ und $\psi_{\boldsymbol{p}'}$ einfach durch ebene Wellen (4.5) zu ersetzen.

Wie aus Gl. (5.2) hervorgeht, ist die Streuung im vorliegenden Fall elastisch. Die Ursache dafür ist klar: Die Störstellenatome werden hier einfach als räumlich fixierte Kraftzentren angesehen, und eine mögliche Bewegung dieser Zentren wird ausgeschlossen. Eine solche Problemstellung ist durch die (gegen m) große Masse M_t des Störstellenatoms gerechtfertigt.

Führt man die Funktionen (4.5) für $\psi_{\boldsymbol{p}}$ und $\psi_{\boldsymbol{p}'}$ in (5.2) ein und multipliziert man das Quadrat der Summe in (5.2) aus, so erhält man

$$P_1 = P_2 = \frac{2\pi}{\hbar V} (A_1 + A_2)\, \delta\big(E(\boldsymbol{p}) - E(\boldsymbol{p}')\big), \tag{5.3}$$

wobei

$$A_1 = \sum_{j=1}^{N} \left| \int \mathrm{d}^3\boldsymbol{r}\, \delta U(\boldsymbol{r} - \boldsymbol{R}_j) \exp\left[\frac{\mathrm{i}}{\hbar} (\boldsymbol{p} - \boldsymbol{p}', \boldsymbol{r})\right] \right|^2 \tag{5.4a}$$

$$A_2 = \sum_{j=1}^{N} \sum_{\substack{j'=1 \\ (j \neq j')}}^{N} \int \mathrm{d}^3\boldsymbol{r}_1\, \delta U(\boldsymbol{r}_1 - \boldsymbol{R}_j) \exp\left[\frac{\mathrm{i}}{\hbar} (\boldsymbol{p} - \boldsymbol{p}', \boldsymbol{r}_1)\right] \times \int \mathrm{d}^3\boldsymbol{r}_2\, \delta U(\boldsymbol{r}_2 - \boldsymbol{R}_{j'}) \exp\left[\frac{\mathrm{i}}{\hbar} (\boldsymbol{p} - \boldsymbol{p}', \boldsymbol{r}_2)\right]. \tag{5.4b}$$

Wie aus der Quantenmechanik bekannt ist ([M 2], § 95; [M 3], § 29b), stellt der Ausdruck

$$\sigma(\boldsymbol{p}, \boldsymbol{p}') = \left(\frac{m}{2\pi\hbar^2}\right)^2 \left| \int \mathrm{d}^3\boldsymbol{r}\, \delta U(\boldsymbol{r} - \boldsymbol{R}_j) \exp\left[\frac{\mathrm{i}}{\hbar} (\boldsymbol{p} - \boldsymbol{p}', \boldsymbol{r})\right] \right. \tag{5.5}$$

den auf eine Raumwinkeleinheit bezogenen effektiven Streuquerschnitt für die elastische Streuung von Elektronen an einem Kraftzentrum bei $\boldsymbol{R}_j$ dar. Folglich beschreibt Gl. (5.4a) die Streuung der Elektronen durch alle N Störstellenatome unter der Voraussetzung, daß alle Streuprozesse unabhängig voneinander stattfinden. Die Größe A_1 entspricht also der Streuung, die bei völligem Fehlen einer Interferenz der Elektronenwellen, die von verschiedenen Störstellenatomen gestreut werden, vorläge. Eine solche Streuung wird inkohärent genannt. Man kann leicht zeigen, daß alle Terme in der Summe über j in Gl. (5.4a) identisch sind. Führt man nämlich in jedem Integral eine Variablentransformation gemäß

$$\boldsymbol{r} - \boldsymbol{R}_j = \boldsymbol{r}' \tag{5.6}$$

aus, so erhält man

$$\int \mathrm{d}^3\boldsymbol{r}\, \delta U(\boldsymbol{r} - \boldsymbol{R}_j) \exp\left[\frac{\mathrm{i}}{\hbar}(\boldsymbol{p} - \boldsymbol{p}', \boldsymbol{r})\right]$$
$$= \exp\left[\frac{\mathrm{i}}{\hbar}(\boldsymbol{p} - \boldsymbol{p}', \boldsymbol{R}_j)\right] \int \mathrm{d}^3\boldsymbol{r}'\, \delta U(\boldsymbol{r}') \exp\left[\frac{\mathrm{i}}{\hbar}(\boldsymbol{p} - \boldsymbol{p}', \boldsymbol{r}')\right].$$

Die Abhängigkeit von j besteht hier nur noch über einen Phasenfaktor, der bei der Betragsbildung Eins ergibt. Somit ist

$$A_1 = N \left| \int \mathrm{d}^3\boldsymbol{r}'\, \delta U(\boldsymbol{r}') \exp\left[\frac{\mathrm{i}}{\hbar}(\boldsymbol{p} - \boldsymbol{p}', \boldsymbol{r}')\right] \right|^2. \tag{5.7}$$

Es sei angemerkt, daß dieses Ergebnis nicht von der Lage der Störstellenatome im Gitter abhängt. Diese beeinflußt nur den Summanden A_2, der die Wirkung der Interferenz der an verschiedenen Störstellenatomen gestreuten Elektronenwellen beschreibt. Führt man nämlich in den Integralen, die in Gl. (5.4b) enthalten sind, eine Variablentransformation gemäß

$$\boldsymbol{r}_1 - \boldsymbol{R}_j = \boldsymbol{r}_1', \qquad \boldsymbol{r}_2 - \boldsymbol{R}_j = \boldsymbol{r}_2'$$

aus, so ist

$$A_2 = \sum_{j=1}^{N} \sum_{\substack{j'=1 \\ (j' \neq j)}}^{N} \exp\left[\frac{\mathrm{i}}{\hbar}(\boldsymbol{p} - \boldsymbol{p}', \boldsymbol{R}_j - \boldsymbol{R}_{j'})\right]$$
$$\times \int \delta U(\boldsymbol{r}_1') \exp\left[\frac{\mathrm{i}}{\hbar}(\boldsymbol{p} - \boldsymbol{p}', \boldsymbol{r}_1')\right] \mathrm{d}^3\boldsymbol{r}_1'$$
$$\times \int \delta U(\boldsymbol{r}_2') \exp\left[\frac{\mathrm{i}}{\hbar}(\boldsymbol{p} - \boldsymbol{p}', \boldsymbol{r}_2')\right] \mathrm{d}^3\boldsymbol{r}_2'$$
$$= \frac{A_1}{N} \sum_{j,j'(j \neq j')} \exp\left[\frac{\mathrm{i}}{\hbar}(\boldsymbol{p} - \boldsymbol{p}', \boldsymbol{R}_j - \boldsymbol{R}_{j'})\right]. \tag{5.4b'}$$

Es sei daran erinnert, daß die Größen P_1 und P_2 und damit auch A_1 und A_2 reell sein müssen. Ersetzt man die halbe Summe in (5.4b′) durch ihr konjugiert Komplexes, so ergibt sich

$$A_2 = \frac{A_1}{N} \sum_{\substack{j,j' \\ (j \neq j')}} \cos\left(\frac{\boldsymbol{p} - \boldsymbol{p}'}{\hbar}, \boldsymbol{R}_j - \boldsymbol{R}_{j'}\right). \tag{5.8}$$

Die Abhängigkeit der Größe A_2 von der Lage der Störstellenatome kompliziert die weiteren Rechnungen, um so mehr als die tatsächlichen Koordinaten der Störstellenatome im Gitter natürlich unbekannt sind. Bei einer völlig ungeordneten Verteilung der Störstellen im Kristall werden in Gl. (5.8) jedoch positive und negative Summanden gleich häufig anzutreffen sein. Das Ergebnis der Überlagerung (5.8) wird dann gleich Null sein, und die Störstellenatome werden Elektronen und Löcher unabhängig voneinander streuen.[1]) Dann gilt nach (5.3) und (5.7)

$$P(\boldsymbol{p}, \boldsymbol{p}') = \frac{2\pi N}{\hbar V} \left| \int \delta U(\boldsymbol{r}') \exp\left[\frac{\mathrm{i}}{\hbar} (\boldsymbol{p} - \boldsymbol{p}', \boldsymbol{r}')\right] \mathrm{d}^3\boldsymbol{r}' \right|^2 \times \delta\big(E(\boldsymbol{p}) - E(\boldsymbol{p}')\big). \tag{5.9}$$

Das Verhältnis $N/V = N_\mathrm{t}$ ist die Störstellenkonzentration im Gitter. Für $V \to \infty$, $N \to \infty$ bleibt diese Größe (und damit auch die Übergangswahrscheinlichkeit) endlich und hängt nicht mehr von den Abmessungen der Probe ab.

Der Ausdruck (5.9) hat die Form (13.6.1), wobei

$$S(\boldsymbol{p}, \boldsymbol{p}') = N_\mathrm{t} \left| \int \delta U(\boldsymbol{r}') \exp\left[\frac{\mathrm{i}}{\hbar} (\boldsymbol{p} - \boldsymbol{p}', \boldsymbol{r}')\right] \mathrm{d}^3\boldsymbol{r}' \right|^2 \tag{5.10}$$

ist. Bei isotropem Wechselwirkungspotential $\delta U(\boldsymbol{r}')$ ist die Funktion S nur von der Energie $E(\boldsymbol{p})$ und vom Winkel $\vartheta = \sphericalangle\,(\boldsymbol{p}, \boldsymbol{p}')$ abhängig — in Übereinstimmung mit (13.6.5).

Unter Verwendung des Ausdrucks (5.5) läßt sich Gl. (5.10) in die Form

$$S(\boldsymbol{p}, \boldsymbol{p}') = \left(\frac{2\pi\hbar^2}{m}\right)^2 N_\mathrm{t}\sigma(\boldsymbol{p}, \boldsymbol{p}') \tag{5.11}$$

bringen. Damit erhält man für die Relaxationszeit gemäß (13.6.13)

$$\frac{1}{\tau} = \frac{2\pi N_\mathrm{t} \sqrt{2E(\boldsymbol{p})}}{m} \int_0^\pi (1 - \cos\vartheta)\, \sigma\big(E(\boldsymbol{p}), \cos\vartheta\big) \sin\vartheta \,\mathrm{d}\vartheta. \tag{5.12}$$

Die Einführung des effektiven Streuquerschnitts an einem Zentrum hat dabei nicht nur formale Bedeutung. Die Gleichungen (5.5) und (5.10) wurden nämlich in der ersten nicht verschwindenden (Bornschen) Näherung der Störungstheorie erhalten. Diese Näherung ist anwendbar (siehe [M 2], § 95), sofern nur eine der beiden Ungleichungen

$$|\delta U| \ll \frac{\hbar^2}{md^2}, \qquad |\delta U| \ll \frac{\hbar}{d}\sqrt{\frac{E}{m}}, \tag{5.13}$$

gilt. Dabei ist d der Wirkungsradius des Potentials $\delta U(\boldsymbol{r})$. Bei dem Problem der Streuung von Elektronen an geladenen Störstellenatomen steht der Abschirmradius r_0 (siehe Anhang 12.) für d, und als charakteristischen Wert hat man $|\delta U| \simeq e^2/\varepsilon r_0$.

[1]) Eine eingehendere Begründung für die Möglichkeit, die Interferenzterme (5.8) zu vernachlässigen, läßt sich geben, wenn man den Begriff der Mittelung aller beobachtbaren Größen über die Koordinaten der Störstellenatome heranzieht (siehe die Artikel 5 und 6 in [1] sowie Anhang 13.).

Damit nehmen die Ungleichungen (5.13) die Form

$$a_B \gg r_0, \qquad \sqrt{E_B} \ll \sqrt{E} \tag{5.14}$$

an. $a_B = \dfrac{\varepsilon\hbar^2}{me^2}$ und $E_B = \dfrac{me^4}{2\varepsilon^2\hbar^2}$ sind hier der Bohrsche Radius und die Bohrsche Energie in einem Kristall mit der Dielektrizitätskonstante ε. Wie aus Kapitel 4. bekannt ist, hat man in Ge $a_B \simeq 40\,\text{Å}$ und $E_B \simeq 0{,}01$ eV. Daraus folgt, daß die erste der Ungleichungen (5.14) nur bei einer sehr großen Konzentration der abschirmenden Ladungen, die nur in extrem stark legierten Halbleitern erreicht wird (siehe Kapitel 19.), erfüllt sein kann, die zweite dagegen eine Beschränkung hinsichtlich der Probentemperatur darstellt. Bei fehlender Fermi-Entartung ist die Energie der hier wesentlichen Elektronen bzw. Löcher nämlich von der Größenordnung kT, und man erhält

$$E_B \ll kT. \tag{5.14'}$$

Im Gebiet niedriger Temperaturen, das, wie wir noch sehen werden, gerade im Fall der Streuung an Störstellen von besonderem Interesse ist, kann diese Bedingung auch verletzt sein. Dabei kann jedoch wegen der Kleinheit der Störstellenkonzentrationen die Ungleichung (2.22a) trotzdem gelten, und die Verwendung der Boltzmann-Gleichung kann gerechtfertigt sein. Man hat beim Problem der Streuung an einem einzelnen Störstellenatom dann allerdings auf die Verwendung der Bornschen Näherung zu verzichten. Die Beziehungen (5.5) und (5.10) können dann nicht mehr verwendet werden, während Gl. (5.11), wie sich zeigen läßt (siehe [1], Artikel 9), gültig bleibt, falls man unter $\sigma(\boldsymbol{p}, \boldsymbol{p}')$ den exakten elastischen Streuquerschnitt versteht. Dementsprechend bleibt auch Gl. (5.12) gültig.

Alles bisher Gesagte (außer den expliziten Beziehungen (5.14) und (5.14')) bezieht sich nicht nur auf die Streuung der Ladungsträger an Störstellenatomen, sondern auch auf die an beliebigen anderen „Punktdefekten" des Gitters wie Leerstellen, auf Zwischengitterplätzen befindliche Gitteratome usw.

Die allgemeinen Gleichungen (5.10) oder (5.12) sollen jetzt für den Fall der Streuung von Elektronen und Löchern an geladenen Störstellenatomen konkretisiert werden. In Germanium und Silizium können das z. B. Atome der III. oder V. Hauptgruppe sein (bei Temperaturen oberhalb der Siedetemperatur von Wasserstoff), unter bestimmten Bedingungen jedoch auch Atome von Li, Zn, Mn, Fe, Cu, Ni und andere. Die Ladung des Störstellenatoms sei Ze (die ganze Zahl Z kann dabei positiv oder negativ sein). Dann scheint es zunächst, daß die potentielle Energie von der Coulombschen Form (4.7.1) sein muß. Das ist aber falsch. Gleichung (4.7.1) wird sowohl für kleine Abstände (von der Größenordnung a) wie auch für große Abstände vom Störstellenzentrum ungültig. Man kann das ionisierte Störstellenatom nämlich schon für $r \sim a$ nicht mehr als Punktladung ansehen, was in Gl. (4.7.1) aber vorausgesetzt wurde. Außerdem bleibt die Verwendung der üblichen (makroskopischen) dielektrischen Permeabilität ε beim Übergang zu derart kleinen Abständen nicht sinnvoll. Andererseits führt das Vorhandensein anderer freier Ladungen sowie anderer Störstellenzentren im Kristallgitter zu einer Abschirmung aller elektrischen Felder, also auch des Coulomb-Feldes des betreffenden Störstellenions. Dadurch ändert sich der Verlauf der Funktion $\delta U(\boldsymbol{r})$, was für Abstände von etwa der Größe des Abschirmradius wesentlich wird.

Die erste der oben genannten Komplikationen ist nicht entscheidend, wenn die für den jeweiligen Ladungsträger charakteristische Wellenlänge groß gegen die Gitterkonstante a ist. Die Wechselwirkung bei Abständen von der Größenordnung a spielt dabei keine Rolle: Ein Elektron läßt sich nicht in einem Volumen lokalisieren, dessen charakteristische Abmessungen kleiner als seine Wellenlänge sind. In einem nichtentarteten Gas ist die charakteristische Wellenlänge $h/\sqrt{mkT}$, in einem vollständig entarteten Gas ist sie etwa $n^{-1/3}$ mit n als der Elektronen- (bzw. Löcher-) Konzentration. Gilt also abhängig davon, welcher Entartungsfall vorliegt,

$$\frac{h}{\sqrt{mkT}} \gg a \quad \text{oder} \quad n^{-1/3} \gg a, \tag{5.15}$$

so können die genannten Komplikationen für $r \sim a$ außer acht gelassen werden.

Die Bedingungen (5.15) sind gewöhnlich gut erfüllt. Es ist z. B. $h/\sqrt{mkT} \simeq 10^{-6}$ cm bei $T = 300$ K und $m = m_0$. Im folgenden werden die Abweichungen des Verlaufs von $\delta U(\boldsymbol{r})$ von der Form (4.7.1) für $r \simeq a$ durchweg vernachlässigt. Man kann daher für $\delta U(\boldsymbol{r})$ den im Anhang 12. abgeleiteten Ausdruck

$$\delta U(\boldsymbol{r}) = \frac{ze^2}{\varepsilon r} \exp\left(-\frac{r}{r_0}\right) \tag{5.16}$$

verwenden.

Setzt man diesen Ausdruck in Gl. (5.9) ein, so gelangt man zu dem Integral

$$J = \int r^{-1} \exp\left[-\frac{r}{r_0} + \frac{\mathrm{i}}{\hbar}(\boldsymbol{p} - \boldsymbol{p}', \boldsymbol{r})\right] \mathrm{d}^3\boldsymbol{r}.$$

Die wesentlichste Rolle spielen dabei solche Werte von r, die nahe bei r_0 liegen. Man kann das Volumen des Systems daher ohne Bedenken als unendlich ansehen. Das Integral läßt sich dann (in sphärischen Koordinaten) einfach berechnen, und man erhält

$$S(\boldsymbol{p}, \boldsymbol{p}') = \frac{32\pi^3\hbar^3 N_t z^2 e^4}{\varepsilon^2[\hbar^2 r_0^{-2} + (\boldsymbol{p} - \boldsymbol{p}')^2]^2}. \tag{5.17}$$

Wegen der Elastizität der Streuung ist dabei $E(\boldsymbol{p}) = E(\boldsymbol{p}')$. Bei einem parabolischen Dispersionsgesetz ist $p^2 = 2mE(\boldsymbol{p})$, und Gl. (5.17) läßt sich folglich in die Form

$$S(\boldsymbol{p}, \boldsymbol{p}') = \frac{32\pi^3\hbar^3 N_t z^2 e^4}{\varepsilon^2[\hbar^2 r_0^{-2} + 4mE(\boldsymbol{p})\,(1 - \cos\vartheta)]^2} \tag{5.18}$$

umschreiben. Das ist ein Ausdruck von der Form der Gleichung (13.6.5).

Kombiniert man jetzt die Gleichungen (5.11), (5.12) und (5.18), so erhält man

$$\frac{1}{\tau(E)} = \frac{\pi N_t z^2 e^4}{\varepsilon^2 E^{3/2}\sqrt{2m}}\left[\ln(1 + x) - \frac{x}{1 + x}\right], \tag{5.19}$$

mit

$$x = \frac{8mEr_0^2}{\hbar^2} = 16\pi^2\frac{r_0^2}{\lambda^2}. \tag{5.20}$$

Dabei wurde die de-Brogliesche Wellenlänge $\lambda = 2\pi\hbar/\sqrt{2mE}$ eingeführt. Der Parameter x ist in einem nichtentarteten Gas bei $E \simeq kT$ ebenso wie in einem entarteten Gas bei $E = \zeta$ gewöhnlich sehr groß ($x \gg 1$). Dann erhält der Ausdruck (5.19) die Form

$$\frac{1}{\tau(E)} = \frac{\pi N_t z^2 e^4}{\varepsilon^2 E^{3/2} \sqrt{2m}} \ln\left(\frac{8mEr_0^2}{\hbar^2}\right). \tag{5.19'}$$

Läßt man hier formal $r_0 \to \infty$ gehen, so wird die inverse Relaxationszeit τ^{-1} unendlich; die Relaxationszeit, die Beweglichkeit usw. werden dagegen gleich Null, was dem Experiment grob widerspricht. Der Grenzübergang $r_0 \to \infty$ entspricht dem Übergang von dem Debyeschen Potentialverlauf (5.16) zum Coulombschen Potential (4.7.1), also der Vernachlässigung der Abschirmung. Aus diesem Grunde ist die Berücksichtigung der Abschirmung bei dem Problem der Ladungsträgerstreuung an geladenen Störstellen prinzipiell notwendig. Der exakte Verlauf der Abschirmung ist dabei nicht so sehr wesentlich, da der Abschirmradius r_0 nur in das Argument einer sehr schwach variierenden Funktion, nämlich des Logarithmus, eingeht.

Es sei angemerkt, daß sich Gl. (5.19') bis auf den schwach veränderlichen logarithmischen Faktor in der Form (4.19) schreiben läßt. Im hier betrachteten Fall ist also

$$r = +3/2. \tag{5.19''}$$

Die Anwendbarkeitsgrenzen von Gl. (5.19') sind durch die Ungleichungen (5.14) und (2.22a, b) gegeben. Im Falle des nichtentarteten Elektronengases läßt sich die Bedingung (2.22a) in der Form

$$2\pi N_t a_B^3 \ln\left(\frac{8mkT}{\hbar^2} r_0^2\right) \ll \left(\frac{kT}{E_B}\right)^{5/2} \tag{5.21}$$

schreiben. Für $E_B = 0{,}01$ eV und $a_B = 4 \cdot 10^{-7}$ cm ergibt sich

$$N_t \ll 10^{13} T^{5/2}.$$

Die Forderung (5.14') kann sich dabei als eine ziemlich einschränkende Bedingung erweisen. Für $E_B = 0{,}01$ eV wird sie z. B. schon bei einer Temperatur von etwa 120 K verletzt. Folglich wird dann eine Rechnung, die nicht auf der Bornschen Näherung beruht, erforderlich. Es zeigt sich dabei [4], daß die entsprechende Relaxationszeit mit steigender Elektronenenergie anwächst, jedoch etwas schwächer, als es aus Gl. (5.19') folgt.

Wir wenden uns nun der Ladungsträgerstreuung an neutralen Störstellen zu. Diese kann für hinreichend niedrige Temperaturen, wenn die Deionisation der Störstellenatome einsetzt, wesentlich werden (siehe Abschnitt 5.15.). Bei fehlender Kompensation strebt dabei die Konzentration N_t in Gl. (5.19') gegen Null. Der allgemeine Verlauf der Rechnung ist dabei der gleiche wie im vorhergehenden Fall. Man hat jetzt nur zu berücksichtigen, daß die Wechselwirkungskräfte zwischen Elektronen und neutralen Störstellenatomen relativ kurzreichweitig sind. Aus diesem Grunde spielen Abschirmeffekte hier keine wesentliche Rolle und die Wechselwirkungsenergie läßt sich hier bestimmen, indem allein das System „Neutrales Störstellenatom + Elektron" betrachtet wird.

Besonders einfach wird die Situation im Fall von Störstellen, die sich durch das Modell der wasserstoffähnlichen Störstelle (siehe Abschnitt 4.7.) beschreiben lassen. Im Rahmen der Effektivmassennäherung wird man hier im wesentlichen auf das Problem der Streuung von Elektronen an neutralen Wasserstoffatomen geführt.

Dieses Problem ist im Rahmen der Streutheorie ausführlich untersucht worden, und man kann die vorliegenden Ergebnisse direkt benutzen, wenn man in diesen nur die Masse des freien Elektrons durch die Effektivmasse ersetzt und das Quadrat der Elektronenladung durch die dielektrische Permeabilität ε dividiert. Eine exakte Rechnung läßt sich dabei nur numerisch ausführen. In dem hier interessierenden Temperaturbereich kann man für die Relaxationszeit jedoch eine recht einfache Interpolationsformel ableiten:

$$\frac{1}{\tau} = \frac{20\varepsilon\hbar^3}{m^2e^2} N_0 \tag{5.22}$$

mit N_0 als der Konzentration der neutralen Störstellen. Diese Gleichung stellt einen Ausdruck von der Form (4.19) für $r = 0$ dar. Sie wird auch als Erdshinsosche Formel bezeichnet.

14.6. Beweglichkeit, Hall-Faktor und Thermospannung bei verschiedenen Streumechanismen

Die Gleichungen (4.19), (5.19) und (5.22) lassen in Verbindung mit Tabelle 14.2 den tatsächlichen Inhalt der Gleichungen im Kapitel 13., die die Beweglichkeit, die Thermospannung und den Hall-Faktor eines Ladungsträgergases beschreiben, deutlich werden. In Tabelle 14.3 sind dazu die grundlegenden Ergebnisse für ein nichtentartetes Elektronengas mit parabolischem Dispersionsgesetz zusammengestellt. Da die Größe C in Gl. (13.7.20′) von der Temperatur abhängen kann, wird die Driftbeweglichkeit in der Form

$$\mu = AT^p \tag{6.1}$$

angesetzt, wobei A ein nicht oder nur schwach (etwa logarithmisch) von der Temperatur abhängender Faktor und p eine Konstante sind.

Die Ergebnisse, die man für die Ladungsträgerstreuung an longitudinalen akustischen Phononen und an geladenen Störstellen erhält, sollen hier explizit betrachtet werden. Im erstgenannten Fall liefert das Einsetzen des Ausdrucks (4.19) in Gl. (13.7.20′)

$$\mu_{\text{ak.Phon.}} = \frac{4e\sqrt{\pi}\, Mc_s^2\hbar^4}{3E_1^2 V_0 \sqrt{2m^5}\,(kT)^{3/2}}. \tag{6.2}$$

Im zweiten Fall erhält man, wenn man mit dem Ausdruck (5.19′) in Gl. (13.7.20) eingeht,

$$\mu_{\text{gel. Störst.}} = \frac{4\varepsilon^2\sqrt{2}}{3N_t e^3\sqrt{m\pi^3}\,(kT)^{5/2}} \int\limits_0^\infty \frac{E^3\exp\left(-\dfrac{E}{kT}\right)}{\ln\left(\dfrac{8mE}{\hbar^2}\, r_0^2\right)}\, dE. \tag{6.3}$$

Die Funktion $E^3\exp\left(-\dfrac{E}{kT}\right)$ hat ein Maximum bei $E = 3kT$. In der Umgebung dieses Punktes ändert sich der Logarithmus im Nenner des Integranden in (6.3) relativ

Tabelle 14.3

Werte der Konstanten in den Gleichungen für Beweglichkeit, Thermospannung und Hall-Faktor für einige Streumechanismen

Stoßpartner	Koeffizient A in Gleichung (6.1) für die Beweglichkeit	Exponent p in (6.1)	Thermospannung α	Hall-Faktor γ
Akustische Phononen (Deformationspotential)	$\frac{4e\,\pi^{1/2} M c_s^2 \hbar^4}{3(2m^5)^{1/2} E_1^2 k^{3/2} V_0}$	$-\frac{3}{2}$	$\frac{k}{e}\left(\frac{\zeta}{kT} - 2\right)$	$\frac{3\pi}{8} = 1{,}18$
Akustische Phononen (Piezoel. Potential)	$\frac{5\varepsilon^2 M c_s^2 \hbar^2}{2\beta^2 e V_0 (2k\,\pi^3 m^3)^{1/2}}$	$-\frac{1}{2}$	$\frac{k}{e}\left(\frac{\zeta}{kT} - 3\right)$	$\frac{45\pi}{128} = 1{,}105$
Nichtpolare optische Phononen $kT \gg \hbar\omega_0$	$\frac{4e\,\pi^{1/2} M \hbar^4 \omega_0^2}{3 V_0 E_0^2 (2m^5 k^3)^{1/2}}$	$-\frac{3}{2}$	$\frac{k}{e}\left(\frac{\zeta}{kT} - 2\right)$	$\frac{3\pi}{8} = 1{,}18$
Polare optische Phononen $kT \gg \hbar\omega_0$	$\frac{e V_0 M_1 M_2 \hbar^2 \omega_0^2 \sqrt{2}}{3(Ze^2)^2 (M_1 + M_2)(\pi^3 k m^3)^{1/2}}$	$-\frac{1}{2}$	$\frac{k}{e}\left(\frac{\zeta}{kT} - 3\right)$	$\frac{45\pi}{128} = 1{,}105$
Geladene Störstellen	$\frac{8\varepsilon^2 (2k^3)^{1/2}}{e^3 N_t \ln\left(\frac{24mkT}{\hbar^2} r_0^2\right)(m\,\pi^3)^{1/2}}$	$\frac{3}{2}$	$\frac{k}{e}\left(\frac{\zeta}{kT} - 4\right)$	$\frac{315\pi}{512} = 1{,}93$
Neutrale Störstellen	$\frac{me^3}{20\varepsilon\hbar^3 N_0}$	0	$\frac{k}{e}\left(\frac{\zeta}{kT} - \frac{5}{2}\right)$	1

langsam. Aus diesem Grunde läßt sich der Nenner des Integranden auch für $E = 3kT$ vor das Integral ziehen. Damit erhält man

$$\mu_{\text{gel. Störst.}} = \frac{8\varepsilon^2 \sqrt{2}\,(kT)^{3/2}}{N_t e^3 \sqrt{m\pi^3} \ln\left(\frac{24mkT}{\hbar^2} r_0^2\right)}. \tag{6.3'}$$

Diese Beziehung wird als Brooks-Herringsche Formel bezeichnet.[1])

Die Temperaturabhängigkeit der Beweglichkeit, die durch die Zahl p charakterisiert ist, hat dabei eine klar erkennbare Ursache. Unter den hier betrachteten Bedingungen ist die Zahl der im Gitter existierenden Phononen der Temperatur proportional. Bei der Streuung an Phononen ist die Beweglichkeit dann offensichtlich dieser Größe umgekehrt proportional. Der einzige weitere T-abhängige Faktor, nämlich T^r, ist mit der Energieabhängigkeit der mittleren freien Flugzeit (4.19) verknüpft: Bei fehlender Fermi-Entartung führt jeder Faktor E im Integranden in Gl. (13.7.20) zu einem Faktor kT im Endresultat. Somit ist bei der Streuung an Phononen

$$\mu \sim T^{-1+r}, \qquad p = r - 1. \tag{6.4}$$

Bei der Streuung an Störstellen entfällt der erste der oben genannten Faktoren (an seiner Stelle hier N_t^{-1}). Im Ergebnis wird

$$\mu \sim N_t^{-1} T^r, \qquad p = r. \tag{6.5}$$

Die durch Gl. (6.1) und die Tabelle 14.3 gegebene Temperaturabhängigkeit der Beweglichkeit ist durch zwei Faktoren bestimmt — die Bedingung (4.14) der Gleichverteilung der Energie auf alle Freiheitsgrade (bei der Streuung an Phononen) und die Voraussetzung eines quadratischen Dispersionsgesetzes.

Die Berücksichtigung einer Anisotropie der Isoenergieflächen (bei einem nach wie vor parabolischen Dispersionsgesetz) führt nur zu einer Änderung des Koeffizienten A in Gl. (6.1).

Wesentlich komplizierter ist die Situation bei Vorhandensein eines Magnetfeldes. In diesem Fall spielt eine Anisotropie der Isoenergieflächen eine viel entscheidendere Rolle. In einem elektrischen Feld allein ist die Driftgeschwindigkeit v_d der Ladungsträger nämlich der Richtung nach konstant und die auf ein Elektron wirkende Kraft hängt nicht von v_d ab, ist also von außen vorgegeben. Die Bewegung des Elektrons in einem elektrischen Feld oder einem Temperaturgradienten ist daher stets durch die gleiche (wenn auch evtl. von der Feldrichtung abhängige) Effektivmasse bestimmt. Die Ergebnisse für ein anisotropes oder ein isotropes System unterscheiden sich hier letztlich nur durch Zahlenfaktoren. Im Magnetfeld ist die Bahn eines Elektrons dagegen nicht geradlinig, und die auf das Elektron wirkende Kraft hängt von dessen Driftgeschwindigkeit ab. In einem anisotropen System ist die Beschleunigung des Elektrons zu verschiedenen Zeitpunkten daher durch unterschiedliche Effektivmassen gegeben. Damit entsteht gegenüber dem isotropen System ein prinzipieller Unterschied.

---

[1]) Ein analoger Ausdruck, der sich von Gl. (6.3') infolge einer etwas weniger konsistenten Berücksichtigung der Abschirmung nur durch das Argument des Logarithmus unterscheidet, wurde von CONWELL und WEISKOPF schon früher erhalten. Aus diesem Grunde wird oft auch die Bezeichnung „Conwell-Weiskopf-Formel" verwendet.

14.7. Simultanes Wirken mehrerer Streumechanismen

Unter realen Versuchsbedingungen können auch mehrere Streumechanismen gleichzeitig eine Rolle spielen. Es entsteht daher die Frage, wie die Beweglichkeit und andere kinetische Koeffizienten bei gleichzeitigem Wirken mehrerer Streumechanismen zu berechnen sind.

Die Übergangswahrscheinlichkeiten für jeden einzelnen Streumechanismus werden dabei als bekannt vorausgesetzt. Diese werden durch $P_i(\boldsymbol{p}, \boldsymbol{p}')$ bezeichnet, wobei der Index i die einzelnen Mechanismen numeriert. Es wird außerdem vorausgesetzt, daß die zu den einzelnen Mechanismen gehörenden Streuprozesse jeweils voneinander unabhängige Ereignisse darstellen. Dann ist die hier interessierende Gesamtwahrscheinlichkeit für eine Streuung durch die Summe

$$P(\boldsymbol{p}, \boldsymbol{p}') = \sum_i P_i(\boldsymbol{p}, \boldsymbol{p}') \tag{7.1}$$

gegeben. Diese Beziehung gilt unabhängig davon, ob man für jeden der Streumechanismen eine Relaxationszeit einführen kann. Ihre Gültigkeit hängt auch von keinerlei Voraussetzungen bezüglich der Isotropie des Systems ab. Lassen sich die Relaxationszeiten $\tau_i(E)$ definieren, so folgt aus Gl. (7.1) die Regel der Additivität der inversen Relaxationszeiten:

$$\frac{1}{\tau(E)} = \sum_i \frac{1}{\tau_i(E)}. \tag{7.2}$$

Nach Gl. (13.6.12) ist nämlich die inverse Relaxationszeit $\tau_i^{-1}(E)$ linear von der Wahrscheinlichkeit des entsprechenden Übergangs abhängig.

Manchmal verwendet man anstelle von Gl. (7.2) auch die entsprechende Beziehung für die inversen Beweglichkeiten:

$$\frac{1}{\mu} = \sum_i \frac{1}{\mu_i}. \tag{7.2'}$$

Darin ist μ die im Experiment gemessene Driftbeweglichkeit und μ_i die Beweglichkeit bei ausschließlichem Wirken des i-ten Streumechanismus. Man hat dabei jedoch zu beachten, daß Gl. (7.2′) der Gl. (7.2) nur für den sehr speziellen Fall entspricht, daß alle Zeiten τ_i nicht von der Energie abhängen. In der Regel sind diese jedoch energieabhängig, und die Beziehung (7.2′) ist strenggenommen nicht erfüllt. In Abhängigkeit von den konkreten Versuchsbedingungen kann der Fehler bei Verwendung dieser Relation $40 \cdots 50\%$ betragen.

Wie aus Gl. (7.2) ersichtlich (und auch unmittelbar anschaulich klar) ist, spielt der Streumechanismus, dem die kleinste Relaxationszeit (und folglich der kleinste Wert der Beweglichkeit) entspricht, die Hauptrolle. Bei einer Temperaturänderung kann sich das relative Gewicht der einzelnen Streumechanismen ändern. So ist in Germanium bei Zimmertemperatur und bei einer Störstellenkonzentration von nicht mehr als $10^{16}\,\text{cm}^{-3}$ hauptsächlich die Ladungsträgerstreuung an akustischen Phononen von Bedeutung. Sie wird ergänzt durch die Streuung an nichtpolaren optischen Phononen. Man sieht leicht, daß diese zu einer Verstärkung der Temperaturabhängigkeit der Beweglichkeit führt. Die entsprechende Streuwahrscheinlichkeit ist nämlich der Phononenzahl

$$n = \left[\exp\left(\frac{\hbar\omega_0}{kT}\right) - 1\right]^{-1} \tag{7.3}$$

indirekt proportional.

Wie schon an früherer Stelle bemerkt, ist die Näherung (4.14) für Germanium bei Zimmertemperatur noch nicht anwendbar. Daher ist die Temperaturabhängigkeit der Beweglichkeit, die mit der Streuung ausschließlich an optischen Phononen verknüpft ist, viel stärker als die durch Gl. (6.2) beschriebene. Die im Experiment in diesem Temperaturbereich beobachtete Elektronen- und Löcherbeweglichkeit wird anscheinend durch die empirischen Formeln

$$\mu_n \sim T^{-1,65}, \qquad \mu_p \sim T^{-2,5}$$

beschrieben. Der Unterschied in den beiden Exponenten für Elektronen und Löcher kann durch die unterschiedlichen Werte der entsprechenden akustischen und optischen Deformationspotentiale bedingt sein. Analoges gilt auch für Silizium.

Bei einer Verringerung der Temperatur wächst die Ladungsträgerbeweglichkeit, solange die Streuung an geladenen Störstellen überwiegt (in Germanium mit $N_t \simeq 10^{15}$ cm^{-3} setzt dieser Bereich etwa bei Stickstofftemperaturen ein). Dann beginnt die Beweglichkeit mit abnehmender Temperatur zu fallen, und zwar nach dem Gesetz (6.3′), solange die Konzentration der geladenen Störstellen sich nicht merklich ändert. Sofern flache Donatoren oder Akzeptoren als geladene Störstellen fungieren, wird die Temperaturabhängigkeit $N_t(T)$ in Germanium und Silizium etwa bei der Siedetemperatur von Wasserstoff wesentlich (siehe Kapitel 5.). Bei weiterer Temperaturverringerung beginnt die Konzentration der geladenen Störstellen im Falle fehlender Kompensation zu fallen und die neutraler Störstellen zu wachsen, wodurch dann die Streuung an neutralen Störstellen die dominierende wird.

Die Temperaturabhängigkeit der Beweglichkeit ist daher durch eine Kurve mit einem Maximum gegeben, dessen Lage von der Störstellenkonzentration abhängt. In Abb. 14.1 ist die Temperaturabhängigkeit der Hall-Beweglichkeit von Elektronen in As-dotiertem Silizium dargestellt[1]) (der Unterschied zwischen Hall-Beweglichkeit und der durch die Gleichungen (6.1)···(6.3′) definierten Driftbeweglichkeit ist hier unwesentlich: Wenn einer der Streumechanismen klar dominiert, unterscheidet sich die Hall-Beweglichkeit μ_H von μ nur durch einen konstanten Faktor). Bei sehr großer Konzentration der geladenen Störstellen (untere Kurve) dominiert die Streuung an diesen sogar noch bei Zimmertemperatur und ist evtl. auch kein Maximum zu beobachten.

In Abb. 14.2 ist die Abhängigkeit der Elektronenbeweglichkeit in Germanium von der Konzentration geladener Störstellen[2]) dargestellt. Wie anhand der Gleichungen (6.2), (6.3′) und (7.2′) zu erwarten ist, hängt die Beweglichkeit bei hinreichend kleinen Werten von N_t praktisch nicht mehr von der Störstellenkonzentration ab und beginnt bei einer Vergrößerung von N_t zu fallen.

In (hinreichend reinen) $A^{III}B^{V}$-Halbleitern dominiert bei Zimmertemperatur offensichtlich die Ladungsträgerstreuung an polaren optischen Phononen.

Neben den oben betrachteten Streumechanismen kann unter bestimmten Bedingungen auch eine Ladungsträgerstreuung an Gitterdefekten auftreten — an

---

[1]) Nach Morin, F. T.; Maita, I. P., Phys. Rev. **96** (1954) 28.

[2]) Nach Prince, M., Phys. Rev. **92** (1953) 681.

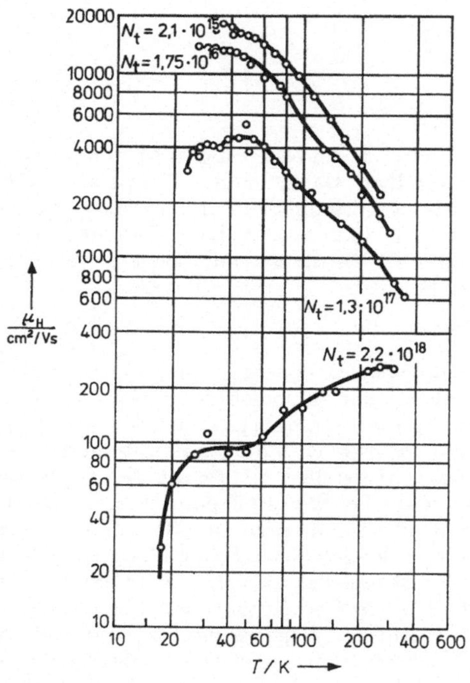

Abb. 14.1

Temperaturabhängigkeit der Hall-Beweglichkeit der Elektronen in As-dotiertem Silizium. Rechts vom Maximum dominiert die Streuung an akustischen Phononen, links davon die an geladenen Störstellen.

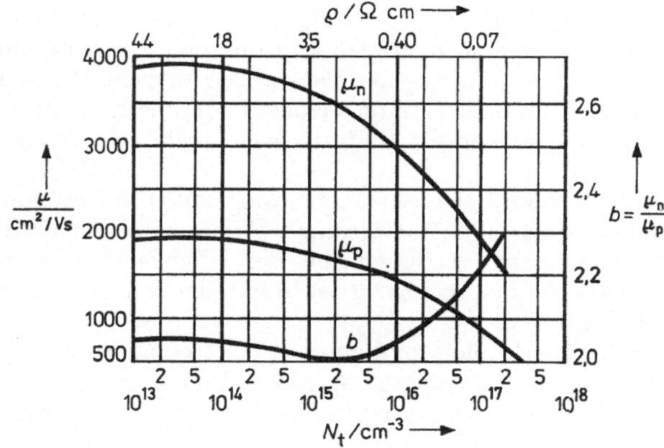

Abb. 14.2

Abhängigkeit der Elektronen- und Löcherbeweglichkeit in p-Germanium von der Störstellenkonzentration ($T = 300$ K)

Versetzungen, an Korngrenzen (in polykristallinen Proben) und auch einfach an der Probenoberfläche. Der letztgenannte Effekt wird vorzugsweise in Proben wesentlich, deren Abmessungen (wenigstens in einer Richtung) hinreichend klein sind (also in dünnen Schichten oder Drähten).

Eine besondere Rolle spielt die Streuung der Ladungsträger untereinander. Sieht man von Umklapp-Prozessen ab, bleibt der Gesamtimpuls der Elektronen bei Prozessen dieses Typs ungeändert. Beim Fehlen jeglicher anderer Streumechanismen wird der ausschließlich durch Elektron-Elektron-Stöße bedingte Widerstand (ohne Umklapp-Prozesse) gleich Null (und die Beweglichkeit also unendlich). Trotzdem beeinflussen auch die Stöße die Beweglichkeit, indem sie zu einer Umverteilung von Energie und Quasiimpuls unter den Elektronen führen. Dieser Umstand ist deswegen wesentlich, weil die Relaxationszeiten, die z. B. durch die Streuung an Phononen oder an geladenen Störstellen bestimmt sind, von der Energie der Ladungsträger abhängen. Indem die Wechselwirkung der Ladungsträger untereinander ihre energetische Verteilung ändert, kann sie so die Intensität der Streuung verringern oder erhöhen. So werden an geladenen Störstellen nach Gl. (5.19′) relativ langsame Elektronen am stärksten gestreut. Die Wechselwirkung der Elektronen untereinander führt dabei zu einer Verringerung der Beweglichkeit, indem sie den Anteil langsamer Elektronen erhöht.

15. Akustoelektrische Erscheinungen

15.1. Einleitende Bemerkungen

Die Wechselwirkung der Gitterschwingungen mit den Leitungselektronen tritt nicht nur bei der im Kapitel 14. behandelten Quasiimpulsstreuung, sondern auch bei der von außen angeregten Ausbreitung elastischer Wellen im Kristall zutage. Infolge dieser Wechselwirkung ändert sich zum einen das Verhalten der elastischen Wellen im Halbleiter, zum anderen treten aber auch neuartige elektronische Prozesse auf.

Im folgenden werden die drei wichtigsten akustoelektrischen Erscheinungen näher untersucht: erstens die Änderung der Ausbreitungsgeschwindigkeit der Schallwellen, zweitens die Schallwellenabsorption und drittens der akustoelektrische Effekt. Dieser Effekt beruht darauf, daß im Halbleiter infolge der Mitführung der Leitungselektronen durch die elastische Welle eine elektromotorische Kraft auftritt.

Zunächst soll jedoch die wichtigste Frage nach der zweckmäßigsten Beschreibung der akustoelektrischen Erscheinungen beantwortet werden. Dazu wird vorausgesetzt, daß sich eine Schallwelle, die hier stets als ein Strom von Phononen mit der Energie $\hbar\omega$ und mit dem Impuls $\hbar\boldsymbol{q}$ behandelt wird, in x-Richtung ausbreitet. Es wird nun die Wechselwirkung eines Elektrons mit einem Phonon betrachtet, die zur Absorption des Phonons führt. Wie im Abschnitt 14.4. gezeigt wurde, müssen dabei die Erhaltungssätze für Quasiimpuls und Energie erfüllt sein. Bei einem isotropen parabolischen Dispersionsgesetz ergibt das

$$p_{x2} = p_{x1} + \hbar q, \tag{1.1}$$

$$\frac{p_{x2}^2}{2m} = \frac{p_{x1}^2}{2m} + \hbar\omega. \tag{1.2}$$

p_{x1} und p_{x2} sind dabei die Komponenten des Elektronenimpulses in der Ausbreitungsrichtung der Welle vor bzw. nach der Wechselwirkung. Setzt man den Ausdruck (1.1) für p_{x2} in Gl. (1.2) ein und berücksichtigt dabei, daß ω/q die Phasengeschwindigkeit der Welle ist, die in diesem Kapitel durchweg mit v_s bezeichnet wird, so erhält man

$$\frac{\hbar q}{m}\left[p_{x1} - \left(mv_s - \frac{1}{2}\hbar q\right)\right] = 0. \tag{1.3}$$

Das bedeutet aber, daß nur die Elektronen, deren Impuls die Bedingung

$$p_{x1} = mv_s - \frac{1}{2}\hbar q \tag{1.4}$$

erfüllt, mit dem Gitter wechselwirken können. Dieser Sachverhalt wird in Abb. 15.1 veranschaulicht, in der die Schnittgerade der „Wechselwirkungsebene“ $p_{x1} = \text{const}$ mit der Zeichenebene und die Lage der Vektoren $\boldsymbol{p}$ und $\boldsymbol{q}$ dargestellt sind. Analog dazu müssen die Endpunkte der Vektoren $\boldsymbol{p}$ für einen Wechselwirkungsprozeß unter

Aussendung eines Phonons in der Ebene $p_{x2} = \text{const}$ liegen, wobei

$$p_{x2} = mv_s + \frac{1}{2}\hbar q \tag{1.4a}$$

gelten muß.

Bei dieser Beschreibung wurde nicht berücksichtigt, daß neben der Wechselwirkung mit der Schallwelle auch eine Streuung der Elektronen an thermischen Gitterschwingungen, an ionisierten Störstellen und über andere Prozesse möglich ist (siehe Kapitel 14.). Anders ausgedrückt wurde hier das Elektronengas als ein

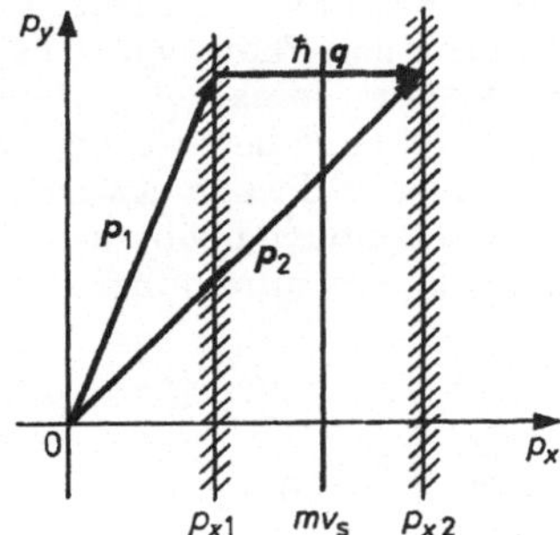

Abb. 15.1
Zum Elementarakt der Elektron-Phonon-Wechselwirkung

stoßfreies Plasma angesehen. Wie man sofort erkennt, ist das nur möglich, wenn die Frequenz der Schallwelle hinreichend groß ist. Für kleine Schallfrequenzen ist eine solche Beschreibung wegen der Unbestimmtheitsrelation der Quantenmechanik nicht zutreffend. Ist nämlich τ die freie Flugzeit eines Elektrons, so ist dessen Energie nur bis auf die Größe

$$\Delta E \sim \hbar/\tau \tag{1.5}$$

bestimmt. Anstelle von Gl. (1.3) hätte man dann zu schreiben

$$\frac{\hbar q}{m}\left\{p_x - \left(mv_s - \frac{1}{2}\hbar q\right)\right\} \sim \frac{\hbar}{\tau}. \tag{1.6}$$

Infolgedessen tritt auch eine Unbestimmtheit des Impulses (1.4) der wechselwirkenden Elektronen von

$$\Delta p_x \sim \frac{\hbar}{\tau}\,\frac{m}{\hbar q} = \frac{m}{q\tau} \tag{1.7}$$

auf, und die Wechselwirkungsebenen $p_{x1} = \text{const}$ in Abb. 15.1 verbreitern sich zu Schichten von etwa der Dicke Δp_x. Ist dann

$$\Delta p_x \gtrsim p_x, \tag{1.8}$$

so läßt sich nicht mehr von einer Wechselwirkung einzelner Elektronen sprechen, und das Modell des stoßfreien Plasmas ist nicht mehr anwendbar. In diesem Falle liegen kollektive Prozesse vor, d. h., mit der Schallwelle wechselwirken lokale Inhomogenitäten der Raumladungsdichte. Die Schallwelle kann dann als elastische

Welle in einem Kontinuum angesehen werden, so daß zur Beschreibung der akustoelektrischen Erscheinungen die Gleichungen der Elektrodynamik und Mechanik der Kontinua verwendet werden können (hydrodynamische Beschreibung).

Da in der obigen Diskussion die Impulskomponenten p_y und p_z beliebig sind, erreicht der Maximalwert von p_x etwa den Wert p. Berücksichtigt man ferner, daß $p\tau/m = v_T \cdot \tau = l$ mit l als der mittleren freien Weglänge der Elektronen ist, so läßt sich aus den Beziehungen (1.7) und (1.8) die Bedingung für die Anwendbarkeit der hydrodynamischen Beschreibung ableiten:

$$ql \ll 1. \tag{1.9}$$

Im entgegengesetzten Fall ist die hydrodynamische Beschreibung nicht anwendbar, und man hat die Wechselwirkung einzelner Elektronen und Phononen zu betrachten. Bei Zimmertemperatur ist gewöhnlich $l \sim 10^{-5} \cdots 10^{-6}$ cm, so daß $ql = 1$ für $q \sim 10^5$ bis 10^6 cm^{-1} gilt. Da die Schallgeschwindigkeit $v_s \sim 10^5$ cm/s beträgt, entspricht das einer Frequenz $\omega = qv_s \sim 10^{10} \cdots 10^{11}$ s^{-1} oder einer Schwingungsfrequenz von $\nu = \omega/2\pi \sim 10^9 \cdots 10^{10}$ Hz. Die hydrodynamische Beschreibung bleibt also bis zu sehr hohen Frequenzen, nämlich bis in den GHz-Bereich hinein, anwendbar.

15.2. Die Wechselwirkung von elastischen Wellen mit Leitungselektronen

1. Bei den akustoelektrischen Erscheinungen sind in der Regel zwei Grundtypen der Wechselwirkung von Elektronen und Schallwelle zu berücksichtigen, nämlich die Deformationspotential-Wechselwirkung (siehe Abschnitt 14.3.) und die infolge des piezoelektrischen Effekts. Beide Wechselwirkungen wurden in Kapitel 14. schon betrachtet. Hier soll uns nur der sehr viel einfachere Fall interessieren, bei dem im Kristall nur eine (hier als longitudinal angenommene) Welle existiert. Es sei ferner vorausgesetzt, daß sich die Welle längs einer Symmetrieachse des Kristalls ausbreitet und daß alle vektoriellen Größen parallel zu dieser Achse gerichtet sind und Äur von einer Koordinate x (und von der Zeit t) abhängen. Dann hat man für die nnderung ΔE der Elektronenenergie bei einer Deformation u anstelle von (14.3.5′) die einfache Beziehung

$$\Delta E = E_1 u, \tag{2.1}$$

in die nur die eine Komponente E_1 des Deformationspotentials eingeht. Daher gilt für die auf ein Elektron wirkende Kraft

$$F = -\frac{\partial\,\Delta E}{\partial x} = -E_1 \frac{\partial u}{\partial x} = -E_1 \frac{\partial^2 Q}{\partial x^2} \tag{2.2}$$

mit Q als der Verschiebung des betrachteten Punktes. Diese Kraft ist nichtelektrostatischen Ursprungs und als Driftkraft oder als EMK anzusehen. Für die Feldstärke dieses Driftfeldes folgt (als Kraft pro positive Einheitsladung)

$$E^* = \frac{E_1}{e} \frac{\partial u}{\partial x}. \tag{2.3}$$

Die dielektrische Verschiebung ergibt sich bei Berücksichtigung des piezoelektrischen Effekts (14.3.21) zu

$$D = \varepsilon E - 4\pi\beta u. \tag{2.4}$$

Darin ist β die entsprechende Komponente der piezoelektrischen Konstante und $-\beta u = P$ die bei der Deformation auftretende Dipolmomentdichte.

Neben dem direkten piezoelektrischen Effekt, der durch Gl. (2.4) beschrieben wird (also dem Auftreten einer Polarisation bei einer Deformation), muß hier auch der dazu inverse Effekt (also das Entstehen einer Deformation bzw. von mechanischen Spannungen bei der Polarisierung) berücksichtigt werden. Ist also s die mechanische Spannung (im vorliegenden Fall die Kraft in x-Richtung pro Einheitsfläche senkrecht dazu) und Λ der Elastizitätsmodul, so gilt nach (14.3.22)

$$s = \Lambda u + \beta E, \tag{2.5}$$

wobei der zweite Summand den inversen piezoelektrischen Effekt beschreibt.

Es soll jetzt die Größenordnung der beiden Wechselwirkungstypen abgeschätzt werden. Dazu wird vorausgesetzt, daß sich in einem Isolatorkristall eine harmonische Deformationswelle

$$u = u_1 \exp\left[\mathrm{i}(qx - \omega t)\right] \tag{2.6}$$

ausbreitet. Da in einem Dielektrikum nach der Poisson-Gleichung

$$\operatorname{div} \boldsymbol{D} = 0$$

gilt, ist $\boldsymbol{D} = \text{const}$. Dann folgt aus Gl. (2.4) für das zeitlich veränderliche elektrische Feld $\tilde{E}$, das durch den piezoelektrischen Effekt hervorgerufen wird,

$$\tilde{E} = \frac{4\pi\beta}{\varepsilon} u_x. \tag{2.7}$$

Andererseits ist die Energiestromdichte in der Welle (also die Schallintensität)

$$I = \frac{1}{2} \Lambda u_1^2 v_s. \tag{2.8}$$

Daraus läßt sich bei gegebener Schallintensität die Amplitude von $\tilde{E}$ bestimmen. Dieses Feld kann in Kristallen, die wie z. B. die $A^{II}B^{VI}$-Verbindungen (CdS, ZnS u. a.) einen starken piezoelektrischen Effekt zeigen, recht groß sein. Nimmt man zur Abschätzung die typischen Werte $\Lambda \sim 10^{12} \frac{\text{dyn}}{\text{cm}^2}$, $\varepsilon \sim 10$, $v_s \sim 10^5$ cm/s und $|\beta| \sim 10^5$ CGS-Einheiten an, so erhält man aus den Gleichungen (2.7) und (2.8), daß für $I \sim 1$ W/cm² $= 10^7$ erg/cm² · s die Amplitude u_1 der Deformation etwa $10^{-5} \cdots 10^{-4}$ ist und $\tilde{E}$ einige CGS-Einheiten betragen kann, was $\sim 10^3$ V/cm entspricht.

Für die Deformationspotential-Wechselwirkung erhält man aus (2.3) und (2.6)

$$E^* = i \frac{E_1}{e} qu = i \frac{E_1}{ev_s} \omega u. \tag{2.9}$$

Das Verhältnis der beiden Feldstärken ist

$$\frac{|\tilde{E}|}{|\tilde{E}^*|} = \frac{4\pi e\,|\beta|\,v_s}{e\,|E_1|\,\omega}. \tag{2.10}$$

Daraus kann man ersehen, daß die Deformationspotential-Wechselwirkung eine um so größere Rolle spielt, je größer die Frequenz ω ist. Da E_1 gewöhnlich $1\cdots 12$ eV ($\sim 10^{-12}$ erg) ist, ergibt sich für die oben verwendeten Werte von β, ε und v_s nach Gl. (2.10), daß $|\tilde{E}| = |\tilde{E}^*|$ wird für $\omega \sim 10^{12}\,\mathrm{s}^{-1}$. Für Frequenzen unterhalb von 10^{11} Hz läßt sich die Deformationspotential-Wechselwirkung in Piezoelektrika also gegenüber der piezoelektrischen Wechselwirkung vernachlässigen.

2. Im folgenden werden wir zunächst den Fall niedriger Frequenzen in Piezoelektrika betrachten. Nach dem oben Gesagten wird hier nur die piezoelektrische Wechselwirkung betrachtet und die hydrodynamische Beschreibung verwendet ($ql \ll 1$). Der Kristall wird als n-leitend vorausgesetzt, der Einfluß der Löcher wird vernachlässigt. Die konstanten Werte der verwendeten Größen bei fehlender Schallwelle werden mit dem Index „0" bezeichnet. Zur Bestimmung der elektrischen und mechanischen Größen wird dann das im folgenden angeführte Gleichungssystem verwendet.

Der Ausdruck für die Stromdichte ist

$$j = e\mu(n_0 + \tilde{n})(E_0 + \tilde{E}) + eD\frac{\partial \tilde{n}}{\partial x}, \tag{2.11}$$

und die Kontinuitätsgleichung lautet

$$-e\frac{\partial \tilde{n}_s}{\partial t} + \frac{\partial j}{\partial x} = 0. \tag{2.12}$$

Hier bezeichnet

$$\tilde{n}_s = \tilde{n} + \tilde{n}_t \tag{2.13}$$

die Gesamtkonzentration der Überschußelektronen, die sich aus der Konzentration $\tilde{n}$ im Band und der Konzentration $\tilde{n}_t$ der an Haftstellen gebundenen Elektronen zusammensetzt. Es sei vermerkt, daß das Konzentrationsverhältnis

$$\frac{\tilde{n}}{\tilde{n}_s} = f \tag{2.14}$$

in der Literatur oft als „Einfangkoeffizient" der Elektronen an den Haftstellen bezeichnet wird. Daneben hat man die Poisson-Gleichung

$$\frac{\partial \tilde{D}}{\partial x} = -4\pi e\tilde{n}_s, \tag{2.15}$$

die zwei piezoelektrischen Relationen

$$\tilde{D} = \epsilon\tilde{E} - 4\pi\beta u, \tag{2.16}$$

$$\tilde{s} = \Lambda u + \beta\tilde{E} \tag{2.17}$$

und schließlich die mechanische Bewegungsgleichung des Kontinuums

$$\varrho\frac{\partial^2 Q}{\partial t^2} = \frac{\partial \tilde{s}}{\partial x} = \Lambda\frac{\partial^2 Q}{\partial x^2} + \beta\frac{\partial \tilde{E}}{\partial x} \tag{2.18}$$

mit ϱ als der Dichte des Mediums.

Zur Bestimmung des Zusammenhangs zwischen den Konzentrationen $\tilde{n}$ und $\tilde{n}_t$ (oder, was auf das gleiche hinausläuft, des Einfangkoeffizienten f) ist noch die im Abschnitt 9.4. betrachtete Gleichung für die Kinetik des Elektroneneinfangs an Haftstellen erforderlich. Für den einfachsten Fall von Einfangzentren nur eines Typs hat diese Gleichung die Form

$$\frac{\partial \tilde{n}_t}{\partial t} = \alpha_n(n_0 + \tilde{n})(N_t - n_{t0} - \tilde{n}_t) - \alpha_n n_1(n_{t0} + \tilde{n}_t), \tag{2.19}$$

wobei N_t, α_n und n_1 die gleiche Bedeutung wie im Abschnitt 9.4. haben. Der Einfangkoeffizient ist dabei im allgemeinen komplex (was auf eine Phasenverschiebung zwischen den Schwingungen von $\tilde{n}$ und $\tilde{n}_s$ hinweist) und von der Frequenz ω der Welle abhängig. Die Situation vereinfacht sich allerdings sehr wesentlich, falls $\omega\tau \ll 1$ mit τ als der mittleren Lebensdauer der Elektronen im Band gilt. In diesem Falle können die Haftstellen den Änderungen von $\tilde{n}$ praktisch augenblicklich folgen und f wird zu einer Konstante, die von der Art des Kristalls und dessen Temperatur abhängt. Abschließend sei noch angemerkt, daß in der Bewegungsgleichung, wenn sie in der Form (2.18) geschrieben wird, keine „Reibungs“-Kräfte enthalten sind. Dadurch wird die Absorption der Schallwelle durch den Kristall vernachlässigt. Sie muß, falls notwendig, zusätzlich berücksichtigt werden.

15.3. Elastische Wellen in Piezoelektrika

Es soll nun der besonders einfache Fall, daß sich die elastische Welle in einem nichtleitenden piezoelektrischen Material ausbreitet (wenn also $\tilde{n} = \tilde{n}_t = \tilde{n}_s = 0$ gilt), behandelt werden. Die Gleichung (2.15) liefert dann $\tilde{D} = \text{const} = 0$ (da $\tilde{D}$ nur für $\tilde{D} = 0$ konstant sein kann). Aus (2.16) erhält man

$$\frac{\partial E}{\partial x} = \frac{4\pi\beta}{\varepsilon}\frac{\partial u}{\partial x} = \frac{4\pi\beta}{\varepsilon}\frac{\partial^2 Q}{\partial x^2}.$$

Setzt man das in die Bewegungsgleichung (2.18) ein, so ergibt sich

$$\frac{\partial^2 Q}{\partial t^2} = \frac{\Lambda}{\varrho}(1 + K^2)\frac{\partial^2 Q}{\partial x^2}, \tag{3.1}$$

wobei

$$K^2 = \frac{4\pi\beta^2}{\varepsilon\Lambda} \tag{3.2}$$

ist. Differenziert man die Gleichung (3.1) nach x und setzt man $\partial Q/\partial x$ gleich u, erhält man eine Gleichung, die die Ausbreitung der Deformation beschreibt:

$$\frac{\partial^2 u}{\partial t^2} = \frac{\Lambda}{\varrho}(1 + K^2)\frac{\partial^2 u}{\partial x^2}. \tag{3.3}$$

Es ergibt sich also eine gewöhnliche Wellengleichung. Eine ihrer Lösungen ist die durch Gl. (2.6) gegebene ebene Welle. Ihre Phasengeschwindigkeit v_s ist durch den

Ausdruck

$$v_s^2 = \frac{\Lambda}{\varrho}(1 + K^2) = V_{s0}^2(1 + K^2) \tag{3.4}$$

gegeben, wobei $v_{s0}^2 = \Lambda/\varrho$ das Quadrat der Geschwindigkeit der Welle bei fehlender piezoelektrischer Wechselwirkung bedeutet. Man ersieht daraus, daß die Wellengeschwindigkeit in einem Piezoelektrikum um den Faktor $\sqrt{1 + K^2}$ vergrößert ist. Die elastischen Eigenschaften des Mediums werden in diesem Fall gewissermaßen durch einen anderen „effektiven" Elastizitätsmodul

$$\Lambda' = \Lambda(1 + K^2) \tag{3.5}$$

beschrieben.

Die dimensionslose Konstante K heißt elektromechanische Kopplungskonstante. Sie bestimmt den Einfluß des piezoelektrischen Effekts auf die Ausbreitung der elastischen Wellen. Die Größe K ist in stark piezoelektrischen Materialien (z. B. in $A^{II}B^{VI}$-Verbindungen) von der Größenordnung 0,1.

15.4. Elastische Wellen in piezoelektrischen Halbleitern

Ist die Leitfähigkeit eines Stoffes nicht gleich Null, so muß das gesamte Gleichungssystem (2.11) bis (2.19) herangezogen werden. Dieses enthält die nichtlinearen Gleichungen (2.11) und (2.19), so daß die Lösung im allgemeinen Fall kompliziert wird. Wir werden uns auf den Fall kleiner Schwingungen beschränken und Terme, die Produkte der kleinen Größen enthalten, vernachlässigen (wobei die Intensität der Welle aus der Sicht der praktischen Anwendung nicht notwendig klein sein muß). Um die Rechnungen zu vereinfachen, werden wir ferner die Diffusion vernachlässigen und voraussetzen, daß kein Elektroneneinfang existiert (also $f = 1$, $\tilde{n}_s = \tilde{n}$ ist). Man hat dann das System linearisierter Gleichungen

$$j = e\mu(E_0\tilde{n} + n_0\tilde{E}) \tag{4.1}$$

$$-e\frac{\partial \tilde{n}}{\partial t} + \frac{\partial j}{\partial x} = 0 \tag{4.2}$$

$$\frac{\partial \tilde{D}}{\partial x} = -4\pi e\tilde{n} \tag{4.3}$$

$$\tilde{D} = \varepsilon\tilde{E} - 4\pi\beta u \tag{4.4}$$

$$\tilde{s} = \Lambda u + \beta\tilde{E} \tag{4.5}$$

$$\varrho\frac{\partial^2 u}{\partial t^2} = \frac{\partial^2 \tilde{s}}{\partial x^2}. \tag{4.6}$$

Im Kristall möge sich eine ebene Deformationswelle (2.6) ausbreiten. Dabei wird ω als reell und q als komplex angenommen, denn infolge der Wechselwirkung der Welle mit den Elektronen ändert sich deren Amplitude. Da die Gleichungen jetzt linear sind, variieren alle anderen Größen nach demselben Gesetz:

$$\tilde{E} \sim \exp\left[\mathrm{i}(qx - \omega t)\right] \text{ usw.} \tag{4.7}$$

Setzt man Gl. (4.7) in die Gleichungen (4.1)···(4.6) ein, so erhält man das algebraische Gleichungssystem

$$-e\mu E_0\tilde{n} \quad - e\mu n_0\tilde{E} \quad + \tilde{\jmath} \quad = 0 \tag{4.8}$$

$$\omega e\tilde{n} \quad + q\tilde{\jmath} \quad = 0 \tag{4.9}$$

$$4\pi e\tilde{n} \quad + iq\tilde{D} \quad = 0 \tag{4.10}$$

$$-\varepsilon\tilde{E} \quad + \tilde{D} \quad + 4\pi\beta u \quad = 0 \tag{4.11}$$

$$-\beta\tilde{E} \quad + \tilde{s} \quad - \Lambda u \quad = 0 \tag{4.12}$$

$$q^2\tilde{s} \quad - \varrho\omega^2 u \quad = 0 \tag{4.13}$$

Die Lösung erfolgt nach Standardmethoden aus der Theorie der Schwingungen. Die Bedingung für die Existenz einer nichttrivialen (also nicht verschwindenden) Lösung der Gleichungen (4.8) bis (4.13) ist bekanntlich das Verschwinden der Koeffizientendeterminante des Systems. Daraus folgt eine Beziehung zwischen ω und q:

$$F(\omega, q) = 0, \tag{4.14}$$

d. h. das Dispersionsgesetz. Berechnet man daraus q, so erhält man einen komplexen Wert

$$q = \varkappa(\omega) + \mathrm{i}\,\frac{\gamma(\omega)}{2}. \tag{4.15}$$

Einsetzen in Gl. (2.6) liefert

$$u = u_1 \exp\left\{-\frac{1}{2}\gamma x + \mathrm{i}(\varkappa x + \omega t)\right\}. \tag{4.16}$$

Dieser Ausdruck beschreibt eine gedämpfte ebene Welle. Man erkennt, daß der Dämpfungskoeffizient $\gamma/2$ für die Wellenamplitude und deren Ausbreitungsgeschwindigkeit v_s über die Beziehungen

$$\frac{1}{2}\gamma = \operatorname{Im} q, \qquad v_s = \frac{\omega}{\varkappa} = \frac{\omega}{\operatorname{Re} q} \tag{4.17}$$

unmittelbar aus der Dispersionsgleichung abgeleitet werden können.

Wir werden hier jedoch nicht die Determinante des Systems berechnen, sondern zur Ableitung der Dispersionsgleichung schrittweise die einzelnen Variablen eliminieren. Dadurch gelangt man zu einigen für die physikalische Interpretation sehr nützlichen Zwischenergebnissen über die Schwingungen der einzelnen elektrischen Größen. Zur Abkürzung wird die Bezeichnung

$$\eta = 1 + \frac{q\mu E_0}{\omega} \tag{4.18}$$

eingeführt. $-\mu E_0$ ist die Driftgeschwindigkeit v_d der Elektronen im konstanten äußeren Feld. Ferner wird berücksichtigt, daß sogar in starken Piezoelektrika $\gamma \ll \varkappa$ gilt (das bedeutet, daß die relative Amplitudenänderung über eine Distanz von einer Wellenlänge klein gegen Eins ist). Daher läßt sich im Ausdruck (4.18) q durch $\varkappa$ ersetzen und $\omega/q = v_s$ annehmen. Also ist

$$\eta = 1 - \frac{v_d}{v_s}, \tag{4.19}$$

wobei v_d dann als positiv gezählt wird, wenn sich die Elektronen in gleicher Richtung wie die Welle bewegen. Eliminiert man $\tilde{j}$ aus den Gleichungen (4.8) und (4.9), so erhält man

$$\tilde{n} = -\frac{q\sigma_0}{e\omega\eta}\tilde{E} \tag{4.20}$$

mit $\sigma_0 = e\mu n_0$. Ersetzt man in denselben Gleichungen $\tilde{n}$, so ergibt sich

$$\tilde{j} = \frac{\sigma_0}{\eta}\tilde{E}. \tag{4.21}$$

Elimination von $\tilde{D}$ aus den Gleichungen (4.10) und (4.11) liefert

$$\tilde{E} = \mathrm{i}\frac{4\pi e}{q\varepsilon}\tilde{n} + \frac{4\pi\beta}{\varepsilon}u. \tag{4.22}$$

Über die Gleichungen (4.20) und (4.22) lassen sich $\tilde{n}$ und $\tilde{E}$ als Funktionen der Deformation ausdrücken. Für $\tilde{E}$ erhält man dann

$$\tilde{E} = \frac{4\pi\beta}{\varepsilon}\frac{\omega\tau_M\eta}{\omega\tau_M\eta + \mathrm{i}}u. \tag{4.23}$$

$\tau_M = \dfrac{\varepsilon}{4\pi\sigma_0}$ ist dabei die Maxwellsche Relaxationszeit. Eliminiert man noch s aus dem letzten Gleichungspaar (4.12) und (4.3), so erhält man die Beziehung

$$(\varrho\omega^2 - q^2\Lambda)\,u - q^2\beta\tilde{E} = 0. \tag{4.24}$$

Drückt man hier $\tilde{E}$ mit Gl. (4.23) über u aus, so ergibt sich schließlich

$$u\left\{\varrho\omega^2 - q^2\Lambda\left[1 + K^2\frac{\omega\tau_M\eta}{\omega\tau_M\eta + \mathrm{i}}\right]\right\} = 0$$

mit K^2 als dem Quadrat der elektromechanischen Kopplungskonstanten (3.2). Daraus folgt, daß der Ausdruck in den geschweiften Klammern verschwindet, und man erhält die Dispersionsbeziehung

$$q^2 = \frac{\varrho\omega^2}{\Lambda}\frac{1}{1 + K^2\dfrac{\omega\tau_M\eta}{\omega\tau_M\eta + \mathrm{i}}}. \tag{4.25}$$

Diese Gleichung läßt sich vereinfachen. Da $K^2 \ll 1$ ist, kann man in guter Näherung setzen:

$$\begin{aligned} q^2 &\simeq \frac{q\omega^2}{\Lambda}\left\{1 - K^2\frac{\omega\tau_M\eta}{\omega\tau_M\eta + \mathrm{i}}\right\} \\ &= \frac{\varrho\omega^2}{\Lambda}\left\{1 - K^2\frac{2(\omega\tau_M\eta)^2}{1 + (\omega\tau_M\eta)^2} + \mathrm{i}K^2\frac{\omega\tau_M\eta}{1 + (\omega\tau_M\eta)^2}\right.. \end{aligned}$$

In derselben Näherung folgt daraus

$$q \simeq \omega \sqrt{\frac{\varrho}{\Lambda}} \left\{1 - \frac{1}{2} K^2 \frac{(\omega\tau_M\eta)^2}{1 + (\omega\tau_M\eta)^2} + \frac{i}{2} K^2 \frac{\omega\tau_M\eta}{1 + (\omega\tau_M\eta)^2}\right\}. \tag{4.26}$$

Mit Gl. (4.17) erhält man für den Absorptionskoeffizienten

$$\gamma = K^2 \frac{\omega}{v_{s0}} \frac{\omega\tau_M\eta}{1 + (\omega\tau_M\eta)^2}, \tag{4.27}$$

wobei $v_{s0} = \sqrt{\Lambda/\varrho}$ ist. Die Phasengeschwindigkeit v_s der Welle wird damit gleich

$$v_s = v_{s0} \left\{1 + \frac{K^2}{2} \frac{(\omega\tau_M\eta)^2}{1 + (\omega\tau_M\eta)^2}\right\}. \tag{4.28}$$

Verweilen wir noch etwas bei der Absorption der Welle. Am zweckmäßigsten untersucht man hier den Absorptionskoeffizienten, dividiert durch die Größe $K^2\omega/v_{s0}$. Aus Gl. (4.27) folgt, daß dieser Ausdruck von der Frequenz ω und von τ_M (d. h. von der Leitfähigkeit des Kristalls) abhängt, wobei diese beiden Größen stets als Produkt eingehen. Ist kein äußeres elektrisches Feld vorhanden (ist also $v_d = 0$, $\eta = 1$), so hat die Größe $\gamma v_{s0}/K^2\omega$ bei $\omega\tau_M = 1$ ein Maximum. Dabei gilt

$$\gamma_{max} = \frac{1}{2} K^2 \frac{\omega}{v_{s0}}. \tag{4.29}$$

Das Verhältnis γ/γ_{max} ist als Funktion von $\omega\tau_M$ für den Fall $v_d = 0$ in Abb. 15.2 dargestellt.

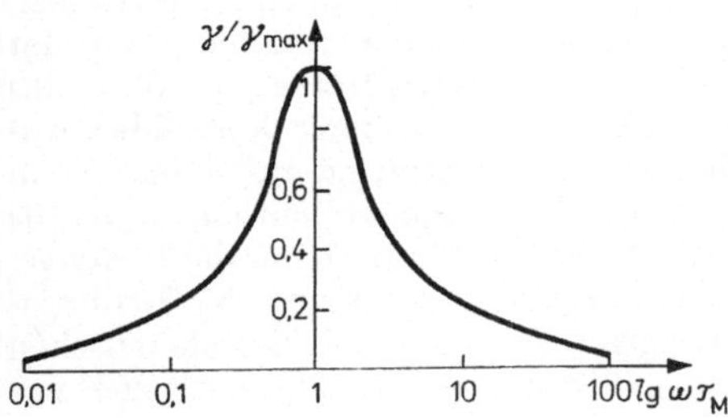

Abb. 15.2
Elektronischer Schallabsorptionskoeffizient als Funktion von $\omega\tau_M$ im feldfreien Fall

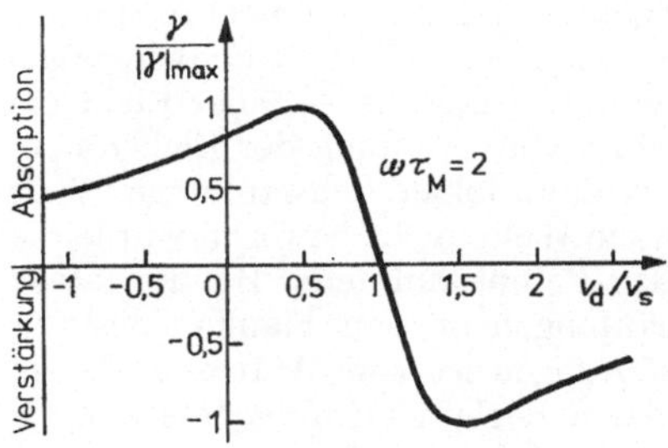

Abb. 15.3
Elektronischer Schallabsorptionskoeffizient als Funktion der Driftgeschwindigkeit der Elektronen

Die interessanteste Besonderheit im Verhalten von γ besteht in dessen Abhängigkeit vom äußeren Feld. Die charakteristischen Züge dieser Abhängigkeit sind in Abb. 15.3 dargestellt. Bewegen sich Elektronen und Schallwelle in der gleichen Richtung ($v_d/v_s > 0$), so ändert η in Gl. (4.27) für $v_d > v_s$ das Vorzeichen, und γ wird infolgedessen negativ. Das bedeutet, daß die Welle nicht gedämpft, sondern durch die Überschalldrift der Elektronen verstärkt wird.

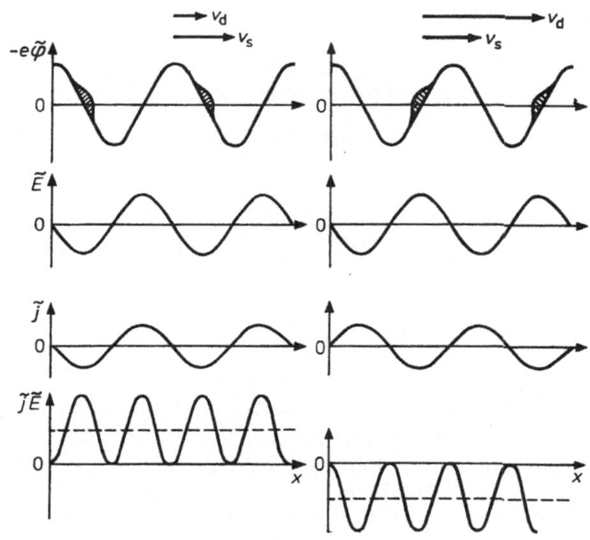

Abb. 15.4
Die Schwingungen von Potential $\tilde{\varphi}$, elektrischem Feld $\tilde{E}$, Stromdichte $\tilde{j}$ und Leistung $\tilde{j}\tilde{E}$ bei $v_d < v_s$ (links) und $v_d > v_s$ (rechts)

Die Abbildung 15.4 verdeutlicht den physikalischen Hintergrund dieser Erscheinungen. Sie zeigt die momentane räumliche Verteilung einiger physikalischer Größen. Die elastische Welle ruft Schwingungen des elektrostatischen Potentials $\tilde{\varphi}$ und der potentiellen Energie $-e\tilde{\varphi}$ der Elektronen hervor. In leitenden Materialien führt das zu einer Umverteilung der Elektronen, d. h. zu einer Abschirmung des Feldes, wodurch dann lokale Schwankungen $\tilde{n}$ der Elektronenkonzentration auftreten. Wenn sich die Welle nicht bewegen würde, befänden sich die Ladungsanhäufungen jeweils in den Potentialminima. Bei der tatsächlichen laufenden Welle sitzen die Ladungsanhäufungen an den Flanken des Potentialprofils. Die Entstehung der Ladungsanhäufungen ist vom Auftreten des zeitabhängigen Stroms $\tilde{j}$ und des elektrischen Feldes $\tilde{E}$ begleitet. Infolgedessen wird in jedem Punkt des Kristalls zusätzlich pro Volumeneinheit die Leistung

$$(j_0 + \tilde{j})(E_0 + \tilde{E}) - j_0 E_0 = E_0 \tilde{j} + j_0 \tilde{E} + \tilde{j}\tilde{E}$$

dissipiert. Der Mittelwert dieser Größe ist $\langle \tilde{j}\tilde{E} \rangle$, da $\langle \tilde{j} \rangle = \langle \tilde{E} \rangle = 0$ gilt. Ist nun $v_d < v_s$ (also $\eta > 0$), so bleiben die Elektronen hinter der Schallwelle zurück und sammeln sich an der hinteren Flanke des Potentialminimums (siehe Abb. 15.4 links). Nach Gl. (4.21) sind die Schwingungen von $\tilde{j}$ und $\tilde{E}$ in Phase, und $\langle \tilde{j}\tilde{E} \rangle$ ist folglich positiv. Diese Leistung wird der Welle entzogen, was zu ihrer Dämpfung führt. Ist dagegen $v_d > v_s$, so überholen die Elektronen die Schallwellen und sammeln sich an der vorderen Flanke des Potentialminimums (siehe Abb. 15.4, rechts). Die Schwingungen von $\tilde{j}$ und $\tilde{E}$ erfolgen hier gegenphasig (siehe Gl. (4.21) bei $\eta < 0$), und die Größe $\langle \tilde{j}\tilde{E} \rangle$ wird negativ. Das bedeutet, daß die Welle jetzt nicht Energie an die driftenden

Elektronen abgibt, sondern von diesen Energie aufnimmt. Die Verstärkung der Welle erfolgt dabei auf Kosten der Energie der Stromquelle, die die Driftbewegung der Elektronen aufrechterhält und die zusätzliche Arbeit zur Überwindung der Reibungskräfte durch die Schallwelle leistet.

Es sei daran erinnert, daß γ stets der elektronische Absorptionskoeffizient für die Welle ist, also ausschließlich durch deren Wechselwirkung mit den Elektronen bedingt ist. Da außerdem stets auch eine Absorption der Welle durch das Gitter erfolgt, die durch einen Gitter-Absorptionskoeffizienten γ_G charakterisiert sein möge, ist der Absorptionskoeffizient für die Welle insgesamt gleich $(\gamma + \gamma_G)$, und die Bedingung für deren Verstärkung lautet $(\gamma + \gamma_G) < 0$.

Bisher wurde stets die Diffusion der Elektronen vernachlässigt. Wird in Gl. (2.11) der letzte Summand nicht gestrichen, so erhält man für den Absorptionskoeffizienten den komplizierteren Ausdruck

$$\gamma = K^2 \frac{\omega}{v_{s0}} \frac{\omega \tau_M \eta}{(1 + q_0^2 L_D^2) + (\omega \tau_M \eta)^2}. \tag{4.30}$$

L_D ist dabei die Debye-Länge nach Gl. (6.7.2) und $q_0 = \omega/v_{s0} = 2\pi/\lambda_s$ mit λ_s als der Wellenlänge des Schalls. Vergleicht man die Ausdrücke (4.27) und (4.30), so erkennt man, daß die Diffusion γ verkleinert. Das ist auch verständlich, da die Diffusion einer Gruppierung der Elektronen entgegenwirkt. Ferner ist aus diesen Gleichungen ersichtlich, daß die Berücksichtigung der Diffusion wesentlich wird, sobald $q_0^2 L_D^2 \gtrsim 1$ oder $\lambda_s < L_D$ ist. Wählt man dann für n_0 den nicht sehr großen Wert $10^{12} \cdots 10^{13}$ cm^{-3}, so hat man $L_D \sim 10^{-4} \cdots 10^{-5}$ cm. Berücksichtigt man noch, daß $v_{s0} \sim 10^5$ cm/s ist, so findet man, daß $q_0 L_D \sim 1$ wird für Frequenzen $\omega \sim 10^9 \cdots 10^{10}$ s^{-1}. Damit läßt sich der Einfluß der Diffusion bis hin zu sehr hohen Frequenzen vernachlässigen.

Wird darüber hinaus der Elektroneneinfang berücksichtigt, indem der Einfangkoeffizient f als reell und positiv angenommen wird (sog. „schnelle“ Haftstellen), so erhält man wieder die Gleichungen (4.27) bzw. (4.30), wobei für v_d in dem Ausdruck (4.19) für η das Produkt $-f\mu E_0$ einzusetzen und die Debye-Länge L_D durch $f \cdot L_D$ zu ersetzen ist [3, 4].

15.5. Absorption und Verstärkung von Ultraschallwellen

Wir wenden uns jetzt einigen Experimenten zur elektronischen Absorption und Verstärkung von elastischen Wellen zu. Im Frequenzbereich des hörbaren Schalls sind alle diese Effekte sehr klein. Da γ_{max} jedoch mit steigender Frequenz stark anwächst (vgl. 4.29)), werden sie für Frequenzen $\omega/2\pi$ von $\gtrsim 1 \cdots 10$ MHz (also im Ultraschallbereich) leicht meßbar.

Um die zu erwartenden Größenordnungen abschätzen zu können, wird als Halbleiter mit starkem piezoelektrischem Effekt das Cadmiumsulfid (CdS) herangezogen. Dieses Material hat die Eigenschaft, daß nur seine longitudinalen Schwingungen piezoelektrisch aktiv sind, wenn sich die Welle längs der hexagonalen c-Achse ausbreitet.

Bei einer Wellenausbreitung senkrecht zur c-Achse ist dagegen nur die transversale Welle aktiv, in der die dielektrische Verschiebung parallel zur c-Achse gerichtet ist.

Die hier interessierenden Konstanten haben bei 300 K die folgenden Werte:

CdS	Longitudinale Welle	Transversale Welle
K^2	0,08	0,036
$v_{s0}/\mathrm{cm} \cdot \mathrm{s}^{-1}$	$4{,}3 \cdot 10^5$	$1{,}7 \cdot 10^5$

Es werde ferner $\sigma = 10^{-4}\,\Omega^{-1}\,\mathrm{cm}^{-1}$ angenommen, was für CdS einem Wert $\tau_M = 1{,}2 \times 10^{-8}$ s entspricht. Dann findet man für die longitudinale Welle bei einer Frequenz von $\omega/2\pi = 30$ MHz (für die man noch den Einfluß der Diffusion vernachlässigen kann)

$$|\gamma_{max}| \simeq 18\ \mathrm{cm}^{-1}.$$

Zum Vergleich sei angeführt, daß im CdS bei dieser Frequenz $\gamma_G = 0{,}07\ \mathrm{cm}^{-1}$, also gegenüber γ vernachlässigbar klein ist.[1]) Dann wird bei einer Plättchenlänge von 0,5 cm die Intensität der Welle um den Faktor exp $(0{,}5 \cdot 18) \simeq 10^4$ verstärkt. Diese maximale Verstärkung erfolgt bei $\eta = -1/\omega\tau_M = -0{,}44$, was einem Verhältnis $v_d/v_s = 1 - \eta = 1{,}5$ entspricht. Bei einer Elektronenbeweglichkeit $\mu = 200\ \mathrm{cm}^2/\mathrm{V} \cdot \mathrm{s}$ ist für eine solche Driftgeschwindigkeit ein elektrisches Feld $E_0 = 3{,}2$ kV/cm erforderlich. Bei hohen Frequenzen wird die zu erwartende Verstärkung (bzw. Absorption) noch größer.

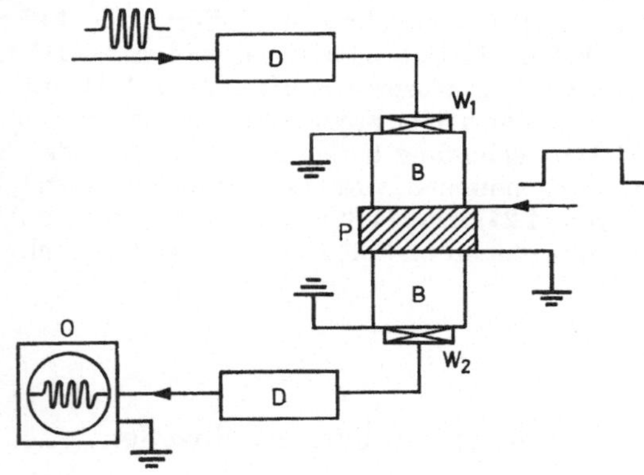

Abb. 15.5
Zur Messung von elektronischer Absorption und Verstärkung elastischer Wellen in Halbleitern
D — Dämpfungsglieder, *O* — Oszillograph

Eine für die Messung von elektronischer Absorption und Verstärkung des Ultraschalls typische Meßanordnung ist in Abb. 15.5 schematisch dargestellt. Hier sind W_1 und W_2 elektromechanische Wandler zur Generation und Registrierung der Ultraschallwellen. Im einfachsten Falle sind das Plättchen aus einem piezoelektrischen Material (z. B. aus kristallinem Quarz) mit der erforderlichen Orientierung,

[1]) Es ist jedoch zu berücksichtigen, daß $\gamma_G \sim \omega^2$ gilt und die Gitterabsorption daher bei noch höheren Frequenzen merklich werden kann.

wobei deren Endflächen metallisiert sind. Wird an die Endflächen eine Wechselspannung mit einer Frequenz gelegt, die einer der Eigenfrequenzen des Plättchens entspricht, so entstehen in diesem infolge des inversen piezoelektrischen Effekts mechanische Schwingungen, und das Plättchen wird zu einer Ultraschallquelle. Umgekehrt entsteht beim Durchgang der Schallwelle durch den Wandler an den Metallbelägen der Meßprobe infolge des direkten piezoelektrischen Effekts eine elektrische Wechselspannung, die der Amplitude der Deformation in der Welle proportional ist. P bezeichnet hier das untersuchte piezoelektrische Halbleiterplättchen, dessen Endflächen ebenfalls metallisiert sind. An diese wird eine Gleichspannung gelegt, wodurch das auf die Elektronen wirkende Feld E_0 erzeugt wird. Um eine Erwärmung des Kristalls zu verhindern, wird dieses Feld oft in Form kurzer Impulse (von etwa $1 \cdots 10$ μs Dauer) angelegt. Zwischen die Wandler und die Probe P werden meist noch dielektrische Schalleiter, die sogenannten Puffer (B), eingefügt, die eine kontrollierte Verzögerung der Schallwelle hervorrufen. Dadurch läßt sich der im Empfängerwandler von der Schallwelle erzeugte Impuls zeitlich von etwaigen Störungen trennen, die durch die an den schallerzeugenden Wandler gelegte Spannung erzeugt werden. Ändert man dann die Belichtungsintensität, so läßt sich die Leitfähigkeit des Kristalls in weiten Grenzen variieren. Auf diese Weise kann man den Einfluß der Leitfähigkeit (also von τ_M) auf die Absorption und die Verstärkung der Schallwellen untersuchen.

Derartige Versuche zeigen, daß die Intensität der Schallwellen durch die Wechselwirkung mit den Elektronen um mehr als drei, zuweilen sogar mehr als vier Größenordnungen geändert werden kann. So wird zum Beispiel ein hochohmiger CdS-Kristall, der Schall im Frequenzbereich von $10 \cdots 100$ MHz praktisch nicht absorbiert, bei Belichtung völlig undurchlässig für Ultraschall. Erzeugt man dann im Kristall ein konstantes elektrisches Feld, das größer ist als die kritische Feldstärke, so verwandelt sich der stark absorbierende Kristall in einen mit großer Verstärkung der Schallwellen. Die gemessenen Werte von γ stimmen in einem breiten Intervall der Lichtintensität gut mit den aus Gl. (4.30) folgenden überein.

Das heißt jedoch nicht, daß man eine Welle in beliebig großem Maße einfach dadurch verstärken kann, daß man die Länge des Kristalls vergrößert. Wird nämlich die Intensität der Welle sehr groß, treten einige nichtlineare Effekte auf, die in der oben dargelegten Theorie nicht berücksichtigt sind und die die maximale Verstärkung begrenzen. Einer dieser Effekte besteht darin, daß die Elektronenkonzentration $\tilde{n}$ in den Anhäufungsgebieten gleich der ursprünglichen Elektronenkonzentration n_0 wird und daß schließlich alle Elektronen in diese Anhäufungen übergehen. Dann kann das Feld $\tilde{E}$ keinen Strom $\tilde{j}$ mehr hervorrufen, und bei der weiteren Ausbreitung hört die Verstärkung der Welle auf.

15.6. Der akustoelektrische Effekt

Bei der Absorption von elastischen Wellen an den Leitungselektronen im Kristall tritt eine elektromotorische Kraft auf, die zu einer Potentialdifferenz zwischen den Endflächen des Kristalls führt (Abb. 15.6). Verbindet man zwei metallische Beläge auf den Endflächen, so fließt ein elektrischer Strom im äußeren Kreis. Bringt man die Schallquelle am entgegengesetzten Probenende an und kehrt damit die Bewegungsrichtung der Welle um, so ändert die EMK ihr Vorzeichen und der Strom seine Richtung. Die Ursache dieses Effekts besteht darin, daß die elastische Welle einen bestimmten mechanischen Impuls mit sich führt. Bei der Absorption der Welle wird dieser Impuls auf die Leitungselektronen übertragen, was zu einer gewissen mittleren Kraft auf die Elektronen in Bewegungsrichtung der Welle führt. Folglich läßt sich der akustoelektrische Effekt auch als Mitführen der Elektronen durch die Schallwelle auffassen.

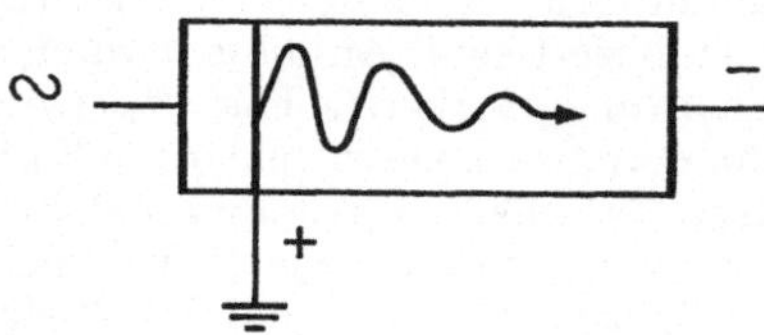

Abb. 15.6
Zum akustoelektrischen Effekt. Die Ladungsvorzeichen an den Endflächen sind für einen n-Halbleiter eingezeichnet.

Es soll nun die Größe der akustoelektrischen EMK bestimmt werden. Am einfachsten geschieht das dadurch, daß man den allgemeinen Zusammenhang zwischen der Intensität der Welle, d. h. der Energiestromdichte I, und dem von ihr übertragenen Impuls $\boldsymbol{P}$ heranzieht (sowohl $\boldsymbol{P}$ als auch I sind dabei die Größen pro Zeiteinheit und pro Flächeneinheit):

$$\boldsymbol{P} = \frac{I}{v_s} \boldsymbol{q}_1 . \tag{6.1}$$

$\boldsymbol{q}_1$ ist dabei ein Einheitsvektor in Ausbreitungsrichtung der Welle. Diese Beziehung ergibt sich sofort, wenn man die Welle als Strom von Phononen mit der Energie $\hbar\omega$ und dem Impuls $\hbar\boldsymbol{q}$ ansieht und berücksichtigt, daß $\omega/q = v_s$ ist. Die Gleichung (6.1) ist jedoch nicht an Quanteneigenschaften der Welle geknüpft (was schon daraus ersichtlich ist, daß $\hbar$ aus dem Endausdruck herausfällt). Man betrachtet nun innerhalb des Kristalls eine unendlich dünne Schicht der Dicke $\mathrm{d}x$ senkrecht zu $\boldsymbol{q}_1$ und von der Größe einer Flächeneinheit. In dieser Schicht wird in der Zeit Δt die Energie $\gamma I \,\mathrm{d}x\, \Delta t$ absorbiert, und sie erhält den Impuls $(\gamma I \,\mathrm{d}x\, \Delta t/v_s)\, \boldsymbol{q}_1$. Dieser Impuls ist gleich der auf die $n_0 \,\mathrm{d}x$ Elektronen in der Schicht übertragenen Bewegungsgröße $\boldsymbol{F}\, \Delta t$. Ist $\boldsymbol{F}_1$ dann die auf ein Elektron wirkende mittlere Kraft, so gilt

$$\frac{\gamma I \,\mathrm{d}x\, \Delta t}{v_s} \boldsymbol{q}_1 = \boldsymbol{F}_1\, n_0 \,\mathrm{d}x\, \Delta t.$$

Führt man hier die Feldstärke der Driftkräfte

$$\boldsymbol{E}^* = -\frac{1}{e} \boldsymbol{F}_1$$

(als Kraft pro positive Einheitsladung) ein, so erhält man schließlich

$$\boldsymbol{E}^* = -\frac{\gamma I}{e n_0 v_s} \boldsymbol{q}_1 = -\frac{\mu\gamma I}{\sigma_0 v_s} \boldsymbol{q}_1 . \tag{6.2}$$

Bei dieser Herleitung wurde vorausgesetzt, daß kein Elektroneneinfang an Haftstellen vorliegt. Existiert ein solcher Elektroneneinfang, so ist wie in Abschnitt 15.4. statt μ das Produkt $f\mu$ zu setzen, wobei f der Einfangkoeffizient ist ($f \leqq 1$). In Gl. (6.2) erscheint dann zusätzlich der Faktor f.

Die gesamte EMK in einem Plättchen der Länge d ist

$$V_0 = \int_0^d E^* \,\mathrm{d}x = -\frac{f\mu\gamma}{\sigma_0 v_s} \int_0^d I(0)\, e^{-(\gamma+\gamma_G)x} \,\mathrm{d}x$$

$$= -\frac{f\mu}{\sigma_0 v_s} \frac{\gamma}{\gamma + \gamma_G} [I(0) - I(d)]. \tag{6.3}$$

Das ist die Potentialdifferenz, die zwischen den offenen Enden des Plättchens auftritt.

Es soll jetzt noch der Kurzschlußstrom bestimmt werden. Wir nehmen dazu an, daß die Welle schwach absorbiert wird. Dann können wir setzen:

$$I(0) - I(d) \simeq I(0) - I(0)\,[1 - (\gamma + \gamma_G)\, d] = (\gamma + \gamma_G)\, Id$$

und

$$V_0 = -f \frac{\mu\gamma I}{\sigma_0 v_s} d.$$

Da der Widerstand des Plättchens gleich $R = d/\sigma_0 S$ ist, wenn S die Querschnittsfläche bezeichnet, erhält man für die Kurzschluß-Stromdichte

$$j_{ae} = -f \frac{\mu\gamma I}{v_s}. \tag{6.4}$$

Das Minuszeichen in den Gleichungen (6.2) und (6.4) taucht deswegen auf, weil die gesamte Betrachtung für Elektronen durchgeführt wurde. Es zeigt, daß die negativ geladenen Elektronen, die von der Welle mitgeführt werden, einen Strom erzeugen, der der Ausbreitungsrichtung der Welle entgegengerichtet ist. Für einen p-Halbleiter dagegen, wo die positiven Löcher ebenfalls in Richtung der Welle mitgeführt werden, fällt die Stromrichtung mit der Ausbreitungsrichtung der Welle zusammen, so daß in den Gleichungen das Pluszeichen steht. Das Ganze gilt, solange für die Driftgeschwindigkeit v_d der Elektronen $v_d = 0$ oder $v_d < v_s$ ist. Bei $v_d > v_s$ erfolgt statt der Absorption der Welle eine Verstärkung, und γ ändert sein Vorzeichen. Die Richtung des Stroms j_{ae} kehrt sich dabei um.

Die Ausdrücke für den akustoelektrischen Strom und die zugehörige Spannung wurden bisher aus allgemeinen phänomenologischen Überlegungen abgeleitet. Die gleichen Beziehungen lassen sich auch auf anderem Wege gewinnen, indem man die Ströme und Felder analysiert, die unter dem Einfluß der Schallwelle im Kristall entstehen.

Es soll jetzt noch die Größe der beim akustoelektrischen Effekt auftretenden Spannung ermittelt werden. In Gl. (6.3) wird dazu $I(d) \ll I(0)$, $\gamma_G \ll \gamma$, $f = 1$ gesetzt. Ferner wird angenommen, daß $\mu \sim 10^2 \frac{\mathrm{cm}^2}{\mathrm{Vs}}$ ist (was z. B. für Cadmiumsulfid bei Zimmertemperatur zutrifft) und $\sigma \sim 10^{-4}\,\Omega^{-1}\,\mathrm{cm}^{-1}$. Berücksichtigt man dann, daß $v_s \sim 10^5$ cm/s ist, so findet man für die Spannung V_0 bei $I(0) \sim 1$ W/cm^2 einen Wert der Größenordnung 10 V.

Zum Abschluß sei noch bemerkt, daß der Effekt des Mitführens der Elektronen nicht nur bei der Einwirkung von Schallwellen, sondern auch bei der Absorption von Wellen anderer Art auftritt, wenn diese nur Energie und Impuls mit sich führen und mit den Leitungselektronen wechselwirken. Insbesondere gilt das für die Absorption von elektromagnetischen Wellen des Radiofrequenzbereichs (sog. radioelektrischer Effekt) und auch des optischen Frequenzbereichs. In diesem Fall geht in Gl. (6.1) statt v_s jedoch die etwa 10^5mal so große Lichtgeschwindigkeit ein, und die unter sonst gleichen Bedingungen auftretende Spannung ist daher um denselben Faktor kleiner.

15.7. Der Fall $ql \gg 1$

Bis jetzt wurde vorausgesetzt, daß die Ungleichung $ql \ll 1$ erfüllt ist (also „niedrige" Frequenzen vorliegen) und daß demzufolge die hydrodynamische Beschreibung verwendet werden kann. Wir wenden uns jetzt dem entgegengesetzten Fall zu und betrachten zunächst die Wechselwirkung eines Elektrons und eines Phonons. Absorption und Verstärkung des Schalls lassen sich dann in folgender Weise beschreiben. Wie im Abschnitt 15.1. gezeigt wurde, muß der Elektronenimpuls p_x vor der Wechselwirkung die Bedingung (1.4) bzw. (1.4a) erfüllen, damit überhaupt die Möglichkeit der Absorption oder Emission eines Phonons besteht. Dabei stimmen die Wahrscheinlichkeiten für die Absorption eines Phonons und für den inversen Prozeß, die Emission eines Phonons, miteinander überein. Die pro Volumen- und pro Zeiteinheit für die beiden Prozesse jeweils zu messende Zahl von Elementarakten unterscheiden sich jedoch voneinander. Die Häufigkeit der Übergänge $(p_{x1} \to p_{x2})$ unter Absorption eines Phonons ist nämlich erstens der Besetzungswahrscheinlichkeit f_1 der Ausgangszustände mit dem Impuls p_{x1} und zweitens der Wahrscheinlichkeit $(1 - f_2)$ dafür, daß die Endzustände nicht mit Elektronen besetzt sind, proportional. Analog dazu ist die Häufigkeit der inversen Übergänge $(p_{x2} \to p_{x1})$ unter Emission eines Phonons dem Produkt $f_2(1 - f_1)$ proportional. Der Absorptionskoeffizient γ der Welle enthält dann als Faktor die Summe der Wahrscheinlichkeiten für die Absorption eines Phonons, d. h., er ist proportional zu

$$\gamma \sim f_1(1 - f_2) - f_1(1 - f_1) = f_1 - f_2.$$

Ist die Driftgeschwindigkeit $v_d = 0$, so sind f_1 und f_2 durch die Fermi-Funktion gegeben. Für ein isotropes parabolisches Dispersionsgesetz hängt diese von dem Argument

$$U = \frac{p_x^2 + p_y^2 + p_z^2}{2mkT} \tag{7.1}$$

ab und geht für einen nichtentarteten Halbleiter in die Maxwell-Boltzmann-Verteilung

$$f = C \exp\left(-\frac{p_x^2 + p_x^2 + p_z^2}{2mkT}\right) \tag{7.2}$$

über. Ferner ist zu berücksichtigen, daß die thermische Geschwindigkeit der Elektronen etwa $v_T \sim 10^7$ cm/s ist, während die Schallgeschwindigkeit $v_s \sim 10^5$ cm/s beträgt, so daß

$$\frac{p_x^2}{2mkT} \sim \frac{v_s^2}{v_T^2} \ll 1 \tag{7.3}$$

gilt. Mit hinreichender Genauigkeit kann man daher

$$(f_1 - f_2)_0 = -f'(p_{xs}) \left(\frac{\partial u}{\partial p_x}\right)_{p_{xs}} (p_{x2} - p_{x1}) = -f'(p_{xs}) \frac{p_{xs}}{mkT} \hbar q \tag{7.4}$$

setzen. Hier ist $p_{xs} = mv_s$. Mit f' wurde die Ableitung von f nach dem Argument u bezeichnet.

Es wird ferner vorausgesetzt, daß die Elektronen im äußeren Feld in x-Richtung driften. Wir wollen annehmen, daß die Impulsrelaxationszeit τ nur schwach von der Elektronenenergie abhängt. Dann kann man allen Elektronen die gleiche Beweglichkeit $\mu = e\tau/m$ und die gleiche Driftgeschwindigkeit zuschreiben. Wie im Abschnitt 16.4. gezeigt wird, hängt die Verteilungsfunktion im Quasiimpulsraum unter bestimmten Bedingungen beim Vorhandensein einer Ladungsträgerdrift von dem Argument

$$\frac{(p_x - p_x')^2 + p_y^2 + p_z^2}{2mkT} \tag{7.5}$$

ab, wobei $p_x' = mv_d$ ist. In einem nichtentarteten Halbleiter erhält man dann die verschobene Maxwell-Boltzmann-Verteilung

$$f = C \exp\left(-\frac{(p_x - p_x')^2 + p_y^2 + p_z^2}{2mkT}\right). \tag{7.6}$$

Daher hat man anstelle von Gl. (7.4)

$$(f_1 - f_2)_{v_d} = -f'(p_{xs} - p_x') \frac{p_{xs} - p_x'}{mkT} \hbar q. \tag{7.7}$$

Für das Verhältnis der Absorptionskoeffizienten mit und ohne Ladungsträgerdrift ergibt sich

$$\frac{\gamma(v_d)}{\gamma(0)} = \frac{(f_1 - f_2)\, v_d}{(f_1 - f_2)_0} = \psi\left(1 - \frac{p_x'}{p_{xs}}\right) = \psi\left(1 - \frac{v_d}{v_s}\right) \tag{7.8}$$

mit

$$\psi = \frac{f'(p_{xs} - p_x')}{f'(p_{xs})}.$$

Man sieht leicht, daß die Funktion $\psi \simeq 1$ ist. Berücksichtigt man nämlich die Ausdrücke (7.2) und (7.6), so erhält man

$$\psi_z \exp\left(-\frac{(p_{xs} - p_x')^2 - p_{xs}^2}{2mkT}\right) = \exp\left\{\frac{p_{xs}^2}{mkT} \frac{v_d}{v_s}\left(1 - \frac{1}{2}\frac{v_d}{v_s}\right)\right\}.$$

Wegen der Ungleichung (7.3) ist der Zähler des Exponenten klein gegen Eins, so daß der gesamte Ausdruck durch Eins ersetzt werden kann. Damit erhält man schließlich

$$\gamma(v_d) = \gamma(0)\left(1 - \frac{v_d}{v_s}\right). \tag{7.9}$$

Genau wie für große Wellenlängen hängt γ von dem Verhältnis v_d/v_s ab. Bei $v_d > v_s$ geht die Absorption des Phononenstroms in die Generation von Phononen über. Die Funktion $\gamma(v_d)$ verläuft jetzt jedoch nicht mehr wie in Abb. 15.3, sondern ist einfach eine Gerade (siehe Gl. (7.9)).

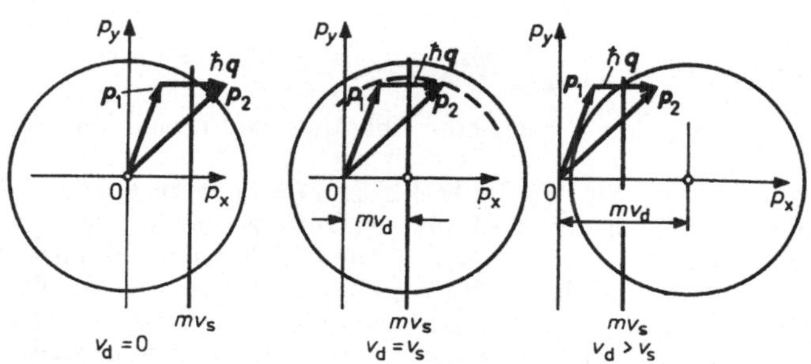

Abb. 15.7
Die Elektron-Phonon-Wechselwirkung bei verschiedenen Driftgeschwindigkeiten

In Abb. 15.7 ist anschaulich dargestellt, wie die Generation der Phononen erfolgt. Hier sind die Schnittkurve einer Isoenergiefläche

$$(p_x - p_x')^2 + p_y^2 + p_z^2 = \text{const}$$

mit der p_xp_y-Ebene und die Impulsvektoren $\boldsymbol{p}$ und $\hbar\boldsymbol{q}$ von Elektron und Phonon als den Wechselwirkungspartnern eingezeichnet. Nach Gl. (7.6) ist die Wahrscheinlichkeit, das Elektron in einem Zustand zu finden, für den der Vektor $\boldsymbol{p}$ im Innern der Isoenergiefläche endet, größer als für den Fall, daß dieser auf der Isoenergiefläche endet. Bei $v_d = 0$ ist die Wahrscheinlichkeit für die „Phononenabsorptions"-Zustände, d. h. für die mit dem Impuls $\boldsymbol{p}_1$, größer als die für die „Phononenemissions"-Zustände (Impuls $\boldsymbol{p}_2$), so daß in diesem Fall die Phononenabsorptionsprozesse überwiegen. Bei $v_d = v_s$ liegen die Endpunkte der Vektoren $\boldsymbol{p}_1$ und $\boldsymbol{p}_2$ auf derselben Isoenergiefläche (hier gestrichelt eingezeichnet), so daß die Häufigkeiten von Phononenabsorptions- und Emissionsprozeß gleich sind. Ist jedoch $v_d > v_s$, so liegen die Endpunkte der Vektoren $\boldsymbol{p}_2$ auf Isoenergieflächen mit kleinerem Radius als die Endpunkte der Vektoren $\boldsymbol{p}_1$. In diesem Falle ist die Zahl der Elektronen in „Phononenemissions"-Zuständen größer als die in „Phononenabsorptions"-Zuständen, so daß im Endergebnis die Generation von Phononen überwiegt. Man kann daher sagen, daß sich bei der Überschalldrift der Elektronen eine *Besetzungsinversion für die Quantenzustände* (bezogen auf den Fall $v_d = 0$) ausbildet, die der Besetzungsinversion in Lasern analog ist (vgl. Abschnitt 18.6.).

Die hier betrachteten Erscheinungen haben eine weitreichende Analogie zu einer anderen wichtigen Erscheinung, nämlich der *Vavilov-Čerenkov-Strahlung*. Diese besteht in der Generation von Licht unter der Wirkung schneller Elektronen (also β-Teilchen), wenn deren Geschwindigkeit größer als die Phasengeschwindigkeit c/n des Lichtes in dem betreffenden Medium wird. Die Verstärkung des Hyperschalls ist dem Wesen nach die Emission einer Vavilov-Čerenkov-Strahlung, allerdings nicht von Lichtquanten, sondern von Schallquanten — den Phononen.

15.8. Die Verstärkung thermischer Fluktuationen

Wir kehren jetzt wieder zu den langen Wellen ($ql \ll 1$) und der kollektiven Wechselwirkung zurück. In diesem Fall weist die Absorption und Emission elastischer Wellen durch die Überschalldrift der Elektronen eine wichtige Besonderheit auf. Wird zunächst eine Driftgeschwindigkeit $v_d > v_s$ in Richtung der Wellenausbreitung erzeugt und die Feldrichtung dann umgekehrt, so ist die Verstärkung der Welle im ersten Fall größer als deren Absorption bei der Umkehrung der Ladungsträgerdrift. Das hängt damit zusammen, daß die Kurven der Funktion $\gamma(v_d)$ symmetrisch zum Punkt $\eta = 1 - \frac{v_d}{v_s} = 0$ sind und nicht zu $v_d = 0$. So ist z. B. im Fall der Abb. 15.3 $|\gamma| = |\gamma_{max}|$ für $v_d/v_s = 1{,}5$ (Verstärkung). Ändert man jedoch die Driftrichtung (Absorption), so findet man, daß $v_d/v_s = -1{,}5$ nur dem Wert $\gamma \simeq \frac{1}{3}\gamma_{max}$ entspricht. Anders ausgedrückt verhält sich das driftende Plasma in bezug auf die elastische Welle unsymmetrisch. Eine Welle, die von einer Grenzfläche des Plättchens vollständig reflektiert wird, also einen Hin- und einen Rückweg durchläuft, erhält daher insgesamt eine Zufuhr an Energie.

Es sei nochmals hervorgehoben, daß dieses Ergebnis nur für die kollektive Wechselwirkung (also für $ql \ll 1$) gilt. Für sehr kleine Wellenlängen (also $ql \gg 1$) ist γ als Funktion von η durch Gl. (7.9) gegeben und besitzt somit gänzlich andere Eigenschaften. In diesem Fall wird die Energie der Welle bei einem Hin- und Rücklauf nicht vergrößert, sondern verringert.

Da bei $v_d > v_s$ auch die thermischen Fluktuationen im Gitter verstärkt werden, findet man im Verstärkungsregime auch ein akustisches Rauschen. Ist der beschleunigte Feldimpuls kürzer als die Durchgangszeit d/v_s des Schalls durch das Plättchen, so werden die Fluktuationen nur bei dem einmaligen Durchgang in Driftrichtung verstärkt (einfach verstärktes Rauschen). Ist der Feldimpuls jedoch lang, so durchlaufen die thermischen Fluktuationen mehrere Verstärkungszyklen, wenn sie mehrfach von den Enden des Plättchens reflektiert werden, und man beobachtet ein wesentlich stärkeres Rauschen (mehrfach verstärktes Rauschen).

Unter bestimmten Bedingungen kann in dem Plättchen nicht nur ein Rauschen, sondern es können sogar spontane reguläre Schwingungen auftreten. Die Ursache dafür soll im folgenden genauer betrachtet werden.

Die günstigsten Voraussetzungen für eine Verstärkung liegen vor, wenn die Phase der Welle nach jedem Zyklus aus Hin- und Rücklauf im ganzen $2\pi \cdot n$ ($n = 1, 2, 3, \ldots$) zunimmt, da sich dann die Amplituden infolge der Interferenz gerade addieren. Die Bedingung dafür lautet

$$2\pi\left(\frac{d}{\lambda_1} + \frac{d}{\lambda_2}\right) + \varphi_1 = d\left(\frac{\omega_n}{v_{s1}} + \frac{\omega_n}{v_{s2}}\right) + \varphi_1 = 2\pi n\,. \tag{8.1}$$

Dabei wurde berücksichtigt, daß die Ausbreitungsgeschwindigkeit v_{s1} der Welle in Driftrichtung etwas von der Geschwindigkeit v_{s2} in entgegengesetzter Richtung abweicht. Mit φ_1 wurde die Phasenänderung der Welle bei der Reflexion bezeichnet. Diese Beziehung bestimmt eine diskrete Menge von Frequenzen $\omega_1, \omega_2, \ldots$, für die die Verstärkung besonders groß wird. Natürlich unterscheiden sich die Verstärkungsfaktoren der einzelnen Eigenschwingungen (Schwingungsmoden) voneinander, da γ von der Frequenz abhängt (siehe Gl. (4.27)). Wird für eine der Schwingungsmoden der

Energiegewinn größer als die Verluste (die in erster Linie durch die Absorption im Gitter und durch unvollständige Reflexion an den Grenzflächen bedingt sind), so kann diese Mode spontan angeregt und so lange verstärkt werden, wie das die nichtlinearen Verluste gestatten. Man erhält damit einen Ultraschallgenerator. Im äußeren Stromkreis treten dabei infolge des piezoelektrischen Effekts Stromschwingungen auf.

Bei einer allmählichen Erhöhung der elektrischen Feldstärke werden sämtliche Eigenschwingungen spontan angeregt. Im Kristall treten dann sowohl deren Harmonische als auch die Kombinationsfrequenzen ($\omega_n \pm \omega_m$) auf, womit die Form der Schwingung ziemlich kompliziert wird. Aus Gl. (8.1) ist jedoch zu ersehen, daß sich die Differenz ($\omega_{n+1} - \omega_n$) zweier benachbarter Eigenschwingungen vergrößert, wenn man die Dicke d des Plättchens verringert. Daher ist es in dünnen Plättchen wesentlich leichter, nur eine Eigenschwingung (oder eine geringe Anzahl von Eigenschwingungen) anzuregen und damit eine Generation von nahezu monochromatischen Schwingungen zu erzielen.

Die Verstärkung thermischer Gitterschwingungen äußert sich auch in Nichtlinearitäten der Strom-Spannungs-Charakteristik piezoelektrischer Kristalle. In Abb. 15.8. ist die Feldstärkeabhängigkeit des Stroms in Cadmiumsulfid dargestellt.

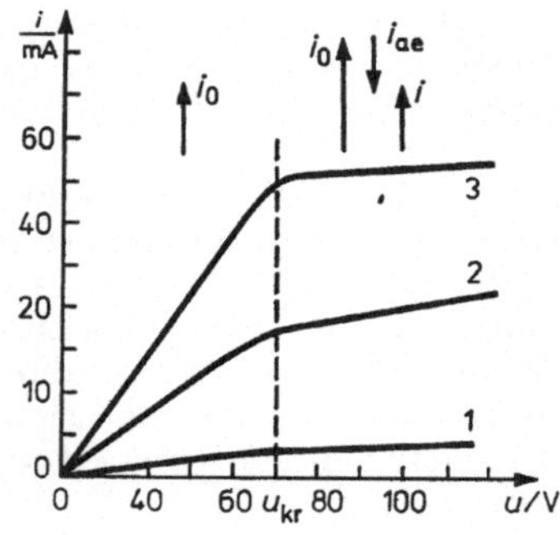

Abb. 15.8
Ein Beispiel für Strom-Spannungs-Charakteristiken im Falle von CdS
Ausdehnung der Probe in Feldrichtung 0,5 mm, Querschnitt 0,015 mm², von Kurve 1 nach Kurve 3 ansteigende Leitfähigkeit

Die einzelnen Kurven entsprechen dabei unterschiedlichen Werten der elektrischen Leitfähigkeit. Solange die Spannung unterhalb eines gewissen kritischen Wertes u_{kr} bleibt, ist die Abhängigkeit linear. Bei $u > u_{kr}$ ist der Strom dann jedoch kleiner als der aus dem Ohmschen Gesetz folgende. In der Charakteristik tritt dabei ein Knick auf, der um so ausgeprägter ist, je größer die Leitfähigkeit des Kristalls ist. Bei hoher Leitfähigkeit und $u > u_{kr}$ wird der Strom nahezu unabhängig von der Spannung (sog. Stromsättigung). Der Betrag von u_{kr} entspricht dabei gerade der Bedingung $v_d \simeq v_s$. Dieses Verhalten der Kristalle ist dadurch zu erklären, daß für $v_d > v_s$ die Čerenkov-Strahlung der Phononen auftritt und die Elektronen dabei einen Rückstoßimpuls erhalten. Anders ausgedrückt, in dem Kristall entsteht ein akustoelektrischer Strom i_{ae}, der für $v_d > v_s$ dem durch das äußere Feld erzeugten Strom i_0 entgegengerichtet ist. Der Gesamtstrom i ist daher kleiner als i_0. Im Grenzfall hinreichend hoher Spannungen, wenn sich praktisch alle Elektronen in Potentialminima der verstärkten elastischen Wellen befinden, bewegen sich alle Elektronen mit der Geschwindigkeit v_s, und die Sättigungsstromdichte wird $j_s = en_0v_s$.

Eine analoge Anomalie im elektrischen Widerstand findet man auch an Wismutkristallen in gekreuzten elektrischen und magnetischen Feldern. Diese ist für $\omega_c\tau > 1$ sehr gut ausgeprägt (ω_c ist die Zyklotronfrequenz, τ die Impulsrelaxationszeit). Diese Bedingung läßt sich bei niedrigen Temperaturen in starken Magnetfeldern realisieren. In der Strom-Spannungs-Charakteristik wird hier auch ein scharfer Knick beobachtet (siehe Abb. 15.9). Im Unterschied zu den Piezoelektrika werden die Kurven dabei jedoch nach oben abgeknickt. Die Erklärung für diesen Effekt ist in groben Zügen die folgende: In gekreuzten Feldern driften die Ladungsträger nicht

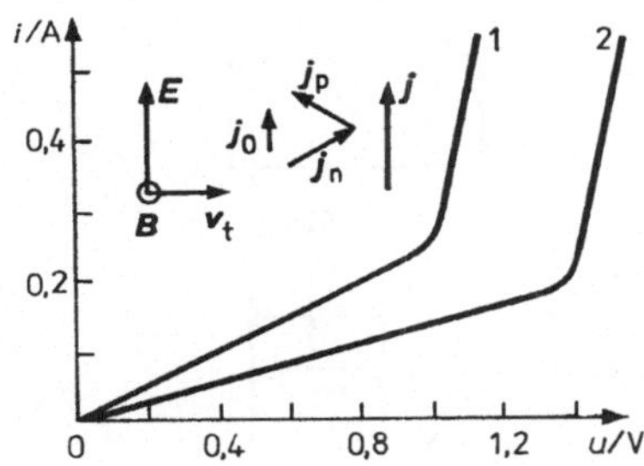

Abb. 15.9
Strom-Spannungs-Charakteristik von Wismut im starken Magnetfeld
Abmessungen $\sim 1\ \text{mm}^2 \cdot 1\ \text{mm}$, $T = 2\ \text{K}$; *1:* $B = 14$ kG, *2:* $B = 20$ kG

nur in Richtung des elektrischen Feldes $\boldsymbol{E}$ und erzeugen so den Strom j_0, der dem Ohmschen Gesetz gehorcht, sondern sie besitzen auch eine Geschwindigkeit $\boldsymbol{v}_t$, die senkrecht auf $\boldsymbol{E}$ und $\boldsymbol{B}$ steht und gleich

$$\boldsymbol{v}_t = c\,\frac{[\boldsymbol{E}\times\boldsymbol{B}]}{B^2}$$

ist. Im Wismut, einem Halbmetall, existieren sowohl Elektronen als auch Löcher, die sich mit der Geschwindigkeit $\boldsymbol{v}_t$ in dieselbe Richtung bewegen. Die driftenden Elektronen und Löcher wechselwirken dann über das Deformationspotential mit den Phononen. Bei $v_t > v_s$ tritt die Čerenkov-Emission von Phononen auf, wobei Elektronen und Löcher Impulse erhalten, die dem anwachsenden Phononenstrom entgegengerichtet sind. Das führt zu einem Löcherstrom $\boldsymbol{j}_p$ und einem Elektronenstrom $\boldsymbol{j}_n$, die beide akustoelektrischen Ursprungs sind. Diese Ströme werden im Magnetfeld um die jeweiligen Hall-Winkel abgelenkt und stehen daher nicht mehr senkrecht auf $\boldsymbol{v}_t$ und $\boldsymbol{E}$. Sie haben eine resultierende Komponente in Richtung von $\boldsymbol{E}$, die wie aus Abb. 15.9. ersichtlich ist, zum Strom $\boldsymbol{j}_0$ beiträgt. Der resultierende Strom $\boldsymbol{j}$ ist daher größer als $\boldsymbol{j}_0$.

15.9. Schlußbemerkungen

Bisher wurden stets longitudinale oder transversale elastische Wellen im Volumen betrachtet. Alle hier betrachteten Erscheinungen — die elektronische Absorption und Verstärkung von Wellen, der akustoelektrische Effekt u. a. — werden jedoch auch an anderen Wellentypen beobachtet. Von besonderem Interesse sind dabei die Oberflächenwellen. Diese haben im allgemeinen eine Verschiebungskomponente senkrecht zur Oberfläche und eine tangentiale Komponente, die im Gegensatz zu den elastischen Wellen im Volumen mit wachsender Entfernung von der Oberfläche gedämpft ist.

Das Schema der Versuchsanordnung zum Nachweis der elektrischen Absorption und Verstärkung der Oberflächenwellen in piezoelektrischen Kristallen ist in Abb. 15.10 dargestellt. Als elektromechanische Wandler dienen hier zwei Systeme von ineinandergreifenden kammartigen Metallelektroden. Die an den Wandler zu legende Wechselspannung muß dabei eine solche Frequenz haben, daß die Wellenlänge der Oberflächenwellen gleich der Kamm„periode" wird. Natürlich müssen auch hier die kristallographischen Achsen so orientiert sein, daß die Verschiebung in der Welle piezoelektrisch aktiv ist.

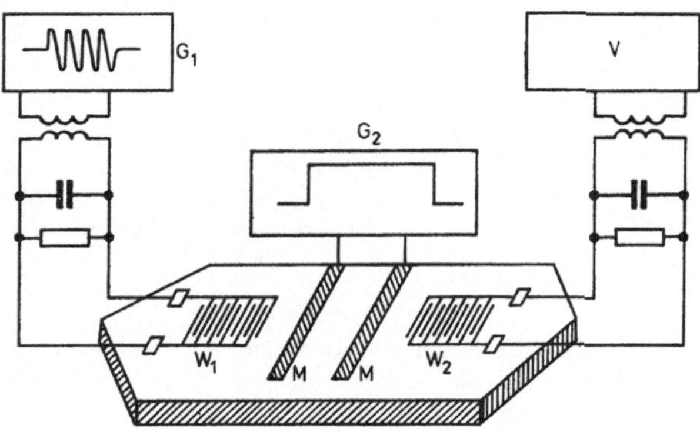

Abb. 15.10
Verstärkung elastischer Oberflächenwellen mittels der Ladungsträgerdrift
G_1 — Hochfrequenzimpulsgenerator, G_2 — Rechteckimpulsgenerator für die beschleunigende Spannung, V — Empfängerverstärker, W_1, W_2 — elektromechanische Wandler, M — Metallelektroden zur Beschleunigung

Die Untersuchung der akustoelektrischen Erscheinungen (an Volumen- und an Oberflächenwellen) liefert wertvolle Informationen über die Besonderheiten der Wechselwirkung von Gitterschwingungen und Leitungselektronen. Sie eröffnet auch neue Möglichkeiten der Bestimmung wichtiger Größen von Halbleiterkristallen wie der Driftbeweglichkeit der Ladungsträger, den elektromechanischen Kopplungskonstanten, den Deformationspotentialkonstanten und anderen.

Die akustoelektrischen Erscheinungen lassen sich auch zur Herstellung neuer festkörperelektronischer Bauelemente nutzen. So können auf der Grundlage des akustoelektrischen Effekts Geräte zur Registrierung und Intensitätsmessung von Ultraschall hergestellt werden. Der Effekt der Verstärkung elastischer Wellen durch die Elektronendrift läßt sich zum Bau von Ultra- und Hyperschallgeneratoren verwenden. Die zweimalige Umwandlung (elektrisches Signal in eine Schallwelle, Schallwelle in ein elektrisches Signal) kann in Generatoren und Verstärkern für elektrische Schwingungen ausgenutzt werden. Die zweifache Umwandlung, zusammen mit der Verstärkung des Schalls, gestattet die Realisierung von Verzögerungsleitungen für elektrische Signale, die gegenüber den üblichen Verzögerungsleitungen den Vorteil großer Verzögerungszeiten (wegen $v_c \ll c$) und der Kompensation der Verluste haben. Auch komplizierte Schaltungen zur Informationsverarbeitung, mit denen wir uns hier jedoch nicht aufhalten wollen, können mit Hilfe der akustoelektrischen Erscheinungen ausgeführt werden.

16. Heiße Elektronen

16.1. Das Aufheizen des Elektronengases

Bei der Beschleunigung im elektrischen Feld können die Elektronen und Löcher nicht nur Impuls aufnehmen, sondern auch Energie gewinnen. Die mittlere Energie, die pro Zeit- und Volumeneinheit auf das Ladungsträgergas übertragen wird, ist gleich $(\boldsymbol{j}, \boldsymbol{E})$. Im stationären Zustand wird die gleiche Energiemenge pro Zeiteinheit von den Elektronen[1]) bei Stößen abgegeben. Die auf die Zeiteinheit bezogene Energieänderung des Ladungsträgers infolge von Stößen soll mit $\dot{E}$ bezeichnet werden. Diese Größe hängt von der Energie E ab, die das Elektron bereits besitzt. Wir mitteln $\dot{E}$ über alle Elektronenzustände und erhalten die uns interessierende Größe $\langle \dot{E} \rangle_{\text{St}}$. Die Energiebilanz lautet daher im stationären Zustand

$$(\boldsymbol{j}, \boldsymbol{E}) = n \langle \dot{E} \rangle_{\text{St}}. \tag{1.1}$$

Das hier benutzte Symbol $\langle \cdots \rangle$ hat jetzt eine andere Bedeutung als in den Kapiteln 1. und 13. Dort erfolgte die Mittelung mit der Gleichgewichtsverteilung f_0, hier dagegen mit der Nichtgleichgewichts-Verteilungsfunktion, die den betreffenden stationären Nichtgleichgewichtszustand der Ladungsträger beschreibt.

Im thermodynamischen Gleichgewicht, also bei $\boldsymbol{j} = 0$, wird Gleichung (1.1) zu der Identität „$0 = 0$“. Tatsächlich geben die Elektronen im Gleichgewicht im Mittel pro Zeiteinheit genausoviel Energie an das Gitter ab, wie sie vom Gitter erhalten, d. h. $\langle \dot{E} \rangle_{\text{St}} = 0$. In hinreichend schwachen Feldern, wenn die Beziehung $E \ll E_{\text{kr}}$ gültig ist (siehe (13.7.9′) oder (13.7.9″)), ist die Größe $(\boldsymbol{j}, \boldsymbol{E})$ quadratisch in der Feldstärke. Dementsprechend muß auch die rechte Seite von (1.1) sehr klein sein. Dieser Sachverhalt ändert sich beim Anwachsen des Feldes, weil dann die Energie, die die Elektronen vom Feld erhalten, merklich größer wird. Die rechte Seite der Gleichung (1.1) ist aber durch die Wahrscheinlichkeit der entsprechenden Stöße bestimmt. Wie wir in Kapitel 14. gesehen haben, erweisen sich diese Streuprozesse in vielen Fällen als nahezu elastisch. Aus diesem Grund kann die Größe $\langle \dot{E} \rangle_{\text{St}}$, die für Bedingungen nahe dem thermodynamischen Gleichgewicht berechnet wurde, kleiner sein als $(\boldsymbol{j}, \boldsymbol{E})$. Die mittlere Energie $\langle E \rangle_{\text{St}}$ der Ladungsträger wird daher größer als der Gleichgewichtswert. Dieser Vorgang setzt sich solange fort, bis sich die Wahrscheinlichkeit des einen oder anderen inelastischen Prozesses hinreichend vergrößert hat. Bei nicht zu hohen Werten der mittleren Energie der Elektronen ist die Emission von Phononen ein solcher Prozeß. Bei weiterer Erhöhung der elektrischen Feldstärke und folglich auch von $\langle E \rangle_{\text{St}}$ können Prozesse der Stoßionisation wirksam werden, in denen die Energie des Elektrons bei der Erzeugung neuer Ladungsträger abgegeben wird (siehe Abschnitt 16.6.). Da die rechte Seite von (1.1) bei $\langle E \rangle_{\text{St}} = \frac{3}{2} kT$ ver-

[1]) Der Kürze halber werden wir den Begriff „Elektron“ hier im gleichen Sinne wie „Ladungsträger“ verwenden. Ausnahmen werden explizit hervorgehoben. Wir werden außerdem nur ein nichtentartetes Elektronengas betrachten.

schwindet, läßt sich (1.1) in folgender Form schreiben:

$$(\boldsymbol{j}, \boldsymbol{E}) = \frac{\frac{2}{3} \langle E \rangle_{\mathrm{St}} - kT}{\tau_e} n. \tag{1.2}$$

Die Größe τ_e, die durch diese Beziehung definiert ist, besitzt die Dimension einer Zeit und heißt *mittlere Energierelaxationszeit* (das Wort „mittlere" wird oft der Kürze halber weggelassen). Diese Zeit hängt vom Mechanismus der Ladungsträgerstreuung, von der Temperatur und möglicherweise von anderen experimentellen Größen ab. Eine Abschätzung von τ_e kann man erhalten, wenn man zum Beispiel die Beweglichkeit der Ladungsträger als Funktion der Feldstärke mißt. Abhängig von den Versuchsbedingungen kann τ_e im Bereich von $10^{-10} \dots 10^{-7}$ s liegen (letzteres bei hinreichend niedrigen Temperaturen und nicht zu starken Feldern, wo die Streuung der Energie noch durch die Elektron-Phonon-Wechselwirkung bestimmt wird, die Emissionswahrscheinlichkeit von Phononen aber noch klein ist (siehe Kapitel 14.)).

Verlaufen die Streuprozesse nahezu elastisch, kann τ_e wesentlich größer sein als die mittlere Impulsrelaxationszeit τ_p. Dann ist es auch möglich, daß die Differenz $\langle E \rangle_{\mathrm{St}} - \frac{3}{2} kT$ selbst die Größenordnung der mittleren thermischen Energie erreicht. Anders gesagt: Infolge des vergleichsweise langsamen Energieaustausches zwischen den Ladungsträgern und ihrer Umgebung im Gitter kann die mittlere Energie der Ladungsträger im elektrischen Feld größer werden als im thermodynamischen Gleichgewicht. Diese Erscheinung wird Aufheizung des Elektronengases genannt. Häufig beschreibt man diesen Effekt durch Einführung einer *Elektronentemperatur* T_{e}, die sich von der Gittertemperatur T unterscheidet. Wir wählen ein Bezugssystem, in dem das Ladungsträgersystem als Ganzes ruht; dann wird T_{e} durch die Gleichung

$$\langle E \rangle_{\mathrm{St}} = \frac{3}{2} kT_{\mathrm{e}} \tag{1.3}$$

definiert. Die Bezeichnung „heiße Elektronen" erfährt damit eine anschauliche Deutung: die Temperatur T_{e} kann größer sein als die Gittertemperatur T. Es ist auch klar, warum das Bezugssystem in der genannten Weise ausgewählt wurde. In einem beliebigen anderen Bezugssystem enthielte $\langle E \rangle_{\mathrm{St}}$ einen additiven Anteil, der mit der kinetischen Energie der Bewegung des Ladungsträgersystems als Ganzes verknüpft wäre. Diese Größe wird auch als Driftenergie E_{d} bezeichnet. Es wäre unzweckmäßig, sie mit einer Temperatur in Verbindung zu bringen, weil die Temperatur ja die mittlere Energie der ungeordneten Bewegung der Teilchen beschreiben soll. Im Falle des Driftens der Ladungsträger gilt also anstelle von (1.3)

$$\langle E \rangle = \frac{3}{2} kT_{\mathrm{e}} + E_{\mathrm{d}}. \tag{1.3'}$$

Unter Berücksichtigung von (1.3) erhält die rechte Seite von (1.2) genau die gleiche Gestalt wie in der gewöhnlichen Theorie der Wärmeübertragung:

$$\langle \dot{E} \rangle = \frac{k(T_{\mathrm{e}} - T)}{\tau_e}. \tag{1.4}$$

Die Rolle der Untersysteme, die Wärme austauschen, spielen hier das Ladungsträgergas und das Kristallgitter.

Man muß jedoch sehen, daß diese Analogie nicht völlig korrekt ist. Die durch Gl. (1.3) eingeführte Größe T_e ist nämlich zunächst nicht mehr als eine Bezeichnung. Sie kann auch nicht alle Eigenschaften der gewöhnlichen Temperatur besitzen. Dieser Begriff ist nur im thermodynamischen Gleichgewicht eindeutig bestimmt; ein Aufheizen des Elektronengases bedeutet aber gerade, daß dieses Gleichgewicht gestört ist. Wie man aus (1.4) sieht, hängt die „Temperatur“ T_e von der Feldstärke und von den Mechanismen der Energie- und Impulsstreuung ab. Letztere bestimmen die Energie- und Impulsrelaxationszeiten, die in Gl. (1.4) bzw. in den Ausdruck für die Stromdichte $\boldsymbol{j}$ eingehen.

Dennoch ist die Einführung einer Elektronentemperatur wegen ihrer Anschaulichkeit höchst sinnvoll. Man sieht zum Beispiel sofort, daß bei einem Aufheizen des Elektronengases alle kinetischen Koeffizienten von der Stärke des elektrischen Feldes abhängen müssen.

Gleichzeitig muß aber gesagt werden, daß die Definition (1.3) nicht die einzig mögliche ist. Man hätte eine Elektronentemperatur ebenso mit Hilfe der Einstein-Relation (6.2.8) ableiten können, indem man

$$\frac{D}{\mu} = \frac{kT'_e}{e} \tag{1.5}$$

gesetzt hätte. Diese Definition einer „Temperatur“ T'_e ist nicht schlechter als die über Gl. (1.3). Diese beiden Temperaturen fallen aber im allgemeinen nicht zusammen.[1]) Im Zusammenhang mit anderen Meßverfahren könnte man die Elektronentemperatur auch noch anders definieren. Der Grund für diese Mehrdeutigkeit besteht darin, daß der Temperaturbegriff, wie gesagt, nur im thermodynamischen Gleichgewicht einen eindeutigen Sinn besitzt, wo die Temperatur auf dem üblichen statistischen Weg über die kanonische Gibbssche Verteilung eingeführt werden kann.

Das Aufheizen des Elektronengases führt zu einer Reihe von Erscheinungen, die im Experiment beobachtet werden können und in technischer Hinsicht interessant sind.

Vor allem treten bei der Erhitzung in Übereinstimmung mit dem oben Gesagten Abweichungen vom Ohmschen Gesetz auf. Beweglichkeit und Leitfähigkeit werden feldstärkeabhängig, und die Driftgeschwindigkeit wird zu einer nichtlinearen Funktion des Feldes. Beispiele für solche Abhängigkeiten sind in den Abbildungen 16.1 und 16.2[2]) dargestellt; genauer wird diese Frage im Abschnitt 16.7. behandelt.

Das Aufheizen des Elektronengases durch das elektrische Feld kann weiterhin dazu führen, daß Beweglichkeit und Leitfähigkeit von der Stromrichtung im Kristall abhängen. Sogar in kubischen Kristallen bleibt die Leitfähigkeit im allgemeinen kein Skalar, sondern wird ein Tensor zweiter Stufe.

Die physikalischen Gründe, die die Anisotropie der elektrischen Leitfähigkeit im starken Feld hervorrufen, können mit der Form des Dispersionsgesetzes der Ladungsträger verknüpft sein. Das Bild ist besonders klar in Vieltalhalbleitern wie n-Ge oder n-Si. Die Beschleunigung der Elektronen in jedem einzelnen Tal wird durch die effektive Masse bestimmt, die jeweils der Richtung des Feldes entspricht (Abb. 16.3). Aus diesem Grunde ist der Beitrag der Elektronen jedes einzelnen Tales zur Leitfähigkeit anisotrop. Der Gesamtstrom wird aus der Summe über alle Täler erhalten.

[1]) Eine Ausnahme bildet der in Abschnitt 16.4. betrachtete Fall.

[2]) Nach GUNN, J. B., J. Electr. 2 (1956) 87; MENDELSON, K. S.; BRAY, R., Proc. Phys. Soc. B 70 (1957) 899.

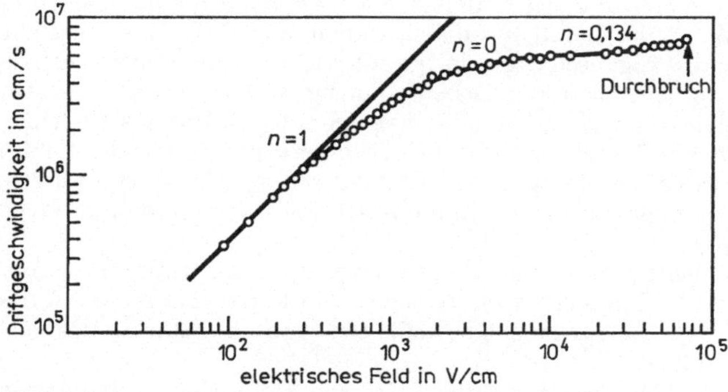

Abb. 16.1
Feldabhängigkeit der Driftgeschwindigkeit in n-Ge bei $T = 300$ K. Die Zahl n charakterisiert die Abhängigkeit $v_d \sim E^n$.

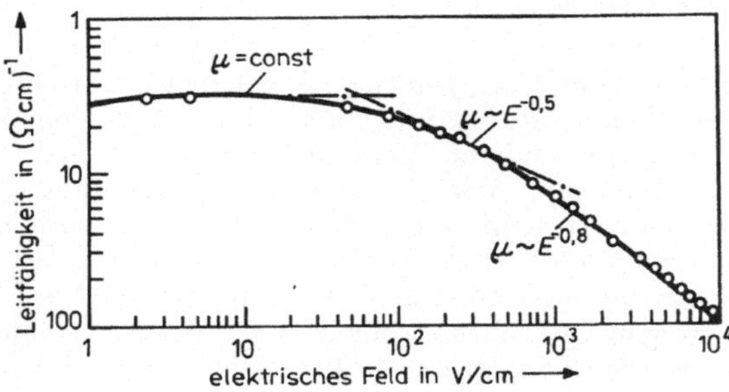

Abb. 16.2
Feldabhängigkeit der Leitfähigkeit von p-Ge bei $T = 77$ K

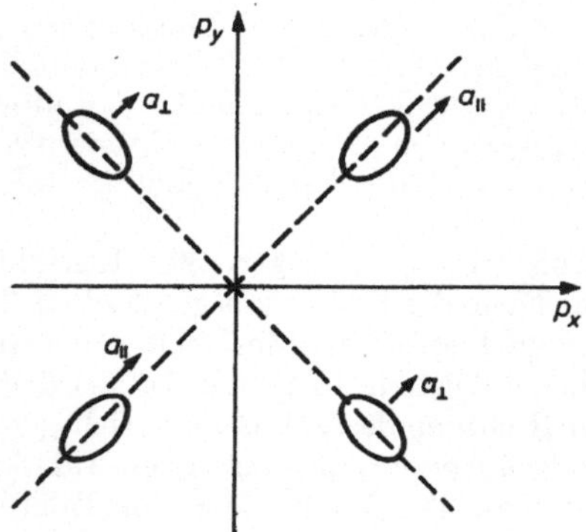

Abb. 16.3
Die Beschleunigungen $a_{||} = eE/m_{||}$ und $a_\perp = eE/m_\perp$ der Elektronen in unterschiedlichen Tälern im elektrischen Feld (n-Ge)

Im Gleichgewicht oder im schwachen Feld sind alle Täler äquivalent und haben die gleiche Elektronenkonzentration. Entsprechend haben wir insgesamt ein und dieselbe elektrische Leitfähigkeit für alle Feldrichtungen.

Mit der Vergrößerung des Feldes verändert sich die Lage, denn die Zeiten τ_p und τ_e hängen von den effektiven Massen ab. Deshalb geht die Aufheizung in verschiedenen Tälern unterschiedlich vonstatten.

Differenzen der Elektronentemperaturen haben auch Differenzen der Beweglichkeiten und der Konzentrationen der Elektronen in den verschiedenen Tälern zur Folge. Die Summation über alle Täler ergibt demzufolge keine isotrope Leitfähigkeit mehr. Die Leitfähigkeit hängt jetzt von der Feldrichtung ab. Das bedeutet, daß die Vektoren $\boldsymbol{j}$ und $\boldsymbol{E}$ im allgemeinen nicht mehr parallel sind: Der Winkel, den die Vektoren einschließen, ist von der Orientierung des Vektors $\boldsymbol{j}$ relativ zur Kristallachse abhängig.

Wird die mittlere Elektronentemperatur größer als die dem thermodynamischen Gleichgewicht entsprechende, so führt das auch zu einem Anwachsen des thermoelektrischen Emissionsstroms aus dem Halbleiter (bei ungeänderter Gittertemperatur). Für diesen Prozeß ist nämlich nicht die Gittertemperatur, sondern die Energie der Elektronen selbst maßgeblich. In den üblichen Katoden wird diese Energie erhöht, indem man das Gitter aufheizt. Man kann aber auch die Elektronen unmittelbar durch ein elektrisches Feld „aufheizen" und auf diese Weise den Aufwand an Energie, die nutzlos auf die Gitteratome übertragen wird, verringern. Solche kalte Katoden existieren bereits. Ihre breite Anwendung wurde bisher durch die Schwierigkeiten verhindert, die bei Zimmertemperatur des Kristalls einem merklichen Aufheizen des Elektronengases entgegenstehen. Die Differenz $(T_e - T)$ ist bei vorgegebener Feldstärke nämlich um so größer, je größer τ_e ist. τ_e wiederum wird nur bei hinreichend niedrigen Temperaturen T genügend groß.

16.2. Symmetrischer und antisymmetrischer Anteil der Verteilungsfunktion

Im Kapitel 13. wurde die Verteilungsfunktion der Ladungsträger im schwachen elektrischen Feld behandelt. Man überzeugt sich jedoch leicht davon, daß man bei Benutzung der Ausdrücke (13.5.1) und (13.6.7) für die mittlere Energie immer nur den thermodynamischen Gleichgewichtswert erhalten kann. Tatsächlich gilt die Definition

$$n\langle E\rangle = \frac{2}{(2\pi\hbar)^3} \int E(\boldsymbol{p})\, f(\boldsymbol{p})\, \mathrm{d}^3\boldsymbol{p}. \tag{2.1}$$

Setzt man (13.5.1) in (2.1) ein, sieht man, daß der Summand f_1, der eine ungerade Funktion des Quasiimpulses darstellt, keinen Beitrag zum Integral liefert, womit die Behauptung bewiesen ist. Das war auch zu erwarten, denn die Beziehungen (13.5.1) und (13.6.7) ergeben sich aus der Boltzmann-Gleichung nur bei hinreichend schwachem Feld, wenn es möglich ist, das Quadrat und höhere Potenzen der Feldstärke zu vernachlässigen.

Auch bei der Behandlung heißer Elektronen ist es möglich, die Verteilungsfunktion in der Gestalt einer Summe aus einem geraden und einem ungeraden Term bezüglich der Vorzeichenumkehr von $\boldsymbol{p}$ zu schreiben:

$$f(\boldsymbol{p}) = \frac{f(\boldsymbol{p}) + f(-\boldsymbol{p})}{2} + \frac{f(\boldsymbol{p}) - f(-\boldsymbol{p})}{2}. \tag{2.2}$$

Der erste Summand in Gl. (2.2) wird symmetrischer Anteil (f_s), der zweite antisymmetrischer Anteil (f_a) der Verteilungsfunktion genannt:

$$f(\boldsymbol{p}, \boldsymbol{E}) = f_s + f_a, \tag{2.3}$$

wobei

$$f_s(-\boldsymbol{p}) = f_s(\boldsymbol{p}), \qquad f_a(-\boldsymbol{p}) = -f_a(\boldsymbol{p}).$$

Ohne eine Aufheizung des Elektronengases geht die Funktion f_s in die Gleichgewichts-Verteilungsfunktion $f_0(E)$, f_a dagegen in die kleine Größe f_1 über.

Die Darstellung der Verteilungsfunktion in der Form (2.3) hat eine klare physikalische Bedeutung. Der antisymmetrische Anteil $f_a(\boldsymbol{p}, \boldsymbol{E})$ beschreibt die Entstehung der Ströme von Ladung, Energie usw., der symmetrische Anteil $f_s(\boldsymbol{p}, \boldsymbol{E})$ dagegen hängt mit der Energieverteilungsfunktion $f(E)$ der Ladungsträger zusammen. So gilt für die mittlere Energie eines Elektrons

$$\langle E \rangle = \frac{2}{(2\pi\hbar)^3\, n} \int E(\boldsymbol{p})\, f_s(\boldsymbol{p}, \boldsymbol{E})\, \mathrm{d}^3\boldsymbol{p}. \tag{2.4}$$

Wir bezeichnen durch $P_+(E, \Delta E)$ und $P_-(E, \Delta E)$ die Wahrscheinlichkeiten dafür, daß das Elektron mit der Energie E pro Zeiteinheit durch Streuung die Energie ΔE erhält bzw. verliert. Dann ist

$$\langle \dot{E} \rangle = \frac{2}{(2\pi\hbar)^3\, n} \int f_s(\boldsymbol{p}, \boldsymbol{E}) \left[\int \mathrm{d}(\Delta E)\big(P_-(E, \Delta E) - P_+(E, \Delta E)\big)\right] \mathrm{d}^3\boldsymbol{p}. \tag{2.5}$$

Auf diesem Wege kann man bei Kenntnis der Verteilungsfunktion die Relaxationszeit τ_ε berechnen. Entsprechende Rechnungen findet man in den Büchern [1, 2].

Setzen wir den Ausdruck (2.3) in die Boltzmann-Gleichung (13.3.12) ein und trennen wir die bezüglich $\boldsymbol{p}$ geraden und ungeraden Terme, so erhalten wir ein System von zwei Integrodifferentialgleichungen zur Bestimmung der beiden Funktionen f_s und f_a. Es sei angemerkt, daß die Ableitung einer geraden (ungeraden) Funktion eine ungerade (gerade) Funktion ihres Arguments liefert. Deshalb hat man (bei Abwesenheit eines Magnetfeldes und mit $\boldsymbol{F} = -e\boldsymbol{E}$)

$$\frac{\partial f_s}{\partial t} + (\boldsymbol{v}, \nabla f_a) + (\boldsymbol{F}, \nabla_{\boldsymbol{p}} f_a) = J_s[f], \tag{2.6}$$

$$\frac{\partial f_a}{\partial t} + (\boldsymbol{v}, \nabla f_s) + (\boldsymbol{F}, \nabla_{\boldsymbol{p}} f_s) = J_a[f], \tag{2.7}$$

wobei J_s und J_a den bezüglich $\boldsymbol{p}$ geraden bzw. ungeraden Anteil des Stoßintegrales darstellen.

Möge die Streuung der Ladungsträger nur an den Störungen des idealen Kristallgitters (einschließlich der Phononen) erfolgen. Dann ist das Stoßintegral durch den Ausdruck (13.3.10) gegeben, wobei die Differenz $1 - f(\boldsymbol{p})$ durch Eins ersetzt werden kann, wenn das Elektronengas nicht entartet ist. Kehrt man das Vorzeichen des Argumentes $\boldsymbol{p}$ in (13.3.10) um und transformiert man gleichzeitig die Integrationsvariable gemäß $\boldsymbol{p}' = -\boldsymbol{p}''$, so bleiben die Koeffizienten P_1 und P_2, da sie lediglich Funktionen der Argumente (13.6.4) sind, unverändert. Folglich wechselt oder behält das Integral $J[f]$ sein Vorzeichen in Abhängigkeit davon, ob es mit der Funktion f_s oder f_a gebildet wird:

$$J_s[f] = J[f_s], \qquad J_a[f] = J[f_a]. \tag{2.8}$$

Dieser einfache Zusammenhang zwischen J_s, J_a und f_s, f_a entsteht deshalb, weil im betrachteten Fall die Verteilungsfunktion linear in das Stoßintegral eingeht. Wenn die Fermi-Entartung des Ladungsträgergases oder die Streuung der Ladungsträger untereinander wesentlich wird, sind die Beziehungen zwischen J_s, J_a und f_s, f_a komplizierter. Theoretische Untersuchungen zum Aufheizen des Elektronengases in Halbleitern sind sehr eng mit der Lösung der Gleichungen (2.6) und (2.7) verbunden, wobei die jeweils vorherrschenden Mechanismen der Ladungsträgerstreuung in die Stoßintegrale eingehen.

16.3. Bilanzgleichungen

Die Behandlung des Gleichungssystems (2.6) und (2.7) stellt eine höchst komplizierte mathematische Aufgabe dar. Erst in den letzten Jahren sind numerische Methoden zu ihrer Lösung mit Hilfe moderner elektronischer Rechenmaschinen entwickelt worden. Aus diesem Grunde ist es nützlich, einfachere Beziehungen zu benutzen, die lediglich die Erhaltung der Energie und des Impulses ausdrücken. Diese Beziehungen stellen nichts anderes dar als Bilanzgleichungen für die genannten Größen und können aus der Bolzmann-Gleichung streng abgeleitet werden [1, 2, 4].

Eine besonders einfache Gestalt nehmen diese Beziehungen an, wenn das Ladungsträgergas räumlich homogen und sein Zustand stationär ist. Dann sind Gesamtenergie und Gesamtquasiimpuls der Ladungsträger ebenfalls zeitunabhängig, und Ströme, die mit einem räumlichen Gradienten irgendeiner Größe verknüpft sind, kommen nicht vor. Folglich hat die Bedingung der zeitlichen Konstanz der Gesamtenergie der Ladungsträger die Gestalt (1.2). Nach der Definition der Driftgeschwindigkeit $\boldsymbol{v}_d$ (siehe Kapitel 1.) gilt für die Stromdichte

$$\boldsymbol{j} = en\boldsymbol{v}_d.$$

Dementsprechend erhalten wir anstelle von (1.2)

$$e(\boldsymbol{v}_d, \boldsymbol{E}) = \frac{\frac{2}{3}\langle E\rangle - kT}{\tau_e}. \tag{3.1}$$

Wie in den vorangegangenen Kapiteln kann man die Driftgeschwindigkeit auch in der Gestalt

$$\boldsymbol{v}_d = \frac{e}{m_\sigma}\,\tau_p\boldsymbol{E} \tag{3.2}$$

schreiben, wo m_σ die effektive Leitfähigkeitsmasse (13.7.15) ist. Dabei ist allerdings zu beachten, daß die mittlere Impulsrelaxationszeit τ_p jetzt unter Berücksichtigung der

Aufheizung des Elektronengases, also mit Hilfe der Gleichungen (2.6) und (2.7) berechnet werden muß. Dann unterscheidet sich der symmetrische Anteil der Verteilungsfunktion f_s von f_0, und im Rahmen eines isotropen Modells ist τ_p durch den Ausdruck (13.7.16) gegeben, wenn man dort f_0 durch f_s ersetzt.

Die Beziehungen (3.1) und (3.2) heißen *Bilanzgleichungen*. Die Zeiten τ_e und τ_p beschreiben in diesen Gleichungen den Austausch von Energie und Quasiimpuls zwischen den Ladungsträgern und dem Kristallgitter, nicht aber der Ladungsträger untereinander. Berücksichtigt man nämlich einzig und allein Elektron-Elektron-Stöße, so gehen diese Zeiten gegen unendlich, d. h., innere Kräfte führen lediglich zur Umverteilung von Energie und Quasiimpuls zwischen den Ladungsträgern, sie verändern nicht die Gesamtenergie und den Gesamtimpuls des Elektronensystems. Dennoch beeinflußt die Wechselwirkung der Ladungsträger indirekt die Werte von τ_e und τ_p und auch deren Abhängigkeit von der Temperatur, der Feldstärke und von anderen Größen, weil sie die Gestalt der Verteilungsfunktion beeinflußt.

16.4. Die Elektronentemperatur

In Abhängigkeit von der Rolle, die die Stöße der Ladungsträger untereinander, verglichen mit anderen Streumechanismen, spielen, werden bestimmte Grenzfälle unterschieden. Betrachten wir zunächst ein Material mit Ladungsträgern nur einer Sorte. Wir bezeichnen mit τ_{ee} die mittlere Zeit zwischen Stößen der Ladungsträger untereinander. Da die effektiven Massen der Ladungsträger bei solchen Stößen nahezu gleich sind, erfolgt ein merklicher Austausch sowohl von Quasiimpuls als auch von Energie. Folglich charakterisiert die Zeit τ_{ee} die Geschwindigkeit dieser beiden Prozesse. Folgende drei Grenzfälle können sich für die Beziehungen zwischen den Zeiten τ_{ee}, τ_e und τ_p ergeben:

$$\tau_{ee} \ll \tau_p \ll \tau_e, \tag{4.1}$$

$$\tau_p \lesssim \tau_{ee} \ll \tau_e, \tag{4.2}$$

$$\tau_p \lesssim \tau_e \ll \tau_{ee}. \tag{4.3}$$

Im Fall (4.1) gelingt es den Ladungsträgern, mehrfach Energie und Impuls untereinander auszutauschen, bevor eine Streuung an Phononen oder anderen Gitterdefekten erfolgt. Im Falle (4.2) bezieht sich das nur auf den Energieaustausch, und im Falle (4.3) schließlich spielt die Streuung der Ladungsträger untereinander überhaupt keine Rolle mehr, und man kann sie vernachlässigen.

Betrachten wir nun die Situation, die durch die Ungleichungen (4.1) charakterisiert wird. Hier kann man das Ladungsträgergas in erster Näherung als selbständiges thermodynamisches Untersystem auffassen, das nur schwach mit dem Gitter wechselwirkt. Die Stöße zwischen den Ladungsträgern führen zur Herstellung des Energie- und Impulsgleichgewichts innerhalb des Ladungsträgersystems. Das bedeutet, daß in diesem Falle erstens die Elektronentemperatur T_e, die sich im allgemeinen von der Gittertemperatur T unterscheiden wird, eindeutig bestimmt ist und daß man zweitens das System der Ladungsträger durch eine Geschwindigkeit $\boldsymbol{v}_d$ charakterisieren kann, mit der sich das Ladungsträgergas als Ganzes relativ zum Gitter bewegt. Im Grunde haben wir hier die gleiche Situation wie bei der Strömung einer Flüssigkeit oder eines Gases in geschlossenen Gefäßen. Die Rolle des Gefäßes übernimmt dabei das nichtideale Gitter und die Rolle der „Flüssigkeit" das Ladungsträgersystem. Deshalb wird die betrachtete Näherung häufig hydrodynamische Näherung genannt.

Die Verteilungsfunktion $f(\boldsymbol{p})$, die von den Parametern T_e und $\boldsymbol{v}_d$ abhängt, muß das Stoßintegral (13.3.11) zum Verschwinden bringen. Bei $\boldsymbol{v}_d = 0$ würde das bedeuten, daß $f(\boldsymbol{p})$ die Fermi-Verteilung ist, in der man lediglich für die Temperatur T die Elektronentemperatur T_e einzusetzen hat. Das gleiche gilt auch bei $\boldsymbol{v}_d \neq 0$, wenn man die Verteilungsfunktion in dem Bezugssystem betrachtet, in dem das Elektronengas als Ganzes ruht. Gehen wir dann zu dem Bezugssystem über, das mit dem Kristallgitter fest verbunden ist (in dem sich also das Elektronengas bewegt), so müssen wir $\boldsymbol{v}$ durch $\boldsymbol{v} - \boldsymbol{v}_d$ ersetzen. Es gilt dann

$$f(\boldsymbol{p}) = \left\{\exp \frac{E(\boldsymbol{v} - \boldsymbol{v}_d) - F}{kT} + 1\right\}^{-1}. \tag{4.4}$$

Hier wird die Energie des Ladungsträgers als Funktion seiner Geschwindigkeit $\boldsymbol{v}(\boldsymbol{p})$ betrachtet.

Für ein nichtentartetes Elektronengas nimmt (4.4) die Gestalt

$$f(\boldsymbol{p}) = \exp \frac{F - E(\boldsymbol{v} - \boldsymbol{v}_d)}{kT} \tag{4.5}$$

an. Diese Funktion wird verschobene Maxwell-Verteilung (Maxwell-Verteilung mit Drift) genannt.

Es sei nun die Driftgeschwindigkeit klein gegen die charakteristische thermische Geschwindigkeit

$$v_{T_e} = \sqrt{kT_e/m}$$

der Ladungsträger. Dann kann man (4.5) in eine Reihe nach Potenzen von v_{T_e} entwickeln, und wir erhalten einen Ausdruck der Gestalt (2.3), wobei jetzt

$$f_s = \exp \frac{F - E(\boldsymbol{v})}{kT}, \tag{4.6}$$

$$f_a = \frac{(\boldsymbol{v}_d, \nabla_0 E)}{kT_e} \exp \frac{F - E(\boldsymbol{v})}{kT_e}. \tag{4.7}$$

ist. Die Größen F, T_e und $\boldsymbol{v}_d$ in den Gleichungen (4.4)···(4.7) bleiben zunächst unbestimmt. Entsprechend dem im Abschnitt 16.3. Gesagten lassen sich T_e und $\boldsymbol{v}_d$ prinzipiell nicht bestimmen, wenn man ausschließlich Elektron-Elektron-Stöße berücksichtigt. Zur Bestimmung der stationären Werte der Driftgeschwindigkeit und der Elektronentemperatur in einem räumlich homogenen System zieht man zweckmäßig die Bilanzgleichungen (3.1) und (3.2) heran. Tatsächlich kann man so die Zeiten τ_ε und τ_p berechnen, wenn man entsprechende Mechanismen der Energie- und Impulsstreuung (siehe Kapitel 14.) vorgibt, da ja die Gestalt der Verteilungsfunktion im betrachteten Fall bekannt ist. Die Zeiten τ_ε und τ_p sind jetzt Funktionen von $\boldsymbol{v}_d$ und T_e, und die Bilanzgleichungen verwandeln sich in ein Gleichungssystem für diese Variablen:

$$e\boldsymbol{E} = \frac{m_\sigma \boldsymbol{v}_d}{\tau_p(\boldsymbol{v}_d, T_e)} \tag{4.8}$$

$$e(\boldsymbol{v}_d, \boldsymbol{E}) = \frac{k(T_e - T)}{\tau_\varepsilon(\boldsymbol{v}_d, T_e)}. \tag{4.9}$$

Wenden wir uns jetzt der Situation zu, die durch die Ungleichungen (4.2) charakterisiert wird. Hier erreicht das Ladungsträgergas wie im Fall (4.1) das Energiegleichgewicht in Zeiten von der Größenordnung τ_{ee}, d. h. lange bevor ein merklicher Energieaustausch zwischen Elektronen und Gitter einsetzt. Unter diesen Bedingungen hat dann die Einführung einer Elektronentemperatur entsprechend den bisherigen Überlegungen wiederum einen eindeutigen Sinn: In bezug auf die Energie kann das Ladungsträgergas als nahezu unabhängiges thermodynamisches Untersystem aufgefaßt werden.

Der symmetrische Teil der Verteilungsfunktion hat demzufolge (in dem Koordinatensystem, in dem das Elektronengas als Ganzes ruht) dieselbe Gestalt wie (4.6). Der Ausdruck (4.7) für den antisymmetrischen Teil der Verteilungsfunktion dagegen ist unter den Bedingungen (4.2) schon für beliebig kleine Driftgeschwindigkeiten falsch. Das Ladungsträgergas stellt unter den Bedingungen (4.2) nämlich in bezug auf den Impuls keineswegs ein unabhängiges Untersystem dar. Die Impulsstreuung erfolgt hier in der Hauptsache an den Störungen des idealen Kristallgitters und bewirkt, daß die Gestalt des antisymmetrischen Teils der Verteilungsfunktion f_a selbst von den Streumechanismen abhängt. Die Funktion f_a muß dann unmittelbar aus Gl. (2.7) bestimmt werden. Dabei kann man bei der Berechnung des Stoßintegrals $J_a[f]$, das die Geschwindigkeit der Impulsstreuung definiert, die Elektron-Elektron-Stöße vernachlässigen. Gleichzeitig kann man wie im Fall des schwachen Feldes die Streuung an den Gitterstörungen als ideal elastisch ansehen.[1]) Dann gilt speziell für die Betrachtung des stationären Zustandes eines Systems mit isotropem Dispersionsgesetz der Ausdruck (13.6.11), wenn man dort J durch J_a und f_1 durch f_a ersetzt:

$$J_a[f] = -\frac{f_a}{\tau(E)}. \tag{4.10}$$

Gemäß (4.10) und (2.7) hat der antisymmetrische Teil der Verteilungsfunktion im konstanten elektrischen Feld die Gestalt

$$f_a(\boldsymbol{p}, \boldsymbol{E}) = -\tau(E) \{(\boldsymbol{v}, \nabla f_s) - e(\boldsymbol{E}, \nabla_{\boldsymbol{p}} f_s)\}. \tag{4.11}$$

Da die Funktion f_s schon bekannt ist, gestattet es der Ausdruck (4.11), die Stromdichte nach Gl. (13.2.2) zu berechnen. Im räumlich homogenen System, wo der erste Summand von (4.11) verschwindet, erhalten wir

$$\boldsymbol{j} = en\mu(T_e, T)\, \boldsymbol{E}. \tag{4.12}$$

Die Energieerhaltung liefert jetzt eine Bestimmungsgleichung für die Elektronentemperatur:

$$e\mu(T_e, T)\, \boldsymbol{E}^2 = \frac{k(T_e - T)}{\tau_\varepsilon(T_e, T)}. \tag{4.13}$$

Die durch die Gleichungen (4.6) und (4.11) beschriebene Näherung wird auch als quasihydrodynamische Näherung bezeichnet.

Bei Vorhandensein verschiedener Sorten von Ladungsträgern (Elektronen und Löcher, „leichte" und „schwere" Löcher usw.) werden Energie- und Impulsrelaxa-

---

[1]) Eine Ausnahme kann dabei wie im schwachen Feld die Streuung an optischen Phononen darstellen (siehe Kapitel 14. und Abschnitt 16.5.). Bei starker Anregung werden außerdem neue Streumechanismen wirksam, die ebenfalls stark inelastisch sind (z. B. Stoßionisation und Zwischentalstreuung zwischen nichtäquivalenten Tälern).

tionszeiten für jede Sorte einzeln eingeführt. Außerdem sind die charakteristischen Zeiten für Stöße zwischen gleichartigen Ladungsträgern und für Stöße zwischen Trägern unterschiedlicher Art verschieden. Dabei können die Stöße zwischen unterschiedlichen Ladungsträgern in Abhängigkeit vom Verhältnis ihrer effektiven Massen von stärkerem oder schwächerem Energieaustausch begleitet sein. Bei erheblicher Differenz der effektiven Massen der Stoßpartner unterscheidet sich dieser Typ der Streuung dem Wesen nach nicht von der Streuung an geladenen Störstellen. Ungleichungen von der Art (4.1)···(4.3) muß man jetzt für die verschiedenen Ladungsträgertypen einzeln angeben, und die Zahl der möglichen Grenzfälle wächst entsprechend. Wir wollen zwei davon betrachten.

a) Die effektiven Massen der Ladungsträger verschiedener Sorte sollen von gleicher Größenordnung sein. Dann ist die Streuung zwischen Ladungsträgern unterschiedlicher Art mit intensivem Energieaustausch verbunden, und bei ausreichend kleinen Zeiten zwischen solchen Stößen erhält die Einführung einer einheitlichen Temperatur aller Ladungsträger wiederum einen eindeutigen Sinn. Diese Temperatur wird sich im allgemeinen von der Gittertemperatur unterscheiden.
b) Wenn die effektiven Massen der einzelnen Ladungsträgersorten stark voneinander abweichen, die Zeiten zwischen den Stößen der Ladungsträger ein und derselben Sorte jedoch hinreichend klein sind, ist es sinnvoll, von Temperaturen der einzelnen Ladungsträgersorten zu sprechen (z. B. von Temperaturen der Elektronen oder Löcher). Im allgemeinen sind alle diese Temperaturen verschieden und unterscheiden sich außerdem von der Gittertemperatur.

Wir untersuchen nun die Bedingungen, bei denen die Beziehungen (4.1) und (4.2) erfüllt sind, näher. Vor allem wird sichtbar, daß die Ungleichungen (4.2) die Beziehung $\tau_p \ll \tau_e$ voraussetzen, d. h. den Fall schwach inelastischer Streuung. Wie wir wissen, liegt dieser Fall vor, wenn die Streuung des Quasiimpulses in der Hauptsache an Störstellenatomen stattfindet (bei beliebigem Mechanismus der Energiestreuung) oder wenn sowohl die Energie- als auch die Quasiimpulsstreuung durch die Wechselwirkung der Ladungsträger mit akustischen (auch mit piezoelektrischen) Schwingungen des Gitters bedingt ist. Die Streuung an optischen Schwingungen ist nur dann schwach inelastisch, wenn die mittlere Energie eines Ladungsträgers groß gegen die Energie eines optischen Phonons ist:

$$kT_e \gg \hbar\omega_0 .$$

Unter den genannten Bedingungen sind die Ungleichungen (4.1) und (4.2) erfüllt, wenn die Zeit τ_{ee} hinreichend klein ist. Zur Berechnung dieser Zeit (bei einem parabolischen Dispersionsgesetz) hat man das Zweikörperproblem von geladenen Teilchen mit den Massen m_1 und m_2 zu lösen. Die potentielle Energie dieser beiden Teilchen ist

$$u = \frac{e_1 e_2}{\varepsilon r} \exp(-r/r_0) . \tag{4.14}$$

Hier ist r die Entfernung zwischen den Teilchen, e_1 und e_2 sind ihre Ladungen und r_0 ist der Abschirmradius. Wie aus der Mechanik bekannt ist, zerfällt eine solche Aufgabe in die beiden Probleme der freien Bewegung des Massenmittelpunkts des Systems und der Bewegung eines „Teilchens" mit der reduzierten Masse $m_r = \dfrac{m_1 \cdot m_2}{m_1 + m_2}$ mit dem Radiusvektor $\boldsymbol{r}$ im Feld $U(\boldsymbol{r})$. Der Ausdruck (4.14) unterscheidet sich formal nicht von der Energie der Wechselwirkung eines Ladungsträgers mit einem Störstellenion. Aus diesem Grunde können wir unmittelbar die Resultate des Abschnitts 14.5. verwenden, wobei wir m durch m_r und T durch T_e ersetzen. Gemäß (14.5.19') haben wir für ein nichtentartetes Gas größenordnungsmäßig

$$\tau_{ee} \sim \frac{\varepsilon^2 m_r^{1/2}}{ne^4} (kT_e)^{3/2} \ln^{-1} \left(\frac{m_r k T_e}{\hbar^2} r_0^2\right). \tag{4.15}$$

Hier wurde die Energie E durch $(3/2)kT_e$ ersetzt, und unwesentliche Zahlenfaktoren wurden weggelassen.

Wie zu erwarten, ist die Zeit τ_{ee} der Konzentration n der Ladungsträger umgekehrt proportional (wenn man von dem schwach veränderlichen logarithmischen Faktor absieht). Das bedeutet, daß die Ungleichungen (4.1) und (4.2) nur für Konzentrationen, die bestimmte kritische Werte überschreiten, erfüllt sind. Zur Abschätzung dieser Werte werden die Verhältnisse τ_e/τ_{ee} und τ_p/τ_{ee} berechnet. Setzen wir diese Quotienten gleich Eins, erhalten wir eine Abschätzung für die Größenordnung der kritischen Konzentrationen n_e und n_p, oberhalb derer die Energie- bzw. Quasiimpulsstreuung infolge der Elektron-Elektron-Wechselwirkung dominiert. Dabei ist es zweckmäßig, τ_e und τ_p nicht mit Hilfe der Gleichungen (2.5) und (2.7) direkt auszurechnen, sondern diese Zeiten durch die mittlere freie Weglänge l_p (bezogen auf die Impulsstreuung) auszudrücken, die folgendermaßen[1]) definiert wird:

$$l_p = v_{T_e} \tau_p, \tag{4.16}$$

wobei v_{T_e} die mittlere Geschwindigkeit der Ladungsträger mit der Temperatur T_e ist. Dabei gilt

$$\boldsymbol{v}_d = \frac{e\boldsymbol{E} l_p}{m v_{T_e}}$$

und gemäß (4.13)

$$\tau_e = \frac{k(T_e - T)}{e^2 \boldsymbol{E}^2 l_p} m v_{T_e}. \tag{4.17}$$

Der Größenordnung nach ist $T_e - T \sim T_e$, und wir erhalten

$$\tau_e \simeq \frac{(kT_e)^{3/2}\, m^{1/2}}{(e\boldsymbol{E})^2\, l_p}. \tag{4.17'}$$

Aus (4.15) und (4.17') finden wir für die kritische Konzentration n_e:

$$n_e \simeq \frac{\varepsilon^2 \boldsymbol{E}^2 l_p}{e^2 \ln \left(\frac{8 m_r k T_e}{\hbar^2} r_0^2\right)}. \tag{4.18}$$

Weiterhin erhalten wir aufgrund der Formeln (4.16) und (4.15)

$$n_p \simeq \frac{(\varepsilon k T_e)^2}{e^4 l_p \ln \left(\frac{8 m_r k T_e}{\hbar^2} r_0^2\right)}. \tag{4.19}$$

[1]) Die Definition (4.16) unterscheidet sich von der im Fall des schwachen Feldes benutzten durch die Verwendung von T_e anstelle von T in der Gleichung für die mittlere Geschwindigkeit.

Bildet man das Verhältnis der Ausdrücke (4.18) und (4.19) und benutzt die Abschätzung (4.17'), so ergibt sich

$$\frac{n_e}{n_p} \simeq \left(\frac{eEl_p}{kT_e}\right)^2 \simeq \frac{\tau_p}{\tau_e}. \tag{4.20}$$

Trägt die Streuung nahezu elastischen Charakter, ist der rechte Teil von (4.20) wesentlich kleiner als Eins.

Es zeigt sich, daß die Bedingung für die Anwendbarkeit der hydrodynamischen Näherung viel einschränkender ist als die Bedingung für die Anwendbarkeit der quasihydrodynamischen Näherung. Außerdem sind die Werte n und l_p nicht immer unabhängig. Wenn zum Beispiel die freien Ladungsträger aus Störstellen stammen, kann ihre Konzentration nicht größer als die Konzentration der geladenen Störstellen sein. Das bedeutet, daß $\tau_{ee} \simeq \tau_p$ gilt und Gl. (4.7) folglich keine gute Näherung für den antisymmetrischen Anteil der Verteilungsfunktion liefert.

Andererseits kann die hydrodynamische Näherung im Falle starker Injektion oder bei der Anwendung auf Substanzen mit sehr schmaler verbotener Zone gerechtfertigt sein, wenn die Eigenkonzentration der Ladungsträger genügend hoch ist.

Die quasihydrodynamische Näherung wird oft auch dann benutzt, wenn die Konzentration der Ladungsträger klein gegen n_e ist, obwohl sie dann streng genommen nicht anwendbar ist. Ein solches Vorgehen ist dann zulässig, wenn es lediglich um die Abschätzung physikalischer Größen geht, die durch die Mittelung verhältnismäßig glatter Funktionen der Energie gewonnen werden.

Betrachten wir zum Beispiel den Mittelwert einer Größe $A(E)$ und nehmen der Einfachheit halber ein isotropes Dispersionsgesetz an. Es gilt dann

$$\langle A \rangle = \frac{2}{(2\pi\hbar)^3 n} \int f_s(E)\, A(E)\, \mathrm{d}^3\boldsymbol{p} = \frac{2}{\pi^2\hbar^3 n} \int\limits_0^\infty p^2(E)\, A(E)\, f_s(E)\, \frac{\mathrm{d}p}{\mathrm{d}E}\, \mathrm{d}E. \tag{4.21}$$

Weiter soll die Funktion $A(E)$ keine Nullstellen haben und sich viel langsamer ändern als $f_s(E)$. Dann kann man mit guter Genauigkeit $A(E)$ beim Wert $E = E_m$ vor das Integral ziehen, wobei E_m dem Maximum des restlichen Integranden entspricht (offensichtlich ist E_m von der Ordnung kT_e). Das verbleibende Integral ergibt, unabhängig von der Gestalt von $f_s(E)$, die Ladungsträgerkonzentration n, und wir erhalten

$$\langle A \rangle \simeq A(E)|_{E=E_m}. \tag{4.22}$$

Die Ungenauigkeit ist hier lediglich dadurch verursacht, daß E_m ohne weiteres gleich kT_e gesetzt wird. Diese Näherung wird auch als *Elektronentemperaturnäherung* bezeichnet. Wenn dagegen die Funktion $A(E)$ ziemlich stark von E abhängt und sich im Energieintervall kT_e merklich verändert, ist das soeben dargestellte Verfahren ungeeignet. Jetzt nämlich kommt der Hauptbeitrag zum Integral (4.21) von einem kleinen Energiegebiet, das dem Maximum des gesamten Integranden entspricht. Dabei wird die explizite Gestalt der Verteilungsfunktion $f_s(E)$ wesentlich. Unterscheidet sich diese stark von Gl. (4.6), so ist die Elektronentemperaturnäherung nicht mehr anwendbar.

16.5. Die Rolle der inelastischen Streuung

Liegen die Bedingungen vor, die durch die Ungleichungen (4.3) definiert werden, kann man die Ladungsträger nicht mehr als unabhängiges Untersystem betrachten. Die dominierende Rolle spielt dann die Streuung an den Störungen des idealen Kristallgitters. Die Gestalt der Nichtgleichgewichtsverteilungsfunktion $f(\boldsymbol{p})$ ist nicht mehr von vornherein bekannt. Sie resultiert aus der gemeinsamen Wirkung des äußeren Feldes und der Streuprozesse, die auch die Energie- und Impulsmittelwerte der Ladungsträger bestimmen. Diese Prozesse werden durch die Gleichungen (2.6) und (2.7) beschrieben, die man auch lösen muß, um die Funktionen $f_s(\boldsymbol{p})$ und $f_a(\boldsymbol{p})$ zu ermitteln. Dabei existiert keine universelle Lösung; die Gestalt der Verteilungsfunktion hängt von der Art der Probe und von den Versuchsbedingungen ab. Eine wesentliche Rolle spielt hier der Grad der Inelastizität der Streuung, der durch die Gleichung

$$\eta = \frac{\tau_{\boldsymbol{p}}}{\tau_e} \tag{5.1}$$

definiert ist.

Das soll anhand der Bilanzgleichungen (3.1) und (3.2) genauer betrachtet werden. Nach skalarer Multiplikation mit $\boldsymbol{v}_\mathrm{d}$ erhalten wir aus (3.2)

$$e(\boldsymbol{v}_\mathrm{d}, \boldsymbol{E}) = \frac{m_\sigma v_\mathrm{d}^2}{\tau_{\boldsymbol{p}}}.$$

Wir vergleichen diese Beziehung mit Gl. (3.1) und finden unter Beachtung von (1.3′)

$$kT_\mathrm{e} + \frac{2}{3} E_\mathrm{d} - kT = \frac{m_\sigma v_\mathrm{d}^2}{\eta}. \tag{5.2}$$

Per definitionem gilt $\eta \ll 1$ bei schwach inelastischer Streuung und $\eta \simeq 1$ bei starker Inelastizität. Wir betrachten diese Fälle einzeln.

Bei $\eta \ll 1$ folgt aus der Beziehung (5.2) die Ungleichung

$$m_\sigma v_\mathrm{d}^2 \ll k(T_\mathrm{e} - T) + \frac{2}{3} E_\mathrm{d}. \tag{5.3}$$

Weil die Driftenergie E_d mit $\boldsymbol{v}_\mathrm{d}$ gegen Null geht (zum Beispiel ist bei quadratischer Energiedispersion $E_\mathrm{d} = \frac{1}{2} m v_\mathrm{d}^2$), kann man die Ungleichung (5.3) umformen in

$$m_\sigma v_\mathrm{d}^2 \ll kT_\mathrm{e}. \tag{5.3′}$$

Somit ist bei schwach inelastischer Streuung die Driftenergie klein gegen die mittlere Energie der thermischen Bewegung der Ladungsträger. Anders gesagt, es gilt

$$v_\mathrm{d} \ll v_{T_\mathrm{e}} = \left(\frac{kT_\mathrm{e}}{m}\right)^{1/2}. \tag{5.4}$$

Unter diesen Bedingungen kann man annehmen, daß der antisymmetrische Anteil der Verteilungsfunktion klein gegen den symmetrischen Anteil ist.[1] Wir haben hier

[1] Man kann das mit Hilfe der Gleichungen (2.6) und (2.7) streng zeigen. Die Behauptung trifft sogar bei Ladungsträgern mit beträchtlicher Anisotropie der Isoenergieflächen zu, wenn nur die Wahrscheinlichkeit der Streuung um den Winkel Θ nicht zu stark von Θ selbst abhängt [1].

die gleiche Situation wie im schwachen Feld mit dem einzigen Unterschied, daß anstelle der Gleichgewichts-Verteilungsfunktion f_0 der symmetrische Anteil der Nichtgleichgewichts-Verteilung f_s steht.

Bei der Behandlung des stationären Zustandes eines Systems mit isotropem Dispersionsgesetz gelten die Beziehungen (4.10) und (4.11). Das Einsetzen des Ausdrucks (4.11) in die Gl. (2.6) (bei $\partial f_s/\partial t = \partial f_a/\partial t = 0$) führt zu einer Integrodifferentialgleichung für den symmetrischen Anteil der Verteilungsfunktion.

Die Näherung, die sich aus den Ungleichungen (5.3), (5.3') ergibt, wird Diffusionsnäherung genannt. Sie wurde von B. I. DAVYDOV eingeführt und begründet. Der Sinn dieser Bezeichnung besteht in folgendem: Die Energie, die die Ladungsträger vom Feld erhalten, wird beinahe gleichmäßig auf alle Freiheitsgrade verteilt, die Verteilungsfunktion ist nahezu symmetrisch, und das ganze System der Elektronen verschiebt sich nur sehr langsam in Richtung der wirkenden Kraft. Eine solche Situation ergibt sich bei der Impulsstreuung an geladenen Störstellen oder anderen Strukturdefekten des Gitters, an akustischen (auch an piezoelektrischen) Phononen, aber auch an optischen Phononen, wenn die Temperatur T_e hinreichend hoch ist, d. h. $kT_e \gg \hbar\omega_0$. Der Fall der stark inelastischen Streuung ist dann realisiert, wenn die Wechselwirkung der Ladungsträger mit optischen Phononen die dominierende Rolle spielt und gleichzeitig $kT \ll \hbar\omega_0$ und $kT_e \ll \hbar\omega_0$ gilt. Dabei folgt aus der Gl. (5.2) die Beziehung

$$k(T_e - T) \simeq E_d. \tag{5.5}$$

Die Driftenergie wird vergleichbar mit der mittleren thermischen Energie, und die Driftgeschwindigkeit gelangt in die Größenordnung von v_{T_e}. Darum kann man in diesem Fall eine stark anisotrope — in der Richtung der Kraft $\boldsymbol{F}$ ausgedehnte — Verteilungsfunktion erwarten (Abb. 16.4). Ihr antisymmetrischer Anteil ist keineswegs klein, und die Gleichungen (4.10) und (4.11) gelten nicht. Im Grenzfall ist

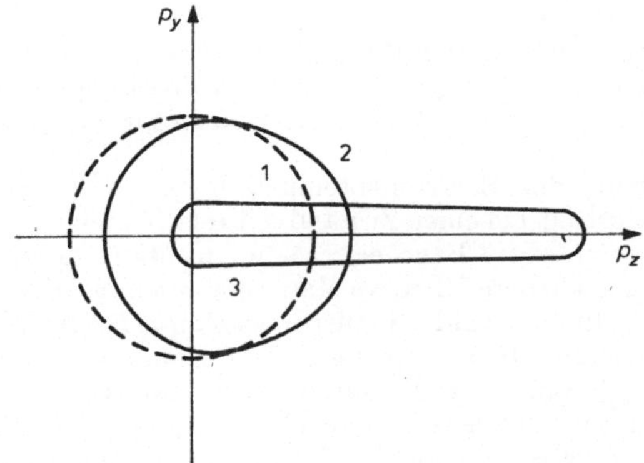

Abb. 16.4

Flächen konstanter Werte der Verteilungsfunktion im Quasiimpulsraum (Schnittkurven dreier Verteilungsfunktionen mit der y-z-Ebene). Die z-Achse ist in Feldrichtung gelegt, x- und y-Achse sind äquivalent. Kurve 1 stellt den Fall $E = 0$ dar, die Kurven 2 und 3 entsprechen schwach bzw. stark inelastischer Streuung ($\eta \ll 1$ und $\eta \simeq 1$).

die Näherung maximaler Anisotropie anwendbar, und die Verteilungsfunktion wird durch den Ausdruck

$$f(\boldsymbol{p}) = \varphi(E)\, \delta(1 - \cos\Theta) \tag{5.6}$$

beschrieben. Hier ist φ eine bestimmte Funktion der Energie des Ladungsträgers, und Θ ist der Winkel zwischen den Vektoren $\boldsymbol{p}$ und $\boldsymbol{F}$. Der Ausdruck (5.6) beschreibt eine dünne „Nadel", die in Feldrichtung liegt; aus diesem Grunde wird die betrachtete Verteilung auch nadelförmig genannt.

16.6. Die Feldabhängigkeit der Beweglichkeit und der Ladungsträgerkonzentration

Die Aufheizung des Elektronengases führt zur Abhängigkeit der Beweglichkeit der Ladungsträger und ihrer Konzentration vom elektrischen Feld in der Probe. Die Feldabhängigkeit der Beweglichkeit kann zwei Gründe haben.

Erstens werden Elektronen verschiedener Energie auf unterschiedliche Weise gestreut. Abgesehen von wenigen Ausnahmefällen hängt die freie Flugzeit von der Energie der Ladungsträger ab. Die Umverteilung der Ladungsträger im elektrischen Feld führt dazu, daß die mittlere freie Flugzeit $\tau_{\boldsymbol{p}}$ und damit auch die Beweglichkeit μ Funktionen der Elektronentemperatur werden.

Die Form der Abhängigkeit $\mu(T_e)$ gewinnt man leicht, wenn das Phononengas bei der Temperatur T im Gleichgewicht bleibt. Das ist häufig der Fall. Dann können wir die Gleichungen (4.21) und (4.22) mit $A(E) = \tau(E)$ benutzen.[1]) Im Ausdruck (13.7.20′) ersetzen wir T durch T_e und erhalten

$$\mu \sim [T_e(E)]^r. \tag{6.1}$$

Die Funktion $T_e(E)$ selbst ergibt sich aus den Bilanzgleichungen. Ein solcher Mechanismus der Feldabhängigkeit der Beweglichkeit wird Aufheizungsmechanismus genannt. Er ist mit der Abweichung der Elektronentemperatur von der Gittertemperatur verknüpft.

Zweitens kann die Erhöhung der Elektronentemperatur zum Übergang eines beträchtlichen Teils der Ladungsträger in einen Zustand mit relativ kleiner Beweglichkeit führen. Das geschieht, wenn es im Band ein System nichtäquivalenter Täler gibt, wobei dem niedrigsten eine kleinere effektive Masse entspricht als den höheren.

Betrachten wir als Beispiel Galliumarsenid. Die Dispersionskurve für die Elektronen im Leitungsband ist in Abbildung 16.5 dargestellt. Das Hauptminimum ist im Zentrum der Brillouin-Zone gelegen, die sechs untereinander äquivalenten Nebenminima in der [100]-Richtung (nur dieses ist dargestellt) und in den zu [100] äquivalenten Richtungen. Der energetische Abstand Δ zwischen Haupt- und Nebenminima beträgt etwa 0,34 eV. Dieser Wert ist so hoch, daß es bei Zimmertemperatur in den Nebenminima praktisch keine Elektronen gibt. Bei hinreichend starker Auf-

[1]) Hier wird keine genaue Berechnung der Beweglichkeit als Funktion des Feldes vorgenommen, sondern lediglich eine Abschätzung und die Ableitung der ungefähren Abhängigkeit $\mu(E)$. Zur genauen Berechnung nach Gl. (13.2.2) wäre die Boltzmann-Gleichung zu lösen.

heizung des Elektronengases im elektrischen Feld beginnen sich nun die oberen Täler auf Kosten einer Verarmung des unteren Tales zu füllen.

Die im Experiment beobachtete Beweglichkeit μ der Elektronen kann man folgendermaßen darstellen:

$$\mu = \mu_1 \frac{n_1}{n} + \mu_2 \frac{n_2}{n}, \tag{6.2}$$

wobei μ_1 und μ_2, n_1 und n_2 die Beweglichkeiten bzw. die Konzentrationen der Ladungsträger im unteren Tal und in den oberen Tälern darstellen. Mit der Schreibweise (6.2) ist die Annahme verbunden, daß sich der Quasiimpulsaustausch der Elektronen innerhalb der Täler viel schneller vollzieht als zwischen den Tälern. Dazu gibt es eine

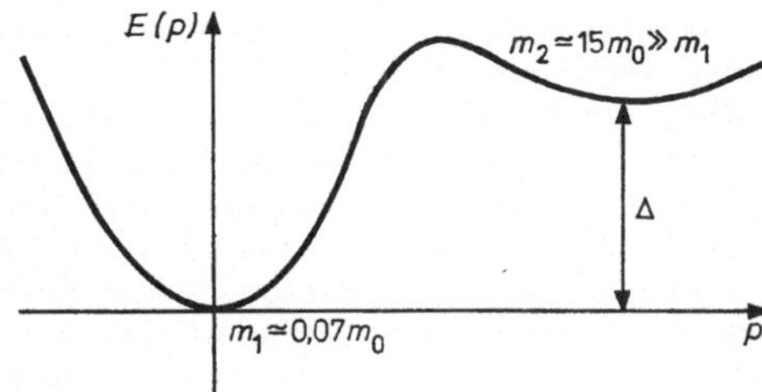

Abb. 16.5
Energiedispersionskurve der Leitungsbandelektronen von GaAs in der [100]-Richtung der Brillouin-Zone (schematisch)

einfache Begründung. In der Tat ist der Übergang eines Elektrons von einem Tal in ein anderes mit einer großen Änderung des Quasiimpulses verbunden. Das wiederum zieht eine relativ große Energie der emittierten bzw. absorbierten Phononen nach sich. Bei Elektronentemperaturen nahe der Gittertemperatur ist der betrachtete Prozeß ziemlich unwahrscheinlich, weil er stark inelastisch wird. Ist dagegen die Elektronentemperatur groß gegen die Gittertemperatur, kann die Abschätzung nach Gl. (6.2) nur noch als Orientierung betrachtet werden.

Im schwachen Feld ist der zweite Summand in Gl. (6.2) nahezu Null. In hinreichend starken Feldern (von der Größenordnung 10^3 V/cm) wächst er merklich an. Mit dem gleichzeitigen Absinken des ersten Summanden ist ein Abfall der Beweglichkeit μ zu beobachten. Eine analoge Leitungsbandstruktur haben auch die folgenden Substanzen: InP, CdTe, ZnSe, GaAsP, $Ga_xIn_{1-x}Sb$, InAs, InSb.

Der betrachtete Mechanismus der Feldabhängigkeit wird häufig mit den Namen Ridley, Watkins und Hilsum verbunden. Normalerweise ist er nur bei sehr hohen Feldern von Bedeutung. Dieser Mechanismus ist nicht unbedingt an das Vorhandensein von Nebentälern im Leitungsband gebunden. Analoge Erscheinungen werden z. B. sowohl in n-Germanium als auch in p-Germanium unter uniaxialem Druck beobachtet. Der Druck führt zu einer Aufspaltung der miteinander entarteten Subvalenzbänder und zu einer Aufhebung der Entartung von äquivalenten Tälern des Leitungsbandes. Dadurch werden feldinduzierte Übergänge von Ladungsträgern in Zustände mit höherer effektiver Masse möglich.

Die explizite Gestalt der Funktion $\mu(E)$ hängt vom Streumechanismus ab. Bei nicht zu starken Feldern kann man sich jedoch auf die beiden ersten Terme einer Entwicklung der Beweglichkeit nach Potenzen von E^2 beschränken:

$$\mu = \mu_0(1 + \beta E^2). \tag{6.3}$$

Hier ist μ_0 die Beweglichkeit im Grenzfall verschwindender Feldstärke und β ein Koeffizient, der durch Materialparameter und die Temperatur der Probe bestimmt ist und nicht von der Feldstärke selbst abhängt. Bei Feldstärken, die die Näherung (6.3) zulassen, spielt gewöhnlich nur der Aufheizungsmechanismus eine Rolle. Deshalb wird das Vorzeichen von β durch das Vorzeichen des Exponenten r im Ausdruck (6.1) bestimmt. Aus der Tabelle 14.2 können wir entnehmen, daß $\beta > 0$ gilt, wenn die Quasiimpulsstreuung durch die Wechselwirkung der Ladungsträger mit geladenen Störstellen, mit piezoelektrischen Phononen oder mit optischen Phononen bei polarer Wechselwirkung und bei Gittertemperaturen oberhalb der Debye-Temperatur bedingt ist. Bei Streuung an akustischen Phononen erhalten wir $\beta < 0$.

Die Feldstärkewerte, bei denen die Näherung (6.3) sinnvoll ist, werden durch das Material und die Temperatur bestimmt. Dabei spricht man im Falle der Gültigkeit von (6.3) von „warmen" Elektronen. Jenseits dieses Feldstärkebereichs kompliziert sich die funktionale Abhängigkeit $\mu(E)$. Bei genügend starken Feldern kann eine Sättigung des Stromes beobachtet werden. Dann wird auch die Driftgeschwindigkeit unabhängig von der Feldstärke, und die Beweglichkeit verändert sich damit umgekehrt proportional zu E. Dieser Effekt hängt mit der inelastischen Streuung bei sehr starker Kopplung der Ladungsträger an die optischen Phononen zusammen. Es sei die Gittertemperatur $T \ll \hbar\omega_0/k$ und die Feldstärke so hoch, daß die Driftgeschwindigkeit durch irgendeinen anderen Streumechanismus auf einen Wert begrenzt wird, der mit $v_0 = (2\hbar\omega_0/m)^{1/2}$ vergleichbar ist. Wenn das Elektron jetzt die Energie $\hbar\omega_0$ erreicht, emittiert es sehr schnell (mit einer charakteristischen Zeit τ) ein optisches Phonon und verändert damit schlagartig seine Energie. Die Absorption optischer Phononen kann man in dem angenommenen Temperaturbereich wegen der geringen Zahl angeregter Phononen vernachlässigen. Auf diese Weise erhalten wir für den Mittelwert der Größe $\dot{E}$ (siehe Abschnitt 16.1.)

$$\langle \dot{E} \rangle \simeq \hbar\omega_0 \langle \tau^{-1} \rangle.$$

Hierbei soll $\tau(E)$ durch eine der Gleichungen (14.4.22) oder (14.4.23) gegeben sein. Die Bilanzgleichungen (3.1) und (3.2) nehmen dann folgende Gestalt an:

$$e(\boldsymbol{v}_\mathrm{d}, \boldsymbol{E}) \simeq \hbar\omega_0 \langle \tau^{-1} \rangle \tag{6.4}$$

und

$$e\boldsymbol{E} = m_\sigma \boldsymbol{v}_\mathrm{d} \langle \tau^{-1} \rangle. \tag{6.5}$$

Wir bemerken, daß in die Gleichungen (6.4) und (6.5) nur eine charakteristische Zeit $\langle \tau^{-1} \rangle^{-1}$ eingeht, weil bei stark inelastischer Streuung die Energie- und Impulsrelaxationszeit zusammenfallen. Aus den Gleichungen (6.4) und (6.5) finden wir sofort

$$\langle \tau^{-1} \rangle^{-1} = \frac{\sqrt{m_\sigma \hbar\omega_0}}{eE}, \qquad v_\mathrm{d} = \sqrt{\frac{\hbar\omega_0}{m_\sigma}}. \tag{6.6}$$

Man darf sich nicht wundern, daß in die Zeit $\langle \tau^{-1} \rangle^{-1}$ die Kopplung der Ladungsträger an die optischen Phononen nicht eingeht. Diese Zeit ist eine gemittelte Größe, für deren exakte Berechnung die volle Boltzmann-Gleichung unter Berücksichtigung aller beteiligten Streumechanismen zu lösen wäre. Mit der so bestimmten Verteilungsfunktion müßte der Mittelwert der Größe $\tau^{-1}(E)$ berechnet werden. Dabei fällt aber die Kopplungskonstante bezüglich der optischen Phononen gerade deshalb aus der Rechnung heraus, weil sie als hinreichend groß angenommen wird.[1]) Die Benutzung der Bilanzgleichung gestattet uns, dieses Verfahren zu umgehen.

Wir sehen, daß die Driftgeschwindigkeit tatsächlich nicht von E abhängt und daß die Beweglichkeit — wie behauptet — proportional zu E^{-1} ist.

Die Sättigung der Driftgeschwindigkeit bei hinreichend starken elektrischen Feldern wurde beispielsweise in n-Germanium (siehe Abb. 16.1) beobachtet.

Die Feldabhängigkeit der Ladungsträgerkonzentration kann auch mit den speziellen Besonderheiten im Rekombinationsverhalten der heißen Elektronen verknüpft sein. Im Gleichgewicht wird nämlich die Konzentration der freien Ladungsträger ausschließlich durch die Lage des Fermi-Niveaus und die Temperatur bestimmt. Das ist darin begründet, daß die Wahrscheinlichkeit des Einfangs der Elektronen in Rekombinationszentren und die Wahrscheinlichkeit des inversen Ionisationsprozesses durch das Prinzip des detaillierten Gleichgewichts miteinander verknüpft sind (9.4.6). Im Gleichgewicht bleibt nur einer der beiden Koeffizienten, die diese Wahrscheinlichkeiten charakterisieren, unabhängig wählbar. Der Wert dieses Koeffizienten beeinflußt zwar die Kinetik der Rekombination, aber nicht die Gleichgewichtskonzentration der freien Elektronen.

Bei einer Abweichung des Systems vom thermodynamischen Gleichgewicht verändert sich die Situation. Die Beziehung (9.4.6) gilt nicht mehr, und die Konzentration der freien Ladungsträger wird nicht nur durch die Gittertemperatur, sondern auch durch die Beziehung zwischen Generations- und Rekombinationsprozeß bestimmt. Weil der Einfangquerschnitt von der Energie des Elektrons, das eingefangen wird, abhängt, wird der Koeffizient α_n eine Funktion der elektrischen Feldstärke. Das gleiche gilt dann für die Lebensdauer und die Konzentration der freien Ladungsträger. Es ist leicht zu verstehen, wie sich diese beiden Größen beim Anwachsen des elektrischen Feldes ändern müssen. Man unterscheidet dabei zwei Fälle: Das Rekombinationszentrum und die Ladungsträger können entweder Ladungen verschiedenen oder gleichen Vorzeichens tragen. Im ersten Fall, beim Wirken Coulombscher Anziehungskräfte, ist der Einfang relativ langsamer Elektronen besonders wahrscheinlich, da diese sich lange Zeit in der Nähe des Rekombinationszentrums aufhalten. Andererseits hängt bei einem nichtentarteten Elektronengas der inverse Prozeß der Anregung der eingefangenen Elektronen ins Band fast nicht von der Feldstärke ab (solange diese nicht zu hoch ist) (siehe unten). Auf diese Weise führt die Aufheizung des Elektronengases zu einer Verschiebung des Gleichgewichts zwischen den Rekombinations- und Generationsprozessen zugunsten der letzteren. Anders gesagt, müssen sich unter den dargestellten Bedingungen die Lebensdauer und die Konzentration der freien Ladungsträger mit Anwachsen der elektrischen Feldstärke vergrößern. Solche Effekte hat man tatsächlich beim Einfang von Elektronen durch die positiven Ionen der Elemente der fünften Gruppe in Silizium beobachtet.

Bisher haben wir angenommen, daß die Feldabhängigkeit des Einfangquerschnitts nur durch die Veränderung der Verteilungsfunktion der freien Ladungs-

[1]) *Anm. d. Red. d. deutschsprach. Ausg.:* Das geschieht, weil im Energiebereich jenseits $\hbar\omega_0$ die Verteilungsfunktion durch die starke Phononenemission praktisch verschwindet. Bei der Mittelung spielt dieser Bereich also keine Rolle. Andererseits bestimmt die besagte Kopplungskonstante die Verteilungsfunktion nur im Bereich $E > \hbar\omega_0$.

träger hervorgerufen wird. Es existiert jedoch noch ein anderer Faktor — der unmittelbare Einfluß des äußeren elektrischen Feldes auf das energetische Spektrum der gebundenen Elektronen. Dieser Einfluß wird dann wesentlich, wenn die äußere Feldstärke mit der von der Haftstelle herrührenden vergleichbar wird. Dann beginnt die Selbstionisation der Haftstelle, und die Zahl der freien Ladungsträger wächst schnell an.

Im zweiten Fall, bei Vorhandensein Coulombscher Abstoßungskräfte, muß das Elektron eine Potentialbarriere überwinden oder diese Barriere durchtunneln, wenn es eingefangen werden soll (Abb. 16.6). In n-Ge dominiert der Tunneleffekt bei Dotierung mit Kupfer oder Gold (siehe Abschnitt 17.9.). Dabei wächst die Wahr-

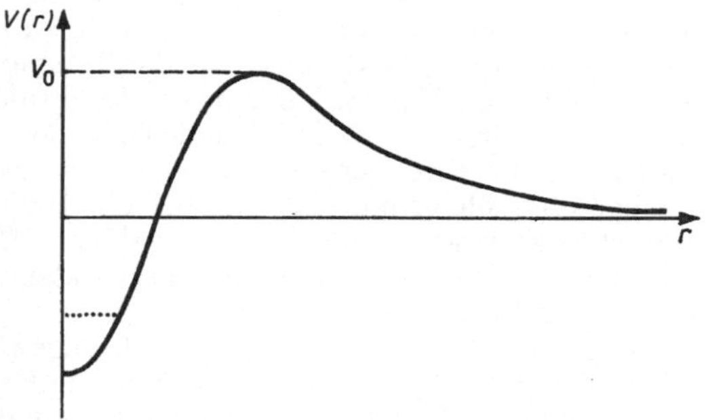

Abb. 16.6

Die potentielle Energie eines Elektrons im Felde eines negativen Störstellenions. Über große Entfernungen wirkt nur die Coulomb-Abstoßung. Bei Entfernungen von der Größenordnung der Gitterkonstante beginnen kurzreichweitige Anziehungskräfte zu wirken, die sowohl mit der Ladungsverteilung im Ion selbst als auch mit dem Einfluß der Umgebungsatome zusammenhängen. Durch die punktierte Linie ist ein Energieniveau dargestellt, das in der Potentialmulde ausgebildet wird.

scheinlichkeit des Einfangs eines Elektrons sehr schnell mit der Energie des Elektrons an. Infolgedessen verschiebt sich das Gleichgewicht zwischen den Rekombinations- und Generationsprozessen zugunsten der ersteren. Das bedeutet, daß die Lebensdauer und die Konzentration der freien Ladungsträger sich mit der Vergrößerung der elektrischen Feldstärke verringern müssen. Dem Wesen nach ist das ein Ridley-Watkins-Hilsum-Mechanismus: die Aufheizung des Elektronengases fördert den Übergang der Elektronen in einen Zustand mit praktisch verschwindender Beweglichkeit.

Der hier betrachtete Effekt läßt sich gut in n-Germanium beobachten, das als Rekombinationszentren negativ geladene Gold- oder Kupfer-Ionen oder Ionen von anderen Akzeptoratomen enthält. Abbildung 16.7 zeigt die Feldabhängigkeit der Lebensdauer der Elektronen in n-Ge, das mit Kupferionen dotiert ist, die teilweise durch flache Donatoren (Antimon) kompensiert sind. Die Konzentration des Kupfers N_{Cu} und der kompensierenden Donatoren N_{d} erfüllen die Bedingung $2N_{\mathrm{Cu}} < N_{\mathrm{d}} < 3N_{\mathrm{Cu}}$.

Kupfer bildet in Germanium drei Akzeptorniveaus (siehe Abb. 2.20). Es werden so niedrige Temperaturen verwendet, daß die Anregung von Elektronen aus den tiefen Niveaus des Kupfers vernachlässigbar wird, aber die flachen Donatoren noch vollständig ionisiert bleiben. Dann sind alle Donatorelektronen an den Kupferniveaus lokalisiert; das Kupfer ist folglich in der Gestalt von Cu^{2-}- und Cu^{3-}-Ionen vorhanden. Die Erzeugung von Elektronen im Leitungsband erfolgt mit Licht solcher Wellenlänge, daß nur die Elektronen des obersten Kupferniveaus (Cu^{3-}) angeregt werden können. Daher erfolgt der Einfang der Elektronen aus dem Leitungsband nur an den Cu^{2-}-Ionen. Aus der Abbildung ist erkennbar, daß sich die Lebensdauer τ beim Aufheizen des Elektronengases stark verringert. Die Abhängigkeit der Lebens-

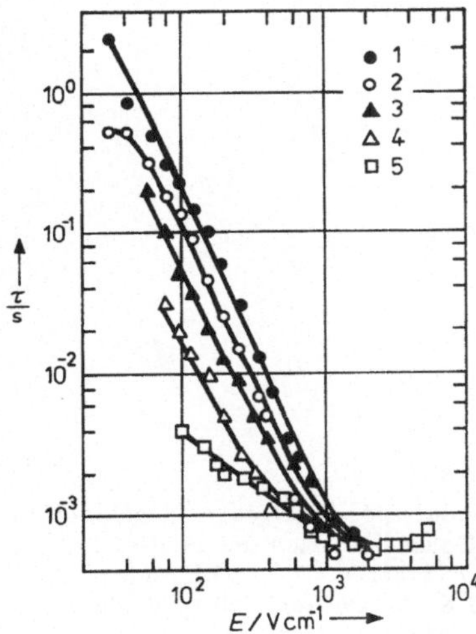

Abb. 16.7
Feldabhängigkeit der Lebensdauer der heißen Elektronen in n-Ge bei Rekombination an Cu^{2-}-Ionen. Die Gittertemperatur ist 25 K bei *1*, 35 K bei *2*, 40 K bei *3*, 55 K bei *4* und 90 K bei *5*.

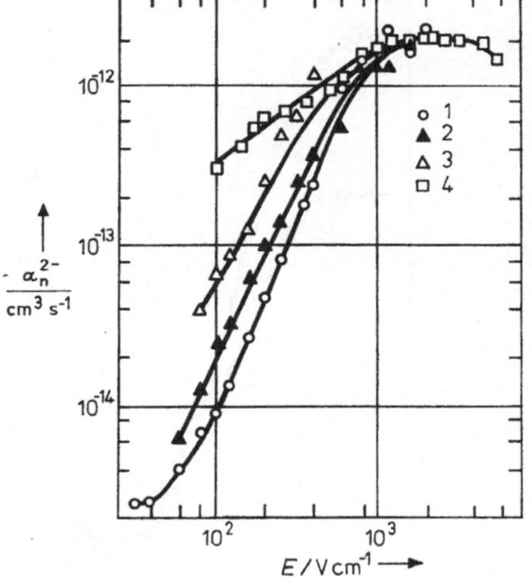

Abb. 16.8
Feldabhängigkeit des Einfangkoeffizienten α_n^{2-} für Kupfer in Germanium. Die Gittertemperatur ist 30 K bei *1*, 40 K bei *2*, 55 K bei *3* und 90 K bei *4*.

dauer von der elektrischen Feldstärke wird um so stärker, je niedriger die Gittertemperatur wird. In Abb. 16.8[1]) ist die Feldabhängigkeit der Einfangwahrscheinlichkeit von Elektronen an Cu^{2-}-Ionen (Einfangkoeffizient α_n^{2-}, vgl. Abschnitt 9.4.) dargestellt. Wie zu erwarten, vergrößert sich α_n^{2-} beim Aufheizen des Elektronengases.

Die Abbildung 16.9[2]) zeigt die Abhängigkeit der Lebensdauer der Elektronen von der elektrischen Feldstärke in einem anderen gut bekannten Fall — bei der Rekombination der heißen Elektronen an Goldionen in n-Ge. Für die Probe, auf die sich die Darstellung bezieht, galt ebenfalls die Bedingung $2N_{Au} < N_d < 3N_{Au}$. Weil von den vier Energieniveaus, die Gold in Germanium (siehe Abb. 2.20) bildet, nur drei Akzeptorcharakter besitzen (das niedrigste Niveau $E_1 - E_0 = 0{,}05$ eV hat Donatorcharakter), existieren bei der angegebenen Beziehung zwischen den Kon-

[1]) ALEKSEEVA, V. G.; ŽDANOVA, N. G.; KAGAN, M. S.; KALAŠNIKOV, S. G.; LANDSBERG, E. G., Fiz. i techn. poluprovodnikov 6 (1972) 316.

[2]) KUROVA, I. A.; VRANA, M.; BERNDT, P., Fiz. i techn. poluprovodnikov 2 (1968) 1838.

zentrationen der verschiedenen Störstellen und bei tiefen Temperaturen in Ge nur Au^{2-}- und Au^{3-}-Ionen. Die Anregung von Elektronen ins Band erfolgte wiederum aus den Au^{3-}-Ionen und der Einfang aus dem Band durch die Au^{2-}-Ionen.

Da die stationäre Elektronenkonzentration im Band $n = g_n \tau$ ist, wobei g_n die Generationsrate der Elektronen bezeichnet, ist die Verringerung der Lebensdauer τ beim Aufheizen der Elektronen auch von einer entsprechenden Verringerung der Elektronenkonzentration begleitet. Bei hinreichend hohen Feldern beginnt die Konzentration der freien Ladungsträger in allen Halbleitern schnell zu wachsen. Das

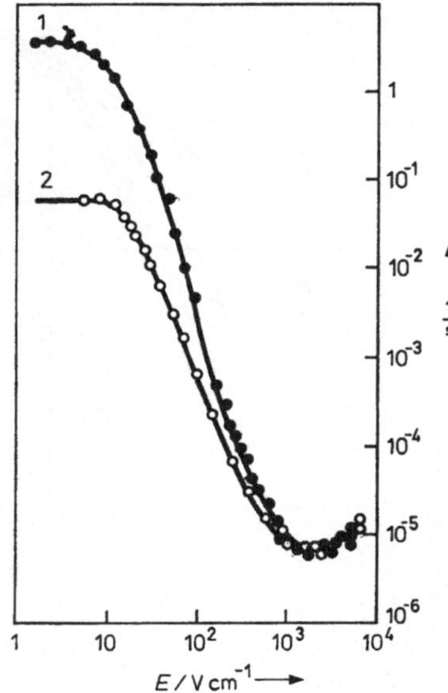

Abb. 16.9
Lebensdauer der Elektronen in golddotiertem n-Ge als Funktion der Feldstärke. Kurve *1* entspricht $T = 20$ K, Kurve *2* $T = 30$ K. Im zweiten Fall spielt die thermische Generation von Ladungsträgern eine Rolle.

geschieht infolge des elektrischen Durchbruchs, der die massenhafte Erzeugung von freien Trägern durch die Wirkung des elektrischen Feldes bedeutet. Ein Mechanismus für den elektrischen Durchbruch ist die Stoßionisation. Bei diesem Prozeß nehmen freie Träger im elektrischen Feld soviel Energie auf, daß sie in der Lage sind, entweder eine Störstelle zu ionisieren (Störstellendurchbruch) oder — bei noch stärkeren Feldern — Elektron-Loch-Paare zu erzeugen (Band-Band-Durchbruch). In Germanium bei Zimmertemperatur setzt der Band-Band-Durchbruch bei Feldstärken von $E \simeq 10^5$ V/cm ein. Der Störstellendurchbruch dagegen ist nur bei genügend tiefen Temperaturen zu beobachten, bei denen die thermische Ionisation der Störstellen noch fehlt. In Gallium-dotiertem Germanium z. B. mit einer Temperatur von 6,5 K setzt diese Erscheinung bei $E \simeq 10 - 15$ V/cm ein.

Für tiefere Haftstellen sind höhere Felder zur Ionisation nötig. So beginnt bei 8 K der Störstellendurchbruch in n-Germanium, das mit neutralen Zinkatomen dotiert ist, bei Feldstärken von $E \simeq 300$ V/cm (die entsprechende Ionisationsenergie beträgt 0,03 eV). Ein anderer Mechanismus des elektrischen Durchbruchs besteht im Tunneln der Elektronen aus dem Valenzband in das Leitungsband im starken elektrischen Feld (siehe Abschnitt 4.6.).

Bis jetzt haben wir nur räumlich homogene Systeme von Ladungsträgern betrachtet. In solchen Systemen entsteht ein elektrisches Feld im Halbleiter nur bei Anlegen einer Spannung, und das ist zwangsläufig mit einem Stromfluß verbunden; die Energie, die die Ladungsträger erhalten, stammt aus einer äußeren Quelle. Dabei ist es völlig belanglos, ob wir die Beweglichkeit, die Lebensdauer o. ä. nun als Funktionen der Feldstärke oder der Elektronentemperatur schreiben: Beide Größen sind durch die Bilanzgleichungen miteinander verknüpft, und es ist — wenigstens prinzipiell — möglich, die explizite Form der Abhängigkeit $T_e(E)$ zu bestimmen. Mit dem gleichen Erfolg ließe sich auch μ oder eine beliebige andere Funktion der Feldstärke, zum Beispiel die Stromdichte, als Argument verwenden. Bei einem räumlich inhomogenen System (z. B. bei der Betrachtung eines p-n-Überganges) ist die Lage wesentlich komplizierter. In solchen Systemen existieren innere elektrische Felder. Es ist klar, daß diese Felder im Gleichgewicht am System der Ladungsträger keine Arbeit leisten, da ja im Gleichgewicht kein Strom fließen kann. In Gebieten, wo die Bänder verbogen sind, besteht der Strom nämlich aus der Summe von Drift- und Diffusionsstrom, und diese kompensieren sich gegenseitig. Erst bei einer Störung des Gleichgewichts wird eine Aufheizung der Träger möglich. Die Bilanzgleichungen werden dann viel komplizierter als (3.1) und (3.2): Es zeigt sich, daß die Gesamtstromdichte und die Energiestromdichte jeweils mit den Gradienten der Elektronenkonzentration und der Elektronentemperatur verknüpft sind. Das bedeutet, daß die Bilanzgleichungen Differentialgleichungen werden. Die Feldstärke, die Konzentration der Teilchen und die Elektronentemperatur hängen jetzt vom Ort ab, aber die Beziehungen zwischen ihnen sind dann im allgemeinen nichtlokal. Das bedeutet aber, daß jede dieser Größen an irgendeinem Raumpunkt von den Werten der anderen Größen nicht nur an diesem Punkt, sondern auch von deren Werten an anderen Punkten abhängen kann. (Eine genauere Betrachtung dieser Frage kann man in [4] finden.) Einige Effekte, die mit der Aufheizung der Elektronen in solchen Systemen verbunden sind, werden in [3] behandelt.

16.7. Die differentielle Leitfähigkeit

Die Stromdichte in einem räumlich homogenen System ist durch folgenden Ausdruck gegeben:

$$j_\alpha = \sigma_{\alpha\beta}(T_e)\, E_\beta, \qquad \sigma_{\alpha\beta} = e\mu_{\alpha\beta} n. \tag{7.1}$$

Die Gleichung

$$\boldsymbol{j} = \boldsymbol{j}(E)$$

bestimmt die Strom-Spannungs-Charakteristik der betrachteten Probe. Wenn das Ohmsche Gesetz gilt, ist diese Beziehung linear. Infolge der Aufheizung des Elektronengases wird die Strom-Spannungs-Charakteristik nichtlinear. Zur Beschreibung einer solchen Charakteristik ist es sinnvoll, den Begriff der differentiellen Leitfähigkeit σ_d einzuführen. Im einfachsten Fall, wenn σ ein Skalar ist, wird σ_d durch folgende Gleichung definiert:

$$\sigma_d(E) = \frac{dj}{dE} = \sigma + E\,\frac{d\sigma}{dE}. \tag{7.2}$$

Der entsprechende Tensorausdruck hat die Gestalt

$$\sigma_{d,\alpha\beta} = \frac{dj_\alpha}{dE_\beta} = \sigma_{\alpha\beta} + E_\gamma\,\frac{d\sigma_{\alpha\gamma}}{dE_\beta}. \tag{7.2'}$$

Die Gleichungen (7.2) und (7.2′) sind für den Fall des zeitlich konstanten Stromes aufgeschrieben. Im veränderlichen Feld haben sie aber bei Anwendung auf die Fourier-Komponenten $j(\omega)$ und $E(\omega)$ die gleiche Gestalt. Die differentielle Leitfähigkeit hängt dann ebenfalls von der Frequenz ω des Feldes ab.

Zur Berechnung von σ_d kann man die Bilanzgleichung (3.1) benutzen, wenn wir sie folgendermaßen umformen:

$$\sigma E^2 = nk \frac{T_e - T}{\tau_e}. \tag{7.3}$$

Mit der Bezeichnung

$$nk \frac{T_e - T}{\tau_e} = P \tag{7.4}$$

wird

$$\sigma E^2 = P. \tag{7.3'}$$

Die Größe P ist die Leistung, die die Elektronen pro Volumeneinheit an das Gitter abgeben.

Wenn wir μ, σ, n und τ_e als Funktionen der Elektronentemperatur auffassen, haben wir (gemäß (7.2))

$$\sigma_d = \sigma + E \frac{d\sigma}{dT_e} \frac{dT_e}{dE}. \tag{7.2''}$$

Um die Ableitung dT_e/dE zu finden, differenzieren wir Gl. (7.3′) nach E,

$$2\sigma E + E^2 \frac{d\sigma}{dT_e} \frac{dT_e}{dE} = \frac{dP}{dT_e} \frac{dT_e}{dE},$$

und erhalten

$$\frac{dT_e}{dE} = \frac{2\sigma E}{\dfrac{dP}{dT_e} - E^2 \dfrac{d\sigma}{dT_e}}.$$

Diesen Ausdruck setzen wir in (7.2″) ein, und unter Berücksichtigung von (7.1) und mit der Ersetzung von E^2 durch P/σ entsteht

$$\sigma_d = \sigma \frac{\dfrac{dP}{dT_e} + \dfrac{P}{\sigma} \dfrac{d\sigma}{dT_e}}{\dfrac{dP}{dT_e} - \dfrac{P}{\sigma} \dfrac{d\sigma}{dT_e}}. \tag{7.5}$$

Wir unterstreichen, daß die Verwendung des Konzepts der Elektronentemperatur keineswegs bedeutet, daß die Verteilungsfunktion unbedingt die Gestalt einer Boltzmann-Verteilung (4.6) haben muß (siehe Abschnitt 16.4.).

In Abhängigkeit davon, wie sich die Leitfähigkeit σ bei Erhöhung der Feldstärke verhält, weicht die Kurve $j(E)$ nach unten oder nach oben von der Geraden $j = \sigma_0 E$ ab. Im ersten Fall ($d\sigma/dE < 0$) spricht man von einer sublinearen, im zweiten Fall ($d\sigma/dE > 0$) von einer superlinearen Strom-Spannungs-Charakteristik.

Bei $d\sigma/dE < 0$ kann die Leitfähigkeit in einem Abschnitt der Charakteristik unter Umständen mit wachsendem E schneller fallen, als die Feldstärke selbst anwächst, die ja in (7.1) als Faktor auftritt. Dann wird sich die Stromdichte mit wachsender Feldstärke verringern: Die sublineare Charakteristik verwandelt sich dann in eine Charakteristik mit einem fallenden Abschnitt, dem negative Werte der differentiellen Leitfähigkeit entsprechen. Bei weiterem Anwachsen der Feldstärke verschwinden gewöhnlich die Ursachen für das schnelle Fallen der Leitfähigkeit. Es findet entweder ein Wechsel des Streumechanismus statt (im Falle des Aufheizungsmechanismus), oder es gleicht sich die Elektronenkonzentration in den unteren und oberen Tälern aus (im Falle des Ridley-Watkins-Hilsum-Mechanismus), oder ähnliches geschieht. Unter solchen Umständen beginnt die Stromdichte erneut mit dem Feld zu steigen. Im Ergebnis erhält man eine Strom-Spannungs-Charakteristik, die in Abb. 16.10

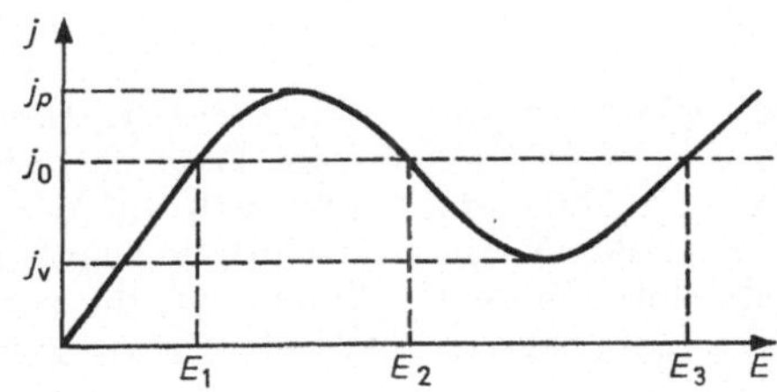

Abb. 16.10
N-förmige Strom-Spannungs-Charakteristik

schematisch dargestellt ist (man nennt sie N-förmige Charakteristik). Wie man aus der Abbildung ersehen kann, ist die Funktion $E(j)$ nicht überall eindeutig. Im Gebiet

$$j_v < j < j_p$$

entsprechen jedem Wert der Stromdichte drei mögliche Werte der Feldstärke: E_1, E_2 und E_3. Zwei davon befinden sich auf ansteigenden Abschnitten der Charakteristik, einer (E_2) auf dem fallenden Abschnitt. Bei $d\sigma/dE > 0$ kann die Leitfähigkeit in einem Abschnitt der Charakteristik so schnell mit der Stromdichte wachsen, daß die Spannung an der Probe und folglich auch die Feldstärke mit wachsendem j fällt. Die superlineare Charakteristik wird so ebenfalls zu einer Charakteristik mit einem Gebiet negativer differentieller Leitfähigkeit. Auch hier verschwinden normalerweise bei weiterem Anwachsen der Stromdichte die Ursachen für das überschnelle Anwachsen der Leitfähigkeit, und die Feldstärke beginnt erneut mit der Stromdichte zu wachsen. Im Ergebnis entsteht eine S-förmige Strom-Spannungs-Charakteristik (Abb. 16.11).

Wie man aus der Abbildung 16.11 ersehen kann, ist im Fall der S-förmigen Charakteristik die Funktion $j(E)$ nicht mehr überall eindeutig. Im Gebiet

$$E_v < E < E_p$$

entsprechen jedem Wert der Feldstärke drei mögliche Werte der Stromdichte. Zwei davon (j_1 und j_3) befinden sich wiederum auf ansteigenden Abschnitten und einer (j_2) auf dem fallenden Abschnitt der Charakteristik.

Die Bedingungen für die Ausbildung der einen oder der anderen Charakteristik findet man leicht mit Hilfe von Gl. (7.5). Aus den Abbildungen 16.10 und 16.11 ist

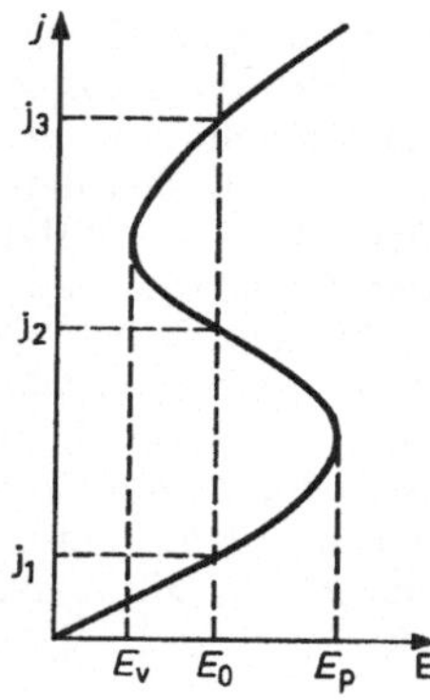

Abb. 16.11
S-förmige Strom-Spannungs-Charakteristik

zu sehen, daß die differentielle Leitfähigkeit ihr Vorzeichen wechselt, wobei sie im Falle der N-förmigen Charakteristik den Wert Null und im Falle der S-förmigen Charakteristik den Wert unendlich durchläuft; das heißt, daß auf der rechten Seite von (7.5) entweder der Zähler oder der Nenner verschwinden muß. Deshalb können die Bedingungen für die Entstehung fallender Abschnitte, die zur Ausbildung einer N- bzw. S-förmigen Charakteristik führen, in folgender Form geschrieben werden:

$$\frac{\mathrm{d}}{\mathrm{d}T_e} \ln (\sigma P) = 0 \qquad \text{(N-förmig)}$$

und

$$\frac{\mathrm{d}}{\mathrm{d}T_e} \ln \left(\frac{P}{\sigma}\right) = 0 \qquad \text{(S-förmig)}$$

oder

$$\frac{n^2\mu}{\tau_e} + (T_e - T) \frac{\mathrm{d}}{\mathrm{d}T_e} \left(\frac{n^2\mu}{\tau_e}\right) = 0 \qquad \text{(N-förmig)} \tag{7.6}$$

und

$$1 - \frac{(T_e - T)}{\mu\tau_e} \frac{\mathrm{d}(\mu\tau_e)}{\mathrm{d}T_e} = 0 \qquad \text{(S-förmig)}. \tag{7.7}$$

Um die Bedingungen (7.6) und (7.7) explizit auswerten zu können, muß man die Beweglichkeit, die Konzentration der Ladungsträger und die Relaxationszeit als Funktionen der Elektronentemperatur kennen. Berechnungen zeigen,[1]) daß für eine Reihe von Stoffen die Bedingungen (7.6) und (7.7) tatsächlich erfüllt werden können. So entsteht in homogenem n-GaAs schon bei Zimmertemperatur eine N-förmige Charakteristik. Der Abschnitt negativer differentieller Leitfähigkeit beginnt bei Feldstärken E von ungefähr 2,3 kV/cm und verschwindet bei $E \simeq 10$ kV/cm. In gold- oder kupferdotiertem n-Ge entsteht ebenfalls eine solche Charakteristik, allerdings erst bei Wasserstoff- bzw. Stickstofftemperaturen.

[1]) Eine genaue Berechnung für n-GaAs kann man in [2] finden.

16.8. Fluktuations-Instabilitäten

Vom Standpunkt der Elektronik aus stellt eine Probe mit einer N- oder S-förmigen Strom-Spannungs-Charakteristik ein aktives Bauelement dar. Unter bestimmten Bedingungen können in einem Stromkreis, der ein solches Element enthält, ungedämpfte Stromschwingungen erzeugt werden, deren Frequenz von den Parametern der Leiteranordnung abhängt. Diese aktiven Bauelemente besitzen gegenüber den anderen in der Elektronik bekannten aktiven Bauelementen eine wichtige Besonderheit. Es handelt sich vom Grundprinzip her um technologisch homogene Proben.

Eine solche räumliche Homogenität im Mittel schließt jedoch kleine lokale Abweichungen der Elektronenkonzentration, der Feldstärke und anderer Größen von ihren Mittelwerten nicht aus. Solche Fluktuationen rühren einerseits von der Wärmebewegung der Ladungsträger her, andererseits stammen sie von den zufälligen Inhomogenitäten der Verteilung der Störstellenatome und anderer Strukturdefekte des Kristallgitters. Wenn sich das Elektronengas im thermodynamischen Gleichgewicht oder in einem gleichgewichtsnahen Zustand befindet, beeinflussen die Fluktuationen das Transportverhalten normalerweise nur wenig. Die Fluktuationen, die mit der Wärmebewegung verbunden sind, werden nämlich sehr schnell gedämpft, und die Wahrscheinlichkeit des Auftretens großer Fluktuationen ist sehr gering. Letzteres bezieht sich auch auf die zufälligen Inhomogenitäten der Störstellenverteilung in einer technologisch homogenen Probe. Darüber hinaus werden die Verteilungsinhomogenitäten der Störstellenionen abgeschirmt, wie es mit jeder Ladung im Halbleiter oder im Metall geschieht. Das lokalisiert ihre Wirkung noch mehr. Anders ist die Lage bei ausreichend starker Aufheizung des Elektronengases. Wenn jetzt nämlich eine kleine Fluktuation $\delta E(x)$ der Feldstärke (Abb. 16.12) auftritt, wird sie der Poisson-Gleichung entsprechend von einer Ladungsdichtefluktuation $\delta\varrho = \frac{\varepsilon}{4\pi} \operatorname{div} \delta\boldsymbol{E}$ begleitet. Außerdem wird sich nach (7.2) auch eine kleine Stromdichtefluktuation

$$\delta\boldsymbol{j} = \sigma_d \, \delta\boldsymbol{E} \tag{8.1}$$

einstellen. Wie aus Abb. 6.12 deutlich wird, geschieht nun folgendes:

Bei $\sigma_d > 0$ ist die Stromdichtefluktuation derart, daß der Zufluß von Ladung ins Gebiet der erniedrigten Konzentration vergrößert wird, während sich der Ladungszufluß ins Gebiet der erhöhten Konzentration verringert, d. h., die Fluktuation wird im Laufe der Zeit gedämpft. Bei $\sigma_d < 0$ dagegen sind die Verhältnisse genau umgekehrt, die Stromdichtefluktuation vergrößert die bereits entstandenen Konzentrationsabweichungen. Dementsprechend müßte eine einmal entstandene Fluktuation immer weiter anwachsen, jedenfalls so lange, bis ihr Wachstum durch nichtlineare Effekte begrenzt wird.[1]) Diese Überlegung enthält jedoch einen Fehler. Die Beziehung (7.2) und folglich auch Gl. (8.1) gelten nämlich nur für ein räumlich homogenes System von Ladungsträgern. Bei Vorhandensein von Fluktuationen der Ladungsdichte und der Elektronentemperatur erscheinen aber auch Diffusionsströme und Ströme thermoelektrischen Ursprungs, die nun ihrerseits das Abklingen der Fluktuation fördern. Aus diesem Grunde ist für das Anwachsen der Fluktuation nicht hinreichend, daß die Driftkomponente der Stromdichtefluktuation (8.1) antiparallel

---

[1]) Formal kommt der Einfluß nichtlinearer Effekte in Korrekturen zu (8.1) zum Ausdruck, denn Gl. (8.1) ergibt sich aus Gl. (7.1) nur bei sehr kleinen (eigentlich unendlich kleinen) Werten von $\delta\boldsymbol{j}$ und $\delta\boldsymbol{E}$.

zu δE ist; diese Komponente muß auch dem Betrag nach groß genug sein. Der Betrag der negativen differentiellen Leitfähigkeit muß also größer als ein gewisser kritischer Wert σ'_d sein. Zur Berechnung von σ'_d muß man das Verhalten der Fluktuationen der Feldstärke, der Ladung und anderer Größen genau untersuchen. Das Ergebnis hängt von konkreten Besonderheiten des betrachteten Systems ab (entsprechende Rechnungen finden sich in [4]).

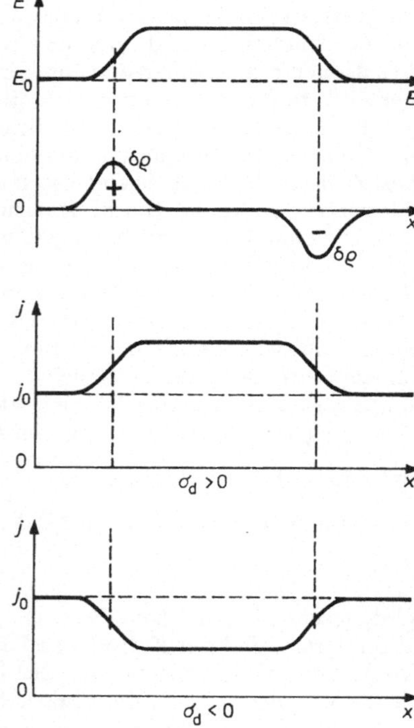

Abb. 16.12
Fluktuationen der Feldstärke, der Volumenladungsdichte und der Stromdichte bei positiver und negativer differentieller Leitfähigkeit. E_0 und j_0 sind die Mittelwerte der Feldstärke und der Stromdichte.

Sobald aber die Bedingung

$$|\sigma_d| > \sigma'_d \tag{8.2}$$

erfüllt ist, ist das Ladungsträgergas instabil bezüglich der Entwicklung kleiner Fluktuationen der Ladungsdichte und der Feldstärke. Man spricht dann von Fluktuationsinstabilitäten des Systems. Solche Instabilitäten bewirken, daß die Verteilung der Ladungsdichte, der elektrischen Feldstärke und der Elektronentemperatur innerhalb der technologisch homogenen Probe räumlich inhomogen werden. Anders gesagt: Bei genügend großen Abweichungen vom thermodynamischen Gleichgewicht, wenn $|\sigma_d|$ den Wert σ'_d erreicht, geht das Ladungsträgergas in einen neuen Zustand über, der unter Gleichgewichtsbedingungen nicht beobachtet werden kann.

16.9. Elektrische Domänen und Stromfäden

Wir untersuchen die räumlich inhomogene Verteilung der Feldstärke und der anderen physikalischen Größen, die infolge der Fluktuationsinstabilitäten entsteht. Dabei fragen wir uns zunächst, bei welchen Abweichungen von den konstanten Mittelwerten $\boldsymbol{j}$, n, $\boldsymbol{E}$ und T_e die Möglichkeit besteht, daß die Abweichungen nicht zeitlich gedämpft, sondern verstärkt werden. Zu diesem Zweck ist es günstig, die Energiebilanzgleichung (7.3′) in folgender Form zu benutzen:

$$\Gamma \equiv (\boldsymbol{j}, \boldsymbol{E}) - P = 0. \tag{9.1}$$

Die Größe Γ ist die auf die Zeiteinheit und die Volumeneinheit bezogene Differenz zwischen der Energie, die die Elektronen vom Feld erhalten, und der Energie, die von ihnen an das Gitter abgegeben wird. Die Fluktuationen der Elektronentemperatur der Ladungsdichte usw. bewirken, daß Γ von Null verschieden sein kann. Dafür gibt es zwei Möglichkeiten:

a) Die Vorzeichen von $\delta\Gamma$ und δT_e sind entgegengesetzt. Dabei wird die zufällige Verringerung (Vergrößerung) der Elektronentemperatur durch das relative Wachsen (Fallen) des Energiezuflusses aus dem äußeren Feld kompensiert. Solche Fluktuationen werden mit der Zeit gedämpft — sie sind „ungefährlich“ bezüglich des Entstehens einer Instabilität.
b) Die Vorzeichen von $\delta\Gamma$ und δT_e sind gleich. Dann wird der Energiefluß zwischen Elektronensystem, Feld und Gitter gerade so gerichtet sein, daß er zu einem weiteren Wachsen der Fluktuation führt. Solche Fluktuationen sind „gefährlich“ im obigen Sinne. Sobald sie auftreten, kann die Erhaltung der räumlichen Homogenität des Elektronensystems nicht mehr vorausgesetzt werden.

Wir nehmen an, daß der Strom in Richtung der x-Achse fließt. Die Elektronentemperatur erfährt eine Fluktuation $\delta T_e(x)$, die bei gegebenem x über den gesamten Probenquerschnitt konstant ist. Mit $\delta T_e(x)$ verbunden tritt eine Feldstärkefluktuation $\delta E_x(x)$ auf. Die Fluktuation der x-Komponente der Stromdichte soll gleich Null sein: $\delta j_x = 0$ (Abb. 16.13).

Abb. 16.13
Fluktuationen der Elektronentemperatur und der Feldstärke in einer Probe mit N-förmiger Charakteristik führen zur Ausbildung einer elektrischen Domäne. Rechts ist die Hochfelddomäne schraffiert dargestellt.

Es können auch Fluktuationen anderer Art auftreten, aber für unsere Ziele reicht es aus, nur solche zu betrachten. Unsere Aufgabe besteht darin, „gefährliche“ Fluktuationen zu finden. Im betrachteten Fall wollen wir die linke Seite von (9.1) folgendermaßen umformen:

$$\Gamma = \frac{j^2}{\sigma} - P. \tag{9.1′}$$

Die Fluktuation von Γ um den Gleichgewichtszustand mit $\Gamma = 0$ ist

$$\delta\Gamma = -\gamma_1\,\delta T_e \tag{9.2}$$

mit

$$\gamma_1 = \frac{P}{\sigma}\frac{d\sigma}{dT_e} + \frac{dP}{dT_e}. \tag{9.3}$$

Bei $\gamma_1 > 0$ entsteht der Fall a), bei $\gamma_1 < 0$ der Fall b). Vergleichen wir die Ausdrücke (9.3) und (7.5), können wir feststellen, daß sich das Vorzeichen von γ_1 genauso ändert wie das Vorzeichen der differentiellen Leitfähigkeit beim Nulldurchgang. Damit ergibt sich, daß im Falle der N-förmigen Charakteristik Fluktuationen der Ladungsdichte und der Feldstärkekomponente in Stromrichtung „gefährlich" sind, also zu Instabilitäten führen.[1]) Einmal entstanden, werden solche Fluktuationen so lange anwachsen, bis ihre weitere Entwicklung durch nichtlineare Effekte verhindert wird. Die Verteilung des Feldes und der Ladungsdichte wird räumlich inhomogen; in der Probe entstehen Gebiete starken und schwachen Feldes, die wie in Abb. 16.13 dargestellt gelegen sind. Das Gebiet erhöhter Feldstärke nennt man Hochfelddomäne oder einfach elektrische Domäne. Die Verteilung der Feldstärke innerhalb der Domäne hängt von der Natur der Probe ab. In den Gebieten schwacher Feldstärke dagegen ist die Feldstärke nahezu konstant, und das Elektronengas ist dort praktisch nicht aufgeheizt. Es ist auch möglich, daß mehrere Hochfelddomänen entstehen. Man stellt jedoch fest, daß eine solche Feldverteilung instabil ist, weil die Fluktuationen zu einem Zusammenfließen der Domänen zu einer einzigen führen.

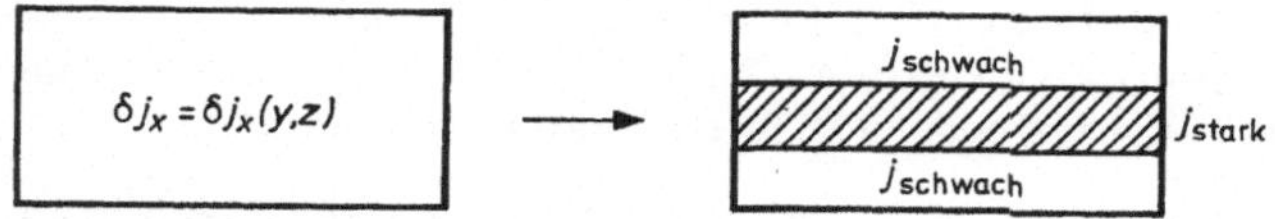

Abb. 16.14
Fluktuationen der Elektronentemperatur und der Stromdichte führen in Proben mit S-förmiger Charakteristik zur Ausbildung von Stromfäden. Rechts ist ein Stromfaden mit hoher Stromstärke (schraffiert) dargestellt.

Wir wollen jetzt einen zweiten wichtigen Fall von Instabilitäten betrachten. Die Elektronentemperatur soll eine längs der x-Achse homogene Fluktuation $\delta T_e(y, z)$ erfahren. Sie ist begleitet von einer Fluktuation der x-Komponente der Stromdichte $\delta j_x(y, z)$. Dabei nehmen wir an, daß die Fluktuation δE_x der Feldstärke verschwindet (Abb. 16.14). Den Ausdruck (9.1) benutzen wir hier in der Gestalt

$$\Gamma = \sigma E_x^2 - P. \tag{9.1''}$$

Die Fluktuation der Größe Γ ist

$$\delta\Gamma = -\gamma_2\,\delta T_e \tag{9.4}$$

mit

$$\gamma_2 = \frac{dP}{dT_e} - \frac{P}{\sigma}\frac{d\sigma}{dT_e}. \tag{9.5}$$

[1]) Eine genauere Analyse zeigt, daß andere Fluktuationen in diesem Falle nicht zu Instabilitäten führen. Der Beweis dafür und für die weiteren Behauptungen dieses Abschnitts geht über den Rahmen dieses Buches hinaus (siehe aber [4]).

Wie im vorangegangenen Beispiel ergibt sich, daß die betrachtete Fluktuation bei $\gamma_2 > 0$ „ungefährlich“ und bei $\gamma_2 < 0$ „gefährlich“ ist im Sinne der Instabilitätsproblematik. Auch hier liefert der Vergleich von (9.5) und (7.5), daß γ_2 sein Vorzeichen zusammen mit der differentiellen Leitfähigkeit wechselt, die für $\gamma_2 = 0$ allerdings unendlich wird. Bei einer S-förmigen Charakteristik wirkt also eine Fluktuation der Elektronentemperatur und der x-Komponente der Stromdichte in der Richtung senkrecht zur Stromrichtung instabilitätserregend. Die Entwicklung solcher Fluktuationen erfolgt dann, wie in Abb. 16.14 gezeigt; es bilden sich in der Probe Gebiete niedriger und Gebiete hoher Stromstärke aus. Das Gebiet der hohen Stromstärke könnte sowohl die Form einer ebenen Schicht haben, die parallel zur x-Achse orientiert ist, als auch die Gestalt eines zylindrischen Stromfadens in der gleichen Richtung. Die genaue Analyse zeigt aber, daß nur die zweite Konfiguration stabil sein kann. Das in Abb. 16.14 schraffierte Gebiet stellt den Schnitt des Stromfadens mit der Zeichenebene dar.

16.10. Wandernde und statische Domänen

In technologisch homogenen Proben können thermische Fluktuationen an beliebigen Stellen der Probe zur Ausbildung von Fluktuationen führen. Wegen der Homogenität der Probe ist dann zu erwarten, daß eine Domäne nach ihrer Entstehung so lange in der Probe wandern kann, bis sie durch den Kontakt mit einer Elektrode ausgelöscht wird.

Eine Domänenbewegung wurde in verschiedenen Substanzen beobachtet, z. B. in n-GaAs, in gold- und kupferdotiertem n-Ge, in halbisolierendem GaAs, in n-CdS und in p-GaSb. Die Bewegung kann man verfolgen, wenn man die Potentialverteilung in der Probe mißt. Die Spannung zwischen zwei Punkten wird immer dann erhöht sein, wenn sich eine Domäne zwischen ihnen befindet.

Die Geschwindigkeit der Domänen hängt vom Mechanismus ab, der in der homogenen Probe für die Entstehung der negativen differentiellen Leitfähigkeit verantwortlich ist. Zwei Grenzfälle, die als Drift- bzw. als Rekombinations-Nichtlinearität bezeichnet werden, sollen hier hervorgehoben werden. Im ersten Fall spielt die Feldabhängigkeit der Beweglichkeit (etwa über den Ridley-Watkins-Hilsum-Mechanismus) die entscheidende Rolle. Dabei sind die Prozesse der Generation und des Einfangs von Ladungsträgern unwesentlich. Bei hinreichend hohen Geschwindigkeiten der Domänenbewegung finden sie innerhalb der Lebensdauer einer Domäne überhaupt nicht statt. Die Geschwindigkeit der Domäne ist in diesem Falle durch die Driftgeschwindigkeit der Majoritätsladungsträger im schwachen Feld (das zu den nichtschraffierten Gebieten in der Abb. 16.13 gehört) gegeben. Sie ist tatsächlich groß im erwähnten Sinne. Bei Rekombinationsnichtlinearitäten dagegen spielen die Prozesse der Generation und des Einfangs der Ladungsträger die Hauptrolle. In Abhängigkeit von der Feldstärke verändert sich das Verhältnis der Konzentrationen von freien und gebundenen Ladungsträgern, und die Wanderung der Domänen ist mit der Umverteilung der Elektronen zwischen Band und Haftstellen verbunden. Dieser Prozeß beschränkt die Geschwindigkeit der Domänen, die hier wesentlich kleiner ist als im Fall der Driftnichtlinearität. So kann die Domänengeschwindigkeit in golddotiertem n-Ge zwischen 10^{-5} cm/s und 10^{-2} cm/s betragen.

Die Domänenbewegung ist von Stromschwingungen im Laststromkreis begleitet. Solange sich die Domäne innerhalb der technologisch homogenen Probe bewegt, verändert sich die Stromstärke nicht. Gelangt die Domäne aber zur entsprechenden Elektrode, führt das Verschwinden der Domäne zu einer zeitweisen Erhöhung der Stromstärke. Bei der anschließenden Entstehung einer Domäne an der entgegengesetzten Elektrode sinkt die Stromstärke im äußeren Stromkreis wieder ab (Abb. 16.15).

Die Laufzeit der Domäne durch die Probe beträgt $t_0 = L/v_0$, wobei L die Probenlänge in Stromrichtung und v_0 die Domänengeschwindigkeit sind. Bei nicht zu kleiner Probenlänge ist diese Zeit groß gegen die Zeit, in der Bildung oder Auslö-

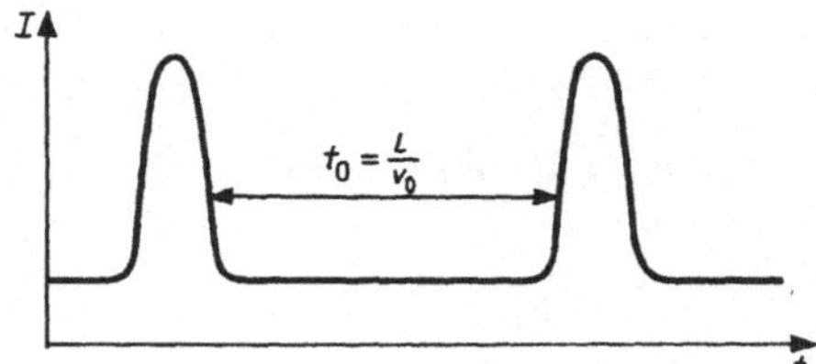

Abb. 16.15
Zeitlicher Verlauf der Stromstärke I im Laststromkreis bei der Bewegung der Domäne durch die Probe (schematisch)

schung der Domäne erfolgen. Deshalb kann man t_0 in guter Näherung als die Periode der Stromschwingungen im Laststromkreis ansehen. Für die Frequenz ω dieser Schwingungen gilt dann entsprechend

$$\omega = 2\pi \frac{v_0}{L}. \tag{10.1}$$

Diese Beziehung zwischen ω und L hat sich im Experiment gut bestätigt.

In n-GaAs beträgt die Schwingungsfrequenz (10.1) beispielsweise 10^9 oder 10^{10} Hz und darüber (natürlich in Abhängigkeit von der Probenlänge). Die Entstehung der betrachteten Schwingungen in n-GaAs und ähnlichen Substanzen wird *Gunn-Effekt* genannt. Dieser Effekt wird in der Halbleiterelektronik für den Bau von Mikrowellengeneratoren und Mikrowellenverstärkern, für Bauelemente in der elektronischen Rechentechnik und in anderen Bauelementen genutzt.

Elektrische Domänen entstehen nicht nur infolge von thermischen Fluktuationen, sie können auch durch die Wirkung von Feldstärkefluktuationen entstehen, die mit statischen zufälligen Inhomogenitäten der Störstellenverteilung zusammenhängen. Diese mikroskopischen Inhomogenitäten stellen den Keim für die Bildung eines makroskopisch inhomogenen Zustandes dar. Dabei sind diese Domänen in der Nähe des Keimes lokalisiert, sie werden statische Domänen genannt. Die Bildung solcher Domänen führt nicht zu Schwingungen im äußeren Stromkreis, bewirkt aber das Auftreten einer Stromsättigung: Alle Spannungsschwankungen an der Probe werden von der Domäne aufgenommen, die dabei ihre Ausdehnung der jeweiligen Spannung entsprechend verändert.

Bei bedeutender Erhöhung der Spannung an der Probe kann jedoch die statische Domäne vom Keim „losgerissen" werden und sich in eine wandernde Domäne verwandeln. Außer den zufälligen Inhomogenitäten der beschriebenen Art können auch die Elektroden Keime für die Domänenbildung sein. Die Entstehung statischer oder wandernder Domänen hängt dann mit dem Kontaktfeld zusammen, das im Falle der Aufheizung der Ladungsträger ähnliche Fluktuationserscheinungen aufweist wie das Feld im Volumen. Die Domäne wird in Abhängigkeit vom Kontakttyp und vom Vorzeichen der Ladungsträger an der Katode oder an der Anode gebildet.

17. Probleme bei der Begründung der Bändertheorie und Aufgabenstellungen, die über ihren Rahmen hinausgehen

17.1. Drei Fragen zum Bändermodell

Wir sahen in den vorhergehenden Kapiteln, daß die Bändertheorie des festen Körpers in der Lage ist, eine Vielzahl experimenteller Fakten zu erklären, die die elektrischen, galvanomagnetischen, optischen und andere Eigenschaften der Halbleiter betreffen. Andererseits ist die Richtigkeit der Grundannahmen, auf denen die Bändertheorie basiert, durchaus nicht offenkundig. Darum stellt sich die Aufgabe der Begründung der Bändertheorie und der Bestimmung der Grenzen ihrer Anwendbarkeit. Es sollen nun drei grundsätzliche Fragen gestellt werden, die die drei Grundannahmen aus Abschnitt 3.1. betreffen.

Erstens beschreibt die Schrödinger-Gleichung (3.2.4.) die Bewegung eines Elektrons bei fixierter Lage der schweren Teilchen, die nur als Quellen eines Feldes angesehen werden. Tatsächlich bewegen sich die schweren Teilchen aber auch. Diese Bewegung haben wir im Kapitel 12. untersucht. Dort haben wir jedoch das Vorhandensein freier Elektronen überhaupt nicht berücksichtigt. Nun spüren die Elektronen nicht nur den Einfluß der schweren Teilchen, sondern sie wirken ihrerseits auch auf dieselben. Damit stellt sich die Frage, ob man die Bewegung der schweren Teilchen, der Atomkerne, und der Elektronen getrennt betrachten darf und wie sich das bei positiver Beantwortung begründen läßt.

Zweitens beschreibt Gleichung (3.2.4) die Bewegung eines Elektrons im periodischen Potential. Das bedeutet insbesondere, daß das Gitter ideal ist, d. h., die schweren Teilchen befinden sich immer starr an den Gitterpunkten. Als Folge davon ist die potentielle Energie des Elektrons eine periodische Funktion der Koordinaten. Tatsächlich jedoch läßt sich ein solcher Zustand nicht realisieren, da er die gleichzeitige präzise Angabe von Werten der Koordinaten und der Geschwindigkeiten der Teilchen erfordert, was die Unschärferelation nicht zuläßt. Anders ausgedrückt, das Kristallgitter kann aus prinzipiellen Gründen nicht ideal sein. Widerspiegelung dieses Umstandes sind die Nullpunktschwingungen des Gitters. Wir haben im Kapitel 14. gesehen, daß das Vorhandensein von Gitterschwingungen (einschließlich der Nullpunktschwingungen) zum Auftreten eines zusätzlichen Terms im Hamilton-Operator des Elektrons führt. Dieser Zusatzterm beschreibt die Wechselwirkung des Elektrons mit den Gitterschwingungen. Damit ergibt sich die Frage, ob man das Energiespektrum eines Elektrons im idealen Gitter unter Vernachlässigung der Elektron-Gitter-Wechselwirkung untersuchen darf und wie sich das bei Bejahung begründen läßt.

Schließlich beschreibt die Gleichung (3.2.4) die Bewegung nur eines einzelnen Elektrons. Tatsächlich aber haben wir es in einem beliebigen kondensierten Medium, darunter auch in Halbleitern, immer mit vielen Elektronen zu tun, die miteinander wechselwirken. In einem solchen System hängt die Wellenfunktion von den Koordinaten und Spins aller Elektronen und nicht nur von denen eines einzelnen Elektrons ab. Zur Bestimmung dieser Wellenfunktion müßte man die Schrödinger-Gleichung für einen Hamilton-Operator aufschreiben, der nicht nur die Operatoren der kinetischen Energie der Elektronen und die Operatoren ihrer potentiellen Energie im Feld der schweren Teilchen enthält, sondern auch die Operatoren der Wechselwirkungsenergie der Elektronen untereinander.

Es erhebt sich hier die Frage, ob man das Einelektronenproblem (3.2.4) anstelle des Vielelektronenproblems betrachten darf und wie man das bei Bejahung der Frage begründen kann.

Eine Grundproblematik der modernen Festkörpertheorie besteht darin, ob man auf die drei oben gestellten Fragen positive Antworten geben kann. Wir werden sehen, daß solch eine Möglichkeit für eine bestimmte (ziemlich breite) Klasse von Materialien und einen Kreis von Erscheinungen in der Tat besteht. Wendet man sich dem Studium anderer Materialien und anderer Erscheinungen zu, so gelangt man zu Aufgabenstellungen, die über den Rahmen der Bändertheorie hinausgehen.

17.2. Die adiabatische Näherung

Wir wenden uns jetzt der Frage zu, ob man die Bewegung von Elektronen und schweren Teilchen getrennt betrachten kann. Als schwere Teilchen werden wir vorläufig die Kerne der Gitteratome ansehen.

Der physikalische Grund für die Rechtfertigung der angesprochenen Trennung liegt in dem deutlichen Massenunterschied von Elektronen und Kernen. Infolge dieses Unterschieds darf man erwarten, daß die Geschwindigkeiten und Beschleunigungen der Elektronen im Mittel die Geschwindigkeiten und Beschleunigungen der Kerne bedeutend übertreffen werden. Somit wird die Bewegung der Elektronen durch die momentane Anordnung der Kerne charakterisiert sein, während die Kerne infolge der Trägheit ihrer Bewegung nur die mittlere Anordnung der Elektronen „spüren".

Die Aufgabe besteht nun in der quantenmechanischen Formulierung dieser halbintuitiven klassischen Überlegung. Dabei muß man insbesondere solchen Worten wie „mittlere Anordnung" und dergleichen einen präzisen Sinn geben. Wir numerieren die Elektronen mit den Indizes i und j und die schweren Teilchen mit den Indizes a, b. Jeder dieser Indizes nimmt unabhängig von anderen Indizes so viele Werte an, wie es entsprechende Teilchen im System gibt. Die Radiusvektoren der Elektronen und schweren Teilchen bezeichnen wir mit $\boldsymbol{r}_i$ bzw. $\boldsymbol{R}_a$, und die Gesamtheit dieser Variablen wird zur Abkürzung mit $r = \{\boldsymbol{r}_1, \ldots\}$ bzw. $R = \{\boldsymbol{R}_1, \ldots\}$ bezeichnet. Die Spinvariablen der Elektronen werden nicht besonders gekennzeichnet; wir verabreden aber, daß sie erforderlichenfalls in r eingeschlossen sind. Die Massen der schweren Teilchen werden M_a genannt. Im weiteren ist es nur wesentlich, daß sie bedeutend größer sind als die Elektronenmasse m_0. Die Wechselwirkungsenergie zweier Elektronen miteinander wird mit $U_1(\boldsymbol{r}_i - \boldsymbol{r}_j)$ bezeichnet, während $U_2(\boldsymbol{r}_i - \boldsymbol{R}_a)$ und $U_3(\boldsymbol{R}_a - \boldsymbol{R}_b)$ die Wechselwirkungsenergie eines Elektrons mit einem Kern bzw. zweier Kerne miteinander sind.

Die Schrödinger-Gleichung für das betrachtete System von Teilchen hat die Gestalt

$$H\psi = W\psi, \tag{2.1}$$

wobei W die Gesamtenergie des Systems ist. Die Wellenfunktion ψ hängt von der Gesamtheit aller Koordinaten $r = \{\boldsymbol{r}_1, \ldots\}$ und $R = \{\boldsymbol{R}_1, \ldots\}$ ab. Der Hamilton-

Operator ist durch den Ausdruck

$$H = -\sum_i \frac{\hbar^2}{2m_0} \nabla_i^2 - \sum_a \frac{\hbar^2}{2M_a} \nabla_a^2 + \frac{1}{2} \sum_{i \neq j} U_1(\boldsymbol{r}_i - \boldsymbol{r}_j)$$

$$+ \sum_{i,a} U_2(\boldsymbol{r}_i - \boldsymbol{R}_a) + \frac{1}{2} \sum_{a \neq b} U_3(\boldsymbol{R}_a - \boldsymbol{R}_b) \tag{2.2}$$

gegeben. Hierbei bezeichnen die Symbole ∇_i^2 und ∇_a^2 Laplace-Operatoren bez. der Variablen $\boldsymbol{r}_i$ und $\boldsymbol{R}_a$.

Es gilt nun zu untersuchen, ob man nicht Gleichung (2.1) auf ein System von zwei einfachen Gleichungen zurückführen kann, von denen eine die Bewegung der Elektronen bei gegebener Anordnung der Kerne und die zweite die (viel langsamere) Bewegung der Kerne beschreibt. Der oben genannten physikalischen Ideè folgend, setzen wir die Wellenfunktion ψ in der Form

$$\psi(r, R) = \chi(r; R)\, \Phi(R) \tag{2.3}$$

an. Hierbei sind χ und Φ einstweilen noch unbekannte Funktionen. Von χ wird allerdings eine nur parametrische Abhängigkeit von der Koordinatengesamtheit R erwartet. Das bedeutet folgendes: Wir wünschen, daß die Veränderlichen $\boldsymbol{R}_1, \ldots$ in die Gleichung für χ nur als Argumente eingehen, von denen die potentielle Energie abhängt, aber nicht als Koordinaten, nach denen differenziert wird. Indem wir den Ausdruck (2.3) in Gleichung (2.1) einsetzen, erhalten wir

$$\left\{-\frac{\hbar^2}{2m_0} \sum_i \nabla_i^2 \chi + \frac{1}{2} \sum_{i \neq j} U_1(\boldsymbol{r}_i - \boldsymbol{r}_j)\, \chi + \sum_{i,a} U_2(\boldsymbol{r}_i - \boldsymbol{R}_a)\, \chi\right\} \Phi$$

$$+ \left\{-\frac{\hbar^2}{2} \sum_a \frac{1}{M_a} \nabla_a^2 \Phi + \frac{1}{2} \sum_{a \neq b} U_3(\boldsymbol{R}_a - \boldsymbol{R}_b)\, \Phi\right\} \chi$$

$$+ \sum_a \left\{\left(-\frac{i\hbar}{M_a} \nabla_a \chi, -i\hbar\, \nabla_a \Phi\right) - \frac{\hbar^2}{2M_a} \Phi\, \nabla_a^2 \chi\right\} = W\chi\Phi. \tag{2.4}$$

In der 3. Zeile der Gleichung (2.4) treten Summanden auf, die Ableitungen von χ nach den Koordinaten der Kerne enthalten. Im ersten Glied wirken die Geschwindigkeitsoperatoren der schweren Teilchen $(-i\hbar/M_a)\, \nabla_a$ auf die Funktion χ, während es im zweiten Glied die Operatoren ihrer kinetischen Energie $(-\hbar^2/2M_a)\, \nabla_a^2$ sind. Andererseits wirken in der 1. Zeile von (2.4) die Operatoren der kinetischen Energie der Elektronen $(-\hbar^2/2m_0)\, \nabla_i^2$ auf die Funktion χ. Da sich die Kerne im Mittel beträchtlich langsamer als die leichten Teilchen bewegen, kann man erwarten, daß die Summanden der 3. Zeile von (2.4) für die Berechnung des Energiespektrums der Elektronen verhältnismäßig unwichtig sein werden. Wenn man sie vernachlässigt, kann man in (2.4) die Separation in Elektronen- und Kernvariablen vollziehen. In der Tat erhalten wir bei Gleichsetzung des Koeffizienten vor Φ in der 1. Zeile von (2.4) mit einer gewissen Funktion $E(R) \cdot \chi$ die Beziehungen

$$-\frac{\hbar^2}{2m_0} \sum_i \nabla_i^2 \chi + \frac{1}{2} \sum_{i \neq j} U_1(\boldsymbol{r}_i - \boldsymbol{r}_j)\, \chi + \sum_{i,a} U_2(\boldsymbol{r}_i - \boldsymbol{R}_a)\, \chi = E(R)\, \chi, \tag{2.5a}$$

$$-\sum_a \frac{\hbar^2}{2M_a} \nabla_a^2 \Phi + \frac{1}{2} \sum_{a \neq b} U_3(\boldsymbol{R}_a - \boldsymbol{R}_b)\, \Phi + E(R)\, \Phi = W\Phi. \tag{2.5b}$$

Gleichung (2.5a) ist nun nichts anderes als die Schrödinger-Gleichung eines Systems untereinander und mit den Atomkernen wechselwirkender Elektronen, wobei sich die Atomkerne an gewissen fixierten Punkten des Raumes befinden. Die Koordinaten der Atomkerne gehen in die Gleichung als Parameter ein. Die Größe $E(R)$ hat die Bedeutung des Energieeigenwertes des betrachteten Systems. Natürlich hängt diese Energie von den Parametern $\boldsymbol{R}_1, \ldots$ ab, die in die Gleichung eingehen, d. h., die Energie hängt von der Anordnung der Kerne zu einem gegebenen Zeitpunkt ab.

Es ist aus der Quantenmechanik bekannt, daß man $E(R)$ auch als quantenmechanischen Mittelwert der Energie der Elektronen bei einer gegebenen Konfiguration der Kerne ansehen kann. Das wird deutlich, wenn wir Gleichung (2.5a) von links mit der Funktion χ^* (gehört zum gegebenen Eigenwert E) multiplizieren und über die Elektronenkoordinaten (einschließlich der Summation über die Spinvariablen) integrieren. Wir beachten, daß die Normierungsbedingung

$$\int \mathrm{d}r\, |\chi(r)|^2 = 1$$

gilt, wobei mit $\mathrm{d}r$ das Produkt der Differentiale $\mathrm{d}\boldsymbol{r}_1, \ldots$ gemeint ist, und erhalten

$$E(R) = \int \chi^* \left\{-\frac{\hbar^2}{2m_0} \sum_i \nabla_i^2 \chi \right. \\ \left. + \frac{1}{2} \sum_{i,j} U_1(\boldsymbol{r}_i - \boldsymbol{r}_j)\, \chi + \sum_{i,a} U_2(\boldsymbol{r}_i - \boldsymbol{R}_a)\, \chi\right\} \mathrm{d}r. \tag{2.6}$$

Auf der rechten Seite von (2.6) steht gerade der Ausdruck für den quantenmechanischen Mittelwert der Gesamtenergie der Elektronen bei gegebener Konfiguration der Kerne. Gleichung (2.5b) erweist sich als nichts anderes als die Schrödinger-Gleichung für das System der Kerne. Die potentielle Energie in dieser Gleichung ist

$$V(R) = \frac{1}{2} \sum_{a \neq b} U_3(\boldsymbol{R}_a - \boldsymbol{R}_b) + E(R). \tag{2.7}$$

Wir sehen, daß die Kerne im Rahmen der angenommenen Näherung nur den gemittelten Einfluß der Elektronen spüren: Die mittlere Energie der letzteren geht als potentielle Energie in die Bewegungsgleichung der schweren Teilchen ein.

Die Gleichungen (2.5a) und (2.5b) sind die Realisierung des Programms, das wir am Anfang dieses Kapitels skizziert haben. Die Näherung, in deren Rahmen wir diese Gleichungen gewonnen haben (die Vernachlässigung der Summanden in der 3. Zeile von Gleichung (2.4)), heißt *adiabatische Näherung*. Die Funktion $\chi(r; R)$ beschreibt das Verhalten des Elektronensystems bei unendlich langsamer („adiabatischer") Änderung der Parameter R.

Die Summanden, die in der 3. Zeile der Gleichung (2.4) stehen, heißen nichtadiabatische Terme. Sie ergeben sich durch Anwendung des „Operators der Nichtadiabatizität"

$$\sum_a \left\{-\frac{\hbar^2}{M_a} (\nabla_a \Phi, \nabla) - \frac{\hbar^2}{2M_a} \Phi \nabla^2\right\}$$

auf die Funktion χ.

Somit haben wir die Antwort auf die erste der Fragen gefunden, denen der vorhergehende Abschnitt gewidmet war: Die getrennte Betrachtung der Bewegung der Elektronen und Kerne ist im Rahmen der adiabatischen Näherung möglich. Zur Abschätzung der Genauigkeit der adiabatischen Näherung muß man die mit dem

Operator der Nichtadiabatizität, der als Störung angesehen wird, verbundenen Korrekturen des Energiespektrums des Systems und anderer beobachtbarer Größen berechnen. Im allereinfachsten Fall, wenn der Grundzustand des betrachteten Systems von Elektronen und Kernen nichtentartet ist und ein ziemlich großer energetischer Abstand zum ersten angeregten Zustand besteht, erweist sich das Resultat als recht einfach [1]: Die Korrektur zur adiabatischen Näherung liegt größenordnungsmäßig nicht unter $(m_0/M)^{1/4}$, wobei M die Kernmasse ist. Bei Verzicht auf die gerade eben angenommenen Voraussetzungen entstehen Schwierigkeiten, die mit der Anwendung der Störungstheorie auf ein kontinuierliches Spektrum verbunden sind. Eine vollständige Klärung ist hier noch nicht erreicht.

Es soll noch bemerkt werden, daß es Erscheinungen gibt, bei deren Untersuchung die Berechnung der Nichtadiabatizität prinzipiell notwendig ist. Dieser Fall liegt vor, wenn wir uns für den Energieaustausch zwischen Elektronen und dem Gitter interessieren.[1]) Eine der wichtigsten derartigen Aufgaben ist der Einfang von freien Elektronen und Löchern durch Haftstellen.

17.3. Die Näherung kleiner Schwingungen

Im Rahmen der adiabatischen Näherung beschreibt Gleichung (2.5a) das Verhalten der Elektronen eines beliebigen Systems von Atomen. Beispiele hierfür sind der Festkörper, die Flüssigkeit, das Gas und das einzelne Molekül. Spezialisiert man Gleichung (2.5a) auf den idealen Kristall, so hat man anzunehmen, daß die Atomkerne in den Kristallgitterpunkten angeordnet sind. Offensichtlich müssen die zugehörigen Werte R einem Minimum der potentiellen Energie der Kerne (2.7) entsprechen. Andernfalls würde das Gitter instabil sein. Der gleiche Ausdruck (2.7) erfährt natürlich kleine Abweichungen von der Gleichgewichtslage, wenn er in Gleichung (2.5b) eingeht.

Diese *Näherung kleiner Schwingungen* ist gerechtfertigt, solange wir einstweilen die Schwingungsamplitude als klein gegen die Gitterkonstanten voraussetzen, d. h., einstweilen soll die Kristalltemperatur nicht in die Nähe der Schmelztemperatur kommen. Benutzt man diese Näherung, so gelangt man zum Problem der „kleinen Schwingungen“, die im Kapitel 12. betrachtet wurden.

Gemäß (2.7) hängt die potentielle Energie eines Systems von Atomen vom Zustand der Elektronen ab. Folglich trifft das auch auf die Gleichgewichtslagen der Kerne und die Frequenzen der Normalschwingungen zu, von denen wir wissen, daß sie sich aus den zweiten Ableitungen der Funktion $V(R)$ (2.7), genommen im Minimum, bestimmen lassen. Somit entsprechen im allgemeinen verschiedenen Zuständen des Elektronensystems auch verschiedene Phononenspektren. Dieser Umstand spielt in der Beweglichkeitstheorie keine entscheidende Rolle, da die Energieänderung eines Elektrons bei Absorption oder Emission eines akustischen Phonons relativ klein ist, wie im Abschnitt 14.4. gezeigt wurde. Beim Einfang eines Elektrons durch eine Störstelle oder einen anderen Strukturdefekt des Gitters kann sich die Situation jedoch ändern. Wir haben im Kapitel 9. gesehen, daß der oben genannte Umstand für die

---

[1]) Die Streuung von Elektronen durch Phononen (Kapitel 14.) stellt ein Beispiel für einen nichtadiabatischen Prozeß dar. Es ist kein Zufall, daß die Konstante C im Ausdruck (14.4.19) im Zähler die Masse M der Elementarzelle enthält.

richtige Abschätzung der Einfangwahrscheinlichkeit eines Elektrons wesentlich ist.

Bisher waren, wenn von schweren Teilchen gesprochen wurde, die Atomkerne gemeint. Allerdings spielen de facto die Atomrümpfe, die die Elektronen der inneren Schalen enthalten, die Rolle der schweren Teilchen. In der Tat ist die Bindungsenergie der inneren Elektronen an den Kern gewöhnlich sehr groß, so daß sich ihre Zustände sowohl bei der Kristallbildung als auch bei verschiedenen elektronischen Prozessen im Kristall nur sehr wenig ändern.[1]) Außerdem sind die inneren Elektronen im Mittel dem Kern sehr viel näher als die Valenzelektronen. Einem großen Lokalisierungsgrad entspricht auch eine große kinetische Energie, d. h., die Valenzelektronen bewegen sich im Mittel bedeutend langsamer als die inneren Elektronen. Das gestattet wiederum die Anwendung der adiabatischen Näherung, wobei in diesem Fall die inneren Elektronen als „schnelles Untersystem" und die Valenzelektronen als „langsames Untersystem" angesehen werden. Ein solcher Zugang ist gerechtfertigt, da die Ionisierungsenergie der inneren Elektronen bedeutend größer ist als die der Valenzelektronen. Somit erweist es sich als möglich, die Valenzelektronen als ein separates System von Elektronen zu betrachten, die sich im Feld der Atomkerne und im mittleren Feld der inneren Elektronen bewegen. Mit anderen Worten kann man sagen, daß der Index i in Gleichung (2.5a) jetzt nur die Valenzelektronen durchnumeriert und die Größe U_2 die potentielle Energie eines Valenzelektrons im Feld der Atomrümpfe bezeichnet. Diese Näherung wollen wir „Valenznäherung" nennen. Sie wird bei der Untersuchung der meisten Halbleiter verwendet. Beispiele für die Nichtanwendbarkeit der Valenznäherung bilden Stoffe, die Ionen oder Atome der seltenen Erden oder von Übergangselementen enthalten. In diesem Fall muß man offenkundig auch die Elektronen der nichtabgeschlossenen inneren Schalen betrachten.

Schließlich wollen wir betonen, daß die Einteilung aller Elektronen in „zu den Atomrümpfen gehörende" und in „explizit zu betrachtende" keinen absoluten Charakter trägt, sondern von der zu untersuchenden Erscheinung abhängt. Wenn die Energie einer beliebigen äußeren Störung mit der Ionisierungsenergie der inneren Schalen vergleichbar wird, muß man die entsprechenden Elektronen in die Betrachtung mit einbeziehen. Ein solcher Fall tritt beispielsweise bei der Absorption von Röntgenstrahlen durch Kristalle oder beim Durchgang schneller atomarer Teilchen durch ein Material auf.

17.4. Die Rolle der Gitterschwingungen und das Polaron

Wir wenden uns jetzt der zweiten im Abschnitt 17.1 gestellten Frage zu. Das war die Frage nach der unvermeidbaren Nichtidealität des Gitters, die mit dem Auftreten von Gitterschwingungen zusammenhängt. Im wesentlichen ist die Antwort auf diese Frage schon in einer Aufgabenstellung des Kapitels 14. enthalten, die die Streuung von Ladungsträgern betraf: Die Nichtidealität des Gitters kann man bei der Berechnung des Energiespektrums der Elektronen vernachlässigen, wenn die Gesamtenergie eines Elektrons nur wenig davon beeinflußt wird. Das entsprechende quan-

[1]) Ausnahmen können nur die Atome der leichtesten Elemente bilden.

titative Kriterium unterscheidet sich nicht von der Anwendbarkeitsbedingung der Boltzmann-Gleichung (14. 2.22a, b).

Abschätzungen zeigen für alle bisher untersuchten Materialien, daß die Wechselwirkung von Ladungsträgern mit akustischen Gitterschwingungen schwach im obigen Sinne ist. Das trifft auch auf die Wechselwirkung mit optischen Gitterschwingungen in nichtpolaren Kristallen und $A^{III}B^{V}$-Halbleitern zu. Die Situation ändert sich radikal beim Übergang zu Ionenkristallen, wie z. B. den Alkalihalogeniden. Die Wechselwirkung von Elektronen und Löchern mit longitudinalen optischen Gitterschwingungen ist in diesen Stoffen sehr stark, so daß sich das Vorzeichen in der Ungleichung (14. 2.22a) umkehren kann. Der Grund dafür ist leicht zu verstehen. In Ionenkristallen sind die longitudinalen optischen Gitterschwingungen mit einer Änderung des Dipolmoments der Elementarzellen verbunden. Dabei ändert sich der Vektor der Orientierungspolarisation des Mediums.[1]) Aus diesem Grund heißen die erwähnten Schwingungen auch polare Schwingungen. Die Wechselwirkungsenergie des Elektrons mit diesen ist nichts anderes als die Änderung der Wechselwirkungsenergie einer Ladung mit den Dipolmomenten der Elementarzellen bei optischen Gitterschwingungen. Nun verringert sich die elektrische Feldstärke eines Dipols relativ wenig mit dem Abstand vom Ort des Dipols, so daß der Energiebeitrag in jedem Raumpunkt von einer großen Zahl von Elementarzellen herrührt. Das führt zu verhältnismäßig großen Wechselwirkungsenergien und entsprechend kleinen Relaxationszeiten, die sich in der Theorie der Boltzmann-Gleichung berechnen lassen. Hieraus folgt, daß man in den betrachteten Materialien der Wechselwirkung der Elektronen mit den polaren Schwingungen des Gitters bei der Berechnung des Energiespektrums von Elektronen und Löchern große Aufmerksamkeit schenken muß. Die Vorstellung von der Bewegung eines Elektrons im idealen Gitter wird hier falsch. Man stößt auf eine Problemstellung, die über den Rahmen der Bändertheorie hinausgeht.

Den Charakter des Energiespektrums eines Elektrons, das stark mit den polaren Schwingungen des Gitters wechselwirkt, kann man mit Hilfe anschaulicher halbklassischer Überlegungen verstehen. Dazu betrachten wir das Verhalten eines geladenen Teilchens in einem orientierungspolarisierbaren Medium. Die Wechselwirkung der Ladung mit den Ionen des Mediums führt zu dessen Polarisation. Das damit verbundene elektrische Feld wirkt seinerseits auf die Ladung, deren potentielle Energie dadurch abgesenkt wird. Es entsteht ein von der Ladung selbst geschaffener Potentialtopf, in dem sich die Ladung befindet.[2]) Das Verlassen des Potentialtopfes, d. h. die Depolarisation des Gitters, ist für die Ladung energetisch ungünstig. Eine Verschiebung der Ladung durch das Gitter wird von einer Verschiebung der durch die Ladung erzeugten Polarisation begleitet. Dabei verzögert die Orientierungspolarisation die Bewegung der Ladung, weil für die „Beseitigung" des Potentialtopfes an einer Stelle des Kristalls und seinen Neuaufbau an einer anderen Stelle eine endliche Zeit benötigt wird. Daraus folgt, daß die Rolle der Ladungsträger im orientierungspolarisierbaren Medium nicht von Elektronen (oder Löchern) gewöhnlichen Typs, sondern von komplizierteren Objekten — Elektronen zusammen mit

[1]) Man weiß, daß die Orientierungspolarisation eines Kristalls durch die Auslenkung der Ionen des Gitters aus den Gleichgewichtslagen entsteht. Demgegenüber ist die Verschiebungspolarisation auf die Deformation der Elektronenhüllen der Ionen zurückzuführen.

[2]) In diesem Zusammenhang spricht man manchmal vom „Selbsteinfang" eines Elektrons. Gebraucht man diesen Terminus, so sollte man daran denken, daß beim Fehlen von Strukturdefekten solch ein Potentialtopf mit gleicher Wahrscheinlichkeit in jedem beliebigen Punkt des Kristalls auftreten kann.

den von ihnen geschaffenen Potentialtöpfen — übernommen wird. Diese Objekte bezeichnet man als Polaronen[1]).

Die Größe des Polarons ergibt sich aus der Größe des Potentialtopfes. In diesem Zusammenhang betrachtet man häufig zwei Grenzfälle:

1. Der Radius des Potentialtopfes ist bedeutend größer als die Gitterkonstante. In diesem Fall spricht man von Polaronen mit großem Radius. Solche Polaronen entstehen in einer Reihe von Ionenkristallen, wie z. B. Alkalihalogeniden oder Kupfer(I)oxid.
2. Der Radius des Potentialtopfes ist von der Größe der Gitterkonstante. Wir sprechen hier von Polaronen mit kleinem Radius. Solche Objekte bilden sich offensichtlich in Rutil.

Die Bewegung des Polarons als Ganzes kann man durch den Quasiimpuls charakterisieren. Genauso wie der Quasiimpuls des freien Elektrons in der Bändertheorie beschreibt er „fast stationäre" (d. h. beim Fehlen von Streuung stationäre) Zustände des Systems: Die kinetische Energie des Polarons als Ganzes ist eine Funktion des Quasiimpulses. Das führt auf den Begriff der polaronischen Energiebänder und den einer effektiven Masse des Polarons. Offensichtlich übertrifft letztere die effektive Masse, die ein freies Elektron im Kristall bei Vernachlässigung der Wechselwirkung mit der Orientierungspolarisation haben würde. Dementsprechend erweist sich das Polaronenband auch als schmaler.

Die komplizierten Eigenschaften des Ladungsträgers „Polaron" offenbaren sich besonders deutlich darin, daß das Polaron eine innere Struktur haben kann: Der Polarisationspotentialtopf, der durch das Elektron (Loch) geschaffen wird, enthält einige diskrete Niveaus, was unterschiedlichen Verteilungen der Ladungsdichte im Topf und verschiedenen Polaronenradien entspricht.[2]) Übergänge zwischen den diskreten Niveaus im Polaron können beispielsweise durch elektromagnetische Strahlung hervorgerufen werden. Die mit diesen Übergängen verbundene Absorption von Licht wurde mit Sicherheit in Metall-Ammoniak-Lösungen nachgewiesen. Die Rolle der Ladungsträger spielen hier nicht Elektronen, sondern Metallionen, die sich im polaren Lösungsmittel bewegen.

Eine andere Besonderheit der Polaronenzustände besteht in ihrem Verschwinden in hinreichend starken elektrischen Feldern. Tatsächlich ist der das Elektron begleitende Polarisationspotentialtopf nichts anderes als eine Wolke longitudinaler optischer Phononen mit verschiedenen Wellenlängen. Aus diesem Grunde kann die Geschwindigkeit des Topfes nicht größer sein als die Gruppengeschwindigkeit der Phononen. Folglich „trennt sich" das Elektron bei hinreichend großer Driftgeschwindigkeit von seinem Potentialtopf und wird zum einfachen Bandelektron. Der Potentialtopf hört dann natürlich auf zu existieren.

---

[1]) Dieser Terminus wurde von S. I. Pekar [2] vorgeschlagen, der als erster die betrachteten Zustände eingehend untersuchte. Die Vorstellung über den Selbsteinfang eines Elektrons im orientierungspolarisierbaren Medium entstammt Arbeiten L. D. Landaus und Ja. I. Frenkel's aus den dreißiger Jahren. Die quantitative Theorie der Polaronen mit großem Radius wurde in den vierziger und fünfziger Jahren in Arbeiten von N. N. Bogoljubov, S. I. Pekar und S. V. Tjablikov entwickelt.

[2]) Der Terminus „diskretes Niveau" hat nur bei fest vorgegebenem Wert des Polaronenquasiimpulses einen Sinn. Beim bewegten Polaron verschwindet jedes dieser Niveaus im Energiekontinuum des Polaronenbandes.

17.5. Die Methode des selbstkonsistenten Feldes

Wir wenden uns nun der Frage nach der Ersetzung des Vielelektronenproblems durch ein Einelektronenproblem zu. Dabei bleiben wir im Rahmen der Valenznäherung, d. h., wir betrachten nur Valenzelektronen.

In der adiabatischen Näherung ist der Hamilton-Operator eines Vielektronensystems nichts anderes als der Operator H_e, der auf der linken Seite von Gleichung (2.5a) auf χ wirkt. Vereinfachend schreiben wir

$$H_e = \sum_i \left\{-\frac{\hbar^2}{2m_0} \nabla_i^2 + U_0(\boldsymbol{r}_i)\right\} + \frac{1}{2} \sum_{i \neq j} U_1(\boldsymbol{r}_i - \boldsymbol{r}_j). \tag{5.1}$$

Hierbei ist

$$U_0(\boldsymbol{r}_i) = \sum_a U_1(\boldsymbol{r}_i - \boldsymbol{R}_a)$$

die potentielle Wechselwirkungsenergie des i-ten Elektrons mit allen schweren Teilchen, die sich in den Gitterpunkten des idealen Gitters eines gegebenen Kristalls befinden.

Der letzte Summand auf der rechten Seite von (5.1), der die Wechselwirkung der Elektronen untereinander beschreibt, gestattet es in Strenge nicht, die Schrödinger-Gleichung des Hamilton-Operators H_e in eine Einelektronengleichung zu überführen. Man kann jedoch versuchen, die Wechselwirkung zwischen den Elektronen durch eine Wechselwirkung der Elektronen mit einem effektiven äußeren Feld zu ersetzen, wobei dieses äußere Feld in bestmöglicher Weise zu wählen ist. Stellen wir zunächst die Frage nach seiner Bestimmung zurück. Dann bedeutet die Einführung des effektiven Feldes, daß wir den Hamilton-Operator H_e durch

$$H_e' = \sum_i H_i, \qquad H_i = -\frac{\hbar^2}{2m_0} \nabla_i^2 + U_0(\boldsymbol{r}_i) + U'(\boldsymbol{r}_i) \tag{5.2}$$

ersetzen, wobei $U'(\boldsymbol{r}_i)$ die Wechselwirkungsenergie des i-ten Elektrons mit dem effektiven Feld ist. Die Schrödinger-Gleichung (2.5a) nimmt die Gestalt

$$\sum_i H_i(\boldsymbol{r}_i)\, \chi = E(R)\, \chi \tag{5.3}$$

an. In Gl. (5.3) können die Variablen separiert werden, d. h., wir können setzen

$$\chi(\boldsymbol{r}_1, \ldots, \boldsymbol{r}_N) = \prod_{j=1}^{N} \psi(\boldsymbol{r}_j). \tag{5.4}$$

Hierbei ist N die Gesamtzahl der Valenzelektronen. Mit ψ bezeichnen wir die einstweilen noch unbekannten Funktionen, die jeweils nur von den Koordinaten (Lagekoordinaten und Spinvariable) eines einzigen Elektrons abhängen.

Setzt man (5.4) in (5.3) ein und beachtet, daß der Operator $H_i(\boldsymbol{r})$ nur auf die Koordinaten des i-ten Elektrons wirkt, so folgt

$$\sum_i H_i(\boldsymbol{r}_i)\, \psi(\boldsymbol{r}_i) \prod_{j \neq i} \psi(\boldsymbol{r}_j) = E \prod_{j \neq i} \psi(\boldsymbol{r}_j)\, \psi(\boldsymbol{r}_i).$$

Diese Gleichung kann nur erfüllt werden, wenn

$$H_i \psi(\boldsymbol{r}_i) = E_i \psi(\boldsymbol{r}_i) \tag{5.5}$$

gilt, wobei E_i von r unabhängig ist und außerdem

$$\sum_i E_i = E \tag{5.6}$$

gilt.

Gleichung (5.5) ist aber gerade die Einelektronen-Schrödinger-Gleichung. Später wird sich zeigen, daß man im idealen Gitter die effektive potentielle Energie $U'(\boldsymbol{r}_i)$ als periodische Funktion der Koordinaten definieren kann. Da nun auch die Funktion $U_0(\boldsymbol{r}_i)$ periodisch ist, erhalten wir Gl. (3.2.4), in der lediglich der Index i fehlt. Dabei ist $U = U_0 + U'$, und die Größen $\psi(\boldsymbol{r}_i)$ haben die Bedeutung von Wellenfunktionen einzelner Elektronen. Genauso wie die Wellenfunktionen ψ_i hängen die Größen E_i von den Quantenzahlen λ_i der einzelnen Elektronen ab. Wir wissen, daß Quasiimpuls und Bandindex in der Bändertheorie die Rolle dieser Quantenzahlen spielen.

Natürlich haben wir mit den bisherigen Überlegungen vom Standpunkt einer konsequenten Vielelektronentheorie aus noch keine vollständige Begründung der Bändertheorie gegeben. Der Übergang zur Einelektronentheorie ergab sich zwangsläufig aus der Ersetzung von H_e durch H_e', aber das ist natürlich noch kein Beweis für die Berechtigung dieser Ersetzung. Der Zweck der in diesem Abschnitt dargelegten Methode besteht lediglich darin, die effektive potentielle Energie so auszuwählen, daß die bestmögliche Beschreibung im Rahmen der Einelektronennäherung erreicht werden kann. Wir wenden uns nun der Auswahl des effektiven Potentials U' zu. Die Gleichung

$$\frac{1}{2} \sum_{i \neq j} U_1(\boldsymbol{r}_i - \boldsymbol{r}_j) = \sum_i U'(\boldsymbol{r}_i)$$

läßt sich in Strenge nicht befriedigen, weil auf der linken Seite eine Summe von Funktionen zweier Variabler steht, auf der rechten Seite dagegen jeder Summand nur von einer Variablen abhängt. Man kann jedoch fordern, daß obige Gleichung im Mittel erfüllt wird. Dazu definieren wir $U'(\boldsymbol{r}_i)$ als potentielle Energie des i-ten Elektrons in einem Feld, das durch die mittlere Ladungsdichte aller anderen Elektronen erzeugt wird:

$$U'(\boldsymbol{r}_i) = e^2 \sum_{j \neq i} \int \frac{|\psi_{\lambda_j}(\boldsymbol{r}')|^2}{|\boldsymbol{r}_i - \boldsymbol{r}'|} \, \mathrm{d}^3\boldsymbol{r}'. \tag{5.7}$$

Im Unterschied zu einem äußeren Feld ist die potentielle Energie $U'(\boldsymbol{r}_i)$ nicht a priori definiert, sondern hängt funktional von den Wellenfunktionen ψ_{λ_j} ab, die ihrerseits wiederum durch U' in Gl. (5.5) bestimmt werden. Ein solches Feld heißt *selbstkonsistent*[1]). Setzt man in (5.7) für $\psi_{\lambda_j}(\boldsymbol{r}')$ Bloch-Funktionen ein, so folgt in der Tat die Gitterperiodizität der Funktion $U'(\boldsymbol{r}_j)$.

Die Wellenfunktion (5.4) hat multiplikativen Charakter. Darum ist die Wahrscheinlichkeit, in dem durch die Wellenfunktion (5.4) gegebenen Zustand Elektronen in den Volumenelementen $\mathrm{d}\boldsymbol{r}_1, \mathrm{d}\boldsymbol{r}_2, \ldots, \mathrm{d}\boldsymbol{r}_N$ zu finden, gleich

$$|\chi(\boldsymbol{r}_1, \ldots, \boldsymbol{r}_N)|^2 \, \mathrm{d}^3\boldsymbol{r}_1 \cdots \mathrm{d}^3\boldsymbol{r}_N = \prod_{i=1}^{N} |\psi_{\lambda_i}(\boldsymbol{r}_i)|^2 \, \mathrm{d}^3\boldsymbol{r}_i. \tag{5.8}$$

---

[1]) Die Methode des selbstkonsistenten Feldes wurde in dieser Form schon in den zwanziger Jahren von D. Hartree für die Atomtheorie vorgeschlagen.

Nach einem bekannten Theorem der Wahrscheinlichkeitstheorie bedeutet (5.8), daß das Antreffen von Elektronen in diesen Volumenelementen völlig unabhängige Ereignisse sind. Man kann auch sagen, daß die Wellenfunktion (5.4) keine Korrelationen zwischen den Elektronen berücksichtigt. Solche Korrelationen sind aber immer vorhanden. Sie existieren aus zwei Gründen, nämlich wegen des Pauli-Prinzips und wegen der Wechselwirkung zwischen den Elektronen. Nach dem Pauli-Prinzip muß die Wellenfunktion $\psi(\boldsymbol{r}_1, \ldots, \boldsymbol{r}_N)$ eines Systems von Elektronen antisymmetrisch bezüglich der Vertauschung von Koordinaten und Spins zweier beliebiger Elektronen sein. (Das schließt die Möglichkeit aus, daß sich zwei Elektronen in ein und demselben stationären Zustand befinden.) Die Wellenfunktion (5.4) genügt dieser Antisymmetrieforderung nicht. Aus der Quantenmechanik ist bekannt, daß man zur Berücksichtigung des Pauli-Prinzips das Produkt von Funktionen $\psi(\boldsymbol{r}_j)$ auf der rechten Seite von (5.4) durch die Determinante

$$\chi = (N!)^{-1/2} \operatorname{Det} |\psi_{\lambda_i}(\boldsymbol{r}_j)| \tag{5.4'}$$

ersetzen muß. Der Faktor $(N!)^{-1/2}$ wird hier eingeführt, um χ auf 1 zu normieren. Der Index i numeriert die Zeilen und der Index j die Spalten der Determinante. Auf der rechten Seite von (5.7) erscheinen infolge der Ersetzung von (5.4) durch (5.4′) weitere Summanden, die auch die Gestalt von Integralen über die Funktionen ψ_{λ_j} haben.[1]) Diese Summanden werden „Austausch-Terme“ genannt.

Eine Korrelation, die mit der Coulombschen Abstoßung der Elektronen verbunden ist, muß sich in der Abhängigkeit der Funktion $\chi(\boldsymbol{r}_1, \ldots, \boldsymbol{r}_N)$ vom Abstand zwischen den Elektronen bemerkbar machen: Die Wahrscheinlichkeit, Elektronen in kleinen Abständen voneinander zu finden, muß sich nämlich mit einer Verkleinerung dieser Abstände verringern. Im Rahmen der Methode des selbstkonsistenten Feldes verschwindet dieser Effekt. Seine Bedeutung für die Bestimmung des elektronischen Energiespektrums hängt von der Elektronenkonzentration n und vom Entartungsgrad ab. Für den Fall starker Entartung ist die Korrelation um so kleiner, je größer die Konzentration ist. In der Tat zeigte sich im Abschnitt 5.6., daß für ein vollständig entartetes ideales Elektronengas

$$\zeta = F - E_c \sim \frac{\hbar^2 n^{2/3}}{2m} \tag{5.9}$$

gilt. Die mittlere Energie, bezogen auf ein Elektron, unterscheidet sich von diesem Ausdruck nur um einen unwesentlichen konstanten Vorfaktor und wächst somit auch wie $n^{2/3}$. Das ist eine Folge des Pauli-Prinzips, denn bei der Vergrößerung der Elektronenkonzentration müssen Zustände mit immer größer werdender Energie besetzt werden. Andererseits muß die mittlere Energie der Coulombschen Wechselwirkung U_{Coul} größenordnungsmäßig $e^2/\varepsilon\bar{r}$ sein, wobei $\bar{r} \sim n^{-1/3}$ der mittlere Abstand der Elektronen ist. (Die Dielektrizitätskonstante ε ist hier nur dann zu verwenden, wenn $\bar{r}$ wesentlich größer als die Gitterkonstante wird; andernfalls ist ε durch 1 zu ersetzen.) Es gilt

$$U_{\text{Coul}} \sim \frac{e^2}{\varepsilon} n^{1/3} \tag{5.10}$$

[1]) Die Methode des „selbstkonsistenten Feldes mit Austausch“ wurde von V. A. FOK im Jahre 1930 entwickelt. FOK zeigte, daß die Lösungen der Gleichungen des selbstkonsistenten Feldes mit Austausch die besten Einelektronenfunktionen der Form (5.4′) sind. Sie geben die besten Werte für die Energie des Systems.

und somit für ein vollständig entartetes Elektronengas

$$\frac{U_{\text{Coul}}}{\zeta} \sim \left(\frac{\varepsilon \hbar^2}{m e^2} n^{1/3}\right)^{-1}. \tag{5.11}$$

Bei einer Vergrößerung von n verkleinert sich der relative Einfluß der Wechselwirkung zwischen den Elektronen und damit auch der Einfluß der Korrelation. Ein stark entartetes Gas von Fermi-Teilchen ist dem idealen Gas um so näher, je größer die Konzentration ist.[1])

Andererseits verringert sich in einem nichtentarteten Gas der relative Einfluß der Wechselwirkung zwischen den Elektronen und somit auch die Rolle der Korrelation mit der Verkleinerung der Elektronenkonzentration.

Gleichung (5.7) zeigt, daß es sich bei dem Gleichungssystem (5.5) um ein nichtlineares Integrodifferentialgleichungssystem handelt, das sich nur mit numerischen Methoden lösen läßt.

Trotzdem findet die Methode des selbstkonsistenten Feldes (mit Austausch) gegenwärtig breite Anwendung bei der Bandstrukturberechnung von Festkörpern.[2])

17.6. Elektronen und Löcher als Elementaranregungen des Vielelektronensystems im Halbleiter

Eine zufriedenstellende Begründung der Bändertheorie des Festkörpers läßt sich im Rahmen der modernen Vielteilchentheorie geben. Eine wesentliche Rolle spielt hierbei der Begriff der Elementaranregungen des Quantenvielteilchensystems.

Das Wesen der Sache läßt sich an einem uns schon bekannten Beispiel für die Lösung eines Vielteilchenproblems gut erläutern. Wir denken hier an die kleinen Schwingungen des Kristallgitters, die im Kapitel 12. behandelt wurden. Wir stellten in diesem Kapitel fest, daß die Energie der schwach angeregten Zustände des Systems als Energie eines Gases von Quasiteilchen — eben den Elementaranregungen des Systems — aufgefaßt werden konnte. Diese Quasiteilchen wurden Phononen genannt. Da wir nur schwache Anregungen betrachteten, d. h., da die Amplituden der Atomschwingungen klein gegen die Gitterkonstante waren, erwies sich das Phononengas als ein ideales Gas. Außerdem setzte die Einführung des Phononengases keinerlei Annahmen über die Art der Wechselwirkung zwischen den Atomen voraus. Berücksichtigt man noch anharmonische Schwingungen, so führt das zu einem schwach nichtidealen Phononengas.

Das obige Beispiel illustriert die allgemeine Situation: Die schwach angeregten Zustände eines beliebigen Quantenvielteilchensystems lassen sich durch ein ideales oder schwach nichtideales Gas (bzw. mehrere Gase) von Quasiteilchen darstellen. Diese Quasiteilchen gehorchen unabhängig davon, welcher Statistik die realen Teilchen des Systems genügen, der Fermi-Dirac- oder der Bose-Einstein-Statistik[3]). Demgemäß spricht man von Fermionen- oder Bosonen-Zweigen im Spektrum der Elementaranregungen. Je nach der Natur des Systems können die Quasiteilchen

[1]) Mittels moderner Methoden der Vielteilchentheorie kann man für räumlich verteilte Elektronen den Einfluß der Korrelation auf die mittlere Energie und andere thermodynamische Eigenschaften des Elektronengases berechnen. Die Resultate sind in Übereinstimmung mit Beziehung (5.11) [3].

[2]) Eine Übersicht über Arbeiten zu dieser Thematik kann man im Buch [4] finden.

[3]) Phononen sind immer Bose-Teilchen, völlig unabhängig von der Statistik, der die Atome des Gitters gehorchen.

einen Impuls oder einen Quasiimpuls (letzteres trifft für Kristalle zu) besitzen. Außerdem können sie auch Träger von elektrischer Ladung, Spin usw. sein. Die Gesamtzahl der Quasiteilchen eines Zweiges ist in einigen Fällen konstant, in anderen dagegen veränderlich. Handelt es sich aber um geladene Quasiteilchen mit veränderlicher Gesamtzahl, so müssen unter ihnen sowohl positiv als auch negativ geladene sein. Dabei folgt aus dem Gesetz von der Erhaltung der Ladung, daß die Entstehung und Vernichtung geladener Quasiteilchen nur paarweise erfolgen kann.

Bei ihrer Bewegung durch das Kristallgitter können die Quasiteilchen Ladung, Energie usw. transportieren. Es ist nun ganz natürlich, die Ladungsträger in Halbleitern, also die Elektronen und Löcher, als Elementaranregungen des Vielelektronensystems anzusehen. Anschaulich sollte man hierbei an Zustände mit einem Überschuß bzw. mit einem Mangel an negativer Ladung („Überschuß"-Elektronen und -Löcher) denken. Um sich von der Richtigkeit des Gesagten zu überzeugen, hätte man die Struktur des Energiespektrums der Halbleiter zu untersuchen und zu zeigen, daß sich solche Quasiteilchen im äußeren elektrischen und magnetischen Feld (darunter im Störstellenfeld) so verhalten, wie man das von Leitungselektronen und Löchern erwartet. Dieses Programm läßt sich in der Tat realisieren.

Die Begründung für eine Reihe wichtiger Grundbegriffe der Bändertheorie des festen Körpers ist etwas merkwürdig: Es zeigt sich nämlich, daß diese Begriffe in aller Strenge Vielelektronencharakter tragen. Die Begriffe „Leitungsband" und „Löcherband" finden auf diese Weise eine exakte Begründung. Wir betonen jedoch, daß sich das nicht auf alle Bänder bezieht. Das Valenzband z. B. wird als Gesamtheit von Einelektronenenergien gedeutet. Mit anderen Worten, es gelingt durch das Konzept der Elementaranregungen, gerade jene Begriffe zu begründen, die man tatsächlich zur Verarbeitung und Interpretation experimenteller Ergebnisse verwendet. Dem Energiebandschema (mit lokalen Niveaus) wird eine exakte Vielelektronendeutung gegeben. Auch der Apparat der Bändertheorie findet die bekannte Deutung. Die Definitionsgleichung für das Energiespektrum der betrachteten Elementaranregungen wird näherungsweise auf die Gleichungen des selbstkonsistenten Feldes mit Austausch zurückgeführt. Gleichzeitig werden im Rahmen dieser Näherung auch eine Reihe von Vielelektroneneffekten berücksichtigt. Einem dieser Effekte begegneten wir schon im Abschnitt 13.9. Wir meinen die kollektiven Dichteschwankungen des Ladungsträgergases. Genauso wie im Fall der Gitterschwingungen lassen sich den Plasmawellen Schwingungsquanten mit der Energie $\hbar\omega_{\mathrm{Pl}}$ zuordnen. Diese Quanten werden als Plasmonen bezeichnet.

Wir betonen, daß das oben Gesagte nicht bedeutet, daß nun die gesamte Coulombsche Wechselwirkung zwischen den Ladungsträgern (darunter auch zwischen Elektronen und Löchern) durch die Einführung des selbstkonsistenten Feldes berücksichtigt ist. Das Ladungsträgergas erweist sich vielmehr als nichtideal. Mit der Nichtidealität verbundene Effekte heißen *Korrelationseffekte*. Einen von ihnen lernen wir im Abschnitt 17.7. kennen.

Polaronen sind Elementaranregungen, die infolge der Coulombschen Wechselwirkung zwischen freien Elektronen (Löchern) und schwingungsfähigen Gitterionen entstehen.

Solange wir keine Erscheinungen betrachten, die wesentlich mit der Nichtidealität des Ladungsträgergases verknüpft sind und auch das Energiespektrum nicht berechnen, trägt der Unterschied zwischen den „wechselwirkungsfreien Elektronen" der Bändertheorie und den „Quasiteilchen" der Vielelektronentheorie nur verbalen Charakter. Man kann beide Ausdrucksweisen verwenden. Wir wollen nun zeigen, wie in den beiden Sprachen ein und dieselbe Erscheinung — Absorption und Emission des Lichts in störstellenfreien Halbleitern — zu beschreiben ist. Zur Veranschaulichung stellen wir das in Form einer Tabelle dar. In der Mittelspalte sind stichwortartig Zustände, Prozesse oder eine beobachtbare Größe notiert. Links sind Ausführungen dazu in der Sprache der Einelektronentheorie und rechts in der Sprache der Elementaranregungen gemacht.

Tabelle 17.1

Sprache der Einelektronentheorie		Sprache der Elementaranregungen
Leitungsband leer, Valenzband vollständig gefüllt	Grundzustand des Halbleiters	Keine Leitungselektronen, keine Löcher
Kleinster energetischer Abstand zwischen Leitungsband und Valenzband	Breite der verbotenen Zone	Minimale Energie zur Erzeugung eines Elektron-Loch-Paares
Leitungsband teilweise gefüllt, im Valenzband existieren leere Plätze.	Angeregter Zustand des Halbleiters	Eine gewisse Anzahl von Elektronen und Löchern existiert. Ihre Energie variiert in den Grenzen von Elektronen- und Löcherband.
Übergang eines Elektrons aus dem Valenzband ins Leitungsband	Absorption von Lichtquanten	Erzeugung eines Elektron-Loch-Paares
Übergang eines Elektrons aus dem Leitungsband ins Valenzband unter Aussendung eines Lichtquants	Rekombinationsstrahlung	Vernichtung von Elektron und Loch unter Aussendung eines Lichtquants

In der gleichen Weise kann man auch Prozesse beschreiben, an denen z. B. Störstellen beteiligt sind. Die Äquivalenz der beiden Sprachen ist so lange gewährleistet, wie man sich nur für die Beschreibung eines Prozesses und nicht für die Berechnung seiner Wahrscheinlichkeit interessiert. So verschwindet zum Beispiel im Rahmen der Einelektronentheorie der Effekt der Wechselwirkung zwischen Leitungselektron und Loch, die durch Absorption eines Lichtquants gebildet werden. Zugleich erweist sich dieser Effekt in bestimmten Fällen, die wir im nächsten Abschnitt und im Kapitel 18. betrachten werden, als wesentlich.

17.7. Exzitonen

In einer Reihe von Stoffen (V_2O_5, einige Molekülkristalle) ist die Absorption von Licht etwas unterhalb der fundamentalen Absorptionskante nicht von Photoleitung begleitet (photoelektrische Inaktivität). In anderen Stoffen (Cu_2O, CdS) führt die Lichtabsorption für Frequenzen nahe bei $E_g/\hbar$ zur Photoleitung, aber die Größe des Photostroms erweist sich als der Störstellenkonzentration proportional.

Zur Erklärung dieser Erscheinungen führten JA. I. FRENKEL' und P. PEIERLS den Begriff des Exzitons[1]) — eines neutralen Quasiteilchens — ein. Das Exziton stellt den gebundenen Zustand eines Elektrons und eines Loches dar, der infolge der Coulombschen Anziehung beider entsteht. Bildet sich ein Exziton, so bewegen sich Elektron und Loch gemeinsam als ein Ganzes durch den Kristall.

Die beiden oben angeführten Fakten kann man damit erklären, daß die Absorption des Lichts im betrachteten Frequenzbereich zur Exzitonenbildung führt. In der Tat fällt das Exziton wegen seiner elektrischen Neutralität für die Stromübertragung aus, und bei Stößen mit Störstellen kann es zur Ionisierung des Exzitons und damit zur Bildung zweier freier Ladungsträger kommen. Bei größeren Photonenenergien werden dann auch Übergänge möglich, die mit der Bildung schneller Paare freier Ladungsträger verbunden sind.

Wir berechnen das Energiespektrum eines Exzitons für ein sehr einfaches Modell des Halbleiters. Wir gehen davon aus, daß die Extremalwerte der Energien von Elektron und Loch (untere Kanten der entsprechenden Bänder) im Zentrum der Brillouin-Zone liegen und daß außerdem die Dispersionsgesetze in der Nähe dieser Bandextrema

$$E_n(\boldsymbol{p}) = E_g + \frac{\boldsymbol{p}_n^2}{2m_n}, \qquad E_p(\boldsymbol{p}) = \frac{\boldsymbol{p}_p^2}{2m_p} \tag{7.1}$$

lauten. Hierbei sind $E_n(E_p)$ und $\boldsymbol{p}_n(\boldsymbol{p}_p)$ die Energie und der Quasiimpuls des Elektrons (Loches). Als Energienullpunkt wurde die obere Valenzbandkante (d. h. die untere Löcherbandkante) gewählt.

Wir nehmen ferner an (das wird durch die nachfolgenden Rechnungen gerechtfertigt), daß der Exzitonendurchmesser (mittlerer Abstand von Elektron und Loch des Exzitons) groß gegen die Gitterkonstante ist. Dann darf man zur Beschreibung des Exzitons die Effektivmassenmethode anwenden. Die entsprechende Schrödinger-Gleichung lautet

$$-\frac{\hbar^2}{2m_n}\nabla_n^2\psi - \frac{\hbar^2}{2m_p}\nabla_p^2\psi - \frac{e^2}{\varepsilon\,|\boldsymbol{r}_n - \boldsymbol{r}_p|}\,\psi + E_g\psi = E\psi, \tag{7.2}$$

wobei $\boldsymbol{r}_n$ und $\boldsymbol{r}_p$ die Radiusvektoren von Elektron und Loch, ∇_n^2 und ∇_p^2 die Laplace-Operatoren bez. Elektronen- und Löcherkoordinaten und $\psi(\boldsymbol{r}_n, \boldsymbol{r}_p)$ die Wellenfunktion des betrachteten Zweiteilchensystems sind. Mit E bezeichnen wir den entsprechenden vom Kristallgrundzustand aus gezählten Energieeigenwert.

Die Dielektrizitätskonstante ε hätte man in Strenge eigentlich bei der Frequenz $\omega_e = \frac{1}{\hbar}\,|E_g - E|$ zu nehmen; da aber in vielen Halbleitern ω_e weit vom Dispersionsgebiet entfernt ist, darf man unter ε die statische Dielektrizitätskonstante verstehen.

Der Grenzübergang zur Bändertheorie läßt sich vollziehen, indem man den dritten Summanden auf der linken Seite von (7.2) streicht. In diesem Fall nimmt die Wellenfunktion ψ die Gestalt

$$\psi \equiv \psi_0 = A \exp\left[\frac{i}{\hbar}(\boldsymbol{p}_n, \boldsymbol{r}_n) + \frac{i}{\hbar}(\boldsymbol{p}_p, \boldsymbol{r}_p)\right] \tag{7.3}$$

an, wobei A ein Normierungsfaktor ist. Die entsprechende Energie E ergibt sich als Summe der beiden Ausdrücke (7.1). Es gilt in diesem Fall $E \geqq E_g$.

---

[1]) Vom englischen Wort „excitation" — Anregung.

Bei Berücksichtigung der Wechselwirkung zwischen Elektron und Loch ändert sich die Situation. Die Lösung von Gleichung (7.2) läßt sich in diesem Fall ohne Schwierigkeiten finden. Man hat nur zu beachten, daß (7.2) vollständig identisch mit der Schrödinger-Gleichung des Wasserstoffatoms ist. Die Massen m_p und m_n entsprechen der Kernmasse und der Masse des freien Elektrons, und die Differenz $E - E_g$ entspricht dem Energieeigenwert des Atoms.

Wir führen nun die Relativkoordinaten $\boldsymbol{r}$ und die Massenmittelpunktskoordinaten $\boldsymbol{R}$ ein gemäß

$$\boldsymbol{r} = \boldsymbol{r}_n - \boldsymbol{r}_p, \qquad \boldsymbol{R} = \frac{m_n \boldsymbol{r}_n + m_p \boldsymbol{r}_p}{m_n + m_p} \tag{7.4}$$

sowie die Gesamtmasse m und die reduzierte Masse m_r gemäß

$$m = m_n + m_p, \qquad m_r = \frac{m_n m_p}{m_n + m_p}.$$

Dann läßt sich Gl. (7.2) in

$$-\frac{\hbar^2}{2m} \nabla_R^2 \psi - \frac{\hbar^2}{2m_r} \nabla_r^2 \psi - \frac{e^2}{\varepsilon r} \psi = (E - E_g)\, \psi \tag{7.2'}$$

umformen.

Bis auf die Normierungskonstante hat die Lösung der Gl. (7.2′) die Gestalt

$$\psi(\boldsymbol{r}, \boldsymbol{R}) = e^{\frac{i}{\hbar}(\boldsymbol{p}, \boldsymbol{R})} \chi(\boldsymbol{r}), \tag{7.5}$$

wobei $\chi(\boldsymbol{r})$ eine neue unbekannte Funktion und $\boldsymbol{p}$ ein Vektor mit reellen Komponenten ist. Für $\chi(\boldsymbol{r})$ ergibt sich die Gleichung

$$-\frac{\hbar^2}{2m_r} \nabla_r^2 \chi - \frac{e^2}{\varepsilon r} \chi = \lambda \chi \tag{7.6}$$

mit

$$\lambda = E - E_g - \frac{p^2}{2m}. \tag{7.7}$$

Das erste Glied der rechten Seite von (7.5) beschreibt die freie Bewegung des Exzitons als Ganzes. Der Vektor $\boldsymbol{p}$ ist der Gesamt-Quasiimpuls des Exzitons. Durch die Funktion $\chi(\boldsymbol{r})$ wird schließlich die Relativbewegung von Elektron und Loch beschrieben.

Bis auf die Ersetzung $m_r \to m$ fällt Gl. (7.6) mit der uns schon bekannten Schrödinger-Gleichung (4.7.2) einer wasserstoffähnlichen Störstelle zusammen. Es existieren 2 Typen von Lösungen der Gleichung (7.6), die nun betrachtet werden sollen.

a) Lösungen, die zum kontinuierlichen Spektrum gehören. Diese Lösungen existieren für $\lambda \geqq 0$, also gemäß (7.7) für beliebige Energien E, die der Ungleichung

$$E \geqq E_g + \frac{p^2}{2m} \tag{7.8a}$$

genügen. Die Funktion $\chi(\boldsymbol{r})$ ist von der Art, daß die Wahrscheinlichkeit, Elektron und Loch in einem beliebigen — auch sehr großen — Abstand voneinander zu finden, von Null verschieden ist. Damit entspricht die Funktion $\chi(\boldsymbol{r})$ den Bandzuständen (7.3):

Elektron und Loch sind nicht aneinander gebunden, sondern bewegen sich unabhängig voneinander. Wir haben es mit einem Paar freier Ladungsträger zu tun, die einander lediglich wechselseitig streuen.

Die Energie von Photonen, die solche Ladungsträgerpaare erzeugen können, ist durch die Ungleichung (7.8a) definiert. Der Quasiimpuls $\boldsymbol{p}$ ist hierbei nicht willkürlich, denn bei der Lichtabsorption durch einen idealen Kristall muß die Summe der Quasiimpulse von Elektron und Loch (Gesamtimpuls des Elektron-Loch-Paares) bis auf reziproke Gittervektoren gleich dem Photonenimpuls sein. (Dieser Sachverhalt wird im Abschnitt 18.5. noch bewiesen.) Wegen des großen Wertes der Lichtgeschwindigkeit ist der Photonenimpuls gewöhnlich so klein (ausführlicher siehe Abschnitt 18.5.), daß man näherungsweise $\boldsymbol{p} = 0$ setzen kann.

b) Lösungen, die zum diskreten Spektrum gehören. Solche Lösungen existieren für $\lambda < 0$. Die möglichen Werte von λ ergeben sich aus der Bohrschen Formel

$$\lambda = -\frac{m_r e^4}{2\varepsilon^2\hbar^2 n^2}, \tag{7.9}$$

wobei $n = 1, 2, \ldots$ die Hauptquantenzahl ist. Gemäß (7.7) muß somit

$$E = E_g + \frac{p^2}{2m} - \frac{m_r e^4}{2\varepsilon^2\hbar^2 n^2} < E_g + \frac{p^2}{2m} \tag{7.8b}$$

gelten. Insbesondere erhalten wir für $\boldsymbol{p} = 0$ (ruhendes Exziton) eine Serie diskreter wasserstoffartiger Energieniveaus mit Anregungsenergien kleiner als E_g.

Die Funktionen $\chi(\boldsymbol{r})$, die zu den Eigenwerten (7.9) gehören, fallen mit wachsendem Abstand r zwischen Elektron und Loch schnell (exponentiell) ab. Beispielsweise entspricht dem niedrigsten Energieniveau ($n = 1$) die Wellenfunktion

$$\chi = \text{const} \cdot \exp(-r/a_e), \tag{7.10}$$

wobei const die Normierungskonstante und

$$a_e = \varepsilon\hbar^2/m_r e^2 \tag{7.11}$$

der Bohrsche Exzitonenradius ist.

Die Funktion (7.10) beschreibt den gebundenen Zustand von Elektron und Loch, das Exziton. Mit großer Wahrscheinlichkeit ist der Abstand von Elektron und Loch gleich a_e. Für typische Werte von ε, m_n und m_p übertrifft der Bohrsche Exzitonenradius die Gitterkonstante wesentlich, so daß die von uns angewandte Näherung gerechtfertigt ist.

Die Energie der Photonen, bei deren Absorption Exzitonen des betrachteten Typs entstehen, ist durch Gl. (7.8b) (für $\boldsymbol{p} = 0$) gegeben. Im Unterschied zum Fall a erweisen sich diese Energien als diskret.

Bei Frequenzen oberhalb $E_g/\hbar$ muß nach den bisherigen Darlegungen ein kontinuierliches Absorptionsband (fundamentale Absorptionskante) entstehen. Im Gegensatz dazu erwarten wir unterhalb der Frequenz $E_g/\hbar$ eine Serie diskreter wasserstoffartiger Linien, die in der Tat experimentell in Kupfer(I)oxid und anderen Materialien (erstmals von E. F. Gross und seinen Mitarbeitern) nachgewiesen wurden.[1])

[1]) Gross, E. F., Uspechi fizičeskich nauk 63 (1957) 576.

Auch in Halbleitern mit komplizierterer Bandstruktur existieren exzitonische Zustände mit einer Anregungsenergie kleiner als E_g. Allerdings wird die konkrete Struktur des exzitonischen Energiespektrums komplizierter. Wir betrachten beispielsweise ein Material vom Germaniumtyp, in dem das Minimum des Leitungsbandes und das Maximum des Valenzbandes in verschiedenen Punkten der Brillouin-Zone liegen. Dabei befindet sich in dem Punkt der Brillouin-Zone, in dem das Valenzband das Maximum hat, ein Nebenminimum des Leitungsbandes (Abb. 3.9). Dieser Punkt ist in unserem Fall das Zentrum der Brillouin-Zone. Hier können zwei Typen von Exzitonen existieren, die gewöhnlich als „direkte" und „indirekte" Exzitonen bezeichnet werden. Diese entstehen aus Löchern und Elektronen, die entweder zum Neben- oder zum Hauptminimum gehören. Mit dem komplizierteren exzitonischen Energiespektrum ist auch ein komplizierteres optisches Absorptionsspektrum verbunden.

Bislang wurden die gebundenen Zustände des Exzitons mit „großem Radius" betrachtet (d. h., a_e ist groß gegen die Gitterkonstante). Dieses Exziton nennt man gewöhnlich Wannier-Mottsches Exziton. Solche Exzitonen treten in Kristallen vom Germaniumtyp und in ähnlichen Kristallen auf. In anderen Materialien (insbesondere in Molekülkristallen) existiert noch ein zweiter Exzitonentyp, der gewöhnlich als Frenkel-Exziton bezeichnet wird. Die Radien der letztgenannten Exzitonen sind von der Größenordnung der Gitterkonstanten, so daß es sich im Grunde bei diesen Exzitonen um nichts anderes als angeregte Zustände des einzelnen Atoms (oder Moleküls) handelt, die die Fähigkeit zum Platzwechsel haben.[1])

Schließt man sehr schmale verbotene Zonen aus, so ist die thermisch bedingte Konzentration der Wannier-Mottschen Exzitonen gewöhnlich sehr klein. Größere Exzitonenkonzentrationen N_e lassen sich mit Hilfe von Licht erzeugen. Benutzt man einen Laser als Lichtquelle, so lassen sich für N_e Werte von der Größenordnung 10^{18} cm^{-3} und mehr erreichen. Dabei wird der mittlere Abstand zwischen den Exzitonen, der von der Größenordnung $N_e^{-1/3}$ ist, mit dem Bohrschen Radius (7.11) vergleichbar. Unter solchen Bedingungen dürfen die Exzitonen nicht mehr als unabhängige Quasiteilchen angesehen werden. Wir haben es hier mit einem stark nichtidealen Exzitonengas zu tun. Bei hinreichend hohen Dichten und tiefen Temperaturen muß das Exzitonengas genauso wie jedes andere Gas kondensieren. Das Experiment zeigt bei Heliumtemperaturen in Halbleitern für die erwähnten hohen Werte von N_e in der Tat das Auftreten von exzitonischen „Tropfen"[2]). Dieselben lassen sich beispielsweise durch Streuung von Licht an ihnen nachweisen [7]. Die Ausdehnung der Tropfen kann einige hundert Mikrometer und mehr betragen.

17.8. Flache Störstellenniveaus bei Berücksichtigung der Abschirmung

Die Wechselwirkung zwischen den Elektronen führt zur Abschirmung der elektrischen Felder, die sowohl von den Ladungsträgern als auch von Störstellenatomen, anderen Strukturfehlern des Gitters oder äußeren Quellen erzeugt werden. Es gibt nun Probleme (siehe z. B. Abschnitt 14.5.), bei denen sich die Berücksichtigung der

---

[1]) Zum Erwerb weitergehender Kenntnisse zu diesem Problemkreis seien die Bücher [5–7] empfohlen.

[2]) *Anm. d. Red. d. deutschsprach. Ausg.*: Gemeint sind nicht Tropfen einer Exzitonenflüssigkeit, sondern einer Elektron-Loch-Flüssigkeit.

Abschirmung als prinzipiell notwendig erweist. Im Rahmen der Einelektronentheorie ist die Berücksichtigung der Abschirmung eigentlich inkonsequent. Allerdings kann man ein solches Vorgehen vom Standpunkt der Vielelektronentheorie des Festkörpers begründen. Dabei erhält man auch ein Verfahren zur Berechnung der potentiellen Energie δU eines Ladungsträgers unter Berücksichtigung der Abschirmung. Insbesondere folgen für δU bei genügend großem Abschirmradius r_0 die uns schon bekannten Ausdrücke (Anhang: (A 12.6a) und (A 12.6b)), die für $r_0^3 n \gg 1$ gültig sind. Hierbei ist n die Konzentration der abschirmenden Ladungsträger. Zur Bestimmung des Energiespektrums der Elektronen und Löcher, die als Elementaranregungen angesehen werden, erhält man eine Schrödinger-Gleichung mit dem abgeschirmten Potential δU.[1])

Wir betrachten nun den Einfluß der Abschirmung auf das Energiespektrum einer wasserstoffähnlichen Störstelle (Abschnitt 4.7.). Die entsprechende Schrödinger-Gleichung hat die Gestalt

$$-\frac{\hbar^2}{2m} \nabla^2\psi + \delta U \cdot \psi = E\psi. \tag{8.1}$$

Die Energie E wird hier, wenn es um Elektronen geht, von der Leitungsbandkante aufwärts oder, wenn es die Löcher betrifft, von der Valenzbandkante abwärts gezählt. Das wurde im Abschnitt 4.7. genauso gehandhabt. Für $\delta U(r)$ kann man beispielsweise den Ausdruck

$$\delta U = -\frac{e^2}{\varepsilon r} \exp(-r/r_0) \tag{8.2}$$

verwenden (Anhang (A 12.7)). Für das folgende ist jedoch die konkrete Gestalt der Funktion δU nicht so wichtig. Wir fordern nur, daß die Bedingung

$$\left|\int \delta U(\boldsymbol{r}) \, \mathrm{d}^3\boldsymbol{r}\right| < \infty \tag{8.3}$$

erfüllt ist (man spricht dann von kurzreichweitigen Kräften).

Für $r_0 \to \infty$ (Voraussetzung des Abschnittes 4.7.) hat Gl. (8.1) eine unendliche Zahl von diskreten Eigenwerten ($E < 0$), die Zuständen entsprechen, in denen das Elektron an einen Donator gebunden ist bzw. das Loch an einen Akzeptor. Bei einem endlichen Abschirmradius ist die Zahl der diskreten Energieniveaus begrenzt; insbesondere können die diskreten Energieniveaus völlig fehlen. Das liegt daran, daß infolge der Unschärferelation eine Lokalisierung eines Elektrons in kleinem Abstand vom „Kern" (Atomrumpf eines Donators) nicht möglich ist. Nehmen wir einmal an, daß sich ein Elektron mit großer Wahrscheinlichkeit nur in einem Abstand vom Kern aufhalten kann, der den Wert $\bar{r}$ nicht überschreitet. Die Größe $\bar{r}$ kann man als Unschärfe der Radialkoordinate ansehen. Die Unschärfe des zugehörigen Radialimpulses ist dann größenordnungsmäßig $\hbar/\bar{r}$. Somit haben mittlere kinetische Energie und Gesamtenergie die Größenordnung $\hbar^2/2m\bar{r}^2$ bzw.

$$E \simeq \frac{\hbar^2}{2m\bar{r}^2} - \frac{e^2}{\varepsilon\bar{r}} \exp\left(-\frac{\bar{r}}{r_0}\right). \tag{8.4}$$

Bildet man das Minimum der rechten Seite von (8.4) bez. $\bar{r}$, so findet man für $r_0 \to \infty$ (Wasserstoffatom) $\bar{r} = a_B$ und $E = E_B$. Weiterhin ist offenkundig, daß bei

[1]) Das bezieht sich auch auf die Theorie des Exzitons. Gleichung (7.2) ist nur im Falle schwacher Abschirmung, wenn $r_0 \gg a_e$ gilt, richtig.

genügend kleinen Werten $\bar{r}$ die Energie E positiv wird, d. h., ein stark lokalisierter Zustand kann nicht existieren. Andererseits tritt bei kleinem Abschirmradius die Situation ein, daß die Anziehungskraft, die ein Donator auf ein Elektron ausübt, bei großen Abständen des Elektrons vom Donator praktisch verschwindet. Hieraus folgt, daß Störstellenniveaus, die ohne Abschirmung wasserstoffähnlich wären, verschwinden müssen, wenn r_0 in die Größenordnung des Radius der entsprechenden Bahn kommt. Insbesondere muß das gesamte diskrete Spektrum bei $r_0 \sim \varepsilon\hbar^2/me^2$ verschwinden.

Gemäß (A 12.6a) und (A 12.6b) hängt der Abschirmradius von der Temperatur und der Konzentration der abschirmenden Ladungsträger ab. Letztere können auch im Nichtgleichgewicht sein: Injizierte Ladungsträger z. B. bewirken durchaus einen Abschirmeffekt, wenn ihre Lebensdauer größer als die Maxwellsche Relaxationszeit ist. Somit kann man das Energiespektrum von Störstellen in gewissen Grenzen variieren, indem man die Versuchsbedingungen verändert. Das Verschwinden der diskreten Energieniveaus durch starke Injektion von Ladungsträgern wurde experimentell beobachtet: Mit der Zunahme der Injektion verschwinden die Linien der Rekombinationsstrahlung, die mit den Übergängen „Donatorniveau—Valenzband" verbunden sind.

17.9. Rekombinationsmechanismen

Wie im Kapitel 9. gezeigt wurde, benötigt man zur Beschreibung von Rekombinationsprozessen den Rekombinationskoeffizienten α für direkte Interbandübergänge, die Energieniveaus und die Entartungsfaktoren der Rekombinationszentren sowie auch die beiden Einfangskoeffizienten α_n und α_p für jedes Niveau dieser Zentren. Man erkennt aus den Gleichungen (9.3.3) und (9.4.3), daß die Einfangskoeffizienten durch die Wahrscheinlichkeit der entsprechenden Prozesse, aber auch durch die Art der Verteilungsfunktionen $f(\boldsymbol{p})$ des Leitungs- und des Löcherbandes bestimmt werden. Im Falle des Nichtgleichgewichts unterscheidet sich f von der Fermi-Funktion. Hier beschreibt f den möglichen Einfluß der Aufheizung der Ladungsträger auf die Rekombinationsgeschwindigkeit. In diesem Abschnitt werden wir untersuchen, von welchen physikalischen Faktoren die Werte der Einfangkoeffizienten und die Art ihrer Änderung mit der Temperatur abhängen.

Die wichtige Rolle der Haftstellen beim Rekombinationsprozeß resultiert aus zwei Umständen. Erstens braucht z. B. ein Elektron, das aus dem Leitungsband kommend von einer Haftstelle eingefangen wird, nur eine kleinere Energie an das umgebende Gitter abzugeben als beim Übergang ins Valenzband. Aus diesem Grunde kann die Wahrscheinlichkeit des ersten Prozesses bedeutend größer als die des zweiten sein.

Zweitens braucht beim Einfang eines Elektrons oder Lochs durch eine Haftstelle das Erhaltungsgesetz des Quasiimpulses nicht erfüllt zu werden. In der Tat wechselwirkt der Ladungsträger dabei nicht nur mit dem idealen Gitter, sondern auch mit einer atomaren Störstelle oder einem anderen Strukturdefekt, der als Haftstelle wirkt. Aus diesem Grunde ist die potentielle Energie des Ladungsträgers nicht gitterperiodisch. Die Wellenfunktion eines Elektrons an einer Haftstelle hat nicht die Gestalt (3.2.15). Sie ist räumlich lokalisiert, und ein Elektron besitzt in solchem Zustand keinen wohldefinierten Quasiimpuls. Die Unschärfe des Quasiimpulses ist für tiefe Haftstellen besonders groß. Daher sind die von solchen Haftstellen eingefangenen Ladungsträger in einem verhältnismäßig kleinen Raumgebiet lokalisiert. Andererseits treffen wir im Falle kleiner Wechselwirkung mit der Haftstelle, d. h. bei einer geringen Ionisierungsenergie der Haftstelle, eine Vergrößerung des Lokalisierungsgebietes und einer Verkleinerung der Quasiimpulsunschärfe Δp an. Welchen Wert Δp man als groß oder klein ansehen muß, hängt von der konkreten Problemstellung ab. Beim Einfang eines Elektrons (oder Lochs) muß Δp mit dem „Temperaturimpuls" p_T verglichen werden (Voraussetzung ist dabei ein nichtentartetes freies Ladungsträgergas).

Aus den Überlegungen des vorhergehenden Abschnitts, die zu der Gleichung (8.4) führten, ergibt sich für die lineare Ausdehnung des Lokalisierungsgebietes größenordnungsmäßig $\hbar/\sqrt{m\,|E|}$ und somit für die Impulsunschärfe $\sqrt{m/|E|}$.[1]) Unter E hat man hier die Ionisierungsenergie des betreffenden lokalen Niveaus zu verstehen. (Für angeregte Niveaus kann diese Größe bedeutend kleiner sein als die Ionisierungsenergie der Haftstelle. Die Ionisierungsenergien sind durch $E_c - E_t$ für Elektronen und $E_t - E_v$ für Löcher definiert.)

Somit ist für $|E| \ll kT$ die Quasiimpulsunschärfe klein und für $|E| \gg kT$ groß. Im ersten Fall kann man ein Elektron beim Einfang durch eine Haftstelle als „fast frei" ansehen, und das Gesetz von der Erhaltung des Quasiimpulses muß näherungsweise erfüllt sein. Im zweiten Fall braucht nicht einmal näherungsweise die Erfüllung des Quasiimpulserhaltungssatzes gewährleistet zu werden. Unter dem Gesichtspunkt der Vergrößerung der Einfangwahrscheinlichkeit ist das vorteilhaft, weil jetzt der Einfang aus einem beliebigen Punkt der Brillouin-Zone erfolgen kann.

Die Einfangwahrscheinlichkeit durch eine Störstelle hängt vom Anfangs- und Endzustand des Ladungsträgers, aber auch von der Art der Abgabe der beim Einfang freiwerdenden Energie ab. Man kann auch sagen, daß zur Berechnung von α_n und α_p folgende Informationen benötigt werden:

a) Wellenfunktion des Systems „Gitter + freier Ladungsträger",
b) Wellenfunktion des Systems „Gitter + eingefangener Ladungsträger",
c) Typ des Wechselwirkungsoperators des Ladungsträgers mit seiner Gitterumgebung.

Für hinreichend flache Haftstellen kann man die Wellenfunktionen der Ladungsträger mit Hilfe der Effektivmassenmethode (Abschnitt 4.4.) bestimmen. Bei der Rekombination interessiert man sich jedoch oft mehr für tiefe Einfangszentren mit Ionisierungsenergien, die vergleichbar sind mit der halben Breite der verbotenen Zone. Die Theorie für solche Zentren ist gegenwärtig noch nicht abgeschlossen. Deshalb gelingt es nicht immer, die Einfangkoeffizienten α_n und α_p vollständig zu berechnen. Dennoch kann man, wie wir noch sehen werden, die Temperaturabhängigkeit dieser Koeffizienten in einer Reihe von wichtigen Fällen bestimmen.

Information c) ist ihrem Wesen nach als Teil der allgemeinen Aufgabe, das Energiespektrum eines Halbleiters zu berechnen, anzusehen. In der Tat kann die beim Ladungsträgereinfang freiwerdende Energie prinzipiell an jede beliebige Elementaranregung des Systems „Elektronen + Gitter" abgegeben werden. In Abhängigkeit von der konkreten Beschaffenheit dieser Elementaranregungen spricht man von diesem oder jenem Rekombinations- (oder Einfang-) Mechanismus. Wie bei den Band-Band-Übergängen (Abschnitt 9.1.) sind hier diejenigen Prozesse die interessan-

[1]) Bei der Anwendung auf tiefe Haftstellen hat diese Abschätzung nur Orientierungswert, weil die Effektivmassennäherung in diesem Falle nicht verwendet werden darf.

testen, bei denen die Energie auf Photonen, Phononen und andere Ladungsträger übertragen wird. Wir sprechen dann vom Strahlungsmechanismus, Phononenmechanismus oder Stoßmechanismus.

Der Einfangmechanismus hängt wesentlich vom Ladungszustand der Haftstelle vor dem Einfang (geladen oder neutral) und vom Vorzeichen des Verhältnisses von Haftstellenladung zur Ladung des einzufangenden Teilchens ab (Vorhandensein von Coulomb-Anziehung oder Coulomb-Abstoßung des einzufangenden Teilchens). Wir betrachten diese Fälle getrennt.

Beim Einfang mit Anziehung sind die Einfangquerschnitte sehr groß. Dieser Fall liegt beispielsweise beim Löchereinfang durch die Akzeptorzentren Cu^-, Cu^{--}, Au^- und Au^{--} in Germanium vor. Die Einfangquerschnitte für Löcher durch solche Zentren liegen bei Zimmertemperaturen in den Grenzen $10^{-16} \ldots 10^{-13}$ cm² und vergrößern sich bei Herabsetzung der Temperatur. Intensitätsmessungen der Rekombinationsstrahlung zeigen, daß Photonen nur einen sehr kleinen Teil der freiwerdenden Energie abführen und die Übergänge somit hauptsächlich strahlungslos erfolgen.

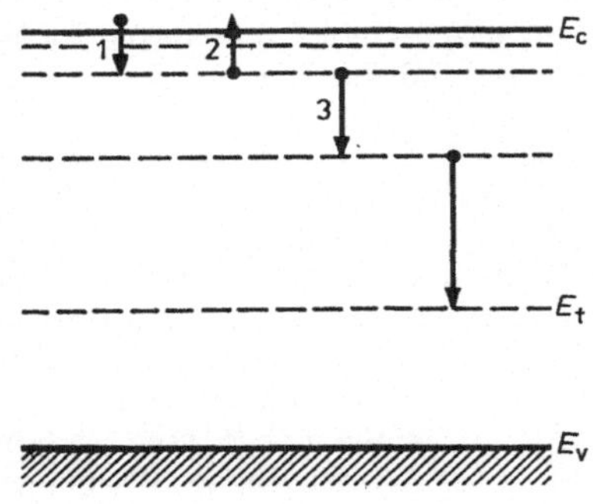

Abb. 17.1
Schematische Darstellung des Elektroneneinfangs durch eine anziehende Haftstelle infolge des Kaskadenprozesses

Die beobachtete Größenordnung der Einfangquerschnitte und ihre Temperaturabhängigkeit kann man gut mit der Vorstellung erklären, daß die Energie an die Gitterschwingungen mit Hilfe eines etwas merkwürdigen Prozesses übertragen wird. Die beim Einfang freiwerdende Energie liegt gewöhnlich in den Grenzen von 0,1 bis 1 eV. Damit übertrifft sie die maximale Energie eines Phonons bedeutend. Für die Freisetzung der gesamten Energie ist somit die Beteiligung von mehreren Phononen erforderlich. Allerdings kann sich die Wahrscheinlichkeit der gleichzeitigen Emission aller dieser Phononen als so klein erweisen, daß es auf diesem Wege nicht gelingt, die beobachtete Größenordnung des Einfangquerschnitts zu erklären. Dagegen stimmt eine Reihe von experimentellen Daten gut mit dem von Lax vorgeschlagenen Kaskadenmechanismus des Einfangs überein, bei dem die Phononen zeitlich nacheinander und einzeln emittiert werden. Abbildung 17.1 erläutert diesen Prozeß. Im Falle anziehender Kräfte existieren im betrachteten Störstellenatom neben dem Grundzustandsniveau noch einige angeregte Niveaus (ähnlich beispielsweise den elektronischen Niveaus im Wasserstoffatom). Daher kann ein Elektron aus dem Leitungsband zunächst von einem der hoch angeregten Niveaus eingefangen werden, so daß die freiwerdende Energie auf ein einziges Phonon übertragen werden kann (Übergang 1). Aus diesen angeregten Zuständen gelangt ein Teil der Elektronen ins Leitungsband zurück (Übergang 2), ein anderer Teil aber gelangt in tiefere Energieniveaus, wobei wieder nur ein einziges Phonon emittiert wird (Übergang 3). Indem das Elektron in der geschilderten Weise die Kette der angeregten Niveaus herabsinkt, fällt es schließlich in das tiefste Niveau, das Niveau des Grundzustandes. Wir weisen darauf hin, daß sich für die tiefsten angeregten Niveaus Einphononenprozesse dennoch als unmöglich erweisen können, weil sich der Abstand zwischen den Niveaus in dem Maße vergrößert, wie ihre Tiefe wächst (siehe Abb. 17.1). Das spielt jedoch überhaupt keine Rolle, weil das Elektron nach Erreichen tiefer angeregter Niveaus faktisch schon eingefangen ist und auf irgendeine Weise in das Grundzustandsniveau fällt. Es kann natürlich sein, daß hierbei eine große Lebensdauer des angeregten Zustandes auftritt. Aus dem Gesagten wird deutlich, daß sich die Einfangkoeffizienten bei einer Herabsetzung der Temperatur vergrößern müssen, weil sich dabei die Wahrscheinlichkeit für die Elektronen verringert, die angeregten Niveaus in Richtung Leitungsband zu verlassen. Die Art der Temperaturabhängigkeit ist durch ein Potenzgesetz beschreibbar. So gilt für den Löchereinfang durch negativ geladene Störstellenzentren in Germanium und Silizium

$$\alpha_p \sim T^{-m}, \tag{9.1}$$

wobei sich die Zahl m in den Grenzen von $\simeq 1$ bis $\simeq 5$ in Abhängigkeit von der Natur des Materials und der Störstelle ändert.

Beim phononischen Einfangmechanismus hängen die Einfangkoeffizienten α_n und α_p nicht notwendig von den Konzentrationen der Elektronen und Löcher ab. Das Experiment zeigt, daß das in vielen Halbleitern wirklich so ist. Wenn jedoch die Elektronenkonzentration n (bzw. die Löcherkonzentration) sehr groß wird, beginnt α mit steigendem n näherungsweise proportional mit n zu wachsen. So beginnt α beispielsweise bei Zimmertemperatur in Germanium für $n \gtrsim 10^{17}$ cm^{-3} von n abzuhängen. Das beweist, daß bei großen Konzentrationen von Elektronen und Löchern der Grundmechanismus des Einfangs nicht mehr der phononische Mechanismus, sondern der Stoßmechanismus ist. Eine schematische Darstellung des Einfangs von Minoritätsladungsträgern durch eine Haftstelle ist in Abb. 17.2 für Halb-

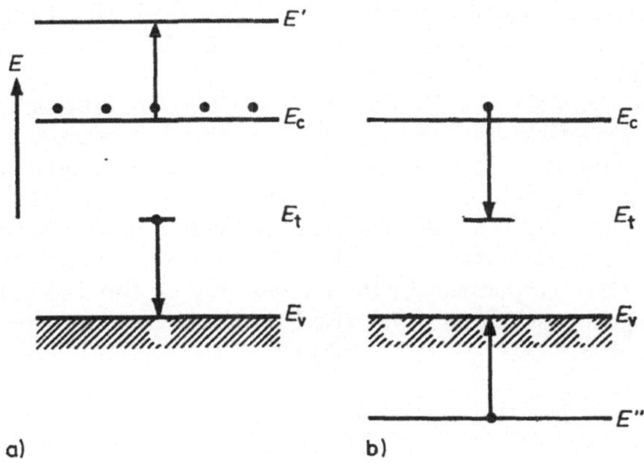

Abb. 17.2

Schematische Darstellung des Einfangs von Minoritätsladungsträgern durch eine Haftstelle infolge eines Stoßprozesses

a) Löchereinfang in Halbleitern vom n-Typ, b) Elektroneneinfang in Halbleitern vom p-Typ

leiter vom n-Typ (a) und vom p-Typ (b) gegeben. Wie schon früher zählen wir die Gesamtenergie eines Elektrons in beiden Fällen vertikal von unten nach oben. Im Fall a) (Einfang eines Loches) fällt ein Elektron vom Haftstellenniveau E_t in eines der freien Niveaus nahe der Valenzbandkante E_v herunter. Die dabei gewonnene Energie ist näherungsweise $(E_t - E_v)$ und wird einem der Majoritätsladungsträger, einem Elektron im Leitungsband (von denen sehr viele vorhanden sind), übergeben, wodurch dieses Elektron in ein höheres Leitungsbandniveau E' gehoben wird. Im Falle b) fällt ein Elektron aus einem Niveau nahe E_c in das Niveau E_t. Die dabei gewonnene Energie $(E_c - E_t)$ wird zur Beschleunigung eines freien Loches gebraucht, das dadurch ins Niveau E'' gelangt.

Einfangprozesse haben einen anderen Charakter, wenn die Haftstelle eine Ladung des gleichen Vorzeichens wie das eingefangene Teilchen trägt. Hier wirkt bei großen Abständen die Coulombsche Abstoßungskraft auf das Teilchen, und bei kleinen Abständen herrscht eine kurzreichweitige Anziehungskraft. Darum ist die potentielle Energie $V(r)$ eines Teilchens im Feld der Haftstelle von der Art, wie in Abb. 16.6 dargestellt. Das Teilchen muß eine Potentialbarriere in der Umgebung des Zentrums überwinden, um in den Bereich der anziehenden Kraft zu gelangen und somit eingefangen zu werden.

Man könnte nun erwarten, daß der Einfangquerschnitt bei abstoßenden Haftstellen um viele Größenordnungen kleiner als bei ungeladenen und anziehenden Haftstellen sein wird und daß außerdem die Einfangquerschnitte schnell kleiner werden müßten, wenn die Temperatur gesenkt wird (wie $\exp(-V_0/kT)$).

Das Experiment zeigt, daß in der Regel die Einfangquerschnitte anziehender Zentren wirklich größer als die Einfangquerschnitte abstoßender Zentren sind. Vergleicht man jedoch abstoßende und neutrale Zentren, so erweisen sich in einer Reihe von Fällen die Einfangquerschnitte S_n^- und S_n^0 als größenordnungsmäßig gleich. (Der untere Index zeigt an, welches Teilchen eingefangen wird, der obere Index bezeichnet den Ladungszustand des Zentrums vor dem Einfang.) Das wird beispielsweise in Germanium für die Atome von Au, Cu und Ni bei Zimmertemperatur beobachtet. Bei einer Senkung der Temperatur verkleinert sich der Einfangquerschnitt, wie zu erwarten, aber diese Verkleinerung ist viel schwächer, als aus klassischen Vorstellungen folgt.

Ein so verhältnismäßig schwacher Einfluß der Potentialbarriere läßt sich mit dem quantenmechanischen Tunneleffekt erklären. Da man den Durchmesser der Potentialbarriere mit der Wellenlänge der Elektronen vergleichen muß, erreichen nicht nur Elektronen mit der Energie $E > V_0$ das Zentrum, sondern auch solche, die lediglich die Energie $E < V_0$ besitzen. Dadurch wird der Einfluß der Potentialbarriere sowohl auf die Größe des Einfangquerschnitts als auch auf die Temperaturabhängigkeit derselben abgeschwächt. Die Temperaturabhängigkeit läßt sich (im Falle des Elektroneneinfangs durch negativ geladene Gold- und Kupferatome in Germanium) befriedigend durch die Formel

$$\alpha_n \sim \exp\left[-(T_0/T)^{1/3}\right] \tag{9.2}$$

beschreiben. Hierbei gilt

$$T_0 = \frac{27\pi^2 m e^4 Z^2}{2\varepsilon^2 \hbar^2 k}. \tag{9.3}$$

Z ist die Ladung des abstoßenden Zentrums in Einheiten der Elementarladung e, und die Effektivmasse m beträgt (in Ge) ungefähr $0{,}2\, m_0$.

Jedoch auch in dem soeben betrachteten Fall muß die beim Einfang freiwerdende Energie abgeführt werden, damit das Teilchen am Zentrum bleiben kann.

Im Falle neutraler Zentren und noch mehr bei abstoßenden Zentren hat man keinen Grund zu der Annahme, daß diese Zentren das notwendige reiche Spektrum von angeregten Energieniveaus besitzen, damit der phononische Kaskadenprozeß, der der effektivste wäre, ablaufen kann. Daher kommen in erster Linie nur Vielphononenprozesse und strahlende Übergänge in Frage. Die Wahrscheinlichkeit eines Vielphononenübergangs ist dank der in Abschnitt 17.3. erwähnten Änderung der Gleichgewichtslagen und der Eigenfrequenzen der Normalschwingungen beim Einfang (oder bei der Freisetzung) von Ladungsträgern von endlicher Größe. In der Tat gelten dabei die Gleichungen (12.5.15a) und (12.5.15b) nicht mehr, weil die Funktionen φ_n und $\varphi_{n'}$ im Anfangs- und Endzustand zu verschiedenen Oszillatoren gehören. Die Integrale $J^{\pm}_{nn'}$ (12.5.12) sind für beliebige Differenzen $n - n'$ von Null verschieden, d. h., es kann eine beliebige Anzahl von Phononen emittiert werden (oder absorbiert werden, wenn es sich um die Freisetzung von Ladungsträgern handelt). Dennoch verringert sich die Wahrscheinlichkeit des Prozesses beträchtlich mit der Vergrößerung der erforderlichen Phononenzahl $|n - n'|$.[1]) Deshalb kann in Abhängigkeit von der Tiefe der Haftstelle und von den Versuchsbedingungen sowohl der phononische als auch der strahlende Einfangmechanismus die dominierende Rolle spielen. Wenn beim Einfang eines Elektrons aus dem Leitungsband die freiwerdende Energie $(E_c - E_t)$ auf eine nicht zu große Anzahl von Phononen verteilt wird, kann der strahlungslose phononische Einfang zum dominierenden Prozeß werden. Sind dagegen sehr viele Phononen erforderlich, verkleinert sich die Wahrscheinlichkeit des Phononenmechanismus, und der strahlende Einfang kann zum Hauptprozeß werden. So liegen die Verhältnisse beispielsweise im Silizium beim Einfang von Elektronen durch neutrale Akzeptoratome der III. Gruppe (Bor, Gallium) bei tiefen Temperaturen. Die Energieniveaus dieser Akzeptoren liegen nahe an der Valenzbandkante, und beim Einfang eines Elektrons durch sie wird eine große Energie frei, die nahezu gleich der Breite E_g der verbotenen Zone von Silizium ist. Wegen $E_g \simeq 1$ eV übersteigt diese Energie die Maximalenergie der Phononen in Silizium um ein Vielfaches. Deshalb erfolgt der Elektroneneinfang hauptsächlich als strahlender Prozeß.

---

[1]) Eine Übersicht über die Theorie der Vielphononenübergänge kann man in Artikel [8] finden.

18. Halbleiteroptik

18.1. Absorption und Emission von Licht in Halbleitern — phänomenologische Beziehungen

Bei der Untersuchung der Lichtabsorption an Halbleitern benutzt man meist relativ schwache Lichtströme. In diesem Fall wird das Energiespektrum der Ladungsträger (bzw. des Gitters) durch die elektromagnetische Welle nicht geändert, sondern diese erzeugt entweder nur neue Elektronen-Paare (oder neue Phononen), oder sie ruft eine Umverteilung der Ladungsträger innerhalb der Energiezustände hervor. Daher hängen die Größen, die die optischen Eigenschaften des Mediums charakterisieren, nicht von der Lichtintensität ab. In diesem Fall spricht man von der linearen Näherung: Die in der Probe absorbierte Lichtenergie hängt linear von der Lichtintensität ab. Wir beschränken uns hier auf diese Näherung. Es soll ferner vorausgesetzt werden, daß die Wellenlänge der elektromagnetischen Strahlung groß ist gegen die Gitterkonstante. Diese Bedingung ist gewöhnlich bis hin zu Photonenenergien von einigen hundert Elektronenvolt gut erfüllt.

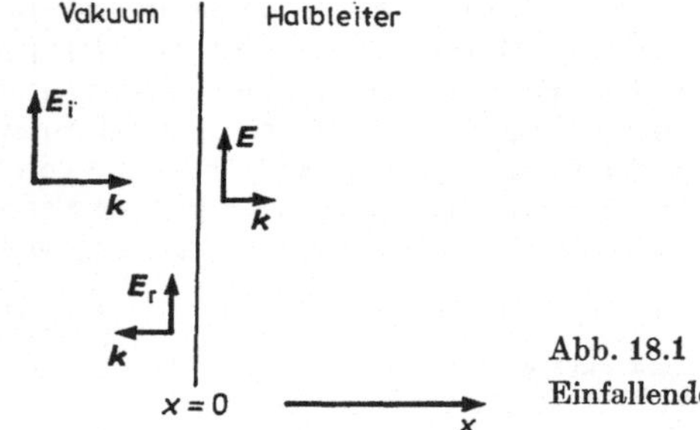

Abb. 18.1
Einfallende, eindringende und reflektierte Welle

Die Experimente, die hier interessieren, führen letztlich zu einer Änderung der Intensität des durch eine Probe hindurchgegangenen oder von dieser reflektierten Lichtes. Zur Beschreibung der experimentellen Ergebnisse an kubischen Kristallen (oder isotropen Materialien) werden zwei Größen eingeführt — der Brechungsindex n und der Absorptionsindex $\varkappa$. Um diese Größen über charakteristische mikroskopische Parameter des betreffenden Stoffes auszudrücken, betrachtet man die Ausbreitung einer senkrecht auf die Oberfläche der Probe auffallenden elektromagnetischen Welle. Die Probenoberfläche möge mit der Ebene $x = 0$ zusammenfallen, wobei sich in dem Gebiet $x > 0$ der Halbleiter befinden möge (siehe Abb. 18.1). Die Probenabmessungen in allen drei Richtungen seien dabei als hinreichend groß vorausgesetzt.

Mit $\boldsymbol{E}$, $\boldsymbol{D}$ bzw. $\boldsymbol{H}$, $\boldsymbol{B}$ werden die Feldvektoren des elektrischen bzw. magnetischen Feldes der Lichtwelle bezeichnet. Die Maxwell-Gleichungen, die die Ausbreitung einer transversalen elektromagnetischen Welle beschreiben, haben die Form

$$\operatorname{rot} \boldsymbol{E} = -\frac{1}{c}\dot{\boldsymbol{B}} \tag{1.1}$$

$$\operatorname{rot} \boldsymbol{H} = \frac{4\pi}{c}\boldsymbol{j} + \frac{1}{c}\dot{\boldsymbol{D}} \tag{1.2}$$

$$\operatorname{div} \boldsymbol{D} = 0 \tag{1.3}$$

$$\operatorname{div} \boldsymbol{B} = 0 \tag{1.4}$$

Beschränkt man sich auf Kristalle kubischer Symmetrie, so kann man setzen

$$\boldsymbol{D} = \varepsilon_0 \boldsymbol{E}, \qquad \boldsymbol{B} = \mu \boldsymbol{H}, \qquad \boldsymbol{j} = \sigma \boldsymbol{E}, \tag{1.5}$$

wobei, wie in Abschnitt 13.8., $\sigma = \sigma_1 + \mathrm{i}\sigma_2$ und $\varepsilon_0 = \varepsilon_1 + \mathrm{i}\varepsilon_2$ ist mit $\sigma_1, \sigma_2, \varepsilon_1, \varepsilon_2$ als reellen Größen, die von der Frequenz ω der einfallenden Lichtwelle abhängen. Die magnetische Permeabilität μ wird als reell und von ω unabhängig vorausgesetzt. In unmagnetischen Halbleitern ist μ gewöhnlich sehr wenig von der Permeabilität 1 des Vakuums verschieden.

Man bildet nun von Gl. (1.1) die Rotation. Wie aus der Vektoranalysis bekannt ist, gilt

$$\operatorname{rot}\operatorname{rot} \boldsymbol{E} = -\nabla^2 \boldsymbol{E} + \operatorname{grad}\operatorname{div} \boldsymbol{E}.$$

Mit dieser Relation und den Gleichungen (1.2), (1.3) und (1.5) erhält man

$$\nabla^2 \boldsymbol{E} = \frac{\mu}{c}\frac{\partial}{\partial t}\left(\frac{4\pi}{c}\sigma \boldsymbol{E} + \frac{\varepsilon_0}{c}\frac{\partial \boldsymbol{E}}{\partial t}\right). \tag{1.6}$$

Der Vektor $\boldsymbol{H}$ erfüllt dieselbe Gleichung.

Gemäß der Problemstellung setzt man (für $x \geqq 0$)

$$\boldsymbol{E} = E_{\mathrm{m}} \boldsymbol{\xi}\, \mathrm{e}^{-\mathrm{i}\omega t + \mathrm{i}kx} \tag{1.7}$$

mit E_{m} als der Amplitude der in die Probe eindringenden Welle bei $x = 0$, $\boldsymbol{\xi}$ als dem Einheitsvektor in Richtung von $\boldsymbol{E}$ und k als der komplexen Wellenzahl. Aus physikalischen Gründen kann in einem absorbierenden Medium deren Imaginärteil positiv sein. Dieser beschreibt die Dämpfung der Lichtwelle mit fortschreitendem Eindringen. Setzt man (1.7) in (1.6) ein, so erhält man

$$k^2 \boldsymbol{E} = \left(\frac{4\pi\, \mathrm{i}\omega\mu}{c^2}\sigma + \frac{\varepsilon_0 \mu \omega^2}{c^2}\right)\boldsymbol{E}. \tag{1.8}$$

Diese Gleichung liefert wegen der Bedingung $E_{\mathrm{m}} \neq 0$ den Zusammenhang zwischen k und ω, also das Dispersionsgesetz einer elektromagnetischen Welle im betrachteten Medium.

Es ist nützlich, die komplexe Leitfähigkeit σ' einzuführen, indem man

$$\sigma' = \sigma_1' + \mathrm{i}\sigma_2' = \sigma - \frac{\mathrm{i}\omega}{4\pi} \tag{1.9}$$

setzt. Dabei ist

$$\sigma_1' = \sigma_1 + \frac{\omega}{4\pi}\varepsilon_2, \qquad \sigma_2' = \sigma_2 - \frac{\omega}{4\pi}\varepsilon_1. \tag{1.9'}$$

Man setzt ferner

$$k = \frac{\omega}{c}(n + \mathrm{i}\varkappa), \tag{1.10}$$

worin n und $\varkappa$ dimensionslose reelle positive Größen sind, nämlich der Brechungs- und der Absorptionsindex. Der Sinn dieser Bezeichnungen wird deutlich, wenn man (1.10) in (1.7) einsetzt. Damit erhält man nämlich

$$\boldsymbol{E} = E_{\mathrm{m}}\mathfrak{z} \exp\left[-\mathrm{i}\omega\left(t - \frac{n}{c}\,x\right) - \frac{\omega}{c}\,\varkappa x\right]. \tag{1.7'}$$

Für $\varkappa = 0$, also bei fehlender Absorption, beschriebe dieser Ausdruck (1.7') eine ebene Welle, die sich mit der Phasengeschwindigkeit c/n und konstanter Amplitude ausbreitet. Ist dagegen $\varkappa \neq 0$, so fällt die Amplitude mit wachsendem Eindringen in die Probe exponentiell ab.

Neben dem Absorptionsindex wird oft der Absorptionskoeffizient γ eingeführt, der durch

$$\gamma = 2\,\frac{\omega}{c}\,\varkappa \tag{1.11}$$

definiert ist. Die Bedeutung dieser Größe ist leicht einzusehen, wenn man sich daran erinnert, daß die Energiedichte einer elektromagnetischen Welle dem Amplitudenquadrat proportional ist. Nach (1.7') bedeutet das, daß die Energiedichte (also die Photonenzahl pro Einheitsvolumen) mit wachsenden Werten von x sich wie $\exp\left(-2\,\frac{\omega}{c}\,\varkappa x\right) = \exp\left(-\gamma x\right)$ verringert. Also ist γ^{-1} die Länge, über die die Energiedichte der Welle infolge der Absorption auf das 1/e-fache absinkt.

Durch Umkehrung von Gl. (1.11) erhält man

$$\varkappa = \frac{\gamma\lambda}{4\pi}, \tag{1.11'}$$

worin $\lambda = 2\pi\,\frac{c}{\omega}$ die Lichtwellenlänge im Vakuum ist. Setzt man (1.10) in (1.8) ein und dividiert durch E_{m}, so erhält man

$$n^2 - \varkappa^2 + 2\mathrm{i}n\varkappa = \frac{4\pi\,\mathrm{i}\mu\sigma'}{\omega}. \tag{1.12}$$

Trennt man hier Real- und Imaginärteil, so findet man zwei Gleichungen zur Bestimmung von n und $\varkappa$. Deren Wurzeln sind

$$\varkappa = \left[\frac{2\pi\mu}{\omega}\left(\sigma_2' + \sqrt{\sigma_2'^2 + \sigma_1'^2}\right)\right]^{1/2}, \tag{1.13a}$$

$$n = \left[\frac{2\pi\mu}{\omega}\left(-\sigma_2' + \sqrt{\sigma_2'^2 + \sigma_1'^2}\right)\right]^{1/2}. \tag{1.13b}$$

Die Gleichungen (1.13a, b) lösen das gestellte Problem. Manchmal schreibt man sie auch etwas anders, indem man anstelle der komplexen Leitfähigkeit σ' die komplexe Dielektrizitätsfunktion

$$\varepsilon' = \frac{4\pi\,\mathrm{i}}{\omega}\,\sigma' = \varepsilon_0 + \frac{4\pi\,\mathrm{i}}{\omega}\,\sigma = \varepsilon_1' + \mathrm{i}\varepsilon_2' \tag{1.14}$$

einführt. Darin sind ε_1' und ε_2' reelle Größen. Offensichtlich ist

$$\sigma_1' = \frac{\omega}{4\pi}\,\varepsilon_2', \qquad \sigma_2' = -\frac{\omega}{4\pi}\,\varepsilon_1' \tag{1.15}$$

und folglich

$$\varkappa = \left[\frac{\mu}{2}\left(-\varepsilon_1' + \sqrt{\varepsilon_1'^2 + \varepsilon_2'^2}\right)\right]^{1/2} \tag{1.16a}$$

$$n = \left[\frac{\mu}{2}\left(\varepsilon_1' + \sqrt{\varepsilon_1'^2 + \varepsilon_2'^2}\right)\right]^{1/2}. \tag{1.16b}$$

Die Gleichungen (1.13a, b) und (1.16a, b) sind äquivalent, und welcher Satz gewählt wird, ist letztlich beliebig.

Nach Gl. (1.16a) ist der Absorptionsindex von Null verschieden, wenn der Imaginärteil der dielektrischen Suszeptibilität von Null verschieden ist. Letzteres kann sowohl durch die Ladungsträger als auch durch das Gitter verursacht sein. Im ersten Fall ist die Absorption der elektromagnetischen Welle durch verschiedene Elektronenübergänge bedingt, im zweiten Fall durch die direkte Energieübertragung auf das Gitter, d. h. ausschließlich durch die Erzeugung von Phononen. In beiden Fällen jedoch führt die Berechnung der optischen Konstanten des betreffenden Materials auf die Berechnung der Leitfähigkeit $\sigma(\omega)$, wobei diese durch die Gleichung

$$\boldsymbol{j}(\omega) = \sigma(\omega)\,\boldsymbol{E}(\omega) \tag{1.17}$$

definiert ist. Darin ist $\boldsymbol{j}(\omega)$ die elektrische Stromdichte, die im Medium durch eine monochromatische Welle der Form (1.7) angeregt wird.

Zwei Spezialfälle sollen im folgenden gesondert betrachtet werden.

Nichtabsorbierendes Medium. Es sei also $\sigma_1 = \varepsilon_2 = 0$. Dann ist nach (1.16a, b) $\varkappa = 0$ und

$$n = \sqrt{\mu\varepsilon_1'}. \tag{1.18}$$

Das ist die Maxwellsche Beziehung für den Brechungsindex, die hier nur in dem Sinne allgemeiner ist, daß eine mögliche Frequenzabhängigkeit von ε_1' mit eingeschlossen ist.

Schwache Absorption hinreichend hochfrequenter Wellen. Die Frequenz ω sei größer als die durch Gl. (13.9.4) definierte Plasmafrequenz, so daß $\varepsilon_1' > 0$ ist. Es sei ferner

$$\varepsilon_1'^2 \gg \varepsilon_2'^2. \tag{1.19}$$

Dann ist der Brechungsindex im wesentlichen durch Gl. (1.18) gegeben, und der Absorptionsindex ist

$$\varkappa = \frac{\varepsilon_2'\mu^{1/2}}{2(\varepsilon_1')^{1/2}} = \frac{2\pi\sigma_1'\mu^{1/2}}{\omega(\varepsilon_1')^{1/2}}. \tag{1.20}$$

Der Absorptionskoeffizient ist dann

$$\gamma = \frac{4\pi\sigma_1'\mu^{1/2}}{c(\varepsilon_1')^{1/2}}. \tag{1.21}$$

Der Inhalt der Bedingung (1.19) läßt sich veranschaulichen, indem man davon ausgeht, daß die Wellenlänge im Medium $\bar{\lambda} = 2\pi c/n\omega$ ist. Mit dieser Beziehung und den Gleichungen (1.18), (1.21) läßt sich die Bedingung (1.19) in die Form

$$\gamma^{-1} \gg \frac{\bar{\lambda}}{2\pi} \tag{1.19'}$$

umschreiben. Also muß hier die Distanz, auf der die Welle merklich absorbiert wird, groß gegen deren Wellenlänge sein.

Die Bedingung $\varepsilon_2' > 0$ und die Ungleichung (1.19') sind in vielen interessierenden Fällen erfüllt. Dabei ist der Beitrag der freien Ladungsträger zur dielektrischen Suszeptibilität des Mediums gewöhnlich nicht sehr groß, d. h. $\varepsilon_1' \simeq \varepsilon_1$. Ebenfalls klein ist gewöhnlich auch die Absorption durch das Gitter im interessierenden Frequenzbereich $\varepsilon_2 \ll 1$. Daher läßt sich Gl. (1.21) in die folgende Form bringen (bei $\mu \simeq 1$):

$$\gamma = \frac{4\pi\sigma_1}{c\varepsilon_0^{1/2}}. \tag{1.21'}$$

Im Experiment wird häufig der Reflexionskoeffizient R gemessen. Dieser ist definiert durch

$$R = \frac{|E_r|^2}{|E_i|^2}. \tag{1.22}$$

Darin ist E_i die Amplitude der einfallenden Welle, E_r die der reflektierten (siehe Abb. 18.1). Mit Hilfe der Grenzbedingungen für die Komponenten des Vektors $\boldsymbol{E}$ an der Probenoberfläche läßt sich R über Brechungs- und Absorptionsindex ausdrücken. Für den Fall senkrechter Inzidenz hat man [1]

$$R = \frac{(n-1)^2 + \varkappa^2}{(n+1)^2 + \varkappa^2}. \tag{1.23}$$

18.2. Absorptionsmechanismen

Die verschiedenen Absorptionsmechanismen des Lichtes lassen sich danach klassifizieren, wohin die Energie der absorbierten Photonen abgegeben wird. Folgende Mechanismen lassen sich dabei unterscheiden:

Absorption durch das Gitter. Die elektromagnetische Welle regt hierbei unmittelbar Gitterschwingungen an. Dieser Absorptionsmechanismus ist besonders wichtig in Ionenkristallen, in denen eine Generation optischer Phononen zu einer merklichen Änderung des Dipolmoments führt; man findet diese Absorption jedoch auch in homöopolaren Kristallen. Sie wird merklich für Lichtfrequenzen, die der unteren Grenzfrequenz ω_0 der optischen Phononen nahekommen (siehe Abschnitt 12.3.). (Gewöhnlich entspricht diese Energien von einigen Hundertstel Elektronenvolt.)

Absorption an freien Ladungsträgern. Die Energie wird hier bei der Erzeugung eines Stromes sehr hoher (nämlich optischer) Frequenz dissipiert, also letztlich in Joulesche Wärme umgesetzt.

Absorption an Störstellen. Die Energie wird hier durch Ladungsträger absorbiert, die an Fremdatomen oder anderen Strukturdefekten des Gitters lokalisiert sind. Sie wird entweder bei dem Übergang eines Ladungsträgers aus dem Grundzustand in einen angeregten Zustand oder bei der Ionisation der Störstelle umgesetzt. Im letztgenannten Fall gelangen Elektronen ins Leitungsband (bzw. Löcher ins Valenzband), d. h., es liegt der innere Störstellenphotoeffekt vor. Auf diese Weise lassen sich die Ionisationsenergien einer Reihe von Störstellen bestimmen.

Interbandabsorption. Die Energie des Photons dient hier zur Erzeugung von Elektron-Loch-Paaren. Sind weder ein starkes elektrisches Feld noch große Störstellenkonzentrationen vorhanden, so ist diese Art der Absorption am Auftreten einer Grenzfrequenz ω_m zu erkennen, die nahe bei $E_g/\hbar$ liegt. Für Frequenzen $\omega < \omega_m$ tritt diese Art von Absorption nicht auf. Es muß jedoch angemerkt werden, daß der Verlauf des Absorptionsspektrums nahe der Frequenz $\omega = \omega_m$ sich in verschiedenen Materialien i. allg. unterscheidet. In Abb. 18.2 ist das Absorptionsspektrum von

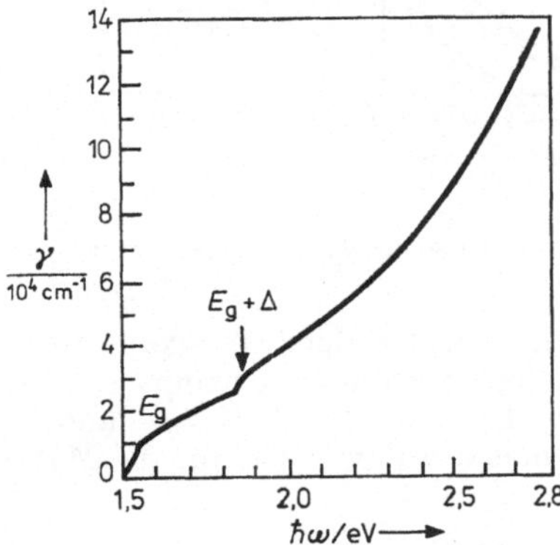

Abb. 18.2
Absorptionsspektrum eines GaAs-Plättchens

GaAs dargestellt.[1]) Man erkennt zwei Absorptionskanten. Die erste davon liegt ungefähr bei $\hbar\omega_m = E_g$,[2]) die zweite bei der Energie $E_g + \Delta$, wobei Δ der energetische Abstand zwischen der Oberkante des Valenzbandes und der Oberkante des von diesem infolge der Spin-Bahn-Wechselwirkung abgespalteten Valenzbandes ist.

Einerseits findet man nun (bei etwas geänderter Frequenzskale) die gleichen Kurvenverläufe auch bei der Untersuchung vieler anderer Materialien wie z. B. InSb, InAs, GaAs u. a., andererseits unterscheiden sich die Absorptionskoeffizienten vieler allgemein interessierender Halbleiter von der Frequenzabhängigkeit und dem Betrag her deutlich davon. So ist in Abb. 18.3 der Frequenzverlauf des Absorptionskoeffizienten von Germanium bei verschiedenen Temperaturen dargestellt.[3]) Bei $\omega = \omega_m$ ($\hbar\omega_m = E_g = 0{,}66$ eV bei Zimmertemperatur) ist der Absorptionskoeffizient noch relativ klein; er ist mit dem in GaAs gemessenen vergleichbar, solange $\hbar\omega \simeq E_g + 0{,}1$ eV gilt. Ein ähnliches Bild (wenn auch mit anderer Frequenzskale) ergibt sich auch in Silizium, GaP und anderen Materialien. Wie später ersichtlich wird

[1]) Nach STURGE, M., Phys. Rev. **127** (1922) 768.

[2]) Wie in Abschnitt 18.4. gezeigt wird, wird der Absorptionskoeffizient nahe der roten Grenze des sichtbaren Spektralbereiches sehr klein, so daß die Absorption erst bei etwas höheren Frequenzen merklich wird.

[3]) Nach MACFARLANE, G. G.; MCLEAN, T. P.; QUARRINGTON, J. E.; ROBERTS, V., Phys. Rev. **108** (1957) 1377.

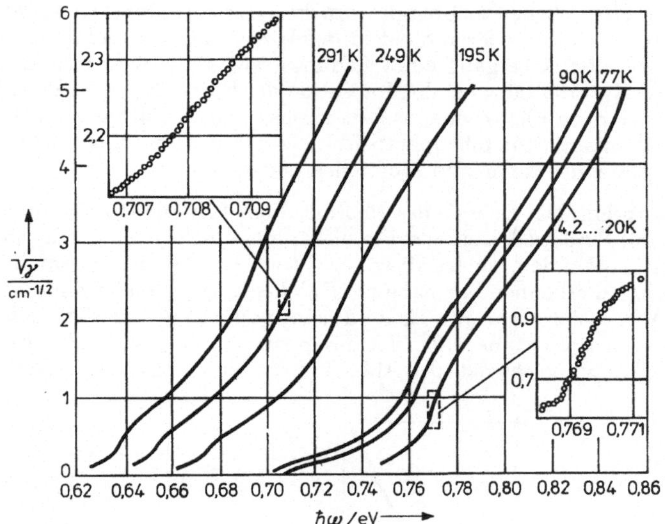

Abb. 18.3
Absorptionskante von Germanium bei verschiedenen Temperaturen

(s. Abschnitte 18.5., 18.7., 18.9.), hat dieser Unterschied physikalische Gründe. Er ist dadurch bedingt, daß sich in den Halbleitern des erstgenannten Typs die energetisch am engsten beieinanderliegenden Extrema von Leitungs- und Valenzband im selben Punkt der Brillouin-Zone befinden, während das für die Materialien des zweiten Typs nicht zutrifft.

Exzitonen-Absorption. Die Energie des Photons dient hier zur Erzeugung eines Exzitons.

In den Halbleitern vom ersten Typ entsprechen der Exzitonenabsorption scharfe Peaks des Absorptionskoeffizienten bei Frequenzen dicht unterhalb von ω_m. In Halbleitern des zweiten Typs werden anstelle von Peaks flache Stufen beobachtet.

18.3. Absorption und Reflexion von elektromagnetischen Wellen an einem Gas freier Ladungsträger

Im folgenden wird die Absorption von Licht an freien Ladungsträgern mit einem isotropen Dispersionsgesetz betrachtet. Die komplexe Leitfähigkeit eines solchen Systems wurde im Abschnitt 13.8. mit Hilfe der Boltzmann-Gleichung berechnet. Nach (13.8b) und (1.21′) ist

$$\gamma = \frac{4\pi e^2}{3c\varepsilon_0^{1/2}} \int\limits_0^\infty \frac{N(E)\,\tau(E)\,v^2(E)}{1 + \omega^2\tau^2(E)}\,(-f_0')\,\mathrm{d}E\,. \tag{3.1}$$

Die Energie wird dabei von der Unterkante des betreffenden Bandes an gemessen.

Bei fehlender Entartung ist $-f_0' = \frac{1}{kT} \exp \frac{F - E}{kT}$, und wie im statischen Fall (s. Abschnitt 13.7.) ist dann der Ausdruck für γ der Elektronenkonzentration n proportional.

Der Absorptionskoeffizient verschwindet bei sehr starker Streuung ($\tau \to 0$) ebenso wie bei deren völligem Fehlen ($\tau \to \infty$). Im ersten Fall können sich die Ladungsträger praktisch überhaupt nicht frei bewegen, so daß die Probe im wesentlichen ein Dielektrikum darstellt. Im zweiten Fall ist es für die Verteilungsfunktion unmöglich, dem äußeren Feld „in Phase" zu folgen (s. Abschnitt 13.8.). Infolgedessen verschwindet die Komponente der Stromdichte, die mit dem äußeren Feld gleichphasig ist, und damit fehlt jede Absorption von Energie.

Die explizite Gestalt der Funktion $\gamma(\omega)$ hängt im allgemeinen vom Streumechanismus ab. Die Situation wird wesentlich einfacher, wenn die Frequenz der elektromagnetischen Welle hinreichend hoch ist, so daß im hier wesentlichen Energieintervall die Relaxationszeit die Bedingung

$$(\omega\tau)^2 \equiv \left(\frac{2\pi c}{\lambda}\tau\right)^2 \gg 1 \tag{3.2}$$

erfüllt. Dann nimmt Gl. (3.1) die Form

$$\gamma = \frac{C}{\omega^2} \sim \lambda^2 \tag{3.3}$$

an. Hier ist

$$C = \frac{4\pi e^2}{3c\varepsilon_0^{1/2}} \int\limits_0^\infty \frac{v^2(E)\, N(E)}{\tau(E)} (-f_0')\, \mathrm{d}E. \tag{3.4}$$

Wie aus der Herleitung ersichtlich, liegt unter den genannten Voraussetzungen stets eine Frequenzabhängigkeit des Absorptionskoeffizienten vor, wie sie durch Gl. (3.3) gegeben ist, und zwar unabhängig von Streumechanismus und Temperatur. Die letztgenannten Faktoren beeinflussen nur die Größe des Koeffizienten C.

Dieses Ergebnis stimmt jedoch nicht immer mit dem Experiment überein. So ist in n-Germanium bei einer Lichtwellenlänge von etwa 100 µm und darunter die Absorption an freien Elektronen der Größe $\lambda^{3/2}$ proportional, falls die Impulsstreuung an akustischen Gitterschwingungen dominiert, und proportional zu $\lambda^{7/2}$, wenn die Streuung an geladenen Störstellen die entscheidende Rolle spielt [3].

Der Grund für diese Diskrepanz liegt darin, daß die klassische Boltzmann-Gleichung nicht mehr anwendbar ist, sobald die Lichtwellenlänge zu klein wird. Nach der klassischen Mechanik, auf der die Boltzmann-Gleichung beruht, ist nämlich die Energie, die auf jeden einzelnen Ladungsträger pro Zeiteinheit von der elektromagnetischen Welle übertragen wird, proportional zu $e(\boldsymbol{v}, E)$, wobei $\boldsymbol{v}$ die Geschwindigkeit des betreffenden Ladungsträgers ist. Bei geringen Feldstärken kann diese Energie äußerst klein werden. Gleichzeitig jedoch erfolgt die Energieübertragung in Quanten der Größe $\hbar\omega$, und diese hängt überhaupt nicht von der Feldstärke $\boldsymbol{E}$ ab. Das Quadrat der Feldstärke bestimmt nur die mittlere Photonendichte im Medium. Diese ist dem (über eine Schwingungsperiode) gemittelten Wert der klassischen Energiedichte

$$W = \frac{\varepsilon_1 \boldsymbol{E}^2 + \mu \boldsymbol{H}^2}{8\pi} \tag{3.5}$$

eines elektromagnetischen Feldes proportional.[1])

Daraus folgt, daß die Berechnung des Absorptionskoeffizienten auf der Grundlage klassischer Überlegungen gerechtfertigt sein wird, solange die Energie des Lichtquants klein gegen die mittlere Energie der Ladungsträger ist — dann nämlich erfolgt der „Stoß" des Elektrons mit dem Photon fast elastisch. Bei fehlender Fermi-Entartung heißt das, daß die Frequenz der Lichtwelle die Ungleichung

$$\hbar\omega \ll kT \tag{3.6}$$

erfüllen muß, d. h., es muß gelten

$$\lambda T \gg 1{,}5 \text{ cm} \cdot \text{K}. \tag{3.6}$$

Für $T = 300$ K folgt daraus, daß die Wellenlänge wesentlich kleiner als 40 μm sein muß.

Solange die Bedingung (3.6) nicht erfüllt ist, ist die quantenmechanische Behandlung der Bewegung der Elektronen unumgänglich. Dabei kann man von Gl. (1.17) ausgehen, man hat dann nur die Stromdichte quantenmechanisch, d. h. als Mittelwert des entsprechenden Operators zu berechnen. Manchmal ist es günstiger, den aus Gl. (1.17) folgenden Ausdruck für die mittlere Energie Q, die pro Zeit- und Volumeneinheit von der Lichtquelle auf die Ladungsträger übertragen wird, zu verwenden:

$$Q = \sigma \langle E^2 \rangle = \frac{1}{2} \sigma_1 E_{\mathrm{m}}^2. \tag{3.7}$$

Hier bezeichnen die spitzen Klammern die Mittelung über eine Schwingungsperiode der Lichtwelle.

Die Größe Q läßt sich leicht durch die mittlere Dichte $\varrho(\hbar\omega)$ der Photonen mit vorgegebener Energie $\hbar\omega$ (also der räumlichen Konzentration von Photonen pro Energieintervall $\Delta(\hbar\omega)$ um $\hbar\omega$ herum) ausdrücken. Der Zeitmittelwert der Energiedichte (3.5) ist nämlich gleich[2])

$$\langle W \rangle = \frac{\varepsilon_1}{8\pi} E_{\mathrm{m}}^2.$$

Per definitionem muß die Größe

$$\langle W \rangle = \hbar\omega\varrho(\hbar\omega)\, \Delta(\hbar\omega)$$

mit $\Delta(\hbar\omega)$ als dem Intervall, das alle möglichen Werte der Photonenenergie enthält, diesem Ausdruck gleich sein. Somit ist

$$E_{\mathrm{m}}^2 = \frac{8\pi}{\varepsilon_1} \hbar\omega\varrho(\hbar\omega)\, \Delta(\hbar\omega), \tag{3.8}$$

[1]) Hier wurde $\varepsilon \simeq \varepsilon_1$ gesetzt; für den hier interessierenden Fragenkomplex ist diese Bedingung meist gut erfüllt, solange die Frequenz ω nicht zu nahe bei der Plasmafrequenz liegt.

[2]) Es sei daran erinnert, daß in der hier betrachteten ebenen Welle $\varepsilon_1 \boldsymbol{E}^2 = \mu \boldsymbol{H}^2$ gilt.

und Gl. (3.7) läßt sich in der Form

$$Q = \frac{\sigma_1 \hbar\omega}{\varepsilon_1} \cdot 4\pi\varrho(\hbar\omega)\, \Delta(\hbar\omega) \tag{3.7'}$$

oder mit (1.21′) als

$$Q = \frac{\gamma c}{\varepsilon_1^{1/2}}\, \hbar\omega\varrho(\hbar\omega)\, \Delta(\hbar\omega) \tag{3.9}$$

schreiben. Offensichtlich läßt sich die Größe

$$P = \frac{\gamma c}{\varepsilon_1^{1/2}} \tag{3.10}$$

als zeitliche Wahrscheinlichkeitsdichte für die Absorption eines Photons mit der betreffenden Frequenz auffassen.[1]) Die quantenmechanische Rechnung[2]) dagegen gestattet eine einfache Erklärung der experimentellen Ergebnisse. Für $\hbar\omega \gtrsim kT$ erweist sich die Frequenzabhängigkeit durch γ als wesentlich von dem dominierenden Streumechanismus bestimmt, und es werden genau die Abhängigkeiten erhalten, die auch im Experiment beobachtet werden. Außerdem geht der quantenmechanische usdruck unter der Bedingung (3.6) in die klassische Beziehung (3.3) über, wie es auch sein muß.

Der Reflexionskoeffizient für Materialien mit freien Ladungsträgern läßt sich nach Gl. (1.23) bestimmen. Von besonderem Interesse ist dabei der Fall, daß die Frequenz der Strahlung nahe der Plasmafrequenz ω_{Pl} (s. Abschnitt 13.9.) liegt, die Absorption jedoch nur relativ gering ist ($\varepsilon_2' \ll 1$). Dann liefern die Gleichungen (1.16a, b) und (1.14)

$$\varkappa \ll 1, \qquad n \simeq \left[\mu\left(\varepsilon_1 - \frac{4\pi\sigma_2}{\omega}\right)\right]^{1/2} \tag{3.11}$$

Für σ_2 läßt sich unter diesen Bedingungen Gl. (13.8.14) verwenden, wobei in dieser die Plasmafrequenz (13.9.4) eingeführt wird. Man erhält

$$n = \left[\mu\varepsilon_1\left(1 - \frac{\omega_{\mathrm{Pl}}^2}{\omega^2}\right)\right]^{1/2}. \tag{3.12}$$

Man erkennt, daß der Brechungsindex für $\omega = \omega_{\mathrm{Pl}}$ gleich Null wird, für

$$\omega = \omega_{\mathrm{Pl}} \left[\frac{\varepsilon_1\mu}{\varepsilon_1\mu - 1}\right]^{1/2} \equiv \omega_1 \tag{3.13}$$

dagegen gleich Eins. Dementsprechend wird der Reflexionskoeffizient gleich Eins ($\omega = \omega_{\mathrm{Pl}}$) bzw. gleich Null ($\omega = \omega_1$).

In vielen Halbleitern ist die Größe $\mu\varepsilon_1$ groß gegen 1. In diesem Fall liegen die

[1]) Strenggenommen muß in dem Ausdruck für P eigentlich die Gruppengeschwindigkeit der elektromagnetischen Welle statt der Phasengeschwindigkeit $c/\varepsilon_1^{-1/2}$ auftauchen. Die Gleichung (1.21′) wurde jedoch schon unter Vernachlässigung der Dispersion des Lichtes erhalten (s. Abschnitt 18.1.).

[2]) Die entsprechenden Rechnungen sind in [2] zu finden.

Frequenzen ω_1 und ω_{Pl} sehr nahe beieinander. Infolgedessen tritt im Frequenzintervall

$$\frac{2\pi c}{\omega_{\text{Pl}}} > \lambda > \frac{2\pi c}{\omega_1} \tag{3.14}$$

ein starkes Anwachsen des Reflexionskoeffizienten mit wachsender Wellenlänge auf. Von diesem Frequenzbereich spricht man als von der *Plasmakante im Reflexionsspektrum*. Bestimmt man also die Wellenlänge, die dem Reflexionsminimum entspricht, so läßt sich daraus die optische Effektivmasse der Ladungsträger bestimmen.

18.4. Absorption und Emission bei optischen Band-Band-Übergängen

Zur Berechnung des Absorptionskoeffizienten unter Berücksichtigung von Interbandübergängen geht man zweckmäßig von Gl. (3.7) aus. Die mittlere pro Zeit- und Volumeneinheit in der Probe dissipierte Energie ist dabei quantenmechanisch zu berechnen. Dazu hat man zunächst die Wahrscheinlichkeit $W(\lambda, \lambda')$ eines elektronischen Interbandübergangs pro Zeiteinheit zu bestimmen, der ja mit der Absorption eines Photons verbunden ist. Beim Fehlen äußerer elektrischer und magnetischer Felder enthalten die Quantenzahlen λ, λ' hier die Bandindizes ν, ν' und die Quasiimpulse $\boldsymbol{p},\boldsymbol{p}'$ des Elektrons von Anfangs- und Endzustand:

$$\lambda = \{\nu, \boldsymbol{p}\}, \qquad \lambda' = \{\nu', \boldsymbol{p}'\}.$$

Multipliziert man $W(\lambda, \lambda')$ mit der Photonenenergie $\hbar\omega$ und dividiert man durch das Probenvolumen, so hat man damit die im Zeitmittel pro Zeit- und Volumeneinheit über Elektronenübergänge in der Probe dissipierte Energie[1]).

Dann hat man über alle nach dem Pauli-Prinzip zugelassenen Endzustände zu summieren und über alle Anfangszustände unter Berücksichtigung ihrer Besetzungswahrscheinlichkeit zu mitteln. Damit ist

$$Q_{\text{Abs}} = \frac{1}{V} \sum_{\lambda,\lambda'} W(\lambda, \lambda') f(\lambda) [1 - f(\lambda')] \hbar\omega. \tag{4.1}$$

Hier ist $f(\lambda)$ die Verteilungsfunktion der Elektronen. In der ersten nicht verschwindenden Näherung ist die Wahrscheinlichkeit $W(\lambda, \lambda')$ durch die Ausdrücke (14.2.15), (14.2.16) und (14.2.10) gegeben. Dabei sind die Funktionen ψ_λ, $\psi^*_{\lambda'}$ die üblichen Bloch-Funktionen; als Operator H' hat man den Operator der Energie der Wechselwirkung des Elektrons mit dem elektromagnetischen Feld einzusetzen. Diesen Operator findet man, indem man die Schrödinger-Gleichung bei Vorhandensein eines elektromagnetischen Feldes aufschreibt. Man hat

$$\mathrm{i}\hbar \frac{\partial \psi}{\partial t} = \frac{1}{2m_0} \left(-\mathrm{i}\hbar \nabla + \frac{e}{c} \boldsymbol{A}\right)^2 \psi - e\varphi\psi + \beta g(\sigma, \boldsymbol{B}) \psi. \tag{4.2}$$

Hierbei sind φ und $\boldsymbol{A}$ — das skalare bzw. Vektorpotential — mit der elektrischen Feldstärke und der magnetischen Induktion über

$$\boldsymbol{E} = -\nabla\varphi - \frac{1}{c}\frac{\partial \boldsymbol{A}}{\partial t}, \qquad \boldsymbol{B} = \operatorname{rot} \boldsymbol{A} \tag{4.3}$$

[1]) Bei einer Energiezufuhr von einem Photon der Energie $\hbar\omega$ pro Zeit- und Volumeneinheit (Anm. d. Übers.).

verknüpft. Wie aus der Elektrodynamik bekannt, lassen sich $\boldsymbol{A}$ und φ beliebig wählen, wenn nur die Gleichungen (4.3) erfüllt sind. Insbesondere kann man für die transversale Lichtwelle das skalare Potential gleich Null setzen, wenn man an das Vektorpotential die Bedingung

$$\operatorname{div} \boldsymbol{A} = 0 \tag{4.4}$$

stellt. Dabei beschreibt der Summand $-e\varphi\psi$ in (4.2) nur die Wechselwirkung des geladenen Teilchens mit statischen Feldern (darunter allerdings auch mit dem periodischen Feld des idealen Gitters); die Gleichung selbst läßt sich umschreiben in die Form

$$\mathrm{i}\hbar \frac{\partial \psi}{\partial t} = -\frac{\hbar^2}{2m_0} \nabla^2\psi - e\varphi\psi - \frac{\mathrm{i}e\hbar}{m_0 c} (\boldsymbol{A} \cdot \nabla\psi) + \frac{e^2}{2m_0 c^2} \boldsymbol{A}^2\psi + \beta g(\boldsymbol{\sigma}, \boldsymbol{B})\, \psi . \tag{4.2'}$$

Die letzten drei Summanden der rechten Seite stellen die gesuchte Wechselwirkungsenergie des geladenen Teilchens mit dem elektromagnetischen Feld dar. Bei der Untersuchung der Bandstruktur mit optischen Methoden werden vorzugsweise sehr schwache Signale benutzt: Die Feldstärke der Lichtwelle ist dabei sehr klein gegen die des Kristallfeldes. Dann läßt sich der dem Quadrat des Vektorpotentials proportionale Term vernachlässigen, und der Operator der Wechselwirkungsenergie des Elektrons mit dem elektromagnetischen Feld wird

$$H' = -\frac{\mathrm{i}e\hbar}{m_0 c} (\boldsymbol{A}, \nabla) + \beta g(\boldsymbol{\sigma}, \boldsymbol{B}) . \tag{4.5}$$

Es sei hervorgehoben, daß hier die Masse des freien Elektrons auftritt. Weder die Methode der effektiven Masse noch irgendwelche Voraussetzungen über die Form des Dispersionsgesetzes der Ladungsträger wurden an irgendeiner Stelle bei der Herleitung von Gl. (4.5) benutzt. Der zweite Summand in Gl. (4.5) beinhaltet die Möglichkeit der Absorption elektromagnetischer Wellen bei einer Änderung des Elektronenspins. Die Wahrscheinlichkeit solcher Elektronenübergänge ist jedoch, verglichen mit der von Übergängen mit Erhaltung des Spins, sehr klein. Im folgenden werden nur Übergänge bei Erhaltung der Spinorientierung betrachtet. Bei diesen spielt nur der erste Summand in Gl. (4.5) eine Rolle, so daß der zweite von nun an fortgelassen wird.

Betrachtet man eine monochromatische Welle, so kann man wegen (4.3)

$$\boldsymbol{A} = -\frac{\mathrm{i}c}{\omega} \boldsymbol{\xi} E_{\mathrm{m}}\, \mathrm{e}^{\mathrm{i}kx - \mathrm{i}\omega t} \tag{4.6}$$

setzen. Demzufolge ist

$$H' = \frac{e\hbar}{m_0\omega} \mathrm{e}^{\mathrm{i}kx - \mathrm{i}\omega t} E_{\mathrm{m}}(\boldsymbol{\xi}, \nabla) . \tag{4.5'}$$

Die Amplitude E_{m} ist hier eine klassische Größe, d. h. kein Operator.

Damit ist die Übergangswahrscheinlichkeit $W_{\lambda\lambda'}$ in Gl. (4.1) in der ersten nichtverschwindenden Näherung durch den Ausdruck

$$W(\lambda, \lambda') = \frac{2\pi e^2\hbar}{m_0^2\omega^2} E_{\mathrm{m}}^2\, |(\boldsymbol{\xi}, \boldsymbol{I}_{\lambda\lambda'})|^2\, \delta(E_\lambda - E_{\lambda'} - \hbar\omega) \tag{4.7}$$

gegeben (siehe Abschnitt 14.2.). Darin ist

$$\boldsymbol{I}_{\lambda\lambda'} = \int \psi_{\lambda'}^{*} \, e^{ikx} \, \nabla \psi_{\lambda} \, d^3\boldsymbol{r}. \tag{4.8}$$

Setzt man den Ausdruck (4.7) in (4.1) ein und vergleicht den so erhaltenen Ausdruck für Q mit Gl. (3.7), so findet man für den Realteil der Leitfähigkeit zur Frequenz ω

$$\sigma_1 = \frac{4\pi e^2 \hbar^2}{V m_0^2 \omega} \sum_{\lambda,\lambda'} |(\xi, \boldsymbol{I}_{\lambda\lambda'})|^2 \, \delta(E_{\lambda'} - E_\lambda - \hbar\omega) \, f(E_\lambda) \, [1 - f(E_{\lambda'})]. \tag{4.9}$$

Es sei angemerkt, daß der Ausdruck (4.9) einen kleineren Gültigkeitsbereich als Gl. (4.1) hat. Gleichung (4.9) wurde unter Vernachlässigung der Wechselwirkung der Ladungsträger mit Gitterstörstellen jeglicher Art erhalten. Anderenfalls hätte man nämlich für H' die Summe aus dem Ausdruck in (4.1) und Operatoren, die die genannte Wechselwirkung beschreiben, zu nehmen.

Ein Charakteristikum von Gl. (4.9) ist jedoch allgemein gültig. In Gl. (4.9) steht die Summe von Termen, die zu Übergängen zwischen verschiedenen Energiebändern gehören. Durch die Photonenenergie $\hbar\omega$ ist dabei die Energiedifferenz $E(\lambda') - E(\lambda)$ und meist auch das Bandpaar ν' und ν eindeutig bestimmt. Es spielen dann nur Übergänge zwischen Bändern mit festem ν und ν' eine Rolle. Man kann sich dann in (4.9) auf nur einen Term in der Summe beschränken.

Neben Prozessen der Absorption von Photonen (also den Elektronenübergängen aus einem energetisch niedrigeren Zustand λ in einen energetisch höheren λ') vollziehen sich natürlich auch die umgekehrten Übergänge $\lambda' \to \lambda$, die von einer Emission eines Photons begleitet sind. Man hat bei letzterer zwei Typen zu unterscheiden — spontane Übergänge und induzierte, die nur unter der Wirkung des elektromagnetischen Feldes in der Probe erfolgen. Auf die Notwendigkeit der Existenz solcher induzierter Übergänge wurde erstmals von EINSTEIN 1917 im Rahmen der Ableitung der Strahlungsgesetze hingewiesen. Die Energie, die dabei pro Zeit- und Volumeneinheit infolge der induzierten Übergänge dissipiert wird, ist durch

$$Q_{\text{ind}} = \frac{1}{V} \sum_{\lambda',\lambda} W(\lambda, \lambda') \, f(\lambda') \big(1 - f(\lambda)\big) \, \hbar\omega \tag{4.10}$$

gegeben. Diese Gleichung erhält man aus (4.1) durch Vertauschen von λ und λ'. Mit dem Ausdruck (4.7) für $W(\lambda\,\lambda')$ und Gl. (4.8) kann man ableiten, daß

$$W(\lambda, \lambda') = W(\lambda', \lambda) \tag{4.11}$$

ist. Die Wahrscheinlichkeiten eines Elementarprozesses sind also für Absorption und induzierte Emission gleich. Aus Gl. (4.7) ist auch ersichtlich, daß die Wahrscheinlichkeiten für die Absorption wie für die induzierte Emission proportional zu E_{m}^2 sind, also nach Gl. (3.8) proportional zur Photonenkonzentration in der Probe.

Für die spontane Emission läßt sich analog zu (4.10) schreiben

$$Q_{\text{sp}} = \frac{1}{V} \sum_{\lambda',\lambda} a_{\lambda'\lambda} f(\lambda') \big(1 - f(\lambda)\big) \, \hbar\omega. \tag{4.12}$$

Darin ist $a_{\lambda'\lambda}$ die Wahrscheinlichkeit eines Elementarprozesses der spontanen Emission, der im Unterschied zu $W(\lambda', \lambda)$ nicht von der vorhandenen Photonenkonzentration abhängt.

Wie die induzierte Emission den gemessenen Absorptionskoeffizienten beeinflußt, soll im folgenden genauer betrachtet werden. Fände nur Emission von Licht statt, so müßte man, wenn Gl. (3.7) weiter benutzt wird, $\sigma_1 < 0$ und damit $\gamma < 0$ erwarten. Der im Experiment gemessene Absorptionskoeffizient ist in Wirklichkeit durch die Differenz von absorbiertem und emittiertem Licht bestimmt. Mit (1.2') erhält man

$$\gamma = \frac{(4\pi\, e\hbar)^2}{V m_0^2 \omega c \varepsilon_1^{1/2}} \sum_{\lambda,\lambda'} |(\xi, \boldsymbol{I}_{\lambda\lambda'})|^2 \big(f(\lambda) - f(\lambda')\big)\, \delta(E_{\lambda'} - E_\lambda - \hbar\omega). \tag{4.13}$$

Weicht der Zustand des Elektronengases nur durch die Absorption von Licht vom Gleichgewichtszustand ab, so lassen sich $f(\lambda)$ und $f(\lambda')$ durch die Gleichgewichtsverteilungen

$$f_0(\lambda) = \frac{1}{\exp\dfrac{E_\lambda - F}{kT} + 1}, \qquad f_0(\lambda') = \frac{1}{\exp\dfrac{E_{\lambda'} - F}{kT} + 1} \tag{4.14}$$

ersetzen. Die Differenz $f_0(\lambda) - f_0(\lambda')$ ist dann positiv, da $E_{\lambda'} = E_\lambda + \hbar\omega > E_\lambda$ ist. Folglich ist $\gamma > 0$, d. h., es resultiert eine Absorption von Licht. Es soll nun der Absorptionskoeffizient $a_{\lambda'\lambda}$ bei spontaner Emission bestimmt werden. Dazu wird eine Probe im thermodynamischen Gleichgewicht betrachtet. Da sich dann die Energie der elektromagnetischen Welle nicht ändert, gilt

$$Q_{\text{abs}} - Q_{\text{ind}} - Q_{\text{sp}} = 0. \tag{4.15}$$

Darüber hinaus muß diese Gleichung gemäß dem Prinzip des detaillierten Gleichgewichts auch für jedes Paar λ, λ' von Zuständen getrennt erfüllt sein. Man betrachtet nun zwei Gruppen von Zuständen E_λ und $E_{\lambda'}$, die beide jeweils in dem schmalen Energieintervall ΔE enthalten seien. Es sei dabei $E_{\lambda'} - E_\lambda = \hbar\omega$, $\Delta E = \Delta(\hbar\omega)$. Ferner werde berücksichtigt, daß für die Gleichgewichts-Fermi-Verteilung dann

$$f_0(\lambda)\big(1 - f_0(\lambda')\big) = f_0(\lambda')\big(1 - f_0(\lambda)\big) \exp(\hbar\omega/kT) \tag{4.16}$$

ist. Setzt man dann die Ausdrücke (4.1), (4.10) und (4.12) in die Bedingung (4.15) ein und berücksichtigt (4.11), so findet man

$$a_{\lambda\lambda'} = W(\lambda, \lambda')\,[\exp(\hbar\omega/kT) - 1]. \tag{4.17}$$

Für $W(\lambda, \lambda')$ wird Gl. (4.7) benutzt, wobei E_{m}^2 darin mit (3.8) über die Photonenkonzentration $\varrho(\hbar\omega)$ ausgedrückt wird. Berücksichtigt man noch, daß $\varrho_0(\hbar\omega)$ im Gleichgewicht der Planckschen Verteilung

$$\varrho_0(\hbar\omega) = \frac{\omega^2 \varepsilon_1^{1/2}}{\pi^2 \hbar c^3} \cdot \frac{1}{\exp(\hbar\omega/kT) - 1} \tag{4.18}$$

gehorcht (in der der Brechungsindex durch $\varepsilon_1^{1/2}$ ersetzt wurde), so erhält man

$$a_{\lambda'\lambda} = \frac{16 e^2 \hbar\omega \varepsilon_1^{1/2}}{m_0^2 c^3} |(\xi, \boldsymbol{J}_{\lambda\lambda'})|^2\, \delta(E_{\lambda'} - E_\lambda - \hbar\omega) \cdot \Delta(\hbar\omega). \tag{4.19}$$

Unabhängig von der konkreten Gestalt der Verteilungsfunktion bleibt diese Beziehung auch für beliebige Nichtgleichgewichts-Verteilungen gültig. Wie aus Gl. (4.19) ersichtlich, hängt $a_{\lambda'\lambda}$ nicht von der Photonenkonzentration in der Probe ab — wie das für spontane Übergänge auch zu erwarten ist.

Die oben abgeleiteten Ergebnisse erlauben auch, das Verhältnis der infolge spontaner und infolge induzierter Emission abgegebenen Energien anzugeben. Aus den Gleichungen (4.10) und (4.12) folgt, daß für einen gegebenen Übergang

$$\frac{Q_{\text{sp}}}{Q_{\text{ind}}} = \frac{a_{\lambda'\lambda}}{W(\lambda, \lambda')}$$

ist. Unter Verwendung von (4.17) und (4.18) findet man

$$\frac{Q_{\text{sp}}}{Q_{\text{ind}}} = \frac{\omega^2 \varepsilon_1^{1/2}}{\pi^2 c^3 \hbar} \frac{1}{\varrho(\hbar\omega)}. \tag{4.20}$$

Der relative Anteil beider Prozesse hängt also von der Konzentration der Photonen der betreffenden Frequenz ab, d. h. von der Intensität der aktiven Strahlung und der Breite ihres Spektrums. Mit Hilfe einer Abschätzung läßt sich zeigen, daß in den üblicherweise im Labor verwendeten Lichtquellen mit kontinuierlichem Spektrum (z. B. den Glühlampen) die induzierte Strahlung gegen die spontane Emission überhaupt nicht ins Gewicht fällt. In optischen Quantengeneratoren (also den Lasern, siehe Abschnitt 18.6.) dagegen ist die Leistung sehr groß, das Spektralintervall dagegen sehr klein, so daß $\varrho(\hbar\omega)$ dort sehr groß ist und die induzierte Emission die Hauptrolle spielt.

18.5. Direkte und indirekte Übergänge

Es soll jetzt die Absorption von Licht betrachtet werden, die mit Interbandübergängen zwischen Valenz- und Leitungsband in einem idealen Gitter verknüpft ist. Dazu läßt sich Gl. (4.13) heranziehen, wobei in dieser nur die Summanden mit $\boldsymbol{\nu}' = \text{c}$ und $\nu = \text{v}$ belassen werden. Das Matrixelement, das in (4.13) vorkommt, enthält die Block-Funktionen (3.2.15′). Damit ist

$$\boldsymbol{I}_{\lambda\lambda'} = \int \left(u_{\lambda'}^* \nabla u_\lambda + \frac{\mathrm{i}}{\hbar} \boldsymbol{p} u_{\lambda'}^* u_\lambda \right) \mathrm{e}^{\frac{\mathrm{i}}{\hbar}(\boldsymbol{p} - \boldsymbol{p}' + \hbar \boldsymbol{k}, \boldsymbol{r})} \, \mathrm{d}^3\boldsymbol{r}. \tag{5.1}$$

Der Einfachheit halber wurde der Photonenwellenvektor $\boldsymbol{k} = \{k, 0, 0\}$ eingeführt. Wir beschränken uns im folgenden auf den vorzugsweise interessierenden Fall relativ schwacher Absorption, wenn also Gl. (1.19′) gilt. Dann läßt sich der Imaginärteil von $\boldsymbol{k}$ in Gl. (5.1) vernachlässigen. Folglich ist der Integrand in (5.1) das Produkt aus einer Exponentialfunktion mit rein imaginärem Argument und einer gitterperiodischen Funktion. Nach einem im Anhang 14. bewiesenen Theorem kann das Integral $\boldsymbol{I}_{\lambda\lambda'}$ nur dann von Null verschieden sein, wenn die Auswahlregel

$$\boldsymbol{p}' = \boldsymbol{p} + \hbar\boldsymbol{k} + m\hbar\boldsymbol{b} \tag{5.2}$$

erfüllt ist, worin m eine ganze Zahl oder Null ist.[1]) Gleichung (5.2) erscheint auf den ersten Blick vollkommen klar. Tatsächlich ist der damit gegebene Erhaltungssatz jedoch nicht völlig trivial. Der Vektor $\hbar\boldsymbol{k}$ ist der *Impuls* des Photons, während $\boldsymbol{p}$ und $\boldsymbol{p}'$ die *Quasiimpulse* des Elektrons im Anfangs- und Endzustand sind.

[1]) Der letzte Summand in (5.2) wird im folgenden der Kürze halber fortgelassen. Da die Vektoren $\boldsymbol{p}$ und $\boldsymbol{p}'$ in der ersten Brillouin-Zone liegen, ist die Zahl m eindeutig bestimmt.

Bei nicht allzu großer Energiedifferenz $E_{\lambda'} - E_\lambda$ ist die Größe $\hbar k$ fast immer wesentlich kleiner als der charakteristische Quasiimpuls des Elektrons im Anfangs- oder Endzustand. In der Tat ist nämlich nach Gl. (1.10) und dem Energieerhaltungssatz, der hier in Gl. (4.13) durch das Argument der δ-Funktion ausgedrückt ist, $k \sim \frac{n}{\hbar c} \times (E_{\lambda'} - E_\lambda)$. Also ist

$$\frac{\hbar k}{p} \sim \frac{n(E_{\lambda'} - E_\lambda)}{cp} \equiv \frac{\tilde{v}(\boldsymbol{p})}{c/n}; \tag{5.3}$$

die charakteristische Geschwindigkeit $\tilde{v}(\boldsymbol{p})$ ist dabei durch diese Beziehung definiert. Optische Übergänge können beliebige Elektronen vollführen, darunter auch solche, die sehr kleine Quasiimpulse besitzen. Die Zahl derartiger Elektronen ist jedoch sehr klein, da die Zustandsdichte (5.2.3) in diesem Energiebereich sehr klein ist. Die Hauptrolle spielen dabei Elektronen mit endlichen (d. h. von Null verschiedenen) Werten von p. Die Größe $\tilde{v} = \frac{E_{\lambda'} - E_\lambda}{p}$ ist dabei gewöhnlich sehr klein gegen die Phasengeschwindigkeit c/n des Lichtes im Medium. Ist zum Beispiel $E_{\lambda'} - E_\lambda = 1$ eV und $n = 4$, so ist $k \simeq 10^5$ cm^{-1}. Der Punkt mit der Energie $E_{\lambda'}$ möge von der Bandkante etwa 10^{-2} eV entfernt sein (dort ist die Zustandsdichte schon nicht mehr allzu klein). Ferner möge ein einfaches parabolisches Dispersionsgesetz mit der effektiven Masse $m = 0{,}1 m_0$ gelten. Dann ist $p/\hbar \sim 10^6$ cm^{-1}, d. h., die rechte Seite von Gl. (5.3) hat etwa den Wert 0,1. Diese Situation ist einigermaßen typisch. Mit einer Genauigkeit von 10···15% läßt sich der Photonenimpuls vernachlässigen. Daher gewinnt die Auswahlregel (5.2) die wesentlich einfachere Form

$$\boldsymbol{p}' = \boldsymbol{p}. \tag{5.2'}$$

Da der Vektor $-\boldsymbol{p}$ nichts anderes als der Quasiimpuls des Loches ist, haben die Gleichungen (5.2) und (5.2′) eine sehr einfache Bedeutung: Bis auf den kleinen Betrag $\hbar k$ ändert sich der Quasiimpuls des Systems „Leitungselektron—Loch" bei dem hier betrachteten optischen Übergang nicht, indem er nämlich gleich Null bleibt (vor der Absorption oder nach der Emission des Photons ist er natürlich angesichts des Fehlens beider Ladungsträger gleich Null). Unter der Bedingung (5.2′) gewinnt die rechte Seite von (5.1) die Form

$$\int \left(u_{p\nu'}^* \, \nabla u_{p\nu} + \frac{\mathrm{i}}{\hbar} \, \boldsymbol{p} u_{p\nu'}^* u_{p\nu} \right) \mathrm{d}^3\boldsymbol{r}.$$

Das Integral über den zweiten Summanden in der Klammer verschwindet. Wegen (3.4.3) sind die Funktionen $u_{p\nu'}^*$ und $u_{p\nu}$ orthogonal zueinander. So ist im hier betrachteten Fall

$$\boldsymbol{I}_{\lambda\lambda'} = \int u_{p\nu'}^* \, \nabla u_{p\nu} \, \mathrm{d}^3\boldsymbol{r} \equiv \frac{\mathrm{i}}{\hbar} \, \boldsymbol{p}_{\nu'\nu}(\boldsymbol{p}), \tag{5.1'}$$

worin

$$\boldsymbol{p}_{\nu'\nu}(\boldsymbol{p}) = -\mathrm{i}\hbar \int u_{p\nu'}^* \, \nabla u_{p\nu} \, \mathrm{d}^3\boldsymbol{r} \tag{5.4}$$

das Matrixelement des Impulsoperators in dem System der Funktionen $u_{p\nu}$, $u_{p\nu'}$, die zum Punkt $\boldsymbol{p}$ der Brillouin-Zone gehören, bezeichnet. Dabei läßt sich das Integrationsgebiet auf eine Elementarzelle begrenzen, indem man die Periodizität der genannten Funktionen ausnutzt (wobei die Funktionen $u_{p\nu'}$, $u_{p\nu}$ auf das gleiche Gebiet normiert werden).

Optische Interbandübergänge verlaufen also im idealen Gitter praktisch im gleichen Punkt der Brillouin-Zone. Solche Übergänge heißen *direkte* oder *vertikale* Übergänge. Der Sinn dieser Bezeichnung wird klar, wenn man Abb. 18.4a betrachtet, in der (schematisch) die Dispersionsgesetze für Leitungselektronen und Löcher eines Halbleiters wie Germanium dargestellt sind.

Man erkennt, daß Gl. (5.2′) hier die Möglichkeit ausschließt, daß ein Photon mit einer Energie sehr nahe der Breite der verbotenen Zone absorbiert wird. Diese Absorption wird jedoch möglich, wenn Gitterstörstellen mit in Betracht gezogen werden. Dann nämlich bleibt der Quasiimpuls-Erhaltungssatz in der Form (5.2) oder (5.2′)

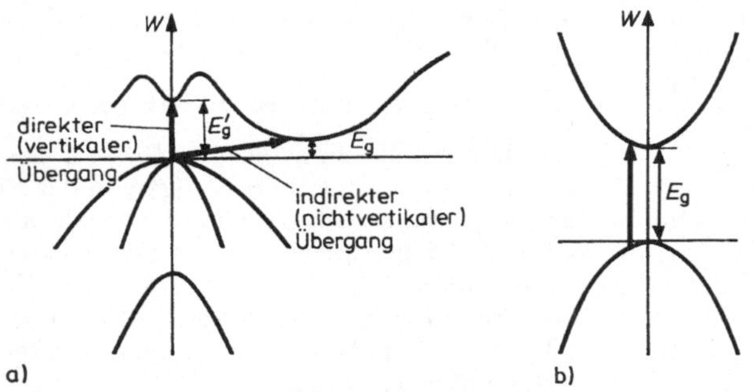

Abb. 18.4
a) Vertikaler und nichtvertikaler Übergang in einem „indirekten" Halbleiter
b) vertikaler Übergang in einem „direkten" Halbleiter

nicht länger gültig — und zwar infolge der Wechselwirkung der Ladungsträger mit Streuzentren. Ein Teil des Quasiimpulses wird an die Störstellenatome oder an die bei dem optischen Übergang emittierten Phononen abgegeben. Übergänge dieser Art heißen *indirekte* oder *nichtvertikale*. In Halbleitern wie Germanium sind sie für die Absorption von Wellen mit einer Frequenz nahe der Grenzfrequenz verantwortlich. Eng verknüpft mit dieser Notwendigkeit für die Elektronen, nicht nur mit dem Licht, sondern auch mit Streuzentren zu wechselwirken, sind indirekte Übergänge weniger wahrscheinlich als direkte (sofern letztere erlaubt sind). Daher sind für die indirekten merklich kleinere Werte des Absorptionskoeffizienten charakteristisch, wie aus Abb. 18.3 ersichtlich ist. Im Gebiet 0,7 eV $\lesssim \hbar\omega \lesssim$ 0,8 eV entsprechen der Absorption indirekte, für $\hbar\omega \gtrsim$ 0,8 eV direkte Übergänge.

Es existieren Materialien, in denen die Unterkante des Leitungsbandes und die Oberkante des Valenzbandes im gleichen (oder fast dem gleichen) Punkt der Brillouin-Zone gelegen sind. Zu diesen Stoffen gehören zum Beispiel Galliumarsenid, Indiumantimonid u. a. In diesen Materialien können Photonen mit Energien, die sehr nahe der roten Absorptionskante liegen, direkte Übergänge hervorrufen (s. Abb. 18.4b). Zuweilen spricht man von den beiden genannten Typen von Halbleitern als von „indirekten" bzw. „direkten" Halbleitern.

Es sei noch angemerkt, daß die Ableitung von Gl. (5.2) an keiner Stelle an die Voraussetzung geknüpft ist, daß die Übergänge unbedingt zwischen verschiedenen

Bändern erfolgen: Diese Bedingung legte nur den Frequenzbereich ω fest. Im Falle der optischen Intrabandübergänge, die im Abschnitt 18.3. betrachtet wurden, ist die charakteristische Geschwindigkeit $\bar{v}$ von der Größenordnung der thermischen, und die rechte Seite von Gl. (5.3) ist ebenfalls klein. Zum anderen sind Intrabandübergänge zwingend mit einer Änderung des Quasiimpulses verknüpft, d. h., sie sind per definitionem nichtvertikal. Folglich können sie nur bei Vorhandensein einer Streuung der Ladungsträger erfolgen, wovon wir uns auf anderem Wege schon in Abschnitt 18.3. überzeugt haben.

18.6. Halbleiterlaser

In Abschnitt 18.4. wurde deutlich, daß Betrag und Vorzeichen des Absorptionskoeffizienten γ entscheidend von der Differenz $f(\lambda) - f(\lambda')$ abhängen — f bezeichnet dabei die Besetzungswahrscheinlichkeiten der Energieniveaus, die an den Elektronenübergängen beteiligt sind (siehe Gl. (4.13)). Ist das Elektronengas ohne Lichteinfall im Gleichgewicht, so war $\gamma > 0$, so daß die Lichtwelle gedämpft wurde. Wird jedoch dem Halbleiter aus einer äußeren Quelle Energie zugeführt und dadurch das thermodynamische Gleichgewicht des Elektronengases wesentlich gestört (sogenanntes „Pumpen" von Energie), so kann der Fall $f(\lambda) > f(\lambda')$ auftreten, d. h., die Besetzungswahrscheinlichkeit höher gelegener Niveaus wird größer als die der tiefer liegenden (sog. *Besetzungsinversion*). In einem Medium mit Besetzungsinversion wird der Absorptionskoeffizient γ negativ, d. h., die Lichtwelle wird nicht absorbiert, sondern verstärkt. Medien, in denen $\gamma < 0$ ist, werden *aktive Medien* genannt.

Die Bedingungen für das Auftreten einer Besetzungsinversion sollen jetzt etwas ausführlicher betrachtet werden. Es werde zunächst ein homogener Halbleiter und direkte Band-Band-Übergänge vorausgesetzt. Es werde angenommen, daß sich beim Pumpen im Valenz- und Leitungsband jeweils eine Gleichgewichtsverteilung einstellt (natürlich ohne daß sich zwischen beiden ein Gleichgewicht einstellt). Wie in Kapitel 7. gezeigt wurde, lassen sich in diesem Fall Quasi-Fermi-Niveaus F_n und F_p von Elektronen und Löchern einführen. Dann gilt für jedes Paar von Zuständen E_λ (aus dem Valenzband) und $E_{\lambda'}$ (aus dem Leitungsband)

$$f(E_{\lambda'}) = \frac{1}{\exp \dfrac{E_{\lambda'} - F_n}{kT} + 1} > f(E_\lambda) = \frac{1}{\exp \dfrac{E_\lambda - F_p}{kT} + 1}. \tag{6.1}$$

Daraus erhält man

$$F_n - F_p > E_{\lambda'} - E_\lambda. \tag{6.2}$$

Da die Differenz $(E_{\lambda'} - E_\lambda)$ mindestens gleich der Breite der verbotenen Zone ist, hat man als Bedingung dafür, daß eine Besetzungsinversion möglich ist,

$$F_n - F_p > E_g. \tag{6.3}$$

Das Pumpen muß also so stark erfolgen, daß die Quasi-Fermi-Niveaus innerhalb der erlaubten Zone liegen, Elektronen- und Löchergas also entarten (s. Abb. 18.5). Dann sind praktisch alle Valenzbandzustände mit $E_\lambda > F_p$ unbesetzt und alle Leitungsbandzustände $E_\lambda < F_n$ mit Elektronen besetzt.

Daher können alle Photonen, deren Energie $\hbar\omega$ zwischen

$$\omega_{\min} < \omega < \omega_{\max} \quad (\text{mit } \hbar\omega_{\max} = F_n - F_p; \qquad \hbar\omega_{\min} = E_g) \tag{6.4}$$

liegt, keine Elektronenübergänge aus dem Valenzband in das Leitungsband induzieren und folglich also nicht absorbiert werden.

Übergänge aus dem Leitungsband ins Valenzband dagegen sind möglich — also wird eine Emission von Photonen stattfinden. Die Relationen (6.4) bestimmen das Frequenzintervall, in dem eine Verstärkung der elektromagnetischen Welle möglich ist. Wird also die Besetzungsinversion mittels Einstrahlung von einer intensiven äußeren Lichtquelle erzeugt, muß für die zum Pumpen benutzten Photonen offensichtlich

$$\hbar\omega_H \geqq F_n - F_p = \hbar\omega_{\max} \tag{6.5}$$

gelten (siehe Abb. 18.5).

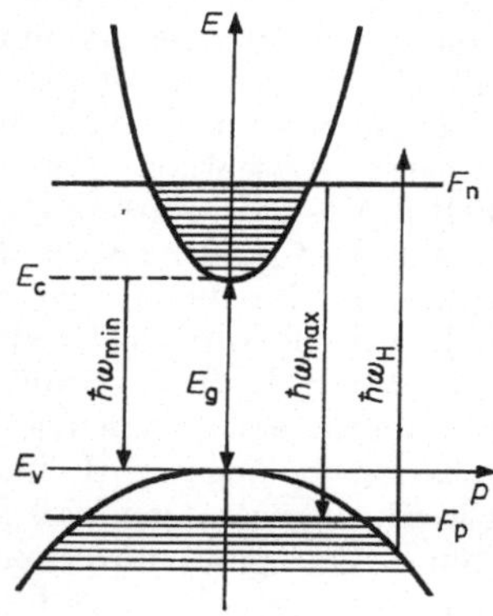

Abb. 18.5
Besetzungsinversion bei den Elektronen in einem Eintalhalbleiter

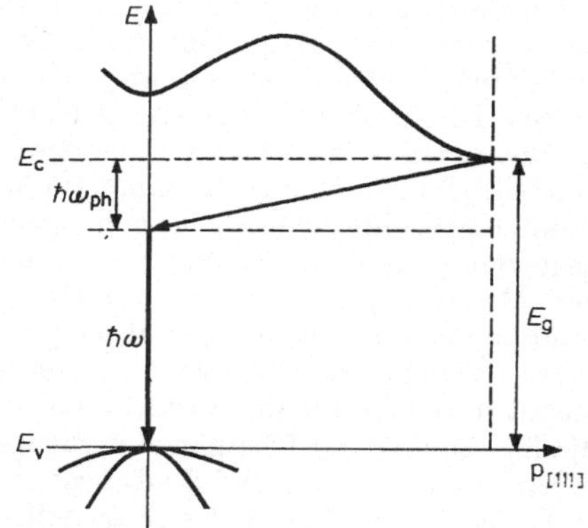

Abb. 18.6
Elektronenübergänge unter Beteiligung eines Phonons in einem Mehrtalhalbleiter (Germanium)

Es sollen jetzt Mehrtalhalbleiter und indirekte Übergänge in diesen betrachtet werden. Für das Beispiel Germanium ist dieser Fall in Abb. 18.6 dargestellt. Wie schon im Abschnitt 18.5. dargelegt, sind hier Elektronenübergänge nur unter Beteiligung eines Streuzentrums möglich. Der Konkretheit halber sei vorausgesetzt, daß die Erhaltungssätze für Energie und Quasiimpuls durch die Wechselwirkung mit thermischen Gitterschwingungen erfüllt werden, d. h. daß bei einem Elektronenübergang aus dem Leitungs- ins Valenzband ein Phonon mit der Energie $\hbar\omega_{ph}$ emittiert wird. Die Phononen werden als (untereinander) im Gleichgewicht (also thermalisiert) und im Gleichgewicht mit dem Elektronengas befindlich angenommen. Dann lautet die Bedingung für die Besetzungsinversion analog zu (6.1) hier

$$\left[\exp\frac{E_{\lambda'} - \hbar\omega_{ph} - F_n}{kT} + 1\right]^{-1} > \left[\exp\frac{E_\lambda - F_p}{kT} + 1\right]^{-1}. \tag{6.6}$$

Die Bedingung dafür, daß das Medium aktiv ist, lautet hier statt wie (6.3)

$$F_n - F_p > E_g - \hbar\omega_{ph}.$$

Für den Übergang zum aktiven Medium ist bei indirekten Halbleitern folglich eine geringere Differenz ($F_n - F_p$) der Quasi-Fermi-Niveaus und damit eine geringere Pumpleistung erforderlich. Das heißt jedoch im allgemeinen nicht, daß zur Verstärkung elektromagnetischer Wellen besser indirekte Halbleiter verwendet werden. Die Größe des Verstärkungsfaktors hängt nämlich von den Übergangsraten der induzierten Übergänge ab, die unter sonst gleichen Bedingungen den Übergangswahrscheinlichkeiten proportional sind. Diese jedoch sind, wie schon im Abschnitt 18.5. bemerkt wurde, für indirekte Übergänge kleiner als für direkte.

Eine wesentliche Besonderheit der Verstärkung elektromagnetischer Wellen in aktiven Medien besteht in der Einengung des Spektralintervalls bei der Verstärkung. Das beruht darauf, daß der Verstärkungsfaktor γ innerhalb des Verstärkungsbereiches $\omega_{max} - \omega_{min}$ von der Frequenz ω abhängt und bei einer gewissen Frequenz ein Maximum besitzt. Daher werden vorzugsweise Frequenzen in der Nähe dieses Maximums verstärkt, so daß die Welle im Prozeß der Verstärkung monochromatischer wird.

Die induzierte Emission in einem Medium mit Besetzungsinversion liegt den optischen Quantengeneratoren oder *Lasern*[1]) zugrunde, die zur Erzeugung von kohärenten elektromagnetischen Wellen dienen. Deren Wirkungsprinzip besteht darin, daß ein aktives Medium mittels eines Resonators zu Schwingungen angeregt wird.

Im Resonator sind zwei ebene Spiegel parallel zueinander angeordnet (sog. Fabry-Perot-Resonator). Das aktive Medium befindet sich zwischen den Spiegeln. Dann tritt eine verstärkte elektromagnetische Welle, nachdem sie von dem einen Spiegel reflektiert wurde, wieder in das aktive Medium ein und ruft eine verstärkte induzierte Emission hervor, so daß sie sich also noch mehr verstärkt. Von dem zweiten Spiegel reflektiert, durchläuft sie das aktive Medium wieder, wobei sie nochmals verstärkt wird usw. Macht man die Spiegel halbdurchlässig, so gelangt ein Teil der Wellenenergie nach außen. Daneben wird ein Teil der Energie infolge von unvermeidlichen Verlusten im Resonator selbst dissipiert. Sobald der Energiegewinn der Welle gleich der Summe aller Verluste wird, entsteht im Resonator eine stationäre Eigenschwingung, womit die gesamte Anordnung als Quelle von kohärentem Licht mit einem sehr hohen Grad an Monochromasie wirkt.

In den gegenwärtig existierenden Halbleiterlasern wird das aktive Medium mittels der Besetzungsinversion von Valenz- und Leitungsband erzeugt.[2]) Die für die Besetzungsinversion notwendigen hohen Elektronen- und Löcherkonzentrationen können auf verschiedene Weise erzeugt werden — durch Injektion an einem p-n-Übergang (Injektionspumpen), durch Beleuchtung mit einer starken inkohärenten Lichtqulle (optisches Pumpen), durch Einschuß schneller Elektronen (Pumpen durch Elektronenbeschuß) und auf anderem Wege.

In Abb. 18.7 ist das Prinzip des Injektionslasers dargestellt. Dieser besteht im wesentlichen aus einem einkristallinen Halbleiter, in dem durch die eingeprägte Verteilung von flachen Donator- und Akzeptorstörstellen ein p- und ein n-leitendes

---

[1]) Die Bezeichnung ist gebildet aus den Anfangsbuchstaben der englischen Wendung „Light amplification by stimulated emission of radiation" für das Prinzip des Lasers.

[2]) Auf die Möglichkeit, Halbleiter zur Erzeugung des aktiven Mediums im Laser zu verwenden, wurde erstmals 1958 von N. G. Basov und B. M. Vul hingewiesen.

Gebiet erzeugt wurden. Zwischen diesen entsteht dann zwangsläufig ein Übergangsgebiet von einer gewissen Dicke d. In schwach dotierten Halbleitern ist die Erzeugung solch hoher Ladungsträgerkonzentrationen, wie sie zur Erfüllung der Bedingung (6.3) für die Besetzungsinversion notwendig sind, allein auf dem Wege des Pumpens sehr schwierig. p- und n-Gebiet werden daher stark dotiert, damit das Elektronen- und das Löchergas entarten. In diesem Falle liegt das Fermi-Niveau im p-Gebiet schon ohne Injektion innerhalb des Valenzbandes und das im n-Gebiet schon im Leitungsband (siehe Abb. 18.7a), wodurch es beim Pumpen erleichtert wird, die Bedingung (6.3) zu erfüllen.

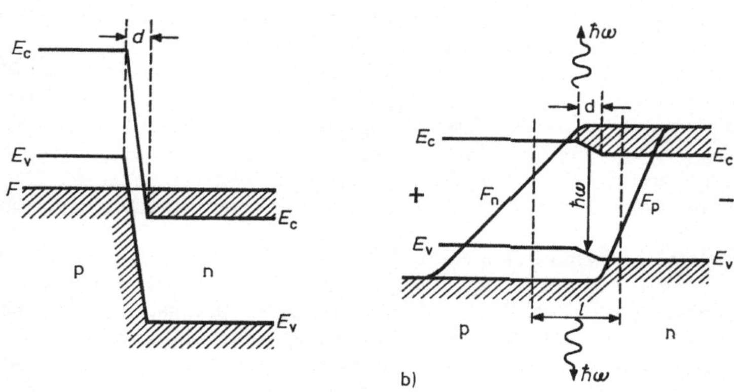

Abb. 18.7

Energiediagramm eines Halbleiter-Injektionslasers

a) Entarteter p-n-Übergang ohne äußere Spannung

b) Entarteter p-n-Übergang mit in Durchlaßrichtung angelegter äußerer Spannung

d — technologische Breite des Übergangs, l — Dicke des aktiven Gebiets ($F_n - F_p \geqq E_g$)

Die Konzentration der Nichtgleichgewichtsträger verringert sich mit wachsender Entfernung von der Grenze des p-n-Übergangs allmählich und klingt über eine Entfernung von der Größenordnung ihrer Diffusionslänge ab. Dementsprechend spaltet das ursprüngliche Fermi-Niveau in die Quasi-Fermi-Niveaus F_p und F_n auf, die räumlich, wie schematisch in Abb. 18.7b dargestellt, variieren. Aus der Zeichnung ist ersichtlich, daß am Übergang eine aktive Schicht entsteht, in der $F_n - F_p \geqq E_c - E_v = E_g$ ist. Die Dicke dieser Schicht kann dabei wesentlich größer als d sein.

Die Mehrfachreflexion der Strahlung vollzieht sich hier zwischen den parallel polierten Endflächen des Kristalls, die die Rolle der Spiegel des Resonators übernehmen. Die Strahlung tritt hier durch schmale Streifen, die durch den Schnitt der aktiven Schicht mit den reflektierenden Endflächen des Kristalls gebildet werden, aus.

Der Lasereffekt läßt sich an vielen direkten Halbleitern beobachten. Einer der besten Halbleiterlaser ist der Galliumarsenid-Injektionslaser. Zur Orientierung seien hier einige charakteristische Daten angeführt. Die Abmessungen solcher Laser sind sehr klein, was mit den Schwierigkeiten bei der Herstellung großer homogener p-n-Übergänge zusammenhängt. Bei einer emittierenden Fläche von der Größenordnung

10^{-4} cm^2 wird im Dauerstrichbetrieb eine Leistungsabgabe von ~ 10 W erreicht, was umgerechnet $\sim 10^2 \cdots 10^3$ kW/cm^2 entspricht. Infolge der Breite der verbotenen Zone liegt die Wellenlänge der emittierten Strahlung bei $\sim 800 \cdots 900$ nm (abhängig von der Arbeitstemperatur). Die Schwellenstromdichte durch den p-n-Übergang, von der ab eine Selbstanregung auftritt, ist dabei von der Größenordnung 100 A/cm^2 (was einem Gesamtstrom von einigen Ampere entspricht). Der Wirkungsgrad erreicht bei Verwendung einer Kühlung mit flüssigem Stickstoff $70 \cdots 80\%$.

Die Charakteristika von Halbleiterlasern lassen sich noch wesentlich verbessern, wenn anstelle der gewöhnlichen p-n-Übergänge, die in ein und demselben Halbleitermaterial erzeugt wurden, nichtisotype Heteroübergänge verwendet werden (siehe Abschnitt 8.5.). Das erlaubt dann eine wesentliche Verringerung des Schwellenstroms und damit eine wesentlich einfachere Realisierung des Dauerstrichbetriebs ohne Kühlung bei Zimmertemperatur, was den Anwendungsbereich der Halbleiterlaser wesentlich erweitert.

Weiteres über Halbleiterlaser findet man z. B. in [4, 5].

18.7. Der Absorptionskoeffizient für direkte Übergänge und die kombinierte Zustandsdichte

Es soll jetzt der Absorptionskoeffizient für direkte Interbandübergänge betrachtet werden. Dabei wird vorausgesetzt, daß die Funktionen $f(\lambda)$ und $f(\lambda')$ Gleichgewichtsverteilungen sind. Dann erhält Gl. (4.9) mit (5.1′) und (5.4) für $\nu' = \mathrm{c}$, $\nu = \mathrm{v}$ die Form

$$\sigma_1 = \frac{4\pi e^2}{m_0^2 \omega V} \sum_{\boldsymbol{p}} |(\xi, \boldsymbol{p}_{\mathrm{cv}})|^2 f_0\big(E_{\mathrm{v}}(\boldsymbol{p})\big) \big[1 - f_0\big(E_{\mathrm{c}}(\boldsymbol{p})\big)\big] \, \delta\big(E_{\mathrm{c}}(\boldsymbol{p}) - E_{\mathrm{v}}(\boldsymbol{p}) - \hbar\omega\big). \tag{7.1}$$

Geht man von der Summation über $\boldsymbol{p}$ zur Integration über und berücksichtigt dabei Gl. (1.21′), so erhält man

$$\gamma = \frac{2e^2}{\pi c m_0^2 \omega \hbar^3 \varepsilon_1^{1/2}} \int \mathrm{d}^3\boldsymbol{p} \, \big|\big(\xi, \boldsymbol{p}_{\mathrm{cv}}(\boldsymbol{p})\big)\big|^2 f_0\big(E_{\mathrm{v}}(\boldsymbol{p})\big) \times \big[1 - f_0\big(E_{\mathrm{c}}(\boldsymbol{p})\big)\big] \, \delta\big(E_{\mathrm{c}}(\boldsymbol{p}) - E_{\mathrm{v}}(\boldsymbol{p}) - \hbar\omega\big). \tag{7.2}$$

Ist das Licht nicht polarisiert, so läßt sich die Größe $|(\xi, \boldsymbol{p}_{\mathrm{cv}})|^2$ durch ihren Mittelwert $\frac{1}{3} |\boldsymbol{p}_{\mathrm{cv}}|^2$ über alle Winkel ersetzen.

In nichtentarteten Halbleitern sind fast alle Valenzbandzustände besetzt und die des Leitungsbandes fast alle leer. Dann läßt sich der Faktor $f_0\big(E_{\mathrm{v}}(\boldsymbol{p})\big) \big[1 - f_0\big(E_{\mathrm{c}}(\boldsymbol{p})\big)\big]$ in (7.2) durch Eins ersetzen. Das heißt, daß alle energetisch möglichen Übergänge auch vom Pauli-Prinzip her erlaubt sind. Damit entspricht in „direkten“ Halbleitern die rote Absorptionsgrenze ω_{m} dem minimalen Wert der Energiedifferenz $E_{\mathrm{c}}(\boldsymbol{p}) - E_{\mathrm{v}}(\boldsymbol{p})$:

$$\hbar\omega_{\mathrm{m}} = E_{\mathrm{g}}.$$

Diese Sachlage ändert sich im Falle der starken Entartung. Liegt z. B. das Fermi-Niveau innerhalb des Leitungsbandes, wobei $F - E_c \gg kT$ sein möge (siehe Abb. 18.8), so sind Übergänge in Leitungsbandzustände mit einer Energie $E < F$ gemäß dem Pauli-Prinzip praktisch unmöglich.

Die rote Absorptionsgrenze entspricht dabei der Energie $E_g + (F - E_c)$, ist also gegenüber der des nichtentarteten Materials um $(F - E_c)/\hbar$ zu höheren Frequenzen hin verschoben. Dieser Effekt wird Burstein-Moss-Verschiebung genannt. Es sei hervorgehoben, daß im hier betrachteten Fall wie im nichtentarteten Material

$$f_0E_v((\boldsymbol{p}))\left[1 - f_0(E_c(\boldsymbol{p}))\right] = f_0(E_v(\boldsymbol{p})) - f_0(E_c(\boldsymbol{p}))$$

gilt. Damit ist die Anwendung von Gl. (4.9) gerechtfertigt und daraus folgend die von Gl. (7.2) anstelle von (4.13).

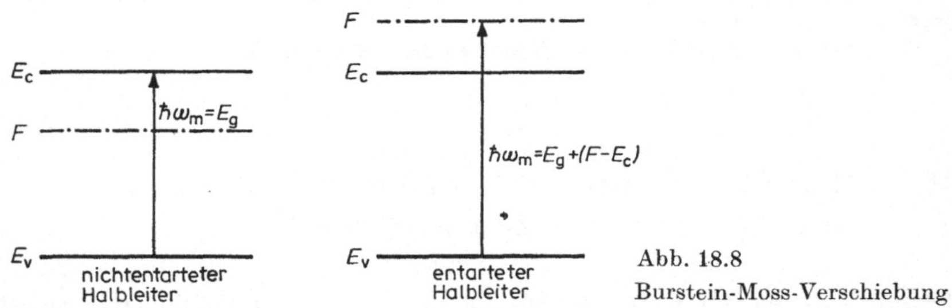

Abb. 18.8 Burstein-Moss-Verschiebung

Bei der Untersuchung der Energiebandstruktur eines Halbleiters ist die Frequenzabhängigkeit des Absorptionskoeffizienten (7.2) von besonderem Interesse. Die Berechnung der funktionellen Abhängigkeit $\gamma(\omega)$ für den allgemeinen Fall ist mit großen Schwierigkeiten verbunden, da sie sowohl durch die Dispersionsgesetze als auch durch die Matrixelemente $\boldsymbol{p}_{cv}(\boldsymbol{p})$ bestimmt ist. Es sei jedoch angemerkt, daß die letzteren eine glatte Funktion von $\boldsymbol{p}$ sind, da das Integral (5.4) für beliebige Werte des Quasiimpulses konvergiert. Daher ist es gerechtfertigt, dieses Matrixelement an einer Stelle $\boldsymbol{p}_0$ in der Brillouin-Zone in eine Reihe nach Potenzen von $\boldsymbol{p} - \boldsymbol{p}_0$ zu entwickeln:

$$p_{cv}^{\alpha}(\boldsymbol{p}) = p_{cv}^{\alpha}(\boldsymbol{p}_0) + c_{\alpha\beta}(p_\beta - p_{0,\beta}) + \cdots \tag{7.3}$$

$c_{\alpha\beta}$ ist dabei ein dimensionsloser Tensor, und die drei Punkte stehen für die Terme höherer Ordnung in $(\boldsymbol{p} - \boldsymbol{p}_0)$[1].

Die Entwicklung (7.3) ist sinnvoll, solange $\boldsymbol{p}$ und $\boldsymbol{p}_0$ nicht allzuweit voneinander entfernt sind. Anders formuliert ist dazu notwendig, daß die Energiedifferenzen $E_c(\boldsymbol{p}) - E_v(\boldsymbol{p})$ und $E_c(\boldsymbol{p}_0) - E_v(\boldsymbol{p}_0)$ nicht zu stark voneinander verschieden sind. Das heißt, daß die Entwicklung (7.3) nur zur Berechnung von $\gamma(\omega)$ in einem nicht allzu breiten Frequenzbereich herangezogen werden kann. Dann lassen sich die Parameter $\boldsymbol{p}_{cv}(\boldsymbol{p}_0)$ und $c_{\alpha\beta}$ ansehen als Parameter der Theorie, die dann aus dem Experiment bestimmt werden oder mit numerischen Methoden berechnet werden.

---

[1]) Tatsächlich wird im folgenden $\boldsymbol{k}_0$ vornehmlich Unter- bzw. Oberkante von Leitungs- bzw. Valenzband oder einen anderen kritischen Punkt darstellen (s. Abschnitt 18.8.).

In Abhängigkeit von den Symmetrieeigenschaften der Wellenfunktionen $u^*_{\boldsymbol{p}_0\mathrm{c}}$ und $u_{\boldsymbol{p}_0\mathrm{v}}$ kann das Matrixelement

$$\boldsymbol{p}_{\mathrm{cv}}(\boldsymbol{p}_0) = \int u^*_{\boldsymbol{p}_0\mathrm{c}}(-\mathrm{i}\hbar\,\nabla)\, u_{\boldsymbol{p}_0\mathrm{v}}\,\mathrm{d}^3\boldsymbol{r} \tag{7.4}$$

von Null verschieden sein oder auch nicht.

Es seien die Funktionen $u_{\boldsymbol{p}_0\mathrm{v}}$ und $u^*_{\boldsymbol{p}_0\mathrm{c}}$ beispielsweise durch eine bestimmte Parität charakterisiert, so daß sie also bei einer Vorzeichenänderung aller Raumkoordinaten (Inversion) nur entweder ihr Vorzeichen ändern (ungerade Parität) oder beibehalten (gerade Parität).

Zuerst werde der Fall betrachtet, daß beide Funktionen die gleiche, z. B. gerade Parität haben. Da die Ableitung einer geraden Funktion eine ungerade ist, ändert der gesamte Integrand in (7.4) bei der Inversion sein Vorzeichen ebenso wie die Integrationsvariablen. Das führt offensichtlich auf das gleiche Integral. Andererseits kann das Integral sich bei einem Wechsel der Integrationsvariablen allein nicht ändern. Folglich muß es gleich Null sein. Das gilt beispielsweise für die Übergänge zwischen den Bändern der leichten und der schweren Löcher von $\mathrm{A^{III}B^{V}}$-Verbindungen im Punkte $\boldsymbol{p}_0 = 0$.

Haben dagegen die Funktionen $u_{\boldsymbol{p}_0\mathrm{v}}$ und $u^*_{\boldsymbol{p}_0\mathrm{c}}$ unterschiedliche Parität, so ändert sich der Integrand bei der Vorzeichenänderung der Integrationsvariablen nicht, und das Integral kann von Null verschieden sein. Das trifft z. B. auf den Übergang zwischen dem Valenzband der leichten Löcher und dem Leitungsband in Galliumarsenid zu. Bei komplizierteren Symmetrieeigenschaften werden die Auswahlregeln mit Hilfe der Gruppentheorie aufgestellt. Ist das Integral (7.4) von Null verschieden, so spricht man von erlaubten direkten Übergängen, im entgegengesetzten Fall von verbotenen direkten.

Zunächst sollen direkte erlaubte Übergänge in einem nichtentarteten Halbleiter betrachtet werden. In diesem Fall braucht man in (7.3) nur den ersten Summanden zu berücksichtigen, d. h. man kann $\boldsymbol{p}_{\mathrm{cv}}(\boldsymbol{p})$ durch $\boldsymbol{p}_{\mathrm{cv}}(\boldsymbol{p}_0)$ ersetzen (wobei das Argument $\boldsymbol{p}_0$ im folgenden fortgelassen wird). Dann erhält Gl. (7.2) für unpolarisiertes Licht die Form

$$\gamma = \frac{\mathrm{e}\,2e^2\,|\boldsymbol{p}_{\mathrm{cv}}|^2}{3\pi c m_0^2\omega\hbar^3\varepsilon_1^{1/2}} \int \delta\big(E_{\mathrm{c}}(\boldsymbol{p}) - E_{\mathrm{v}}(\boldsymbol{p}) - \hbar\omega\big)\,\mathrm{d}^3\boldsymbol{p}. \tag{7.5}$$

Führt man die Bezeichnung

$$\varrho_{\mathrm{komb}}(\omega) = \frac{2}{(2\pi\hbar)^3} \int \delta\big(E_{\mathrm{c}}(\boldsymbol{p}) - E_{\mathrm{v}}(\boldsymbol{p} - \hbar\omega\big)\,\mathrm{d}^3\boldsymbol{p} \tag{7.6}$$

ein, so erhält man

$$\gamma = \frac{2(2\pi)^2\,e^2\,|\boldsymbol{p}_{\mathrm{cv}}|^2}{3cm_0^2\omega\varepsilon_1^{1/2}}\,\varrho_{\mathrm{komb}}(\omega). \tag{7.7}$$

Die Größe $\varrho_{\mathrm{komb}}(\omega)$ heißt *kombinierte energetische Zustandsdichte*. Der Sinn dieser Bezeichnung wird klar, wenn der Ausdruck (7.6) mit den Ausdrücken (5.7.8b) für die Zustandsdichte im Valenz- oder Leitungsband verglichen wird. Der Unterschied besteht dabei nur darin, daß der Ausdruck (7.6) abweichend von den letztgenannten Ausdrücken nicht von dem Verlauf nur eines der beiden Dispersionsgesetze $E_{\mathrm{c}}(\boldsymbol{p})$ und $E_{\mathrm{v}}(\boldsymbol{p}')$, sondern von deren Differenz $E_{\mathrm{c}}(\boldsymbol{p}) - E_{\mathrm{v}}(\boldsymbol{p})$ abhängt.

Wie aus Gl. (7.6) ersichtlich, ist die kombinierte Zustandsdichte nur für

$$\omega \geqq \omega_m = E_g/\hbar \tag{7.8}$$

von Null verschieden. Der Sinn dieser Ungleichung ist klar: Unter den genannten Bedingungen können nur Photonen hinreichend hoher Energie Interbandübergänge verursachen.

Es soll jetzt die kombinierte Zustandsdichte für Frequenzen in der Umgebung des Schwellenwertes ω_m berechnet werden. Als $\boldsymbol{p}_0$ wählt man dabei zweckmäßig den Punkt der Brillouin-Zone, der dem energetisch tiefsten Punkt des Leitungsbandes entspricht (nach Voraussetzung entspricht diesem auch der höchste Punkt des Valenzbandes). Es sei zunächst vorausgesetzt, daß $\boldsymbol{p}_0 = 0$ gilt, und das Dispersionsgesetz soll durch einen einfachen parabolischen Ausdruck angenähert werden, wobei die Energie vom tiefsten Punkt des Leitungsbandes aus gemessen wird:

$$E_c(\boldsymbol{p}) = \frac{p^2}{2m_n}, \qquad E_v(\boldsymbol{p}) = -E_g - \frac{p^2}{2m_p}. \tag{7.9}$$

Man setzt nun die Ausdrücke (7.9) in Gl. (7.6) ein und berechnet das dort auftretende Integral in sphärischen Koordinaten. Integriert man über beide Winkel, so erhält man

$$\varrho_{\text{komb}}(\omega) = \frac{1}{\pi^2 \hbar^3} \int_0^\infty k^2\, \delta\left(\frac{p^2}{2m_r} + E_g - \hbar\omega\right) d^3p \tag{7.10}$$

mit

$$m_r = \frac{m_n \cdot m_p}{m_n + m_p} \tag{7.11}$$

als der reduzierten Effektivmasse von Elektron und Loch.

Das Integral, das in Gl. (7.10) auftaucht, ist einfach nach den Regeln von Anhang 4. zu berechnen. Bei $\omega \geqq \omega_m$ ist

$$\varrho_{\text{komb}}(\omega) = \frac{[2m_r^3(\hbar\omega - E_g)]^{1/2}}{2\pi^2\hbar^3}. \tag{7.12}$$

Das Resultat (7.12) läßt sich leicht auf den Fall, daß die Extrema nicht im Punkt $\boldsymbol{p}_0 = 0$ liegen und die Dispersionsgesetze von Elektronen und Löchern anisotrop sind (jedoch parabolisch), verallgemeinern.

Dann ist die Frequenzabhängigkeit von $\varrho_{\text{komb}}(\omega)$ die gleiche wie in (7.12); man hat nur den Faktor $m_r^{3/2}$ durch $(m_{rx}m_{ry}m_{rz})^{1/2}$ mit m_{rx}^{-1}, m_{ry}^{-1} und m_{rz}^{-1} als den Eigenwerten des Tensors

$$m_{r,\alpha\beta}^{-1} = m_{c,\alpha\beta}^{-1} + m_{v,\alpha\beta}^{-1}$$

zu ersetzen. Damit ist für ein parabolisches Dispersionsgesetz die Frequenzabhängigkeit des Absorptionskoeffizienten für direkte erlaubte Übergänge von der Form

$$\gamma(\omega) \sim \frac{1}{\omega}(\omega - \omega_m)^{1/2}. \tag{7.13}$$

Wir betrachten nun die verbotenen direkten Übergänge. Man hat dabei in Gl. (7.3) auch den zweiten Summanden beizubehalten, wodurch das Matrixelement $\boldsymbol{p}_{cv}(\boldsymbol{p})$

gewöhnlich von Null verschieden wird. Setzt man wiederum $\boldsymbol{p}_0 = 0$ und benutzt die Gleichungen (7.3), (7.2) (für unpolarisiertes Licht) und (7.9), so erhält man (zunächst für den Fall fehlender Entartung)

$$\gamma = \sum_{\alpha,\beta,\gamma} \frac{2e^2 \, |c_{\alpha\beta} c_{\alpha\gamma}|^2}{3\pi c m_0^2 \omega \hbar^3 \varepsilon_1^{1/2}} \int p_\beta p_\gamma \, \delta\left(\frac{p^2}{2m_r} + E_g - \hbar\omega\right) d^3\boldsymbol{p}. \tag{7.14}$$

Wie bei Gl. (7.6) läßt sich das Integral leicht in Polarkoordinaten berechnen. Für $\omega \geqq \omega_m$ ist

$$\gamma = \sum_{\alpha,\beta} \frac{8e^2 \, |c_{\alpha\beta}|^2 \, m_r^{5/2}}{9 c m_0^2 \hbar^3 \varepsilon_1^{1/2} \omega} \cdot [2(\hbar\omega - E_g)^3]^{1/2}. \tag{7.15}$$

Dieses Ergebnis bleibt (bis auf einen Zahlenfaktor) auch für $\boldsymbol{k}_0 \neq 0$ und bei beliebiger Anisotropie der Effektivmassentensoren gültig, sofern nur die Dispersionsgesetze von Elektronen und Löchern parabolisch bleiben. Damit hat die Frequenzabhängigkeit des Absorptionskoeffizienten für direkte verbotene Übergänge die Form

$$\gamma \sim \frac{1}{\omega} (\omega - \omega_m)^{3/2}. \tag{7.16}$$

Wie schon oben bemerkt, gelten die Gleichungen (7.13) und (7.16) für nicht zu große Differenzen $(\omega - \omega_m)$. Die Energien von Elektronen und Löchern dürfen nur so groß sein, daß das parabolische Dispersionsgesetz und die Entwicklung (7.3) noch gelten. Quantitativ lassen sich diese Bedingungen nur konkret für das jeweilige Material angeben. Man muß dabei jedoch auch im Auge behalten, daß die Gleichungen (7.12) und (7.16) nicht nur für sehr große Frequenzen, sondern auch in der Nähe der Absorptionskante ungültig werden können. Das ist darin begründet, daß die Herleitung dieser Beziehungen auf der Grundlage des Bändermodells erfolgte, in dem die Ladungsträger als nichtwechselwirkende Teilchen betrachtet werden. Tatsächlich existiert eine solche Wechselwirkung jedoch. Elektron und Loch unterliegen der gegenseitigen Coulombschen Anziehung. Wie schon in Abschnitt 17.7. dargelegt, ist die entsprechende charakteristische Energie von der Größenordnung der Bohrschen Energie $\frac{m_r e^4}{2\varepsilon^2 \hbar^2}$. Es ist also zu erwarten, daß der oben genutzte vereinfachte Zugang gerechtfertigt ist, sofern nur gilt

$$\hbar\omega - E_g \gg \frac{m_r e^4}{2\varepsilon^2 \hbar^2}. \tag{7.17}$$

Eine sorgfältige theoretische Untersuchung zeigt, daß die Gleichungen (7.12) bis (7.16) unter der Bedingung (7.17) tatsächlich gültig bleiben, während die Frequenzabhängigkeit des Absorptionskoeffizienten für kleinere Frequenzen eine andere ist.

In vielen Kristallen ist die Bohrsche Energie, die in Gl. (7.17) auftritt, relativ klein. Sie hat zum Beispiel in Galliumarsenid und in Indiumphosphid nur Werte von etwa 4 meV, im Galliumantimonid von nur 3 meV. Aus diesem Grunde sind die Gleichungen (7.12) bis (7.16) in einem relativ weiten Bereich anwendbar. Eine Ausnahme bilden nur die schmallückigen Halbleiter, in denen die Bandstruktur schon für ziemlich kleine Energien der Ladungsträger merklich von der parabolischen abweicht.

18.8. Kritische Punkte

Der Absorptionskoeffizient für direkte erlaubte Übergänge soll jetzt in dem Frequenzbereich deutlich oberhalb der Absorptionskante genauer betrachtet werden. Dabei ist zunächst zu klären, welche Punkte in der Brillouin-Zone hauptsächlich von Interesse sind. Dazu geht man zurück auf Gl. (7.6). Das dort auftauchende dreifache Integral läßt sich einfach berechnen, wenn zunächst über die Flächen

$$E_c(\boldsymbol{p}) - E_v(\boldsymbol{p}) \equiv E = \text{const} \tag{8.1}$$

integriert wird und danach über alle diese Flächen, d. h. über alle Werte von E (man vergleiche damit das analoge Vorgehen bei der Berechnung der Zustandsdichte in Abschnitt 5.7.). Bezeichnet man mit $\mathrm{d}S$ das Flächenelement auf der Fläche (8.1), so erhält man wie im Abschnitt 5.7.

$$\varrho_{\text{komb}}(\omega) = \frac{2}{(2\pi\hbar)^3} \int \frac{\mathrm{d}S}{|\nabla_{\boldsymbol{k}}E|}\bigg|_{E=\hbar\omega}. \tag{8.2}$$

Wenn man sich an Gl. (1.3) erinnert, läßt sich schreiben

$$|\nabla_{\boldsymbol{p}}E| = |\boldsymbol{v}_c(\boldsymbol{p}) - \boldsymbol{v}_v(\boldsymbol{p})|, \tag{8.3}$$

wobei $\boldsymbol{v}_c(\boldsymbol{p})$ und $\boldsymbol{v}_v(\boldsymbol{p})$ die Geschwindigkeiten der Ladungsträger mit dem Quasiimpuls $\boldsymbol{p}$ in Leitungs- bzw. Valenzband sind.

Das Integral in (8.2) ist eine glatte Funktion der Frequenz mit Ausnahme der Werte von ω, für die der Nenner verschwindet:

$$|\nabla_{\boldsymbol{p}}E|_{E=\hbar\omega} = 0. \tag{8.4}$$

Ist Gl. (8.4) erfüllt, so muß das Integral eine Singularität aufweisen: Weder die kombinierte Zustandsdichte noch eine ihrer Ableitungen nach ω existiert für diese Frequenz (wie noch gezeigt wird, bleibt das Integral in (8.2) selbst endlich). Nach (8.3) ist das der Fall, wenn der Interbandübergang zwischen Zuständen mit gleichen Geschwindigkeiten der Ladungsträger erfolgt (was insbesondere für $\boldsymbol{v}_c(\boldsymbol{p}) = \boldsymbol{v}_v(\boldsymbol{p}) = 0$ der Fall ist). Punkte in der Brillouin-Zone, für die

$$|\boldsymbol{v}_c(\boldsymbol{p}) - \boldsymbol{v}_v(\boldsymbol{p})| = 0 \tag{8.5}$$

gilt, heißen *kritische Punkte.* Die diesen entsprechenden Singularitäten in der Zustandsdichte und im Absorptionskoeffizienten werden als Van-Hove-Singularitäten bezeichnet.

Man kann zwei Typen von kritischen Punkten unterscheiden:

1. kritische Punkte erster Art:

$$\nabla_{\boldsymbol{p}}E_c(\boldsymbol{p}) \equiv \boldsymbol{v}_c(\boldsymbol{p}) = 0, \qquad \nabla_{\boldsymbol{p}}E_v(\boldsymbol{p}) \equiv \boldsymbol{v}_v(\boldsymbol{p}) = 0, \tag{8.6a}$$

2. kritische Punkte zweiter Art:

$$\nabla_{\boldsymbol{p}}E_c(\boldsymbol{p}) = \nabla_{\boldsymbol{p}}E_v(\boldsymbol{p}) \neq 0. \tag{8.6b}$$

In der Regel sind die Bedingungen (8.6a) nur dank bestimmter Symmetriebedingungen in der Brillouin-Zone erfüllt. So wurde zum Beispiel in Kapitel 4. gezeigt, daß die Energie eines Elektrons eine gerade Funktion des Quasiimpulses ist und daß demzufolge die Gradienten $\nabla_{\boldsymbol{p}}E_c(\boldsymbol{p})$ und $\nabla_{\boldsymbol{p}}E_v(\boldsymbol{p})$ ungerade Funktionen sind.

Daraus folgt, daß im Zentrum der Brillouin-Zone ein kritischer Punkt liegt, wenn die Energiebänder dort nicht entartet sind. In einem allgemeinen Punkt der Brillouin-Zone können kritische Punkte erster Art nur zufällig auftreten. Andererseits kann die Gl. (8.6b) prinzipiell für beliebige Werte von $\boldsymbol{p}$ erfüllt sein (für welche das konkret der Fall ist, hängt von der expliziten Form der Dispersionsgesetze $E_c(\boldsymbol{p})$ und $E_v(\boldsymbol{p})$ ab). Aus diesem Grunde treten kritische Punkte der zweiten Art wesentlich häufiger als die der ersten Art auf.

Nach Gl. (5.7.8) und der analogen Gleichung für $N_v(E)$ in kritischen Punkten der ersten Art hat dort nicht nur die kombinierte Zustandsdichte, sondern es haben auch die Zustandsdichten der einzelnen Bänder Singularitäten. Bei kritischen Punkten der zweiten Art existiert eine solche Singularität nur in der kombinierten Zustandsdichte.

Kritische Punkte der ersten Art sind bei der Untersuchung der Bandstruktur von besonderem Interesse. In ihrer Umgebung ändern sich nämlich die Zustandsdichten $N_c(E)$ und $N_v(E)$ besonders stark, und andererseits sind diese in dem Raum zwischen den kritischen Punkten räumlich glatte Funktionen, deren Verlauf sich durch Interpolation gut näherungsweise wiedergeben läßt. Auf diesem Wege läßt sich der Verlauf der Zustandsdichten ermitteln, indem man die Lage der kritischen Punkte der ersten Art aus dem Experiment bestimmt, und zwar um so genauer, je mehr kritische Punkte bekannt sind. Auf die gleiche Weise läßt sich der Verlauf der kombinierten Zustandsdichte ermitteln, wenn die Lage einiger kritischer Punkte beider Arten bekannt ist. Daraus folgt, daß man für den Vektor $\boldsymbol{p}_0$ in Gl. (7.3) vornehmlich gerade die kritischen Punkte zu nehmen hat. Wie aus Gl. (8.6a) hervorgeht, befinden sich an kritischen Punkten der ersten Art Maxima und Minima, aber auch Sattelpunkte der Funktionen $E_c(\boldsymbol{p})$ und $E_v(\boldsymbol{p})$. Ein solcher Punkt kam schon im vorangegangenen Abschnitt vor, als optische Interbandübergänge in der Umgebung der Absorptionskante untersucht wurden. Wie aus Gl. (7.12) ersichtlich, hat die Funktion $\varrho_{\mathrm{komb}}(\omega)$ bei $\hbar\omega = E_g$ tatsächlich eine Singularität. Die Ableitung

$$\frac{\mathrm{d}\varrho_{\mathrm{komb}}}{\mathrm{d}\omega} \sim (\hbar\omega - E_g)^{-1/2} \tag{8.7}$$

divergiert.

Kritische Punkte der zweiten Art entsprechen nur Extrema und Sattelpunkten der Differenz $E(\boldsymbol{p}) = E_c(\boldsymbol{p}) - E_v(\boldsymbol{p})$. Man kann zeigen, daß die periodische Funktion $E(\boldsymbol{k})$ stets solche Punkte aufweisen muß.

Das Verhalten der kombinierten Zustandsdichte an einem kritischen Punkt soll jetzt untersucht werden (ohne dabei kritische Punkte der ersten oder zweiten Art zu unterscheiden). Man legt dabei zweckmäßig den Koordinatenursprung in diesen kritischen Punkt (anderenfalls hätte man in den unten folgenden Gleichungen einfach $\boldsymbol{p}$ durch $(\boldsymbol{p} - \boldsymbol{p}_0)$ zu ersetzen). Nach Gl. (8.4) läßt sich die Funktion $E(\boldsymbol{p})$ in der Umgebung des kritischen Punktes in der Form

$$E(\boldsymbol{p}) = E(0) + \frac{1}{2}\, m_{\alpha\beta}^{-1} \boldsymbol{p}_\alpha \boldsymbol{p}_\beta \tag{8.8}$$

schreiben. Durch die Punkte sind Terme höherer Ordnung bezeichnet und mit $m_{\alpha\beta}^{-1}$ die Komponenten des Tensors der reziproken effektiven Masse im Punkte $\boldsymbol{p} = 0$. Die Koordinatenachsen im $\boldsymbol{p}$-Raum legt man nun in die Hauptachsenrichtungen des Tensors $m_{\alpha\beta}^{-1}$, wobei dann mit m_α^{-1} die Eigenwerte dieses Tensors bezeichnet werden.

Dann erhält man anstelle von (8.8)

$$E(\boldsymbol{p}) = E(0) + \sum_{\alpha=x,y,z} \frac{p_\alpha^2}{2m_\alpha}. \tag{8.8'}$$

Die Effektivmassen m_α können dabei unterschiedliche Vorzeichen haben. Abhängig davon werden vier Fälle unterschieden:

a) kritischer Punkt vom Typ M_0 (Minimum), wenn alle drei Eigenwerte m_α positiv sind;
b) kritischer Punkt vom Typ M_1 (Sattelpunkt), wenn ein Eigenwert m_α (z. B. m_z) negativ und zwei positiv sind;
c) kritischer Punkt vom Typ M_2 (Sattelpunkt), wenn zwei der Eigenwerte m_α negativ, einer (z. B. m_z) positiv ist;
d) kritischer Punkt vom Typ M_3 (Maximum), wenn alle drei Eigenwerte m_α negativ sind.

Zur Berechnung der Größe $\varrho_{\text{komb}}(\omega)$ unter der Bedingung (8.8′) benutzt man zweckmäßig den Ausdruck (7.6). Man hat dabei nur zu beachten, daß das Integrationsgebiet auf die unmittelbare Umgebung des kritischen Punktes zu beschränken ist, wo nämlich die Entwicklung (8.8′) sinnvoll ist. In dem Ausdruck (7.6) führt man eine Variablentransformation aus, indem man setzt

$$p_\alpha = \sqrt{2}\, q_\alpha\, |m_\alpha|^{1/2}.$$

Damit erhält man

$$\varrho_{\text{komb}}(\omega) = \frac{2^{5/2}\, |m_x m_y m_z|^{3/2}}{(2\pi\hbar)^3}\, I, \tag{8.9}$$

wobei

$$I = \begin{cases} \int \delta(q^2 + E_{\text{k}} - \hbar\omega)\, \mathrm{d}^3\boldsymbol{q} & (8.10\text{a}) \\ \int \delta(-q^2 + E_{\text{k}} - \hbar\omega)\, \mathrm{d}^3\boldsymbol{q} & (8.10\text{b}) \\ \int \delta(q_x^2 + q^2 - q_z + E_{\text{k}} - \hbar\omega)\, \mathrm{d}^3\boldsymbol{q} & (8.10\text{c}) \\ \int \delta(-q_x^2 - q_y^2 + q_z^2 + E_{\text{k}} - \hbar\omega)\, \mathrm{d}^3\boldsymbol{q} & (8.10\text{d}) \end{cases}$$

und

$$E_{\text{k}} \equiv E(0) = E_{\text{c}}(0) - E_{\text{v}}(0)$$

die Energiedifferenz zwischen einem Elektron im Leitungs- und einem im Valenzband im betrachteten kritischen Punkt ist. So ist für das im Abschnitt 18.7. betrachtete Problem der Absorption in einem direkten Halbleiter in der Umgebung der Absorptionskante $E_{\text{k}} = E_{\text{g}}$, also gleich der Breite der verbotenen Zone. Das Integral I wurde für kritische Punkte vom Typ M_0 in Abschnitt 18.7. betrachtet. Bis auf unwesentliche Faktoren, die nicht von der Frequenz abhängen, hat man für einen

$$M_0\text{-Punkt:}\ \varrho_{\text{komb}}(\omega) \sim \begin{cases} (\hbar\omega - E_{\text{k}})^{1/2}, & \hbar\omega \geqq E_{\text{k}}, \\ 0, & \hbar\omega < E_{\text{k}}. \end{cases} \tag{8.11a}$$

Ein analoges Resultat ergibt sich auch für den M_3-Punkt. Man hat nämlich mit

$$\delta(-q^2 + E_{\text{k}} - \hbar\omega) = \delta(q^2 - E_{\text{k}} + \hbar\omega) \quad \text{(siehe Anhang 4.)}$$

für den

$$M_3\text{-Punkt: } \varrho_{\text{komb}}(\omega) \sim \begin{cases} (E_\text{k} - \hbar\omega)^{1/2}, & \hbar\omega \leqq E_\text{k}, \\ 0, & \hbar\omega > E_\text{k}. \end{cases} \tag{8.11b}$$

Wie im Falle des M_0-Punktes hat die kombinierte Zustandsdichte hier eine Wurzelsingularität.

Nun sollen die Integrale für M_1- und M_2-Punkte berechnet werden. Führt man in dem Integral (8.10c) Zylinderkoordinaten ein, indem man

$$q_x = q_\perp \cos\varphi; \qquad q_y = q_\perp \sin\varphi, \qquad \mathrm{d}^3\boldsymbol{q} = q_\perp\, \mathrm{d}q_\perp\, \mathrm{d}\varphi\, \mathrm{d}z$$

setzt, so erhält man

$$\begin{aligned} I &= 2\pi \int_{q_{\min}}^{q_{\max}} q_\perp\, \mathrm{d}q_\perp \int \mathrm{d}q_z\, \delta(E_\text{k} - \hbar\omega + q_\perp^2 - q_z^2) \\ &= 2\pi \int_{q_{\min}}^{q_{\max}} q_\perp\, \mathrm{d}q_\perp (E_\text{k} - \hbar\omega + q_\perp^2)^{-1/2}. \end{aligned} \tag{8.12}$$

Die untere Grenze $q_{\min}$ bestimmt man dabei aus der Bedingung, daß der Ausdruck in der Klammer positiv ist:

$$q_{\min} = \begin{cases} \hbar(\omega - E_\text{k})^{1/2}, & \hbar\omega \geqq E_\text{k}, \\ 0, & \hbar\omega < E_\text{k}. \end{cases} \tag{8.13}$$

Die obere Grenze $q_{\max}$ ist dabei durch die Ausmaße des Gebietes, in dem die Entwicklung (8.8′) gilt, bestimmt; wie im folgenden noch ersichtlich wird, ist deren genauer Wert unerheblich.

Berechnet man das Integral (8.12), so ergibt sich für den

$$M_1\text{-Punkt: } \varrho_{\text{komb}}(\omega) \sim \begin{cases} (E_\text{k} - \hbar\omega - q_{\max}^2)^{1/2} - (E_\text{k} - \hbar\omega)^{1/2}, & \hbar\omega \leqq E_\text{k}, \\ (E_\text{k} - \hbar\omega - q_{\max}^2), & \hbar\omega > E_\text{k}. \end{cases} \tag{8.11c}$$

Damit hat die kombinierte Zustandsdichte bei $\hbar\omega = E_\text{k}$ eine unstetige Ableitung (also einen „Knick"), wobei der genaue Wert von $q_{\max}$ keine Rolle spielt.

Das Integral in (8.10d) berechnet man analog. Man erhält für den

$$M_2\text{-Punkt: } \varrho_{\text{komb}}(\omega) \sim \begin{cases} (\hbar\omega - E_\text{k} + q_{\max}^2)^{1/2}, & \hbar\omega < E_\text{k}, \\ (\hbar\omega - E_\text{k} + q_{\max}^2)^{1/2} - (\hbar\omega - E_\text{k}), & \hbar\omega \geqq E_\text{k}. \end{cases} \tag{8.11d}$$

Man hat hier also ebenfalls einen Knick im Punkte $\hbar\omega = E_\text{k}$. In Abb. 18.9 ist der Verlauf der kombinierten Zustandsdichte in der Nähe von kritischen Punkten aller vier Typen schematisch dargestellt. Wie aus Abb. 18.9c, d ersichtlich, kann beim Auftreten zweier benachbarter kritischer Punkte vom M_1- und M_2-Typ im Verlauf von $\gamma(\omega)$ ein Plateau entstehen (siehe Abb. 18.10). Solche Plateaus werden zuweilen auch beobachtet.

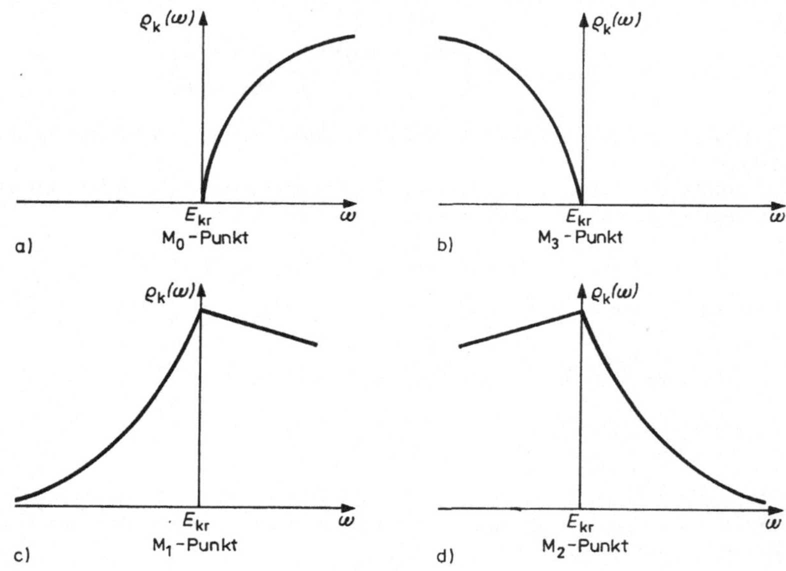

Abb. 18.9
Die kombinierte Zustandsdichte an den kritischen Punkten (schematisch)

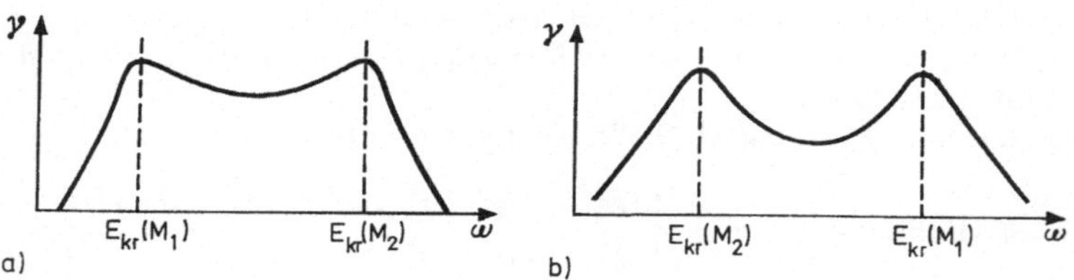

Abb. 18.10
Plateaus im Absorptionskoeffizienten, die beim Vorhandensein zweier kritischer Punkte entstehen (schematisch)

18.9. Indirekte Übergänge

Im folgenden werden indirekte Übergänge in Materialien wie Ge oder Si untersucht. Die Betrachtungen bleiben dabei auf nichtentartete Halbleiter und den Frequenzbereich in der Umgebung der Absorptionskante beschränkt. Die Verteilungsfunktionen sind dabei die des Gleichgewichtszustands: $f_0(E_c(\boldsymbol{p})) \approx 0$, $f_0(E_v(\boldsymbol{p})) \simeq 1$.

In den hier betrachteten Materialien liegt der Punkt $\boldsymbol{p}_0$, in dem sich das am tiefsten liegende Minimum des Leitungsbandes befindet, in der Nähe der Grenze der Brillouin-Zone. Das heißt, daß ein indirekter Übergang, wie er in Abb. 18.4a dargestellt ist, verknüpft ist mit einer Änderung des Quasiimpulses um etwa den Betrag $\hbar/a$, wenn a

die Gitterkonstante ist. Wie aus Gl. (14.5.18) ersichtlich, ist die Wahrscheinlichkeit dafür, daß bei der Streuung an einer geladenen Störstelle ein Quasiimpuls vom Betrag $|\boldsymbol{p} - \boldsymbol{p}'|$ übertragen wird, gegeben durch

$$\frac{N_t Z^2 e^4}{\varepsilon^2[\hbar^2 r_0^{-2} - (\boldsymbol{p} - \boldsymbol{p}')^2]^2}, \tag{9.1}$$

worin N_t die Störstellenkonzentration ist, deren Ionen Z-fach geladen sind, und r_0 den Abschirmradius bezeichnet. In nicht zu stark dotierten Materialien ist $r_0 \gg a$, und der Ausdruck (9.1) ist der kleinen Größe

$$N_t a^4 a_B^{-1}$$

proportional, wobei a_B wie stets den Bohrschen Radius im Kristall bezeichnet. Andererseits hängt nach (14.4.15) die Wahrscheinlichkeit einer Streuung an akustischen Gitterschwingungen nur schwach vom Betrag des übertragenen Quasiimpulses ab. Aus diesen Gründen spielt die Streuung an geladenen Störstellen bei indirekten Interbandübergängen keine wesentliche Rolle. Für alle Temperaturen, die experimentell von Interesse sind, dominiert daher die Streuung an akustischen Gitterschwingungen.[1]) Dabei sind sowohl mit einer Absorption als auch mit einer Emission von Phononen verknüpfte Prozesse möglich. Bei den meisten interessierenden Halbleitern ist die Energie der Wechselwirkung zwischen Elektronen und Phononen relativ klein. Daher ist es möglich, sich auf die Betrachtung von Ein-Phononen-Prozessen zu beschränken. Die Frequenz und der Wellenvektor des Phonons werden im folgenden mit ω_{ph} und $\boldsymbol{q}$ bezeichnet. Dann haben der Energie- und der Quasiimpuls-Erhaltungssatz für Interbandübergänge, die von einer Absorption oder Emission eines Phonons begleitet sind, folgende Gestalt:

$$E_v(\boldsymbol{p}) + \hbar\omega + \hbar\omega_{ph}(\boldsymbol{q}) = E_c(\boldsymbol{p}'), \qquad \boldsymbol{p} + \hbar\boldsymbol{q} = \boldsymbol{p}' \tag{9.2a}$$

bzw.

$$E_v(\boldsymbol{p}) + \hbar\omega - \hbar\omega_{ph}(\boldsymbol{q}) = E_c(\boldsymbol{p}'), \qquad \boldsymbol{p} - \hbar\boldsymbol{q} = \boldsymbol{p}'. \tag{9.2b}$$

Diese Quantenübergänge erfolgen durch die Wechselwirkung des Elektrons sowohl mit den Photonen als auch mit den Phononen. Die erstgenannte Wechselwirkung wird dabei durch den Term (4.5) im Hamilton-Operator beschrieben, die zweite durch den in Gl. (14.3.32). Die Berechnung des Absorptionskoeffizienten unter Berücksichtigung beider Wechselwirkungen erfordert ziemlich langwierige Rechnungen, die z. B. in der Übersicht [6] zu finden sind. Die allgemeine Struktur der Ausdrücke für γ läßt sich jedoch ohne alle diese Rechnungen ermitteln.

Zum einen ist klar, daß man hier die Summe zweier Terme γ_+ und γ_- erhält, die jeweils der Absorption des Photons unter Emission bzw. Absorption eines Phonons entsprechen:

$$\gamma(\omega) = \gamma_+(\omega) + \gamma_-(\omega). \tag{9.3}$$

Zum anderen müssen sich wegen der Erhaltungssätze (9.2a) und (9.2b) und aufgrund von Überlegungen, die mit dem Pauli-Prinzip zusammenhängen, für γ_+ und γ_- Ausdrücke von der Form wie (7.2) ergeben. Man hat dabei in (7.2) nur das Argument

[1]) Diese Sachlage ändert sich im Falle der stark dotierten Halbleiter ganz wesentlich, wenn durch die Wechselwirkung mit den Störstellenatomen das Energiespektrum der Ladungsträger selbst geändert wird.

der δ-Funktion dahingehend abzuändern, daß die Energie eines Phonons mit dem Quasiimpuls $\pm(\boldsymbol{p} - \boldsymbol{p}')$ eingefügt wird, man hat unter dem Summenzeichen jeden Summanden mit einem zusätzlichen Faktor, der die Wahrscheinlichkeit für die Emission oder Absorption eines Phonons beschreibt, zu multiplizieren, und es ist schließlich über alle Zweige des Phononenspektrums zu summieren.

Wie bei den direkten Interbandübergängen sind auch hier erlaubte und verbotene Übergänge zu unterscheiden — abhängig davon, ob der erste Term der rechten Seite von Gl. (7.3) gleich Null ist oder nicht. Zunächst sollen erlaubte Übergänge betrachtet werden. Bis auf unwesentliche konstante Faktoren erhält man

$$\gamma_{\pm}(\omega) \sim \sum_s C_s^{-1}\{n(\omega_{\mathrm{ph},s})\, J_- + [n(\omega_{\mathrm{ph},s}) + 1]\, J_+\}. \tag{9.4}$$

Dabei sind die C_s Konstanten, die die charakteristische Energie der Elektron-Phonon-Wechselwirkung enthalten und in Tabelle 14.2 aufgeführt sind; $\omega_{\mathrm{ph},s}$ ist die Frequenz eines Phonons des s-ten Zweiges mit dem Wellenvektor $\boldsymbol{p}_0/\hbar^2$; $n(\omega_{\mathrm{ph},s}) = \left[\exp\frac{\hbar\omega_{\mathrm{ph},s}}{kT} - 1\right]^{-1}$ ist die Anzahl der Phononen des betreffenden Typs im Gleichgewicht, und $J_{\pm}$ steht für die Integrale

$$J_{\pm} = \int \delta\big(E_{\mathrm{c}}(\boldsymbol{p}') - E_{\mathrm{v}}(\boldsymbol{p}') - \hbar\omega \pm \hbar\omega_{\mathrm{ph},s}\big)\, \mathrm{d}^3\boldsymbol{p}\, \mathrm{d}^3\boldsymbol{p}'. \tag{9.5}$$

Dieses Integral läßt sich leicht als Integral über das Produkt der Zustandsdichten von Valenz- und Leitungsband darstellen. Führt man nämlich eine zusätzliche Integration über die Hilfsvariable E ein, indem man die Identität

$$\begin{aligned}&\int \delta(E_{\mathrm{c}}(\boldsymbol{p}') - E_{\mathrm{v}}(\boldsymbol{p}) - \hbar\omega \pm \hbar\omega_{\mathrm{ph},s})\, \mathrm{d}^3\boldsymbol{p}\, \mathrm{d}^3\boldsymbol{p}'\\ &= \int_{-\infty}^{+\infty} \mathrm{d}E \int \delta\big(E_{\mathrm{c}}(\boldsymbol{p}') - E\big)\, \mathrm{d}\boldsymbol{p}' \int \delta\big(E - E_{\mathrm{v}}(\boldsymbol{p}) - \hbar\omega \pm \hbar\omega_{\mathrm{ph},s}\big)\, \mathrm{d}^3\boldsymbol{p}\end{aligned} \tag{9.6}$$

ausnutzt, so findet man, wenn man noch Gl. (5.7.8b) berücksichtigt,

$$J_{\pm} \sim \int_{-\infty}^{+\infty} \mathrm{d}E N_{\mathrm{c}}(E)\, N_{\mathrm{v}}(E - \hbar\omega \pm \hbar\omega_{\mathrm{ph},s}). \tag{9.7}$$

Diese Integrale werden nun für ein parabolisches (aber nicht notwendig isotropes) Dispersionsgesetz berechnet, wobei der Energienullpunkt wieder an der Unterkante des Leitungsbandes liegt. In diesem Falle ist (siehe Abschnitt 5.2.)

$$N_{\mathrm{c}}(E) \sim \begin{cases} E^{1/2}, & E \geqq 0\\ 0, & E < 0\end{cases}$$

und

$$N_{\mathrm{v}}(E - \hbar\omega \pm \hbar\omega_{\mathrm{ph},s}) \sim \begin{cases} (\hbar\omega - E_{\mathrm{g}} - E \mp \hbar\omega_{\mathrm{ph},s})^{1/2}, & \text{falls der Radikand} \geq 0 \text{ ist},\\ 0, & \text{falls dieser} < 0 \text{ ist}.\end{cases}$$

Setzt man diese Ausdrücke in (9.7) ein, so erhält man

$$J_{\pm} \sim \int_0^{\hbar\omega - E_{\mathrm{g}} \mp \hbar\omega_{\mathrm{ph},s}} [E(\hbar\omega - E_{\mathrm{g}} - E \mp \hbar\omega_{\mathrm{ph},s})]^{1/2}\, \mathrm{d}E = \frac{\pi}{8}(\hbar\omega - E_{\mathrm{g}} \mp \hbar\omega_{\mathrm{ph},s})^2. \tag{9.8}$$

Damit findet man schließlich für den Absorptionskoeffizienten für indirekte erlaubte Übergänge

$$\gamma \sim \sum_s C_s^{-1} \{n(\omega_{\mathrm{ph},s}) (\hbar\omega - E_{\mathrm{g}} + \hbar\omega_{\mathrm{ph},s})^2 + [n(\omega_{\mathrm{ph},s}) + 1] (\hbar\omega - E_{\mathrm{g}} - \hbar\omega_{\mathrm{ph},s})^2\}. \tag{9.9}$$

Wie zu erwarten war, hängt dieser Ausdruck im Unterschied zu dem für direkte Übergänge von der Temperatur ab. Gleichung (9.9) vereinfacht sich, wenn die Energie klein gegen $\hbar\omega - E_{\mathrm{g}}$ ist.[1]) Dann ist

$$\gamma \sim (\hbar\omega - E_{\mathrm{g}})^2 \sum_s C_s^{-1} \coth \frac{\hbar\omega_{\mathrm{ph},s}}{2kT}. \tag{9.9'}$$

Bei passend gewählten Werten C_s wird durch den Ausdruck (9.9) die Temperatur- und Frequenzabhängigkeit des Absorptionskoeffizienten (nahe der Absorptionskante) in Germanium und Silizium gut wiedergegeben. Eine Frequenzabhängigkeit von der Form (9.9′) wurde in Galliumphosphid beobachtet.

18.10. Elektrooptische Effekte

Beim Anlegen eines konstanten und homogenen elektrischen Feldes an einen Halbleiter ändert sich das Energiespektrum der Ladungsträger ganz wesentlich (siehe Abschnitt 4.6.). Entsprechend ändern sich auch Emissions- und Absorptionsspektrum des Halbleiters. Der charakteristischste Unterschied gegenüber dem feldfreien Fall ist aus Abb. 4.8 ersichtlich. Beim Anlegen eines konstanten homogenen elektrischen Feldes werden optische Interbandübergänge schon für Frequenzen unterhalb der Absorptionskante möglich.[2]) Das sind Übergänge, die in der (z, E)-Ebene nicht vertikal erfolgen. Sie sind mit einem Eindringen von Elektronen bzw. Löchern in die verbotene Zone infolge des Tunneleffektes verknüpft. Aus Abb. 4.8 ist ersichtlich, daß die Energie $\hbar\omega$ des dabei absorbierten Photons um so geringer ist, je weiter das Elektron tunnelt. Daraus folgt, daß die Wahrscheinlichkeit eines solchen Übergangs, die generell für beliebige Frequenzen ω von Null verschieden wird, sich dann nur mit wachsender Differenz $E_{\mathrm{g}} - \hbar\omega$ sehr schnell verringert. Die Berechnung dieser Wahrscheinlichkeit ist an ziemlich komplizierte Rechnungen geknüpft. Hier soll nur das Ergebnis für den einfachsten Fall angegeben werden, wenn nämlich die Übergänge erlaubt sind und ohne Beteiligung von Phononen erfolgen und die Hauptachsen der Effektivmassentensoren von Elektronen und Löchern übereinstimmen. Der Vektor der elektrischen Feldstärke sei dabei parallel zu einer dieser Achsen (der z-Achse). Es wird ferner die charakteristische Energie

$$E_{\mathrm{r}} = \left(\frac{e^2 \mathbf{E}^2 \hbar^2}{2m_{z,\mathrm{r}}}\right)^{1/3}, \qquad m_{z,\mathrm{r}}^{-1} = m_{z,\mathrm{c}}^{-1} + m_{z,\mathrm{v}}^{-1} \tag{10.1}$$

[1]) Diese Bedingung kann auch nicht als eine große Einschränkung angesehen werden, da die Energie eines akustischen Phonons in der Regel einige Hundertstel eV nicht übersteigt.

[2]) Diese Erscheinung wird als Franz-Keldysch-Effekt bezeichnet.

eingeführt. Dann ist der Absorptionskoeffizient für $\hbar\omega < E_g$ und $E_g - \hbar\omega \gg E_r$ durch den Ausdruck

$$\gamma \simeq \frac{A E_r^{3/2}}{\omega(E_g - \hbar\omega)} \exp\left\{-\frac{4}{3}\left(\frac{E_g - \hbar\omega}{E_r}\right)^{3/2}\right\} \tag{10.2}$$

gegeben, wobei A eine Konstante ist [6].

Wie oben schon erwähnt, erweist sich der Absorptionskoeffizient tatsächlich für $\hbar\omega < E_g$ als von Null verschieden, fällt jedoch sehr schnell mit wachsenden Werten von $(E_g - \hbar\omega)/E_r$.

Demgegenüber erhält man für $\hbar\omega > E_g$ und $\hbar\omega - E_g \gg E_r$

$$\gamma \simeq \frac{A_1}{\omega} (\hbar\omega - E_g)^{1/2} \left\{1 - \frac{E_r^{3/2}}{4(\hbar\omega - E_g)^{3/2}} \cos\left[\frac{4}{3}\left(\frac{\hbar\omega - E_g}{E_r}\right)^{3/2}\right]\right\}. \tag{10.3}$$

wobei A_1 wiederum eine Konstante ist. Für $E \to 0$ geht dieser Ausdruck (mit (10.1)) in die Gleichung (7.13) über. Die Korrektur, die durch den zweiten Summanden in der geschweiften Klammer in (10.3) gegeben ist, stellt eine oszillierende Funktion der Lichtfrequenz dar. Es sei jedoch bemerkt, daß die Bedingungen für die Anwendbarkeit des letzten Ergebnisses einigermaßen einschränkend sein können. Das liegt daran, daß ein Elektron, das noch unterhalb der Unterkante des Leitungsbandes hinreichend hoch angeregt wurde, an einer Vielzahl von Streuprozessen teilnehmen kann, und zwar sowohl an elastischen wie auch an inelastischen. Als Folge dessen wird der betrachtete Elektronenzustand instationär, was zu einer „Verschmierung" der Oszillationsextrema des Absorptionskoeffizienten führt.

Wie aus Gl. (10.2) ersichtlich ist, hängt der Absorptionskoeffizient im Gebiet $\hbar\omega < E_g$ stark von der Differenz $E_g - \hbar\omega$ ab. Das gestattet es, aus Messungen von $\gamma(\omega, \boldsymbol{E})$[1]) die Breite der verbotenen Zone zu bestimmen. Diese Methode ist auch an indirekten Halbleitern anwendbar. Dort liefert sie die sogenannte „direkte Energielücke", d. h. den energetischen Abstand zwischen der Oberkante des Valenzbandes und dem Niveau des Leitungsbandes, das zum selben Punkt der Brillouin-Zone gehört. Die Gleichungen (10.1) bis (10.3) erlauben auch, bei Kenntnis von E_g die reduzierte effektive Masse zu bestimmen.

18.11. Modulationsspektroskopie

Die Empfindlichkeit der im vorangegangenen Abschnitt betrachteten Untersuchungsmethoden läßt sich noch wesentlich steigern, wenn dem konstanten Feld ein relativ schwaches, zeitlich veränderliches überlagert wird. Es zeigt sich dann, daß die Intensität des durch die Probe hindurchgegangenen bzw. des von dieser reflektierten Lichtes ebenfalls moduliert ist. Separiert man dann den zeitabhängigen Anteil der Intensität, so erhält man ein Signal, das einer Ableitung des Absorptions- oder Reflexionskoeffizienten nach der Feldstärke E proportional ist.

Für das Prinzip dieser Methode ist nicht unbedingt notwendig, gerade die elektrische Feldstärke zu modulieren. Prinzipiell läßt sich jede Größe, von der der Absorptionskoeffizient abhängt, periodisch modulieren (und zwar sowohl bei Vorhanden-

[1]) Häufiger mißt man den Reflexionskoeffizienten und berechnet γ mit Hilfe der Gleichungen (1.23) und (1.11).

sein als auch beim Fehlen eines konstanten Feldes). Separiert man den zeitlich veränderlichen Anteil der Intensität des transmittierten oder reflektierten Lichtes, so findet man die Ableitung von γ oder R nach dieser Größe. Diese Idee liegt der Methode der Modulationsspektroskopie zugrunde. Außer der Elektroreflexion werden u. a. die nachfolgenden Methoden angewendet.

Piezoreflexion. Hier wird (z. B. auf akustischem Wege) die mechanische Spannung an der Probe moduliert. Als Folge dessen ändern sich die Werte aller Energielücken periodisch — z. B. die Breite der verbotenen Zone, der Abstand zwischen der Oberkante des Valenzbandes und dem infolge der Spin-Bahn-Wechselwirkung abgespalteten Subband usw. Die Untersuchung des zeitlich veränderlichen Anteils der Intensität des reflektierten Lichtes liefert in diesem Falle Informationen über die Abhängigkeit der Breite der verbotenen Zone und der anderen Größen vom Druck.

Thermoreflexion. Hier wird die Temperatur der Probe moduliert. Dabei werden sich ebenfalls alle Energielücken periodisch ändern (und zwar im allgemeinen mit unterschiedlichen Koeffizienten). Man erhält schließlich Informationen über die Temperaturabhängigkeit der genannten Größen.

Optische Modulation der Reflexion (Photoreflexion). Der Franz-Keldysch-Effekt tritt in elektrischen Feldern beliebigen Ursprungs auf, sofern sich diese räumlich hinreichend glatt ändern (so daß man sie praktisch als homogen betrachten kann). Das bezieht sich auch auf das Feld, das nahe der Oberfläche infolge der Bandverbiegung auftritt. Deren Größe läßt sich verändern, indem die Ladungsträgerkonzentration an der Oberfläche variiert wird. Letzteres wird durch optische Injektion von Ladungsträgern erreicht, bei der die Elektronen und Löcher durch stark absorbiertes Licht erzeugt werden (nicht durch das Licht, dessen Reflexion untersucht wird). Untersuchungen dieser Art liefern die gleichen Informationen wie die Elektroreflexion.

Katodoreflexion. Die Grundidee dieser Methode ist die gleiche wie die der Photoreflexion. Der Unterschied besteht darin, daß hier die Elektron-Loch-Paare durch einen Strahl schneller Elektronen (Kathodenstrahlen) erzeugt werden.

Wellenlängenmodulation. Dabei wird die Ableitung des Absorptions- oder Reflexionskoeffizienten nach der Frequenz bestimmt, was zur Lokalisierung kritischer Punkte sehr vorteilhaft ist. Nach den Gleichungen (7.7) und (8.7) hat nämlich die Ableitung $d\gamma/d\omega$ an einem kritischen Punkt ein scharfes Maximum.

Eine ausführliche Beschreibung der Methoden in der Modulationsspektroskopie mit einer Darlegung der auf diesem Wege erhaltenen Untersuchungsergebnisse findet man in dem Buch [7].

18.12. Magnetooptische Effekte

Die Wirkung eines Magnetfeldes auf die optischen Eigenschaften eines Halbleiters ist sowohl an die Landau-Quantisierung als auch an rein klassische Effekte geknüpft. Ein magnetooptischer Effekt — die diamagnetische Resonanz — wurde schon in Kapitel 4. erwähnt. Es sollen noch zwei weitere Gruppen von Effekten betrachtet werden.

Magnetoplasma-Effekte. Das Gas der freien Ladungsträger in einem Halbleiter stellt einen Spezialfall eines Plasmas dar — ein als Ganzes neutrales System von geladenen Teilchen (im Falle unipolarer Leitfähigkeit wird die Neutralität durch die kompensierenden Störstellenladungen bewirkt). Als Magnetoplasma-Effekte werden optische Effekte bezeichnet, die durch die Wirkung eines nichtquantisierenden Magnetfeldes auf das Verhalten der freien Ladungsträger bedingt sind. Dieser Einfluß ändert sich in einer komplexen Leitfähigkeit. Nach dem in Abschnitt 13.1. Gesagten wird die Leitfähigkeit im Magnetfeld ein Tensor, dessen Komponenten von der magnetischen Induktion $\boldsymbol{B}$ abhängig sind. Von besonderem Interesse ist hier der Fall relativ schwacher Absorption ($\varkappa \ll 1$), wenn man die Energieabsorption bei der Berechnung von Brechungsindex und Reflexionskoeffizient vernachlässigen kann (ein solches System freier Ladungsträger wird auch als stoßfreies Plasma bezeichnet). Unter dieser Voraussetzung hängen die Größen n und R nur von den effektiven Massen der Ladungsträger ab, wenn für diese ein parabolisches Dispersionsgesetz gilt. Das gestattet, die entsprechenden experimentellen Daten zur Bestimmung der Komponenten des Tensors $m_{\alpha\beta}^{-1}$ zu nutzen. Eine ausführliche Betrachtung aller Magnetoplasma-Effekte ist in dem Aufsatz [8] zu finden.

Interbandübergänge in einem quantisierenden Magnetfeld. Der Absorptionskoeffizient für optische Interbandübergänge in einem quantisierenden Magnetfeld läßt sich mit Hilfe von Gl. (4.13) berechnen (sofern dabei nur ein ideales Gitter betrachtet wird).

Man hat dabei nur wie in Abschnitt 4.5. als λ' und λ die Quantenzahlen k_2, k_3, n von Ausgangs- und Endzustand des Elektrons einzusetzen. Die schon im Abschnitt 5.8. erwähnten Oszillationen der Zustandsdichte führen zu oszillierenden Abhängigkeiten des Absorptionskoeffizienten von der magnetischen Induktion (bei fester Lichtfrequenz) bzw. von der Lichtfrequenz (bei fester magnetischer Induktion). In nichtentarteten Bändern sind die Maxima des Absorptionskoeffizienten (ohne Änderung der Spinquantenzahl) durch eine Bedingung bestimmt, die aus Gl. (5.8.7) und dem entsprechenden Ausdruck für die Zustandsdichte im Valenzband folgt:

$$\hbar\omega = E_{\mathrm{g}} + \hbar(\omega_{\mathrm{n}} - \omega_{\mathrm{p}}) \left(n + \frac{1}{2}\right) \pm \beta(g_{\mathrm{n}} - g_{\mathrm{p}}) B. \tag{12.1}$$

Darin sind

$$\omega_{\mathrm{n}} = \frac{eB}{m_{\mathrm{n}}c}, \qquad \omega_{\mathrm{p}} = \frac{eB}{m_{\mathrm{p}}c}$$

und g_{n}, g_{p} die gyromagnetischen Verhältnisse der Elektronen im Leitungs- bzw. Valenzband.

Nach Gl. (12.1) lassen sich die Parameter $\omega_{\mathrm{n}} - \omega_{\mathrm{p}}$ und $g_{\mathrm{n}} - g_{\mathrm{p}}$ durch die experimentelle Untersuchung der Interbandübergänge im Magnetfeld bestimmen. Dabei ist wesentlich, daß man nicht von vornherein auf den Energiebereich in der Nähe der Absorptionskante festgelegt ist. Zu einem geeignet gewählten Wert der magnetischen Induktion lassen sich die Messungen in einem Frequenzbereich deutlich oberhalb $E_{\mathrm{g}}/\hbar$ ausführen. Dabei erhält man Informationen über den Verlauf von Leitungs- bzw. Valenzband in größerer Entfernung von deren Extrema.

19. Stark dotierte Halbleiter

19.1. Störstellenniveaus und Störstellenbänder

Eine Definition des Begriffes „stark dotierte Halbleiter" läßt sich auf der Grundlage der Besonderheiten der Materialien geben, die genügend viele Fremdatome[1]) enthalten. Dazu betrachten wir zuallererst, wie sich das Energiespektrum beim Einbau von Störstellen in den Kristall ändert. Wie wir bereits wissen (Kapitel 2. und Abschnitt 4.7.), können isolierte Störstellenatome diskrete Niveaus in der verbotenen Zone erzeugen. Die Wellenfunktionen der diese Niveaus besetzenden Elektronen sind in der Umgebung der entsprechenden Störstellenatome lokalisiert. Das Energiespektrum eines solchen Halbleiters ist in Abb. 19.1a schematisch dargestellt. (Wir nehmen dabei an, daß zu jedem Störstellenatom nur ein diskretes Niveau gehört und wir ein Material vom n-Typ betrachten.)

Elektronen und Löcher, die in diskreten Niveaus lokalisiert sind, können sich nur durch „Hüpfen", d. h. durch Sprünge von einem Niveau zu einem anderen, durch den Kristall fortbewegen. Dabei ist zur Überwindung der die Störstellenatome voneinander trennenden Potentialbarriere (selbst unter Berücksichtigung des Tunneleffektes) eine Aktivierungsenergie erforderlich. Daher, aber auch wegen der im Mittel großen Entfernungen zwischen den Störstellenatomen, erweist sich die Wahrscheinlichkeit eines solchen Prozesses als gering, und die Werte der Beweglichkeit, die der Hoppingleitfähigkeit entsprechen, sind demgemäß sehr klein (von der Größenordnung 0,1 cm²/V s und kleiner). Es gelingt nur bei genügend tiefen Temperaturen, wenn die Konzentration der freien Ladungsträger stark abnimmt, die Hoppingleitfähigkeit zu beobachten. Gleichzeitig darf jedoch die Temperatur auch nicht zu tief sein: Bei $T = 0$ wird die thermische Aktivierung unmöglich, und die Hoppingleitfähigkeit verschwindet (ohne Belichtung).

Die Vorstellung von isolierten Störstellenatomen ist nur so lange gerechtfertigt, wie sich weder deren Kraftfelder noch die Wellenfunktionen der in den diskreten Niveaus lokalisierten Elektronen überlappen. Das trifft genau dann zu, wenn die Konzentration N_t der Störstellen, der Bohrsche Radius a_B im Kristall und der Abschirmradius r_0 den Bedingungen

$$N_t^{-1/3} \gg r_0, \quad N_t^{-1/3} \gg a_B \tag{1.1}$$

genügen. Für den Fall der „wasserstoffähnlichen" Störstellen (s. Abschnitt 4.7.), der im folgenden noch von besonderem Interesse sein wird, ist $a_B = \varepsilon\hbar^2/me^2$. Diese Gleichung werden wir im weiteren auch verwenden. Dabei ist die zweite der Ungleichungen (1.1) ein Spezialfall von Gl. (4.7.8) für die Quantenzahl $n = 1$. Halbleiter, deren Parameter den Ungleichungen (1.1) genügen, heißen *schwach dotiert*. Mit ihnen

---

[1]) Die Rolle solcher Störstellen können auch andere Strukturdefekte des Gitters, wie Zwischengitteratome, Leerstellen usw., spielen.

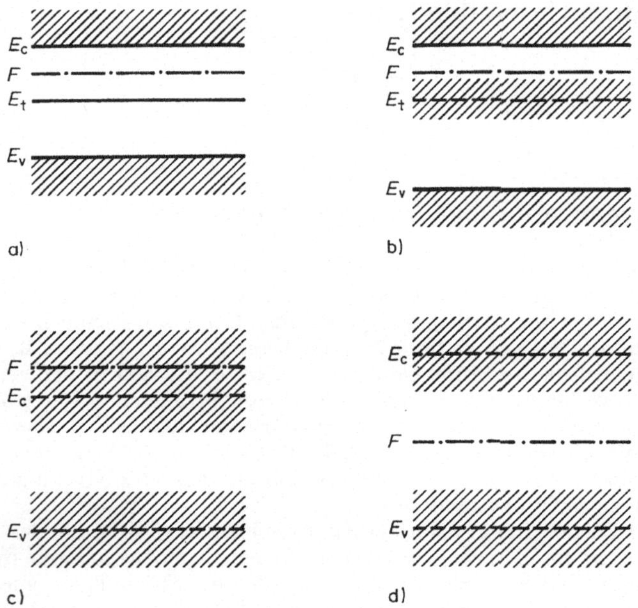

Abb. 19.1

Energiespektrum eines n-Halbleiters in Abhängigkeit vom Dotierungsgrad (Die Bereiche erlaubter Energiewerte wurden schraffiert.)

a) Schwach dotierter Halbleiter. Die strichpunktierte Linie kennzeichnet die Lage des Fermi-Niveaus bei tiefen Temperaturen.

b) Mittelstark dotierter Halbleiter. Die gestrichelte Linie zeigt die Lage des einstigen Störstellenniveaus, die strichpunktierte Linie die des Fermi-Niveaus bei tiefen Temperaturen.

c) Stark dotierter Halbleiter. Die ehemaligen Grenzen des Leitungs- und Valenzbandes sind durch gestrichelte Linien markiert, wohingegen die strichpunktierte Linie das Fermi-Niveau beim Fehlen von Kompensation kennzeichnet.

d) Stark dotierter kompensierter Halbleiter

hatten wir es insbesondere in den Abschnitten 4.7. und 14.5. zu tun, als wir dort das Energiespektrum flacher Donatoren und Akzeptoren sowie die Streuung an geladenen Störstellen untersuchten.

Wir weisen darauf hin, daß der Abschirmradius in diesem Falle groß gegen den „Bahnradius" sein muß, da andernfalls das einzelne Störstellenatom im allgemeinen kein diskretes Niveau erzeugen könnte (siehe Abschnitt 17.8.). Man kann sich von der Gültigkeit der Ungleichung

$$r_0 > a_B \qquad (1.2)$$

in schwach dotierten Halbleitern überzeugen, wenn man von den expliziten Ausdrücken für den Abschirmradius (siehe Anhang: (A 12. 6a, b)) Gebrauch macht (diese Ausdrücke sind richtig, sofern die Abschirmung allein durch die Umverteilung freier Ladungen bedingt ist). Bei fehlender bzw. bei vollständiger Entartung haben wir

$$\frac{r_0}{a_B} = \left(\frac{1}{8\pi} \frac{1}{n a_B^3} \frac{kT}{E_B}\right)^{1/2} \tag{1.3a}$$

und

$$\frac{r_0}{a_B} = \frac{1}{2} \left(\frac{\pi}{3}\right)^{1/6} (n^{1/3} a_B)^{-1/2}. \tag{1.3b}$$

Hierin sind n die Konzentration der Elektronen und $E_B = m\,e^4/2\varepsilon^2\hbar^2$ die Bohrsche Energie im Kristall. Wenn wir $n = N_t$ annehmen und die zweite der Ungleichungen (1.1) heranziehen, sehen wir, daß die Beziehung (1.2) über einen weiten Bereich der Störstellenkonzentration erfüllt ist. Mit der Erhöhung der Störstellenkonzentration hören die starken Ungleichungen (1.1) über kurz oder lang zu gelten auf. Vor allem wird die erste von ihnen verletzt: Das in der Umgebung eines der Störstellenatome lokalisierte Elektron beginnt, einen Einfluß seitens der anderen Störstellenatome zu spüren. Infolgedessen wird sein Energieniveau, das diskret bleibt (solange die zweite der Ungleichungen (1.1) erfüllt ist), energetisch etwas verschoben. Die Größe dieser Verschiebung hängt von der Lage der anderen Störstellenatome relativ zum Lokalisationszentrum ab. Sie ist um so größer, je mehr Störstellenatome in einer Entfernung vom vorgegebenen Atom liegen, die r_0 nicht überschreitet. Die Verteilung der Störstellen im Gitter jedoch ist niemals streng geordnet (siehe Anhang 13.). Selbst bei einer über der Probe konstanten mittleren Störstellenkonzentration sind immer lokale Fluktuationen der Konzentration vorhanden. Daher erweist sich die Energieverschiebung des Störstellenniveaus relativ zu E_c auch als zufällig und an verschiedenen Stellen der Probe verschieden. Mit anderen Worten: Anstelle eines diskreten Niveaus erscheint in der verbotenen Zone ein ganzer Satz von Niveaus (Abb. 19.1b). Dieses Phänomen wird *klassische Niveauverbreiterung* genannt.

Bei weiterer Vergrößerung der Störstellenkonzentration geht das strenge Ungleichheitszeichen auch in der zweiten der Bedingungen (1.1) verloren. Damit wird die Überlappung der Wellenfunktionen von Elektronen, die an verschiedenen (vornehmlich benachbarten) Störstellenatomen lokalisiert sind, merklich, und das Störstellenniveau wird zu einem Störstellenband verbreitert (siehe Abschnitt 4.7.). Diesen Effekt bezeichnet man als *Quanten-Niveauverbreiterung.*

Halbleiter, in denen sich ein Störstellenband ausbildet, das sowohl vom Valenz- als auch vom Leitungsband durch verbotene Bereiche separiert ist, heißen *mittelstark dotiert.* Im Germanium, das mit Donatoren der V. Gruppe dotiert wurde, beginnen die mit der Herausbildung des Störstellenbandes einhergehenden Effekte bei $N_t \simeq 10^{15}\,\text{cm}^{-3}$ experimentell bedeutsam zu werden.

Bei weiterer Vergrößerung der Störstellenkonzentration verbreitert sich das Störstellenband und verschmilzt (in einem n-Halbleiter) schließlich mit dem Leitungsband (Abb. 19.1c). Dabei verschwindet die Aktivierungsenergie der Störstellen. In einem solchen Material ist es schon nicht mehr möglich, eine klare Unterscheidung zwischen dem Leitungs- und dem Störstellenband zu treffen. Es existiert vielmehr ein einheitlicher, in die Tiefe der verbotenen Zone vordringender Bereich erlaubter Energiewerte.[1]) Diesen Bereich werden wir dementsprechend auch als „Störstellenbereich" bezeichnen.

[1]) *Hier wie in analogen Fällen im folgenden* beziehen sich die Termini „verbotene Zone", „effektive Masse" usw. auf den entsprechenden nichtdotierten Halbleiter.

Ein Halbleiter, in dem das Störstellenband mit dem ihm nächstgelegenen „Eigen-“ band des Kristalls verschmolzen ist, heißt *stark dotiert*.

Eine genauere Untersuchung (s. u., Abschnitt 19.2.) zeigt, daß selbst bei Hinzudotierung von Fremdatomen nur eines Typs bei beiden Eigenbändern des Kristalls ein neuer Bereich des Spektrums entsteht. Die Kompensation führt lediglich zur Verbreiterung dieses Bereiches sowie zu einer augenfälligen Verschiebung des Fermi-Niveaus (Abb. 19.1d).

19.2. Besonderheiten stark dotierter Halbleiter

Zwei Besonderheiten stark dotierter Halbleiter sind unmittelbar aus den Abb. 19.1c, d ersichtlich.

Erstens fällt das Fermi-Niveau des nichtkompensierten Materials in einen erlaubten Energiebereich. Im stark dotierten nichtkompensierten Halbleiter beobachtet man die Entartung des Majoritätsladungsträgergases. Aus diesem Grunde bezeichnet man solche Materialien häufig als entartet.

Zweitens spielt die Wechselwirkung der Elektronen und Löcher mit den Störstellen in einem stark (oder mittelstark) dotierten Material eine zweifache Rolle. Sie erzeugt neue Bereiche im Energiespektrum des Systems, und sie bedingt zugleich eine Streuung der Ladungsträger (einschließlich derjenigen, die sich im „Störstellenbereich“ des Spektrums bewegen). Bei schwacher Dotierung spielt diese Wechselwirkung dagegen eine andere Rolle: Entweder erzeugt sie lokale Niveaus, wobei sich die dort aufhaltenden Elektronen und Löcher selbst nicht an Übergangsprozessen beteiligen (sieht man einmal von der Hoppingleitfähigkeit ab), oder sie verursacht eine Streuung derjenigen freien Ladungsträger, die sich in den Leitungs- und Valenzbändern befinden. Dabei hat die Wechselwirkung der Elektronen und Löcher mit den Störstellenionen praktisch kaum Einfluß auf die Struktur der angesprochenen Bänder.

Eine dritte Besonderheit stark dotierter Halbleiter ist an einen Umstand geknüpft, der für alle Erscheinungen charakteristisch ist, in denen die Wechselwirkung der Ladungsträger mit Störstellenatomen eine Rolle spielt. Wie in Kapitel 14. hervorgehoben wurde, stellen die experimentell beobachtbaren Größen das Ergebnis einer gewissen Mittelung über die Koordinaten der Störstellenatome dar (die Gesamtheit dieser Koordinaten wird gewöhnlich als Störstellenkonfiguration bezeichnet). Wegen der Fluktuation in der Störstellenverteilung unterscheidet sich ihre Konfiguration an verschiedenen Stellen der Probe jeweils etwas voneinander. Bei einer Messung führen wir eine Mittelung über die verschiedenen Konfigurationen durch, und zwar deshalb, weil die auf elektrische, optische und andere Materialcharakteristika bezogenen experimentellen Daten nicht von den Koordinaten jedes der Störstellenatome abhängen, sondern lediglich von solchen Größen wie deren mittlerer Konzentration. Um die Mittelungsoperation in die Theorie einzubeziehen, bietet es sich an, die Koordinaten der Störstellenatome als zufällige Größen zu betrachten, also nicht ihre genauen Werte, sondern allein die Wahrscheinlichkeit einer bestimmten Verteilung der Störstellen im Raume vorzugeben. Dieses Vorgehen entspricht genau der Information, über die wir faktisch verfügen: Im Versuch sind die Koordinaten der Störstellenatome nicht gegeben, wohl aber lassen sich Aussagen über den Charakter ihrer Verteilung erhalten.

Die Möglichkeit — und Notwendigkeit — einer solchen statistischen Behandlung der Aufgabe hängt damit zusammen, daß in den betrachteten Materialien kein vollständiges thermodynamisches Gleichgewicht vorhanden ist. Bei vollständigem Gleichgewicht nämlich würde eine geordnete Verteilung der Störstellen realisiert sein, die der Bedingung der Minimalität der freien Energie des Systems entspricht. Dazu müßten die Störstellenatome von denjenigen Plätzen, wohin sie beim Dotieren zufällig geraten sind, in die Gleichgewichtslagen diffundieren. Bei den normalerweise vorhandenen Temperaturen verläuft dieser Prozeß sehr langsam, und so bleibt die Verteilung der Störstellen zufällig.

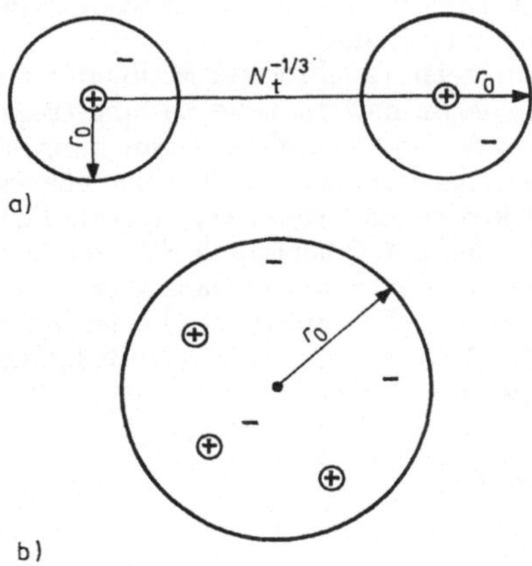

Abb. 19.2

Zufällige Verteilung der Störstellen und zufälliger Charakter der potentiellen Energie
a) Schwache Dotierung: Die Verteilung der Störstellen ist zufällig, während die potentielle Energie des Elektrons im Feld der Störstellen nicht zufällig ist. Mit „+“ sind die Störstellenatome, mit „—“ die Elektronen bezeichnet worden.
b) Mittelstarke und starke Dotierung: Die zufällige Verteilung der Störstellen führt zum zufälligen Charakter der potentiellen Energie des Elektrons. „+“ bezeichnet wieder die Störstellenatome, „—“ die Elektronen.

Eine statistische Behandlung der Wechselwirkung der Ladungsträger mit den Störstellenatomen wurde bereits in Abschnitt 14.5. durchgeführt. Dort trug die Mittelungsprozedur aber trivialen Charakter und führte einfach zur Multiplikation der Wahrscheinlichkeit einer Streuung an einem Atom mit deren Gesamtzahl. Das liegt daran, daß unter den Bedingungen (1.1) schwacher Dotierung das Elektron in jedem Moment nur mit einem der Störstellenatome wechselwirkt. Dabei bleibt die Energie der Wechselwirkung stets ein und dieselbe, ungeachtet des zufälligen Charakters der Störstellenverteilung im Raum (Abb. 19.2a). Bei mittlerer und besonders bei starker Dotierung ändert sich die Situation: Die potentielle Energie des Ladungsträgers hängt nun stets von den Koordinaten mehrerer Störstellenatome ab und wird daher eine zufällige Größe (Abb. 19.2b). Kraftfelder, deren Charakteristika nur statistisch vorgegeben sind, heißen zufällige Kraftfelder.

Also besteht die dritte Besonderheit stark (und mäßig) dotierter Halbleiter darin, daß sich die Ladungsträger in ihnen im zufälligen Feld der Störstellen bewegen. Dieses

Feld bildet eine Gesamtheit zufällig verteilter dreidimensionaler Potentialmulden und -berge zufälliger Höhe und Form (vgl. Abb. 19.5, S. 589). Die Mulden lassen sich anschaulich als das Ergebnis zufälliger Anhäufungen von Störstellenionen innerhalb von Bereichen darstellen, deren lineare Abmessungen kleiner als r_0 sind. Die Berge entsprechen Verarmungsbereichen. Derartige Ansammlungen werden *Cluster*[1]) genannt.

Ein zufälliges Feld dieser Art wirkt (selbst bei nur einem Typ von Störstellen) auf die Ladungsträger beider Vorzeichen, denn der Potentialtrichter für das Elektron ist gleichzeitig ein Potentialberg für das Loch und umgekehrt. Aus eben diesem Grunde entstehen die Störstellenbereiche des Spektrums im allgemeinen sowohl an der oberen als auch an der unteren Grenze der verbotenen Zone.

Eine vierte Besonderheit stark (und mittelstark) dotierter Halbleiter ergibt sich aus der zweiten und dritten. Sie besteht darin, daß man die Ladungsträger im allgemeinen nicht durch ein Dispersionsgesetz $E(\boldsymbol{p})$ charakterisieren kann.[2]) Nur im ideal periodischen Feld nämlich bleibt der Quasiimpuls $\boldsymbol{p}$ erhalten und charakterisiert folglich die stationären Zustände des Elektrons. In Gegenwart des zufälligen Feldes dagegen erfolgt eine Streuung, durch die sich der Quasiimpuls mit der Zeit ändert. Anders ausgedrückt erweisen sich Zustände mit vorgegebenen Werten von $\boldsymbol{p}$ als nichtstationär. Das gilt im Prinzip für beliebige Streuprozesse. In den betrachteten Materialien jedoch ist, wie wir in Abschnitt 19.3. sehen werden, die Bedingung dafür, daß die Energieunschärfe $\hbar/\tau(E)$ klein gegen die Energie selbst ist, also daß

$$\frac{\hbar}{\tau(E)} \ll E - E_c \qquad \text{(für Elektronen)}$$

bzw.

$$\frac{\hbar}{\tau(E)} \ll E_v - E \qquad \text{(für Löcher)} \tag{2.1}$$

gilt, nicht für alle wesentlichen Energiewerte des Elektrons erfüllt. Diese Bedingung ist indessen dafür notwendig, daß man die Zustände mit gegebenem Quasiimpuls als quasistationär ansehen kann (vgl. Abschnitt 14.2.). Wenn also die Ungleichung (2.1) nicht erfüllt ist, muß die Wechselwirkungsenergie, die für so kleine Werte der Relaxationszeit verantwortlich ist, bereits bei der Bestimmung des Energiespektrums der Ladungsträger berücksichtigt werden. Im hier betrachteten Fall gilt das für die Wechselwirkung der Elektronen und Löcher mit dem zufälligen Feld. Dieser Gesichtspunkt ist besonders wichtig im Energiebereich $E_v \leqq E \leqq E_c$: Bei Abwesenheit der Störstellen gibt es dort im allgemeinen keine erlaubten Zustände. Andererseits muß die Rolle des zufälligen Feldes allmählich abnehmen, je weiter man sich von der Grenze des Leitungsbandes nach oben (bzw. von der Grenze des Valenzbandes nach unten) entfernt und je mehr die Gesamtenergie des Elektrons oder Lochs wächst. Bei hinreichend großen Werten der Differenzen $E - E_c$ und $E - E_v$ werden die Bedingungen (2.1) erfüllt sein. Das bedeutet, daß genügend tief in den Leitungs- und Valenzbändern der Begriff des Dispersionsgesetzes der Ladungsträger wieder seinen Sinn hat.

Eine fünfte Besonderheit stark dotierter Halbleiter schließlich ist mit der Abschirmung des Feldes geladener Störstellenatome verknüpft. Die Ursachen, die für

---

[1]) Das englische Wort „cluster" bedeutet „Anhäufung".

[2]) Darin besteht einer der wichtigen Unterschiede zwischen einem Störstellenband und einem Energieband im reinen Material.

den Effekt der Abschirmung verantwortlich sind, können verschieden sein — eine Umverteilung freier Ladungsträger im Raum (Abschnitt 6.7.), die (bei Vorliegen von Kompensation) bevorzugte Anordnung der negativ geladenen Störstellenionen in der Nähe positiver Ionen usw. Für uns sind jetzt nicht die Ursachen des Effektes wesentlich, sondern die daraus ableitbaren Folgerungen. Wie wir in Abschnitt 17.8. sahen, führt nämlich die Abschirmung für $r_0 \lesssim a_B$ zum Verschwinden der vom Störstellenion gebildeten diskreten Niveaus. Eine solche Situation kann nach Gl. (**1.3a**, b) in stark legierten Halbleitern tatsächlich vorliegen. Bei fehlender Kompensation ist in den genannten Materialien nämlich $n \simeq N_t$, und die Bedingung $r_0 \lesssim a_B$ wird (in entartetem Material) bei $N_t \simeq a_B^{-3}$ realisiert. Eine der Größenordnung nach analoge Bedingung erhält man auch für kompensierte Halbleiter. Dort kann die Abschirmung z. B. auf die zweite der oben genannten Ursachen zurückgehen: Zur Abschätzung des Verhältnisses r_0/a_B kann man dabei von Gl. (1.3a) Gebrauch machen, indem man in dieser n durch N_t und die Probentemperatur T durch die Temperatur ersetzt, bei der die Störstellen in das Gitter eingebaut werden.

Unter den Bedingungen des Verschwindens der Störstellenniveaus kann offensichtlich auch kein Störstellenbereich des Spektrums entstehen. Man muß jedoch im Auge behalten, daß sich das hier betrachtete Problem von dem in Abschnitt 17.8. untersuchten unterscheidet. Dort wurde das Energiespektrum des Störstellenatoms unter der Bedingung untersucht, daß in der Probe bereits eine bestimmte Konzentration abschirmender freier Ladungsträger (z. B. mittels Lichteinstrahlung) erzeugt worden ist. Hier werden diese Ladungsträger im wesentlichen von den Störstellenatomen selbst geliefert. Wenn man von vornherein voraussetzt, daß sie alle ionisiert sind, muß man zwangsläufig schließen, daß häufig die von ihnen gebildeten lokalisierten Niveaus verschwinden. Wenn man jedoch annimmt, daß die Elektronen im nichtkompensierten Halbleiter bereits die Störstellenniveaus besetzen, so wird der Abschirmeffekt stark reduziert: Die Störstellenatome sind neutral, und die Zahl der freien Ladungen bleibt gering. Das bedeutet, daß wir nicht berechtigt sind, von vornherein das eine oder das andere anzunehmen. Denn die Rolle der Abschirmung wird durch die Konzentrationen der freien Ladungsträger und der geladenen Störstellenatome bestimmt. Diese Größen hängen aber vom Charakter des Energiespektrums des Systems ab, d. h. davon, ob und in welcher Anzahl Störstellenniveaus existieren. Andererseits muß das Spektrum selbst unter Berücksichtigung der Abschirmung bestimmt werden. Anders ausgedrückt, das Energiespektrum des stark legierten Halbleiters muß auf selbstkonsistente Weise berechnet werden.

Darin besteht auch die fünfte Besonderheit der diskutierten Materialien. Sie führt zur Notwendigkeit, das Problem des Energiespektrums des stark dotierten Halbleiters im Rahmen der Vielteilchentheorie zu lösen. Das ist im allgemeinen mit großen mathematischen Schwierigkeiten verbunden. Sie zu umgehen gelingt nur, wenn sich bestimmte Wechselwirkungen als vergleichsweise unwesentlich erweisen. Dabei ist wichtig, sich schon vorher ein Bild vom Charakter der „selbstkonsisten" Zustände zu machen. In diesem Zusammenhang seien zwei Umstände hervorgehoben. Unter den zu (1.1) inversen Bedingungen kann ein Zustand, in dem alle Donatoren mit Elektronen besetzt sind, sogar bei fehlender Kompensation und verschwindender absoluter Temperatur nicht selbstkonsistent sein. Tatsächlich bildet sich bei $N_t a_B^3 \gtrsim 1$ ein Störstellenband heraus, d. h., es findet eine teilweise Delokalisation der an den Störstellenatomen gebundenen Elektronen statt, die unvermeidlich mit dem Auftreten eines Abschirmeffektes verbunden ist.

Zweitens kann man unter den Bedingungen $r_0 > N_t^{-1/3}$ und $a_B > N_t^{-1/3}$ eine

Anhäufung von Störstellenionen, deren Abstand voneinander kleiner als a_B ist, als ein „effektives Ion" der Ladung Z e betrachten. Die Ionisationsenergie eines Elektrons, das von einem solchen Ion eingefangen wurde, ist gleich $Z^2 E_B$, während der charakteristische „Bahnradius" gleich a_B/Z ist. Er kann unter den Bedingungen starker Dotierung sogar kleiner als r_0 sein. Ferner ist die Wahrscheinlichkeit der Clusterbildung um so geringer, je größer die Zahl der im Cluster enthaltenen Ionen ist. Folglich wird der mittlere Abstand zwischen den Clustern bei genügend großen Werten Z merklich größer als $N_t^{-1/3}$. Er kann so auch den „Bahnradius" a_B/Z beträchtlich übertreffen. Auf diese Weise könnten „effektive Ionen" mit hinreichend großen Werten Z diskrete lokale Niveaus erzeugen, selbst wenn die gewöhnlichen Donatorniveaus verschwinden. Diese Möglichkeit kann realisiert sein, sofern die Ionisationsenergie kleiner als die Breite der verbotenen Zone ist[1]):

$$Z^2 E_B < E_g. \tag{2.2}$$

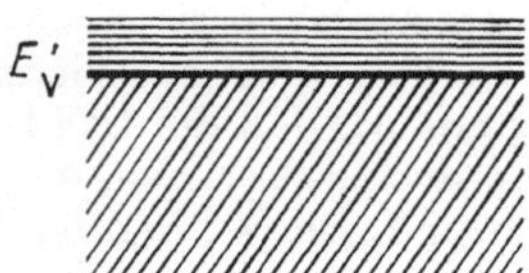

Abb. 19.3
Bereiche des kontinuierlichen und des diskreten Spektrums im stark dotierten Halbleiter. Die horizontale Schraffierung markiert das Gebiet des diskreten, die schräge Schraffierung das des kontinuierlichen Spektrums.

In Halbleitern wie Germanium, Silizium, Galliumarsenid u. a. nimmt das Verhältnis E_g/E_B Werte zwischen 70 und 100 an. Daher können die von der Ungleichung (2.2) zugelassenen Werte Z durchaus die oben gestellten Bedingungen erfüllen. Dabei resultiert die Wechselwirkung der Cluster untereinander und mit den einzelnen Störstellenionen lediglich in einer klassischen Linienverbreiterung. Bei $r_0 \gg N_t^{-1/3}$ können diskrete Niveaus auch in genügend tiefen Potentialmulden entstehen, die durch die vereinte Wirkung vieler nicht zu nahe beieinanderliegender Störstellenionen gebildet wurden. Der Unterschied zwischen diesen und den von „effektiven Ionen" formierten Niveaus ist nicht prinzipieller Natur: Er liegt lediglich in der Abhängigkeit der Ionisierungsenergie von den Materialparametern.

Die Existenz diskreter lokaler Niveaus in stark dotierten Halbleitern ist von grundlegender Bedeutung: Es zeigt sich, daß bei bestimmten Energiewerten E_c' und E_v' der Störstellenbereiche ein Umbau des Energiespektrums der Elektronen und Löcher stattfindet (Abb. 19.3).[2]) Für $E > E_c'$ ($E < E_v'$) gehören die Zustände der Ladungsträger zum kontinuierlichen, für $E_v' < E < E_c'$ zum diskreten Spektrum. Dement-

[1]) Wenn man für E_B den Ausdruck (4.7.7) benutzt, also von der Effektivmassenmethode Gebrauch macht, hat man in (2.2) $Z^2 E_B \ll E_g$ zu fordern. Diskrete Niveaus können jedoch auch unter Bedingungen entstehen, in denen die Effektivmassenmethode bereits nicht mehr anwendbar ist.

[2]) Diese Schlußfolgerung ist ein Spezialfall der allgemeinen Behauptung von der Umordnung des Spektrums der Elementaranregungen in ungeordneten Systemen [1].

sprechend verändert sich auch die Gestalt der Wellenfunktionen: Ladungsträger, die sich in Zuständen des ersten Typs befinden, kann man mit einer von Null verschiedenen Wahrscheinlichkeit an jedem beliebigen Ort der Probe beobachten, wohingegen sie in Zuständen des zweiten Typs nahe den entsprechenden Potentialtöpfen lokalisiert sind. Beim Studium von Transporterscheinungen hat man somit die Größen E_c' und E_v' als Grenzen der verbotenen Zone anzusehen.

19.3. Die Hierarchie der Energien

Je nach dem betrachteten Effekt spielen Ladungsträger aus unterschiedlichen Energiebereichen eine Rolle. Bei der Berechnung des Fermi-Niveaus beispielsweise sind Elektronen aller möglichen Energien von Bedeutung. Für Transportphänomene im entarteten Material sind Ladungsträger mit einer Energie nahe der Fermi-Energie maßgeblich, während für das Zustandekommen der optischen Absorptionskante die Elektronen und Löcher nahe den Bandkanten und in den Störstellenbereichen des Spektrums wichtig sind. Die Besonderheiten stark dotierter Halbleiter, die im vorangehenden Abschnitt besprochen wurden, treten im Verhalten der Ladungsträger verschiedener Energien in unterschiedlicher Weise in Erscheinung und sind damit auch von unterschiedlichem Einfluß auf die einzelnen Effekte.

Betrachten wir zunächst ein nichtkompensiertes und daher entartetes Material (und zwar einen n-Halbleiter).

Bei der Berechnung der Fermi-Energie hat man seine Aufmerksamkeit auf drei charakteristische Größen zu richten, nämlich die von der Bandkante an gerechnete mittlere Energie E_k der Elektronen, die sie im idealen Kristall besitzen würden (wir werden diese Energie kurz „kinetische" Energie nennen), die mittlere potentielle Energie E_{ee} ihrer Wechselwirkung miteinander sowie die Energie E_{et} der Wechselwirkung mit den Störstellen. Größenordnungsmäßig erhalten wir (bei parabolischem Dispersionsgesetz)[1])

$$E_k \simeq \frac{\hbar^2 n^{2/3}}{m}, \qquad E_{ee} \simeq \frac{e^2 n^{1/3}}{\varepsilon}, \qquad E_{et} \simeq \frac{e^2}{\varepsilon} N_t^{1/3}. \tag{3.1}$$

Folglich ist

$$\frac{E_k}{E_{ee}} \sim a_B n^{1/3}, \qquad \frac{E_k}{E_{et}} \sim a_B n^{1/3} \left(\frac{n}{N_t}\right)^{1/3}. \tag{3.2}$$

Wir sehen, daß sich mit einer Vergrößerung der Ladungsträgerkonzentration die Rolle der kinetischen Energie erhöht. Das ist eine Folge der Parabolizität des Dispersionsgesetzes sowie des Umstandes, daß die Elektronen der Fermi-Statistik gehorchen (siehe Abschnitt 5.6.). Die Größen $a_B n^{1/3}$ und $a_B N_t^{1/3}$ sind die Parameter zur Charakterisierung der Stärke der Dotierung. Gewöhnlich gründet man die Theorie der stark dotierten nichtkompensierten Halbleiter auf die Annahme

$$a_B n^{1/3} \gg 1, \quad a_B N_t^{1/3} \gg 1. \tag{3.3}$$

---

[1]) Die für das Weitere unwesentlichen Koeffizienten lassen wir fort.

Die Bedingungen (3.3) sind in Materialien mit kleinen effektiven Massen, wie den Wismut-Antimon-Legierungen und Verbindungen wie PbS, PbTe usw., ziemlich gut erfüllt. In Halbleitern vom Germanium-Typ werden die linken Seiten der Ungleichungen (3.3) selbst bei den größten erreichbaren Störstellenkonzentrationen nur wenig größer als Eins. Dennoch liefern die Rechnungen, die unter den Bedingungen (3.3) durchgeführt wurden, eine gewisse Orientierung bezüglich der Eigenschaften stark dotierter Materialien.

Unter den Voraussetzungen (3.3) ist die „kinetische" Energie der freien Ladungsträger wesentlich größer als die Energien E_{ee} und E_{et}. Ferner ist der Abschirmradius nach Gl. (1.3a, b) bei Abänderung der Ungleichheitszeichen (1.1) wesentlich kleiner als a_B, jedoch größer als $N_t^{-1/3}$. Das heißt, daß der Abschirmeffekt die Konzentration der Störstellenzustände gegenüber N_t merklich verringert. Anders ausgedrückt, die Mehrzahl der Elektronen geht bei beliebiger Temperatur in den kontinuierlichen Teil des Spektrums über. Tatsächlich zeigt eine Rechnung, die sich der Methoden der Vielelektronentheorie des festen Körpers bedient [2], daß unter den betrachteten Bedingungen

$$\frac{N_t - n}{N_t} \sim (N_t a_B^3)^{-3/8} \tag{3.4}$$

gilt.

Daher liegt in stark dotierten nichtkompensierten Halbleitern das Fermi-Niveau nahe bei demjenigen, das sich in einem idealen entarteten Gas von Ladungsträgern der Konzentration $n \simeq N_t$ einstellte. Bis auf vernachlässigbar kleine Größen ist dieses Niveau (in einem n-Halbleiter) durch Gl. (5.6.2) gegeben. Diese Überlegungen gestatten insbesondere, die Größe der Burstein-Moss-Verschiebung (vgl. Abschnitt 18.7.) abzuschätzen, so als würden die Störstellen das Verhalten der freien Ladungsträger nicht beeinflussen.

Wenden wir uns nun den Transporterscheinungen in elektrischen, magnetischen oder Temperaturfeldern zu. Nach Gl. (14.2.22b) ist im betrachteten Falle eine Theorie auf der Grundlage der Boltzmann-Gleichung gerechtfertigt, wenn nur die Ungleichung (2.1) zutrifft, wobei man für $\tau(E)$ die Relaxationszeit einzusetzen hat, die durch die Streuung der Ladungsträger an den Atomen geladener Störstellen bedingt ist. Bis auf einen unwesentlichen Zahlenfaktor der Größenordnung Eins gilt nach Gl. (14.5.17)

$$\frac{1}{\tau(E)} \simeq \frac{e^4 N_t}{\varepsilon^2 E^{3/2} \sqrt{m}} \ln \frac{m E r_0^2}{\hbar^2}. \tag{3.5}$$

Für $E = \zeta$ erhalten wir unter Berücksichtigung von Gl. (5.6.2)

$$\frac{\hbar}{\tau(\zeta)} \simeq \frac{N_t}{n} \frac{m e^4}{\varepsilon^2 \hbar^2} \ln (n^{2/3} r_0^2).$$

Wie schon erwähnt, ist in den betrachteten Materialien $n \simeq N_t$. Da $\ln (n^{2/3} r_0^2)$ gewöhnlich kleiner als Zehn ist, nimmt die Ungleichung (2.1) die Gestalt

$$n^{2/3} a_B^2 \gg 1 \tag{3.6}$$

an. Unter den Bedingungen (3.3) ist diese Ungleichung tatsächlich erfüllt.

Man erkennt, daß in den betrachteten Materialien der Einfluß der Störstellen auf die Transportphänomene lediglich in einer Streuung der Ladungsträger besteht. Der Begriff des Dispersionsgesetzes behält im Bereich $E \sim F - E_c = \zeta$ seinen Sinn.

Gleichzeitig kann die relative Änderung der Beweglichkeit infolge der Störstellenstreuung sehr wesentlich werden. So beträgt die Beweglichkeit der Elektronen in n-Ge, das 10^{18} cm^{-3} flache Störstellen enthält, bei Zimmertemperatur ungefähr 250 cm^2/Vs (und nicht 3800 cm^2/Vs wie beim reinen Material).

Einen wesentlichen Einfluß auf die Mehrzahl der thermodynamischen, elektrischen und optischen Eigenschaften stark dotierter nichtkompensierter Halbleiter hat daher nur die erste Besonderheit dieser Materialien — die Fermi-Entartung des Gases der freien Ladungsträger. Die Ursache dafür ist offensichtlich: Bei diesen Erscheinungen spielt das Störstellengebiet des Spektrums keine Rolle. Ausnahmen sind die spektrale Abhängigkeit der Rekombinationsstrahlung (siehe Abschnitt 19.6.) und die Strom-Spannungs-Charakteristik der Tunneldiode (siehe Abschnitte 8.3. und 19.5.).

In stark kompensierten Materialien, die sowohl flache Donatoren als auch flache Akzeptoren enthalten, wobei

$$\frac{|N_\mathrm{d} - N_\mathrm{a}|}{N_\mathrm{d}} \ll 1 \tag{3.7}$$

gelten möge, ändert sich die Situation. Hier ist die Konzentration freier Ladungsträger nicht sehr hoch, und das Fermi-Niveau liegt in der verbotenen Zone. Folglich ist das Gas der Ladungsträger bis zu relativ tiefen Temperaturen nicht entartet, so daß die Rolle der unterschiedlichen Energiearten keineswegs derjenigen bei fehlender Kompensation äquivalent ist. Eine wichtige Rolle spielt hier die Wechselwirkung der Ladungsträger mit den Störstellenatomen, und alle Besonderheiten stark dotierter Halbleiter (außer der ersten) treten in vollem Maße zutage.

19.4. Die Zustandsdichte

Die Besonderheiten stark dotierter Halbleiter, die mit der Rolle des zufälligen Feldes der Störstellen sowie mit den Vielelektroneneffekten verknüpft sind, machen das uns vertraute Vorgehen zur Untersuchung der elektronischen Eigenschaften dieser Materialien verhältnismäßig uneffektiv. Anstelle des Dispersionsgesetzes ist es hier zweckmäßig, andere Begriffe zu verwenden, die einerseits allgemeiner sind, andererseits aber einfacher als die Wellenfunktion des ganzen Vielelektronensystems. Der wichtigste dieser Begriffe ist die Zustandsdichte. Sie existiert bereits in der herkömmlichen Bändertheorie. In den Gleichungen (5.4.1) und (5.4.6) wurden nämlich die Konzentrationen der freien Elektronen und Löcher über die Zustandsdichten $N_\mathrm{c}(E)$ und $N_\mathrm{v}(E)$ ausgedrückt.

Kennt man die Zustandsdichte als Funktion der Energie, so lassen sich die Konzentrationen der Ladungsträger als Funktion der Temperatur, das Fermi-Niveau und unter Umständen auch die magnetische Induktion berechnen. Dadurch sind aber gerade alle Gleichgewichtseigenschaften des Elektronengases bestimmt.

Auch die Konzentration der Elektronen und Löcher in den lokalisierten Niveaus läßt sich in der Form (5.4.1) darstellen. Erinnert man sich an Gl. (5.9.3), so erkennt man nämlich, daß man die Zustandsdichte, die dem diskreten Donatorniveau E_d entspricht, in der Form

$$N_\mathrm{d}(E) = N_\mathrm{d}\delta(E - E_\mathrm{d}^*) \tag{4.1}$$

mit

$$E_d^* = E_d + kT \ln (g_0/g_1) \tag{4.2}$$

schreiben kann.

In der verbotenen Zone (für $E \neq E_d$, $E \neq E_a$) schließlich ist die Zustandsdichte gleich Null.

Auf diese Weise kann man die Zustandsdichte $N_\nu(E)$ (ν = c, v) zur Beschreibung des Energiespektrums verwenden. In den erlaubten Energiebändern ist sie von Null verschieden und stetig, sie verschwindet in der verbotenen Zone und besitzt deltafunktionsartige Singularitäten bei den Energien, die diskreten Niveaus entsprechen. Die Form der Funktionen $N_c(E)$ und $N_v(E)$ charakterisiert in gewissem Maße die Struktur der Bänder. Durch Gl. (5.7.8b) werden diese Funktionen über die Dispersionsgesetze der Ladungsträger ausgedrückt.

Bei den Transporterscheinungen hängt der Beitrag von Ladungsträgern einer bestimmten Energie auch von der Form der Zustandsdichte ab. Tatsächlich können die in diskreten Niveaus lokalisierten Elektronen und Löcher nur vermittels Sprüngen an den Transporterscheinungen teilnehmen, und ihr Beitrag z. B. zur statischen Leitfähigkeit verschwindet für $T = 0$. Demgegenüber geben die im Leitungsband befindlichen Elektronen stets einen von Null verschiedenen Beitrag zur statischen Leitfähigkeit. Im entarteten Halbleiter ist das bis zu beliebig tiefen Temperaturen der Fall.

Wir erkennen so die Richtigkeit der folgenden Behauptungen:

1. Für $T = 0$ ist die statische Leitfähigkeit dann und nur dann von Null verschieden, wenn das Fermi-Niveau in einen Bereich fällt, in dem die Zustandsdichte von Null verschieden und stetig ist.
   Ebenso klar ist auch der Zusammenhang zwischen der Zustandsdichte und der Temperaturabhängigkeit der statischen Leitfähigkeit. Wird nämlich die kleine Hoppingleitfähigkeit vernachlässigt, so gilt die folgende Behauptung:
2. Wenn das Fermi-Niveau in den Bereich $E_v' < E < E_c'$ fällt, in dem die Zustandsdichte verschwindet oder aber δ-artige Singularitäten besitzt, so ist die mit den Leitungselektronen verbundene statische Leitfähigkeit dem Ausdruck

$$\exp \frac{F - E_c'}{kT} \tag{4.3}$$

   proportional. Der Ausdruck (4.3) bestimmt (bis auf einen Faktor) einfach die Zahl der freien Elektronen. Die Übertragung dieser Behauptung auf den Fall der Löcher ist offensichtlich.
   Schließlich hängt die Zustandsdichte auch mit der Leitfähigkeit in Feldern endlicher Frequenz zusammen, also nach dem in Kapitel 18. Gesagten auch mit dem Absorptions- bzw. Emissionskoeffizienten des Lichts. In der Tat können diese Prozesse nur bei Anwesenheit von Elektronen in den Abfangszuständen und freien erlaubten Niveaus in den Endzuständen stattfinden. Offenbar ist also die folgende Behauptung richtig:
3. Der Absorptionskoeffizient bzw. der Koeffizient der Rekombinationsstrahlung elektromagnetischer Wellen der Frequenz ω wird nur dann von Null verschieden sein, wenn

$$\hbar\omega = E_2 - E_1 \tag{4.4}$$

ist, worin E_2 und E_1 zwei Energiewerte sind, für die die Zustandsdichte von Null verschieden ist. (Die Forderung nach Stetigkeit der Zustandsdichte ist dabei ohne Belang.) Diese Behauptung bezieht sich auch auf die Wechselwirkung von Elektronen mit Schallwellen. Im Falle der simultanen Absorption oder Emission von mehreren Photonen (oder Phononen) hat man die linke Seite von (4.4) durch die Summe ihrer Energien zu ersetzen.

Die Behauptungen 1—3 werden als Korrelationstheoreme bezeichnet. Im Rahmen der Bändertheorie des festen Körpers folgen sie unmittelbar mit Hilfe von Gl. (13.7.12) aus dem Energieerhaltungssatz für Quantenübergänge und daraus, daß die Übergangswahrscheinlichkeit proportional der Zahl der im Anfangszustand besetzten und der im Endzustand freien Plätze ist. Diese Theoreme besitzen jedoch allgemeinere Bedeutung. Die Zustandsdichte ist nichts anderes als die auf die Energie- und Volumeneinheit bezogene Zahl erlaubter Energieniveaus. Dieser Begriff ist also nicht notwendig an die Besonderheiten des Verhaltens eines Elektrons im periodischen Feld gebunden. Er kann gleichermaßen auch das Energiespektrum eines Elektrons charakterisieren, das sich in einem beliebigen (zeitlich konstanten) äußeren Feld, also auch einem zufälligen Feld, bewegt. Im letzteren Falle ist es üblich, die Zustandsdichte als eine Größe einzuführen, die bereits über alle möglichen Konfigurationen der Störstellen gemittelt wurde. Während Gl. (5.4.1) auch für ein beliebiges äußeres Feld gültig bleibt, muß man im allgemeinen auf die Definitionen (5.7.8a, b) verzichten. Mehr noch, Gl. (5.4.1) kann selbst bei Berücksichtigung der Wechselwirkung der Elektronen untereinander korrekt bleiben. In diesem Falle besitzt das Argument E nicht mehr die Bedeutung einer Einelektronenenergie. Man muß es vielmehr als die Energieänderung des gesamten Elektronensystems bei einer Änderung der Teilchenzahl in ihm um Eins auffassen. Den Beweis dieser Aussage liefert die allgemeine Vielteilchentheorie [2]. Dort wird auch die allgemeine Formel hergeleitet, die die Funktion $N_\nu(E)$ mit der Lösung des entsprechenden Vielteilchenproblems verknüpft.

Auf diese Weise stellt die Zustandsdichte einen exakten Begriff dar, mit dem man das Energiespektrum eines beliebigen Teilchensystems charakterisieren kann. Als ebenso allgemein erweisen sich die Korrelationstheoreme. Allerdings erfordert ihr Beweis im allgemeinen Fall detailliertere Überlegungen, die den Rahmen dieses Buches sprengen würden.

Wenn man von den Korrelationstheoremen Gebrauch macht, muß man zwei Umstände im Auge behalten.

Erstens ist die Gleichung (4.4) eine notwendige, im allgemeinen jedoch noch nicht hinreichende Bedingung für die Möglichkeit optischer Übergänge: Es können Auswahlregeln existieren, die mit weiteren Erhaltungssätzen in Zusammenhang stehen. So läßt der Erhaltungssatz des Quasiimpulses im idealen Kristall nur vertikale Übergänge zu (siehe Abschnitt 18.5.).

Zweitens wird in den Theoremen von der Existenz einer Korrelation zwischen der Zustandsdichte einerseits und der Leitfähigkeit, dem Absorptionskoeffizienten usw. andererseits gesprochen, nicht jedoch von der Möglichkeit, diese Größen direkt durch $N_\nu(E)$ auszudrücken. So wird nach Gl. (13.7.12) die Leitfähigkeit selbst im Falle des quasiidealen Kristalls nicht nur durch die Zustandsdichte, sondern auch durch die Übergangswahrscheinlichkeit ausgedrückt, die in die Gleichung für die Relaxationszeit eingeht.

Im idealen Kristall hängt die Zustandsdichte nicht von den Koordinaten ab. In einer Probe mit Störstellen ist dies aber natürlich der Fall, sofern noch nicht über alle

Störstellenkonfigurationen gemittelt wurde. Die den Störstellenniveaus zugeordneten Peaks findet man nur dort, wo Störstellenatome liegen. Bei einer Mittelung über die Konfigurationen kann diese Abhängigkeit jedoch verschwinden. Das ist in einem „gut dotierten" Material der Fall, wenn die Störstellenatome im Mittel gleichmäßig über das Probenvolumen verteilt sind. Materialien, in denen die Zustandsdichte nach Mittelung über die Störstellenkonfigurationen nicht von den Koordinaten abhängt, nannten wir früher technologisch homogen. Manchmal werden sie auch makroskopisch homogen[1]) genannt. Im weiteren werden wir solche Materialien oder Kontakte zwischen ihnen betrachten.

19.5. Die Zustandsdichteausläufer

In einem Halbleiter mit idealem Gitter besitzt die Zustandsdichte die in Abb. 19.4a schematisch dargestellte Form.

Bei schwacher Dotierung erscheinen in der verbotenen Zone scharfe (deltafunktionsartige) Peaks, die von den diskreten Störstellenniveaus hervorgerufen werden (Abb. 19.4c), wobei die Fläche jedes Peaks (bzw. der Peaks) gleich der Konzentration der entsprechenden Störstellen bleibt.

Bei starker Dotierung entsteht ein Bild, das schematisch in Abb. 19.4d dargestellt ist. Die Punkte $E = E_c$, $E = E_v$, die die Grenzen der verbotenen Zone im reinen

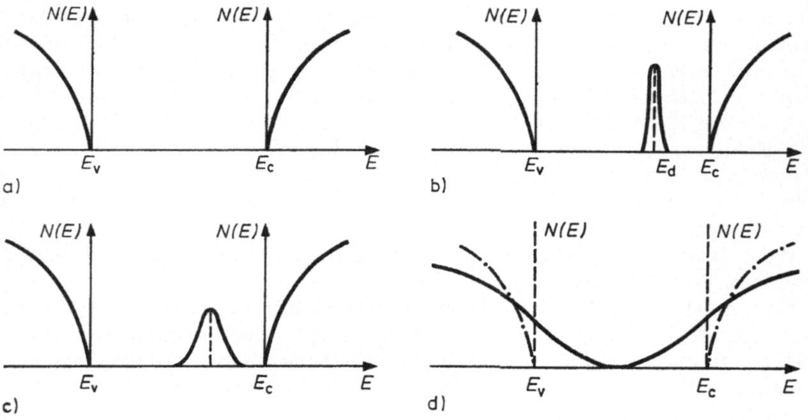

Abb. 19.4

Zustandsdichte (schematisch)

a) Halbleiter mit idealem Gitter,

b) Schwach dotierter Halbleiter mit Donatoren nur eines Typs,

c) n-Halbleiter mit mittelstarker Dotierung,

d) stark dotierter Halbleiter. Durch die gestrichelte Linie sind die Bandkanten im reinen Material bezeichnet, durch die strichpunktierte Linie der Verlauf der Zustandsdichte in diesem.

[1]) Ein Beispiel für ein makroskopisch inhomogenes Material ist ein Halbleiter mit p-n-Übergang.

Halbleiter bezeichnen, wie auch $E = E_\mathrm{d}$ sind hier nicht besonders hervorgehoben — die Zustandsdichte in ihnen ist ungleich Null und endlich. Den Störstellengebieten des Spektrums entsprechen Abschnitte mit einer Zustandsdichte, die ungleich Null ist und stetig in die verbotene Zone hinein abfällt. Sie werden als Zustandsdichteausläufer bezeichnet. Ihren Ursprung haben sie im zufälligen Feld der Störstellen. An den Stellen, wo Fluktuationen in der Störstellenverteilung zur Ausbildung von Potentialtöpfen geführt haben, ist die potentielle Ladungsträgerenergie im Vergleich zum idealen Kristall verringert (Abb. 19.5). Das führt auch zu einer Verringerung der Gesamtenergie. Die Lage wird besonders einfach, wenn der Abschirmradius groß gegen den mittleren Abstand zwischen den Störstellenatomen ist, d. h., wenn sich das

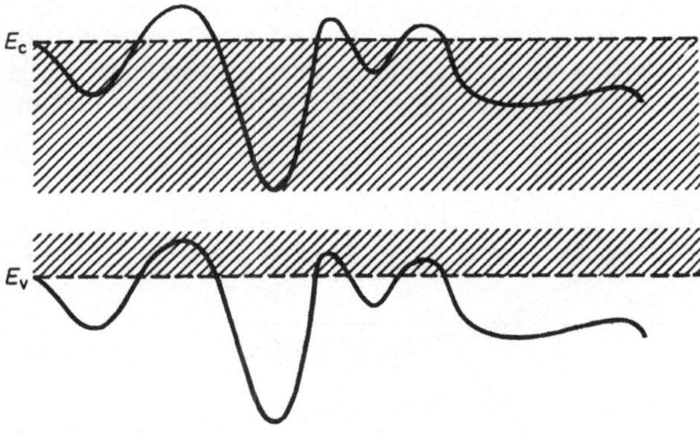

Abb. 19.5
Die Änderung der potentiellen Energie der Ladungsträger im zufälligen Feld (schematisch). Auf der Abszisse wurde die räumliche Koordinate aufgetragen. Die bei seiner Mittelung über die Störstellenkonfigurationen entstehenden Zustandsdichteausläufer sind schraffiert dargestellt.

Ungleichheitszeichen der ersten Ungleichung (1.1) umkehrt. Unter diesen Umständen ändert sich das zufällige Feld im Mittel räumlich hinreichend schwach, und das Verhalten der Elektronen und Löcher kann so quasiklassisch, d. h. mit Hilfe der Darstellung gekrümmter Bänder, beschrieben werden.[1]) Die ausgezogenen Linien in Abb. 19.5 zeigen die Lage der Kanten solcher zufällig gekrümmter Bänder. Bei einer Mittelung über die Störstellenkonfiguration wird der lokale Charakter der Fluktuationen des zufälligen Feldes „verwischt“, und es bleibt eine nicht von den Koordinaten abhängige Zustandsdichte übrig, die in allen Punkten bis hin zu den Grenzen der gekrümmten Bänder von Null verschieden ist.

Die Zustandsdichte im Bereich des Ausläufers ist dabei proportional zur Wahrscheinlichkeit der entsprechenden Fluktuationen der potentiellen Energie. Aus diesem

---

[1]) Es sei angemerkt, daß das Wort „quasiklassisch“ in seiner Anwendung auf einen entarteten Halbleiter im vorliegenden Fall nur begrenzt sinnvoll ist. In dem interessantesten Fall flacher Donatoren oder Akzeptoren ist $a_\mathrm{B} = \varepsilon\hbar^2/me^2$, und der nach Voraussetzung große Parameter $r_0 N_\mathrm{t}^{1/3}$ ist von der Größenordnung $(a_\mathrm{B} n^{1/3})^{1/2}$. Dieser Ausdruck enthält das Plancksche Wirkungsquantum im Zähler. Der Begriff „quasiklassisch“ bezieht sich hier auf das Verhalten der Ladungsträger im zufälligen Feld der Störstellen bei vorgegebenem Abschirmradius. Beim Vorliegen von Entartung hängt letzterer selbst von $\hbar$ ab, was zum Auftreten dieser Konstanten in dem expliziten Ausdruck für $r_0 N_\mathrm{t}^{1/3}$ führt.

Grunde fällt sie relativ rasch beim Vordringen in die verbotene Zone ab. Dadurch ist es auch möglich, getrennt von den Ausläufern der Zustandsdichte $N_c(E)$ und $N_v(E)$ in der Nähe der Leitungsband- bzw. der Valenzbandkante zu sprechen. Die auf die Volumeneinheit bezogene Gesamtzahl der Zustände im Bereich des Ausläufers ist klein gegen die Konzentration der Störstellen.

In Abhängigkeit vom Kompensationsgrad spielen die Zustandsdichteausläufer bei den einzelnen Effekten eine unterschiedliche Rolle. In nichtkompensierten und folglich entarteten Proben ist die Existenz der Ausläufer in zwei Effekten spürbar.

Der erste von ihnen ist der Überschußstrom in Tunneldioden (siehe Abschnitt 8.3.). Bei Berücksichtigung der Ausläufer nimmt das Bänderschema des n-p-Tunnelübergangs die in Abb. 19.6 schematisch dargestellte Form an. Man erkennt, daß einer der möglichen Mechanismen der Entstehung des Überschußstroms durch die Natur des stark dotierten Halbleiters bedingt ist. Dieser Mechanismus ist mit den Elektronenübergängen zwischen Niveaus verknüpft, die zu den Zustandsdichteausläufern im n- bzw. p-Gebiet gehören. Die Untersuchung des Überschußstroms in Tunneldioden

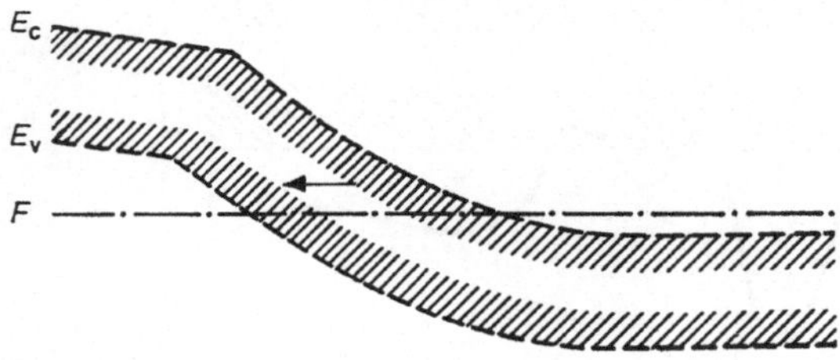

Abb. 19.6
Das Bänderschema des n-p-Tunnelübergangs unter Berücksichtigung des Zustandsdichteausläufers (schematisch). Die Energiegebiete, in denen die Zustandsdichte des Ausläufers groß genug ist, sind schraffiert gezeichnet. Mit dem Pfeil wurde einer der Elektronenübergänge bezeichnet, die einen Beitrag zur Überschußstromdichte liefern können.

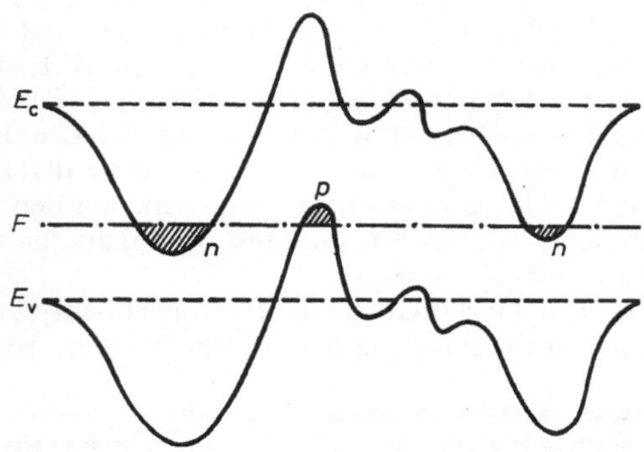

Abb. 19.7
Starke fluktuationsbedingte Krümmung der Bänder. Mit n und p sind die schraffierten Gebiete bezeichnet, in denen sich bei tiefen Temperaturen „Tropfen“ von Elektronen und Löchern bilden.

aus Germanium und Galliumarsenid gestattet es, einen direkten Beweis für die Existenz der Zustandsdichteausläufer in diesen Materialien zu erbringen [3].

Der zweite der angeführten Effekte besteht in der Rekombinationsstrahlung von Photonen mit einer Energie, die kleiner als die Breite der verbotenen Zone ist. Er soll im nächsten Abschnitt betrachtet werden.

Besonders deutlich ist die Rolle der Zustandsdichteausläufer in stark kompensierten Halbleitern. Eine der wirkungsvollsten Möglichkeiten, solche Halbleiter herzustellen, ist die Bestrahlung der Kristalle mit Neutronen oder schnellen Elektronen mit einer Energie von etwa 1 MeV. Das Verhältnis $\frac{|N_d - N_a|}{N_d}$ kann dabei 10^{-5} erreichen (bei $N_d \simeq 10^{19}$ cm^{-3}). In solchen Materialien liegt das Fermi-Niveau etwa in der Mitte der verbotenen Zone, und folglich befindet sich ein Großteil der Ladungsträger in den Störstellenbereichen des Energiespektrums. Dabei können glatte und hinreichend tiefe Fluktuationen der potentiellen Energie der Ladungsträger eine wichtige Rolle spielen. Bei genügend starker Krümmung der Bänder können deren Kanten das Fermi-Niveau schneiden (Abb. 19.7). Dabei entstehen im Material n- und p-Gebiete, die eine zufällige Verteilung über das Probenvolumen aufweisen. Ihre Wahrscheinlichkeit kann so groß werden, daß sich bei tiefen Temperaturen praktisch alle Ladungsträger in ihnen ansammeln. Man bezeichnet sie als Elektronen- oder Loch„tropfen".

19.6. Optische Interbandübergänge in stark dotierten Halbleitern

Die Besonderheiten stark dotierter Halbleiter führen zu einigen Unterschieden ihrer optischen Eigenschaften, verglichen mit denen relativ reiner Materialien.

Übergänge tief in den erlaubten Bändern. Wegen der Entartung des Ladungsträgergases verschiebt sich die langwellige Absorptionskante in nichtkompensierten Materialien um den Betrag $\Delta\omega_n = \frac{F - E_c}{\hbar}$ oder um $\Delta\omega_p = \frac{E_v - F}{\hbar}$ für Kristalle des n- bzw. des p-Typs. Das ist die in Abschnitt 18.7. diskutierte Burstein-Moss-Verschiebung.

Entsprechend dem in Abschnitt 19.3. Gesagten übt das zufällige Störstellenfeld einen relativ schwachen Einfluß auf die Wahrscheinlichkeit der betrachteten Übergänge aus. Die Absorptions- und Rekombinationsstrahlungskoeffizienten werden hier hauptsächlich durch die Gleichungen des Kapitels 18. beschrieben. Die Verwendung dieser Gleichungen zur Bestimmung der Breite der verbotenen Zone führte zu dem Schluß, daß sie in stark dotierten Halbleitern etwas kleiner ist als im reinen Material. Dieser Effekt kann sowohl durch eine geringe Änderung der Gitterkonstante bei starker Dotierung als auch durch die Wechselwirkung zwischen den Elektronen bedingt sein.

Übergänge unter Beteiligung der Zustandsdichteausläufer. Das dritte Korrelationstheorem weist auf die Möglichkeit optischer Übergänge unter Beteiligung der Zustandsdichteausläufer hin. Aufgrund des schnellen Abfalls der Zustandsdichte mit wachsender Entfernung von den Grenzen der verbotenen Zone muß man diese Übergänge als Interbandübergänge auffassen. Trotzdem kann die Energie $\hbar\omega$ der entsprechenden Photonen kleiner als die Breite der verbotenen Zone $E_g = \hbar\omega_m$ sein. Die Emission oder Absorption solcher Photonen ist gemeint, wenn von dem Ausläufer des Rekombinationsstrahlungs- oder Absorptionskoeffizienten (oder von dem „optischen Ausläufer") die Rede ist. Die „Größe" dieses Ausläufers, d. h. die Größe des Koeffizienten der Rekombinationsstrahlung bzw. des optischen Absorptionskoeffizienten für $\hbar\omega < E_g$ hängt vom Grad der Kompensation ab. Bei fehlender Injektion sind Übergänge in das Energiegebiet unterhalb des Fermi-Niveaus im Falle starker Entartung praktisch durch das Pauli-Prinzip verboten. Aus diesem Grund nehmen hier an der Absorption von Photonen mit der Frequenz $\omega < \omega_m$ vor allem die am tiefsten gelegenen Niveaus der Zustandsdichteausläufer teil (Abb. 19.8). Dabei dominiert bei n-Halbleitern der Zustandsdichteausläufer in der Nähe des Valenz-

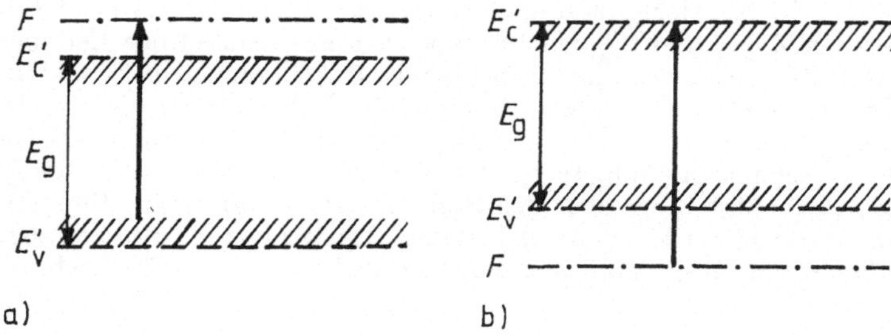

Abb. 19.8

Zum Ursprung des Ausläufers des Absorptionskoeffizienten in einem nichtkompensierten Halbleiter. Die Energiegebiete, in denen die Zustandsdichte des Ausläufers hinreichend groß ist, sind schraffiert dargestellt. Mit dem Pfeil ist einer der möglichen Übergänge bezeichnet, der einer Absorption eines Photons mit einer Energie von weniger als E_g entspricht.
a) n-Typ, b) p-Typ.

bandes und in p-Halbleitern der in der Nähe des Leitungsbandes. Die Größe des Absorptionskoeffizienten für $\omega < \omega_m$ wird in nichtkompensierten stark dotierten Halbleitern sehr klein. Andererseits kann der Ausläufer des Rekombinationsstrahlungskoeffizienten in diesen Materialien durchaus von merklicher Größe sein, da bei Injektion von Ladungsträgern das Quasi-Fermi-Niveau in den Bereich des entsprechenden Zustandsdichteausläufers fallen kann.

In kompensierten Halbleitern begrenzt das Pauli-Prinzip die Möglichkeit von Elektronenübergängen aus dem Ausläufer des Valenzbandes in den des Leitungsbandes praktisch nicht (Abb. 19.9). Das Fermi-Niveau liegt hier zwischen diesen Ausläufern, wodurch die erlaubten Zustände in der Umgebung von E_v' fast voll besetzt und in der Umgebung von E_c' fast völlig leer sind. Die entsprechenden Absorptionskoeffizienten im Gebiet $\omega < \omega_m$ sind recht gut beobachtbar.

Die spektrale Abhängigkeit des Absorptions- und Rekombinationsstrahlungskoeffizienten für $\omega < \omega_m$ wird befriedigend durch die Formel

$$\gamma = C \exp\left(-\frac{E_g - \hbar\omega}{E_0}\right) \tag{6.1}$$

beschrieben. Hierin sind C eine relativ langsam veränderliche Funktion der Frequenz und E_0 eine Größe mit der Dimension einer Energie.

Die Beziehung (6.1) wird als Urbach-Regel bezeichnet. Sie wurde bei der Untersuchung der Lichtabsorption in Ionenkristallen empirisch gefunden. In diesen Materialien erwies sich die charakteristische Energie E_0 als der Temperatur proportional,

$$E_0 = cT, \tag{6.2}$$

worin c eine gewisse Konstante ist. Das weist auf die Wechselwirkung der Elektronen mit Phononen (und nicht etwa mit Störstellen) als mögliche Ursache des Effektes hin. Um einen Interbandübergang ausführen zu können, muß das Elektron eine Energie erhalten, die größer oder gleich E_g ist. Einen Teil $\hbar\omega$ erhält das Elektron direkt vom

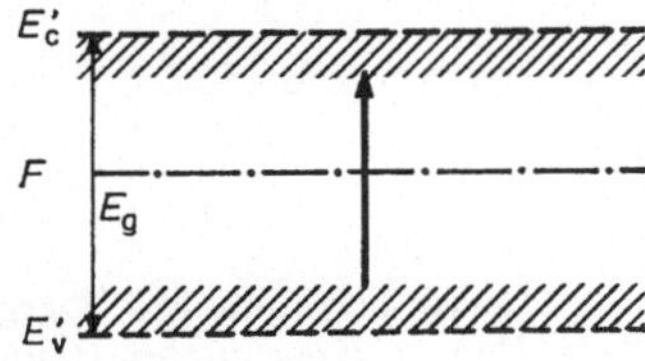

Abb. 19.9

Die Entstehung des Ausläufers des Absorptionskoeffizienten im kompensierten Halbleiter. Die Energiegebiete, in denen die Zustandsdichte des Ausläufers hinreichend groß ist, sind schraffiert gezeichnet. Mit dem Pfeil wurde einer der möglichen, für die Absorption von Photonen verantwortlichen Übergänge markiert, deren Energie kleiner als E_g ist.

Photon, während es das Defizit $E_g - \hbar\omega$ über die Wechselwirkung mit Phononen abdeckt. Dabei ist die rechte Seite der Gleichung (6.1) näherungsweise einfach gleich der Wahrscheinlichkeit des entsprechenden Mehrphononenübergangs. Die Erklärung der Urbach-Regel, die auf der Annahme optischer Übergänge beruht, die von der Absorption mehrerer Phononen begleitet werden, wurde von A. S. Davydov gegeben. Die Beziehung (6.2) wird auch in stark dotierten Halbleitern erfüllt, jedoch nur bei einer genügend hohen Temperatur (im Galliumarsenid z. B. für $T \gtrsim 100$ K[1])). Bei tieferen Temperaturen hängt die Größe E_0 nicht mehr von T ab. Dafür wird sie jedoch von der Störstellenkonzentration abhängig, wobei sie mit dieser anwächst. Genau dann werden Übergänge unter Beteiligung der Zustandsdichteausläufer beobachtet. Unter den Bedingungen (3.3) für den Fall starker Dotierung läßt sich eine Theorie dieser Übergänge aufstellen. Dabei kann näherungsweise sowohl die spektrale Abhängigkeit (6.1) als auch die Abhängigkeit der Größe E_0 von der Störstellenkonzentration im Kristall reproduziert werden. Wir haben es hier mit einem Analogon des Franz-Keldysch-Effektes zu tun, der jedoch nicht durch ein äußeres elektrisches Feld, sondern durch das zufällige Feld der Störstellen bedingt ist. Das letztere ist allerdings räumlich inhomogen. Sogar unter den Bedingungen (3.3) ändert es sich, obwohl es im Mittel glatt ist, stark in der Nähe eines jeden Störstellenions. Daher dürfen die Gleichungen aus Abschnitt 18.10. nicht verwendet werden, auch wenn man dort das Feld $\boldsymbol{E}$ durch ein gewisses effektives Feld ersetzt. Eine genauere Darlegung der Rechnungen unter den Bedingungen starker Dotierung ist in der Übersichtsarbeit [5] zu finden.

Es sei hier angemerkt, daß die Form des optischen Ausläufers, d. h. die Frequenz-

1) Der Wert wurde der Arbeit [4] entnommen.

abhängigkeit des Absorptions- oder Rekombinationsstrahlungskoeffizienten, im allgemeinen nicht der Zustandsdichte als Funktion der Energie entspricht. Der Grund dafür ist leicht aus Abb. 19.10 zu erkennen, in der schematisch das Bild der gekrümmten Bänder dargestellt ist: Die Bandkanten hängen hier von den (längs der horizontalen Achse abgetragenen) Koordinaten ab. Beide Bänder, das Valenz- und das Leitungsband, werden durch das elektrische Feld gleichermaßen gekrümmt. Dadurch bleibt der Abstand zwischen deren Grenzen E_c und E_v in jedem Punkt des Raumes unverändert gleich E_g. Die Elektronenübergänge mit einem geringeren Energieaufwand können nur zwischen räumlich getrennten Punkten vor sich gehen. Das sind

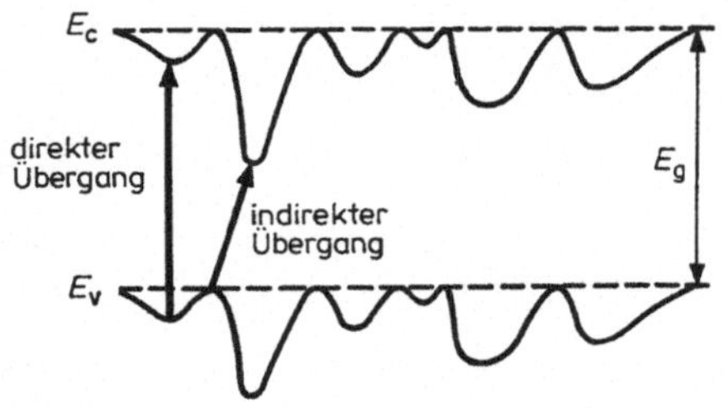

Abb. 19.10
Direkte und indirekte Übergänge im „Energie-Koordinaten-Raum".

die „indirekten" Übergänge des „Energie-Koordinaten"-Diagramms. Sie sind mit einem Tunneln des Elektrons durch die verbotene Zone verbunden, dessen Wahrscheinlichkeit stark von der Energie des zu absorbierenden oder zu emittierenden Photons abhängt.

Es sind auch Bedingungen möglich, unter denen die Form der Funktion $\gamma(\omega)$ näherungsweise die Funktion $N(E)$ in der Nähe des einen oder des anderen Bandes reproduziert. Dieser Fall tritt z. B. ein, wenn einer der beiden Zustände, zwischen denen der Übergang stattfindet, schwach durch das zufällige Störstellenfeld deformiert wird. Dieses Verhalten besitzt jedoch keine allgemeine Gültigkeit.

19.7. Nichtkristalline Halbleiter

Die stark dotierten Halbleiter stellen die einfachste Gruppe ungeordneter Materialien dar. Darunter versteht man ein beliebiges makroskopisches kondensiertes System von Teilchen, dessen Atome nicht ferngeordnet sind. Diese Formulierung besagt, daß die räumliche Verteilung der Atome eines ungeordneten Materials nicht periodisch ist. Im stark dotierten Halbleiter bezieht sich das nur auf die Fremdatome. Zu den komplizierteren Objekten dieses Typs gehören flüssige, amorphe und glasartige Halbleiter (siehe auch Kapitel 2.).

Die Gesamtheit der experimentellen Daten, die sich auf die elektrischen und optischen Eigenschaften der genannten Materialien beziehen, zeigen, daß die in Kapitel 1. eingeführten phänomenologischen Vorstellungen über erlaubte und verbotene Energiebänder in gewissem Maße ihren Sinn auch hier behalten[1]): Es gibt eine abrupte Änderung des optischen Absorptionskoeffizienten bei einer bestimmten Frequenz ω_m, die Temperaturabhängigkeit der statischen elektrischen Leitfähigkeit wird in einem

[1]) Eine ausführliche Aufzählung und eine Analyse des bis heute angesammelten Materials ist in den Büchern [6, 7] und in der Übersicht [8] zu finden.

breiten Temperaturintervall durch ein gewöhnliches Exponentialgesetz beschrieben usw. Bei der quantenmechanischen Begründung des Begriffs der Energiebänder können wir uns jedoch nun nicht mehr an die Kapitel 3. und 4. halten. Beim Fehlen einer Fernordnung in den Lagen der Atome darf die potentielle Energie der Elektronen nicht als periodische Funktion der Koordinaten angenommen werden, und das Blochsche Theorem verliert seine Gültigkeit. Andererseits behält aber das Konzept eines stetigen und diskreten Energiespektrums der Ladungsträger auch in diesen Materialien seinen Sinn. Es ist natürlich, den Bereich des stetigen Spektrums der Elektronen (bzw. der Löcher) als Leitungs- bzw. Valenzband zu bezeichnen. Diese Definition entspricht dem experimentellen Inhalt des Begriffs der erlaubten Bänder.

Eine Reihe von Materialien kann man sowohl in kristalliner als auch in amorpher Modifikation herstellen. Röntgenographische und elektronenmikroskopische Untersuchungen zeigen, daß die Anordnung der nächsten Nachbarn eines gegebenen Atoms in vielen amorphen Materialien fast die gleiche ist wie im entsprechenden Kristall. Das wird als Erhaltung der Nahordnung beim Übergang in den amorphen Zustand bezeichnet.

Die Erfahrung zeigt, daß die Werte für die Breiten der verbotenen Zonen in beiden Modifikationen recht nah beieinander liegen. Daraus folgt, daß die Hauptrolle bei der Formierung des Energiespektrums dieser Materialien die Nahordnung spielt.[1])

Damit ist die Ähnlichkeit der Eigenschaften kristalliner und amorpher Materialien aber bei weitem nicht vollständig charakterisiert. Das Fehlen der Fernordnung bedeutet, daß der Begriff der Brillouinschen Zonen hinsichtlich der hier betrachteten Materialien wenig sinnvoll ist, während die zweite und vierte Besonderheit der stark dotierten Halbleiter (siehe Abschnitt 19.2.) für alle ungeordneten Systeme zutreffen. Daraus folgt, daß in den Absorptionsspektren dieser Materialien die Van-Hove-Singularitäten fehlen müssen. Wie wir in Kapitel 18. gesehen haben, ist deren Auftreten an die Existenz des Dispersionsgesetzes für die Ladungsträger gekoppelt. Das Experiment ergibt auch tatsächlich, daß beim Übergang zum amorphen Zustand diese Singularitäten verwischt werden. Eine genauere Analyse der experimentellen Werte führt zu dem Schluß, daß zwei Typen A und B ungeordneter Halbleiter existieren. In den Halbleitern des Typs A wird wie in reinen Kristallen (siehe Kapitel 18.) eine Kante des optischen Absorptionskoeffizienten beobachtet. Dabei liegt die Schwellenenergie $\hbar\omega_{\mathrm{m}}$ des Photons in der Nähe der Breite der verbotenen Zone, die über die Temperaturabhängigkeit der statischen elektrischen Leitfähigkeit σ bestimmt wurde. Letztere wird über einen weiten Temperaturbereich durch ein gewöhnliches Exponentialgesetz (siehe Abschnitt 1.5.) und einer nahe bei $\hbar\omega_{\mathrm{T}}/2$ gelegenen Aktivierungsenergie beschrieben.

In Halbleitern des Typs B existiert ein Ausläufer des optischen Absorptionskoeffizienten. Dieser wird wie in stark dotierten kristallinen Materialien befriedigend durch den Ausdruck (6.1) beschrieben. Die statische elektrische Leitfähigkeit σ solcher Halbleiter hängt bei genügend hohen Temperaturen nach dem gleichen Exponentialgesetz von der Temperatur ab wie in Halbleitern vom Typ A. Bei tieferen Temperaturen jedoch (im amorphen Germanium z. B. unterhalb von 200 K) wird die Temperaturabhängigkeit von σ besser durch die Beziehung

$$\sigma = A \exp\left[-\left(\frac{T_0}{T}\right)^{1/4}\right] \tag{7.1}$$

[1]) Diese Idee wurde zuerst von A. F. Joffe und A. R. Regel ausgesprochen. Die Halbleitereigenschaften von Chalkogenidgläsern wurden von B. T. Kolomiets und N. A. Gorjunova beobachtet.

beschrieben, worin A eine langsam veränderliche Funktion von T und T_0 eine Konstante (etwa 10^8 K) sind. Die Beziehung (7.1) wird Mottsche Formel genannt.

Die Absorption von Licht mit einer Frequenz, die kleiner als die Schwellenfrequenz ist, muß mit der Existenz von Zustandsdichteausläufern in den verbotenen Zonen der Materialien vom Typ B verknüpft werden. Der Schluß auf die Existenz solcher Ausläufer, die auch diskrete Niveaus enthalten, wird auch durch Ergebnisse von Untersuchungen zur Kinetik der Photoleitfähigkeit, zu den raumladungsbegrenzten Strömen u. a. bestätigt. Die Gesamtkonzentration der Niveaus in den Ausläufern ist von Material zu Material und von Probe zu Probe verschieden; sie ist oft recht groß und erreicht Werte bis zu $10^{19} \cdots 10^{20}$ cm^{-3}. Dabei hängt in einer Reihe von Materialien weder die Existenz der betrachteten Niveaus noch ihre Konzentration wesentlich vom Zustand und der Konzentration der konkreten Störstellenatome ab. Dafür existiert eine starke Abhängigkeit von den Herstellungsbedingungen. Proben ein und desselben Materials können je nach Herstellung zum A- oder zum B-Typ gehören. Der erste Fall betrifft gewöhnlich Schichten, die einer langen Wärmebehandlung unterzogen wurden, der zweite Fall dagegen Proben mit kürzerer Wärmebehandlung. Hieraus folgt, daß die Besonderheiten der Halbleiter des B-Typs mit der Existenz zufälliger Strukturdefekte im Probeninnern gekoppelt sein können. Deren Zahl kann so groß sein, daß der Einfluß speziell eingeführter Störstellen nicht zum Tragen kommt. In sorgfältig hergestellten, mit einer hinreichend großen Zahl von Fremdatomen legierten Proben können diese jedoch auch ihre übliche Rolle spielen. Das trifft anscheinend auf amorphes Silizium und auf einige Chalkogenidgläser zu.

Das von Strukturdefekten erzeugte zufällige Feld führt im Prinzip zu denselben Konsequenzen wie das Feld der Störstellenionen in stark dotierten Halbleitern. In hinreichend tiefen Potentialtöpfen können z. B. diskrete Niveaus auftreten, die lokalisierten Elektronenzuständen entsprechen. Diese Niveaus heißen Fluktuationsniveaus. Sowohl ihre Tiefe als auch die Koordinaten der Lokalisationszentren sind zufällige Größen. Dieser Umstand erst erklärt, warum die Niveaus sogar bei so großen Konzentrationen, wie oben angegeben, diskret bleiben können. Jedes „Verschmieren" der diskreten Niveaus zu einem Band ist nämlich mit Tunnelübergängen des Elektrons zwischen den Lokalisationszentren (siehe Kapitel 3.) verbunden. Dabei müssen die genannten Zentren eine Kette mit makroskopischer Länge bilden. Tunnelübergänge können jedoch nur zwischen nahe beieinander gelegenen Zentren erfolgen, wobei die ihnen entsprechenden Energieniveaus gleich oder eng benachbart sein müssen. Wegen des zufälligen Charakters der betrachteten Niveaus ist ihre gleichzeitige Nachbarschaft bezüglich ihrer räumlichen und energetischen Lage wenig wahrscheinlich. Daher kann die Wahrscheinlichkeit dafür, daß die in zufällig verteilten Potentialtöpfen zufälliger Form gebildeten Fluktuationsniveaus diskret bleiben, trotz ihrer großen Zahl von Null verschieden sein.[1]) Die Ionisierungsenergie der Niveaus ändert sich praktisch stetig in den Grenzen eines ganzen Energiebandes; das letztere kann auch die gesamte verbotene Zone ausfüllen. Unter diesen Bedingungen wird die Bezeichnung „verbotene Zone" unpassend. Statt dessen spricht man von der Beweglichkeitslücke, denn die Elektronen in diskreten Niveaus können an den Transporterscheinungen nur mittels Sprüngen von einem Zentrum zum anderen teilnehmen. Für $T = 0$ verschwindet die entsprechende Hoppingleitfähigkeit.

Bei einer Verringerung der Temperatur kommt es in den betrachteten Halbleitern zu einer Veränderung des Leitungsmechanismus. Mit dem Übergang der

[1]) Die Bildung solcher Niveaus nennt man Andersonsche Lokalisation.

Elektronen auf lokale Niveaus dominiert die Hoppingleitung. Dabei führt der zufällige Charakter der Niveauverteilung im Koordinaten-Energie-Raum zu der spezifischen Temperaturabhängigkeit (7.1) von σ. Sei nun die Aktivierungsenergie für einen einzelnen Sprung gleich E_a. In dem betrachteten Niveausystem ist diese Größe zufällig. Wie wir bereits sehen konnten, wird man kleine Werte E_a öfter bei relativ großen Abständen R zwischen den Zentren antreffen. Dabei können wir uns in den Raumgebieten, in denen sich die Wellenfunktionen des beim ersten und beim zweiten Zentrum lokalisierten Elektrons überlappen, der asymptotischen Darstellung dieser Wellenfunktionen bedienen. Wie aus der Quantenmechanik bekannt ist, hat diese (bis auf einen relativ langsam veränderlichen Vorfaktor) die Form $\psi \sim \exp(-\gamma r)$. Hierin ist γ^{-1} ein Parameter, der von der Ionisierungsenergie des gegebenen Niveaus abhängt und als Lokalisationsradius des Elektrons bezeichnet wird, und r ist der Abstand zwischen dem betrachteten Punkt und dem Lokalisationszentrum.

Die Sprungwahrscheinlichkeit ist gegeben durch das Produkt der thermischen Ionisierungswahrscheinlichkeit $\exp(-E_a/kT)$ (für $E_a > kT$) und eines Integrals, das die Wellenfunktionen des am ersten und des am zweiten Zentrum lokalisierten Elektrons enthält. Bis auf einen Vorfaktor ist diese damit gleich dem Ausdruck

$$\exp\left[-(\gamma_1 + \gamma_2) R\right] \exp(-E_a/kT). \tag{7.2}$$

Darin sind γ_1^{-1} und γ_2^{-1} die Lokalisationsradien für das erste bzw. zweite Zentrum. Während der erste Faktor in (7.2) mit wachsendem R fällt, wächst der zweite im Mittel. Es ist klar, daß sich Paare von Lakalisationszentren finden lassen, die energetisch dicht benachbart sind und auch räumlich eng beieinander liegen. Mit großer Wahrscheinlichkeit sind sie dann jedoch von anderen Lokalisationszentren weit entfernt. Gleichzeitig ist aber für einen Ladungstransport durch die gesamte Probe die Bildung einer makroskopischen Kette aus Lokalisationszentren notwendig, zwischen denen die Elektronen Sprünge vollführen können. Auf diese Weise wird die Größe σ durch die Wahrscheinlichkeit einer Kettenbildung bestimmt, in der auf optimale Weise nicht zu große Abstände zwischen den Lokalisationszentren und nicht zu große Energiewerte E_a miteinander gekoppelt sind.

Eine auf der Gleichung (7.2) fußende Berechnung der Leitfähigkeit (sie ist in dem Buch [6] zu finden) zeigt, daß diese Überlegungen bei nicht allzu hohen Temperaturen zur Gleichung (7.1) führen.

In einer Reihe von amorphen, glasartigen und flüssigen Halbleitern wird ein Schalteffekt beobachtet. Er besteht in einer sprunghaften und reversiblen Veränderung der elektrischen Leitfähigkeit der Probe unter dem Einfluß eines elektrischen Feldes. Die Schaltzeit kann recht kurz sein: Es wurden Werte von bis zu 10^{-10} s erreicht. Solche Materialien können als Schaltelemente in elektronischen Rechenmaschinen verwendet werden. Die Natur dieses Effektes ist noch nicht völlig geklärt.

Anhang 1. Zum Beweis des Blochschen Theorems

Durch die Indizes i, j, k mögen die verschiedenen Eigenfunktionen ψ_i; ψ_j zum selben Eigenwert E numeriert werden. Führt man eine Ersetzung der Argumente gemäß $\boldsymbol{r} \to \boldsymbol{r} + \boldsymbol{a}_n$ aus, so erhält man im allgemeinen Fall

$$\psi_i(\boldsymbol{r} + \boldsymbol{a}_n) = \sum_j c_{ij}\psi_j(\boldsymbol{r}), \tag{A 1.1}$$

worin die c_{ij} gewisse Koeffizienten sind.

Anstelle der ψ_i, ψ_j werde nun deren Linearkombination

$$\psi'_k = \sum_i b_{ki}\psi_i \tag{A 1.2}$$

eingeführt. Die (zunächst unbekannten) Koeffizienten b_{ki} bilden eine Matrix. Die Elemente der dazu inversen Matrix mögen mit b_{ki}^{-1} bezeichnet werden. Dann gilt per definitionem

$$\sum_k b_{jk}^{-1} b_{ki} = \delta_{ij} \tag{A 1.3}$$

(mit δ_{ij} als dem Kronecker-Symbol (A 2.9)) und folglich

$$\psi_i = \sum_l b_{il}^{-1}\psi'_l . \tag{A 1.2'}$$

Nach (A 1.1) und (A 1.2′) ist

$$\psi'_k(\boldsymbol{r} + \boldsymbol{a}_n) = \sum_{i,j} b_{ki}c_{ij}\psi_j(\boldsymbol{r}) = \sum_i b_{ki}\psi_i(\boldsymbol{r} + \boldsymbol{a}_n) = \sum_{i,j,l} b_{ki}c_{ij}b_{jl}^{-1}\psi'_l(\boldsymbol{r}) . \tag{A 1.4}$$

Von den Koeffizienten b_{ki} wird nun gefordert

$$\sum_{i,j} b_{ki}c_{ij}b_{jl}^{-1} = C\,\delta_{kl}, \tag{A 1.5}$$

wobei C eine Konstante ist (die eventuell von k und l abhängt). Dann nimmt die Gleichung (A 1.4) die Gestalt

$$\psi'_k(\boldsymbol{r} + \boldsymbol{a}_n) = C_{kn}\psi'_k(\boldsymbol{r}) \tag{A 1.6}$$

an, die mit Gl. (3.2.9) übereinstimmt.

Gl. (A 1.5) läßt sich noch in eine geeignetere Form überführen, wenn man sie mit $b_{lk'}$ multipliziert und über l summiert. Berücksichtigt man noch die Definition

(A 1.3), so erhält man

$$\sum_{i,j} b_{ki} c_{ij}\, \delta_{jk'} = C b_{kk'}, \tag{A 1.7}$$

d. h.

$$\sum_{i} b_{ki} c_{ik'} = C b_{kk'}.$$

Das ist bezüglich der Unbekannten $b_{kk'}$ ein System linearer homogener Gleichungen. Die Lösbarkeitsbedingung für dieses System liefert den Wert der Konstante C, die in Gl. (A 1.6) auftaucht, und die Lösung selbst die Transformationskoeffizienten b_{ki}.

Aus einem beliebigen Satz von Eigenfunktionen zu einem gegebenen Eigenwert der Energie lassen sich somit stets Eigenfunktionen zusammensetzen, die die Bedingung (3.2.9) erfüllen — nämlich die Linearkombinationen (A 1.2).

Anhang 2. Integrale von Bloch-Funktionen

Die Gleichung (3.4.1) und die zu dieser komplex konjugierte Gleichung zum Eigenwert E' und dem Quasiimpuls $\boldsymbol{p}'$ lauten

$$-\frac{\hbar^2}{2m_0}\nabla^2 u_{\boldsymbol{p}\nu} - \frac{i\hbar}{m_0}(\boldsymbol{p}, \nabla u_{\boldsymbol{p}\nu}) + U u_{\boldsymbol{p}\nu} = \left(E - \frac{p^2}{2m_0}\right) u_{\boldsymbol{p}\nu}, \tag{A 2.1}$$

$$-\frac{\hbar^2}{2m_0}\nabla^2 u^*_{\boldsymbol{p}'\nu'} + \frac{i\hbar}{m_0}(\boldsymbol{p}', \nabla u^*_{\boldsymbol{p}'\nu'}) + U v^*_{\boldsymbol{p}'\nu'} = \left(E' - \frac{p'^2}{2m_0}\right) u^*_{\boldsymbol{p}'\nu'}. \tag{A 2.2}$$

Dabei ist $E = E_\nu(\boldsymbol{p})$ und $E' = E'_{\nu'}(\boldsymbol{p}')$.

Multipliziert man (A 2.1) mit $u^*_{\boldsymbol{p}'\nu'}$ und (A 2.2) mit $u_{\boldsymbol{p}\nu}$, subtrahiert die zweite von der ersten und integriert dann über das Grundgebiet, so erhält man

$$\begin{aligned}
&-\frac{\hbar^2}{2m_0}\int \{u^*_{\boldsymbol{p}'\nu'}\nabla^2 u_{\boldsymbol{p}\nu} - u_{\boldsymbol{p}\nu}\nabla^2 u^*_{\boldsymbol{p}'\nu'}\}\,\mathrm{d}^3\boldsymbol{r}\\
&-\frac{\mathrm{i}\hbar}{m_0}\int \{u^*_{\boldsymbol{p}'\nu'}(\boldsymbol{p}, \nabla u_{\boldsymbol{p}\nu}) + u_{\boldsymbol{p}l}(\boldsymbol{p}', \nabla u^*_{\boldsymbol{p}'\nu'})\}\,\mathrm{d}^3\boldsymbol{r}\\
&= \left(E - E' - \frac{p^2 - p'^2}{2m_0}\right)\int u^*_{\boldsymbol{p}'\nu'} u_{\boldsymbol{p}\nu}\,\mathrm{d}^3\boldsymbol{r}.
\end{aligned} \tag{A 2.3}$$

Der Integrand des ersten Summanden läßt sich in die Form

$$\begin{aligned}
&\nabla(u^*_{\boldsymbol{p}'\nu'}\nabla u_{\boldsymbol{p}\nu}) - (\nabla u^*_{\boldsymbol{p}'\nu'}, \nabla u_{\boldsymbol{p}\nu}) - \nabla(u_{\boldsymbol{p}\nu}\nabla u^*_{\boldsymbol{p}'\nu'}) + (\nabla u_{\boldsymbol{p}\nu}, \nabla u^*_{\boldsymbol{p}'\nu'})\\
&= \operatorname{div}\,[u^*_{\boldsymbol{p}'\nu'}\nabla u_{\boldsymbol{p}\nu} - u_{\boldsymbol{p}\nu}\nabla u^*_{\boldsymbol{p}'\nu'}]
\end{aligned}$$

umschreiben. Das zugehörige Integral ist dann nach dem Gaußschen Satz

$$\int \operatorname{div}\,[u^*_{\boldsymbol{p}'\nu'}\nabla u_{\boldsymbol{p}\nu} - u_{\boldsymbol{p}\nu}\nabla u^*_{\boldsymbol{p}'\nu'}]\,\mathrm{d}^3\boldsymbol{r} = \int ([u^*_{\boldsymbol{p}'\nu'}\nabla u_{\boldsymbol{p}\nu} - u_{\boldsymbol{p}\nu}\nabla u^*_{\boldsymbol{p}'\nu'}], \mathrm{d}\boldsymbol{S}), \tag{A 2.4}$$

wobei $\mathrm{d}\boldsymbol{S}$ das Flächenelement der das Grundvolumen einschließenden Randfläche ist. Wegen der Periodizitätsbedingung (3.39) ist der Betrag des Integranden auf jeweils zwei einander gegenüberliegenden Flächen des Periodizitätswürfels gleich. Folglich ist das Integral gleich Null.

Das zweite Integral in Gl. (A 2.3) kann wie folgt geschrieben werden:

$$\int \{u^*_{\boldsymbol{p}'\nu'}(\boldsymbol{p}, \nabla u_{\boldsymbol{p}\nu}) + \nabla(u_{\boldsymbol{p}\nu}\boldsymbol{p}' u^*_{\boldsymbol{p}'\nu'}) - u^*_{\boldsymbol{p}'\nu'}(\boldsymbol{p}', \nabla u_{\boldsymbol{p}\nu})\}\,\mathrm{d}^3\boldsymbol{r}.$$

Ähnlich wie (A 2.4) verschwindet hier der zweite Summand. Aus Gl. (A 2.3) wird somit

$$-\frac{\mathrm{i}\hbar}{m_0}\left(\boldsymbol{p} - \boldsymbol{p}', \int u^*_{\boldsymbol{p}'\nu'}\nabla u_{\boldsymbol{p}\nu}\,\mathrm{d}^3\boldsymbol{r}\right) = \left(E - E' - \frac{p^2 - p'^2}{2m_0}\right)\int u^*_{\boldsymbol{p}'\nu'} u_{\boldsymbol{p}\nu}\,\mathrm{d}^3\boldsymbol{r}. \tag{A 2.5}$$

Setzt man $\boldsymbol{p}' = \boldsymbol{p}$, so folgt daraus

$$(E - E')\int u^*_{\boldsymbol{p}\nu'} u_{\boldsymbol{p}\nu}\,\mathrm{d}^3\boldsymbol{r} = 0. \tag{A 2.6}$$

Für $\nu' = \nu$ ist Gl. (A 2.6) identisch erfüllt. Der Wert des Integrals ist dann durch die

Normierungsbedingung (3.2.8) gegeben. Für $l' \neq l$ folgt daraus die Orthogonalitätsbedingung

$$\int u^*_{p\nu'} u_{p\nu} \, d^3\boldsymbol{r} = \delta_{\nu\nu'}. \tag{A 2.7}$$

Im Falle $\nu' \neq \nu$, jedoch $E_\nu(\boldsymbol{p}) = E_{\nu'}(\boldsymbol{p})$, liegt Entartung vor: Einem Energieeigenwert entsprechen dann zwei (oder mehrere) Wellenfunktionen. Bekanntlich lassen sich diese Funktionen dann stets so wählen, daß Gl. (A 2.7) erfüllt ist (siehe z. B. W. I. Smirnow: Lehrgang der höheren Mathematik, Bd. 2).

Kombiniert man Gl. (A 2.7) mit (3.2.8), so folgt

$$\int u^*_{p\nu'} u_{p\nu} \, d^3\boldsymbol{r} = \delta_{\nu\nu'}. \tag{A 2.8}$$

$\delta_{\nu\nu'}$ ist dabei das Kronecker-Symbol

$$\delta_{\nu\nu'} = \begin{cases} 1, & \nu' = \nu, \\ 0, & \nu' \neq \nu. \end{cases} \tag{A 2.9}$$

Setzt man jetzt in (A 2.5) $\nu' = \nu$ und betrachtet nahe beieinanderliegende Werte $\boldsymbol{p}$ und $\boldsymbol{p}'$, wobei man sich auf in $(\boldsymbol{p} - \boldsymbol{p}')$ lineare Terme beschränkt, so gilt

$$E - E' \equiv E_\nu(\boldsymbol{p}) - E_\nu(\boldsymbol{p}') \simeq \big(\boldsymbol{p} - \boldsymbol{p}', \nabla_{\boldsymbol{p}} E_\nu(\boldsymbol{p})\big),$$

$$p^2 - p'^2 \simeq 2(\boldsymbol{p}, \boldsymbol{p} - \boldsymbol{p}'),$$

und die Funktion $u^*_{\boldsymbol{p}'\nu}$ kann in beiden Integranden in (A 2.5) durch $u^*_{\boldsymbol{p}\nu}$ ersetzt werden. Folglich erhält Gl. (A 2.5) mit Rücksicht auf (3.2.8) die Form

$$-\frac{i\hbar}{m_0}\Big(\boldsymbol{p} - \boldsymbol{p}', \int u^*_{\boldsymbol{p}\nu} \nabla u_{\boldsymbol{p}\nu} \, d^3\boldsymbol{r}\Big) - \big(\boldsymbol{p} - \boldsymbol{p}', \nabla_{\boldsymbol{p}} E_\nu(\boldsymbol{p})\big) + \left(\boldsymbol{p} - \boldsymbol{p}', \frac{\boldsymbol{p}}{m_0}\right) = 0. \tag{A 2.5'}$$

Da die Orientierung des Vektors $\boldsymbol{p} - \boldsymbol{p}'$ beliebig ist, kann diese Gleichung nur dadurch erfüllt werden, daß der Koeffizient von $\boldsymbol{p} - \boldsymbol{p}'$ verschwindet:

$$-\frac{i\hbar}{m_0}\int u^*_{\boldsymbol{p}\nu} \nabla u_{\boldsymbol{p}\nu} \, d^3\boldsymbol{r} = \nabla_{\boldsymbol{p}} E_\nu(\boldsymbol{p}) - \frac{\boldsymbol{p}}{m_0}. \tag{A 2.10}$$

Anhang 3. Werte des Integrals[1]) $\Phi_{1/2}$

Die in der Tabelle angeführten Werte sind mit 10^n zu multiplizieren; n ist jeweils in Klammern beigefügt.

ζ^*	$\Phi_{1/2}(\zeta^*)$
−4,0	1,8199 (−2)
−3,9	2,0099 (−2)
−3,8	2,2195 (−2)
−3,7	2,4510 (−2)
−3,6	2,7063 (−2)
−3,5	2,9880 (−2)
−3,4	3,2986 (−2)
−3,3	3,6412 (−2)
−3,2	4,0187 (−2)
−3,1	4,4349 (−2)
−3,0	4,8933 (−2)
−2,9	5,3984 (−2)
−2,8	5,9545 (−2)
−2,7	6,5665 (−2)
−2,6	7,2398 (−2)
−2,5	7,9804 (−2)
−2,4	8,7944 (−2)
−2,3	9,6887 (−2)
−2,2	1,0671 (−1)
−2,1	1,1748 (−1)
−2,0	1,2930 (−1)
−1,9	1,4225 (−1)
−1,8	1,5642 (−1)
−1,7	1,7193 (−1)
−1,6	1,8889 (−1)
−1,5	2,0740 (−1)
−1,4	2,2759 (−1)
−1,3	2,4959 (−1)
−1,2	2,7353 (−1)
−1,1	2,9955 (−1)
−1,0	3,2780 (−1)
−0,9	3,5841 (−1)
−0,8	3,9154 (−1)
−0,7	4,2733 (−1)
−0,6	4,6595 (−1)
−0,5	5,0754 (−1)
−0,4	5,5224 (−1)
−0,3	6,0022 (−1)

ζ^*	$\Phi_{1/2}(\zeta^*)$
−0,2	6,5161 (−1)
−0,1	7,0654 (−1)
0,0	7,6515 (−1)
0,1	8,2756 (−1)
0,2	8,9388 (−1)
0,3	9,6422 (−1)
0,4	1,0387 (0)
0,5	1,1173 (0)
0,6	1,2003 (0)
0,7	1,2875 (0)
0,8	1,3791 (0)
0,9	1,4752 (0)
1,0	1,5756 (0)
1,1	1,6806 (0)
1,2	1,7900 (0)
1,3	1,9038 (0)
1,4	2,0221 (0)
1,5	2,1449 (0)
1,6	2,2720 (0)
1,7	2,4035 (0)
1,8	2,5393 (0)
1,9	2,6794 (0)
2,0	2,8237 (0)
2,1	2,9722 (0)
2,2	3,1249 (0)
2,3	3,2816 (0)
2,4	3,4423 (0)
2,5	3,6070 (0)
2,6	3,7755 (0)
2,7	3,9480 (0)
2,8	4,1241 (0)
2,9	4,3040 (0)
3,0	4,4876 (0)
3,1	4,6747 (0)
3,2	4,8653 (0)
3,3	5,0595 (0)
3,4	5,2571 (0)

ζ^*	$\Phi_{1/2}(\zeta^*)$
3,5	5,4580 (0)
3,6	5,6623 (0)
3,7	5,8699 (0)
3,8	6,0806 (0)
3,9	6,2945 (0)
4,0	6,5115 (0)
4,2	6,9548 (0)
4,4	7,4100 (0)
4,6	7,8769 (0)
4,8	8,3550 (0)
5,0	8,8442 (0)
5,2	9,3441 (0)
5,4	9,8546 (0)
5,6	1,0375 (+1)
5,8	1,0906 (+1)
6,0	1,1447 (+1)
6,2	1,1997 (+1)
6,4	1,2556 (+1)
6,6	1,3125 (+1)
6,8	1,3703 (+1)
7,0	1,4290 (+1)
7,2	1,4886 (+1)
7,4	1,5491 (+1)
7,6	1,6104 (+1)
7,8	1,6725 (+1)
8,0	1,7355 (+1)
8,2	1,7993 (+1)
8,4	1,8639 (+1)
8,6	1,9293 (+1)
8,8	1,9954 (+1)
9,0	2,0624 (+1)
9,2	2,1301 (+1)
9,4	2,1986 (+1)
9,6	2,2678 (+1)
9,8	2,3378 (+1)
10,0	2,4085 (+1)

[1]) Die Werte wurden dem Buch von J. BLAKEMORE (Zitat [1] zu Kapitel 5.) entnommen.

Anhang 4. Die Delta-Funktion $\delta(x)$

Die eindimensionale Diracsche Delta-Funktion $\delta(x)$ ist definiert durch

$$\int_a^b f(x)\,\delta(x)\,\mathrm{d}x = \begin{cases} f(0) & \text{für} \quad a < 0 < b \\ \frac{1}{2} f(0) & \text{für} \quad a = 0 \quad \text{oder} \quad b = 0 \\ 0 & \text{für} \quad 0 < a < b \quad \text{oder} \quad a < b < 0 \end{cases} \tag{A 4.1}$$

$$\delta(x) = 0 \quad \text{für} \quad x \neq 0. \tag{A 4.2}$$

Hierbei ist $f(x)$ eine beliebige reguläre Funktion. Die Werte von a und b sind dabei beliebig (insbesondere ist auch der Grenzübergang $a \to -\infty$ und bzw. oder $b \to +\infty$ möglich).

Die Definitionen (A 4.1), (A 4.2) lassen sich auch leicht auf den mehrdimensionalen Fall erweitern. Die mehrdimensionale δ-Funktion ist ein Produkt von eindimensionalen δ-Funktionen. Wenn $\boldsymbol{r}$ also ein Vektor mit den Komponenten x, y, z ist, so gilt

$$\delta(\boldsymbol{r}) = \delta(x)\,\delta(y)\,\delta(z), \tag{A 4.3}$$

und es ist

$$\int \mathrm{d}x\,\mathrm{d}y\,\mathrm{d}z\, f(x, y, z)\,\delta(\boldsymbol{r}) = f(0, 0, 0), \tag{A 4.4}$$

falls der Punkt $\boldsymbol{r} = 0$ innerhalb des Integrationsgebietes liegt.

Nach (A 4.1) und (A 4.2) gehört die Funktion $\delta(x)$ nicht zu den Funktionen, die in der klassischen Analysis betrachtet werden. So liefert das Integral

$$\int \delta(x)\,\mathrm{d}x$$

über ein beliebiges Intervall, das den Punkt $x = 0$ enthält, i. allg. einen endlichen Wert, wobei die „Funktion" $\delta(x)$ nur auf einer Menge vom Maße Null ungleich Null ist. Den beiden Definitionen (A 4.1) und (A 4.2) läßt sich eine definierte Bedeutung beilegen, wenn $\delta(x)$ als Vorschrift für einen Grenzübergang aufzufassen ist, der an einem Integral über reguläre Funktionen auszuführen ist. Nach dem Fourierschen Theorem hat man für eine beliebige hinreichend glatte Funktion $f(x)$

$$\lim_{a\to\infty} \int_{-\infty}^{+\infty} f(x)\,\frac{\sin ax}{x}\,\mathrm{d}x = \pi f(0). \tag{A 4.5}$$

Vergleicht man dieses Ergebnis mit (A 4.1), so erhält man die folgende symbolische Darstellung der δ-Funktion:

$$\delta(x) = \frac{1}{\pi} \lim_{a\to\infty} \frac{\sin ax}{x}. \tag{A 4.6}$$

Es existieren viele derartige Relationen. Wie (A 4.6) haben alle diese Beziehungen nur einen Sinn, wenn sie als Produkt mit einer regulären Funktion integriert werden.[1])

---

[1]) Nimmt man die Gleichung formal im üblichen Sinn, so ergibt sich

$$\delta(0) = \frac{1}{\pi} \lim_{a\to\infty} a = \infty.$$

Diese „Beziehung" wird häufig zu Gl. (A 4.2) hinzugefügt, um eine andere Definition zu erhalten.

Aus der Definition (A 4.1), (A 4.2) ergeben sich die folgenden Rechenregeln für die δ-Funktion:

1. Es sei C eine Konstante. Dann ist

$$\delta(Cx) = |C|^{-1}\,\delta(x). \tag{A 4.7}$$

2. Mit $\varphi(x)$ bezeichnen wir eine stetige Funktion, deren reelle Nullstellen x_n $(n = 1, 2, \ldots)$ sämtlich einfach sein mögen. Dann ist

$$\delta\big(\varphi(x)\big) = \sum_n \frac{\delta(x - x_n)}{|\varphi'(x_n)|}. \tag{A 4.8}$$

Man kann auch Ableitungen der δ-Funktion beliebiger Ordnung definieren. Unter Verwendung der Regel für die partielle Integration und von Gl. (A 4.1) findet man nämlich

$$\int_a^b f(x)\,\delta^{(n)}(x)\,\mathrm{d}x = (-1)^n f^{(n)}(0) \qquad (a < 0 < b), \tag{A 4.9}$$

wobei n eine beliebige ganze Zahl ist.

Anhang 5. Die Rekombination über mehrfach geladene Haftstellen

Wir setzen voraus, daß eine Haftstelle 0, 1, 2, ..., M Elektronen einfangen kann, also in der verbotenen Zone M lokale Niveaus erzeugt. Die Gesamteinfangrate für Elektronen aus dem Leitungsband bei einer Bindung an das j-te Niveau (womit das eingefangene Elektron also zum j-ten wird) läßt sich durch eine Gleichung ausdrücken, die der Beziehung (9.4.7) analog ist:

$$R_{\mathrm{n}j} = \alpha_{\mathrm{n}j} N_{\mathrm{t}}(f_{j-1} n - f_j n_j). \tag{A 5.1}$$

Dabei bezeichnet $\alpha_{\mathrm{n}j}$ den Einfangkoeffizienten für den Elektroneneinfang durch das j-te Niveau (wobei die Haftstelle vor dem Einfang schon $(j - 1)$ Elektron gebunden hat); $N_{\mathrm{t}} f_j$ und $N_{\mathrm{t}} f_{j-1}$ sind die Nichtgleichgewichtskonzentrationen der Haftstellen im j-ten bzw. im $(j - 1)$-ten Ladungszustand; n_j ist die Größe, die n_1 im Fall der einfach geladenen Haftstellen entspricht. Sie ist (bis auf die Verhältnisse der statistischen Gewichte) gleich der Gleichgewichts-Elektronenkonzentration im Leitungsband, wenn das Fermi-Niveau mit dem Niveau E_j zusammenfällt. Analog wird die Gesamteinfangrate für den Löchereinfang durch das j-te Niveau der Haftstelle (die vor dem Locheinfang also j Elektronen gebunden hat) durch eine Gleichung ausgedrückt, die (9.4.7a) entspricht:

$$R_{\mathrm{p}j} = \alpha_{\mathrm{p}j} N_{\mathrm{t}}(f_j p - f_{j-1} p_j), \tag{A 5.2}$$

worin $\alpha_{\mathrm{p}j}$ der Einfangkoeffizient für Löcher auf das Niveau E_j ist und p_j die Gleichgewichts-Löcherkonzentration im Valenzband für den Fall bezeichnet, daß das Fermi-Niveau mit dem Niveau E_j zusammenfällt. Die Gesamteinfangraten für den Elektronen- bzw. Löchereinfang durch Haftstellen in irgendeinem Ladungszustand sind dann

$$R_{\mathrm{n}} = \sum_{j=1}^{M} R_{\mathrm{n}j}, \qquad R_{\mathrm{p}} = \sum_{j=1}^{M} R_{\mathrm{p}j}. \tag{A 5.3}$$

Im stationären Zustand sind die Konzentrationen der Haftstellen jedes beliebigen Ladungszustandes zeitlich konstant. Das liefert

$$R_{\mathrm{n}1} = R_{\mathrm{p}1}, \qquad R_{\mathrm{n}M} = R_{\mathrm{p}M},$$
$$R_{\mathrm{n}j} + R_{\mathrm{p}(j+1)} = R_{\mathrm{n}(j+1)} + R_{\mathrm{p}j} \qquad (j \neq 1, M).$$

Daraus folgt

$$R_{\mathrm{n}j} = R_{\mathrm{p}j} \qquad (j = 1, 2, \ldots, M). \tag{A 5.4}$$

Außerdem besteht die Bedingung der Konstanz der Gesamtkonzentration der Haftstellen

$$\sum_{j=0}^{M} f_j = 1. \tag{A 5.5}$$

Durch diese Gleichungen ist das Problem eindeutig bestimmt. Die Bedingungen (A 5.4) und (A 5.5) ergeben $(M + 1)$ Gleichungen zur Bestimmung aller Nichtgleichgewichts-Besetzungszahlen f_j. Insbesondere folgt aus den Gleichungen (A 5.4)

$$f_j = f_{j-1} \frac{\alpha_{\mathrm{n}j} n + \alpha_{\mathrm{p}j} p_j}{\alpha_{\mathrm{n}j} n_j + \alpha_{\mathrm{p}j} p}. \tag{A 5.6}$$

Setzt man das in die Gleichungen (A 5.1) und (A 5.2) ein, so erhält man nach einigen einfachen Umformungen

$$\begin{aligned} R_{\mathrm{n}j} &= R_{\mathrm{p}j} = R_j \\ &= (f_j + f_{j-1}) \frac{np - n_{\mathrm{i}}^2}{(\alpha_{\mathrm{p}j} N_{\mathrm{t}})^{-1} (n + n_j) + (\alpha_{\mathrm{n}j} N_{\mathrm{t}})^{-1} (p + p_j)}. \end{aligned} \tag{A 5.7}$$

Bei der Herleitung dieser Gleichung wurde der Halbleiter als nichtentartet angenommen und demzufolge $n_j p_j = n_{\mathrm{i}}^2$ gesetzt, wobei n_{i}^2 das Quadrat der Eigenkonzentration der Elektronen ist.

Die Gleichung (A 5.7) beschreibt die durch ein Haftstellenniveau bedingte Rekombinationsrate. Können die Haftstellen insgesamt nur ein Elektron einfangen, so ist $M = 1$, $f_j + f_{j-1} = f_1 + f_0 = 1$, und Gl. (A 5.7) geht in die Gleichung (9.6.6) für einfache Haftstellen über.

Die oben abgeleiteten Beziehungen vereinfachen sich für kleine Haftstellenkonzentrationen (wenn also $\delta p \simeq \delta n$ ist) und kleine Abweichungen vom Gleichgewicht. Setzt man nämlich in Gl. (A 5.7)

$$n = n_0 + \delta n, \qquad p = p_0 + \delta p, \qquad f_j = f_j^0 + \delta f_j$$

und beläßt nur Terme, die klein von höchstens erster Ordnung sind, so erhält man

$$R_j = (f_j^0 + f_{j-1}^0) \frac{n_0 + p_0}{(\alpha_{\mathrm{p}j} N_{\mathrm{t}})^{-1} (n_0 + n_j) + (\alpha_{\mathrm{n}j} N_{\mathrm{t}})^{-1} (p_0 + p_j)} \delta n. \tag{A 5.8}$$

Daher ist die gemeinsame Lebensdauer τ von Elektronen und Löchern durch den Ausdruck

$$\frac{1}{\tau} = \frac{1}{\delta n} \sum_{j=1}^{M} R_j = (n_0 + p_0) \sum_{j=1}^{M} \frac{f_j^0 + f_{j-1}^0}{(\alpha_{\mathrm{p}j} N_{\mathrm{t}})^{-1} (n_0 + n_j) + (\alpha_{\mathrm{n}j} N_{\mathrm{t}}^{-1}) (p_0 + p_j)} \tag{A 5.9}$$

gegeben, in den nur die Gleichgewichtswerte der Ladungsträgerkonzentration (n_0 und p_0) und der Besetzungszahlen f_j^0 der einzelnen Niveaus eingehen.

Abschließend seien noch zwei wichtige Grenzfälle erwähnt. Es sei dazu ein stark dotierter p-Halbleiter vorausgesetzt, in dem dann das Fermi-Niveau unterhalb des niedrigsten Haftstellenniveaus E_1 liegt (wie in Abb. 9.8 für $F = F_1$). Dann ist $f_0^0 \simeq 1$, und für alle anderen f_j^0 gilt $f_j^0 \ll 1$, so daß in Gl. (A 5.9) nur der Summand mit $j = 1$ verbleibt. Dabei ist $p_0 \gg n_0$, $n_0 \ll n_1$ und $p_0 \gg p_1$. Gilt bei einer hinreichend großen Gleichgewichtskonzentration der Löcher dann $(\alpha_{\mathrm{n}1} N_{\mathrm{t}})^{-1} p_0 \gg (\alpha_{\mathrm{p}1} N_{\mathrm{t}}) n_1$, so folgt aus Gl. (A 5.9), daß die Lebensdauer dann wie im Fall der einfachen Haftstellen gegen einen von der Konzentration p_0 der Majoritätsträger unabhängigen Grenzwert $\tau_{\mathrm{n}0} = (\alpha_{\mathrm{n}1} N_{\mathrm{t}})^{-1}$ strebt.

Analog dazu hat man für einen stark dotierten n-Halbleiter, in dem das Fermi-Niveau oberhalb des höchstgelegenen (also des M-ten) Haftstellenniveaus liegt, $f_M \simeq 1$ und $f_j \ll 1$ für $j \neq M$. Außerdem ist dann $n_0 \gg p_0$, $n_M \ll n_0$ und $p_0 \ll p_M$. Daher strebt die Lebensdauer τ für große Elektronenkonzentrationen, für die die Ungleichung $(\alpha_{\mathrm{p}M} N_{\mathrm{t}})^{-1} n_0 \gg (\alpha_{\mathrm{n}M} N_{\mathrm{t}})^{-1} p_M$ zutrifft, gegen den anderen Grenzwert $\tau_{\mathrm{p}0} = (\alpha_{\mathrm{p}M} N_{\mathrm{t}})^{-1}$, der dann ebenfalls von der Majoritätsträgerkonzentration n_0 unabhängig ist.

Anhang 6. Das Integral der Oberflächenleitfähigkeit

Wie im Kapitel 10. sollen hier nur nichtentartete Halbleiter betrachtet werden, für die die Beziehungen (10.2.3) gelten. Außerdem sei angenommen, daß die Donatoren und Akzeptoren vollständig ionisiert sind (was für Störstellenatome der III. oder V. Gruppe in Germanium und Silizium für Temperaturen oberhalb der Stickstofftemperatur erfüllt ist). Der Arbeit [1] folgend kann man dann die Leitfähigkeitsänderung ΔG wie folgt berechnen.

Im hier betrachteten Fall ist die Raumladungsdichte

$$\varrho = e[(p - p_0) - (n - n_0)] = e[p_0(e^{-Y} - 1) - n_0(e^Y + 1)].$$

Die Poisson-Gleichung für das dimensionslose Potential Y

$$\frac{\mathrm{d}^2 Y}{\mathrm{d}x^2} = -\frac{4\pi e}{\varepsilon k T}\varrho$$

erhält damit die Form

$$\frac{\mathrm{d}^2 Y}{\mathrm{d}x^2} = -\frac{1}{L_\mathrm{i}^2}\left[\xi(e^{-Y} - 1) - \frac{1}{\xi}(e^Y - 1)\right]. \tag{A 6.1}$$

Darin ist $\xi = (p_0/n_0)^{1/2}$ und L_i die Debye-Länge im Eigenhalbleiter:

$$L_\mathrm{i}^2 = \frac{\varepsilon k T}{4\pi e^2 n_\mathrm{i}}. \tag{A 6.2}$$

Die Randbedingungen des Problems sind

$$x = 0\colon\quad Y = Y_s;\qquad x = \infty\colon\quad \frac{\mathrm{d}Y}{\mathrm{d}x} = Y = 0. \tag{A 6.3}$$

Multipliziert man Gl. (A 6.1) mit $\mathrm{d}Y/\mathrm{d}x$, so erhält man

$$\mathrm{d}\left(\frac{\mathrm{d}Y}{\mathrm{d}x}\right)^2 = -\frac{2}{L_\mathrm{i}^2}\left[\xi(e^{-Y} - 1) - \frac{1}{\xi}(e^Y - 1)\right]\mathrm{d}Y.$$

Integriert man diese Gleichung von $Y = 0$ bis zu einem Wert Y, so folgt

$$\frac{\mathrm{d}Y}{\mathrm{d}x} = \frac{\sqrt{2}}{L_\mathrm{i}} F(Y, \xi) \tag{A 6.4}$$

mit

$$F(Y, \xi) = \mp\left[\xi(e^{-Y} - 1) + \frac{1}{\xi}(e^Y - 1) + \left(\xi - \frac{1}{\xi}\right)Y\right]^{1/2}. \tag{A 6.5}$$

Da das Potential Y mit wachsendem x für $Y_\mathrm{s} > 0$ abnimmt, hat man in Gl. (A 6.5) in diesem Fall das Minuszeichen zu wählen. Für $Y_\mathrm{s} < 0$ ist demzufolge das Pluszeichen zu nehmen. Die Gleichungen (A 6.4) und (A 6.5) stellen das erste Integral der Poisson-Gleichung dar und liefern den Verlauf des Gradienten des Potentials (also der elektrischen Feldstärke) als Funktion des Potentials Y.

Zum anderen läßt sich die Integration über x in den Integralen Γ_p und Γ_n aus Abschnitt 10.2. in eine Integration über Y umformen:

$$\Gamma_p = \int_0^\infty [p(x) - p_0]\,dx = \int_{Y_s}^0 [p(Y) - p_0]\,\frac{dx}{dY}\,dY,$$
$$\Gamma_n = \int_{Y_s}^0 [n(Y) - n_0]\,\frac{dx}{dY}\,dY. \tag{A 6.6}$$

Setzt man hier dx/dY aus Gl. (A 6.4) ein und für $p(Y)$ und $n(Y)$ die als Gl. (10.2.3) folgenden Ausdrücke, so erhält man für die Leitfähigkeitsänderung ΔG

$$\Delta G = e\mu_p(\Gamma_p + b\Gamma_n)$$
$$= \frac{1}{\sqrt{2}} e\mu_p L_i n_i \int_{Y_s}^0 \frac{\xi(e^{-Y} - 1) + \frac{b}{\xi}(e^{Y} - 1)}{F(Y, \xi)}\,dY. \tag{A 6.7}$$

Das darin enthaltene Oberflächenleitfähigkeitsintegral läßt sich im allgemeinen nicht analytisch ausdrücken, so daß eine numerische Berechnung notwendig ist. Die in Abb. 10.7 dargestellten Kurven geben den Verlauf des (mit $\xi^{1/2}$ multiplizierten) Integrals als Funktion von Y_s wieder. Aus Gl. (A 6.7) läßt sich unmittelbar der Wert von Y_{sm}, der dem Minimum von ΔG entspricht, bestimmen. Bildet man von Gl. (A 6.7) die erste Ableitung und setzt diese gleich Null, so erhält man

$$\frac{\xi(e^{-Y_{sm}} - 1) + \frac{b}{\xi}(e^{Y_{sm}} - 1)}{F(Y_{sm}, \xi)} = 0. \tag{A 6.8}$$

Die Forderung nach dem Verschwinden des Zählers liefert eine in $\exp Y_{sm}$ quadratische Gleichung, die die beiden Wurzeln

$$\exp Y_{sm} = 1 \quad \text{und} \quad \exp Y_{sm} = \xi^2/b$$

hat. Die erste Wurzel ist keine Lösung von Gl. (A 6.8), da dann auch der Nenner verschwindet. Es verbleibt somit nur die zweite Wurzel, die auf Gl. (10.2.5) führt. Die gesamte bewegliche Raumladung pro Flächeneinheit in der oberflächennahen Schicht ist

$$Q_V = e(\Gamma_p - \Gamma_n) = \frac{e n_i L_i}{\sqrt{2}} \int_{Y_s}^0 \frac{\xi(e^{-Y} - 1) - \frac{1}{\xi}(e^{Y} - 1)}{F(Y, \xi)}\,dY$$
$$= -\sqrt{2}\, e n_i L_i \int_{Y_s}^0 \frac{dF(Y, \xi)}{dY}\,dY.$$

Berücksichtigt man noch, daß $F(0, \xi) = 0$ ist, so erhält man

$$Q_V = \sqrt{2}\, e n_i L_i F(Y_s, \xi). \tag{A 6.9}$$

In dem komplizierteren Fall, wenn die Donatoren oder die Akzeptoren nicht vollständig ionisiert sind oder das Elektronen- (bzw. Löcher-) Gas entartet ist, verläuft die Lösung des Problems analog.

Beispiele für derartige Rechnungen kann man in den Arbeiten [2, 3] finden.

Literatur

[1] Garrett, C.; Brattain, W., Phys. Rev. **99** (1955) 376.
[2] Seiwatz, R.; Green, M., J. appl. Phys. **29** (1958) 1034.
[3] Gorkun, J. E., FTT **3**, (1961) 1061.

Anhang 7. Die Diffusion von Nichtgleichgewichtsladungsträgern im Magnetfeld

Eine strenge Theorie des photoelektromagnetischen Effekts (des PEM-Effekts) in einem beliebigen Magnetfeld erfordert die Lösung der Boltzmann-Gleichung für Löcher und Elektronen (siehe z. B. [1]). Die hier interessierenden Beziehungen (11.7.12) bis (11.7.14) lassen sich auch anhand einfacher phänomenologischer Überlegungen ableiten.

Der Halbleiter selbst wird wie stets als isotrop vorausgesetzt. Die Stromdichten von Elektronen- und Löcherstrom im Magnetfeld werden hier in der Form

$$\boldsymbol{j}_{\mathrm{p}} = \boldsymbol{j}'_{\mathrm{p}} + \Delta\boldsymbol{j}_{\mathrm{p}}, \qquad \boldsymbol{j}_{\mathrm{n}} = \boldsymbol{j}'_{\mathrm{n}} + \Delta\boldsymbol{j}_{\mathrm{n}}$$

geschrieben, wobei

$$\boldsymbol{j}'_{\mathrm{p}} = \sigma_{\mathrm{p}}\boldsymbol{E} - eD_{\mathrm{p}}\,\nabla p, \qquad \boldsymbol{j}'_{\mathrm{n}} = \sigma_{\mathrm{n}}\boldsymbol{E} + eD_{\mathrm{n}}\,\nabla n$$

die durch das Driften im elektrischen Feld und die Diffusion der Ladungsträger erzeugten Stromdichten sind und $\Delta\boldsymbol{j}_{\mathrm{p}}$, $\Delta\boldsymbol{j}_{\mathrm{n}}$ deren Änderungen, die infolge der Lorentz-Kraft entstehen. Der Magnetowiderstand wird hier vernachlässigt, so daß σ und D magnetfeldunabhängig sind. Da die Kraft im Magnetfeld senkrecht zur Stromrichtung wirkt, ist $\Delta\boldsymbol{j}_{\mathrm{p}} \perp \boldsymbol{j}_{\mathrm{p}}$ und $\Delta\boldsymbol{j}_{\mathrm{n}} \perp \boldsymbol{j}_{\mathrm{n}}$. Dann folgt (siehe Abb. A 7)

$$\Delta j_{\mathrm{p}} = j_{\mathrm{p}} \tan\varphi_{\mathrm{p}} = j_{\mathrm{p}} \frac{1}{c} \mu_{\mathrm{pH}} B, \qquad \Delta j_{\mathrm{n}} = j_{\mathrm{n}} \tan\varphi_{\mathrm{n}} = j_{\mathrm{n}} \frac{1}{c} \mu_{\mathrm{nH}} B,$$

wobei φ_{p} und φ_{n} die Beträge der Hall-Winkel sind. Für die Stromdichte im Magnetfeld erhält man daher

$$\boldsymbol{j}_{\mathrm{p}} = \boldsymbol{j}'_{\mathrm{p}} + \frac{1}{c}\mu_{\mathrm{pH}}[\boldsymbol{j}_{\mathrm{p}} \times \boldsymbol{B}], \tag{A 7.1}$$

$$\boldsymbol{j}_{\mathrm{n}} = \boldsymbol{j}'_{\mathrm{n}} - \frac{1}{c}\mu_{\mathrm{nH}}[\boldsymbol{j}_{\mathrm{n}} \times \boldsymbol{B}]. \tag{A 7.2}$$

Die Verallgemeinerung dieser Relationen auf anisotrope Halbleiter ist in [2] zu finden.

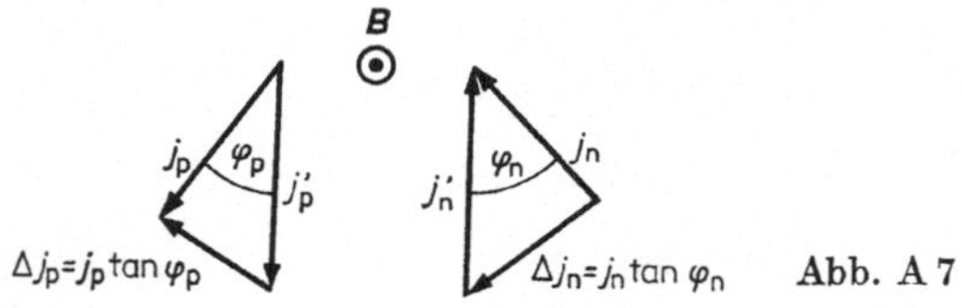

Abb. A 7

Außerdem gelten die Kontinuitätsgleichungen

$$-\frac{1}{e}\operatorname{div}\boldsymbol{j}_{\mathrm{p}} - \frac{\delta p}{\tau_{\mathrm{p}}} = 0, \tag{A 7.3}$$

$$+\frac{1}{e}\operatorname{div}\boldsymbol{j}_{\mathrm{n}} - \frac{\delta n}{\tau_{\mathrm{n}}} = 0. \tag{A 7.4}$$

Diese Gleichungen werden jetzt auf das Plättchen im Magnetfeld angewandt (siehe Abschnitt 11.7.). Ferner sei der Einfachheit halber vorausgesetzt $\mu_{nH} = \mu_n$, $\mu_{pH} = \mu_p$. Der Halbleiter wird als nichtentartet angenommen, und es wird vorausgesetzt, daß $\mu_n/\mu_p = D_n/D_p$ gilt. Führt man noch die Abkürzungen

$$\frac{1}{c}\mu_n B \equiv \theta_n, \qquad \frac{1}{c}\mu_p B \equiv \theta_p, \qquad b \equiv \frac{\mu_n}{\mu_p} \tag{A 7.5}$$

ein, so ergibt sich in den Koordinaten, die wie in Abb. 11.15 gewählt sind, aus den Gleichungen (A 7.1) und (A 7.2)

$$bj_{px} = e\mu(p_0 + \delta p)\,E_x + \theta j_{py}, \tag{A 7.6}$$

$$bj_{py} = e\mu(p_0 + \delta p)\,E_y - eD\frac{dp}{dy} - \theta j_{px}, \tag{A 7.7}$$

$$j_{nx} = e\mu(n_0 + \delta n)\,E_x - \theta j_{ny}, \tag{A 7.8}$$

$$j_{ny} = e\mu(n_0 + \delta n)\,E_y + eD\frac{dn}{dy} + \theta j_{nx}. \tag{A 7.9}$$

Hier beziehen sich die Größen μ, D und θ auf die Elektronen. Der Index n wurde dabei fortgelassen. Die Kontinuitätsgleichungen lauten

$$\frac{d}{dy}j_{py} = -e\frac{\delta p}{\tau_p}, \tag{A 7.10}$$

$$\frac{d}{dy}j_{ny} = e\frac{\delta n}{\tau_n}. \tag{A 7.11}$$

Außerdem ist für das vorliegende Problem

$$j_{py} + j_{ny} = 0. \tag{A 7.12}$$

Eliminiert man aus den Gleichungen (A 7.7) und (A 7.7) und (A 7.9) E_y und berücksichtigt man (A 7.12), so erhält man

$$j_{py}[b(n_0 + \delta n) + (p_0 + \delta p)] = -eD\left[(n_0 + \delta n)\frac{dp}{dy} + (p_0 + \delta p)\frac{dn}{dy}\right] - \theta[(n_0 + \delta n)\,j_{px} + (p_0 + \delta p)\,j_{nx}]. \tag{A 7.13}$$

Hier ist nach (A 7.10) und (A 7.11)

$$\frac{dp}{dy} = \frac{d\,\delta p}{dy} = -\frac{\tau_p}{e}\frac{d^2 j_{py}}{dy^2}$$

$$\frac{dn}{dy} = \frac{\tau_n}{e}\frac{d^2 j_{ny}}{dy^2} = -\frac{\tau_n}{e}\frac{d^2 j_{py}}{dy^2}.$$

Unter Verwendung von (A 7.6), (A 7.8) und (A 7.12) gelangt man zu

$$(n_0 + \delta n)\,j_{px} + (p_0 + \delta p)\,j_{nx} = e\mu(p_0 + \delta p)\,(n_0 + \delta n)\left(1 + \frac{1}{b}\right)E_x + \theta\left[\frac{1}{b}(n_0 + \delta_n) + (p_0 + \delta p)\right]j_{py}.$$

Setzt man diesen Ausdruck in (A 7.13) ein, so folgt für die Stromdichte j_{py} die Differentialgleichung 2. Ordnung

$$D[\tau_p(n_0 + \delta n) + \tau_n(p_0 + \delta_p)] \frac{d^2 j_{py}}{dy^2}$$
$$- \left\{b(n_0 + \delta n) + (p_0 + \delta p) + \theta^2 \left[\frac{1}{b}(n_0 + \delta n) + (p_0 + \delta p)\right]\right\} j_{py}$$
$$- e\mu\theta(p_0 + \delta p)(n_0 + \delta n)\left(1 + \frac{1}{b}\right) E_x = 0. \tag{A 7.14}$$

Das ist eine nichtlineare Gleichung, so daß die exakte Berechnung von j_{py} für beliebige Lichtintensitäten auf Schwierigkeiten stößt.

Für den hier interessierenden Kurzschlußfall ist $E_x = 0$. Ist die Belichtung außerdem nicht allzu stark, so daß die Ungleichungen

$$\delta n, \delta p \ll n_0 + p_0, \qquad \tau_p\, \delta n + \tau_n\, \delta p \ll \tau_p n_0 + \tau_n p_0 \tag{A 7.15}$$

erfüllt sind, so wird die Gl. (A 7.14) linear:

$$\frac{d^2 j_{py}}{dy^2} - \frac{1}{L^{*2}} j_{py} = 0, \tag{A 7.16}$$

wobei

$$L^{*2} = D_n \frac{\tau_p n_0 + \tau_n p_0}{b n_0 + p_0 + \theta_n^2 \left(\frac{n_0}{b} + p_0\right)} \tag{A 7.17}$$

ist. Daher erhält man für eine dicke Probe (also für $j_{py}(d) \ll j_{py}(0)$) aus Gl. (A 7.16)

$$j_{py} = j_{py}(0)\, e^{-y/L^*}. \tag{A 7.18}$$

Man erkennt also, daß L^* die Diffusionslänge im Magnetfeld ist, über die sich der Strom auf das 1/e-fache verringert. Der Ausdruck (A 7.17) entspricht den Gleichungen (11.7.12) bis (11.7.14), wenn in diesen D_n über den ambipolaren Diffusionskoeffizient D und das Verhältnis b der Beweglichkeiten ausgedrückt wird und dabei berücksichtigt wird, daß $\theta_n = b\theta_p$ ist.

Die Berechnung von $j_{p0}(0)$ an der beleuchteten Oberfläche verläuft genau wie im Falle des fehlenden Magnetfeldes. Bei $\delta p \neq \delta n$ ist jedoch zu berücksichtigen, daß die Oberflächenrekombinationsgeschwindigkeiten s_p und s_n für Löcher und Elektronen nicht zusammenfallen (siehe Abschnitt 10.5.). Daher wird die Randbedingung

$$g_s = \frac{1}{e} j_{py}(0) + R_s \tag{A 7.19}$$

mit

$$R_s = s \frac{n_0}{n_0 + p_0} \delta p(0) + s \frac{p_0}{n_0 + p_0} \delta n(0) \tag{A 7.20}$$

und s als der durch Gl. (10.5.8) gegebenen resultierenden Oberflächenrekombinationsgeschwindigkeit an der beleuchteten Oberfläche.

In Gl. (A 7.20) lassen sich $\delta p(0)$ und $\delta n(0)$ über $j_{py}(0)$ ausdrücken, wenn man dazu die Kontinuitätsgleichungen (A 7.10) und (A 7.11) sowie das Abklinggesetz (A 7.18) heranzieht. Es ergibt sich

$$\delta p = -\frac{\tau_p}{e}\frac{dj_{py}}{dy} = j_{py}(0)\frac{\tau_p}{eL^*}e^{-y/L^*}, \tag{A 7.21}$$

$$\delta n = -\frac{\tau_n}{e}\frac{dj_{py}}{dy} = j_{py}(0)\frac{\tau_n}{eL^*}e^{-y/L^*}. \tag{A 7.22}$$

Daraus erhält man

$$\delta p(0) = \frac{\tau_p}{eL^*}j_{py}(0), \qquad \delta n(0) = \frac{\tau_n}{eL^*}j_{py}(0). \tag{A 7.23}$$

Mit Hilfe der Randbedingung (A 7.19) folgt

$$j_{py} = \frac{eg_s}{1 + s\tau_{PEM}/L^*} = \frac{eg_s}{1 + sL^*/D^*}, \tag{A 7.24}$$

wobei τ_{PEM} durch Gl. (11.7.13) definiert ist.

Setzt man nun j_{py} aus (A 7.18) in (11.7.8) ein und berücksichtigt (A 7.24), so gelangt man wieder zu Gl. (11.7.9) für den Kurzschlußstrom i^k. Für den hier vorliegenden Fall ist die Paarlebensdauer τ jedoch überall durch die kombinierte Lebensdauer τ_{PEM} zu ersetzen, und statt L und D stehen L^* und D^*.

Abschließend soll noch die Photoleitfähigkeit im Magnetfeld betrachtet werden. Der Photoleitungsstrom i_{FL} ist

$$i_{FL} = E_x e\int_0^d (\mu_n\,\delta n + \mu_p\,\delta p)\,dy. \tag{A 7.25}$$

Setzt man hier für δp und δn die Ausdrücke (A 7.21) und (A 7.22) ein und führt die Integration aus, so erhält man für eine dicke Probe

$$i_{FL} = E_x\tau_{FL}(\mu_n + \mu_p)\,j_{py}(0). \tag{A 7.26}$$

Hier ist τ_{FL} die im Abschnitt 7.4. eingeführte Photoleitfähigkeits-Lebensdauer.

Bei der Methode der gegenseitigen Kompensation von PEM-Effekt und Photoleitfähigkeit (siehe Abschnitt 11.7.) hat man

$$\theta L^* = E_x\tau_{FL}(\mu_n + \mu_p). \tag{A 7.27}$$

In dieser Gleichung führt man zweckmäßig eine neue charakteristische Zeit

$$\tau_K = \frac{\tau_{FL}^2}{\tau_{PEM}} \tag{A 7.28}$$

und eine neue charakteristische Länge

$$l^* = \sqrt{D^*\tau_K} \tag{A 7.29}$$

ein. Dann läßt sich Gl. (A 7.27) folgendermaßen schreiben:

$$l^* = \frac{\theta D^*}{E_x(\mu_n + \mu_p)} = \frac{1}{c}D^*\frac{B}{E_x}. \tag{A 7.30}$$

Der Form nach stimmt diese Gleichung (für $\mu_{pH} = \mu_p$ und $\mu_{nH} = \mu_n$) mit Gl. (**11.7.11**) überein. Sie stellt die Verallgemeinerung dieser Gleichung für den Fall stärkerer Magnetfelder dar.

Aus den Gleichungen (A 7.28) bis (A 7.30) ist ersichtlich, daß die mit der Kompensationsmethode bestimmte Zeit τ_K im allgemeinen nicht mit τ_{PEM}, sondern mit τ_{FL} zusammenfällt. Für $\tau_p = \tau_n = \tau$ hat man jedoch $\tau_{PEM} = \tau_{FL} = \tau_K$. In diesem Fall liefert τ_K die Lebensdauer τ der Elektronen-Loch-Paare.

Literatur

[1] Anselm, A. I., ŽTF **24** (1954) 2064.
[2] van Roosbroeck, W., Phys. Rev. **101** (1956) 1713.

Anhang 8. Die Berechnung der Summe in Gl. (12.2.6)

Nach (12.2.1) läßt sich die Summe (12.2.6) in die Form

$$S \equiv \sum_{g} \mathrm{e}^{\mathrm{i}(\boldsymbol{k}+\boldsymbol{k}',\,\varrho)} = \prod_{\alpha=x,y,z} \sum_{g_\alpha=0}^{G_\alpha} \mathrm{e}^{\mathrm{i}(k_\alpha+k'_\alpha)g_\alpha a_\alpha} \equiv \prod_{\alpha=x,y,z} S_\alpha \tag{A 8.1}$$

bringen, wobei im Exponenten nicht über α zu summieren ist. Da

$$L_\alpha = G_\alpha a_\alpha\,, \qquad k_\alpha = \frac{2\pi}{L_\alpha}\, n_\alpha \qquad (\alpha = x,\, y,\, z)$$

gilt, hat man nach der Summenformel für die geometrische Reihe

$$S_\alpha = \frac{1 - \exp 2\pi\mathrm{i}(n_\alpha + n'_\alpha)}{1 - \exp \dfrac{2\pi\mathrm{i}}{L_\alpha}\,(n_\alpha + n'_\alpha)\, a_\alpha} = \begin{cases} G_\alpha, & n_\alpha + n'_\alpha = 0 \\ 0, & n_\alpha + n'_\alpha \neq 0 \end{cases} \tag{A 8.2}$$

Setzt man diesen Ausdruck in Gl. (A 8.1) ein, so folgt Gl. (12.2.6).

Anhang 9. Ableitung der Orthogonalitätsbeziehungen (12.2.11)

Gl. (12.2.10) lautet, wenn man der Kürze halber das Argument q fortläßt,

$$\sum_{h,\alpha} \Gamma_{hh'}^{\alpha\alpha'} \zeta_{h\alpha}(s) = \omega_s^2 M_{h'} \zeta_{h'\alpha'}(s). \tag{A 9.1}$$

Da ω_s^2 reell ist, was aus Gl. (12.2.10) folgt, läßt sich die komplex konjugierte Gleichung (zum gleichen q, aber im allgemeinen zu einem anderen s) in der Form

$$\sum_{h,\alpha} (\Gamma_{hh'}^{\alpha\alpha'})^* \zeta_{h\alpha}^*(s') = \omega_{s'}^2 M_{h'} \zeta_{h'\alpha'}^*(s') \tag{A 9.2}$$

schreiben. Gleichung (A 9.1) wird mit $\zeta_{h'\alpha'}(s')$, Gl. (A 9.2) mit $\zeta_{h'\alpha'}(s)$ multipliziert. Danach wird über h', α' summiert. Man erhält

$$\sum_{h',\alpha'} \sum_{h,\alpha} \Gamma_{hh'}^{\alpha\alpha'} \zeta_{h'\alpha'}^*(s')\, \zeta_{h\alpha}(s) = \sum_{h',\alpha'} \omega_s^2 M_{h'} \zeta_{h'\alpha'}^*(s')\, \zeta_{h'\alpha'}(s), \tag{A 9.1'}$$

$$\sum_{h',\alpha'} \sum_{h,\alpha} (\Gamma_{hh'}^{\alpha\alpha'})^* \zeta_{h'\alpha'}(s)\, \zeta_{h\alpha}^*(s') = \omega_{s'}^2 \sum_{h',\alpha'} M_{h'} \zeta_{h'\alpha'}^*(s')\, \zeta_{h'\alpha'}(s). \tag{A 9.2'}$$

Unter Berücksichtigung von Gl. (12.2.12) wird Gl. (A 9.2') gliedweise von (A 9.1') subrahiert:

$$\sum_{h,h',\alpha,\alpha'} \left\{\Gamma_{hh'}^{\alpha\alpha'} \zeta_{h'\alpha'}^*(s')\, \zeta_{h\alpha}(s) - \Gamma_{h'h}^{\alpha'\alpha} \zeta_{h\alpha}^*(s')\, \zeta_{h'\alpha'}(s)\right\}$$
$$= (\omega_s^2 - \omega_{s'}^2) \sum_{h',\alpha'} M_{h'} \zeta_{h'\alpha'}^*(s')\, \zeta_{h'\alpha'}(s). \tag{A 9.3}$$

Vertauscht man im zweiten Summanden der linken Seite von (A 9.3) die Summationsindizes gemäß

$$h \rightleftarrows h', \qquad \alpha \rightleftarrows \alpha',$$

so erkennt man, daß dieser mit dem ersten Summanden zusammenfällt. Gleichung (A 9.3) erhält damit die Form

$$(\omega_s^2 - \omega_{s'}^2) \sum_{h',\alpha'} M_{h'} \zeta_{h'\alpha'}^*(s')\, \zeta_{h'\alpha'}(s) = 0. \tag{A 9.4}$$

Folglich ist bei $\omega_s^2 \neq \omega_{s'}^2$

$$\sum_{h',\alpha'} M_{h'} \zeta_{h'\alpha'}^*(s')\, \zeta_{h'\alpha'}(s) = 0. \tag{A 9.5}$$

Ist s eine eindeutige Funktion von ω_s^2, so folgt daraus die Bedingung (12.2.11). Anderenfalls können die Frequenzen auch für $s' \neq s$ übereinstimmen. Das entspricht dem Fall von Entartung: Einem Wert ω_s^2 entsprechen mehrere Lösungen $\zeta_{h\alpha}(s)$ der Gl. (12.2.10). Aus diesen läßt sich aber stets eine solche Linearkombination bilden, daß Gl. (A 9.5) und damit auch die Bedingung (12.2.11) auch für $s' \neq s$ erfüllt ist.

Anhang 10. Der Übergang von der Summation über diskrete Quasiimpulskomponenten zur Integration

Ausgangspunkt ist die Summe

$$S = \sum_{n_x, n_y, n_z} f(\boldsymbol{p}), \tag{A 10.1}$$

über eine beliebige reguläre Funktion $f(\boldsymbol{p})$, wobei $p_x = \frac{2\pi\hbar}{L} n_x$, $p_y = \frac{2\pi\hbar}{L} n_y$, $p_z = \frac{2\pi\hbar}{L} n_z$ und n_x, n_y, n_z positive oder negative ganze Zahlen oder Null sind. Die Differenz zweier benachbarter Werte p_α ($\alpha = x$, y oder z) ist

$$\Delta p_\alpha = \frac{2\pi\hbar}{L}.$$

Damit läßt sich der Ausdruck (A 10.1) in die Form

$$S = \left(\frac{L}{2\pi\hbar}\right)^3 \sum_{n_x, n_y, n_z} f(\boldsymbol{p})\, \Delta p_x\, \Delta p_y\, \Delta p_z \tag{A 10.2}$$

bringen. Die Funktion $f(\boldsymbol{p})$ möge für $L \to \infty$ nicht von L abhängen. Rechts in Gl. (A 10.2) steht eine Integralsumme, und für $L \to \infty$ erhält man

$$S = \frac{V}{(2\pi\hbar)^3} \int f(\boldsymbol{p})\, \mathrm{d}^3\boldsymbol{p} \qquad (V = L^3). \tag{A 10.3}$$

Die Größe S/V bleibt dabei endlich und ist von V unabhängig.

Die Beziehung (A 10.3) stellt die Regel für den Übergang von der Summation über n_x, n_y, n_z zur Integration über den dreidimensionalen $\boldsymbol{p}$-Raum dar. Die gleiche Regel ist auch im Fall von einer oder zwei Dimensionen anwendbar: Man hat für das einfache oder zweifache Integral in (A 10.3) nur $V = L^3$ durch L oder L^2 zu ersetzen.

Anhang 11. Der Operator der Wechselwirkungsenergie von Elektronen und akustischen Phononen

Ausgehend von Gl. (14.3.5) wird der Operator der Wechselwirkungsenergie von Elektronen und akustischen Phononen in der Form

$$H' = E_{\alpha\beta} \frac{\partial Q_\alpha}{\partial x_\beta} \tag{A 11.1}$$

geschrieben (die Summation über s ist hier weggelassen).

Wenn man zunächst die Symmetrie des Tensors **E** nicht voraussetzt, ist dieser als Summe eines symmetrischen und eines antisymmetrischen Anteils darzustellen:

$$E_{\alpha\beta} = E^s_{\alpha\beta} + E^a_{\alpha\beta} \tag{A 11.2}$$

mit

$$E^s_{\alpha\beta} = \frac{1}{2}(E_{\alpha\beta} + E_{\beta\alpha}), \qquad E^a_{\alpha\beta} = \frac{1}{2}(E_{\alpha\beta} - E_{\beta\alpha}). \tag{A 11.3}$$

Folglich gilt

$$H' = \frac{1}{2} E^s_{\alpha\beta}\left(\frac{\partial Q_\alpha}{\partial x_\beta} + \frac{\partial Q_\beta}{\partial x_\alpha}\right) + \frac{1}{2} E^a_{\alpha\beta}\left(\frac{\partial Q_\alpha}{\partial x_\beta} - \frac{\partial Q_\beta}{\partial x_\alpha}\right). \tag{A 11.4}$$

Die Komponenten eines antisymmetrischen Tensors lassen sich in der Form

$$E^a_{\alpha\beta} = \varepsilon_{\alpha\beta\gamma} A_\gamma \tag{A 11.5}$$

schreiben [1], wobei A_γ die Komponenten eines Pseudovektors und $\varepsilon_{\alpha\beta\gamma}$ der vollständig antisymmetrische Einheitstensor sind ($\varepsilon_{\alpha\beta\gamma} = -\varepsilon_{\beta\alpha\gamma} = -\varepsilon_{\alpha\gamma\beta}$; $\varepsilon_{123} = 1$). Es sei angemerkt, daß gemäß der Definition der Rotation eines Vektors

$$\varepsilon_{\alpha\beta\gamma}\left(\frac{\partial Q_\alpha}{\partial x_\beta} - \frac{\partial Q_\beta}{\partial x_\alpha}\right) = (\text{rot}\, \boldsymbol{Q})_\gamma \tag{A 11.6}$$

ist, so daß sich der zweite Summand rechts in Gl. (A 11.4) in der Form

$$\frac{1}{2}(\boldsymbol{A}, \text{rot}\, \boldsymbol{Q}) \tag{A 11.7}$$

schreiben läßt. Bekanntlich beschreibt der Ausdruck rot $\boldsymbol{Q}$, wenn dessen Komponenten nicht von den Koordinaten abhängen, keine Deformation, sondern eine Rotation als Ganzes. Ein Summand von der Form (A 11.7) darf somit nicht im Ausdruck für die Energie der Wechselwirkung zwischen Elektronen und Phononen enthalten sein,[1]) und der antisymmetrische Anteil des Tensors **E** verschwindet identisch:

$$\boldsymbol{A} = 0, \qquad E_{\alpha\beta} = E^s_{\alpha\beta}\,. \tag{A 11.8}$$

---

[1]) Diese Schlußfolgerung kann falsch werden, falls der Vektor $\boldsymbol{Q}$ eine stark inhomogene Deformation beschreibt, wie sie z. B. von Versetzungen erzeugt wird.

Der Operator H' ist damit auf das Produkt eines konstanten symmetrischen Tensors mit dem Deformationstensor zurückgeführt:

$$H' = \frac{1}{2} E^s_{\alpha\beta} \left(\frac{\partial Q_\alpha}{\partial x_\beta} + \frac{\partial Q_\beta}{\partial x_\alpha} \right) = E_{\alpha\beta} \frac{\partial Q_\alpha}{\partial x_\beta}. \tag{A 11.9}$$

Der Tensor $\mathbf{E}$ wird zuweilen auch als Deformationspotentialtensor bezeichnet und seine Komponenten als Deformationspotentiale.

Bringt man den Tensor $\mathbf{E}$ nun auf Hauptachsenform und bezeichnet seine Eigenwerte mit E_α, so erhält Gl. (A 11.9) die Form

$$H' = \sum_{\alpha = x,y,z} E_\alpha \frac{\partial Q_\alpha}{\partial x_\beta}. \tag{A 11.10}$$

Diese Gleichung geht in Gl. (14.3.1) über, wenn der Tensor $\mathbf{E}$ zu einem Skalar entartet, wenn also $E_x = E_y = E_z = E_1$ ist. Das geschieht im Fall eines kubischen Kristalls, wenn das unterste Leitungsbandminimum im Zentrum der Brillouin-Zone liegt. Die Hauptachsen sind in diesem Fall die [100]-, die [010]- und die [001]-Achse des reziproken Gitters.

Die Bedingung bezüglich der Lage des Leitungsbandminimums im Zentrum der Brillouin-Zone ist dabei sehr wesentlich. In anderen Punkten der Brillouin-Zone ist die Symmetrie des Systems nämlich im allgemeinen geringer als die eines kubischen Systems. Es existiert dann eine physikalisch ausgezeichnete Richtung parallel zu dem Ortsvektor, der das Zentrum der Brillouin-Zone mit dem betreffenden Punkt verbindet. Die Hauptachsen des Tensors $\mathbf{E}$ müssen dann nicht mit den kubischen Achsen zusammenfallen und können auch voneinander verschieden sein. Der Tensor $\mathbf{E}$ braucht sich dann auch in einem kubischen Kristall nicht mehr auf einen Skalar zu reduzieren. Insbesondere gilt das für die Elektronen in Germanium und Silizium. Gleichung (A 11.9) nimmt für ein solches System mit mehreren Isoenergie-Ellipsoiden dann die Form

$$H' = \sum_j E_{\alpha\beta}(j) \frac{\partial Q_\alpha}{\partial x_\beta} \tag{A 11.9'}$$

an, wobei der Index j die Ellipsoide numeriert und der symmetrische Tensor $\mathbf{E}(j)$ die Wechselwirkung von Phononen und Elektronen beschreibt, die sich nahe dem j-ten Energieminimum befinden. Offensichtlich gehen alle diese Tensoren durch die Symmetrietransformation, die die Energieminima zur Deckung bringt, ebenfalls ineinander über; es ist also völlig ausreichend, die Struktur nur eines dieser Tensoren näher zu betrachten.

Man kann erwarten, daß die Hauptachsen des Tensors $\mathbf{E}(j)$ mit den Achsen des j-ten Ellipsoids zusammenfallen. Legt man dann also eine Achse in die Richtung der großen Halbachse eines gestreckten Rotationsellipsoids, so hat man, wenn man den Index j der Kürze halber fortläßt,

$$E_{xx} = E_{yy} = E', \qquad E_z = E'' + E'. \tag{A 11.11}$$

Setzt man nun den Verschiebungsvektor $\boldsymbol{Q}$ in der Form (12.5.18) in Gl. (A 11.9') ein und transformiert man den Tensor $\mathbf{E}(j)$ auf Hauptachsenform, so erhält man unter dem Summationszeichen über j und $\boldsymbol{q}$ die Ausdrücke

$$E'(q_x\zeta_x + q_y\zeta_y) + E''q_z\zeta_z. \tag{A 11.12}$$

Die Wechselwirkung der Elektronen mit longitudinalen und transversalen Phononen soll im folgenden getrennt betrachtet werden.

Für die longitudinalen Phononen sind die Vektoren $\boldsymbol{q}$ und $\boldsymbol{\zeta}$ per definitionem parallel, d. h., es gilt

$$\boldsymbol{q} = \frac{\boldsymbol{\zeta}}{|\boldsymbol{\zeta}|} |\boldsymbol{q}| . \tag{A 11.13}$$

Der Ausdruck (A 11.12) erhält dann folglich die Form

$$q\,|\zeta| \left\{E' - (E' - E'') \frac{\zeta_z^2}{|\zeta|^2}\right\} \equiv q\,|\zeta|\,\{E' - (E' - E'') \cdot \cos^2\theta\}, \tag{A 11.14a}$$

wobei θ der Polarwinkel des Vektors $\boldsymbol{\zeta}$ relativ zu der z-Achse, also der durch (A 11.11) ausgezeichneten Hauptachse des betrachteten Isoenergie-Ellipsoids ist. Für transversale Phononen hat man $(\boldsymbol{q}, \boldsymbol{\zeta}) = 0$, und der Ausdruck (A 11.12) erhält die Form

$$(E' - E'')\,(q_x\zeta_x + q_y\zeta_y) = (E' - E'')\,q\zeta \sin\theta \cdot \sin\alpha \cdot \cos(\varphi - \beta) . \tag{A 11.14b}$$

Darin sind θ und φ die Polarwinkel von $\boldsymbol{\zeta}$ und β und α die Polarwinkel des Vektors $\boldsymbol{q}$ im oben bezeichneten Koordinatensystem.

Man erkennt, daß der Deformationspotentialtensor durch zwei unabhängige Konstanten bestimmt ist. Am zweckmäßigsten ist dabei die Wahl von $E' - E'' = \Xi_t$ und $E' = \Xi_l$.

Die hier dargestellte Theorie des Deformationspotentials, angewandt auf die Leitungsbandelektronen in Germanium und Silizium, findet man in der Arbeit [2].

Besonders kompliziert wird die Theorie des Deformationspotentials im Falle entarteter Bänder. Die entsprechenden Ergebnisse sind in dem Buch [3] zu finden.

Literatur

[1] Landau, L. D.; Lifschitz, E. M.: Lehrbuch der Theoretischen Physik, Band I: Mechanik. — Berlin: Akademie-Verlag 1979.

[2] Herring, C.; Vogt, E., Phys. Rev. **101** (1956) 944.

[3] Bir, G. L.; Pikus, G. E.: Symmetrie und Deformationseffekte in Halbleitern (russ.) — Moskau: Izd. Nauka 1972, Kapitel 5.

Anhang 12. Das Potential eines geladenen Zentrums bei Berücksichtigung der Abschirmung durch freie Ladungsträger

Wie im Abschnitt 6.6. gezeigt wurde, hat man zur Berechnung des Potentials φ bei Berücksichtigung einer Abschirmung der Poisson-Gleichung mit einer Ladungsdichte (der abschirmenden Ladungen) zu lösen, die selbst vom Potential abhängt. Im Kapitel 6. wurde die entsprechende Rechnung für ein nichtentartetes Ladungsträgergas für den Fall durchgeführt, daß die Ladungsträgerkonzentration und das Potential von nur einer Koordinate abhängen. Im folgenden wird die dreidimensionale Problemstellung für einen beliebigen Entartungsgrad behandelt. Der Konkretheit halber sei ein n-Halbleiter vorausgesetzt, der die mittlere Elektronenkonzentration n_0 aufweist. Die Konzentration der beweglichen Elektronen in der Umgebung eines Störstellenions ist durch Gl. (5.4.4a) gegeben. Es sei vorausgesetzt, daß in dem uns interessierenden Bereich $e\varphi/kT \ll 1$ gilt (diese Ungleichung muß nicht unbedingt erfüllt sein; die Rechnungen werden dann nur etwas komplizierter). Die Funktion $\Phi_{1/2}\left(\frac{\zeta + e\varphi}{kT}\right)$ in Gl. (5.4.4a) läßt sich dann durch die ersten beiden Terme einer Taylor-Entwicklung annähern:

$$\Phi_{1/2}\left(\frac{\zeta + e\varphi}{kT}\right) \simeq \Phi_{1/2}\left(\frac{\zeta}{kT}\right) + \frac{e\varphi}{kT} \cdot \left.\frac{\mathrm{d}\Phi_{1/2}(z)}{\mathrm{d}z}\right|_{z=\zeta/kT}.$$

Anstelle von Gl. (5.4.4a) erhält man dann

$$n(r) = n_0 + N_c \frac{e\varphi}{kT} \Phi'_{1/2}\left(\frac{\zeta}{kT}\right), \tag{A 12.1}$$

wobei $\Phi'_{1/2}(z)$ die erste Ableitung $\mathrm{d}\Phi(z)/\mathrm{d}z$ bezeichnet. Die Poisson-Gleichung ist dann

$$\nabla^2\varphi = \frac{4\pi e^2 N_c}{\varepsilon kT} \Phi'_{1/2}\left(\frac{\zeta}{kT}\right) \varphi. \tag{A 12.2}$$

Führt man die Bezeichnung

$$r_0^{-2} = \frac{4\pi e^2 N_c}{\varepsilon kT} \Phi'_{1/2}\left(\frac{\zeta}{kT}\right) \tag{A 12.3}$$

ein und schreibt man Gl. (A 12.2) in eine für die potentielle Enregie $\delta U = -e\varphi$ des Elektrons um, so erhält man

$$\nabla^2 \delta U = r_0^{-2} \delta U. \tag{A 12.4}$$

Das Störstellenion (mit der Ladung Ze) befinde sich im Koordinatenursprung. Dann muß die Lösung von Gl. (A 12.4) für $\boldsymbol{r} \to 0$ in die Form des Coulomb-Potentials (4.7.1) übergehen. Andererseits muß der Betrag der potentiellen Energie $\delta U(\boldsymbol{r})$ für $\boldsymbol{r} \to \infty$ verschwinden, und die Funktion $\delta U(\boldsymbol{r})$ muß sphärische Symmetrie besitzen. Falls eine Anisotropie der Isoenergieflächen vorhanden ist, fällt sie bei der in Gl. (5.4.4a) nicht explizit ausgeschriebenen Summation über alle Minima heraus. Eine Lösung von Gl. (A 12.4), die alle genannten Bedingungen erfüllt, ist

$$\delta U(r) = \frac{ze^2}{\varepsilon r} \exp\left(-\frac{r}{r_0}\right). \qquad \text{(A 12.5)}$$

Die durch Gl. (A 12.3) definierte Größe r_0 hat die Dimension einer Länge und wird Abschirmradius genannt. Wie aus den Gleichungen (A 12.1) und (A 12.5) hervorgeht, ist die Ausdehnung des Bereichs, in dem sich im wesentlichen die gesamte abschirmende Ladung befindet, durch diese Größe bestimmt. Man erkennt, daß der Betrag der potentiellen Energie $\delta U(\boldsymbol{r})$ für $\boldsymbol{r} \gg \boldsymbol{r}_0$ schnell verschwindet und das System „geladenes Zentrum + abschirmende Ladungsträger" sich dann insgesamt neutral verhält.

Der Ausdruck (A 12.3) vereinfacht sich sowohl für ein nichtentartetes als auch für ein vollständig entartetes Ladungsträgergas wesentlich. Wie aus den Abschnitten 5.5. und 5.6. bekannt ist, hat man im ersten Fall

$$\Phi_{1/2}\left(\frac{\zeta}{kT}\right) = \exp\left(\frac{\zeta}{kT}\right) \quad \text{und} \quad \exp\left(\frac{\varphi}{kT}\right) = \frac{n_0}{N_c}$$

und im zweiten Fall

$$\Phi_{1/2}\left(\frac{\zeta}{kT}\right) = \frac{4}{3\sqrt{\pi}}\left(\frac{\zeta}{kT}\right)^{3/2} \quad \text{und} \quad \zeta = \frac{(3\pi^2 n_0)^{2/3}\hbar^2}{2m_d}.$$

Im nichtentarteten Halbleiter ist also

$$r_0 = \left(\frac{\varepsilon kT}{4\pi n_0 e^2}\right)^{1/2} \qquad \text{(A 12.6a)}$$

und bei vollständiger Entartung

$$r_0 = \frac{1}{2}\left(\frac{\pi}{3}\right)^{1/3}\left(\frac{\varepsilon\hbar^2}{m_d e^2}\, n^{-1/3}\right)^{1/2} \qquad \text{(A 12.6b)}$$

Beim Vorhandensein abschirmender Ladungsträger zweier Vorzeichen ändern sich die Gleichungen (A 12.3) und (A 12.6a, b) etwas. Der Ausdruck (A 12.5) bleibt jedoch gültig, solange $|\delta U|/kT \ll 1$ oder $|\delta U|/\zeta \ll 1$ ist. Das gleiche gilt auch für andere Abschirmmechanismen[1]) (deren Existenz zum Beispiel durch Korrelationen in der räumlichen Verteilung der Störstellenatome bedingt sein kann, die bei ihrer Einführung in das Gitter erzeugt wurden).

Literatur

[1] Ziman, J.: Prinzipien der Festkörpertheorie. — Berlin: Akademie-Verlag 1974.

[1]) In Metallen, in denen ein stark entartetes Elektronengas bei relativ kleiner Störstellenkonzentration vorliegen kann, unterscheidet sich der Verlauf von $\delta U(\boldsymbol{r})$ von (A 12.5) (siehe [1]).

Anhang 13. Die Mittelung über die Störstellenkonfigurationen

Die Übergangswahrscheinlichkeiten (14.5.3) hängen offensichtlich von den $3N$ Störstellenkoordinaten ab:

$$P_1 = P_2 = P = P(\boldsymbol{p}, \boldsymbol{p}'; \boldsymbol{R}_2, \ldots, \boldsymbol{R}_N). \tag{A 13.1}$$

Die explizite Gestalt dieser Abhängigkeit charakterisiert die konkrete Probe und ist physikalisch in der Regel nicht von Interesse. Für eine sehr große Zahl von Kristallen erhält man den Mittelwert

$$\langle P \rangle = \int P(\boldsymbol{p}, \boldsymbol{p}'; \boldsymbol{R}_1, \ldots, \boldsymbol{R}_N)\, F(\boldsymbol{R}_1, \ldots, \boldsymbol{R}_N)\, d^3\boldsymbol{R}_1 \cdots d^3\boldsymbol{R}_N. \tag{A 13.2}$$

Die Integration über die Koordinaten $\boldsymbol{R}_1, \ldots$ erfolgt jeweils über das gesamte Grundgebiet V (hier ein Würfel). $F(\boldsymbol{R}_1, \ldots, \boldsymbol{R}_N)\, d^3\boldsymbol{R}_1 \cdots d^3\boldsymbol{R}_N$ ist dabei die Wahrscheinlichkeit, das erste, zweite, ... Störstellenatom im Volumenelement $d^3\boldsymbol{R}_1, d^3\boldsymbol{R}_2, \ldots, d^3\boldsymbol{R}_N$ an den Stellen $\boldsymbol{R}_1, \boldsymbol{R}_2, \ldots, \boldsymbol{R}_N$ vorzufinden. Diese Wahrscheinlichkeit erfüllt offensichtlich die Bedingung

$$\int F(\boldsymbol{R}_1, \ldots, \boldsymbol{R}_N)\, d^3\boldsymbol{R}_1 \cdots d^3\boldsymbol{R}_N = 1. \tag{A 13.3}$$

Es sei angemerkt, daß auch sehr viele kleine Volumina, in die jede (hinreichend große) Probe unterteilt werden kann, die Rolle der „sehr großen Zahl von Kristallen" spielen können. Jedes dieser Volumina läßt sich dann im allgemeinen durch eine eigene Störstellenkonfiguration charakterisieren. Makroskopisch bezieht sich jedes Experiment jedoch auf den gesamten Kristall, so daß die durch Gl. (A 13.2) beschriebene Mittelung[1]) automatisch erfolgt.

Sofern die Störstellenkonzentration nicht sehr groß ist, sind die Wahrscheinlichkeiten, in irgendeinem Volumenelement eines der Störstellenatome anzutreffen, voneinander unabhängig:

$$F(\boldsymbol{R}_1, \boldsymbol{R}_2, \ldots, \boldsymbol{R}_N) = f(\boldsymbol{R}_1) \cdots f(\boldsymbol{R}_N), \tag{A 13.4}$$

wobei

$$\int f(\boldsymbol{R}_i)\, d^3\boldsymbol{R}_i = 1, \qquad i = 1, \ldots, N \tag{A 13.3'}$$

ist.

Strenggenommen besitzt die Darstellung der Wahrscheinlichkeit $F(\boldsymbol{R}_1, \ldots, \boldsymbol{R}_N)$ in der Form (A 13.4) nur Näherungscharakter. So ist hier z. B. die Möglichkeit, mehrere Störstellenatome gleichzeitig auf einem Gitterplatz anzutreffen (was physikalisch unmöglich ist) nicht ausgeschlossen. Wenn der mittlere Abstand $N_t^{-1/3}$ zwischen den Störstellenatomen jedoch wesentlich größer als die Gitterkonstante ist, sind derartige Zufälle äußerst unwahrscheinlich. Eine Berücksichtigung der Korrelation in der Lage der Störstellenatome, durch die die physikalisch unmöglichen Fälle ausgeschlossen werden, ist also praktisch belanglos, und die Näherung (A 13.4) ist somit zur Berechnung der kinetischen Koeffizienten ausreichend. Außerdem ist die Wahrscheinlichkeit, ein Störstellenatom in irgendeinem gegebenen Punkt des Kristalls vorzufinden, in einem makroskopischen Kristall überall gleich, so daß die Funktion f

---

[1]) Hier sind ein makroskopisch homogener Kristall und makroskopisch homogene Versuchsbedingungen vorausgesetzt. In einem makroskopisch inhomogenen System (z. B. in einem Kristall mit einem p-n-Übergang) ist die Integration in (A 13.2) in jedem homogenen Gebiet getrennt auszuführen.

konstant ist. Nach der Normierungsbedingung (A 13.3′) ist dann

$$f = V^{-1}. \tag{A 13.5}$$

Für nicht zu hohe Störstellenkonzentrationen (also für $N_t^{-1/3} \gg a$) gilt somit für ein makroskopisch homogenes System also

$$\langle P \rangle = \frac{1}{V^N} \int P(\boldsymbol{p}, \boldsymbol{p}'; \boldsymbol{R}_1, \ldots, \boldsymbol{R}_N)\, \mathrm{d}^3\boldsymbol{R}_1 \cdots \mathrm{d}^3\boldsymbol{R}_N. \tag{A 13.6′}$$

Setzt man hier den Ausdruck (14.5.3) ein, so erhält man

$$\langle P \rangle = \frac{2\pi}{\hbar}\, \delta\big(E(\boldsymbol{p}) - E(\boldsymbol{p}')\big)\, (\langle A_1 \rangle + \langle A_2 \rangle). \tag{A 13.6}$$

Da A_1 nicht von den Störstellenkoordinaten abhängt, ist

$$\langle A_1 \rangle = \frac{1}{V^N} \int \mathrm{d}^3\boldsymbol{R}_1 \cdots \mathrm{d}^3\boldsymbol{R}_2\, A_1 = A_1. \tag{A 13.7}$$

Ferner gilt nach (14.5.8)

$$\langle A_2 \rangle = \left| \int \delta U(r')\, e^{\frac{\mathrm{i}}{\hbar}(\boldsymbol{p}-\boldsymbol{p}', \boldsymbol{r}')}\, \mathrm{d}^3\boldsymbol{r}' \right|^2 \times \sum_{\substack{i,j \\ (i \neq j)}} \frac{1}{V^N} \int \cos\left(\frac{\boldsymbol{p} - \boldsymbol{p}'}{\hbar}, \boldsymbol{R}_i - \boldsymbol{R}_j\right) \mathrm{d}^3\boldsymbol{R}_1 \cdots \mathrm{d}^3\boldsymbol{R}_N.$$

Offensichtlich sind alle Terme der Summe über i, j identisch, obwohl sie sich voneinander durch die Integrationsvariablen unterscheiden. Es sei nun $i = 1$ und $j = 2$. Dann lassen sich die Integrationen über $\boldsymbol{R}_3, \ldots, \boldsymbol{R}_N$ sofort ausführen. Wenn man berücksichtigt, daß die Summe insgesamt $N(N-1)$ Terme enthält, folgt

$$\langle A_2 \rangle = \frac{N(N-1)}{V^2} \left| \int \delta U(\boldsymbol{r}') \exp\left[\frac{\mathrm{i}}{\hbar}(\boldsymbol{p} - \boldsymbol{p}', \boldsymbol{r}')\right] \mathrm{d}^3\boldsymbol{r}' \right|^2 \times \int \mathrm{d}^3\boldsymbol{R}_1\, \mathrm{d}^3\boldsymbol{R}_2 \cos\left(\frac{\boldsymbol{p} - \boldsymbol{p}'}{\hbar}, \boldsymbol{R}_1 - \boldsymbol{R}_2\right). \tag{A 13.8}$$

Führt man anstelle von $\boldsymbol{R}_1$ und $\boldsymbol{R}_2$ noch die neuen Integrationsvariablen

$$\boldsymbol{R} = \frac{1}{2}(\boldsymbol{R}_1 + \boldsymbol{R}_2), \qquad \boldsymbol{R}' = \boldsymbol{R}_1 - \boldsymbol{R}_2$$

ein, so erhält das in (A 13.8) vorkommende Integral über $\boldsymbol{R}_1$ und $\boldsymbol{R}_2$ die Form

$$\int \cos\left(\frac{\boldsymbol{p} - \boldsymbol{p}'}{\hbar}, \boldsymbol{R}'\right) \mathrm{d}^3\boldsymbol{R}\, \mathrm{d}^3\boldsymbol{R}' = V \prod_{\alpha = x,y,z} \frac{2\hbar}{(p_\alpha - p'_\alpha)} \sin\left(\frac{p_\alpha - p'_\alpha}{2\hbar} L\right), \tag{A 13.9}$$

wobei L die Kantenlänge des Würfels ist.

Bei unbegrenzt anwachsenden Abmessungen des Systems strebt die rechte Seite von Gl. (A 13.9) gegen das Produkt

$$V \prod_\alpha \pi\, \delta\left(\frac{p_\alpha - p'_\alpha}{2\hbar}\right).$$

Für $N \to \infty$ ist die Größe $\langle A_2 \rangle$ also nur für $\boldsymbol{p} = \boldsymbol{p}'$ von Null verschieden, so daß dann also keine Streuung existiert. Anders ausgedrückt, der Betrag dieses Terms zur Streuung ist von der Größenordnung $1/V$, so daß er für makroskopische Systeme vernachlässigt werden kann. Man hat also schließlich

$$\langle P \rangle = \frac{2\pi}{\hbar V} A_1 \, \delta\big(E(\boldsymbol{p}) - E(\boldsymbol{p}')\big). \qquad \text{(A 13.10)}$$

Im Text des Lehrbuches wurden die spitzen Klammern stets fortgelassen, so daß dort unter Größen wie (A 13.1) stets deren Mittelwerte zu verstehen sind.

Im folgenden soll das mittlere Schwankungsquadrat der potentiellen Energie des Elektrons im Feld zufällig verteilter Störstellenatome der gleichen Art berechnet werden. Nach Gl. (14.5.1) ist diese Energie durch den Ausdruck

$$H' = \sum_{i=1}^{N} \delta U\,(\boldsymbol{r} - \boldsymbol{R}_i) \qquad \text{(A 13.11)}$$

gegeben. Dieser Ausdruck wird jetzt in der Form

$$\langle H' \rangle + \delta H'$$

geschrieben, wobei $\delta H'$ die hier interessierende Fluktuation der Energie ist und $\langle H' \rangle$ der über die Störstellenkoordinaten gemittelte Wert von H':

$$\langle H' \rangle = \frac{1}{V^N} \int H' \, \mathrm{d}^3\boldsymbol{R}_1 \cdots \mathrm{d}^3\boldsymbol{R}_N. \qquad \text{(A 13.12)}$$

Wegen (A 13.11) steht in diesem Ausdruck eine Summe von N identischen Termen. Folglich läßt sich diese Beziehung in der Form

$$\langle H' \rangle = N_\mathrm{t} \int \delta U(\boldsymbol{r} - \boldsymbol{R}) \, \mathrm{d}^3\boldsymbol{R} \qquad \text{(A 13.13)}$$

darstellen. Das Integral in diesem Ausdruck ist eine Konstante, die von der expliziten Gestalt des abschirmenden Potentials δU abhängt. Wird diese Konstante durch U_0 bezeichnet, so folgt[1])

$$\delta H' = \sum_{i=1}^{N} \delta U(\boldsymbol{r} - \boldsymbol{R}_i) - N_\mathrm{t} u_0. \qquad \text{(A 13.14)}$$

Damit ist

$$\langle(\delta H')^2\rangle \equiv \psi_1 = V^{-N} \int \Big\{ \sum_{i=1}^{N} \sum_{j=1}^{N} \delta U(\boldsymbol{r} - \boldsymbol{R}_i) \, \delta U(\boldsymbol{r} - \boldsymbol{R}_j) - 2N_\mathrm{t} u_0 \sum_{i=1}^{N} \delta U(\boldsymbol{r} - \boldsymbol{R}_i) + N_\mathrm{t}^2 u_0^2 \Big\} \, \mathrm{d}^3\boldsymbol{R}_1 \cdots \mathrm{d}^3\boldsymbol{R}_N. \qquad \text{(A 13.15)}$$

Der zweite und der dritte Summand in dieser Summe ergeben offensichtlich

$$-2N_\mathrm{t}^2 u_0^2 + N_\mathrm{t}^2 u_0^2 = -N_\mathrm{t}^2 u_0^2. \qquad \text{(A 13.16)}$$

---

[1]) In Wirklichkeit müßte der zweite Summand in Gl. (A 13.14) für eine makroskopisch homogene Probe wegen der Ladungsneutralität des Materials eigentlich fortgelassen werden. Die Ladung der Störstellenionen wird durch die freien Elektronen und Löcher nämlich exakt kompensiert. Man hätte also im Ausdruck (A 13.11) eine Konstante zu addieren, die die Energie der Wechselwirkung des Elektrons mit der räumlich gleichförmig verteilten Ladung der übrigen Elektronen und Löcher beschreibt. Man kann zeigen, daß dieser Summand gleich $-N_\mathrm{t} n_0$ ist. Bei der Berechnung der hier interessierenden Größe $\langle(\delta H')^2\rangle$ spielt er jedoch keine Rolle.

In der zweifachen Summe über i und j separiert man zweckmäßigerweise den Summanden mit $i = j$. Der erste Term in Gl. (A 13.15) läßt sich dann in der Form

$$V^{-N} \int \left\{ \sum_{i=1}^{N} [\delta U(\boldsymbol{r} - \boldsymbol{R}_i)]^2 + \sum_{\substack{i,j=1 \\ i \neq j}}^{N} \delta u(\boldsymbol{r} - \boldsymbol{R}_i)\, \delta U(\boldsymbol{r} - \boldsymbol{R}_j) \right\}$$

$$\times\, d^3\boldsymbol{R}_1 \cdots d^3\boldsymbol{R}_N = N_t \int [\delta u(\boldsymbol{r} - \boldsymbol{R})]^2\, d^3\boldsymbol{R} + \frac{N(N-1)}{V^2}\, u_0^2 \tag{A 13.17}$$

darstellen. Für $N \to \infty$, $V \to \infty$ bei $N_t = N/V < \infty$ strebt (A 13.17) asymptotisch gegen

$$N_t \int [\delta U(\boldsymbol{r} - \boldsymbol{R})]^2\, d^3\boldsymbol{R} + N_t^2 u_0^2. \tag{A 13.17'}$$

Offensichtlich hängt das Integral über $\boldsymbol{R}$ hier nicht von $\boldsymbol{r}$ ab: Man führe die neue Integrationsvariable $\boldsymbol{r}' = \boldsymbol{r} - \boldsymbol{R}$ ein. Durch Addieren der Ausdrücke (A 13.16) und (A 13.17) erhält man

$$\psi_1 = N_t \int [\delta U(\boldsymbol{r}')]^2\, d^3\boldsymbol{r}'. \tag{A 13.18}$$

Die potentielle Energie eines Elektrons im Feld eines geladenen Zentrums werde durch Gl. (A 12.5) beschrieben:

$$\delta U(\boldsymbol{r}') = \frac{Ze^2}{\varepsilon r'} \exp\left(-\frac{r'}{r_0}\right). \tag{A 13.19}$$

Setzt man diesen Ausdruck in (A 13.18) ein, so findet man schließlich

$$\psi_1 = \frac{2\pi Z^2 e^4 N_t r_0}{\varepsilon_2}. \tag{A 13.20}$$

Anhang 14. Ein Theorem für Integrale periodischer Funktionen

Ausgangspunkt ist der Ausdruck

$$J = \int e^{i\boldsymbol{f}\boldsymbol{r}}\, \Phi(\boldsymbol{r})\, d^3\boldsymbol{r}, \tag{A 14.1}$$

wobei $\Phi(\boldsymbol{r})$ eine gitterperiodische Funktion ist und $\boldsymbol{f}$ ein Vektor. Das Integral ist über das Grundgebiet zu erstrecken. Die Komponenten von $\boldsymbol{f}$ mögen eine Periodizitätsbedingung von der Form (3.3.10) erfüllen.

Nimmt man in (A 14.1) eine Variablentransformation gemäß

$$\boldsymbol{r} = \boldsymbol{r}' + \boldsymbol{a}$$

vor, so erhält man unter Berücksichtigung der Periodizität der Funktion Φ

$$J = \exp(i\boldsymbol{f}\boldsymbol{a}) \int e^{i\boldsymbol{f}\boldsymbol{r}'} \Phi(\boldsymbol{r}' + \boldsymbol{a})\, d^3\boldsymbol{r}' = \exp(i\boldsymbol{f}\boldsymbol{a}) \int e^{i\boldsymbol{f}\boldsymbol{r}'} \Phi(\boldsymbol{r}')\, d^3\boldsymbol{r}'. \tag{A 14.2}$$

Rechts in (A 14.2) tritt wiederum das Integral J auf, danach ist also

$$J = J \exp(i\boldsymbol{f}\boldsymbol{a}).$$

Daraus folgt, daß das Integral J nur von Null verschieden sein kann, wenn $\exp(i\boldsymbol{f}\boldsymbol{a}) = 1$ ist, $\boldsymbol{f}$ also ein reziproker Gittervektor ist.

Anhang 15. Integrale der Fermi-Funktion bei starker Entartung

Im folgenden werden Integrale von der Form

$$J = \int_0^\infty \varphi(E)\, f_0'(E)\, \mathrm{d}E \tag{A 15.1}$$

betrachtet, wobei $\varphi(E)$ eine glatte Funktion der Energie ist und $f_0' = \mathrm{d}f_0/\mathrm{d}E$ die Ableitung der Fermi-Funktion. Bei starker Entartung gilt $f_0'(E) \neq 0$ nur für $E \simeq \zeta$, und in dem Integral (A 15.1) sind nur solche Energiewerte E wesentlich, die nahe bei ζ liegen. Daher führt man zweckmäßig die neue Integrationsvariable

$$\eta = \frac{E - \zeta}{kT}$$

ein und entwickelt den Ausdruck $\varphi(E) \equiv \varphi(\zeta + \eta kT)$ dann nach Potenzen von η.

Berücksichtigt man, daß

$$f_0' = \frac{1}{kT} \frac{\mathrm{d}f_0}{\mathrm{d}\eta} = -\frac{1}{kT} (\mathrm{e}^{\eta} + 1)^{-1} (\mathrm{e}^{-\eta} + 1)^{-1} \tag{A 15.2}$$

gilt, so erhält man

$$J = J_1 \varphi(\zeta) + kT\varphi'(\zeta)\, J_2 + \frac{1}{2} (kT)^2\, \varphi''(\zeta)\, J_3 + \dots . \tag{A 15.3}$$

Dabei bedeutet

$$J_n = \int_{-\zeta/kT}^{\infty} \eta^{n-1} f_0'(\eta)\, \mathrm{d}\eta, \qquad n = 1, 2, 3. \tag{A 15.4}$$

Bei starker Entartung ist die untere Integrationsgrenze in (A 15.4) negativ und dem Betrag nach groß. Aus Gl. (A 15.2) sieht man, daß die Funktion $f_0'(\eta)$ für große Werte von $|\eta|$ exponentiell abklingt. Bis auf Fehler von der Ordnung $\exp(-\xi/kT)$ läßt sich die untere Integrationsgrenze gleich $-\infty$ setzen. Dann gilt

$$J_1 \simeq \int_{-\infty}^{+\infty} f'(\eta)\, \mathrm{d}\eta = -1, \qquad J_2 \simeq \int_{-\infty}^{\infty} If'(\eta)\, \mathrm{d}\eta = 0,$$

da f_0' eine gerade Funktion von η ist.

Weiter haben wir

$$J_3 \simeq -\int_{-\infty}^{+\infty} \frac{\eta^2\, \mathrm{d}\eta}{(1 + \mathrm{e}^{-\eta})\,(1 + \mathrm{e}^{\eta})} = -2 \int_0^\infty \frac{\eta^2\, \mathrm{e}^{-\eta}}{(1 + \mathrm{e}^{-\eta})^2}\, \mathrm{d}\eta$$

$$= -2 \sum_{k=0}^{\infty} (-1)^k\, (k+1) \int_0^\infty \eta^2\, \mathrm{e}^{-(k+1)\eta}\, \mathrm{d}\eta = -4 \sum_{k=0}^{\infty} \frac{(-1)^k}{(k+1)^2}.$$

Die zuletzt erhaltene Summe hat den Wert $\pi^2/12$ [1]. Damit ist

$$J_3 = -\pi^2/3$$

und

$$J = -\varphi(\zeta) - \frac{\pi^2}{6} (kT^2)\, \varphi''(\zeta) + \cdots. \qquad \text{(A 15.5)}$$

Bis auf Größen der Ordnung $(kT/F)^2$ liefert Gleichung (A 15.5) also

$$J = -\varphi(\zeta),$$

wodurch Gl. (13.7.17) ihre Rechtfertigung erfährt.

Literatur

[1] Ryshik, I. M.; Gradstein, I. S.: Tabellen der Summen, Integrale und Produkte. — Berlin: VEB Deutscher Verlag der Wissenschaften 1963.

Literaturverzeichnis

Grundlagenliteratur

[M1] Blochincev, D. I.: Osnovy kvantovoj mechaniki. — Moskau: Izd. Nauka 1976. (Blochinzew, D. I.: Grundlagen der Quantenmechanik. 6. Aufl. — Berlin: VEB Deutscher Verlag der Wissenschaften 1968.)

[M2] Davydov, A. S.: Kvantovaja mechanika. 2. Aufl. — Moskau: Izd. Nauka 1973. (Dawydow, A. S.: Quantenmechanik. 6. Aufl. — Berlin: VEB Deutscher Verlag der Wissenschaften 1981.)

[M3] Sokolov, A. A.; Loskutov, Ju. M.; Ternov, I. M.: Kvantovaja mechanika. 2. Aufl. — Moskau: Izd. Prosveščenie 1965.
(Sokolow, A. A.; Loskutow, J. M.; Ternow, I. M.: Quantenmechanik. — Berlin: Akademie-Verlag 1964.)

[M4] Ždanov, G S.: Fizika tverdogo tela. — Moskau: Izd. Moskovskogo Gosudarstvennogo Universiteta 1961.
(vgl. auch Weissmantel, Ch.; Hamann, C., u. a.: Grundlagen der Festkörperphysik. 2. Aufl. — Berlin: VEB Deutscher Verlag der Wissenschaften 1981.)

[M5] Kočin, N. E.: Vektornoe isčislenie i načala tenzornogo isčislenija. 9. Aufl. — Moskau: Izd. Nauka 1965.
(vgl. auch Lagally, M.; Franz, W.: Vorlesungen über Vektorrechnung. 7. Aufl. — Leipzig: Akademische Verlagsgesellschaft Geest & Portig K.-G. 1964.)

[M6] Džons, G.: Teorija zon Brilljuena i ėlektronnye sostojanija v kristallach. — Moskau: Izd. Mir 1968.
(Jones, H.: The Theory of Brillouin-Zones and Electronic States in Crystals. — Amsterdam: North-Holland Publ. Comp. 1960.)

[M7] Ansel'm, A. I.: Vvedenie v teoriju poluprovodnikov. — Moskau/Leningrad: Fizmatgiz 1962.
(Anselm, A. I.: Einführung in die Halbleitertheorie. — Berlin: Akademie-Verlag 1964.)

[M8] Cidil'kovskij, I. M.: Ėlektrony i dyrki v poluprovodnikach. — Moskau: Izd. Nauka 1972.

[M9] Landau, L. D.; Lifšic, E. M.: Statističeskaja fizika (klassičeskaja i kvantovaja). 3. Aufl. — Moskau: Izd. Nauka 1976.
(Landau, L. D.; Lifschitz, E. M.: Lehrbuch der Theoretischen Physik. Bd. V: Statistische Physik. 5. Aufl. — Berlin: Akademie-Verlag 1978.)

[M10] Ansel'm, A. I.: Osnovy statističeskoj fiziki i termodinamiki. — Moskau: Izd. Nauka 1973.
(vgl. auch Lenk, R.: Einführung in die Statistische Mechanik. — Berlin: VEB Deutscher Verlag der Wissenschaften 1978; Kluge, G.; Neugebauer, G.: Grundlagen der Thermodynamik. — Berlin: VEB Deutscher Verlag der Wissenschaften 1976.)

[M11] Landau, L. D.; Lifšic, E. M.: Mechanika splošnych sred. 2. Aufl. — Moskau: Fizmatgiz 1963.
(Landau, L. D.; Lifschitz, E. M.: Lehrbuch der Theoretischen Physik. Bd. VII: Elastizitätstheorie. 4. Aufl. — Berlin: Akademie-Verlag 1977.)

[M12] Tamm, I. E.: Osnovy teorii ėlektričestva. 9. Aufl. — Moskau: Izd. Nauka 1976.
(vgl. auch Lenk, R.: Theorie elektromagnetischer Felder. — Berlin: VEB Deutscher Verlag der Wissenschaften 1976.)

[M13] LANDAU, L. D.; LIFŠIC, E. M.: Ėlektrodinamika splošnych sred. — Moskau: Fizmatgiz 1959.
(LANDAU, L. D.; LIFSCHITZ, E. M.: Lehrbuch der Theoretischen Physik. Bd. VIII: Elektrodynamik der Kontinua. 3. Aufl. — Berlin: Akademie-Verlag 1974.)

Zu Kapitel 2.

[1] KOULSON, C.: Valentnost'. — Moskau: Izd. Mir 1965.
(COULSON, CH.: Die chemische Bindung. — Stuttgart: S. Hirzel Verlag 1969.)
[2] MOTT, N.; GERNI, R.: Ėlektronnye processy v ionnych kristallach. — Moskau: Izd. inostrannoj literatury 1950.
(MOTT, N. F.; GURNEY, R. W.: Electronic Processes in Ionic Crystals. — London: Oxford University Press 1948.)
[3] IOFFE, A. F.; REGEL', A. R.: Nekristalličeskie, amorfnye i židkie ėlektronnye poluprovodniki. Izbrannye trudy A. F. IOFFE. Tom 2. — Moskau: Izd. Nauka 1975.
[4] MOTT, N.; DĖVIS, Ė.: Ėlektronnye processy v nekristalličeskich veščestvach. — Moskau: Izd. Mir 1974.
(MOTT, N. F.; DAVIS, A.: Electronic Processes in Non-crystalline Solids. — London: Oxford University Press 1948.)
[5] VAVILOV, V. S.: Dejstvie izlučenij na poluprovodniki. — Moskau: Fizmatgiz 1963.
[6] RID, V. T.: Dislokacii v kristallach. — Moskau: Izd. inostrannoj literatury 1957.
(READ, W. T., JR.: Dislocations in Crystals. — New York: McGraw-Hill Book Comp. 1953.)
[7] BARDSLI, U.: Vlijanie dislokacii na ėlektričeskie svojstva poluprovodnikov. — Uspechi fiz. Nauk **73** (1961) 121.

Zu Kapitel 3.

[1] SMIRNOV, V. I.: Kurs vysšej matematiki. Tom II. 18. Aufl. — Moskau: Fizmatgiz 1961.
(SMIRNOW, W. I.: Lehrgang der höheren Mathematik. Bd. 2. 15. Aufl. — Berlin: VEB Deutscher Verlag der Wissenschaften 1981.)
[2] GIL'BERT, D.; KURANT, R.: Metody matematičeskoj fiziki. Tom I. — Moskau: GTTI 1933.
(COURANT, R.; HILBERT, D.: Methoden der mathematischen Physik. Bd. 1. 3. Aufl. — Berlin/Heidelberg/New York: Springer-Verlag 1968.)
[3] ZAJMAN, Dž.: Vyčislenie blochovskich funkcij. — Moskau: Izd. Mir 1973.
(ZIMAN, J. M.: Calculation of the Bloch Functions. — Oxford: Clarendon Press 1960.)
[4] MADELUNG, O.: Fizika poluprovodnikovych soedinenij ėlementov III i V grupp. — Moskau: Izd. Mir 1967.
(MADELUNG, O.: Physics of III—V Compounds. — New York: J. Wiley 1964.)

Zu Kapitel 4.

[1] ZAJMAN, Dž.: Principy teorii tverdogo tela. 2. Aufl. — Moskau: Izd. Mir 1974.
(ZIMAN, J. M.: Prinzipien der Festkörpertheorie. — Berlin: Akademie-Verlag 1974.)
[2] PEKAR, S. I.: Isledovanija po ėlektronnoj teorii ionnych kristallov. — Moskau: Gostechizdat 1951.
(PEKAR, S. I.: Untersuchungen zur Elektronentheorie der Kristalle. — Berlin: Akademie-Verlag 1954.)
[3] Tunnelnye javlenija v tverdych telach. Sbornik. Red. Ė. BURŠTEJN, S. LUNDKVIST. (Übers. aus d. Engl., Red. V. I. PEREL'). — Moskau: Izd. Mir 1973, Kapitel 6.
[4] KITTEL', K.; MITČELL, K., in: Problemy fiziki poluprovodnikov. Sbornik. — Moskau: Izd. inostrannoj literatury 1957.
(KITTEL, CH.; MITCHELL, A. H., Phys. Rev. **96** (1954) 1488.)
[5] LATTINDŽER, Dž. M.; KON, V., in: wie [4].
(LUTTINGER, J. M.; KOHN, W., Phys. Rev. **98** (1955) 915.)
[6] ANSEL'M, A. I.; KOROVIN, L. I., ŽTF **24** (1955) 8044.

Zu Kapitel 5.

[1] Blekmor, Dž.: Statistika ėlektronov v poluprovodnikach. — Moskau: Izd. Mir 1964. (Blakemore, J. S.: Semiconductor Statistics. — London/New York: Pergamon Press 1962.)

Zu Kapitel 6.

[1] wie [2] zu Kapitel 2.
[2] Pikus, G. E.: Osnovy teorii poluprovodnikovych priborov. — Moskau/Leningrad: Izd. Nauka 1965.
[3] Rouz, A.: Osnovy teorii fotoprovodimosti. — Moskau: Izd. Mir 1966. (Rose, A.: Concepts in photoconductivity. — New York: Wiley Interscience 1963.)
[4] Lampert, M.; Mark, P.: Inžekcionnye toki v tverdych telach. — Moskau: Izd. Mir 1973.
[5] Milns, A.; Fojcht, D.: Geteroperechody i perechody metall—poluprovodnik. — Moskau: Izd. Mir 1975.

Zu Kapitel 7.

[1] Ryvkin, S. M.: Fotoėlektričeskie javlenija v poluprovodnikach. — Moskau: Fizmatgiz 1963. (Rywkin, S. M.: Photoelektrische Erscheinungen in Halbleitern. — Berlin: Akademie-Verlag 1965.)
[2] wie [5] zu Kapitel 2.
[3] van Roosbroeck, W., Phys. Rev. **91** (1953) 2, S. 282.
[4] Problemy fiziki poluprovodnikov. Sbornik. — Moskau: Izd. inostrannoj literatury 1957, Beiträge 21 bis 26.

Zu Kapitel 8.

[1] wie [2] zu Kapitel 6.
[2] Fedotov, Ja. A.: Osnovy fiziki poluprovodnikovych priborov. — Moskau: Izd. Sovetskoe radio 1969.
[3] wie [5] zu Kapitel 6.

Zu Kapitel 9.

[1] Ryvkin, S. M.: Rekombinacija v poluprovodnikach. Poluprovodniki v nauke i technike. Tom II. — Moskau: Izd. Akademii Nauk SSR 1958.
[2] wie [1] zu Kapitel 5.
[3] van Roosbroeck, W.; Shockley, W., Phys. Rev. **94** (1954) 1558.

Zu Kapitel 10.

[1] Ržanov, A. V.: Ėlektronnye processy na poverchnosti poluprovodnikov. — Moskau: Izd. Nauka 1971.
[2] Ėlektronnye javlenija na poverchnosti poluprovodnikov. Sbornik. Red. V. I. Ljašenko. — Kiew: Naukowa dumka 1968.
[3] Vol'kenštejn, F. F.: Fiziko-chimija poverchnosti poluprovodnikov. — Moskau: Izd. Nauka 1973.
[4] Kiselev, V. F.: Poverchnostnye javlenija v poluprovodnikach i dielektrikach. — Moskau: Izd. Nauka 1970.
[5] Dėvison, S.; Levin, Dž.: Poverchnostnye (tammovskie) sostojanija. — Moskau: Izd. Mir 1973.

Zu Kapitel 11.

[1] wie [1] zu Kapitel 7.
[2] Tauc, Ja.: Foto- i termoėlektričeskie javlenija v poluprovodnikach. — Moskau: Izd. inostrannoj literatury 1962.

[3] wie [2] zu Kapitel 6.
[4] Vasil'ev, A. M.; Landsmann, A. P.: Poluprovodnikovye fotopreobrazovateli. — Moskau: Izd. Sovetskoe radio 1971.
[5] van Roosbroeck, W., Phys. Rev. **101** (1956) 6, S. 1713.

Zu Kapitel 12.

[1] Born, M.; Chuan Kun': Dinamičeskaja teorija kristalličeskich rešetok. — Moskau: Izd. inostrannoj literatury 1958.
(Born, M.; Huang, K.: Dynamical Theory of Crystal Lattices. — Oxford: Clarendon Press 1954.)
[2] Kittel', C.: Kvantovaja teorija tverdych tel. — Moskau: Izd. Nauka 1967.
(Kittel, Ch.: Quantentheorie des Festkörpers. — München: R. Oldenbourg Verlag 1970.)
[3] Tamm, I. E., Z. für Physik **60** (1930) 345.

Zu Kapitel 13.

[1] Voprosy kvantovoj teorii neobratimych processov. Sbornik. (Übers. aus d. Engl.). — Moskau: Izd. inostrannoj literatury 1961.
[2] Askerov, B. M.: Kinetičeskie ėffekty v poluprovodnikach. — Leningrad: Izd. Nauka 1970.

Zu Kapitel 14.

[1] wie [1] zu Kapitel 13.
[2] Bir, G. A.; Pikus, G. E.: Simmetrija i deformacionnye ėffekty v poluprovodnikach. — Moskau: Izd. Nauka 1972.
[3] Sirotin, Ju. I.; Šaskol'skaja, M. P.: Osnovy kristallofiziki. — Moskau: Izd. Nauka 1975.
[4] Blatt, F.: Teorija podvižnosti ėlektronov v tverdych telach. — Moskau: Izd. inostrannoj literatury 1963, Kapitel V.

Zu Kapitel 15.

[1] Gurevič, V. L., Fiz. i Techn. Poluprovodn. **2** (1968) 11, S. 1557.
[2] Pustovojt, V. I., Uspechi fiz. Nauk **97** (1969) 2, S. 257.
[3] Hutson, A. R.; McFee, J. H.; White, D. L., Phys. Rev. Lett. **7** (1961) 237.
[4] White, D. L., J. appl. Phys. **33** (1962) 2547.
[5] Pippard, A. B., Philos. Mag. 8 (1963) 85, S. 161.

Zu Kapitel 16.

[1] Bass, F. G.; Gurevič, Ju. Ja.: Gorjačie ėlektrony i sil'nye ėlektromagnitnye volny v plazme poluprovodnikov i gazovogo razrjada. — Moskau: Izd. Nauka 1975.
[2] Konuėll, Ė.: Kinetičeskie svojstva poluprovodnikov v sil'nych ėlektričeskich poljach. — Moskau: Izd. Mir 1970.
[3] Denis, V.; Požela, Ju.: Gorjačie ėlektrony. — Vilnius: Mintis 1971.
[4] Bonč-Bruevič, V. L.; Zvjagin, I. P.; Mironov, A. G.: Domennaja ėlektričeskaja neustojčivost' v poluprovodnikach. — Moskau: Izd. Nauka 1972.

Zu Kapitel 17.

[1] wie [1] zu Kapitel 12.
[2] wie [2] zu Kapitel 4.
[3] Pajns, D.: Ėlementarnye vozbuždenija v tverdych telach. — Moskau: Izd. Mir 1965.
(Pines, D.: Elementary Excitations in Solids. — London: Benjamin 1963.)
[4] wie [3] zu Kapitel 3.
[5] Noks, R.: Teorija ėksitonov. — Moskau: Izd. Mir 1966.
(Knox, R. S.: Theory of Excitons. In: Solid State Physics, Suppl. 5 (1963)).

[6] DAVYDOV, A. S.: Teorija molekuljarnych ėksitonov. — Moskau: Izd. Nauka 1968. (DAVYDOV, A. S.: Theory of Molecular Excitons. — New York: McGraw-Hill Book Comp. 1962.)
[7] Ėksitony v poluprovodnikach. Sbornik. — Moskau: Izd. Nauka 1972.
[8] PERLIN, JU. E., Uspechi fiz. Nauk **80** (1963) 4, S. 553.

Zu Kapitel 18.

[1] LANDSBERG, G. S.: Optika. — Moskau: Izd. Nauka 1976.
[2] FĖN, G.: Foton-ėlektronnoe vzaimodejstvie v kristallach. — Moskau: Izd. inostrannoj literatury 1969.
[3] wie [5] zu Kapitel 2.
[4] BOGDANKEVIČ, O. V.; DARŽNEK, S. A.; ELISEEV, P. G.: Poluprovodnikovye lazery. — Moskau: Izd. Nauka 1976.
[5] Kvantovaja ėlektronika. Red. M. E. ŽABOTINSKIJ. — Moskau: Izd. Sovetskaja ėnciklopedija 1969.
[6] DŽONSON, E.: Pogloščenie vblizi kraja fundamental'noj polosy. In: Optičeskie svojstva poluprovodnikov (poluprovodnikovye soedinenija tipa $A^{III}B^{V}$). Red. R. ỤILLARDSON, A. BIR. — Moskau: Izd. Mir 1970, Kapitel 6.
(JOHNSON, E. J., in: Semiconductors and Semimetals. Ed. R. K. WILLARDSON, A. C. BEER. Vol. 3: Optical Properties of Semiconductors (III—V Compounds). — London: Academic Press 1967, Kapitel 6.)
[7] KARDONA, M.: Moduljacionnaja spektroskopija. — Moskau: Izd. Mir 1972.
[8] PATLIK, E.; RAJT, DŽ.: Magnetoplazmennye ėffekty. In: wie [6], Kapitel 10. (PATLICK, E.; RIGHT, J., in: wie [6], Kapitel 10.)

Zu Kapitel 19.

[1] LIFŠIC, I. M.: Uspechi fiz. Nauk **83** (1964) 617.
[2] BONČ-BRUEVIČ, V. L.: Voprosy ėlektronnoj teorii sil'no legirovannych poluprovodnikov. In: Itoki nauki. Fizika tverdogo tela. Red. S. V. TJABLIKOV. — Moskau: VINITI 1965.
[3] FISTUL', V. I.: Sil'no legirovannye poluprovodniki. — Moskau: Izd. Nauka 1967.
[4] AFRAMOVIČ, M. A.; REDFILD, D.: Trudy IX Meždunarodnoj konferencii po fizike poluprovodnikov. Tom I. — Leningrad: Izd. Nauka 1969, S. 103.
[5] BONČ-BRUEVIČ, V. L.: Kvaziklassičeskaja teorija dviženija častic v slučajnom pole. In: Statističeskaja fizika i kvantovaja teorija polja. Red. N. N. BOGOLJUBOV. — Moskau: Izd. Mir 1969.
[6] wie [4] zu Kapitel 2.
[7] MOTT, N.: Ėlektrony v neuporjadočennych strukturach. — Moskau: Izd. Mir 1969. (MOTT, N. F.: Electrons in Disordered Structures. — London: Oxford University Press 1948.)
[8] ALEKSEEV, V. A.; ANDREEV, A. A.; PROCHORENKO, V. JA.: Uspechi fiz. Nauk **106** (1972) 3, S. 393.

Verzeichnis der am häufigsten verwendeten Symbole

a	Gitterkonstante (in kubischen Kristallen); zusammenfassend für Nummer des Atoms in der Elementarzelle und Massenmittelpunktskoordinaten der Elementarzelle
a_B	Bohrscher Radius im Kristall
$\boldsymbol{a}_1, \boldsymbol{a}_2, \boldsymbol{a}_3$	Basisvektoren des Gitters
$\boldsymbol{B}$	Vektor der magnetischen Induktion
$\boldsymbol{b}_1, \boldsymbol{b}_2, \boldsymbol{b}_3$	Basisvektoren des reziproken Gitters
c	Lichtgeschwindigkeit im Vakuum
c_s	Phasengeschwindigkeit der Schallwellen
$\boldsymbol{D}$	Vektor der dielektrischen Verschiebung
D	ambipolarer Diffusionskoeffizient
$E_\nu(\boldsymbol{p})$	Energie eines Ladungsträgers als Funktion von Bandindex ν und Quasiimpuls $\boldsymbol{p}$
E_c	Energie der Leitungsbandunterkante
E_v	Energie der Valenzbandoberkante
E_g	Breite der verbotenen Zone
E	Eigenwerte der Elektronenenergie; Betrag der elektrischen Feldstärke
E_B	Bohrsche Energie im Kristall
$\boldsymbol{E}$	Vektor der elektrischen Feldstärke
e	Betrag der Elementarladung
$F = \zeta - e\varphi$	Fermi-Niveau (elektrochemisches Potential)
$F_{\mathrm{n(p)}}$	Quasi-Fermi-Niveau der Elektronen (Löcher)
f	Verteilungsfunktion der Elektronen; zusammenfassend für Nummer des Phononenzweiges und Quasiwellenvektor des Phonons
f_0	Fermi-Funktion
$g_{\mathrm{n(p)}}$	externe Generationsrate freier Elektronen (Löcher)
H	Operator der Energie (Hamilton-Operator)
$\hbar$	durch 2π dividierte Plancksche Konstante
$\boldsymbol{I}$	Vektor der Energiestromdichte
I	Lichtintensität
i	Stromstärke
$\boldsymbol{j}$	Stromdichtevektor des Konvektionsstroms
$\boldsymbol{H}$	Vektor der magnetischen Feldstärke
$\boldsymbol{k}$	Quasiwellenvektor des Elektrons
k	Boltzmann-Konstante; Koordinationszahl
l	mittlere freie Weglänge
L_D	Debyesche Abschirmlänge
L_S	Abschirmlänge im allgemeinen Fall; Breite der Raumladungszone am Kontakt oder an der Halbleiteroberfläche
$L = \sqrt{D\tau}$	Diffusionslänge
$l(\boldsymbol{E})$	Driftlänge der Nichtgleichgewichtsladungsträger im elektrischen Feld
m_0	Elektronenmasse
$m_{\mathrm{n(p)}}$	skalare Effektivmasse eines Elektrons (Lochs)
$m_{\alpha\beta}^{-1}$	Komponenten des Tensors der reziproken Effektivmasse

$m_{\parallel}$, $m_{\perp}$	Effektivmasse bei der Bewegung parallel bzw. senkrecht zu der ausgezeichneten Achse eines rotationssymmetrischen Isoenergieellipsoids
m_{nd}, m_{pd}	Zustandsdichte-Effektivmasse für Elektronen bzw. Löcher
$m_\sigma = m_{opt}$	Leitfähigkeits- bzw. optische Effektivmasse
$\boldsymbol{M}_h$	Masse des h-ten Gitteratoms
$\boldsymbol{M}$	Masse der Elementarzelle
n	Konzentration freier Elektronen; Gesamtheit der Zahlen n_f für alle Werte von f
N_t	Störstellenkonzentration (allgemein)
N_d	Donatorkonzentration
n_t	Konzentration der auf Akzeptorniveaus befindlichen gebundenen Elektronen
n_1	charakteristische Elektronenkonzentration
n_f	Anzahl der Phononen vom Typ f (Quantenzahl des harmonischen Oszillators, der der Normalschwingung des Typs f entspricht)
$N_{c(v)}$	effektive Zustandsdichte im Leitungsband (Valenzband)
$N_{c(v)}(E)$	energetische Zustandsdichte im Leitungsband (Valenzband)
$\boldsymbol{P}$	Vektor der Polarisation
$\boldsymbol{p}$	Quasiimpuls des Elektrons
p	Konzentration freier Löcher
p_t	Konzentration der auf Donatorniveau befindlichen gebundenen Löcher
p_1	charakteristische Löcherkonzentration
Q	Wärmemenge
$\boldsymbol{Q}$	Verschiebungsvektor
$\boldsymbol{q}$	Phononen-Wellenvektor
R	Hall-Konstante
$\boldsymbol{R}_a$	Koordinatentripel des a-ten Gitteratoms
$\boldsymbol{r}$	Koordinatentripel des Elektrons
r_n, r_p	Rate des Einfangs von Elektronen bzw. Löcher in Bandzuständen durch lokale Niveaus
$R_n = r_n - g_{nT}$	Gesamt-Rekombinationsrate für Elektronen
$R_p = r_p - g_{pT}$	Gesamt-Rekombinationsrate für Löcher
r	Anzahl der Atome in der Elementarzelle; Exponent in der Beziehung zwischen Relaxationszeit und Energie
r_0	Abschirmradius
S	Entropie; Oberfläche; dimensionslose Oberflächenrekombinationsgeschwindigkeit
$S_{\alpha\beta}$	Komponenten des mechanischen Spannungstensors
S_n, S_p	effektiver Einfangquerschnitt von Elektronen bzw. Löchern an lokalen Niveaus
S_n, S_p	Oberflächenrekombinationsgeschwindigkeit für Elektronen bzw. Löcher
T_D	Debye-Temperatur
T_e	Elektronentemperatur
u	elektrische Spannung; Deformation
$u_{\mu\nu}$	Komponenten des Deformationstensors
$U(\boldsymbol{r})$	potentielle Energie des Elektrons im idealen zweiatomigen Kristallgitter
V	potentielle Energie eines schwingenden Gitters; Grundvolumen
V_0	Volumen der Elementarzelle, elektromotorische Kraft
$\boldsymbol{v}_d$	Driftgeschwindigkeit der Ladungsträger
$\boldsymbol{v}_\nu(\boldsymbol{p})$	Geschwindigkeit eines Ladungsträgers im ν-ten Band mit dem Quasiimpuls $\boldsymbol{p}$
$\boldsymbol{v}_T$	thermische Geschwindigkeit
v_s	Phasengeschwindigkeit der Schallwelle
$Y_s = e\varphi_s/kT$	dimensionsloses Oberflächenpotential
α	differentielle Thermospannung; Band-Band-Rekombinationskoeffizient; Stromverstärkungskoeffizient in einem Bipolar-Diffusionstransistor in Basis-Schaltung

α_n, α_p	Einfangkoeffizient für Elektronen bzw. Löcher an lokalen Niveaus
β	Bohrsches Magneton; Übertragungskoeffizient der Minoritätsträger in Transistoren und Photoelementen; Koeffizient in der Beziehung zwischen Beweglichkeit und Feldstärke; piezoelektrischer Modul
$\beta_{\alpha,\mu\nu}$	Komponente des Tensors des piezoelektrischen Moduls
	Absorptionskoeffizient für Licht oder Schall; Hall-Faktor; magnetische Länge
Δ	Energie der Spin-Bahn-Aufspaltung des Valenzbandes im Zentrum der Brillouin-Zone
ΔG	Oberflächen-Leitfähigkeit
$\varepsilon = \varepsilon_1 + i\varepsilon_2$	dielektrische Suszeptibilität des Gitters (ε_1, ε_2 reell)
$\zeta = F - F_e(r)$	chemisches Potential der Elektronen
$\zeta^* = \varphi/kT$	dimensionsloses chemisches Potential der Elektronen
$\zeta_h(\boldsymbol{q}, s)$	Vektor in Richtung der Verschiebung des h-ten Gitteratoms bei einer Normalschwingung des s-ten Zweiges mit dem Quasiwellenvektor $\boldsymbol{q}$
$\eta = E_v(\boldsymbol{r}) - F$	chemisches Potential der Löcher
η	Wirkungsgrad; Unelastizitätsgrad der Streuung
$\eta^* = \eta/kT$	dimensionsloses chemisches Potential
λ	De-Broglie-Wellenlänge; Gesamtheit der Quantenzahlen, die einen stationären Zustand eines Ladungsträgers charakterisieren
$\Lambda_{\alpha\beta,\mu\nu}$	Komponenten des Elastizitätstensors
$\mu_{n(p)}$	Driftbeweglichkeit von Elektronen (Löchern)
ν	Bandindex
$\nu(E)$	energetische Zustandsdichte der Oberflächenniveaus
$\nu(\omega)$	Quantenausbeute des inneren Photoeffekts
ϱ	spezifischer Widerstand; räumliche Ladungsdichte (Massen-) Dichte des Kristalls
$\varrho(\hbar\omega)$	mittlere räumliche und energetische Phononendichte bei der Energie $\hbar\omega$
σ	spezifische Leitfähigkeit
$\sigma(\omega) = \sigma_1 + i\sigma_2$	komplexe Leitfähigkeit bei der Frequenz ω (σ_1, σ_2 reell)
$\boldsymbol{\sigma}$	Paulischer Spinvektor; seine Komponenten sind die Paulischen Spinmatrizen σ_x, σ_y, σ_z
$\tau(E)$	Impulsrelaxationszeit
$\tau_M = \varepsilon/4\pi\sigma$	Maxwellsche Relaxationszeit
$\tau_p = \langle\tau(E)\rangle$	mittlere Impulsrelaxationszeit (mittlere freie Flugzeit)
τ_ε	mittlere Energierelaxationszeit
τ	Lebensdauer der Elektron-Loch-Paare
$\tau_{n(p)}$	mittlere Lebensdauer von Überschuß- (d. h. Nichtgleichgewichts-) Ladungsträgern (Elektronen bzw. Löcher)
τ_s	durch die Oberflächenrekombination bedingte Lebensdauer der Nichtgleichgewichtsladungsträger
φ	elektrisches Potential; Hall-Winkel
Φ_n	Fermi-Dirac-Integral mit dem Index n
Φ	thermische Austrittsarbeit; Wellenfunktion eines schwingenden Gitters
$\psi(\boldsymbol{r})$	Ein-Elektronen-Wellenfunktion
$\chi(\boldsymbol{r})$	geglättete Wellenfunktion in der Effektivmassenmethode
χ	Elektronenaffinität des Halbleiters
$\Xi_{l(t)}$	akustische Deformationspotentialkonstante für longitudinale (transversale) Phononen
Ξ_{opt}	optische Deformationspotentialkonstante
ω	(Kreis-) Frequenz einer elektromagnetischen oder Schallwelle
ω_c	Zyklotronfrequenz
ω_0	Grenzfrequenz eines optischen Phonons

Sachverzeichnis

Berichtigungen

S. 8: Im dritten Absatz von unten ist „SI-Einheiten" durch „Einheiten" zu ersetzen.

S. 242: Im vorletzten Satz über Abb. 7.7 ist das Wort „Potentialverteilung" durch „Verteilung der Quasi-Fermi-Niveaus" zu ersetzen.
In Abb. 7.7 ist der Buchstabe „C" durch „B" zu ersetzen. Die mittlere gestrichelte Linie ist zu streichen.

S. 313, 314: l_e ist durch l zu ersetzen.

S. 327: In der 6. Zeile von oben ist nach dem Wort „Photospannung" einzufügen „im stationären Regime".

S. 376: In der ersten Formelzeile nach Gl. (1.3) ist im Integral $\boldsymbol{E}$ durch $\boldsymbol{E}'$ zu ersetzen. Der Faktor $\frac{1}{e}$ muß richtig $-\frac{1}{e}$ heißen.

S. 377: Gl. (1.5) ist wie folgt fortzuführen:

$$= -\int_{T_1}^{T_2} \left(\frac{a_1}{\sigma_1} - \frac{a_2}{\sigma_2}\right) \mathrm{d}T$$

Die Formelzeile über Gl. (1.6) muß richtig heißen:

$$V_0 = \left(\frac{a_2}{\sigma_2} - \frac{a_1}{\sigma_1}\right) (T_2 - T_1)$$

Bonč-Bruevič, Halbleiterphysik